多媒体光盘使用说明

本书所配光盘是专业、大容量、高品质的交互式多媒体学习光盘，讲解流畅，配音标准，画面清晰，界面美观大方。本光盘操作简单，即使是没有任何电脑使用经验的人也都可以轻松掌握。

图1 光盘主界面

1. 运行光盘，进入光盘主界面。将光盘放入光驱，光盘会自动运行。若不能自动运行，可在“我的电脑”窗口中双击光盘盘符，或在光盘根目录下双击Autorun.exe文件即可运行。程序运行后进入光盘主界面，如图1所示。

2. 进入多媒体教学演示界面。在光盘主界面中单击“目录”按钮，在出现的界面中选择相应的章节内容，即可进入多媒体教学演示界面，按照多媒体讲解进行学习，并可方便地控制整个演示流程，如图2所示。

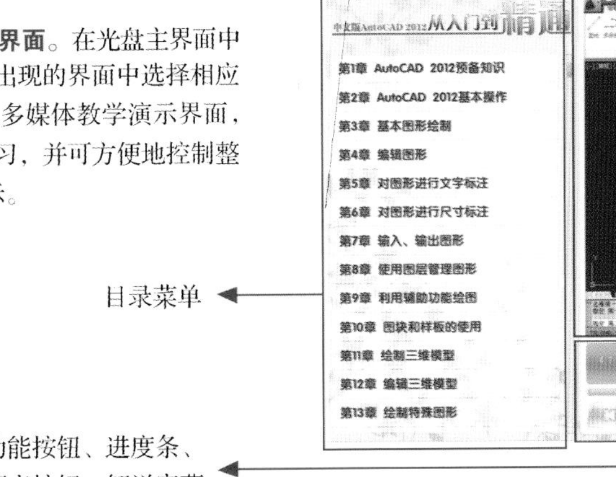

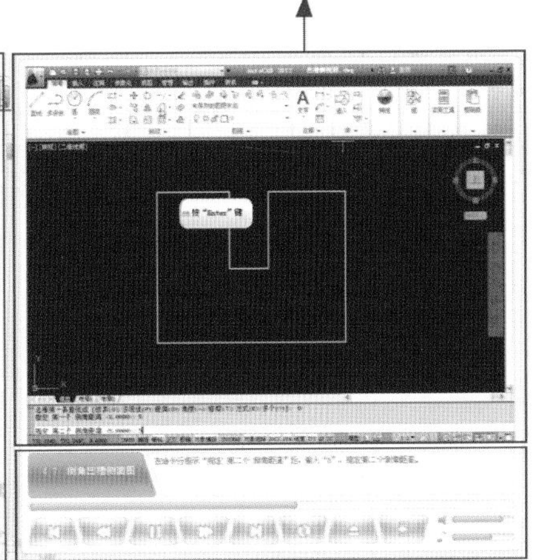

图2 多媒体教学演示界面

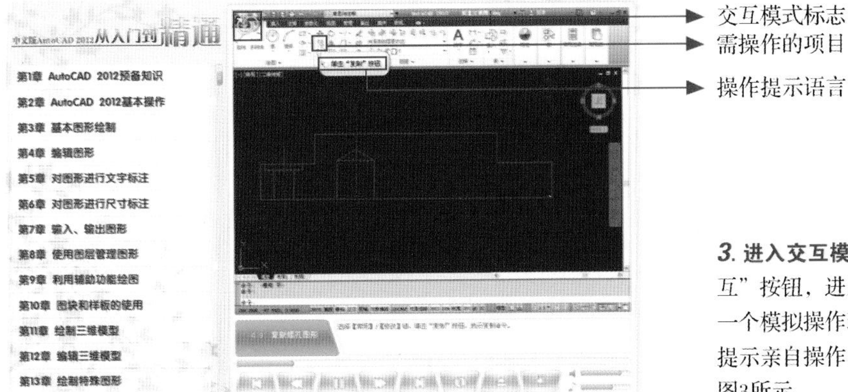

图3 交互模式界面

3. 进入交互模式界面。在演示界面中单击“交互”按钮，进入交互模式界面。该模式提供了一个模拟操作环境，读者可按照界面上的操作提示亲自操作，可迅速提高实际动手能力，如图3所示。

多媒体光盘使用说明

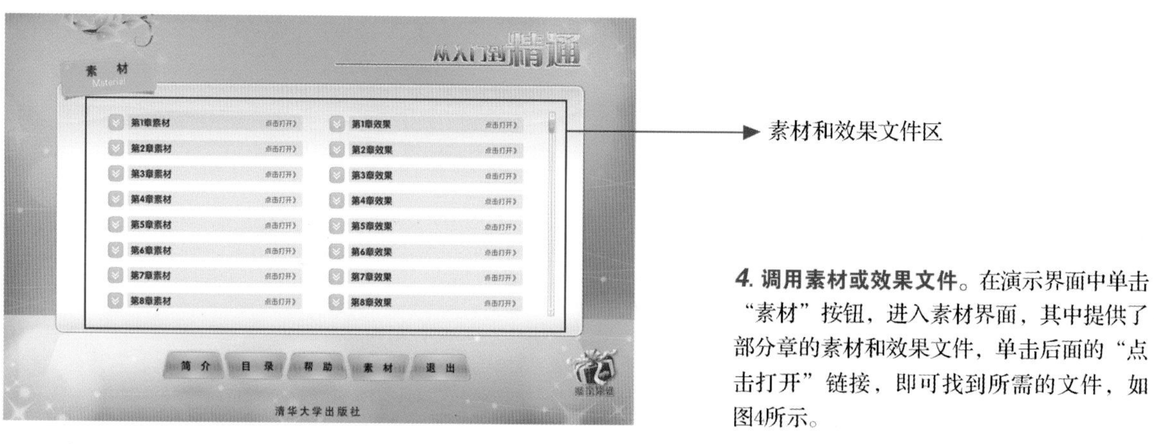

***4*. 调用素材或效果文件**。在演示界面中单击“素材”按钮，进入素材界面，其中提供了部分章的素材和效果文件，单击后面的“点击打开”链接，即可找到所需的文件，如图4所示。

图4 素材界面

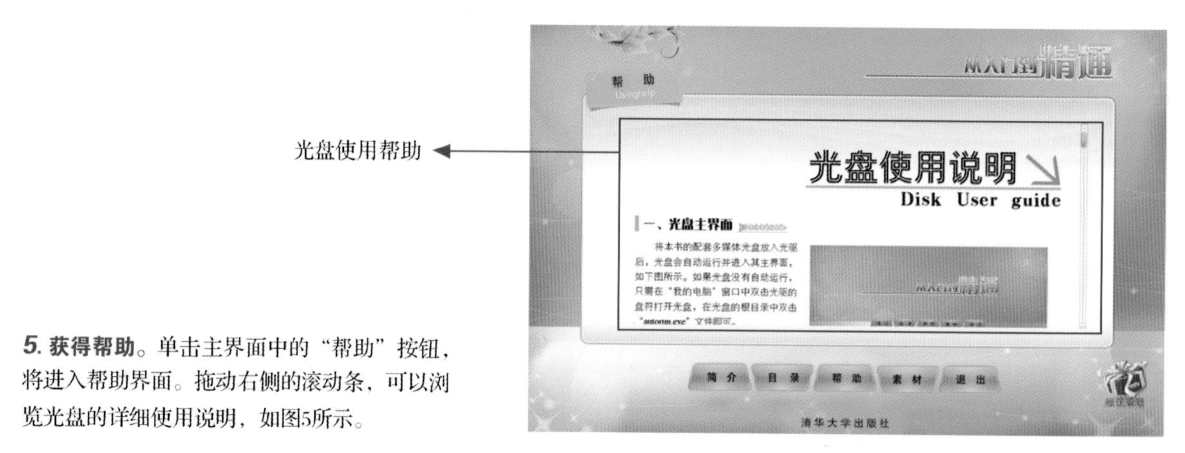

***5*. 获得帮助**。单击主界面中的“帮助”按钮，将进入帮助界面。拖动右侧的滚动条，可以浏览光盘的详细使用说明，如图5所示。

图5 帮助界面

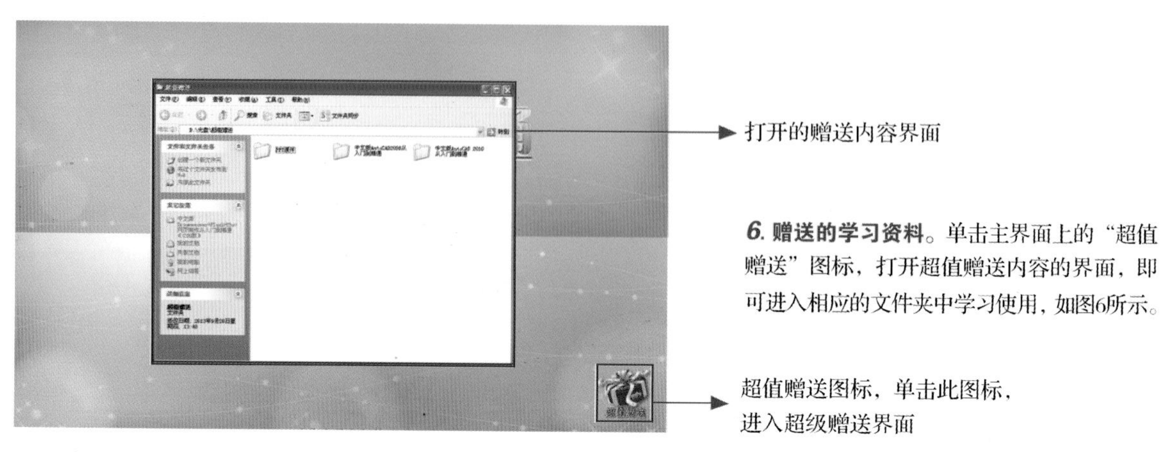

***6*. 赠送的学习资料**。单击主界面上的“超值赠送”图标，打开超值赠送内容的界面，即可进入相应的文件夹中学习使用，如图6所示。

图6 超值赠送界面

学电脑从入门到精通

中文版AutoCAD 2012从入门到精通

九州书源

张良瑜　张良军　编著

清华大学出版社

北　京

内容简介

本书以目前流行的AutoCAD 2012为例，深入浅出地讲解了使用AutoCAD绘制图形的相关知识。本书分为4篇，以初学AutoCAD开始，一步步讲解了AutoCAD 2012的基础知识、基本操作、绘制与编辑图形的方法，对图形进行文字及尺寸标注，打印输出图形对象等，以及三维实体模型的绘制、编辑及后期处理。本书实例丰富，包含了AutoCAD 2012应用的多个领域，其中主要以建筑和机械实例为主，可帮助读者快速上手，并将其应用到实际的工作中。

本书案例丰富、实用，且简单明了，可作为广大初、中级用户自学AutoCAD的参考用书。同时，本书知识全面，安排合理，也可作为大中专院校相关专业及AutoCAD制图培训班的教材使用。

图书在版编目（CIP）数据

中文版AutoCAD 2012从入门到精通/九州书源编著. —北京：清华大学出版社，2014（2016.9 重印）
（学电脑从入门到精通）

ISBN 978-7-302-33428-6

I. ①中…　II. ①九…　III. ①AutoCAD软件　IV. ①TP391.72

中国版本图书馆CIP数据核字（2013）第182682号

责任编辑：朱英彪　贾小红
封面设计：刘　超
版式设计：文森时代
责任校对：王　云
责任印制：王静怡

出版发行：清华大学出版社
　　网　　址：http://www.tup.com.cn，http://www.wqbook.com
　　地　　址：北京清华大学学研大厦A座　　**邮　　编**：100084
　　社 总 机：010-62770175　　**邮　　购**：010-62786544
　　投稿与读者服务：010-62776969，c-service@tup.tsinghua.edu.cn
　　质 量 反 馈：010-62772015，zhiliang@tup.tsinghua.edu.cn
印 刷 者：清华大学印刷厂
装 订 者：北京市密云县京文制本装订厂
经　　销：全国新华书店
开　　本：190mm×260mm　　**印　张**：30　　**字　　数**：730千字
（附DVD光盘1张）
版　　次：2014年1月第1版　　**印　　次**：2016年9月第2次印刷
印　　数：5201～6000
定　　价：59.80元

产品编号：049524-01

前言 PREFACE

本套书的故事和特点

“学电脑从入门到精通”系列丛书从2008年第1版问世，到2010年跟进，共两批30余种图书出版，涵盖了电脑软、硬件各个领域，由于其知识丰富，讲解清晰，被广大读者口口相传，成为大家首选的电脑入门与提高类图书，并得到了广大读者的一致好评。

为了使更多的读者受益，成为这个信息化社会中的一员，为他们的工作和生活带来方便，我们对“学电脑从入门到精通”系列图书进行了第3次改版。改版后的图书将继承前两版图书的优势，并将不足的地方进行更改和优化，并对软件的版本进行更新，使其以一种全新的面貌呈现在大家面前。总体来说，新版的“学电脑从入门到精通”有如下特点。

◆结构科学，自学、教学两不误

本套书均采用分篇的方式写作，全书分为入门篇、提高篇、精通篇、实战篇，每一篇的结构和要求均有所不同。其中，入门篇和提高篇重在知识的讲解，精通篇重在技巧的学习和灵活运用，实战篇主要讲解所学知识在实际工作和生活中的综合应用。除了实战篇外，每一章的最后都安排了实例和练习，以教会读者综合应用本章的知识制作实例并且进行自我练习，所以不管本书是用于自学，还是用于教学，都可以获得不错的效果。

◆知识丰富，达到“精通”

本书的知识丰富、全面，将一个“高手”应掌握的知识有序地放在各篇中，在每一页的下方都添加了与本页相关的知识和技巧，与正文相呼应，对知识进行补充与提升。同时，在入门篇和提高篇的每一章最后都添加了“知识问答”和“知识关联”版块，解答与本章相关的疑难点，并将一些特殊的技巧教给大家，从而最大限度地提高本书的知识含量，让读者达到“精通”的程度。

◆大量实例，更易上手

学习电脑的人都知道，实例更有利于学习和掌握。本书实例丰富，对于经常使用的操作，我们均以实例的形式展示出来，并将实例以标题的形式列出，以方便读者快速查阅。

◆行业分析，让您与现实工作更贴近

本书中的大型综合实例除了讲解该实例的制作方法以外，还讲解了与该实例相关的行业知识。例如，在17.2节讲解“绘制蝶形螺母”时，在“行业分析”中讲解了蝶形螺母的作用、规格等，从而让读者真正明白这个实例“背后的故事”，增加知识面，缩小书本知识与实际工作的差距。

本书有哪些内容

本书内容分为4篇、共19章，主要内容介绍如下。

- **入门篇（第1～7章，AutoCAD 2012的基本操作）**：主要讲解了AutoCAD 2012的基础知识和操作。包括AutoCAD 2012的预备知识、基本操作、基本图形绘制、编辑图形、对图形进行文字及尺寸标注，以及输入与输出图形等知识。
- **提高篇（第8～12章，AutoCAD 2012的进阶应用）**：主要讲解了AutoCAD 2012中的高级运用知识与操作。包括图层的使用、使用辅助功能绘图、图块和样板的使用、绘制与编辑三维模型等知识。
- **精通篇（第13～16章，AutoCAD 2012的高级应用）**：主要讲解了AutoCAD 2012在建筑与机械制图中的应用。包括绘制特殊图形、绘制零件图与装配图、绘制常见建筑图形以及三维模型的后期处理等知识。
- **实战篇（第17～19章，AutoCAD 2012的案例应用）**：主要讲解了AutoCAD 2012在案例中的实际应用。包括标准件、家装图、别墅平面图等图形的绘制。

光盘有哪些内容

本书配备的多媒体教学光盘，容量大，内容丰富，主要包含如下内容。

- **素材和效果文件**：光盘中包含了本书中所有实例使用的素材，以及进行操作后完成的效果文件，读者可以根据这些文件轻松制作出与书本中相同的效果。
- **实例和练习的视频演示**：将本书所有实例和课后练习的内容，以视频文件的形式显示并提供出来，这样可使读者更加形象地学会其制作方法。
- **PPT教学课件**：以章为单位精心制作了与本书对应的PPT教学课件，课件的结构与书本讲解的内容相同，可帮助老师教学。

如何快速解决学习的疑惑

本书由九州书源组织编写，为保证每个知识都能让读者学有所用，参与本书编写的人员在电脑书籍的编写方面都有较高的造诣。他们是张良瑜、张良军、杨学林、李星、丛威、范晶晶、常开忠、唐青、羊清忠、董娟娟、彭小霞、何晓琴、陈晓颖、赵云、宋玉霞、牟俊、李洪、贺丽娟、曾福全、汪科、宋晓均、张春梅、任亚炫、余洪、廖宵、杨明宇、刘可、李显进、付琦、刘成林、简超、林涛、张娟、程云飞、杨强、刘凡馨、向萍、杨颖、朱非、蒲涛、林科炯、阿木古堵。如果您在学习的过程中遇到什么困难或疑惑，可以联系我们，我们会尽快为您解答。联系方式是网址：http://www.jzbooks.com；QQ群：122144955、120241301。

目录

CONTENTS

入门篇

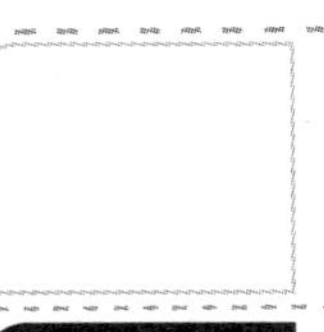
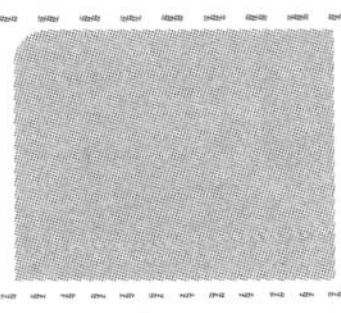

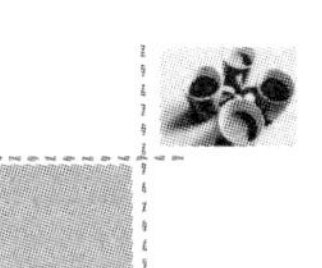

入门、提高、精通、实战，步步精要，
知识、实践、拓展、技能，样样在行。

提高篇

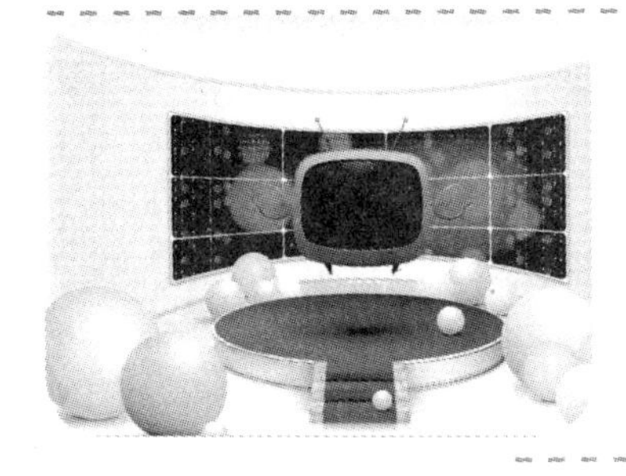

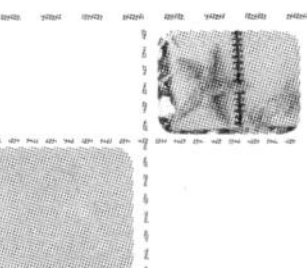

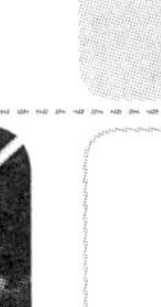

精通篇

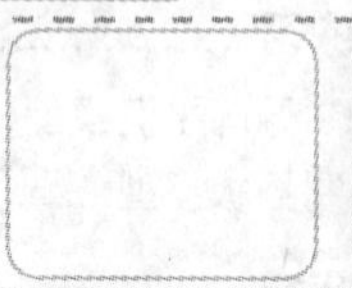

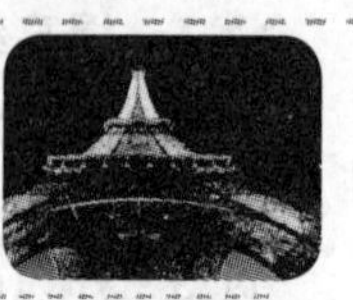

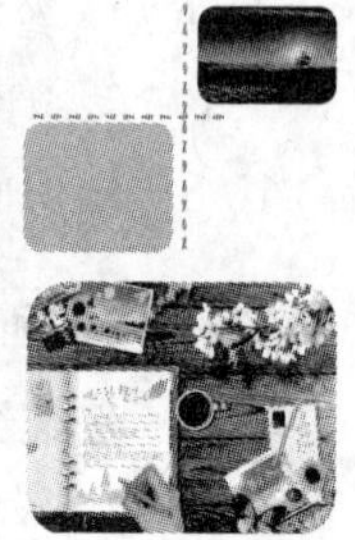

实战篇

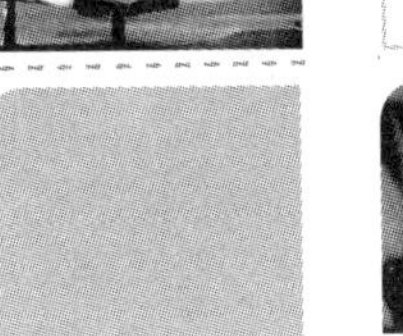
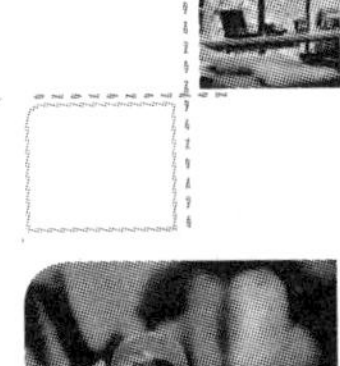

<<<RUDIMENT

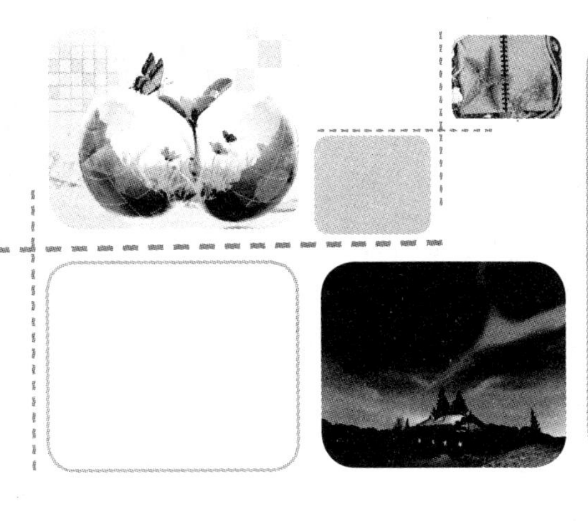

入门篇

AutoCAD是目前使用最多的计算机辅助绘图软件，不管是简单的直线、圆弧，还是复杂的建筑、机械等图形，都可以通过AutoCAD中的绘图及编辑命令，快速、准确地绘制出来。在使用AutoCAD进行绘图的过程中，编辑命令非常灵活和方便，也是绘制建筑与机械图形使用最多的命令之一。本篇将对AutoCAD 2012的基本操作、图形绘制、文字标注等知识进行介绍。

第 1 章

AutoCAD 2012 预备知识

初识AutoCAD 2012

工作界面

标题栏、功能区

AutoCAD 2012工作空间

设置绘图环境

图形界限 绘图单位 右键功能

本章导读

AutoCAD 是目前使用较为广泛的计算机辅助设计软件之一，被广泛应用于机械、建筑、电子、服装和广告设计等行业，使用它可以精确、快速地绘制各种图形。本章将介绍 AutoCAD 2012 的基础知识，其中主要包括 AutoCAD 2012 的启动与退出、工作界面、工作空间、模型空间与图纸空间、绘图环境的设置等。本章的知识点中，启动与退出是使用 AutoCAD 2012 的基本知识，认识其工作界面与工作空间是使用 AutoCAD 2012 进行快速绘图的基础。

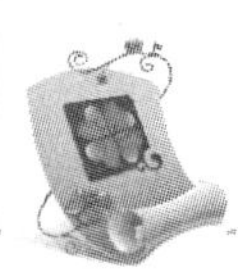

1.1 初识 AutoCAD 2012

AutoCAD 2012 是由美国 Autodesk 公司开发的一款计算机辅助设计绘图软件。本节将介绍 AutoCAD 2012 启动与退出的相关操作，以及 AutoCAD 2012 的新功能等。

1.1.1 启动 AutoCAD 2012

将 AutoCAD 2012 安装到电脑上之后，便可以启动它进行各种图形的绘制。启动 AutoCAD 2012 主要有通过“开始”菜单启动、双击桌面快捷图标启动等几种方法。

1. 通过“开始”菜单启动

很多应用程序的启动都是通过“开始”菜单来进行的。通过“开始”菜单启动 AutoCAD 2012 的方法是选择【开始】/【所有程序】/【Autodesk】/【AutoCAD 2012-Simplified Chinese】/【AutoCAD 2012 Simplified Chinese】命令，如图 1-1 所示。

2. 通过桌面快捷图标启动

在安装 AutoCAD 2012 之后，系统会在桌面上创建 AutoCAD 2012 的快捷图标，双击该图标，可以启动 AutoCAD 2012，如图 1-2 所示。

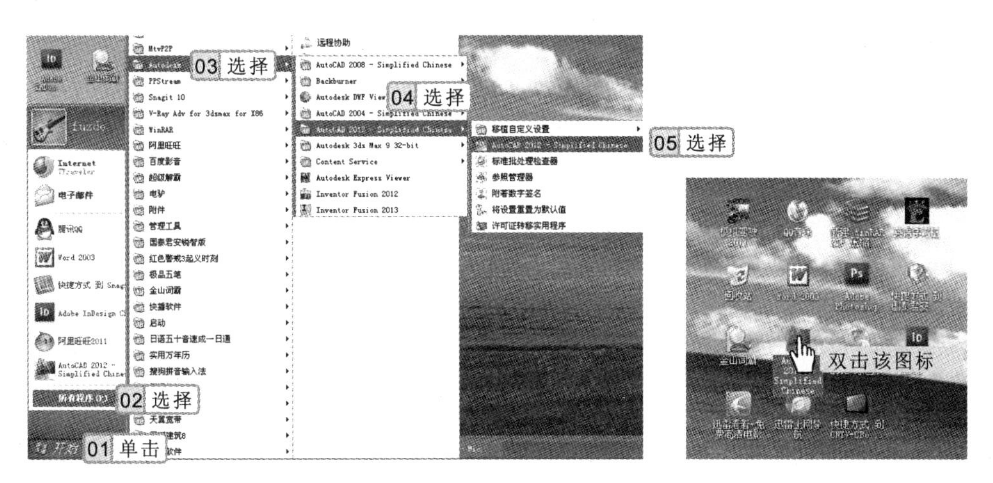

图 1-1 通过“开始”菜单启动　　图 1-2 通过桌面快捷图标启动

3. 通过其他方法启动

除了通过“开始”菜单和桌面快捷图标方式启动 AutoCAD 2012 外，还有其他多种方法启动 AutoCAD 2012，其中最常见的有如下几种：

在 AutoCAD 2012 的桌面快捷图标上单击鼠标右键，在弹出的快捷菜单中选择“打开”命令，同样可以执行启动操作。

- 如果用户为 AutoCAD 2012 创建了快速启动方式，即在任务栏的快速启动区中有 AutoCAD 2012 的快捷图标，单击该图标可启动 AutoCAD 2012。
- 双击打开具有 AutoCAD 格式的文件，如*.dwg、*.dwt 或*.dxf 等文件。

1.1.2 AutoCAD 2012 新功能简介

AutoCAD 2012 和以前的版本相比，增加了许多新功能，如自动完成命令、绘图预览功能、增强的夹点编辑功能以及利用夹点功能设置 UCS 坐标等。

1. 自动完成命令

自动完成命令是指在输入命令时，只需要输入命令的前几个字母，系统会自动显示一个有效选择列表，用户可以从中选择相应的选项来执行操作。例如，在命令行提示后输入“L”，将提示以 L 开头的所有命令，选择“L（LINE）”命令，即可执行直线命令，如图 1-3 所示。

2. 绘图预览功能

绘图预览功能是指使用编辑命令对图形进行编辑时，在未完成编辑命令之前，可以通过预览功能了解编辑后的效果，以便能够及时更改编辑时的命令参数。例如，对图形进行圆角处理时，将鼠标移动到要圆角的第二个圆角对象上，则会出现圆角图形后的效果，如图 1-4 所示。

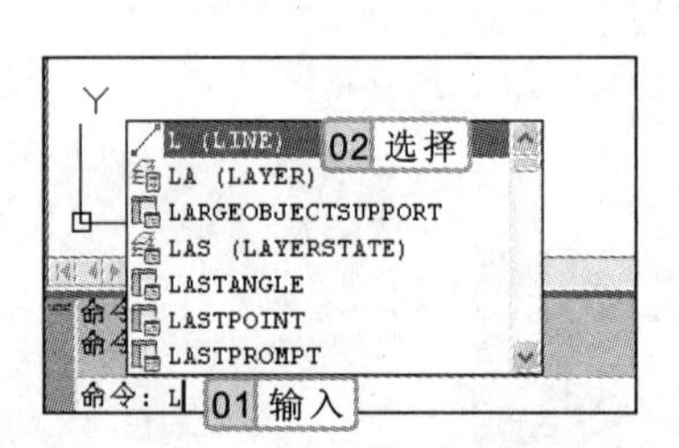

图 1-3 自动完成命令

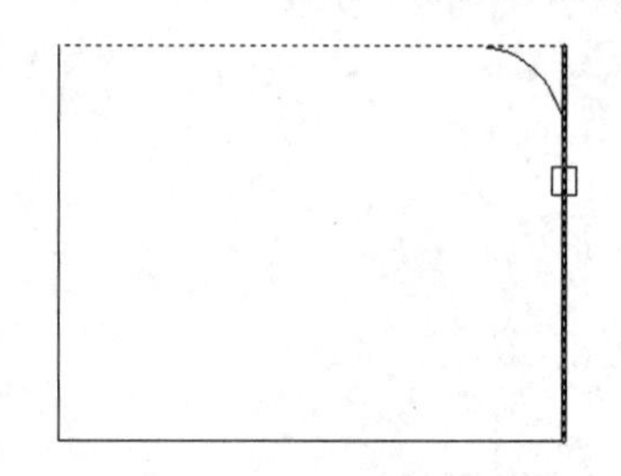

图 1-4 绘图预览功能

3. 增强的夹点编辑功能

在未执行任何绘图及编辑命令时，选择图形对象，该图形的特殊位置将出现夹点，如直线有端点和中点，圆弧有圆心、起点、中点和端点等。通过增强的夹点功能，用户能够更好地编辑图形。将鼠标移动到夹点上时，该夹点呈红色显示，并显示快捷菜单，通过选择相应的命令，可以对图形对象进行编辑。

通过 AUTOCOMPLETE 命令，可以控制在输入命令时是否启用自动完成功能，也可以自定义自动完成的功能，其中主要包括附加、列表、图标、系统变量等。

实例 1-1　利用夹点更改圆弧大小

选择图形对象，出现夹点，利用夹点增强功能，将“圆弧”图形文件中的圆弧大小进行更改，使圆弧的半径为 10。

参见光盘　光盘\素材\第 1 章\圆弧.dwg
光盘\效果\第 1 章\夹点编辑.dwg

1. 打开“圆弧.dwg”文件，将鼠标移动到圆弧上，单击鼠标左键选择圆弧，该圆弧被选中，将出现夹点，并以蓝色显示，如图 1-5 所示。
2. 将鼠标移动到圆弧中间的夹点上，该夹点呈红色显示，并出现快捷菜单，选择“半径”命令，如图 1-6 所示。

图 1-5　选择图形文件　　图 1-6　选择“半径”命令

3. 在动态输入框中输入圆弧的半径“10”，如图 1-7 所示，效果如图 1-8 所示。

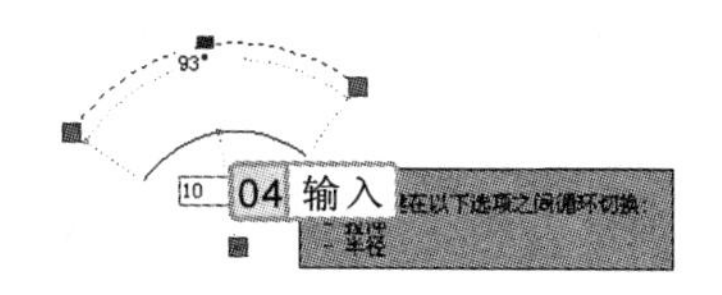

图 1-7　输入圆弧半径　　图 1-8　更改圆弧半径后的效果

4. 利用夹点功能设置 UCS 坐标

在 AutoCAD 2012 中，UCS 坐标除了可以使用 UCS 命令设置外，还可以通过夹点功能来设置。利用夹点功能，可以设置 UCS 的坐标原点，以及绕 X、Y、Z 轴进行旋转等操作。

实例 1-2　利用夹点旋转 UCS 坐标

选择坐标系图标，在坐标系上将出现夹点，利用夹点的“X 轴方向”选项来旋转 UCS 坐标。

1. 将鼠标光标移动到坐标系图标上，单击鼠标左键，选择坐标系，该坐标系的图标将以夹点进行显示。
2. 将鼠标光标移动到 X 轴左方的夹点上，该夹点呈红色显示，并在打开的快捷菜单中选择“X 轴方向”命令，如图 1-9 所示。

利用夹点功能编辑圆弧时，选择圆弧中间的夹点后，选择“拉伸”命令，可以对圆弧的形状进行改变，即在圆弧起点和端点不变的情况下，改变圆弧角度。

3 移动鼠标，UCS 坐标将绕 X 轴进行旋转，移动到合适的位置后单击鼠标左键，指定旋转位置，如图 1-10 所示。

4 将 UCS 坐标系进行旋转，并按“Esc”键取消选择，如图 1-11 所示。

图 1-9　选择相应选项　　图 1-10　指定旋转角度　　图 1-11　设置 UCS 坐标

1.1.3　退出 AutoCAD 2012

在完成图形的绘制及编辑操作之后，应退出 AutoCAD 2012，退出 AutoCAD 2012 主要有以下几种方法：

- 单击 AutoCAD 2012 的“应用程序”按钮，在弹出的菜单中单击退出 AutoCAD 2012按钮，即可退出 AutoCAD 2012，如图 1-12 所示。
- 单击 AutoCAD 2012 窗口右上角的“关闭”按钮，如图 1-13 所示。

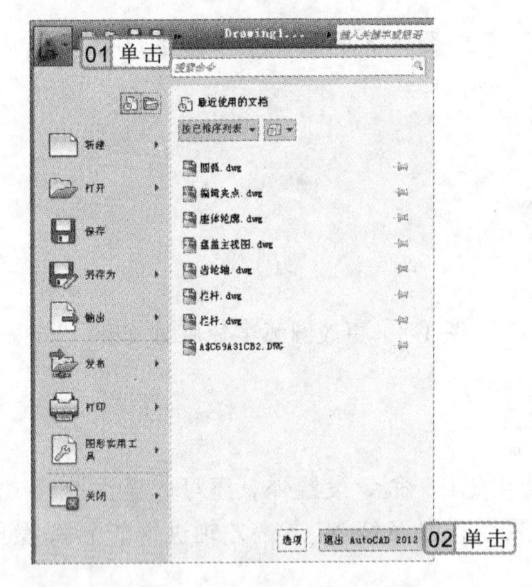

图 1-12　利用“应用程序”按钮退出

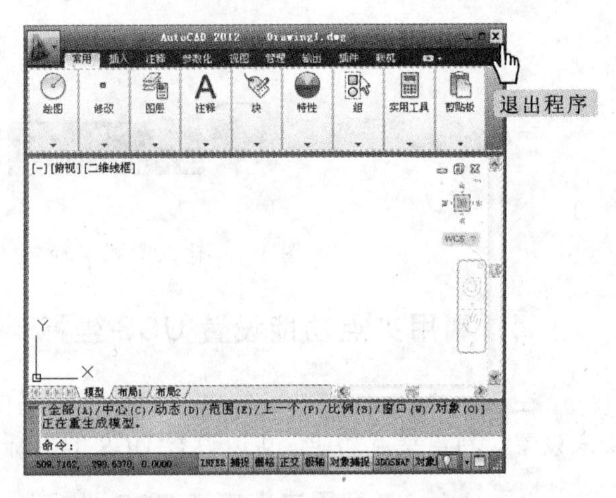

图 1-13　单击“关闭”按钮退出

1.2　AutoCAD 2012 工作界面

启动 AutoCAD 2012 后，将进入 AutoCAD 2012 的工作界面，其工作界面主要由“应用程序”按钮、标题栏、功能区，以及绘图区、十字光标、命令行和状态栏等组成。

退出 AutoCAD 2012 时，如果图形文件已经被修改，且没有进行保存，则会自动弹出是否对图形文件进行保存的对话框，单击取消按钮可以取消退出操作，返回工作界面继续工作。

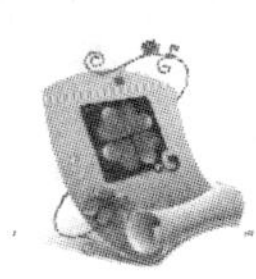

要使用 AutoCAD 2012 进行图形的绘制及编辑处理，应对 AutoCAD 2012 的工作界面进行一些了解，才能快速了解各部分的功能。如图 1-14 所示为 AutoCAD 2012 的工作界面。

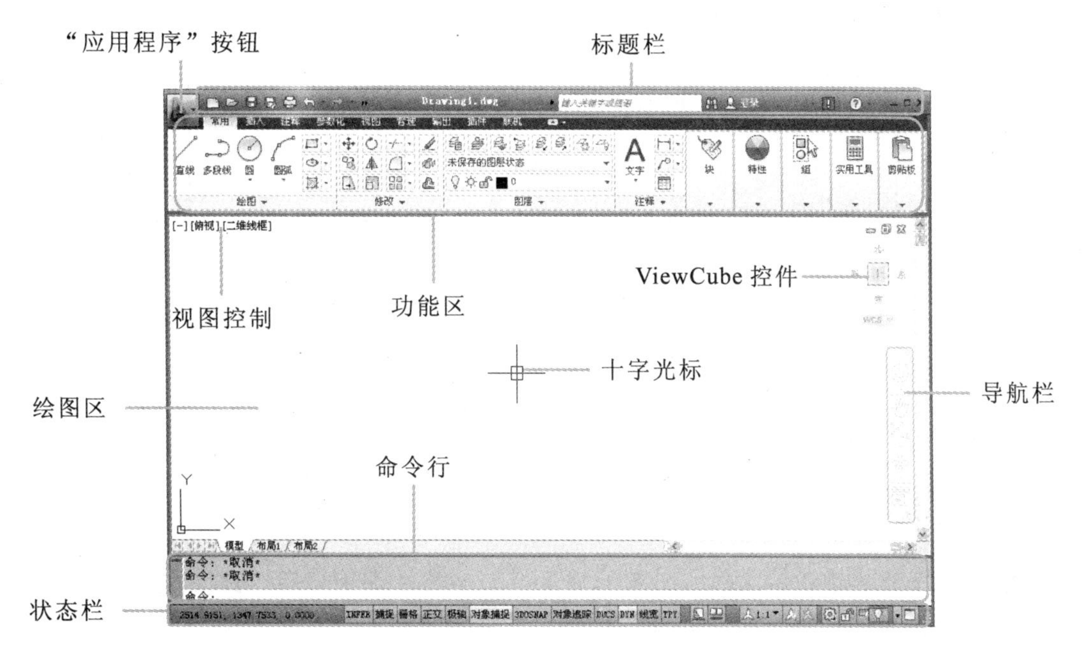

图 1-14　AutoCAD 2012 工作界面

由图 1-14 所示的图形可以看出，AutoCAD 2012 的默认工作界面主要由"应用程序"按钮、标题栏、功能区、视图控制、绘图区、坐标系、十字光标、ViewCube 控件、导航栏、命令行以及状态栏等部分组成。下面分别对各组成部分的功能进行简单介绍。

1.2.1 "应用程序"按钮

"应用程序"按钮位于 AutoCAD 2012 程序窗口的左上方，单击"应用程序"按钮，将打开应用程序菜单，在该菜单中，可以快速进行创建图形文件、打开已经保存的图形文件、保存图形文件、另存为图形文件、输出图形文件、打印图形、发布图形以及退出 AutoCAD 2012 程序等操作。

实例 1-3　利用"应用程序"按钮关闭当前图形文件

1. 在 AutoCAD 2012 中单击"应用程序"按钮，弹出应用程序菜单。
2. 选择【关闭】/【当前图形】命令，如图 1-15 所示。

在标题栏上单击鼠标右键，在弹出的快捷菜单中可以对 AutoCAD 2012 的程序窗口进行还原、最小化、移动和关闭等操作。

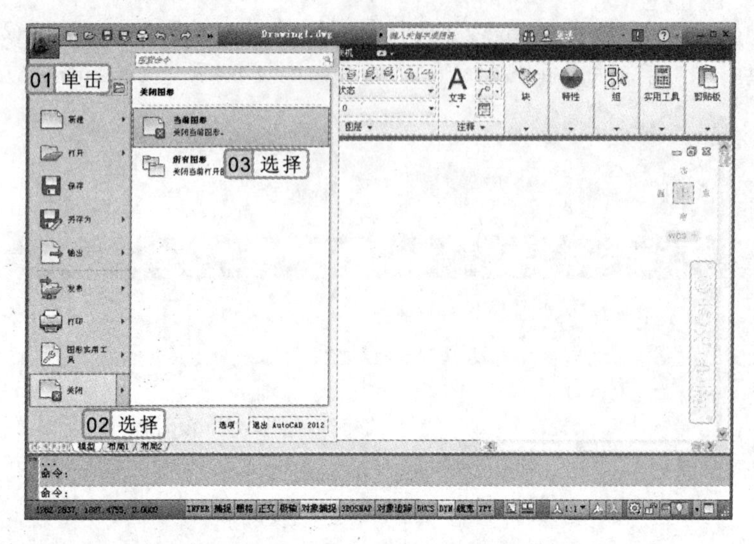

图 1-15　利用“应用程序”按钮关闭图形文件

1.2.2　标题栏

标题栏位于程序窗口的上方，如图 1-16 所示，主要由快速访问工具栏、文件名称、搜索区以及右端的窗口控制按钮组成。

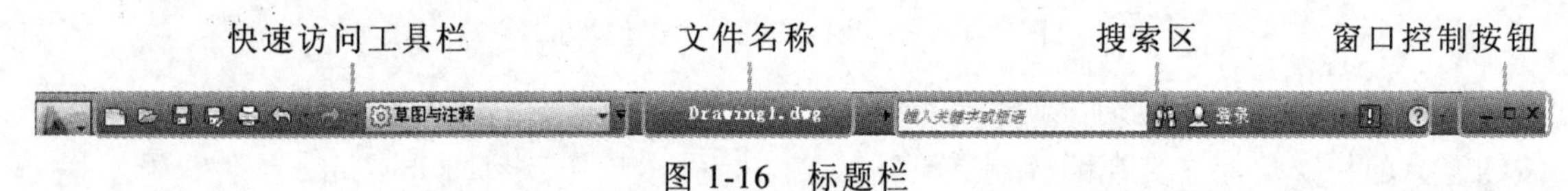

图 1-16　标题栏

在标题栏中，可以快速对图形文件进行常用操作，也可以通过标题栏了解当前图形文件的相应信息，其中各组成部分的常用功能介绍如下。

- **快速访问工具栏**：快速访问工具栏中有各种常用的文件操作命令按钮，如新建、打开、保存、打印等，也可以根据需要添加或删除命令按钮。
- **文件名称**：在标题栏的中间部分，显示了应用程序的名称和版本号，以及当前打开的图形文件的名称，在程序窗口最大化时会全部显示程序的名称及文件名称，如 AutoCAD 2012 Drawing.dwg，其中 Drawing.dwg 为图形文件的名称。
- **搜索区**：该区域可用于搜索各种命令的使用方法、相关操作等。
- **窗口控制按钮**：该区域主要用于应用程序窗口操作，其中主要包括“最小化”按钮、“最大化/还原”按钮/，以及“关闭”按钮。单击标题栏右侧的“最小化”按钮，可以将 AutoCAD 2012 窗口最小化为 Windows 任务栏上的一个图标按钮；单击“最大化”按钮，可以最大化显示 AutoCAD 2012 窗口，同时该按钮变成“还原”按钮；单击“还原”按钮，又可将 AutoCAD 2012 窗口恢复为原来的大小；单击“关闭”按钮，将关闭 AutoCAD 2012 应用程序。

AutoCAD 2012 的“应用程序”按钮中包含的信息，与早期版本中的“文件”菜单比较相似，其中主要包括新建、打开、保存、关闭等命令。

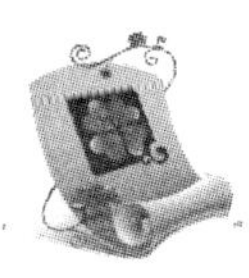

1.2.3　功能区

功能区位于标题栏下方，主要由选项卡和面板组成，如图 1-17 所示。在创建或打开文件时，会自动显示功能区，提供一个包括创建文件所需的所有工具的小型选项板。在功能区中单击鼠标右键，可以在弹出的快捷菜单中添加或隐藏选项卡或面板。

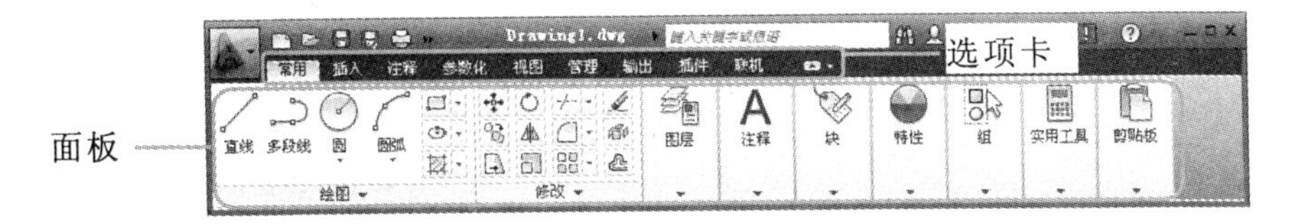

图 1-17　功能区

功能区中选项卡和面板的含义介绍如下。

- **选项卡**：功能区的选项卡可控制功能区面板在功能区上的显示及显示顺序，用户可以将功能区选项卡添加至工作空间，以控制在功能区中显示哪些选项卡。
- **面板**：功能区的面板包含了很多工具和控件，单击命令按钮，即可执行相应的命令。

1.2.4　绘图区

绘图区是位于程序窗口中间的空白区域，是用户绘制与编辑图形的地方。绘图区是一个无限延伸的空白区域，无论多大的图形，都可以通过坐标系的标示区分 X 轴和 Y 轴，并通过轴让绘制的图形更加标准。

1.2.5　视图控制

在绘图区的左上方有视图控制的相关控件，主要有视口控件、视图控件和视觉样式控件 3 个控件。

- **视口控件**：单击“视口控件”按钮[-]，在弹出的菜单中可以对视口进行操作。例如，将视口设置为“三个：上”，其方法是：单击“视口控件”按钮[-]，在弹出的菜单中选择【视口配置列表】/【三个：上】命令，如图 1-18 所示，效果如图 1-19 所示。

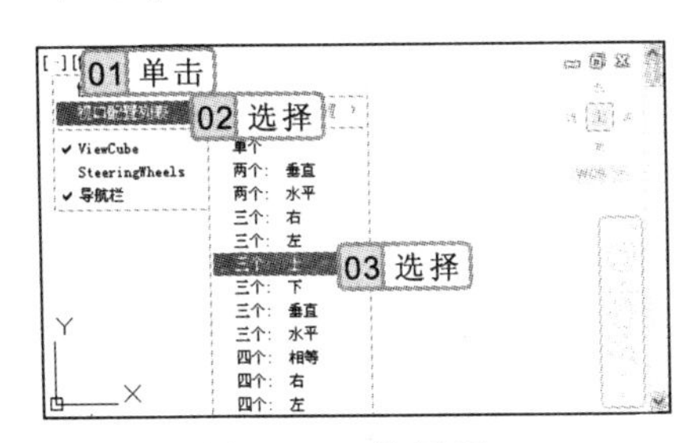

图 1-18　设置视口

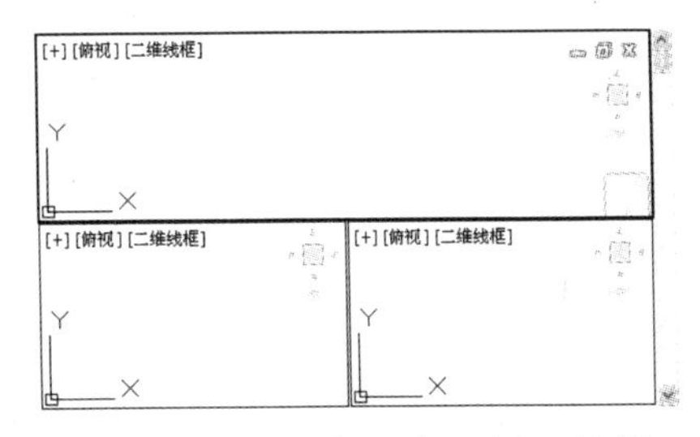

图 1-19　“三个：上”视口效果

显示或隐藏选项卡和面板时，可以在功能区的选项卡上单击鼠标右键，也可以在面板中单击鼠标右键，其弹出的快捷菜单有所不同，但都包括选项卡和面板功能组。

- **视图控件**：单击“视图控件”按钮[俯视]，在弹出的菜单中可以对视图进行切换，如将当前视图切换为前视图或东南等轴测视图等，如图 1-20 所示。
- **视觉样式控件**：单击“视觉样式控件”按钮[二维线框]，可对视觉样式进行更改。该控件一般在绘制三维模型时使用，如图 1-21 所示。

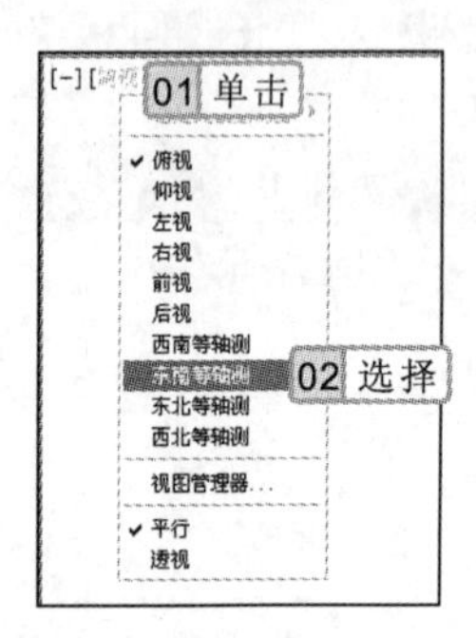

图 1-20　视图控件

图 1-21　视觉样式控件

1.2.6　十字光标

十字光标一般位于绘图区中，以十字形式显示，可用来确定绘图时坐标点的指定，也可以用于选择要进行编辑的图形对象。十字光标主要有如下 4 种形式。

- **默认形式**：在未进行绘图及编辑命令时，光标显示为一个十字光标和拾取框光标的组合，如图 1-22 所示。
- **十字光标**：使用窗口、窗交方式选择图形对象，在指定第一个角点等情况下，将以十字光标的形式进行显示，如图 1-23 所示。

图 1-22　默认形式　　　　图 1-23　十字光标

- **方框**：当提示选择对象时，光标将显示为一个称为拾取框的小方形。
- **竖线**：如果系统提示输入文字，光标显示为竖线。

1.2.7　ViewCube 控件

ViewCube 是用户在二维模型空间或三维视觉样式中处理图形时显示的导航工具。通过 ViewCube 控件，用户可以在标准视图和等轴测视图间切换，也可以随意旋转视图的观看角度。

- **标准视图切换**：单击 ViewCube 控件的相应视图图标，即可转换视图，如单击“上”图标切换至俯视图，如图 1-24 所示。

在设置光标大小时，十字光标大小的取值范围一般为 1～100，数值越大，则十字光标越长。当光标大小为 100 时，表示十字光标呈全屏幕显示。

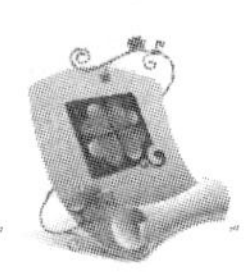

- **旋转视图**：将鼠标移动到 ViewCube 控件上，按住鼠标左键不放，拖动鼠标，可将视图进行相应的旋转，如图 1-25 所示。

图 1-24　切换视图

图 1-25　旋转视图

1.2.8　导航栏

导航栏是一种用户界面元素，用户可以从中访问通用导航工具和特定产品的导航工具，主要由控制盘、平移、视图缩放、动态观察和 ShowMotion 等工具按钮组成，如图 1-26 所示。各工具按钮的作用介绍如下。

- **控制盘**：控制盘将多个常用导航工具结合到一个单一界面中，从而为用户节省了时间。控制盘是任务特定的，通过控制盘可以在不同的视图中导航和设置模型方向，单击控制盘下方的▼按钮，可以在几种控制盘之间进行切换，其中主要包括全导航控制盘、全导航控制盘（小）、查看对象控制盘、查看对象控制盘（小）、巡视建筑控制盘、巡视建筑控制盘（小）、二维控制盘等。

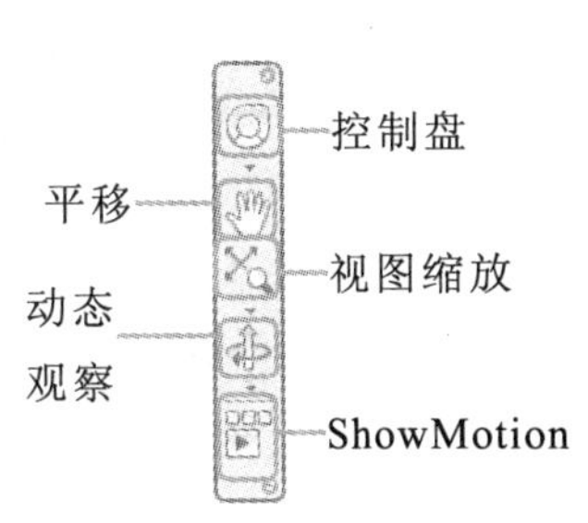

图 1-26　导航栏

- **平移**：单击“平移”按钮，可以将视图进行平移操作，以观察图形对象。
- **视图缩放**：用于增大或减小模型当前视图比例的导航工具集。
- **动态观察**：用于旋转模型当前视图的导航工具集。
- **ShowMotion**：用户界面元素，为创建和回放电影式相机动画提供屏幕显示，以便进行设计查看、演示和书签样式导航。

1.2.9　命令行

命令行位于绘图区下方，是 AutoCAD 与用户对话的一个平台。AutoCAD 通过命令提示行反馈各种信息，用户应密切关注命令提示行中出现的信息，并按信息提示进行相应的操作。使用 AutoCAD 绘图时，命令提示行一般有如下两种显示状态。

- **等待命令输入状态**：表示系统正在等待用户输入命令，以进行图形的绘制或编辑操作，如图 1-27 所示。
- **正在执行命令状态**：在执行命令的过程中，命令提示行中将显示该命令的操作提示，

命令行中显示“命令:”时，表示 AutoCAD 正在等待用户输入命令。通过命令提示行可以反馈各种信息，包括出错信息。用户需要时刻关注在命令行中出现的信息。

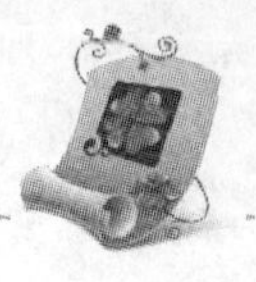

以方便用户快速地确定下一步操作，如图 1-28 所示。

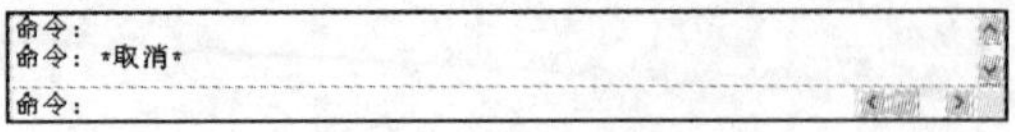

命令:
命令: *取消*
命令:

图 1-27　等待命令输入状态

命令: *取消*
命令: 1 LINE 指定第一点:
指定下一点或 [放弃(U)]:

图 1-28　正在执行命令状态

如果需查看更多的命令操作信息，可按“F2”键，将打开如图 1-29 所示的“AutoCAD 文本窗口”窗口，该窗口中显示了对图形文件执行过的命令。

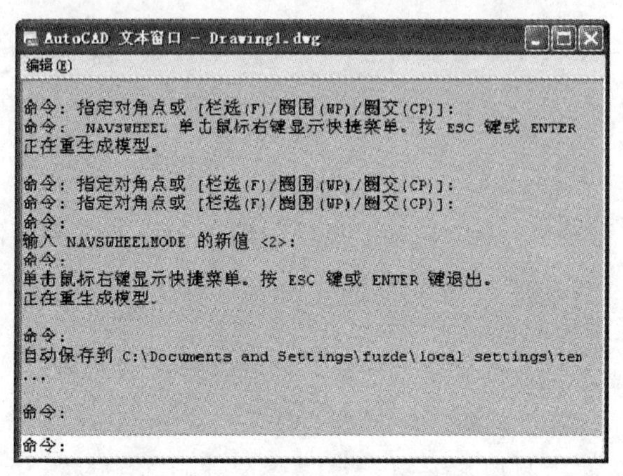

图 1-29　“AutoCAD 文本窗口”窗口

1.2.10　状态栏

状态栏位于 AutoCAD 2012 工作界面的最下方，主要由图形坐标、辅助功能按钮、布局、注释比例、工作空间、状态栏按钮等组成，如图 1-30 所示。

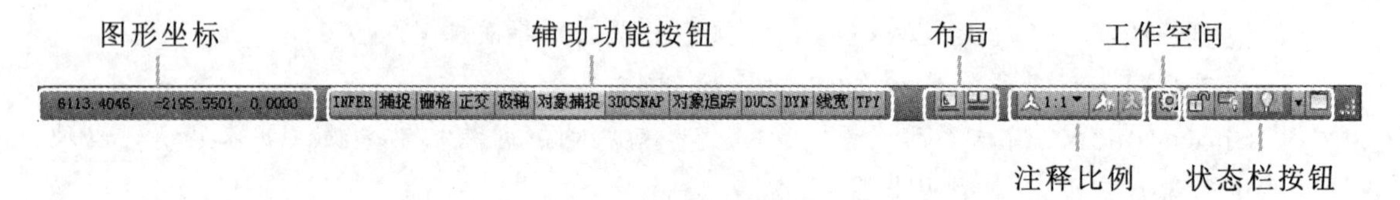

图 1-30　状态栏

1. 图形坐标

在状态栏的图形坐标中，用户可快速查看当前光标的位置及对应的坐标值。移动鼠标光标，坐标值也随着变化。单击坐标值区域，可关闭该功能，再次单击则可打开该功能。

2. 辅助功能按钮

辅助功能按钮都属于开关型按钮，即单击某个按钮，使其呈凹陷状态，表示启用该功

功能区中的选项卡和面板不仅可以显示或隐藏，还可以将“功能区”以浮动窗口的形式进行显示。

能；再次单击该按钮，使其呈凸起状态，则表示关闭该功能。各按钮的作用介绍如下。

- “推断约束”按钮INFER：单击该按钮启用“推断约束”功能，会自动在正在创建或编辑的对象与对象捕捉的关联对象或点之间应用约束。
- “捕捉”按钮捕捉：捕捉模式用于限制十字光标，使其按照用户定义的间距进行移动。
- “栅格”按钮栅格：栅格是点或线的矩阵，遍布指定为栅格界限的整个区域。利用栅格可以对齐对象并直观显示对象之间的距离，在打印图形时，栅格不会被打印。
- “正交”按钮正交：启动该功能后，十字光标只能在水平或垂直方向上确定坐标点的位置，主要用于绘制二维平面图形的水平和垂直线段，以及正等轴测图中的线段。
- “极轴”按钮极轴：用于捕捉和绘制与起点水平线呈一定角度的线段。
- “对象捕捉”按钮对象捕捉：用于捕捉对象中的特殊点，如圆心、中点、象限点等。
- “三维对象捕捉”按钮3DOSNAP：启用该功能，可以捕捉三维图形对象的特殊点。
- “对象捕捉追踪”按钮对象追踪：该功能和对象捕捉功能一起使用，用于追踪捕捉点线性方向上与其他对象特殊点的交点。
- “动态 UCS”按钮DUCS：用于启用或禁止动态 UCS。
- “动态输入”按钮DYN：当开启此功能并输入命令时，十字光标附近将显示线段的长度及角度，按“Tab”键可在长度及角度值间切换，并可输入新的长度及角度值。
- “线宽”按钮线宽：用于在绘图区显示绘图对象的线宽度。
- “显示/隐藏透明度”按钮TPY：启用该功能，可以显示图形对象的透明度；关闭该功能，则隐藏透明度参数。

3. 布局

在布局选项中，单击按钮，可快速查看布局效果；单击按钮，则可快速查看当前布局中的图形对象。

4. 注释比例

注释比例默认状态下是 1:1，用户可根据需要自行调整注释比例，方法是单击其右侧的按钮，在弹出的列表中选择需要的比例即可。

5. 工作空间

单击按钮，在弹出的列表中选择相应的工作空间，可对 AutoCAD 的工作空间进行切换。AutoCAD 2012 主要包括草图与注释、三维基础、三维建模以及 AutoCAD 经典几种工作空间。

6. 状态栏按钮

单击状态栏右侧的按钮，在弹出的列表中选择相应的选项，可显示或隐藏状态栏的相应部分。

使用鼠标右键单击状态栏的辅助功能按钮，在弹出的快捷菜单中选择或取消选择“使用图标”选项，可以将辅助功能按钮以图标或文字的方式进行显示。

1.3 AutoCAD 2012 工作空间

AutoCAD 2012 提供了大量的设计工具，可以很好地解决很多设计问题。为满足不同需求用户的需求，AutoCAD 2012 为用户提供了多种工作空间。如绘制三维图形时，可以切换至相应的三维工作空间等。

1.3.1 工作空间的概念

工作空间是经过分组和组织的菜单、工具栏、工具选项板和控制面板的集合，使用户可以在自定义的、面向任务的绘图环境中工作。使用工作空间时，只会显示与任务相关的菜单、工具栏和工具选项板。此外，工作空间还会自动显示面板，一个带有特定任务的特殊选项板。

1.3.2 切换工作空间

使用工作空间时，只会显示与任务相关的功能区选项板、面板等内容。AutoCAD 2012 中提供有草图和注释、三维基础、三维建模和 AutoCAD 经典等工作空间，通过单击标题栏的快速访问工具栏中的 草图与注释 按钮，或者单击状态栏中的“切换工作空间”按钮，在弹出的列表中选择相应的工作空间选项，即可在不同的工作空间中进行切换。

实例 1-4 切换至“AutoCAD 经典”工作空间

单击标题栏或状态栏中的“切换工作空间”按钮，在弹出的列表中选择“AutoCAD 经典”选项，切换至“AutoCAD 经典”工作空间。

1. 单击标题栏中的“切换工作空间”按钮，在弹出的列表中选择“AutoCAD 经典”选项，如图 1-31 所示。
2. 切换至“AutoCAD 经典”工作空间后的效果如图 1-32 所示。

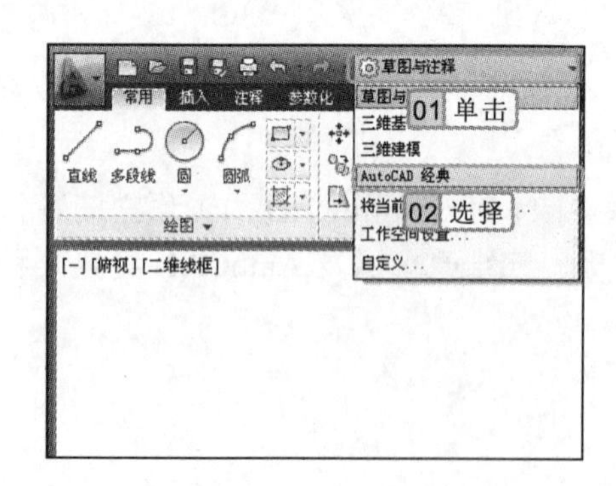

图 1-31 选择“AutoCAD 经典”工作空间

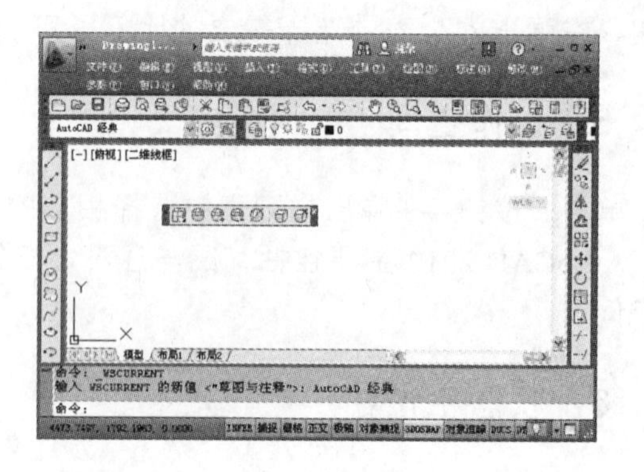

图 1-32 “AutoCAD 经典”工作空间

创建或修改工作空间中用户界面元素最简单的方法是，在应用程序窗口中对其进行自定义，从中可以设置最常用的多种用户界面元素的显示和外观。

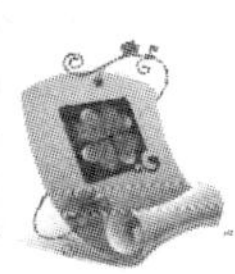

1.3.3　配置工作空间

使用或切换工作空间，就是改变绘图区域的显示。用户如想在绘图过程中切换到另一个工作空间，可以通过在功能区中单击鼠标右键，设置选项卡和面板的显示与隐藏；也可以通过单击标题栏或状态栏的“切换工作空间”按钮，在弹出的列表中选择“自定义”选项，打开“自定义用户界面”对话框，对工作空间进行相应设置。

实例 1-5　自定义草图与注释工作空间

单击标题栏或状态栏的“切换工作空间”按钮，选择“自定义”选项，打开“自定义用户界面”对话框，对草图与注释工作空间进行相应设置，在其中选择“注释”和“插入”选项卡。

1. 单击标题栏的“切换工作空间”按钮 草图与注释 ，在弹出的列表中选择“自定义”选项，如图 1-33 所示。
2. 打开“自定义用户界面”对话框，在“工作空间”选项上使用鼠标右键单击“草图与注释 默认（当前）”选项，在弹出的快捷菜单中选择“新建工作空间”命令，如图 1-34 所示。

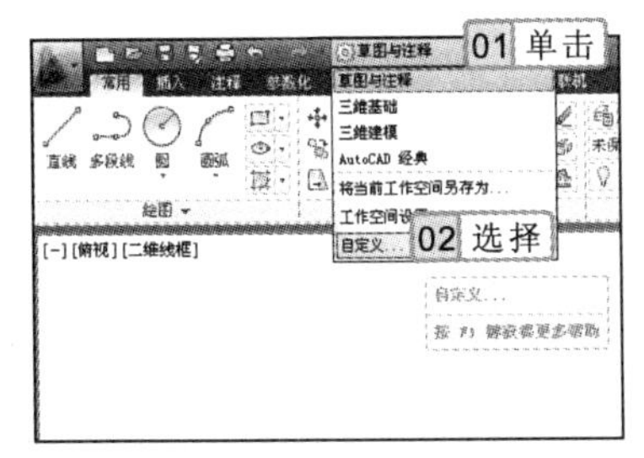

图 1-33　选择“自定义”选项

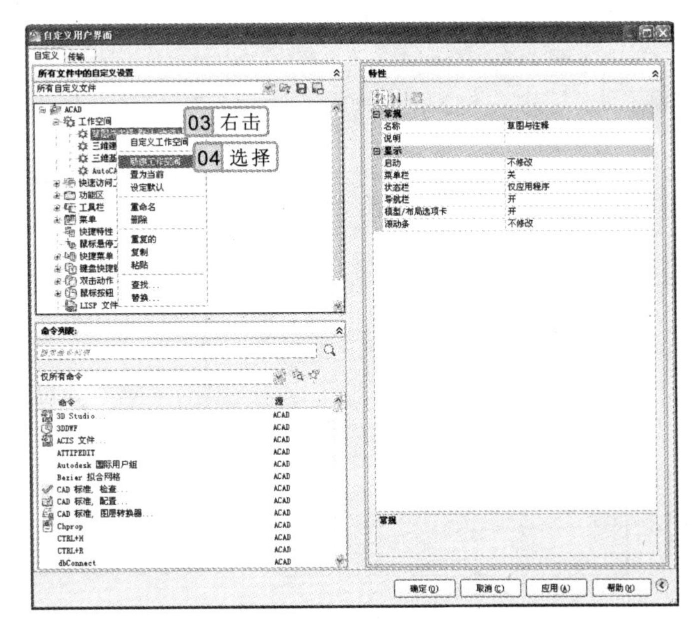

图 1-34　选择“新建工作空间”选项

3. 将创建的工作空间的名称更改为“我的空间”，在右侧的“工作空间内容”栏中单击 自定义工作空间(C) 按钮，如图 1-35 所示。
4. 在“所有文件中的自定义设置”栏中，单击“功能区”选项前的 ⊞ 按钮，再单击“选项卡”选项前的 ⊞ 按钮，在展开的选项中选中 ☑ 注释、☑ 常用 - 2D、☑ 插入 复选框，并取消其余选项前复选框的选择。

在 AutoCAD 2012 中自定义工作空间后，用户可以使用 WSSAVE 命令，将更改保存到现有工作空间或新的工作空间中。

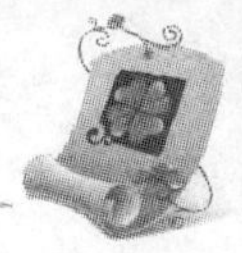

5 单击对话框右侧上方的 完成(D) 按钮，完成工作空间内容的设置，单击 确定(O) 按钮，完成工作空间的自定义操作，如图 1-36 所示。

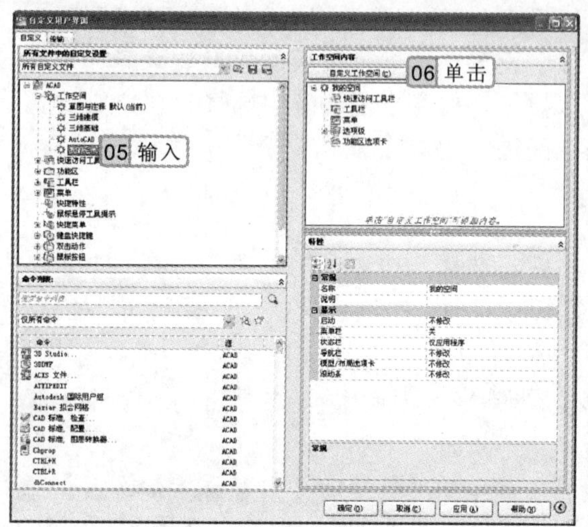

图 1-35　更改工作空间

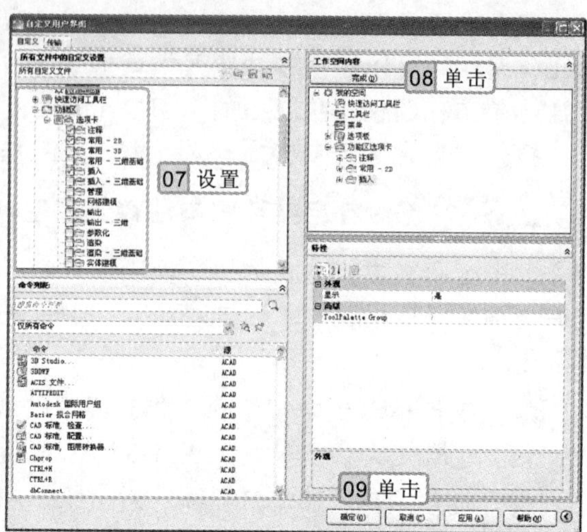

图 1-36　设置工作空间

6 单击标题栏的“切换工作空间”按钮，在弹出的列表中选择“我的空间”选项，如图 1-37 所示。

7 自定义工作空间后的效果如图 1-38 所示。

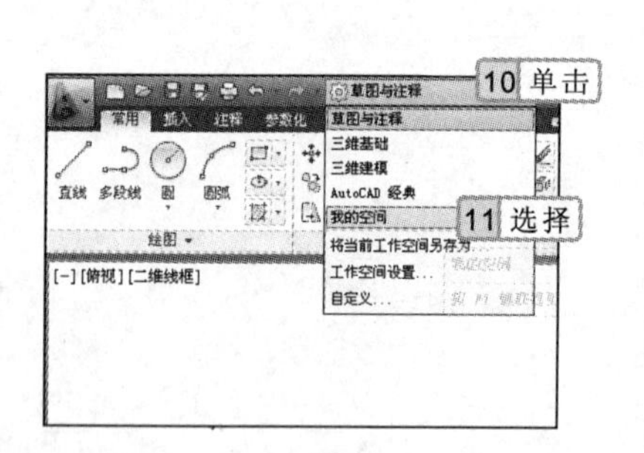

图 1-37　切换工作空间

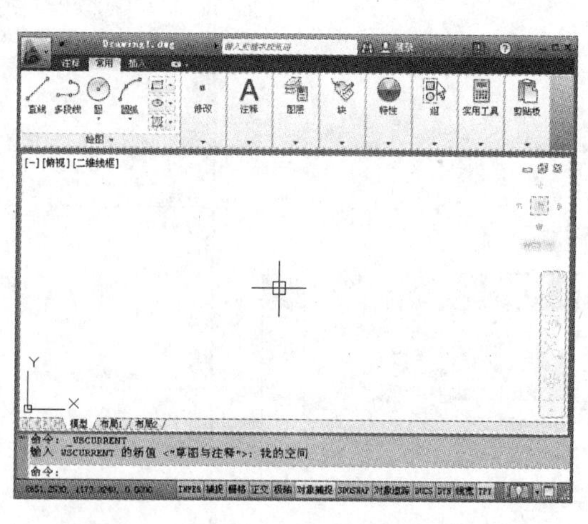

图 1-38　自定义工作空间后的效果

1.4　模型空间和图纸空间

AutoCAD 为用户提供了两种绘图空间：模型空间和图纸空间（又称为布局空间）。在这两种空间中，都可以对图形进行绘制与编辑。当新建一个图形文件时，系统会自动进入模型空间中进行工作。

模型空间是默认的绘图空间，用户可以按 1:1 的比例对图形进行绘制，在出图时，按一定的比例将图形进行输出即可。

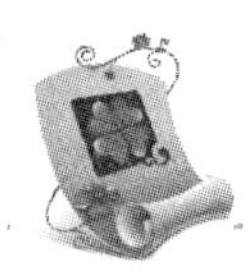

1.4.1　模型空间与图纸空间的概念

在 AutoCAD 2012 中，有两种不同的工作环境，分别用“模型”和“布局”选项卡进行表示。选择绘图区左下角的“布局 1”、“布局 2”选项卡可切换至图纸空间，选择“模型”选项卡即可返回到模型空间中。

默认情况下有一个模型和两个布局选项卡，用户可以根据情况创建新的布局空间。这些选项卡位于绘图区底部左端位置，作用分别介绍如下。

- **模型空间：**模型空间如图 1-39 所示，默认情况下，工作环境为模型空间，其绘图区域无限大。在模型空间中，可以绘制、查看和编辑模型。在模型空间中绘图时，首先应确定一个单位是表示一毫米、一分米、一英寸、一英尺，还是表示在工作中最方便或最常用的其他单位，然后可以按 1:1 的比例创建模型，这也是使用 AutoCAD 2012 创建图形的基本方法。
- **图纸空间：**图纸空间（也称布局空间）如图 1-40 所示。在图纸空间中工作时，可以创建一个或多个布局视口、标注、说明和一个标题栏，以表示图纸。

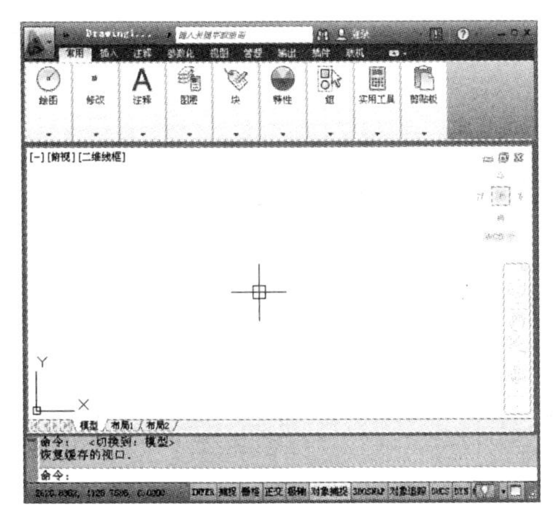

图 1-39　模型空间

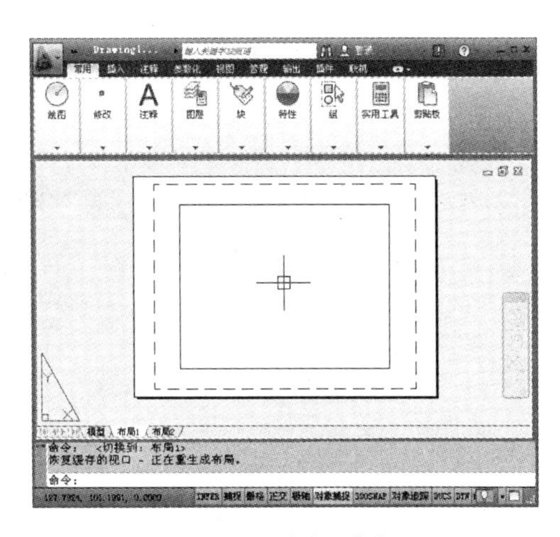

图 1-40　图纸空间

1.4.2　创建新布局

AutoCAD 2012 提供了一个模型和两个布局空间，可以根据需要创建多个布局空间。创建布局空间时，可以创建一个空白布局，也可以根据样板文件来创建新的布局。

实例 1-6　利用样板创建新布局

在绘图区左下方的“模型”、“布局”选项卡上单击鼠标右键，在弹出的快捷菜单中选择“来自样板”命令，利用“Tutorial-iArch.dwt”模板文件创建新布局。

1　在绘图区左下方的“布局 1”选项卡上单击鼠标右键，在弹出的快捷菜单中选择

将鼠标光标移动到“布局 1”或“布局 2”选项卡上，按住鼠标左键不放，向左、右移动鼠标，可以更改“布局 1”或“布局 2”选项卡的先后顺序。

“来自样板”命令，如图 1-41 所示。

2 打开“从文件选择样板”对话框，在样板列表中选择 Tutorial-iArch.dwt 选项，单击 打开(O) 按钮，如图 1-42 所示。

图 1-41　添加布局

图 1-42　选择样板文件

3 打开“插入布局”对话框，单击 确定 按钮，如图 1-43 所示。

4 选择 D-Size Layout 选项卡，将空间切换到 D-Size Layout 布局空间，如图 1-44 所示。

图 1-43　“插入布局”对话框

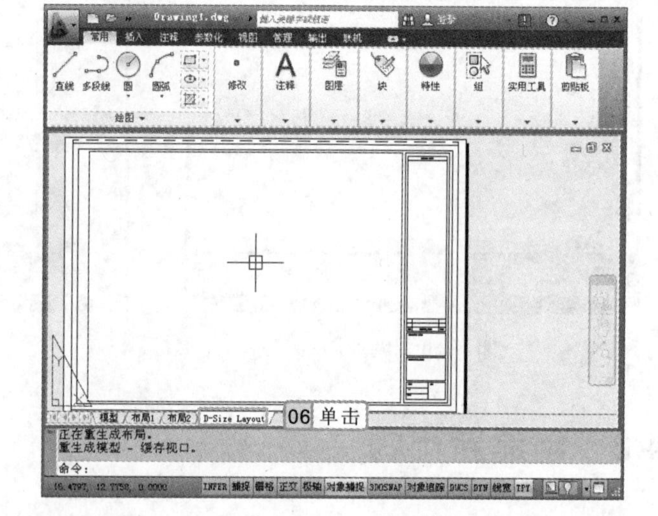

图 1-44　布局效果

1.5　设置绘图环境

手工绘制图形时，首先应准备图纸、标尺、笔等绘图工具。而使用 AutoCAD 2012 绘制图形时，同样需要进行绘图前的准备，如设置绘图界限、绘图单位，以及十字光标大小、绘图区颜色等。

设置图形界限时，应以具体的图纸尺寸为准，在 AutoCAD 中主要采用 A0、A1、A2、A3、A4 和 A5 等型号的图纸。

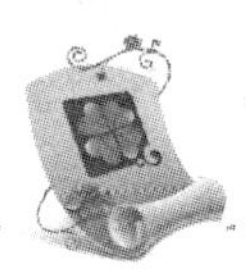

1.5.1 设置图形界限

AutoCAD 中默认的绘图边界为无限大，如果用户想限制绘图的边界，可以指定绘制图形时的绘图边界，从而只能在指定大小的图纸空间中进行图形绘制。执行图形界限命令，主要有以下两种方法：

- 选择【格式】/【图形界限】命令。
- 在命令行中输入“LIMITS”命令。

实例 1-7 设置 A3 图形界限

执行图形界限命令，设置 A3 图纸为 420×297 的图形界限，并开启图形界限功能。

1. 在命令行中输入“LIMITS”，执行图形界限命令，设置图形界限的区域。其命令行操作如下：

```
命令: LIMITS                                              //执行图形界限命令
重新设置模型空间界限:
指定左下角点或 [开(ON)/关(OFF)] <0.0000,0.0000>: 0,0     //指定左下角的点
指定右上角点 <12.0000,9.0000>: 420,297                   //指定右上角的点
```

2. 在命令行中输入“LIMITS”，执行图形界限命令，打开图形界限功能。其命令行操作如下：

```
命令: LIMITS                                              //执行图形界限命令
重新设置模型空间界限:
指定左下角点或 [开(ON)/关(OFF)] <0.0000,0.0000>: ON      //选择“开”选项
```

1.5.2 设置绘图单位

开始绘图前，首先应确定一个图形单位，以代表图形的实际大小，然后据此约定创建实际大小的图形。在 AutoCAD 2012 中创建的所有对象都是根据图形单位进行测量的。设置绘图单位命令，主要有以下两种方法：

- 选择【格式】/【单位】命令。
- 在命令行中输入“UNITS”、“DDUNITS”或“UN”命令。

执行上述任意一个命令后，都将打开如图 1-45 所示的“图形单位”对话框。通过该对话框可以设置长度和角度的单位与精度。

该对话框中各选项的含义介绍如下。

- **“长度”栏**：在“类型”下拉列表框中选择长度单位的类型，如分数、工程、建筑、科学和小数等；在“精度”下拉列表框中可选择长度单位的精度。
- **“角度”栏**：在“类型”下拉列表框中选择角度单位的类型，如百分度、度/分/秒、弧度、勘测单位和十进制度数等；在“精度”下拉列表框中可选择角度单位的精度。

设置绘图单位时，一般情况下，用户不应更改角度的旋转方向和基准角的方向，以增加 AutoCAD 2012 的通用性。

- ☑顺时针(C)复选框：系统默认不选中该复选框，即以逆时针方向为正方向。选中该复选框后，则以顺时针方向为正方向。
- **“插入时的缩放单位”栏**：在“用于缩放插入内容的单位”下拉列表框中可选择插入图块时的单位，这也是当前绘图环境的尺寸单位。
- 方向(D)...**按钮**：单击该按钮，将打开“方向控制”对话框，如图 1-46 所示。在该对话框中可以设置基准角度，即设置 0° 的相对角度，例如基准角度设为“西”，则绘图时的 0° 实际在 180° 方向上。

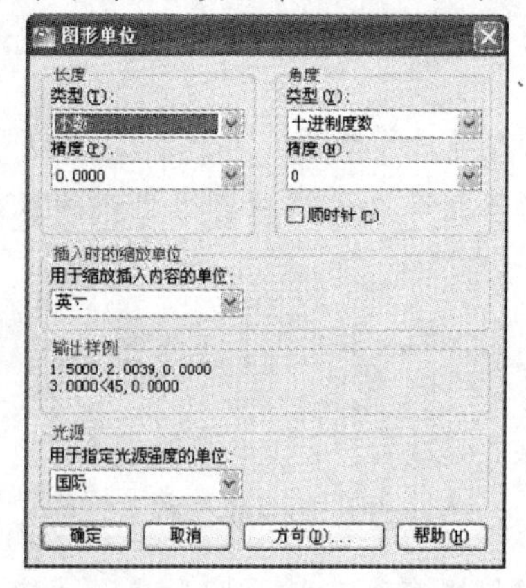

图 1-45　“图形单位”对话框

图 1-46　设置图形方向

1.5.3　设置“选项”对话框参数

在 AutoCAD 2012 的“选项”对话框中可以设置图形的绘图环境，如十字光标的大小、绘图区颜色、靶框大小、单击鼠标右键的功能等。打开“选项”对话框，主要有以下两种方法：

- 选择【工具】/【选项】命令。
- 在命令行中输入“OPTIONS”或“OP”命令。

实例 1-8　设置单击鼠标右键为确认

执行“选项”命令，打开“选项”对话框，在“用户系统配置”选项卡中设置单击鼠标右键的功能。

1. 在绘图区中单击鼠标右键，在弹出的快捷菜单中选择“选项”命令。
2. 打开“选项”对话框，选择“用户系统配置”选项卡，在“Windows 标准操作”栏中单击自定义右键单击(I)...按钮，如图 1-47 所示。
3. 打开“自定义右键单击”对话框，在“命令模式”栏中选中⊙确认(E)单选按钮，如图 1-48 所示。
4. 单击应用并关闭按钮，完成右键功能设置，并返回“选项”对话框，单击确定按钮，返回绘图区，完成自定义鼠标右键功能。

对于初学者来说，尽量不要关闭鼠标右键的功能，以及不要设置自定义右键的单击功能，这样会更方便学习和操作。

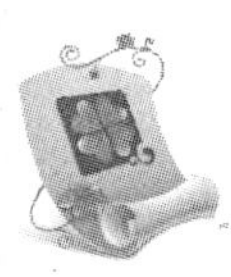

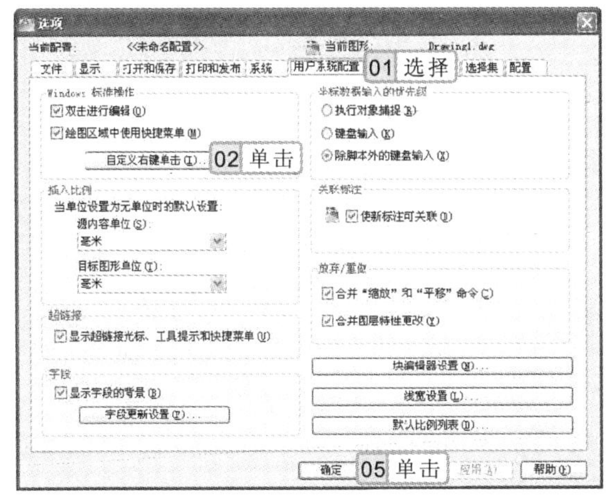

图 1-47　“选项”对话框

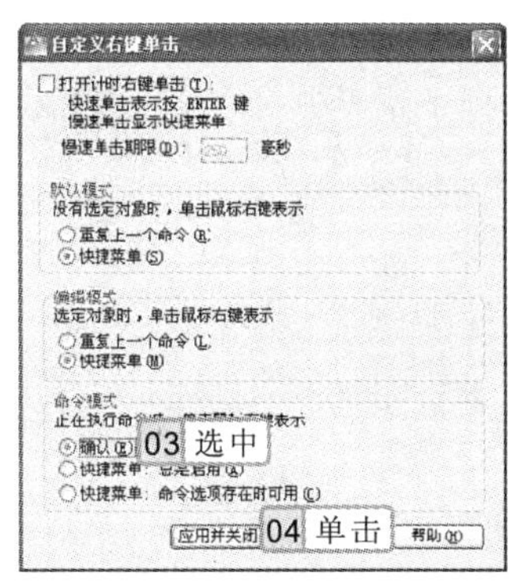

图 1-48　自定义右键单击

1.6　基础实例

本章的基础实例中，将练习设置 AutoCAD 2012 的工作界面和绘图环境，如功能区选项卡和面板的显示与隐藏、绘图界限及绘图单位的设置等。

1.6.1　设置工作界面

本实例将在启动 AutoCAD 2012 后，对 AutoCAD 2012 默认的工作界面进行设置，将“管理”、“输出”和“插件”选项卡进行隐藏，在“常用”选项卡中，隐藏“块”、“特性”、“组”和“剪贴板”面板，在状态栏中不显示光标坐标值和推断约束，并将视口设置为“三个：上”，如图 1-49 所示。

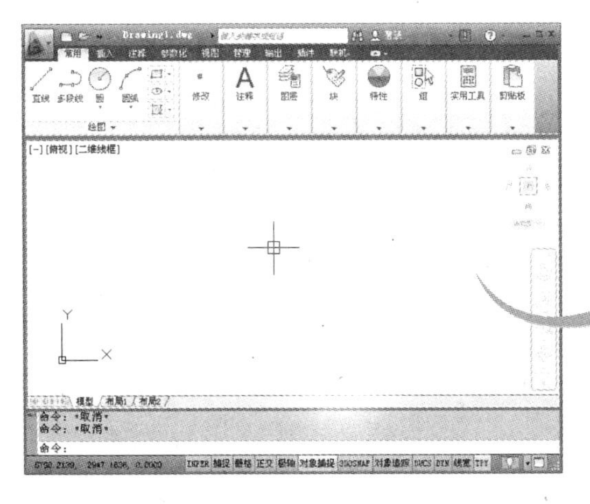

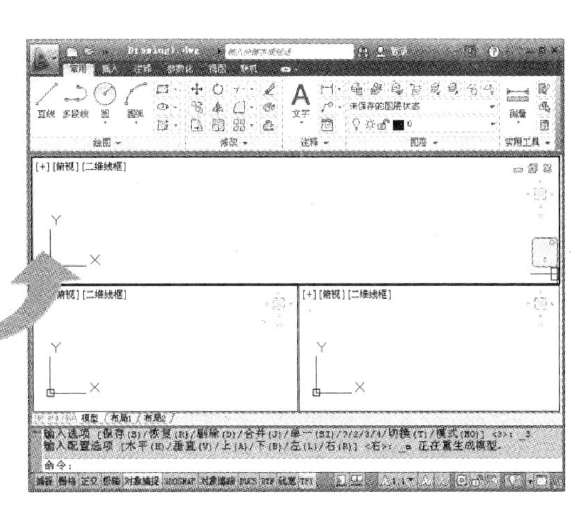

图 1-49　设置工作界面

在“选项”对话框中设置相应参数后，单击 应用(A) 按钮可使设置生效。如不关闭该对话框，还可以对其余参数进行设置，完成后单击 确定 按钮关闭对话框。

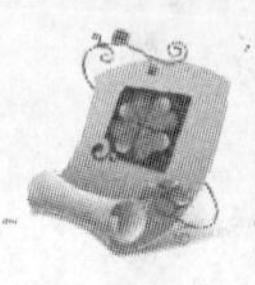

1. 操作思路

设置 AutoCAD 2012 的工作界面，主要包括对功能区选项卡、面板的显示与隐藏，状态栏中光标及辅助功能按钮的隐藏，以及对 AutoCAD 2012 视口的设置。本例的操作思路如下。

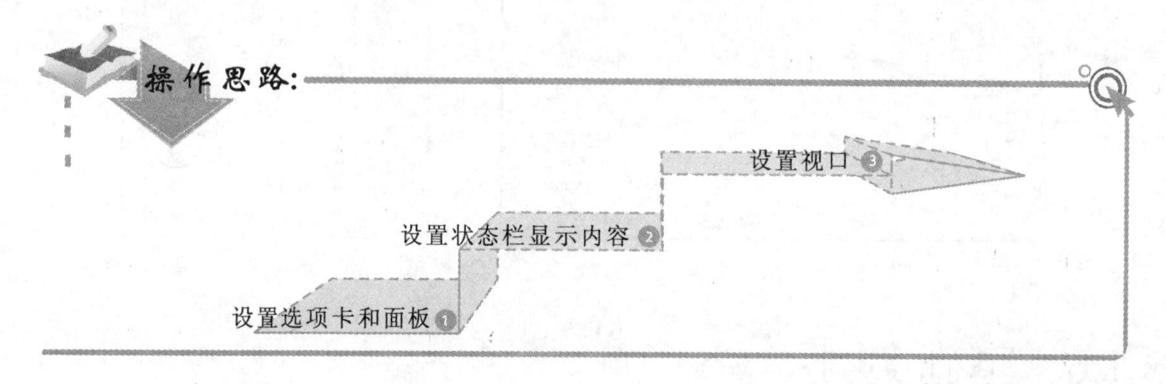

2. 操作步骤

下面介绍 AutoCAD 2012 工作界面的设置，其操作步骤如下：

1. 在功能区面板的空白处单击鼠标右键，在弹出的快捷菜单中取消选择【显示选项卡】/【管理】命令，隐藏“管理”选项卡，如图 1-50 所示。
2. 在功能区面板的空白处单击鼠标右键，在弹出的快捷菜单中取消选择【显示选项卡】/【输出】命令，隐藏“输出”选项卡。
3. 在功能区面板的空白处单击鼠标右键，在弹出的快捷菜单中取消选择【显示选项卡】/【插件】命令，隐藏“插件”选项卡，如图 1-51 所示。

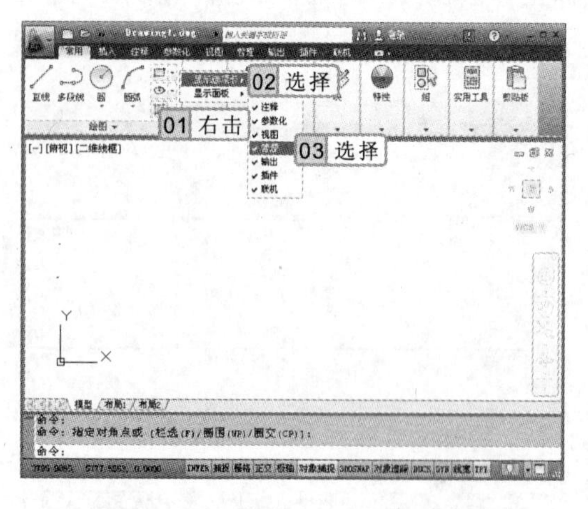

图 1-50　取消显示“管理”选项卡

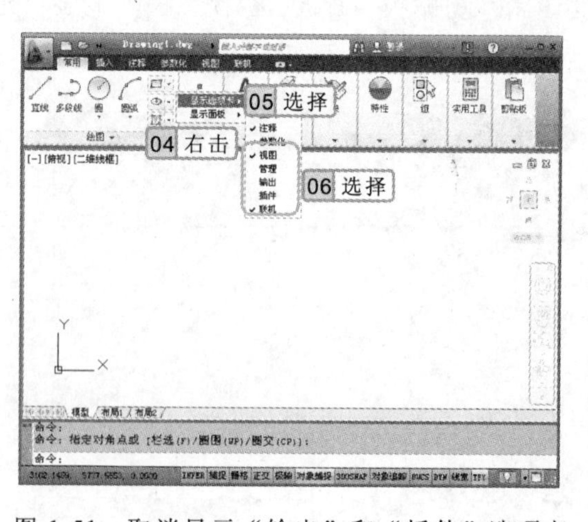

图 1-51　取消显示“输出”和“插件”选项卡

在功能区中选中选项卡或面板的相应选项，即可显示该选项卡或面板，取消选中该选项，则将其隐藏。

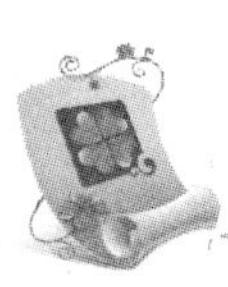

4 在功能区面板的空白处单击鼠标右键，在弹出的快捷菜单中取消选择【显示面板】/【块】命令，隐藏“块”面板，如图 1-52 所示。

5 使用相同的方法，在功能区中隐藏“特性”、“组”和“剪贴板”面板，效果如图 1-53 所示。

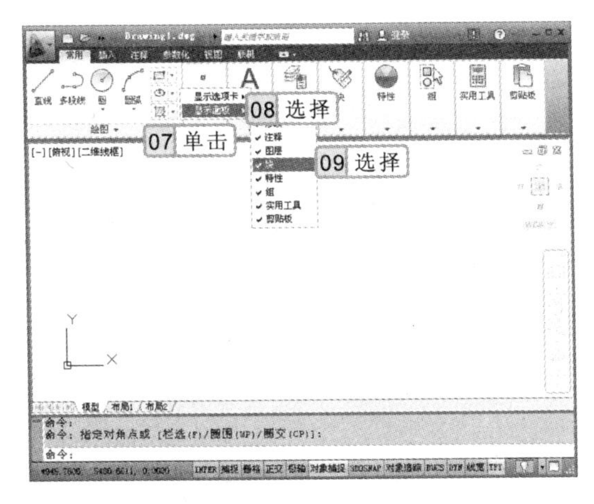

图 1-52　隐藏“块”面板

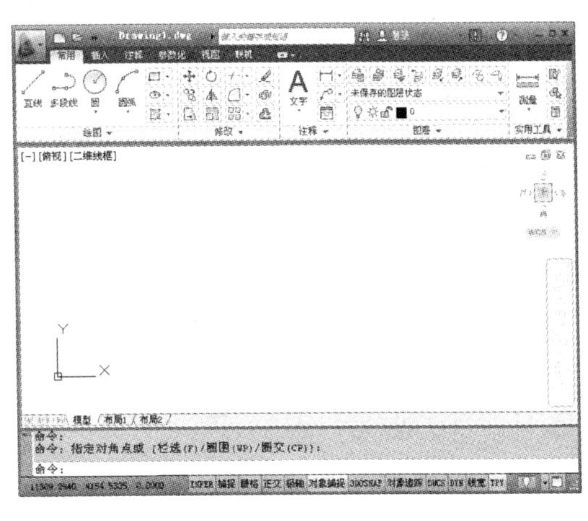

图 1-53　隐藏其余面板

6 在状态栏的空白区域单击鼠标右键，在弹出的快捷菜单中取消选择“光标坐标值”命令，隐藏光标坐标值的显示，如图 1-54 所示。

7 在状态栏的空白区域单击鼠标右键，在弹出的快捷菜单中取消选择【状态切换】/【推断约束】命令，隐藏推断约束的显示，如图 1-55 所示。

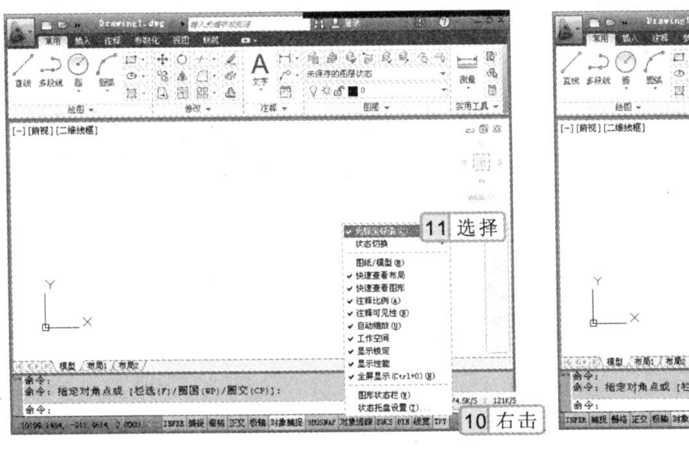

图 1-54　隐藏光标坐标值

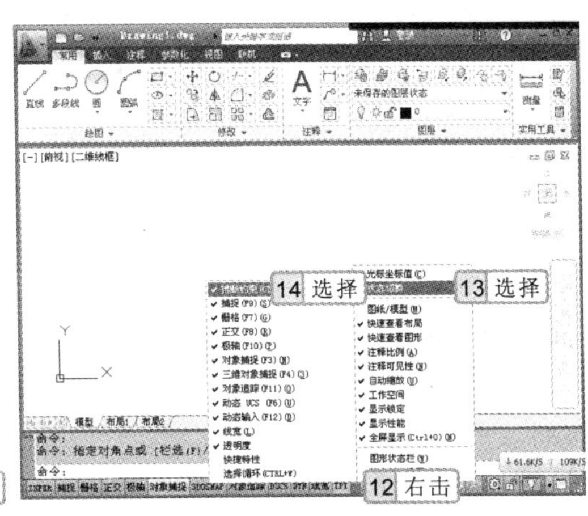

图 1-55　隐藏“推断约束”功能按钮

8 单击“视口控件”按钮[-]，在弹出的菜单中选择【视口配置列表】/【三个：上】命令，如图 1-56 所示。

9 设置工作界面后的效果如图 1-57 所示。

单击状态栏上的坐标值显示位置，可以使坐标值显示呈灰色状态，此时十字光标在绘图区中移动时，坐标值不会随之改变，再次单击坐标值显示的位置，则显示十字光标的坐标值。

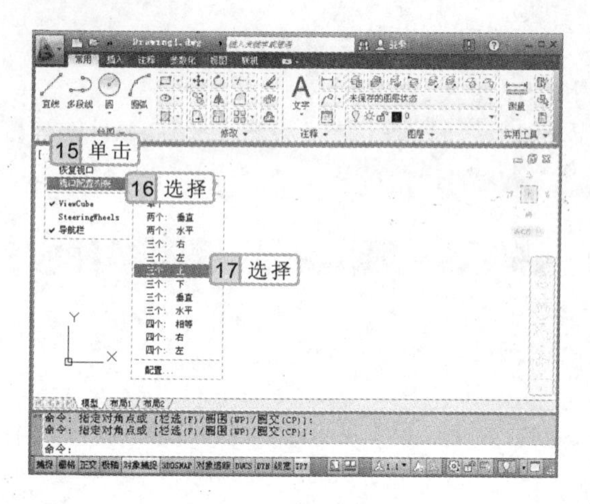

图 1-56　设置视口方式

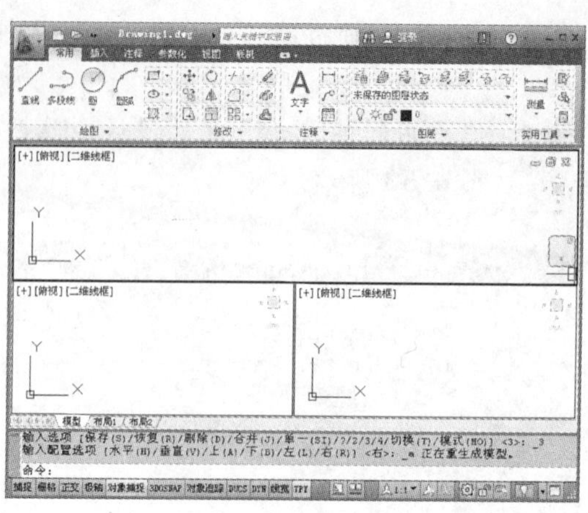

图 1-57　设置工作界面后的效果

1.6.2　设置绘图环境

本例将对 AutoCAD 2012 的绘图环境进行设置。首先是切换 AutoCAD 2012 的工作空间，然后关闭多余的工具栏，再分别设置绘图环境中的绘图界限、绘图单位以及十字光标的大小和绘图区的颜色，最终效果如图 1-58 所示。

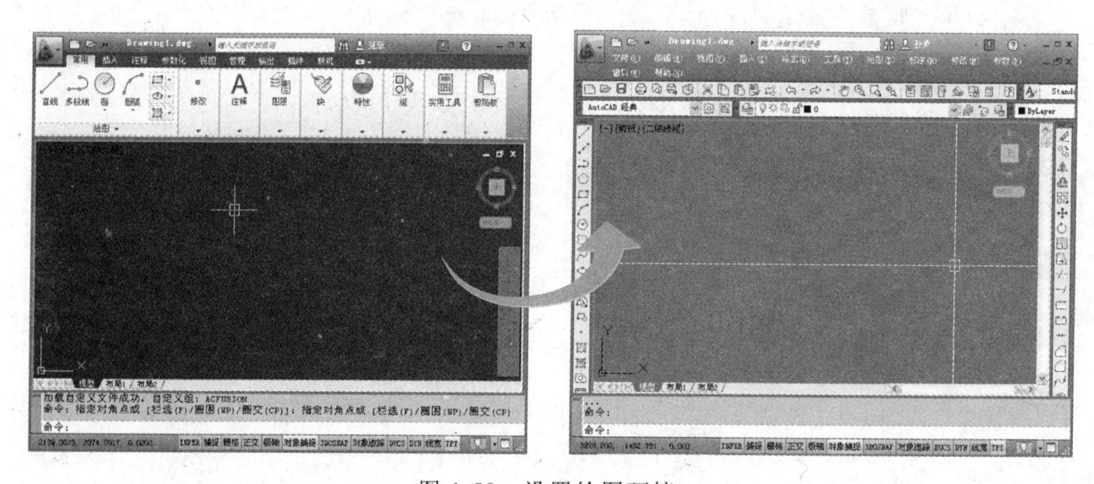

图 1-58　设置绘图环境

1. 操作思路

运用本章讲解的知识设置绘图环境，其中主要包括工作空间的切换、绘图界限、绘图单位，以及十字光标大小和绘图区颜色的相关设置。本例的操作思路如下。

控制视口时，除了单击绘图区左上方的视口控件进行设置外，还可以选择【视图】/【视口】组，在其中设置视口类型。

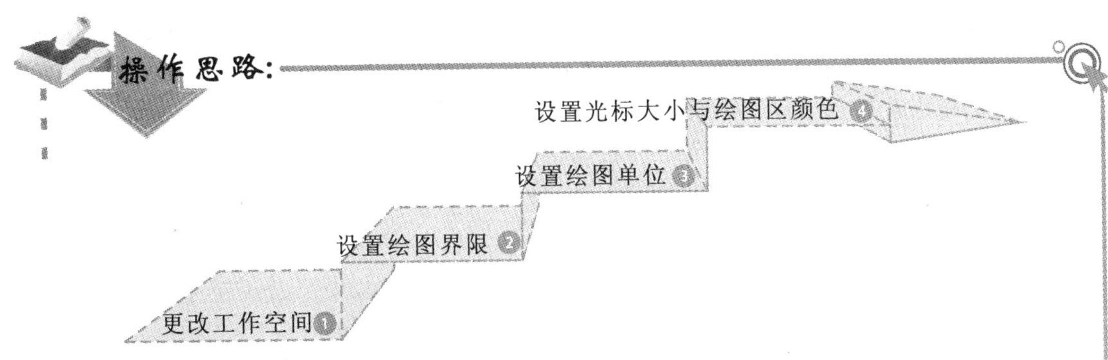

2. 操作步骤

下面介绍 AutoCAD 2012 绘图环境的设置，其操作步骤如下：

1 单击标题栏的“切换工作空间”按钮，在弹出的列表中选择“AutoCAD 经典”选项，如图 1-59 所示。

2 单击“工具选项板”和“平滑网格”工具栏的“关闭”按钮，关闭工具栏，如图 1-60 所示。

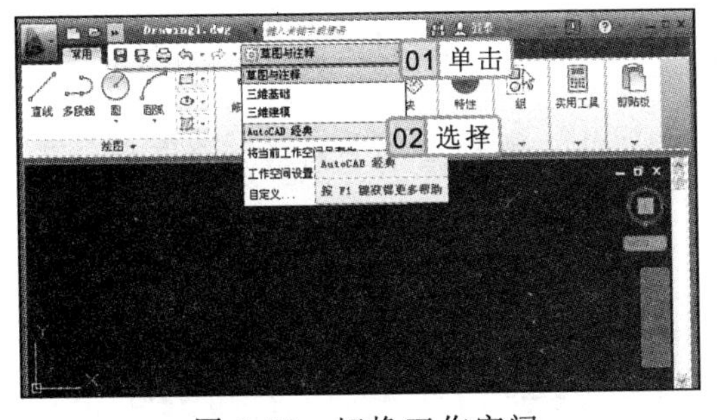

图 1-59 切换工作空间

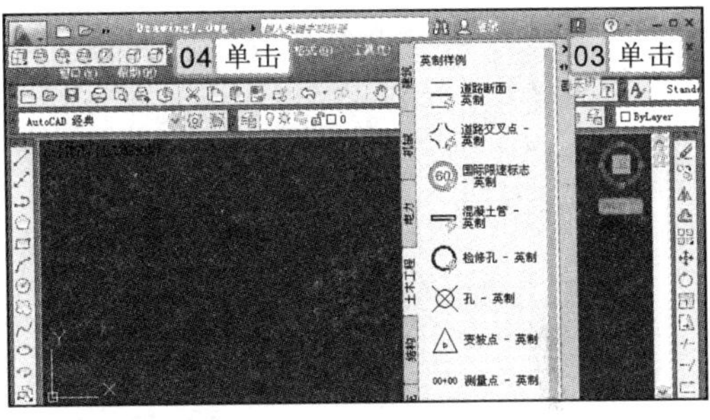

图 1-60 关闭多余工具栏

3 在命令行中输入“LIMITS”，执行绘图界限命令，设置绘图界限，其命令行操作如下：

```
命令: LIMITS                                         //执行绘图界限命令
重新设置模型空间界限:
指定左下角点或 [开(ON)/关(OFF)] <0.0000,0.0000>:      //输入左下角端点坐标
指定右上角点 <420.0000,297.0000>: 42000,29700         //输入右上角端点坐标
```

4 在命令行中输入“LIMITS”，执行绘图界限命令，开启绘图界限功能，其命令行操作如下：

```
命令: LIMITS                                         //执行绘图界限命令
重新设置模型空间界限:
指定左下角点或 [开(ON)/关(OFF)] <0.0000,0.0000>:ON    //选择“开”选项
```

5 在命令行输入“UNITS”，执行绘图单位命令，在“图形单位”对话框的“长度”

在“AutoCAD 经典”工作空间中，按住工具栏拖动至绘图区四周，可以将其固定在绘图区四周的位置上，拖动固定工具栏至绘图区上方，可以将其浮动于绘图区上方。

栏的“类型”下拉列表框中选择“小数”选项，在“精度”下拉列表框中选择“0.000”选项，单击[确定]按钮，返回绘图区，如图 1-61 所示。

6 在命令行输入“OP”，执行“选项”命令，打开“选项”对话框，选择“显示”选项卡，在“十字光标大小”栏的文本框中输入“70”，指定十字光标的大小。

7 在“窗口元素”栏中单击[颜色(C)...]按钮，打开“图形窗口颜色”对话框，如图 1-62 所示。

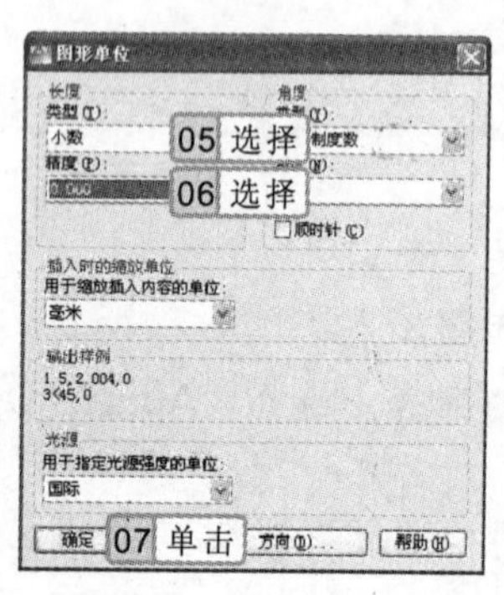

图 1-61　设置绘图单位

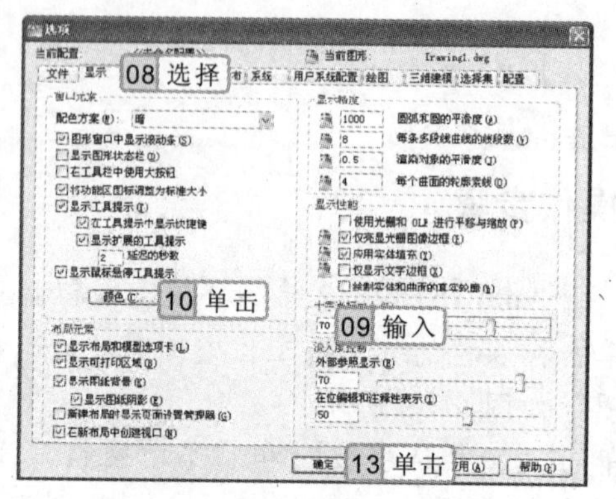

图 1-62　设置十字光标大小

8 在“颜色”下拉列表框中选择“洋红”选项，单击[应用并关闭(A)]按钮，返回“选项”对话框，如图 1-63 所示。

9 在“选项”对话框中单击[确定]按钮，完成十字光标大小和绘图区颜色的设置，效果如图 1-64 所示。

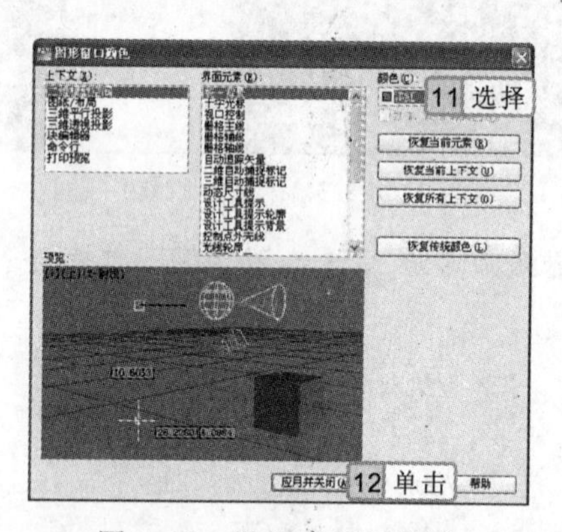

图 1-63　设置绘图区颜色

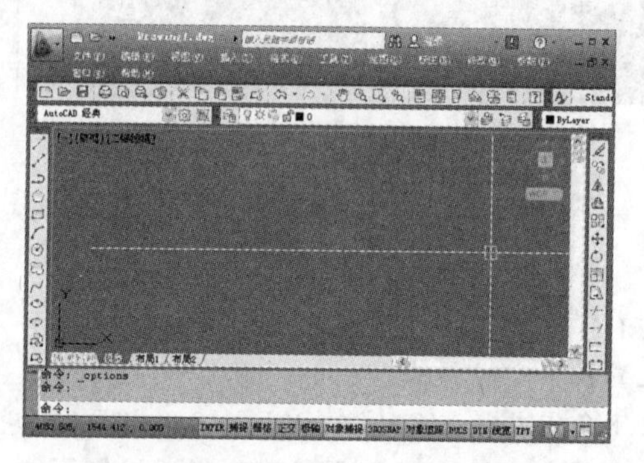

图 1-64　设置绘图环境后的效果

1.7　基础练习

本章主要介绍了 AutoCAD 2012 的基本知识及基本的编辑操作命令。下面将通过两个练习，进一步巩固 AutoCAD 2012 基本编辑命令的使用，以便能够更熟练地掌握使用编辑命令绘制图形的方法。

在“图形窗口元素”对话框中，不仅可以对绘图区的颜色进行设置，还可以对十字光标、栅格主线、栅格辅线等元素的颜色进行相应设置。

1.7.1 自定义工作界面

本次练习将自定义工作界面，其中主要包括在当前工作空间中添加“实体建模”选项卡、设置功能区中面板的显示，以及隐藏 ViewCube 和导航栏等信息，效果如图 1-65 所示。

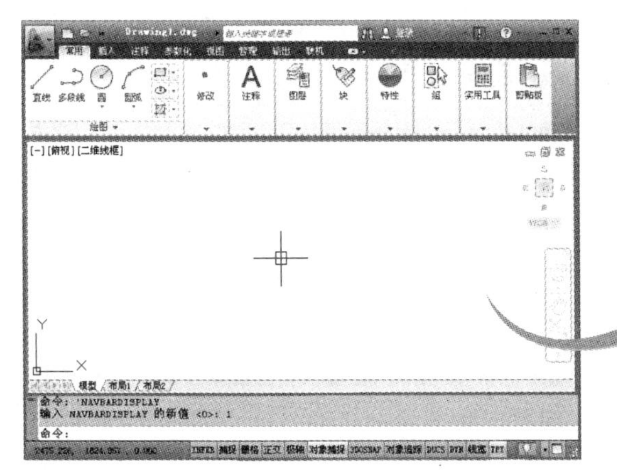
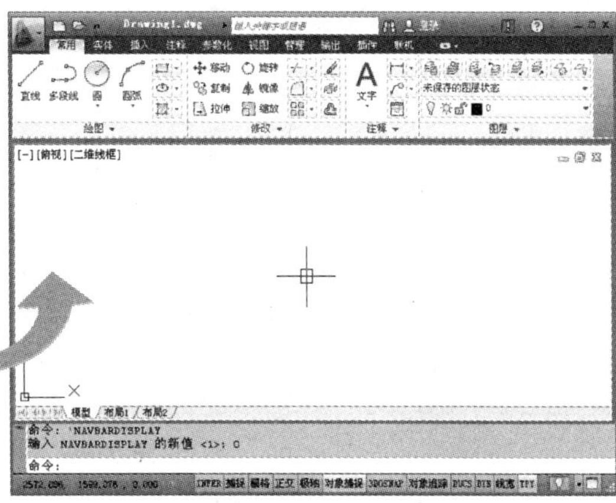

图 1-65　自定义工作界面

该练习的操作思路与关键提示如下。

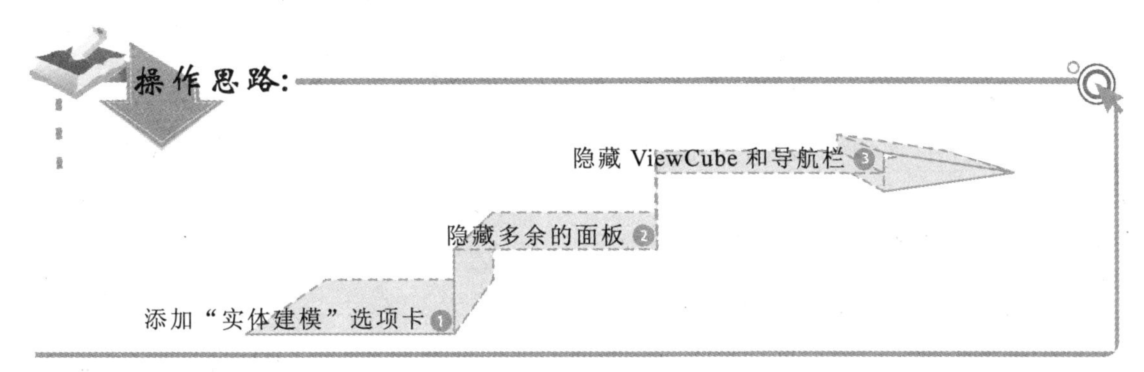

关键提示:

添加“实体建模”选项卡

在“自定义用户界面”中添加“实体建模”选项卡。

隐藏面板、ViewCube 和导航栏

隐藏块、特性、组、实用工具、剪贴板等面板。

隐藏 ViewCube 和导航栏。

创建或修改工作空间后，必须先将该工作空间置为当前，才能将其用于控制用户界面元素的当前显示。

1.7.2 自定义绘图环境

本次练习将设置绘图环境，其中主要包括设置绘图区的颜色、十字光标的颜色及大小，以及拾取框的大小等，效果如图 1-66 所示。

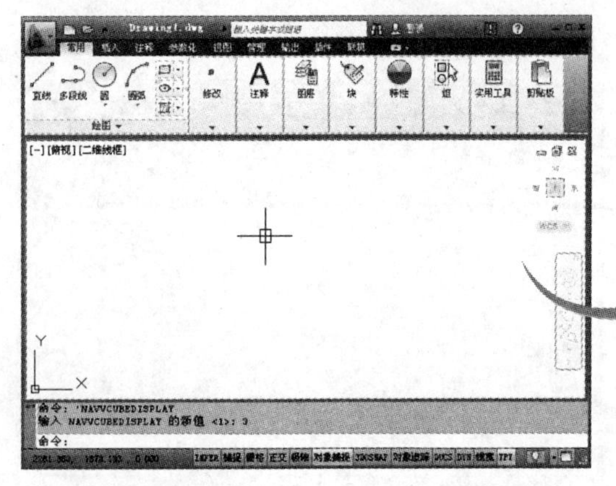

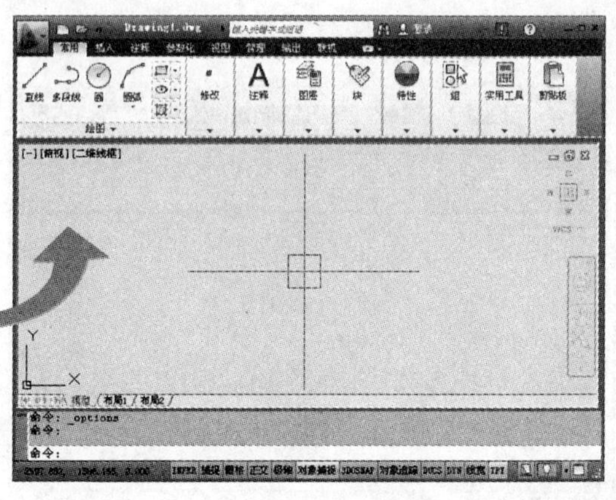

图 1-66 自定义绘图环境

该练习的操作思路与关键提示如下。

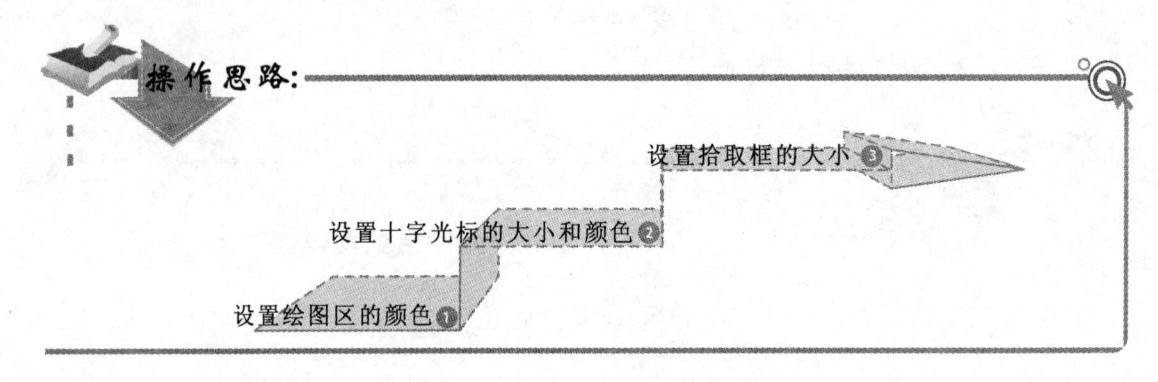

关键提示:

设置绘图区与十字光标的颜色

绘图区的颜色：黄色；十字光标的颜色：红色。

设置十字光标的大小和拾取框的大小

十字光标的大小：20；拾取框的大小：最大。

在“选项”对话框中设置绘图环境时，在“显示”选项卡中可以对显示精度进行设置，如圆弧和圆的平滑度、渲染对象的平滑度等。

1.8 知识问答

使用 AutoCAD 2012 绘制图形，首先应了解并掌握 AutoCAD 2012 的基础知识，如工作界面中各部分的功能及相关操作、绘图环境的设置等。下面介绍使用 AutoCAD 2012 时的常见问题及解决方案。

问：是否每次绘图前都需要进行图形界限设置呢？

答：在使用 AutoCAD 2012 绘制图形之前，用户可根据实际需要决定是否设置图形界限功能，以及设置图形界限的区域大小。系统默认未开启图形界限功能，可以在绘图区中的任意位置进行绘制图形的操作。

问：为何在绘图区中移动十字光标时，状态栏左侧不显示坐标值的变动呢？

答：单击状态栏左侧的坐标值，即可在显示或隐藏坐标值之间进行切换。在坐标值上单击鼠标右键，在弹出的快捷菜单中可以选择显示相对或绝对坐标值。

AutoCAD 的特点及优点

AutoCAD 之所以深受用户的青睐，那是因为它有很多特点及优点，使用起来非常方便。下面是该软件比较突出的几个特点：

- 具有完善的图形绘制功能和强大的图形编辑功能。
- 可以采用多种方式进行二次开发或用户定制。
- 可以进行多种图形格式的转换，具有较强的数据交换能力。
- 支持多种硬件设备和多种操作平台。
- 具有通用性、易用性，适用于各类用户。此外，从 AutoCAD 2000 开始，该系统又增添了许多强大的功能，如 AutoCAD 设计中心（ADC）、多文档设计环境（MDE）、Internet 驱动、新的对象捕捉功能、增强的标注功能以及局部打开和局部加载的功能，从而使 AutoCAD 系统更加完善。

使用应用程序状态栏上的“全屏显示”按钮，可以将图形显示区域展开为仅显示标题栏、状态栏和命令窗口，再次单击该按钮可恢复先前的设置。

第2章

AutoCAD 2012 基本操作

命令调用方法

命令 按钮 菜单

认识与设置坐标

直角坐标 极轴坐标

调整视图显示

图形文件管理

新建 打开 保存 关闭

本章导读

在使用 AutoCAD 2012 的绘图命令对图形进行绘制，以及使用编辑命令对图形进行编辑操作时，首先应掌握命令的调用方法、图形特殊点坐标的输入、视图的基本操作，以及图形文件的管理等，掌握 AutoCAD 2012 命令调用、图形文件的管理等基本操作，有利于更好地管理图形文件、绘制与编辑图形。本章将详细介绍 AutoCAD 2012 命令的调用方法、坐标系、图形文件的管理，以及视图的缩放、平移等相关操作。

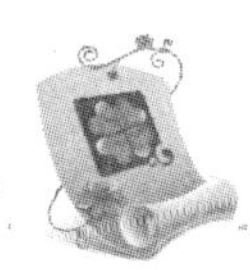

2.1　命令的调用方法

AutoCAD 2012 的命令执行方式有多种，主要有输入命令、单击面板上相应的按钮、选择菜单方式等方法来执行命令，但是不管采用哪种方式执行命令，命令提示行中都将显示相应的提示信息。

2.1.1　在命令行中输入命令

通过在命令行中输入命令的方式来执行 AutoCAD 2012 命令，是非常快捷的方法之一。其方法是，在命令行中输入 AutoCAD 2012 命令的英文全称或英文缩写，然后按“Enter”键，即可执行该命令。例如，执行直线命令，只需在命令行中输入“LINE”或“L”，然后按“Enter”键即可执行直线命令。

在执行命令过程中，系统会根据操作过程来提示用户进行下一步的操作，其命令提示行提示的各种特殊符号的含义如下。

- **[ ]符号中的选项**：该类括号中的选项用以表示该命令在执行过程中可以使用的各种功能选项，若要选择某个选项，只需输入圆括号中的数字或字母即可。例如，执行矩形命令，在命令执行过程中输入“C”，选择“倒角”选项即可，如图 2-1 所示。

图 2-1　选择“倒角”选项

- **< >符号中的数值**：该类括号中的数值是当前系统的默认值，或是上次操作时使用的值，若在这类提示下，直接按“Enter”键则采用括号内的数值，也可以重新输入新的值。例如，执行正多边形命令，指定正多边形的边数，如图 2-2 所示。

图 2-2　指定正多边形的边数

2.1.2　单击面板中的命令按钮

在功能区中，每个选项卡都由多个面板组成，在每个面板中都有相关的命令按钮，单击其中的任意一个按钮，将执行按钮对应的 AutoCAD 命令，然后在命令提示行或动态提示中进行相应的操作。

实例 2-1　单击“镜像”按钮执行镜像命令

1. 在功能区中选择“常用”选项卡。

通过在命令行中输入命令来执行 AutoCAD 2012 的绘图及编辑命令时，除了在输入命令后按“Enter”键外，还可按空格键。

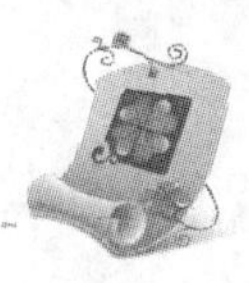

2 在“修改”面板中单击“镜像”按钮 镜像，执行镜像命令，如图 2-3 所示。

2.1.3 选择菜单命令

在 AutoCAD 2012 中，菜单方式一般位于“AutoCAD 经典”工作空间中，与“草图与注释”工作空间最大的不同是，功能区中的选项卡变为了菜单栏，面板变为了工具栏，是早期版本常使用的一种方式。

在 AutoCAD 2012 中要使用菜单方式执行命令，应将工作空间切换为“AutoCAD 经典”工作空间。利用菜单方式来执行命令，其方法是，在菜单栏相应的选项上单击鼠标，在弹出的菜单中选择要执行的相应命令。例如，要执行多线命令，则选择【绘图】/【多线】命令，即可执行多线命令，如图 2-4 所示。

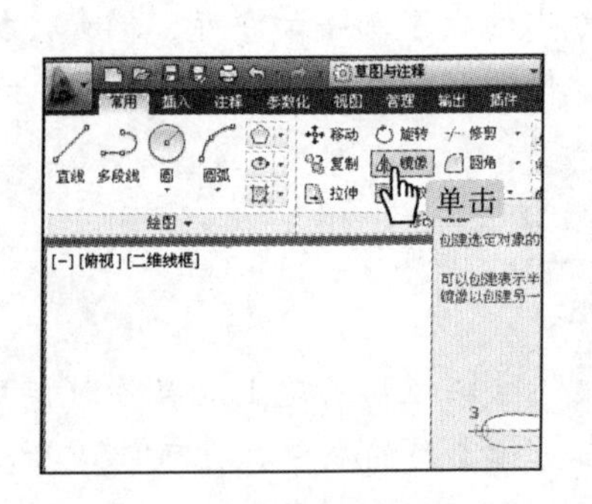

图 2-3　单击按钮执行命令

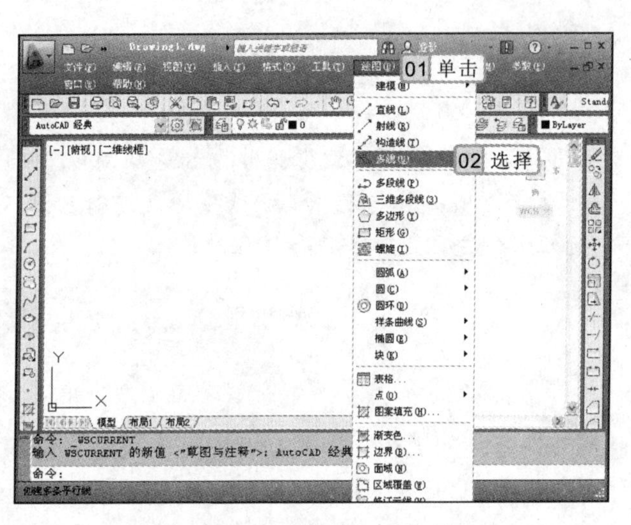

图 2-4　选择菜单方式执行命令

2.1.4 重复执行命令

在上一次命令结束后，若要重复执行前一次执行的命令，不必再单击该命令的工具按钮，或者在命令提示行中输入命令，只需在命令行提示后直接按“Enter”键或空格键，将自动执行前一次操作的命令。

如果用户需执行前几次执行过的命令，可按“↑”和“↓”键，上下翻动输入的内容，在命令行提示后将出现执行过的命令，在出现要执行的命令后，按“Enter”键或空格键即可重复执行该命令。

2.1.5 退出正在执行的命令

在 AutoCAD 2012 绘制图形的过程中，可以随时退出正在执行的命令。在执行某个命

在执行命令时，可用命令的缩写形式，如在执行直线命令时，除了可在命令提示行中输入“LINE”外，还可输入“L”，这种简短的命令名被称为命令别名。

令时，按“Esc”键和“Enter”键都可退出正在执行的命令，当按“Esc”键时，表示取消并结束命令；当按“Enter”键时，则确定命令的执行并结束命令。

2.1.6 取消已执行的命令

使用 AutoCAD 2012 进行图形的绘制及编辑时，难免会出现错误，在出现错误时，可以不必重新对图形进行绘制或编辑，只需要取消错误的操作即可。取消已执行的命令，主要有以下几种方法。

- **“放弃”按钮**：单击标题栏中的“放弃”按钮，可放弃前一次执行的操作；单击该按钮右侧的下拉按钮，在弹出的下拉列表框中选择需撤销的最后一步操作，则该操作后的所有操作将同时被撤销。
- **“U”或“UNDO”命令**：在命令行中执行“U”或“UNDO”命令可撤销前一次命令的执行结果，多次执行该命令可撤销前几次命令的执行结果。
- **“OOPS”命令**：在命令行中执行“OOPS”命令，可以取消前一次删除的对象，但是使用“OOPS”命令只能恢复前一次被删除的对象而不会影响前面所进行的其他操作。
- **“放弃”选项**：在某些命令的执行过程中，命令提示行中提供了“放弃”选项，在该提示下选择“放弃”选项可撤销上一步执行的操作。

2.1.7 恢复已放弃的命令

当撤销了已执行的命令之后，若又想恢复上一个已撤销的操作时，可通过以下方法来完成。

- **“REDO”命令**：在使用了“U”命令或“UNDO”命令后，紧接着使用“REDO”命令即可恢复已撤销的上一步操作。
- **“重做”按钮**：单击标题栏中的“重做”按钮，可以恢复已撤销的上一步操作。

2.2 点的输入

在 AutoCAD 2012 中绘制的图形，其精确度要求非常高，通过在命令行中输入坐标值的方法来绘制图形，能够准确地完成规定的图形对象的绘制，并对图形进行精确定位。

2.2.1 认识坐标系

坐标系是确定图形位置最基本的手段，任何物体在空间中的位置都可以通过一个坐标系来定位。根据绘制图形对象的不同，坐标系可以分为世界坐标系和用户坐标系。

在命令行中输入“U”，只可以取消一次误操作，而执行 UNDO 命令，可以一次性恢复多次执行的错误操作。

1. 世界坐标系

在进入 AutoCAD 绘图区时，系统默认的坐标系就是世界坐标系（WCS）。在世界坐标系中，X 轴是水平的，Y 轴是垂直的，Z 轴垂直于 XY 平面。当 Z 轴坐标为 0 时，XY 平面就是进行绘图的平面，它的原点是 X 轴和 Y 轴的交点（0,0）。如图 2-5 所示为二维平面绘图时的世界坐标系，如图 2-6 所示为三维绘图时，“西南等轴测”的世界坐标系。

2. 用户坐标系

用户坐标系（UCS）是以世界坐标系（WCS）为基础，根据绘图需要经过平移或旋转而得到的新的坐标系。它是不固定的、可移动的坐标系，用户可以在绘图过程中根据需要进行定义和删除。在绘制三维对象时经常设置用户坐标系，执行 UCS 命令，主要有以下两种方法：

- 选择【视图】/【坐标】组，单击“UCS”按钮。
- 在命令行中输入“UCS”命令。

实例 2-2 旋转坐标系 Y 轴

在世界坐标系的基础上，利用 UCS 命令，将坐标系绕 Z 轴进行旋转，其旋转的角度为 30°。

1. 启动 AutoCAD 2012，坐标系为世界坐标系状态。
2. 在命令行中输入“UCS”，执行 UCS 命令，将坐标系沿 Z 轴旋转 30°，如图 2-7 所示，其命令行操作如下：

```
命令: UCS                                              //执行 UCS 命令
当前 UCS 名称: *没有名称*
指定 UCS 的原点或 [面(F)/命名(NA)/对象(OB)/上
一个(P)/视图(V)/世界(W)/X/Y/Z/Z 轴(ZA)] <世界>: z      //输入“z”，选择“Z 轴”选项
指定绕 Z 轴的旋转角度 <90>: 30                          //输入旋转角度
```

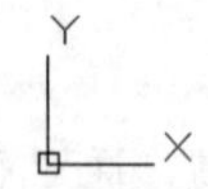

图 2-5 二维世界坐标系

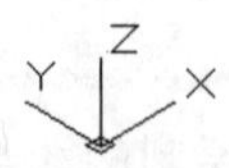

图 2-6 三维世界坐标系

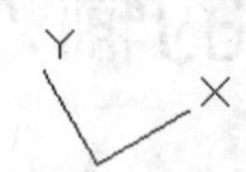

图 2-7 用户坐标系

使用 UCS 命令定义用户坐标系时，命令行各选项的含义介绍如下。

- **指定 UCS 的原点**：在绘图区通过指定第一点、第二点和第三点来定义一个新的 UCS 坐标系。
- **面(F)**：将 UCS 坐标系与三维实体的选定面对齐。选择该选项后，要选择一个面，并在此面的边界内或面的边上单击，被选择的面将呈亮显，UCS 坐标系的 X 轴将

退出正在执行的命令时，有些命令可以按“Enter”键进行退出，且有些命令需按多次“Enter”键才能退出。

与找到的第一个面上的最近的边对齐。

- 命名(NA)：按名称保存并恢复通常使用的 UCS 坐标系。
- 对象(OB)：根据选定的三维对象定义新的坐标系。新建 UCS 坐标系的拉伸方向（Z 轴正方向）与选定对象的拉伸方向相同。
- 上一个(P)：恢复上一个 UCS 坐标系。程序会保留在图纸空间中创建的最后 10 个坐标系和在模型空间中创建的最后 10 个坐标系。
- 视图(V)：以垂直于观察方向（平行于屏幕）的平面为 XY 平面，建立新的坐标系。UCS 坐标系原点保持不变。
- 世界(W)：将当前用户坐标系设置为世界坐标系。WCS 坐标系是所有用户坐标系的基准，不能被重新定义。
- X/Y/Z：绕指定轴旋转当前 UCS 坐标系。
- Z 轴(ZA)：用指定的 Z 轴正半轴定义 UCS 坐标系。

2.2.2 输入坐标

在 AutoCAD 2012 中绘制图形对象时，通过输入坐标点，可以准确地定位图形。输入坐标点主要有绝对直角坐标、相对直角坐标、绝对极坐标、相对极坐标和动态输入等。

1. 绝对直角坐标

绝对直角坐标的输入方法是以坐标原点（0,0,0）为基点来定位其他所有的点，用户可以通过输入（X,Y,Z）坐标来确定点在坐标系中的位置。

其中，X 值表示此点在 X 方向到原点间的距离；Y 值表示此点在 Y 方向到原点间的距离；Z 值表示此点在 Z 方向到原点间的距离。如果输入的点是二维平面上的点，则可省略 Z 坐标值。例如，如图 2-8 中 A 点的绝对坐标点（20,20,0）与输入（20,20）相同。

2. 相对直角坐标

相对直角坐标的输入方法是以某点为参考点，然后输入相对位移坐标的值来确定点。相对直角坐标与坐标系的原点无关，只相对于参考点进行位移，其输入方法是在绝对直角坐标前添加@符号。例如，如图 2-8 中 B 点的坐标点相对于 A 点在 X 轴上向右移动了 40 个绘图单位，其输入方法是（@60,0）。

3. 绝对极坐标

绝对极坐标输入法，就是以指定点距原点之间的距离和角度来确定线段，距离和角度之间用尖括号“<”分开。例如，如图 2-9 所示的图形中输入 A 点的坐标点，A 点的坐标距离坐标原点的长度为 30，角度为 60，绝对极坐标的输入方法是 30<60。

在绘制二维平面图时，可不输入 Z 坐标值，同时，应在英文状态下输入逗号“,”，每输入完一点的坐标值后需要按“Enter”键进行确认。

4．相对极坐标

相对极坐标与绝对极坐标较为类似，不同的是，绝对极坐标的距离是相对于原点的距离，而相对极坐标的距离则是指定点到参照点之间的距离，而且应该在相对极坐标值前加上“@”符号。例如，在如图 2-9 所示图形的 A 点基础上指定 B 点的极坐标，其相对极坐标为@100<30。

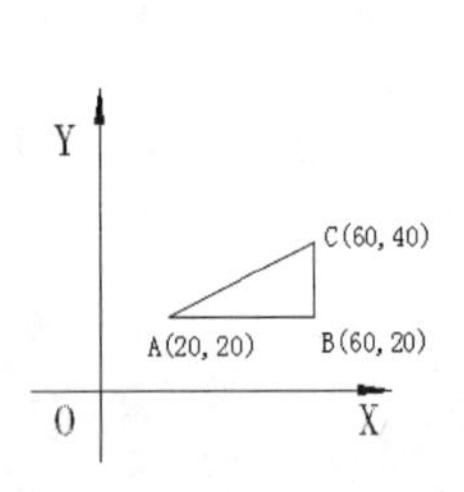

图 2-8　直角坐标系

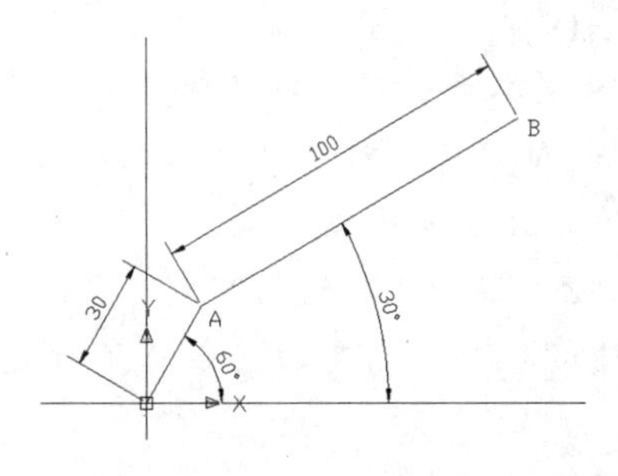

图 2-9　极坐标系

5．动态输入

使用动态输入功能可以在图形绘制时的动态文本框中输入坐标值，而不必在命令行中进行输入。单击状态栏的“动态输入”按钮DYN，可以开启动态输入功能，使用该功能可以在鼠标光标附近看到相关的操作信息。

2.3　图形文件管理

在掌握了 AutoCAD 2012 的基本常识、基本操作后，还应熟练掌握 AutoCAD 2012 图形文件的操作，才能更好地对图形进行管理，方便对图形的调用、编辑、修改等，从而提高绘图效率。

2.3.1　新建图形文件

启动 AutoCAD 2012 后，系统将自动新建一个名为“Drawing1”的图形文件。该图形文件默认以“acadiso.dwt”为模板，根据需要用户也可以新建图形文件，以完成更多的绘图操作。新建图形文件的命令主要有如下几种调用方法：

- 单击“应用程序”按钮，选择【新建】/【图形】命令。
- 在标题栏中单击“新建”按钮。
- 在命令行中输入“NEW”命令。

执行上述任意一个新建文件命令后，将打开如图 2-10 所示的“选择样板”对话框，在“名称”列表框中选择样板文件，在该对话框右侧的“预览”栏中可预览到所选样板的样

在新建图形文件之后，应对图形进行保存，而且在绘制图形的过程中，应随时注意对图形进行保存，养成一种良好的习惯。

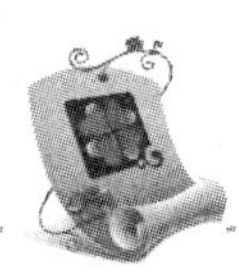

式，单击[打开(O)]▼按钮，即可创建基本样板基础上的图形文件。

单击[打开(O)]▼按钮右侧的▼按钮，可弹出如图 2-11 所示的快捷菜单，在其中可选择图形文件的绘制单位。如选择“无样板打开-英制”命令，将使用英制单位为计量标准绘制图形；如选择“无样板打开-公制”命令，将使用公制单位为计量标准绘制图形。

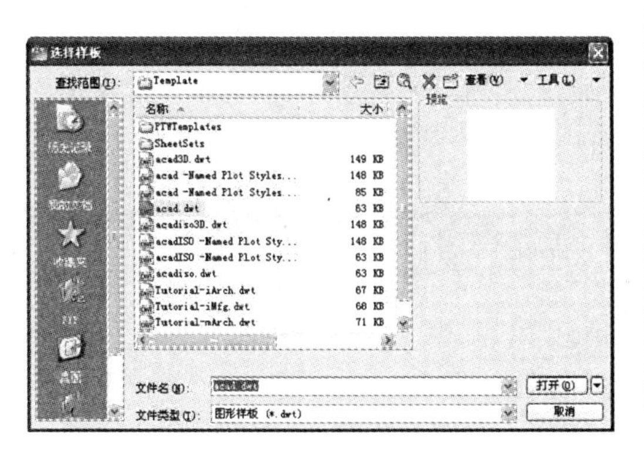

图 2-10　新建图形文件

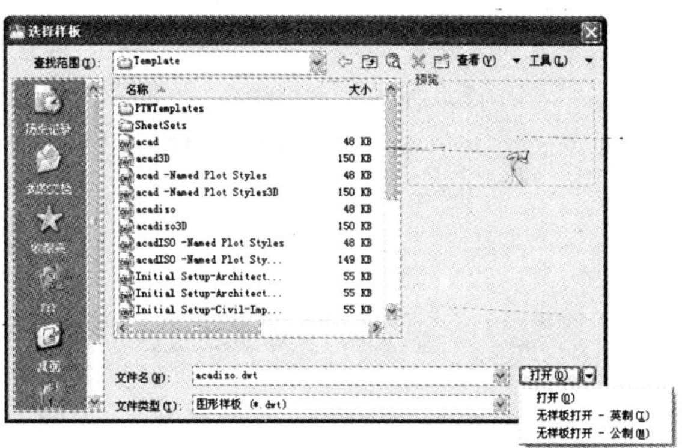

图 2-11　创建无样板图形文件

2.3.2　保存图形文件

保存图形文件就是将新创建或修改过的图形文件保存在电脑中，保存图形并不一定是在图形绘制完成后才进行保存，在图形文件创建后，以及在图形的编辑过程中都可以对其进行保存，以避免因电脑死机或停电等意外情况而造成损失。

1. 保存新图形文件

保存新图形文件也就是对未进行保存过的图形以文件的形式进行保存。执行保存命令，主要有如下几种调用方法：

- 单击“应用程序”按钮，在打开的菜单中选择“保存”命令。
- 在标题栏中单击“保存”按钮。
- 在命令行中输入“SAVE”命令。

执行上述任意一种保存文件命令后，都将打开“图形另存为”对话框，在“保存于”下拉列表框中可以选择图形文件的保存位置，在“文件类型”下拉列表框中选择文件保存的类型，在“文件名”文本框中输入要保存的文件名称，单击[保存(S)]按钮，即可保存图形文件。

对于已经保存过的图形文件，执行保存命令后，将当前的最新更改进行保存，而不会再打开“图形另存为”对话框。

实例 2-3　保存“第一个图形.dwg”文件

单击标题栏的“保存”按钮，执行保存命令，在“图形另存为”对话框中保存图形

在打开的“选择样板”对话框中双击所需样板选项，可快速执行新建操作。

文件，其文件名为“第一个图形.dwg”。

参见光盘 光盘\效果\第 2 章\第一个图形.dwg

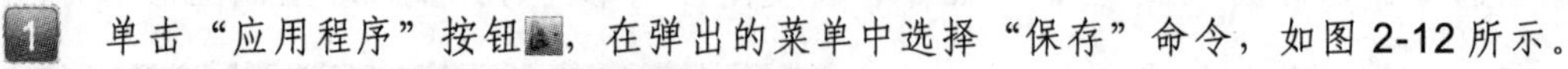

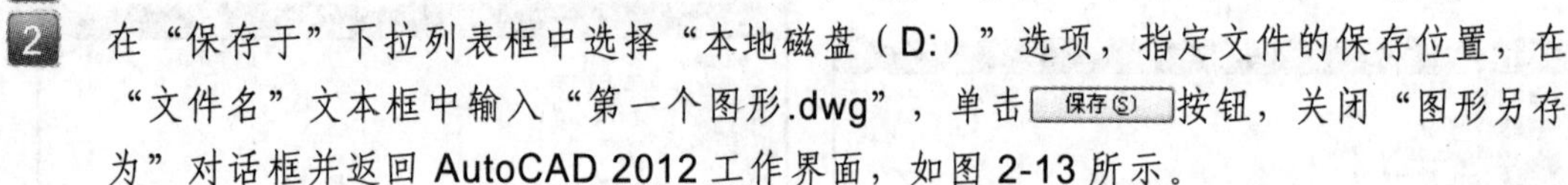

1. 单击“应用程序”按钮，在弹出的菜单中选择“保存”命令，如图 2-12 所示。
2. 在“保存于”下拉列表框中选择“本地磁盘（D:）”选项，指定文件的保存位置，在“文件名”文本框中输入“第一个图形.dwg”，单击保存(S)按钮，关闭“图形另存为”对话框并返回 AutoCAD 2012 工作界面，如图 2-13 所示。

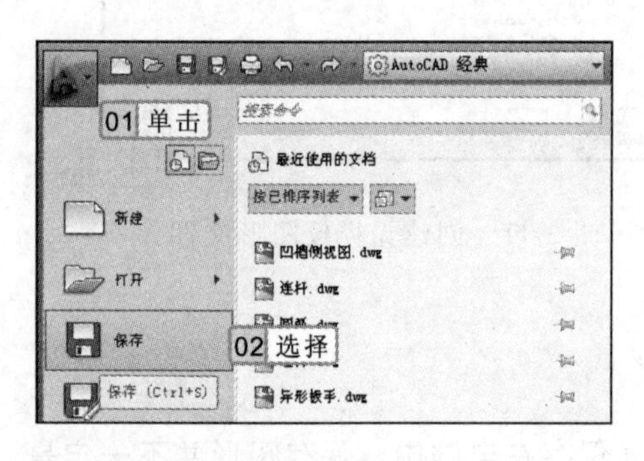

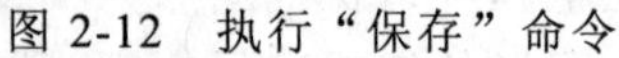

图 2-12 执行“保存”命令

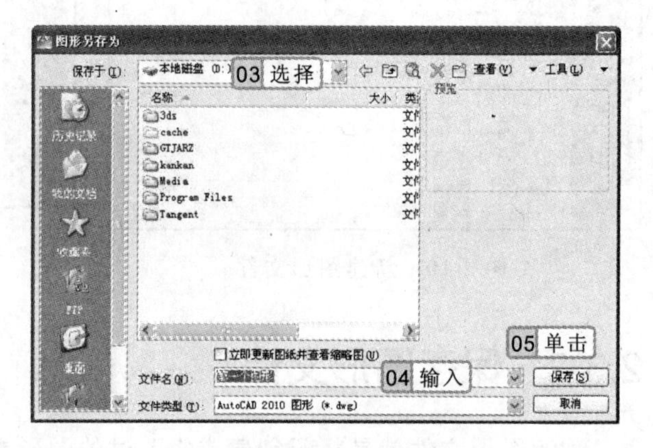

图 2-13 保存图形文件

在 AutoCAD 2012 中用户可以将图形以不同的文件类型进行保存，在“图形另存为”对话框中的“文件类型”下拉列表框中选择文件的类型即可。在 AutoCAD 2012 中可以保存的图形文件的格式主要有如下几种类型。

- dwg：AutoCAD 默认的图形文件类型。
- dxf：包含图形信息的文本文件或二进制文件，可供其他 CAD 程序读取该图形文件的信息。
- dws：二维矢量文件，使用这种格式可以在网络上发布 AutoCAD 图形。
- dwt：AutoCAD 样板文件，新建图形文件时，可以基于样板文件创建图形文件。

2. 另存为其他图形文件

当用户不确定图形文件修改后的效果是否良好时，可执行另存为命令，将修改后的文件另存为一个名称的图形文件，其命令主要有如下 3 种调用方法：

- 单击“应用程序”按钮，选择“另存为”命令，在弹出的菜单中选择相应的命令。
- 在标题栏中单击“另存为”按钮。
- 在命令行中输入“SAVEAS”命令。

执行上述任意一种另存为文件命令后，将打开“图形另存为”对话框，然后按照保存新图形文件的方法对图形文件进行保存即可。

行家提醒

对已存在的图形进行保存时，如果用“另存为”命令，将打开“图形另存为”对话框，以指定文件类型、文件名或存放位置；如果用“保存”命令将以原文件名及路径进行保存。

3．定时保存图形文件

在 AutoCAD 2012 中除了保存及另存为图形之外，还可以按照指定的时间对图形文件进行保存。设置定时保存功能后，当达到设置的间隔时间后，将自动保存当前正在编辑的文件内容。

实例 2-4　每隔 8 分钟自动保存文件

1　在绘图区中单击鼠标右键，在弹出的快捷菜单中选择“选项”命令，打开“选项”对话框，如图 2-14 所示。

2　在“选项”对话框中选择“打开和保存”选项卡，在“文件安全措施”栏中选中☑自动保存(U)复选框，在其后的文本框中输入“8”，设置自动保存的间隔时间为 8 分钟，单击 确定 按钮，返回绘图区，完成定时保存图形的设置，如图 2-15 所示。

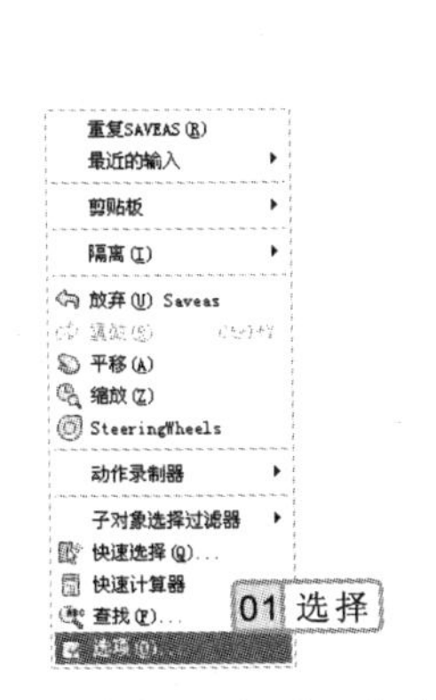

图 2-14　选择“选项”命令

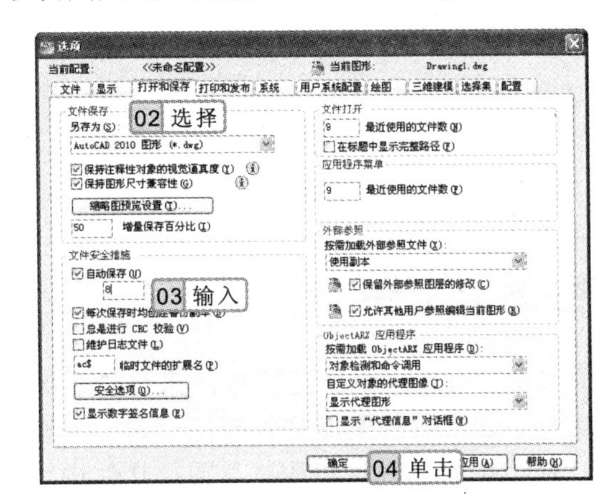

图 2-15　设置自动保存功能

2.3.3　打开图形文件

在电脑中如果已经保存有 AutoCAD 图形文件，可以将其打开，进行查看和编辑操作。打开图形文件，主要有以下几种方法：

- 单击“应用程序”按钮，选择“打开”命令，在弹出的菜单中选择相应的命令。
- 在标题栏中单击“打开”按钮。
- 在命令行中输入“OPEN”命令。

执行以上任意一种操作后，都将打开“选择文件”对话框，在“查找范围”下拉列表框中选择要打开的文件的路径，在“名称”列表框中选择要打开的图形文件后，单击 打开(O) 按钮，即可打开该图形文件。

实例 2-5　打开 Landscaping.dwg 图形文件

执行打开命令，打开安装程序中自带的图形文件 Landscaping.dwg，其路径为安装盘：

定时保存的间隔时间不宜设置得过短，这样会影响软件的正常使用，也不宜过长，这样不宜于实时保存。

\Program Files\Autodesk\AutoCAD 2012-Simplified Chinese\Sample\DesignCenter\。

1. 单击标题栏中的“打开”按钮，打开“选择文件”对话框，在“查找范围”下拉列表中选择文件所在位置，在文件列表中选择“Landscaping.dwg”选项，单击[打开(O)]按钮，如图 2-16 所示。
2. 打开图形文件后的效果如图 2-17 所示。

图 2-16 选择要打开的图形文件

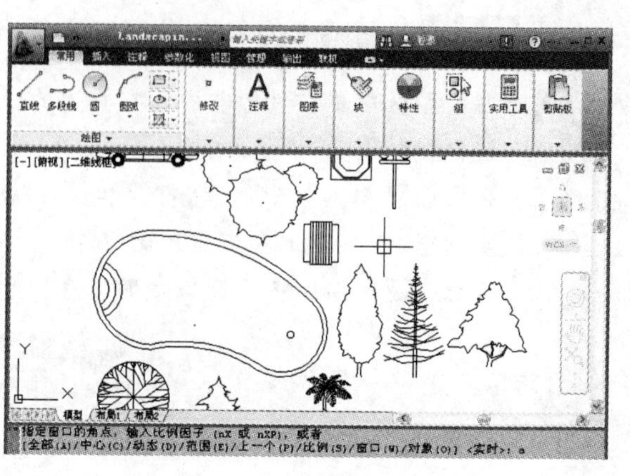

图 2-17 打开文件后的效果

2.3.4 加密图形文件

对图形进行加密，可以拒绝未经授权的人员查看该图形，有助于在进行工程协作时确保图形数据的安全。加密后的图形文件在打开时，只有输入正确的密码后才能对图形进行查看和修改。打开“安全选项”对话框对图形文件进行加密操作，主要有以下两种方法：

- 在“图形另存为”对话框中单击[工具(L)]按钮，在弹出的菜单中选择“安全选项”命令。
- 在“选项”对话框中选择“打开和保存”选项卡，在“文件安全措施”栏中单击[安全选项(O)...]按钮，打开“安全选项”对话框。

实例 2-6 加密“盘盖.dwg”图形文件

执行选项命令，打开“选项”对话框，为图形文件添加密码，其打开图形文件的密码为 123321。

参见光盘 光盘\素材\第 2 章\盘盖.dwg
光盘\效果\第 2 章\盘盖.dwg

1. 打开“盘盖.dwg”图形文件，在绘图区的空白位置单击鼠标右键，在弹出的快捷菜单中选择“选项”命令，如图 2-18 所示。
2. 打开“选项”对话框，选择“打开和保存”选项卡，在“文件安全措施”栏中单击[安全选项(O)...]按钮，如图 2-19 所示。

行家提醒

打开图形文件时，除了文中讲解的 3 种方法外，也可以通过快捷键的方式执行打开命令，打开图形文件的快捷键为“Ctrl+O”。

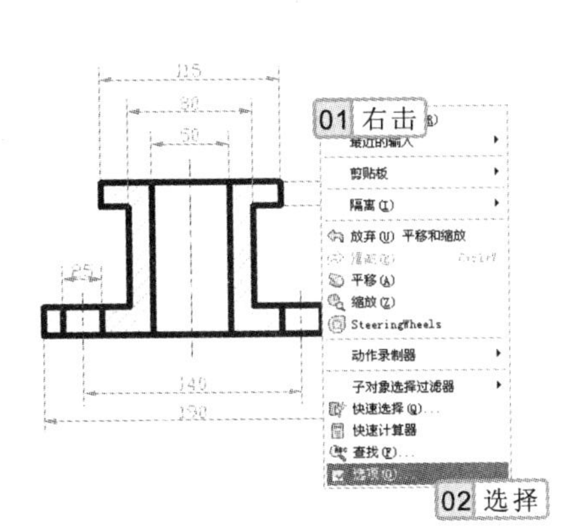

图 2-18 执行“选项”命令

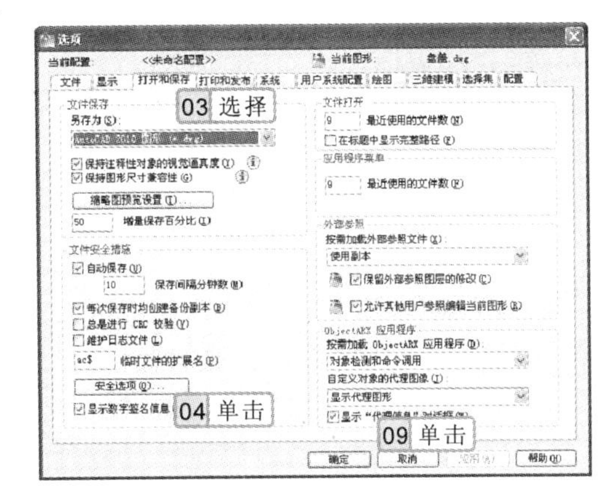

图 2-19 “选项”对话框

3 在“安全选项”对话框的“用于打开此图形的密码或短语”文本框中输入“123321”，单击 确定 按钮，如图 2-20 所示。

4 在“确认密码”对话框的“再次输入用于打开此图形的密码”文本框中输入“123321”，单击 确定 按钮，返回“选项”对话框，单击 确定 按钮完成设置，如图 2-21 所示。

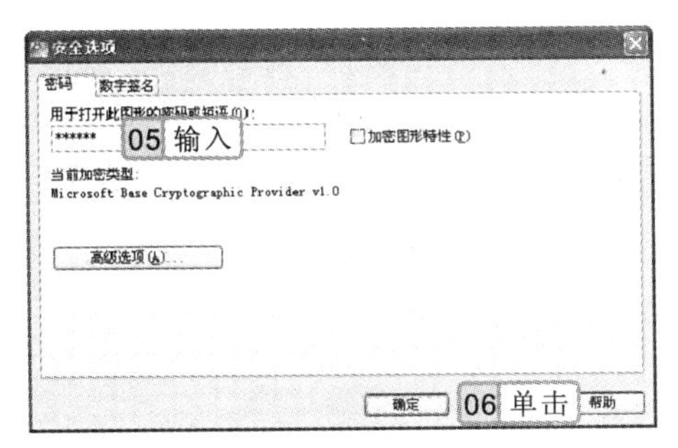

图 2-20 输入密码

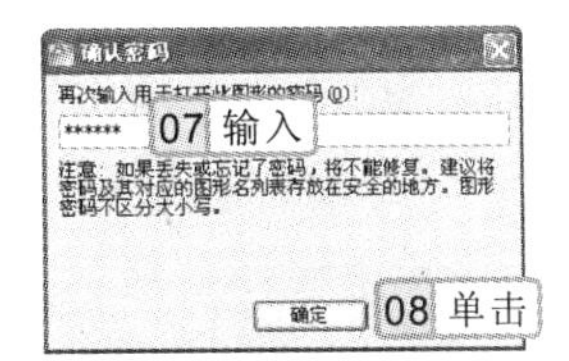

图 2-21 确认密码

2.3.5 关闭图形文件

关闭 AutoCAD 2012 的图形文件与退出 AutoCAD 2012 软件不同，关闭图形文件只是关闭当前编辑的图形文件，而不会退出 AutoCAD 2012 软件。主要有以下几种方法：

- 选择【文件】/【关闭】命令。
- 单击绘图区右上方的“关闭”按钮 ⊠。
- 在命令行中输入“CLOSE”命令。

2.4 调整视图显示

在 AutoCAD 中绘制比较大的图形时需要对其局部进行放大，才能更好地对其进行编辑操作。在完成编辑操作后，要观察绘制的整体效果，应将其全部进行显示。

操作提示

在“安全选项”对话框中单击  按钮，打开“高级选项”对话框，在该对话框中可选择密钥长度。

2.4.1 缩放视图

缩放视图可以增加或减少图形对象的屏幕显示尺寸，以便于观察图形的整体结构和局部细节。缩放视图不改变对象的真实尺寸，只改变显示的比例。执行缩放命令，主要有以下两种方法：

- 在导航栏中单击“范围缩放”按钮下方的按钮，在弹出的下拉菜单中选择相应的命令，执行相应的缩放命令。
- 在命令行中执行“ZOOM”或“Z”命令。

缩放视图的方式比较多，应根据具体情况选择缩放的类型，如选择实时缩放、窗口缩放、范围缩放等。

实例 2-7 缩放机械图形

通过导航栏按钮执行动态缩放命令，对机械图形中的指定位置进行缩放操作。

参见光盘 光盘\素材\第 2 章\机械图形.dwg

1. 打开“机械图形.dwg”图形文件，单击导航栏中“范围缩放”按钮下方的按钮，在弹出的下拉菜单中选择“动态缩放”命令，如图 2-22 所示。
2. 将鼠标移动到绘图区中，单击鼠标左键，指定动态缩放窗口的位置，向左移动鼠标，缩小动态窗口的大小，向右移动鼠标，可放大动态缩放窗口，将窗口调整到如图 2-23 所示的大小后，单击鼠标左键，指定动态缩放窗口的大小。

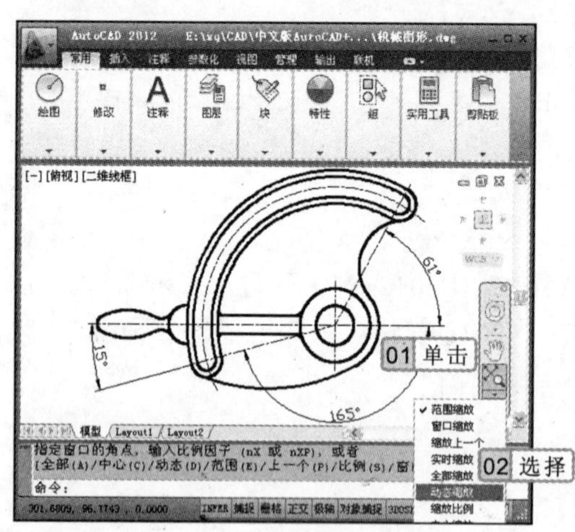

图 2-22 执行“动态缩放”命令

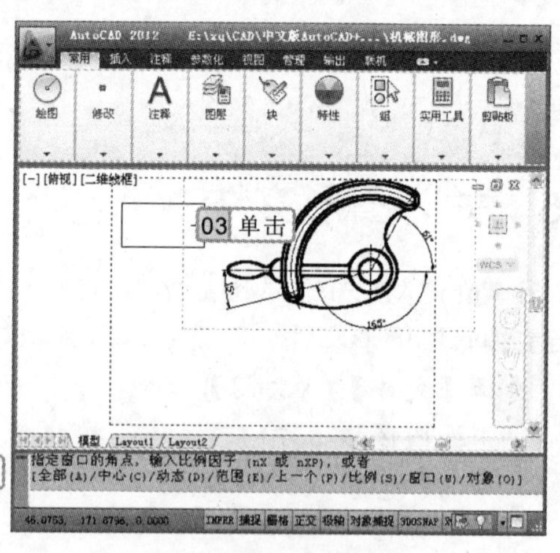

图 2-23 调整缩放窗口

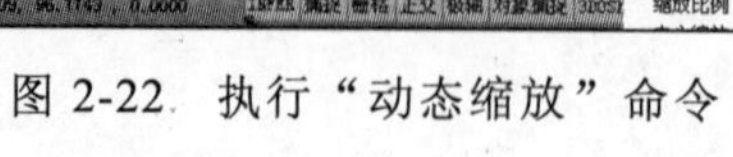

3. 将鼠标移动到绘图区中要进行动态缩放的位置，单击鼠标左键进行确认，如图 2-24 所示。
4. 按“Enter”键确定动态缩放图形的缩放，效果如图 2-25 所示。

行家提醒

对图形文件进行加密保存时，在“安全选项”对话框中选中☑加密图形特性(P)复选框，可将图形特性一起进行加密。

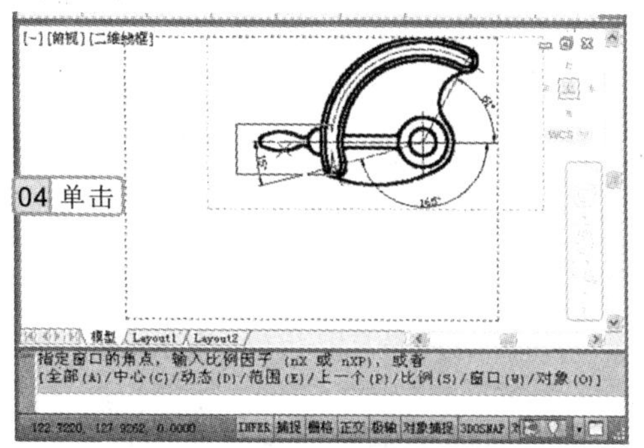

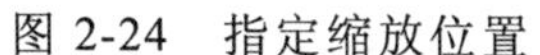

图 2-24　指定缩放位置

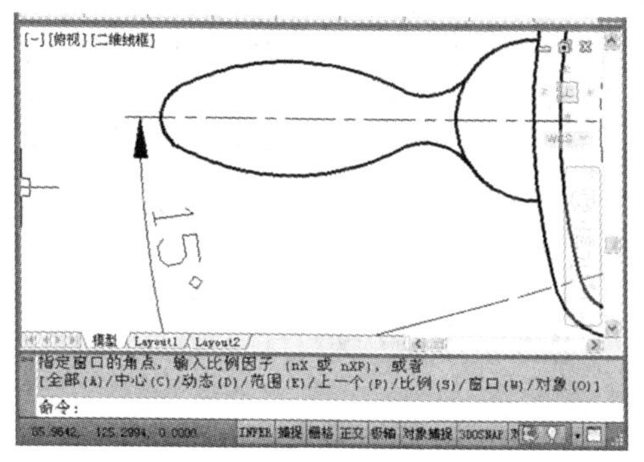

图 2-25　动态缩放图形的效果

使用缩放命令对图形对象进行缩放操作时，还有其他几种缩放方式，其含义介绍如下。

- **全部(A)**：在当前视窗中显示全部图形。当绘制的图形均包含在用户定义的图形界限内时，则在当前视窗中完全显示出图形，如果绘制的图形超出了图形界限以外，则以图形的边界所包括的范围进行显示。
- **中心(C)**：以指定的点为中心进行缩放，然后再相对于中心点指定比例来进行缩放视图。
- **范围(E)**：将当前窗口中的所有图形尽可能大地显示在屏幕上。
- **上一个(P)**：返回前一个视图。当使用其他选项对视图进行过缩放以后，需要使用前一个视图时，可直接选择此选项。
- **比例(S)**：根据输入的比例值缩放图形，输入的数值为非零的正数，当输入的值大于 1 时，则将视图进行放大显示；当输入的值小于 1 时，则将视图缩小显示。有 3 种输入比例值的方法：直接输入数值表示相对于图形界限进行缩放；在输入的比例值后面加上 x，表示相对于当前视图进行缩放；在比例值后面加上 xp，表示相对于图纸空间单位进行缩放。
- **窗口(W)**：选择该选项后，可以使用鼠标指定一个矩形区域，在该范围内的图形对象将最大化地显示在绘图区。
- **对象(O)**：选择该选项后，再选择要显示的图形对象，选择的图形对象将尽可能大地显示在屏幕上。
- **实时**：为默认选择的选项，执行 ZOOM 命令后即使用该选项。选择该选项后将在屏幕上出现一个🔍形状的光标，按住鼠标左健不放，向上移动则放大视图；向下移动则缩小视图。按“Esc”键或“Enter”键可以退出该命令。

2.4.2　平移视图

使用 AutoCAD 2012 在绘制图形的过程中，由于某些图形比较大，在放大该图形进行绘制及编辑时，其余图形对象将不能进行显示，如果要显示绘图区边上或绘图区外的图形对象，但是不想改变图形对象的显示比例，则可以使用平移视图功能，将图形对象进行移动。执行平移命令，主要有以下两种方法：

如果用户使用的是 3 键鼠标，即中间有滚轮的鼠标，只要上下滚动鼠标滚轮，即可对图形进行放大或缩小操作，因此在实际绘图时这种方法的使用最为频繁。

- 在导航栏中单击“平移”按钮。
- 在命令行中输入“PAN”或“P”命令。

执行平移命令后，鼠标光标形状变为手形，按住鼠标左键拖动可使图形的显示位置随鼠标向同一方向移动，完成平移操作后，可按“Esc”键或“Enter”键退出平移命令。

2.5 基础实例

本章的基础实例中，将绘制三角形，以及将浴缸图形进行加密保存，让用户进一步掌握使用的调用方法，掌握新建、打开、保存图形文件，以及将图形文件进行加密保存等操作。

2.5.1 绘制三角形

本例将利用模板“acad.dwt”新建图形文件，并在该图形文件的基础上，使用直线命令，并利用绝对直角坐标系和相对坐标系的输入方法，完成三角形的绘制，最后将图形以“三角形.dwg”进行保存，图形绘制的效果如图 2-26 所示。

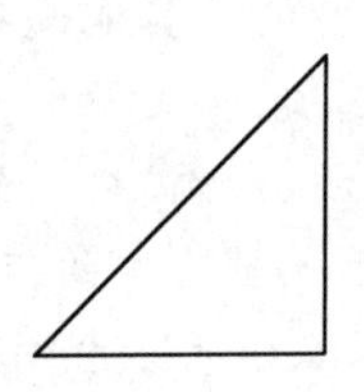

图 2-26 三角形

1. 操作思路

本例主要在于练习文件的新建、保存，以及命令的调用、坐标的输入等，其操作思路如下。

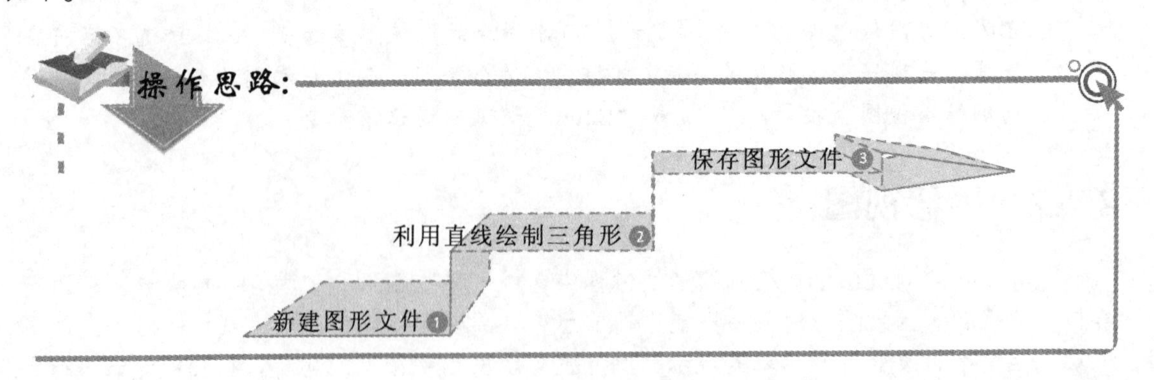

以“中心”方式对视图进行缩放时，在指定比例或高度时，其值小于当前值将放大显示视图，其值大于当前值将缩小显示视图。

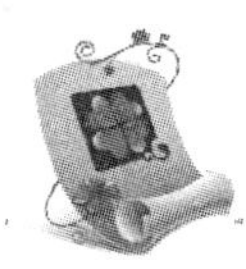

2. 操作步骤

下面介绍绘制三角形的方法，其操作步骤如下：

光盘\效果\第 2 章\三角形.dwg
光盘\实例演示\第 2 章\绘制三角形

1. 在标题栏中单击“新建”按钮，打开“选择样板”对话框，如图 2-27 所示。
2. 在文件列表中选择“acad.dwt”模板文件，单击打开(O)按钮，利用模板创建一个新的图形文件。
3. 单击状态栏的DYN按钮，启用“动态输入”功能，在命令行输入“L”，执行直线命令，在绘图区中绘制三角形，效果如图 2-28 所示，其命令行操作如下：

```
命令: L                                         //执行直线命令
LINE
指定第一点: 5,5                                 //输入直线起点坐标，如图 2-29 所示
指定下一点或 [放弃(U)]: @5,0                    //输入直线第二点坐标，如图 2-30 所示
指定下一点或 [放弃(U)]: @0,5                    //输入直线下一点坐标，如图 2-31 所示
指定下一点或 [闭合(C)/放弃(U)]: c               //选择“闭合”选项，如图 2-32 所示
```

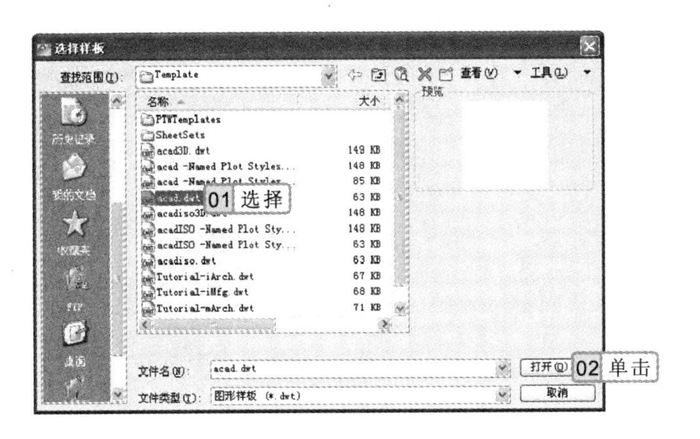

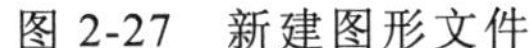

图 2-27 新建图形文件

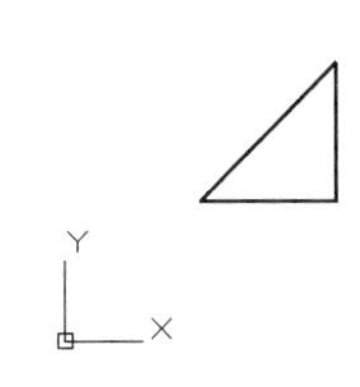

图 2-28 绘制三角形

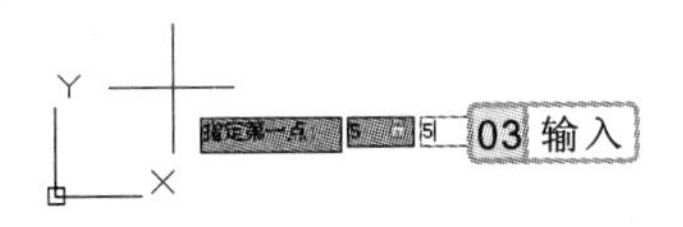

图 2-29 指定直线起点位置

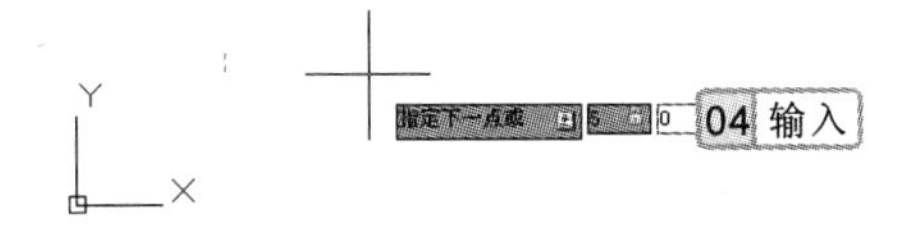

图 2-30 输入第二点坐标

在 AutoCAD 2012 中，高版本的软件可以打开低版本的图形文件，但是低版本软件不能打开高版本的文件，在进行保存时，可以将其存为低版本软件格式。

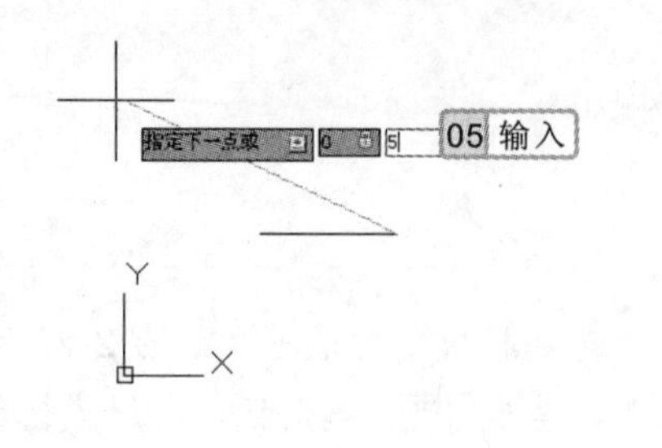

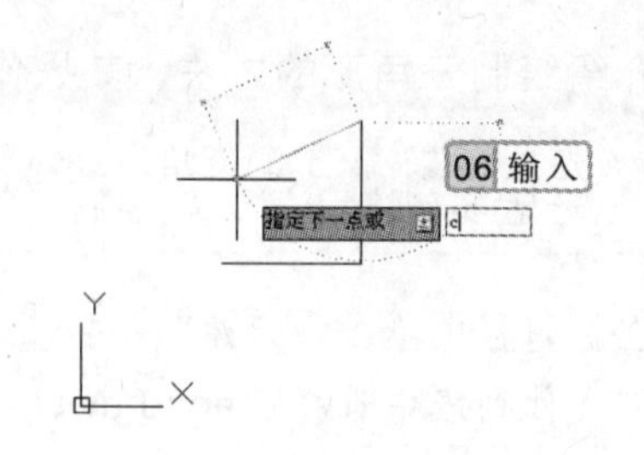

图 2-31　输入下一点坐标　　　　图 2-32　选择“闭合”选项

4　在标题栏中单击“保存”按钮，执行“保存”命令，如图 2-33 所示。

5　打开“图形另存为”对话框，在“保存于”下拉列表框中选择文件的保存位置，在“文件名”下拉列表框中输入“三角形”，指定要保存文件的文件名，如图 2-34 所示。

6　单击 保存(S) 按钮，将图形文件进行保存操作。

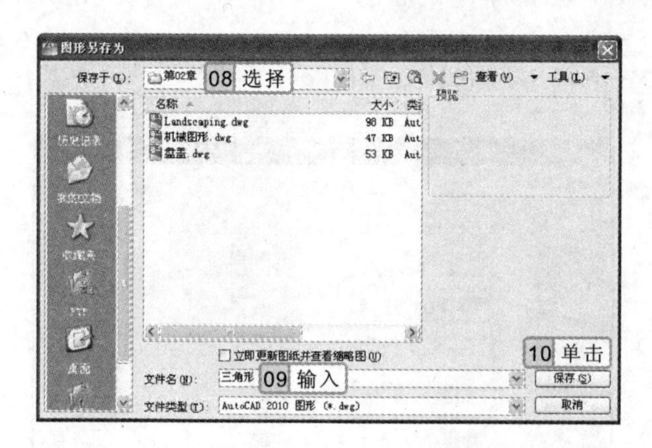

图 2-33　执行“保存”命令　　　　图 2-34　设置保存参数

2.5.2　加密保存浴缸

本例将在图形文件“浴缸.dwg“的基础上，通过打开命令打开图形文件，然后对图形文件进行加密操作，并将图形文件另存为名为“加密浴缸.dwg”的图形文件。在本例的操作中，主要使用了图形文件的打开、另存为等命令，以及加密的相关知识等。

1. 操作思路

本例主要练习图形文件的打开、另存为和加密保护等操作，本例的操作思路如下。

视图缩放和平移操作不会改变绘图空间（图纸）上图形的实际位置和尺寸大小，也不会改变绘图界限，该命令可作为透明命令使用。

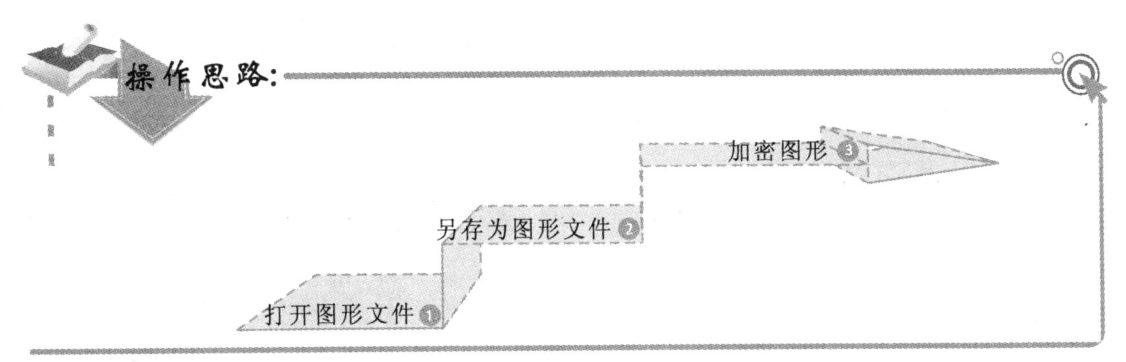

2. 操作步骤

下面介绍图形文件打开与另存为的相关操作，其操作步骤如下。

参见光盘

光盘\素材\第 2 章\浴缸.dwg
光盘\效果\第 2 章\加密浴缸.dwg
光盘\实例演示\第 2 章\加密保存浴缸

1. 单击标题栏的“打开”按钮，执行打开命令，打开“选择文件”对话框，在“查找范围”下拉列表框中选择文件的存放位置，在文件列表中选择“浴缸.dwg”图形文件，单击打开(O)按钮，打开图形文件，如图 2-35 所示。
2. 单击标题栏的“另存为”按钮，执行另存为命令，打开“图形另存为”对话框，在“保存于”下拉列表框中指定文件的保存位置，在“文件名”下拉列表框中输入“加密浴缸.dwg”。
3. 单击工具(L)按钮，在打开的菜单中选择“安全选项”选项，打开“安全选项”对话框，如图 2-36 所示。

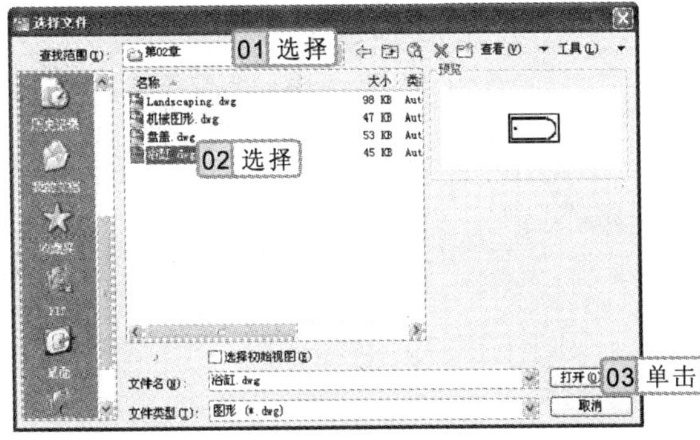

图 2-35　打开图形文件

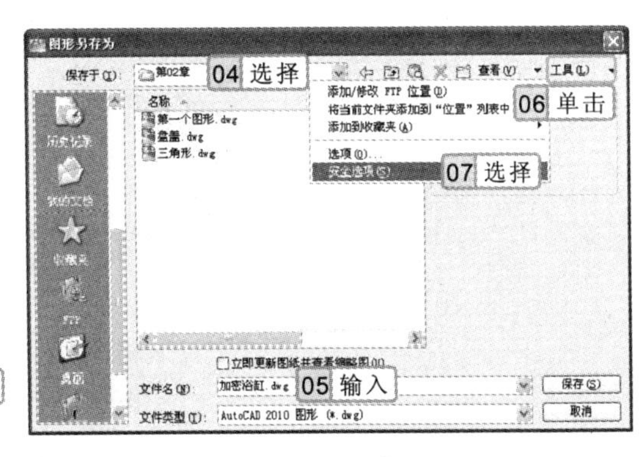

图 2-36　另存为图形文件

4. 在“安全选项”对话框的“用于打开此图形的密码或短语”文本框中输入密码“3223”，单击确定按钮，如图 2-37 所示。
5. 在“确认密码”对话框的“再次输入用于打开此图形的密码”文本框中再次输入密码

对图形文件进行保存时，可以使用快捷键来进行操作，其中“保存”命令的快捷键为“Ctrl+S”，“另存为”命令的快捷键为“Shift+Ctrl+ S”。

"3223"，单击 确定 按钮，如图 2-38 所示。

6 返回"图形另存为"对话框，单击 保存(S) 按钮，对图形文件进行保存。

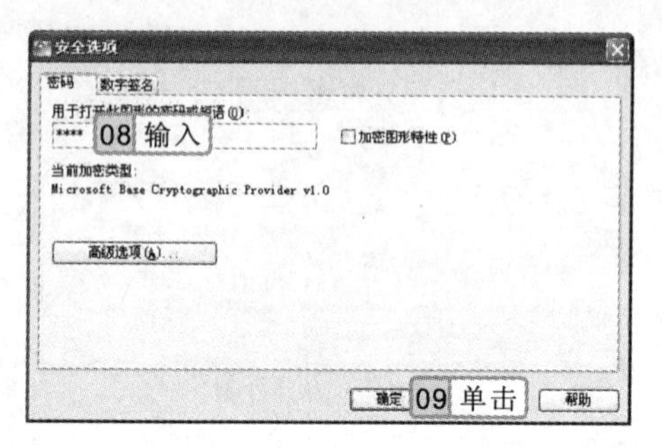

图 2-37　设置密码

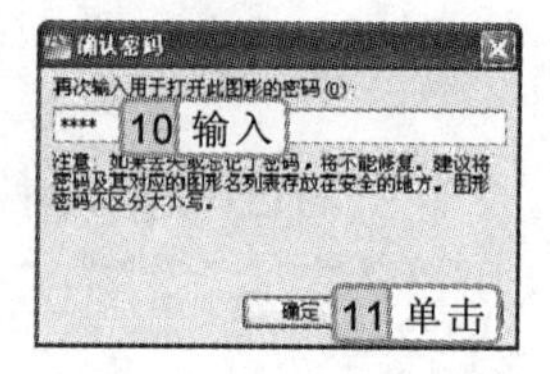

图 2-38　确认密码

2.6　基础练习

本章主要介绍了 AutoCAD 2012 的基本操作。下面将通过两个练习，进一步巩固 AutoCAD 2012 基本操作的相关方法，如命令的调用、图形文件的基本管理等。

2.6.1　编辑支架图形

本次练习将打开"支架.dwg"图形文件，删除其中的尺寸标注，并将其以原名保存在其余的路径中，效果如图 2-39 所示。

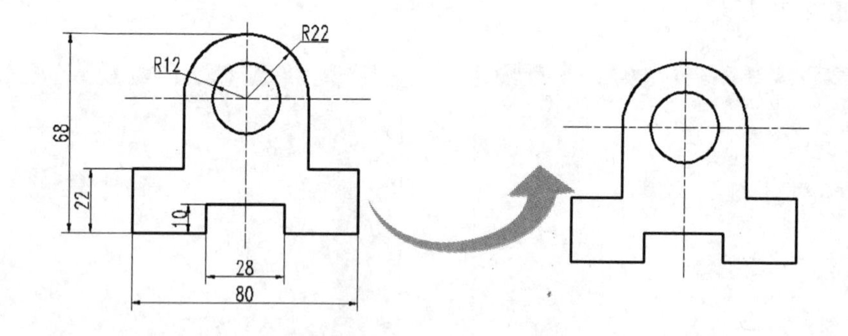

图 2-39　编辑支架图形

参见光盘

光盘\素材\第 2 章\支架.dwg
光盘\效果\第 2 章\支架.dwg
光盘\实例演示\第 2 章\编辑支架图形

该练习的操作思路与关键提示如下。

关闭图形文件时，可以按快捷键"Ctrl+F4"，当只打开一个图形文件时，要退出 AutoCAD 2012 程序窗口，则应按快捷键"Alt+F4"。

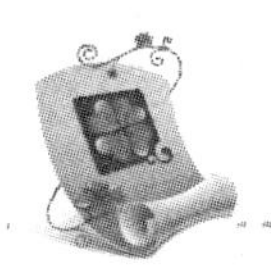

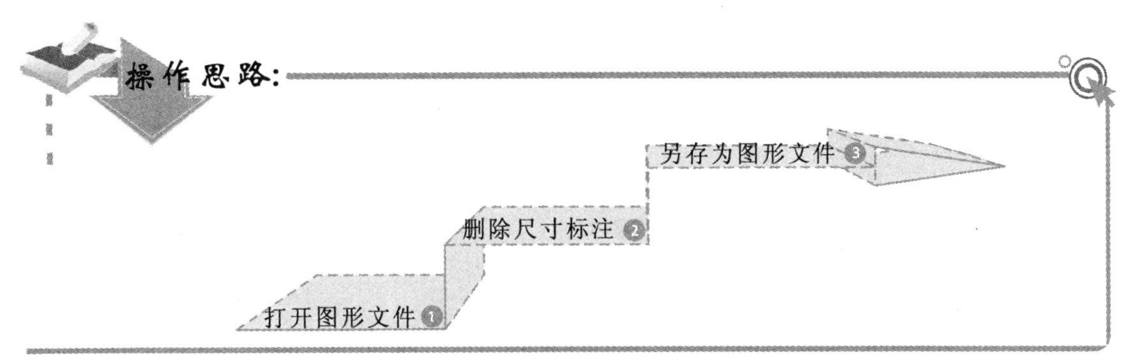

关键提示:

删除尺寸标注

选择图形中的尺寸标注并按“Delete”键。

另存为图形文件

改变图形文件的保存位置将图形文件进行保存。

2.6.2 编辑卫生间图形

本次练习将打开“卫生间.dwg”图形文件，在其中运用缩放功能放大图形，查看图形，如图 2-40 所示，然后对图形进行加密保存。

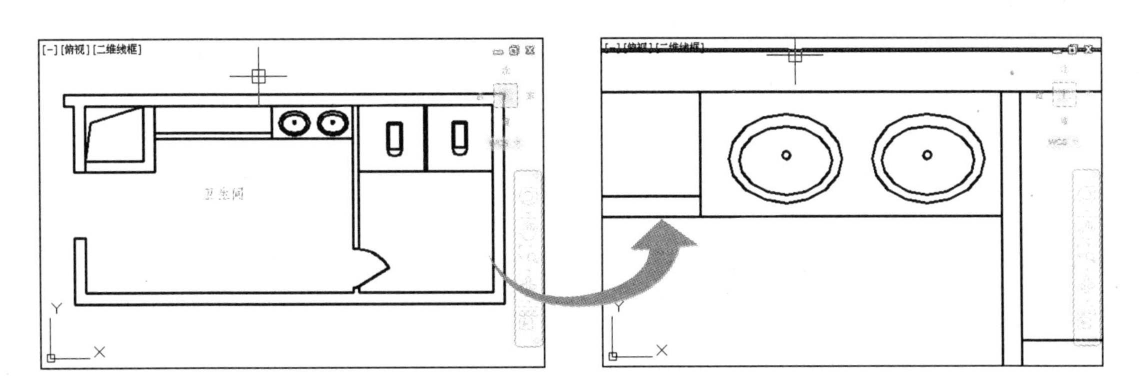

图 2-40　卫生间图形

光盘\素材\第 2 章\卫生间.dwg
光盘\效果\第 2 章\卫生间.dwg
光盘\实例演示\第 2 章\编辑卫生间图形

该练习的操作思路与关键提示如下。

使用缩放命令对视图进行缩放操作时，可在执行缩放命令后，直接在绘图区选择缩放区域，即使用“窗口”方式进行缩放。

操作思路：

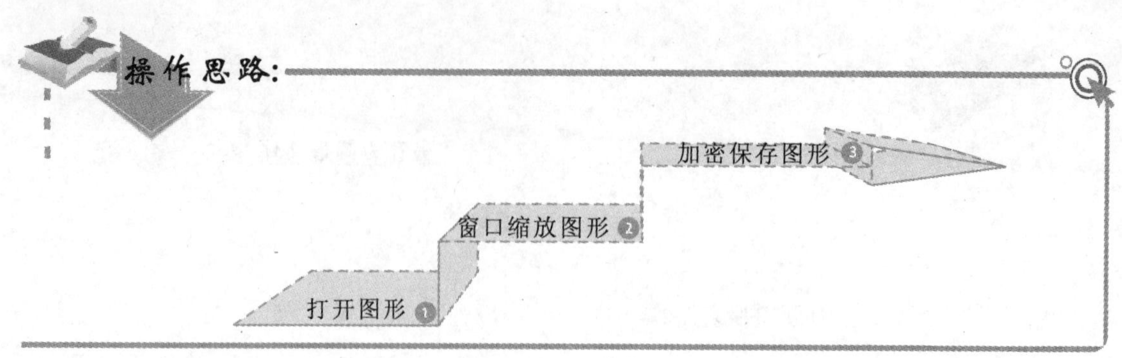

关键提示：

窗口缩放图形

使用窗口选项并指定缩放第一点和对角点。

加密保存图形

设置密码：123456。

2.7 知识问答

熟练掌握 AutoCAD 2012 的基本操作，才能够更快、更好地完成图形的绘制与编辑的相关操作，如文件的管理、命令的不同调用等操作。下面介绍 AutoCAD 2012 的常见问题及解决方案。

问：在命令行中输入直线的坐标值时，却捕捉到离光标较近的对象捕捉点上，为什么呢？如何才能解决该问题？

答：为了使绘制的精度得到提高，AutoCAD 2012 提供了多种数据的输入方式，例如，使用输入坐标值的方法，可以精确地进行数据输入；使用对象捕捉方式绘制图形，在绘图时可以捕捉到另一图形对象的特殊点，如切点、垂点、端点等。在命令行中输入坐标值，却捕捉到了图形对象，主要是在绘图时，同时打开了对象捕捉功能，解决的方法主要有两种：一种是单击状态栏上的“对象捕捉”按钮，关闭对象捕捉功能；另一种是选择【工具】/【选项】命令，打开“选项”对话框，在该对话框中选择“用户系统配置”选项卡，在“坐标数据输入的优先级”栏中设置坐标输入的优先级，即在该栏中选中 ◉除脚本外的键盘输入(X) 单选按钮，单击 确定 按钮返回绘图区即可。

问：使用命令行方式进行绘图时，为什么输入命令后不能进行绘图呢？

答：使用命令行方式绘图时，在命令行中输入命令后，需按“Enter”键，才能执行该命令，然后再根据命令行的提示进行操作即可。

选择【视图】/【缩放】/【放大】命令，可以相对于当前视图成两倍放大显示；选择【视图】/【缩放】/【缩小】命令，可以相对于当前视图成两倍缩小显示。

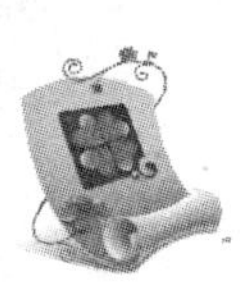

问： 单击绘图区右上角的“关闭”按钮 ⊠ 对图形文件进行关闭操作时，为什么没有任何反应？

答： 在 AutoCAD 2012 中绘制或编辑图形时，在打开相关的对话框后，单击“关闭”按钮 ⊠ 没有任何反应，此时先关闭打开的对话框，再单击该按钮，则可关闭图形文件。

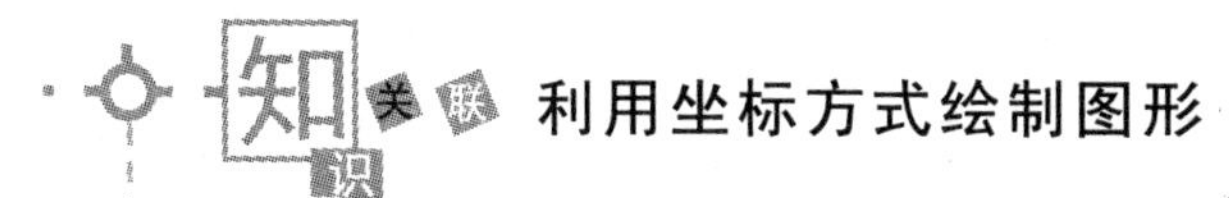

利用坐标方式绘制图形

AutoCAD 2012 采用笛卡儿坐标系来确定位置，该坐标系也称绝对坐标系。在进入 AutoCAD 2012 绘图区时，系统自动进入笛卡儿坐标系第一象限，其原点在绘图区内的左下角点。

使用 AutoCAD 2012 绘制图形时，在执行命令的过程中，需要通过键盘选择相应的选项，以及输入相应的参数，以便更加快捷、准确地完成图形的绘制及编辑工作。直接使用鼠标虽然可以在绘图区中快速完成图形的绘制，但是要精确到某些点，且没有其他图形对象可以进行捕捉时，则需要通过输入坐标值的方式来指定坐标点。

使用“另存为”命令保存图形时，每一次都将打开“图形另存为”对话框；使用“保存”命令时，只有第一次会打开“图形另存为”对话框，再进行保存时将以同名进行保存。

第3章

基本图形绘制

绘制点

多点 定距、定数等分

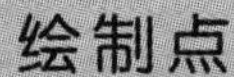

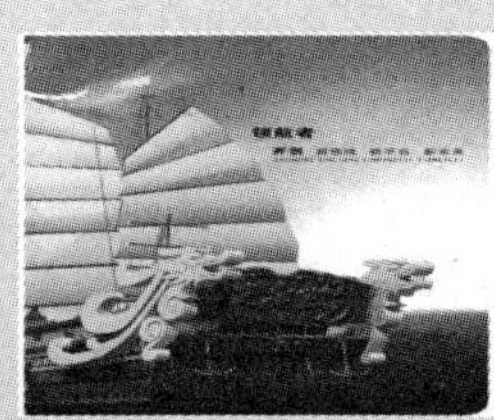

直线对象

直线 射线 构造线

圆与圆弧

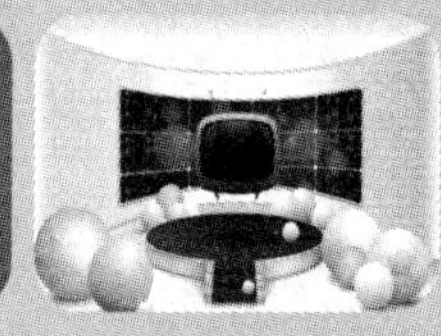

绘制特殊对象

矩形 正多边形

本章导读

使用绘图命令可以绘制各种机械、建筑等图形对象，其中绘图命令主要包括点、直线、圆弧、圆、矩形、正多边形、多段线和样条曲线等，掌握了这些命令，即可绘制不同类型的图形对象。本章将详细介绍各种绘图命令的使用及操作方法，从而使读者能够快速、准确地完成各种图形对象的绘制。在本章的知识点中，直线对象、圆与圆弧、矩形和正多边形是绘制图形对象的基本元素，需重点进行掌握。

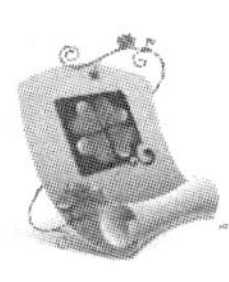

3.1 绘制点

在 AutoCAD 2012 中，点不仅仅是组成图形最基本的元素，还经常需要通过点来标识某些特殊的部分，如直线的端点、中点，以及将图形对象分成若干段时所标注的点等。

3.1.1 设置点样式

在 AutoCAD 2012 中，默认情况下点是没有长度和大小的，因此很难看见。但是可以给点设置不同的显示样式，这样就可以清楚地知道点的位置了。设置点样式首先需要执行点样式命令，该命令主要有如下调用方法：

- 选择【格式】/【点样式】命令。
- 在命令行中输入“DDPTYPE”命令。

执行上述任何一种命令，都将打开如图 3-1 所示的“点样式”对话框。在“点样式”对话框中即可为所要绘制的点指定相应的样式及大小。

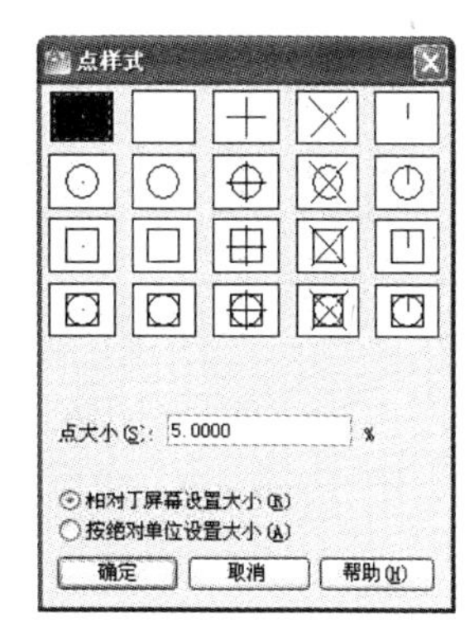

图 3-1 “点样式”对话框

在对话框的上半部分列出了 AutoCAD 为用户提供的 20 种点样式，使用鼠标单击相应的样式图标即可设置点的样式，如单击⊞样式。在“点大小”文本框中可指定所要绘制的点的大小。

各单选按钮的具体含义介绍如下。

- **相对于屏幕设置大小**：选中该单选按钮，可以按屏幕尺寸的百分比设置点的显示大小。当进行缩放时，点的显示大小并不因此改变。
- **按绝对单位设置大小**：选中该单选按钮，可以按“点大小”文本框中指定的实际单位设置点的显示大小。当进行缩放时，绘图区中显示的点的大小也会随之改变。

3.1.2 绘制点

使用绘图命令绘制点时，主要有绘制单点和绘制多点之分。执行单点命令，主要有以下两种方法：

- 选择【绘图】/【点】/【单点】命令。
- 在命令行中输入“POINT”或“PO”命令。

执行多点命令，主要有以下两种方法：

- 选择【绘图】/【点】/【多点】命令。
- 选择【常用】/【绘图】组，单击“多点”按钮·。

使用点命令绘制点时，应在命令行中输入点的坐标值来指定点的位置，也可以结合 AutoCAD 2012 中提供的对象捕捉功能来指定点的位置。

实例 3-1　利用坐标方式绘制 3 个点

将点样式设置为⊠样式，执行多点命令，分别在（50,50）、（80,50）和（90,100）处绘制 3 个点。

光盘\效果\第 3 章\绘制多点.dwg

1. 在命令行输入“DDPTYPE”，执行点样式设置命令，将点样式设置为⊠，“点大小”选项设置为 3。
2. 选择【常用】/【绘图】组，单击“多点”按钮，执行多点命令，绘制如图 3-2 所示的点，其命令行操作如下：

```
命令: _point                                  //执行多点命令
当前点模式:  PDMODE=35   PDSIZE=-3.0000
指定点:50,50                                  //输入第一个点的坐标，如图 3-3 所示
指定点:80,50                                  //输入第二个点的坐标，如图 3-4 所示
指定点:90,100                                 //输入第三个点的坐标，如图 3-5 所示
指定点:                                       //按“Esc”键结束多点命令
```

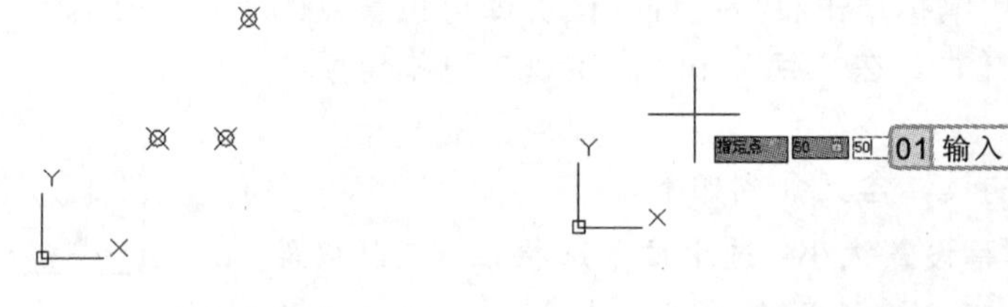

图 3-2　绘制多个点　　　　图 3-3　输入第一个点的坐标

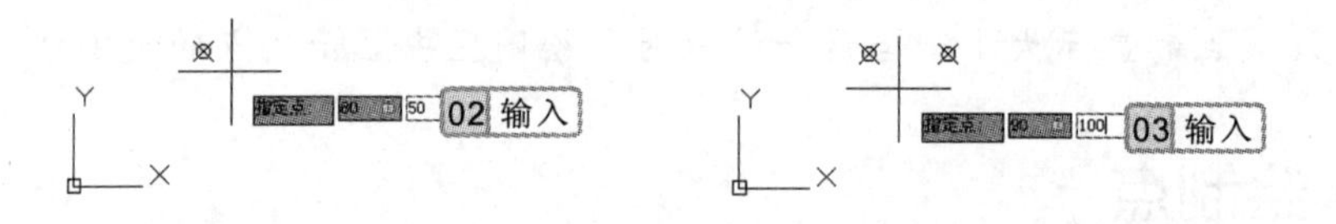

图.3-4　输入第二个点的坐标　　　　图 3-5　输入第三个点的坐标

执行点命令绘制点的过程中，系统提示了当前点的模式，分别用 PDMODE 和 PDSIZE 两个系统变量表示，重新指定 PDMODE 和 PDSIZE 变量的值后，将按设置的变量改变点的外观。这两个变量的意义分别介绍如下。

- PDMODE：控制点样式，不同的值对应不同的点样式，其数值为 0～4、32～36、64～68、96～100，分别与“点样式”对话框中的第一行至第四行点样式相对应。
- PDSIZE：控制点的大小，当值为正时，表示点的绝对尺寸大小，相当于选中“点

设置点样式时，如果选中 ⊙相对于屏幕设置大小(R) 单选按钮，则按屏幕尺寸的百分比显示点的大小，当进行缩放操作时，点的显示大小将随之变化。

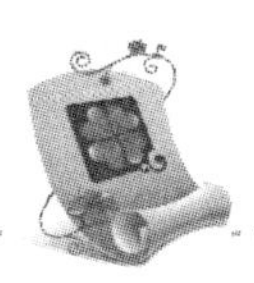

样式”对话框中的⊙按绝对单位设置大小(A)单选按钮；当值为负时，表示点的相对尺寸大小，相当于选中“点样式”对话框中的⊙相对于屏幕设置大小(R)单选按钮；当该值为 0 时，点的大小为系统默认值，即屏幕大小的 5%。

3.1.3　绘制定数等分点

绘制定数等分点，就是在指定的对象上绘制等分点，即将线条以指定数目来进行划分，每段的长度相等，该命令主要有如下两种调用方法：

- 选择【常用】/【绘图】组，单击“定数等分”按钮。
- 在命令行中输入“DIVIDE”或“DIV”命令。

实例 3-2　定数等分样条曲线

执行定数等命令，将“样条曲线.dwg”图形文件中的样条曲线分为 5 段，其中点样式为⊠样式。

参见光盘　光盘\素材\第 3 章\样条曲线.dwg
光盘\效果\第 3 章\定数等分.dwg

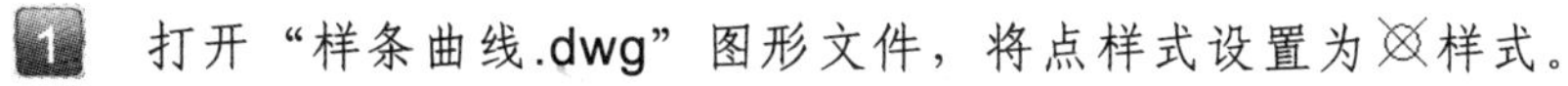

1. 打开“样条曲线.dwg”图形文件，将点样式设置为⊠样式。
2. 选择【常用】/【绘图】组，单击“定数等分”按钮，执行定数等分命令，将图形分为 5 段，效果如图 3-6 所示，其命令行操作如下：

```
命令: _divide                          //执行定数等分命令
选择要定数等分的对象:                  //选择等分对象，如图 3-7 所示
输入线段数目或 [块(B)]: 5             //输入等分数目，如图 3-8 所示
```

图 3-6　定数等分对象

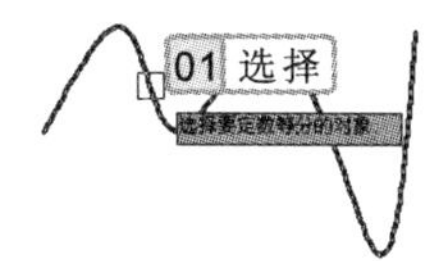

图 3-7　选择等分对象

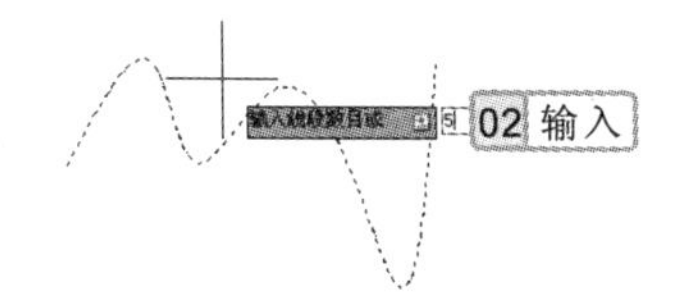

图 3-8　输入等分数目

3.1.4　绘制定距等分点

定距等分点，就是在指定的对象上按指定的长度将图形对象进行等分，在进行等分操作时，在选择要进行等分操作的图形对象后，应指定要进行等分操作的长度，并根据该距离来分隔所选对象。执行定距等分点命令，该命令主要有如下两种调用方法：

- 选择【常用】/【绘图】组，单击“测量”按钮。
- 在命令行中输入“MEASURE”或“ME”命令。

使用定数等分对象时，由于输入的是需将对象等分的数目，所以如果对象是封闭的，则生成点的数量等于输入的等分数。

实例 3-3 定距等分样条曲线

执行定距等分命令，将“样条曲线.dwg”图形文件中的样条曲线进行定距等分操作，其中等分距离为 200，点样式为⊠样式。

参见光盘
光盘\素材\第 3 章\样条曲线.dwg
光盘\效果\第 3 章\定距等分.dwg

1. 打开“样条曲线.dwg”图形文件，将点样式设置为⊠样式。
2. 选择【常用】/【绘图】组，单击“测量”按钮，执行定距等分命令，将图形进行等距离分隔，其中距离为 200，效果如图 3-9 所示，其命令行操作如下：

```
命令: _measure                         //执行定距等分命令
选择要定距等分的对象:                    //选择等分对象，如图 3-10 所示
指定线段长度或 [块(B)]:                  //输入等分距离，如图 3-11 所示
```

图 3-9 定距等分对象

图 3-10 选择等距对象

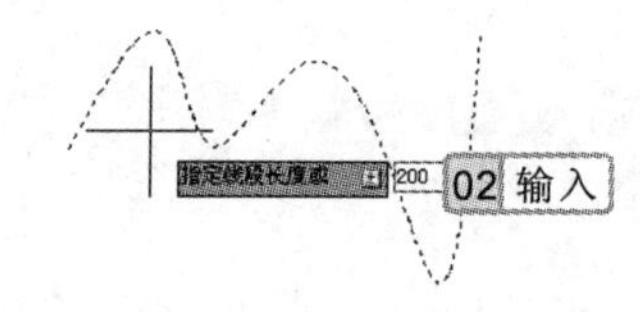

图 3-11 输入等分距离

3.2 绘制直线类图形

在 AutoCAD 2012 中，直线类图形对象主要包括直线、射线、构造线和多线等命令。直线类图形对象是绘制图形对象的基础，绘图时，根据不同的要求，绘制不同的图形对象。

3.2.1 绘制直线

直线是绘制图形时最常见的一种图形元素之一。绘制直线的方法比较简单，一般只需要确定直线的起点和端点即可完成线条的绘制。执行直线命令，主要有如下两种调用方法：

- 选择【常用】/【绘图】组，单击“直线”按钮。
- 在命令行中输入“LINE”或“L”命令。

实例 3-4 使用直线命令绘制菱形

执行直线命令，并使用坐标输入的方法指定直线起点和端点坐标，完成菱形图形的绘制。

行家提醒

在绘制直线过程中，若所画直线不垂直，可通过按“F8”键，将直线切换成正交模式进行绘图。

光盘\效果\第 3 章\菱形.dwg

选择【常用】/【绘图】组，单击“直线”按钮，执行直线命令，绘制菱形，效果如图 3-12 所示，其命令行操作如下：

```
命令: _line                                    //执行直线命令
指定第一点: 50,50                              //输入直线起点坐标，如图 3-13 所示
指定下一点或 [放弃(U)]: @50,-30                //输入直线第二点坐标，如图 3-14 所示
指定下一点或 [放弃(U)]: @50,30                 //输入直线第三点坐标，如图 3-15 所示
指定下一点或 [闭合(C)/放弃(U)]: @-50,30        //输入直线第四点坐标，如图 3-16 所示
指定下一点或 [闭合(C)/放弃(U)]: c              //选择“闭合”选项，如图 3-17 所示
```

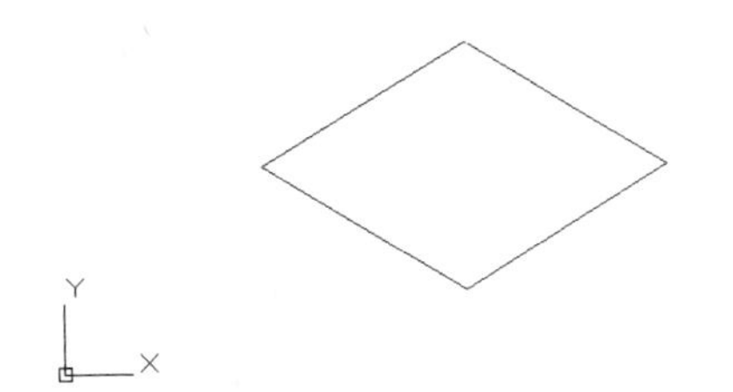

图 3-12　绘制菱形

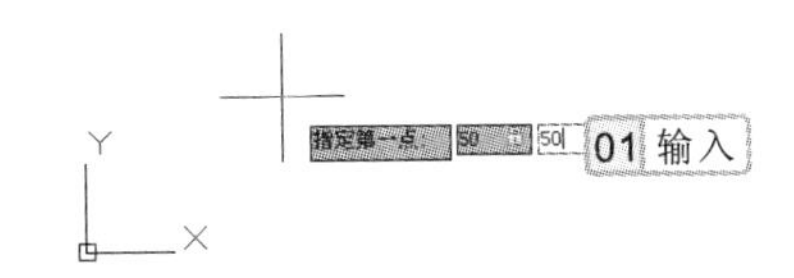

图 3-13　输入直线起点坐标

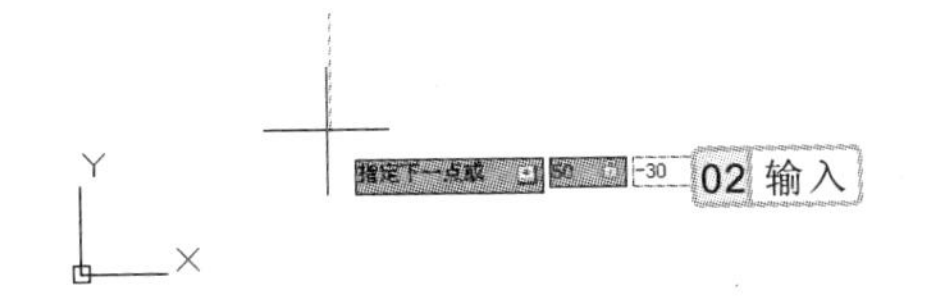

图 3-14　输入直线第二点坐标

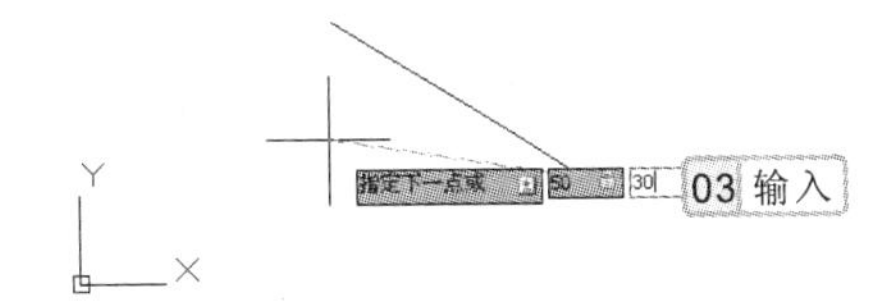

图 3-15　输入直线第三点坐标

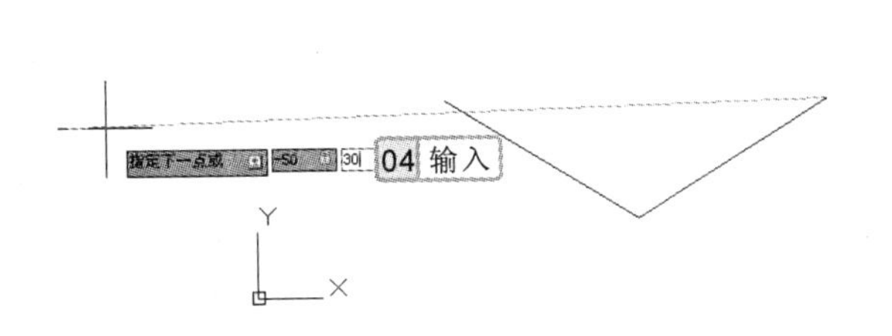

图 3-16　输入直线第四点坐标

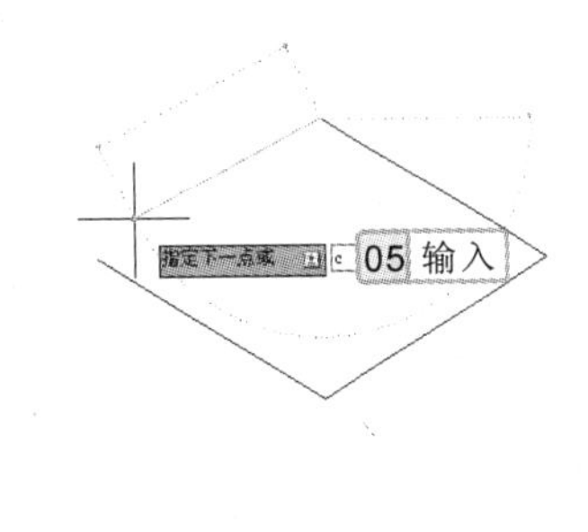

图 3-17　选择“闭合”选项

使用定数等分或定距等分命令对图形对象进行等分操作时，并非将图形对象分成独立的几段，而是在相应的位置上放置点对象，以辅助绘制其他图形。

在执行直线命令的过程中，“闭合”和“放弃”两个选项的含义分别介绍如下。

- 闭合(C)：如果绘制了多条相连接的线段，在命令提示行中输入“C”，可使直线的端点与第一条线段的起点相重合，从而形成一个封闭的图形。
- 放弃(U)：在命令提示行中输入“U”，撤销刚才绘制的线段而不退出直线命令。

3.2.2 绘制射线

射线是只有起点和方向但没有终点的直线，即射线为一端固定，而另一端无限延伸的直线。射线一般作为辅助线，绘制射线后，按“Esc”键即可退出绘制状态。

执行射线命令，主要有如下两种调用方法：

- 选择【常用】/【绘图】组，单击“射线”按钮。
- 在命令行中输入“RAY”命令。

执行射线命令后，将提示指定射线起点的位置，然后指定射线通过的点。例如，以（10,10）为起点，绘制一条角度为 20° 的射线，如图 3-18 所示，其命令行操作如下：

```
命令: _ray                         //执行射线命令
指定起点: 10,10                    //输入起点坐标，如图 3-19 所示
指定通过点: @5<20                  //输入通过点，如图 3-20 所示
指定通过点:                        //按“Enter”键结束射线命令
```

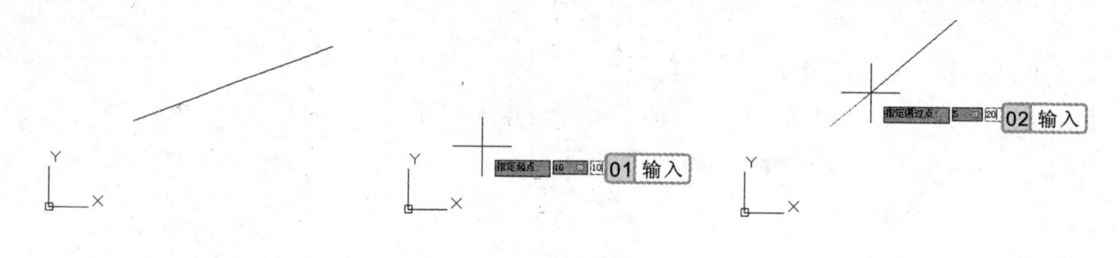

图 3-18　绘制射线　　图 3-19　输入起点坐标　　图 3-20　指定通过点

3.2.3 绘制构造线

构造线是两端无限延伸的线条，构造线没有起点和终点，在机械、建筑等行业制图时，通常都使用构造线来作为绘图时的辅助线。执行构造线命令，主要有如下两种调用方法：

- 选择【常用】/【绘图】组，单击“构造线”按钮。
- 在命令行中输入“XLINE”或“XL”命令。

执行构造线命令后，将提示指定构造线的起点，并在命令行提示“指定通过点:”后指定构造线所通过的点来绘制一条或多条构造线。例如，在（15,20）处绘制一条垂直构造线，如图 3-21 所示，其命令行操作如下：

使用直线命令绘制的直线段，实际上是由多条线段连接而成的图形对象，其中每一个线段都是一个单独的图形对象，可以单独对其进行编辑。

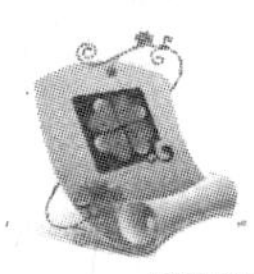


```
命令: _xline                                              //执行构造线命令
指定点或 [水平(H)/垂直(V)/角度(A)/二等分(B)/偏移(O)]: v     //选择"垂直"选项，如图 3-22 所示
指定通过点:                                               //指定通过的点，如图 3-23 所示
指定通过点:                                               //按"Enter"键结束构造线命令
```

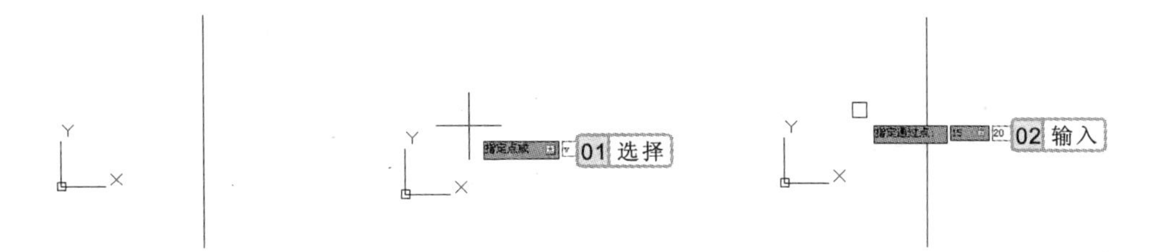

图 3-21 垂直构造线　　图 3-22 选择"垂直"选项　　图 3-23 输入坐标点

使用构造线命令绘制构造线时，命令行提示的各选项的含义介绍如下。

- **指定点**：系统默认的方法，指定构造线上的起点和通过点绘制构造线。
- **水平(H)**：绘制一条通过指定点且平行于 X 轴的构造线。
- **垂直(V)**：绘制一条通过指定点且平行于 Y 轴的构造线。
- **角度(A)**：以指定的角度或参照某条已存在的直线以一定的角度绘制一条构造线。在指定构造线的角度时，该角度是构造线与坐标系水平方向上的夹角，若角度值为正值，则绘制的构造线将逆时针旋转。
- **二等分(B)**：绘制角平分线。使用该选项绘制的构造线将平分指定的两条相交线之间的夹角。
- **偏移(O)**：通过另一条直线对象绘制与此平行的构造线，绘制此平行构造线时可以指定偏移的距离与方向，也可以指定通过的点。

3.2.4 绘制多线

多线是一种由多条平行线组成的组合图形对象。多线是 AutoCAD 2012 中设置项目最多、应用最复杂的直线段对象，一般情况下用于绘制建筑平面图中的墙体。

1. 设置多线样式

在使用多线命令绘制多线时，首先应对多线的样式进行设置，其中包括多段线条的数量，以及每条线之间的偏移距离等。执行多线样式命令，主要有如下两种调用方法：

- 选择【格式】/【多线样式】命令。
- 在命令行中输入"MLSTYLE"命令。

实例 3-5 设置"qx"多线样式

执行多线样式命令，创建名为"qx"的多线样式，将"封口"的"起点"和"端点"都设置为直线类型。

使用构造线绘制作图辅助线时，在指定构造线的起点后，一般应结合"正交"功能，然后在水平及垂直方向上各拾取一点，以快速完成水平及垂直作图辅助线的绘制。

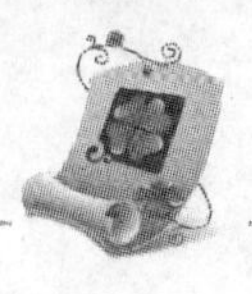

参见光盘 光盘\效果\第 3 章\多线样式.dwg

1. 在命令行中输入“MLSTYLE”，执行多线样式命令，打开“多线样式”对话框，如图 3-24 所示。
2. 单击 新建(N)... 按钮，打开“创建新的多线样式”对话框，在“新样式名”文本框中输入“qx”，单击 继续 按钮，如图 3-25 所示。

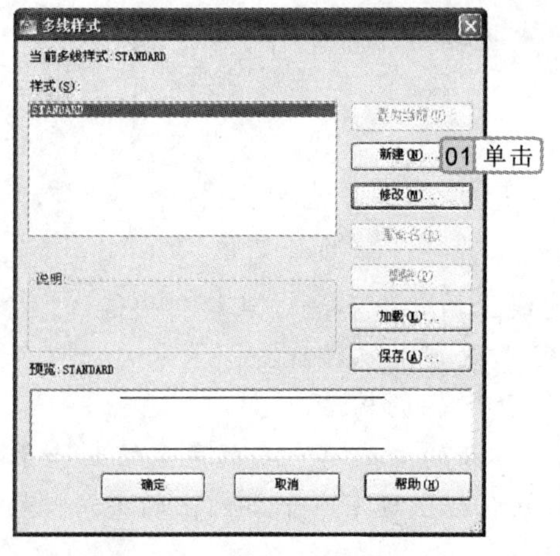

图 3-24 “多线样式”对话框

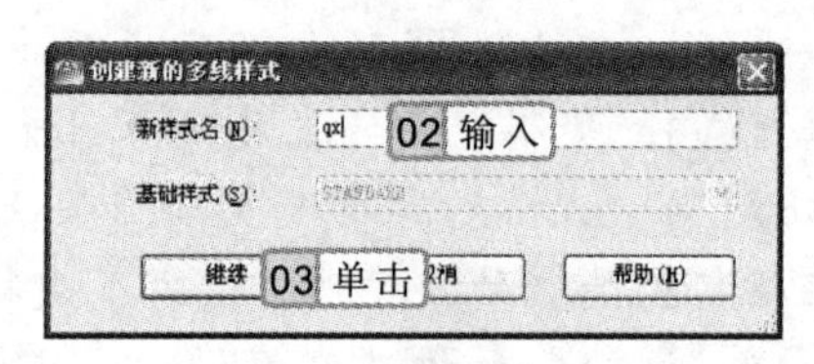

图 3-25 创建多线样式

3. 打开“新建多线样式：QX”对话框，在“封口”栏中分别选中“起点”和“端点”选项与“直线”选项对应的复选框，设置封口线条的类型，单击 确定 按钮，完成多线样式设置，如图 3-26 所示。
4. 返回“多线样式”对话框，在“样式”列表框中选择 QX 选项，单击 置为当前(U) 按钮，将其设置为当前多线样式，单击 确定 按钮完成多线样式的创建操作，如图 3-27 所示。

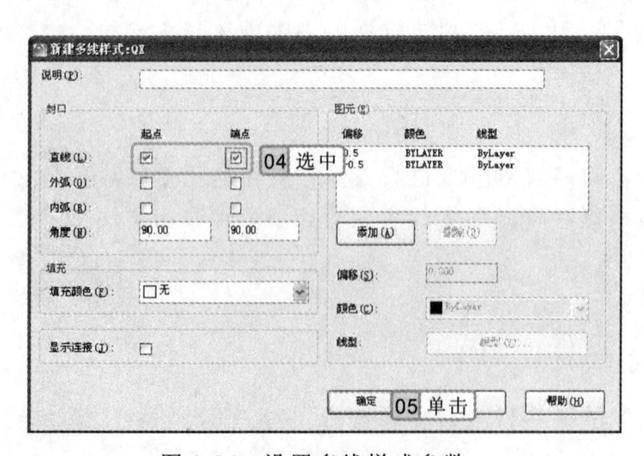

图 3-26 设置多线样式参数

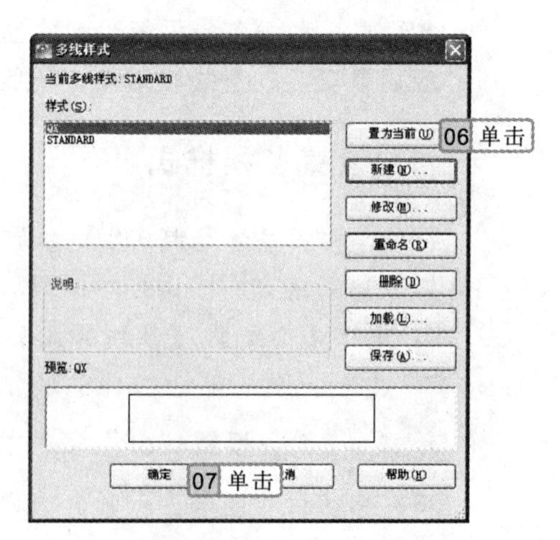

图 3-27 设置当前多线样式

行家提醒

在打开“动态输入”功能，并利用坐标输入方式绘制图形时，在命令行提示后输入的坐标为相对坐标，相当于在坐标值前添加@符号。

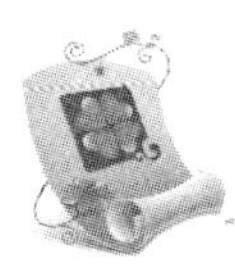

设置多线样式的参数时，在“新建多线样式：QX”对话框中，各选项的含义介绍如下。

- **封口**：设置多线平行线段之间两端封口的样式，可以设置起点和端点的样式。
  - **直线**：表示多线端点由垂直于多线的直线进行封口。
  - **外弧**：表示多线以端点向外凸出的弧形线封口。
  - **内弧**：表示多线以端点向内凹进的弧形线封口。
  - **角度**：用于设置多线封口处的角度。
- **填充**：设置封闭多线内的填充颜色，选择“无”选项表示使用透明的颜色填充。
- **显示连接**：显示或隐藏每条多线线段顶点处的连接。
- **图元**：构成多线的每一条直线，可以通过添加或删除来确定多线图元的个数，并设置相应的偏移量及颜色与线型。
  - **添加**：单击该按钮，可以添加一个图元，然后再对该图元的偏移量等进行设置。
  - **删除**：在图元列表中选择任一图元，单击该按钮，即可删除选中的图元。
  - **偏移**：设置多线元素从中线的偏移值，值为正表示向上偏移，值为负表示向下偏移。
  - **颜色**：设置组成多线元素的线条颜色。
  - **线型**：设置组成多线元素的线条线型。

2. 绘制多线

多线的绘制方法与直线的绘制方法相似，不同的是多线由两条或两条以上相同的平行线组成。执行多线命令，主要有如下两种调用方法：

- 选择【绘图】/【多线】命令。
- 在命令行中输入“MLINE”或“ML”命令。

实例 3-6 绘制房间墙线

在“多线样式.dwg”图形文件中，执行多线命令绘制房间墙线，其房间墙线的长度为“3300”，宽度为“3900”，门洞的大小为“900”。

参见光盘

光盘\素材\第 3 章\多线样式.dwg
光盘\效果\第 3 章\房间墙线.dwg

1. 打开“多线样式.dwg”图形文件。
2. 在命令行中输入“ML”，执行多线命令，绘制房间墙线，效果如图 3-28 所示，其命令行操作如下：

```
命令: ML                                          //执行多线命令
MLINE
当前设置: 对正 = 上，比例 = 20.00，样式 = QX
指定起点或 [对正(J)/比例(S)/样式(ST)]: j           //选择“对正”选项，如图 3-29 所示
输入对正类型 [上(T)/无(Z)/下(B)] <上>: z          //选择“无”选项，如图 3-30 所示
```

操作提示

使用多线命令不能绘制弧线平行多线，只能绘制由直线段组成的平行多线。它的多条平行线是一个完整的整体。

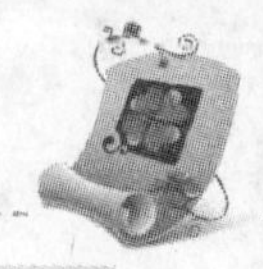

```
当前设置：对正 = 上，比例 = 20.00，样式 = QX
指定起点或 [对正(J)/比例(S)/样式(ST)]: s                //选择“比例”选项，如图 3-31 所示
输入多线比例 <20.00>: 240                              //输入多线比例，如图 3-32 所示
当前设置：对正 = 上，比例 = 240.00，样式 = QX
指定起点或 [对正(J)/比例(S)/样式(ST)]:                  //在绘图区任意位置拾取一点，指定起点
指定下一点: @-300,0                                   //输入下一点坐标，如图 3-33 所示
指定下一点或 [放弃(U)]: @0,3900                        //绘制垂直多线
指定下一点或 [闭合(C)/放弃(U)]: @3300,0                //绘制水平多线
指定下一点或 [闭合(C)/放弃(U)]: @ 0,-3900              //绘制垂直多线
指定下一点或 [闭合(C)/放弃(U)]: @-2100,0               //绘制水平多线
指定下一点或 [闭合(C)/放弃(U)]:                         //按“Enter”键结束多线命令
```

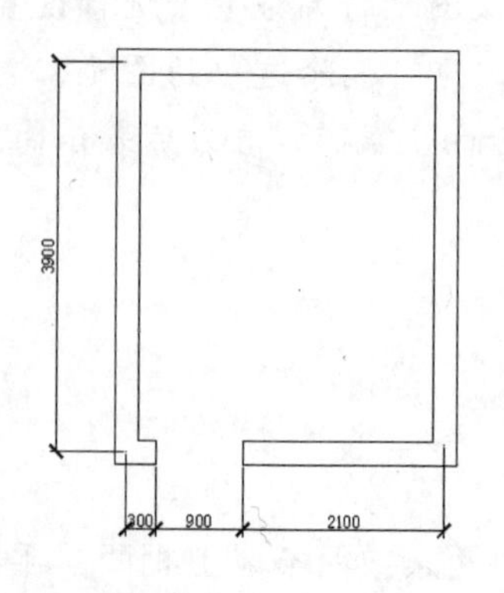

图 3-28　房间墙线

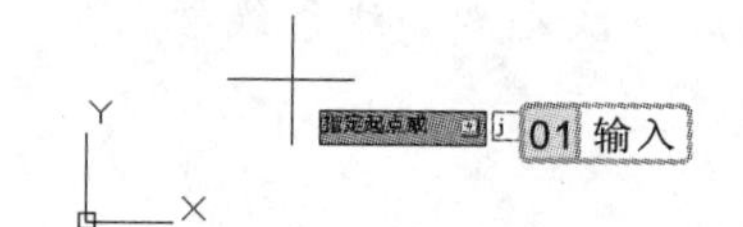

图 3-29　选择“对正”选项

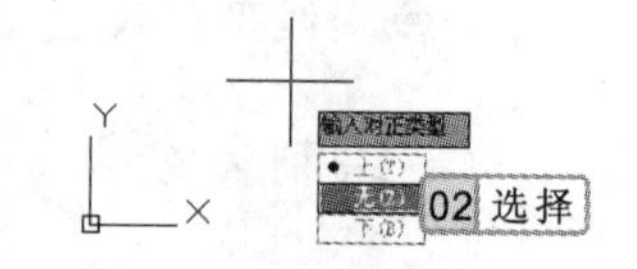

图 3-30　指定对正方式

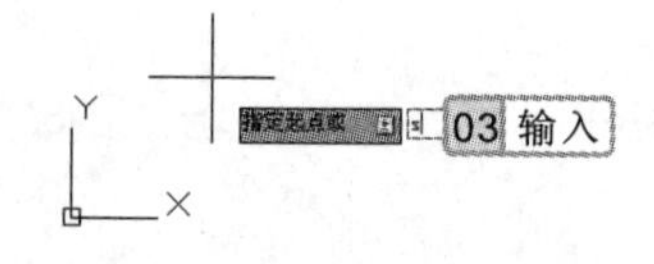

图 3-31　选择“比例”选项

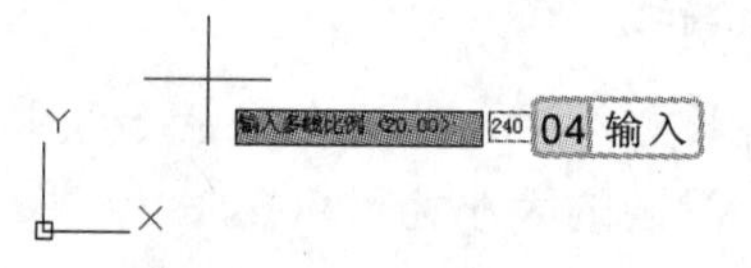

图 3-32　输入多线比例

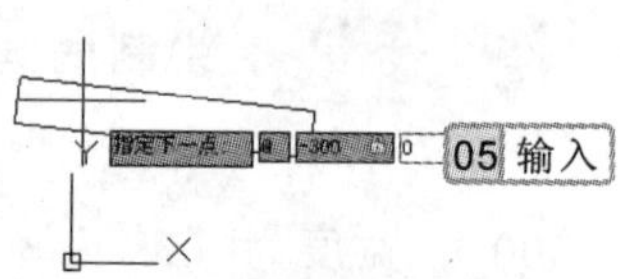

图 3-33　输入下一点坐标

3.3　绘制圆与圆弧

在 AutoCAD 2012 中的图形绘制过程中，除了直线外，还有一种圆弧类的图形对象也是常见的一种图形对象，其中主要包括圆、圆弧、椭圆、圆环等，绘制方法相对于直线型图形对象的绘制方法更复杂。下面进行介绍。

多线图形对象由 1～16 条平行线组成，这些平行线称为元素，要设置多线的元素，可以在“修改多线样式”对话框中进行相应的设置。

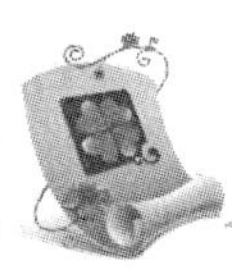

3.3.1 绘制圆

圆是绘制图形中使用非常频繁的图形元素之一，如机械图形中的轴孔、螺孔等，以及建筑制图中的孔洞、管道等。执行圆命令，主要有如下两种调用方法：

- 选择【常用】/【绘图】组，单击“圆心,半径”按钮。
- 在命令行中输入“CIRCLE”或“C”命令。

以命令方式执行圆命令后，系统默认以指定圆心和半径的方式进行绘制。例如，以点（23,36）为圆心，绘制半径为15的圆，如图3-34所示，其命令行操作如下：

```
命令: CIRCLE                                          //执行圆命令
指定圆的圆心或 [三点(3P)/两点(2P)/切点、切点、半
径(T)]: 23,36                                         //输入圆心坐标，如图3-35所示
指定圆的半径或 [直径(D)]: 15                          //输入圆的半径，如图3-36所示
```

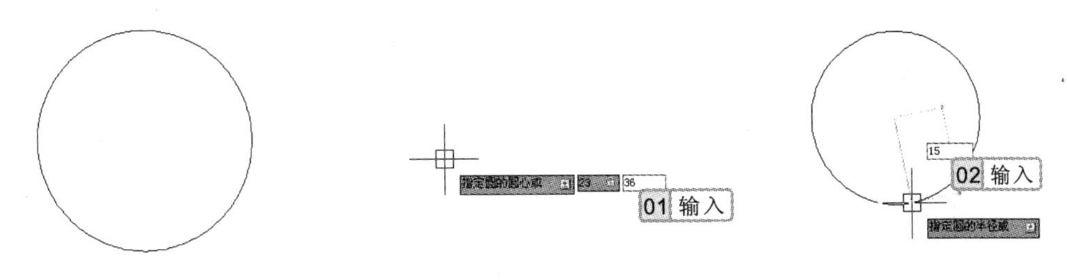

图3-34 绘制圆　　图3-35 输入圆心坐标　　图3-36 输入圆的半径

在执行圆命令的过程中，各选项的含义介绍如下。

- **三点(3P)**：通过3点的方法来绘制圆，系统会提示指定第一、第二和第三点。
- **两点(2P)**：通过两点方式来绘制圆，系统会提示指定圆直径的起点和端点。
- **切点、切点、半径(T)**：通过与两个其他对象的切点和输入半径值来绘制圆。

3.3.2 绘制圆弧

圆弧是图形中的常见对象之一，圆弧的形状主要是通过起点、方向、终点、包含角、弦长和半径等参数来确定的。执行圆弧命令，主要有如下两种调用方法：

- 选择【常用】/【绘图】组，单击“三点”按钮。
- 在命令行中输入“ARC”或“A”命令。

执行圆弧命令后，系统默认通过指定圆弧的起点、第二点以及端点的方式来进行绘制圆弧。例如，使用圆弧命令，绘制圆弧，其中起点为（15,15），圆心为（50,50），角度为240，效果如图3-37所示，其命令行操作如下：

```
命令: ARC                                             //执行圆弧命令
指定圆弧的起点或 [圆心(C)]: 15,15                     //输入圆弧起点坐标，如图3-38所示
指定圆弧的第二个点或 [圆心(C)/端点(E)]: c             //选择“圆心”选项，如图3-39所示
```

使用“相切、相切、半径”方式绘制圆时，如果指定的半径无法满足前面的相切条件（如半径过小），则系统会提示“圆不存在”。

```
指定圆弧的圆心: @50,50                          //输入圆心坐标，如图 3-40 所示
指定圆弧的端点或 [角度(A)/弦长(L)]: a            //选择"角度"选项，如图 3-41 所示
指定包含角: 240                                  //输入包含角度，如图 3-42 所示
```

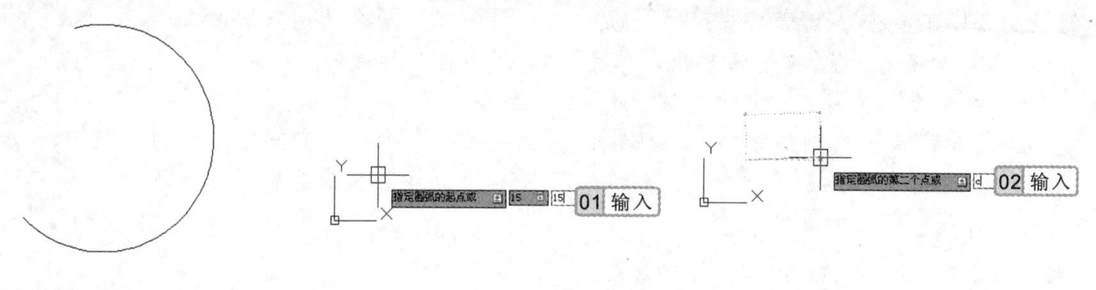

图 3-37　绘制圆弧　　图 3-38　输入起点坐标　　图 3-39　选择"圆心"选项

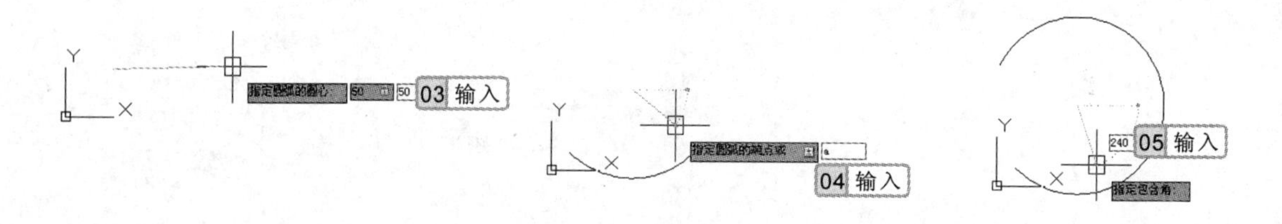

图 3-40　输入圆心坐标　　图 3-41　选择"角度"选项　　图 3-42　输入包含角度

在 AutoCAD 2012 中，绘制圆弧的方法有很多种，其常用的方法如下。

- **起点、圆心、端点**：通过指定圆弧的起点、圆心、终点来绘制圆弧。
- **起点、圆心、角度**：通过指定圆弧的起点、圆心，以及圆弧所对应的圆心角来绘制圆弧。
- **起点、圆心、长度**：通过指定圆弧的起点、圆心和圆弧所对应弦长来绘制圆弧。
- **起点、端点、方向**：通过指定圆弧的起点、端点和圆弧起点外的切线方向来绘制圆弧。
- **起点、端点、半径**：通过指定圆弧的起点、端点和圆弧的半径圆心角来绘制圆弧。当半径为正数时绘制劣弧，当半径为负数时绘制优弧。

3.3.3　绘制椭圆

椭圆是特殊样式的圆，其形状主要由中心点、椭圆长轴与短轴 3 个参数来确定。如果长轴与短轴相等，则可以绘制出正圆。执行椭圆命令，主要有如下两种调用方法：

- 选择【常用】/【绘图】组，单击"圆心"按钮。
- 在命令行中输入"ELLIPSE"或"EL"命令。

行家提醒

使用多线命令绘制墙体图形时，为了能够更好地控制及满足设计要求，一般应在绘制多线之前对多线样式进行设置。

执行椭圆命令后，将提示指定椭圆的轴的端点，或者选择“圆弧”或“中心点”选项来绘制椭圆。例如，绘制椭圆圆心坐标点为（50,30），第一条半轴的端点坐标相对于圆心为（20,-10），另一条半轴通过的点相对于圆心的坐标为（5,5），如图 3-43 所示，其命令行操作如下：

```
命令: _ellipse                                    //选择【常用】/【绘图】组，单击“圆心”
                                                    按钮
指定椭圆的轴端点或 [圆弧(A)/中心点(C)]: _c
指定椭圆的中心点: 50,30                           //输入椭圆的圆心坐标，如图 3-44 所示
指定轴的端点: 20,-10                              //输入轴的端点坐标，如图 3-45 所示
指定另一条半轴长度或 [旋转(R)]: 5,5               //输入另一条轴的坐标，如图 3-46 所示
```

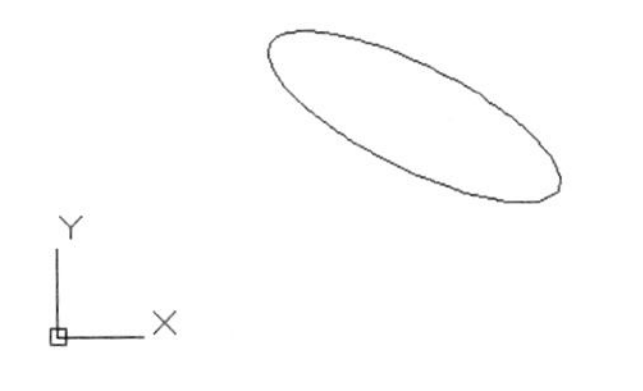

图 3-43　执行椭圆命令

图 3-44　输入圆心坐标

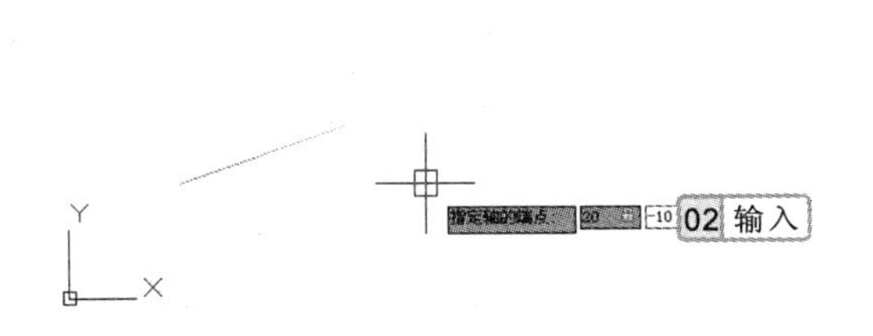

图 3-45　输入轴的端点坐标

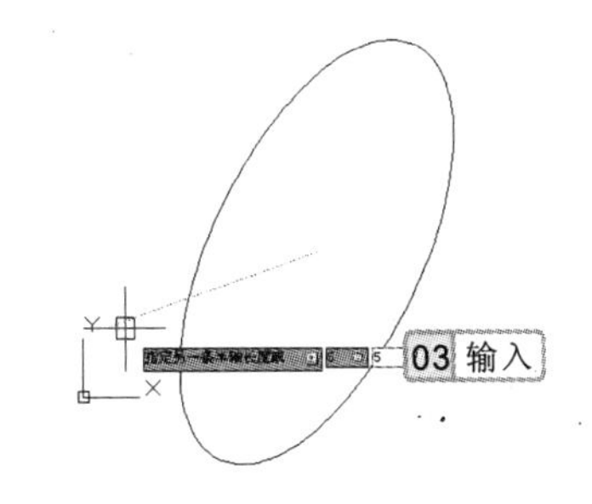

图 3-46　输入另一条轴的端点坐标

在执行椭圆命令的过程中，各选项的含义介绍如下。

- **圆弧(A)**：只绘制一段椭圆弧，与选择【绘图】/【椭圆】/【圆弧】命令的作用相同。
- **中心点(C)**：以指定椭圆圆心和两半轴的方式绘制椭圆或椭圆弧。
- **旋转(R)**：通过绕第一条轴旋转圆的方式绘制椭圆或椭圆弧。输入的值越大，椭圆的离心率就越大，输入 0 时将绘制正圆图形。

3.3.4　绘制圆环

圆环是由两个同心圆组成的组合图形，绘制圆环时，首先应指定圆环的内径、外径，然后再指定圆环的中心点即可完成圆环图形的绘制。绘制一个圆环后，可以继续指定中心点的位置来绘制相同大小的多个圆环，直到按“Esc”键或“Enter”键退出绘制为止。执行圆环命令，主要有如下两种调用方法：

使用“起点、圆心、角度”方式绘制圆弧时，当圆心角为正数时，圆弧沿逆时针方向绘制；当圆心角为负数时，圆弧沿顺时针方向绘制。

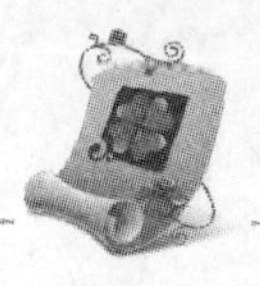

- 选择【常用】/【绘图】组，单击“圆环”按钮◎。
- 在命令行中输入“DONUT”或“DO”命令。

执行圆环命令后，系统将提示指定圆环的内径和外径，然后指定圆环的中心点。例如，绘制内径为 30，外径为 70，中心点为（150,80）的圆环，如图 3-47 所示，其命令行操作如下：

```
命令: _donut                              //执行圆环命令
指定圆环的内径 <0.5000>: 30               //输入圆环内径，如图 3-48 所示
指定圆环的外径 <1.0000>: 70               //输入圆环外径，如图 3-49 所示
指定圆环的中心点或 <退出>: 150,80         //输入圆环中心点坐标，如图 3-50 所示
指定圆环的中心点或 <退出>:                //按“Enter”键结束圆环命令
```

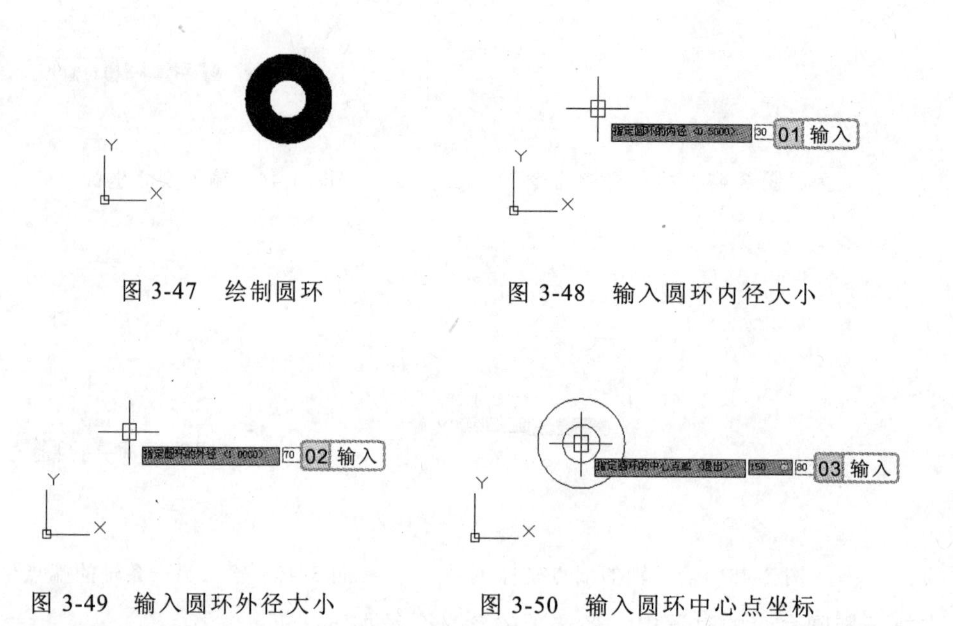

图 3-47　绘制圆环

图 3-48　输入圆环内径大小

图 3-49　输入圆环外径大小

图 3-50　输入圆环中心点坐标

3.4　绘制矩形和正多边形

在绘制图形的过程中，经常需要绘制由多条相等边组成的多边形图形，如正三边形、正四边形、矩形等。熟练掌握多边形绘制命令，可以提高绘图效率。下面对其进行逐一讲解。

3.4.1　绘制矩形

矩形，即通常所说的长方形。在 AutoCAD 2012 中，使用矩形命令直接指定矩形的起点及对角点即可完成矩形的绘制。执行矩形命令，主要有如下两种调用方法：

绘制圆弧时，除了“三点”圆弧命令可顺时针或逆时针操作外，其他命令都需逆时针操作，因此在指定圆弧第一点位置时要特别注意。

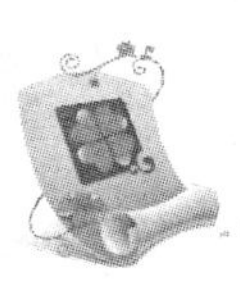

- 选择【常用】/【绘图】组，单击“矩形”按钮□。
- 在命令行中输入“RECTANG”或“REC”命令。

执行矩形命令后，将提示指定矩形的第一个角点，然后再在命令行提示后指定矩形的对角点。例如，使用矩形命令，绘制圆角半径为5，起点坐标为（30,40），倾斜角度为15，对角点相对坐标为（50,-12）的圆角矩形，效果如图3-51所示，其命令行操作如下：

```
命令: _rectang                                                //执行矩形命令
指定第一个角点或 [倒角(C)/标高(E)/圆角(F)/厚度
(T)/宽度(W)]: f                                               //选择“圆角”选项，如图3-52所示
指定矩形的圆角半径 <0.0000>: 5                                //输入圆角半径，如图3-53所示
指定第一个角点或 [倒角(C)/标高(E)/圆角(F)/厚度
(T)/宽度(W)]:30,40                                            //输入起点坐标，如图3-54所示
指定另一个角点或 [面积(A)/尺寸(D)/旋转(R)]: r                 //选择“旋转”选项，如图3-55所示
指定旋转角度或 [拾取点(P)] <0>: 15                            //输入旋转角度，如图3-56所示
指定另一个角点或 [面积(A)/尺寸(D)/旋转(R)]:
@50,-12                                                       //输入对角点坐标，如图3-57所示
```

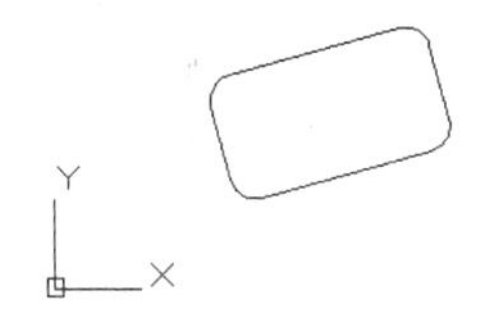

图3-51 圆角矩形

图3-52 选择“圆角”选项

图3-53 输入圆角半径

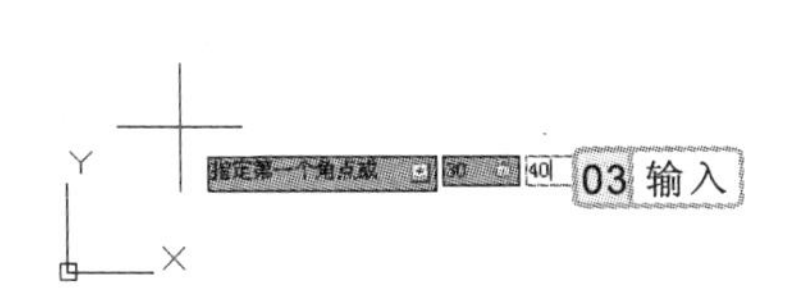

图3-54 输入矩形起点坐标

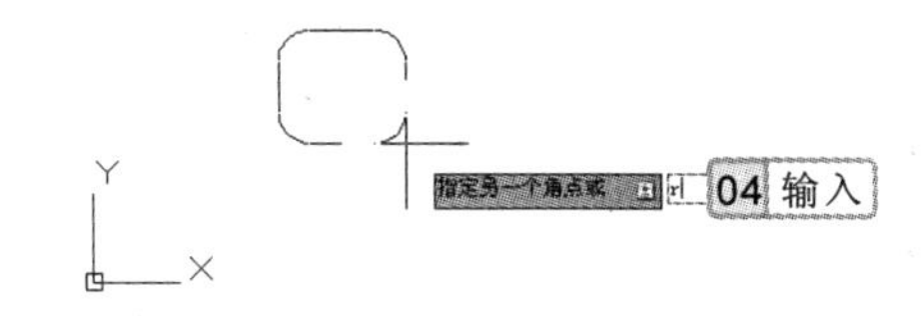

图3-55 选择“旋转”选项

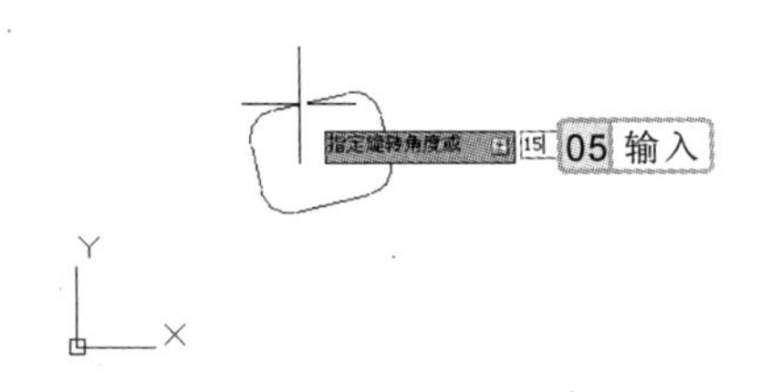

图3-56 输入旋转角度

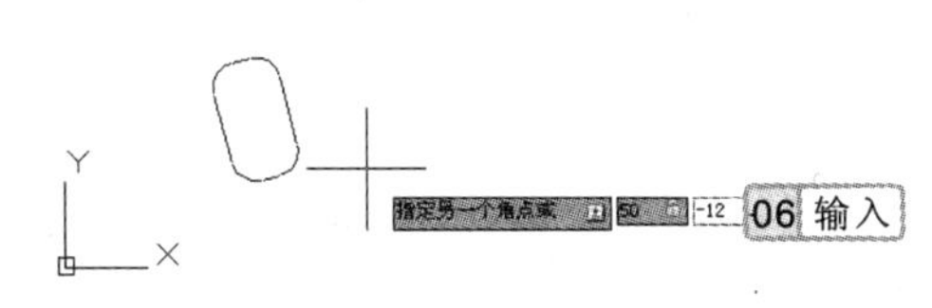

图3-57 输入对角点坐标

绘制带圆角或倒角的矩形时，如果矩形的长度和宽度太小而无法使用当前设置创建矩形，那么绘制出来的矩形将不进行圆角或倒角。

在执行矩形命令的过程中，各选项的含义介绍如下。

- **倒角(C)**：设置矩形的倒角距离，以后执行矩形命令时此值将成为当前倒角距离。
- **标高(E)**：指所在平面高度，在执行矩形命令时可通过标高的设置确定其平面高度。
- **圆角(F)**：需要绘制圆角矩形时选择该选项可以指定矩形的圆角半径。
- **厚度(T)**：矩形的厚度，在执行命令时带厚度的矩形具有三维立体的特征。
- **宽度(W)**：该选项为要绘制的矩形指定多段线的宽度。
- **面积(A)**：该选项通过确定矩形面积大小的方式绘制矩形。
- **尺寸(D)**：该选项通过输入矩形的长和宽两个边长确定矩形大小。
- **旋转(R)**：选择该选项指定绘制矩形的旋转角度。

3.4.2　绘制正多边形

正多边形命令是专门用于绘制正多边形的命令，除了能绘制四条边的矩形之外，还可以绘制 3～1024 条边的正多边形。执行正多边形命令，主要有如下两种调用方法：

- 选择【常用】/【绘图】组，单击“正多边形”按钮。
- 在命令行中输入“POLYGON”或“POL”命令。

实例 3-7　绘制六角螺母俯图

执行正多边形命令，在“圆.dwg”图形文件的基础上，绘制正六边形，正多边形的中心点为（10,10），以“内接于圆”方式进行绘制，半径为 10。

光盘\素材\第 3 章\圆.dwg
光盘\效果\第 3 章\螺母俯视图.dwg

1. 打开“圆.dwg”图形文件。
2. 选择【常用】/【绘图】组，单击“正多边形”按钮，执行正多边形命令，在圆的基础上绘制正六边形，完成螺母俯视图轮廓的绘制，效果如图 3-58 所示，其命令行操作如下：

```
命令: _polygon                                    //执行正多边形命令
输入侧面数 <4>:6                                   //输入正多边形的边数，如图 3-59 所示
指定正多边形的中心点或 [边(E)]: 10,10               //输入中心点坐标，如图 3-60 所示
输入选项 [内接于圆(I)/外切于圆(C)] <I>: I           //选择“内接于圆”选项，如图 3-61 所示
指定圆的半径: 10                                   //输入圆的半径，如图 3-62 所示
```

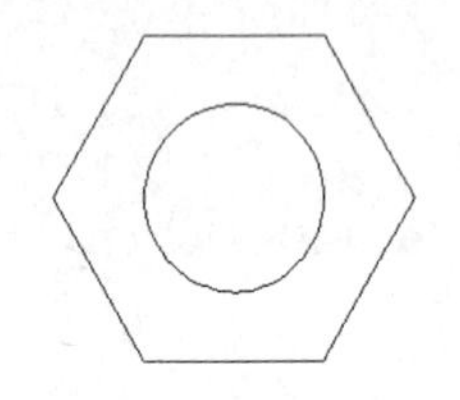

图 3-58　螺栓左视图

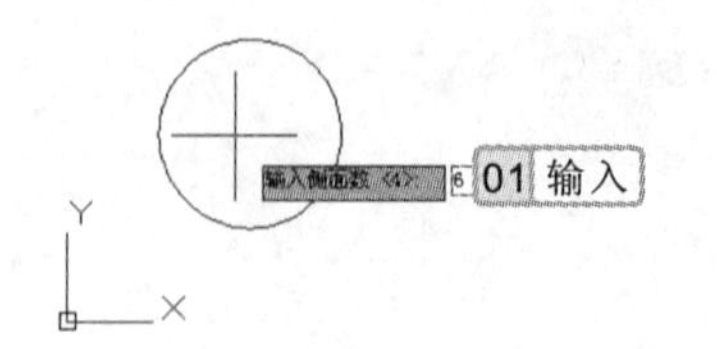

图 3-59　输入边数

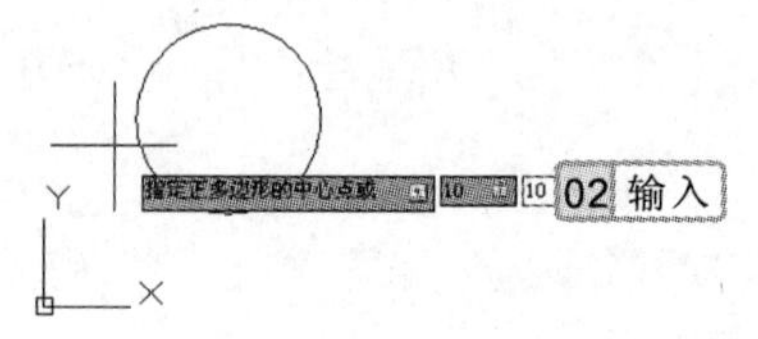

图 3-60　输入中心点坐标

绘制正多边形时，正多边形的边数存储在系统变量 POLYSIDES 中，当再次输入 POLYGON 命令时，“边数”提示的默认值是上次所给的边数。

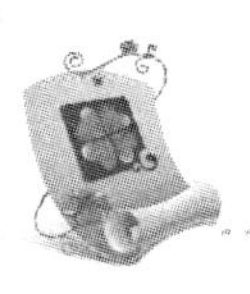

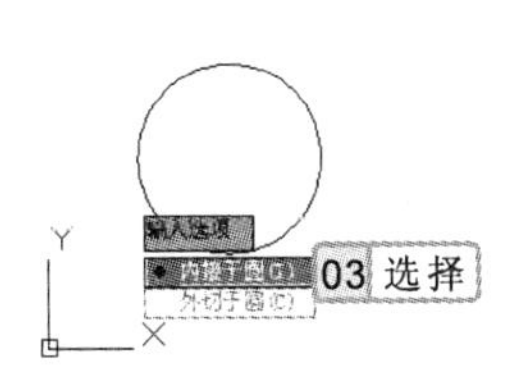

图 3-61 选择“内接于圆”选项

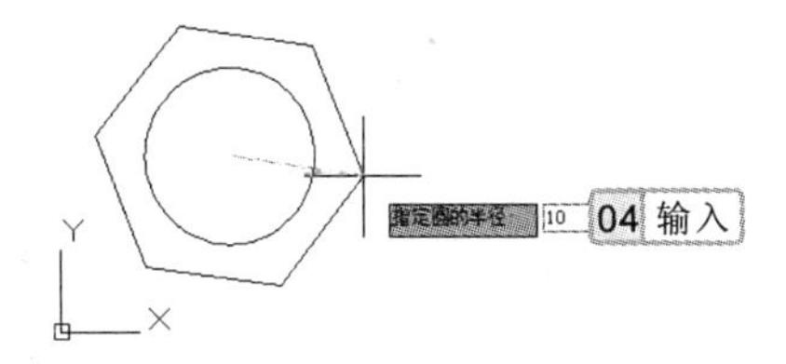

图 3-62 输入半径

在执行正多边形命令的过程中，各选项的含义介绍如下。

- **边(E)**：通过指定正多边形边的方式来绘制正多边形。该方式将通过边的数量和长度来确定正多边形。
- **内接于圆(I)**：以指定正多边形内接圆半径的方式来绘制多边形。
- **外切于圆(C)**：以指定正多边形外切圆半径的方式来绘制多边形。

3.5 绘制特殊对象

在 AutoCAD 中有一些较为特殊的图形对象，如直线和圆弧的多段线，多条圆弧组合而成的样条曲线和修订云线等，它们都有其独特的创建与编辑方式。下面分别讲解它们的创建方法。

3.5.1 绘制样条曲线

使用样条曲线命令可生成拟合光滑曲线，可以通过起点、控制点、终点及偏差变量来控制曲线。该命令一般用于绘制建筑大样图，以及机械图形中的局部剖面图的剖切面等。执行样条曲线命令，主要有如下两种调用方法：

- 选择【常用】/【绘图】组，单击“样条曲线”按钮。
- 在命令行中输入“SPLINE”或“SPL”命令。

执行样条曲线命令后，系统将提示指定样条曲线的点，在绘图区依次指定所需位置的点即可创建出样条曲线。例如，绘制一条样条曲线，如图 3-63 所示，其命令行操作如下：

```
命令: SPLINE                                          //执行样条曲线命令
当前设置: 方式=拟合    节点=弦
指定第一个点或 [方式(M)/节点(K)/对象(O)]: 40,40        //输入起点坐标，如图 3-64 所示
输入下一个点或 [起点切向(T)/公差(L)]: @30,35           //输入第二点坐标，如图 3-65 所示
输入下一个点或 [端点相切(T)/公差(L)/放弃(U)]:
@50,-60                                               //输入下一点坐标，如图 3-66 所示
输入下一个点或 [端点相切(T)/公差(L)/放弃(U)/闭
合(C)]: @40,50                                        //输入下一点坐标，如图 3-67 所示
输入下一个点或 [端点相切(T)/公差(L)/放弃(U)/闭        //按“Enter”键结束样条曲线命令，如
合(C)]:                                                图 3-68 所示
```

操作提示

使用样条曲线命令可以将多段线拟合生成样条曲线，但只有通过编辑多段线的命令中的“样条曲线”选项处理过的多段线才能被拟合生成样条曲线。

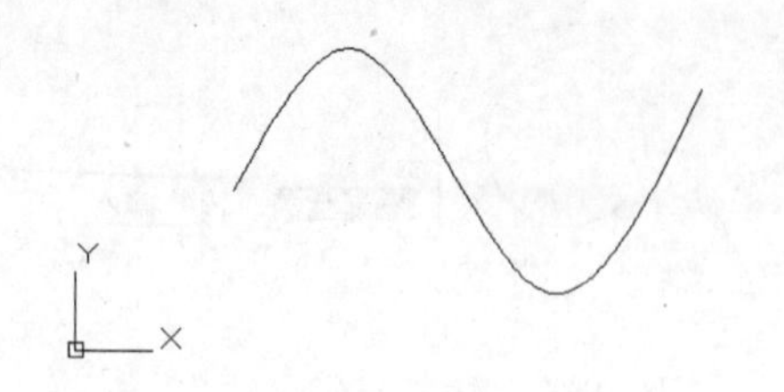

图 3-63　样条曲线

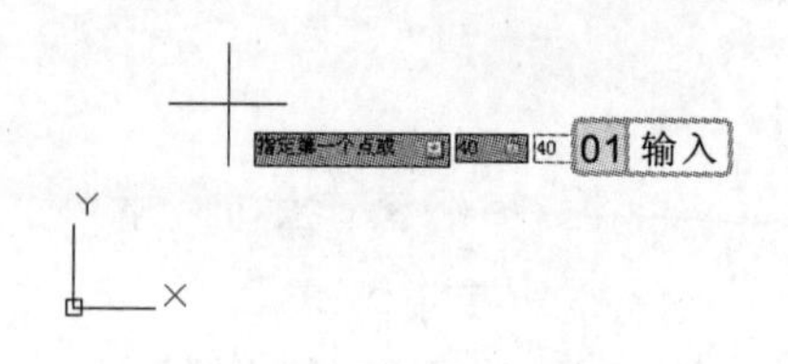

图 3-64　指定起点坐标

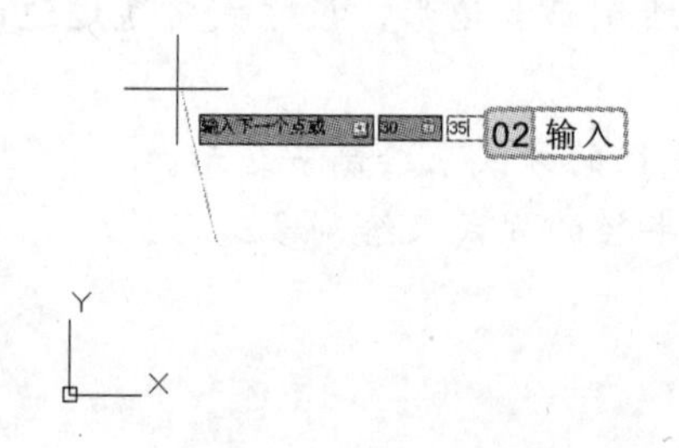

图 3-65　输入第二点坐标

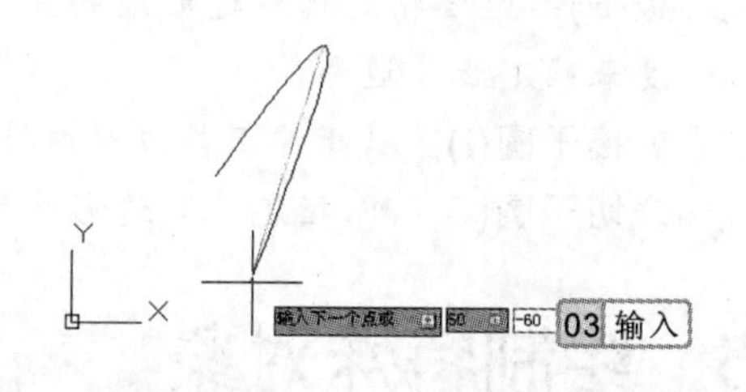

图 3-66　输入下一点坐标

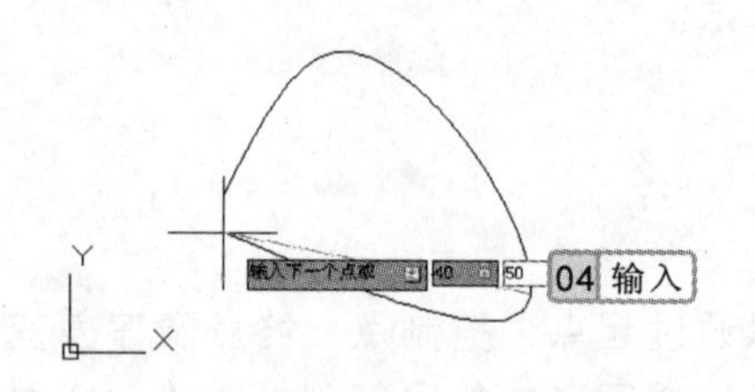

图 3-67　输入端点坐标

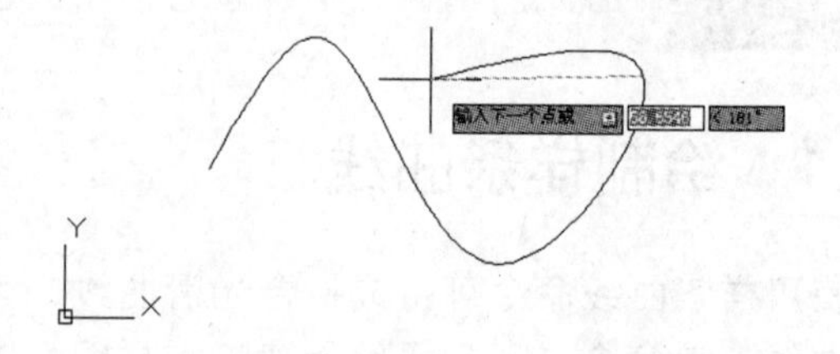

图 3-68　按“Enter”键结束命令

在绘制样条曲线的过程中，各选项的含义介绍如下。

- **对象(O)**：将一条多段线拟合生成样条曲线。
- **闭合(C)**：生成一条闭合的样条曲线。当指定两个以上的顶点后，命令行中将出现此选项，选择该选项则闭合样条曲线，并需指定切线的矢量方向，然后结束样条曲线命令。
- **公差(L)**：选择该选项可以设置样条曲线的拟合公差值。输入的值越大，绘制的曲线偏离指定的点越远；值越小，绘制的曲线偏离指定的点越近。
- **起点切向(T)**：指定样条曲线起始点处的切线方向，通常保持默认值即可。
- **端点切向(T)**：指定样条曲线终点处的切线方向，通常保持默认值即可。

3.5.2　绘制多段线

多段线是由直线或圆弧等多条线段构成的特殊线段，也可以是由不同线条宽度组成的

在建筑制图中样条曲线表达剖断符号等图形，在机械产品设计领域常用来表达某些工艺品的轮廓线或剖切线。

图形对象。执行多段线命令，主要有如下两种调用方法：

- 选择【常用】/【绘图】组，单击“多段线”按钮。
- 在命令行中输入“PLINE”或“PL”命令。

实例 3-8 绘制弧形箭头

执行多段线命令，以起点（30,30）、圆心（80,80）处绘制包含角度为 200°，箭头的起点宽度为 10，端点宽度为 0 的圆弧箭头，箭头的包含角度为 30°，圆心为（80,80）。

参见光盘 光盘\效果\第 3 章\弧形箭头.dwg

1. 单击状态栏的“动态输入”按钮DYN，关闭“动态输入”功能。
2. 选择【常用】/【绘图】组，单击“多段线”按钮，执行多段线命令，利用多段线的“圆弧”功能和“宽度”功能，绘制圆弧及弧形箭头，效果如图 3-69 所示，其命令行操作如下：

```
命令: PLINE                                              //执行多段线命令
指定起点: 30,30                                          //输入起点坐标
当前线宽为 0.0000
指定下一个点或 [圆弧(A)/半宽(H)/长度(L)/放弃
(U)/宽度(W)]: a                                          //选择“圆弧”选项
指定圆弧的端点或[角度(A)/圆心(CE)/方向(D)/半宽
(H)/直线(L)/半径(R)/第二个点(S)/放弃(U)/宽度(W)]:
ce                                                       //选择“圆心”选项
指定圆弧的圆心: 80,80                                    //输入圆弧圆心坐标
指定圆弧的端点或 [角度(A)/长度(L)]: a                    //选择“角度”选项
指定包含角: 200                                          //输入圆弧包含角度，如图 3-70 所示
指定圆弧的端点或[角度(A)/圆心(CE)/闭合(CL)/方
向(D)/半宽(H)/直线(L)/半径(R)/第二个点(S)/放弃
(U)/宽度(W)]: w                                          //选择“宽度”选项
指定起点宽度 <0.0000>: 10                                //输入起点宽度
指定端点宽度 <10.0000>: 0                                //输入端点宽度
指定圆弧的端点或[角度(A)/圆心(CE)/闭合(CL)/方
向(D)/半宽(H)/直线(L)/半径(R)/第二个点(S)/放弃
(U)/宽度(W)]: ce                                         //选择“圆心”选项
指定圆弧的圆心: 80,80                                    //输入圆心坐标
指定圆弧的端点或 [角度(A)/长度(L)]: a                    //选择“角度”选项
指定包含角: 30                                           //输入包含角度，如图 3-71 所示
指定圆弧的端点或[角度(A)/圆心(CE)/闭合(CL)/方
向(D)/半宽(H)/直线(L)/半径(R)/第二个点(S)/放弃
(U)/宽度(W)]:                                            //按“Enter”键结束多段线命令
```

使用多段线命令创建多段线之后，可以使用 EXPLODE 命令将其分为单独的直线和圆弧，然后对分解后的图形进行单独的处理。

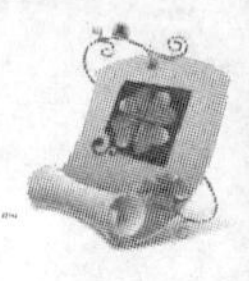

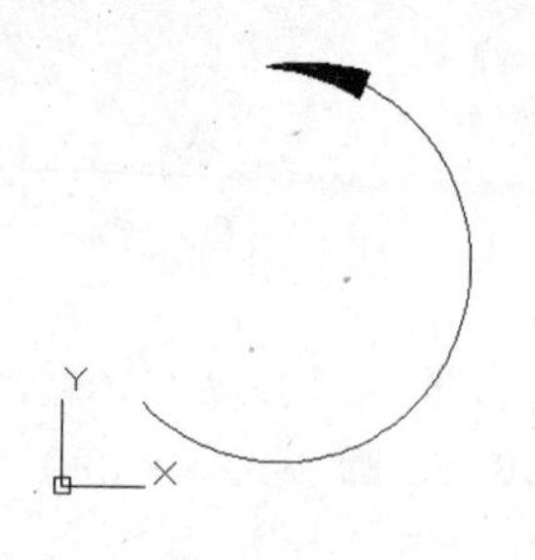

图 3-69　弧形箭头

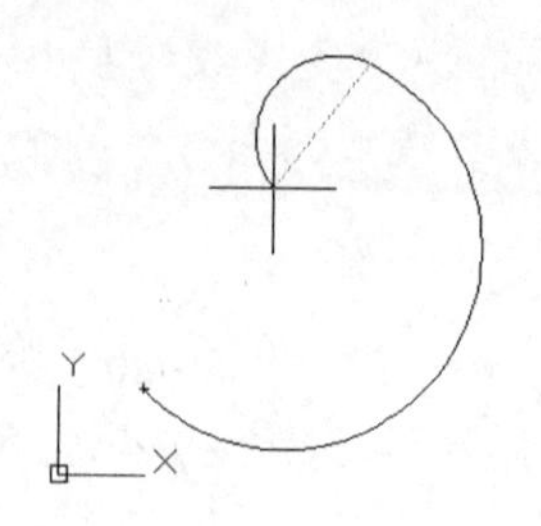

图 3-70　绘制圆弧

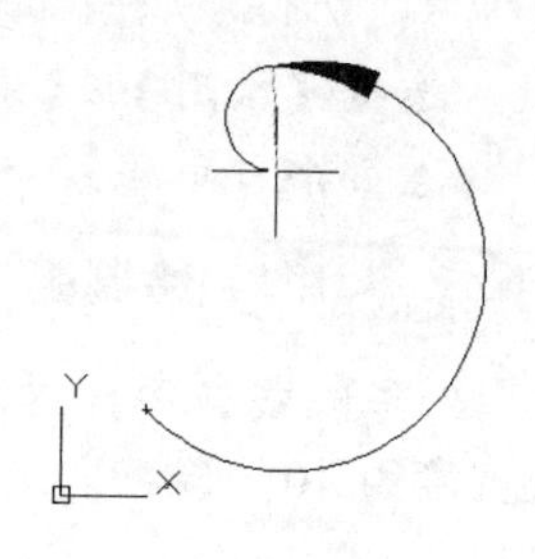

图 3-71　绘制弧形箭头

在执行多段线命令的过程中，各选项的含义介绍如下。

- **圆弧(A)**：选择该选项，将以绘制圆弧的方式绘制多段线。
- **半宽(H)**：选择该选项，可以指定多段线的起点半宽值与终点半宽值。
- **长度(L)**：选择该选项，将定义下一条多段线的长度，AutoCAD 将按照上一条线段的方向绘制这一条多段线。
- **放弃(U)**：选择该选项，将取消上一次绘制的一段多段线。
- **宽度(W)**：选择该选项，可以设置多段线的宽度值。

3.6　基础实例

本章的基础实例中，将绘制六角螺栓左视图和洗手盆，让用户进一步掌握使用绘图命令绘制图形的方法，以便能够掌握各种绘图命令的操作与相关知识。

3.6.1　绘制六角螺栓左视图

本例将绘制标准件中常用的六角螺栓的左视图，绘制该图形时，通过正多边形命令绘制六角螺栓的头部轮廓，再利用圆命令绘制头部圆形和螺柱，最后使用圆弧命令绘制螺纹圆弧，最终效果如图 3-72 所示。

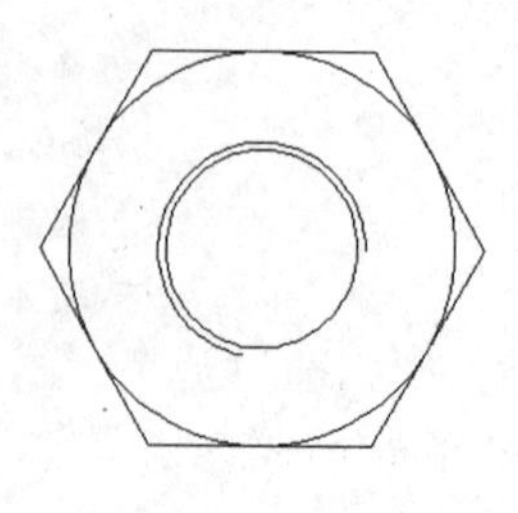

图 3-72　六角螺栓左视图

在绘制如六角螺栓同类型部件时，应注意圆与六角相交处是否相交，若不能相交则此图零件将不能用于后期制作。

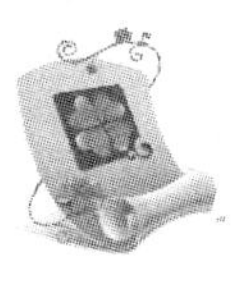

1. 行业分析

螺栓是由头部和螺杆（带有外螺纹的圆柱体）两部分组成的一类紧固件，需与螺母配合，用于紧固连接两个带有通孔的零件。按照不同的方式，可以将螺栓进行不同的划分。

- **头部形状**：按头部形状划分，主要有六角、圆头、方形和沉头等类型。一般沉头螺栓主要用在要求连接后表面光滑没突起的地方，因为沉头可以拧到零件里。圆头也可以拧进零件里，方头的拧紧力可以大些，但是尺寸很大。六角螺栓是最常用的一类螺栓。
- **性能等级**：钢结构连接用的螺栓，性能等级分为3.6、4.6、4.8、5.6、6.8、8.8、9.8、10.9、12.9等10余个等级，其中8.8级及以上螺栓材质为低碳合金钢或中碳钢，并经热处理（淬火、回火），通称为高强度螺栓，其余通称为普通螺栓。

2. 操作思路

本例主要利用正多边形、圆和圆弧命令对六角螺栓左视图进行绘制，本例的操作思路如下。

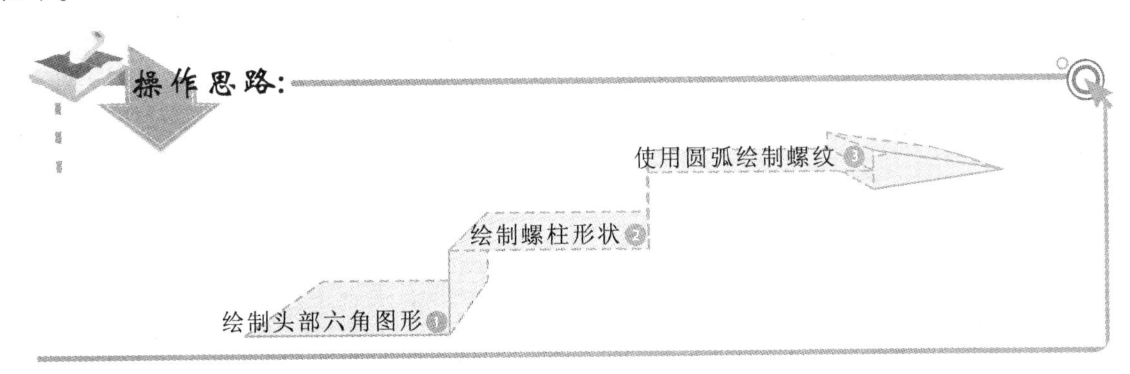

3. 操作步骤

下面介绍螺栓左视图的绘制，其操作步骤如下。

光盘\效果\第3章\螺栓左视图.dwg
光盘\实例演示\第3章\绘制六角螺栓左视图

1 选择【常用】/【绘图】组，单击“正多边形”按钮，执行正多边形命令，以点(20,20)为中心点，绘制半径为5的正六边形，如图3-73所示，其命令行操作如下：

```
命令: _polygon                                  //执行正多边形命令
输入侧面数 <4>: 6                               //输入多边形的边数，如图3-74所示
指定正多边形的中心点或 [边(E)]: 20,20           //输入中心点坐标，如图3-75所示
输入选项 [内接于圆(I)/外切于圆(C)] <I>: c       //选择“外切于圆”选项，如图3-76所示
指定圆的半径: 5                                 //输入圆的半径，如图3-77所示
```

使用正多边形命令绘制正多边形时，除了先指定正多边形的中心点，再指定圆的半径外，通过选择“边”选项，然后再分别指定边的起点和端点，也可以快速完成正多边形的绘制。

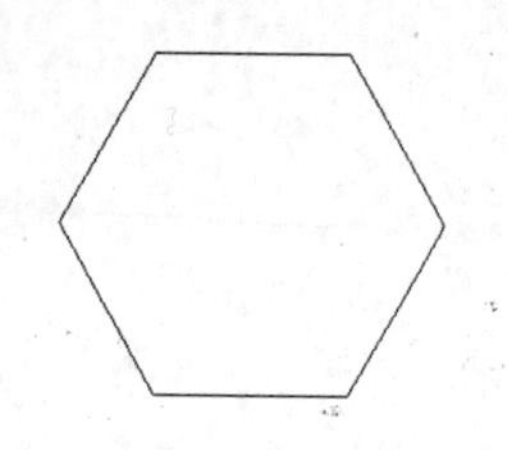

图 3-73　绘制正六边形

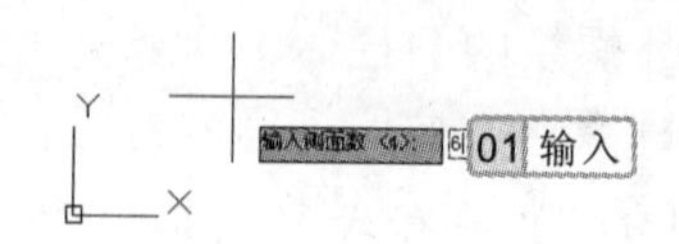

图 3-74　输入多边形边数

图 3-75　输入中心点坐标

2 选择【常用】/【绘图】组，单击“圆心,半径”按钮⊙，执行圆命令，以点（20,20）为圆心，绘制半径为 5 的圆，如图 3-78 所示，其命令行操作如下：

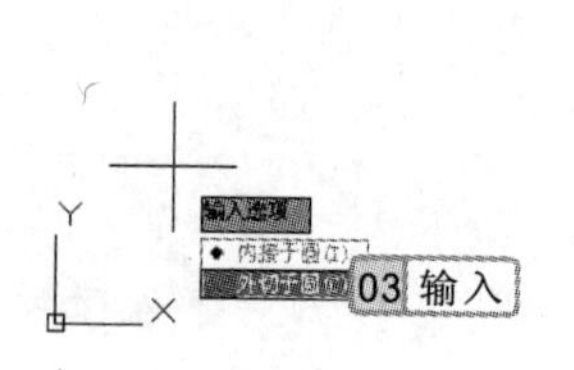

图 3-76　选择“外切于圆”选项

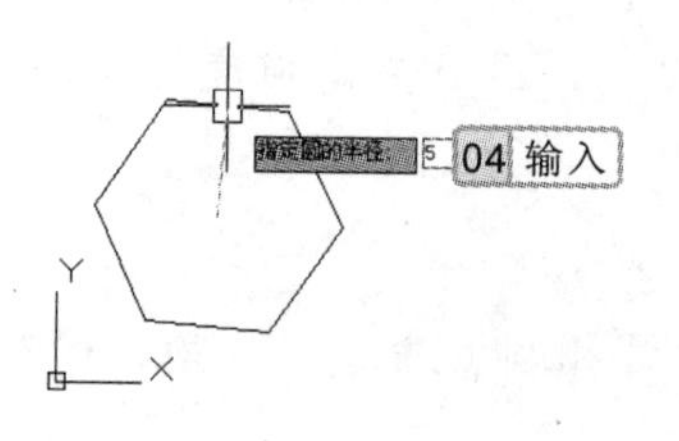

图 3-77　输入圆的半径

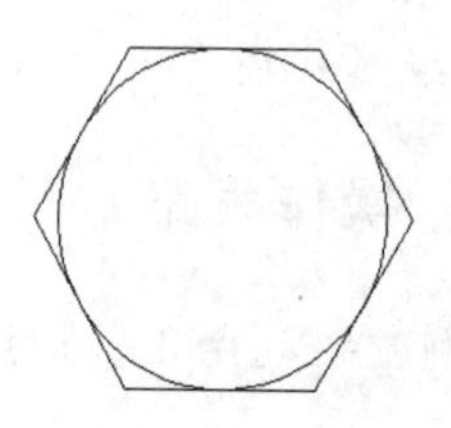

图 3-78　绘制圆

```
命令: _circle                                              //执行圆命令
指定圆的圆心或 [三点(3P)/两点(2P)/切点、切点、半
径(T)]: 20,20                                              //输入圆心坐标，如图 3-79 所示
指定圆的半径或 [直径(D)]: 5                                //输入圆的半径，如图 3-80 所示
```

3 选择【常用】/【绘图】组，单击“圆心,半径”按钮⊙，执行圆命令，以点（20,20）为圆心，绘制半径为 2.5 的圆，如图 3-81 所示，其命令行操作如下：

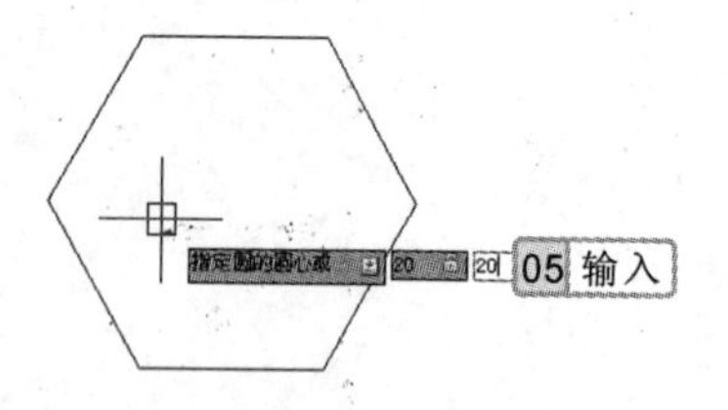

图 3-79　输入圆的圆心坐标

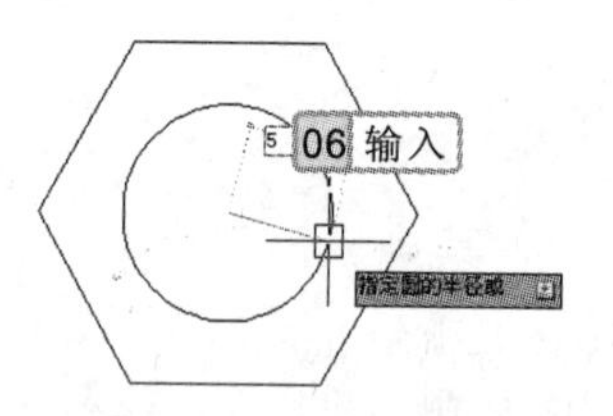

图 3-80　输入圆的半径

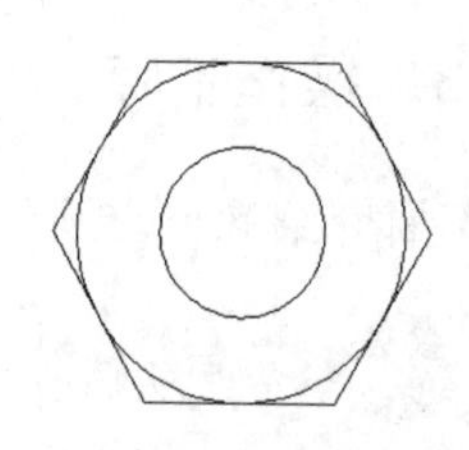

图 3-81　绘制螺柱圆

```
命令: _circle                                              //执行圆命令
指定圆的圆心或 [三点(3P)/两点(2P)/切点、切点、半
径(T)]: 20,20                                              //输入圆心坐标，如图 3-82 所示
指定圆的半径或 [直径(D)]: 2.5                              //输入圆的半径，如图 3-83 所示
```

4 在命令行输入“ARC”，执行圆弧命令，以点（20,20）为圆心，绘制半径为 2.7

行家提醒

绘制圆时，最常用的方法是圆心加半径，即首先指定圆的圆心，然后再指定圆的半径，也可以通过分别指定圆直径的两点来绘制圆。

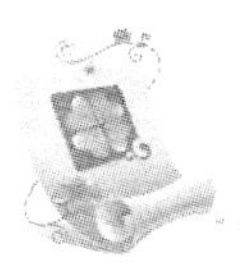

的圆弧，如图 3-84 所示，其命令行操作如下：

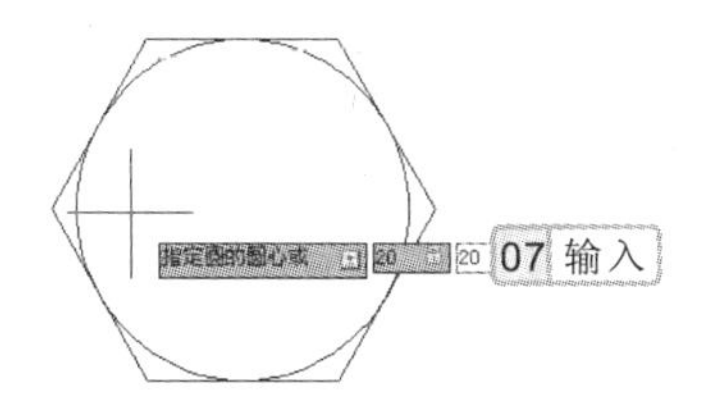

图 3-82　输入圆心坐标

图 3-83　输入圆的半径

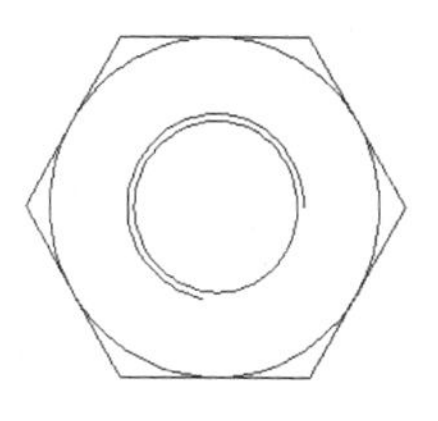

图 3-84　绘制螺纹圆弧

```
命令: ARC                                  //执行圆弧命令
指定圆弧的起点或 [圆心(C)]: c              //选择“圆心”选项，如图 3-85 所示
指定圆弧的圆心: 20,20                      //输入圆心坐标，如图 3-86 所示
指定圆弧的起点: @2.7,0                     //输入圆弧起点坐标，如图 3-87 所示
指定圆弧的端点或 [角度(A)/弦长(L)]: a       //选择“角度”选项，如图 3-88 所示
指定包含角: 260                            //输入包含角度，如图 3-89 所示
```

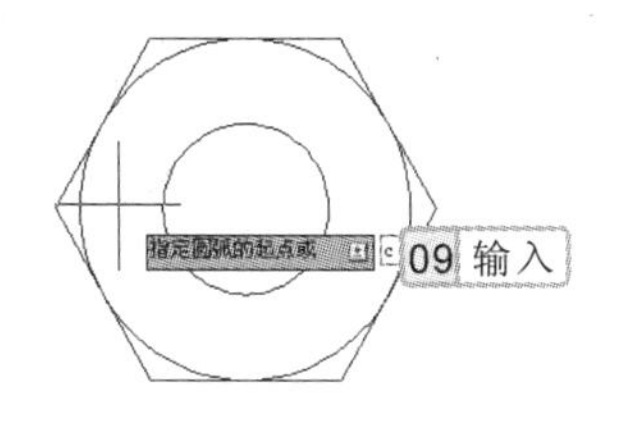

图 3-85　选择“圆心”选项

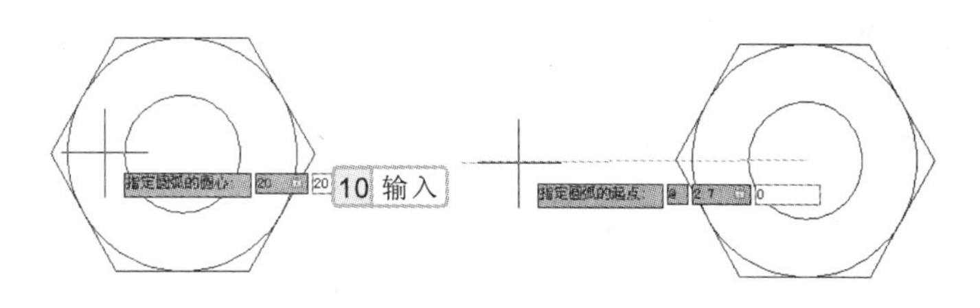

图 3-86　输入圆心坐标　　图 3-87　圆弧起点坐标

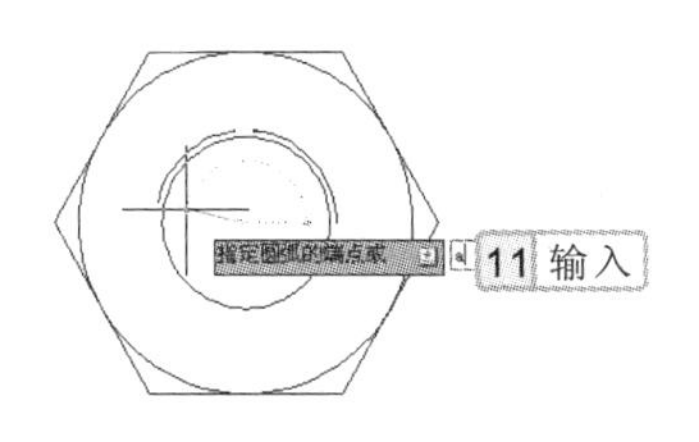

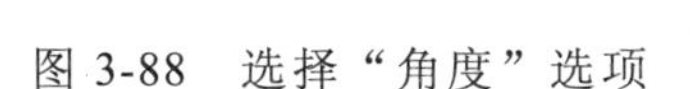

图 3-88　选择“角度”选项

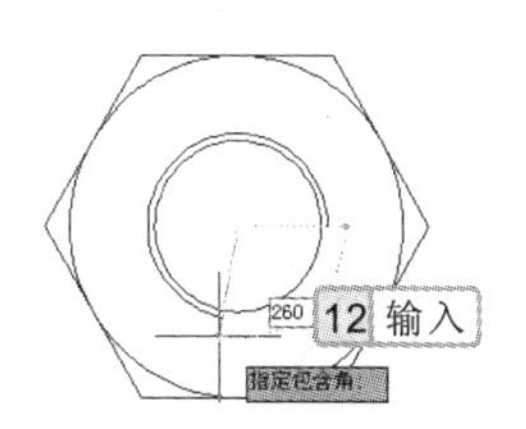

图 3-89　输入包含角度

3.6.2　绘制洗手盆

本例将绘制“洗手盆.dwg”图形文件，绘制该图形时，主要使用直线命令绘制直线段图形，再通过椭圆及圆命令，完成圆弧类图形的绘制，效果如图 3-90 所示。

绘制圆弧时，可以使用起点、圆心和夹角绘制圆弧，可以先指定圆弧的起点，也可以先指定圆弧的圆心进行绘制，使用不同的选项，绘制方法有所不同。

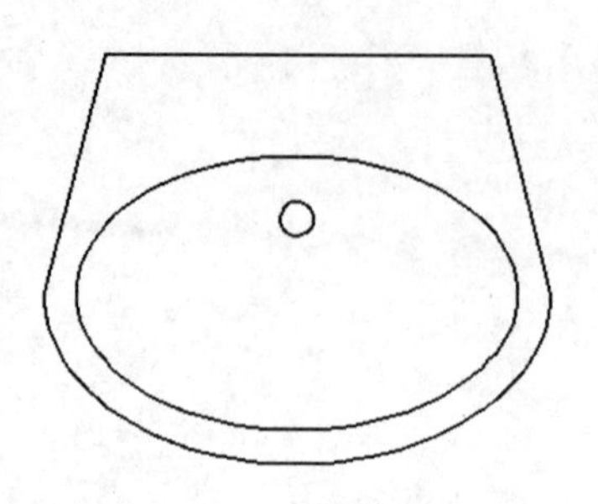

图 3-90　洗手盆

1. 行业分析

洗手盆又叫洗脸盆、台盆，早期为木材制作，后改良为镀瓷铁盆、陶瓷等。按照材质及尺寸，可以将其进行不同的分类。

- **按材质划分：** 按洗手盆的材质，可以将其分为大理石、玻璃、陶瓷等类型。
- **尺寸大小：** 洗手盆的尺寸有很多规格，主要有 330×360、550×330、600×400、600×460、800×500、700×530、900×520、1000×520 等。

2. 操作思路

使用直线及椭圆的圆弧功能，绘制洗手盆轮廓，再使用椭圆及圆命令，完成水盆轮廓及排水孔图形的绘制，本例的操作思路如下。

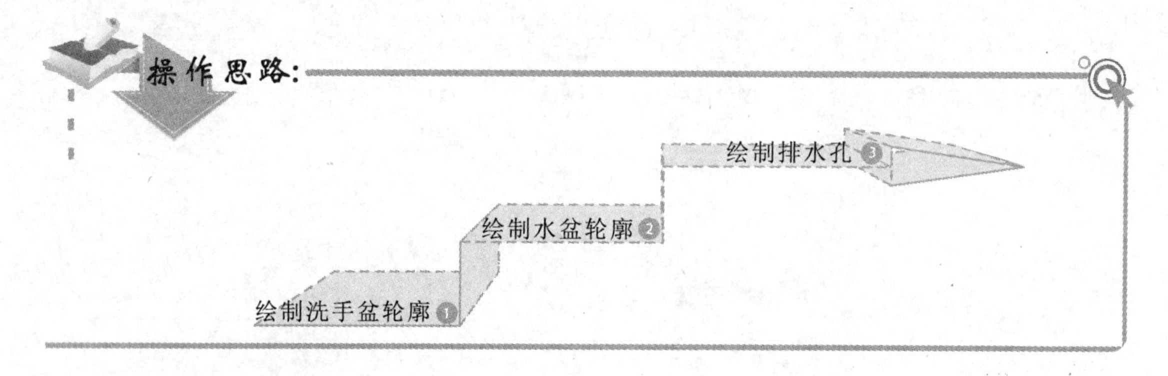

3. 操作步骤

下面介绍洗手盆的绘制，其操作步骤如下。

光盘\效果\第 3 章\洗手盆.dwg
光盘\实例演示\第 3 章\绘制洗手盆

1. 在命令行输入"LINE"，执行直线命令，绘制洗手盆直线段图形，如图 3-91 所示，其命令行操作如下：

当绘制具有直线段和圆弧的图形对象时，可以直接使用多段线命令的直线及圆弧功能进行绘制，也可以使用直线和圆弧命令分别进行绘制。

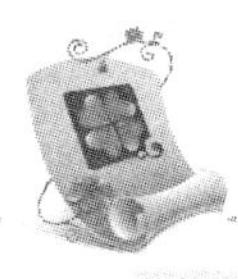

```
命令: LINE                                     //执行直线命令
指定第一点: 200,200                             //输入起点坐标，如图 3-92 所示
指定下一点或 [放弃(U)]: @55,210                  //输入下一点坐标，如图 3-93 所示
指定下一点或 [放弃(U)]: @350,0                   //输入下一点坐标，如图 3-94 所示
指定下一点或 [闭合(C)/放弃(U)]: @55,-210          //输入下一点坐标，如图 3-95 所示
指定下一点或 [闭合(C)/放弃(U)]:                   //按“Enter”键结束直线命令
```

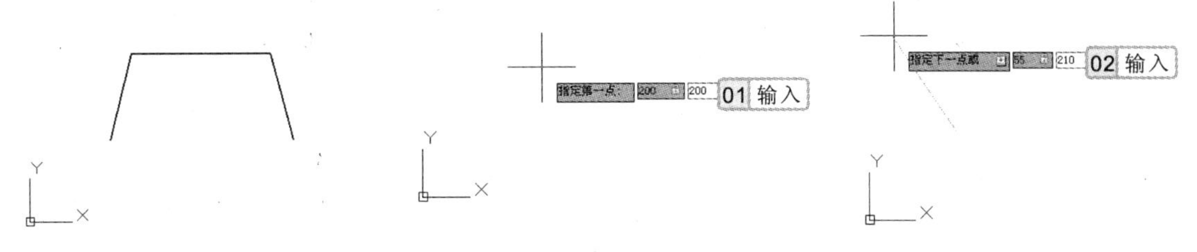

图 3-91 直线段图形　　图 3-92 输入起点坐标　　图 3-93 输入下一点坐标

2 在命令行输入“ELLIPSE”，执行椭圆命令，利用椭圆的圆弧功能，绘制洗手盆椭圆弧段的轮廓，如图 3-96 所示，其命令行操作如下：

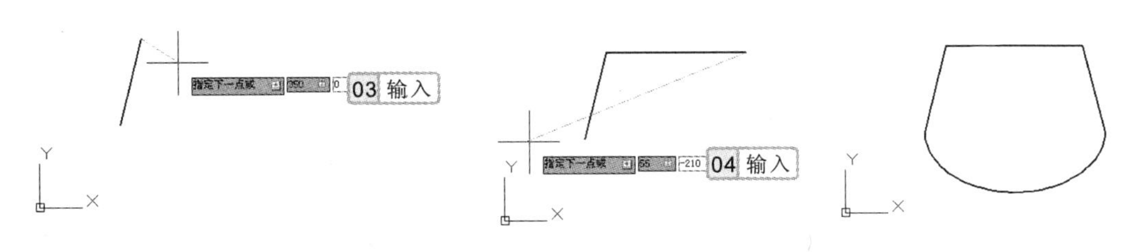

图 3-94 输入下一点坐标　　图 3-95 输入端点坐标　　图 3-96 绘制椭圆弧

```
命令:ELLIPSE                                        //执行椭圆命令
指定椭圆的轴端点或 [圆弧(A)/中心点(C)]: a              //选择“圆弧”选项，如图 3-97 所示
指定椭圆弧的轴端点或 [中心点(C)]: 200,200              //输入轴端点坐标，如图 3-98 所示
指定轴的另一个端点: @460,0                            //输入另一个端点坐标，如图 3-99 所示
指定另一条半轴长度或 [旋转(R)]: 150                    //输入另一条半轴长度，如图 3-100 所示
指定起点角度或 [参数(P)]: 0                           //输入起点角度，如图 3-101 所示
指定端点角度或 [参数(P)/包含角度(I)]:180               //输入端点角度，如图 3-102 所示
```

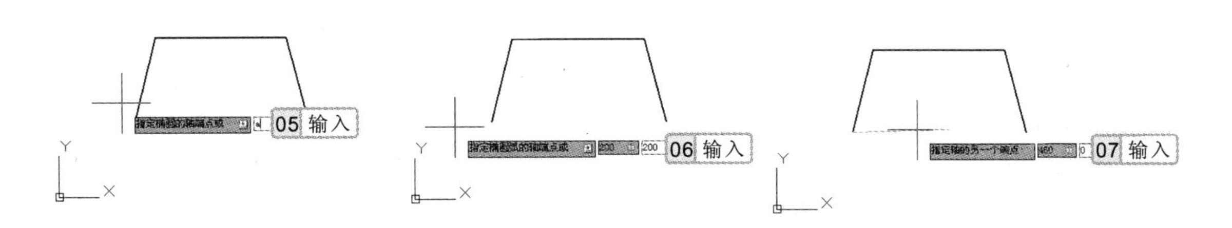

图 3-97 选择“圆弧”选项　　图 3-98 输入起点坐标　　图 3-99 输入端点坐标

使用矩形命令绘制矩形时，可以使用面积与长度或面积与宽度选项创建矩形。如果“倒角”或“圆角”选项被激活，则可以直接绘制具有倒角或圆角的矩形图形。

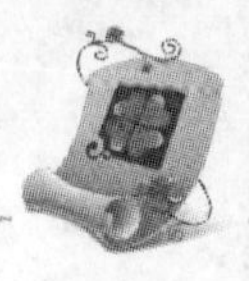

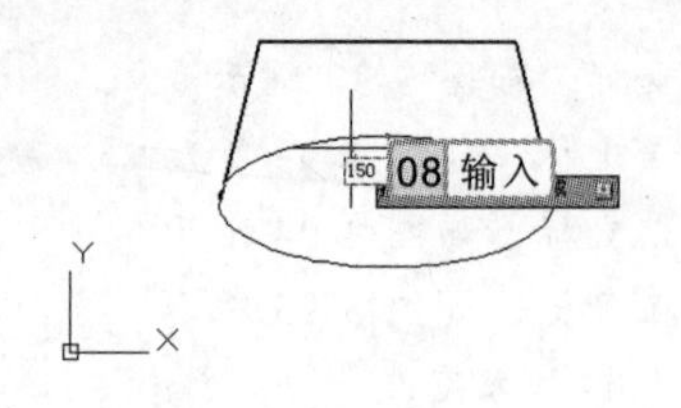

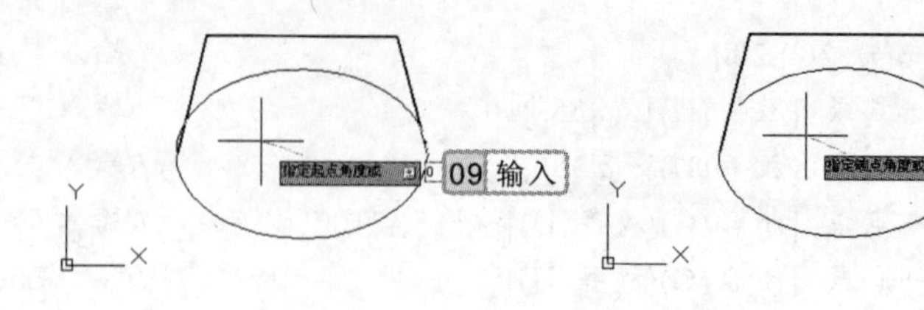

图 3-100　输入另一条半轴长度　　图 3-101　输入起点角度　　图 3-102　输入端点角度

3　在命令行输入“ELLIPSE”，执行椭圆命令，绘制洗手盆的轮廓，如图 3-103 所示，其命令行操作如下：

命令:ELLIPSE	//执行椭圆命令
指定椭圆的轴端点或 [圆弧(A)/中心点(C)]: c	//选择“中心点”选项，如图 3-104 所示
指定椭圆的中心点: 430,200	//输入中心点坐标，如图 3-105 所示
指定轴的端点: @200,0	//输入轴的端点坐标，如图 3-106 所示
指定另一条半轴长度或 [旋转(R)]: 120	//输入另一条半轴长度，如图 3-107 所示

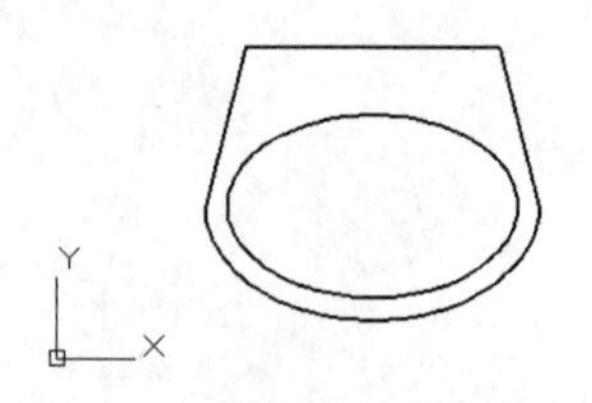

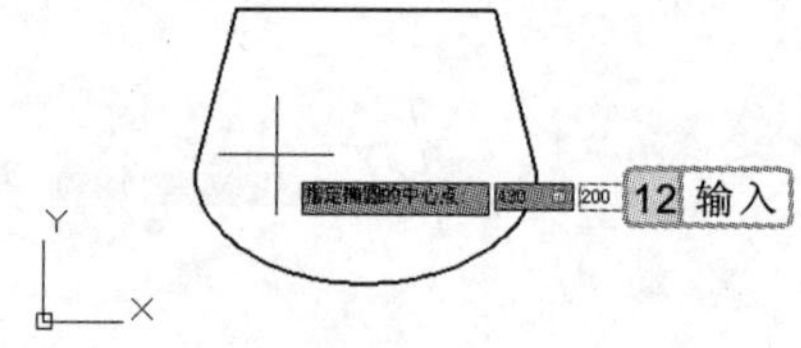

图 3-103　绘制椭圆　　图 3-104　选择“中心点”选项　　图 3-105　输入中心点坐标

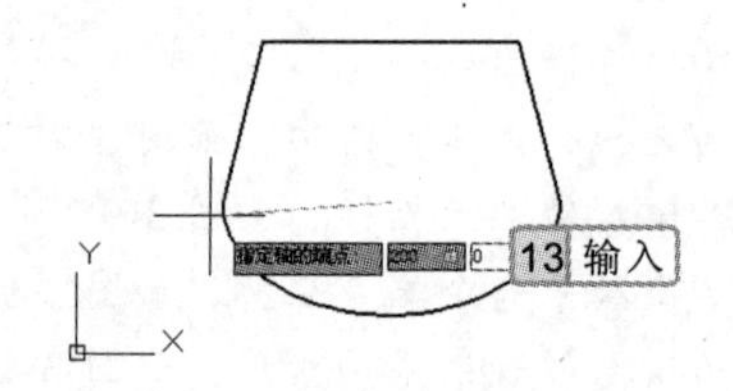

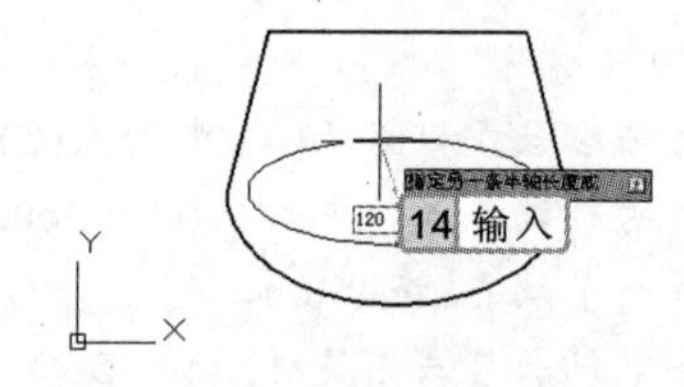

图 3-106　输入轴端点坐标　　图 3-107　输入另一条半轴长度

4　在命令行输入“CIRCLE”，执行圆命令，绘制半径为 15 的圆，完成排水孔的绘制，效果如图 3-108 所示，其命令行操作如下：

命令:CIRCLE	//执行圆命令
指定圆的圆心或 [三点(3P)/两点(2P)/切点、切点、半径(T)]: 430,265	//输入圆心坐标，如图 3-109 所示
指定圆的半径或 [直径(D)]: 15	//输入圆的半径，如图 3-110 所示

绘制椭圆图形时，在指定第一条轴的起点和轴端点后，可以通过“旋转”功能，输入旋转的角度来绘制椭圆。

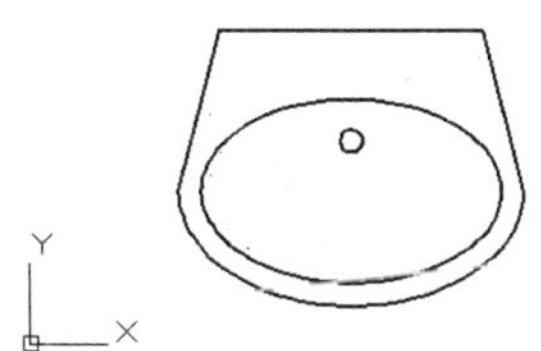

图 3-108 绘制排水孔

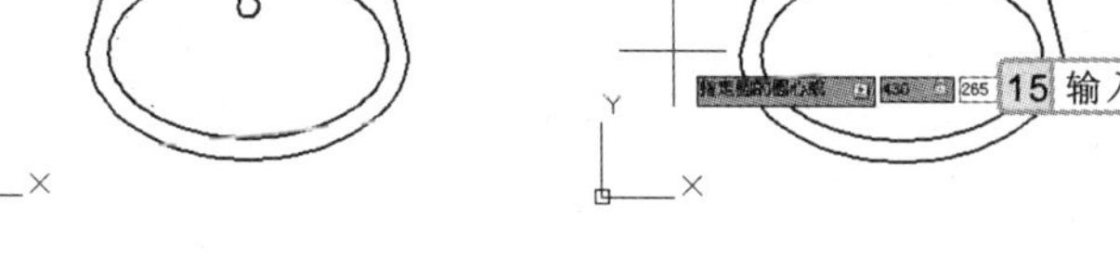

图 3-109 输入圆心坐标

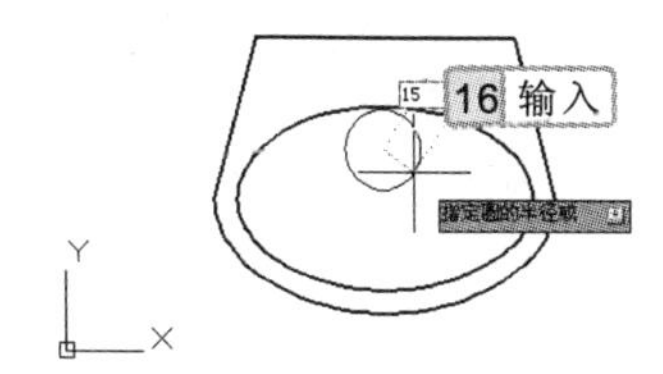

图 3-110 输入圆的半径

3.7 基础练习

本章主要介绍了 AutoCAD 2012 的绘图命令。下面将通过两个练习，进一步巩固 AutoCAD 2012 绘图命令的使用，掌握直线、矩形、圆等绘图命令的使用及操作等。

3.7.1 绘制螺栓主视图

本次练习将绘制螺栓主视图，该图形主要使用矩形命令绘制螺栓的头部，并使用直线命令绘制螺柱及螺纹的位置，效果如图 3-111 所示。

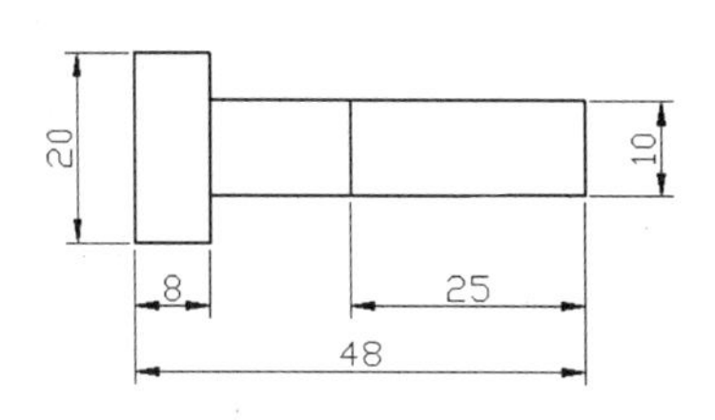

图 3-111 螺栓主视图

参见光盘

光盘\效果\第 3 章\螺栓主视图.dwg
光盘\实例演示\第 3 章\绘制螺栓主视图

该练习的操作思路如下。

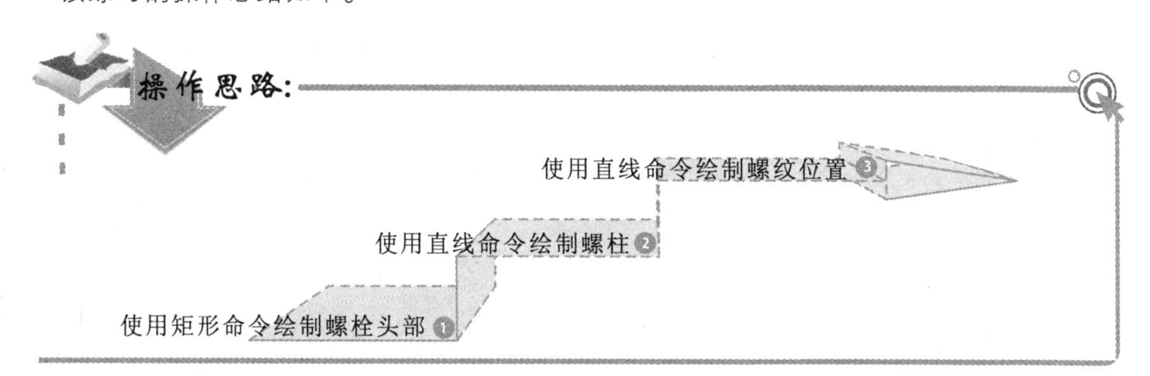

操作提示

使用多段线绘制具有宽度的线条时，相邻多段线线段的交点将倒角，但在圆弧段互不相切、有非常尖锐的角或使用点划线线型的情况下将不倒角。

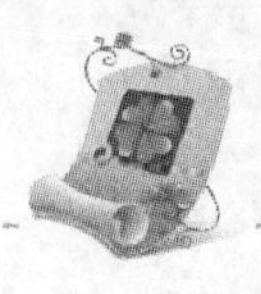

3.7.2 绘制底板图形

本练习将使用矩形、多段线、圆等命令绘制“底板.dwg”图形文件，其方法是先使用矩形命令的“圆角”选项绘制外部轮廓，再使用多段线命令完成底板内部轮廓的绘制，最后使用圆命令完成底板螺孔的绘制，最终效果如图 3-112 所示。

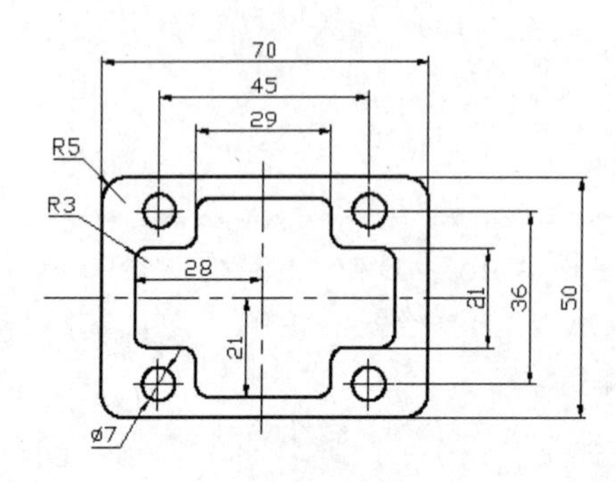

图 3-112 底板

参见光盘 光盘\效果\第 3 章\底板.dwg
光盘\实例演示\第 3 章\绘制底板图形

该练习的操作思路与关键提示如下。

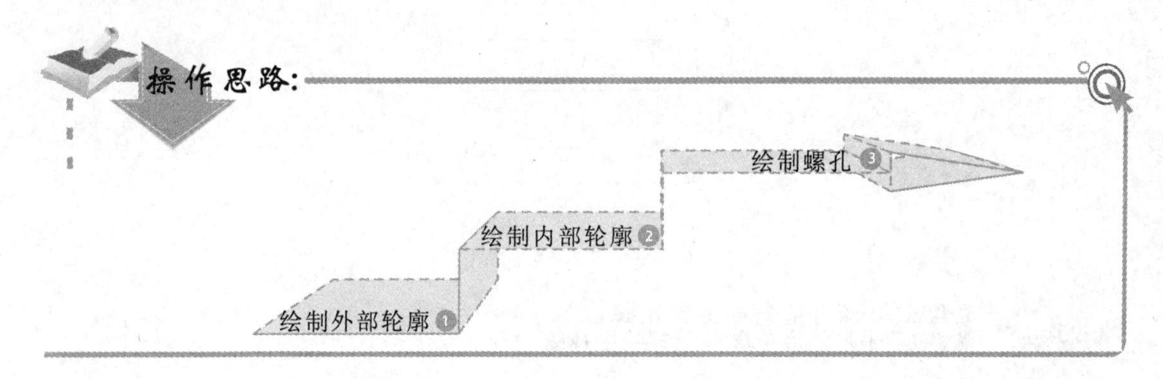

关键提示：

绘制轮廓

绘制外轮廓：使用矩形命令的圆角功能；绘制内轮廓：使用多段线命令。

绘制螺孔

使用圆命令绘制不同的螺孔圆。

行家提醒

使用多段线的闭合选项，可以将多段线的最后一点与起点重合，并结束多段线命令，但是该选项必须至少指定两个点才能使用。

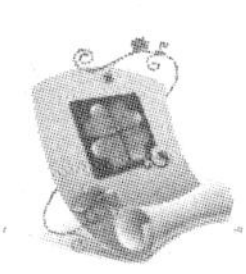

3.8 知识问答

在 AutoCAD 2012 中，直线、圆、圆弧是绘制图形的基础，使用直线、圆等命令绘制图形的过程中，难免会出现问题。下面将介绍图形绘制命令中常见的问题及解决方法。

问：用直线命令和用多段线命令绘制的直线有什么区别？

答：使用直线命令绘制的直线，每一条线段是单独的图形对象，可以单独对其进行编辑操作；而使用多段线命令绘制的多条直线段则为一个图形对象，可以整体对其进行编辑操作。但是，多条相连的直线可以使用多段线编辑命令 PEDIT 的“合并”选项，将其转换为一条多段线；而使用多段线命令绘制的直线段，则可以使用分解命令 EXPLODE 将其分解为多条直线。

问：为什么使用圆环命令绘制出来的是实心的圆，而不是圆环呢？

答：绘制圆环时如果将内径值设为 0，将外径值设为大于 0 的任意数值，则将绘制实心圆；如果将内径与外径设置为相同的数值，则将绘制出普通的圆。

问：使用圆命令绘制的圆，在屏幕中显示时并不光滑，像是由多条直线围成的正多边形，有什么方法可以改变这种情况吗？

答：出现圆弧显示不光滑的情况，主要是由于图形显示精度值过小而产生的。图形的显示精度的设置方法是在“选项”对话框中，选择“显示”选项卡，在“显示精度”栏中设置“圆弧和圆的平滑度”的值，其值越大，圆越光滑。

图形坐标点的指定

AutoCAD 2012 是一款非常优秀的辅助设计软件，与其他相应的绘图软件一样，在绘制图形时，都可以使用鼠标在绘图区中通过拾取点的方法来绘制图形，但是该种方法绘制的直线或圆等图形对象，其精度都不是很高。

利用动态功能绘制图形时，当除了输入的第一个坐标为世界坐标外，其余的为相对坐标。

使用定数等分命令将图形对象进行等分操作时，除了使用各种点样式进行分隔外，还可以使用图块来等分图形对象。

第 4 章

编辑图形

选择图形对象

点选　框选　栏选

修改图形

改变图形大小

改变图形对象位置

快速绘制多个图形

复制　偏移　阵列　镜像

本章导读

使用 AutoCAD 2012 的绘图命令，可以完成各种图形的绘制，而使用 AutoCAD 2012 的编辑命令，可以更快、更便捷地完成图形的绘制，如更改图形的位置，绘制相同、相似图形等。本章将详细介绍各种编辑命令的使用及操作方法，从而使读者能够更加准确、快速地完成图形的绘制。在本章的知识点中，选择图形对象是编辑图形的基础；删除、修剪、延伸等编辑命令是编辑图形中的难点；灵活掌握复制、阵列、偏移和镜像命令可以加快图形的绘制过程。

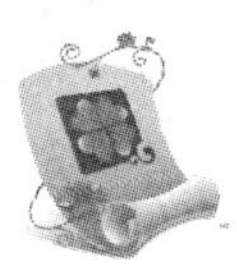

4.1 选择图形对象

使用编辑命令对图形对象进行编辑，首先必须掌握选择图形对象的方法。AutoCAD 2010 中选择对象的方法有多种，如点选和框选等。快速、准确地选择图形对象，是编辑图形对象的前提。

4.1.1 点选图形对象

点选对象是最简单、也是最常用的一种选择方式。当需要选择某个对象时，直接将十字光标移动到绘图区中要选择的图形对象上，然后单击鼠标左键，即可选择该图形对象。如图 4-1 所示，被选择后直线上会出现一些小正方形，这些正方形被称为夹点。如果连续单击其他对象，则可同时选择多个对象，如图 4-2 所示。

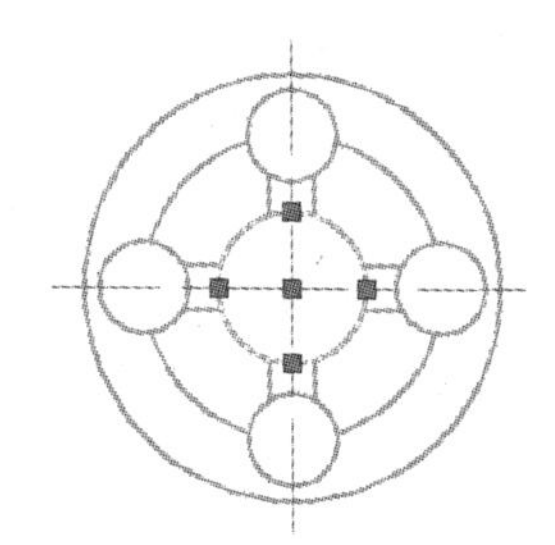

图 4-1 选择单个图形对象

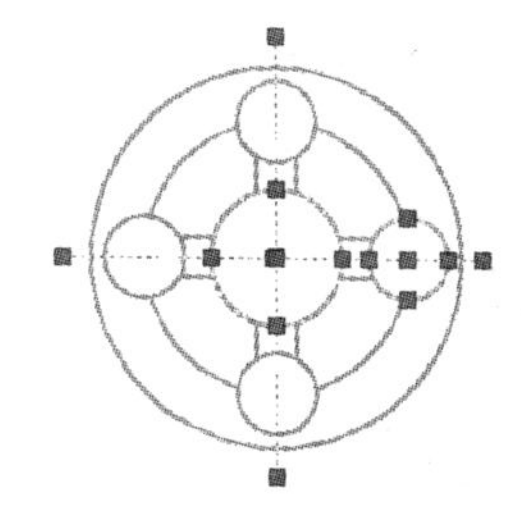

图 4-2 选择多个图形对象

4.1.2 框选对象

框选对象的操作也比较简单，其方法是先将鼠标移到绘图区上，单击鼠标左键，确定框选对象的起点，然后移动十字光标，在适当的位置再进行单击，由起点到第二点所围的矩形区域就是选择区。框选又分为窗口选择和窗交选择两种。

1. 窗口选择

利用窗口方式选择图形对象，是指当命令提示行出现“选择对象:”提示信息时，输入“WINDOW”或“W”并按“Enter”键，然后在绘图区中分别拾取两点来确定一个矩形框，如图 4-3 所示，在矩形框内的图形对象将被选择，如图 4-4 所示。

2. 窗交选择

使用窗交方式选择图形对象，与窗口方式选择图形对象比较相似，其操作方法是，在命令行提示中出现“选择对象:”提示信息时，输入“CROSSING”或“C”，然后在绘图区中

默认情况下使用点选方式选择图形对象时，从左至右的选择为“窗口”方式选择，从右至左的选择方式为“窗交”方式。

分别拾取两点来确定一个矩形框，如图 4-5 所示，这时与矩形框相交和被矩形框完全包围的图形都会被选择，被选择的图形对象将以虚线进行表示，如图 4-6 所示。

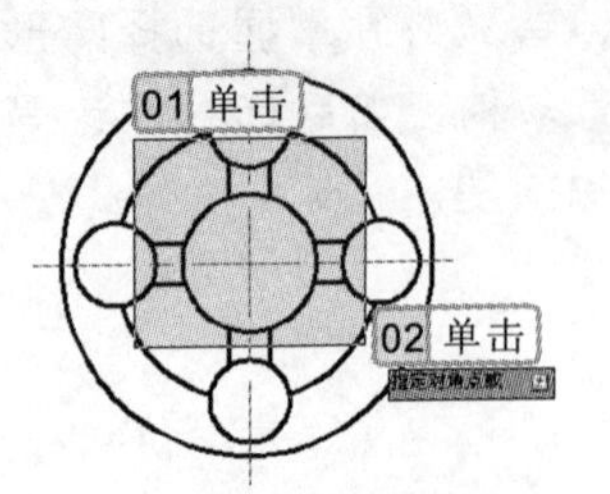

图 4-3　窗口方式选择图形

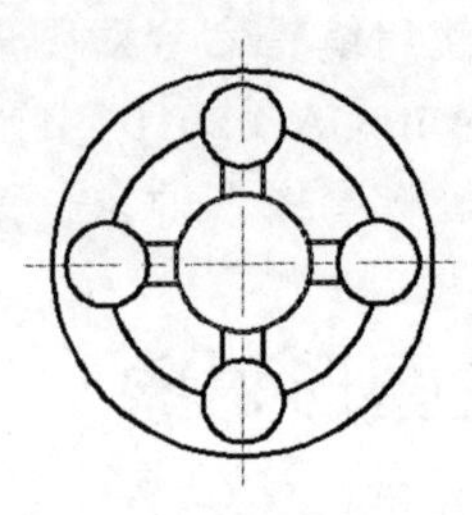

图 4-4　选择图形后的效果

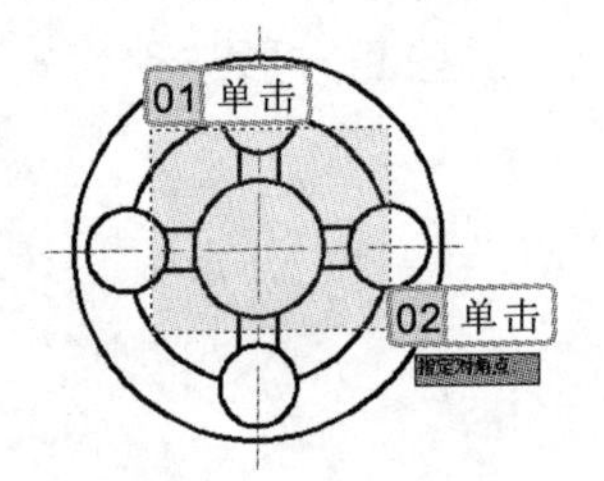

图 4-5　窗交方式选择图形

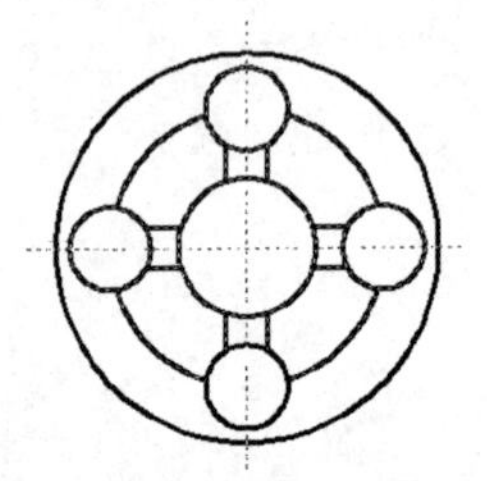

图 4-6　选择图形后的效果

4.1.3　栏选图形

对复杂的图形进行编辑操作时，使用栏选的方法选择图形对象，可以非常方便地选择连续的图形对象，其方法是在命令行提示出现“选择对象:”后，输入“F”选择“栏选”选项，然后在出现的命令行提示后，在绘图区中绘制任意折线（如图 4-7 所示），凡是与折线相交的图形对象均被选中，如图 4-8 所示虚线部分则为选中的图形对象。

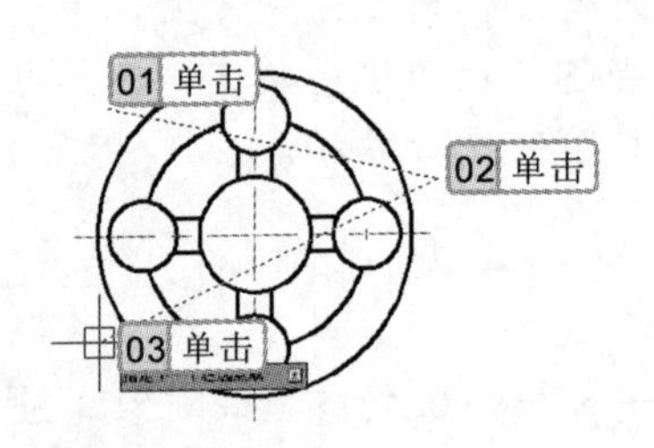

图 4-7　栏选图形对象

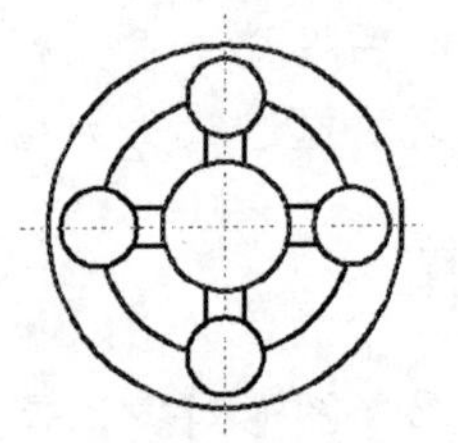

图 4-8　选择图形后的效果

4.1.4　围选图形

使用围选方式选择图形对象，与其他方法相比，自主性更大，它是根据需要确定不同的点，通过描绘不规则的图形围住要选择的图形对象，包括圈围和圈交两种方法。

选择图形对象时，如果在执行编辑命令的过程中，选择的图形对象以虚线进行表示，在未执行任何命令时选择的图形对象，除了以虚线显示外，还将出现夹点。

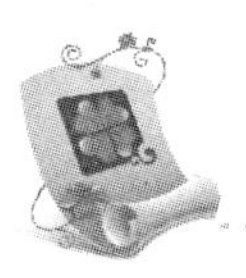

1. 圈围选择

圈围是一种多边形窗口选择方法，与矩形框选对象的方法类似，其操作方法是在命令行提示“选择对象:”后输入“WP”，选择“圈围”选项，再通过在绘图区拾取点，通过不同的点可以构造任意形状的多边形（如图 4-9 所示），完成选择后，按“Enter”键将完全包含在多边形区域内的对象选中，如图 4-10 所示虚线部分则为选中的图形对象。

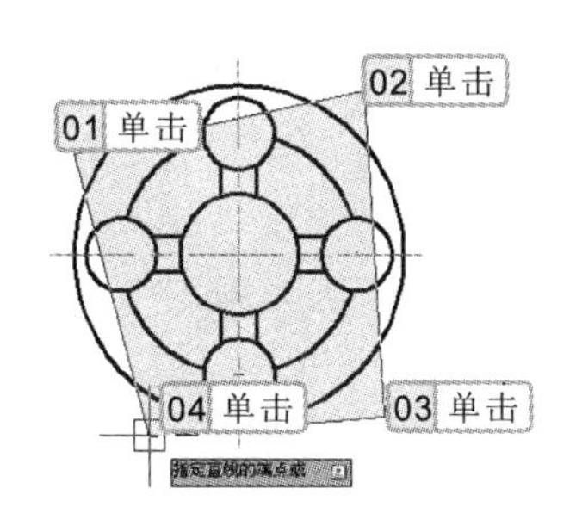

图 4-9　圈围方式选择

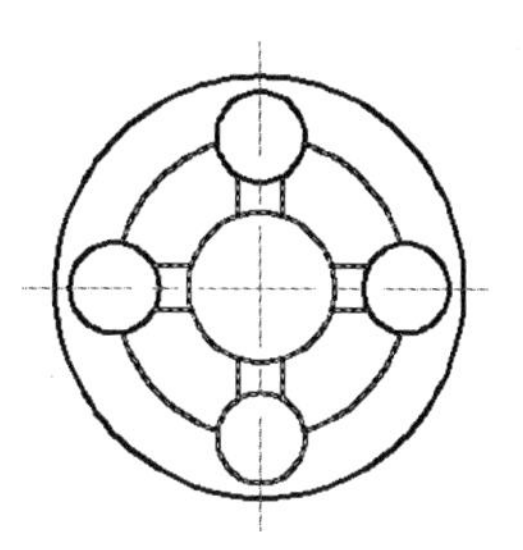

图 4-10　选择图形后的效果

2. 圈交选择

圈交是一种多边形交叉窗口选择方法，与窗交方式选择图形对象比较相似，其方法是在命令行提示“选择对象:”后输入“CP”，选择“圈交”选项，然后在绘图区通过拾取点的方式指定选择区域（如图 4-11 所示），按“Enter”键进行确认，被多边形完全包围，以及与多边形相交的所有图形对象将被选中，如图 4-12 所示虚线部分为被选择的部分。

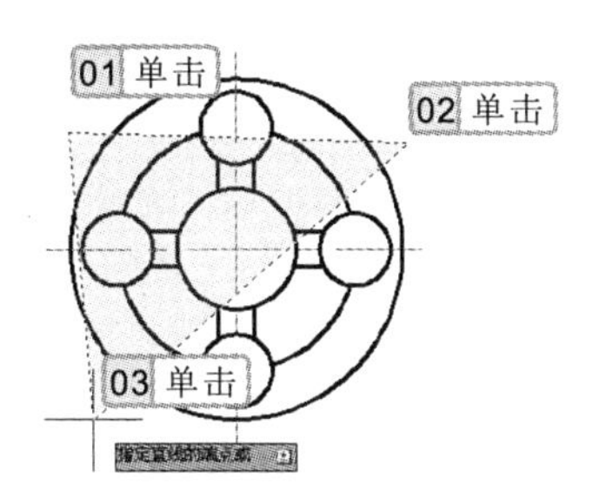

图 4-11　圈交方式选择

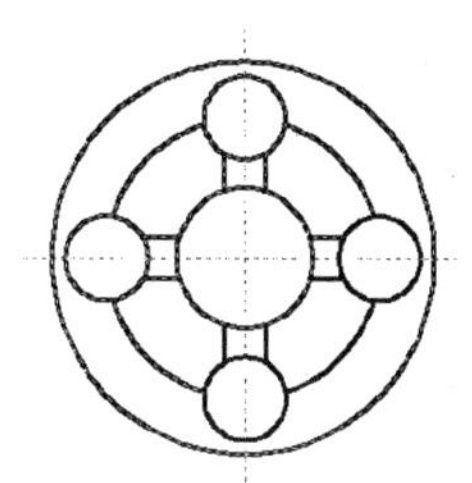

图 4-12　选择图形后的效果

4.1.5 快速选择

快速选择图形对象功能可以快速选择具有特定属性的图形对象，并能在选择集中添加或删除图形对象，从而创建一个符合用户指定对象类型和对象特性的选择集。执行快速选择命令，主要有以下两种调用方法：

- 选择【常用】/【实用工具】组，单击“快速选择”按钮。
- 在命令行中输入“QSELECT”命令。

使用圈围方式选择图形对象时，多边形的线段不能相交，否则 AutoCAD 2012 将其视作无效的选择。

执行以上任意一种操作后，将打开“快速选择”对话框，设置好要选择对象的属性后，单击[确定]按钮，即可选择相同属性的对象。

实例 4-1　利用快速方式选择图形

下面将利用“快速选择”对话框，选择“泵盖.dwg”图形文件中所有的圆图形。

光盘\素材\第 4 章\泵盖.dwg

1. 打开“泵盖.dwg”图形文件，选择【常用】/【实用工具】组，单击“快速选择”按钮，打开“快速选择”对话框，如图 4-13 所示。
2. 在“快速选择”对话框的“对象类型”下拉列表框中选择“圆”选项，单击[确定]按钮，返回绘图区，将选择“泵盖.dwg”图形文件中的圆，如图 4-14 所示。

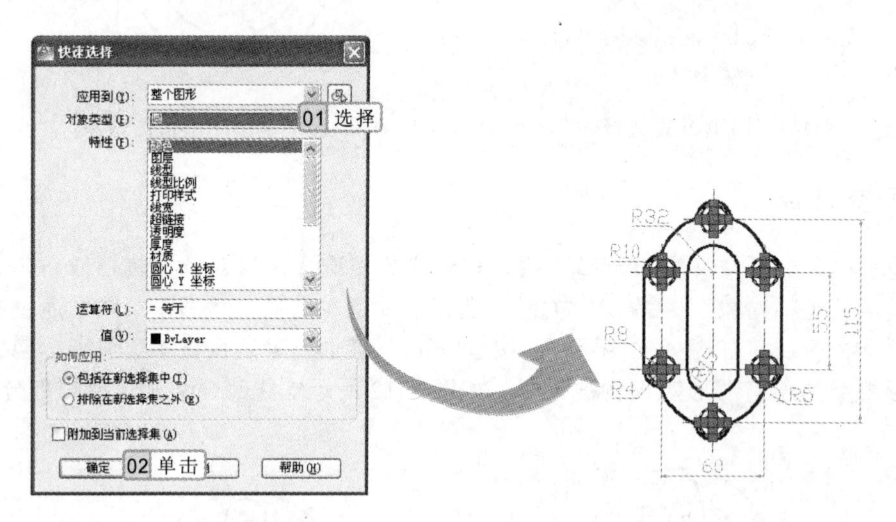

图 4-13　设置对象类型　　　　图 4-14　选择所有的圆

4.1.6　其他选择方式

在执行编辑命令的过程中，在命令行出现“选择对象:”后输入“？”，然后按“Enter”键，将出现“需要点或窗口(W)/上一个(L)/窗交(C)/框(BOX)/全部(ALL)/栏选(F)/圈围(WP)/圈交(CP)/编组(G)/添加(A)/删除(R)/多个(M)/前一个(P)/放弃(U)/自动(AU)/单个(SI)/子对象(SU)/对象(O):”，在命令行提示后选择相应的选项，可以使用不同的方法选择图形对象，该提示中其他各选项的含义分别介绍如下。

- **上一个(L)**：当命令行出现“选择对象:”提示信息时，输入“L”并按“Enter”键，可以选中最近一次绘制的对象。
- **全部(ALL)**：当命令行出现“选择对象:”提示信息时，输入“ALL”并按“Enter”键即可选中绘图区中的所有对象。
- **多个(M)**：当命令行中出现“选择对象:”提示信息时，输入“M”并按“Enter”键，

用户在选择对象的过程中，可随时按“Esc”键以终止目标图形对象的选择操作，并放弃已选中的目标。

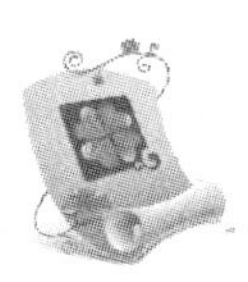

然后依次用变成口形状的鼠标光标在要选择的对象上单击，再按“Enter”键即可选中被单击的多个对象。

- **自动(AU)**：在未执行任何命令（即当命令行中显示为“命令:”时），或当命令提示行中出现“选择对象:”时，在不输入任何选择方式的默认状态下即使用“自动”选择方式。
- **单个(SI)**：单一对象选择方式，在该方式下，只能选择一个对象，常与其他选择方式联合使用。当命令提示行出现“选择对象:”提示信息时，输入“SI”并按“Enter”键，然后单击要选择的单个对象即可。

4.1.7 向选择集添加删除图形对象

在选择图形对象时，如果发现多选以及漏选了图形对象，可以从选择集中删除图形对象或添加图形对象到选择集中，其方法分别介绍如下。

- **从选择集中删除对象**：在多选了不需要的对象时，可在命令行提示“选择对象：”信息后输入“R”，选择“删除”选项，然后在绘图区中选择多余的图形对象，将其从选择集中删除，也可以在按住“Shift”键的同时选择要删除的图形对象。
- **添加对象到选择集中**：在漏选图形对象时，可在命令行提示“选择对象：”后输入“A”，选择“添加”选项，然后再选择要向选择集中添加的图形对象，也可以直接选择其余要添加的图形对象。

4.2 修改图形对象

在图形的绘制过程中，为了使绘制的图形更加准确，通常会使用编辑命令对图形进行编辑处理，如将多余的图形、线条进行删除，将超出的部分线条进行修剪等。

4.2.1 删除图形

在完成图形的绘制后，经常会删除一些不需要的图形对象，以便能够更加准确地表达绘图的意图。执行删除命令，主要有以下两种方法：

- 选择【常用】/【修改】组，单击“删除”按钮。
- 在命令行中输入“ERASE”或“E”命令。

执行删除命令后，在命令行中出现“选择对象:”提示信息后，在绘图区中选择要删除的图形对象，按“Enter”键即可将选择的图形对象删除。

实例 4-2 删除标注对象

下面将执行删除命令，将“泵盖.dwg”图形文件中的所有尺寸标注进行删除，只留下泵盖主视图的图样线条。

在 AutoCAD 2012 中，在未进行任何绘图及编辑操作时，可以按“Ctrl+A”快捷键选择绘图区中的全部图形对象。

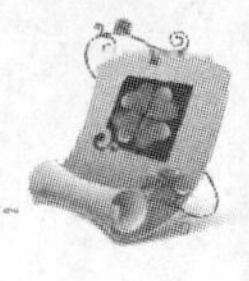

参见光盘　光盘\素材\第 4 章\泵盖.dwg
光盘\效果\第 4 章\泵盖.dwg

1 打开“泵盖.dwg”图形文件。

2 选择【常用】/【修改】组，单击“删除”按钮，执行删除命令，将“泵盖.dwg”图形文件中的尺寸标注进行删除，其命令行操作如下：

```
命令: _erase                          //执行删除命令
选择对象:                             //选择所有尺寸标注，如图 4-15 所示
选择对象:                             //按“Enter”键确认选择，如图 4-16 所示
```

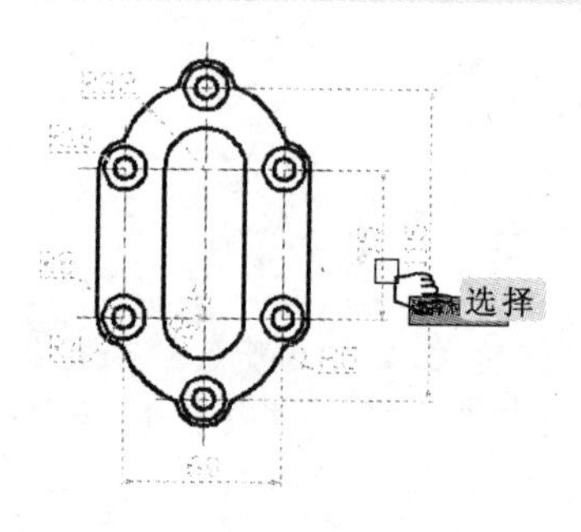

图 4-15　选择删除对象

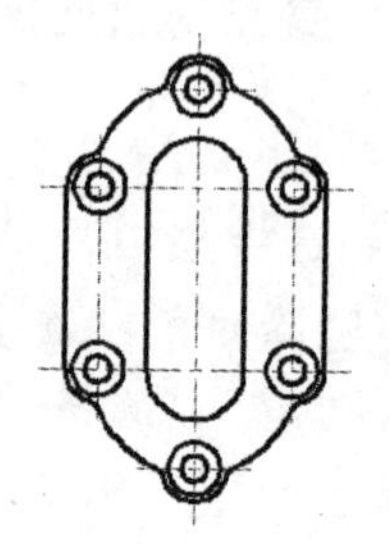

图 4-16　删除图形效果

4.2.2　修剪命令

使用修剪命令可以对超出修剪边界的线条进行修剪，被修剪的对象可以是直线、多段线、圆弧、样条曲线、构造线等。执行修剪命令，主要有以下两种方法：

- 选择【常用】/【修改】组，单击“修剪”按钮。
- 在命令行中输入“TRIM”或“TR”命令。

实例 4-3　修剪马桶中间多余直线

参见光盘　光盘\素材\第 4 章\马桶.dwg
光盘\效果\第 4 章\马桶.dwg

1 打开“马桶.dwg”图形文件。

2 选择【常用】/【修改】组，单击“修剪”按钮，执行修剪命令，对“马桶.dwg”图形文件中的多余线条进行修剪处理，其命令行操作如下：

```
命令: _trim                           //执行修剪命令
当前设置:投影=UCS，边=无
选择剪切边...
选择对象或 <全部选择>:                //选择修剪边界，如图 4-17 所示
选择对象:                             //按“Enter”键确定修剪边界选择
选择要修剪的对象，或按住 Shift 键选择要延伸的对
```

行家提醒

错误删除需要的图形，可使用 UNDO（撤销）命令、OOPS（恢复）命令或单击标题栏上的“放弃”按钮来恢复已删除的图形。

象，或[栏选(F)/窗交(C)/投影(P)/边(E)/删除(R)/放弃(U)]:	//选择要修剪的线条，如图 4-18 所示
选择要修剪的对象，或按住 Shift 键选择要延伸的对象，或[栏选(F)/窗交(C)/投影(P)/边(E)/删除(R)/放弃(U)]:	//按“Enter”键确认修剪对象选择，如图 4-19 所示

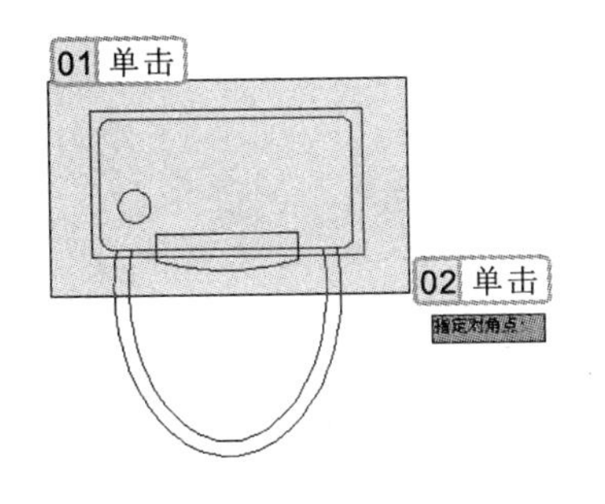

图 4-17　选择修剪边界

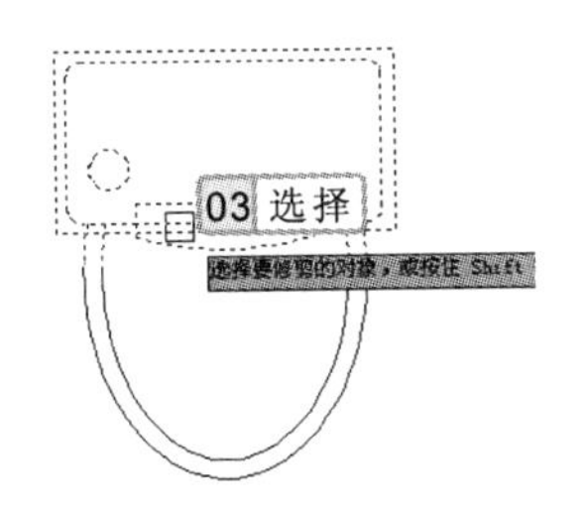

图 4-18　选择修剪对象

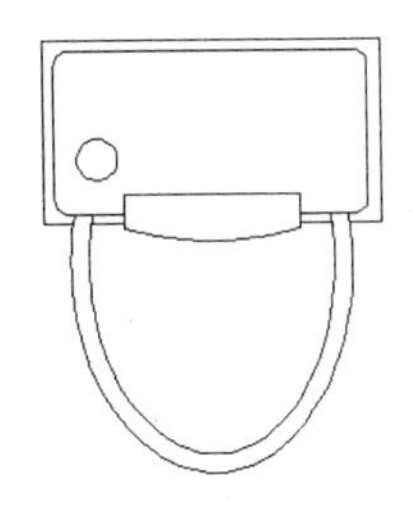

图 4-19　修剪图形效果

在使用“修剪”命令对图形对象进行修剪时，命令行中各主要选项的含义介绍如下。

- **全部选择**：使用该选项将选择所有可见图形，作为修剪边界。
- **按住 Shift 键选择要延伸的对象**：按住“Shift”键，然后选择所需线条，即可在执行修剪命令时将图形对象进行延伸操作。
- **栏选(F)**：使用该选项后，在屏幕上绘制直线，与直线相交的线条将会被选中。
- **窗交(C)**：AutoCAD 2012 提供了窗交选择方式，即可以直接使用交叉方式选择多条被修剪的线条。
- **投影(P)**：指定修剪对象时使用的投影模式，在三维绘图中才会用到该选项。
- **边(E)**：确定是在另一对象的隐含边处修剪对象，还是仅修剪对象到与它在三维空间中相交的对象处，在三维绘图中进行修剪时才会用到该选项。
- **删除(R)**：删除选定的对象。

4.2.3　延伸命令

使用延伸命令可以将直线、圆弧或多段线的端点延长到指定图形对象的边界，这些边界可以是直线、圆弧或多段线。执行延伸命令，主要有以下两种方法：

- 选择【常用】/【修改】组，单击“延伸”按钮 延伸。
- 在命令行中输入“EXTEND”或“EX”命令。

实例 4-4　延伸三角形斜边与垂直边

执行延伸命令，将“边”选项设置为“延伸”，对三角形的垂直边与斜线进行延伸操作。

光盘\素材\第 4 章\三角形.dwg
光盘\效果\第 4 章\三角形.dwg

操作提示

在未选择图形对象时执行删除命令，系统将提示选择要进行删除的图形对象；如果在已经选择了图形对象后再执行删除命令，系统会直接将选择的图形对象删除。

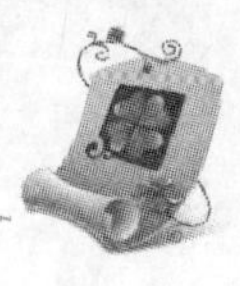

1 打开“三角形.dwg”图形文件。

2 选择【常用】/【修改】组，单击“延伸”按钮，执行延伸命令，对“三角形.dwg”图形文件中的垂直边及斜线进行延伸处理，形成一个完整的三角形，其命令行操作如下：

```
命令: _extend                                        //执行延伸命令
当前设置:投影=UCS，边=无
选择边界的边...
选择对象或 <全部选择>:                                //选择延伸边界，如图 4-20 所示
选择对象:                                             //按“Enter”键确认延伸边界选择
选择要延伸的对象，或按住 Shift 键选择要修剪的对
象，或[栏选(F)/窗交(C)/投影(P)/边(E)/放弃(U)]: e      //选择“边”选项，如图 4-21 所示
输入隐含边延伸模式 [延伸(E)/不延伸(N)]
<不延伸>: e                                           //选择“延伸”选项，如图 4-22 所示
选择要延伸的对象，或按住 Shift 键选择要修剪的对
象，或[栏选(F)/窗交(C)/投影(P)/边(E)/放弃(U)]:        //选择延伸线条，如图 4-23 所示
选择要延伸的对象，或按住 Shift 键选择要修剪的对
象，或[栏选(F)/窗交(C)/投影(P)/边(E)/放弃(U)]:        //选择延伸线条，如图 4-24 所示
选择要延伸的对象，或按住 Shift 键选择要修剪的对      //按“Enter”键结束延伸命令，效果如图 4-25
象，或[栏选(F)/窗交(C)/投影(P)/边(E)/放弃(U)]:         所示
```

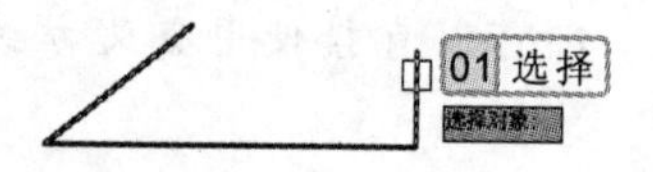

图 4-20　选择延伸边界

图 4-21　选择“边”选项

图 4-22　选择“延伸”选项

图 4-23　选择延伸对象

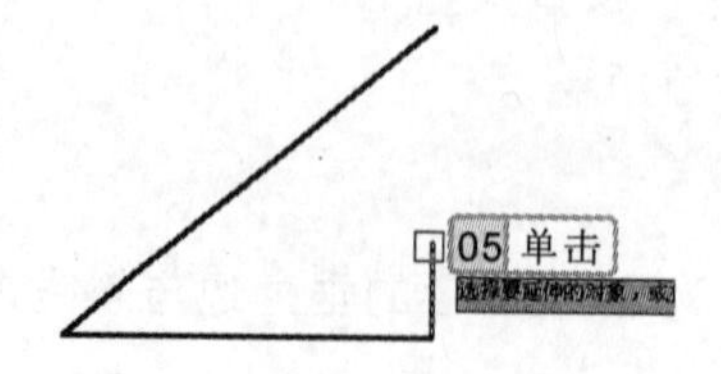

图 4-24　选择延伸对象

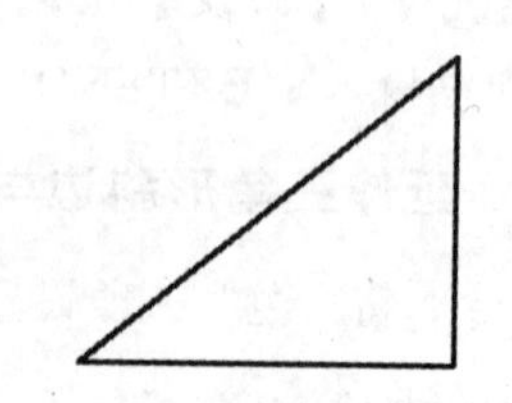

图 4-25　延伸图形后的效果

使用修剪命令对图形对象进行修剪操作时，如果要修剪的对象在修剪边界的延长线上，可以选择“边”选项，再选择“延伸”选项，即将修剪边界的延伸线作为修剪边界。

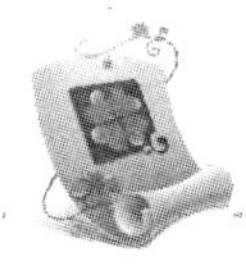

4.2.4 合并命令

使用合并命令可以将多个图形进行合并，合并图形是指将两条或两条以上的图形对象合并为一个对象，可以合并的对象包括圆弧、椭圆弧、直线、多段线和样条曲线等。执行合并命令，主要有以下两种方法：

- 选择【常用】/【修改】组，单击“合并”按钮。
- 在命令行中输入“JOIN”或“J”命令。

使用合并命令可以将位于同一延长线上的两个或多个图形对象合并成为一个图形对象，也可以将圆弧或椭圆弧闭合成为圆或椭圆。

实例 4-5 将圆弧合并成为圆

执行合并命令，将“合并图形.dwg”图形中的圆弧利用“闭合”选项合并为圆。

参见光盘
光盘\素材\第 4 章\合并图形.dwg
光盘\效果\第 4 章\合并图形.dwg

1. 打开“合并图形.dwg”图形文件。
2. 选择【常用】/【修改】组，单击“合并”按钮，执行合并命令，将图形中的圆弧编辑成为一个圆，其命令行操作如下：

```
命令: _join                                    //执行合并命令
选择源对象或要一次合并的多个对象:              //选择要合并的对象，如图 4-26 所示
选择要合并的对象:                              //按“Enter”键确定
选择圆弧，以合并到源或进行 [闭合(L)]: l        //选择“闭合”选项，如图 4-27 所示
已将圆弧转换为圆。                            //合并图形后的效果如图 4-28 所示
```

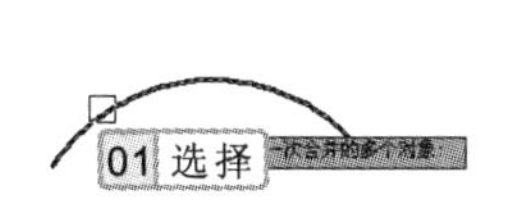

图 4-26 选择合并对象

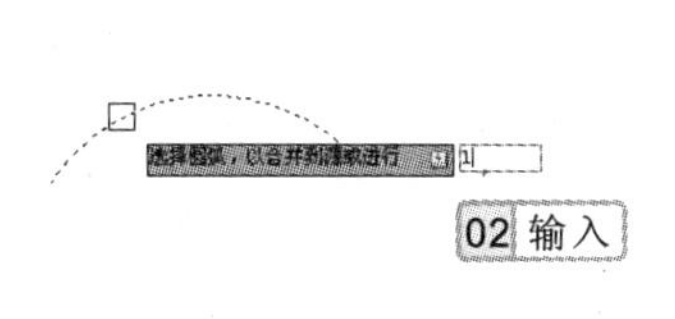

图 4-27 选择“闭合”选项

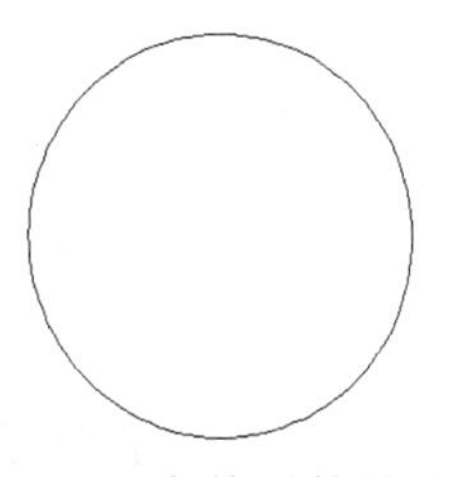

图 4-28 合并后的效果

4.2.5 打断命令

打断命令可以将直线、多段线、圆弧、样条曲线等图形对象分成两个对象，或将其中一部分进行删除，但不能打断任何组合形体，如图块等。执行打断命令，主要有以下两种方法：

- 选择【常用】/【修改】组，单击“打断”按钮或“打断于点”按钮。
- 在命令行中输入“BREAK”或“BR”命令。

操作提示

使用 BREAK 命令打断对象时，系统提示“选择对象:”，在选择对象的同时，将鼠标光标移到对象上的位置将会被系统作为第一个打断点，然后在系统提示下指定第二个打断点。

实例 4-6　打断水平辅助线

执行打断命令，选择水平辅助线，指定要打断的图形对象，并指定打断的第二点，将水平辅助线进行打断处理，以便于显示标注文字。

参见光盘　光盘\素材\第 4 章\齿轮轴.dwg
光盘\效果\第 4 章\齿轮轴.dwg

 打开“齿轮轴.dwg”图形文件。

 选择【常用】/【修改】组，单击“打断”按钮，执行打断命令，对“齿轮轴.dwg”图形文件中水平辅助线进行打断处理，以便更好地显示图形中的尺寸标注文字，如图 4-29 所示，其命令行操作如下：

```
命令: _break                                   //执行打断命令
选择对象:                                      //选择打断对象，如图 4-30 所示
指定第二个打断点 或 [第一点(F)]:               //指定第二个打断点，如图 4-31 所示
```

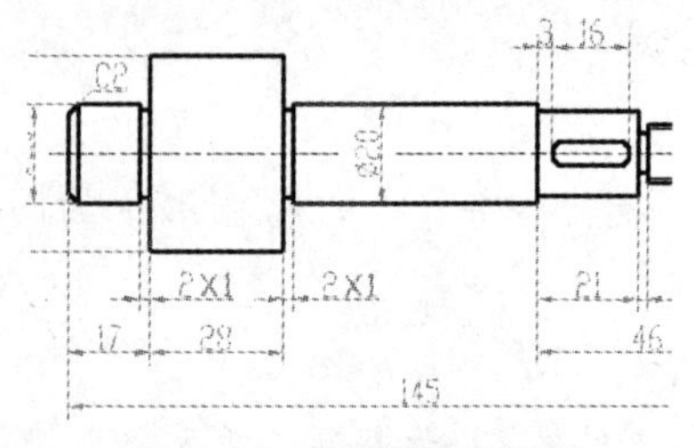

图 4-29　打断图形效果

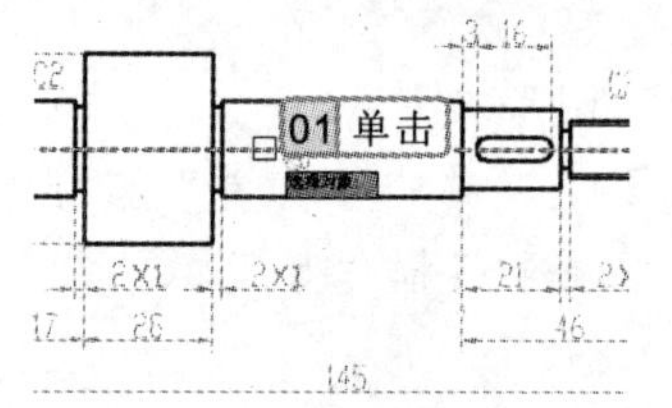

图 4-30　选择打断对象

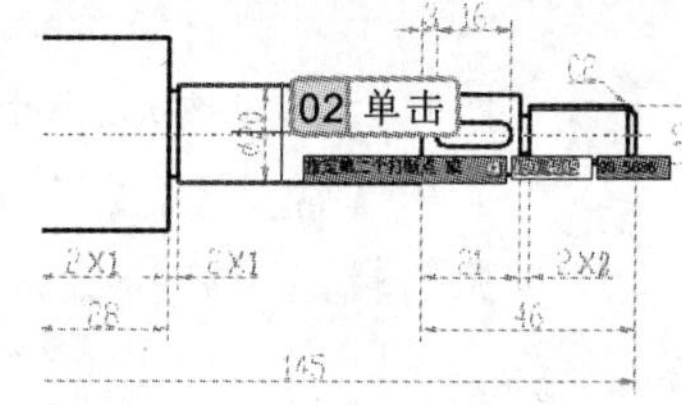

图 4-31　指定第二个打断点

4.2.6　倒角命令

使用倒角命令可以将两个非平行的直线以直线相连，在实际的图形绘制中，通过使用倒角命令对直角或锐角进行倒角处理。执行倒角命令，主要有以下两种方法：

- 选择【常用】/【修改】组，单击“倒角”按钮。
- 在命令行中输入“CHAMFER”或“CHA”命令。

实例 4-7　倒角凹槽侧面图

打开“凹槽侧面图.dwg”图形文件，将图形的两个角进行倒角处理，两个倒角距离都为 5。

参见光盘　光盘\素材\第 4 章\凹槽侧面图.dwg
光盘\效果\第 4 章\凹槽侧面图.dwg

1. 打开“凹槽侧面图.dwg”图形文件。
2. 选择【常用】/【修改】组，单击“倒角”按钮，执行倒角命令，将“凹槽侧面图.dwg”图形文件中左上端的角进行倒角处理，如图 4-32 所示，其命令行操作如下：

对图形进行合并操作时，进行合并操作的对象必须位于相同的平面上，另外，合并两条或多条圆弧（或椭圆弧）时，将从源对象开始沿逆时针方向合并圆弧（或椭圆弧）。

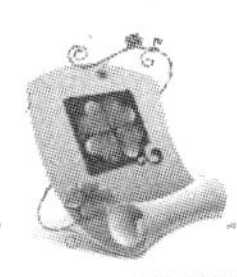

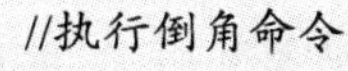

命令: _chamfer　　//执行倒角命令
(“修剪” 模式) 当前倒角距离 1 = 1.0000，距离 2 = 1.0000
选择第一条直线或 [放弃(U)/多段线(P)/距离(D)/角度(A)/修剪(T)/方式(E)/多个(M)]: d　　//选择“距离”选项，如图 4-33 所示
指定 第一个 倒角距离 <1.0000>: 5　　//指定第一个倒角距离，如图 4-34 所示
指定 第二个 倒角距离 <5.0000>: 5　　//指定第二个倒角距离，如图 4-35 所示
选择第一条直线或 [放弃(U)/多段线(P)/距离(D)/角度(A)/修剪(T)/方式(E)/多个(M)]:　　//选择左端垂直线，如图 4-36 所示
选择第二条直线，或按住 Shift 键选择直线以应用角点或 [距离(D)/角度(A)/方法(M)] :　　//选择顶端水平线，如图 4-37 所示

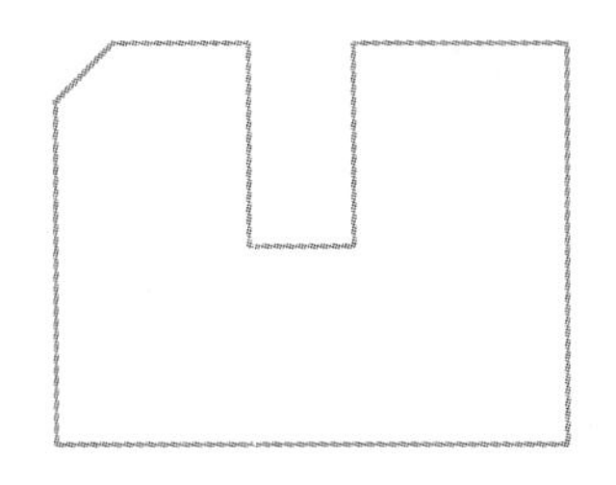

图 4-32　倒角图形效果

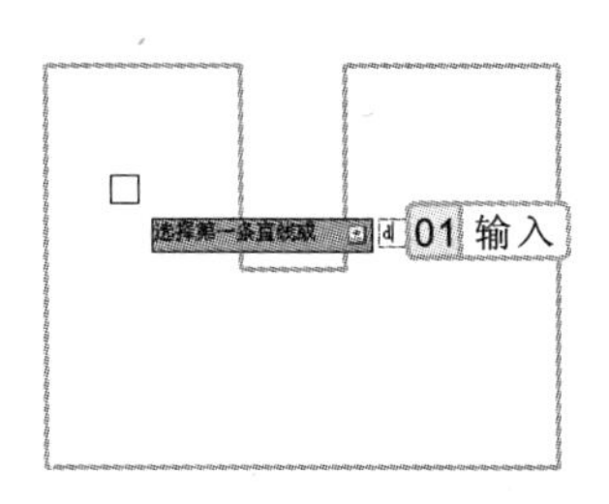

图 4-33　选择“距离”选项

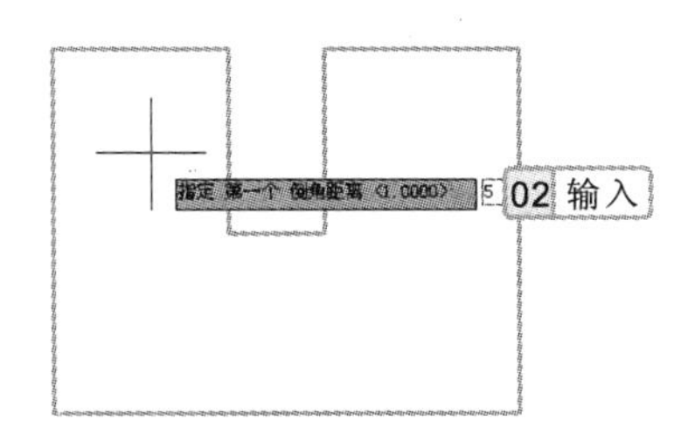

图 4-34　设置第一个倒角距离

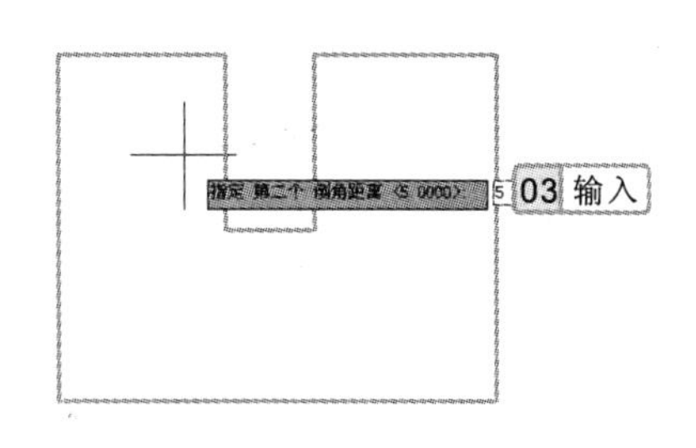

图 4-35　设置第二个倒角距离

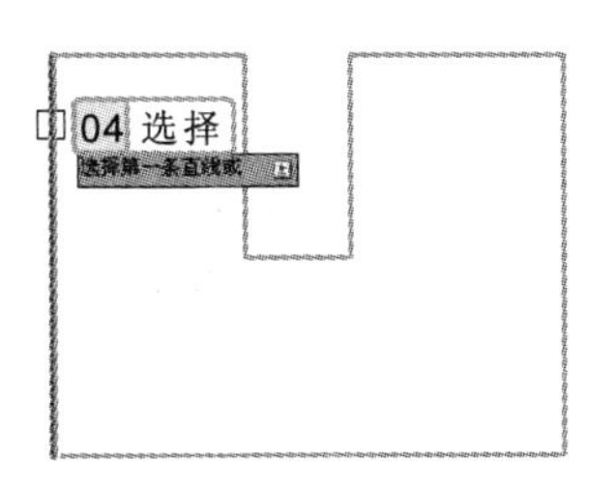

图 4-36　选择第一个倒角边

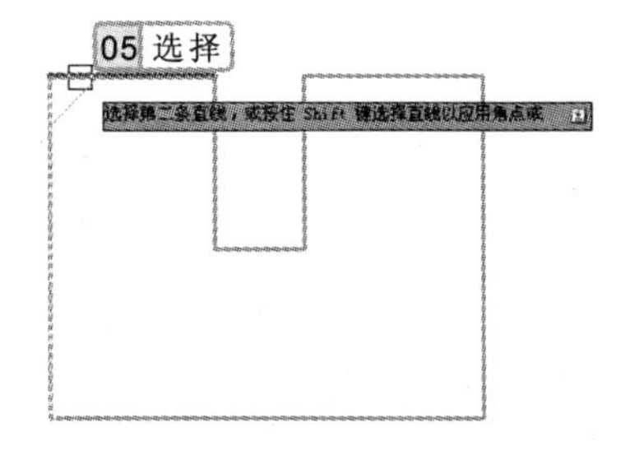

图 4-37　选择第二个倒角边

使用倒角命令对图形进行倒角操作时，如果设置第一个倒角距离和第二个倒角距离不同，则应确定倒角时直线的选择顺序。

3 选择【常用】/【修改】组，单击“倒角”按钮 倒角，执行倒角命令，将“凹槽侧面图.dwg”图形文件中右上端的角进行倒角处理，如图 4-38 所示，其命令行操作如下：

```
命令: _chamfer                                                    //执行倒角命令
(“修剪”模式) 当前倒角距离 1 = 5.0000，距离 2 = 5.0000
选择第一条直线或 [放弃(U)/多段线(P)/距离(D)/角度(A)/修剪
(T)/方式(E)/多个(M)]:                                              //选择第一条倒角边，如图 4-39 所示
选择第二条直线，或按住 Shift 键选择直线以应用角点或 [距
离(D)/角度(A)/方法(M)]:                                            //选择第二条倒角边，如图 4-40 所示
```

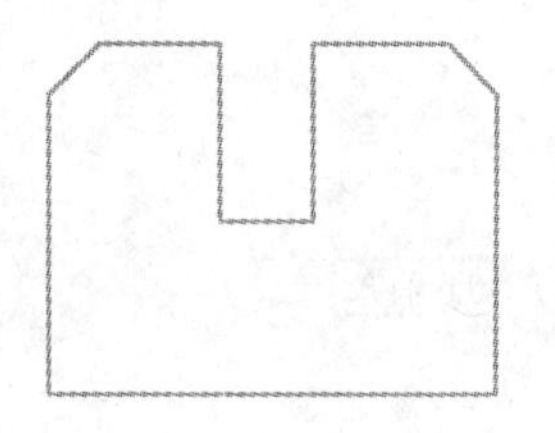

图 4-38　倒角效果

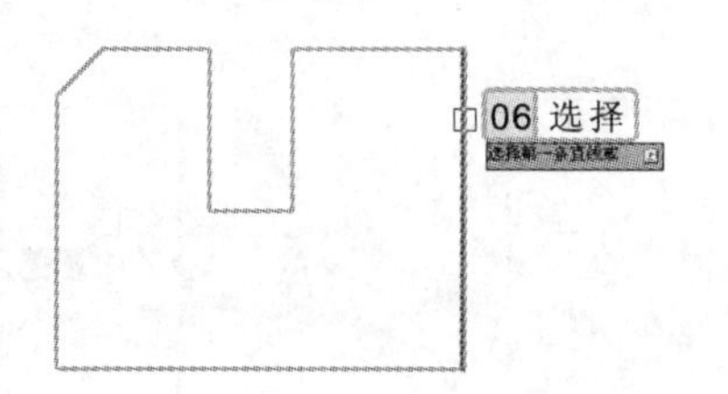

图 4-39　选择第一条直线

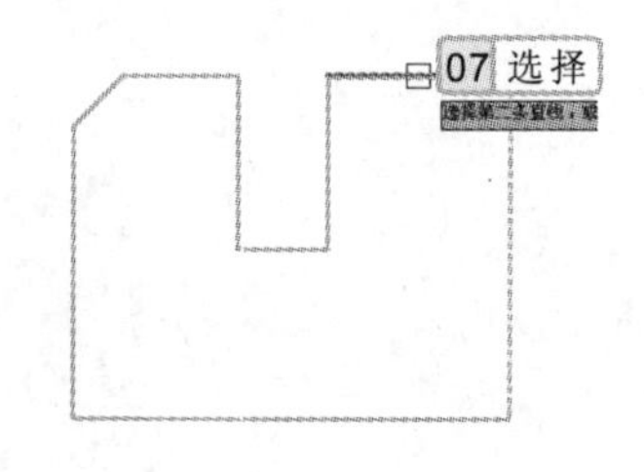

图 4-40　选择第二条直线

在执行倒角命令对图形进行倒角处理时，命令行中各选项的含义介绍如下。

- **多段线(P)**：选择该选项将对所选的多段线进行整体倒角操作，如对正六边形进行倒角处理时，可以将六个角点同时进行倒角处理。
- **距离(D)**：选择该选项可以设置倒角的距离。
- **角度(A)**：以指定一个角度和一段距离的方法来设置倒角的距离。
- **修剪(T)**：设定修剪模式，控制倒角处理后是否删除原角的组成对象，默认为删除。如图 4-41 所示即为设置成“修剪”和“不修剪”选项后的效果。

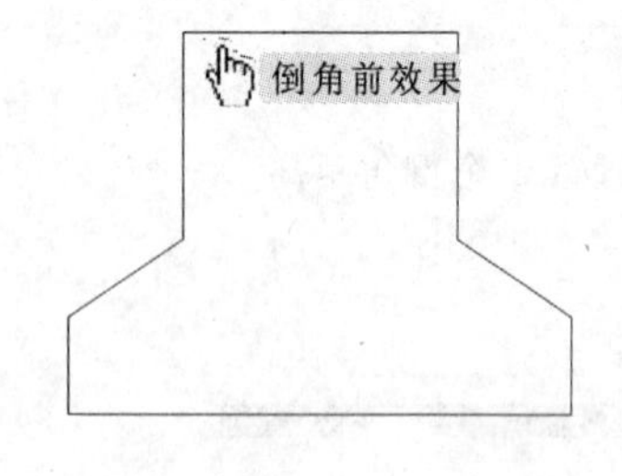

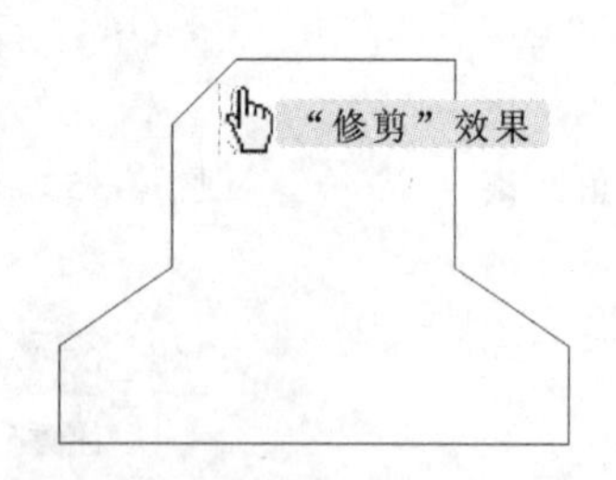

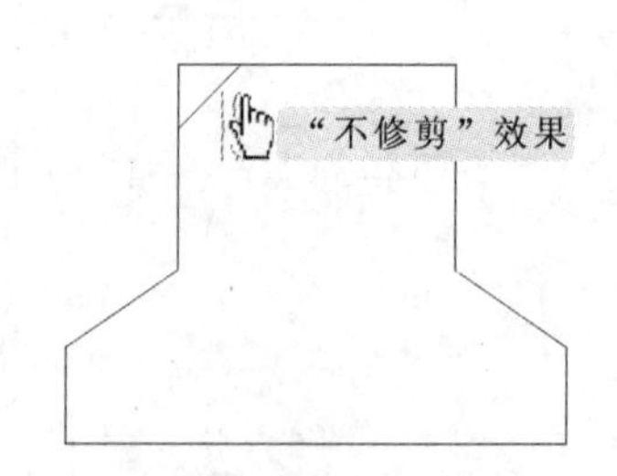

图 4-41　修剪图形对象

- **方式(E)**：该选项用于设置倒角的方式是“距离”或“角度”，其中“距离”方式是用两个距离的方式对图形进行倒角，而“角度”方式则是用一个距离和一个角度来倒角。
- **多个(M)**：可连续对多组对象进行倒角处理，直至结束命令为止。

使用倒角命令对矩形进行倒角操作时，与矩形命令中“倒角”选项的功能相同。

4.2.7 圆角命令

使用圆角命令可以将两个相交的图形对象使用圆弧进行连接，并且该圆角圆弧与两个图形对象相切，该圆弧的半径即为圆角半径。执行圆角命令，主要有以下两种方法：

- 选择【常用】/【修改】组，单击“圆角”按钮 圆角。
- 在命令行中输入“FILLET”或“F”命令。

执行圆角命令后，命令行将提示选择要进行圆角的边，或选择相应的选项来编辑图形，如选择“半径”选项来设置圆角半径等。

实例 4-8 圆角盘盖主视图

打开“盘盖主视图.dwg”图形文件，将图形的两个角进行倒角处理，对图形进行圆角的圆角半径为 5。

参见光盘
光盘\素材\第 4 章\盘盖主视图.dwg
光盘\效果\第 4 章\盘盖主视图.dwg

1. 打开“盘盖主视图.dwg”图形文件。
2. 选择【常用】/【修改】组，单击“圆角”按钮 圆角，执行圆角命令，将“盘盖主视图.dwg”图形文件中的左上角的角进行圆角处理，圆角半径为 5，如图 4-42 所示，其命令行操作如下：

```
命令: _fillet                                          //执行圆角命令
当前设置: 模式 = 修剪，半径 = 0.0000
选择第一个对象或 [放弃(U)/多段线(P)/半径(R)/修剪
(T)/多个(M)]: r                                        //选择“半径”选项，如图 4-43 所示
指定圆角半径 <0.0000>: 5                               //输入圆角半径，如图 4-44 所示
选择第一个对象或 [放弃(U)/多段线(P)/半径(R)/修剪
(T)/多个(M)]:                                          //选择第一条圆角边，如图 4-45 所示
选择第二个对象，或按住 Shift 键选择对象以应用角点
或 [半径(R)]:                                          //选择第二条圆角边，如图 4-46 所示
```

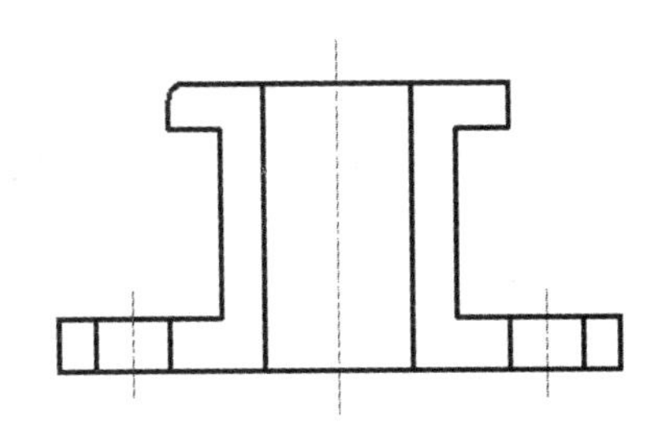

图 4-42 圆角处理效果

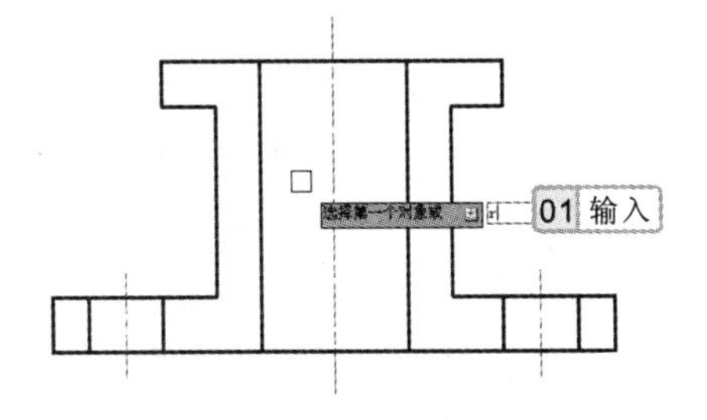

图 4-43 选择“半径”选项

操作提示

使用圆角命令对图形对象进行圆角操作时，也可以选择“不修剪”选项，在对图形对象进行圆角操作时，不删除源图形对象。

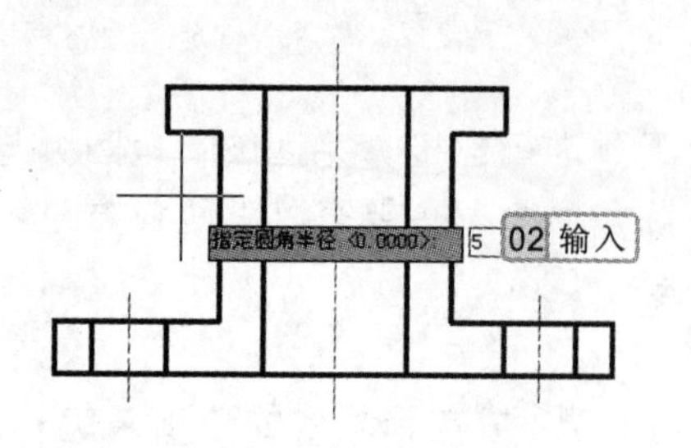

图 4-44　输入圆角半径

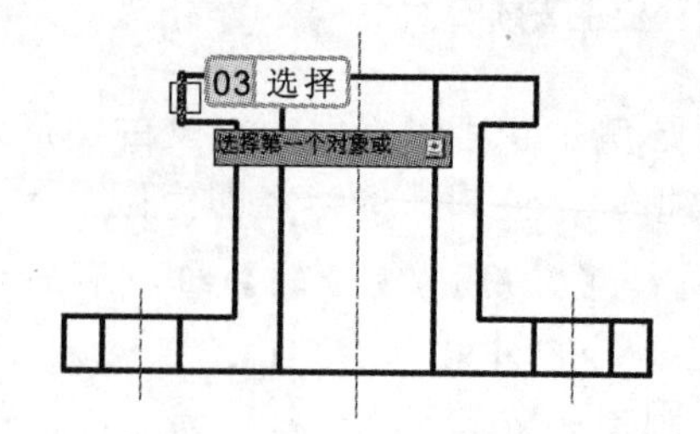

图 4-45　选择第一条圆角边

3 选择【常用】/【修改】组，单击“圆角”按钮，执行圆角命令，将“盘盖主视图.dwg”图形文件中右上角的角进行圆角处理，如图 4-47 所示，其命令行操作如下：

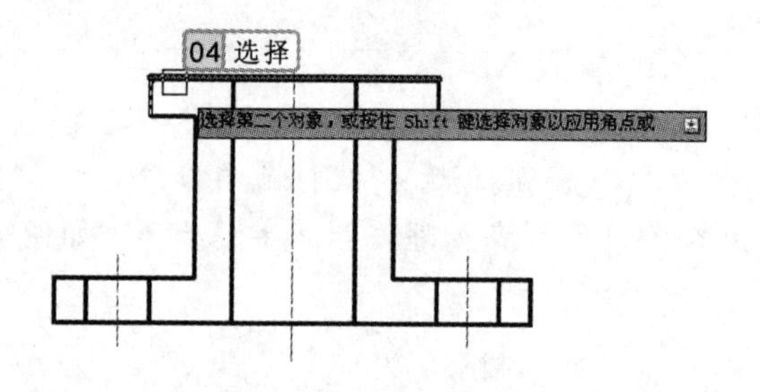

图 4-46　选择第二条圆角边

图 4-47　圆角效果

```
命令: _fillet                                              //执行圆角命令
当前设置: 模式 = 修剪, 半径 = 5.0000
选择第一个对象或 [放弃(U)/多段线(P)/半径(R)/修剪
(T)/多个(M)]:                                              //选择第一条圆角边，如图 4-48 所示
选择第二个对象，或按住 Shift 键选择对象以应用角点
或 [半径(R)]:                                              //选择第二条圆角边，如图 4-49 所示
```

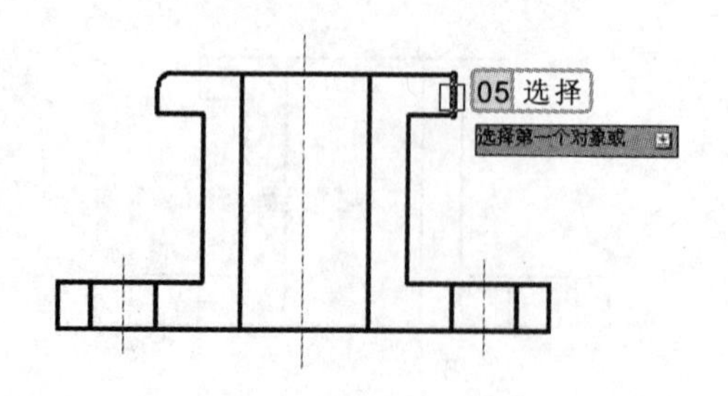

图 4-48　选择第一条圆角边

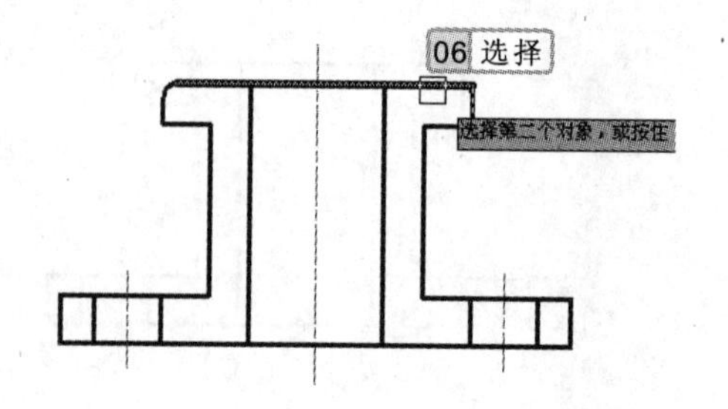

图 4-49　选择第二条圆角边

使用圆角命令对图形进行圆角操作时，如果要对一条多段线或矩形的所有角进行圆角操作，可以选择“多段线”选项，即可对所有角进行圆角处理。

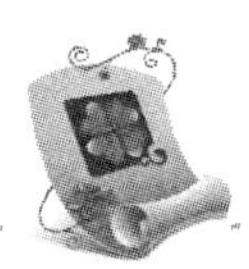

4.3 快速绘制多个图形

使用 AutoCAD 2012 绘制与编辑图形时，除了使用绘图命令绘制图形外，还可以通过复制、偏移、阵列和镜像等命令，快速复制与已绘制好的原图形相同或相似的图形。

4.3.1 复制图形

使用复制命令可以将已经绘制的图形复制出一个或多个相同的图形对象。执行复制命令，主要有以下两种方法：

- 选择【常用】/【修改】组，单击“复制”按钮复制。
- 在命令行中输入“COPY”或“CO”命令。

执行复制命令后，将提示选择要复制的图形对象，再分别指定复制的基点和第二点，即可对图形对象进行复制操作。

实例 4-9 复制螺孔图形

执行复制命令，将“泵盖主视图.dwg”图形文件中的两个不同的螺孔图形进行复制处理，从而形成 4 个螺孔。

参见光盘

光盘\素材\第 4 章\泵盖主视图.dwg
光盘\效果\第 4 章\泵盖主视图.dwg

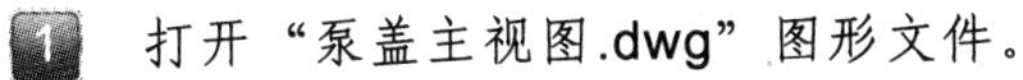

1. 打开“泵盖主视图.dwg”图形文件。
2. 选择【常用】/【修改】组，单击“复制”按钮复制，执行复制命令，将泵盖主视图中间的图形向右进行复制，两个图形的相对距离为 35，其命令行操作如下：

```
命令: _copy                                      //执行复制命令
选择对象:                                         //选择复制对象，如图 4-50 所示
选择对象:                                         //按“Enter”键确认对象选择
当前设置: 复制模式 = 多个
指定基点或 [位移(D)/模式(O)] <位移>:               //任意指定一点为基点，如图 4-51 所示
指定第二个点或[阵列(A)]<使用第一个点
作为位移>:@35,0                                   //输入复制第二点坐标，如图 4-52 所示
指定第二个点或[阵列(A)]<使用第一个点作为位移>:     //按“Enter”键结束复制命令，如图 4-53 所示
```

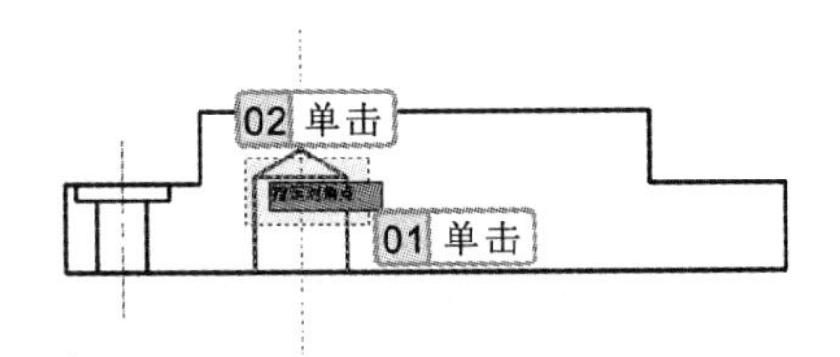

图 4-50 选择复制对象（中间）

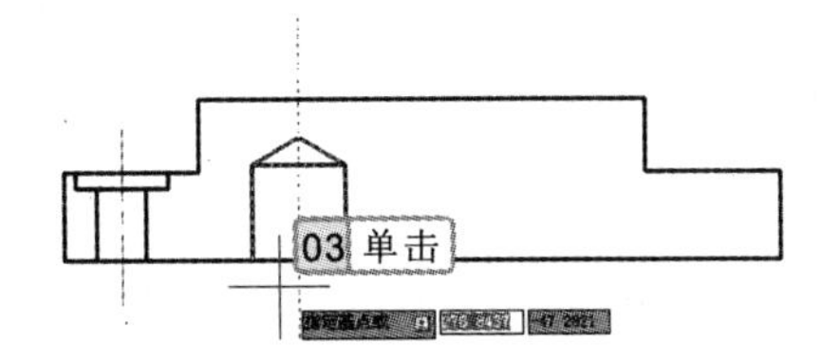

图 4-51 指定复制基点（中间）

使用复制命令对图形进行复制操作时，选择“模式”选项，可对复制的模式进行设置，如复制一个图形，或一次性复制多个图形等。

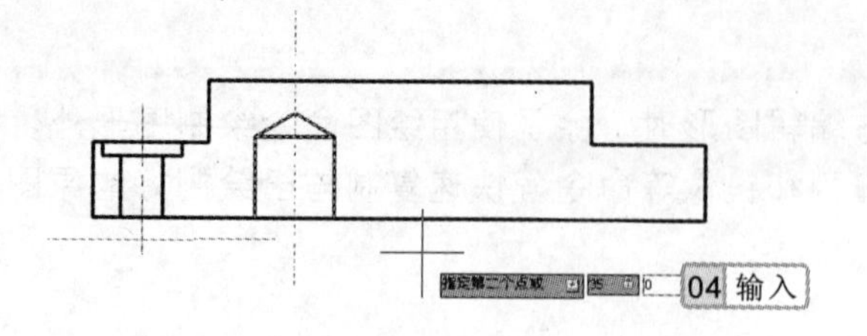

图 4-52 指定复制第二点（中间）

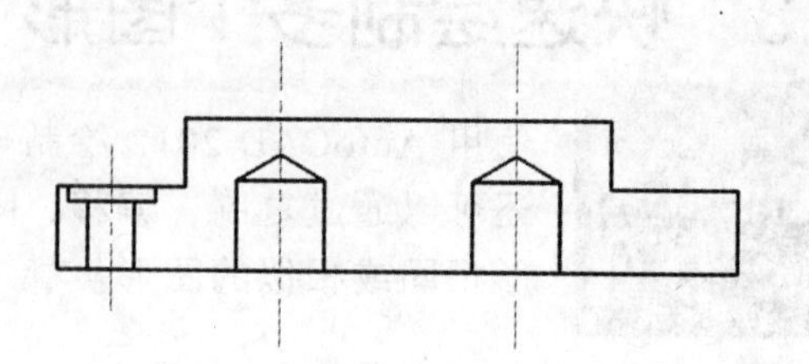

图 4-53 复制图形后的效果（中间）

3 选择【常用】/【修改】组，单击“复制”按钮，执行复制命令，将泵盖主视图左端的图形向右进行复制，两个图形的相对距离为 85，其命令行操作如下：

```
命令: _copy                                          //执行复制命令
选择对象:                                            //选择复制对象，如图 4-54 所示
选择对象:                                            //按“Enter”键确认对象选择
当前设置: 复制模式 = 多个
指定基点或 [位移(D)/模式(O)] <位移>:                 //任意指定一点为基点，如图 4-55 所示
指定第二个点或[阵列(A)]<使用第一个点
作为位移>:@85,0                                      //输入复制第二点坐标，如图 4-56 所示
指定第二个点或[阵列(A)]<使用第一个点作为位移>:       //按“Enter”键结束复制命令，如图 4-57 所示
```

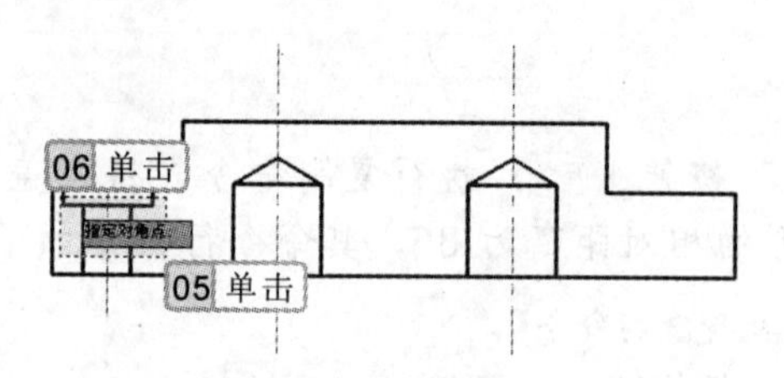

图 4-54 选择复制对象（左端）

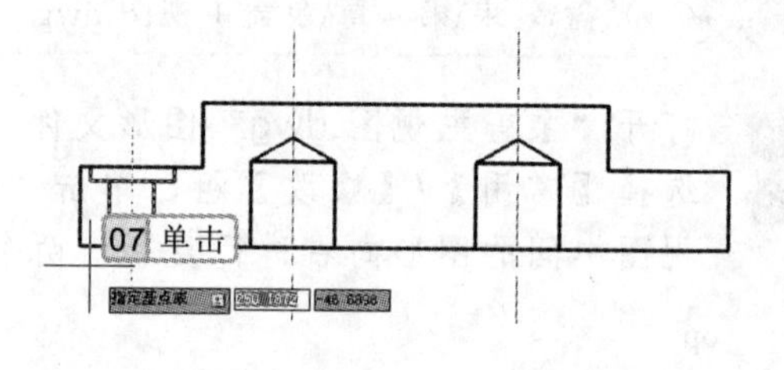

图 4-55 指定复制第一点（左端）

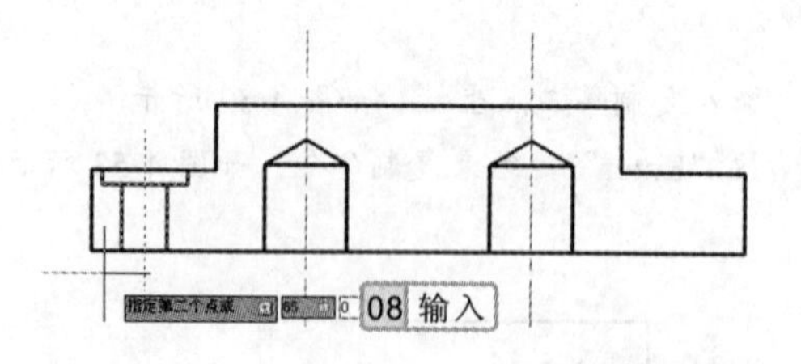

图 4-56 指定复制第二点（左端）

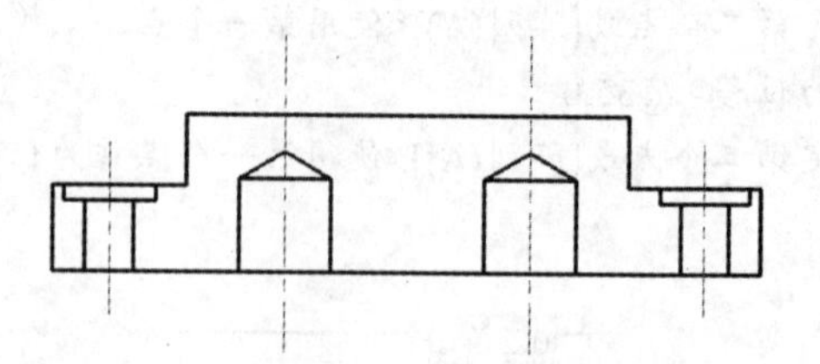

图 4-57 复制图形后的效果（左端）

行家提醒

使用复制命令对图形进行复制操作时，复制的基点就是复制图形对象的参考点，复制的第二点就是相对基点的位置。

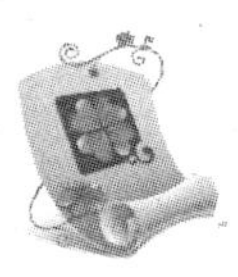

4.3.2 偏移图形

使用偏移命令可以根据指定的距离或指定某个特殊点，建立一个与所选对象平行的形体，被偏移的对象可以是直线、圆、圆弧和样条曲线等对象。执行偏移命令，主要有以下两种方法：

- 选择【常用】/【修改】组，单击“偏移”按钮。
- 在命令行中输入“OFFSET”和“O”命令。

实例 4-10 偏移“台灯”连接杆

执行偏移命令，将“台灯.dwg”图形文件中的多段线向圆弧内侧进行偏移，其中图形的偏移距离为 25。

参见光盘
光盘\素材\第 4 章\台灯.dwg
光盘\效果\第 4 章\台灯.dwg

1. 打开“台灯.dwg”图形文件。
2. 选择【常用】/【修改】组，单击“偏移”按钮，执行偏移命令，将指定图形向内进行偏移操作，其命令行操作如下：

```
命令: _offset                                        //执行偏移命令
当前设置: 删除源=否  图层=源  OFFSETGAPTYPE=0
指定偏移距离或 [通过(T)/删除(E)/图层(L)]
<通过>: 25                                           //输入偏移距离，如图 4-58 所示
选择要偏移的对象，或 [退出(E)/放弃(U)] <退出>:          //选择偏移对象，如图 4-59 所示
指定要偏移的那一侧上的点，或 [退出(E)/多个(M)/放弃      //指定偏移方向，如图 4-60 所示
(U)] <退出>:
选择要偏移的对象，或 [退出(E)/放弃(U)] <退出>:          //按“Enter”键结束偏移命令，如图 4-61
                                                       所示
```

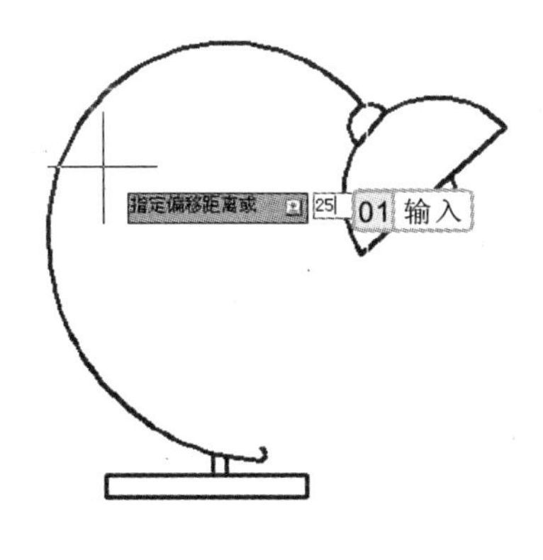

图 4-58 输入偏移距离

图 4-59 选择偏移对象

在执行偏移的过程中，系统会连续提示用户选择要偏移的对象及指定偏移方向，直至用户按“Enter”键结束命令。

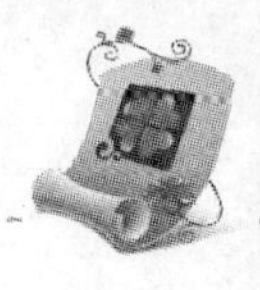

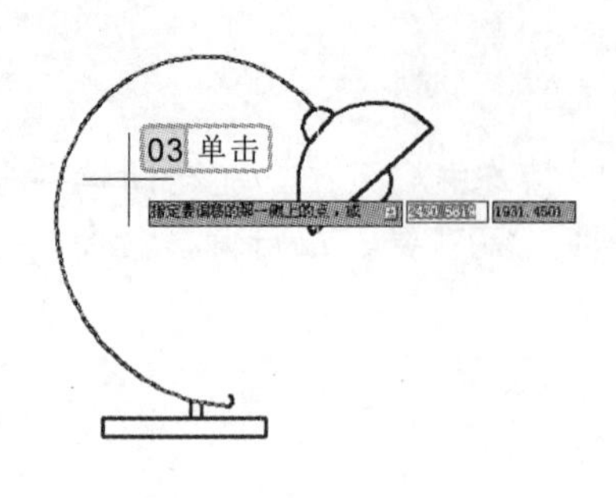

图 4-60　指定偏移方向

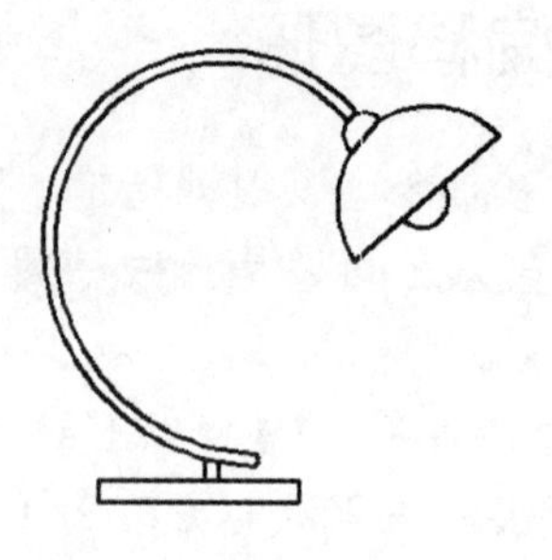

图 4-61　偏移图形后的效果

在执行偏移命令的过程中，命令行中主要选项的含义介绍如下。

- **通过(T)**：选择该选项，可以在选择偏移对象后，在绘图区中选择某个已知图形的特殊点，如直线的端点、中点，以及两条线条的交点等，然后偏移复制的图形对象将通过该特殊点，或者是通过该特殊点的延长线。
- **删除(E)**：选择该选项，即可控制在进行偏移操作时，是否删除源图形对象。
- **图层(L)**：该选项用于设置偏移后的图形对象的特性匹配于源图形对象所在图层，还是匹配于当前图层。当选择“图层”选项后，在命令行提示“输入偏移对象的图层选项[当前(C)/源(S)]<源>：”后，输入“C”或“S”，其中 C 表示当前图层，S 表示源图层。

4.3.3　阵列图形

在 AutoCAD 2012 中，使用阵列命令，可以一次性绘制多个相同的图形，按照图形的排列方式，可以将其分为矩形阵列、环形阵列和路径阵列等几种。

1. 矩形阵列

矩形阵列就是将图形以矩形的方式进行复制操作。执行矩形阵列命令，主要有以下两种方法：

- 选择【常用】/【修改】组，单击“矩形阵列”按钮阵列。
- 在命令行中输入“ARRAY”和“AR”命令。

实例 4-11　阵列复制螺孔图形

执行矩形阵列命令，将“底板.dwg”图形文件中左下角的螺孔圆进行阵列复制，其中行间距为 36，列间距为 44，完成底板图形的绘制。

光盘\素材\第 4 章\底板.dwg
光盘\效果\第 4 章\底板.dwg

1　打开“底板.dwg”图形文件。

使用偏移命令对图形进行偏移操作时，图形不会通过偏移而改变，当需要对偏移图形进行调整时，可通过单击偏移图形，在出现的端点上对图形进行调整。

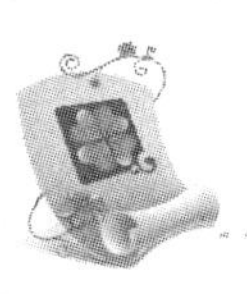

2 选择【常用】/【修改】组，单击“矩形阵列”按钮阵列，执行矩形阵列命令，将螺孔圆及辅助线进行阵列复制操作，其命令行操作如下：

```
命令: _arrayrect                                   //执行矩形阵列命令
选择对象:                                          //选择阵列对象，如图 4-62 所示
选择对象:                                          //按“Enter”键确定选择
类型 = 矩形  关联 = 是
为项目数指定对角点或 [基点(B)/角度(A)/计数(C)] <计
数>: c                                             //选择“计数”选项，如图 4-63 所示
输入行数或 [表达式(E)] <4>: 2                       //输入阵列行数，如图 4-64 所示
输入列数或 [表达式(E)] <4>: 2                       //输入阵列列数，如图 4-65 所示
指定对角点以间隔项目或 [间距(S)] <间距>: @44,36      //输入对角点坐标，如图 4-66 所示
按 Enter 键接受或 [关联(AS)/基点(B)/行(R)/列(C)/层    //按“Enter”键结束阵列命令，效果如图 4-67
(L)/退出(X)] <退出>:                                所示
```

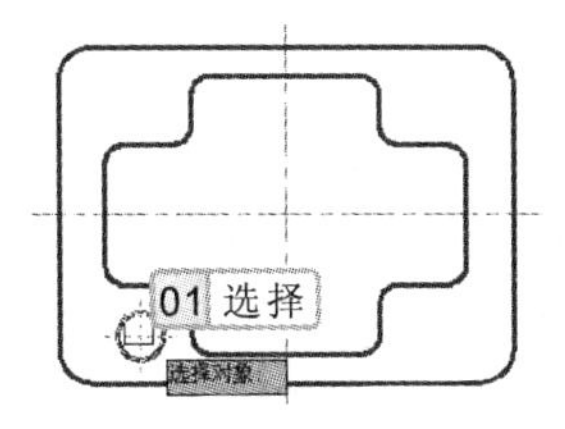

图 4-62 选择阵列对象

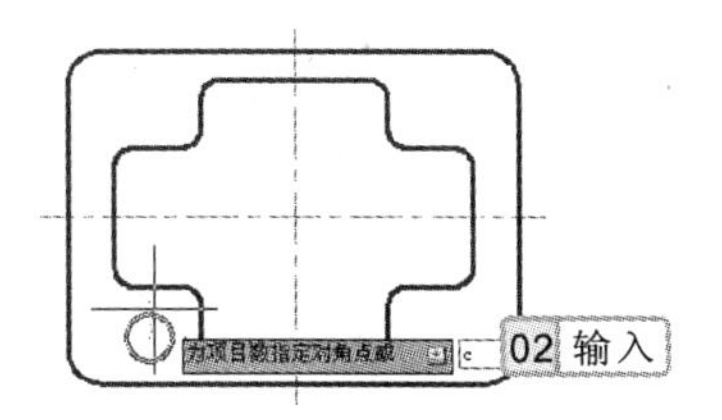

图 4-63 选择“计数”选项

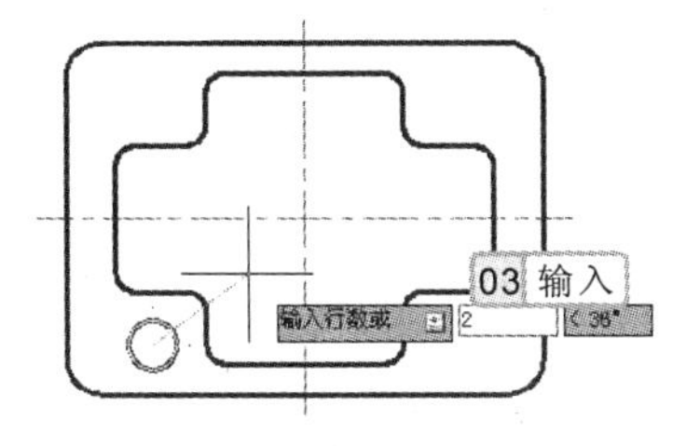

图 4-64 输入阵列行数

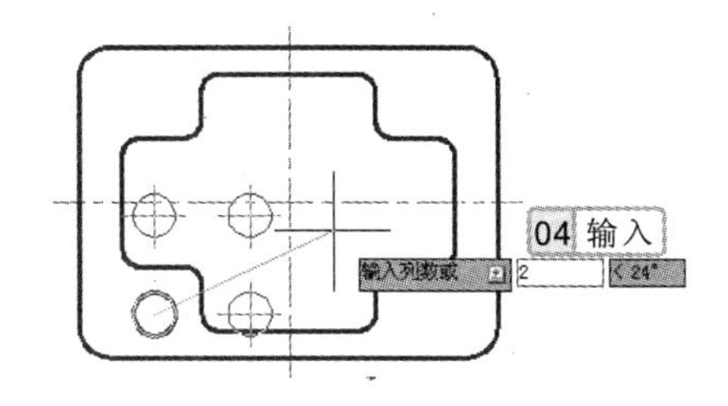

图 4-65 输入阵列列数

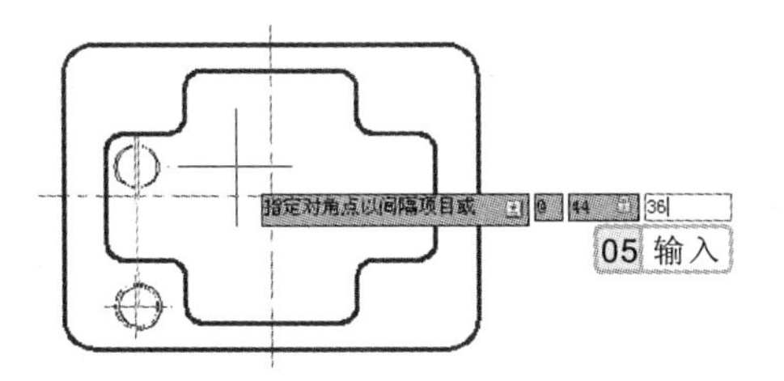

图 4-66 指定阵列对角点坐标

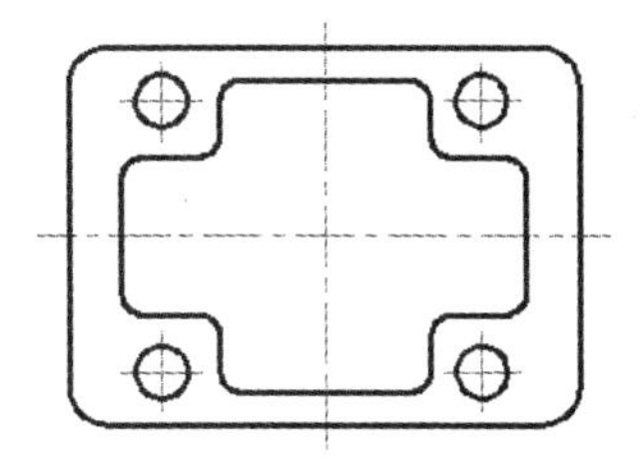

图 4-67 阵列图形后的效果

在 AutoCAD 2012 中使用矩形阵列命令对图形进行阵列操作时，确定图形的阵列操作后，还可以随时更改阵列参数。

2. 环形阵列

环形阵列就是将已经绘制好的图形，通过环形阵列命令，将其阵列复制为环形状的图形。执行环形阵列命令，主要有如下两种方法：

- 选择【常用】/【修改】组，单击“环形阵列”按钮[阵列]。
- 在命令行中输入“ARRAY”和“AR”命令。

实例 4-12 环形阵列螺孔图形

执行环形阵列命令，将“盘盖.dwg”图形文件中左下角的螺孔圆进行阵列复制，其中行间距为 36，列间距为 44，完成盘盖图形的绘制。

参见光盘 光盘\素材\第 4 章\盘盖.dwg
光盘\效果\第 4 章\盘盖.dwg

1. 打开“盘盖.dwg”图形文件。

2. 选择【常用】/【修改】组，单击“环形阵列”按钮[阵列]，执行环形阵列命令，将盘盖图形的螺孔圆进行环形阵列复制操作，其命令行操作如下：

命令: _arraypolar	//执行环形阵列命令
选择对象:	//选择阵列对象，如图 4-68 所示
选择对象:	//按“Enter”键确定选择
类型 = 极轴　关联 = 是	
指定阵列的中心点或 [基点(B)/旋转轴(A)]: cen	//选择“圆心捕捉”选项，如图 4-69 所示
于	//将鼠标移动到大圆的圆心处，出现圆心捕捉标记，单击鼠标左键，如图 4-70 所示
输入项目数或 [项目间角度(A)/表达式(E)] <4>: 5	//输入阵列项目数，如图 4-71 所示
指定填充角度(+=逆时针、-=顺时针)或 [表达式(EX)] <360>: 360	//输入填充角度，如图 4-72 所示
按 Enter 键接受或 [关联(AS)/基点(B)/项目(I)/项目间角度(A)/填充角度(F)/行(ROW)/层(L)/旋转项目(ROT)/退出(X)] <退出>:	//按“Enter”键结束环形阵列命令，效果如图 4-73 所示

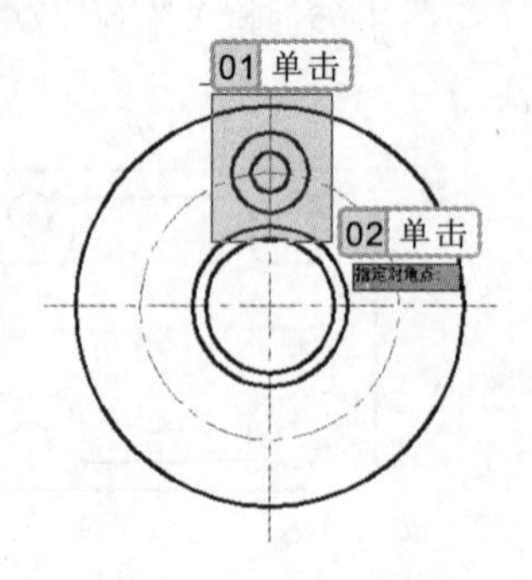

图 4-68　选择阵列对象

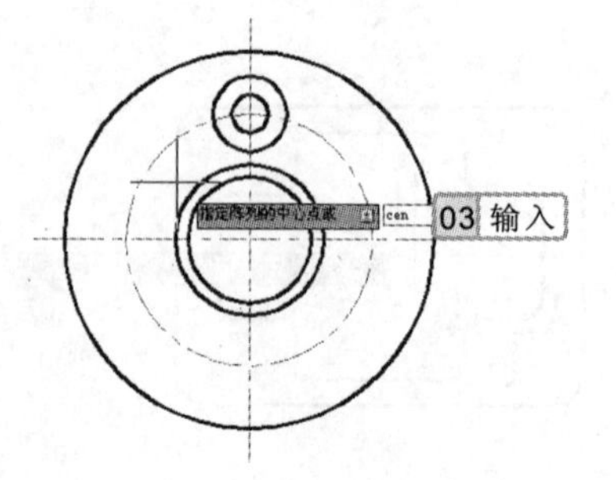

图 4-69　选择“圆心捕捉”选项

行家提醒

使用环形阵列命令对图形进行环形阵列操作时，选择“旋转轴”选项后，再指定旋转轴，通过旋转轴环形阵列复制图形对象。

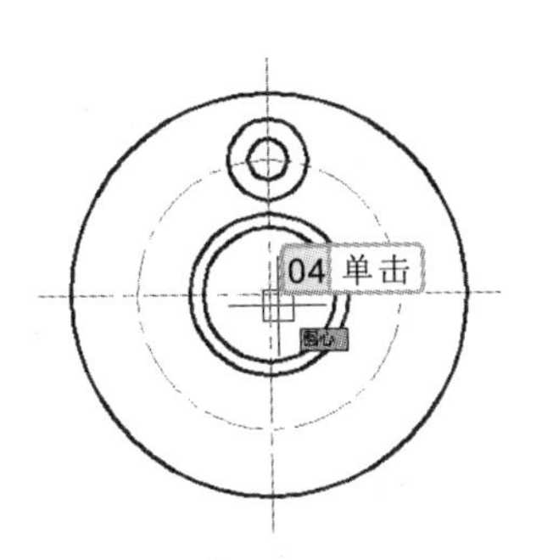

图 4-70　捕捉圆的圆心

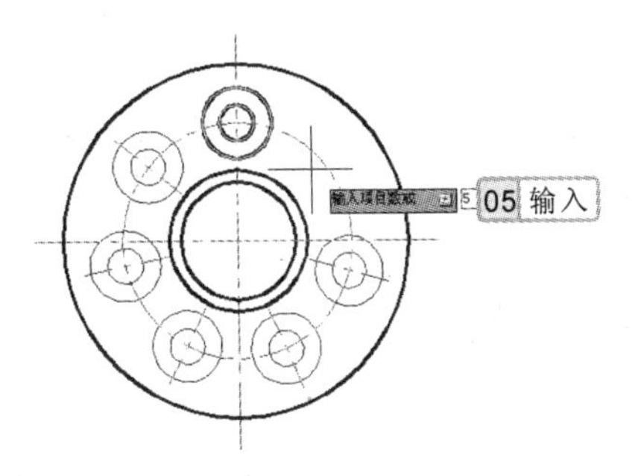

图 4-71　输入阵列项目数

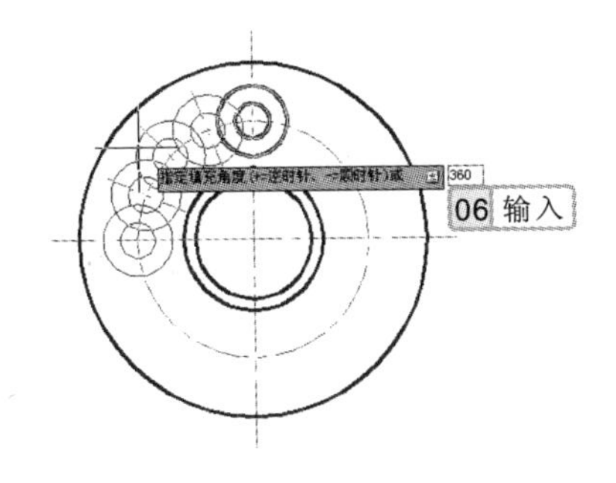

图 4-72　输入填充角度

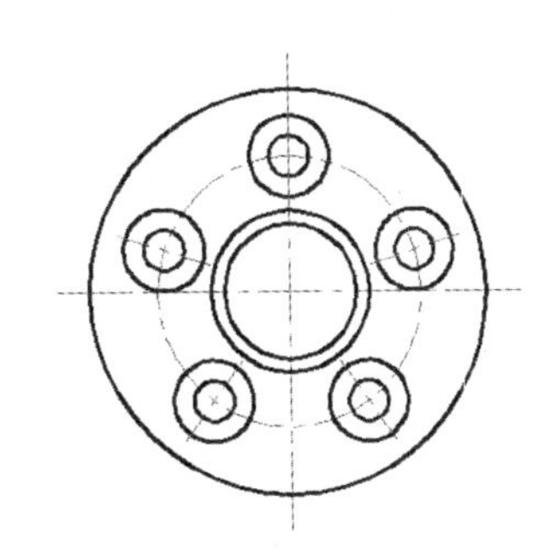

图 4-73　阵列后的效果

3. 路径阵列

路径阵列即是将图形进行阵列操作时，阵列复制的图形对象将按照指定线条的路径进行排列。执行路径阵列命令，主要有以下两种方法：

- 选择【常用】/【修改】组，单击“路径阵列”按钮。
- 在命令行中输入“ARRAY”和“AR”命令。

实例 4-13 路径阵列“路灯”图形

执行路径阵列命令，将“路灯.dwg”图形文件中路灯图形进行路径阵列操作，其中阵列的路径为多段线，项目数为 16。

光盘\素材\第 4 章\路灯.dwg
光盘\效果\第 4 章\路灯.dwg

1. 打开“路灯.dwg”图形文件。
2. 选择【常用】/【修改】组，单击“路径阵列”按钮，执行路径阵列命令，将路灯图形进行路径阵列操作，效果如图 4-74 所示，其命令行操作如下：

```
命令: _arraypath                    //执行路径阵列命令
选择对象                            //选择阵列对象，如图 4-75 所示
```

使用路径阵列命令对图形进行编辑操作时，作为路径的对象可以是多段线、直线、样条曲线等。

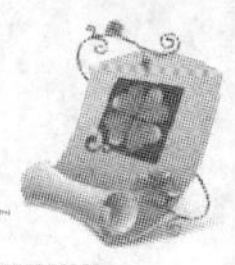

```
选择对象                                              //确定阵列对象选择
类型 = 路径  关联 = 是
选择路径曲线:                                          //选择路径，如图 4-76 所示
输入沿路径的项数或 [方向(O)/表达式(E)] <方向>: 16        //输入阵列项目数，如图 4-77 所示
指定沿路径的项目之间的距离或 [定数等分(D)/总距离
(T)/表达式(E)] <沿路径平均定数等分(D)>: d                 //选择"定数等分"选项，如图 4-78 所示
按 Enter 键接受或 [关联(AS)/基点(B)/项目(I)/行(R)/
层(L)/对齐项目(A)/Z 方向(Z)/退出(X)] <退出>: a            //选择"对齐项目"选项，如图 4-79 所示
是否将阵列项目与路径对齐? [是(Y)/否(N)] <是>: n          //选择"否"选项，如图 4-80 所示
按 Enter 键接受或 [关联(AS)/基点(B)/项目(I)/行(R)/
层(L)/对齐项目(A)/Z 方向(Z)/退出(X)] <退出>: x            //选择"退出"选项，如图 4-81 所示
```

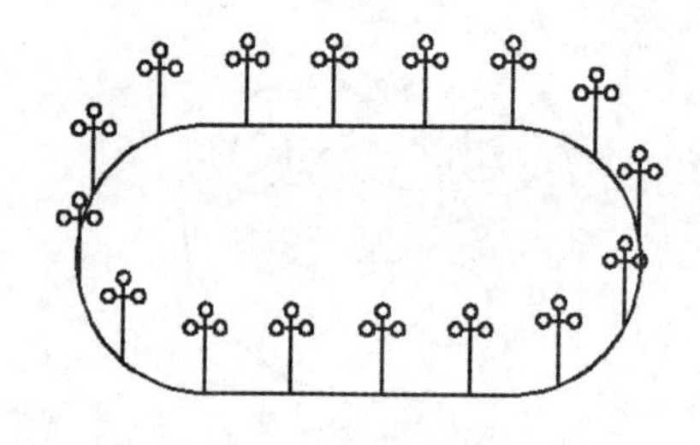

图 4-74　路径阵列效果

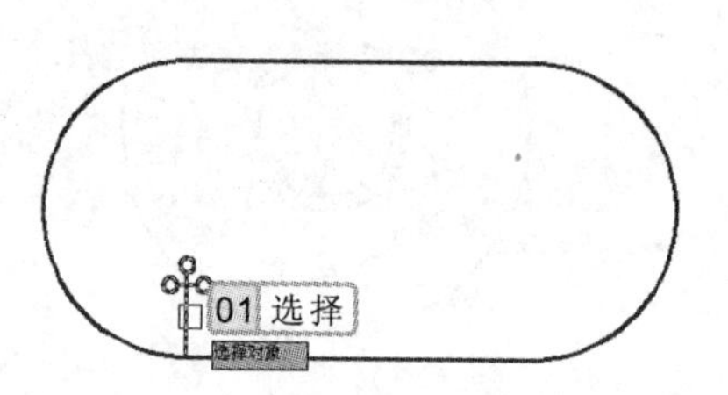

图 4-75　选择阵列对象

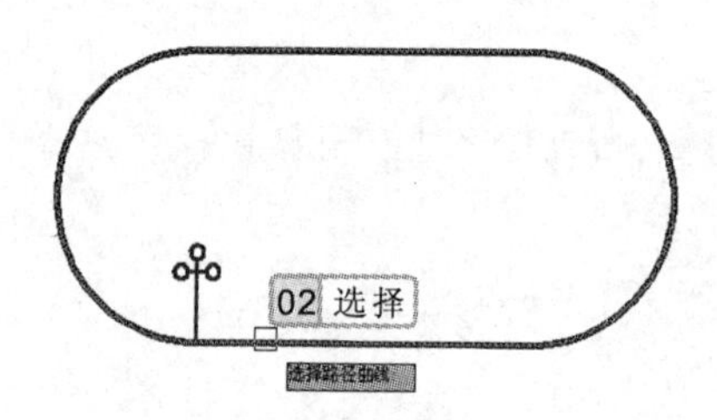

图 4-76　选择阵列路径

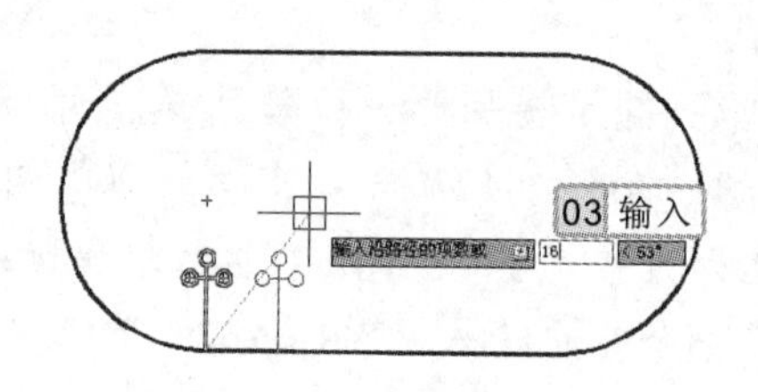

图 4-77　输入项目数

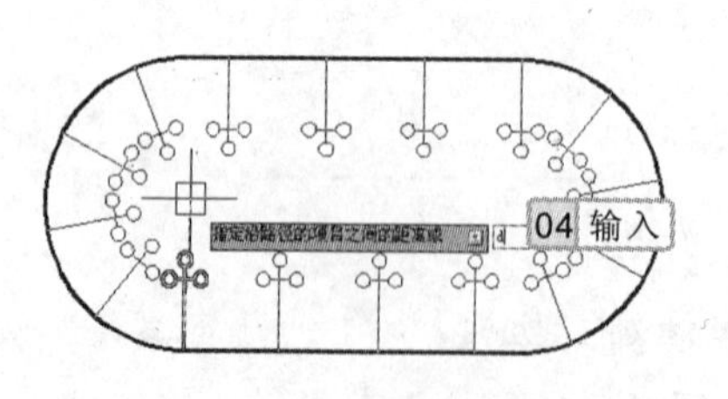

图 4-78　选择"定数等分"选项

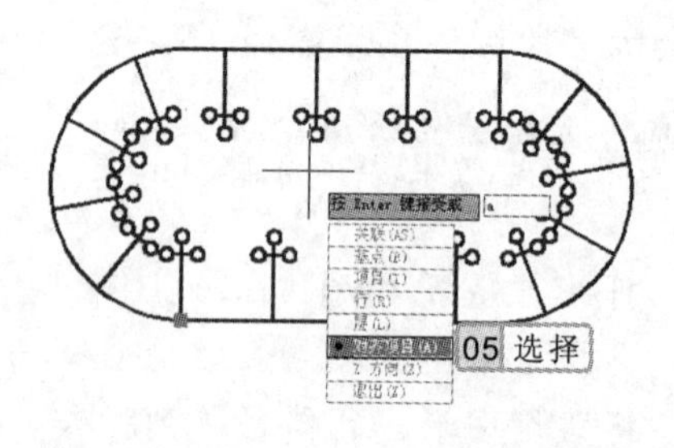

图 4-79　选择"对齐项目"选项

使用路径阵列命令对图形进行阵列复制操作时，选择"对齐项目"选项，可以控制阵列的图形对象是随路径的角度变化而变化，还是始终保持不变。

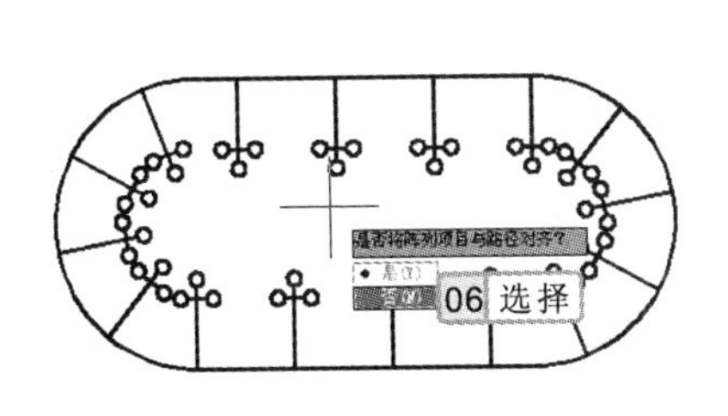

图 4-80 选择“否”选项

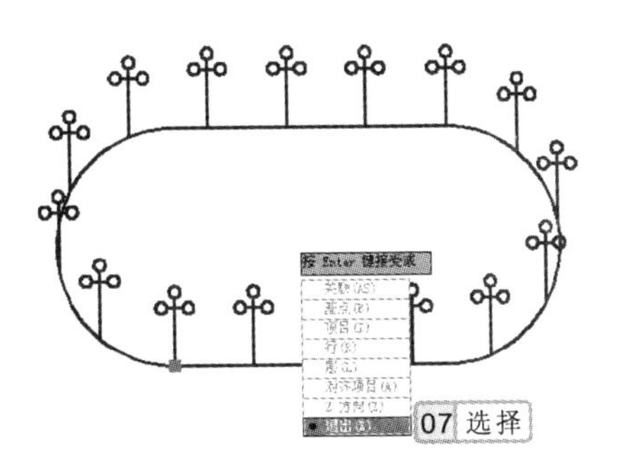

图 4-81 选择“退出”选项

4.3.4 镜像图形

镜像命令可以生成与所选对象相对称的图形，在镜像对象时，需要指出对称轴线，所选对象将根据该轴线进行对称，并且根据需要可选择删除或保留源对象。执行镜像命令，主要有以下两种方法：

- 选择【常用】/【修改】组，单击“镜像”按钮 镜像 。
- 在命令行中输入“MIRROR”或“MI”命令。

实例 4-14 镜像复制蝶型螺母右边的图形

执行镜像命令，将“蝶型螺母.dwg”图形文件中左端的图形进行镜像复制操作，从而在图形的右边生成相对的图形。

参见光盘
光盘\素材\第 4 章\蝶型螺母.dwg
光盘\效果\第 4 章\蝶型螺母.dwg

1. 打开“蝶型螺母.dwg”图形文件。
2. 选择【常用】/【修改】组，单击“镜像”按钮 镜像 ，执行镜像命令，将蝶型螺母左端图形进行镜像复制操作，其命令行操作如下：

```
命令: _mirror                                   //执行镜像命令
选择对象:                                       //选择镜像对象，如图 4-82 所示
选择对象:                                       //按“Enter”键确定对象选择
指定镜像线的第一点: end                          //选择“端点捕捉”选项，如图 4-83 所示
于                                              //将鼠标移动到辅助线的端点处，出现端点捕
                                                  捉标记，单击鼠标左键，如图 4-84 所示
指定镜像线的第二点: end                          //选择“端点捕捉”选项，如图 4-85 所示
于                                              //将鼠标移动到直线端点处，出现端点捕捉标
                                                  记，单击鼠标左键，如图 4-86 所示
要删除源对象吗? [是(Y)/否(N)] <N>: n             //选择“否”选项，如图 4-87 所示
```

操作提示

使用镜像命令对图形对象进行镜像操作后，可以根据实际情况，在命令行提示“要删除源对象吗？[是(Y)/否(N)] <N>:”后选择相应的选项，确定是否保留图形的源对象。

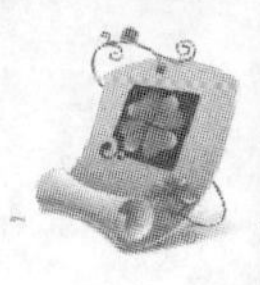

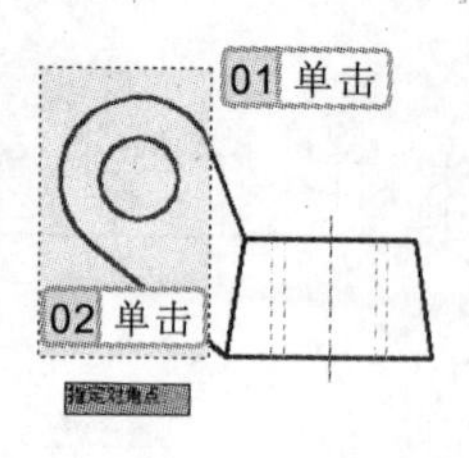

图 4-82 选择镜像对象

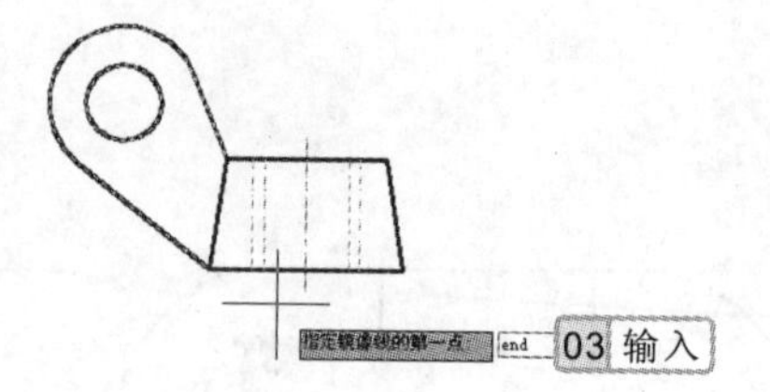

图 4-83 选择“端点捕捉”选项

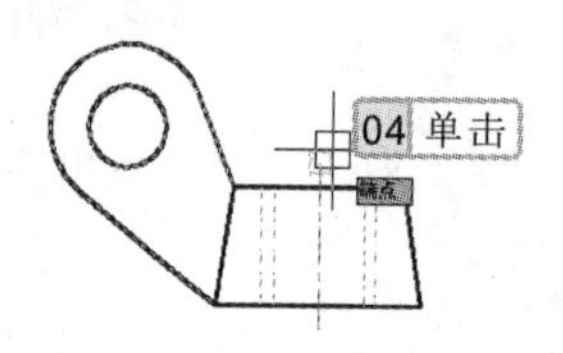

图 4-84 指定镜像线第一点

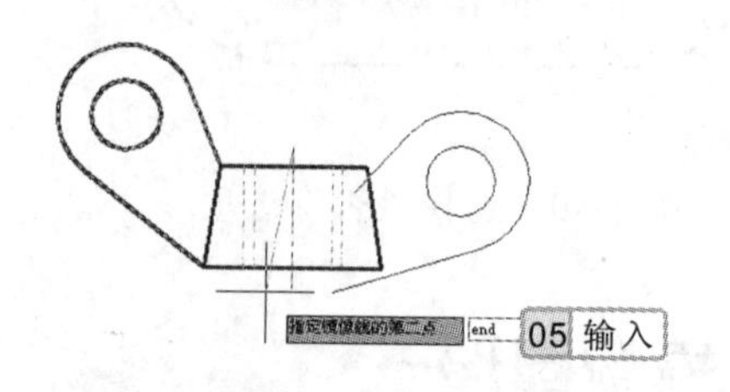

图 4-85 选择“端点捕捉”选项

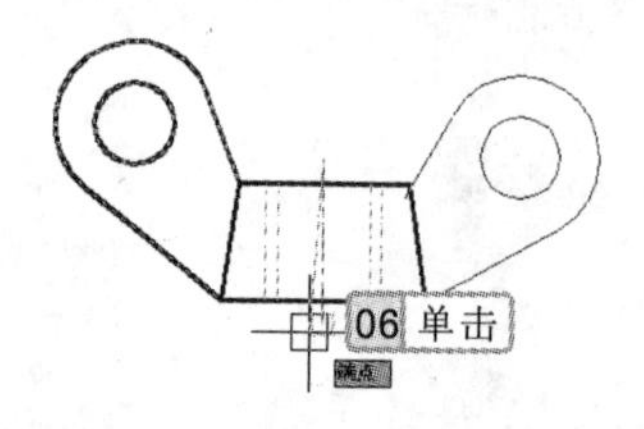

图 4-86 指定镜像线第二点

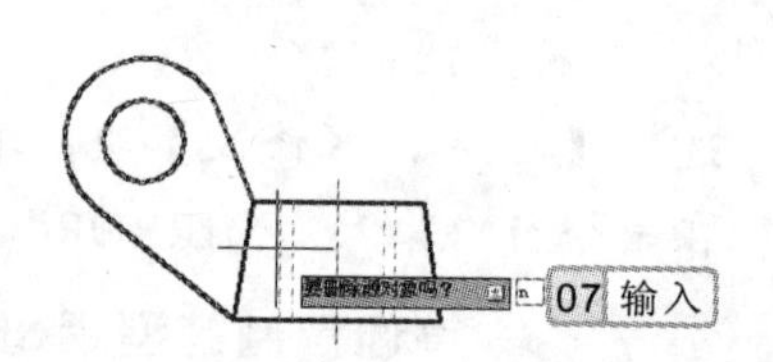

图 4-87 选择“否”选项

4.4 改变图形对象位置

在绘制图形时，若遇见绘制的图形位置错误，可以使用改变图形对象位置的方法，将图形移动或者旋转到符合要求的位置，如移动、旋转图形对象等操作。

4.4.1 移动图形

使用移动命令可以将单个或多个图形对象从当前位置移动到新位置。执行移动命令，主要有以下两种方法：

- 选择【常用】/【修改】组，单击“移动”按钮 移动。
- 在命令行中输入“MOVE”或“M”命令。

实例 4-15 移动正六边形

执行移动命令，将“移动练习.dwg”图形文件中的正六边形进行移动，其移动的位置

使用移动命令对图形对象进行移动时，应根据情况捕捉图形对象的特殊点来指定移动的基点和第二点，如圆的圆心、直线的端点、中点等。

相对于 X 轴和 Y 轴，分别为 30 和 10。

光盘\素材\第 4 章\移动练习.dwg
光盘\效果\第 4 章\移动练习.dwg

1 打开“移动练习.dwg”图形文件。

2 选择【常用】/【修改】组，单击“移动”按钮，执行移动命令，将正六边形图形进行移动，效果如图 4-88 所示，其命令行操作如下：

```
命令: _move                                           //执行移动命令
选择对象:                                             //选择移动对象，如图 4-89 所示
选择对象:                                             //按“Enter”键确定对象选择
指定基点或 [位移(D)] <位移>:                          //在绘图区中任意拾取一点，指定移动基点，
                                                        如图 4-90 所示
指定第二个点或 <使用第一个点作为位移>: @30,10         //输入移动第二点坐标，如图 4-91 所示
```

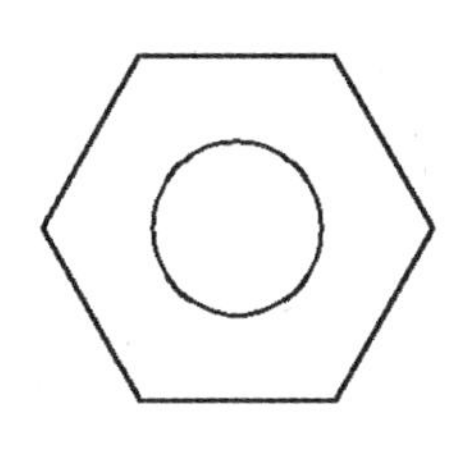

图 4-88　移动图形后的效果

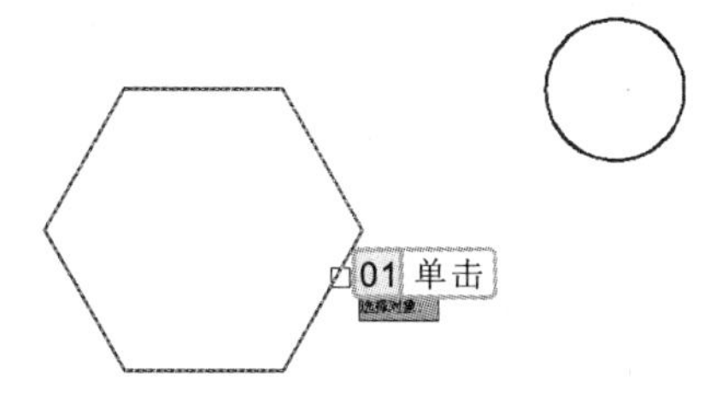

图 4-89　选择移动对象

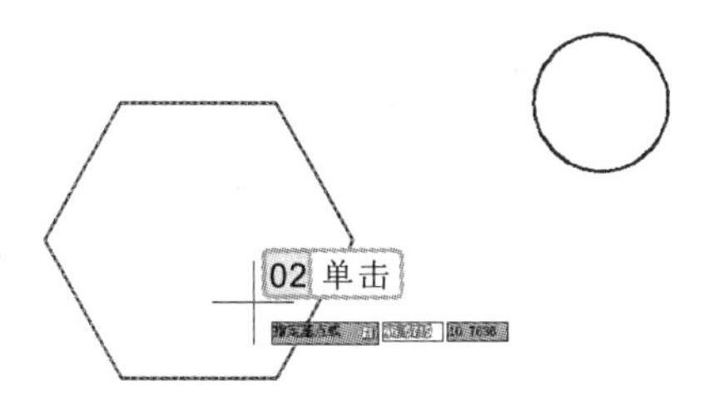

图 4-90　指定移动基点

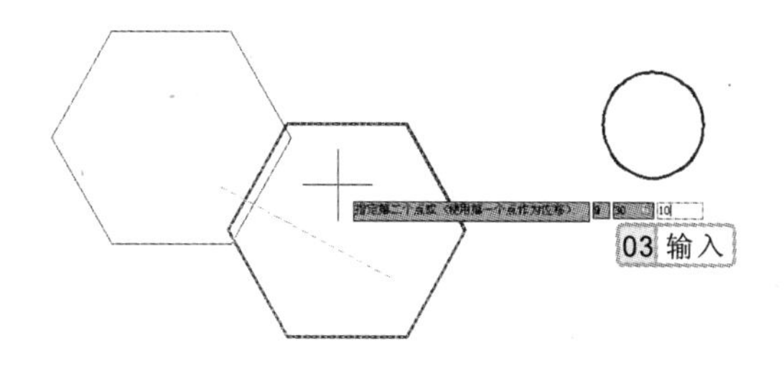

图 4-91　输入移动第二点坐标

4.4.2　旋转图形

旋转命令可以将图形对象以一定的角度进行旋转，在旋转后，其大小不会发生改变。执行旋转命令，主要有以下两种方法：

- 选择【常用】/【修改】组，单击“旋转”按钮。
- 在命令行中输入“ROTATE”或“RO”命令。

操作提示

使用移动命令对图形对象进行移动操作，原图形对象的位置将会被改变，但不会改变原图形对象的形状和结构。

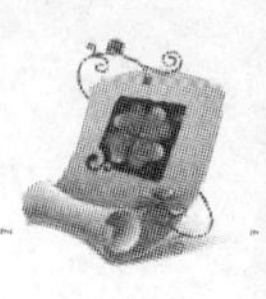

实例 4-16 旋转沙发图形

执行旋转命令，将“沙发.dwg”图形文件中的沙发图形进行旋转操作，其中旋转角度为 30，将沙发倾斜放置。

参见光盘　光盘\素材\第 4 章\沙发.dwg
光盘\效果\第 4 章\沙发.dwg

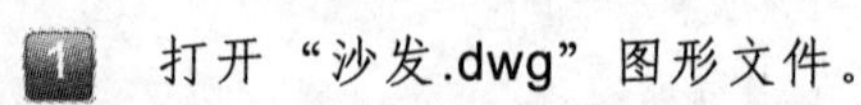

1. 打开“沙发.dwg”图形文件。
2. 选择【常用】/【修改】组，单击“旋转”按钮，执行旋转命令，将沙发图形进行旋转处理，效果如图 4-92 所示，其命令行操作如下：

```
命令: _rotate                                         //执行旋转命令
UCS 当前的正角方向: ANGDIR= 逆时针 ANGBASE=0
选择对象:                                             //选择旋转对象，如图 4-93 所示
选择对象:                                             //按“Enter”键确定对象选择
指定基点:                                             //任意拾取一点，指定基点，如图 4-94 所示
指定旋转角度，或 [复制(C)/参照(R)] <1>:  30           //输入旋转角度，如图 4-95 所示
```

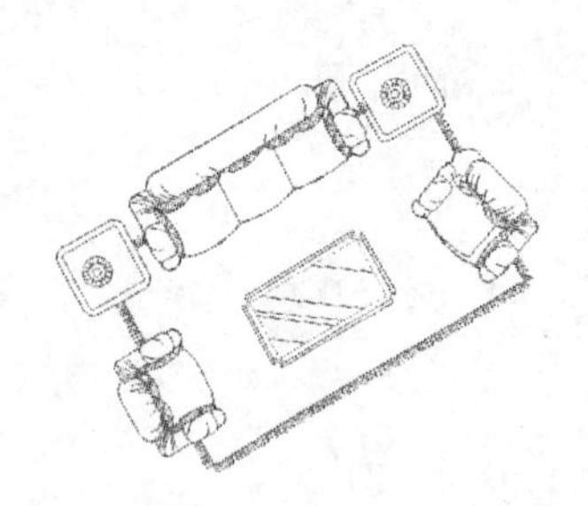

图 4-92　旋转图形后的效果

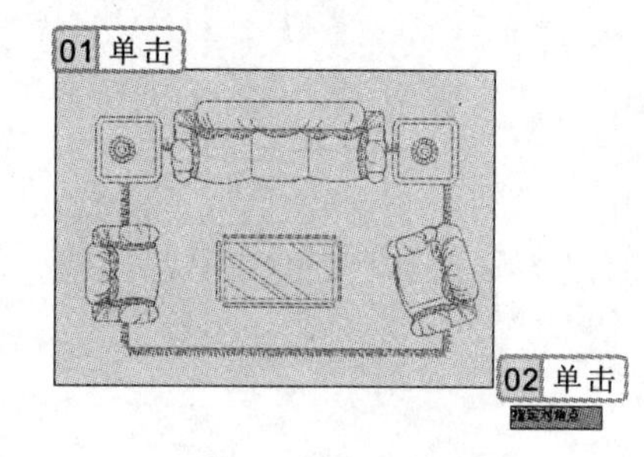

图 4-93　选择旋转对象

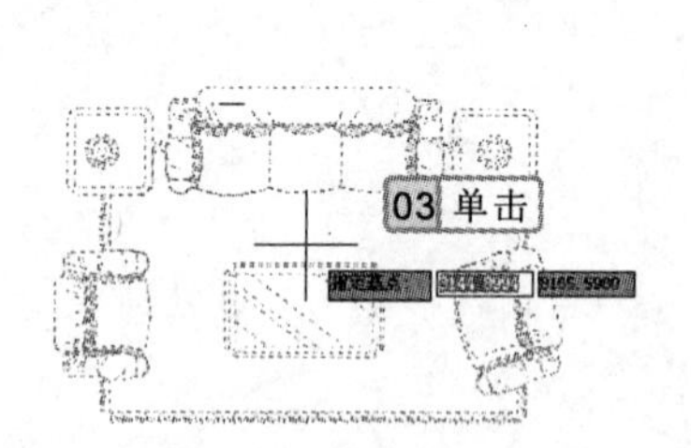

图 4-94　指定旋转基点

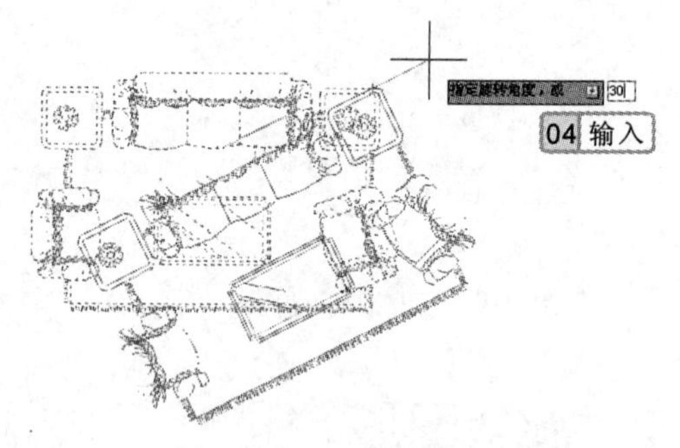

图 4-95　输入旋转角度

在执行旋转命令对图形对象进行旋转操作时，命令行中主要选项的含义介绍如下。

- **复制(C)**：选择该选项，可在旋转图形的同时，对图形进行复制操作。
- **参照(R)**：选择该选项将以参照方式旋转对象，需要依次指定参照方向的角度值和相对于参照方向的角度值。

行家提醒

使用旋转命令对图形进行旋转操作时，使用“复制”选项，在将图形进行旋转的过程中，可以保留源图形对象，将复制得到旋转后的图形。

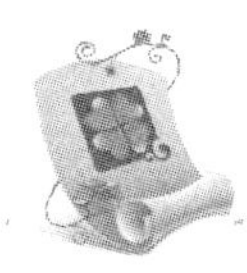

4.5 改变图形大小

在绘制图形的过程中，有时需要根据情况改变已绘制图形的大小，通过AutoCAD提供的缩放对象、拉伸对象等功能来调整对象的大小，以提高工作效率。

4.5.1 缩放图形

使用缩放命令可以将图形对象的大小以一定的比例进行更改。执行缩放命令，主要有以下两种方法：

- 选择【常用】/【修改】组，单击“缩放”按钮。
- 在命令行中输入“SCALE”或“SC”命令。

使用缩放命令将图形对象进行缩放时，可以直接在命令行提示后指定图形的比例，也可以以参照的方式设置比例的大小。

实例 4-17 缩放圆图形

执行缩放命令，将“座体轮廓.dwg”图形文件中右端的圆进行缩放处理，其缩放基点为水平与垂直辅助线的交点，缩放比例为2。

参见光盘
光盘\素材\第4章\座体轮廓.dwg
光盘\效果\第4章\座体轮廓.dwg

1. 打开“座体轮廓.dwg”图形文件。

2. 选择【常用】/【修改】组，单击“缩放”按钮，执行缩放命令，将右端的圆进行缩放处理，如图4-96所示，其命令行操作如下：

```
命令: _scale                              //执行缩放命令
选择对象:                                  //选择缩放对象，如图 4-97 所示
选择对象:                                  //按“Enter”键确定选择
指定基点: int                              //选择“交点捕捉”选项，如图 4-98 所示
于                                         //指定缩放基点，如图 4-99 所示
指定比例因子或 [复制(C)/参照(R)]: 2          //输入缩放比例，如图 4-100 所示
```

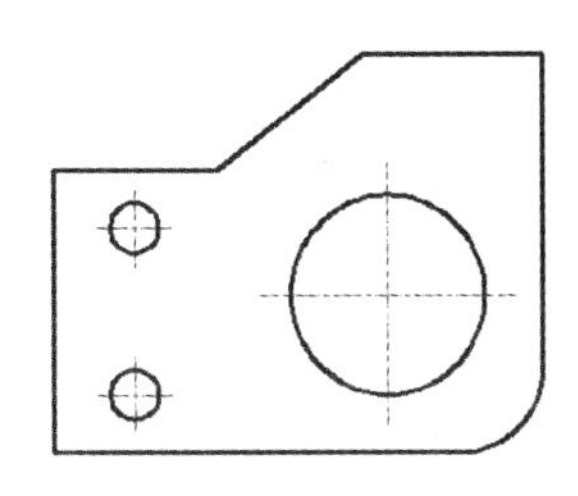

图 4-96 缩放图形后的效果

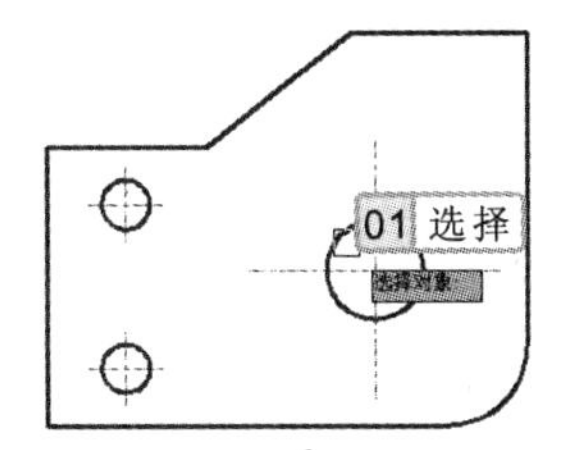

图 4-97 选择缩放对象

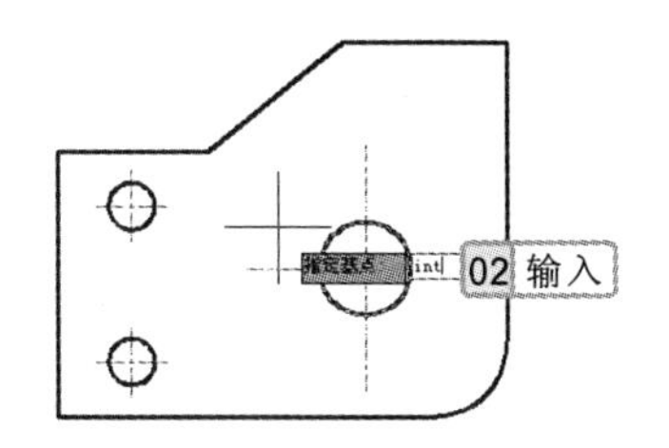

图 4-98 选择“交点捕捉”选项

使用缩放命令对图形进行缩放时，输入的比例值小于1，则将图形进行缩小处理；当输入的比例值大于1时，则将图形进行放大。

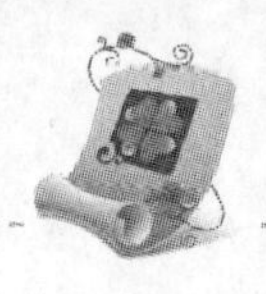

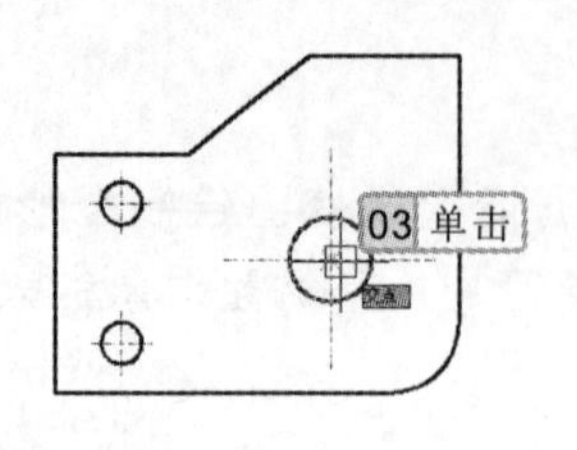

图 4-99　指定缩放基点

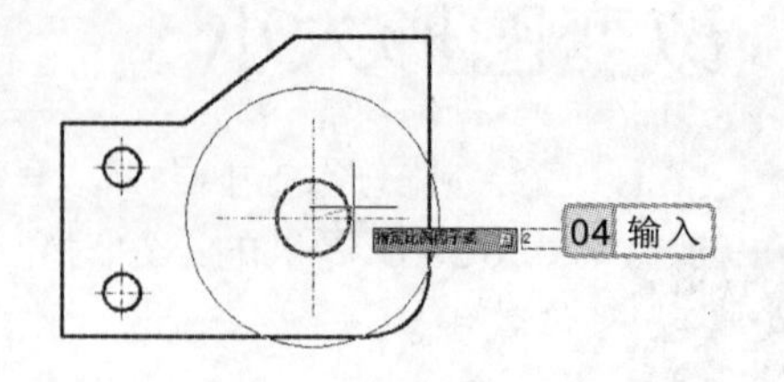

图 4-100　输入缩放比例

4.5.2　拉伸图形

拉伸命令可以对选择对象按规定的方向和角度拉长或缩短，并且使对象的形状发生改变。执行拉伸命令，主要有以下两种方法：

- 选择【常用】/【修改】组，单击“拉伸”按钮 拉伸。
- 在命令行中输入“STRETCH”或“S”命令。

实例 4-18　拉伸螺栓的螺柱

执行拉伸命令，将“螺栓.dwg”图形文件中右方的螺柱进行拉伸处理，拉伸的相对距离 X 轴为-30。

参见光盘　光盘\素材\第 4 章\螺栓.dwg
光盘\效果\第 4 章\螺栓.dwg

1. 打开“螺栓.dwg”图形文件。
2. 选择【常用】/【修改】组，单击“拉伸”按钮 拉伸，执行拉伸命令，将螺栓进行拉伸处理，效果如图 4-101 所示，其命令行操作如下：

```
命令: _stretch                                   //执行拉伸命令
以交叉窗口或交叉多边形选择要拉伸的对象..
选择对象: c                                       //选择“窗交”选项
指定第一个角点:                                   //指定“窗交”选择的第一个角点
指定对角点:                                       //指定对角点，如图 4-102 所示
选择对象:                                         //按“Enter”键确认拉伸对象选择
指定基点或 [位移(D)] <位移>:                      //任意拾取一点作为基点，如图 4-103 所示
指定第二个点或 <使用第一个点作为位移>: @-30,0     //输入第二点坐标，如图 4-104 所示
```

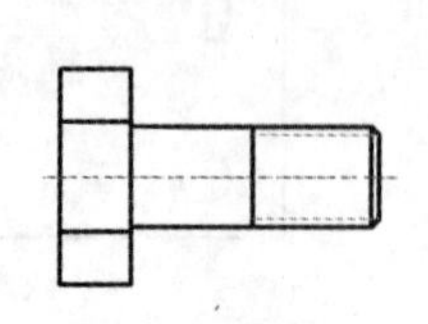

图 4-101　拉伸图形后的效果

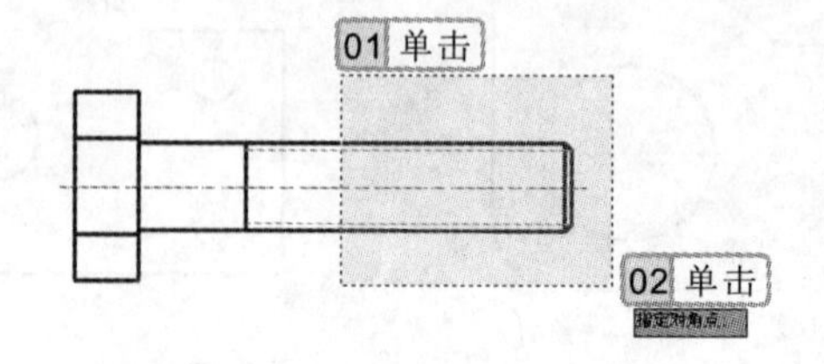

图 4-102　选择拉伸对象

缩放图形对象时，可以使用“参照”选项来指定缩放比例，这种情况多用于不清楚缩放比例而清楚原图形对象以及目标对象的尺寸的情况。

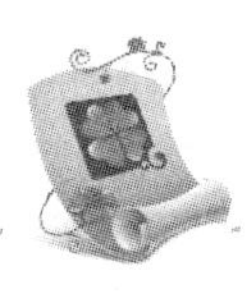

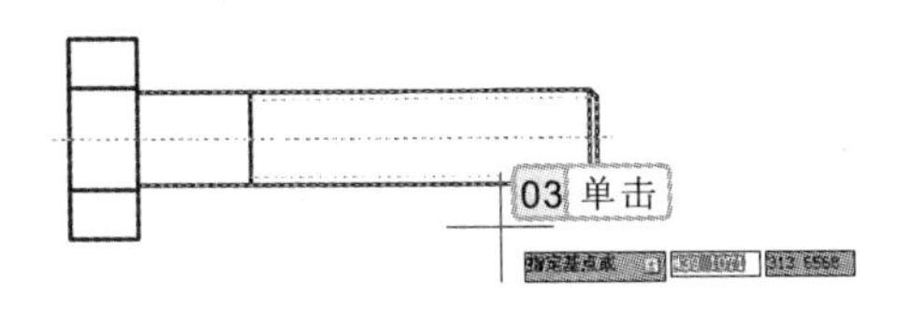

图 4-103　指定拉伸基点

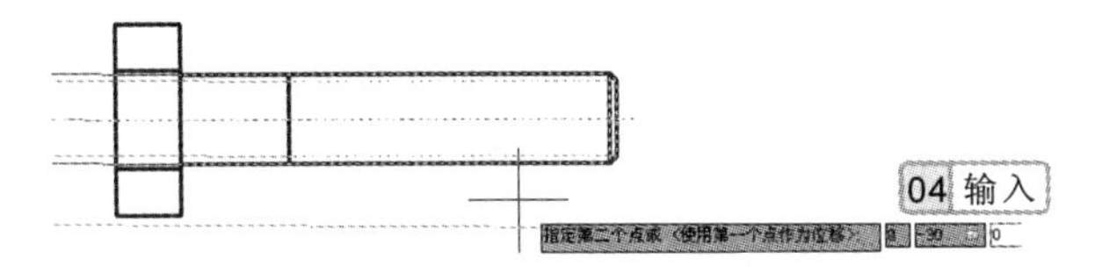

图 4-104　输入拉伸第二点

4.6　基础实例

本章的基础实例中，将绘制“楼梯平面图”和“螺母主视图”，让用户进一步掌握使用编辑命令对图形进行编辑的操作方法，以便能够更快、更准确地完成图形的绘制操作。

4.6.1　绘制楼梯平面图

本例将在“楼梯墙线.dwg”的基础上，通过阵列命令，阵列复制出楼梯踏步左端的踏步直线，再通过镜像命令，将经过阵列复制的楼梯踏步直线进行镜像复制，完成楼梯平面图的绘制，最终效果如图 4-105 所示。

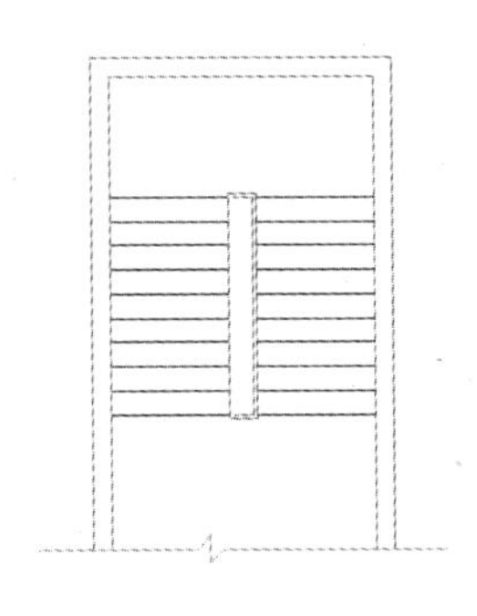

图 4-105　楼梯平面图

1. 行业分析

楼梯，是建筑物中作为楼层间垂直交通用的构件，用于楼层之间和高差较大时的交通联系，在设有电梯、自动梯作为主要垂直交通手段的多层和高层建筑中也要设置楼梯。楼梯由连续梯级的梯段、平台和围护构件等组成，按不同的方式可对楼梯进行如下划分。

- **按梯段划分：**楼梯按梯段可分为单跑楼梯、双跑楼梯和多跑楼梯。单跑楼梯最为简单，适合于层高较低的建筑；双跑楼梯最为常见，有双跑直上、双跑曲折、双跑对折等，适用于一般民用建筑和工业建筑；三跑楼梯有三折式、丁字式、

对图形进行拉伸操作，在选择图形对象时，一定要使用“窗交”方式来进行选择，否则图形对象将不会被进行拉伸操作。

分合式等。

- **按功能划分**：楼梯分普通楼梯和特种楼梯两大类，普通楼梯主要有钢筋混凝土楼梯、钢楼梯、木楼梯等；特种楼梯分为安全梯、消防梯和自动梯等。

2. 操作思路

为更快完成本例的制作，并且尽可能运用本章讲解的知识，本例的操作思路如下。

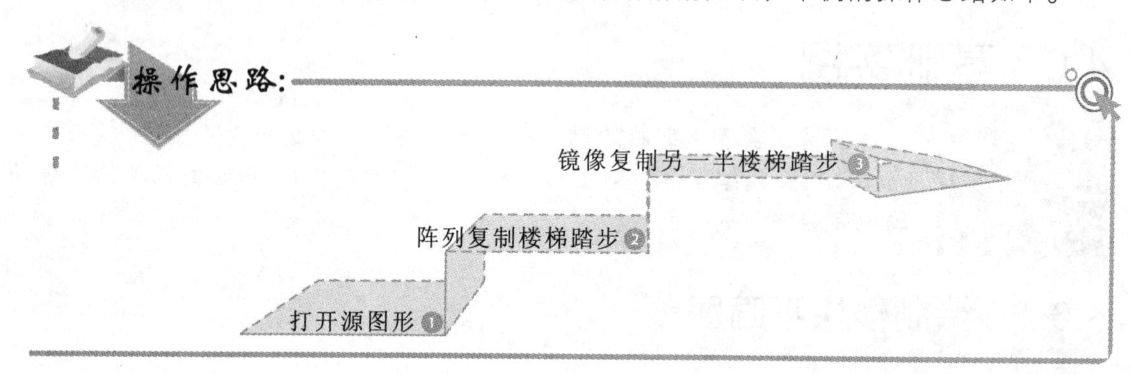

3. 操作步骤

下面介绍楼梯平面图踏步的绘制，其操作步骤如下。

光盘\素材\第 4 章\楼梯墙线.dwg
光盘\效果\第 4 章\楼梯平面图.dwg
光盘\实例演示\第 4 章\绘制楼梯平面图

1. 打开“楼梯墙线.dwg”，如图 4-106 所示。
2. 选择【常用】/【修改】组，单击“矩形阵列”按钮阵列，执行矩形阵列命令，将楼梯踏步直线进行阵列复制，效果如图 4-107 所示，其命令行操作如下：

```
命令: _arrayrect                                          //执行矩形阵列命令
选择对象:                                                 //选择阵列对象，如图 4-108 所示
选择对象:                                                 //按“Enter”键确定选择
类型 = 矩形  关联 = 是
为项目数指定对角点或 [基点(B)/角度(A)/计数(C)] <计
数>: c                                                    //选择“计数”选项，如图 4-109 所示
输入行数或 [表达式(E)] <4>: 10                            //输入阵列行数，如图 4-110 所示
输入列数或 [表达式(E)] <4>: 1                             //输入阵列列数，如图 4-111 所示
指定对角点以间隔项目或 [间距(S)] <间距>: s                //选择“间距”选项，如图 4-112 所示
指定行之间的距离或 [表达式(E)] <1>: 300                   //输入行间距，如图 4-113 所示
按 Enter 键接受或 [关联(AS)/基点(B)/行(R)/列(C)/层
(L)/退出(X)] <退出>: x                                    //选择“退出”选项，如图 4-114 所示
```

使用矩形阵列对图形进行阵列复制时，选择“角度”选项，可以在对图形对象进行阵列操作时控制阵列的角度。

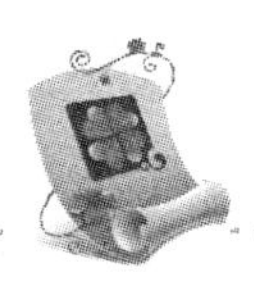

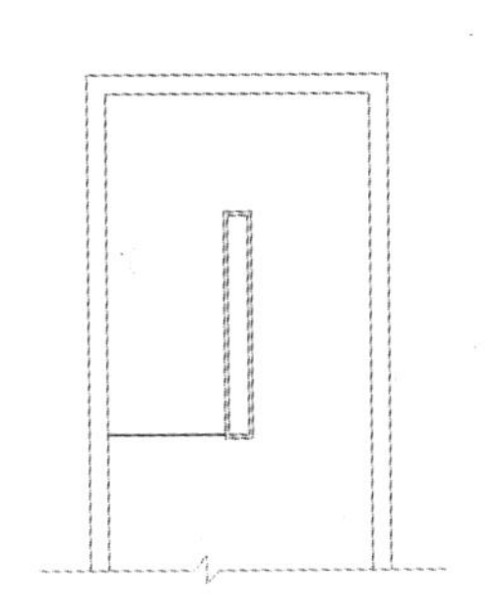

图 4-106　楼梯墙线

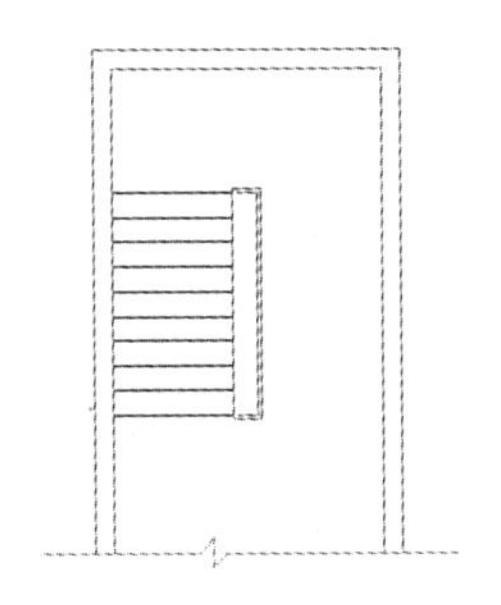

图 4-107　阵列复制图形

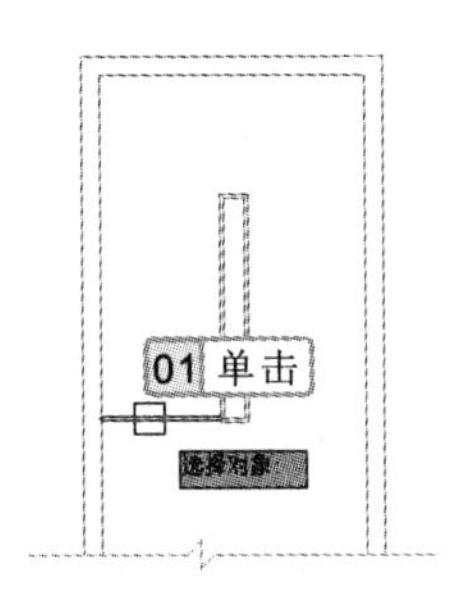

图 4-108　选择阵列对象

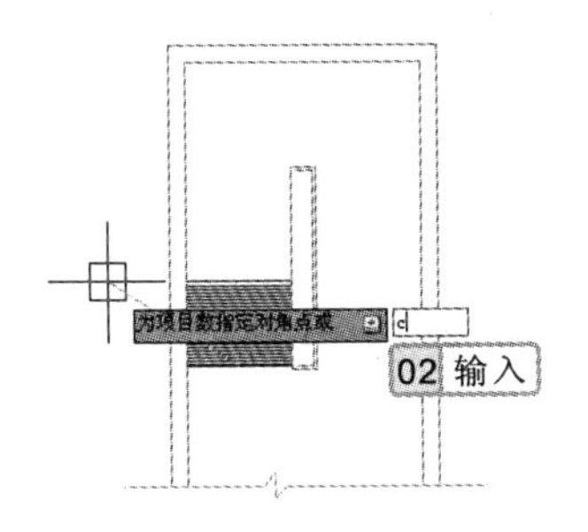

图 4-109　选择“计数”选项

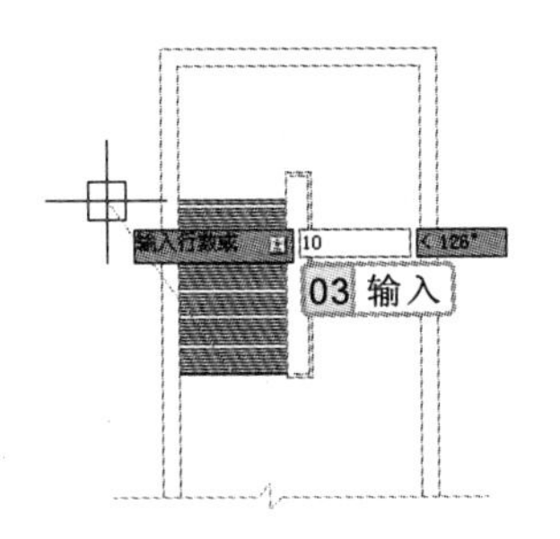

图 4-110　输入行数

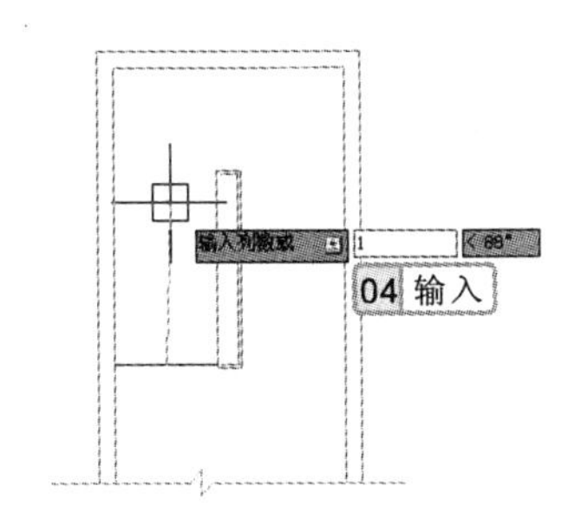

图 4-111　输入列数

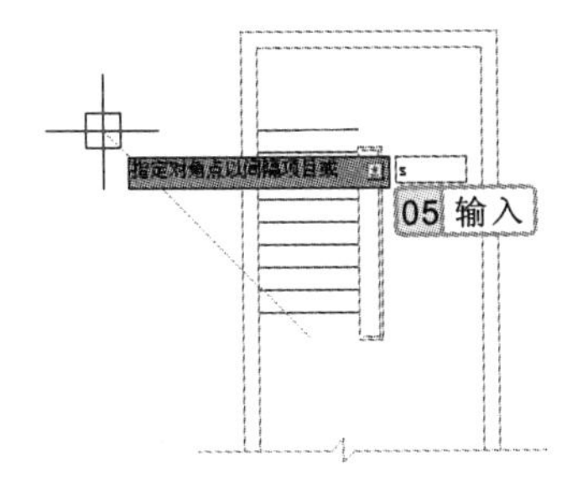

图 4-112　选择“间距”选项

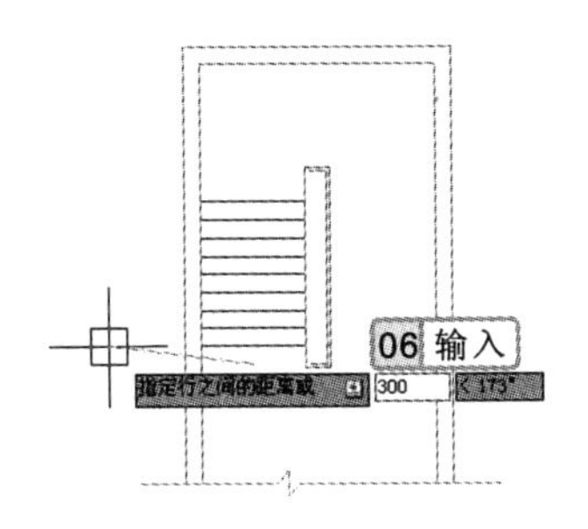

图 4-113　输入行间距

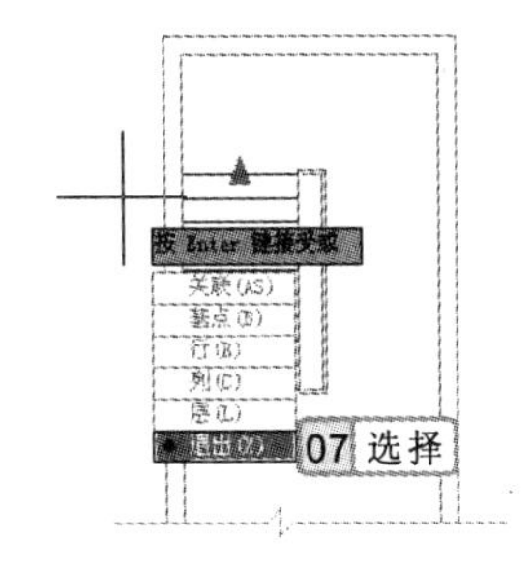

图 4-114　退出阵列命令

3 选择【常用】/【修改】组，单击“镜像”按钮 镜像，执行镜像命令，将经过阵列复制的楼梯踏步直线进行镜像复制，如图 **4-115** 所示，其命令行操作如下：

```
命令: _mirror                        //执行镜像命令
选择对象:                            //选择镜像对象，如图 4-116 所示
选择对象:                            //按“Enter”键确定对象选择
指定镜像线的第一点: mid              //选择“中点捕捉”选项，如图 4-117 所示
于                                   //指定镜像线第一点，如图 4-118 所示
指定镜像线的第二点: mid              //选择“中点捕捉”选项
```

操作提示

使用镜像命令对图形进行编辑，指定镜像线时，如果清楚镜像线的坐标，可以利用输入坐标的方法来进行指定，也可以在指定一点后利用相对坐标来指定镜像线的第二点。

```
于                                              //指定镜像线第二点，如图 4-119 所示
要删除源对象吗？[是(Y)/否(N)] <N>: n              //选择“否”选项，如图 4-120 所示
```

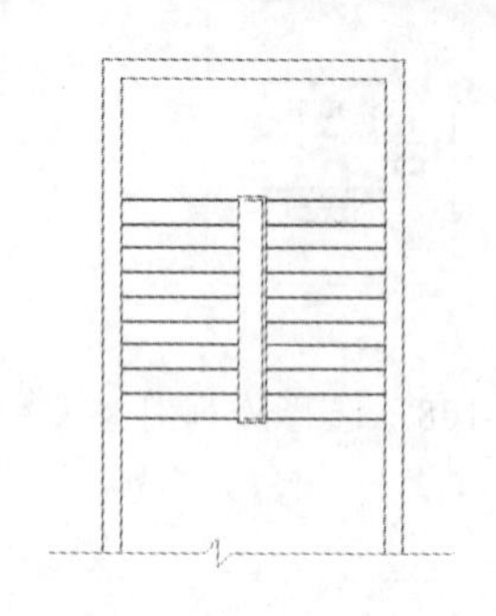

图 4-115　镜像复制图形

图 4-116　选择镜像对象

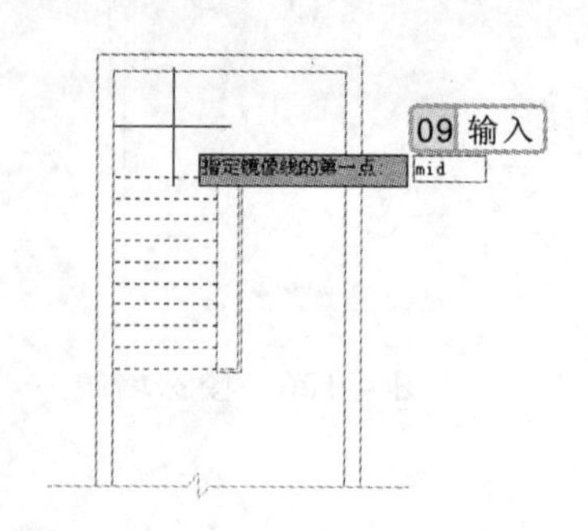

图 4-117　选择“中点捕捉”选项

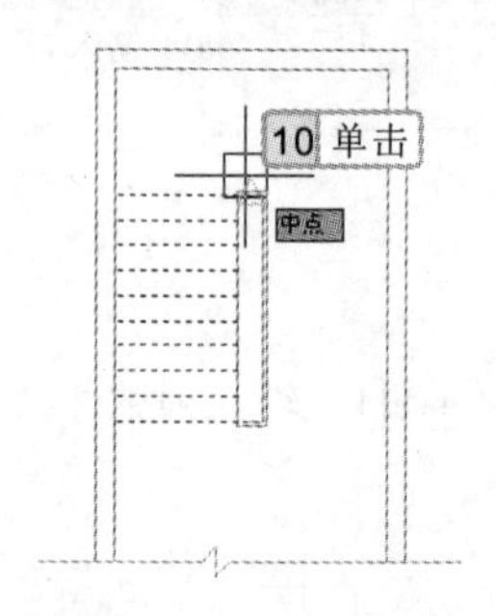

图 4-118　指定第一点

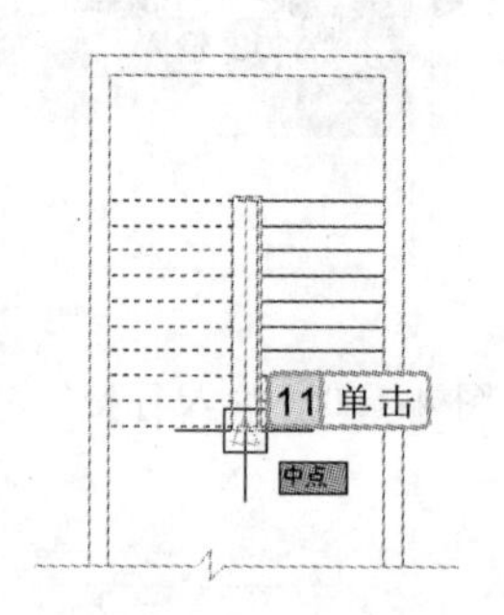

图 4-119　指定第二点

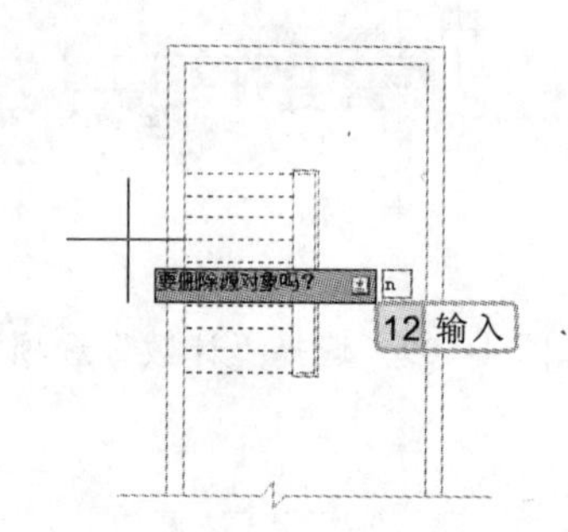

图 4-120　选择“否”选项

4.6.2　绘制螺母主视图

本例将打开“螺母俯视图.dwg”图形文件，通过编辑命令完成螺母主视图的绘制。在进行编辑的过程中，主要使用了偏移、复制、删除、拉伸、镜像等命令，同时使用了修剪等编辑命令的知识，最终效果如图 4-121 所示。

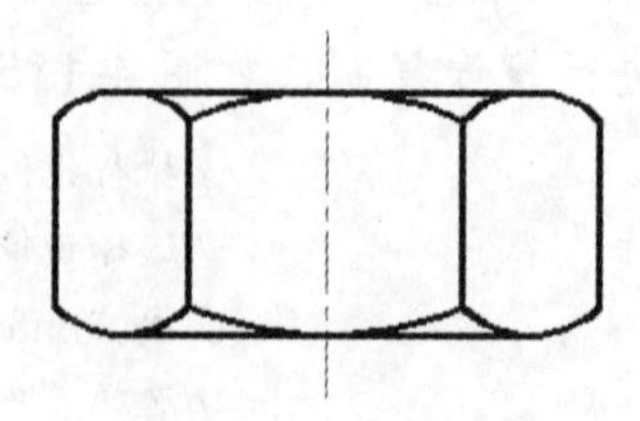

图 4-121　螺母主视图

使用镜像命令来镜像图形对象，当能够使用对象捕捉功能来指定镜像线时，应尽量使用对象捕捉功能来指定镜像线，以减少坐标的计算与输入操作。

1. 行业分析

螺母就是螺帽，与螺栓或螺杆拧在一起，用来起紧固作用的零件，是一种机械设计与制造中使用频繁的一种元件。螺母的种类繁多，常见的有国标、德标、英标、美标、日标的螺母。按照不同的标准，可以将螺母进行如下划分。

- **按形态划分**：按照螺母的形状，可以将其分为方螺母、六角螺母、蝶型螺母、环形螺母、紧扣螺母、滚花高螺母、圆螺母及盖型曙母等。
- **螺纹等级**：外螺纹有3种等级，即1A、2A和3A级；内螺纹同样有3种等级，即1B、2B和3B，等级越高，配合越紧。
- **尺寸大小**：按螺母外径来分，主要有2、2.5、3、4、5、6、8、10、12、14、16、18、20等多种规格。

2. 操作思路

为更快完成本例的制作，并且尽可能运用本章讲解的知识，本例的操作思路如下。

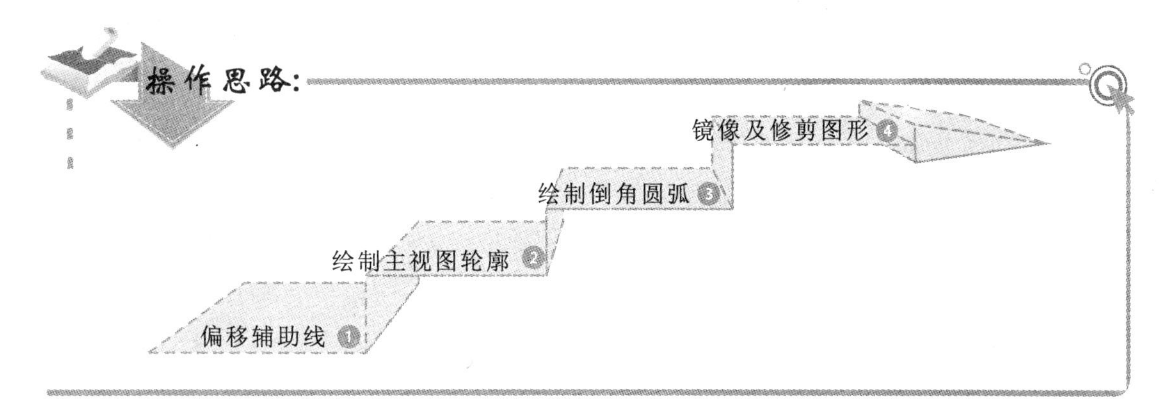

3. 操作步骤

下面介绍利用螺母俯视图绘制螺母主视图的方法，其操作步骤如下：

参见光盘

光盘\素材\第4章\螺母俯视图.dwg
光盘\效果\第4章\螺母主视图.dwg
光盘\实例演示\第4章\绘制螺母主视图

1 打开“螺母俯视图.dwg”，选择【常用】/【修改】组，单击“偏移”按钮，执行偏移命令，将水平辅助线向上进行偏移，其偏移距离为10，其命令行操作如下：

```
命令: _offset                                              //执行偏移命令
当前设置: 删除源=否  图层=源  OFFSETGAPTYPE=0
指定偏移距离或[通过(T)/删除(E)/图层(L)]<通过>:l            //选择“图层”选项，如图4-122所示
输入偏移对象的图层选项 [当前(C)/源(S)] <源>: c               //选择“当前”选项，如图4-123所示
```

使用偏移命令对图形进行偏移操作时，选择“删除”选项对图形进行偏移操作，在偏移图形对象后，将删除源图形对象。

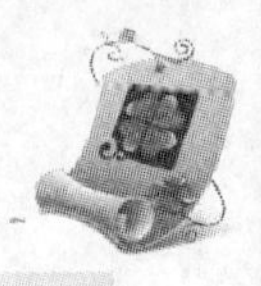

指定偏移距离或 [通过(T)/删除(E)/图层(L)] <通过>: 10　　//输入偏移距离，如图 4-124 所示
选择要偏移的对象，或 [退出(E)/放弃(U)] <退出>:　　//选择偏移对象，如图 4-125 所示
指定要偏移的那一侧上的点，或 [退出(E)/多个(M)/放弃(U)] <退出>:　　//指定偏移方向，如图 4-126 所示
选择要偏移的对象，或 [退出(E)/放弃(U)] <退出>:　　//按“Enter”键结束偏移命令，如图 4-127 所示

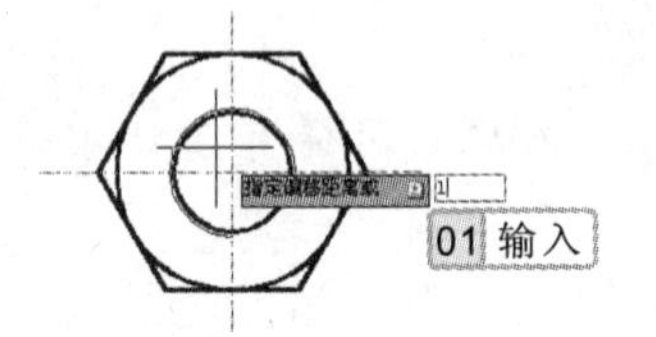

图 4-122　选择“图层”选项

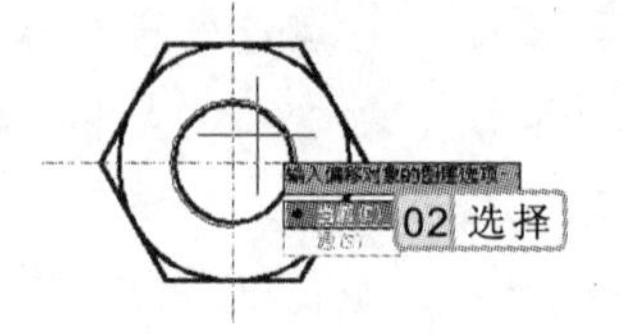

图 4-123　选择“当前”选项

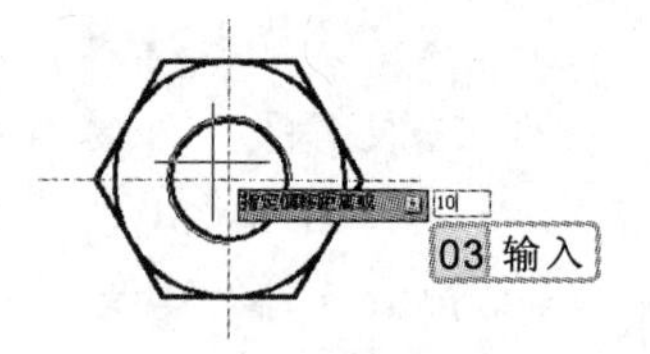

图 4-124　输入偏移距离

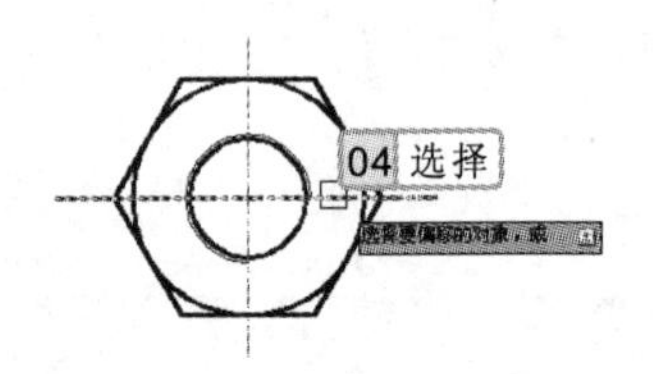

图 4-125　选择偏移对象

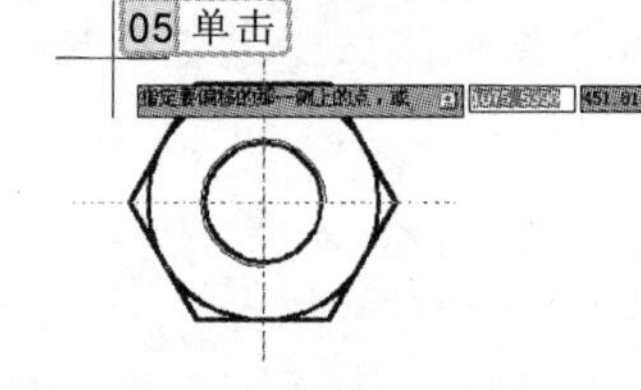

图 4-126　指定偏移方向

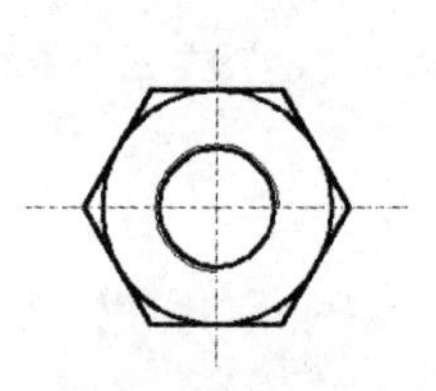

图 4-127　偏移图形后的效果

2　选择【常用】/【修改】组，单击“偏移”按钮，再次执行偏移命令，将向上偏移后的水平辅助线再向上进行偏移，其偏移距离为 5，其命令行操作如下：

命令: _offset　　//执行偏移命令
当前设置: 删除源=否　图层=当前　OFFSETGAPTYPE=0
指定偏移距离或[通过(T)/删除(E)/图层(L)]<10>:5　　//输入偏移距离，如图 4-128 所示
选择要偏移的对象，或 [退出(E)/放弃(U)] <退出>:　　//选择偏移对象，如图 4-129 所示
指定要偏移的那一侧上的点，或 [退出(E)/多个(M)/放弃(U)] <退出>:　　//指定偏移方向，如图 4-130 所示
选择要偏移的对象，或 [退出(E)/放弃(U)] <退出>:　　//按“Enter”键结束偏移命令，如图 4-131 所示

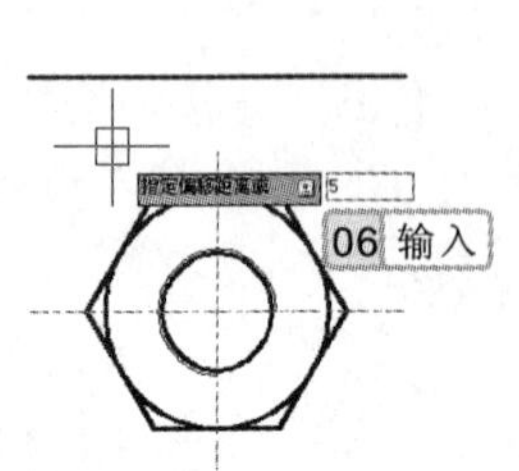

图 4-128　输入偏移距离

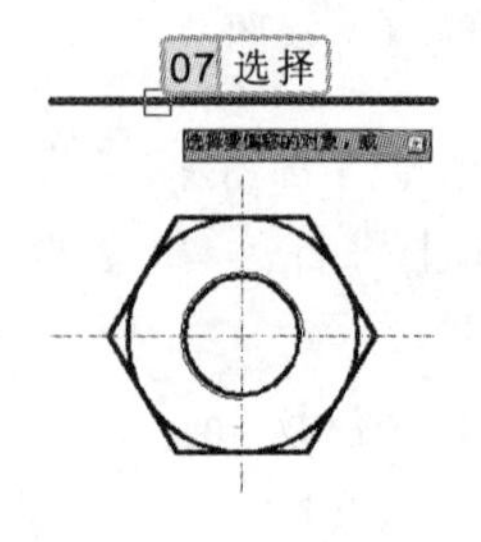

图 4-129　选择偏移对象

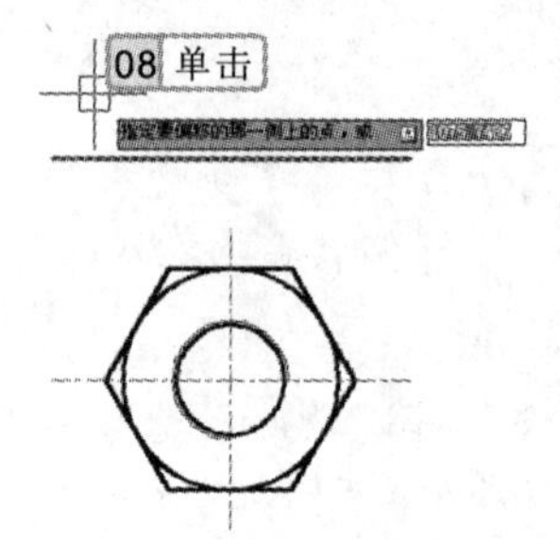

图 4-130　指定偏移方向

使用偏移命令对图形进行偏移操作，选择“通过”选项后，可以将源图形偏移到指定的点上，指定的点可以是直接通过的点，也可以是图形对象的延伸线上的点。

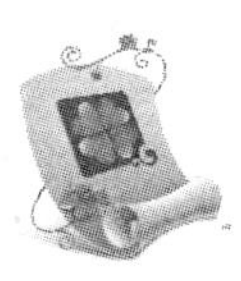

3 选择【常用】/【修改】组，单击“偏移”按钮，再次执行偏移命令，将螺母俯视图中的垂直辅助线进行偏移，其偏移所通过的点为正六边形直线的端点，其命令行操作如下：

```
命令: _offset                                            //执行偏移命令
当前设置: 删除源=否   图层=当前   OFFSETGAPTYPE=0
指定偏移距离或 [通过(T)/删除(E)/图层(L)] <5>: t            //选择“通过”选项，如图 4-132 所示
选择要偏移的对象，或 [退出(E)/放弃(U)] <退出>:              //选择偏移对象，如图 4-133 所示
指定通过点或 [退出(E)/多个(M)/放弃(U)] <退出>:  end        //选择“端点捕捉”选项，如图 4-134 所示
于                                                       //将鼠标移动到直线端点处，在出现端点捕
                                                           捉标记后，单击鼠标左键，指定通过点，
                                                           如图 4-135 所示
……                                                       //使用相同的方法，将垂直辅助线进行偏
                                                           移，其效果如图 4-136 所示
```

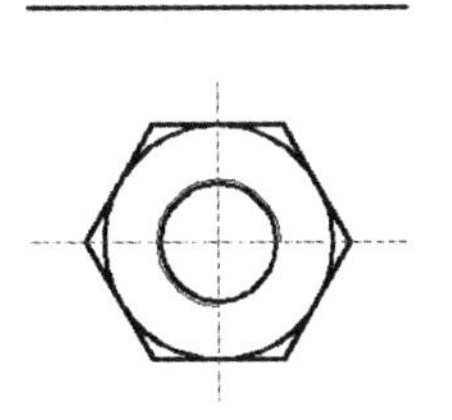

图 4-131 偏移水平辅助线

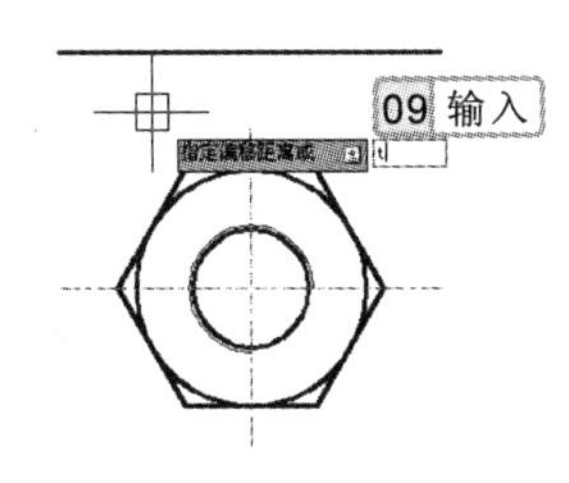

图 4-132 选择“通过”选项

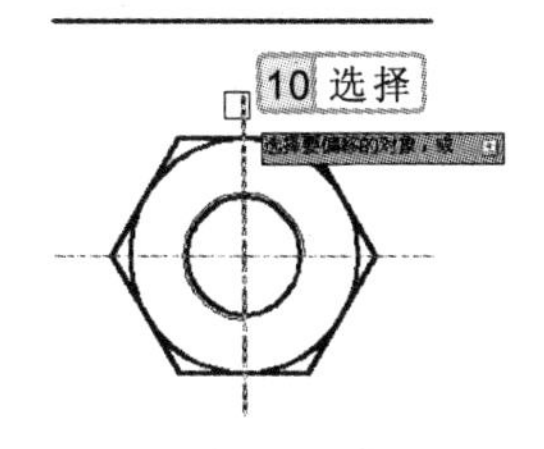

图 4-133 选择偏移对象

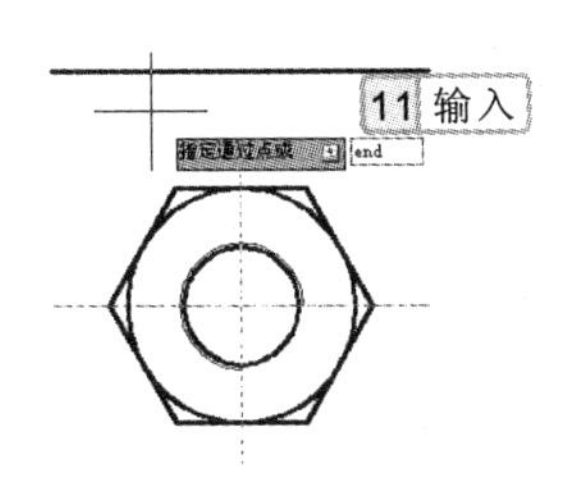

图 4-134 选择“端点捕捉”选项

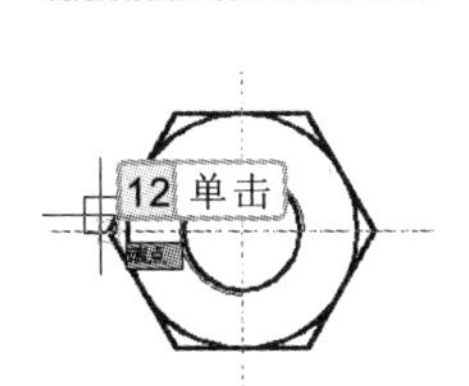

图 4-135 指定偏移点

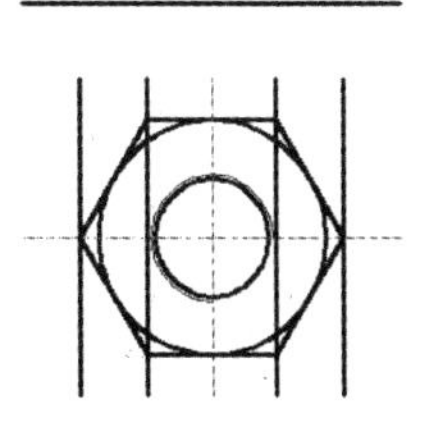

图 4-136 偏移图形后的效果

4 选择【常用】/【修改】组，单击“复制”按钮，执行复制命令，将螺母俯视图的垂直线进行复制，其命令行操作如下：

```
命令: _copy                                    //执行复制命令
选择对象:                                      //选择复制对象，如图 4-137 所示
```

使用复制命令对图形进行复制操作时，选择“位移”选项后可以直接输入位移的第二点坐标，第一点以坐标原点为基础。

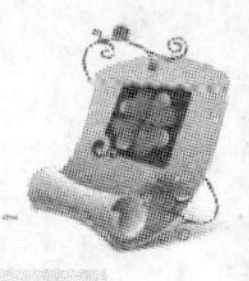

```
选择对象:                                              //按“Enter”键，确定复制对象选项
当前设置: 复制模式 = 多个
指定基点或 [位移(D)/模式(O)] <位移>:                   //在绘图区上拾取一点，指定复制基点
指定第二个点或 [阵列(A)] <使用第一个点作为位移
>: @0,15                                               //输入复制的第二点，如图 4-138 所示
指定第二个点或[阵列(A)/退出(E)/放弃(U)] <退出>:         //按“Enter”键结束复制命令，如图 4-139 所示
```

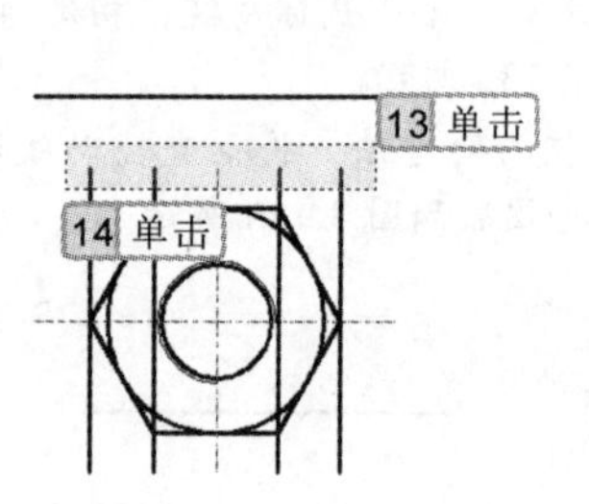

图 4-137 选择复制对象

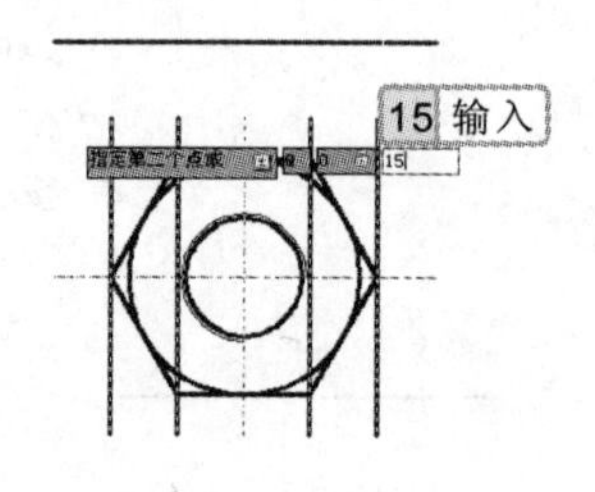

图 4-138 输入复制第二点

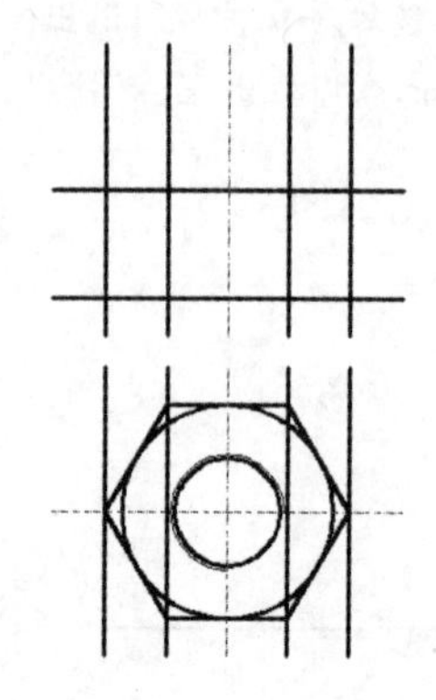

图 4-139 复制后的效果

5 选择【常用】/【修改】组，单击“删除”按钮，执行删除命令，将螺母俯视图中偏移的垂直辅助线进行删除，效果如图 4-140 所示。

```
命令: _erase                    //执行删除命令
选择对象:                       //选择俯视图偏移的垂直线
选择对象:                       //按“Enter”键结束删除命令
```

6 选择【常用】/【修改】组，单击“修剪”按钮，执行修剪命令，将偏移及复制的直线进行修剪处理，其命令行操作如下:

```
命令: _trim                                            //执行修剪命令
当前设置:投影=UCS，边=延伸
选择剪切边...
选择对象或 <全部选择>:                                 //选择修剪边界，如图 4-141 所示
选择对象:                                              //按“Enter”键确定修剪边界选择
选择要修剪的对象，或按住 Shift 键选择要延伸的对
象，或[栏选(F)/窗交(C)/投影(P)/边(E)/删除(R)/放弃
(U)]:                                                  //选择要修剪的线条
……                                                     //分别选择要修剪的线条
选择要修剪的对象，或按住 Shift 键选择要延伸的对
象，或[栏选(F)/窗交(C)/投影(P)/边(E)/删除(R)/放弃      //按“Enter”键确定选择，效果如图 4-142
(U)]:                                                    所示
```

行家提醒

对图形进行修剪操作时，选择“边”选项并设置为“延伸”时，可以利用线条的延伸线作为修剪边界，可以不与图形对象实际相交。

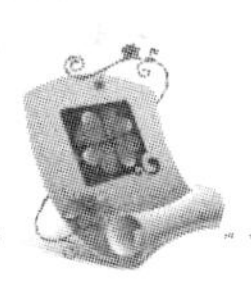

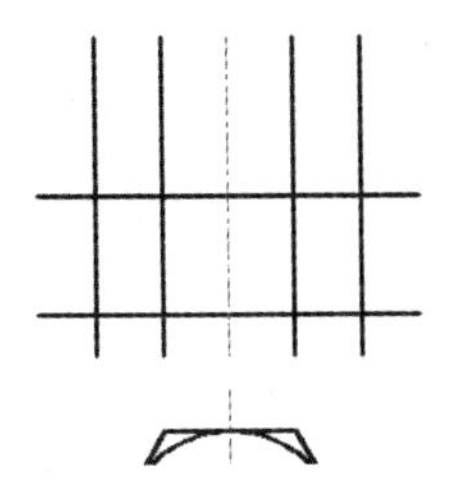

图 4-140 删除多余线条

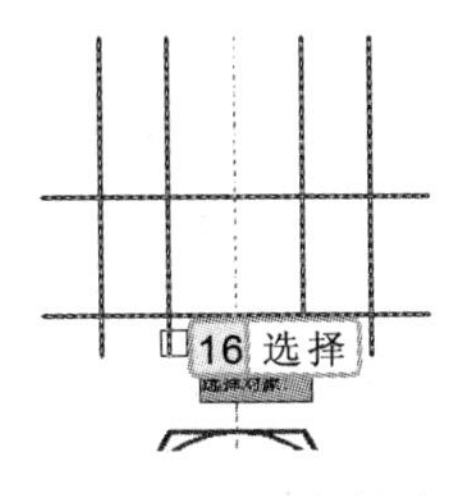

图 4-141 选择修剪边界

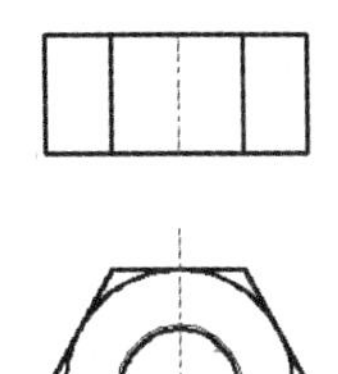

图 4-142 修剪图形后的效果

7 选择【常用】/【修改】组，单击“缩放”按钮，执行缩放命令，将螺母主视图的垂直辅助线进行缩放处理，如图 4-143 所示，其命令行操作如下：

```
命令: _scale                                //执行缩放命令
选择对象:                                   //选择缩放对象，如图 4-144 所示
选择对象:                                   //按“Enter”键确定选择
指定基点: mid                               //选择“中点捕捉”选项，如图 4-145 所示
于                                          //指定缩放基点，如图 4-146 所示
指定比例因子或 [复制(C)/参照(R)]: 1.5       //输入缩放比例，如图 4-147 所示
```

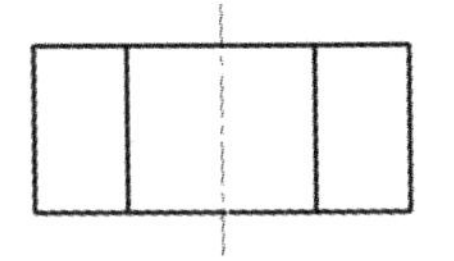

图 4-143 缩放垂直辅助线

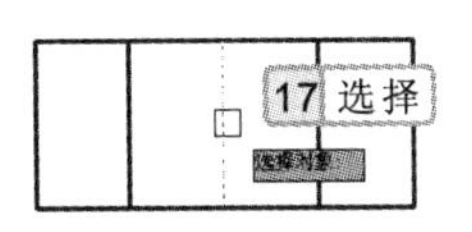

图 4-144 选择缩放对象

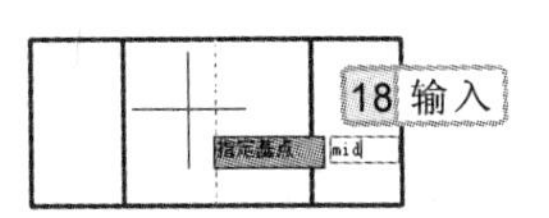

图 4-145 选择“中点捕捉”选项

8 在命令行输入“ARC”，执行圆弧命令，在图形中绘制圆弧，如图 4-148 所示，其命令行操作如下：

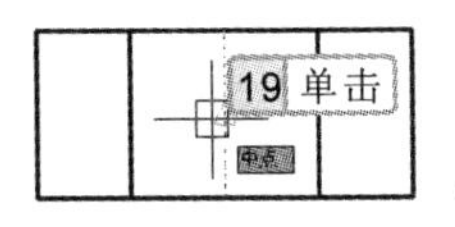

图 4-146 指定缩放基点

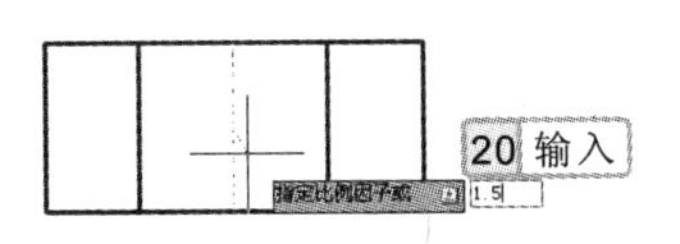

图 4-147 输入缩放比例

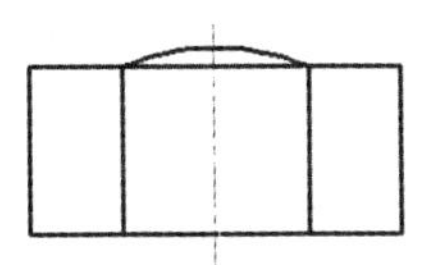

图 4-148 绘制圆弧

```
命令: ARC                                        //执行圆弧命令
指定圆弧的起点或 [圆心(C)]: end                  //选择“端点捕捉”选项
于                                               //捕捉直线端点，如图 4-149 所示
指定圆弧的第二个点或 [圆心(C)/端点(E)]: e        //选择“端点”选项，如图 4-150 所示
指定圆弧的端点: end                              //选择“端点捕捉”选项
于                                               //指定圆弧端点，如图 4-151 所示
指定圆弧的圆心或 [角度(A)/方向(D)/半径(R)]: a    //选择“角度”选项，如图 4-152 所示
指定包含角: -45                                  //输入圆弧包含角度，如图 4-153 所示
```

在缩放图形对象的过程中，如果选择“复制”选项，则对图形进行缩放后，保留源图形对象，复制生成进行缩放后的图形对象。

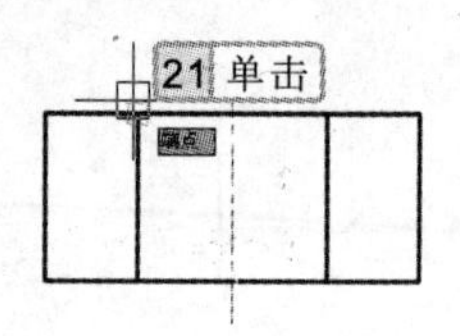

图 4-149　指定圆弧起点

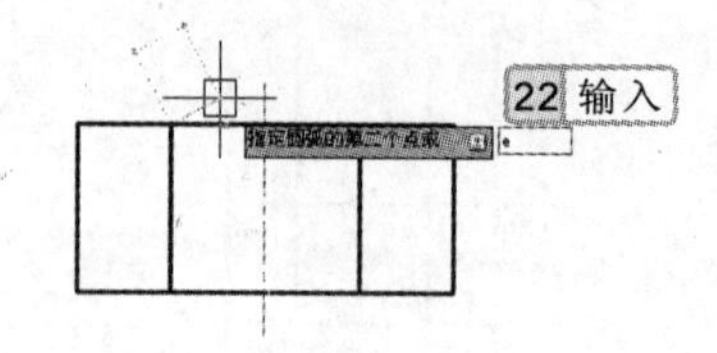

图 4-150　选择“端点”选项

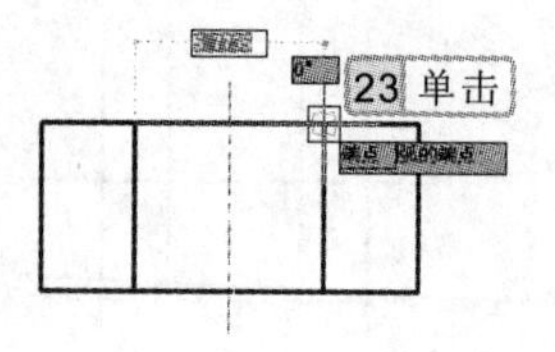

图 4-151　指定圆弧端点

9　在命令行输入“COPY”，执行复制命令，将绘制的圆弧进行复制操作，效果如图 4-154 所示，其命令行操作如下：

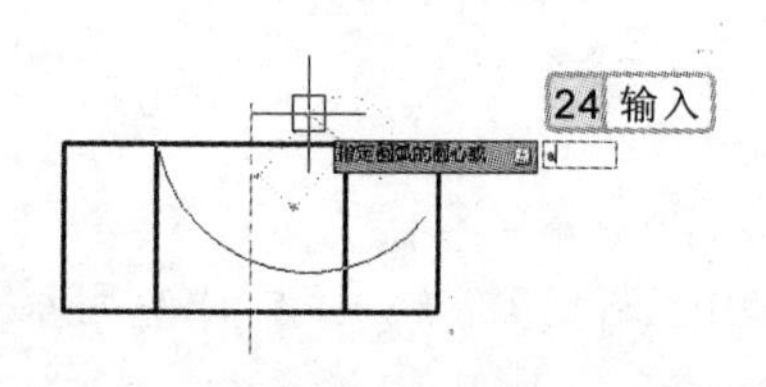

图 4-152　选择“角度”选项

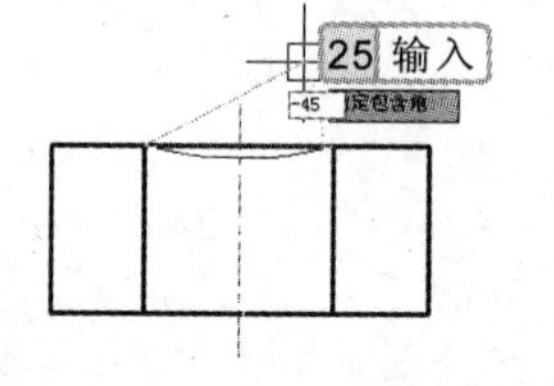

图 4-153　输入包含角度

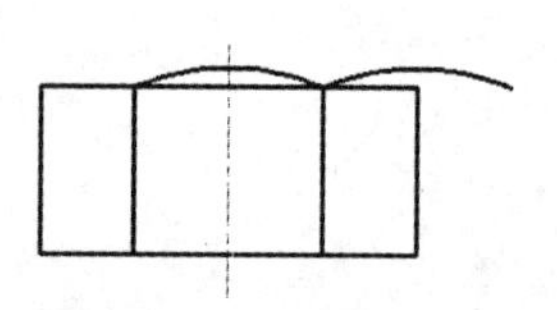

图 4-154　复制圆弧

```
命令: COPY                                              //执行复制命令
选择对象:                                               //选择复制对象，如图 4-155 所示
选择对象:                                               //按“Enter”键确定图形选择
当前设置:  复制模式 = 多个
指定基点或 [位移(D)/模式(O)] <位移>: end                //选择“端点捕捉”选项
于                                                      //指定复制第一点，如图 4-156 所示
指定第二个点或[阵列(A)]<使用第一个点作为位移>:
end                                                     //选择“端点捕捉”选项
于                                                      //指定复制第二点，如图 4-157 所示
指定第二个点或[阵列(A)/退出(E)/放弃(U)] <退出>:         //按“Enter”键结束复制命令
```

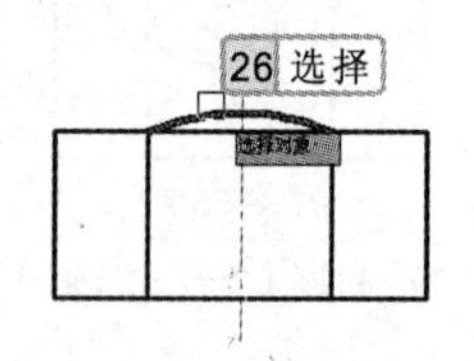

图 4-155　选择复制对象

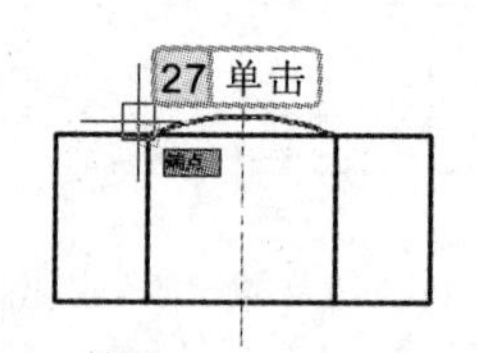

图 4-156　指定复制第一点

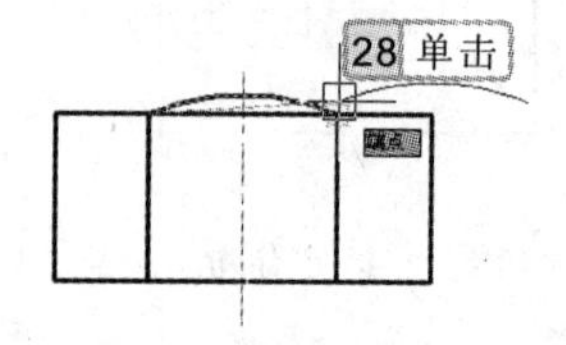

图 4-157　指定复制第二点

10　选择【常用】/【修改】组，单击“拉伸”按钮 拉伸 ，执行拉伸命令，将复制的圆弧进行拉伸处理，效果如图 4-158 所示，其命令行操作如下：

```
命令: _stretch                                          //执行拉伸命令
以交叉窗口或交叉多边形选择要拉伸的对象..
选择对象:                                               //使用“窗交”方式选择拉伸对象，如图 4-159 所示
选择对象:                                               //按“Enter”键确认拉伸对象选择
```

使用拉伸命令对图形进行拉伸操作时，被完全选择的图形在进行拉伸操作时则作移动操作，其余对象则可以进行拉伸操作，但是图块、圆、椭圆不能被拉伸。

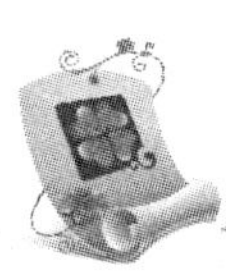


```
指定基点或 [位移(D)] <位移>: end              //选择"端点捕捉"选项
于                                            //指定拉伸基点，如图 4-160 所示
指定第二个点或 <使用第一个点作为位移>: end    //选择"端点捕捉"选项
于                                            //指定拉伸第二点，如图 4-161 所示
```

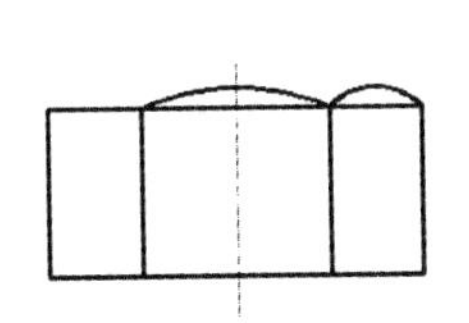

图 4-158　拉伸图形后的效果

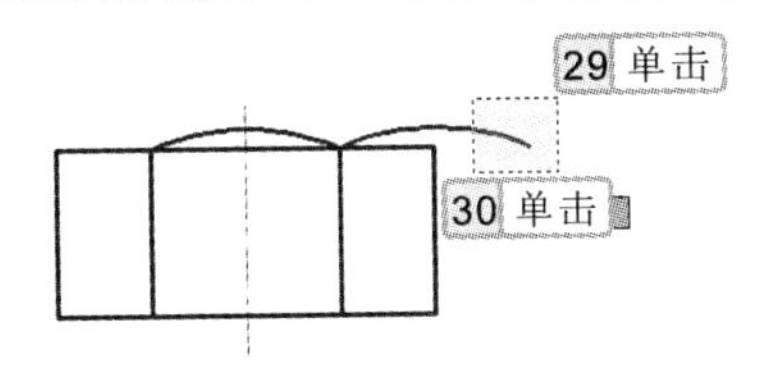

图 4-159　选择拉伸对象

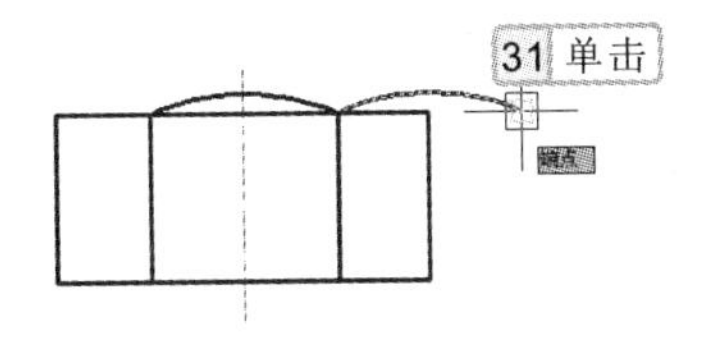

图 4-160　指定拉伸基点

11 选择【常用】/【修改】组，单击"镜像"按钮镜像，执行镜像命令，将拉伸后的圆弧进行镜像复制操作，镜像线为中间的垂直辅助线，如图 4-162 所示，其命令行操作如下：

```
命令: _mirror                           //执行镜像命令
选择对象:                               //选择镜像对象，如图 4-163 所示
选择对象:                               //按"Enter"键确定对象选择
指定镜像线的第一点: end                 //选择"端点捕捉"选项
于                                      //指定镜像线第一点，如图 4-164 所示
指定镜像线的第二点: end                 //选择"端点捕捉"选项
于                                      //指定镜像线第二点，如图 4-165 所示
要删除源对象吗? [是(Y)/否(N)] <N>: n    //选择"否"选项，如图 4-166 所示
```

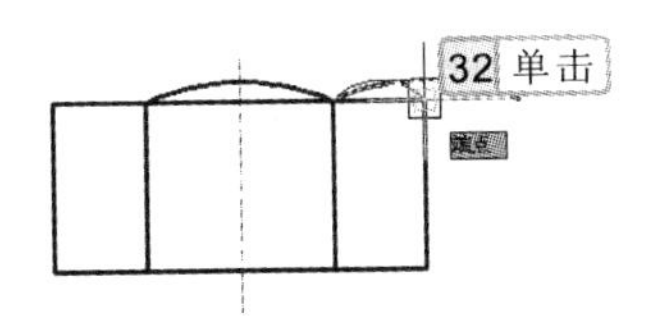

图 4-161　指定拉伸第二点

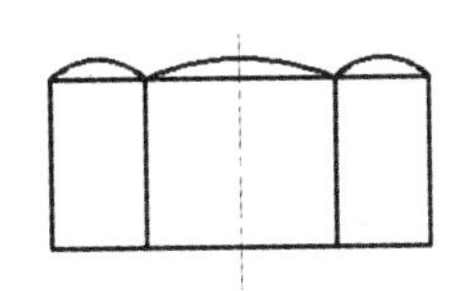

图 4-162　镜像图形后的效果

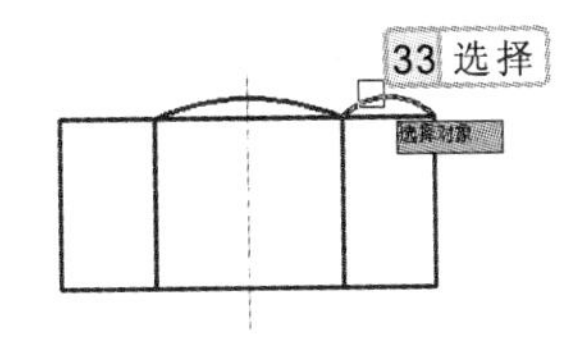

图 4-163　选择镜像对象

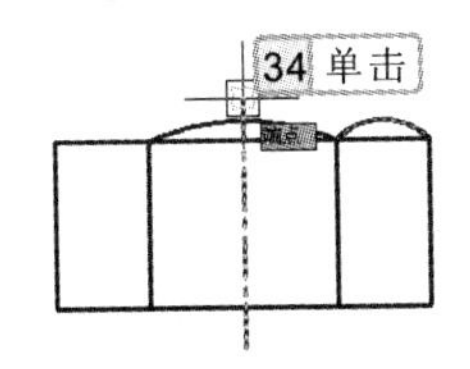

图 4-164　指定镜像线第一点

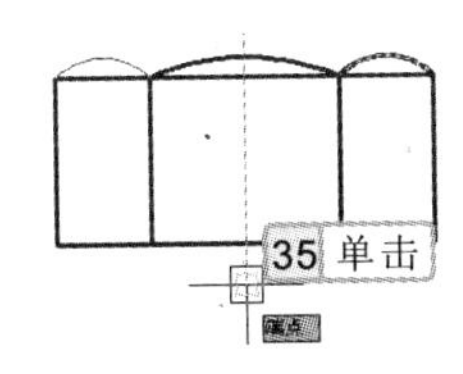

图 4-165　指定镜像线第二点

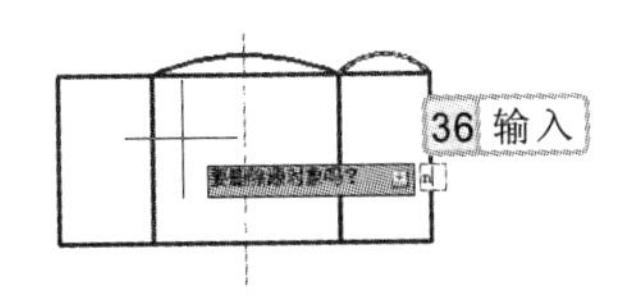

图 4-166　选择"否"选项

12 选择【常用】/【修改】组，单击"移动"按钮移动，执行移动命令，将绘制的圆弧进行移动，其命令行操作如下：

```
命令: _move          //执行移动命令
选择对象:            //选择移动对象，如图 4-167 所示
选择对象:            //按"Enter"键确定移动对象选择
```

使用拉伸命令对图形进行拉伸操作时，仅移动位于窗交选择内的顶点和端点，不更改那些位于窗交选择外的顶点和端点。

```
指定基点或 [位移(D)] <位移>: int                      //选择“交点捕捉”选项
于                                                    //指定移动基点，如图 4-168 所示
指定第二个点或 <使用第一个点作为位移>: int            //选择“交点捕捉”选项
于                                                    //指定移动第二点，如图 4-169 所示
```

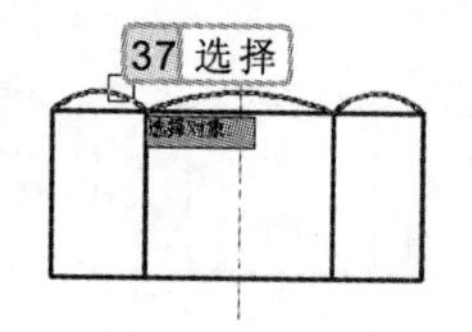

图 4-167 选择移动对象

图 4-168 指定移动基点

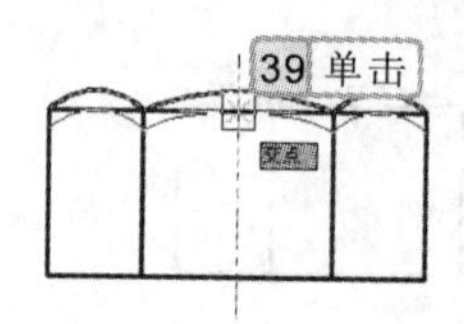

图 4-169 指定移动第二点

13 选择【常用】/【修改】组，单击“镜像”按钮，执行镜像命令，将移动后的圆弧进行镜像复制，其命令行操作如下：

```
命令: _mirror                                        //执行镜像命令
选择对象:                                            //选择移动后的所有圆弧
选择对象:                                            //按“Enter”键确定对象选择
指定镜像线的第一点: mid                              //选择“中点捕捉”选项
于                                                   //指定镜像线第一点，如图 4-170 所示
指定镜像线的第二点: mid                              //选择“中点捕捉”选项
于                                                   //指定镜像线第二点，如图 4-171 所示
要删除源对象吗？[是(Y)/否(N)] <N>: n                 //选择“否”选项，如图 4-172 所示
```

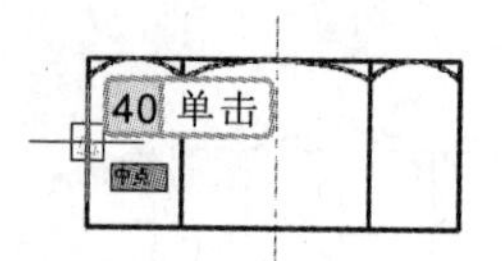

图 4-170 指定镜像线第一点

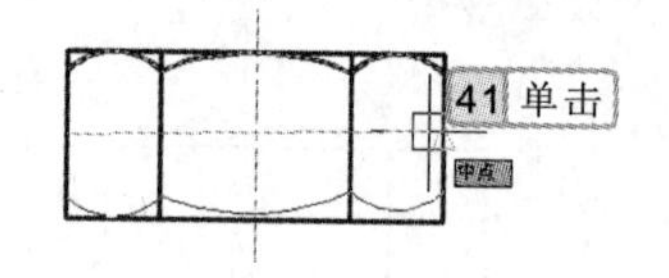

图 4-171 指定镜像线第二点

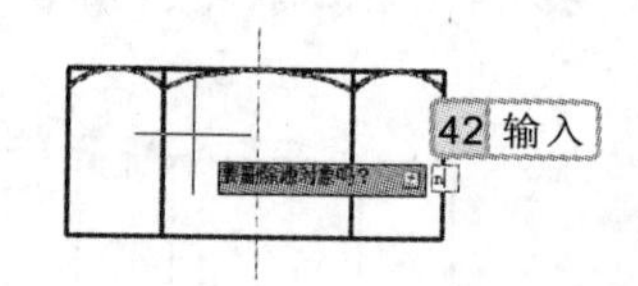

图 4-172 选择“否”选项

14 选择【常用】/【修改】组，单击“修剪”按钮，执行修剪命令，将螺母主视图中多余的线条进行修剪处理，如图 **4-173** 所示，其命令行操作如下：

```
命令: _trim                                          //执行修剪命令
当前设置:投影=UCS，边=无
选择剪切边...
选择对象或 <全部选择>:                               //选择修剪边界，如图 4-174 所示
选择对象:                                            //按“Enter”键确定修剪边界选择
选择要修剪的对象，或按住 Shift 键选择要延伸的对
象，或[栏选(F)/窗交(C)/投影(P)/边(E)/删除(R)/放弃
(U)]:                                                //选择左端垂直线条，如图 4-175 所示
选择要修剪的对象，或按住 Shift 键选择要延伸的对
象，或[栏选(F)/窗交(C)/投影(P)/边(E)/删除(R)/放弃
(U)]:                                                //使用相同的方法选择其余修剪对象，完成后
                                                       按“Enter”键完成图形的修剪操作
```

在 AutoCAD 2012 中，除了选择修剪边界的图形对象可以使用窗口和窗交等方法外，对于修剪对象的选择，同样可以采用这些方法，而不像以前的低版本只能使用点选的方法进行选择。

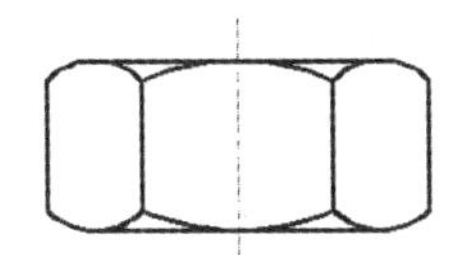

图 4-173 修剪图形后的效果

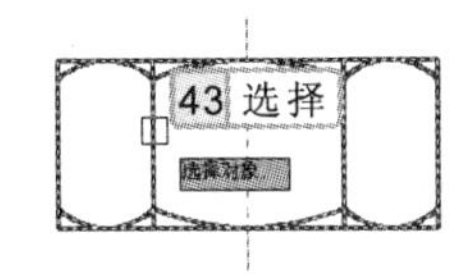

图 4-174 选择修剪边界

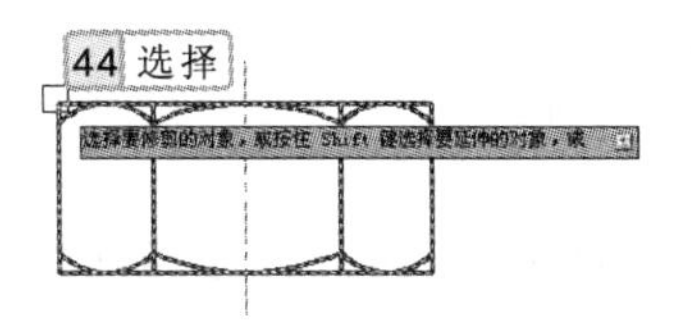

图 4-175 选择修剪对象

4.7 基础练习

本章主要介绍了 AutoCAD 基本的编辑操作命令。下面将通过两个练习进一步巩固 AutoCAD 2012 基本编辑命令的使用，以便能够更熟练地掌握使用编辑命令绘制图形的方法。

4.7.1 绘制盖盘俯视图

本次练习将打开“盖盘俯视图.dwg”图形文件，在其中运用偏移命令，偏移复制辅助圆，再通过圆命令绘制螺孔圆，并使用环形阵列命令阵列其余图形，效果如图 4-176 所示。

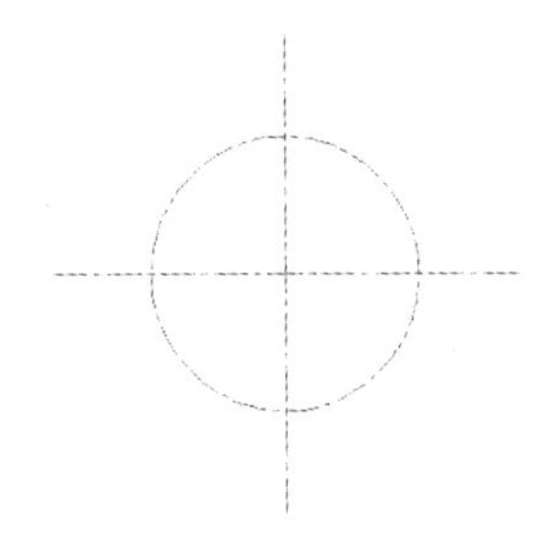

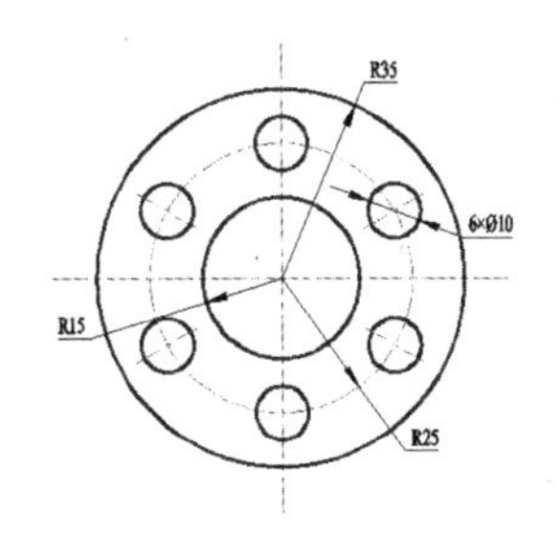

图 4-176 盖盘俯视图

参见光盘

光盘\素材\第 4 章\盖盘俯视图.dwg
光盘\效果\第 4 章\盖盘俯视图.dwg
光盘\实例演示\第 4 章\绘制盖盘俯视图

该练习的操作思路与关键提示如下。

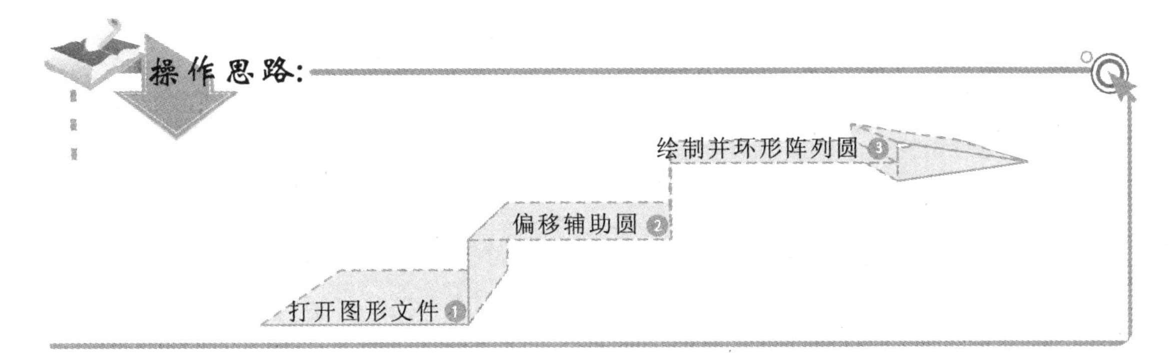

修剪图案填充时，不要将“边”设定为“延伸”；否则，修剪图案填充时将不能填补修剪边界中的间隙，即使将允许的间隙设定为正确的值。

关键提示：

偏移辅助圆的距离及图层

辅助圆偏移的距离：10；偏移图形的当前图层：轮廓线。

环形阵列的项目数及填充角度

环形阵列的项目数：6；环形阵列填充角度：360。

4.7.2 绘制栏杆图形

本次练习将打开“栏杆.dwg”图形文件，在其中运用阵列命令，将栏杆孔图形进行阵列复制，再通过镜像命令，将左端图形进行镜像复制操作，以完成栏杆图形的绘制，效果如图 4-177 所示。

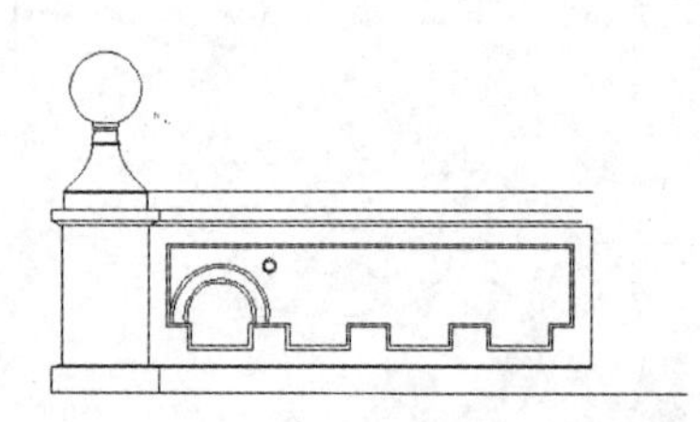

图 4-177 栏杆图形

光盘\素材\第 4 章\栏杆.dwg
光盘\效果\第 4 章\栏杆.dwg
光盘\实例演示\第 4 章\绘制栏杆图形

该练习的操作思路与关键提示如下。

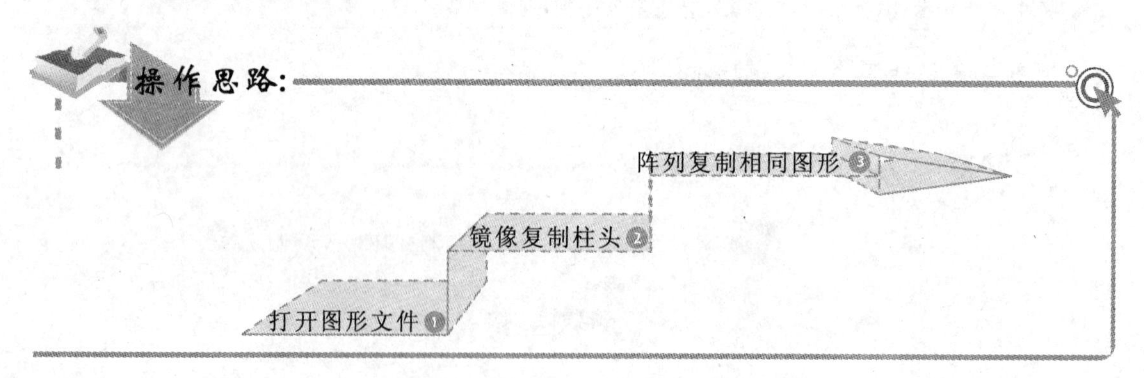

行家提醒

通过旋转命令的“参照”功能来旋转图形对象，在指定参照角度时，可以直接输入参照角度，也可以在绘图区中捕捉图形对象的特征点（如端点、中点等）来指定。

关键提示：

镜像图形及镜像线

要镜像的图形：左端圆及直线；镜像线：顶端水平线中点的连线。

矩形阵列相应参数

阵列行数：1；阵列列数：4；列间距：285。

4.8 知识问答

使用编辑命令对图形进行编辑操作时，一是使图形更加准确，如修剪、延伸等操作；二是使图形的绘制更加快速，如利用复制、偏移、镜像等命令绘制相同、相似图形等。下面介绍编辑命令的常见问题及解决方案。

问：使用镜像命令对文字进行镜像处理后，为什么文字是反的呢？

答：当镜像操作对象中有文本属性时，用户如果希望镜像后的文本属性等对象具有可读性，则应当将系统变量 MIRRTEXT 的值设置为 0，镜像后的文本才具有可读性。

问：使用“多个”选项选择图形对象时，为什么在选择图形对象后，绘图区中的图形没有变化？如何才能知道选择了哪些图形对象？

答：在使用“多个”选项选择图形对象后，该对象仍显示为实线，不能清楚地知道哪些对象已被选中。此时可以在选择一个对象之后按“Enter”键，该对象即显示为虚线。

问：使用阵列命令进行环形阵列时，阵列后的图形与第一个图形一样，为什么没有随阵列的角度变化而变化呢？

答：在 AutoCAD 2012 中使用环形阵列对图形进行环形阵列时，如果要控制图形对象是否随阵列的角度而进行变化，可以在命令行提示“按 Enter 键接受或 [关联(AS)/基点(B)/项目(I)/项目间角度(A)/填充角度(F)/行(ROW)/层(L)/旋转项目(ROT)/退出(X)] <退出>:”后选择“旋转项目”选项，再设置是否进行旋转。

绘制相似图形

使用 AutoCAD 2012 绘制图形时，对于相似、相近的图形，可利用已经绘制的图形通过编辑命令来进行绘制。例如，当绘制单个图形对象的相似图形时，可以使用偏移命令对其进行绘制；对于由多个图形对象组合成的图形，可以使用缩放命令来进行编辑。

使用圆角命令对图形进行圆角操作时，将参数设置为“不修剪”，则在进行圆角操作后，保留源图形对象，并出现新的圆角圆弧。

第5章

对图形进行文字标注

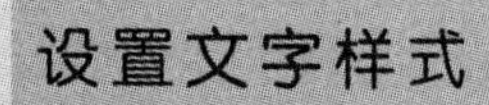

输入及编辑文字

单行文字　多行文字

特殊字符　特定格式

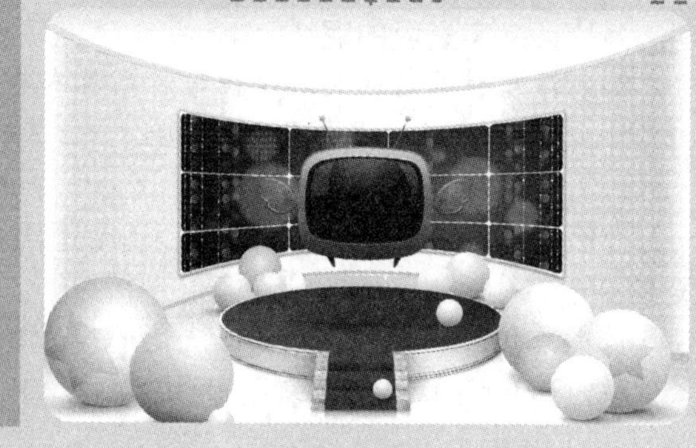

编辑文本

查找与替换

使用表格

表格样式　绘制表格　编辑表格

本章导读

使用 AutoCAD 2012 的文字及表格功能，可以对图形进行文字及表格说明，从而更好地表达出使用图形不易表现的内容。进行说明之前，需先创建并设置好文字样式和表格样式，主要包括单行文字、多行文字、文字编辑以及表格的插入及编辑等操作。其中，设置文字样式与表格样式是使用文字与表格来说明图形的基础，输入、编辑文字内容以及绘制表格是创建文字内容与表格的具体操作，是本章的难点。

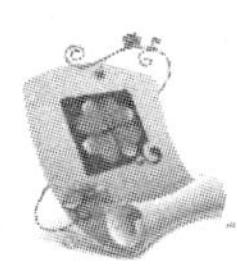

5.1 设置文字样式

AutoCAD 2012 中绘制的图形与文字说明是紧密相连的，文字说明可以表现出图形隐含或不能直接表现的含义或功能。在对图形进行文字说明前，可以根据需要对文字样式进行设置，如文字高度、字体样式、倾斜角度等。

在 AutoCAD 2012 中，系统默认使用 Standard 文字样式作为标准文字样式，在对图形进行文字说明时，可以根据需要创建及设置不同的文字样式。创建及设置文字样式可以在“文字样式”对话框中进行。执行文字样式命令，主要有以下两种方法：

- 选择【注释】/【文字】组，单击“文字样式”按钮。
- 在命令行中输入“STYLE”命令。

执行文字样式命令后，将打开“文字样式”对话框，在该对话框中可对文字样式进行创建、置为当前以及删除等操作。

实例 5-1 设置机械文字样式

执行文字样式命令，创建名为“中文”和“英文”的文字标注样式，并分别设置文字样式的字体、高度等参数。

参见光盘 光盘\效果\第 5 章\文字样式.dwg

1. 在命令行中输入“STYLE”，执行文字样式命令，打开“文字样式”对话框，如图 5-1 所示。
2. 单击新建(N)...按钮，打开“新建文字样式”对话框，在“样式名”文本框中输入“中文”，单击确定按钮，如图 5-2 所示。

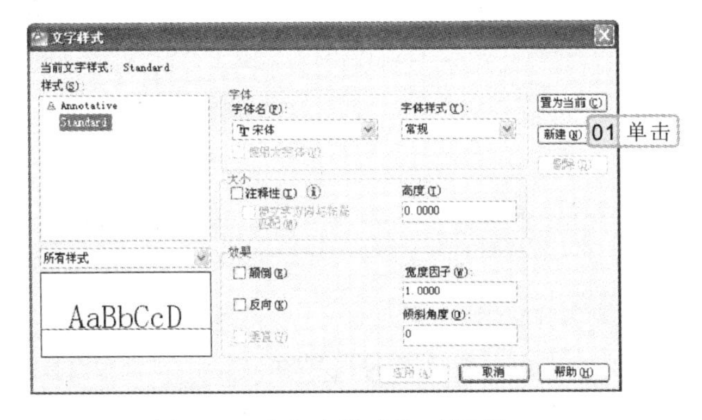

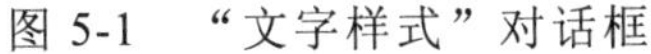

图 5-1 “文字样式”对话框

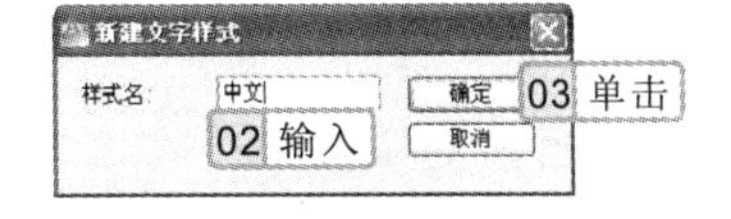

图 5-2 新建文字样式

3. 返回“文字样式”对话框，在“字体”栏的“字体名”下拉列表框中选择“仿宋_GB2312”选项，在“大小”栏的“高度”文本框中输入“2.5”，指定文字的高度，在“效果”栏的“宽度因子”文本框中输入“0.7000”，在“倾斜角度”

在设置文字样式的“效果”时，TrueType 字体和符号不支持垂直方向，只支持颠倒和反向的文字效果。

文本框中输入“15”，单击[应用(A)]按钮，如图 5-3 所示。

4 单击[新建(N)...]按钮，打开“新建文字样式”对话框，在“样式名”文本框中输入“英文”，单击[确定]按钮，如图 5-4 所示。

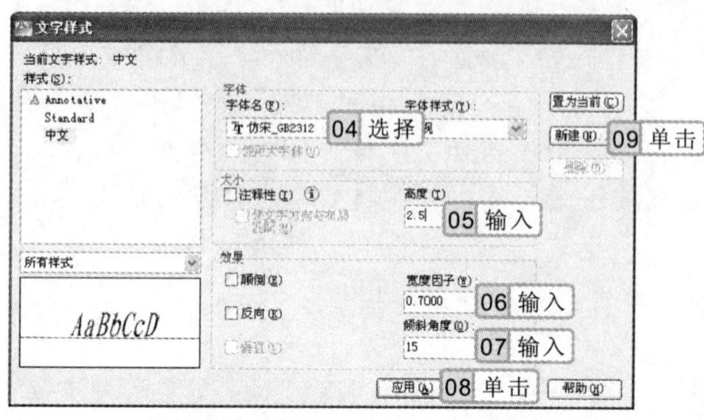

图 5-3　设置文字样式

图 5-4　新建文字样式

5 返回“文字样式”对话框，在“字体”栏的“字体名”下拉列表框中选择“txt.shx”选项，选中[☑使用大字体(U)]复选框，在“大小”栏的“高度”文本框中输入“2.5000”，指定文字的高度，在“效果”栏的“宽度因子”文本框中输入“1.0000”，在“倾斜角度”选项的文本框中输入“0”，如图 5-5 所示。

6 单击[关闭(C)]按钮，打开 AutoCAD 窗口，提示是否对样式进行保存，单击[是(Y)]按钮，保存文字样式，返回绘图区，如图 5-6 所示。

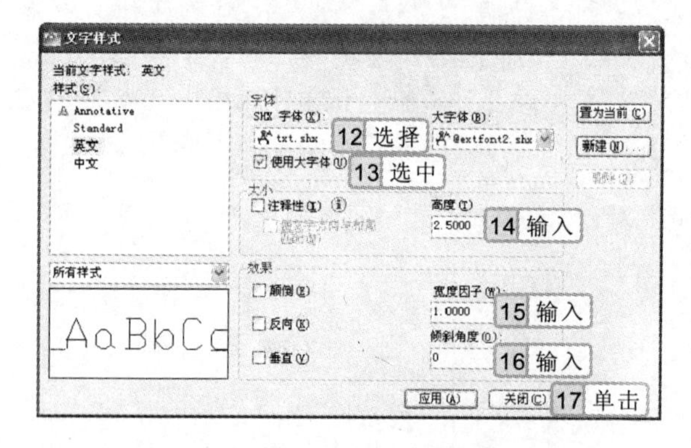

图 5-5　设置文字样式

图 5-6　保存文字样式

在“文字样式”对话框中，各选项的含义分别介绍如下。

- **当前文字样式**：在该选项后列出了当前正在使用的文字样式。
- **样式**：该列表框显示当前图形文件中的所有文字样式，并默认选择当前文字样式。
- [所有样式]：该下拉列表框用于指定样式列表中选择显示所有样式还是显示正在使用的所有文字样式。
- **预览**：该窗口的显示随着字体的改变和效果的修改而动态更改样式文字。
- **字体名**：该下拉列表框中列出了所有 AutoCAD 2012 的字体。其中，带有双“T”

行家提醒

在文字样式中，可以将创建的文字样式设置为当前文字样式，也可以将其删除，但是，当前文字样式与 Standard 文件样式是不能被删除的。

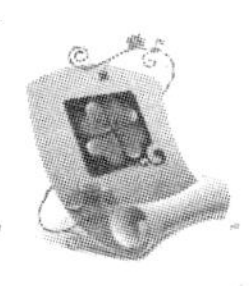

标志的字体是 TrueType 字体，其他字体是 AutoCAD 自带的字体。

- **字体样式**：在该下拉列表框中可以选择字体的样式，一般选择“常规”选项。
- ☑使用大字体(U) **复选框**：当“字体名”下拉列表框中选择后缀名为“SHX”的字体时，该复选框可用，当选中该复选框后，“字体样式”选项将变为“大字体”选项，可在该选项中选择大字体样式。
- **高度**：在该文本框中输入字体的高度。如果在该文本框内指定了文字的高度，则使用 Text（单行文字）命令时，系统将不提示“指定高度”选项。
- **颠倒**：选中该复选框，可以将文字进行上下颠倒显示，该选项只影响单行文字。
- **反向**：选中该复选框，可以将文字进行首尾反向显示，该选项只影响单行文字。
- **垂直**：选中该复选框，可以将文字沿竖直方向显示，该选项只影响单行文字。
- **宽度因子**：设置字符间距。输入小于 1 的值，将紧缩文字；输入大于 1 的值，则加宽文字。
- **倾斜角度**：该选项用于指定文字的倾斜角度。其中，角度值为正时，向右倾斜；角度值为负时，向左倾斜。
- [置为当前(C)] **按钮**：选择“样式”列表框中的文字选项后，单击该按钮，即可将选择的文字样式设置为当前文字样式。
- [新建(N)...] **按钮**：单击该按钮，可以打开“新建文字样式”对话框，在“新建文字样式”对话框中输入新样式名，即可创建新的文字样式。
- [删除(D)] **按钮**：选择“样式”列表框中的文字选项后，单击该按钮，即可将选择的文字样式进行删除操作。

5.2 输入及编辑文字内容

创建并设置好文字样式后，便可使用文字命令对图形对象进行文字说明操作。文字的输入可根据输入形式的不同，分为输入单行文字和输入多行文字两种。

5.2.1 输入单行文字

单行文字一般用于创建文字内容较少的文字对象，可以使用单行文字创建一行或多行文字。其中，每行文字都是一个独立的对象，可对其进行重定位、调整格式或其他修改。执行单行文字命令，主要有以下两种方法：

- 选择【注释】/【文字】组，单击“单行文字”按钮 A。
- 在命令行中输入“TEXT”、“DTEXT”或“DT”命令。

实例 5-2 标注浴缸文字

执行单行文字命令，在图形文件“浴缸.dwg”中添加单行文字标注，标注的文字高度为 150，旋转角度为 0，标注文字为“浴缸”。

单行文字是指用户创建的文字信息中，每一段文字都是一个独立的对象，用户可分别对每一段文字进行编辑修改，而不影响其他文字对象。

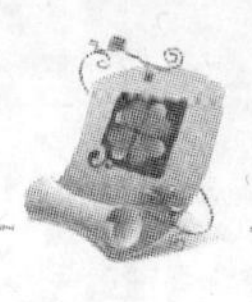

参见光盘　光盘\素材\第 5 章\浴缸.dwg
光盘\效果\第 5 章\浴缸.dwg

1 打开“浴缸.dwg”图形文件，如图 5-7 所示。

2 选择【注释】/【文字】组，单击“单行文字”按钮 A，执行单行文字命令，为“浴缸.dwg”图形文件添加文字说明，如图 5-8 所示。其命令行操作如下：

```
命令: _text                                  //执行单行文字命令
当前文字样式: "中文"  文字高度:
0.2000  注释性: 否
指定文字的起点或 [对正(J)/样式(S)]:          //指定文字起点，如图 5-9 所示
指定高度 <0.2000>: 150                       //指定文字高度，如图 5-10 所示
指定文字的旋转角度 <0>: 0                    //输入旋转角度，如图 5-11 所示
                                             //输入文字内容，并按“Enter”键确认，再次按“Enter”
                                               键结束单行文字命令，如图 5-12 所示
```

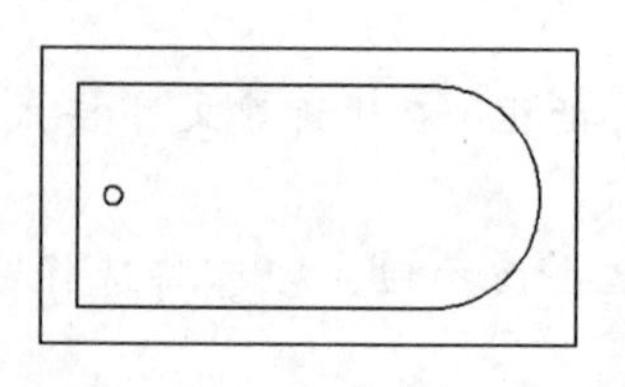

图 5-7　打开图形文件

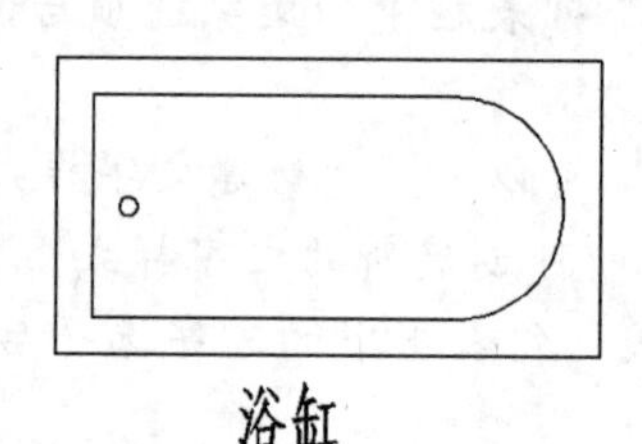

图 5-8　单行文字效果

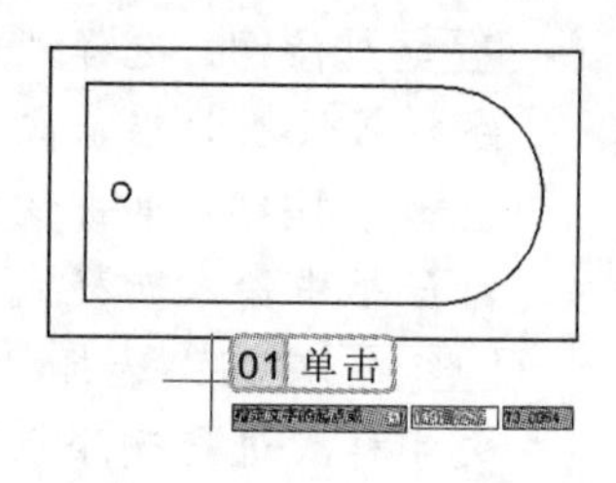

图 5-9　指定文字起点

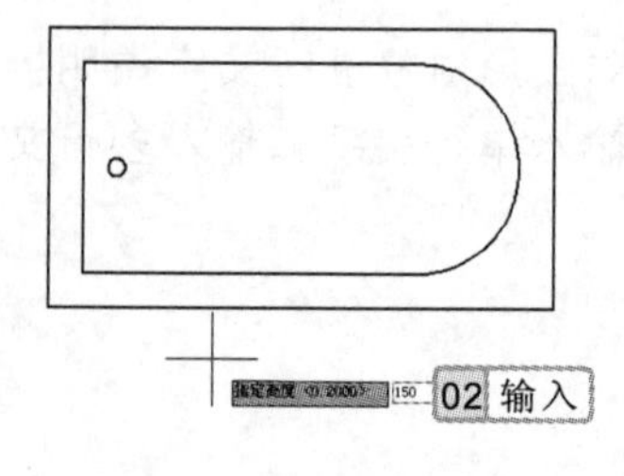

图 5-10　输入文字高度

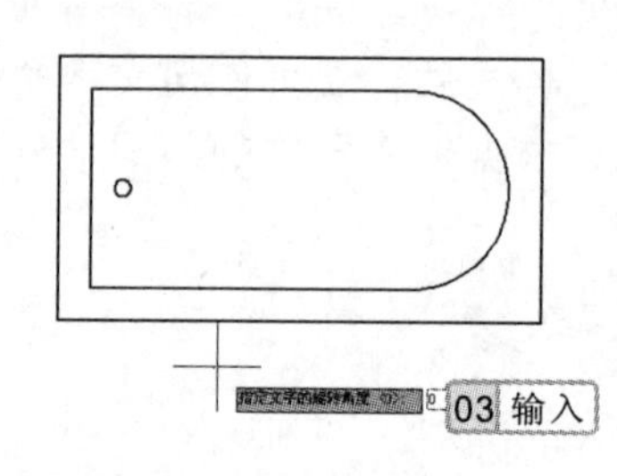

图 5-11　输入旋转角度

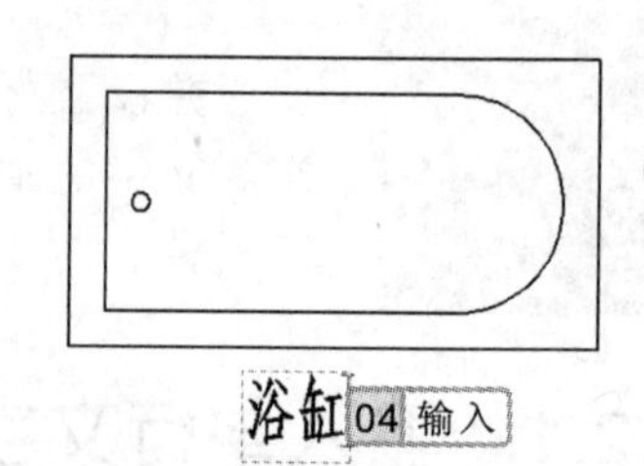

图 5-12　输入文字内容

在执行单行文字命令的过程中，当命令行出现“指定文字的起点或[对正(J)/样式(S)]:”时，若输入“J”并选择“对正”选项，系统会出现“输入选项 [对齐(A)/调整(F)/中心(C)/中间(M)/右(R)/左上(TL)/中上(TC)/右上(TR)/左中(ML)/正中(MC)/右中(MR)/左下(BL)/中下(BC)/右下(BR)]:”提示信息。其中，各选项的含义介绍如下。

- **对齐(A)**：指定输入文本基线的起点和终点，使输入的文本在起点和终点之间重新按比例设置文本的字高并均匀放置在两点之间。
- **调整(F)**：指定输入文本基线的起点和终点，文本高度保持不变，使输入的文本在

行家提醒

创建单行文字时，要指定文字样式并设置文字的对齐方式。文字样式用于指定文字对象的默认特征；对齐方式用于指定字符与插入点的对齐格式。

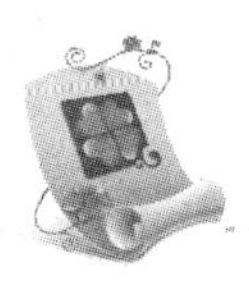

起点和终点之间均匀排列。

- 中心(C)：指定一个坐标点，确定文本的高度和旋转角度，把输入的文本中心放在指定的坐标点。
- 中间(M)：指定一个坐标点，确定文本的高度和旋转角度，把输入的文本中心和高度中心放在指定的坐标点。
- 右(R)：将文本右对齐，起始点在文本的右侧。
- 左上(TL)：指定标注文本左上角点。
- 中上(TC)：指定标注文本顶端的中心点。
- 右上(TR)：指定标注文本右上角点。
- 左中(ML)：指定标注文本左端的中心点。
- 正中(MC)：指定标注文本中央的中心点。
- 右中(MR)：指定标注文本右端的中心点。
- 左下(BL)：指定标注文本左下角点，确定与水平方向的夹角为文本的旋转角，则过该点的直线就是标注文本中最低字符的基线。
- 中下(BC)：指定标注文本底端的中心点。
- 右下(BR)：指定标注文本右下角点。

5.2.2 输入多行文字

使用多行文字命令书写的文字内容，不管有多少个段落，AutoCAD 2012 都将其视为一个整体来进行编辑修改。执行多行文字命令，主要有以下两种方法：

- 选择【注释】/【文字】组，单击“多行文字”按钮A。
- 在命令行中输入“MTEXT”和“MT”命令。

实例 5-3 书写“设计说明”

执行多行文字命令，在图形文件中对建筑设计进行相应的文字说明，其中主要包括建筑的抗震等级、使用材料等信息。

光盘\素材\第 5 章\设计说明.dwg
光盘\效果\第 5 章\设计说明.dwg

1 选择【注释】/【文字】组，单击“多行文字”按钮A，执行多行文字命令，并在命令行提示后分别指定多行文字的起点和对角点，其命令行提示如下：

```
命令: _mtext                                    //执行多行文字命令
当前文字样式: "说明"  文字高度: 2.5000  注释
性: 否
指定第一角点:                                   //在绘图区中拾取一点，指定起点位置
指定对角点或 [高度(H)/对正(J)/行距(L)/旋转(R)/样  //在绘图区上指定对角点位置，如图 5-13
式(S)/宽度(W)/栏(C)]:                            所示
```

使用多行文字命令输入文字之前，应指定文字边框的起点及对角点。文字边框用于定义多行文字对象中段落的宽度，而多行文字对象的长度取决于文字量，而不是边框的长度。

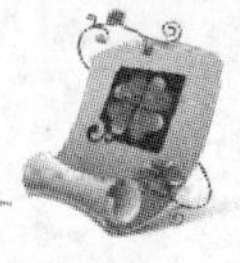

2　在打开的文字编辑框中输入多行文字的内容，按“Enter”键进行段落间的分隔，并选择多行文字的标题文字“设计说明”，如图 5-14 所示。

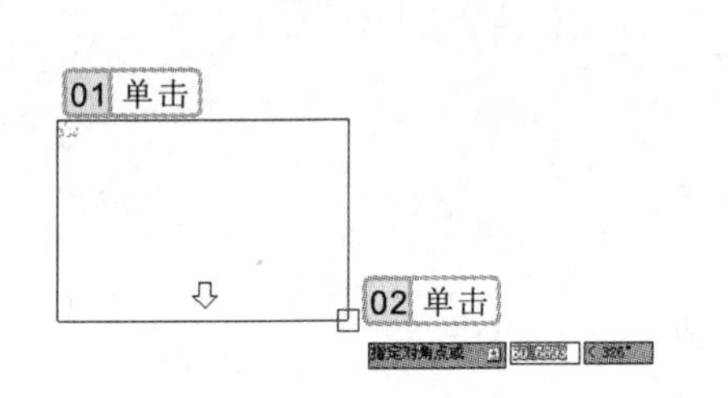

图 5-13　指定起点及对角点

图 5-14　选择标题文字

3　在“样式”面板的“文字高度”下拉列表框中输入“4.5000”，指定文字的高度，在“格式”面板中单击“下划线”按钮，在“段落”面板中单击“居中”按钮，如图 5-15 所示。

4　在文本编辑框中选择除标题外的所有文本内容，指定要进行编辑的多行文字，如图 5-16 所示。

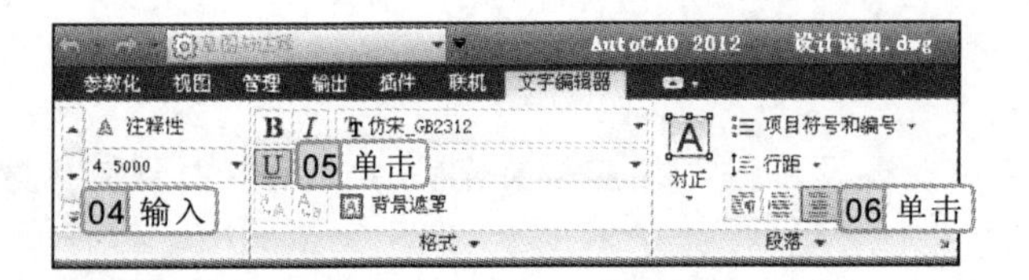

图 5-15　设置标题格式

图 5-16　选择内容文字

5　单击“段落”面板中的按钮，打开“段落”对话框，在“左缩进”栏的“悬挂”文本框中输入“5”，如图 5-17 所示。

6　单击确定按钮，关闭“段落”对话框，在文本编辑框中选择如图 5-18 所示的文字内容。

7　单击“段落”面板中的按钮，打开“段落”对话框，在“左缩进”栏的“第一行”选项后输入“5”，指定缩进量，在“悬挂”选项后的文本框中输入“8.6”，指定悬挂缩进的位置，如图 5-19 所示。

8　单击确定按钮，关闭“段落”对话框，在“关闭”面板中单击“关闭文字编辑器”按钮，效果如图 5-20 所示。

在多行文字对象中，可以通过将格式（如下划线、粗体和不同的字体）应用到单个字符来替代当前文字样式。

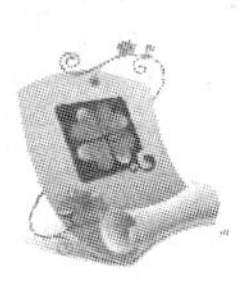

图 5-17 设置“段落”参数

图 5-18 选择要编辑的文字内容

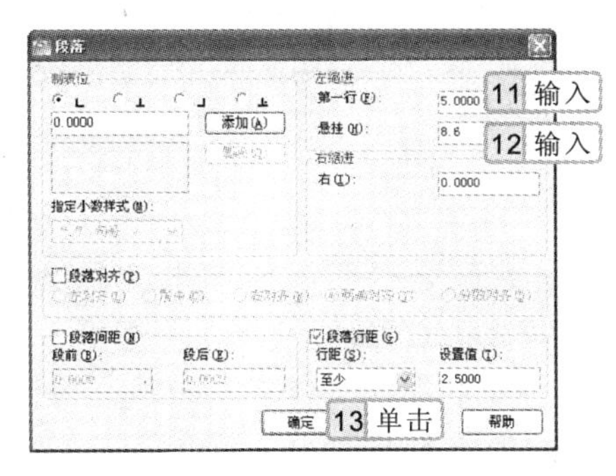

图 5-19 设置段落样式

设计说明

一、本工程为三层砖混结构，总高10.45，按六度抗震设防设计；建筑抗震类别：丙类，建筑安全等级：二级。

二、±0.000相对于绝对标高详建施图。

三、材料：

1. 砖：采用Mu10页岩砖；
2. 砂浆：±0.000以下采用M7.5水泥砂浆；其他采用M5.0混合砂浆；
3. 隔墙及阳台栏板均采用轻质隔墙（容重不大于7.0KN/m），M5混合砂浆砌筑，7.0KN/m。
4. 混凝土：所有挑梁及与之一起的现浇钢筋混凝土构件均采用C30；其他钢筋混凝土构件采用C20；构造柱及圈梁用用C20。
5. 钢筋：ф—Ⅰ级；ф—Ⅱ级，钢筋保护层厚：梁25mm，构造柱：20mm，板：15mm。

图 5-20 多行文字效果

在执行多行文字命令的过程中，在确定了多行文字的起点后，命令行将出现“指定对角点或 [高度(H)/对正(J)/行距(L)/旋转(R)/样式(S)/宽度(W)/栏(C)]:”提示信息。其中，各选项的含义介绍如下。

- **高度(H)**：指定所要创建的多行文字的高度。
- **对正(J)**：指定多行文字的对齐方式，与创建单行文字时对应选项的功能相同。
- **行距(L)**：当创建两行以上的多行文字时，可以设置多行文字的行间距。
- **旋转(R)**：设置多行文字的旋转角度。
- **样式(S)**：指定多行文字要采用的文字样式。
- **宽度(W)**：设置多行文字所能显示的单行文字宽度。
- **栏(C)**：设置多行文字所在文本框的属性，即高度和宽度等。

5.2.3 输入特殊字符

使用文字对图形进行说明时，除了使用汉字和字母外，有时还要输入一些特殊符号，如直径符号⌀、正负符号±等。使用多行文字命令输入文字信息时，在“文字编辑器”选项卡的“插入”面板中单击“符号”按钮@，即可弹出如图 5-21 所示的菜单，选

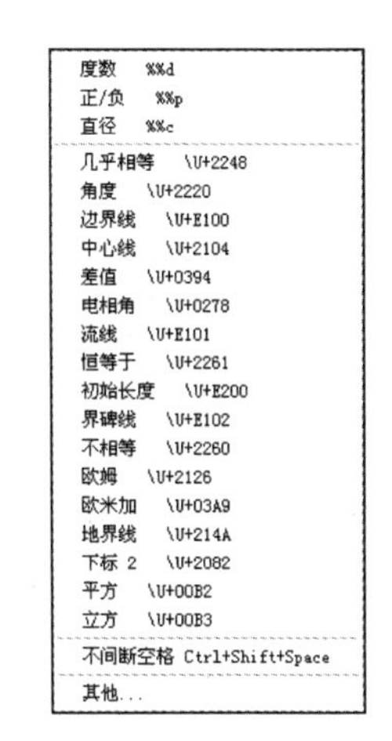

图 5-21 插入特殊符号

在多行文字中输入特殊符号时，除可以使用“符号”按钮@输入特殊符号外，同样可以采用在单行文本中输入特殊符号的方法来输入特殊符号。

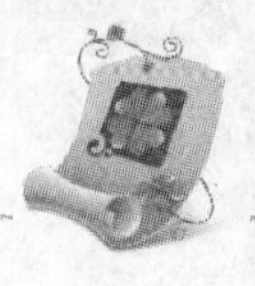

择其中的选项，即可输入一些特殊的符号。

执行单行文字命令输入文字信息时，不能直接输入这些特殊符号。此时，可利用 AutoCAD 2012 提供的特定插入方法来完成，其方法如表 5-1 所示。

表 5-1　常用特殊符号输入及含义

输入代码	字　符	说　明
%%d	°	度
%%P	±	正负符号
%%c	Ø	直径符号
%%%	%	百分比符号
%%o	‾	上划线
%%u	_	下划线

5.2.4　设置特定格式

使用多行文字命令对图形进行文字说明时，配合公差、分数与尺寸公差等内容在 AutoCAD 2012 中是无法直接输入的。通常通过“AutoCAD 经典”工作空间中“文字格式”工具栏中的“堆叠”按钮来完成。在“AutoCAD 经典”工作空间中执行多行文字命令，或双击多行文字，将出现“文字格式”工具栏，如图 5-22 所示。

图 5-22　“文字格式”工具栏

“堆叠”按钮只对包含“/”、“#”和“^”3 种分隔符号的文本起作用，这 3 种分隔符的含义分别介绍如下。

- “/”符号：选中包含该符号的文字说明，单击“堆叠”按钮可将该符号左边的内容设置为分子，右边的内容设置为分母，并以上下排列方式进行显示。例如，输入并选择“H7/I6”文本，并单击“堆叠”按钮，将创建如图 5-23 所示的配合公差。
- “#”符号：选中包含该符号的文字说明，单击“堆叠”按钮，可将该符号左边的内容设为分子，右边的内容设为分母，并以斜排方式进行显示。例如，输入并选择“2#5”文本，然后单击“堆叠”按钮，将创建如图 5-24 所示的分数效果。
- “^”符号：选中包含该符号的文字说明，单击“堆叠”按钮可将左边的内容设为上标，右边的内容设为下标。例如，输入文字“20+0.015^-0.013”，然后选择数字“20”后的“+0.015^－0.013”，单击“堆叠”按钮，可创建如图 5-25 所示的尺寸公差。

在“特性”面板中，可以查看并修改多行文字对象的对象特性，其中包括仅适用于文字的特性。

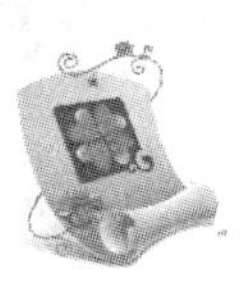

$$\frac{H7}{I6} \qquad {}^{2}\!/_{5} \qquad 20^{+0.015}_{-0.013}$$

图 5-23 配合公差　　图 5-24 输入分数　　图 5-25 输入尺寸公差

5.3 编辑文本

创建文字样式并利用文字标注命令对图形进行文字说明后，难免会出现输入错误或不完善的地方，这时可通过编辑文字命令对文字标注进行编辑。不仅可以对文字内容进行编辑，还可以对文字格式进行设置。

5.3.1 编辑文字内容

利用单行文字或多行文字命令对图形进行文字说明时，难免会出现错误，出现错误时应及时对文字内容进行更改。执行编辑文字命令，主要有以下两种方法：

- 选择【修改】/【对象】/【文字】/【编辑】命令。
- 在命令行中输入“DDEDIT”命令。

执行编辑文字命令后，将提示选择要进行修改的文字内容，在绘图区中单击要进行更改的文字内容，该内容将呈编辑状态，将光标移动到要更改的文字处，输入正确的文字信息即可。

实例 5-4 更改设计依据内容

执行编辑文字命令，将“设计依据.dwg”图形文件中的文字内容进行更改，添加合同号。

参见光盘

光盘\素材\第 5 章\设计依据.dwg
光盘\效果\第 5 章\设计依据.dwg

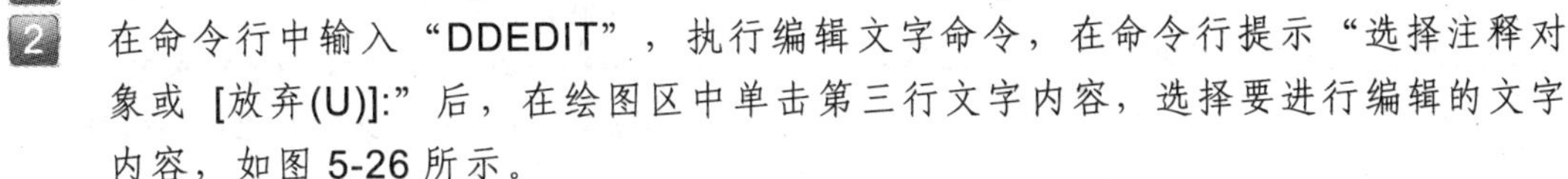

1. 打开“设计依据.dwg”图形文件。
2. 在命令行中输入“DDEDIT”，执行编辑文字命令，在命令行提示“选择注释对象或 [放弃(U)]:”后，在绘图区中单击第三行文字内容，选择要进行编辑的文字内容，如图 5-26 所示。
3. 选择的文本将呈可编辑状态，在文本后输入“第 SW-201314 号”。完成文本内容的更改后，按“Enter”键确定更改，在命令行提示“选择注释对象或 [放弃(U)]:”后再按“Enter”键，结束编辑文字命令，效果如图 5-27 所示。

操作提示

在多行文字中插入“背景遮罩”，可以为文字添加不透明的背景，在文字下方的图形对象就会被遮住。

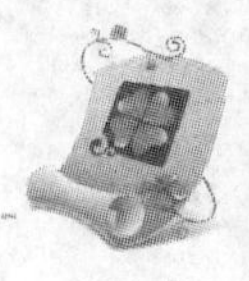

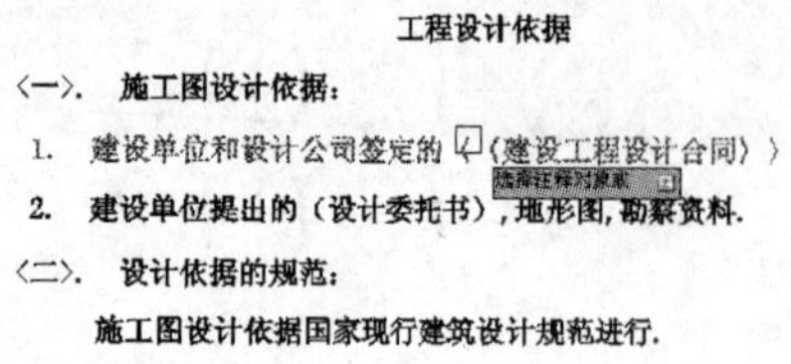

工程设计依据
〈一〉. 施工图设计依据:
1. 建设单位和设计公司签定的《〈建设工程设计合同〉》
2. 建设单位提出的（设计委托书），地形图，勘察资料.
〈二〉. 设计依据的规范:
施工图设计依据国家现行建筑设计规范进行.

图 5-26　选择编辑对象

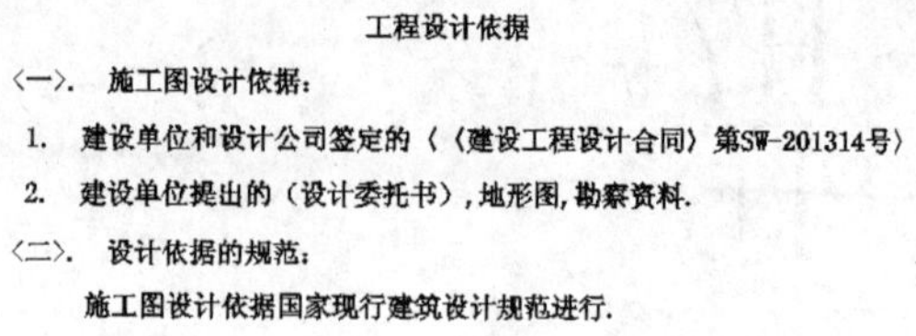

工程设计依据
〈一〉. 施工图设计依据:
1. 建设单位和设计公司签定的《〈建设工程设计合同〉第SW-201314号》
2. 建设单位提出的（设计委托书），地形图，勘察资料.
〈二〉. 设计依据的规范:
施工图设计依据国家现行建筑设计规范进行.

图 5-27　更改文字效果

5.3.2　查找与替换文字

使用查找命令可以在单行文字和多行文字中查找指定的字符，并可对其进行替换操作。执行查找命令，主要有以下两种方法：

- 选择【编辑】/【查找】命令。
- 在命令行中输入"FIND"命令。

执行查找命令，将打开"查找和替换"对话框，在该对话框的"查找内容"文本框中输入要查找的文字内容，在"替换为"文本框中输入将要替换的文字信息，即可对文字内容进行查找和替换操作。

实例 5-5　查找并替换施工图

执行查找命令，将"设计依据.dwg"图形文件中的"施工图"更改为"工程施工图"。

参见光盘　光盘\素材\第 5 章\设计依据.dwg
光盘\效果\第 5 章\查找与替换.dwg

1. 打开"设计依据.dwg"图形文件。
2. 在命令行中输入"FIND"，打开"查找和替换"对话框，在"查找内容"文本框中输入"施工图"，在"替换为"文本框中输入"工程施工图"，单击 全部替换(A) 按钮，如图 5-28 所示。
3. 在打开的对话框中单击 确定 按钮，完成文本的替换操作，效果如图 5-29 所示。

查找和替换
查找内容(W):
施工图
01 输入
查找位置(H):
整个图形
替换为(I):
工程施工图
02 输入
列出结果(L)
替换(R)
全部替换(A)
03 单击
完成
帮助

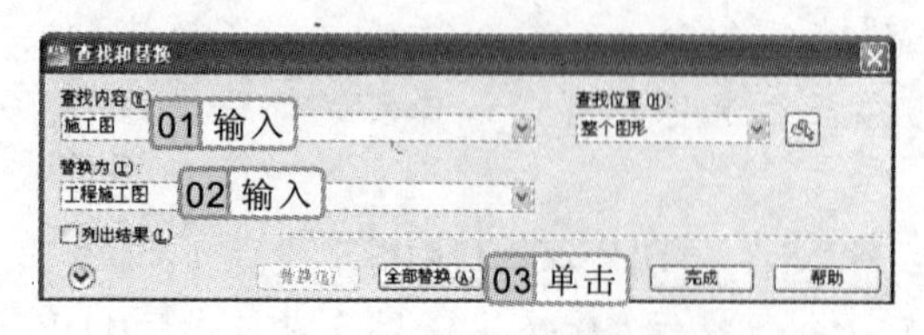

图 5-28　输入查找与替换文本

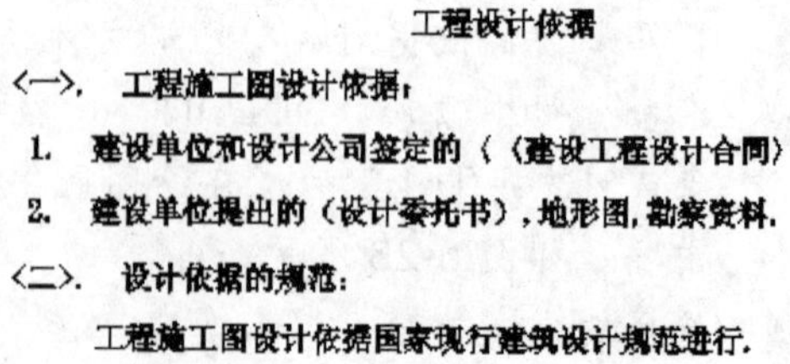

工程设计依据
〈一〉. 工程施工图设计依据:
1. 建设单位和设计公司签定的《〈建设工程设计合同〉》
2. 建设单位提出的（设计委托书），地形图，勘察资料.
〈二〉. 设计依据的规范:
工程施工图设计依据国家现行建筑设计规范进行.

图 5-29　替换文本效果

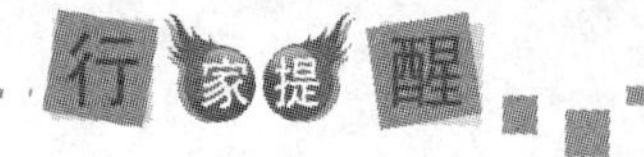

行家提醒

使用查找命令查找文字对象时，可以使用通配符，其中"#"匹配任意数字字符，"@"匹配任意字母字符。

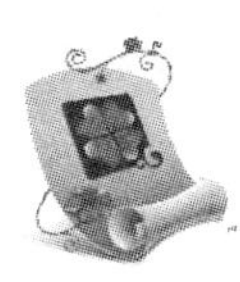

5.4 使用表格绘制图形

绘制图形时，为了将图形所绘制的意图等信息表达清楚，还可以通过表格、标题栏等内容对图形的名称、绘图比例等信息进行说明。该部分内容在AutoCAD 2012中通常使用表格的功能来实现。

5.4.1 创建表格样式

使用表格命令绘制表格、标题栏等图形时，首先应设置表格的样式。执行表格样式命令，主要有以下两种方法：

- 选择【注释】/【表格】组，单击“表格样式”按钮。
- 在命令行中输入“TABLESTYLE”或“TS”命令。

执行表格样式命令后，将打开“表格样式”对话框，用户可以对表格样式进行创建，或对已有的表格样式进行修改。

实例 5-6 创建“机械”表格样式

执行表格样式命令，创建名为“机械”的表格样式，并对表格的样式进行相应设置。

光盘\效果\第5章\表格样式.dwg

1. 选择【注释】/【表格】组，单击“表格样式”按钮，打开“表格样式”对话框，如图5-30所示。
2. 单击 新建(N)... 按钮，打开“创建新的表格样式”对话框，在“新样式名”文本框中输入“机械”，单击 继续 按钮，如图5-31所示。

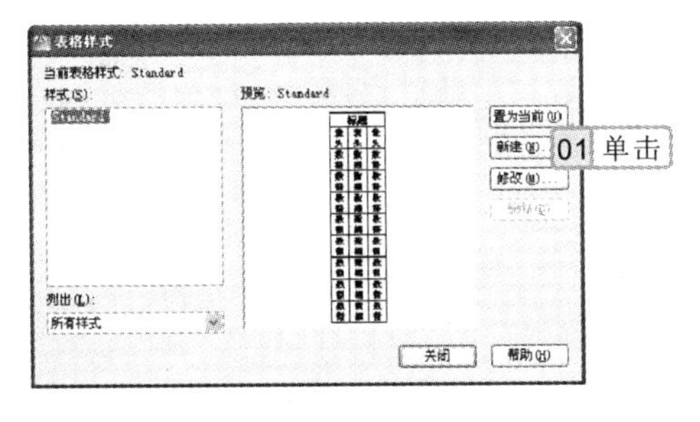

图 5-30 “表格样式”对话框

图 5-31 新建表格样式

3. 在“新建表格样式：机械”对话框的“常规”栏的“表格方向”下拉列表框中选择“向上”选项，在“单元样式”栏中选择“常规”选项卡，在“页边距”栏中设置“水平”及“垂直”选项的边距，如图5-32所示。
4. 选择“文字”选项卡，将“文字高度”选项设置为“4.5”，如图5-33所示。

表格样式可以在每个类型的行中指定不同的单元样式，可以为文字和网格线显示不同的对正方式和外观。

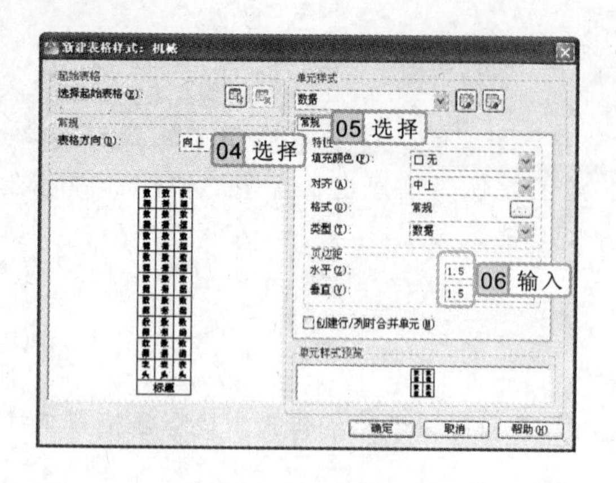

图 5-32 设置页边距

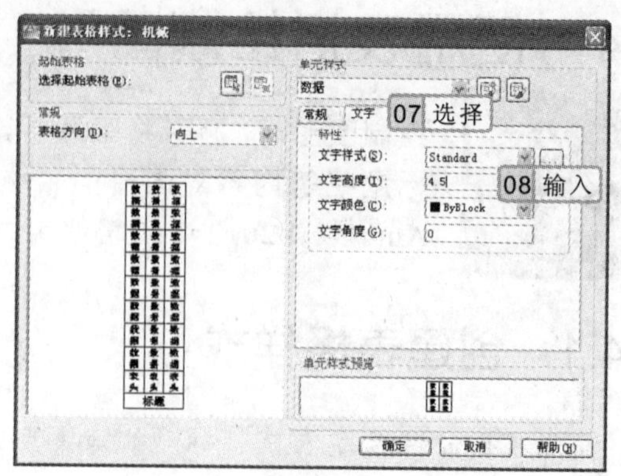

图 5-33 设置文字高度

5 选择“边框”选项卡，在“特性”栏的“线宽”下拉列表框中选择“0.30mm”选项，单击确定按钮，返回“表格样式”对话框，如图 5-34 所示。

6 在“表格样式”对话框的“样式”列表框中选择“机械”选项，单击置为当前(U)按钮，将表格样式设置为当前表格样式，单击关闭按钮，关闭“表格样式”对话框，如图 5-35 所示。

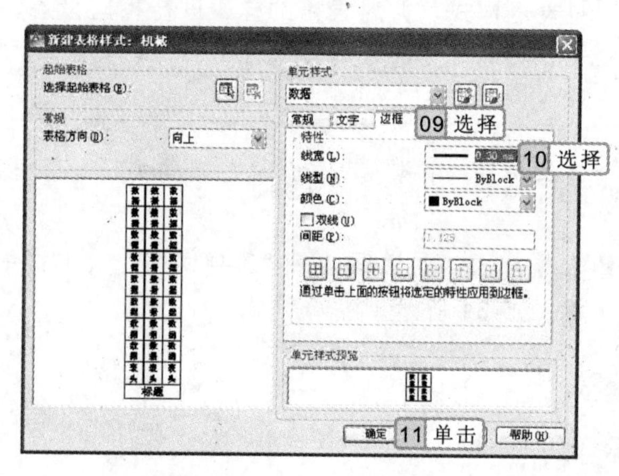

图 5-34 设置边框线条

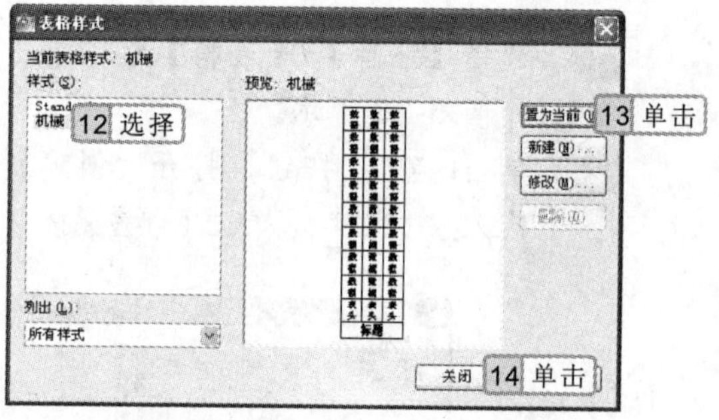

图 5-35 设置当前表格样式

5.4.2 绘制表格

在完成表格样式的设置之后，即可根据表格样式来创建表格，并在表格内输入相应的文字内容。执行绘制表格命令，主要有以下两种方法：

- 选择【注释】/【表格】组，单击“表格”按钮。
- 在命令行中输入“TABLE”或“TB”命令。

执行上述任意一种操作后，将打开“插入表格”对话框，在该对话框中设置好创建表格的参数后，即可创建表格。

绘制表格时，如果已经有一个或多个表格样式，可以在“表格样式”栏中选择表格样式来创建表格。

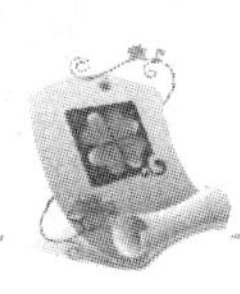

实例 5-7 绘制 7 行 5 列表格

参见光盘　光盘\效果\第 5 章\绘制表格.dwg

1. 选择【注释】/【表格】组，单击“表格”按钮，打开“插入表格”对话框。
2. 在“插入方式”栏中选中 指定插入点(I) 单选按钮，在“列和行设置”栏中将“列数”选项设置为“5”，将“数据行数”选项设置为“5”，在“设置单元样式”栏中将“第一行单元样式”、“第二行单元样式”和“所有其他行单元样式”均设置为“数据”，如图 5-36 所示。
3. 单击 确定 按钮，关闭“插入表格”对话框，在命令行提示“指定插入点:”后，在绘图区中拾取一点，指定表格的插入位置，并在插入的表格外单击鼠标左键，效果如图 5-37 所示。

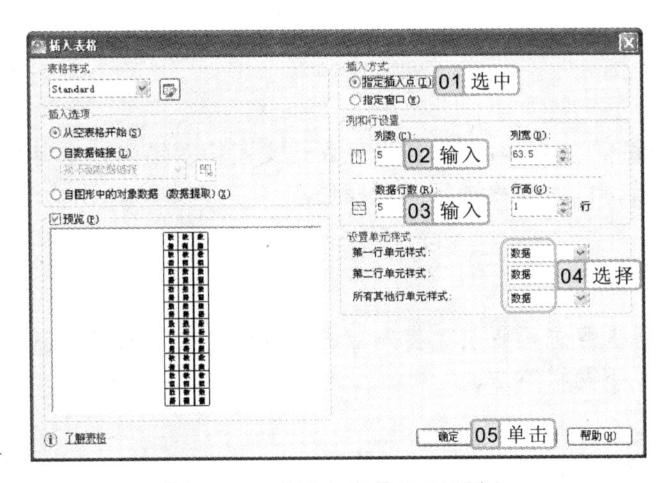

图 5-36　“插入表格”对话框

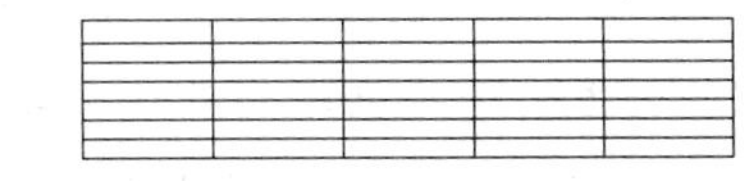

图 5-37　插入表格效果

在使用绘制表格命令创建表格时，“插入表格”对话框中各选项的功能介绍如下。

- **表格样式**：该下拉列表框用于选择表格样式。单击该下拉列表框右边的“启动‘表格样式’对话框”按钮，将打开“表格样式”对话框，用户可以创建和修改表格样式。
- **从空表格开始**：选中该单选按钮，在创建表格时，将创建一个空白表格，然后用户可以手动输入表格数据。
- **自数据链接**：选中该单选按钮，将选择以外部电子表格中的数据来创建表格。
- **自图形中的对象数据（数据提取）**：选中该单选按钮后，将根据当前图形文件中的文字数据来创建表格。
- **预览**：选中该复选框后，预览窗口可以显示当前表格样式的样例。
- **指定插入点**：选中该单选按钮，在绘图区中只需要指定表格的插入点即可创建表格。
- **指定窗口**：选中该单选按钮，在插入表格时，将利用表格起点和端点的方法指定表格的大小和位置。

操作提示

插入表格时，在指定表格的行数时，其中“数据行数”数值框中输入的数字只包括数据行，在创建没有标题或表头的表格时，应根据情况减少数据行的输入。

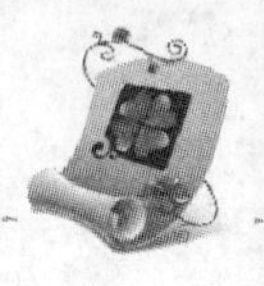

- **列数**：该数值框用于设置表格的列数。
- **列宽**：该数值框用于设置插入表格每一列的宽度值。当表格的插入方式为“指定窗口”方式时，“列”和“列宽”只有一个选项可用。
- **数据行数**：该数值框用于设置插入表格的数据行数。
- **行高**：该数值框用于设置插入表格每一行的高度值。当表格的插入方式为“指定窗口”方式时，“数据行数”和“行高”只有一个选项可用。
- **第一行单元样式**：该下拉列表框用于设置表格中第一行的单元样式。默认情况下使用标题单元样式，也可以根据需要进行更改。
- **第二行单元样式**：该下拉列表框用于设置表格中第二行的单元样式。默认情况下使用表头单元样式，也可以根据需要进行更改。
- **所有其他行单元样式**：该下拉列表框用于设置表格中所有其他行的单元样式。默认情况下使用数据单元样式。

5.4.3 编辑表格

在完成表格的绘制，并在表格中输入文字内容后，若发现表格文字输入错误，或者想在表格中再添加一行或删除一列等，就可以对表格进行编辑操作。

1. 编辑表格文字

编辑表格文字即是对表格中的文字内容进行更改，首先应进入表格的文字编辑状态。要进入表格的文字编辑状态，主要有以下两种方法：

- 双击要进行编辑的表格文字。
- 在命令行输入“TABLEDIT”命令。

执行以上任意一种操作后，要编辑的表格将呈编辑状态，输入相应的文字即可更改表格文字内容。

实例 5-8 更改图纸目录文字

执行编辑表格文字命令，在“图纸目录.dwg”图形文件中将表格标题的文字内容更改为“装饰装修图纸目录”。

光盘\素材\第 5 章\图纸目录.dwg
光盘\效果\第 5 章\图纸目录.dwg

1. 打开“图纸目录.dwg”图形文件。
2. 在命令行中输入“TABLEDIT”，在命令行提示“拾取表格单元:”后，选择表格的标题单元格，该单元格呈可编辑状态，在其中输入新的内容，如图 5-38 所示。
3. 完成单元格文字内容的更改后，在表格外单击鼠标左键，完成表格文字内容的更改，效果如图 5-39 所示。

表格创建完成后，用户可以单击该表格上的任意网格线，以选中该表格，然后通过使用“特性”选项板或夹点来修改该表格。

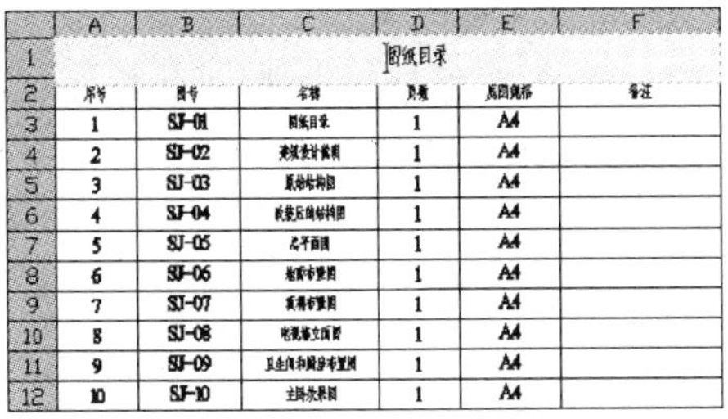

	A	B	C	D	E	F
1	图纸目录					
2	序号	图号	名称	页数	原图规格	备注
3	1	SJ-01	图纸目录	1	A4	
4	2	SJ-02	建筑设计说明	1	A4	
5	3	SJ-03	原始结构图	1	A4	
6	4	SJ-04	改装后结构图	1	A4	
7	5	SJ-05	总平面图	1	A4	
8	6	SJ-06	地面布置图	1	A4	
9	7	SJ-07	顶棚布置图	1	A4	
10	8	SJ-08	电视墙立面图	1	A4	
11	9	SJ-09	卫生间和厨房布置图	1	A4	
12	10	SJ-10	主卧效果图	1	A4	

图 5-38　编辑标题单元格

装饰装修图纸目录					
序号	图号	名称	页数	原图规格	备注
1	SJ-01	图纸目录	1	A4	
2	SJ-02	建筑设计说明	1	A4	
3	SJ-03	原始结构图	1	A4	
4	SJ-04	改装后结构图	1	A4	
5	SJ-05	总平面图	1	A4	
6	SJ-06	地面布置图	1	A4	
7	SJ-07	顶棚布置图	1	A4	
8	SJ-08	电视墙立面图	1	A4	
9	SJ-09	卫生间和厨房布置图	1	A4	
10	SJ-10	主卧效果图	1	A4	

图 5-39　更改表格文字内容

2．编辑表格

编辑表格的操作主要是在“表格单元”选项卡中进行的。选择表格的任意单元格，将出现如图 5-40 所示的“表格单元”选项卡，单击相应的按钮，即可对表格进行相应的操作。其各选项的功能介绍如下。

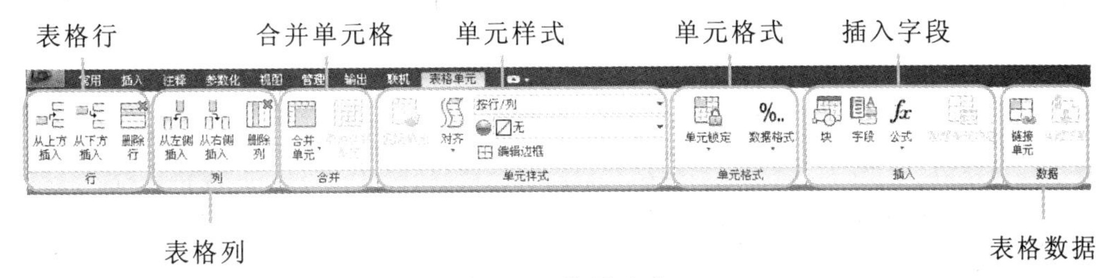

图 5-40　编辑表格

- **行**：在该面板中，可以对单元格的行进行相应的操作。单击“从上方插入”按扭，即可在选择的表格上方插入行；单击“从下方插入”按钮，即可在选择的单元格下方插入行；单击“删除行”按钮，即可将选择的单元格所在行全部删除。
- **列**：在该面板中，可对选择的单元格的列进行相应操作。单击“从左侧插入”按钮，即可在选择的单元格左侧插入列；单击“从右侧插入”按钮，即可在选择的单元格右侧插入列；单击“删除列”按钮，即可将选择的单元格所在列全部删除。
- **合并**：在该面板中，可以将多个单元格合并为一个单元格，也可将已经合并的单元格进行取消合并操作。当选择了多个连续的单元格时，单击“合并单元”按钮，在打开的菜单中选择相应的合并方式可以全部合并单元格、按行或按列合并单元格；在选择合并的单元格后，单击“取消合并单元”按钮，即可取消合并的单元格。
- **单元样式**：在该面板中，可以设置表格文字的对齐方式、单元格的颜色，以及表格的边框样式等。
- **单元格式**：在该面板中，可以确定是否将选择的单元格进行锁定，以及设置单元格的数据类型。

除了双击单元格之外，要编辑某个单元格之中的文字内容，在选择该单元格后按“F2”键，即可让该单元格呈编辑状态。

- **插入**：在该面板中，可以插入图块、字段及公式等特殊符号。
- **数据**：在该面板中，可以设置表格数据，如将 Excel 中的数据与表格中的数据进行链接等操作。

5.5　基础实例

本章的基础实例将绘制“泵盖.dwg”图形文件的技术要求和标题栏，让用户进一步掌握文字样式、表格样式的创建，使用多行文字命令书写标注，以及编辑表格、输入表格文字等操作。

5.5.1　书写泵盖技术要求

本例将在“泵盖.dwg”图形文件的基础上，对文字样式进行设置，并利用多行文字命令对图形技术要求进行标注，最终效果如图 5-41 所示。

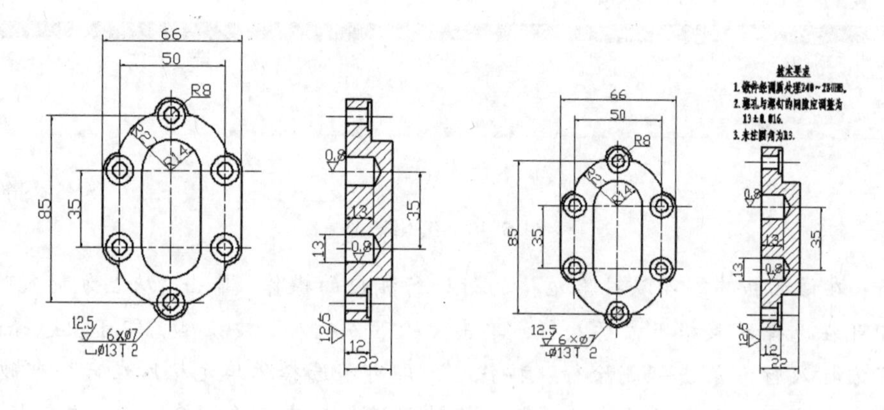

图 5-41　标注技术要求

1. 行业分析

机械设计中的技术要求通常包括零件设计时的具体要求与行业规范等。零件的具体设计、材质不同，则技术要求规定也不同。零件图的技术要求通常包括以下内容。

- **对毛坯的要求**：如铸件、锻件，不准有铸造（锻造）缺陷。
- **边角处理**：如倒角、圆角、拔模斜度等。
- **对热处理要求**：如调质、淬火等。
- **表面处理**：如非加工面涂防锈底漆等。
- **其他要求**：无法用图例在图中表达的技术要求或可统一标注的表面粗糙度；无法用图例表达的公差，如尺寸公差、配合公差、形位公差等其他需要用文字说明的要求。

单击一个单元格，按住鼠标左键进行拖动，或按住“Shift”键单击选择另一个单元格，可以同时选中这两个单元格以及它们之间的所有单元格。

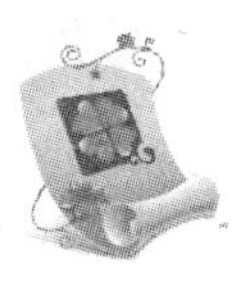

2. 操作思路

为了准确地对图形进行技术要求的书写操作，本例的操作思路如下。

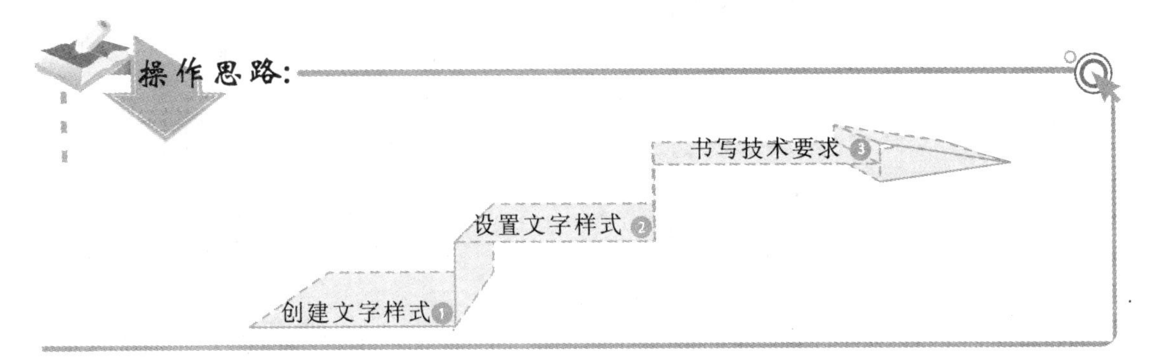

3. 操作步骤

下面介绍泵盖技术要求的书写，其操作步骤如下。

参见光盘
光盘\素材\第5章\泵盖.dwg
光盘\效果\第5章\泵盖.dwg
光盘\实例演示\第5章\书写泵盖技术要求

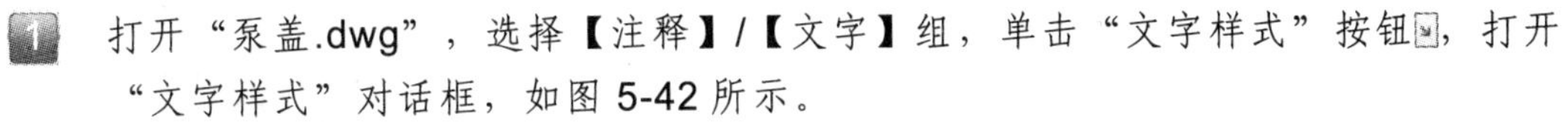

1 打开“泵盖.dwg”，选择【注释】/【文字】组，单击“文字样式”按钮，打开“文字样式”对话框，如图5-42所示。

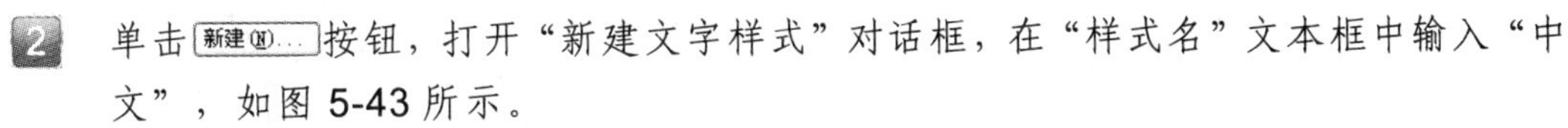

2 单击[新建(N)...]按钮，打开“新建文字样式”对话框，在“样式名”文本框中输入“中文”，如图5-43所示。

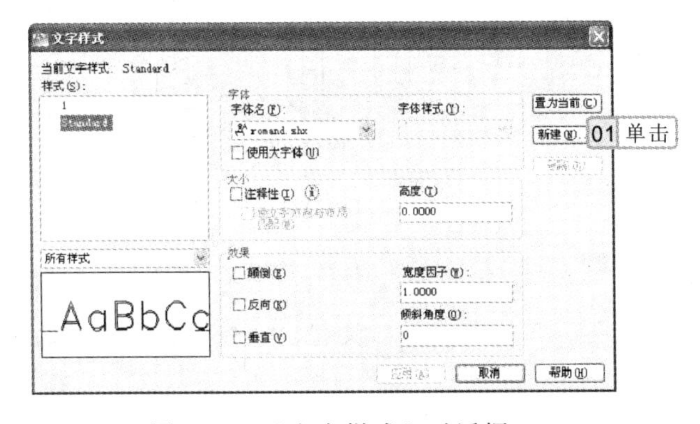

图5-42　“文字样式”对话框

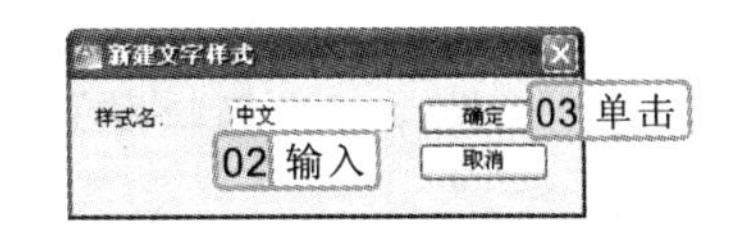

图5-43　创建文字样式

3 单击[确定]按钮，返回“文字样式”对话框，在“字体名”下拉列表框中选择“仿宋_GB2312”选项，在“大小”栏的“高度”文本框中输入“5.0000”，在“效果”栏的“宽度因子”文本框中输入“0.7000”，单击[置为当前(C)]按钮，再单击[关闭(C)]按钮，关闭“文字样式”对话框，如图5-44所示。

操作提示

在多行文字中，可以为不同的文字指定不同的字体格式，如粗体、斜体、下划线、上划线和颜色等。

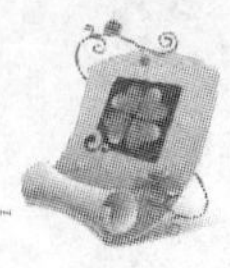

4 在命令行中输入“MT”，执行多行文字命令，在绘图区中指定多行文字的起点和对角点位置，如图 5-45 所示。

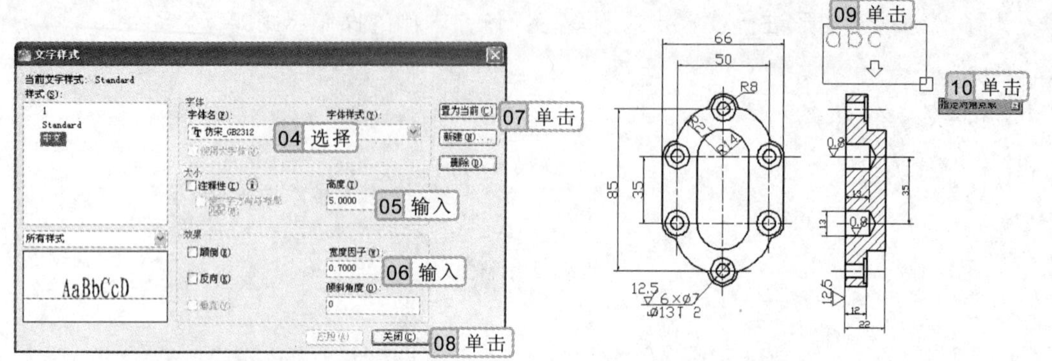

图 5-44 设置文字样式　　图 5-45 指定多行文字位置

5 在文本编辑框中输入多行文字内容，并选择要编辑的标题文字，如图 5-46 所示。

6 选择【文字编辑器】/【格式】组，单击“下划线”按钮U，给选择文字添加下划线，选择【文字编辑器】/【段落】组，单击“居中”按钮，将选择文字居中显示，如图 5-47 所示。

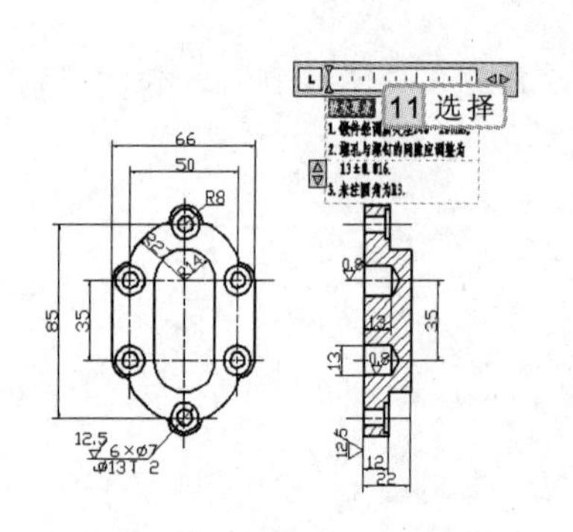

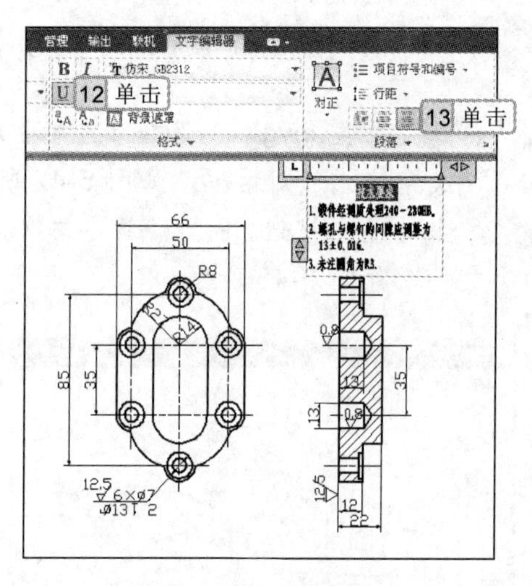

图 5-46 输入并选择文字　　图 5-47 设置文字格式

7 选择【文字编辑器】/【关闭】组，单击“关闭”按钮，完成技术要求的书写。

5.5.2 绘制标题栏

本例将绘制工程制图中常见的标题栏表格。首先要通过表格功能绘制表格，然后对表格单元格进行合并操作，并更改文字的对齐方式，最后输入相关文字等，最终效果如图 5-48 所示。

对多行文字进行编辑时，标尺上的滑块显示了相对于边框左侧的缩进量。其中，上滑块表示段落首行的缩进情况，下滑块表示段落其他行的缩进情况。

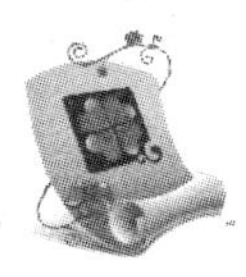

重量		件数		比列	1:2
制图			第 张 共 张		03-2
描图			(公司、单位)		
审核					
(零件名称)					

图 5-48　标题栏

1. 行业分析

在工程制图中，为方便工作人员读图及查询相关信息，图纸中一般会配置标题栏，其位置一般位于图纸的右下角，看图方向一般应与标题栏的方向一致。标题栏一般由更改区、签字区、其他区、名称及代号区组成，也可按实际需要增加或减少。各组成部分介绍如下。

- **更改区**：一般由更改标记、处数、分区、更改文件号、签名和年月日等组成。
- **签字区**：一般由设计、审核、工艺、标准化、批准、签名和年月日组成。
- **其他区**：一般由材料标记、阶段标记、重量、比例、共**张第**张组成。
- **名称及代号区**：一般由单位名称、图样名称和图样代号等组成。

2. 操作思路

为工程图形创建标题栏，首先应从创建标题栏表格开始，本例的操作思路如下。

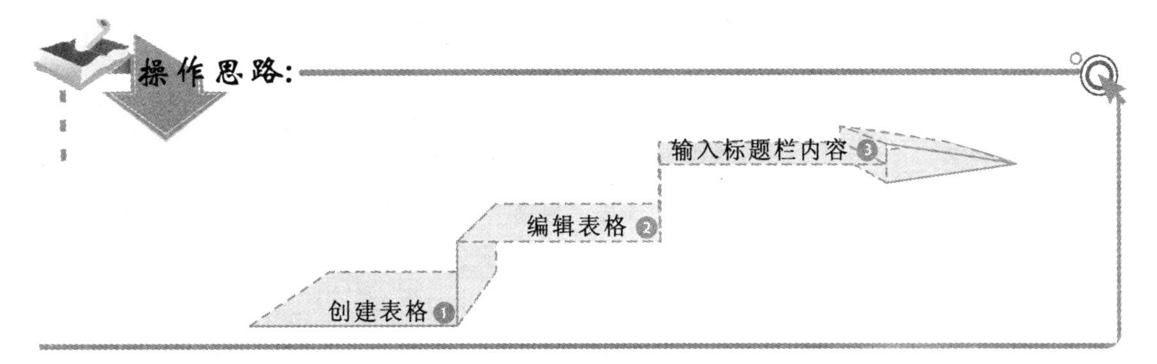

3. 操作步骤

下面介绍利用表格功能绘制标题栏表格并输入相关内容的操作，其操作步骤如下。

光盘\效果\第 5 章\标题栏.dwg
光盘\实例演示\第 5 章\绘制标题栏

1 选择【注释】/【表格】组，单击"表格样式"按钮，打开"表格样式"对话框，单击新建(N)...按钮，如图 5-49 所示。

选择单元格后，可以通过单击鼠标右键，然后在弹出的快捷菜单中选择相应的命令来进行插入或删除列和行、合并相邻单元格或进行其他修改。

2 打开“创建新的表格样式”对话框，在“新样式名”文本框中输入“标题栏”，单击［继续］按钮，如图 5-50 所示。

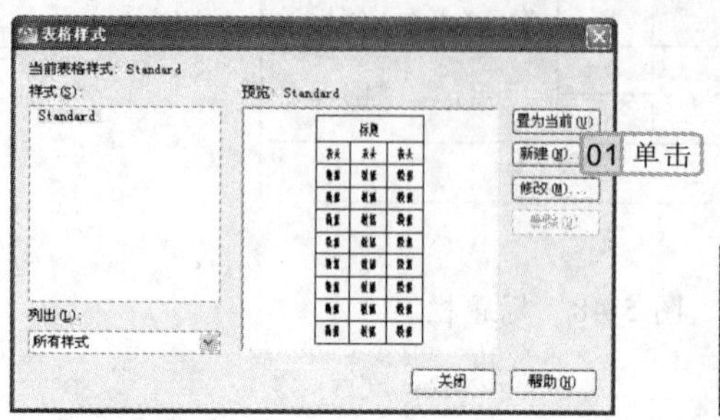

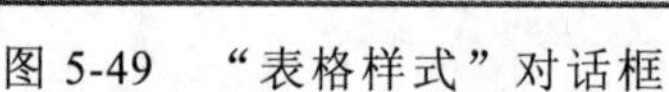
图 5-49 “表格样式”对话框

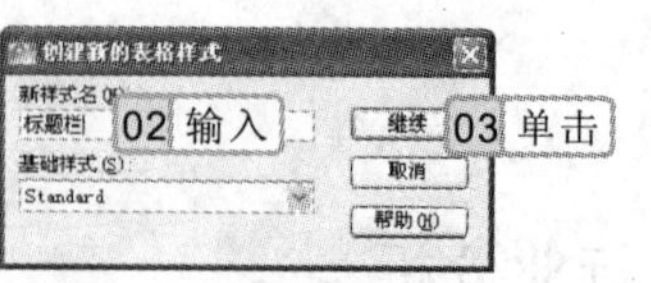

图 5-50 创建表格样式

3 打开“新建表格样式：标题栏”对话框，在“单元样式”栏中选择“常规”选项卡，在“特性”栏的“对齐”下拉列表框中选择“正中”选项，如图 5-51 所示。

4 在“单元样式”栏中选择“文字”选项卡，在“特性”栏的“文字高度”文本框中输入“4.5”，指定表格数据的文字高度，如图 5-52 所示。

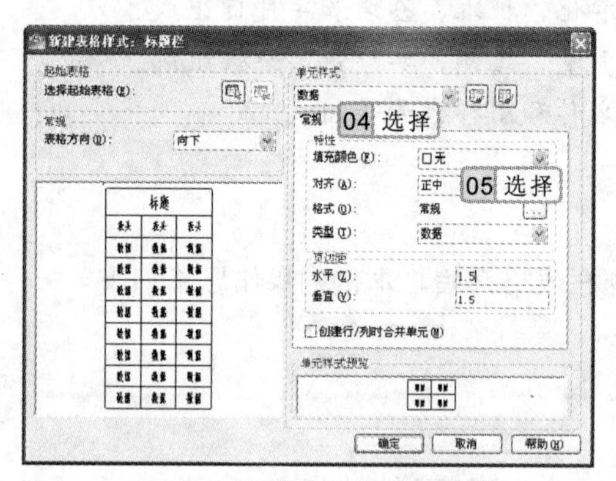

图 5-51 设置“对齐”选项

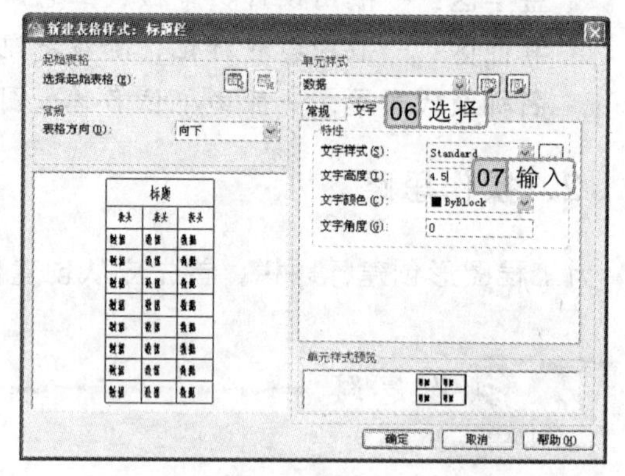

图 5-52 设置“数据”文字高度

5 在“单元样式”下拉列表框中选择“标题”选项，在“特性”栏的“文字高度”文本框中输入“4.5”，指定表格标题的文字高度，单击［确定］按钮，如图 5-53 所示。

6 返回“表格样式”对话框，单击［关闭］按钮，关闭“表格样式”对话框，如图 5-54 所示。

7 选择【注释】/【表格】组，单击“表格”按钮，打开“插入表格”对话框，在“插入方式”栏中选中 ◉指定插入点(I) 单选按钮，在“列和行设置”栏的“列数”数值框中输入“6”，在“列宽”数值框中输入“18”，在“数据行数”数值框中输入“3”，将“设置单元样式”栏全部设置为“数据”，如图 5-55 所示。

8 单击［确定］按钮，关闭“插入表格”对话框，在命令行提示“指定插入点:”后在绘图区中拾取一点，指定表格的插入位置，并在表格外单击鼠标左键，取消表格的选择，效果如图 5-56 所示。

进行表格样式设置时，如果文字样式的文字高度为 0，在“表格样式”中可以设置文字高度；如果文字样式中文字高度设置为具体的高度，则表格样式中的文字高度将不能进行更改。

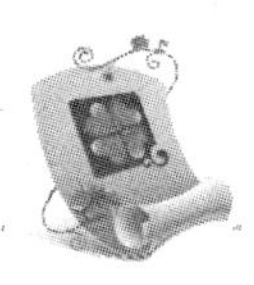

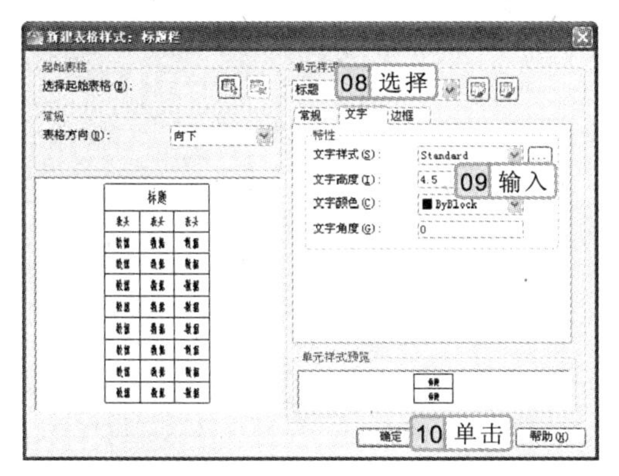

图 5-53 设置标题文字高度

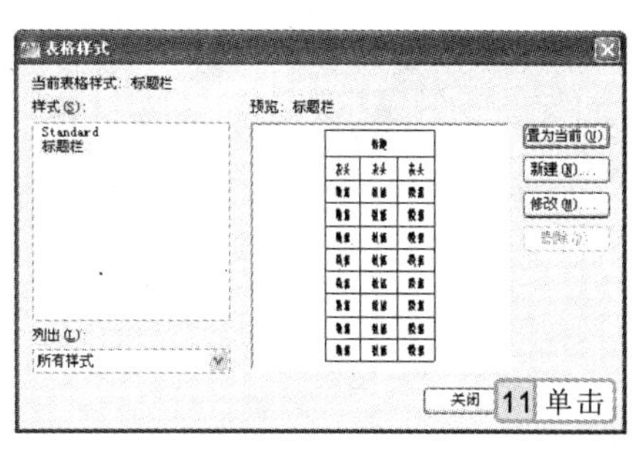

图 5-54 “表格样式”对话框

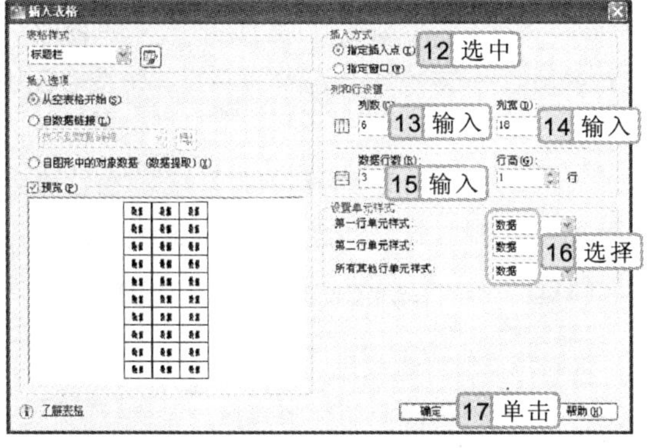

图 5-55 设置插入表格参数

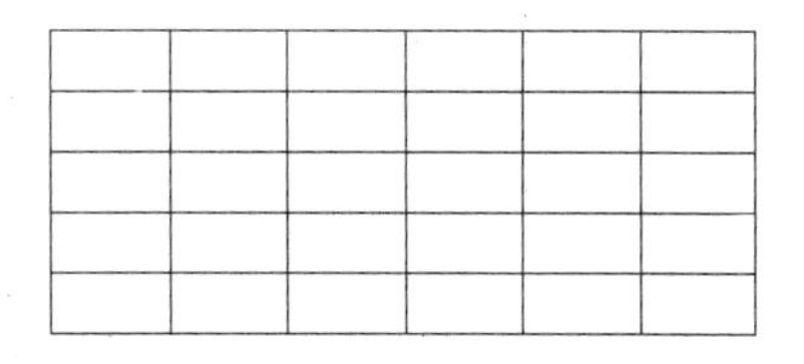

图 5-56 插入表格效果

9 选择表格的 A5 至 F5 的单元格，选择【表格单元】/【合并】组，单击“合并单元”按钮▦，在弹出的菜单中选择“合并全部”命令，如图 5-57 所示。

10 在表格中选择 D2 至 E2 的单元格，选择【表格单元】/【合并】组，单击“合并单元”按钮▦，在弹出的菜单中选择“合并全部”命令，如图 5-58 所示。

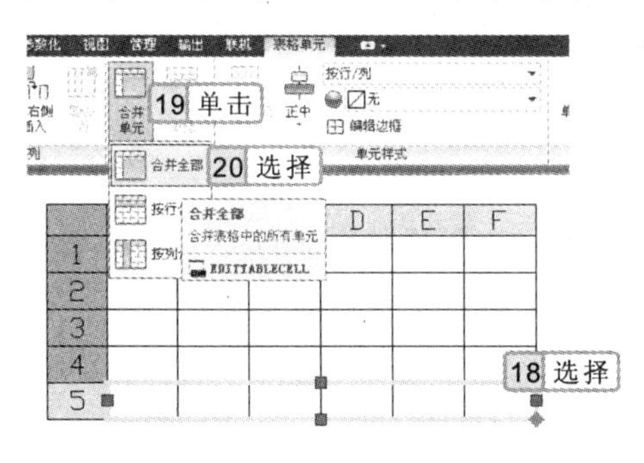

图 5-57 合并 A5:F5 单元格

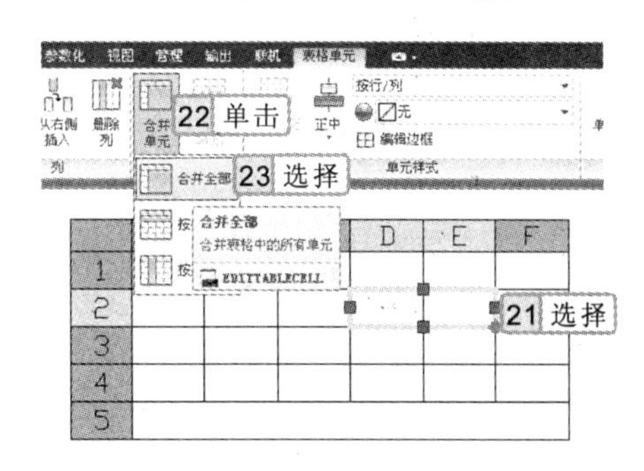

图 5-58 合并 D2:E2 单元格

11 在表格中选择 D3 至 F4 的单元格，选择【表格单元】/【合并】组，单击“合并单元”按钮▦，在弹出的菜单中选择“合并全部”命令，如图 5-59 所示。

在表格中，可以将包含大量数据的表格打断成主要和次要的表格片断；使用表格底部的表格打断夹点，可以创建不同的表格部分。

12 将表格单元格进行合并操作后的效果如图 5-60 所示。

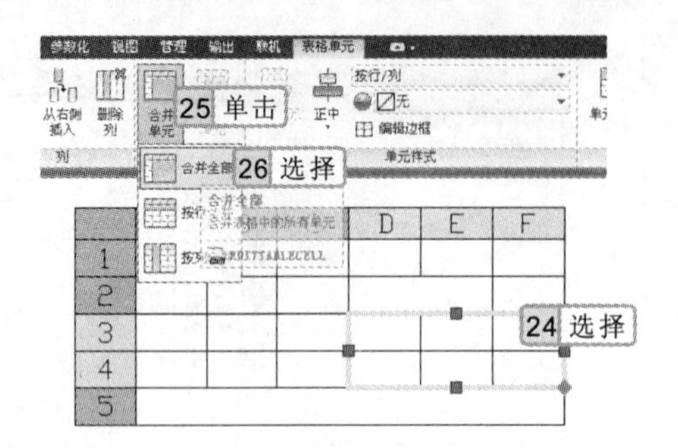

图 5-59 合并 D3:F4 单元格

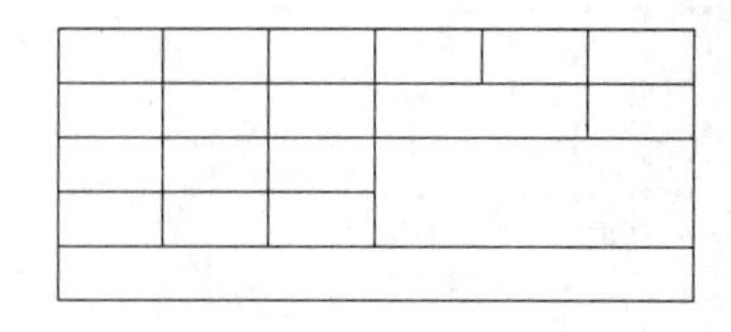

图 5-60 合并单元格效果

13 双击表格单元格，输入相应的文字内容，选择“（公司、单位）”文字内容，选择【文字编辑器】/【样式】组，在“文字高度”文本框中输入“6”，并按“Enter”键更改文字高度，如图 5-61 所示。

14 选择“（零件名称）”文字内容，选择【文字编辑器】/【样式】组，在“文字高度”文本框中输入“6”，并按“Enter”键更改文字高度，如图 5-62 所示。

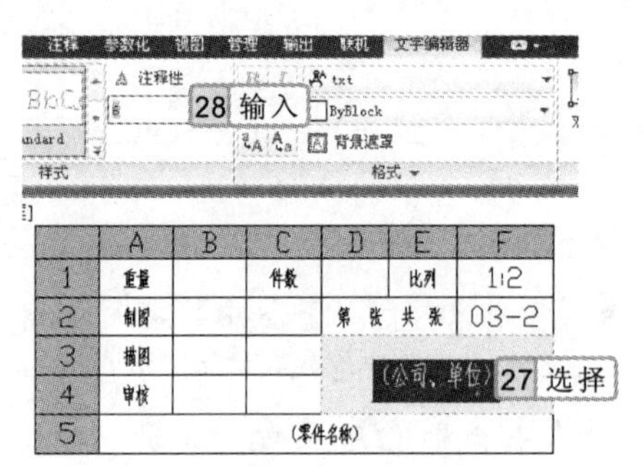

图 5-61 更改文字高度（一）

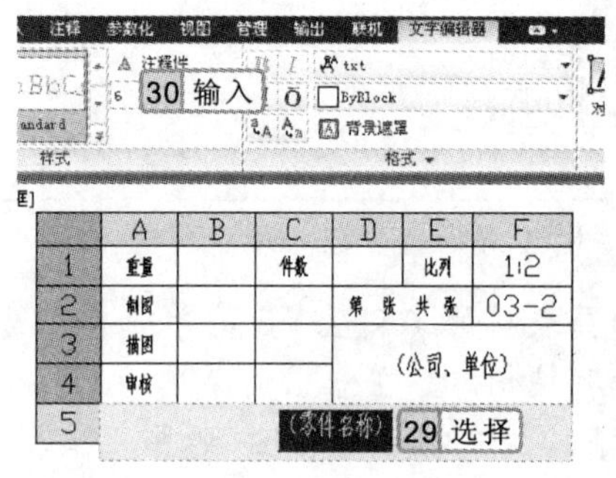

图 5-62 更改文字高度（二）

5.6 基础练习

本章主要介绍了 AutoCAD 2012 文字与表格的相关知识。下面通过两个练习，进一步巩固使用 AutoCAD 2012 的文字样式、多行文字、表格样式，以及插入表格命令的相关操作方法。

5.6.1 标注技术要求

本次练习将为图形标注技术要求，首先应创建并设置文字样式，再利用多行文字命令书写技术要求，最后对多行文字的对齐方式和段落缩进进行设置，效果如图 5-63 所示。

默认情况下，选定表格的某个单元格进行文字内容的编辑时，在表格的前端和顶端将显示字母和行号，通过系统变量 TABLEINDICATOR 可控制此显示。

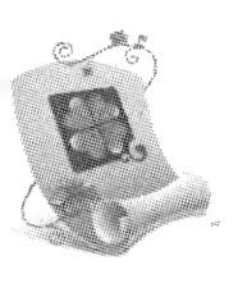

技 术 要 求

1. 未注明之铸造圆角φ3-φ5，铸造斜度1:25；
2. 铸出后应进行人工时效处理；
3. 锐角倒钝，去毛刺；
4. 铸件不得有裂纹、松缩、砂眼等能降低铸件强度的缺陷；
5. 未注公差等级按IT15。

图 5-63　技术要求

参见光盘　光盘\素材\第 5 章\技术要求.dwg
光盘\实例演示\第 5 章\标注技术要求

该练习的操作思路与关键提示如下。

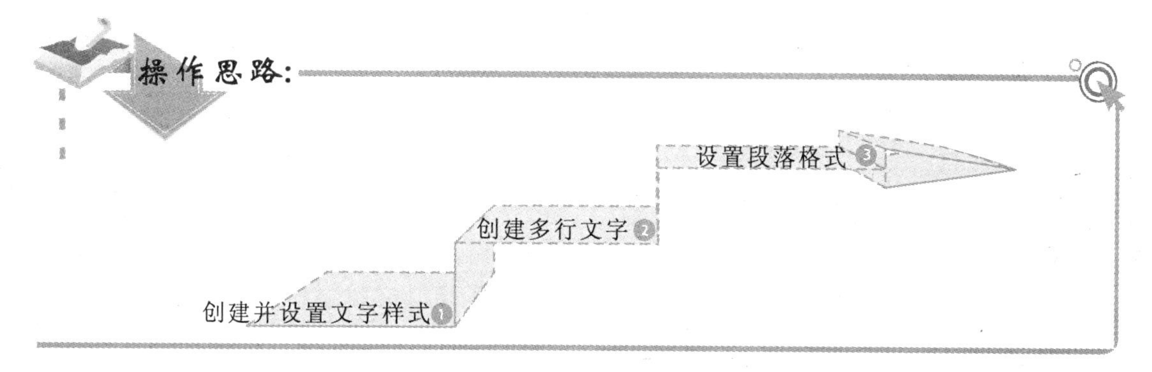

关键提示:

设置文字样式：

文字样式名称：技术要求；字体名：仿宋_GB2312；文字高度：2.5；宽度比例：0.7。

段落格式：

标题段落：居中；正文悬挂缩进：2.5。

5.6.2　绘制齿轮参数表

本次练习将绘制“齿轮参数表.dwg”表格，在绘制时，首先对表格文字进行设置，再设置表格样式，最后利用插入表格的方法插入表格，并在插入的表格中输入参数表的相关数据内容，效果如图 5-64 所示。

对表格进行编辑操作时，单击表格，选择的是表格或表格的某一单元格。要对表格的内容进行修改，应双击某一单元格，然后进行修改，并可通过方向键在单元格之间进行切换。

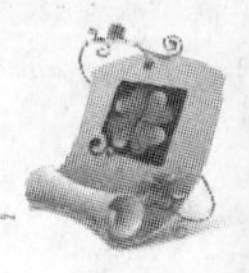

齿轮参数表（mm）				
	模数	齿数	轴孔直径	键槽宽
大齿轮	5	30	25	5
小齿轮	6	20	10	5

图 5-64　齿轮参数表

参见光盘　光盘\素材\第5章\齿轮参数表.dwg
光盘\实例演示\第5章\绘制齿轮参数表

该练习的操作思路与关键提示如下。

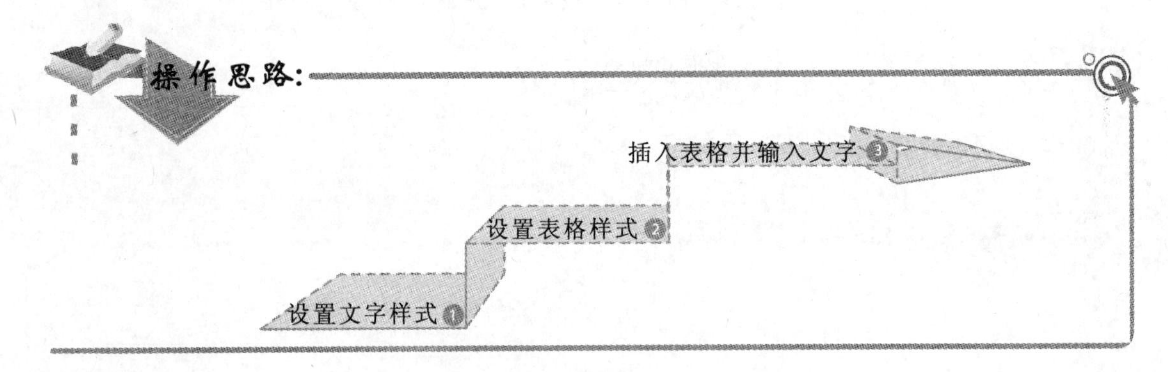

关键提示:

文字样式：

字体名：宋体；宽度比例：1。

表格相关参数：

标题行文字高度：6；表头及数据文字高度：4.5；表格数据行：2。

5.7 知识问答

使用 AutoCAD 2012 中的文字命令及表格功能对图形进行文字说明，以及利用表格的方式对图形进行说明时，难免会遇到各种问题。下面来介绍一些常见的问题及解决方案。

问：在进行文字创建的过程中，为什么使用%%c 和%%d 等特殊代码输入的字符显示的是一个方框？此时应如何进行输入呢？

答：这是因为在插入特殊符号时，设置的字体不匹配引起的。选择输入的特殊符号代码，然后在字体下拉列表框中选择 txt.shx 字体，即可解决该问题。

多行文字的行距是一行文字的基线（底部）与下一行文字基线之间的距离，可以将间距增量设置为单倍行距的倍数，或者设置为绝对距离。

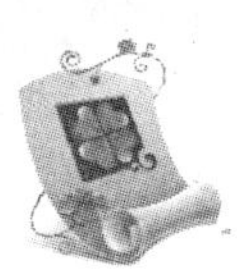

问：为什么设置的表格行数为5，而在绘图区中插入的表格却有7行呢？

答：这是因为设置的行数是数据行的行数，表头行和表格标题行是排除在这个计数范围之外的。

问：在多行文字中，如何才能输入数学中的乘号呢？

答：选择五笔或拼音输入法，在输入法状态条右端的“软键盘”按钮上单击鼠标右键，在弹出的快捷菜单中选择“数学符号”命令，打开“软键盘”，在其中选择“乘号”选项即可输入此符号。

问：在设置文字样式时，为什么“文字样式”对话框中的☐使用大字体(U)复选框处于不可用状态呢？

答：“SHX字体”下拉列表框中带T标志的字体是TrueType字体，其他字体是AutoCAD自带的字体。只有在“SHX字体”下拉列表框中选择了.shx类型的字体时，才能激活☐使用大字体(U)复选框。

知识关联　在表格中输入文字

创建表格后，双击表格的某一个单元格，可使其呈可编辑状态。在该单元格中输入文字内容后，单击单元格外的其他地方，将取消单元格的可编辑状态。另外，在表格单元格的可编辑状态下，输入某格的单元格文字内容后，移动光标，可以在不同的表格单元格之间进行切换，从而可以一次性完成整个表格内容的输入操作。

在表格单元中插入块时，块可以自动适应单元的大小，也可以调整单元以适应块的大小。通常，可以将多个块插入到表格单元中。

第 6 章

对图形进行尺寸标注

尺寸标注样式

组成 创建 修改

标注尺寸

线性 对齐 角度 半径

公差标注

编辑尺寸标注

标注 标注文字 标注间距

本章导读

使用 AutoCAD 2012 的尺寸标注命令对图形进行尺寸标注，可以将图形以尺寸文字的方式进行表达。在进行施工及生产加工时，工人也可以根据尺寸标注所提示的数据进行生产加工。本章将详细介绍 AutoCAD 2012 中尺寸标注样式的设置和各种尺寸标注命令的使用及操作方法。本章的知识点中，标注样式的创建、修改是尺寸标注的基础，应重点进行掌握；尺寸标注、公差标注、编辑尺寸标注可以快速、准确地对图形进行尺寸标注，是应重点掌握的知识点。

6.1 尺寸标注样式

在 AutoCAD 2012 中绘制的图形只能反映该图形的形状和结构，其真实大小必须通过尺寸标注来完成，以便准确、清楚地反映对象的大小和对象之间的关系，这样施工人员才能准确地进行施工。

6.1.1 尺寸标注的组成

尺寸标注是绘制图形时的一个重要组成部分，主要用于表达图形的尺寸大小、位置关系等。一个完整的尺寸标注由尺寸界线、尺寸线、标注文本、箭头和圆心标记等部分组成，如图 6-1 所示。

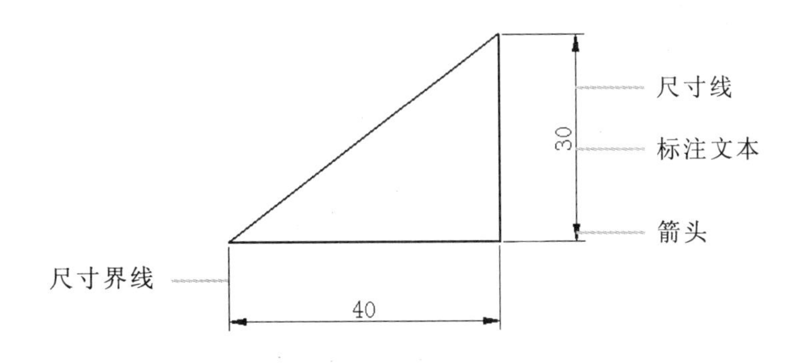

图 6-1 尺寸标注的组成

尺寸标注中各组成部分的作用及其含义介绍如下。

- **尺寸界线**：也称为投影线，用于标注尺寸的界限，由图样中的轮廓线、轴线或对称中心线引出，它的端点与所标注的对象接近但并未连接到对象上。
- **尺寸线**：通常与所标注对象平行，放在两尺寸界线之间用于指示标注的方向和范围。尺寸线通常为直线，但在角度标注时，尺寸线则为一段圆弧。
- **标注文本**：通常位于尺寸线上方或中断处，用以表示所选标注对象的具体尺寸大小。在进行尺寸标注时，AutoCAD 2012 会自动生成所标注对象的尺寸数值，用户也可对标注文本进行修改。
- **箭头**：在尺寸线两端，用以表明尺寸线的起始位置，用户可为标注箭头指定不同的尺寸大小和样式。
- **圆心标记**：标记圆或圆弧的中心点位置。

6.1.2 创建标注样式

使用尺寸标注命令对图形进行尺寸标注时，首先应创建尺寸标注样式，并对标注样式

尺寸标注主要由尺寸界线、箭头等组成，在实际的绘图过程中，可以根据需要不显示尺寸界线或箭头等。

进行必要的设置，然后才能更好地对图形进行尺寸标注。在“标注样式管理器”对话框中可以创建及设置尺寸标注样式，执行标注样式命令，主要有以下两种方法。

- 选择【注释】/【标注】组，单击“标注样式”按钮。
- 在命令行中输入“DDIM”、“D”、“DIMSTYLE”或“DIMSTY”命令。

执行标注样式命令后，将打开“标注样式管理器”对话框，在该对话框中即可对标注样式进行创建等操作。

实例 6-1 创建“机械”标注样式

执行标注样式命令，创建名为“机械”的标注样式，并在该标注样式的基础上创建“半径”子样式。

参见光盘 光盘\效果\第 6 章\标注样式.dwg

1. 选择【注释】/【标注】组，单击“标注样式”按钮，打开“标注样式管理器”对话框，如图 6-2 所示。
2. 单击新建(N)...按钮，打开“创建新标注样式”对话框，在“新样式名”文本框中输入“机械”，单击继续按钮，如图 6-3 所示。

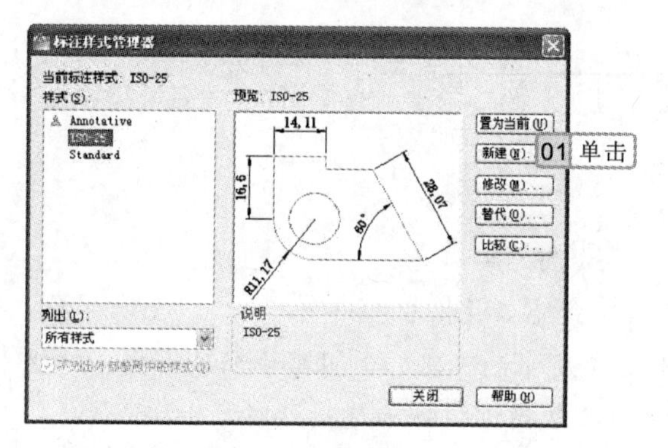

图 6-2 “标注样式管理器”对话框

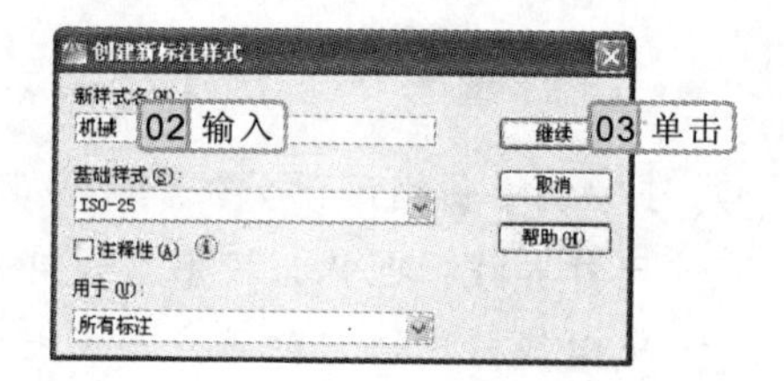

图 6-3 新建标注样式

3. 打开“新建标注样式：机械”对话框，在该对话框中可不对任何参数进行更改，单击确定按钮，如图 6-4 所示。
4. 返回“标注样式管理器”对话框，单击新建(N)...按钮。
5. 打开“创建新标注样式”对话框，在“用于”下拉列表框中选择“半径标注”选项，单击继续按钮，如图 6-5 所示。
6. 打开“新建标注样式：机械：半径”对话框，选择“文字”选项卡，在“文字对齐”栏中选中ISO 标准单选按钮，如图 6-6 所示。
7. 单击确定按钮，返回“标注样式管理器”对话框，在“样式”列表框中选择“机械”选项，单击置为当前(U)按钮，将其设置为当前标注样式，单击关闭按钮，关闭“标注样式管理器”对话框，如图 6-7 所示。

行家提醒

对机械或建筑图形进行尺寸标注时，应根据机械制图或建筑制图的标注，分别创建符号标注机械图形与建筑图形的标注样式。

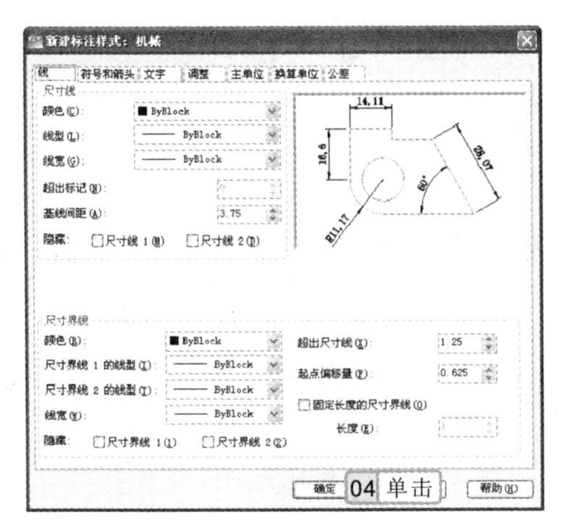

图 6-4　设置标注样式

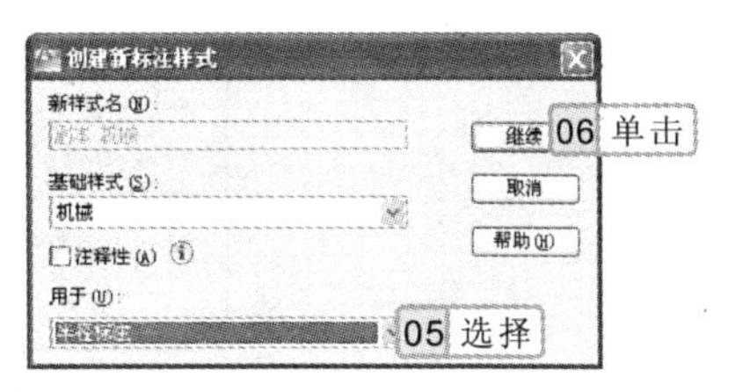

图 6-5　新建子标注样式

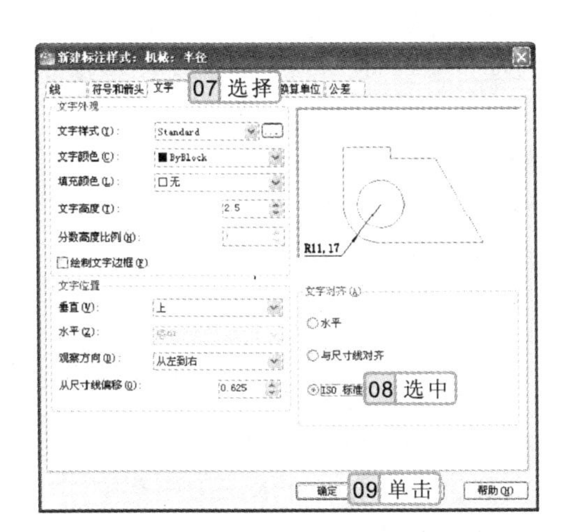

图 6-6　设置子标注样式

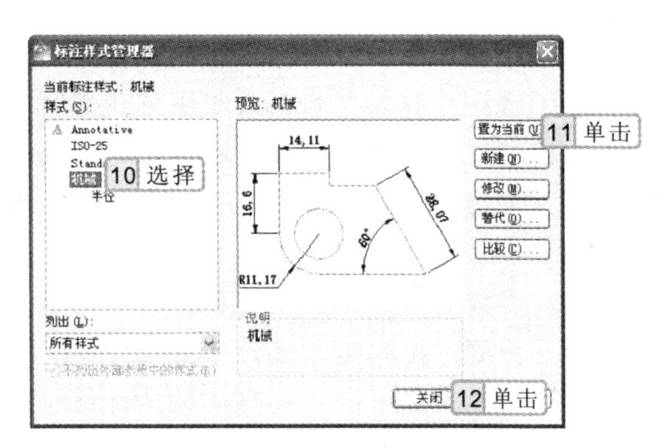

图 6-7　设置当前标注样式

6.1.3　修改标注样式

标注样式可以在创建时进行设置，也可以在“标注样式管理器”对话框的“样式”列表框中选择已有的标注样式后单击 修改(M)... 按钮，对标注样式进行设置，主要设置内容包括“线”、“符号和箭头”、“标注文字”等。

1. 设置标注线条

尺寸标注的线条主要是指尺寸线和尺寸界线。对尺寸标注的线条进行调整的方法是，在“标注样式管理器”中选择要进行修改的标注样式，然后单击 修改(M)... 按钮，在打开的“修改标注样式”对话框中选择“线”选项卡，便可对尺寸线和尺寸界线进行设置，如图 6-8 所示。

在“标注样式”对话框的“线”选项卡中，选中 ☑固定长度的尺寸界线(O) 复选框，并设置“长度”选项后，在标注尺寸时，延伸线的长度是固定的。

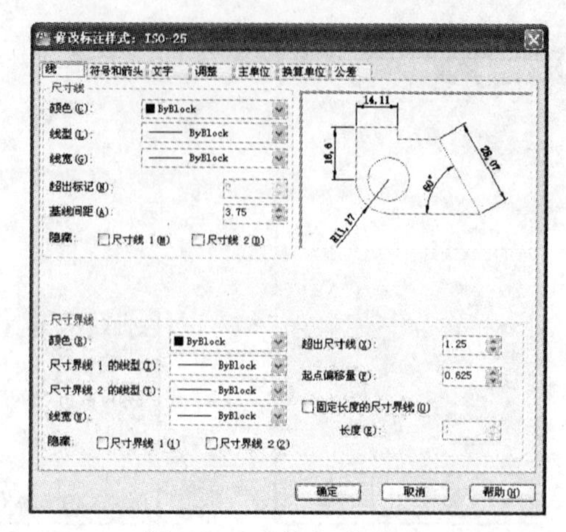

图 6-8　“线”选项卡

在“修改标注样式”对话框的“线”选项卡中，“尺寸线”与“尺寸界线”栏中“颜色”、“线宽”等内容相似。这里以“尺寸线”栏中的选项为例，“尺寸线”与“尺寸界线”栏中各选项的含义介绍如下。

- **颜色**：在该下拉列表框中可选择尺寸线的颜色，一般为默认设置。
- **线型**：在该下拉列表框中可设置标注尺寸线的线型。
- **线宽**：在该下拉列表框中可选择尺寸线的线宽。
- **超出标记**：设置尺寸线超出尺寸界线的长度。当箭头样式为“建筑标注”、“倾斜”和“无”时，该选项才可用。
- **基线间距**：该选项用于基线标注时，设置尺寸线之间的距离。
- **隐藏**：控制尺寸线的可见性。若选中“尺寸线 1”或“尺寸线 2”中的任意复选框，将隐藏选中的尺寸线；若同时选中两个复选框，则在标注时不显示尺寸线。
- **超出尺寸线**：该选项用于设置尺寸界线超出尺寸线的距离。
- **起点偏移量**：该选项用于设置尺寸界线与标注对象之间的距离。
- **固定长度的尺寸界线**：该选项可以将标注尺寸的尺寸界线都设置成一样长，尺寸界线的长度可在“长度”文本框中指定。

2. 设置符号和箭头

在“修改标注样式”对话框的“符号和箭头”选项卡中，可以设置标注尺寸中的箭头样式、箭头大小、圆心标注以及弧长符号等，如图 6-9 所示。“符号和箭头”选项卡中各选项的含义分别介绍如下。

- **第一个/第二个**：用于设置尺寸标注中第一个标注箭头与第二个标注箭头的外观样式，在建筑绘图时，通常将标注箭头设置为“建筑标记”或“倾斜”样式；在机械绘图时，通常使用“实心闭合”样式。
- **引线**：设定快速引线标注时的箭头类型。
- **箭头大小**：该选项用于设置尺寸标注中箭头的大小。

设置的标注箭头是箭头样式时，则“线”选项卡中的“超出标记”选项不可用；若设置箭头形式为“倾斜”、“建筑标记”等样式，则该选项可用。

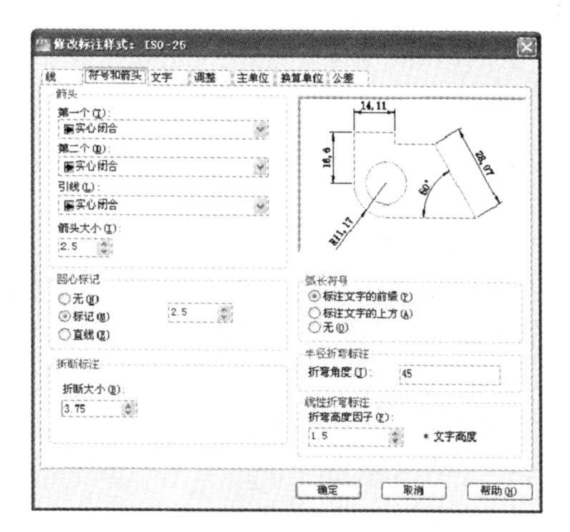

图 6-9 “符号和箭头”选项卡

- **圆心标记**：该栏用于是否显示圆心标记，以及设置圆心标记的类型及大小。当选中⊙无(N)单选按钮，在标注圆弧类的图形时，则取消圆心标注功能；选中⊙标记(M)单选按钮，则标注出的圆心标记为+；选中⊙直线(E)单选按钮，则标注出的圆心标记为中心线。

3．设置标注文字

在“文字”选项卡中可对尺寸标注中标注文本的参数进行设置，如设置尺寸标注时的文字样式、文字对齐方式等，如图 6-10 所示为“文字”选项卡。

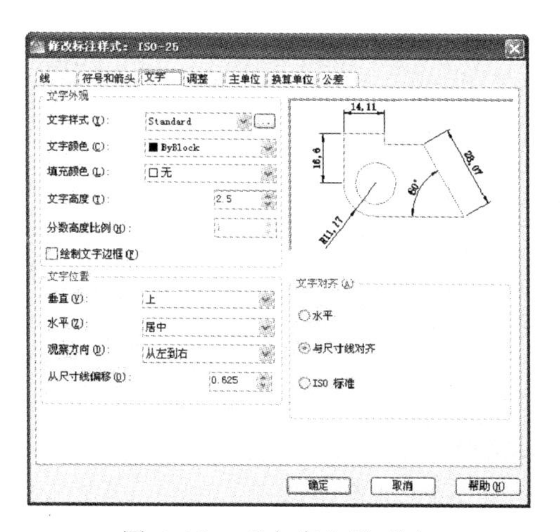

图 6-10 “文字”选项卡

在“文字外观”栏中可对尺寸标注中标注文本的外观样式进行设置，如文字样式、文字颜色、填充颜色和文字高度等，其设置方法分别介绍如下。

- **文字样式**：在该下拉列表框中选择尺寸标注默认采用的文字样式，标注文本将按照设定的文字样式参数进行显示。
- **文字颜色**：该下拉列表框用于设置标注文字的颜色。

在 AutoCAD 2012 中，默认有一个名为“ISO-25”的尺寸标注样式，可以根据需要创建不同的标注样式，以更好地管理及标注图形。

- **填充颜色**：在该下拉列表框中可选择文字的背景颜色。
- **文字高度**：设置标注文字的高度。若已在文字样式中设置了文字高度，则该数值框中的值无效。
- **分数高度比例**：设定分数形式字符与其他字符的比例。当在“主单位”选项卡中选择“分数”作为“单位格式”时，此选项才可用。
- **绘制文字边框**：选中该复选框后，在进行尺寸标注时，标注的文字内容将添加上边框。

在“文字位置”栏中可对尺寸标注中标注文字所在的位置进行设置，各设置的含义分别介绍如下。

- **垂直**：控制标注文字相对于尺寸线的垂直对齐位置。
- **水平**：控制标注文字在尺寸线方向上相对于尺寸界线的水平位置。
- **观察方向**：控制标注文字的观察方向。
- **从尺寸线偏移**：该选项用于指定尺寸线到标注文字间的距离。
- **文字对齐**：在“文字对齐”栏中可对尺寸标注中标注文字的对齐方式进行设置，各对齐方式的含义分别介绍如下。
  - **水平**：将所有标注文字水平放置。
  - **与尺寸线对齐**：将所有标注文字与尺寸线对齐，文字倾斜度与尺寸线倾斜度相同。
  - **ISO 标准**：当标注文字在尺寸界线内部时，文字与尺寸线平行；当标注文字在尺寸线外部时，文字水平排列。

6.1.4 删除标注样式

在“标注样式管理器”对话框中不仅可以创建不同的标注样式，也可以对多余的标注样式进行删除，从而有利于管理标注样式。

实例 6-2 删除“建筑”标注样式

参见光盘
光盘\素材\第 6 章\删除标注样式.dwg
光盘\效果\第 6 章\删除标注样式.dwg

1. 选择【注释】/【标注】组，单击“标注样式”按钮，打开“标注样式管理器”对话框，在“样式”列表框中选择“机械”选项，单击置为当前(U)按钮，将其设置为当前标注样式，如图 6-11 所示。
2. 在“样式”列表框的“建筑”标注样式上单击鼠标右键，在弹出的快捷菜单中选择“删除”命令，如图 6-12 所示。
3. 打开“标注样式-删除 标注样式”对话框，单击是(Y)按钮，确定对标注样式进行删除处理，如图 6-13 所示。
4. 返回“标注样式管理器”对话框，单击关闭按钮，完成删除标注样式的操作，如图 6-14 所示。

对于多余的标注样式，可以将其进行删除，但是不能删除正在使用的标注样式，以及当前标注样式。

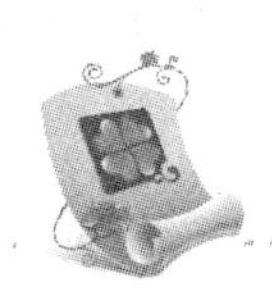

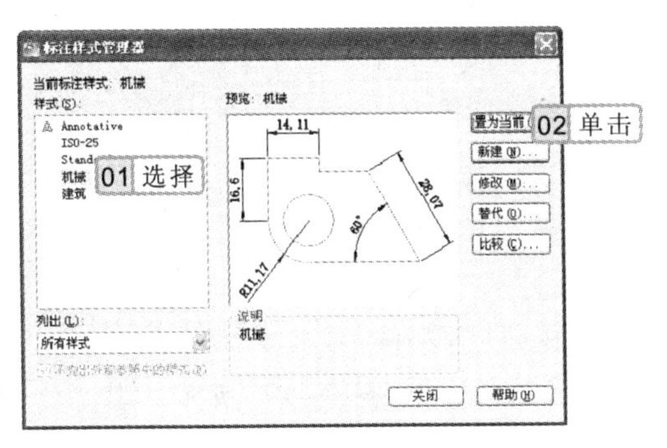

图 6-11　设置当前标注样式

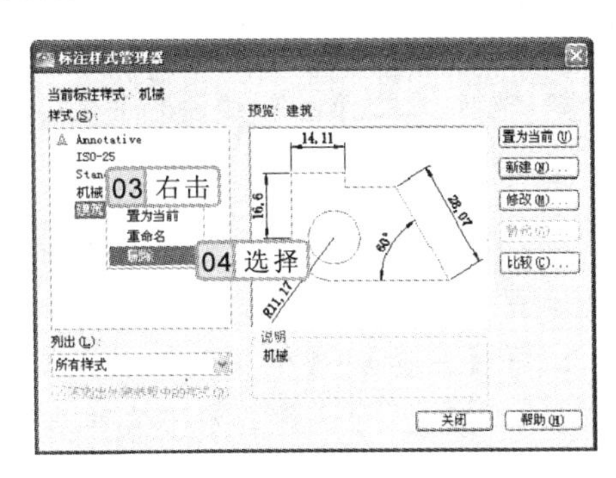

图 6-12　删除标注样式

图 6-13　确认删除标注样式

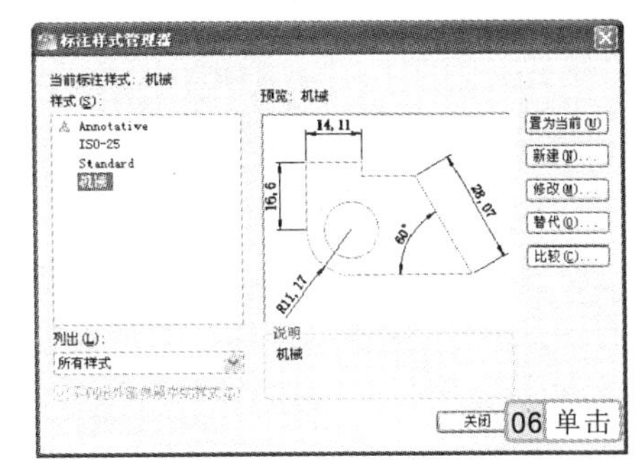

图 6-14　删除标注样式后的效果

6.2　标注图形尺寸

将尺寸标注样式进行设置后，便可以利用 AutoCAD 2012 的尺寸标注命令对图形进行标注，如对图形进行半径、直径、线性、对齐、角度、连续、基线标注等。

6.2.1　线性标注

线性标注主要用于标注水平或垂直方向上的尺寸。执行线性标注命令，主要有以下两种方法:

- 选择【注释】/【标注】组，单击"线性"按钮。
- 在命令行中输入"DIMLINEAR"或"DIMLIN"命令。

执行线性标注命令后，将提示指定标注的第一和第二条延伸线原点，然后再指定尺寸线的位置，即可标注线性尺寸标注。

实例 6-3　标注三角板水平线长度

执行线性标注命令，在"三角板.dwg"图形文件中，将水平直线的长度进行线性尺寸标注。

在"标注样式管理器"对话框的"样式"列表框中，选择需要的标注样式后单击置为当前(U)按钮，可以把选择的标注样式设置为当前标注样式。

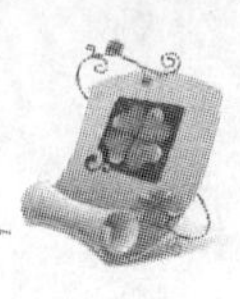

参见光盘 光盘\素材\第 6 章\三角板.dwg
光盘\效果\第 6 章\线性标注.dwg

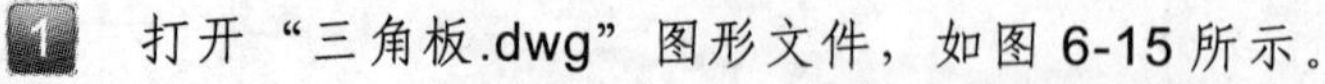

1. 打开“三角板.dwg”图形文件，如图 6-15 所示。
2. 在状态栏的对象捕捉按钮上单击鼠标右键，在弹出的快捷菜单中选择“端点”命令，启用“端点”对象捕捉功能，如图 6-16 所示。
3. 选择【注释】/【标注】组，单击“线性”按钮，执行线性标注命令，对“三角板.dwg”图形文件的水平直线进行线性标注，效果如图 6-17 所示，其命令行操作如下：

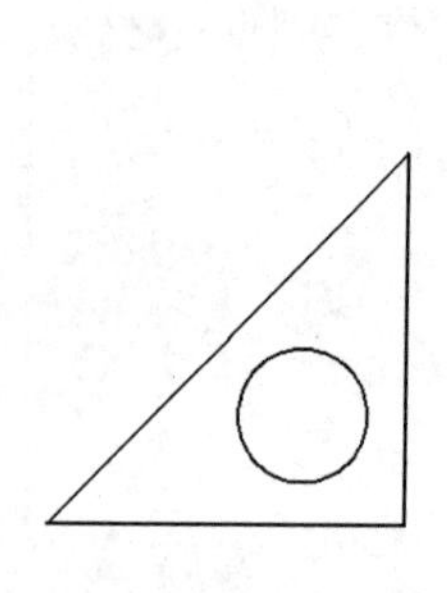

图 6-15 原始文件

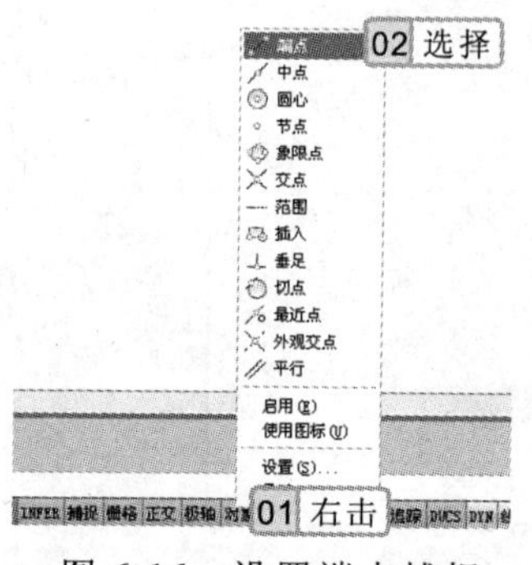

图 6-16 设置端点捕捉

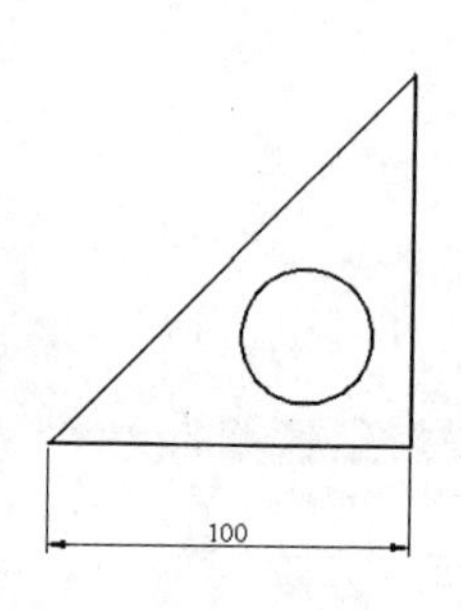

图 6-17 标注线性尺寸

```
命令: _dimlinear                                      //执行线性标注命令
指定第一个尺寸界线原点或 <选择对象>:                      //指定第一个原点，如图 6-18 所示
指定第二条尺寸界线原点:                                 //指定第二个原点，如图 6-19 所示
指定尺寸线位置或[多行文字(M)/文字(T)/角度(A)/水
平(H)/垂直(V)/旋转(R)]:                                //指定尺寸线位置，如图 6-20 所示
标注文字 = 100
```

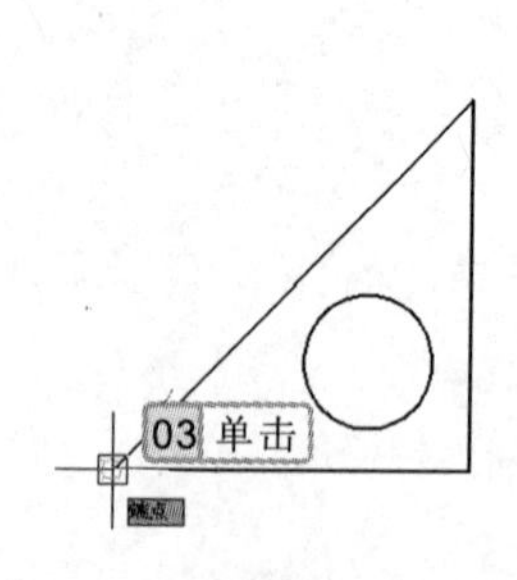

图 6-18 指定第一个原点

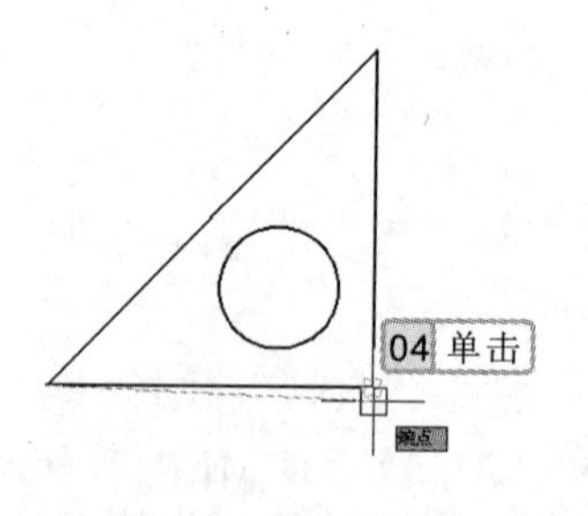

图 6-19 指定第二个原点

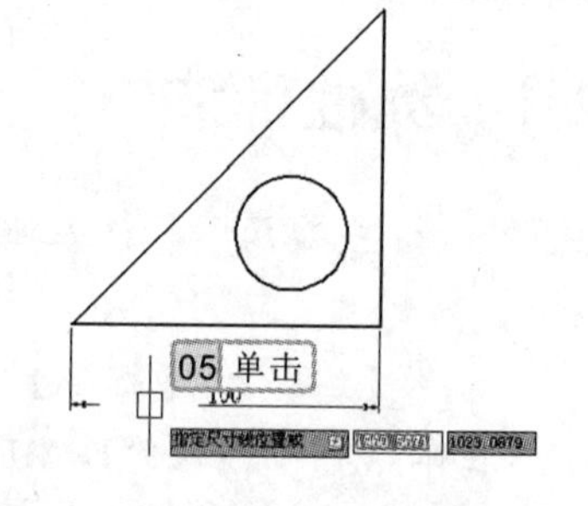

图 6-20 指定尺寸线位置

在执行线性标注命令的过程中，各选项的含义分别介绍如下。

- **多行文字(M)**：选择该选项，可以通过输入多行文字的方式来更改标注文字内容，输入的文字内容为多行文字形式。
- **文字(T)**：选择该选项，可通过输入单行文字的方式输入单行标注文字，标注文字

行家提醒

使用线性标注命令对图形进行尺寸标注时，可以选择“文字”或“多行文字”选项，输入标注的文字内容，还可以设置文字角度或尺寸线的角度等。

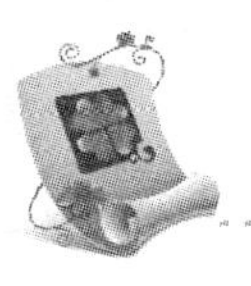

的文字类型为单行文字。

- 角度(A)：选择该选项，可输入设置标注文字方向与标注端点连线之间的夹角，默认角度与0°保持平行。
- 水平(H)：选择该选项，表示只标注两点之间的水平距离。
- 垂直(V)：选择该选项，表示只标注两点之间的垂直距离。
- 旋转(R)：选择该选项，可以在标注图形尺寸时对标注文字旋转一定的角度。

6.2.2 对齐标注

对齐标注命令用于创建倾斜方向上直线或两点间的距离。执行对齐标注命令，主要有以下两种方式：

- 选择【注释】/【标注】组，单击“对齐”按钮。
- 在命令行中输入“DIMALIGNED”命令。

使用对齐标注命令对图形进行标注，其方法与线性标注相似，对齐标注的尺寸线平行于尺寸界线原点的连线。

实例 6-4 标注倾斜边长度

执行对齐标注命令，对“三角板.dwg”图形文件的倾斜边的长度进行尺寸标注。

参见光盘 光盘\素材\第6章\三角板.dwg
光盘\效果\第6章\对齐标注.dwg

1. 打开“三角板.dwg”图形文件。
2. 选择【注释】/【标注】组，单击“对齐”按钮，执行对齐标注命令，为“三角板 dwg”图形文件的倾斜边的长度进行尺寸标注，如图6-21所示，其命令行操作如下：

```
命令: _dimaligned                                   //执行对齐标注命令
指定第一个尺寸界线原点或 <选择对象>:                  //指定第一个原点，如图 6-22 所示
指定第二条尺寸界线原点:                               //指定第二个原点，如图 6-23 所示
指定尺寸线位置或[多行文字(M)/文字(T)/角度(A)]:         //指定尺寸线位置，如图 6-24 所示
标注文字 = 141.42
```

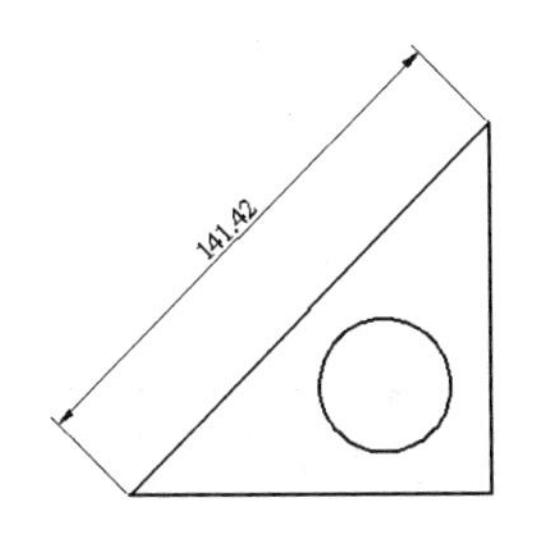

图 6-21 对齐标注

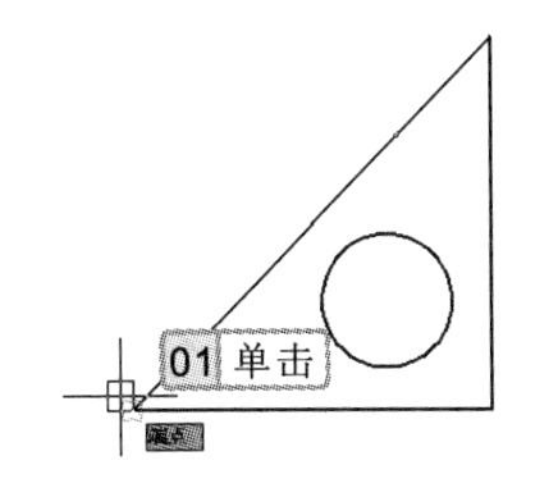

图 6-22 指定第一个原点

线性标注和对齐标注都用于标注图形的长度，线性标注主要用于标注水平和垂直方向上直线的长度；而对齐标注主要用于标注倾斜方向上直线的长度。

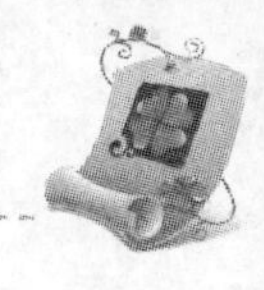

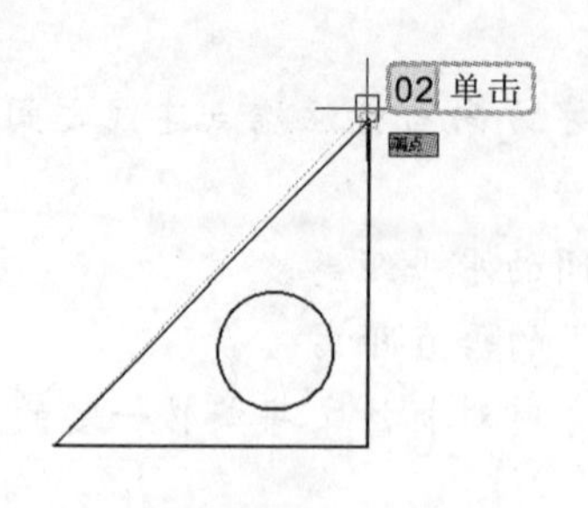

图 6-23 指定第二个原点

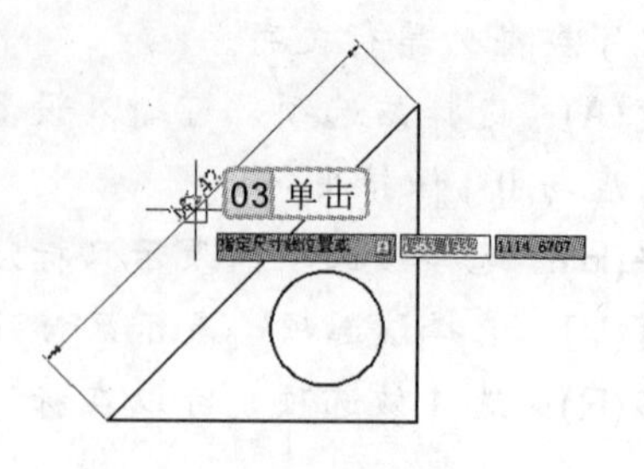

图 6-24 指定尺寸线位置

6.2.3 角度标注

角度标注命令可以精确地测量并标注被测对象之间夹角的度数。执行角度标注命令，主要有以下两种方法：

- 选择【注释】/【标注】组，单击“角度”按钮△。
- 在命令行中输入“DIMANGULAR”或“DIMANG”命令。

实例 6-5 标注三角板锐角角度

参见光盘
光盘\素材\第 6 章\三角板.dwg
光盘\效果\第 6 章\角度标注.dwg

1. 打开“三角板.dwg”图形文件。
2. 选择【注释】/【标注】组，单击“角度”按钮△，执行角度标注命令，将“三角板.dwg”图形文件的锐角角度进行标注，效果如图 6-25 所示，其命令行操作如下：

```
命令: _dimangular                                  //执行角度标注命令
选择圆弧、圆、直线或 <指定顶点>:                  //选择第一条直线，如图 6-26 所示
选择第二条直线:                                    //选择第二条直线，如图 6-27 所示
指定标注弧线位置或 [多行文字(M)/文字(T)/角度
(A)/象限点(Q)]:                                    //指定弧线位置，如图 6-28 所示
标注文字 = 45
```

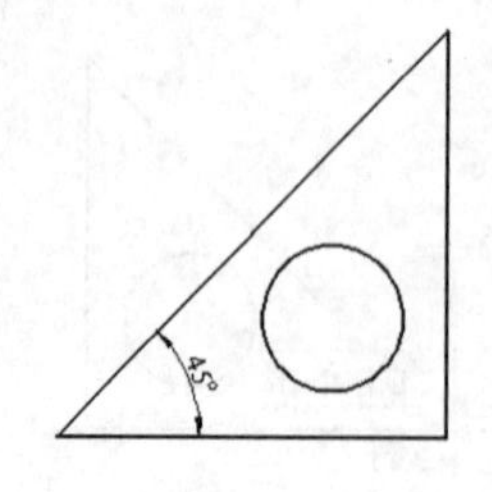

图 6-25 角度标注

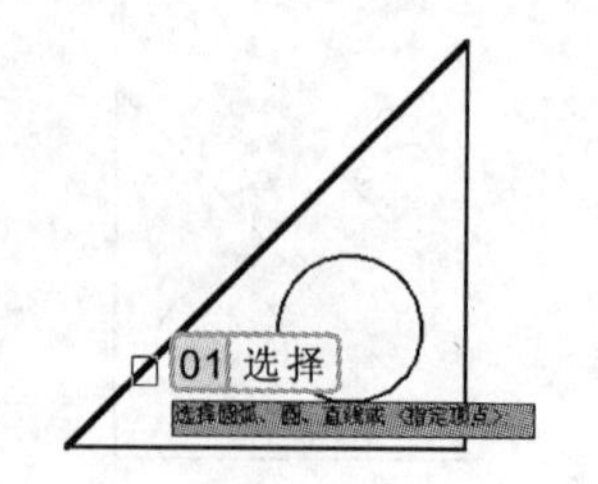

图 6-26 选择第一条直线

在标注对象角度的过程中，除了以选择构成角度的直线的方式来创建角度标注外，还可通过以指定角的顶点以及角的端点的方式来进行标注。

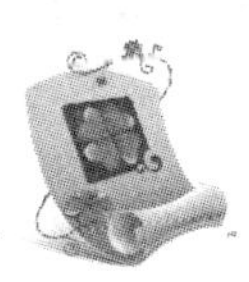

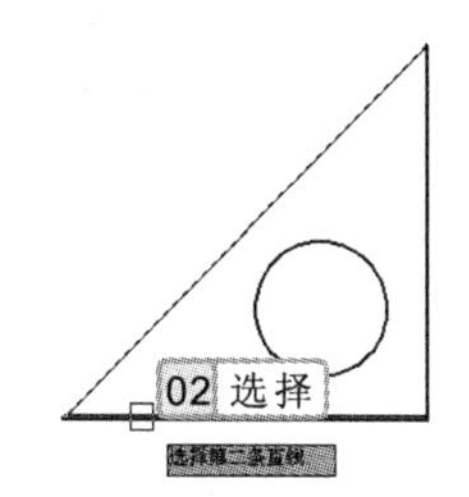

图 6-27　选择第二条直线

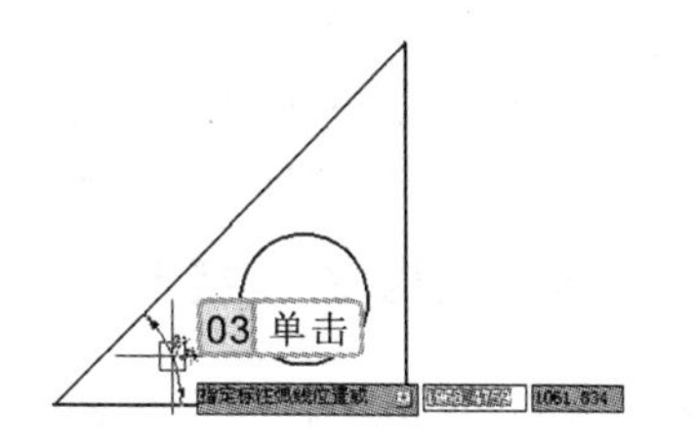

图 6-28　指定弧线位置

6.2.4　直径标注

直径标注命令主要用于标注圆的直径尺寸，标注图形时，首先应选择要标注的图形对象，再指定直径标注的尺寸线位置。执行直径标注命令，主要有以下两种方法：

- 选择【注释】/【标注】组，单击“直径”按钮。
- 在命令行中输入“DIMDIAMETER”或“DIMDIA”命令。

实例 6-6　标注圆的直径

参见光盘　光盘\素材\第 6 章\三角板.dwg
光盘\效果\第 6 章\直径标注.dwg

1. 打开“三角板.dwg”图形文件。
2. 选择【注释】/【标注】组，单击“直径”按钮，执行直径标注命令，对“三角板.dwg”图形文件的圆进行直径标注，效果如图 6-29 所示，其命令行操作如下：

```
命令: _dimdiameter                                  //执行直径标注命令
选择圆弧或圆:                                       //选择标注对象，如图 6-30 所示
标注文字 = 36
指定尺寸线位置或 [多行文字(M)/文字(T)/角度(A)]:    //指定尺寸线位置，如图 6-31 所示
```

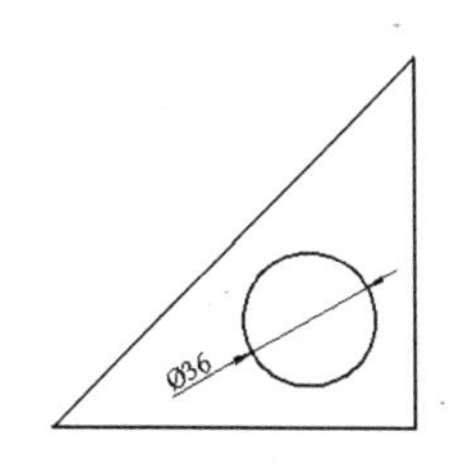

图 6-29　直径标注

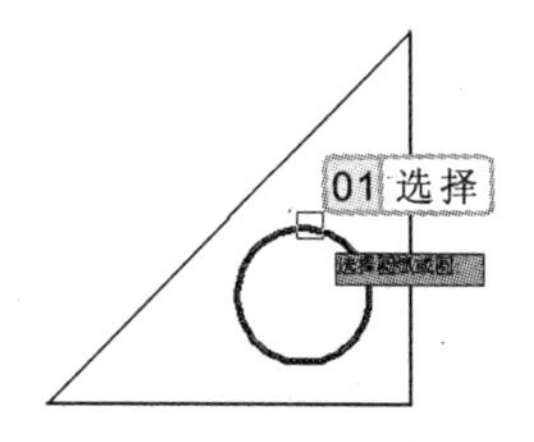

图 6-30　选择标注对象

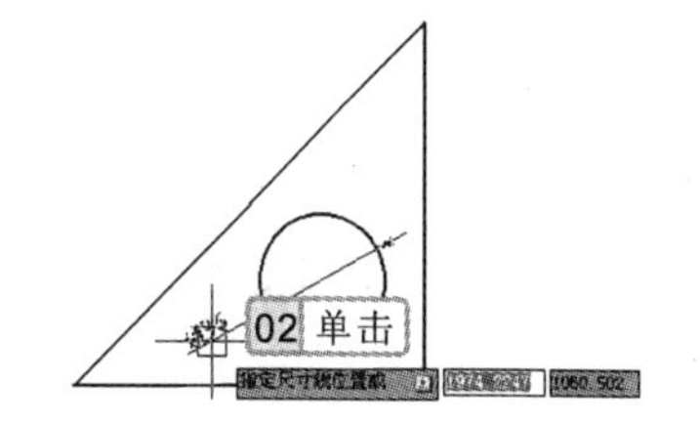

图 6-31　指定尺寸线位置

6.2.5　半径标注

半径标注命令主要用于标注圆弧的半径尺寸，也可以用于标注圆的半径。执行半径标

对圆弧进行标注时，半径或直径标注不需要直接沿圆弧进行放置。如果标注位于圆弧末尾之后，则将沿进行标注的圆弧的路径绘制延伸线。

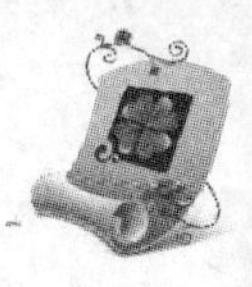

注命令，主要有以下两种方法：

- 选择【注释】/【标注】组，单击“半径”按钮。
- 在命令行中输入“DIMRADIUS”或“DIMRAD”命令。

实例 6-7　标注圆弧的半径尺寸

参见光盘　光盘\素材\第 6 章\机械手柄.dwg
光盘\效果\第 6 章\半径标注.dwg

1. 打开“机械手柄.dwg”图形文件，如图 6-32 所示。
2. 选择【注释】/【标注】组，单击“半径”按钮，执行半径标注命令，将“机械手柄.dwg”右端的圆弧进行半径标注，效果如图 6-33 所示，其命令行操作如下：

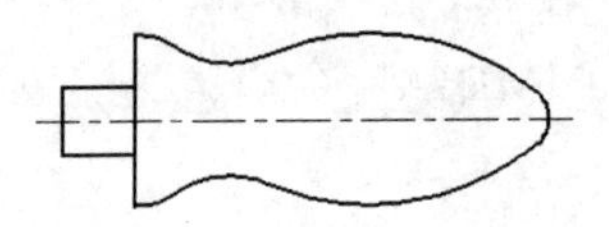

图 6-32　打开原始文件

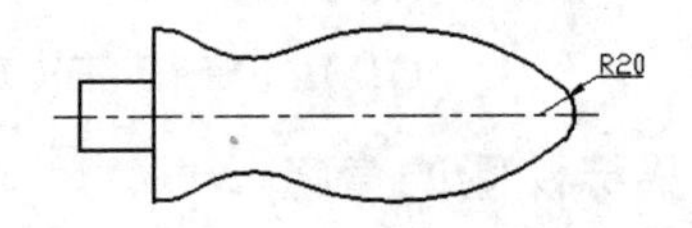

图 6-33　半径标注

```
命令: _dimradius                                    //执行半径标注命令
选择圆弧或圆:                                        //选择标注对象，如图 6-34 所示
标注文字 = 20
指定尺寸线位置或 [多行文字(M)/文字(T)/角度(A)]:       //指定尺寸线位置，如图 6-35 所示
```

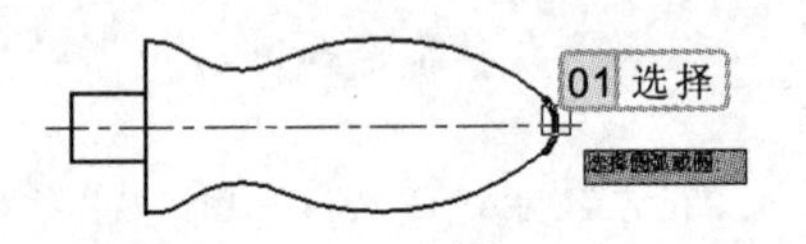

图 6-34　选择标注对象

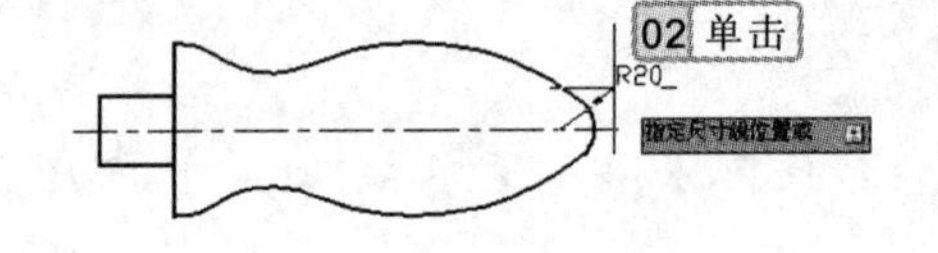

图 6-35　指定尺寸线位置

6.2.6　弧长标注

弧长标注主要用于测量圆弧或多段线弧线段的距离。执行弧长标注命令，主要有以下两种方法：

- 选择【注释】/【标注】组，单击“弧长”按钮。
- 在命令行中输入“DIMARC”命令。

使用弧长标注命令可以标注出弧线段的长度，为了区分弧长标注和角度标注，默认情况下，弧长标注将显示弧长标记的符号。

如果使用圆弧、圆或三点来指定一个角度，程序将在尺寸延伸线之间绘制尺寸线圆弧，从角的端点到尺寸线圆弧的交点绘制尺寸延伸线。

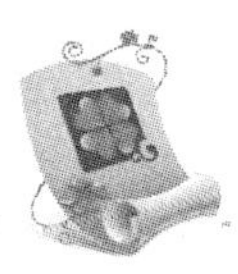

实例 6-8 标注圆弧的长度

参见光盘 光盘\素材\第 6 章\机械手柄.dwg
光盘\效果\第 6 章\弧长标注.dwg

1 打开“机械手柄.dwg”图形文件。

2 选择【注释】/【标注】组，单击“弧长”按钮，执行弧长标注命令，将“机械手柄.dwg”圆弧进行弧长标注，效果如图 6-36 所示，其命令行操作如下：

```
命令: _dimarc                                              //执行弧长标注命令
选择弧线段或多段线圆弧段:                                   //选择标注对象，如图 6-37 所示
指定弧长标注位置或[多行文字(M)/文字(T)/角度(A)/部分(P)/]:  //指定标注位置，如图 6-38 所示
标注文字 = 57.48
```

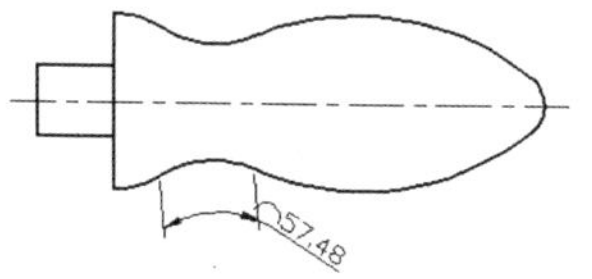

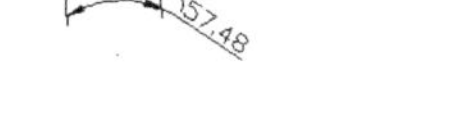

图 6-36　弧长标注

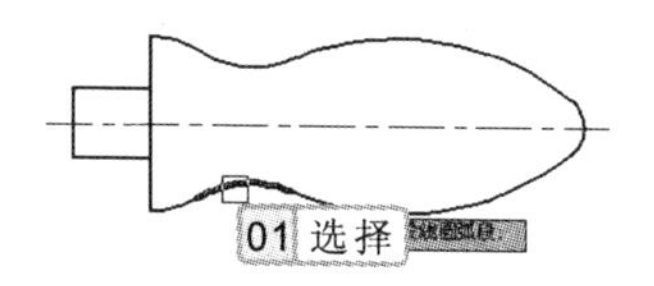

图 6-37　选择标注对象

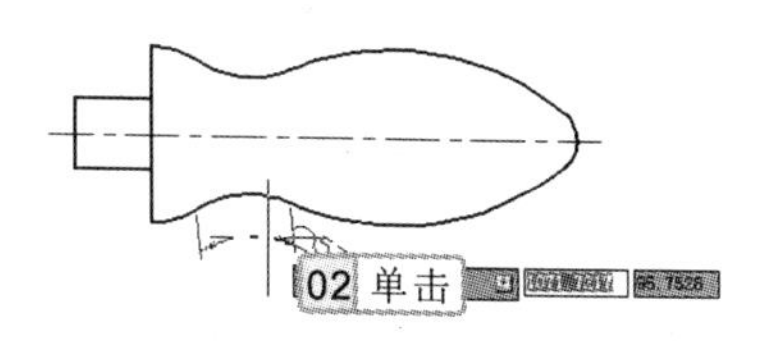

图 6-38　指定标注位置

6.2.7　折弯半径标注

折弯半径标注命令主要用于圆弧半径过大，圆心无法在当前布局中进行显示的圆弧。执行折弯半径标注命令，主要有以下两种方法：

- 选择【注释】/【标注】组，单击“折弯”按钮。
- 在命令行中输入“DIMJOGGED”命令。

执行折弯半径标注命令后，系统将提示选择要标注的图形对象，并指定折弯半径的图示中心位置、折弯位置等。

实例 6-9 标注折弯半径标注

参见光盘 光盘\素材\第 6 章\机械手柄.dwg
光盘\效果\第 6 章\折弯半径标注.dwg

1 打开“机械手柄.dwg”图形文件，如图 6-39 所示。

2 选择【注释】/【标注】组，单击“折弯”按钮，执行折弯半径标注命令，将“机械手柄.dwg”圆弧进行折弯半径标注，效果如图 6-40 所示，其命令行操作如下：

```
命令: _dimjogged                  //执行折弯半径标注命令
选择圆弧或圆:                     //选择标注对象，如图 6-41 所示
指定图示中心位置:                 //指定图示中心位置，如图 6-42 所示
标注文字 = 160
```

根据标注样式设置自动生成直径标注和半径标注的圆心标记与直线，仅当尺寸线置于圆或圆弧之外时才会创建它们。

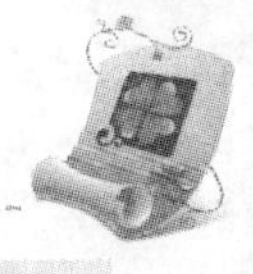

```
指定尺寸线位置或 [多行文字(M)/文字(T)/角度(A)]:   //指定尺寸线位置，如图 6-43 所示
指定折弯位置:                                     //指定折弯位置，如图 6-44 所示
```

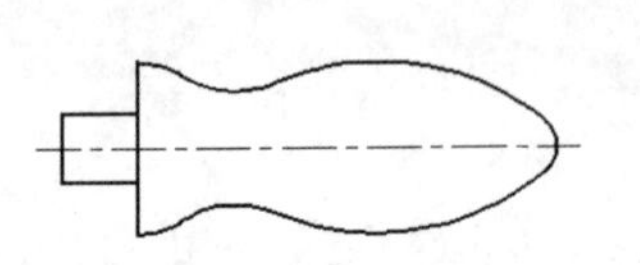

图 6-39 原始图形

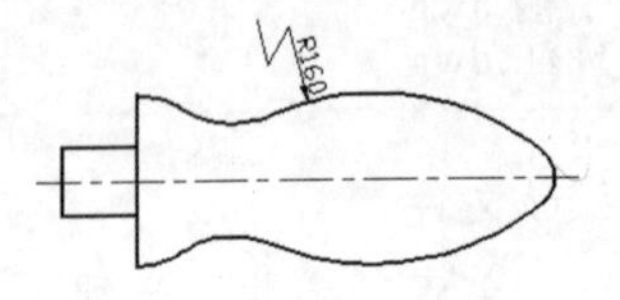

图 6-40 折弯半径标注

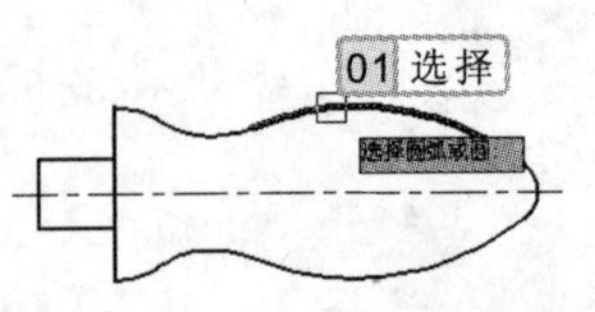

图 6-41 选择标注对象

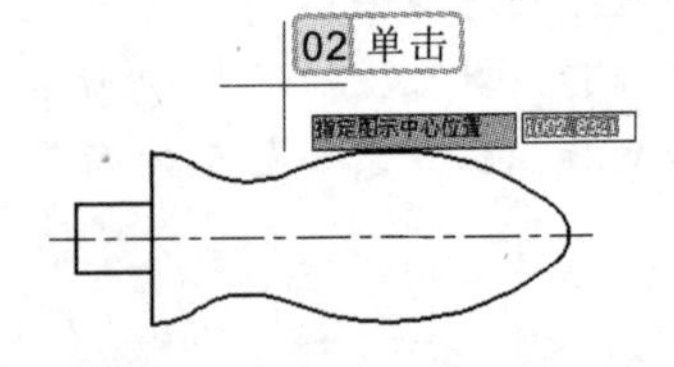

图 6-42 指定图示中心位置

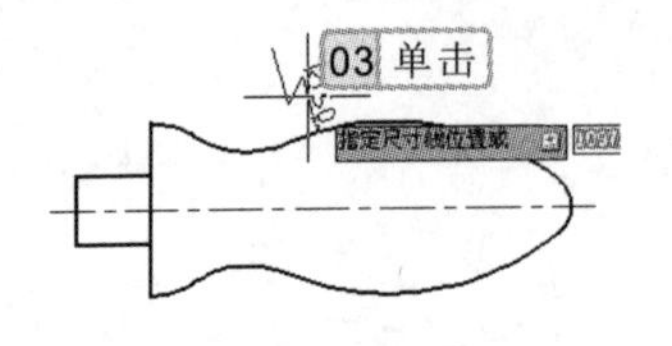

图 6-43 指定尺寸线位置

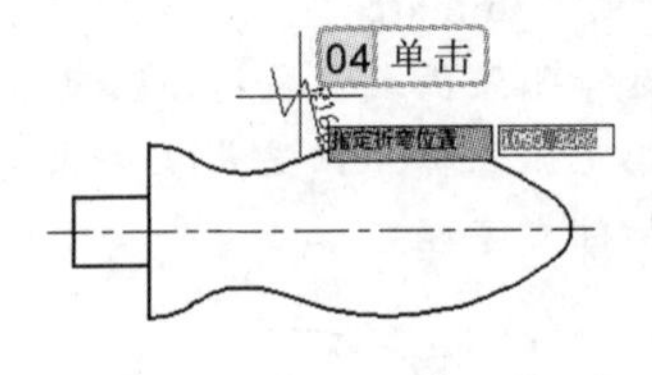

图 6-44 指定折弯位置

6.2.8 连续标注

连续标注命令用于标注同一方向上的连续线性尺寸或角度尺寸。使用连续标注命令对图形进行标注时，首先应对图形进行线性、对齐或角度等标注，然后才能创建与其相邻对象的尺寸标注。执行连续标注命令，主要有以下两种方法：

- 选择【注释】/【标注】组，单击“连续”按钮。
- 在命令行中输入“DIMCONTINUE”或“DIMCONT”命令。

使用连续标注命令对图形对象创建连续标注时，在选择基准标注后，只需要指定连续标注的延伸线原点，即可对相邻的图形对象进行标注。

实例 6-10 标注托架连续尺寸

执行连续标注命令，在“托架.dwg”图形文件中对图形进行连续尺寸标注。

参见光盘
光盘\素材\第 6 章\托架.dwg
光盘\效果\第 6 章\连续标注.dwg

1. 打开“托架.dwg”图形文件，如图 6-45 所示。
2. 选择【注释】/【标注】组，单击“连续”按钮，执行连续标注命令，将“托架.dwg”图形的尺寸进行连续标注，效果如图 6-46 所示，其命令行操作如下：

```
命令: _dimcontinue                                   //执行连续标注命令
选择连续标注:                                        //选择连续标注，如图 6-47 所示
指定第二条尺寸界线原点或 [放弃(U)/选择(S)] <选择>:   //捕捉水平线端点，如图 6-48 所示
标注文字 =9
```

行家提醒

折弯半径标注也称为“缩放的半径标注”，可以在更方便的位置指定标注的原点，在“修改标注样式”对话框的“符号和箭头”选项卡中，用户可以控制折弯的默认角度。

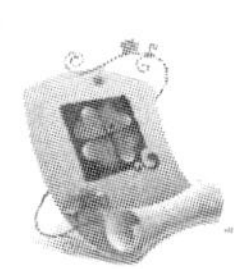

指定第二条尺寸界线原点或 [放弃(U)/选择(S)] <选择>: //捕捉垂直线端点，如图 6-49 所示
标注文字 = 14
指定第二条尺寸界线原点或 [放弃(U)/选择(S)] <选择>: //按“Enter”键选择“选择”选项，如图 6-50 所示
选择连续标注: //按“Enter”键结束连续标注命令

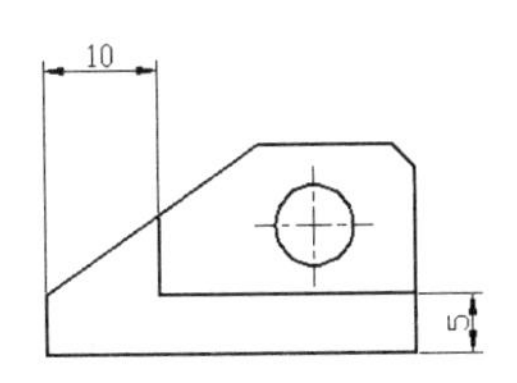

图 6-45 原始图形

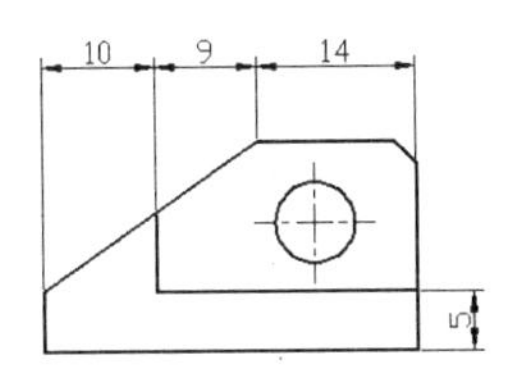

图 6-46 连续标注

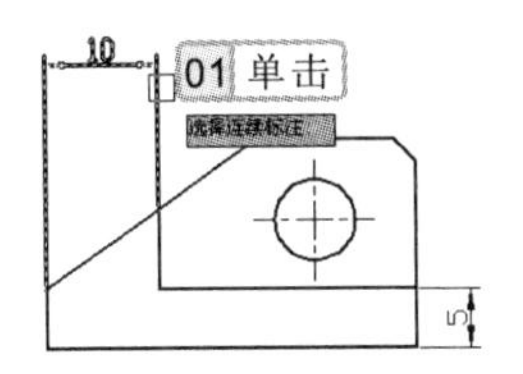

图 6-47 选择连续标注

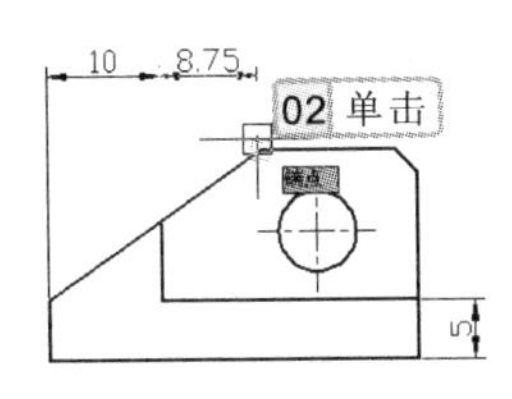

图 6-48 指定尺寸线原点

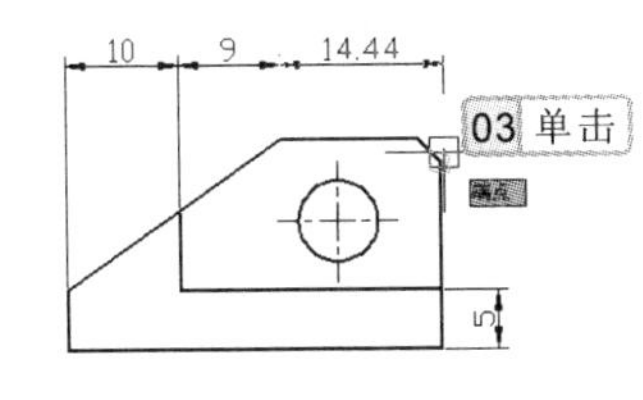

图 6-49 指定尺寸线另一点

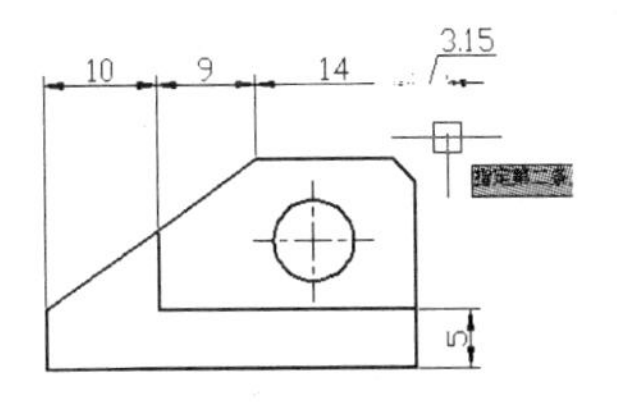

图 6-50 选择“选择”选项

6.2.9 基线标注

使用基线标注命令可以从同一基线处测量多个标注。执行基线标注命令，主要有以下两种方法：

- 选择【注释】/【标注】组，单击“基线”按钮。
- 在命令行中输入“DIMBASELINE”命令。

使用基线标注对图形进行标注时，可以直接在上一个标注之后进行基线标注，也可以选择指定基准标注，然后再指定基线标注第二条延伸线的原点，对图形进行基线标注。

实例 6-11 标注托架基线尺寸

执行基线标注命令，将“托架.dwg”图形文件中的高度进行基线标注处理。

光盘\素材\第 6 章\托架.dwg
光盘\效果\第 6 章\基线标注.dwg

1. 打开“托架.dwg”图形文件。
2. 选择【注释】/【标注】组，单击“基线”按钮，执行基线标注命令，将“托架.dwg”

基线标注和连续标注都可以对线性、对齐和角度标注进行基线和连续标注，而且都是在已经创建的标注上进行基线和连续标注的。

对图形的高度进行基线标注，效果如图 6-51 所示，其命令行操作如下：

```
命令: _dimbaseline                                //执行基线标注命令
选择基准标注:                                      //选择基准标注，如图 6-52 所示
指定第二条尺寸界线原点或 [放弃(U)/选择(S)]
<选择>:                                           //捕捉水平线端点，如图 6-53 所示
标注文字 = 18
指定第二条尺寸界线原点或 [放弃(U)/选择(S)]
<选择>:                                           //按"Enter"键选择"选择"选项
选择基准标注:                                      //按"Enter"键结束基线标注命令
```

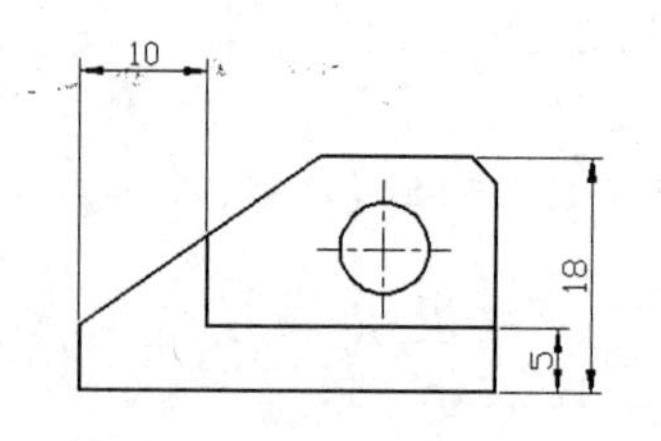

图 6-51　基线标注

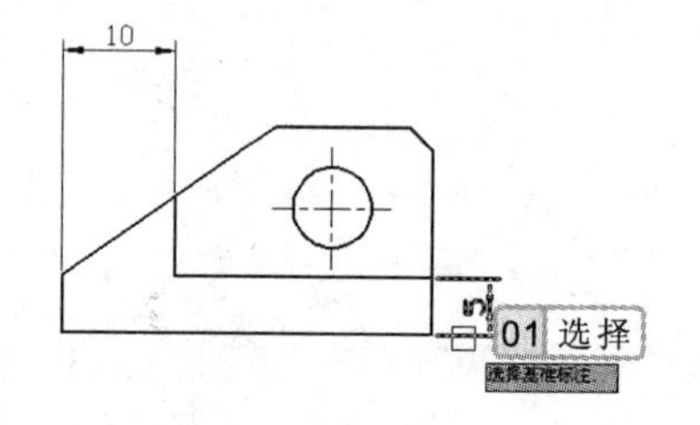

图 6-52　选择基准标注

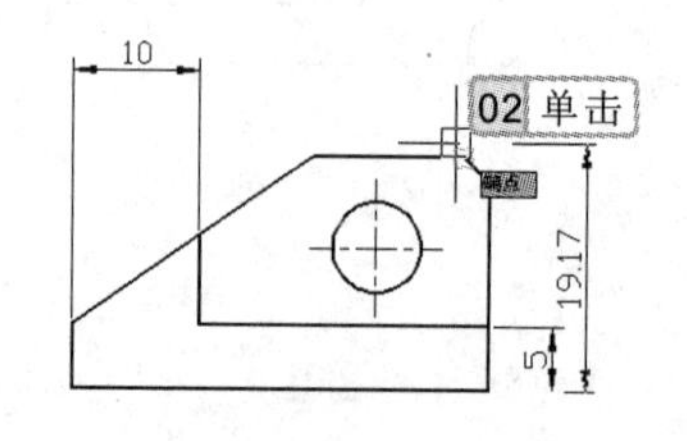

图 6-53　指定尺寸界线原点

6.2.10　多重引线标注

多重引线标注命令常用于对图形中的某些特定对象进行说明，以使图形表达更加清楚。执行多重引线标注命令，主要有以下两种方法：

- 选择【注释】/【引线】组，单击"多重引线"按钮。
- 在命令行中输入"MLEADER"命令。

执行多重引线标注命令后，提示指定多重引线箭头位置和基线位置，在使用多重引线标注命令对图形进行标注说明的过程中，其文字信息并非是系统产生的尺寸信息，而是由用户指定标注的文字信息。

实例 6-12　标注托架倒角尺寸

执行多重引线标注命令，将"托架.dwg"图形中的倒角尺寸进行标注。

光盘\素材\第 6 章\托架.dwg
光盘\效果\第 6 章\多重引线标注.dwg

1. 打开"托架.dwg"图形文件。
2. 选择【注释】/【标注】组，单击"多重引线"按钮，执行多重引线标注命令，将"托架.dwg"图形的倒角尺寸进行标注，效果如图 6-54 所示，其命令行操作如下：

```
命令: _mleader                                    //执行多重引线标注命令
指定引线箭头的位置或 [引线基线优先(L)/内容优先
(C)/选项(O)] <选项>:                               //捕捉垂直线端点，如图 6-55 所示
```

创建引线时，用户将创建两个独立的对象，即引线标注的引线，以及与该引线关联的文字、块或公差标注等信息。

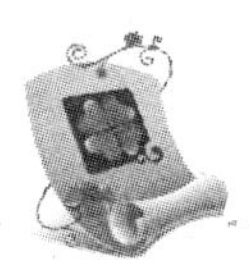

指定引线基线的位置:	//在右下方拾取一点，如图 6-56 所示
	//输入标注文字，如图 6-57 所示，在其余位置单击鼠标左键，完成操作

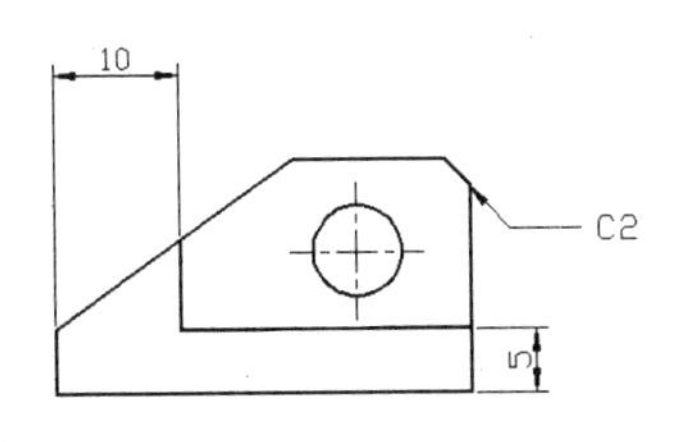

图 6-54　多重引线标注

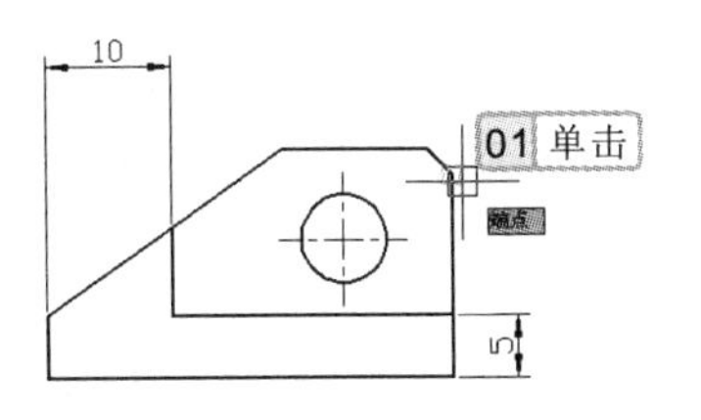

图 6-55　指定箭头的位置

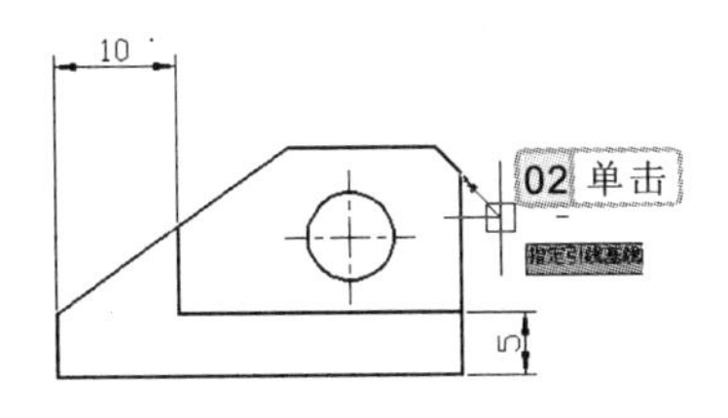

图 6-56　指定引线基线位置

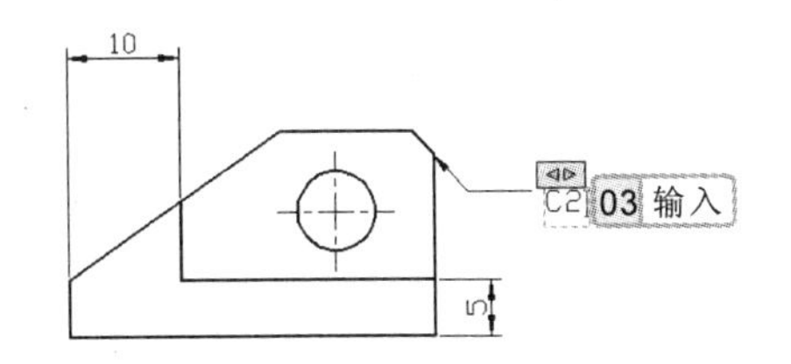

图 6-57　输入标注文字

6.3　公差标注

公差，是指在实际参数值中允许变动的大小，常用于机械制造之中，其目的就是确定产品的几何参数，使其在一定的范围之内变动，以便达到互换或配合的要求。

6.3.1　尺寸公差

公差在机械制图中通常用来说明机械零件允许的尺寸误差范围，是生产加工和装配零件必须具备的要求，也可以保证零件具有良好的通用性。其方法是先设置公差标注的样式，再利用尺寸标注命令对图形进行公差标注。

实例 6-13　对机件标注尺寸公差

设置公差标注样式，再利用线性尺寸标注命令，对“机件.dwb”图形文件进行尺寸公差标注。

光盘\素材\第 6 章\机件.dwg
光盘\效果\第 6 章\尺寸公差.dwg

如果多重引线的样式为注释性样式，则无论文字样式或公差是否设置为注释性，其关联的文字或公差都将为注释性。

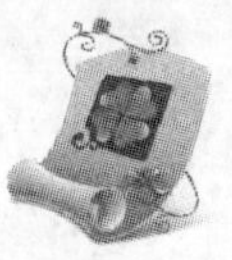

1 打开“机件.dwg”图形文件，选择【注释】/【标注】组，单击“标注样式”按钮，打开“标注样式管理器”对话框，如图 6-58 所示。

2 单击 替代(O)... 按钮，打开“替代当前样式：机械制图”对话框，选择“公差”选项卡，在“公差格式”栏的“方式”下拉列表框中选择“极限偏差”，在“精度”下拉列表框中选择“0.000”，在“上偏差”数值框中输入“0.039”，在“下偏差”数值框中输入“0.021”，在“高度比例”数值框中输入“0.6”，如图 6-59 所示。

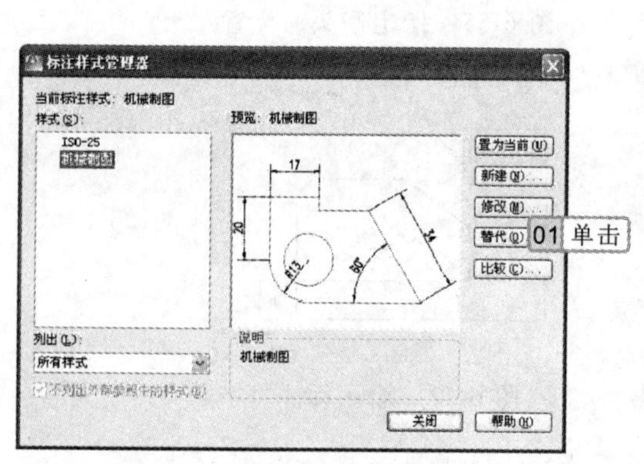

图 6-58 “标注样式管理器”对话框

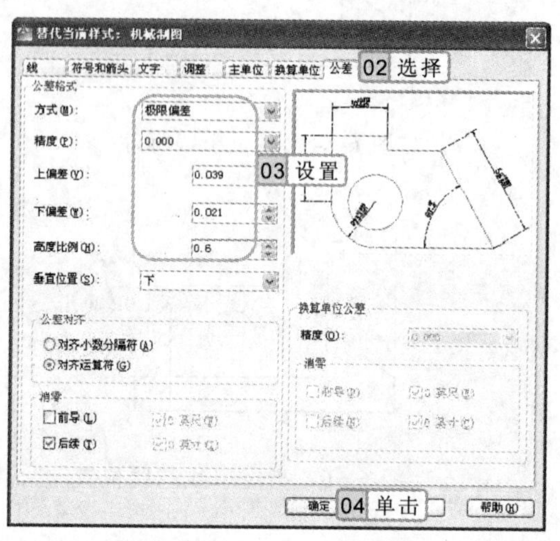

图 6-59 设置公差参数

3 单击 确定 按钮，返回“标注样式管理器”对话框，如图 6-60 所示，单击 关闭 按钮，关闭“标注样式管理器”对话框。

4 选择【注释】/【标注】组，单击“线性”按钮，执行线性标注命令，对机件图形进行线性尺寸标注，效果如图 6-61 所示。

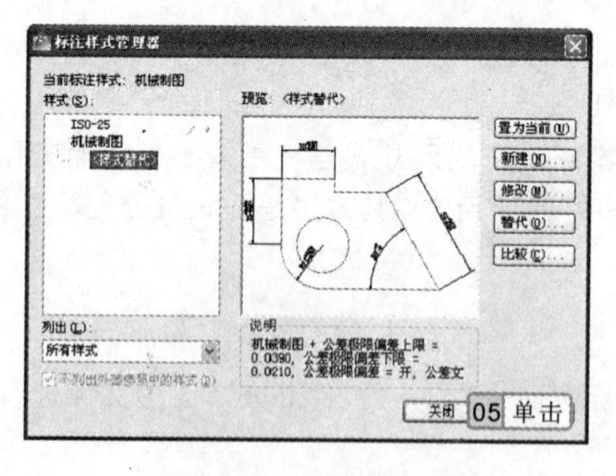

图 6-60 替代标注样式

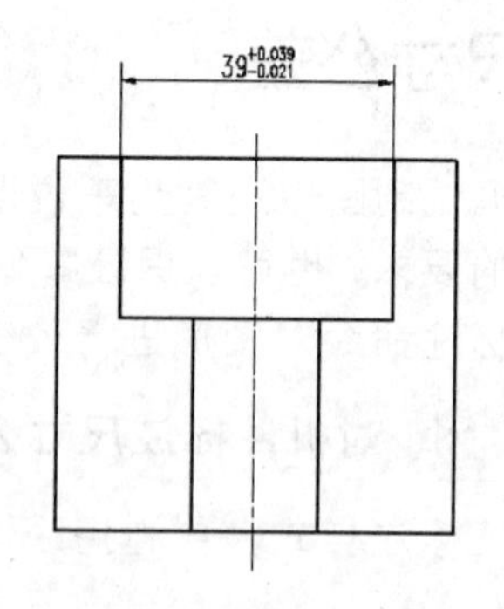

图 6-61 标注尺寸公差

尺寸公差指定标注可以变动的范围，通过尺寸公差标注命令，可以指定生产中的公差，以便控制部件所需的精度等级。

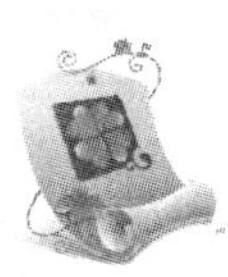

6.3.2　形位公差

形位公差包括形状公差和位置公差，它是指导生产、检验产品和控制质量的技术依据。执行形位公差标注命令，主要有以下两种方法：

- 选择【注释】/【标注】组，单击“公差”按钮。
- 在命令行中输入“TOLERANCE”命令。

实例 6-14　标注轴图形的形位公差

光盘\素材\第 6 章\轴.dwg
光盘\效果\第 6 章\形位公差.dwg

1. 打开“轴.dwg”图形文件，如图 6-62 所示。
2. 选择【注释】/【标注】组，单击“公差”按钮，打开“形位公差”对话框，如图 6-63 所示。

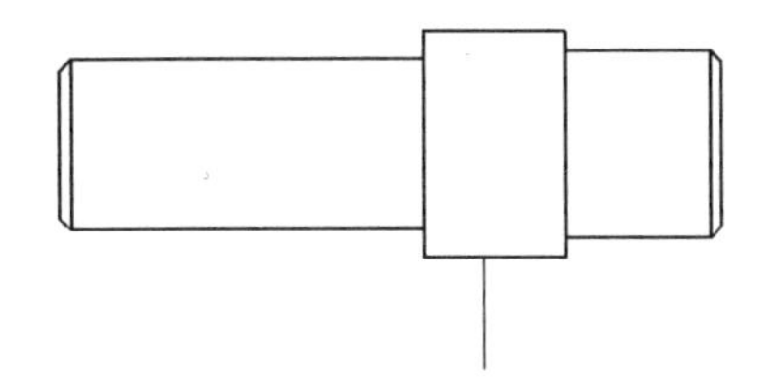

图 6-62　打开原始图形

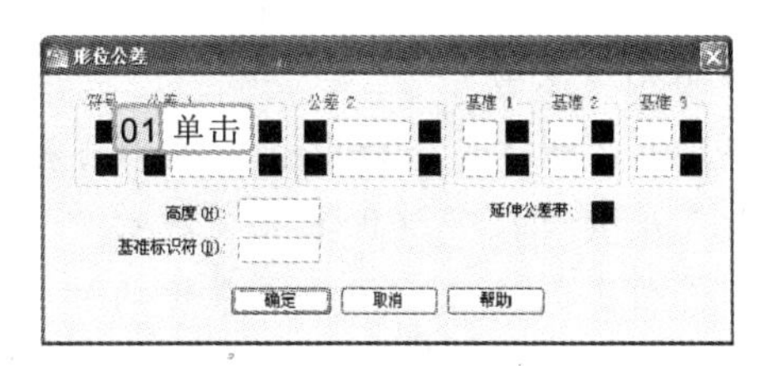

图 6-63　“形位公差”对话框

3. 单击“符号”下面的■图标框，打开“特征符号”对话框，在“特征符号”对话框中单击◎图标框，如图 6-64 所示。
4. 返回“形位公差”对话框，在“公差 1”栏中单击■图标框，出现直径符号，在其后的文本框中输入“0.012”，并单击 确定 按钮，关闭“形位公差”对话框，如图 6-65 所示。

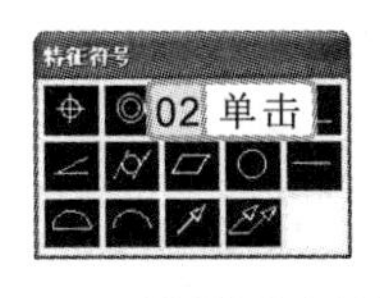

图 6-64　设置特征符号

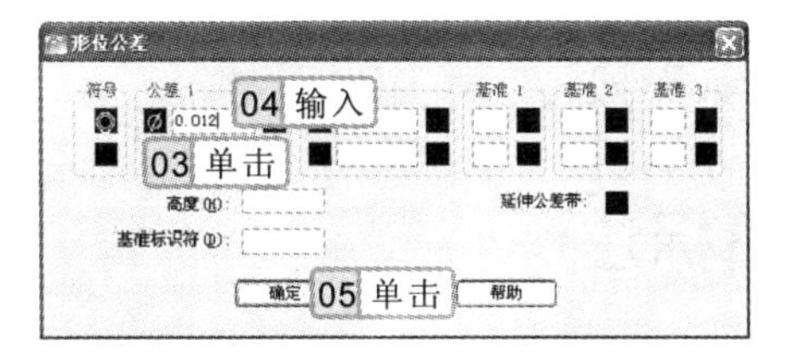

图 6-65　设置公差参数

5. 在命令行提示“输入公差位置:”后捕捉直线的端点，指定公差的插入位置，如图 6-66 所示。
6. 为“轴.dwg”图形添加形位公差后的效果如图 6-67 所示。

形位公差除指定位置公差外，还可以指定投影公差以使公差更加明确。例如，使用投影公差控制嵌入零件的垂直公差带。

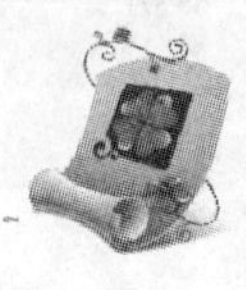

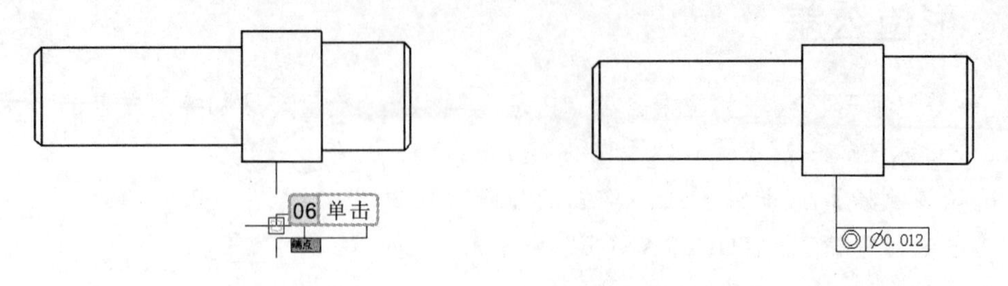

图 6-66 指定公差位置　　　　图 6-67 形位公差标注

在“形位公差”对话框中，各选项的含义介绍如下。

- **符号**：单击该栏中的图标框，打开“特征符号”对话框，通过该对话框可选择所需的形位公差符号。
- **公差**：该栏包含两个图标框和一个文本框，左边为直径图标框，单击该图标框将添加直径符号“Ø”；中间为数值文本框，用于输入形位公差值；右边为附加条件图标框，可以设置附加符号。
- **基准**：可分别在“基准 1”、“基准 2”和“基准 3”栏中设置参数，用于表达基准的相关参数。
- **高度**：在特征控制框中创建投影公差带的值。投影公差带控制固定垂直部分延伸区的高度变化，并以位置公差控制公差精度。
- **延伸公差带**：在延伸公差带值的后面插入延伸公差带符号“Ⓟ”。
- **基准标识符**：创建由参照字母组成的基准标识符号。基准是理论上精确的几何参照，用于建立其他特征的位置和公差带。点、直线、平面、圆柱或其他几何图形都能作为基准。

6.4 编辑尺寸标注

创建尺寸标注后，如未能达到预期的效果，还可以对尺寸标注进行编辑，如修改尺寸标注文字的内容、编辑标注文字的位置、更新标注和关联标注等操作。

6.4.1 编辑标注

编辑标注命令可以修改标注文字在标注上的位置及倾斜角度。执行编辑标注文字命令，主要有以下两种方法：

- 在“AutoCAD 经典”工作空间中，单击“标注”工具栏中的“编辑标注”按钮。
- 在命令行中输入“DIMEDIT”命令。

混合公差为某个特征的相同几何特征或有不同基准需求的特征指定两个公差，一个公差与特征组相关，另一个公差与组中的每个特征相关。

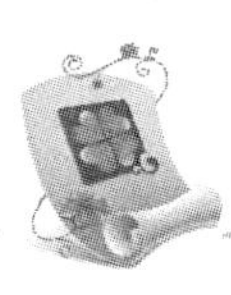

实例 6-15 编辑活动钳身标注

执行编辑标注命令，将“活动钳身.dwg”图形文件中的尺寸标注进行编辑，在标注文字前加直径符号。

光盘\素材\第 6 章\活动钳身.dwg
光盘\效果\第 6 章\编辑标注.dwg

1. 打开“活动钳身.dwg”图形文件，如图 6-68 所示。
2. 在命令行中输入“DIMEDIT”，执行编辑标注命令，在弹出的快捷菜单中选择“新建”命令，如图 6-69 所示。
3. 在文本“0”前输入“%%c”，在标注文字前添加直径符号，如图 6-70 所示。

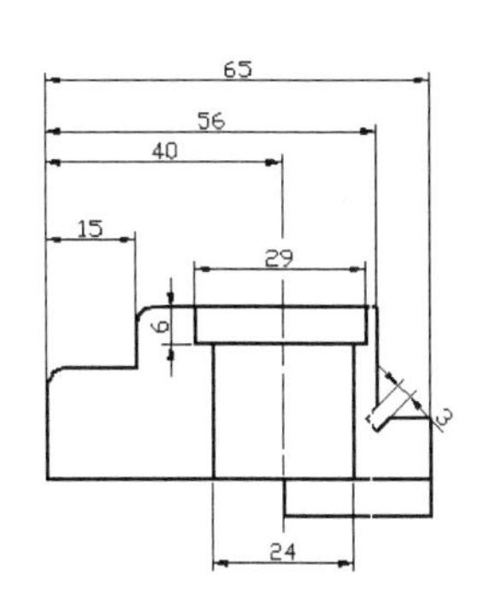

图 6-68 打开原始图形

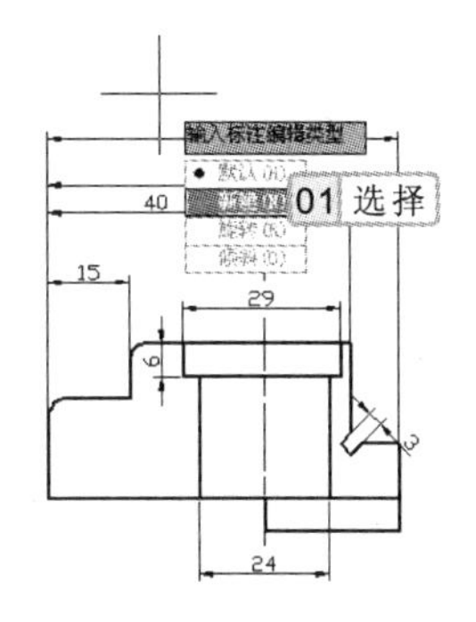

图 6-69 选择“新建”命令

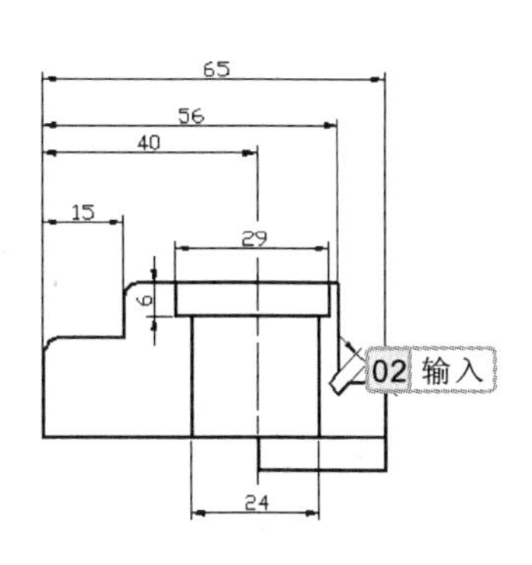

图 6-70 添加直径符号

4. 在其余位置单击鼠标左键，确认文本的新建操作，在命令行提示“选择对象:”后选择标注文字为“24”和“29”的线性尺寸标注，如图 6-71 所示。
5. 按“Enter”键结束编辑标注命令，效果如图 6-72 所示。

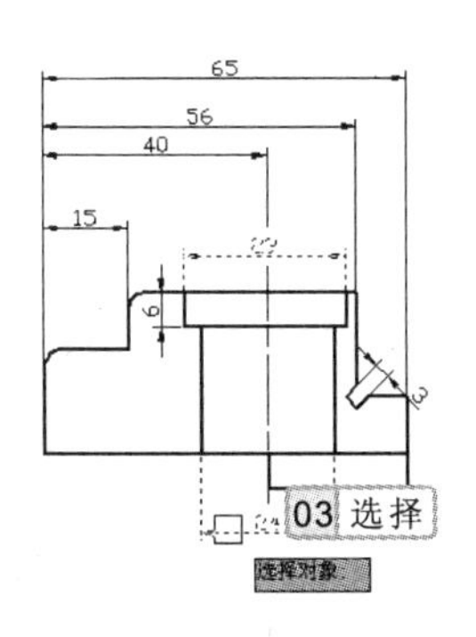

图 6-71 选择编辑对象

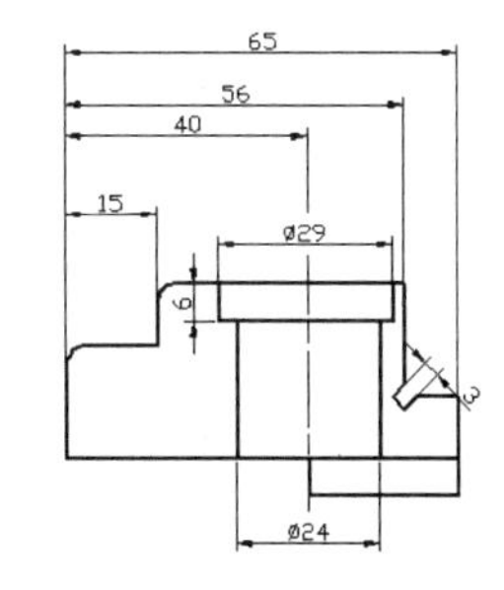

图 6-72 编辑尺寸后的效果

6.4.2 编辑标注文字

使用 DIMTEDIT 命令可以修改标注文字在尺寸线上的位置及倾斜角度，除此之外，还

通过编辑标注文字命令，可以将标注文字沿尺寸线移动到左、右、中心以及尺寸延伸线之内或之外的任意位置。

可以选择【标注】/【对齐文字】命令，再在其下的子菜单中选择需要的选项对标注文字的位置进行编辑。执行编辑标注文字命令，主要有以下两种方法：

- 在"AutoCAD 经典"工作空间中，单击"标注"工具栏中的"编辑标注文字"按钮。
- 在命令行中输入"DIMTEDIT"命令。

在使用编辑标注文字命令对尺寸标注进行编辑时，命令行中各选项的功能及其含义介绍如下。

- 左(L)：选择该选项，可以将标注文字进行左对齐操作，如图 6-73 所示。
- 右(R)：选择该选项，可以将标注文字进行右对齐操作，如图 6-74 所示。

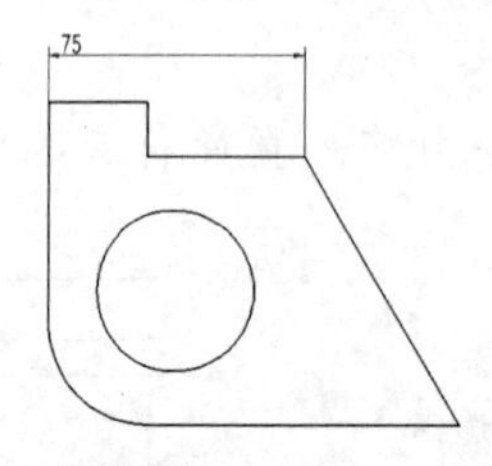

图 6-73　文字居左显示

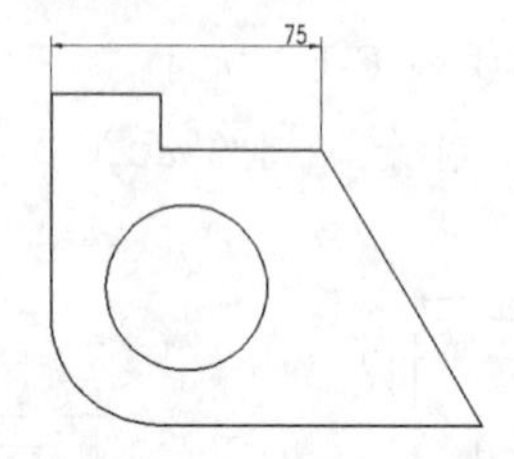

图 6-74　文字居右显示

- 中心(C)：选择该选项，可以将标注文字定位于尺寸线中心，如图 6-75 所示。
- 默认(H)：选择该选项，可以将标注文字移动到标注样式设置的默认位置。
- 角度(A)：选择该选项，可以改变标注文字的角度，如图 6-76 所示。

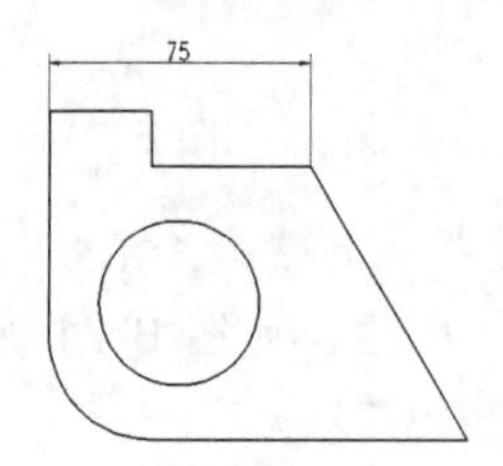

图 6-75　文字居中显示

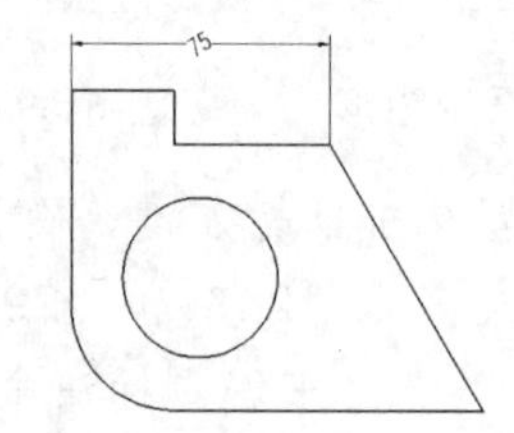

图 6-76　文字旋转显示

6.4.3　调整标注间距

使用调整间距命令可以将平行尺寸线之间的距离设置为相等，以便更好地观看图形。执行调整间距命令，主要有以下两种方法：

- 选择【注释】/【标注】组，单击"调整间距"按钮。
- 在命令行中输入"DIMSPACE"命令。

实例 6-16　调整活动钳身基线标注间距

执行调整间距命令，将"活动钳身.dwg"图形文件中的基线标注的间距进行调整，其距离为 6。

参见光盘　光盘\素材\第 6 章\活动钳身.dwg
光盘\效果\第 6 章\调整间距.dwg

创建标注后，可以旋转现有文字或用新文字替换，可以将文字移动到新位置或返回其初始位置，后者是由当前标注样式定义的。

1. 打开“活动钳身.dwg”图形文件。
2. 选择【注释】/【标注】组，单击“调整间距”按钮，执行调整间距命令，其间距值为6，效果如图6-77所示，其命令行操作如下：

```
命令: _DIMSPACE                        //执行调整间距命令
选择基准标注:                           //选择基准标注，如图6-78所示
选择要产生间距的标注:                   //选择其余几个标注，如图6-79所示
选择要产生间距的标注:                   //按“Enter”键确定选择
输入值或 [自动(A)] <自动>: 6            //输入间距值，如图6-80所示
```

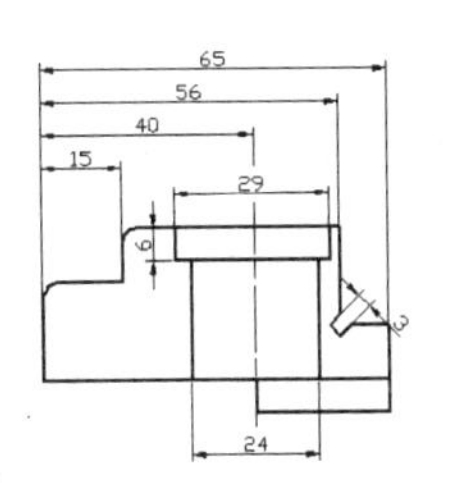

图6-77 调整标注间距

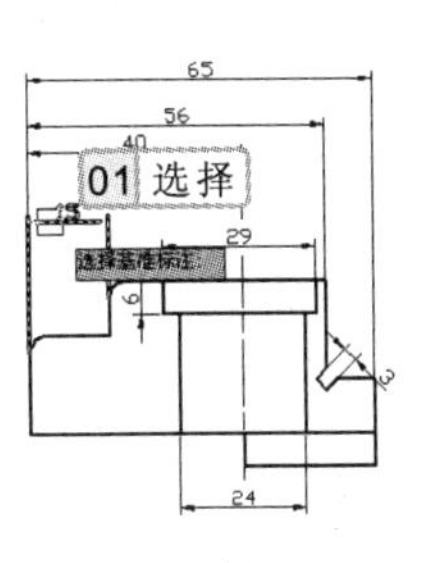

图6-78 选择基准标注

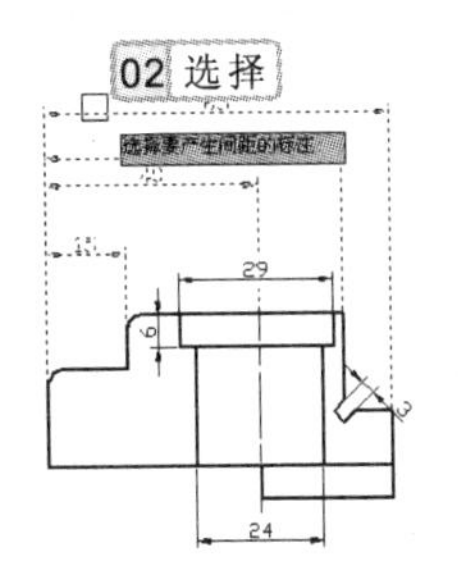

图6-79 选择产生间距的标注

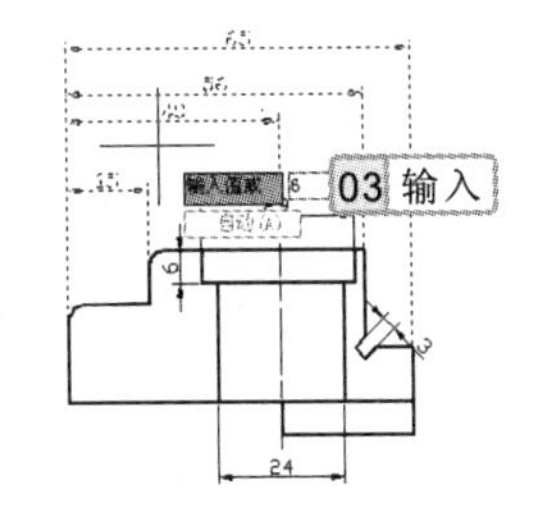

图6-80 输入标注间距

6.5 基础实例

本章的基础实例将分别对“吊钩.dwg”和“小便器.dwg”图形进行尺寸标注，让用户进一步掌握标注样式的创建，以及利用各种尺寸标注命令对图形进行尺寸标注的操作方法。

6.5.1 标注吊钩尺寸

本例将在“吊钩.dwg”图形文件的基础上，通过创建标注样式，利用线性标注、半径标注、连续标注等标注命令，对图形进行尺寸标注，以了解图形的整体大小及图形细节的尺寸信息等，最终效果如图6-81所示。

使用调整间距命令可以使重叠或间距不等的线性标注和角度标注按一定距离进行隔开，但选择的标注必须是相互平行或同心并且在彼此的尺寸延伸线上。

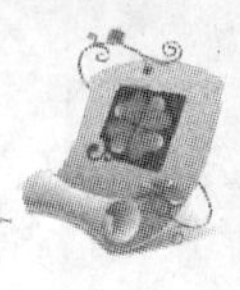

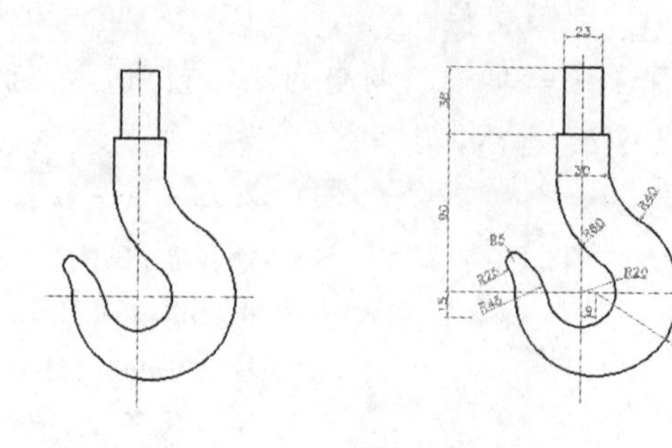

图 6-81 标注吊钩图形尺寸

1. 行业分析

吊钩是起重机械中最常见的一种吊具。按形状分为单钩和双钩：单钩制造简单、使用方便，但受力情况不好，大多用在起重量为 80 吨以下的工作场合；起重量大时常采用受力对称的双钩。对于吊钩的设计与制造，主要有以下几方面的技术要求及规定：

- 购置吊钩应有制造厂的合格证等技术文件方可使用；重要部门（如铁路、港口等）采购吊钩，吊钩出厂需严格检验（探伤）。
- 吊钩不得有影响安全使用性能的缺陷；吊钩缺陷不得焊补；吊钩表面应光滑，不得有裂纹、折迭、锐角、毛刺、剥裂、过烧等缺陷。
- 可在吊钩开口最短距离处选定两个适当位置打印不易磨损的标志，测出标志的距离，作为使用中检测开口度是否发生变化的依据。
- 吊钩材料可选用优质碳素钢或吊钩专用材料 DG20Mn、DG34CrMo 等，严禁使用铸造吊钩。
- 板钩钩片的纵轴，必须位于钢板的轧制方向，且钩片不允许拼接，板钩钩片应用沉头铆钉铆接，而在板钩与起吊物吊点接触的高应力弯曲部位不得用铆钉连接。

2. 操作思路

为了准确地对图形进行尺寸标注，首先应创建标注样式再标注尺寸，本例的操作思路如下。

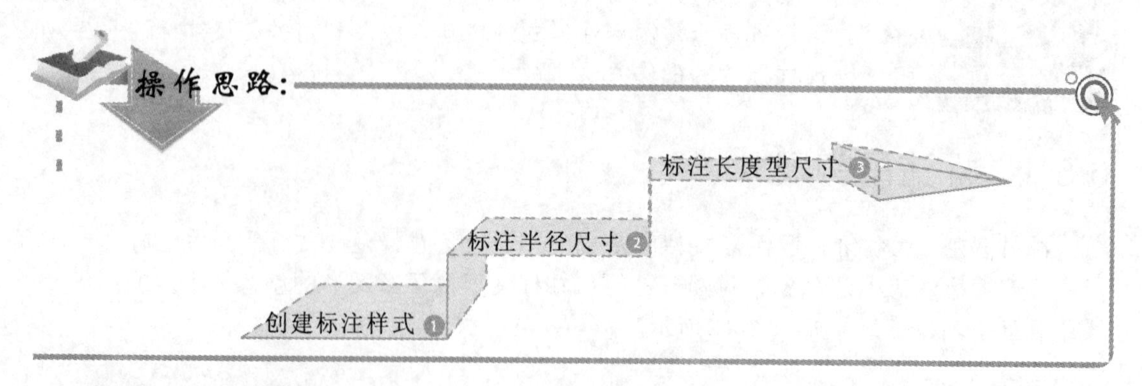

行家提醒

在 AutoCAD 2012 中创建一个新的标注样式之后，该标注样式即成为当前标注样式，而不需要再次设置当前标注样式。

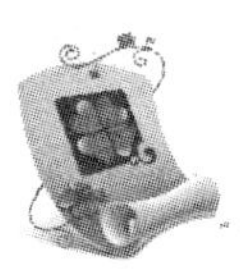

3. 操作步骤

下面介绍吊钩图形尺寸的标注方法，其操作步骤如下：

参见光盘
光盘\素材\第 6 章\吊钩.dwg
光盘\效果\第 6 章\吊钩.dwg
光盘\实例演示\第 6 章\标注吊钩尺寸

1. 打开“吊钩.dwg”图形文件，如图 6-82 所示。
2. 选择【注释】/【标注】组，单击“标注样式”按钮，打开“标注样式管理器”对话框，如图 6-83 所示。

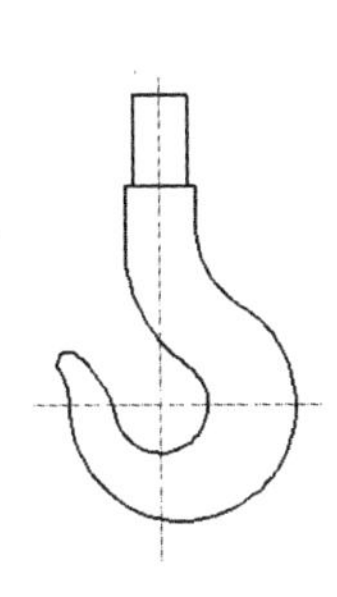

图 6-82　打开吊钩图形

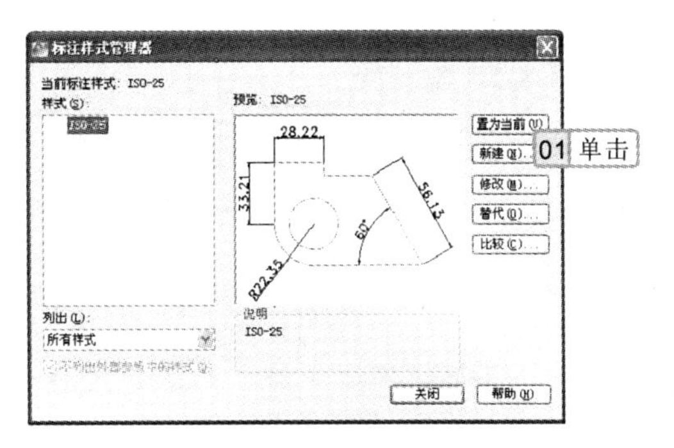

图 6-83　“标注样式管理器”对话框

3. 单击新建(N)...按钮，打开“创建新标注样式”对话框，在“新样式名”文本框中输入“机械”，单击继续按钮，如图 6-84 所示。
4. 打开“新建标注样式：机械”对话框，选择“文字”选项卡，在“文字对齐”栏中选中ISO 标准单选按钮，其余选项保持默认不变，单击确定按钮，如图 6-85 所示。

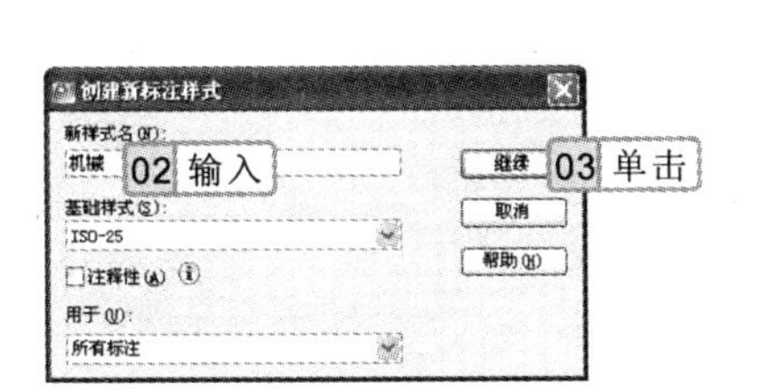

图 6-84　创建标注样式

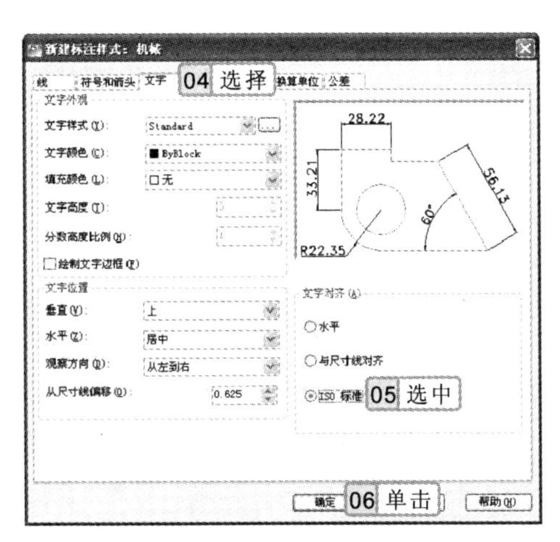

图 6-85　设置文字对齐

5. 返回“标注样式管理器”对话框，单击关闭按钮，关闭“标注样式管理器”对话框，返回绘图区。

操作提示

若要比较两种标注样式的特性或显示一种标注样式的所有特性，可在“标注样式管理器”对话框中单击比较(C)...按钮，打开“比较标注样式”对话框，查看标注样式的特性。

6 选择【注释】/【标注】组，单击“半径”按钮，执行半径标注命令，对图形进行半径标注操作，效果如图 6-86 所示，其命令行操作如下：

```
命令: _dimradius                                   //执行半径标注命令
选择圆弧或圆:                                       //选择标注对象，如图 6-87 所示
标注文字 = 48
指定尺寸线位置或 [多行文字(M)/文字(T)/角度(A)]:      //指定尺寸线位置，如图 6-88 所示
```

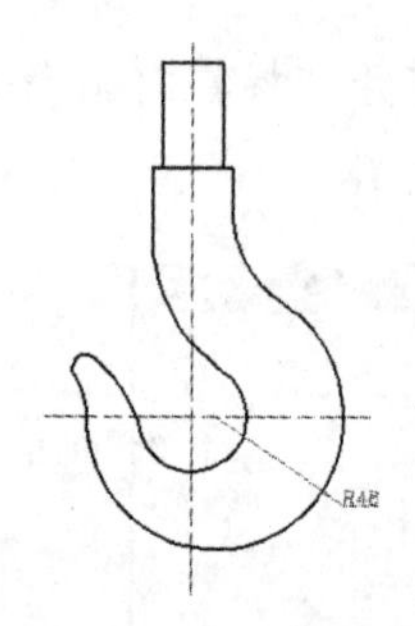

图 6-86　标注半径标注

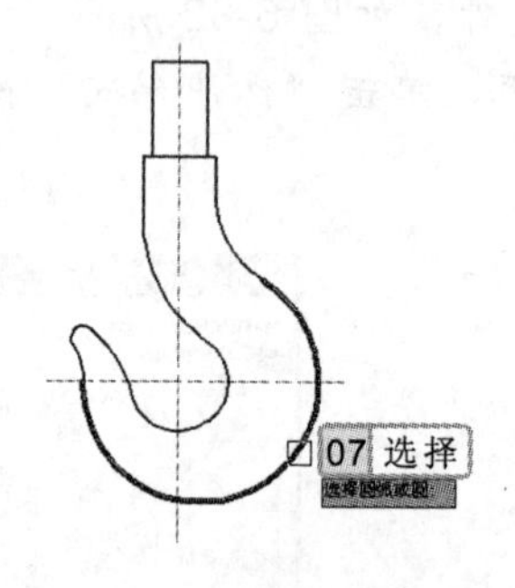

图 6-87　选择标注对象

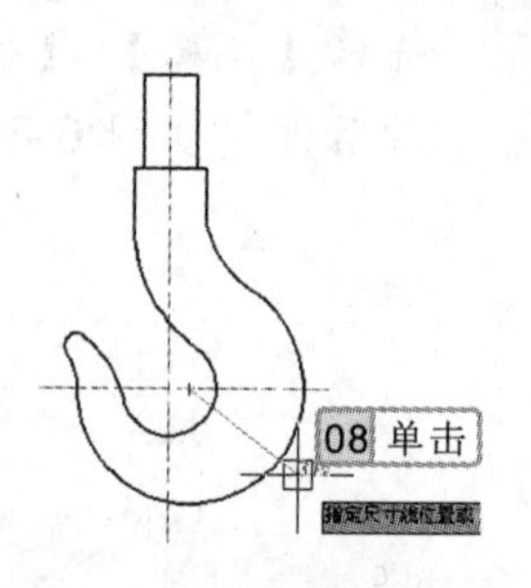

图 6-88　指定尺寸线位置

7 再次执行半径标注命令，对其余圆弧半径进行标注，效果如图 6-89 所示。

8 选择【注释】/【标注】组，单击“线性”按钮，执行线性标注命令，对吊钩的水平直线进行尺寸标注，效果如图 6-90 所示。

9 选择【注释】/【标注】组，单击“线性”按钮，执行线性标注命令，标注长度为“30”的线性尺寸标注，如图 6-91 所示。

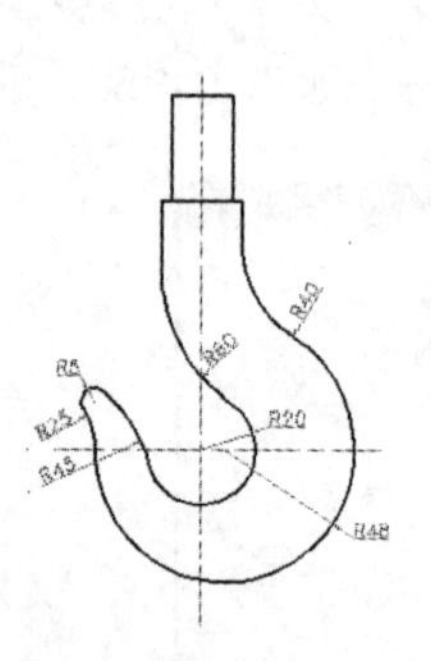

图 6-89　标注其余半径

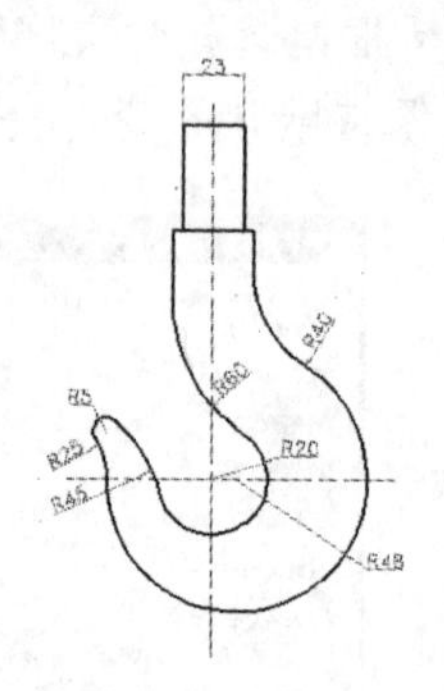

图 6-90　标注线性尺寸（水平直线）

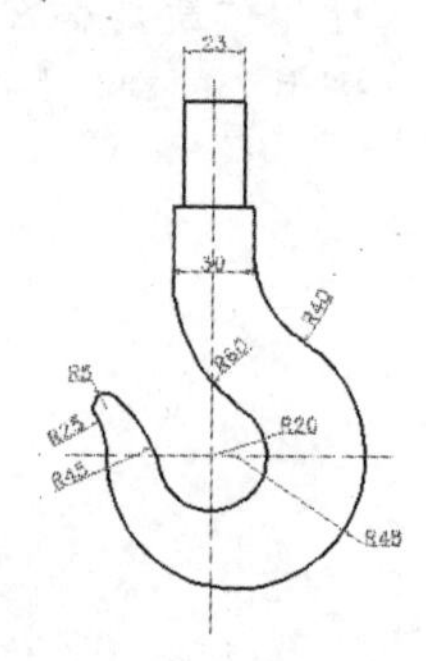

图 6-91　标注线性尺寸（长度为 30）

10 选择【注释】/【标注】组，单击“线性”按钮，执行线性标注命令，标注半径为“20”和“48”的圆弧圆心之间的距离，如图 6-92 所示。

11 选择【注释】/【标注】组，单击“线性”按钮，执行线性标注命令，标注顶端垂直线之间的长度，如图 6-93 所示。

12 选择【注释】/【标注】组，单击“连续”按钮，执行连续标注命令，对高度方向的线性尺寸进行连续标注，如图 6-94 所示。

创建标注样式的子样式时，如果有多个尺寸标注样式，应在“创建新标注样式”对话框的“基础样式”下拉列表框中选择基础样式，然后再创建标注样式的子样式。

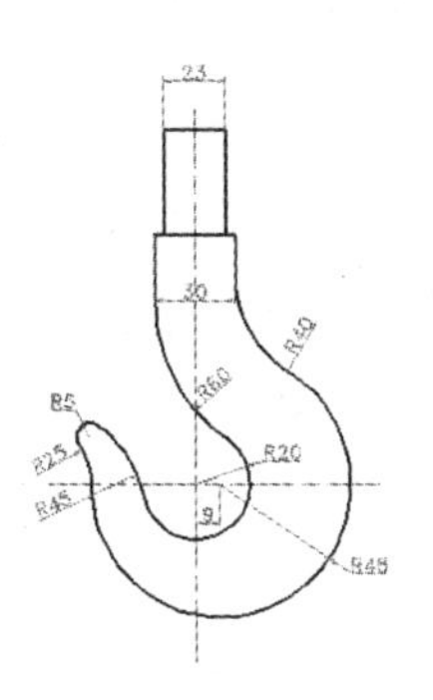
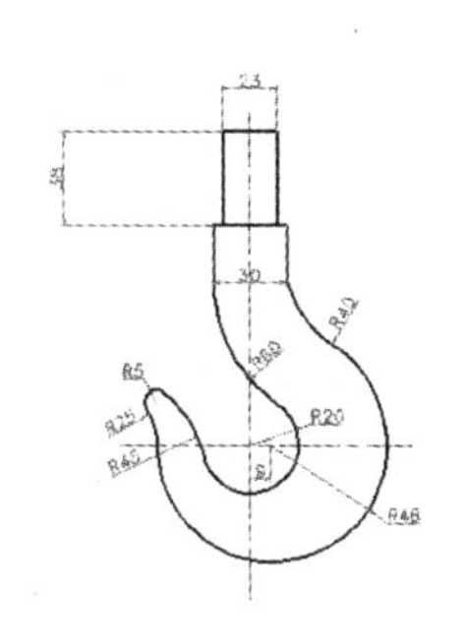
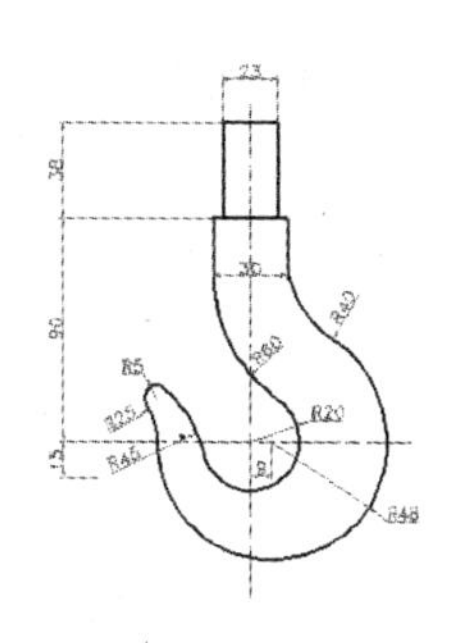
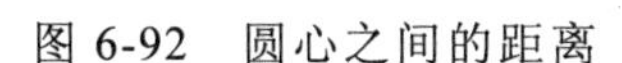

图 6-92　圆心之间的距离　　图 6-93　垂直线长度　　图 6-94　连续标注图形

6.5.2　标注小便器尺寸

本例将对公共厕所常见的小便器图形进行尺寸标注，其中主要使用了线性、连续、半径以及直径标注等命令，最终效果如图 6-95 所示。

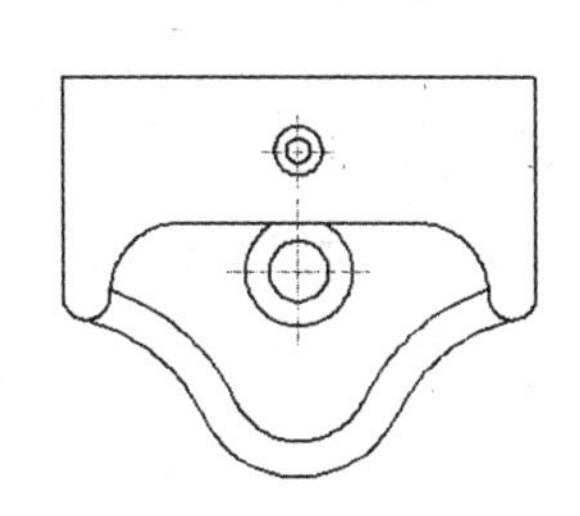
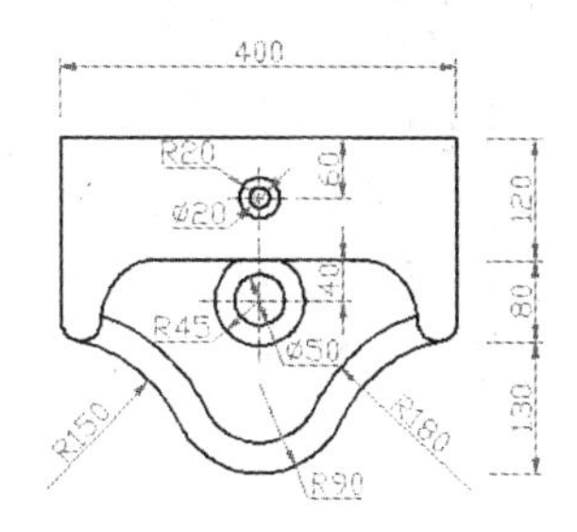

图 6-95　标注小便器尺寸

1. 行业分析

小便器多用于公共建筑的卫生间，现在有些家庭的卫浴间也装有小便器。按结构分为冲落式、虹吸式；按安装方式分为斗式、落地式、壁挂式，小便器主要有如下配套技术要求。

- **冲水装置配套性：**必须配备与该小便器配套且满足小便器功能要求规定的定量冲水装置，并应保证其整体的密封性，所配套的冲水装置应具有防虹吸功能。
- **连接密封性要求：**产品与给水和排水系统之间的连接安装，在不小于 0.10MPa 的静水压下保持 15min 无渗漏。

2. 操作思路

本例不需要对标注样式重新进行设置，可以直接使用尺寸标注命令对图形进行尺寸标注，本例的操作思路如下。

使用基线标注命令和连续标注命令对图形对象进行标注时，不需要指定尺寸线的位置，只需要指定延伸线原点即可。

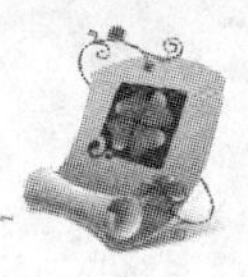

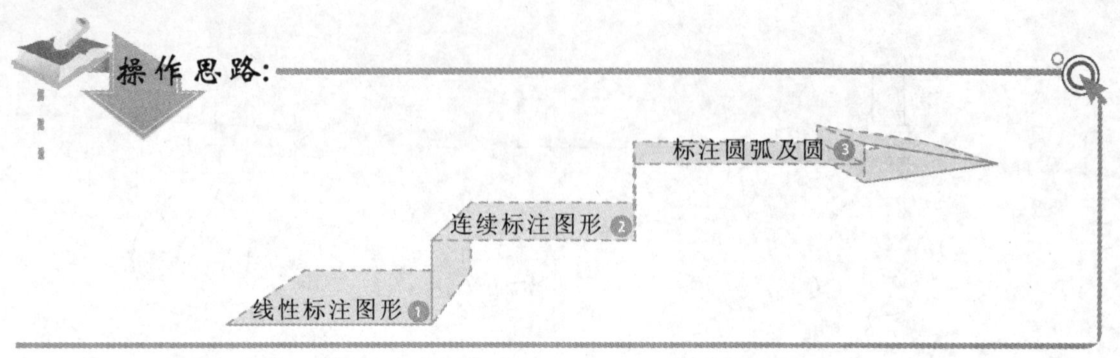

3. 操作步骤

下面介绍利用尺寸标注命令，对图形进行尺寸标注，其操作步骤如下。

参见光盘
光盘\素材\第 6 章\小便器.dwg
光盘\效果\第 6 章\小便器.dwg
光盘\实例演示\第 6 章\标注小便器尺寸

1. 打开“小便器.dwg”图形文件，如图 6-96 所示。
2. 选择【注释】/【标注】组，单击“线性”按钮，执行线性标注命令，对小便器图形的水平线长度进行线性标注，效果如图 6-97 所示。
3. 选择【注释】/【标注】组，单击“线性”按钮，执行线性标注命令，对两条水平线之间的距离进行线性尺寸标注，效果如图 6-98 所示。

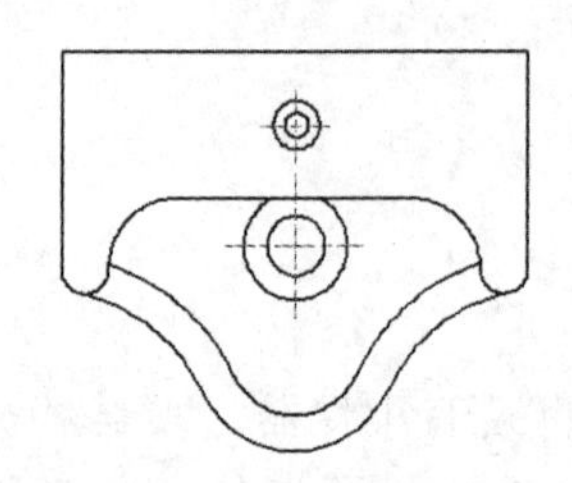

图 6-96　原始图形

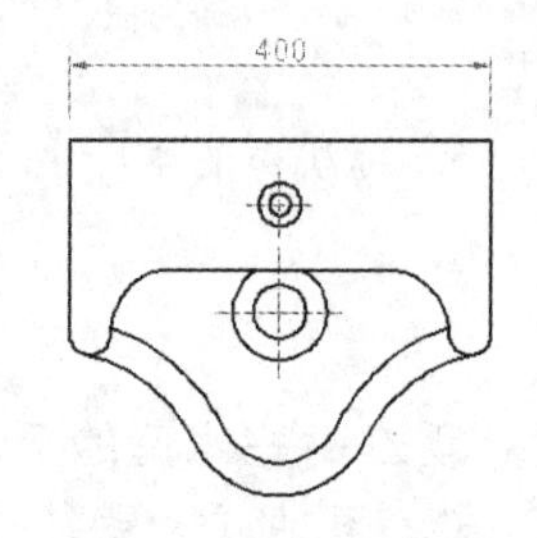

图 6-97　标注水平线长度

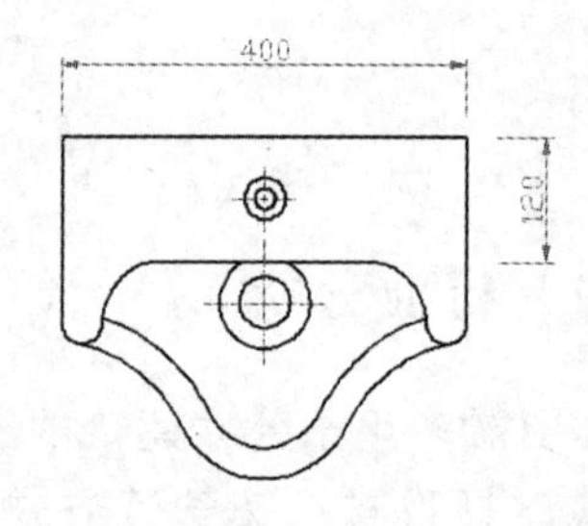

图 6-98　标注水平线之间的距离

4. 选择【注释】/【标注】组，单击“连续”按钮，执行连续标注命令，以圆弧象限点的特殊点为第二条尺寸界限原点，对图形进行连续尺寸标注（象限点的设置参见本书第 9 章的 9.1.3 节），如图 6-99 所示。
5. 选择【注释】/【标注】组，单击“线性”按钮，执行线性标注命令，标注水平直线与圆的圆心之间的距离，如图 6-100 所示。
6. 选择【注释】/【标注】组，单击“半径”按钮，执行半径标注命令，对图形进行半径标注，效果如图 6-101 所示。

行家提醒

标注圆或圆弧半径时，若尺寸标注文字指定的位置离圆或圆弧很近，标注文字将在其内部显示，只需将指定位置移到离对象稍远且不会影响到其他对象的地方即可在外部显示。

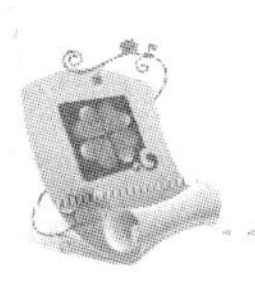

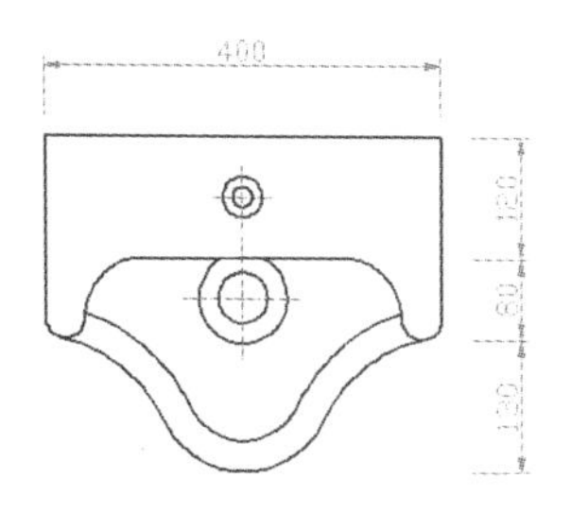

图 6-99　连续标注图形

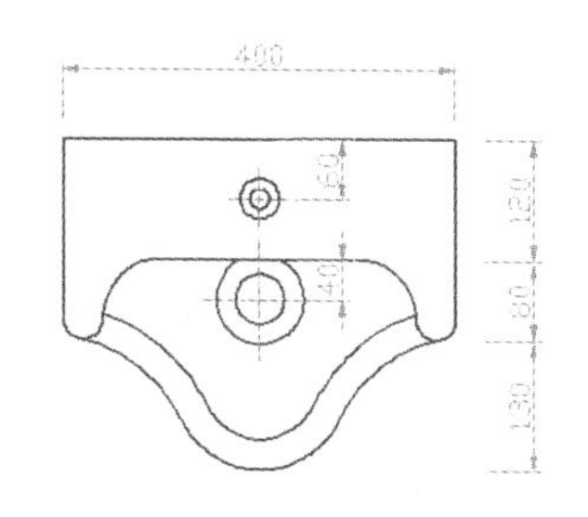

图 6-100　标注圆心距离

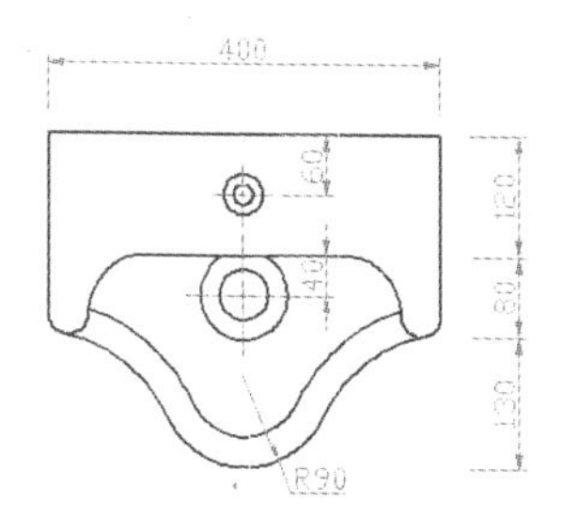

图 6-101　标注圆弧半径（一）

7. 选择【注释】/【标注】组，单击“半径”按钮，执行半径标注命令，对图形进行半径标注操作，效果如图 6-102 所示。
8. 选择【注释】/【标注】组，单击“半径”按钮，执行半径标注命令，对图形进行半径标注操作，效果如图 6-103 所示。
9. 选择【注释】/【标注】组，单击“直径”按钮，执行直径标注命令，对图形进行直径标注操作，效果如图 6-104 所示。

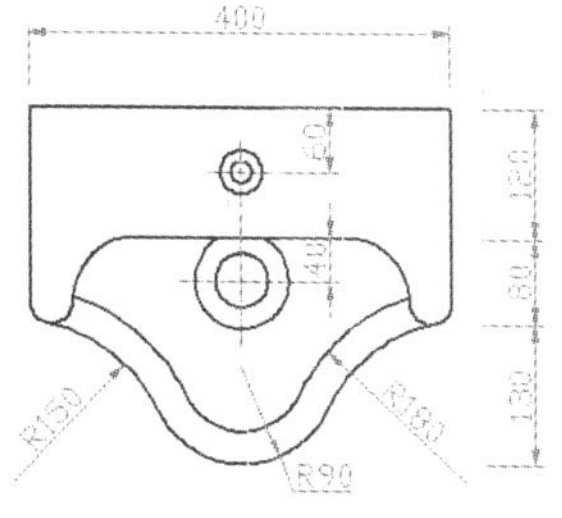

图 6-102　标注圆弧半径（二）

图 6-103　标注圆与圆弧半径

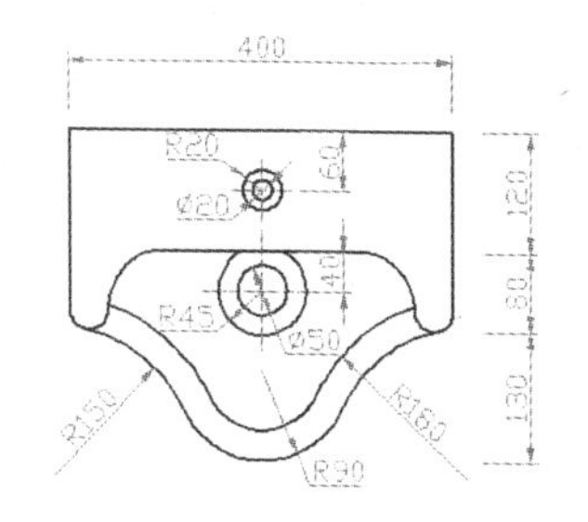

图 6-104　标注圆的直径

6.6　基础练习

本章主要介绍了 AutoCAD 2012 尺寸标注的使用及操作方法。下面将通过两个练习，进一步巩固 AutoCAD 2012 标注样式的创建，以及利用尺寸标注命令标注图形对象的方法。

6.6.1　标注台式洗脸盆

本次练习将对“台式洗脸盆.dwg”图形进行尺寸标注，标注图形时，首先使用线性标注对图形的长度及宽度进行标注，再利用线性标注命令对椭圆的两个轴进行标注，最后使用半径标注命令标注排水孔的圆，如图 6-105 所示。

在对图形进行连续标注时，如果选择“选择”选项，可以选择已经标注的线性、对齐、角度等作为基准标注。

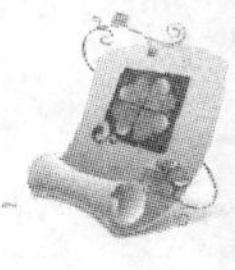

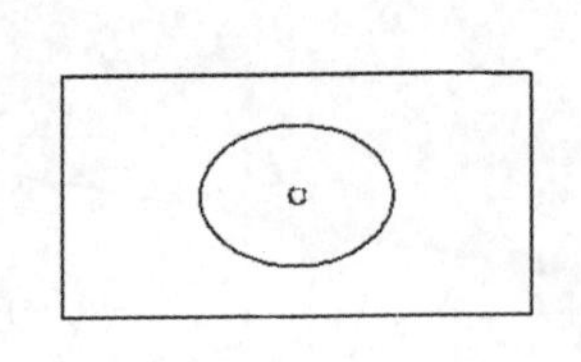

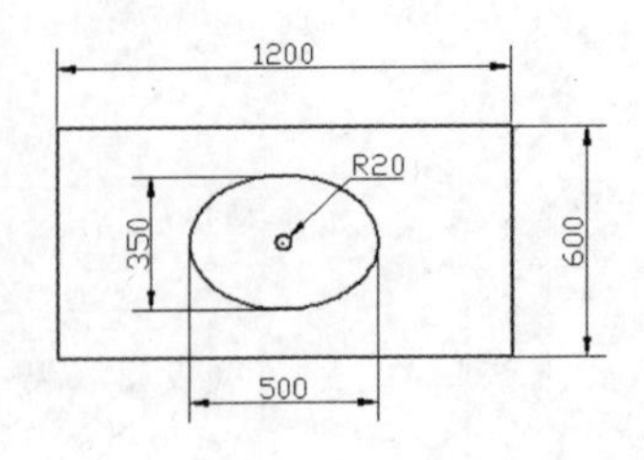

图 6-105　标注台式洗脸盆

光盘\素材\第 6 章\台式洗脸盆.dwg
光盘\效果\第 6 章\台式洗脸盆.dwg
光盘\实例演示\第 6 章\标注台式洗脸盆

关键提示:

标注线性尺寸

矩形：标注矩形的长和宽度；椭圆：标注椭圆两个轴的长度。

半径标注

圆：标注圆的半径尺寸。

6.6.2　标注机械图形尺寸

本次练习将标注“机械图形.dwg”图形文件的尺寸，标注图形时，首先创建标注样式，再分别利用尺寸标注命令对图形的角度、长度尺寸进行标注，最后利用半径、直径和折弯半径标注命令对图形进行尺寸标注处理，效果如图 6-106 所示。

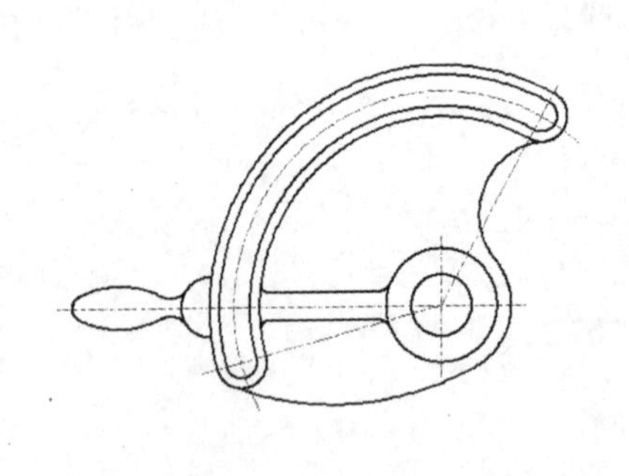

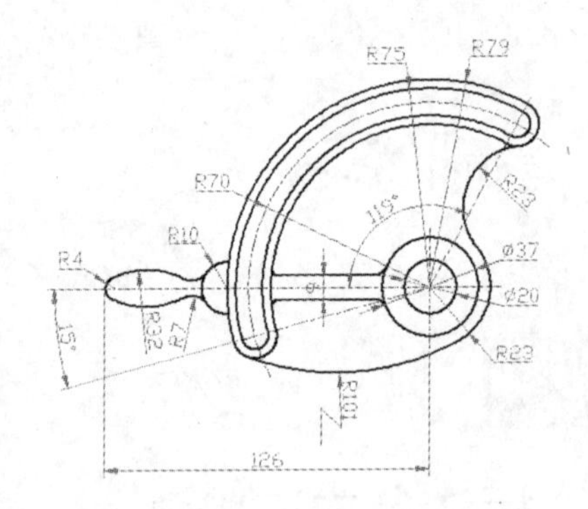

图 6-106　标注机械图形尺寸

光盘\素材\第 6 章\机械图形.dwg
光盘\效果\第 6 章\机械图形.dwg
光盘\实例演示\第 6 章\标注机械图形尺寸

线性标注命令的使用方法是，通过指定图形对象的两个点来确定尺寸标注的尺寸界限；对图形进行标注时，也可以直接选取需标注的图形对象，系统将自动进行标注。

关键提示:

创建标注样式

标注样式：机械；标注子样式：半径标注、直径标注。

标注图形尺寸

长度型尺寸：线性；标注圆弧类图形：直径、半径、折弯；角度标注：角度。

6.7 知识问答

使用标注命令对图形进行尺寸标注时，首先应设置相应的尺寸标注样式，再利用尺寸标注命令对图形进行标注。下面介绍标注样式与尺寸标注在实际使用中的常见问题及解决方案。

问：对圆进行标注时，如何才能让标注直径的尺寸线带水平转折呢？

答：在“修改标注样式”对话框中选择“文字”选项卡，在“文字对齐”栏中选中◉水平单选按钮，标注的尺寸标注便为水平转折的直径标注。

问：在进行尺寸标注时，为什么看到别人标注的箭头都在里面，而我的标注箭头却在外面，且长度、箭头大小都是一样的？

答：这是由于在进行尺寸标注时，系统会根据标注的长度、箭头的大小等参数选项来确定箭头的位置。在AutoCAD 2012中，如果对箭头的位置不满意，可以选择该标注，然后单击鼠标右键，在弹出的快捷菜单中选择“翻转箭头”命令，即可更改箭头的位置。

问：在“符号和箭头”选项卡中选择了箭头的样式，在进行尺寸标注时，为什么标注出来的尺寸标注没有箭头？

答：尺寸标注中没有箭头，主要有以下两种情况：第一，没有设置箭头符号；第二，箭头大小设置得太小。由于设置了箭头符号，应该是第二种情况，因此可以将箭头调大，也可以在“调整”选项卡中将标注比例进行调大处理。

标注线条长度

使用线性标注和对齐标注命令，都可以对图形的线条进行尺寸标注。使用线性标注时，只能对水平和垂直方向上的图形进行标注。并且只能标注该线条在水平或垂直方向上的距离，而并不能标注该线条的实际长度。

当不需要在形位公差中添加某个符号或包容条件时，可以单击“特征符号”对话框或“附加符号”对话框中的空白图标框。

第7章

输入、输出图形

设置打印参数

设备 尺寸 比例

保存打印设置

调用打印设置

改变图形对象位置

软件间的协同绘图

Design Review Inventor 3ds Max

本章导读

使用 AutoCAD 2012 绘制好的图形，除了使用显示器直接进行显示外，还可以通过打印机或绘图仪等输出设备将图形以图纸的方式进行输出，以及通过与其他绘图软件间的协同绘图，方便地进行图形数据间的交换等操作。本章将详细介绍利用打印机打印图形的方法，以及软件间的协同绘图等，其中图形的打印输出是本章的重点及难点，应重点进行掌握；软件间的协同绘图可以方便图形的绘制与编辑操作，应熟练进行掌握。

7.1 设置打印参数

使用打印机打印图形时，首先应设置打印机，然后再设置打印图形时的各种参数，以便能准确打印图形对象。打印参数的设置，主要包括打印设备、图纸纸型、打印比例等。

图形绘制完成后根据需要可以将图形进行打印输出，在打印图形前，还需对打印参数进行设置，如选择打印设备、设定打印样式、选择图纸、设置打印方向等。执行打印命令，主要有以下几种方法：

- 单击“应用程序”按钮，在弹出的菜单中选择【打印】/【打印】命令。
- 在标题栏上单击“打印”按钮。
- 在命令行中输入“PLOT”命令。

执行打印命令后，将打开如图 7-1 所示的“打印-模型”对话框。对打印参数的设置，基本上都是在该对话框中进行的，如选择打印设备、设置打印样式表、选择打印图纸等。

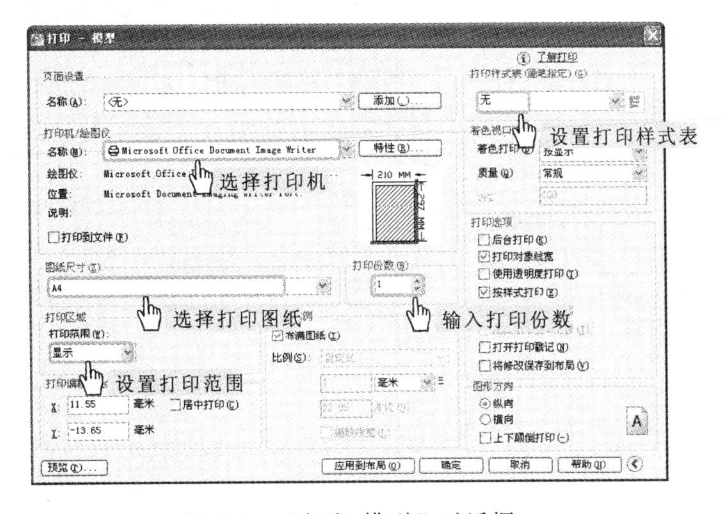

图 7-1 “打印-模型”对话框

7.1.1 设置基本参数

设置打印的基本参数，主要包括打印设备的选择、打印样式表、图纸尺寸、打印区域、打印偏移、打印比例、图形方向等选项的设置。

1. 选择打印设备

要将图形从打印机打印到图纸上，首先应安装打印机，然后在“打印-模型”对话框的“打印机/绘图仪”栏中的“名称”下拉列表框中进行打印设备的选择，如图 7-2 所示。

默认情况下，“打印-模型”对话框不会显示“打印样式表”、“着色视口选项”、“打印选项”和“图形方向”4 栏参数，需单击“更多选项”按钮展开这 4 栏参数。

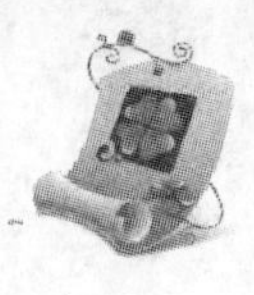

图 7-2　选择打印设备

2. 指定打印样式表

打印样式用于修改图形的外观，选择某个打印样式后，图形中的每个对象或图层都具有该打印样式的属性，修改打印样式可以改变对象输出的颜色、线型或线宽等特性。

在“打印-模型”对话框的“打印样式表”栏中的下拉列表框中选择要使用的打印样式，即可指定打印样式表，如图 7-3 所示。单击“打印样式表”栏中的“编辑”按钮，打开如图 7-4 所示的“打印样式表编辑器”对话框，从中可以查看或修改当前指定的打印样式表。

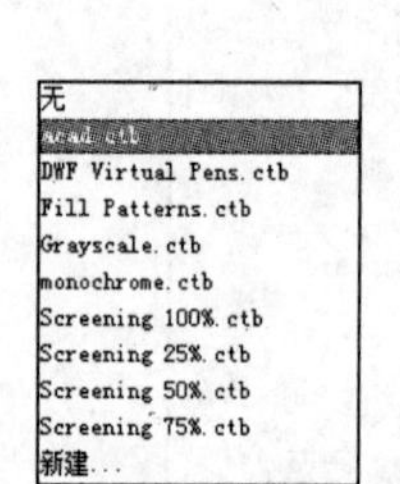

图 7-3　选择打印样式表

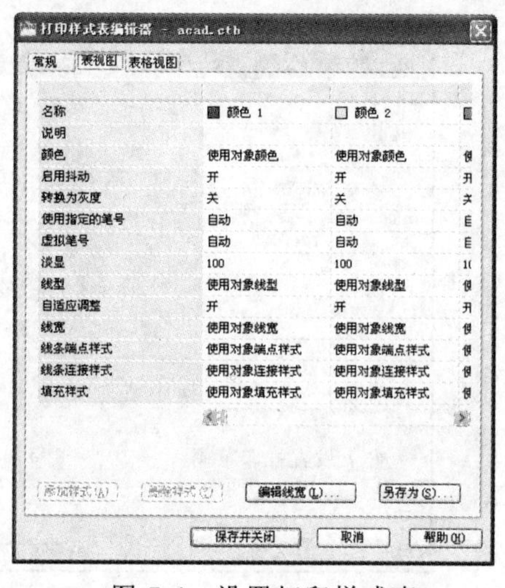

图 7-4　设置打印样式表

3. 选择图纸尺寸

图纸纸型是指用于打印图形的纸张大小，在“打印-模型”对话框的“图纸尺寸”下拉列表框中即可选择纸型，如图 7-5 所示。不同的打印设备支持的图纸纸型也不相同，所以选择的打印设备不同，在该下拉列表框中选择的选项也不相同，但是，一般都支持 A4 和 B5 等标准纸型。

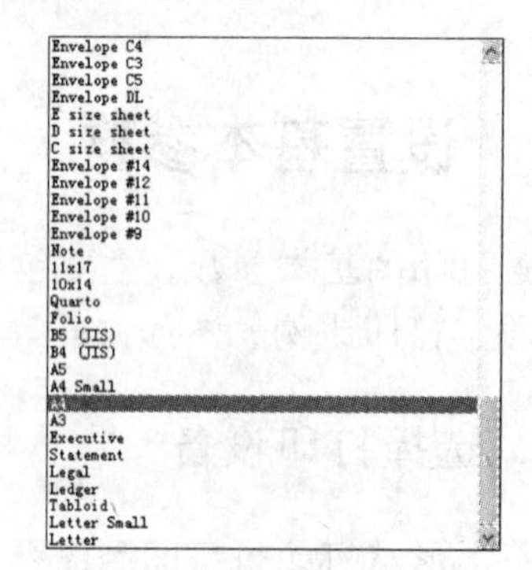

图 7-5　选择图纸纸型

打印样式表有两种类型：颜色相关打印样式和命名打印样式。一个图形只能使用一种类型的打印样式表。

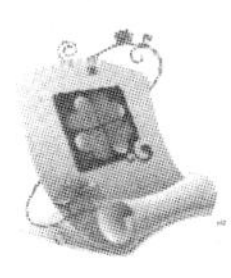

4．设置打印区域

打印图形时，必须设置图形的打印区域，从而更准确地打印需要的图形。在“打印区域”栏的“打印范围”下拉列表框中可以选择打印区域的类型，如图 7-6 所示，其中各选项的功能介绍如下。

图 7-6　打印区域

- **窗口**：选择该选项后，将返回绘图区指定要打印的窗口，在绘图区中绘制一个矩形框，选择打印区域后返回“打印-模型”对话框，同时右侧出现 窗口(O)< 按钮，单击该按钮可以返回绘图区重新选择打印区域。
- **范围**：选择该选项后，在打印图形时，将打印出当前空间内的所有图形对象。
- **图形界限**：选择该选项，打印时只会打印绘制的图形界限内的所有对象。
- **显示**：打印模型空间当前视口中的视图或布局空间中当前图纸空间视图的对象。

5．设置打印偏移

“打印偏移”栏可以对打印时图形位于图纸的位置进行设置。“打印偏移”栏包含相对于 X 轴和 Y 轴方向的位置，也可将图形进行居中打印，如图 7-7 所示。该栏中各选项的功能介绍如下。

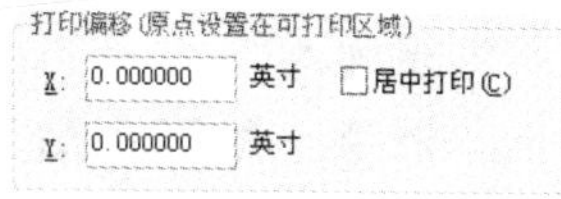

图 7-7　设置打印偏移

- **X**：指定打印原点在 X 轴方向的偏移量。
- **Y**：指定打印原点在 Y 轴方向的偏移量。
- **居中打印**：选中该复选框后将图形打印到图纸的正中间，系统自动计算出 X 和 Y 偏移值。

6．控制出图比例

在“打印-模型”对话框的“打印比例”栏中，可以设置图形输出时的打印比例，如图 7-8 所示。打印比例主要用于控制图形单位与打印单位之间的相对尺寸。“打印比例”栏中各选项的含义介绍如下。

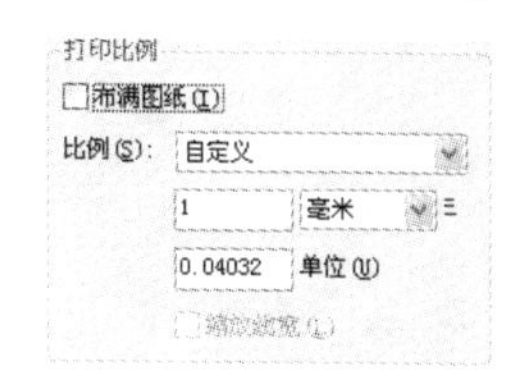

图 7-8　打印比例

- **布满图纸**：选中该复选框，将缩放打印图形以布满所选图纸尺寸，并在“比例”下拉列表框、“毫米”和“单位”文本框中显示自定义的缩放比例因子。
- **比例**：用于定义打印的比例。
- **毫米**：指定与单位数等价的英寸数、毫米数或像素数。当前所选图纸尺寸决定单位是英寸、毫米还是像素。
- **单位**：指定与英寸数、毫米数或像素数等价的单位数。
- **缩放线宽**：选中该复选框，将与打印比例成正比缩放线宽。这时可指定打印对象的线宽并按该尺寸打印而不考虑打印比例。

用户在设定打印参数时，还应根据与电脑相连的打印机的类型来综合考虑打印参数的具体值。

7. 设置图形打印方向

打印方向是指图形在图纸上打印时的方向，如横向和纵向等。在“图形方向”栏中即可设置图形的打印方向，如 7-9 所示，该栏中各选项的功能介绍如下。

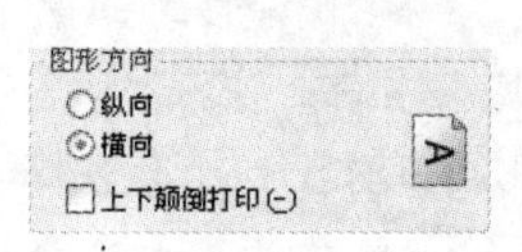

图 7-9　图形方向

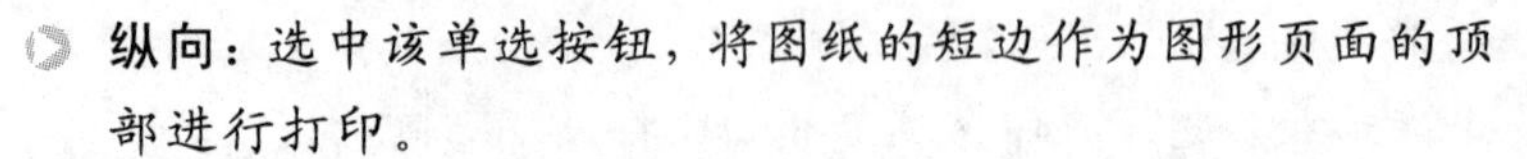

- **纵向**：选中该单选按钮，将图纸的短边作为图形页面的顶部进行打印。
- **横向**：选中该单选按钮，将图纸的长边作为图形页面的顶部进行打印。
- **上下颠倒打印**：选中该复选框，将图形在图纸上倒置进行打印，相当于将图形旋转 180° 后再进行打印。

8. 打印着色的三维模型

如果要将着色后的三维模型打印到纸张上，需在“打印-模型”对话框的“着色视口选项”栏中进行设置，如图 7-10 所示。“着色打印”下拉列表框中常用选项的含义介绍如下。

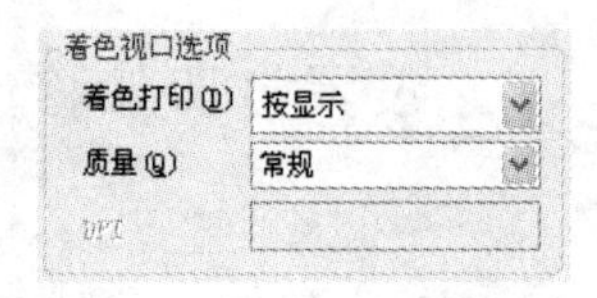

图 7-10　选择三维图形

- **按显示**：按对象在屏幕上显示的效果进行打印。
- **线框**：用线框方式打印对象，不考虑它在屏幕上的显示方式。
- **消隐**：打印对象时消除隐藏线，不考虑它在屏幕上的显示方式。
- **渲染**：按渲染后的效果打印对象，不考虑它在屏幕上的显示方式。

9. 打印预览

将图形发送到打印机或绘图仪之前，最好先进行打印预览，打印预览显示的图形与打印输出时的图形效果相同。在“打印-模型”对话框中单击 预览(P)... 按钮，即可预览打印效果，如图 7-11 所示。

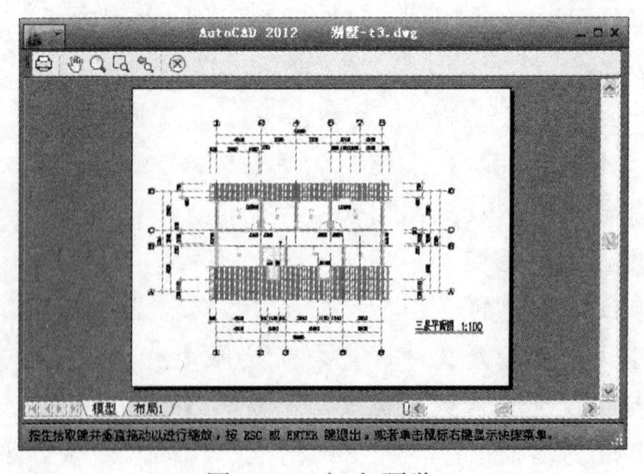

图 7-11　打印预览

打印预览是在将图形打印到图纸之前，在显示器上显示打印输出图形后的效果，主要包括图形线条的线宽、线型、填充图案等。

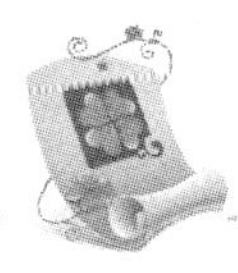

打印预览状态下工具栏中各按钮的功能介绍如下。

- “打印”按钮：单击该按钮可直接打印图形文件。
- “平移”按钮：该功能与视图缩放中的平移操作相同，用于移动选择的图形。
- “缩放”按钮：单击该按钮，鼠标光标变成形状，按住鼠标左键向下拖动鼠标，图形文件视图窗口变小；向上拖动鼠标，图形文件视图窗口变大。
- “窗口缩放”按钮：单击该按钮，鼠标光标变成形状，框选文件图形的某部分，框选的图形将显示在整个预览视图中。
- “缩放为原窗口”按钮：单击该按钮可还原窗口。
- “关闭”按钮：单击该按钮退出打印预览窗口。

7.1.2 指定特性打印图形

在 AutoCAD 2012 中，无论图形对象在图形中的线条宽度、线型如何，在打印图形时，可以根据情况对图形对象的线宽、线型等特性进行设置。

以指定线型与线宽打印图形

执行打印命令，在打印样式表中，将打印样式的“颜色 1”的线型设置为“划点”，并设置“颜色 4”和“颜色 5”选项的图形特性。

参见光盘　光盘\素材\第 7 章\连杆.dwg

1. 打开“连杆.dwg”图形文件，如图 7-12 所示。
2. 在标题栏上单击“打印”按钮，打开“打印-模型”对话框，在“打印样式表（画笔指定）”栏的下拉列表框中选择“acad.ctb”选项，单击其后的“编辑”按钮，如图 7-13 所示。

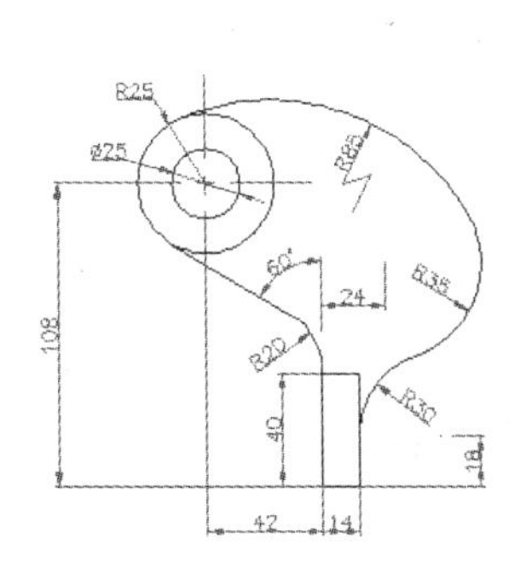

图 7-12　打开“连杆.dwg”图形文件

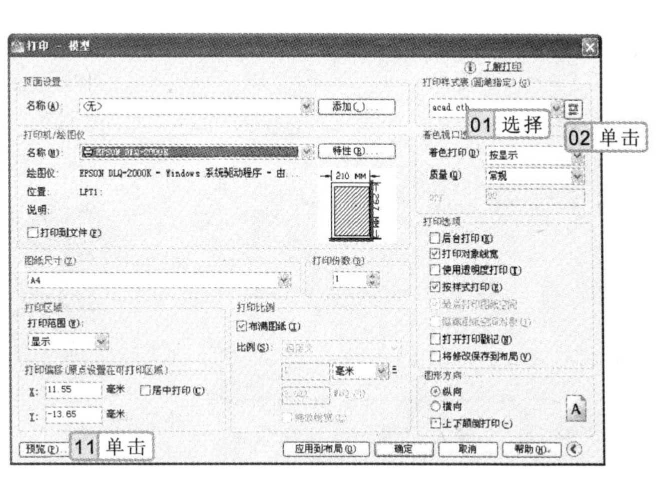

图 7-13　“打印-模型”对话框

通过打印样式表，可以设置指定颜色图形对象的图形特性，如将颜色 1“红色”的特性指定为其他颜色。

3 打开“打印样式表编辑器-acad.ctb”对话框，在“打印样式”列表框中选择“颜色 1”选项，在“特性”栏中将“线型”选项设置为“划点”，将“线宽”选项设置为“0.1000 毫米”，如图 7-14 所示。

4 在“打印样式”列表中选择“颜色 4”选项，在“特性”栏中将“线宽”选项设置为“0.1000 毫米”，如图 7-15 所示。

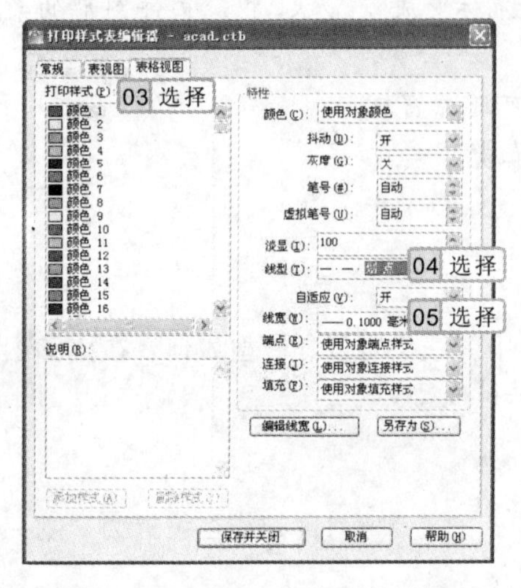

图 7-14　设置“颜色 1”特性

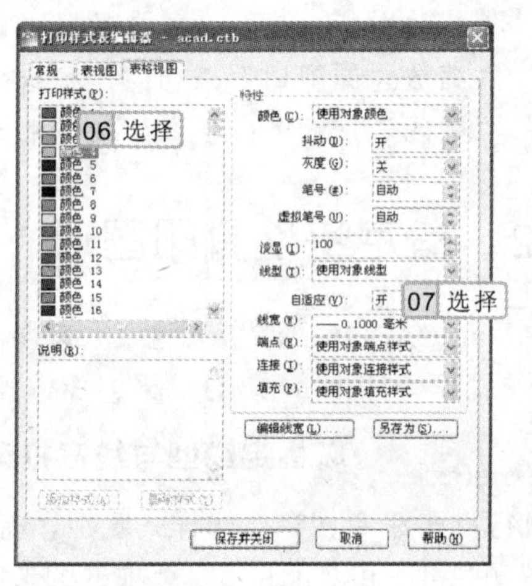

图 7-15　设置“颜色 4”特性

5 在“打印样式”列表中选择“颜色 5”选项，在“特性”栏中将“线宽”选项设置为“2.0000 毫米”，单击 保存并关闭 按钮，如图 7-16 所示。

6 在“打印-模型”对话框中单击 预览(P)... 按钮，对图形进行打印预览操作，效果如图 7-17 所示。

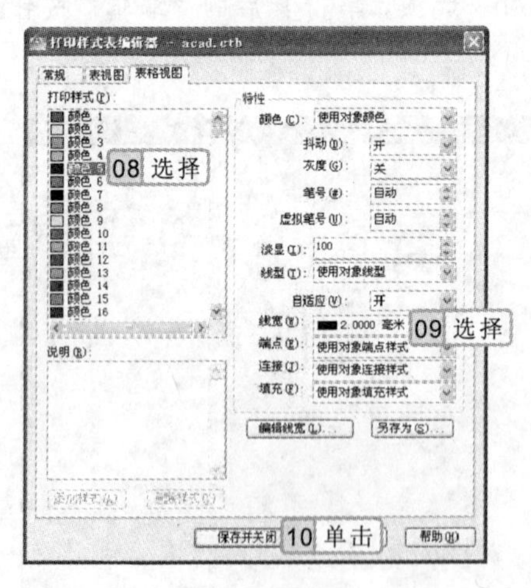

图 7-16　设置“颜色 5”特性

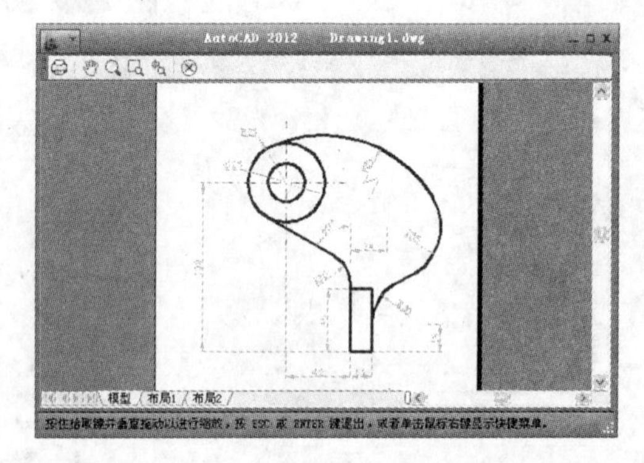

图 7-17　打印预览效果

使用 SCALELISTEDIT 命令，可以在打开的“编辑比例列表”对话框中修改比例列表，如添加和删除比例等。

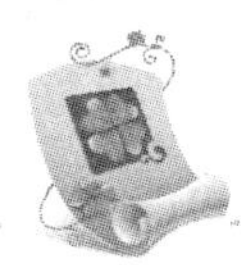

7.2 保存与调用打印设置

在进行打印操作时，如果使用相同的打印参数打印多个图形文件，只需设置一次打印参数，然后将打印参数设置保存到文件中，在打印其他图形文件时，再调用该打印设置，可方便地打印图形对象。

7.2.1 保存打印设置

打印设置完成后可将打印设置进行保存，方便以后随时调用。例如，以“建筑制图”为名创建打印样式，并对其进行保存。

实例 7-2 保存“机械图形”打印参数

执行打印命令，在空白文档中对图形的打印参数进行设置，并将其打印参数保存在名为“机械图形”的页面设置中。

参见光盘 光盘\效果\第 7 章\打印设置.dwg

1. 单击“应用程序”按钮，在弹出的菜单中选择【打印】/【打印】命令，打开“打印-模型”对话框，如图 7-18 所示。
2. 在“页面设置”栏中单击 添加(.)... 按钮，打开“添加页面设置”对话框，在“新页面设置”文本框中输入“机械图形”，如图 7-19 所示。

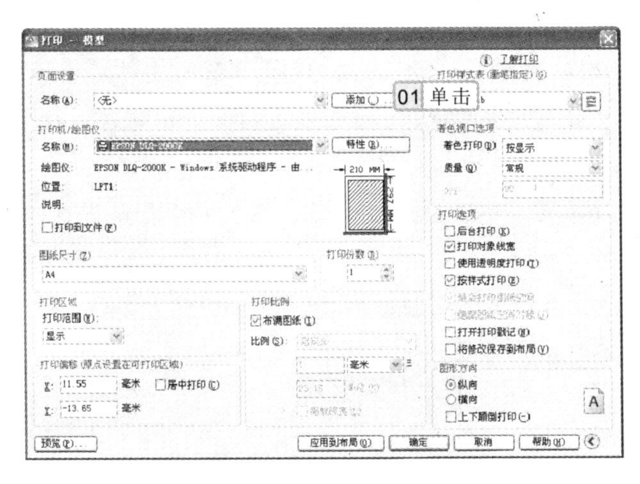

图 7-18 “打印-模型”对话框

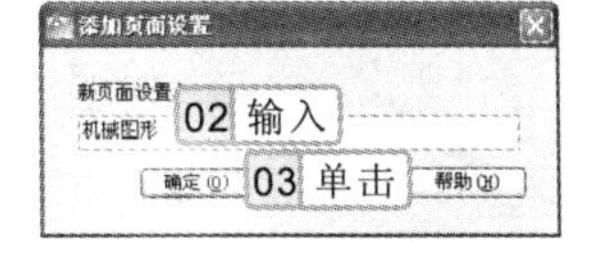

图 7-19 添加页面设置

3. 单击 确定(O) 按钮，返回“打印-模型”对话框设置打印参数，单击 确定(O) 按钮，返回绘图区并保存图形，打印参数将会随图形一起进行保存。

操作提示

在“打印样式表编辑器”对话框中，还可以对打印样式的淡显、线性、连接和填充等参数进行设置。

7.2.2 调用打印设置

对打印参数进行保存后，在其他图形文件中要打印类似的图形对象时，即可调用该打印参数，从而免去设置打印参数等操作。

实例 7-3 调用“机械图形”打印设置

光盘\素材\第 7 章\打印设置.dwg、压盖.dwg

1. 打开“压盖.dwg”图形文件，单击“应用程序”按钮，在弹出的菜单中选择【打印】/【页面设置】命令，打开“页面设置管理器”对话框，如图 7-20 所示。
2. 单击[输入(I)...]按钮，打开“从文件选择页面设置”对话框，在文件列表中选择“打印设置.dwg”图形文件，单击[打开(O)]按钮，如图 7-21 所示。

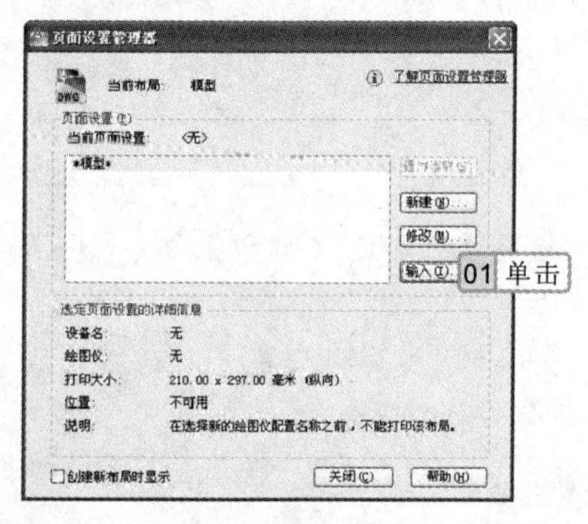

图 7-20 “页面设置管理器”对话框

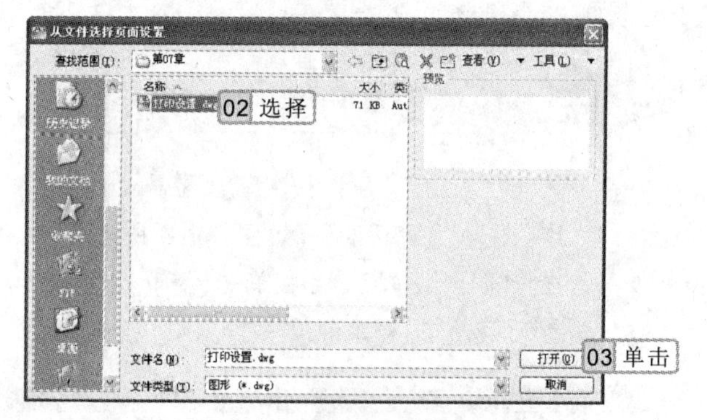

图 7-21 选择图形文件

3. 打开“输入页面设置”对话框，单击[确定(O)]按钮，确定对页面设置进行输入操作，如图 7-22 所示。
4. 返回“页面设置管理器”对话框，单击[关闭]按钮，完成调用打印设置的操作，如图 7-23 所示。

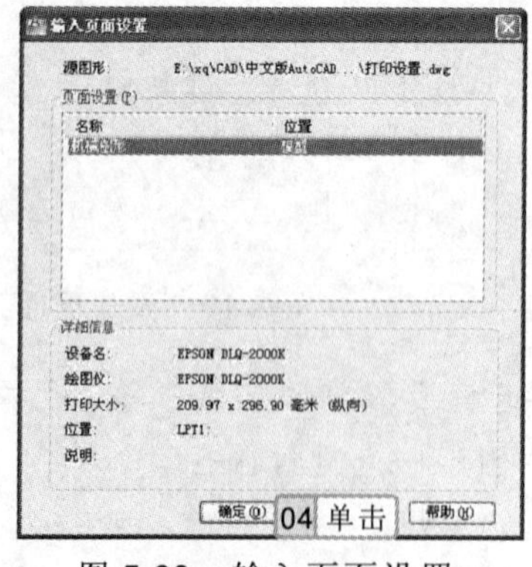

图 7-22 输入页面设置

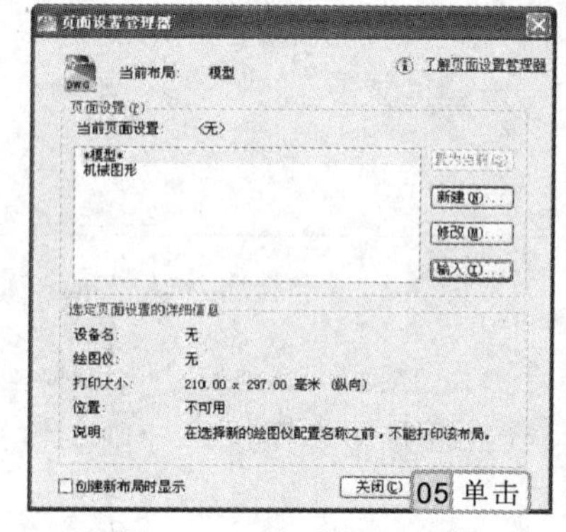

图 7-23 完成调用操作

打印样式是一种可选方法，用于控制每个对象或图层的打印方式，将打印样式指定给对象或图层会在打印时替代特性。

7.3 软件间的协同绘图

在使用 AutoCAD 2012 绘图时，不仅能够在该软件中进行绘制，还可以与其他绘图软件进行相互协作，除了与 Autodesk 公司的其他软件进行协作外，还能同其他公司的软件进行协同绘图。

7.3.1 Design Review

Design Review 是 Autodesk 旗下的软件，在安装 AutoCAD 2012 时，可以选择是否安装该软件。AutoCAD 与 Design Review 进行协作时，只有通过 AutoCAD 将图形文件另存为.dwf、.dwfx 和.dxf 格式，才能在 Design Review 软件中进行查看、打印、测量和注释等操作。

- **.dwf 和.dwfx 格式：**要转换成.dwf 和.dwfx 这两种格式需要在 AutoCAD 中单击“应用程序”按钮，并在打开的菜单中选择“输出”命令，然后在弹出的子菜单中选择需要的格式，最后在打开的对话框中设置好参数后单击保存(S)按钮，如图 7-24 所示。
- **.dxf 格式：**转换为.dxf 格式需要执行另存为操作，并在打开对话框的“文件类型”下拉列表框中选择 dxf 选项，如图 7-25 所示。

图 7-24　输出图形

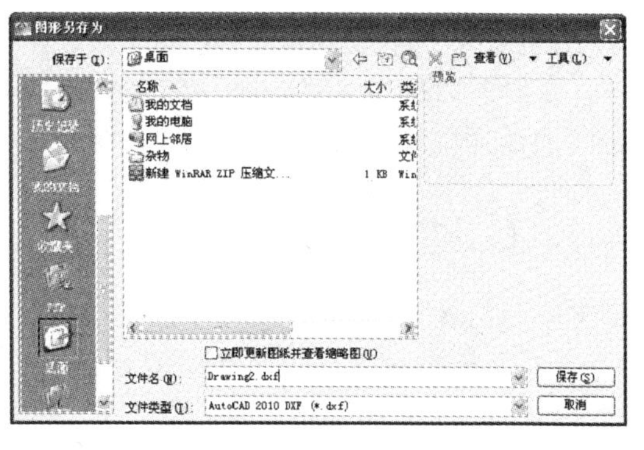

图 7-25　另存为图形

7.3.2 Inventor

Inventor 是 AutoDesk 公司推出的一款三维可视化实体模拟软件，常接触到的有 Inventor Fusion 2012 和 Inventor Professional 2012，在安装 AutoCAD 2012 时，可以选择是否安装 Inventor Fusion 2012，该软件适用于三维建模，其功能没有 Inventor Professional 强大。

AutoCAD 与 Inventor 进行协作时，主要运用于机械行业，二者之间并没有特定的格式进行数据交换，只要是.dwg 格式即可。在 Inventor Professional 2012 中可以通过打开命令打开.dwg 格式的二维或三维图形，如图 7-26 所示。然而，Inventor Professional 2012 绘制

使用 FBX 文件，可以在两个 Autodesk 程序之间输入和输出三维对象、具有厚度的二维对象、光源、相机和材质。

的三维图形默认格式为.ipt，二维图形格式为.dwg，用户可以在 AutoCAD 2012 的布局空间中输入“VIEWBASE”命令，在打开的对话框中将.ipt 格式的三维图形导入到 AutoCAD 2012 中，通过投影的方式来绘制实体零件的工程图，如图 7-27 所示为通过投影绘制的工程图。

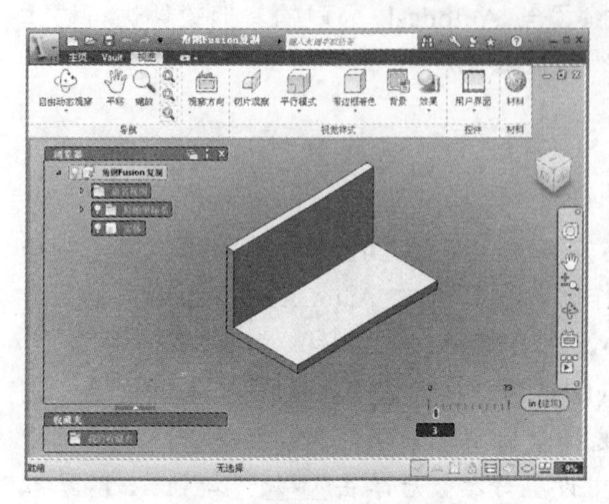

图 7-26 打开.dwg 格式文件

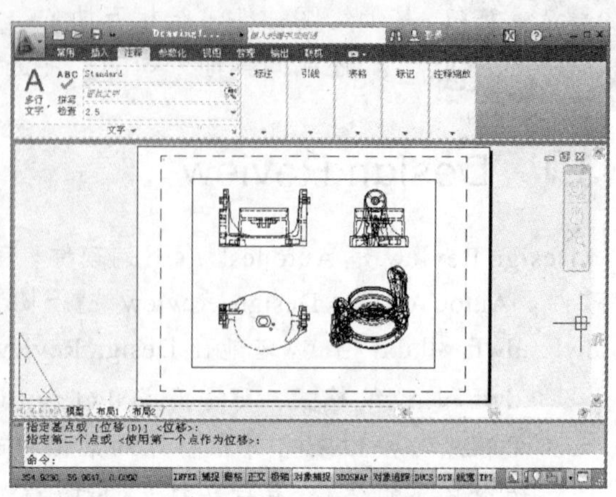

图 7-27 通过.ipt 文件投影绘制工程图

7.3.3 3ds Max

3ds Max 同样是由 Autodesk 公司开发的软件，在这两个软件之间进行数据交换非常容易，主要的数据交换格式是.dwg、.dxf 和.3ds 文件格式。下面将对 AutoCAD 与 3ds Max 软件之间的数据交换的方法分别进行讲解。

1. 在 3ds Max 中打开图形文件

使用 AutoCAD 软件将图形文件另存为.dwg 或.dxf 格式，可在 3ds Max 软件中通过导入的方法使用.dwg 文件格式打开，如图 7-28 所示为使用 3ds Max 导入.dwg 文件的效果。

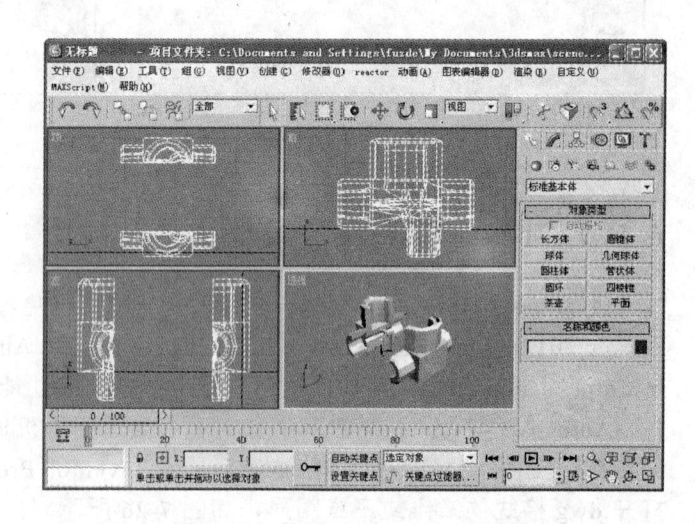

图 7-28 使用 3ds Max 打开图形

2. 打开 3ds Max 图形文件

使用 3ds Max 软件绘制的图形，需要将其保存为.3ds 文件格式的图形文件，然后才能在 AutoCAD 软件中打开。在 AutoCAD 中执行 3DSIN 命令，打开“3d studio 文件

在 AutoCAD 中可以输入来自 3ds Max 的几何图形和渲染数据，包括网格、材质、贴图、光源和相机。但是不能输入过程化材质、平滑编组和关键帧数据。

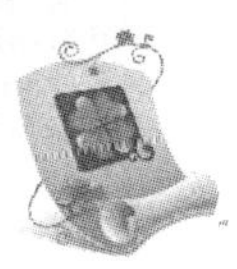

输入"对话框，然后打开.3ds 文件。

实例 7-4 输入"沙发.3DS"图形文件

执行输入命令，打开"3d studio 文件输入"对话框，将"沙发.3DS"图形文件输入到当前 AutoCAD 文件当中。

光盘\素材\第 7 章\沙发.3DS

1. 新建一个图形文件，在命令行中执行 3DSIN 命令，打开"3D Studio 文件输入"对话框，在文件列表中选择"沙发.3DS"图形文件，单击 打开(O) 按钮，如图 7-29 所示。
2. 打开"3D Studio 文件输入选项"对话框，在"可用对象"栏中单击 全部添加(A) 按钮，如图 7-30 所示。

图 7-29 输入图形文件

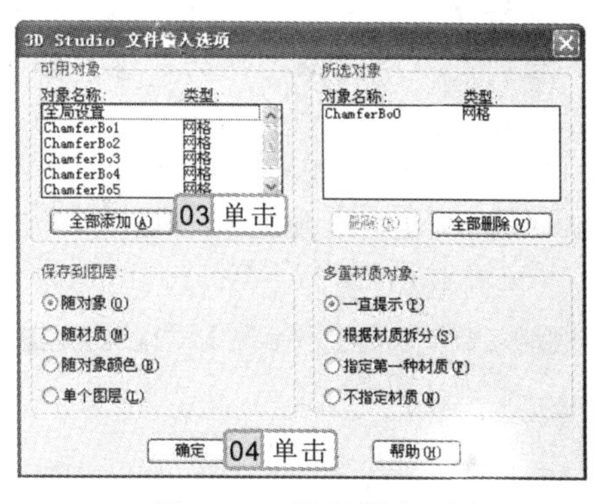

图 7-30 选择导入对象

3. 单击 确定 按钮，将图形导入 AutoCAD 2012，效果如图 7-31 所示。

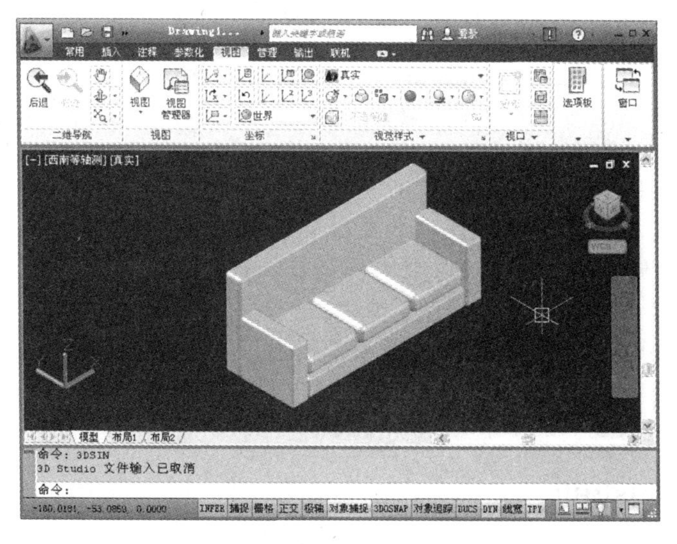

图 7-31 导入.3ds 图形文件

如果有任何一个 3ds Max 对象的名称与 AutoCAD 图形中已存在的名称相冲突，则将为 3ds Max 名称指定一个序号以解决冲突。

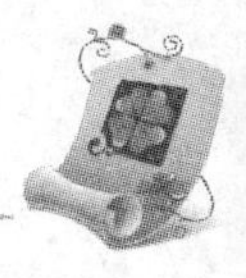

7.3.4 与其他公司软件协同绘图

AutoCAD 除了可以与本公司的绘图软件之间协同绘图之外，还可以与其他公司的软件协同绘制图形，常见的有 Pro/ENGINEER、UG NX 和 Adobe Illustrator 等。

1. Pro/ENGINEER

在 AutoCAD 2012 的图形文件格式中，可以与 Pro/ENGINEER 进行数据交换的文件格式有.dwg、.dxf 和.sat 等格式。

- **.dwg 和.dxf 格式：** 对于这两种格式的图形文件，主要用于二维图形的数据交换，只需要单击标题栏中的“另存为”按钮，在打开的“图形另存为”对话框中对图形进行保存。
- **.sat 格式：** 该种格式主要用于三维图形的数据交换，需要单击“应用程序”按钮，选择【输出】/【其他格式】命令，打开“输出数据”对话框，在“文件类型”下拉列表框中选择文件的类型，在“文件名”下拉列表框中输入文件名，单击 保存(S) 按钮，如图 7-32 所示。

使用 Pro/ENGINEER 软件绘制的图形文件，需要保存为.sat 文件格式，然后才能使用 AutoCAD 2012 进行打开。其方法是在命令行输入“ACISIN”，打开“选择 ACIS 文件”对话框，在该对话框中选择要打开的图形文件，如图 7-33 所示。

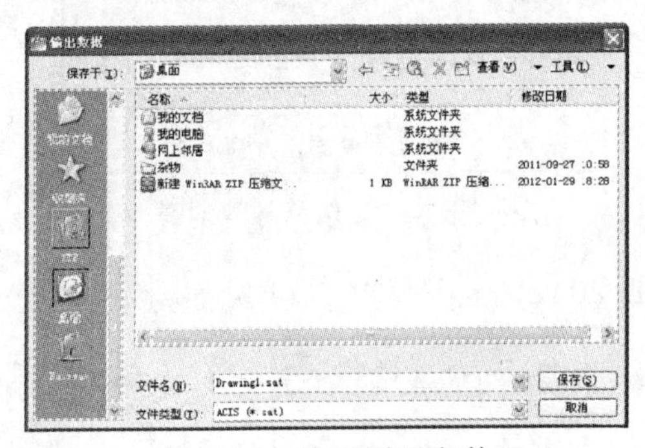

图 7-32 输出图形文件

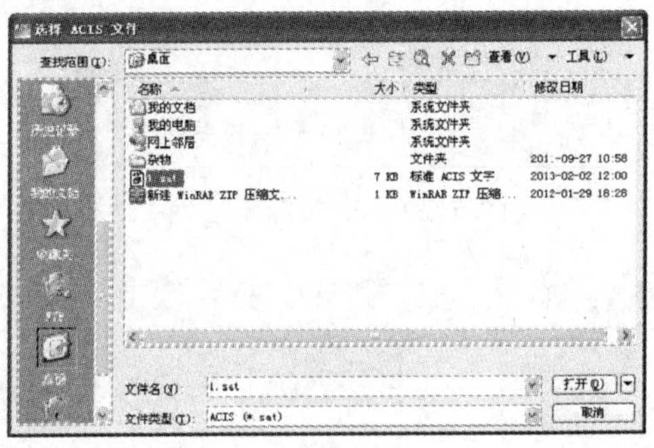

图 7-33 打开.sat 图形文件

2. UG NX

AutoCAD 与 UG NX 的数据交换通常使用.dxf 文件格式进行。使用 UG NX 软件打开 AutoCAD 软件绘制的图形需要先将图形文件放在 UG NX 软件安装目录（如 C:\Program Files\Siemens\NX 8.0\UGII）下的 UGII 文件夹中，再使用 UG NX 软件打开。

UG NX 与 Pro/ENGINEER 的运用领域非常相近，所以，AutoCAD 与 UG NX 之间的数据交换同样可以使用 AutoCAD 与 Pro/ENGINEER 之间进行数据交换的.sat 格式进行。除此之外，还可以使用.iges 文件格式进行数据交换。

3. Adobe Illustrator

Illustrator 是 Adobe 公司旗下用于绘制矢量图形的软件，AutoCAD 虽然普遍应用于建

通过打开.dxf 或.dxb 文件并将其保存为.dwg 格式，可以将该文件转换为.dwg 格式。然后用户可以像使用其他任何图形文件一样使用生成的图形文件。

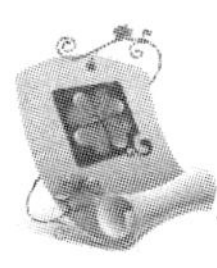

筑和机械领域，但是 AutoCAD 也是一款矢量图形软件。在 AutoCAD 与 Illustrator 进行数据交换时用到的格式主要有.dwg、.dxf 和.eps 等。

如果使用.dwg 和.dxf 格式进行数据交换，只需要运用“另存为”和“打开”两个命令即可实现。而使用.eps 进行数据交换则需要在 AutoCAD 中使用“输出”命令，并在输入类型中选择.eps 相关的选项。

7.4 基础实例

本章的基础实例中，将打印输出“燃气灶.dwg”和“蝶型螺母.dwg”图形文件，让用户进一步掌握在 AutoCAD 2012 中对图形进行打印的相关操作，以及打印参数的设置。

7.4.1 打印燃气灶图形

本例将对“燃气灶.dwg”图形文件进行打印操作，对图形进行打印时，主要包括打印设备、图纸尺寸、打印偏移、打印方向等的设置，打印预览效果如图 7-34 所示。

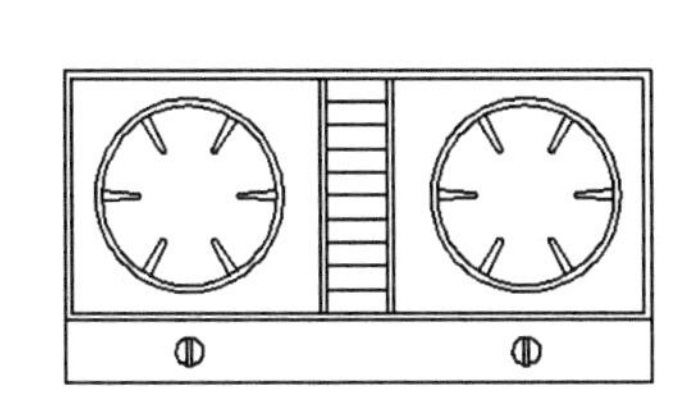

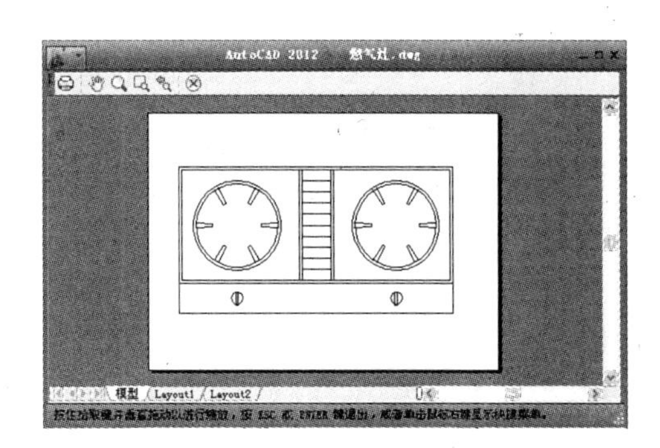

图 7-34 打印“燃气灶”图形

1. 操作思路

为了准确地打印图形，首先需设置打印参数，本例的操作思路如下。

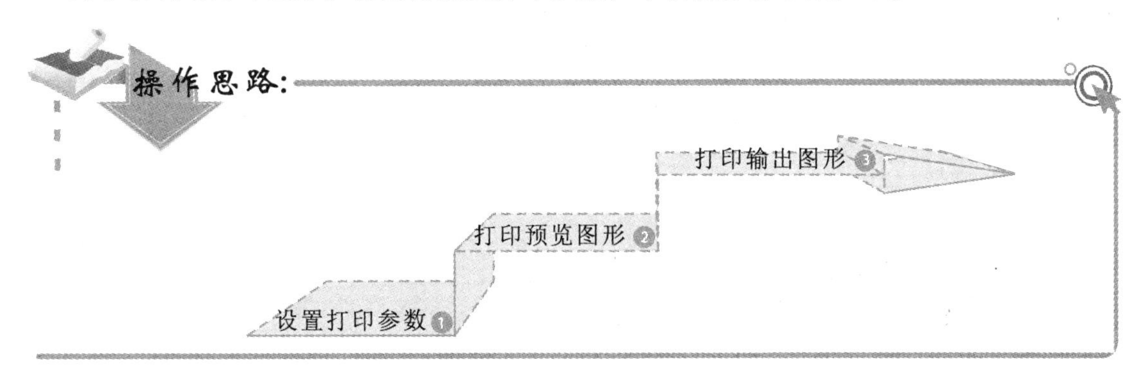

在“输出数据”对话框中可以输出不同格式的文件，除了可以输出.wmf 格式的数据外，还可以输出平板印刷文件和位图文件等。

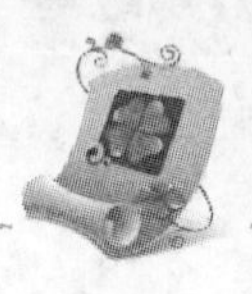

2. 操作步骤

下面介绍打印“燃气灶.dwg”图形的操作，其操作步骤如下。

光盘\素材\第 7 章\燃气灶.dwg
光盘\实例演示\第 7 章\打印燃气灶图形

1. 打开“燃气灶.dwg”，如图 7-35 所示。
2. 单击“应用程序”按钮，并选择【打印】/【打印】命令，打开“打印-模型”对话框，在“打印机/绘图仪”栏中选择打印设备，在“图纸尺寸”栏中选择“A4”选项，在“打印偏移（原点设置在可打印区域）”栏中选中☑居中打印(C)复选框，如图 7-36 所示。

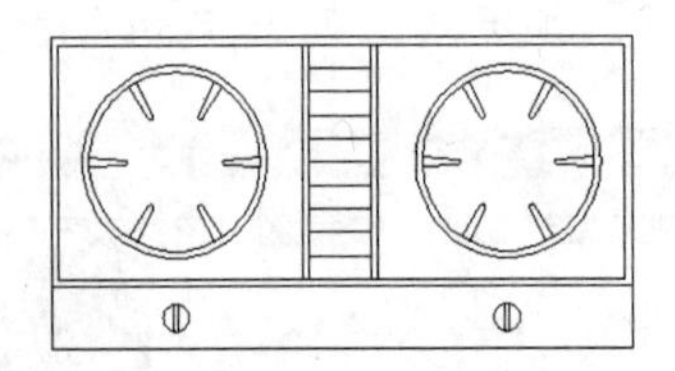

图 7-35　打开原始图形

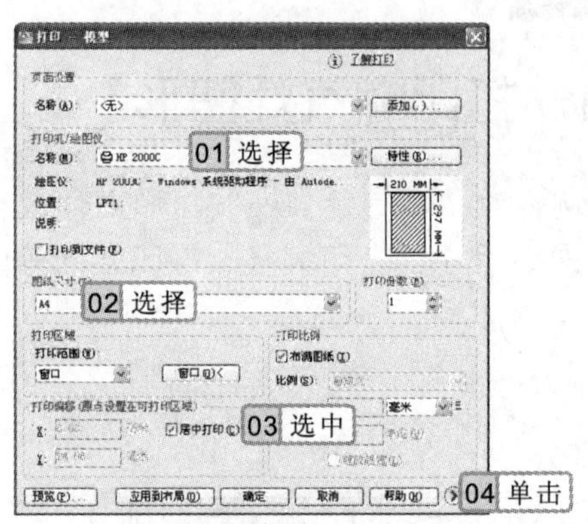

图 7-36　设置打印参数

3. 单击“更多选项”按钮，展开相应的选项功能，在“图形方向”栏中选中◉横向单选按钮，如图 7-37 所示。
4. 在“打印区域”栏的“打印范围”下拉列表框中选择“窗口”选项，在绘图区中指定打印区域，如图 7-38 所示。

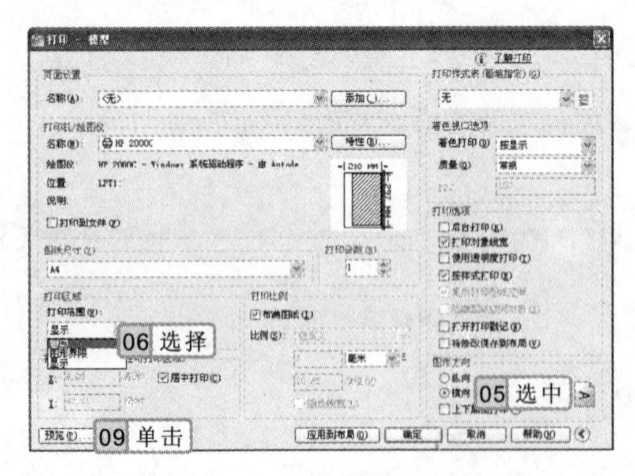

图 7-37　设置图形方向

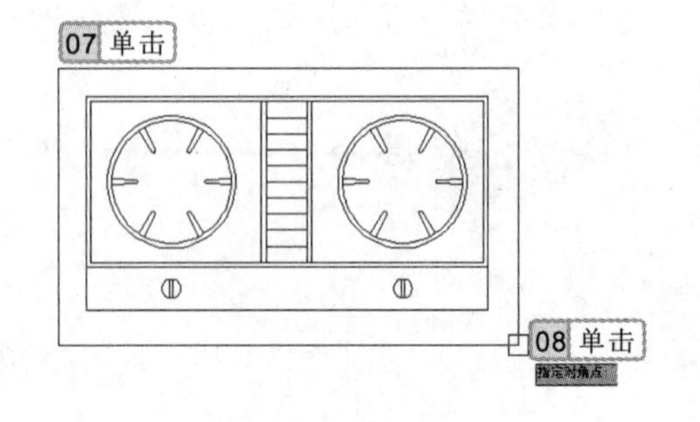

图 7-38　指定打印范围

单击“打印机/绘图仪”栏中的 特性(R)... 按钮，可以查看或修改当前打印机的配置、端口、设备和介质设置等。

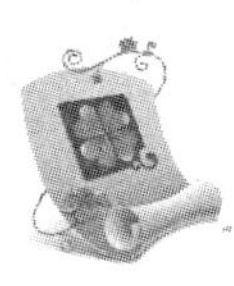

5 返回“打印-模型”对话框，单击预览(P)...按钮，对图形进行打印预览操作，单击按钮，即可对图形进行打印操作，按“Esc”键可退出打印预览并对打印参数重新进行设置。

7.4.2 打印蝶型螺母图形

本例将在布局空间中打印“蝶型螺母.dwg”图形文件，其方法是首先在布局空间中对图形的视图进行调整，再打印出图，预览效果如图 7-39 所示。

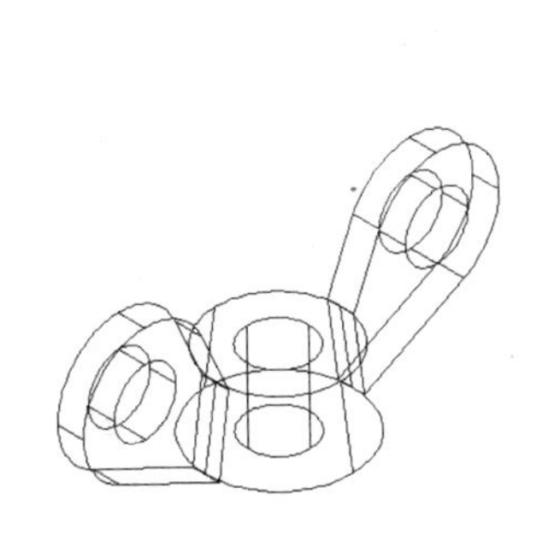

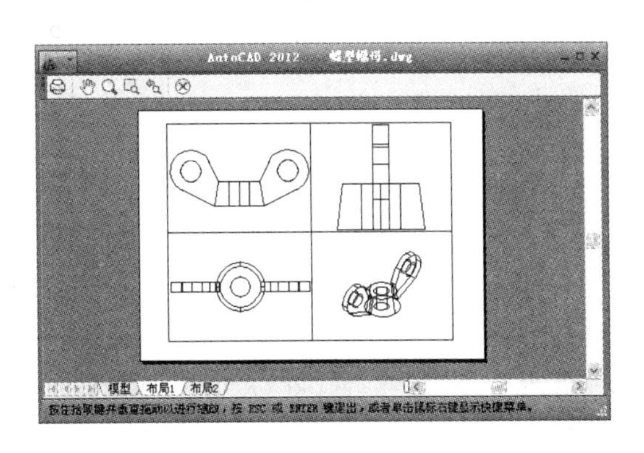

图 7-39 打印蝶型螺母图形

1. 操作思路

为工程图形创建标题栏，首先应从创建标题栏表格开始，本例的操作思路如下。

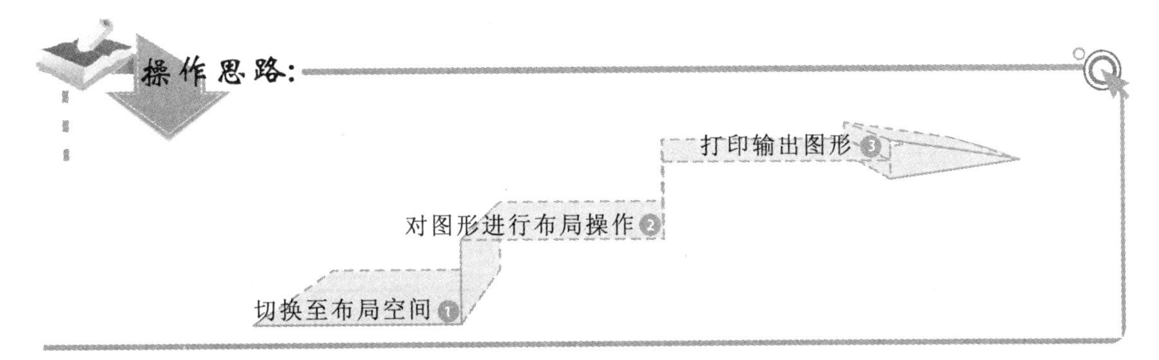

2. 操作步骤

下面介绍利用布局空间打印输出图形，其操作步骤如下：

光盘\素材\第 7 章\蝶型螺母.dwg
光盘\效果\第 7 章\蝶型螺母.dwg
光盘\实例演示\第 7 章\打印蝶型螺母图形

在“打印偏移（原点设置在可打印区域）”栏中设置 X 和 Y 值，可以指定打印区域相对于可打印区域左下角或图纸边界的偏移。

1. 打开“蝶型螺母.dwg”图形文件，选择绘图区左下角的“布局 1”选项卡，如图 7-40 所示。
2. 在命令行输入“MVIEW”，对图形进行多视口操作，效果如图 7-41 所示，其命令行操作如下：

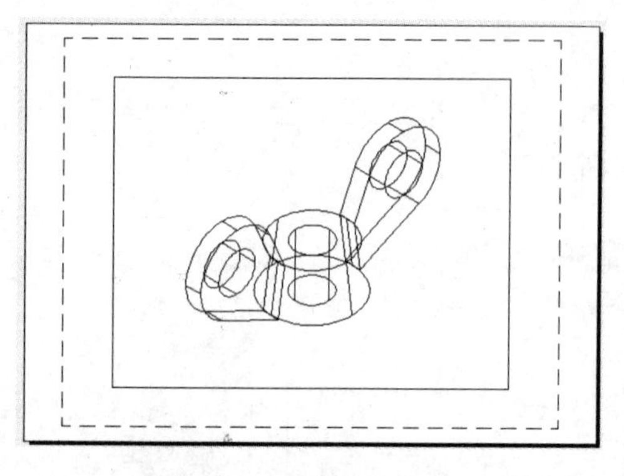

图 7-40　切换至图纸空间

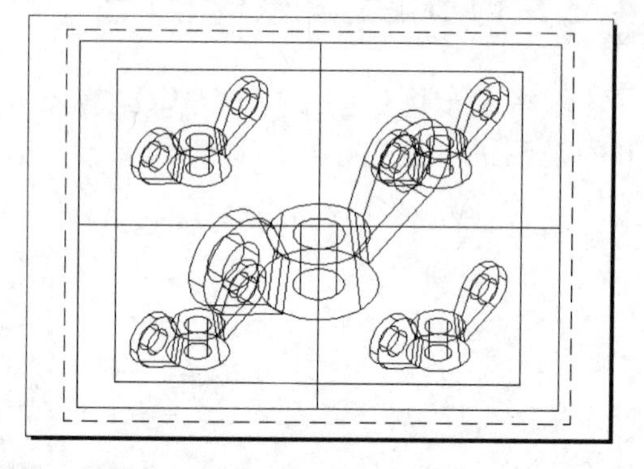

图 7-41　创建多个视口

```
命令: MVIEW                                              //执行多视口命令
指定视口的角点或 [开(ON)/关(OFF)/布满(F)/着色
打印(S)/锁定(L)/对象(O)/多边形(P)/恢复(R)/图层
(LA)/2/3/4] <布满>: 4                                    //输入“4”，如图 7-42 所示
指定第一个角点或 [布满(F)] <布满>:                        //指定第一个角点
指定对角点:                                              //指定对角点，如图 7-43 所示
```

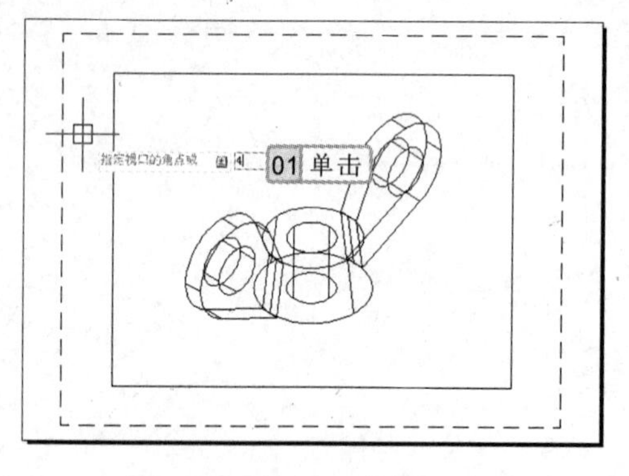

图 7-42　选择 4 个视口选项

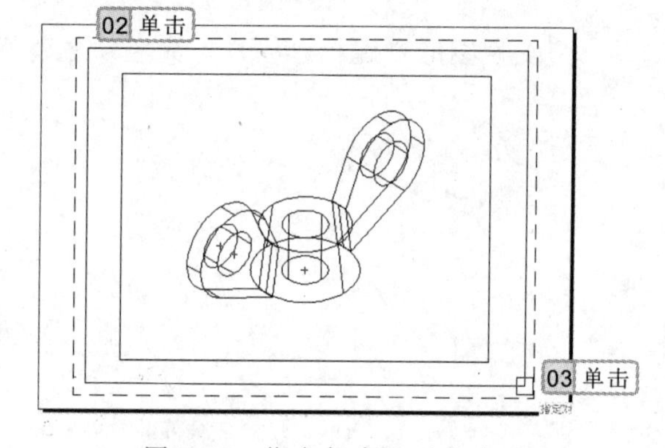

图 7-43　指定起点和对角点

3. 在命令行输入“E”，执行删除命令，将原先单独的视口进行删除处理，效果如图 7-44 所示。
4. 选择左上角的视口，再选择【视图】/【视图】组，选择“前视”选项，将左上角的视口切换至前视图。
5. 使用相同的方法，将右上角的视图切换至“左视”，将左下角的视口切换至“俯视”，如图 7-45 所示。

在“打印机/绘图仪”栏中选中☑打印到文件(F)复选框，可将图形文件打印输出到文件，而不是打印机或绘图仪。

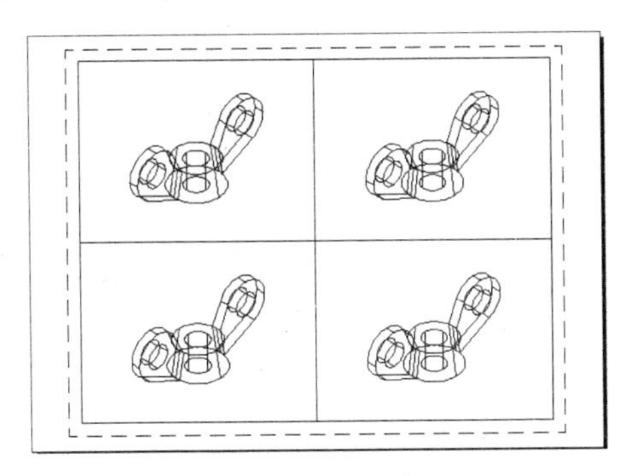

图 7-44 删除多余视口

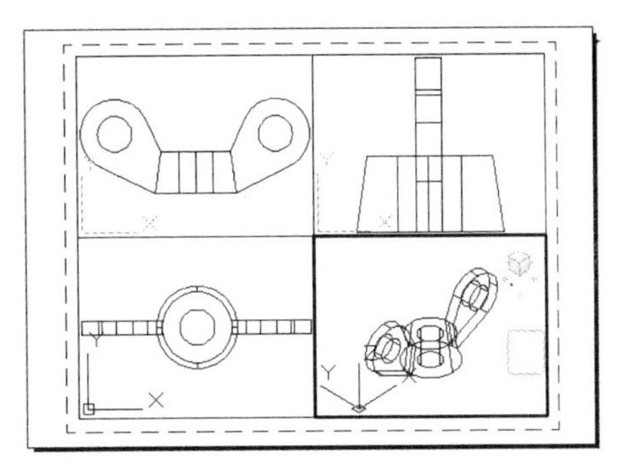

图 7-45 切换视口的视图

6 在标题栏上单击“打印”按钮，打开“打印-布局1”对话框，分别在“打印机/绘图仪”栏、“图纸尺寸”栏、“打印偏移（原点设置在可打印区域）”栏中对打印参数进行设置，如图7-46所示。

7 单击[预览(P)...]按钮，对图形进行打印预览操作，单击“打印”按钮，即可对图形进行打印操作，如图7-47所示。

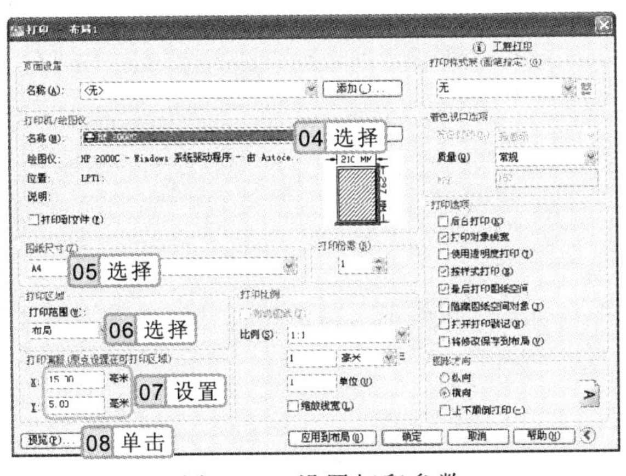

图 7-46 设置打印参数

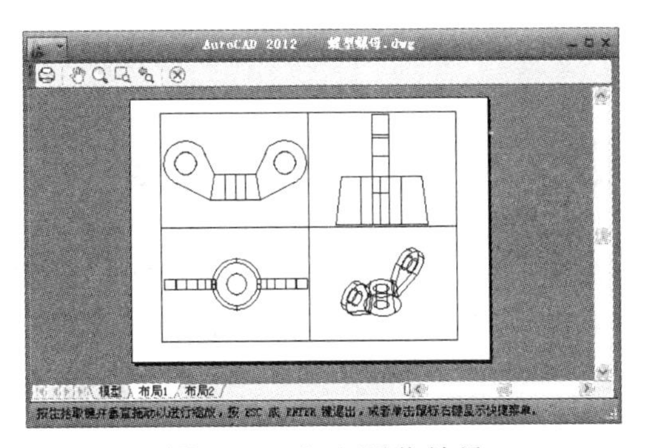

图 7-47 打印预览效果

7.5 基础练习

本章主要介绍了图形的输入及输出操作。下面将再通过两个练习，进一步巩固利用 AutoCAD 2012 的打印功能，将图形在模型空间和布局空间中进行打印的相关知识。

7.5.1 打印组合沙发图形

本次练习将打印“组合沙发.dwg”图形文件，打印图形时，分别对图形打印时的图纸尺寸、打印区域、打印偏移，以及打印方向等选项进行设置，效果如图7-48所示。

在“图纸尺寸”栏的下拉列表框中，主要显示打印设备可用的标准图纸，如果未选择任何打印设备，将显示全部标准图纸尺寸的列表，以供选择。

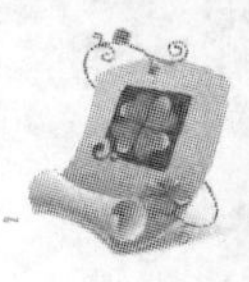

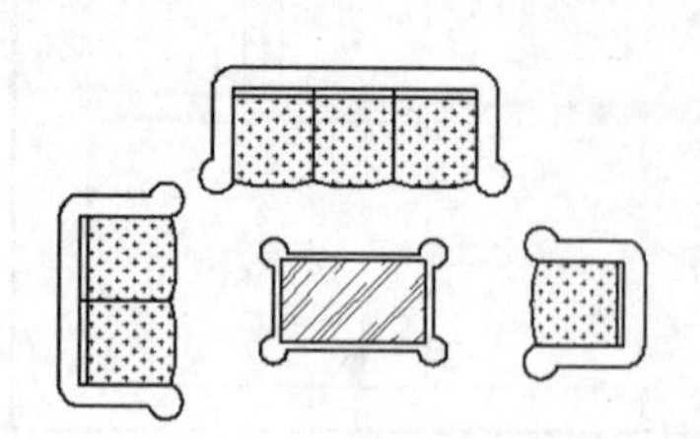

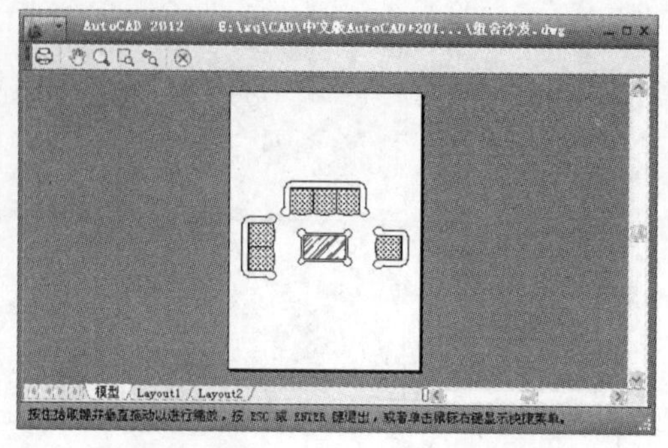

图 7-48 打印组合沙发图形

参见光盘 光盘\素材\第 7 章\组合沙发.dwg
光盘\实例演示\第 7 章\打印组合沙发图形

关键提示:

打印参数设置

图纸尺寸：A4；打印区域：范围；打印偏移：居中打印；图形方向：纵向。

7.5.2 打印电脑椅模型

本次练习将打印"电脑椅.dwg"图形文件，将该图形在布局中进行打印，并将其设置为 3 个视口，将上面的视口设置为"着色"，效果如图 7-49 所示。

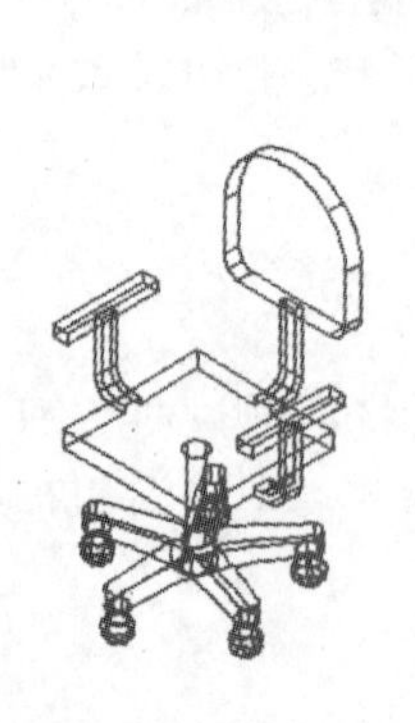

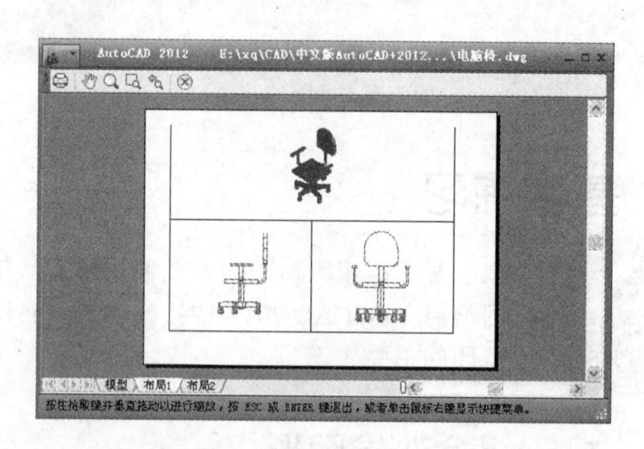

图 7-49 打印电脑椅图形

参见光盘 光盘\素材\第 7 章\电脑椅.dwg
光盘\效果\第 7 章\电脑椅.dwg
光盘\实例演示\第 7 章\打印电脑椅模型

行家提醒

在"打印"对话框中，"打印份数"主要用于指定打印时的份数，当选中☑打印到文件(F)复选框后，此选项不可用。

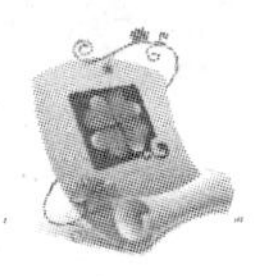

关键提示:

视口设置

视口设置：选择3个视口；左下角视口：前视；右下角视口：左视；上端视口：着色。

设置打印偏移

X选项：8；Y选项：-5。

7.6 知识问答

对图形进行打印输出操作时，可以在模型空间或布局空间中对图形进行打印输出，在进行打印输出时，难免会出现错误。下面介绍一些图形打印时的问题及解决方案。

问：图形打印输出时是否每次都要选择打印机？

答：在打印图纸时，可以将经常使用的打印设备设置为默认输出设备。设置默认输出设备的具体方法为：选择【工具】/【选项】命令，打开“选项”对话框，选择“打印和发布”选项卡，在“用作默认输出设备”下拉列表框中进行设置即可。

问：为什么有些图形能显示，却打印不出来？

答：如果图形绘制在AutoCAD自动产生的图层（DEFPOINTS、ASHADE等）上，就会出现这种情况。应避免在这些图层上绘制图形。

问：需要在AutoCAD中将绘制的文件转换为.jpg格式的图像文件，但输出数据的类型中没有该格式，该怎么办？

答：虽然输出数据的类型中没有.jpg格式的选项，但AutoCAD是支持.jpg格式的。只需直接在命令行中输入“JPGOUT”，在打开的“创建光栅文件”对话框中选择保存位置并为其命名，然后进行保存即可。

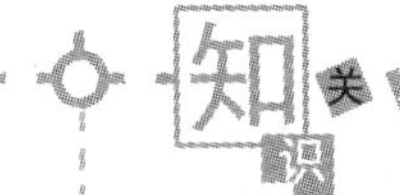

使用其他软件打印图形

在没有安装AutoCAD 2012的电脑上也可以打印AutoCAD图形文件，其方法是在安装有AutoCAD的电脑上，使用文件输出的方法，将图形文件的格式进行转换，如.BMP、.WMF、.DWF等，然后按照打印一般图片的方式打印图纸，就可以在没有安装AutoCAD的电脑上打印AutoCAD图形了。

通过在“打印偏移（原点设置在可打印区域）”栏的X和Y选项的文本框中输入正值或负值，虽然可以偏移图纸上的图形，但这样可能会使打印区域被剪裁。

提高篇

使用AutoCAD绘制图形对象，其最大的好处就是快速、准确，便于管理。绘制大型的图形对象时，如建筑图形中的建筑平面图、机械图形中的零件图等，可以利用图层功能，便于图形之间的管理，有利于绘图；对于相同与相似图形的绘制，则可通过AutoCAD 2012中的图块功能，调用相应的图块，快速完成相同与相似图形的绘制。本篇主要介绍使用AutoCAD 2012绘制图形时快速绘制图形的方法，提高图形绘制的速度及水平等。

<<< IMPROVEMENT

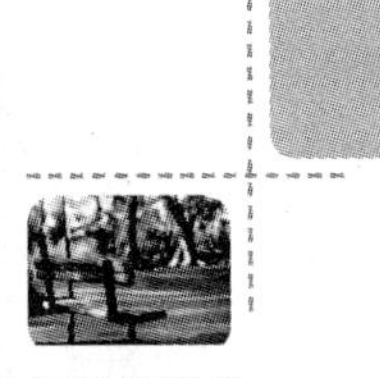

提高篇

第 8 章

使用图层管理图形

认识图层

设置图层特性

颜色　线型　线宽

新建图层

图层管理

打开/关闭图层　输入/输出图层状态

本章导读

在使用 AutoCAD 2012 绘制图形的过程中，需要创建不同类型的图形对象，如图形说明文字以及图形的长度标注和尺寸标注等。本章将详细介绍创建图层、设置图层特性以及管理图层等操作，其中，创建、设置图层以及切换为当前图层是利用图层特性绘制图形的基础，应重点进行掌握；图层的管理可以更好地利用图层来管理图形对象，是图层管理中的难点。

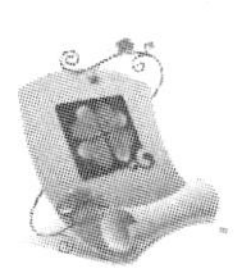

8.1 创建图层

绘制复杂的图形时，一般需要通过多个图层来管理、控制图形，如辅助线图层、轮廓线图层、文字标注图层、尺寸标注图层等，而且每个图层应设置不同的图层特性，以适应不同图形的需求。

8.1.1 认识图层

图层就好像是绘图用的图纸，当建立多个图层时，就是将多个图纸重叠在一起。除了图形对象外，其余部分为透明状态，如图 8-1 所示。

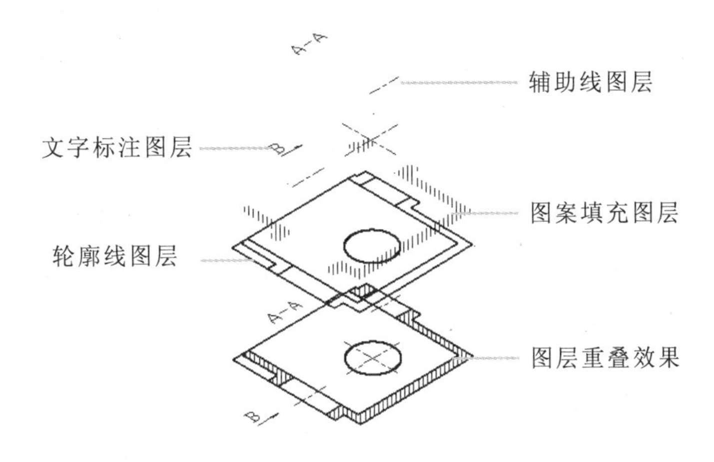

图 8-1 图层的形成

AutoCAD 2012 中绘制任何对象都是在图层上进行的，它是 AutoCAD 中一个非常重要的管理图形对象的工具。默认情况下，系统只有一个名为“0”的图层，为了更方便编辑、修改图形对象，可以创建更多的图层，把图形对象细化到不同的图层上，例如，将文字、标注、图形、辅助线分别存放在不同的图层。

8.1.2 新建图层

图形对象越多、越复杂，所涉及的图层也将越多，这就需要学会创建图层的方法。创建图层，一般在“图层特性管理器”对话框中进行，所创建图层的特性将延续上一个图层的特性。打开“图层特性管理器”对话框，主要有以下两种方法：

- 选择【常用】/【图层】组，单击“图层特性”按钮。
- 在命令行中输入“LAYER”或“LA”命令。

执行以上命令，将打开“图层特性管理器”对话框，在该对话框中可以对图层进行创建、删除、设置为当前图层等操作。

在 AutoCAD 2012 中绘制的实体都是在图层上进行的，对图层进行编辑后，位于其上的图形实体的特性也会随之而变化。

实例 8-1 创建“轮廓线”图层

打开“图层特性管理器”对话框，创建一个图层，并将图层的名称更改为“轮廓线”。

1. 选择【常用】/【图层】组，单击“图层特性”按钮，打开“图层特性管理器”对话框，如图 8-2 所示。
2. 单击“新建图层”按钮，在图层列表中出现“图层 1”图层，将其名称更改为“轮廓线”，如图 8-3 所示。

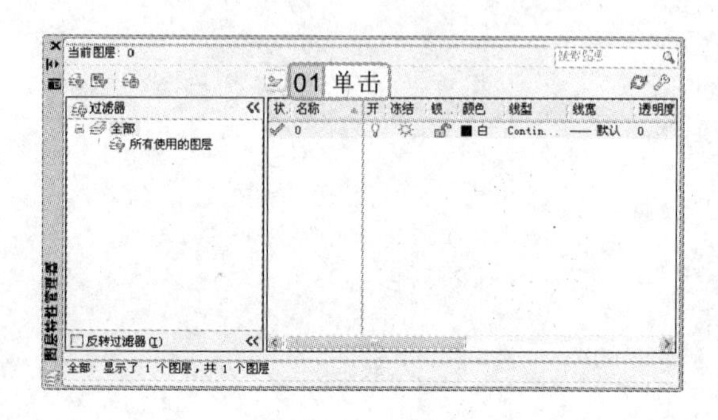

图 8-2 “图层特性管理器”对话框

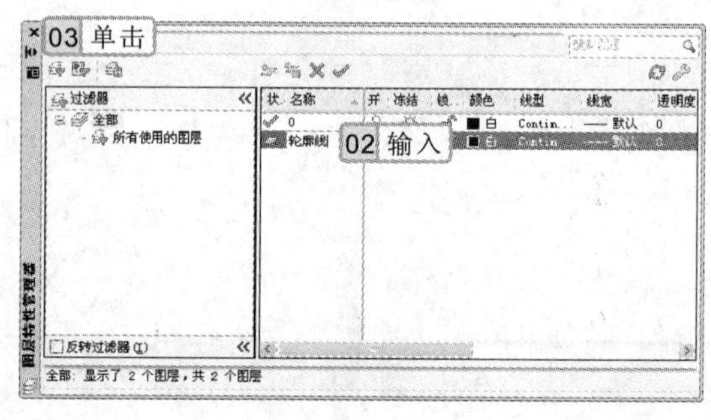

图 8-3 创建“轮廓线”图层

3. 在“轮廓线”图层的其他位置单击鼠标，确定“轮廓线”图层的创建，单击“关闭”按钮，关闭“图层特性管理器”对话框。

8.1.3 设置图层特性

在图形的绘制过程中，通常使用不同颜色、线型和线宽的线条来代表不同的图形对象。下面分别对图层特性中常使用的颜色、线型和线宽进行介绍。

1. 设置图层颜色

在绘图过程中，为了区分不同的对象，通常需要将图层设置为不同的颜色。AutoCAD 2012 中提供了 7 种标准颜色，即红色、黄色、绿色、青色、蓝色、紫色和白色，也可以根据需要设置其他的颜色。

实例 8-2 在“图层特性管理器”对话框中设置图层颜色

打开“图层特性管理器”对话框，对图层的颜色进行更改。

光盘\素材\第 8 章\图层颜色.dwg
光盘\效果\第 8 章\图层颜色.dwg

1. 选择【常用】/【图层】组，单击“图层特性”按钮，打开“图层特性管理器”对话框，如图 8-4 所示。

在“图层特性管理器”对话框中可以添加、删除和重命名图层，并且可以更改图层特性、设置布局视口的特性、替代或添加图层说明并实时应用这些更改。

2　在“图层特性管理器”对话框中单击“尺寸标注”图层的“颜色”选项图标■白，打开“选择颜色”对话框，如图 8-5 所示。

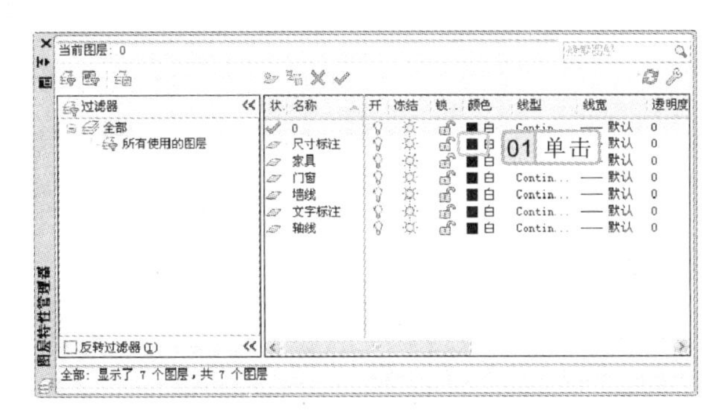

图 8-4　“图层特性管理器”对话框

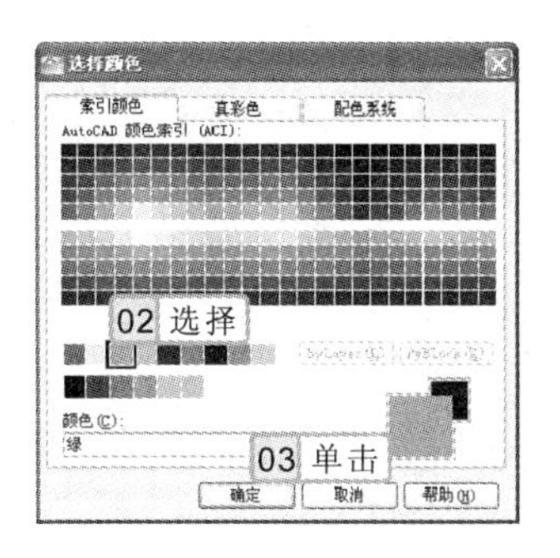

图 8-5　选择图层颜色

3　在“选择颜色”对话框中选择“绿”选项，单击 确定 按钮，返回“图层特性管理器”对话框，如图 8-6 所示。

4　使用相同的方法，对其他图层的颜色进行更改，如图 8-7 所示。

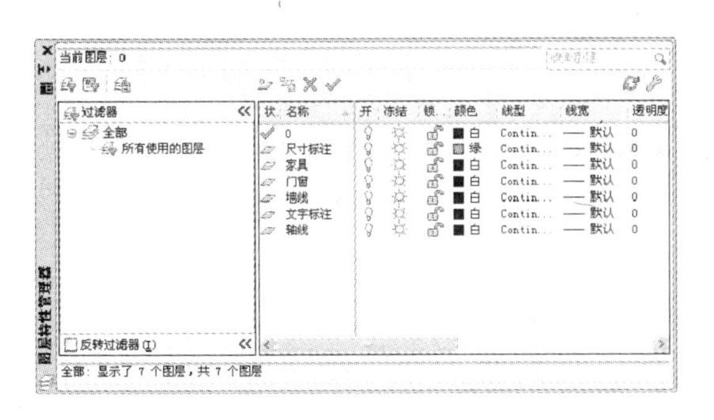
图 8-6　设置图层颜色效果

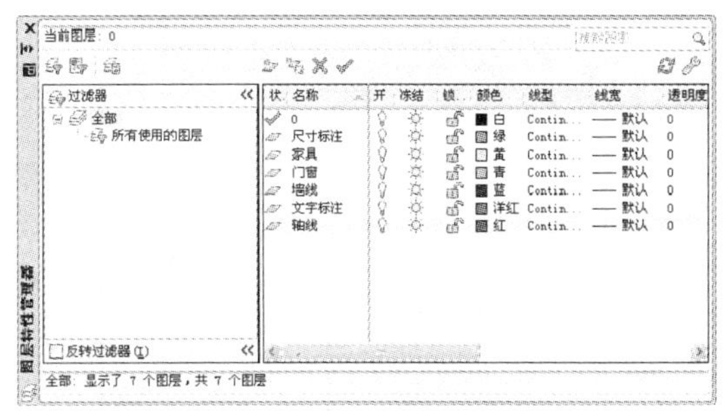
图 8-7　设置其他图层颜色

2. 设置图层线型

不同的线型表示的含义也不同，默认情况下是“Continuous”线型。在实际的绘图中，经常使用点划线、虚线等线型。

实例 8-3　设置“轴线”图层线型

打开“图层特性管理器”对话框，将“轴线”图层的线型更改为“ACAD_IS008W100”。

光盘\素材\第 8 章\图层线型.dwg
光盘\效果\第 8 章\图层线型.dwg

1　选择【常用】/【图层】组，单击“图层特性”按钮，打开“图层特性管理器”对话框，如图 8-8 所示。

为图层设置线型后，还可在“AutoCAD 经典”工作空间中通过选择【格式】/【线型】命令，在打开的“线型管理器”对话框中对线型的比例因子进行设置。

2 在“图层特性管理器”对话框中单击“轴线”图层的“线型”选项Contin...，打开“选择线型”对话框，单击 加载(L)... 按钮，如图 8-9 所示。

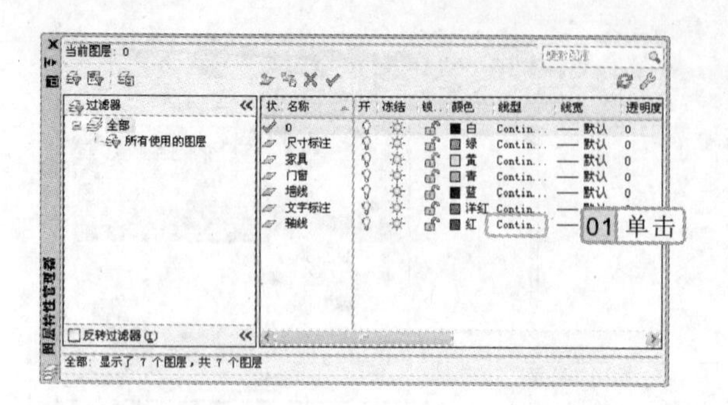

图 8-8　“图层特性管理器”对话框

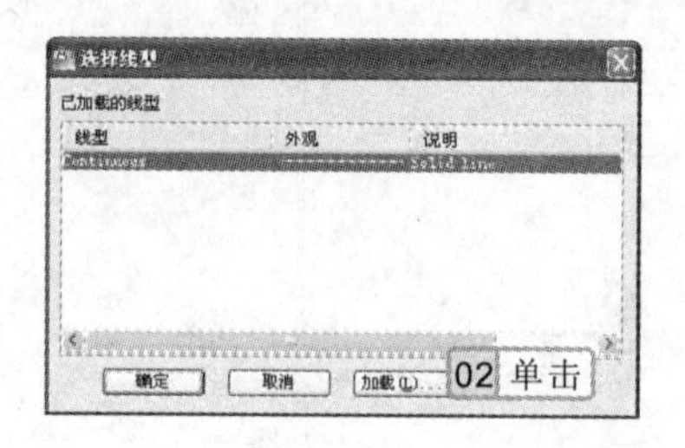

图 8-9　“选择线性”对话框

3 打开“加载或重载线型”对话框，在“加载或重载线型”对话框的“可用线型”列表框中选择“ACAD_IS008W100”选项，单击 确定 按钮，如图 8-10 所示。

4 返回“选择线型”对话框，在“已加载的线型”列表框中选择“ACAD_IS008W100”选项，单击 确定 按钮，如图 8-11 所示。

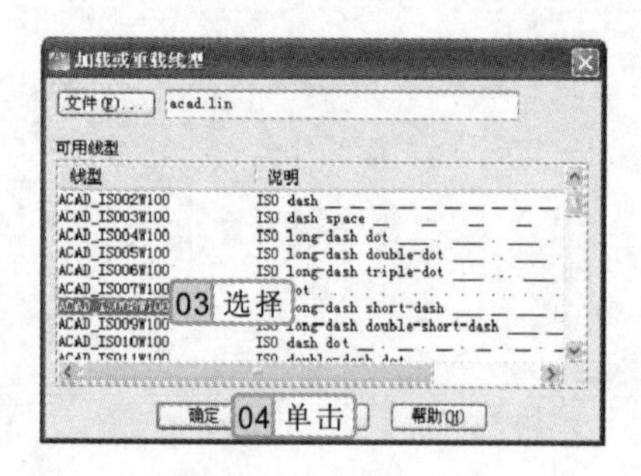

图 8-10　加载线型

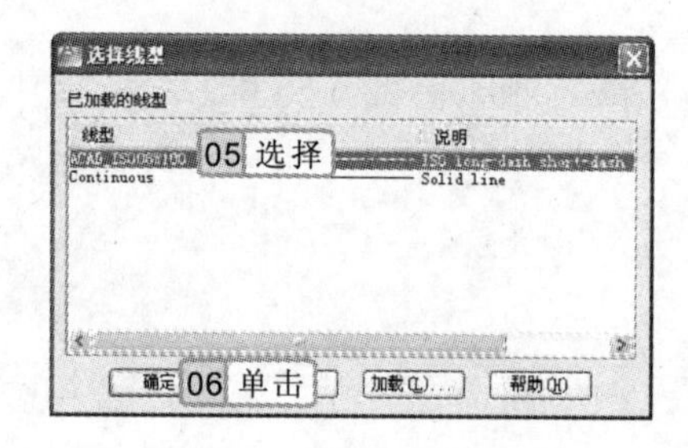

图 8-11　选择图层线型

3. 设置图层线宽

通常在对图层进行颜色和线型设置后，还需对图层的线宽进行设置。不同粗细的线条，可代表不同的图形对象，如粗实线一般表示图形的轮廓线，细实线一般表示剖切线等。

实例 8-4　设置墙线等图层线宽

打开“图层特性管理器”对话框，将“墙线”图层的线宽设置为“0.60mm”，将其余图形的线宽设置为“0.20mm”。

参见光盘　光盘\素材\第 8 章\图层线宽.dwg
光盘\效果\第 8 章\图层线宽.dwg

1 选择【常用】/【图层】组，单击“图层特性”按钮，打开“图层特性管理器”对话框，如图 8-12 所示。

设置了图层线型的线宽后，要显示线宽，单击状态栏上的“线宽”按钮，使其呈凹下状态，即可显示设置的图层线条的宽度。

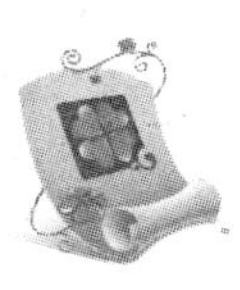

2　在“图层特性管理器”对话框中单击“墙线”图层的“线宽”选项图标 —— 默认，打开“线宽”对话框，在“线宽”列表框中选择“0.60mm”选项，如图 8-13 所示。

图 8-12　“图层特性管理器”对话框

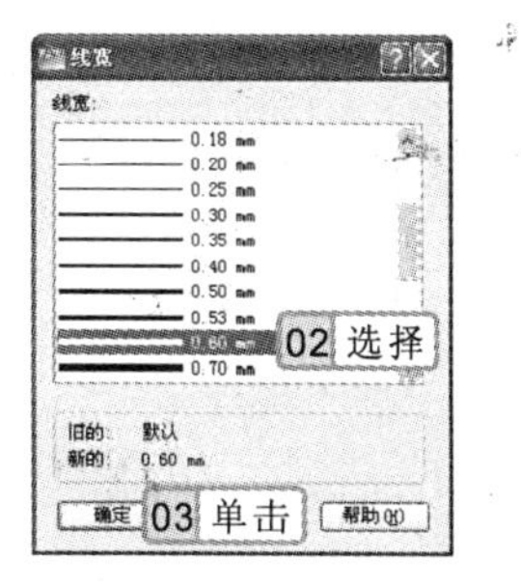

图 8-13　“线宽”对话框

3　单击按钮，返回“图层特性管理器”对话框，效果如图 8-14 所示。

4　使用相同的方法，对其余图层的线宽进行设置，其线宽宽度为“0.20mm”，如图 8-15 所示。

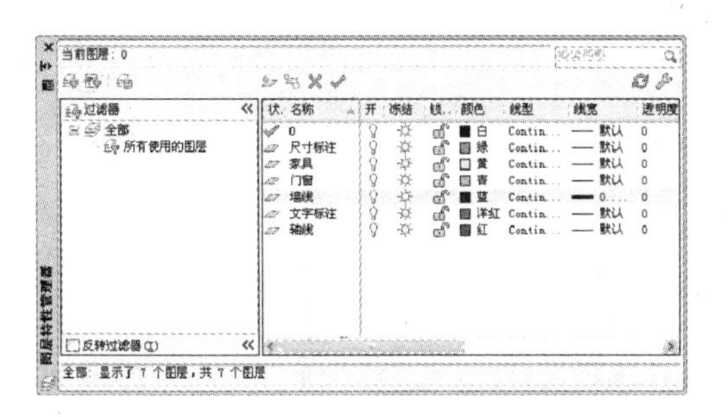

图 8-14　更改“墙线”图层线宽

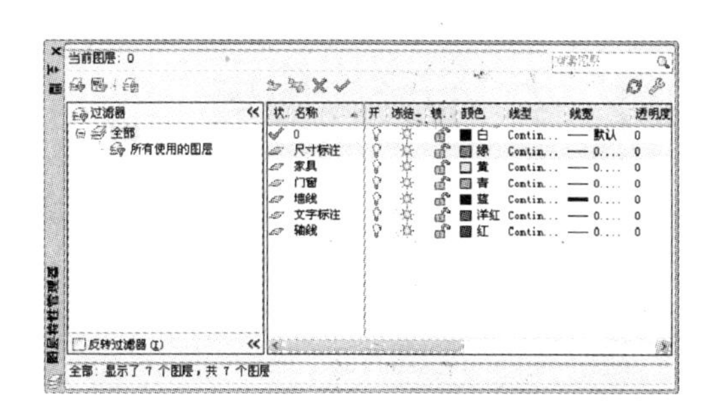

图 8-15　设置其余图层线宽

8.2　图层管理

图层管理主要指图层状态的管理，如图层的打开/关闭、冻结/解冻、锁定/解锁等。通过对图层的管理，可间接对图形进行管理。

8.2.1　设置当前图层

若要在指定图层上对图形进行绘制，首先应将当前图层切换至该图形，然后在绘图区中绘制图形，其图形的特性将与该图层相匹配，即图形的颜色、线型、线宽为该图层所设置的特性。切换为当前图层，主要有以下几种方法：

- 在“图层特性管理器”对话框中选择需置为当前的图层，单击“置为当前”按钮✔。
- 在“图层特性管理器”对话框中选择需置为当前的图层，单击鼠标右键，在弹出的

在“图层特性管理器”对话框的“名称”选项中双击需要更改名称的图层，此时图层名称将呈可编辑状态，输入图层的新名称，可对图层进行重命名操作。

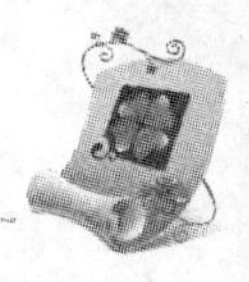

快捷菜单中选择“置为当前”命令，如图 8-16 所示。

- 选择【常用】/【图层】组，在“图层”下拉列表框中选择需要设置为当前图层的图层，如图 8-17 所示。

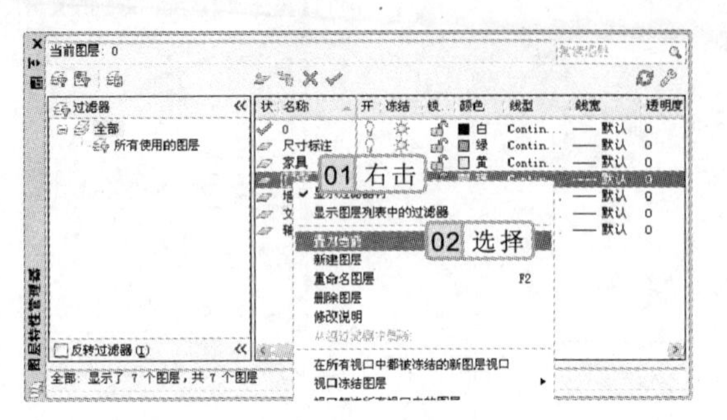

图 8-16 选择“置为当前”命令

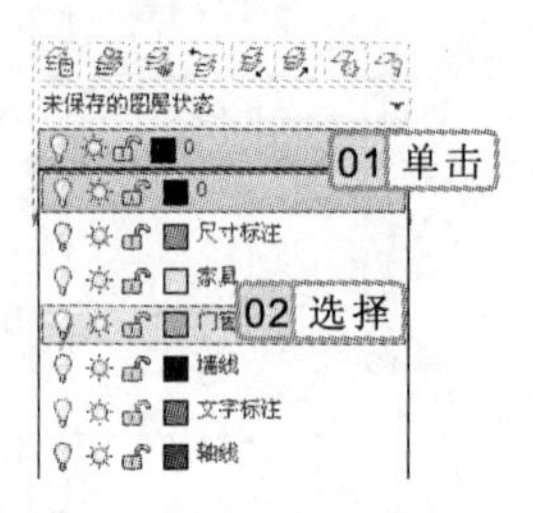

图 8-17 设置当前图层

- 在绘图区中选择图形对象，在“常用”选项卡的“图层”面板中单击“将对象的图层设为当前图层”按钮。

8.2.2 打开/关闭图层

默认情况下图层都处于打开状态，在该状态下图层中的所有图形对象将显示在屏幕上，用户可对其进行编辑操作；若将其关闭后该图层上的实体不再显示在屏幕上，也不能被编辑，不能被打印输出，打开/关闭图层，主要有以下两种方法：

- 在“图层特性管理器”对话框中，单击图层上的“开”选项图标，使其变为状态，图层即被关闭，如图 8-18 所示，再次单击可打开该图层。
- 选择【常用】/【图层】组，在“图层”下拉列表框中单击图层的开关按钮，使其变为状态，即可关闭该图层，如图 8-19 所示，再次单击可打开该图层。

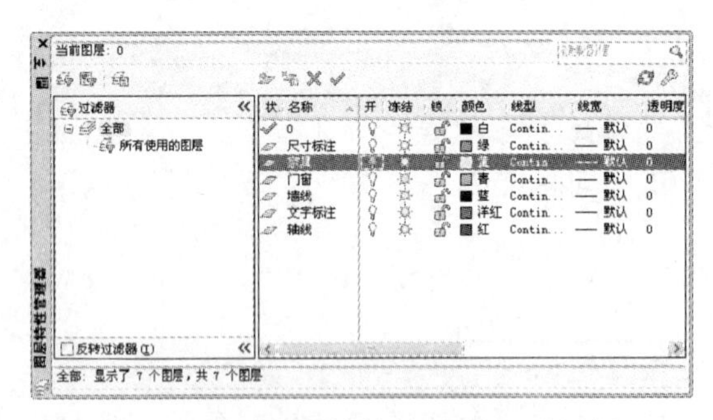

图 8-18 “图层特性管理器”对话框

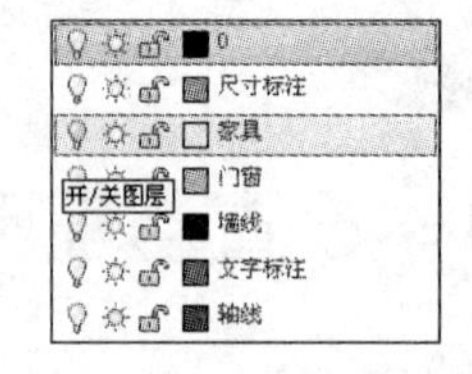

图 8-19 关闭图层

8.2.3 冻结/解冻图层

冻结图层有利于减少系统重生成图形的时间，冻结的图层不参与重生成计算且不显示

专家指导

除了可以使用“图层特性管理器”对话框来管理图层外，还可以通过命令行来控制图层。在命令行中输入“LAYER”命令后，在提示下可选择相应的选项设置图层属性。

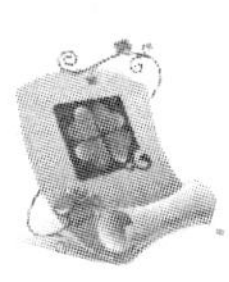

在绘图区中，用户也不能对其进行编辑。将图层进行冻结和解冻操作，主要有以下两种方法：

- 在“图层特性管理器”对话框中，在需要进行冻结的图层上单击“冻结”选项图标☼，使其变为❁状态，则将该图层冻结，如图 8-20 所示，再次单击该图标可解冻图层。
- 选择【常用】/【图层】组，单击“图层”下拉按钮，在打开的下拉列表框中单击需要进行冻结图层的“冻结”图标☼，该图标变为❁状态，即可将该图层进行冻结，如图 8-21 所示，再次单击该图标可解冻图层。

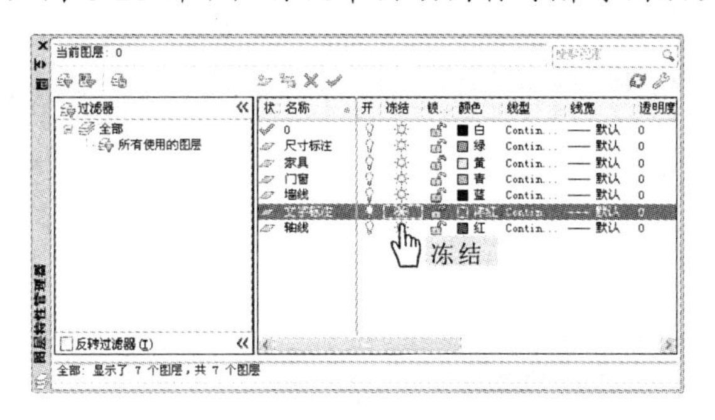

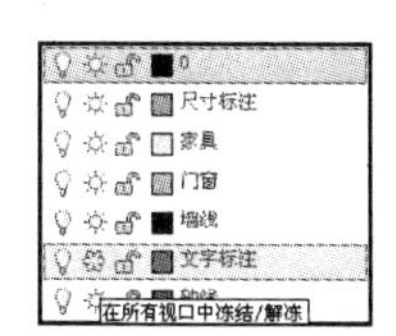

图 8-20　“图层特性管理器”对话框　　图 8-21　“图层”下拉列表框

8.2.4　锁定/解锁图层

图层被锁定后，该图层上的实体仍将显示在屏幕上，但却不能对其进行编辑操作。锁定图层多用在对较复杂的图形进行编辑时，通常作为辅助线来使用，如建筑绘图中的轴线、机械制图中的中心点等。将图层进行锁定与解锁操作，主要有以下两种方法：

- 在“图层特性管理器”对话框中需要进行锁定的图层上单击“锁定”图标选项🔓，使其变为🔒状态，则将该图层锁定，如图 8-22 所示。再次单击可解锁此图层。
- 选择【常用】/【图层】组，单击“图层”下拉按钮，在打开的下拉列表框中单击要锁定图层的“锁定”图标🔓，该图标变为🔒状态，即可将该图层锁定，如图 8-23 所示。再次单击可解锁此图层。

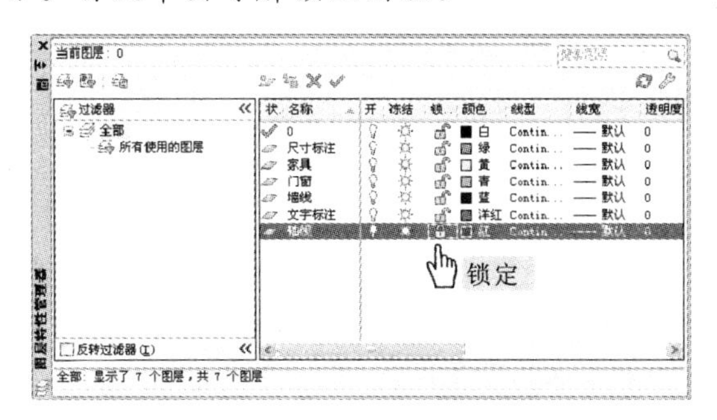

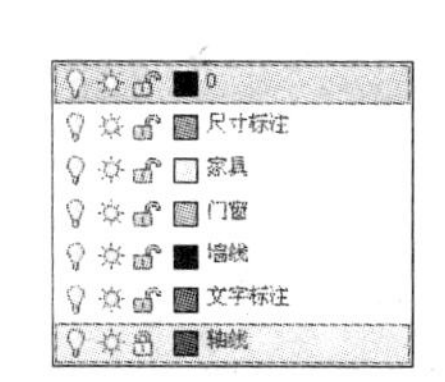

图 8-22　“图层特性管理器”对话框　　图 8-23　“图层”下拉列表框

当锁定图层后，该图层在绘图区中仍然为可见状态，可以捕捉锁定图层的特殊点，如交点、端点、圆心等。

8.2.5 保存并输出图层状态

绘制较复杂的图形时，需要创建多个图层并为其设置相应的图层特性。若每次绘制新的图形时都要创建和设置这些图层，则会十分麻烦且大大降低工作效率。AutoCAD 2012 提供了保存图层特性功能，即用户可将创建好的图层以文件的形式保存起来，在绘制其他图形时，直接将其调用到当前图形中即可。

实例 8-5 保存“建筑常用图层”图层状态

参见光盘

光盘\素材\第 8 章\建筑常用图层.dwg
光盘\效果\第 8 章\建筑常用图层.las

1. 选择【常用】/【图层】组，单击“图层特性”按钮，打开“图层特性管理器”对话框，如图 8-24 所示。
2. 在“图层特性管理器”对话框中单击“图层状态管理器”按钮，打开“图层状态管理器”对话框，单击新建(N)...按钮，如图 8-25 所示。

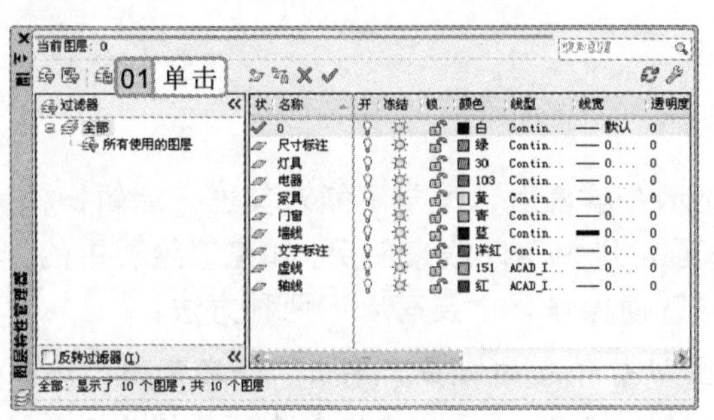

图 8-24 “图层特性管理器”对话框

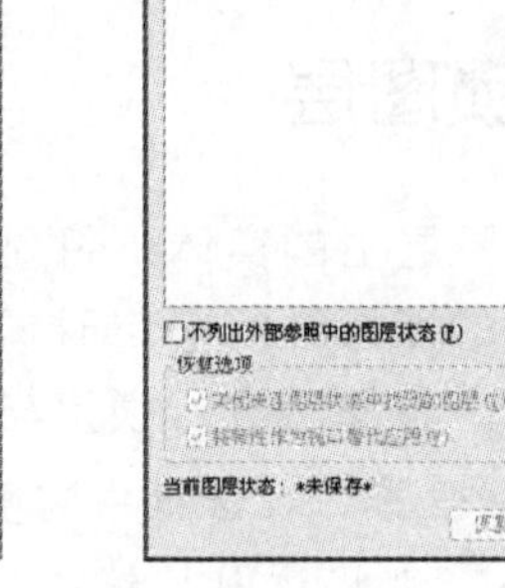

图 8-25 “图层状态管理器”对话框

3. 打开“要保存的新图层状态”对话框，在“新图层状态名”文本框中输入“建筑常用图层”，单击确定按钮，如图 8-26 所示。
4. 返回“图层状态管理器”对话框，单击编辑(I)...按钮，如图 8-27 所示。
5. 打开“编辑图层状态：建筑常用图层”对话框，在图层列表中选择“虚线”图层，单击“从图层状态中删除图层”按钮，将选择的图层从图层状态中删除，单击确定按钮，如图 8-28 所示。
6. 返回“图层状态管理器”对话框，单击输出(X)...按钮，打开“输出图层状态”对话框，在“保存于”下拉列表框中选择文件的保存位置，在“文件名”文本框中输入“建筑常用图层.las”，单击保存(S)按钮，如图 8-29 所示。
7. 返回“图层状态管理器”对话框，单击关闭(C)按钮，返回“图层特性管理器”对话框，单击“关闭”按钮，完成操作。

在打开“图层特性管理器”对话框后，除了单击“图层状态管理器”按钮外，按“Alt+S”组合键，也可打开“图层状态管理器”对话框。

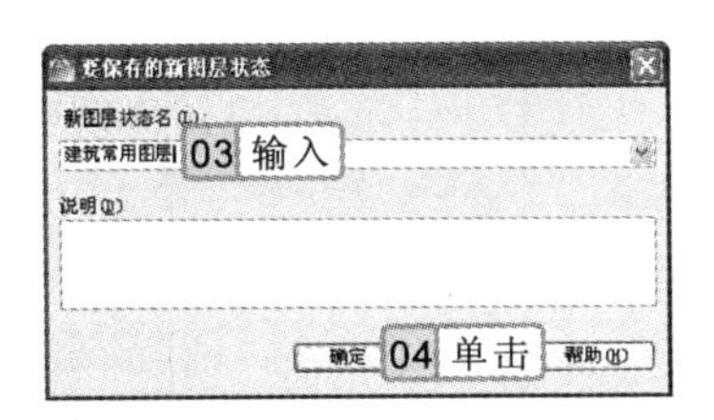

图 8-26 新建图层状态

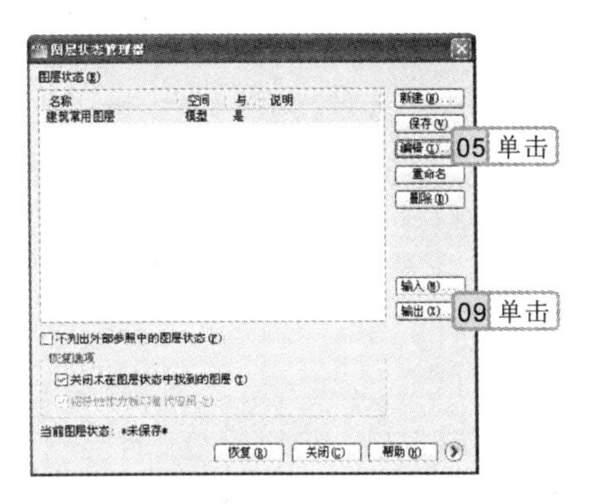

图 8-27 创建图层状态效果

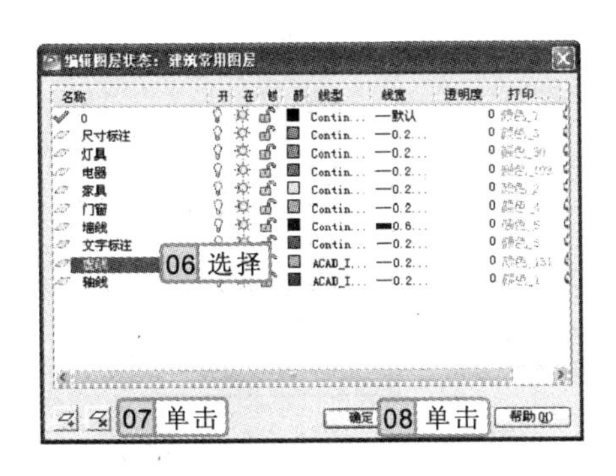

图 8-28 编辑图层状态

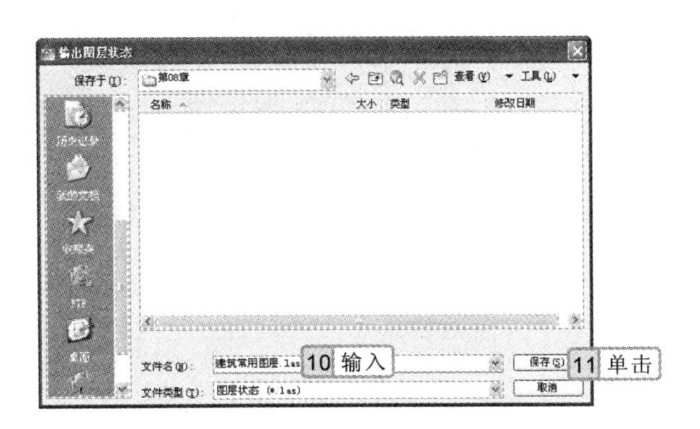

图 8-29 输出图层状态

8.2.6 输入图层状态

绘制图形时，如果已经有相似或相同的图层特性，可以通过调用图层状态的方法来快速设置图层。

实例 8-6 调用“建筑常用图层”图层状态

参见光盘 光盘\素材\第 8 章\建筑常用图层.las

1. 选择【常用】/【图层】组，单击“图层特性”按钮，打开“图层特性管理器”对话框，如图 8-30 所示。
2. 在“图层特性管理器”对话框中单击“图层状态管理器”按钮，打开“图层状态管理器”对话框，单击【输入(M)...】按钮，如图 8-31 所示。
3. 打开“输入图层状态”对话框，在“文件类型”下拉列表框中选择“图层状态(*.las)”，在“查找范围”下拉列表框中选择文件的存放位置，在文件列表中选择要输入的图层状态文件，单击【打开(O)】按钮，如图 8-32 所示。
4. 打开“AutoCAD”窗口，单击【确定】按钮，如图 8-33 所示。

操作提示

删除图层时，图层 0、当前图层、依赖外部参照的图层以及包含对象的图层不能被删除。另外，在选择要删除的图层时，AutoCAD 2012 中支持使用框选方式进行选择。

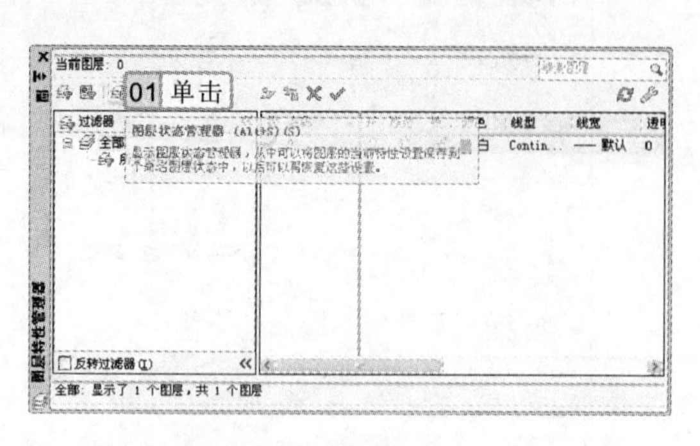

图 8-30　“图层特性管理器”对话框

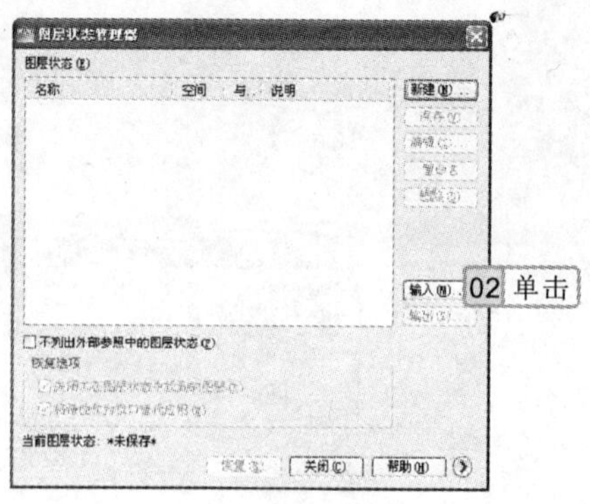

图 8-31　“图层状态管理器”对话框

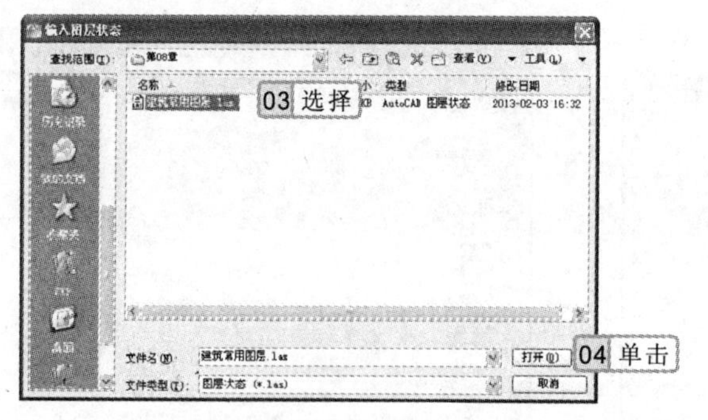

图 8-32　输入图层状态

图 8-33　“AutoCAD”提示窗口

5　打开“图层状态-成功输入”对话框，单击恢复状态按钮，如图 8-34 所示。为图形输入图层状态后的效果如图 8-35 所示。

图 8-34　“图层状态-成功输入”对话框

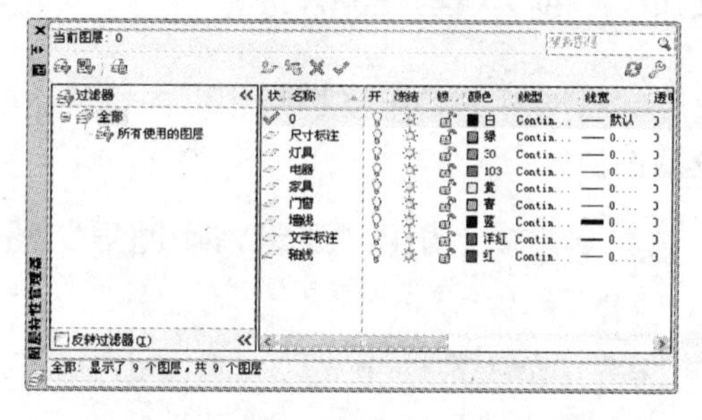

图 8-35　输入图层状态后的效果

8.3　提高实例

本章的提高实例中将创建机械制图常用图层，并利用图层功能对底座零件图图形特性进行更改，让用户进一步掌握创建、设置图层以及更改图形特性等相关操作。

在打开的“图层状态管理器”窗口中，可对已知的图层状态进行新建、删除和重命名等操作。

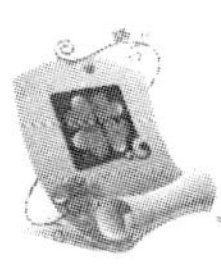

8.3.1　创建机械制图常用图层

本例将创建在机械制图中常见的图层，在创建图层之后，对图层的名称进行更改，并对图层的图层特性进行设置，主要设置图层的颜色、线型和线宽等特性。创建并设置图层特性后的效果如图 8-36 所示。

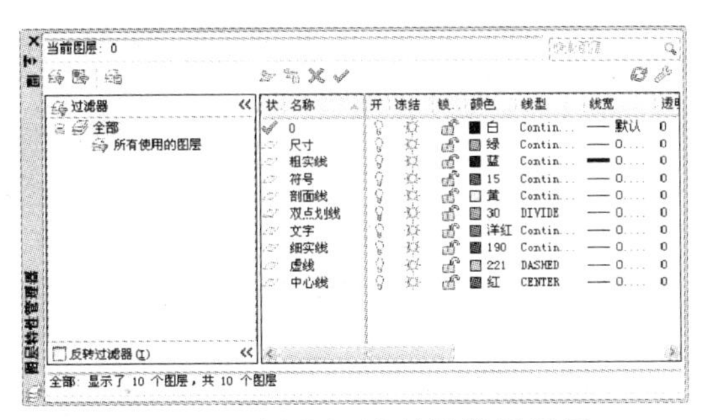

图 8-36　创建机械制图常用图层

1．操作思路

本例的操作思路如下：

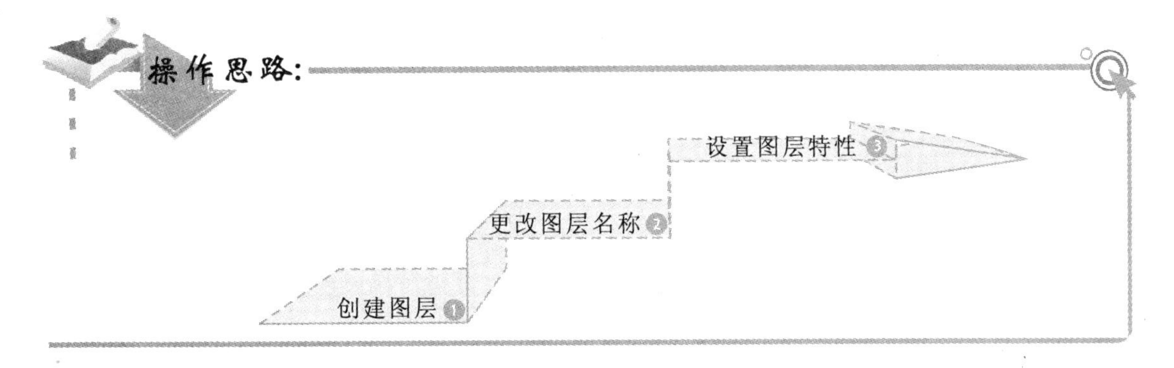

2．操作步骤

下面介绍机械制图常用图层的创建方法，以及将图层状态进行输出的方法，其操作步骤如下：

参见光盘

光盘\效果\第 8 章\机械图层.dwg、机械常用图层.las
光盘\实例演示\第 8 章\创建机械制图常用图层

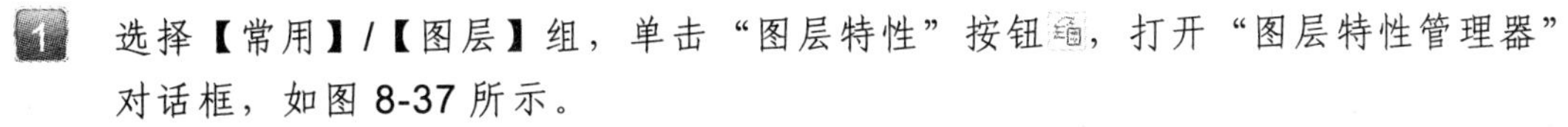

1. 选择【常用】/【图层】组，单击“图层特性”按钮，打开“图层特性管理器”对话框，如图 8-37 所示。
2. 在“图层特性管理器”对话框中，连续单击“新建图层”按钮，创建 9 个新的图层，如图 8-38 所示。

操作提示

在“要保存的新图层状态”对话框的“说明”文本框中输入必要的提示文字，可方便以后使用时能一目了然地知道图层的用途，所以在设置时一定要输入能有效描述图层的文字。

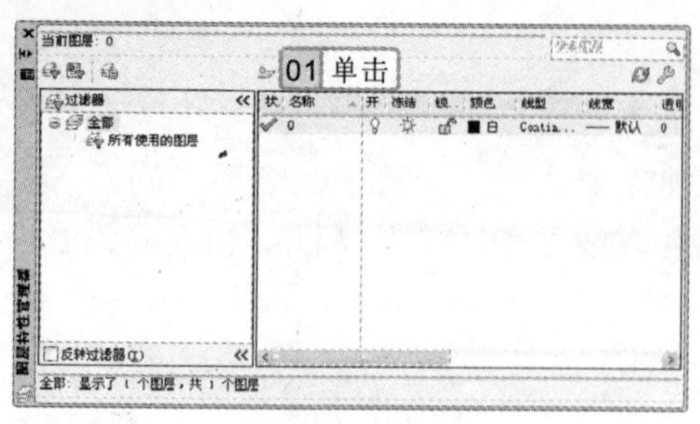

图 8-37　“图层特性管理器”对话框

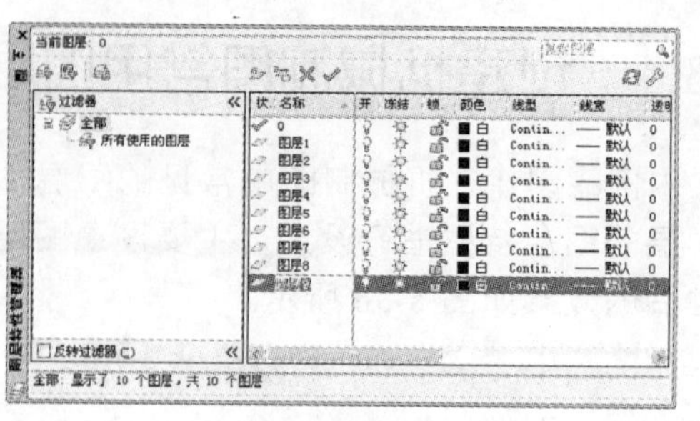

图 8-38　创建图层

3　双击图层名，或者在要更改的图层上单击鼠标右键，在弹出的快捷菜单中选择“重命名图层”命令，结果如图 8-39 所示。

4　单击“尺寸”图层的“颜色”选项图标■白，打开“选择颜色”对话框，选择“绿”选项，如图 8-40 所示。

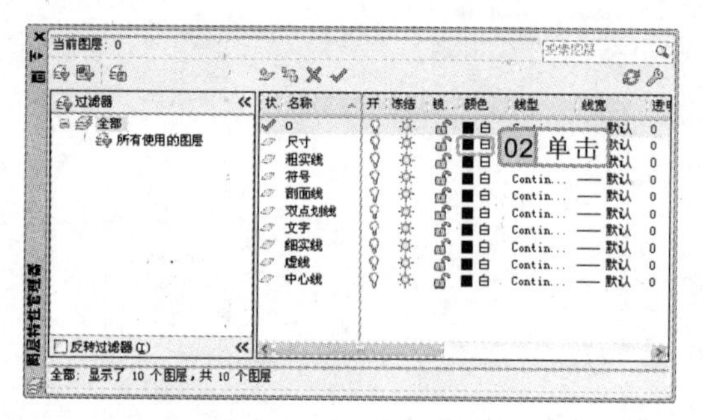

图 8-39　更改图层名称

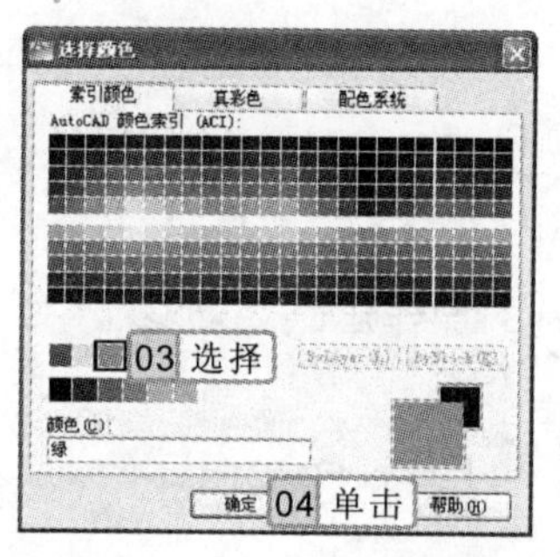

图 8-40　选择图层颜色

5　单击 确定 按钮，返回“图层特性管理器”对话框，效果如图 8-41 所示。

6　更改其余图层的颜色，其颜色设置如图 8-42 所示。

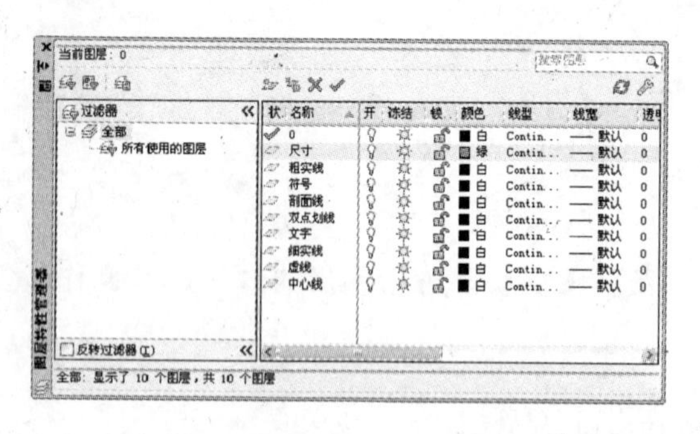

图 8-41　设置“尺寸”图层的颜色

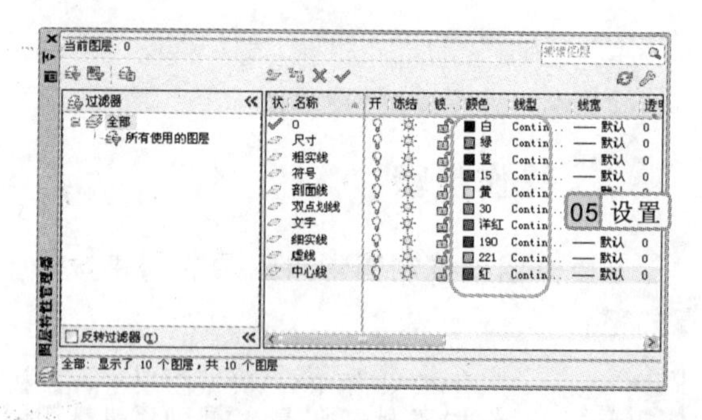

图 8-42　设置其余图层的颜色

7　单击“双点划线”图层的“线型”选项图标 Contin...，打开“选择线型”对话框，单击 加载(L)... 按钮，如图 8-43 所示。

8　打开“加载或重载线型”对话框，在“可用线型”列表框中选择“DIVIDE”选项，单击 确定 按钮，如图 8-44 所示。

使用图层功能绘制图形时，应选择【常用】/【特性】组，将面板的“线型”、“线宽”以及“颜色”选项设置为 Bylayer。

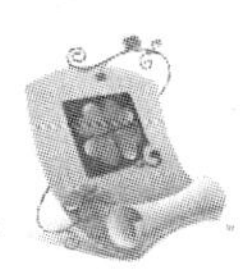

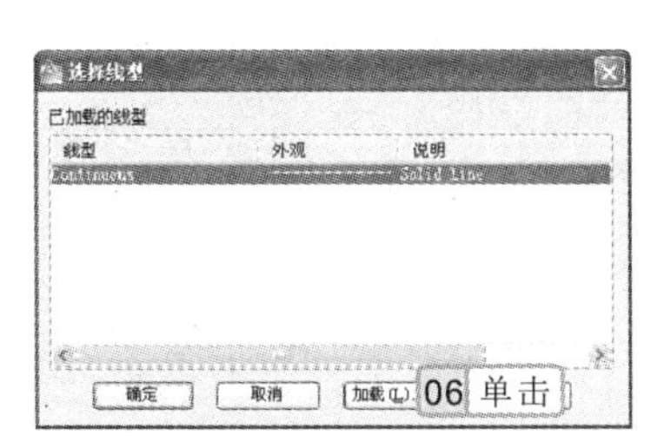

图 8-43　“选择线型”对话框

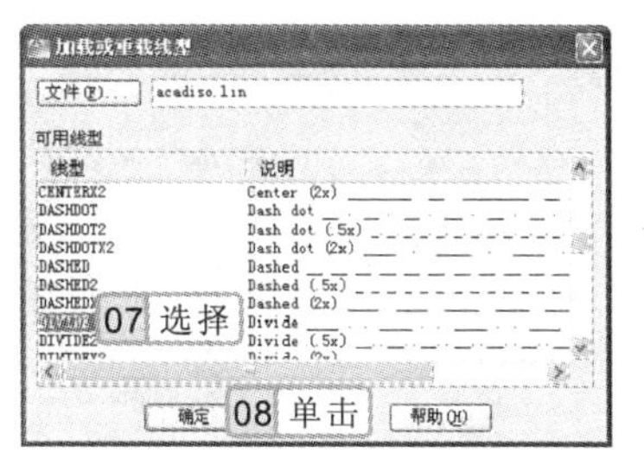

图 8-44　加载线型

9 返回“选择线型”对话框，在“已加载的线型”列表框中选择“DIVIDE”选项，单击 确定 按钮，如图 8-45 所示。

10 返回“图层特性管理器”对话框，将图层的线型进行更改后的效果如图 8-46 所示。

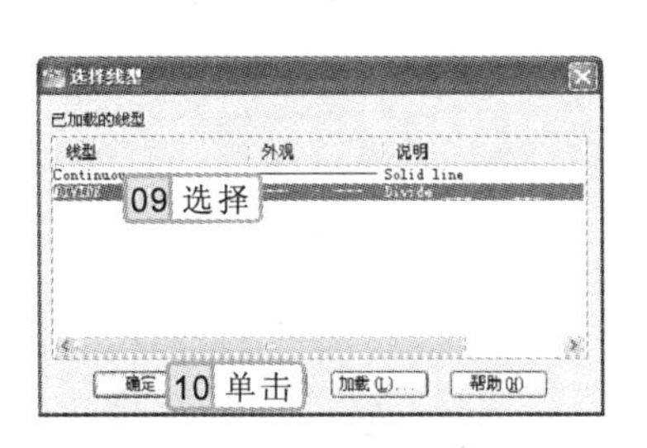

图 8-45　选择图层线型

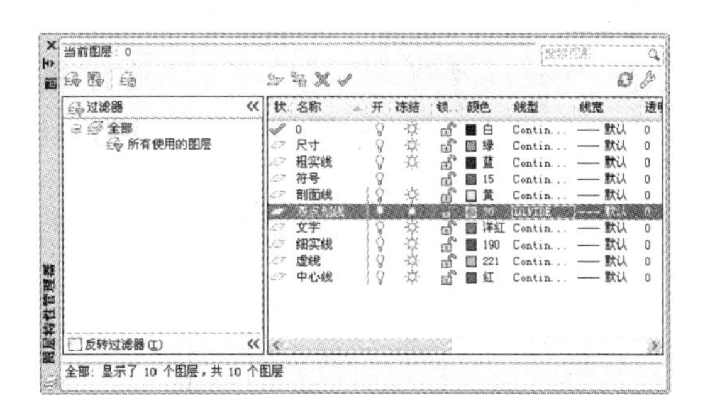

图 8-46　更改图层线型

11 使用相同的方法，对“虚线”和“中心线”图层的线型进行更改，其中“虚线”图层的线型为“DASHED”，“中心线”图层的线型为“CENTER”，如图 8-47 所示。

12 单击“粗实线”图层的“线宽”选项图标 —默认，打开“线宽”对话框，在“线宽”列表框中选择“0.60mm”选项，如图 8-48 所示。

图 8-47　更改其余图层线型

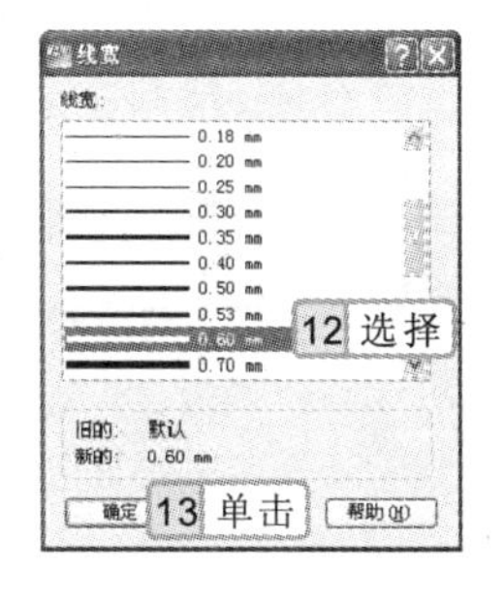

图 8-48　选择线宽

13 单击 确定 按钮，返回“图层特性管理器”对话框，将“粗实线”图层的线宽进行更改后的效果如图 8-49 所示。

14 使用相同的方法，将其余图层的线宽更改为“0.20mm”，如图 8-50 所示。

为图层设置线型时，在“选择线型”对话框中如果已经加载了线型，可在该对话框中直接选择线型，不必重新加载新线型。

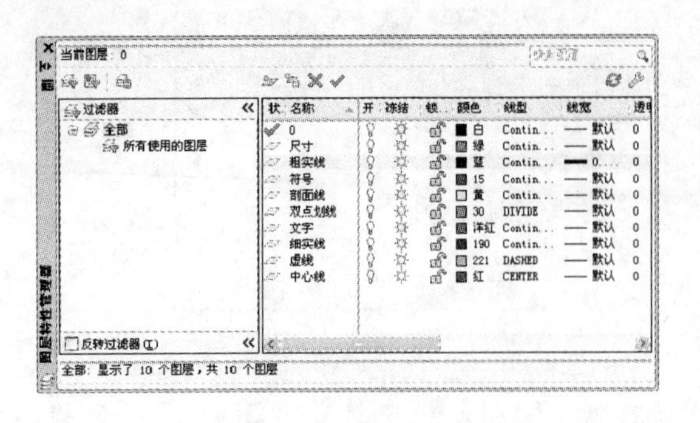

图 8-49　更改“粗实线”图层线宽　　　图 8-50　更改其余图层线宽

15 在“图层特性管理器”对话框中单击“图层状态管理器”按钮，打开“图层状态管理器”对话框，如图 8-51 所示。

16 单击 新建(N)... 按钮，打开“要保存的新图层状态”对话框，在“新图层状态名”下拉列表框中输入“机械制图常用图层”，单击 确定 按钮，如图 8-52 所示。

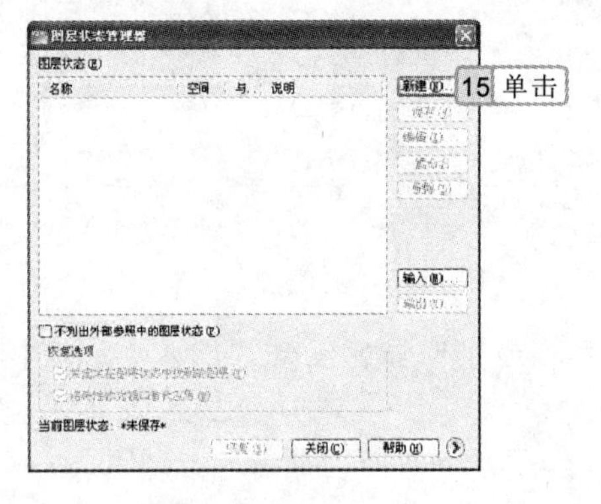

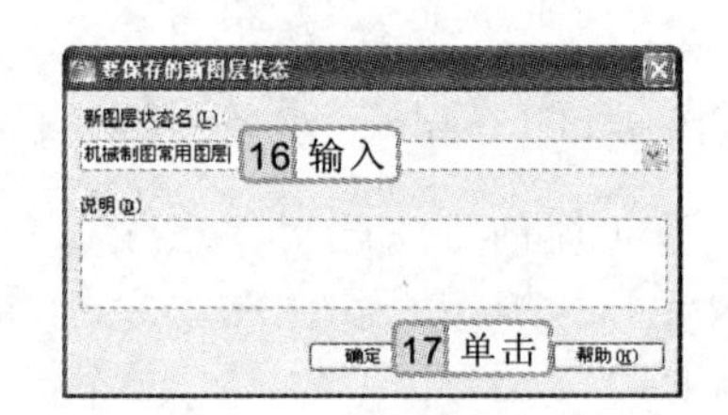

图 8-51　“图层状态管理器”对话框　　　图 8-52　新建图层状态

17 返回“图层状态管理器”对话框，单击 输出(X)... 按钮，如图 8-53 所示。

18 打开“输出图层状态”对话框，在“文件名”下拉列表框中输入“机械常用图层.las”，单击 保存(S) 按钮，如图 8-54 所示。

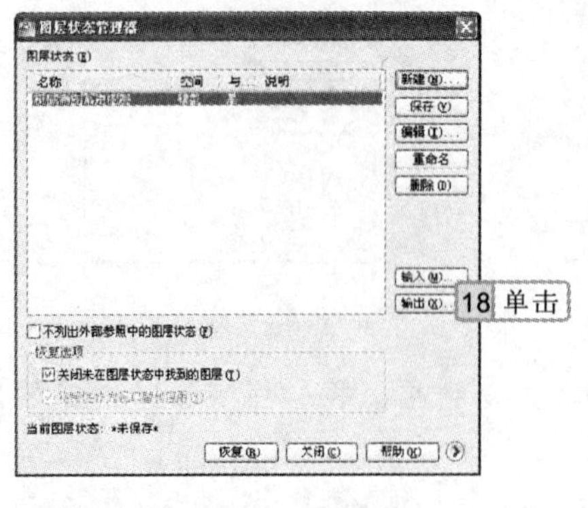

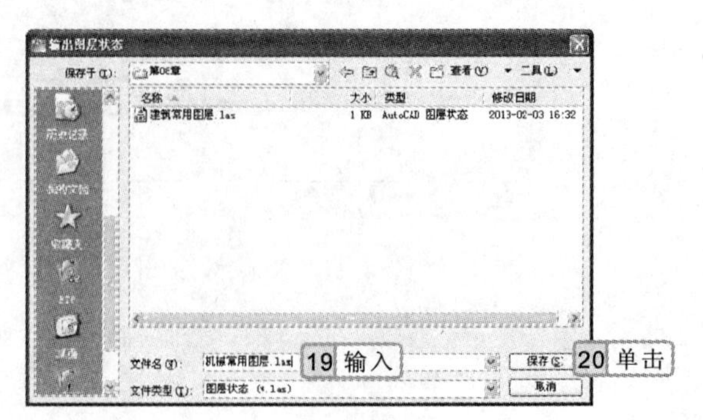

图 8-53　输出图层状态　　　图 8-54　保存图层状态

专家指导

每个图形均包含一个名为“0”的图层，且无法删除或重命名图层 0，其作用主要是确保每个图形至少包括一个图层。

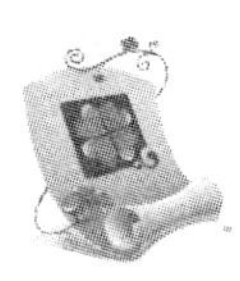

8.3.2　更改底座零件图图形特性

本例将对“底座零件图.dwg”图形文件的图形特性进行更改，其中主要包括图层状态的输入，图层特性的设置，以及对图形所在的图层进行更改，效果如图 8-55 所示。

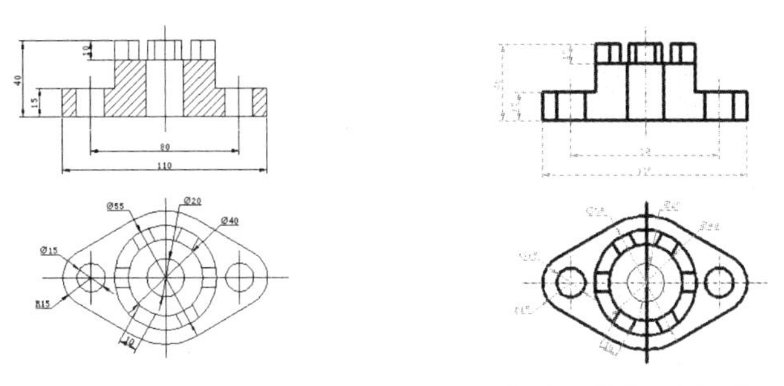

图 8-55　更改“底座零件图.dwg”的图形特性后的效果

1. 操作思路

首先输入图层状态，并对图层线型进行更改，再更改图形所在的图层。本例的操作思路如下：

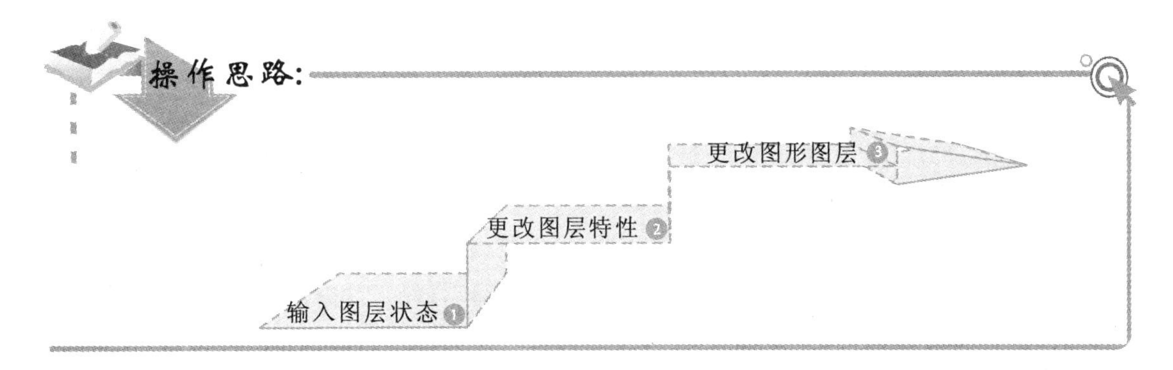

2. 操作步骤

下面介绍更改底座零件图图形特性的实现方法，其操作步骤如下：

光盘\素材\第 8 章\底座零件图.dwg、机械常用图层.las
光盘\效果\第 8 章\底座零件图.dwg
光盘\实例演示\第 8 章\更改底座零件图图形特性

1. 打开“底座零件图.dwg”图形文件，如图 8-56 所示。
2. 选择【常用】/【图层】组，单击“图层特性”按钮，打开“图层特性管理器”对话框，如图 8-57 所示。
3. 在“图层特性管理器”对话框中单击“图层状态管理器”按钮，打开“图层状态管理器”对话框，如图 8-58 所示。

由于图形中的所有内容都与某个图层关联，因此，在规划和创建图形的过程中，可能需要更改放置在某图层中的内容或同时查看多个图层。

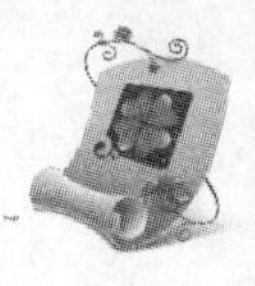

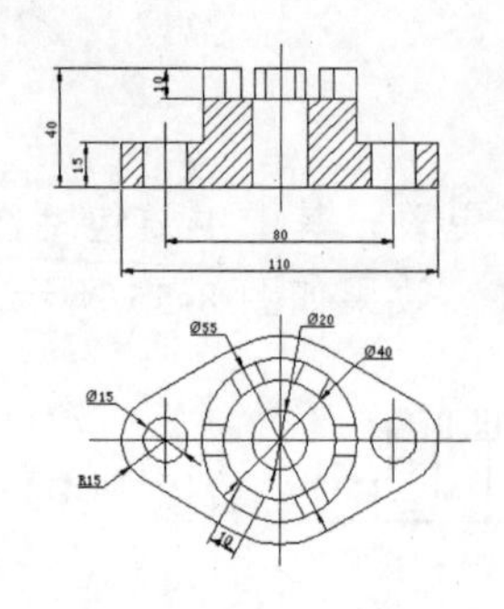

图 8-56　底座零件图

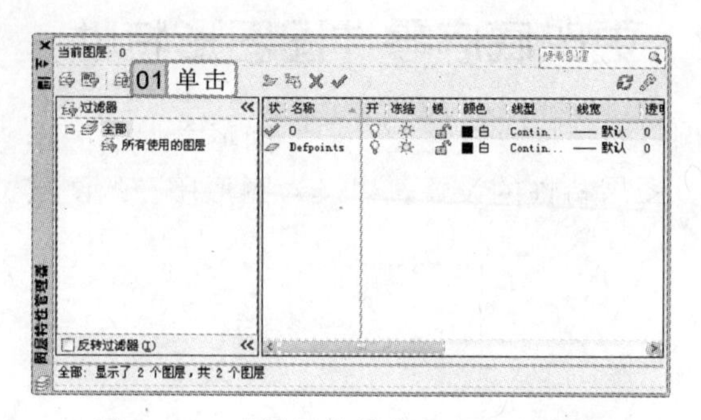

图 8-57　"图层特性管理器"对话框

4 单击[输入(M)...]按钮，打开"输入图层状态"对话框，在"文件类型"下拉列表框中选择"图层状态（*.las）"，在"查找范围"下拉列表框中选择文件的存放位置，在文件列表中选择"机械常用图层.las"，如图 8-59 所示。

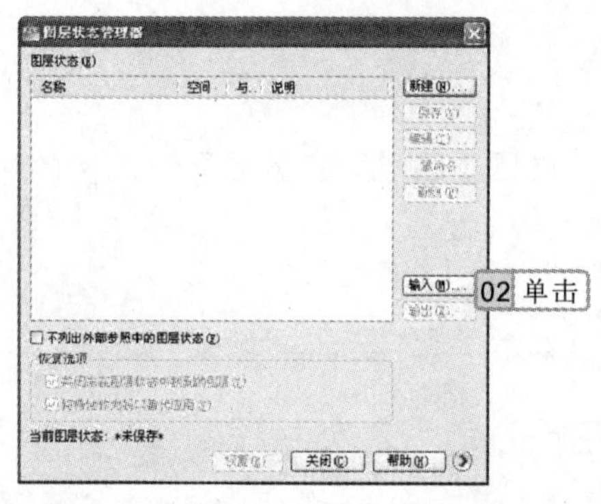

图 8-58　"图层状态管理器"对话框

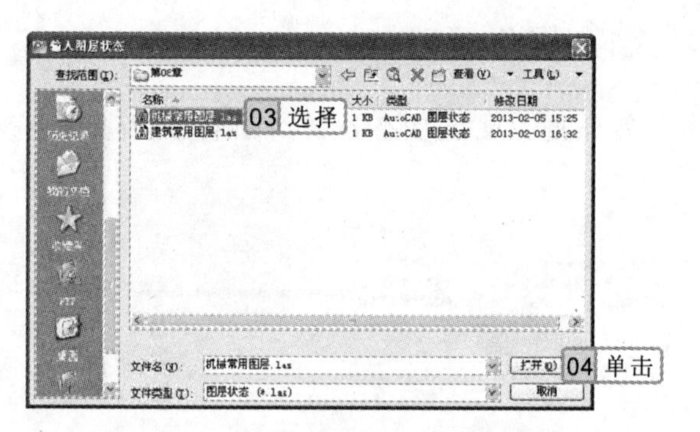

图 8-59　"输入图层状态"对话框

5 单击[打开(O)]按钮，打开"AutoCAD"窗口，单击[确定]按钮，如图 8-60 所示。

6 打开"图层状态-成功输入"窗口，单击[恢复状态]按钮，如图 8-61 所示。

图 8-60　提示窗口

图 8-61　成功输入图层状态

7 将"机械常用图层.las"图层状态输入到当前图形的效果如图 8-62 所示。

8 分别将"双点划线"、"虚线"和"中心线"图层的线型进行更改，分别为"DIVIDE"、"DASHED"和"CENTER"，如图 8-63 所示。

9 单击"关闭"按钮✖，返回绘图区，选择中心线图层的直线段，如图 8-64 所示。

10 选择【常用】/【图层】组，单击"图层"下拉按钮[0]，在打开的下拉列表框中选择"中心线"图层，如图 8-65 所示。

11 按"Esc"键取消图形对象的选择，效果如图 8-66 所示。

专家指导

通过输入图层状态的方法加载图层时，其中设置的线型有可能不能进行恢复操作。应在加载图层之后，对图层的线型重新进行设置。

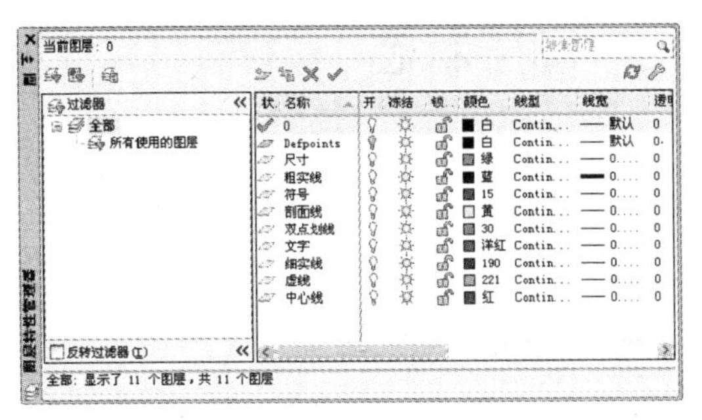

图 8-62　输入图层状态后的效果

图 8-63　修改图层线型

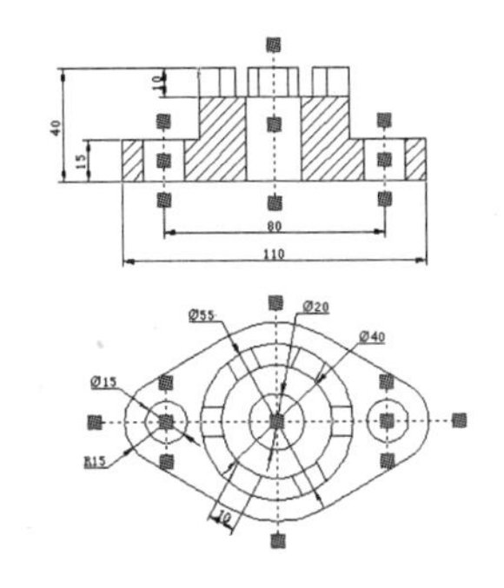

图 8-64　选择图形对象

图 8-65　选择“中心线”图层

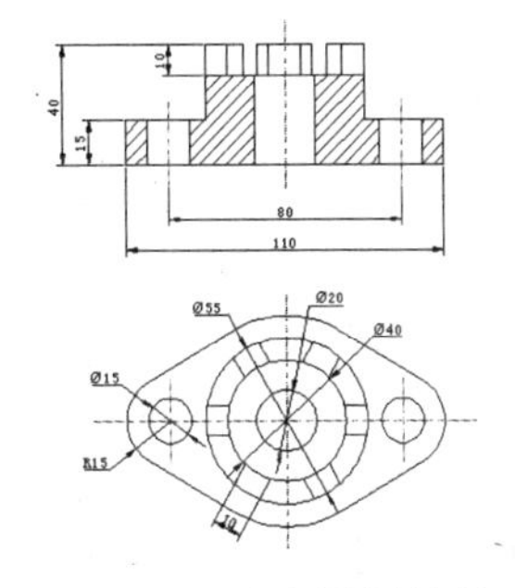

图 8-66　更改图层效果

12 使用相同的方法，将尺寸标注图形的图层更改为“尺寸”，如图 8-67 所示。

13 使用相同的方法，将轮廓线图形的图层更改为“粗实线”，如图 8-68 所示。

14 使用相同的方法，将填充图案的图层更改为“剖面线”，如图 8-69 所示。

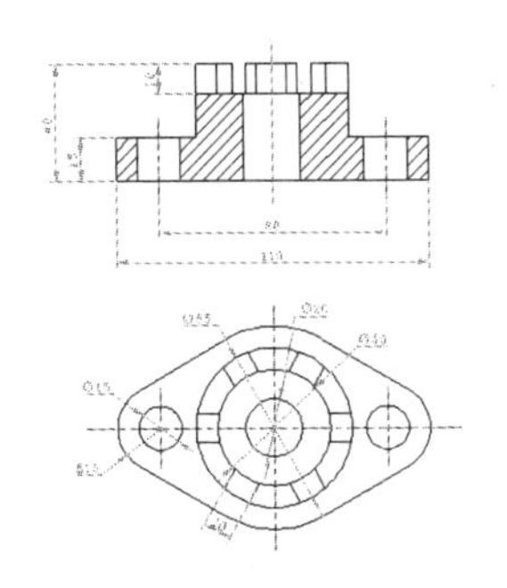

图 8-67　更改尺寸图层

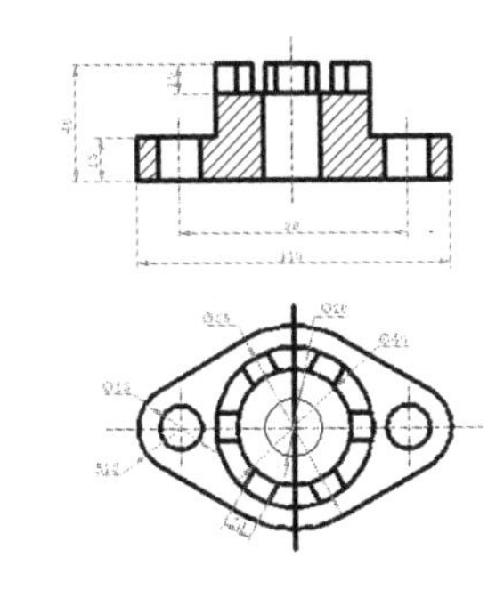

图 8-68　更改粗实线图层

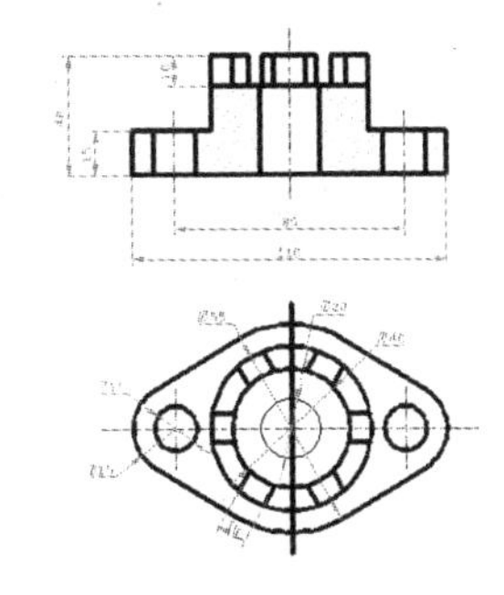

图 8-69　更改剖面线图层

8.4　提高练习

本章主要介绍了 AutoCAD 图层的相关使用，其中主要包括图层的创建、图层特性的设置，以及图层状态的输入与输出等。下面通过两个练习，让读者进一步学习图层的使用及相关操作。

如果重命名了某个图层，并更改过其特性，则可使用“上一个图层”命令恢复除原始图层名外的所有原始特性。

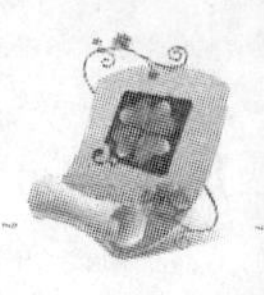

8.4.1　输出“别墅屋面平面图.dwg”图层状态

本次练习将打开“别墅屋面平面图.dwg”图形文件，利用图层状态功能，将图形文件中的图层进行输出操作。图层状态的名称为“建筑图层.las”，“别墅屋面平面图.dwg”图形文件的效果如图 8-70 所示。

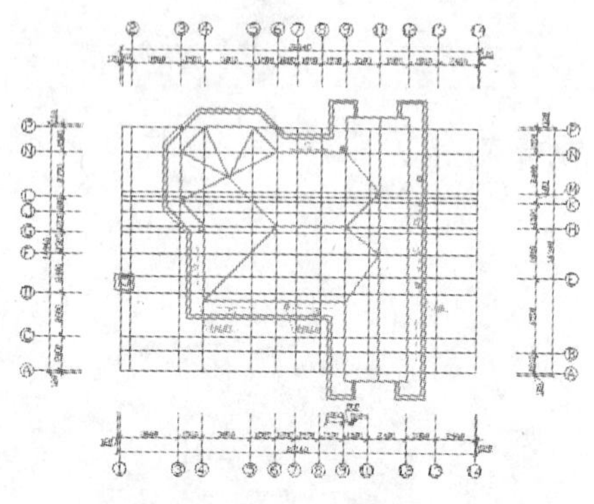

图 8-70　别墅屋面平面图

光盘\素材\第 8 章\别墅屋面平面图.dwg
光盘\效果\第 8 章\建筑图层.las
光盘\实例演示\第 8 章\输出“别墅屋面平面图.dwg”图层状态

关键提示:

输出图层状态

打开图形文件；创建图层状态：建筑图层；输出图层状态：建筑图层。

8.4.2　更改阀杆图形特性

本次练习将对“阀杆.dwg”图形文件中图形对象的图形特性进行更改，先输入“机械常用图层.las”图层状态，再分别对图形的图层进行更改，效果如图 8-71 所示。

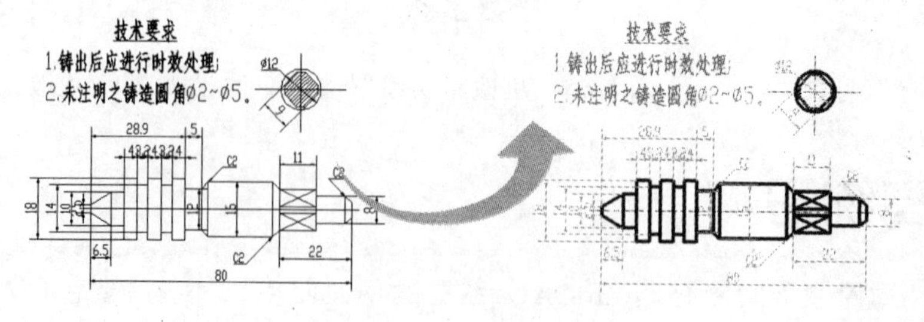

图 8-71　更改阀杆图层

如果冻结了若干个图层，并更改了图形中的某些几何图形，然后要解冻冻结的图层，则可以使用单个命令来执行此操作，但不影响对几何图形所作的更改。

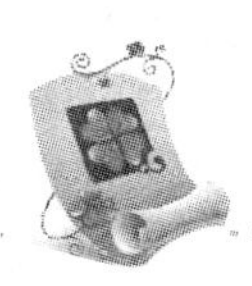

参见光盘

光盘\素材\第 8 章\阀杆.dwg、机械常用图层.las
光盘\效果\第 8 章\阀杆.dwg
光盘\实例演示\第 8 章\更改阀杆图形特性

8.5 知识问答

使用图层管理不同类型的图形对象，比一般的图形对象管理方法更加容易和有序，能提高绘图的速度。但在使用图层时也会出现某些问题。下面对常见问题进行解答。

问：在为图层设置线宽后，为什么图层中对象的线宽没有变化呢？

答：当为图层设置线宽后，还需单击状态栏上的“线宽”按钮 ，使其呈凹下状态，这时设置的线宽才能显示出来。

问：在绘图过程中，遇到线性或线宽重生成时，都需等候片刻才能生成完成，很耽误时间，有什么方法能解决这个问题呢？

答：由于非连续线型和设置线宽会增加重生成 REGRN 和重画 REDRAW 的时间，所以绘图时，可先将所有线型设置成线宽为“0”的线型，图形完成后，再统一修正设置，以缩短绘图时间。

知识关联　使用“特性”更改图形特性

绘制图形时，如果要使绘制图形的图形特性为图层设置的特性，应将“特性”面板的特性设置为“Bylayer”，即让绘制的图形的特性与设置的图层一致。如果图层上有个别图形对象需要使用另外的线型、线宽或颜色，又不想影响图层上其他图形对象的特性，则应选择需要更改的图形对象，在“特性”面板中进行设置即可。

可以将图层设置另存为命名图层状态。然后可以恢复、编辑这些图层设置，从其他图形和文件中输入这些图层设置，以及将其输出以在其他图形中使用。

第9章

利用辅助功能绘图

本章导读

使用 AutoCAD 2012 绘制图形时，利用各种辅助功能，可更快捷、轻松地完成操作，如正交、对象捕捉、极轴追踪、对象捕捉追踪等功能，以及查询图形对象的特性等。本章将详细介绍正交、栅格与捕捉、极轴、对象捕捉、对象捕捉追踪，以及夹点、参数化等辅助功能绘制图形的方法及技巧，并介绍对图形对象的查询操作等。

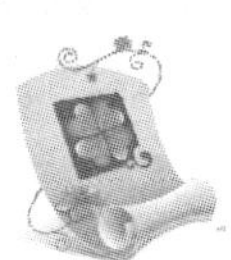

9.1　利用辅助功能绘图

使用 AutoCAD 2012 绘制图形，除了利用输入坐标值来精确绘制图形之外，还可以利用其他辅助功能来快速、便捷地绘制图形，如正交、对象捕捉、极轴追踪，以及对象捕捉追踪功能等。

9.1.1　利用正交方式绘图

"正交"功能将绘图光标限制在水平或垂直方向上移动，以便能快速完成水平或垂直线的绘制。打开"正交"功能，主要有以下两种方法：

- 单击绘图区下方状态栏的"正交"按钮正交。
- 按"F8"键打开"正交"功能。

实例 9-1　绘制直角三角形

执行直线命令，利用"正交"功能，绘制直角边长度为 50 的等腰直角三角形。

参见光盘　光盘\效果\第 9 章\直角三角形.dwg

1. 按"F8"键，或单击状态栏中的"正交"按钮正交。

2. 选择【常用】/【绘图】组，单击"直线"按钮，执行直线命令，绘制直角三角形，效果如图 9-1 所示，其命令行操作如下：

```
命令: _line                              //执行直线命令
指定第一点:                              //在绘图区中单击一点，指定起点
指定下一点或 [放弃(U)]: 50               //鼠标向右移动，并输入水平线的长度，如图 9-2 所示
指定下一点或 [放弃(U)]: 50               //鼠标向上移动，并输入垂直线的长度，如图 9-3 所示
指定下一点或 [闭合(C)/放弃(U)]: c        //选择"闭合"选项，如图 9-4 所示
```

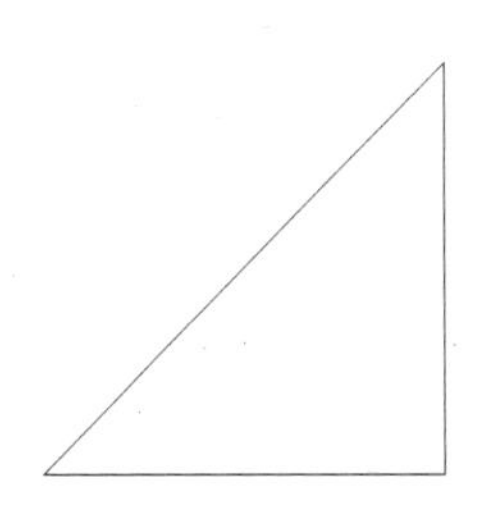

图 9-1　直角三角形

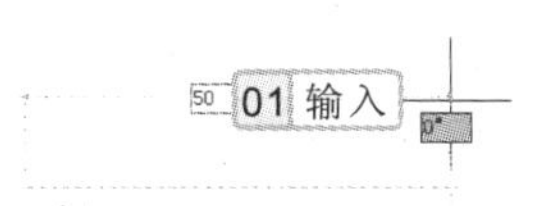

图 9-2　绘制水平线

若启用了正交功能，而采用指定坐标点方式绘图，那么不管鼠标的方向移动到什么位置，都将以输入的坐标值为准来绘制图形。

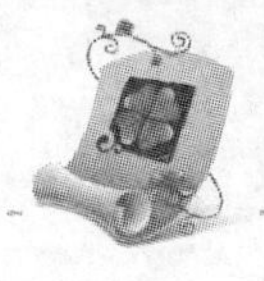

图 9-3 绘制垂直线　　　　图 9-4 选择“闭合”选项

9.1.2 利用栅格和捕捉功能绘图

栅格是显示在屏幕上的一个个等距点，用户可以通过数点的方法来确定对象的长度等，点与点之间的距离称为栅格间距；开启“捕捉”功能则十字光标只能在屏幕上做等距移动，一次移动的间距称为捕捉间距。在“草图设置”对话框的“捕捉和栅格”选项卡中可以设置栅格间距和捕捉间距，其方法是使用鼠标右键单击捕捉按钮或栅格按钮，在弹出的快捷菜单中选择“设置”命令，即可打开“草图设置”对话框的“捕捉和栅格”选项卡。

实例 9-2 绘制等腰三角形

打开“草图设置”对话框，启用捕捉和栅格功能，并设置捕捉间距和栅格间距为 20，再使用直线命令绘制底边为 100，高度为 70 的等腰三角形。

参见光盘　光盘\效果文件\第 9 章\等腰三角形.dwg

1. 使用鼠标右键单击捕捉按钮，在弹出的快捷菜单中选择“设置”命令，如图 9-5 所示。
2. 打开“草图设置”对话框，在“捕捉和栅格”选项卡中选中☑启用捕捉 (F9)(S)和☑启用栅格复选框，同时选中☑X 轴间距和 Y 轴间距相等(X)复选框，在“捕捉间距”栏和“栅格间距”栏中输入捕捉和栅格间距，如图 9-6 所示。
3. 单击 确定 按钮，完成捕捉和栅格间距的设置，如图 9-7 所示。

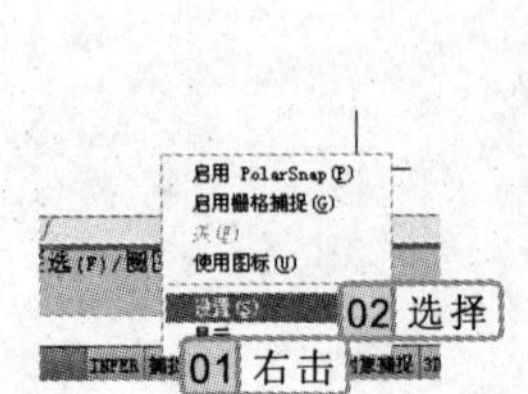

图 9-5 启动草图设置

图 9-6 设置捕捉与栅格间距

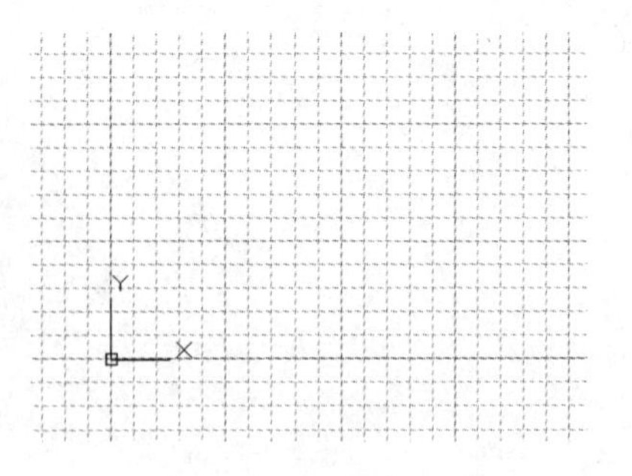

图 9-7 栅格显示效果

专家指导

要打开栅格和捕捉功能，除了单击状态栏上相应的按钮外，还可以在绘制图形的过程中按“F7”键和“F9”键来启动和关闭捕捉与栅格功能。

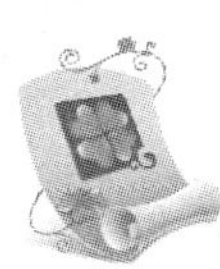

4 在命令行输入“L”，执行直线命令，利用捕捉和栅格功能，绘制等腰三角形，效果如图9-8所示，其命令行操作如下：

```
命令: LINE                               //执行直线命令
指定第一点:                              //在绘图区上拾取一点，指定直线起点，如图9-9所示
指定下一点或 [放弃(U)]:                  //向右数10个栅格点，单击鼠标左键，指定直线的第
                                           二个点，如图9-10所示
指定下一点或 [放弃(U)]:                  //从直线左边点向右数5个栅格，再向上数7个栅格，
                                           如图9-11所示
指定下一点或 [闭合(C)/放弃(U)]:          //选择“闭合”选项，如图9-12所示
指定下一点或 [闭合(C)/放弃(U)]:          //按“Enter”键结束直线命令
```

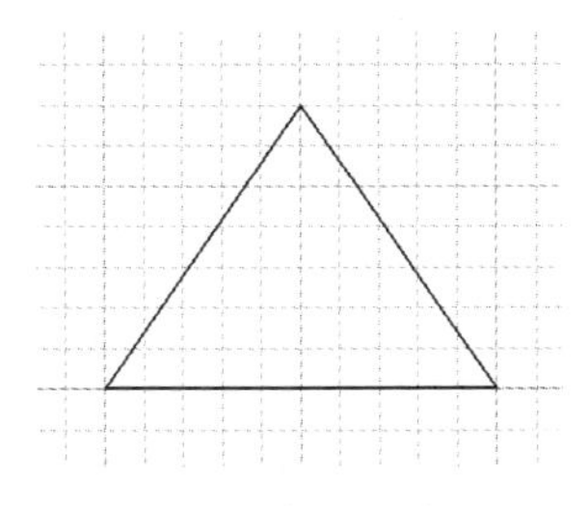
图9-8 等腰三角形

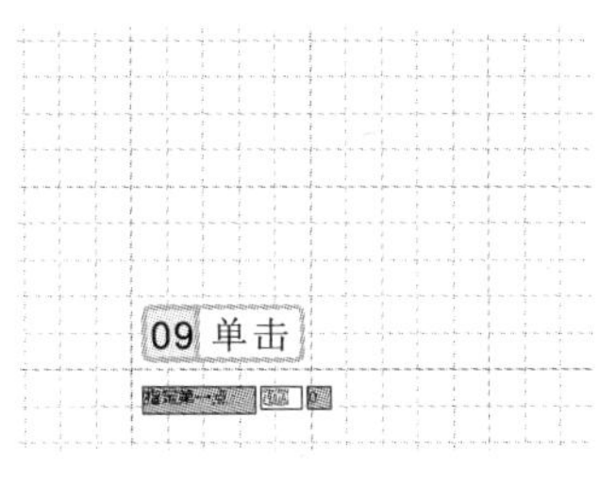

图9-9 指定直线起点

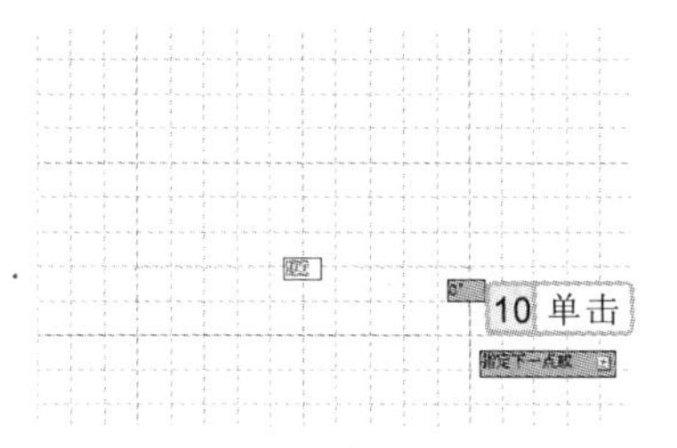

图9-10 绘制水平线

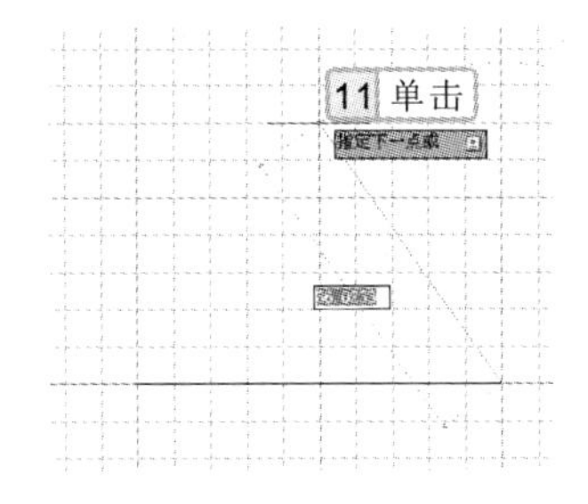

图9-11 指定第三个点

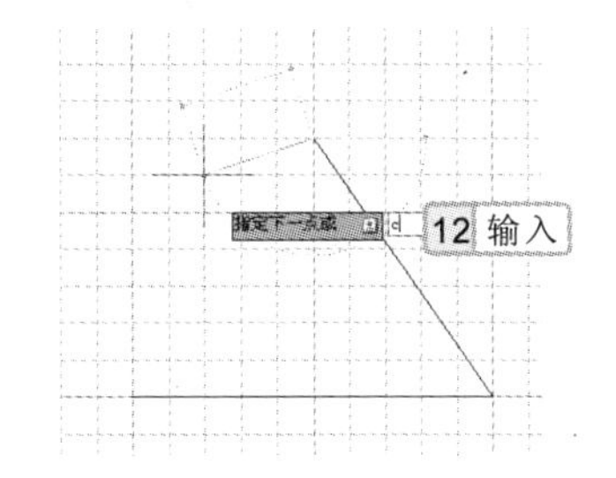

图9-12 选择“闭合”选项

在“草图设置”对话框的“捕捉和栅格”选项卡中，各主要选项的含义分别介绍如下。

- **启用捕捉**：选中该复选框，即可启用“捕捉”功能。
- **捕捉X轴间距**：指定X轴方向的捕捉间距，该间距值必须为正实数。
- **捕捉Y轴间距**：指定Y轴方向的捕捉间距，该间距值必须为正实数。
- **X轴间距和Y轴间距相等**：选中该复选框，在设置间距值时，系统会根据输入的数值来改变另一个间距值，以使两个轴上的间距值相等。取消选中该复选框，即可将X轴和Y轴的间距值设置为不相同的两个值。
- **极轴间距**：该栏用来控制极轴捕捉增量距离。
- **栅格捕捉**：设置栅格捕捉类型。若指定点，光标将沿垂直或水平栅格点进行捕捉。
- **矩形捕捉**：选中该单选按钮将捕捉样式设置为标准“矩形”捕捉模式。当捕捉类型设置为“栅格捕捉”并且打开“捕捉”模式时，光标将捕捉矩形栅格。

栅格和捕捉之间并没有特定的联系，但是为了绘图的直观，一般都将栅格间距和捕捉间距设为相同的大小。

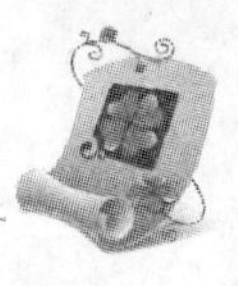

- **等轴测捕捉**：选中该单选按钮将捕捉样式设置为“等轴测”捕捉模式。当捕捉类型设置为“栅格捕捉”并且打开“捕捉”模式时，光标将捕捉等轴测栅格。
- **栅格间距**：该栏主要用于设置栅格点之间的距离，其设置方式与“捕捉间距”相同。

9.1.3 利用对象捕捉功能绘图

几何图形都有一定的几何特征点，如中点、端点、圆心、切点、象限点等，通过捕捉几何图形的特征点，可以快速准确地绘制各类图形。设置对象捕捉功能，主要有以下两种方法：

- 在状态栏上的对象捕捉按钮上单击鼠标右键，在弹出的快捷菜单中选择“对象捕捉功能”命令。
- 打开“草图设置”对话框，选择“对象捕捉”选项卡，然后选择要启用的对象捕捉功能。

实例 9-3　绘制螺帽

执行正多边形命令，在已经绘制圆的基础上，通过圆心捕捉和象限点捕捉的方式，绘制正六边形。

光盘\素材\第 9 章\螺栓左视图.dwg
光盘\效果\第 9 章\螺栓左视图.dwg

1. 打开“螺栓左视图.dwg”图形文件，如图 9-13 所示。
2. 在状态栏的对象捕捉按钮上单击鼠标右键，在弹出的快捷菜单中选择“设置”命令，如图 9-14 所示。
3. 打开“草图设置”对话框，在“对象捕捉”选项卡中选中☑启用对象捕捉 (F3)(O)复选框，在“对象捕捉模式”栏中选中○ ☑圆心(C)和◇ ☑象限点(Q)复选框，单击确定按钮，如图 9-15 所示。

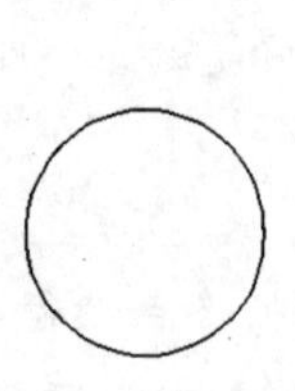

图 9-13　打开原始图形

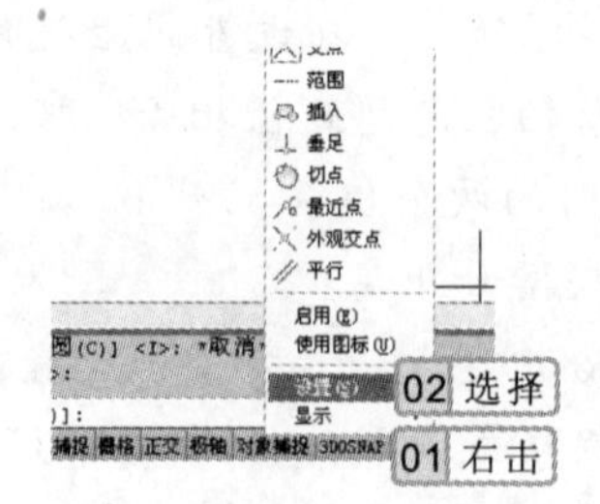

图 9-14　打开草图设置

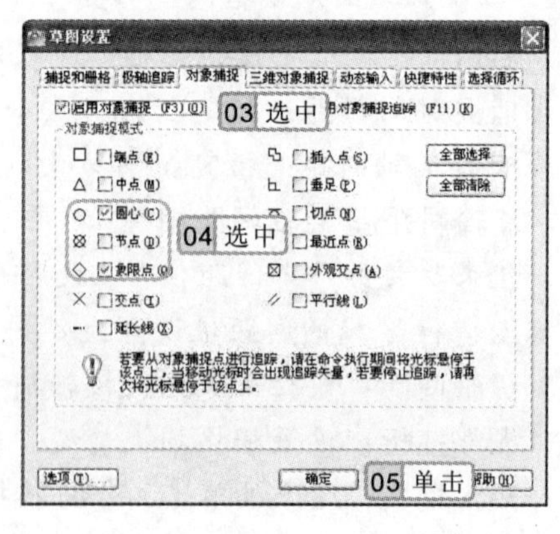

图 9-15　设置对象捕捉模式

利用栅格和捕捉功能绘制图形，一般都是数栅格的个数，所以在绘制图形时，选择图形起点比较重要，它将影响整个图形的位置。

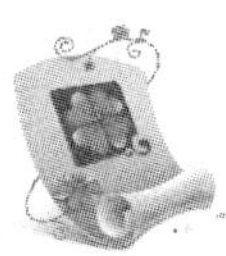

4　在命令行输入“POL”，执行正多边形命令，在圆的基础上，通过对象捕捉等功能，绘制螺栓左视图的正六边形，效果如图 9-16 所示，其命令行操作如下：

```
命令: pol                                   //执行正多边形命令
POLYGON
输入侧面数 <4>: 6                           //输入正多边形的边数，如图 9-17 所示
指定正多边形的中心点或 [边(E)]:              //捕捉圆的圆心，如图 9-18 所示
输入选项 [内接于圆(I)/外切于圆(C)] <I>: c    //选择“外切于圆”选项，如图 9-19 所示
指定圆的半径:                               //捕捉圆的象限点，如图 9-20 所示
```

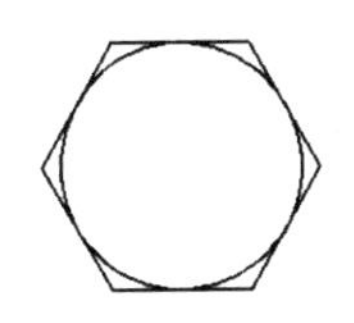

图 9-16　螺栓左视图

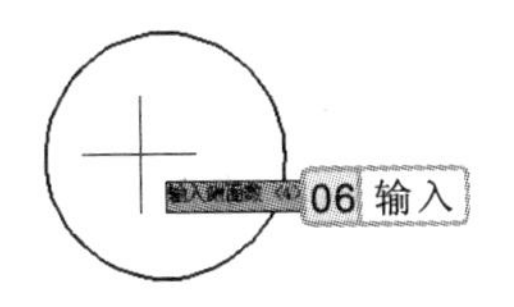

图 9-17　输入正多边形的边数

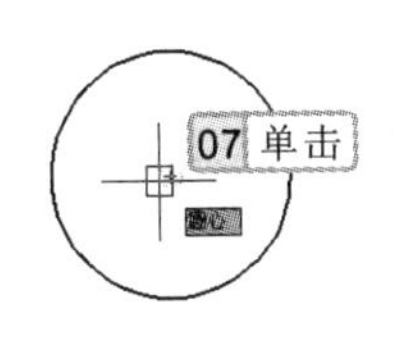

图 9-18　捕捉圆的圆心

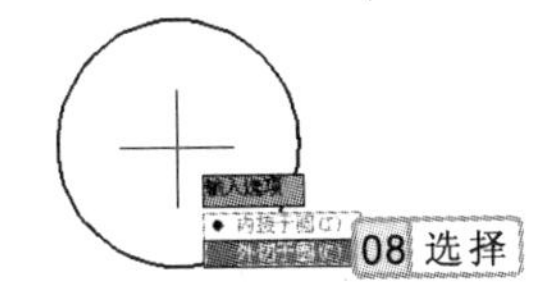

图 9-19　选择“外切于圆”选项

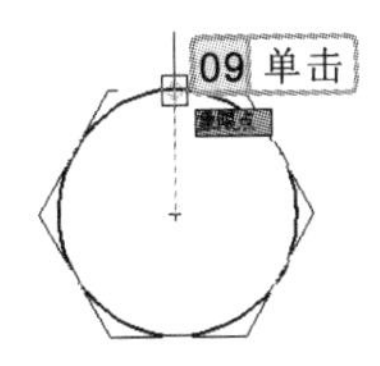

图 9-20　捕捉象限点

9.1.4　极轴追踪功能

使用极轴追踪功能，可以在绘图区中根据用户指定的极轴角度，绘制具有一定角度的直线。使用极轴功能绘制图形时，首先应启用极轴追踪功能，以及设置极轴角度，主要有以下两种方法：

- 在状态栏的极轴按钮上单击鼠标右键，在弹出的快捷菜单中启用极轴功能或设置极轴角度。
- 在“草图设置”对话框的“极轴追踪”选项卡中，启用极轴功能或设置极轴的角度。

实例 9-4　绘制相交直线

执行直线命令，以“极轴练习.dwg”图形文件水平线的左端端点为起点，绘制一条角度为 15° 的直线，并与已知的倾斜直线相交。

参见光盘

光盘\素材\第 9 章\极轴练习.dwg
光盘\效果\第 9 章\极轴练习.dwg

1　打开“极轴练习.dwg”图形文件，如图 9-21 所示。

操作提示

调用“极轴”功能，不仅可以在“草图设置”对话框中进行，还可以按“F10”键调用。

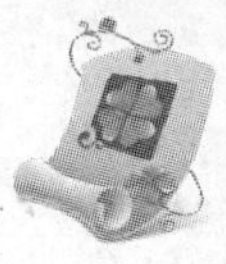

2. 在状态栏的对象捕捉按钮上单击鼠标右键，在弹出的快捷菜单中选择“端点”和“交点”命令，并打开“对象捕捉”功能。
3. 在状态栏的极轴按钮上单击鼠标右键，在弹出的快捷菜单中选择“15”命令，设置极轴角度，使用鼠标左键单击极轴按钮，启用“极轴追踪”功能，如图 9-22 所示。
4. 在命令行输入“LINE”，执行直线命令，以水平直线左端端点为起点，并结合极轴功能绘制角度为 15° 的直线，效果如图 9-23 所示，其命令行操作如下：

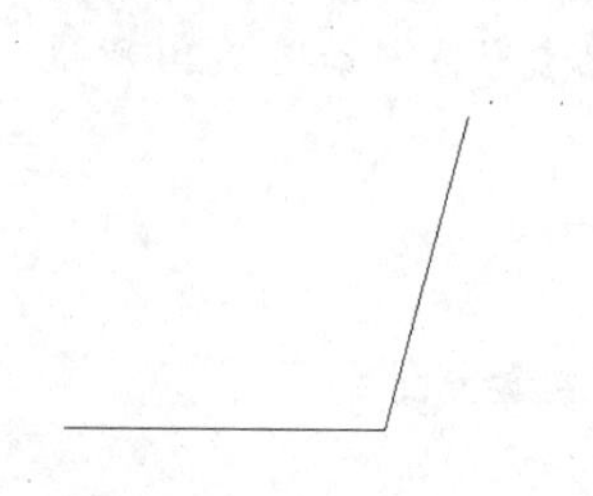

图 9-21　原始图形

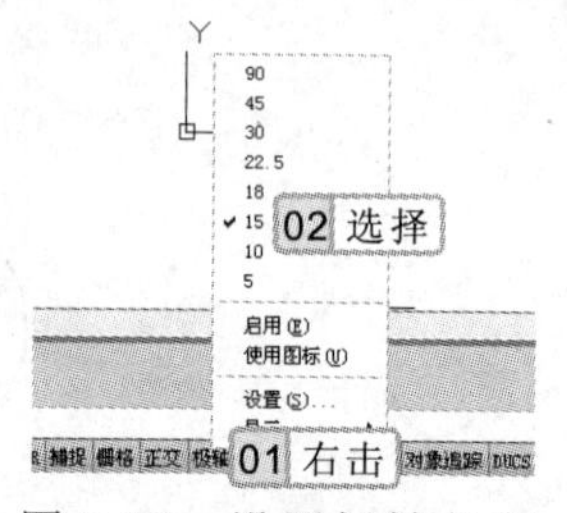

图 9-22　设置极轴角度

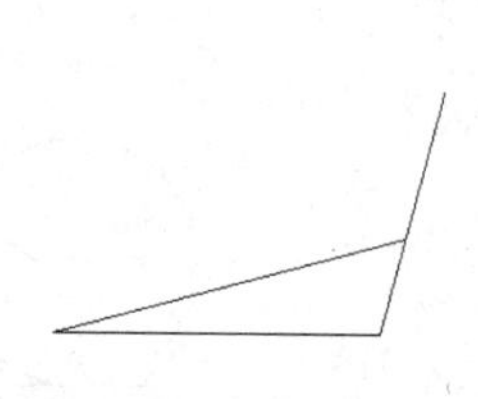

图 9-23　利用极轴绘图

命令: LINE	//执行直线命令
指定第一点:	//捕捉水平直线端点，如图 9-24 所示
指定下一点或 [放弃(U)]:	//将十字光标移到角度为 15° 的位置，出现极轴追踪线，沿追踪线移至倾斜线的位置，出现交点捕捉标注，单击鼠标左键，指定直线的端点，如图 9-25 所示
指定下一点或 [放弃(U)]:	//按“Enter”键结束直线命令，如图 9-26 所示

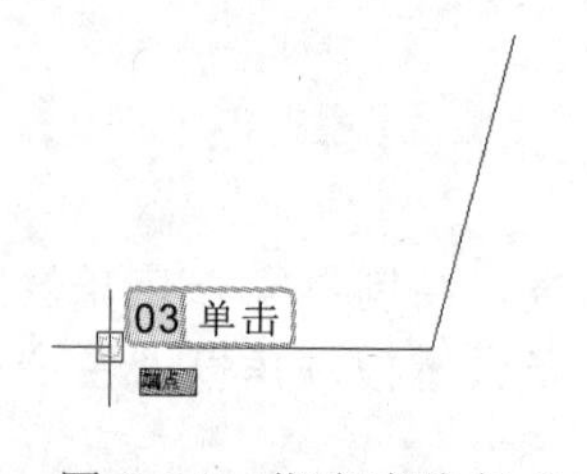

图 9-24　指定直线起点

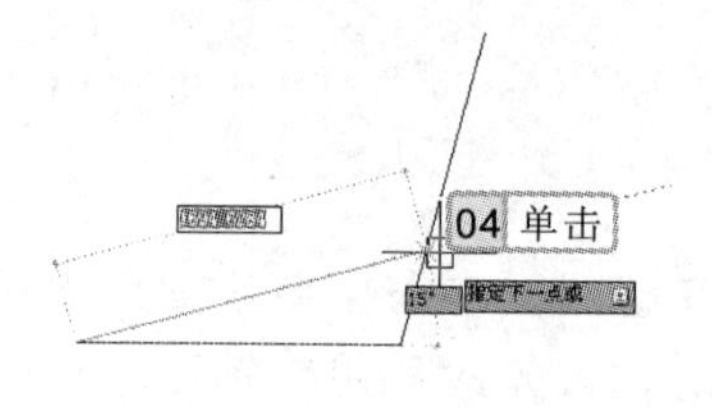

图 9-25　极轴追踪

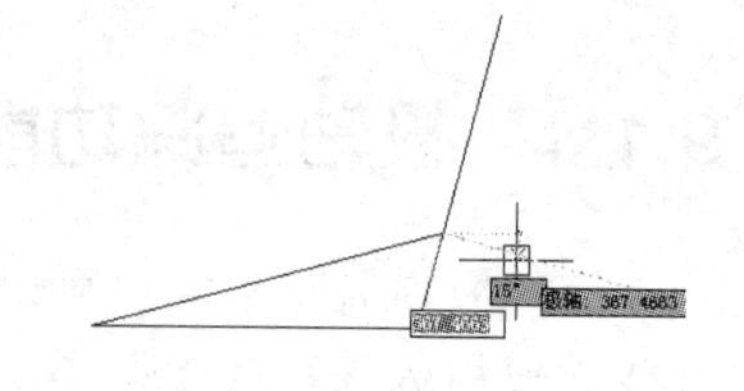

图 9-26　结束直线命令

9.1.5　对象捕捉追踪功能

对象捕捉追踪功能是对象捕捉与追踪功能的结合，其方法是在执行绘图命令后，将十字光标移动到图形对象的特征点上，在出现对象捕捉标记时，移动十字光标，将出现对象追踪线，并将拾取的点锁定在该追踪线上。在“草图设置”对话框的“极轴追踪”选项卡的“对象捕捉追踪设置”栏中，可以设置追踪的方式，主要有以下两种方式。

- **仅正交追踪**：选中该单选按钮，启用对象捕捉追踪时将显示获取对象捕捉点的正交（水平/垂直）对象捕捉追踪路径，如图 9-27 所示。
- **用所有极轴角设置追踪**：选中该单选按钮，启用对象捕捉追踪时，将从对象捕捉点

专家指导

绘制图形时，一般将“极轴追踪”与“对象追踪”结合使用，从而可以绘制出已知图形对象的角度，不知其长度，但与已知图形对象延伸点相交的直线。

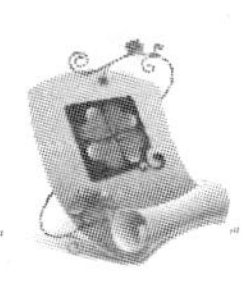

起沿极轴对齐角度进行追踪，如图 9-28 所示。

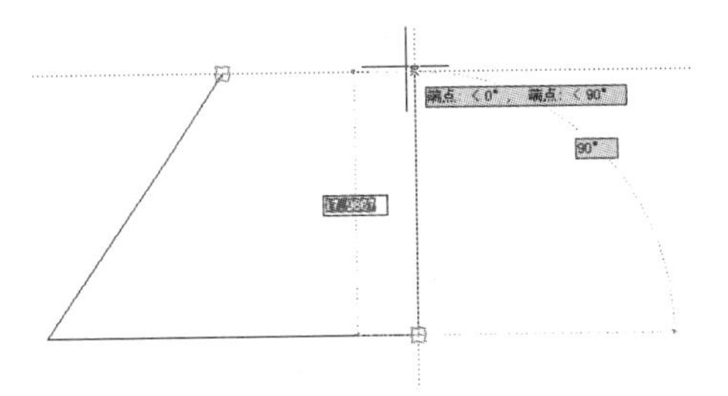

图 9-27 仅正交追踪

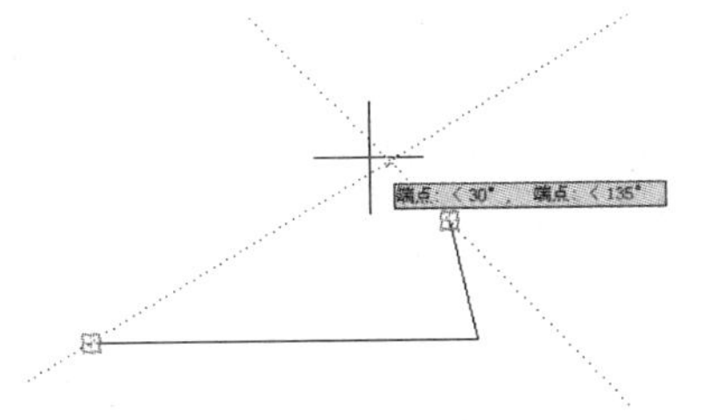

图 9-28 用所有极轴角设置追踪

9.2 参数化绘图

参数化绘制图形，即利用几何约束方式绘制图形，如将线条限制为水平、垂直、同心以及相切等特性，从而可以快速地对图形对象进行编辑处理，更好地完成图形的绘制。

9.2.1 几何约束功能介绍

几何约束即几何限制条件。选择“参数化”选项卡，在“几何”面板中单击相应的几何约束按钮即可对图形对象进行限制，其中各按钮的作用介绍如下。

- **“重合”按钮**：单击该按钮，即可执行重合命令，在绘图区中分别选择图形的两个特征点，即可将选择的两个点进行重合。
- **“共线”按钮**：共线约束强制使两条直线位于同一条无限长的直线上。
- **“同心”按钮**：同心约束强制使选定的圆、圆弧或椭圆保持同一中心点。
- **“固定”按钮**：固定约束使一个点或一条曲线固定到相对于世界坐标系的指定位置和方向上。
- **“平行”按钮**：平行约束强制使两条直线保持相互平行。
- **“垂直”按钮**：垂直约束强制使两条直线或多段线线段的夹角保持 90°。
- **“水平”按钮**：水平约束强制使一条直线或一对点与当前 UCS 的 X 轴保持平行。
- **“竖直”按钮**：竖直约束强制使一条直线或一对点与当前 UCS 的 Y 轴保持平行。
- **“相切”按钮**：相切约束强制使两条曲线保持相切或与其延长线保持相切。
- **“平滑”按钮**：平滑约束强制使一条样条曲线与其他样条曲线、直线、圆弧或多段线保持几何连续性。
- **“对称”按钮**：对称约束强制使对象上的两条曲线或两个点关于选定的直线保持对称。
- **“相等”按钮**：相等约束强制使两条直线或多段线线段具有相同的长度，或强制使圆弧具有相同的半径值。

使用约束功能对图形进行约束操作时，可以向多段线中的线段添加约束，即使这些线段像独立的对象一样。

9.2.2　以几何约束方式绘图

以几何约束方式绘制图形时，主要是对已经绘制的图形对象进行编辑处理，从而快速、准确地完成图形对象的绘制，以方便图形的控制。

实例 9-5　绘制平行四边形

打开“直线.dwg”图形文件，利用几何约束功能，将图形中的 4 条边编辑成为一个底边为 100，高度为 45，角度为 60° 的平行四边形。

参见光盘　光盘\素材\第 9 章\直线.dwg
光盘\效果\第 9 章\平行四边形.dwg

1. 打开“直线.dwg”图形文件，如图 9-29 所示。
2. 选择【参数化】/【几何】组，单击“相等”按钮，将左下端和右上端的直线进行相等约束，效果如图 9-30 所示，其命令行操作如下：

```
命令: _GcEqual                          //执行相等约束命令
选择第一个对象或 [多个(M)]:             //选择左下角的直线，如图 9-31 所示
选择第二个对象:                         //选择右上角的直线，如图 9-32 所示
```

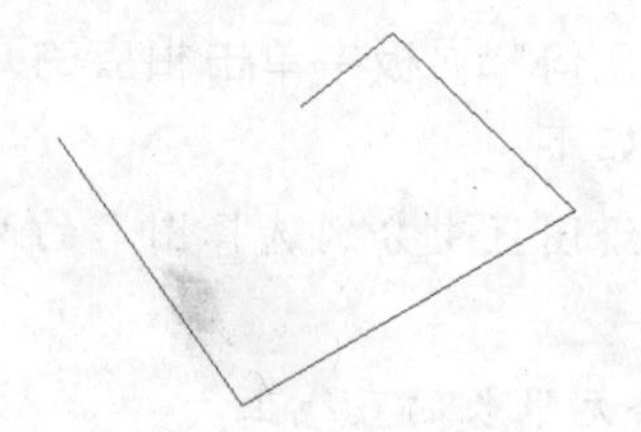

图 9-29　原始图形

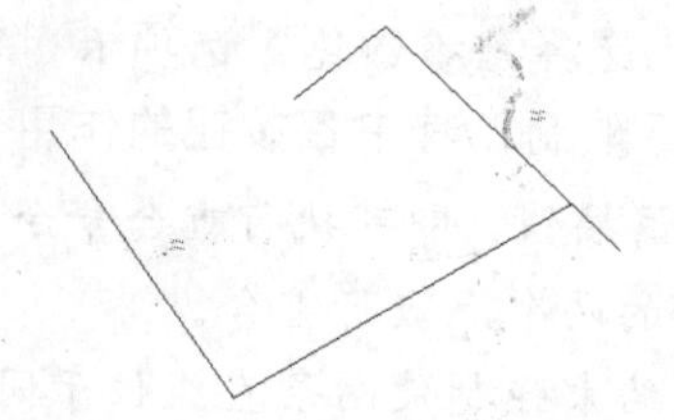

图 9-30　相等约束后的效果

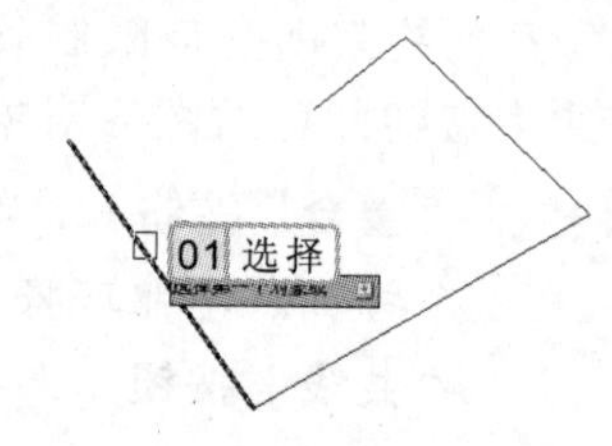

图 9-31　选择第一个对象

3. 选择【参数化】/【几何】组，再次单击“相等”按钮，执行相等约束命令，在命令行提示后先选择顶端直线，再选择底端直线，效果如图 9-33 所示。
4. 选择【参数化】/【几何】组，单击“重合”按钮，将直线的端点进行重合操作，效果如图 9-34 所示，其命令行操作如下：

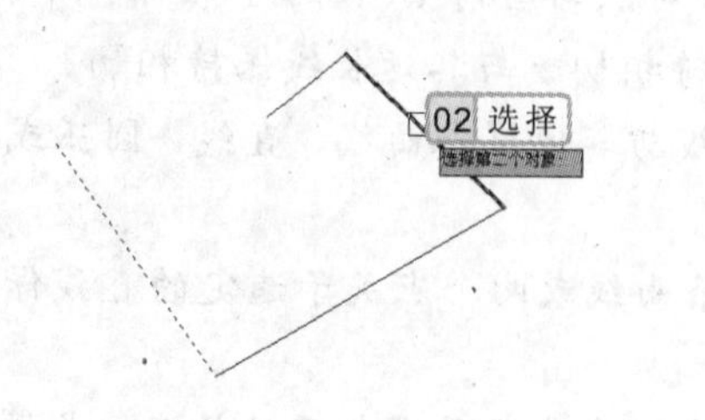

图 9-32　选择第二个对象

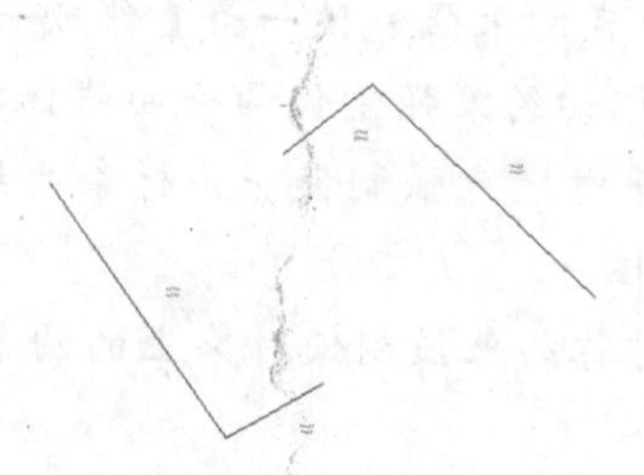

图 9-33　相等约束另外两条直线后的效果

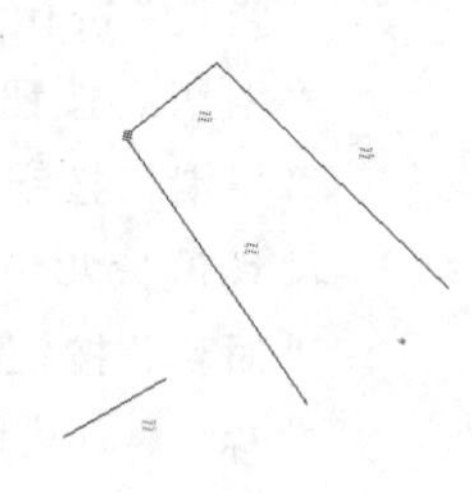

图 9-34　重合点效果

专家指导

用户可指定二维对象或对象上的点之间的几何约束。之后编辑受约束的几何图形时，将保留约束。

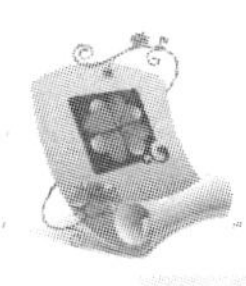


```
命令: _GcCoincident                                   //执行重合约束命令
选择第一个点或 [对象(O)/自动约束(A)] <对象>:           //指定第一个点，如图 9-35 所示
选择第二个点或 [对象(O)] <对象>:                       //指定第二个点，如图 9-36 所示
```

5 选择【参数化】/【几何】组，单击“重合”按钮，将其余线条的端点进行重合操作，效果如图 9-37 所示。

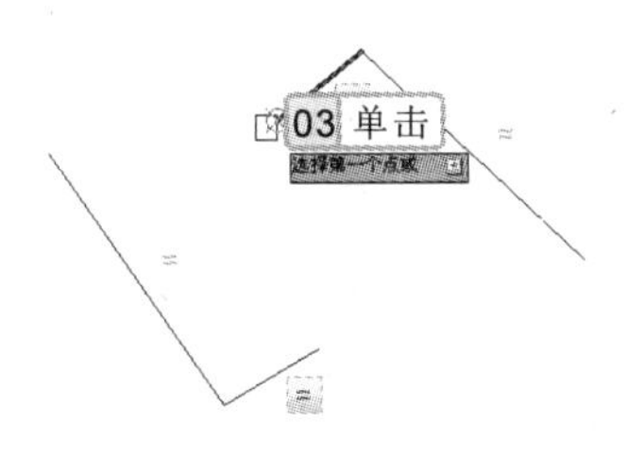

图 9-35 指定第一个点

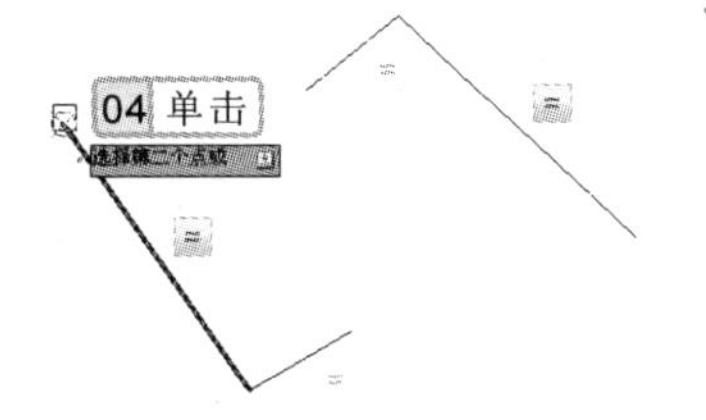

图 9-36 指定第二个点

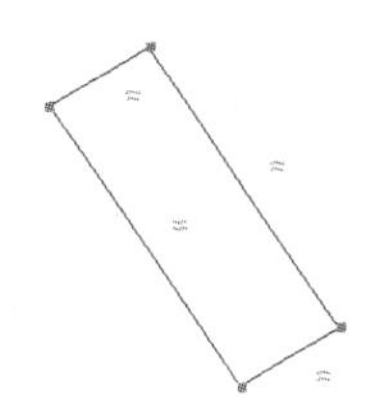

图 9-37 重合其余点

6 选择【参数化】/【几何】组，单击“水平”按钮，将右下方的直线进行水平约束，效果如图 9-38 所示，其命令行操作如下：

```
命令: _GcHorizontal                                   //执行水平约束命令
选择对象或 [两点(2P)] <两点>:                          //选择右下方的直线，如图 9-39 所示
```

7 选择【参数化】/【标注】组，单击“角度”按钮，对底端水平线与左方直线的角度进行约束，约束角度为 60°，效果如图 9-40 所示，其命令行操作如下：

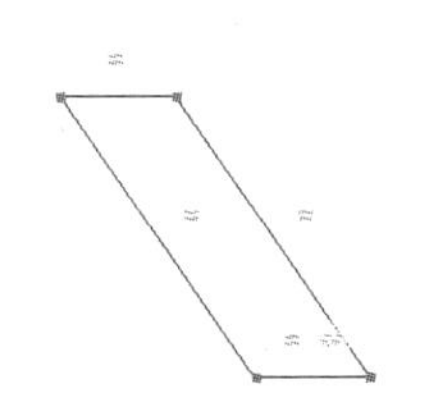

图 9-38 水平约束直线

图 9-39 选择约束对象

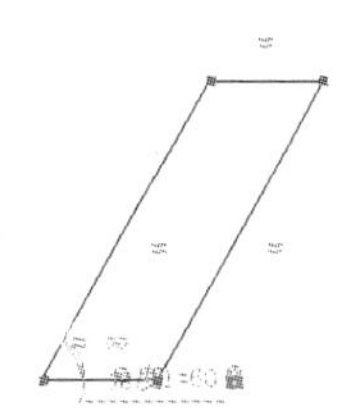

图 9-40 角度约束图形

```
命令: _DcAngular                                      //执行角度约束命令
选择第一条直线或圆弧或 [三点(3P)] <三点>:               //选择第一条直线，如图 9-41 所示
选择第二条直线:                                        //选择第二条直线，如图 9-42 所示
指定尺寸线位置:                                        //指定尺寸线位置，如图 9-43 所示
标注文字 = 105                                         //输入约束角度，如图 9-44 所示
```

8 选择【参数化】/【标注】组，单击“线性”按钮，对水平线的长度进行线性约束，效果如图 9-45 所示，其命令行操作如下：

通过几何约束命令对图形进行约束后，通过夹点，仍然可以更改圆弧的半径、圆的直径、水平线的长度以及垂直线的长度。

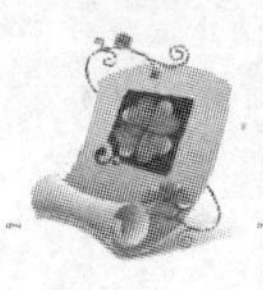

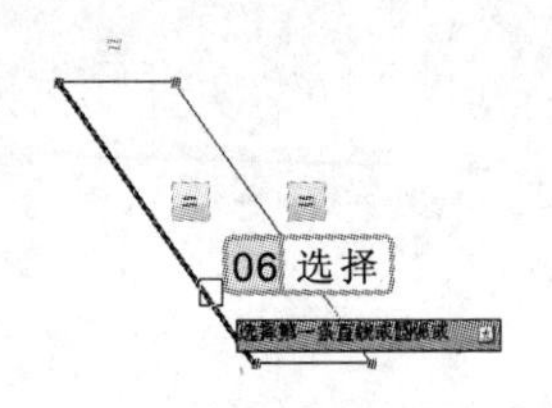

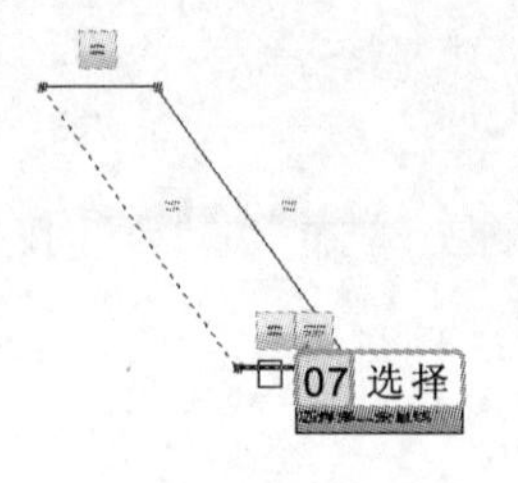

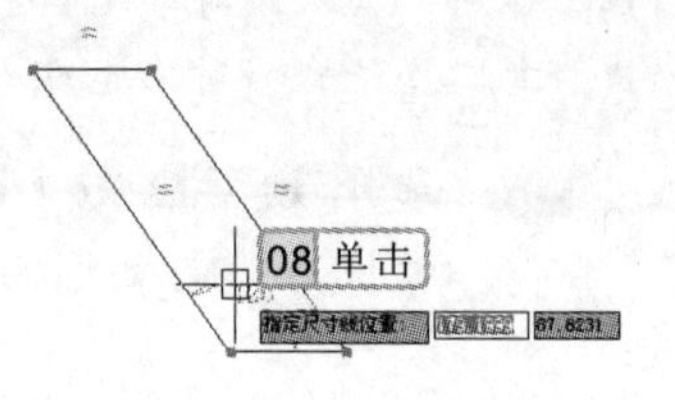

图 9-41　选择第一条直线　　图 9-42　选择第二条直线　　图 9-43　指定尺寸线位置

```
命令: _DcLinear                              //执行线性尺寸约束命令
指定第一个约束点或 [对象(O)] <对象>:           //指定第一个约束点，如图 9-46 所示
指定第二个约束点:                             //指定第二个约束点，如图 9-47 所示
指定尺寸线位置:                               //指定尺寸线位置，如图 9-48 所示
标注文字 = 39.8308                            //输入线条的长度，如图 9-49 所示
```

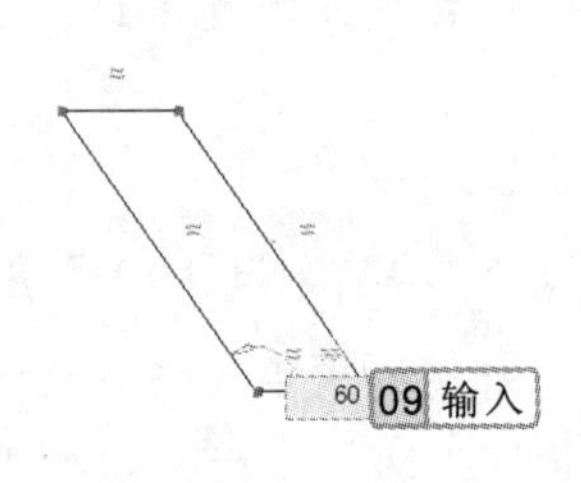

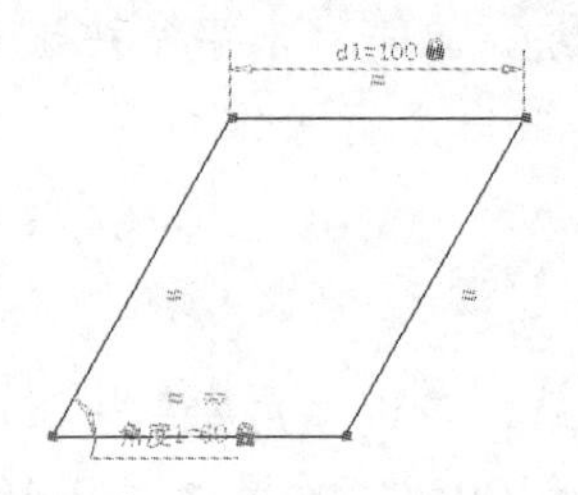

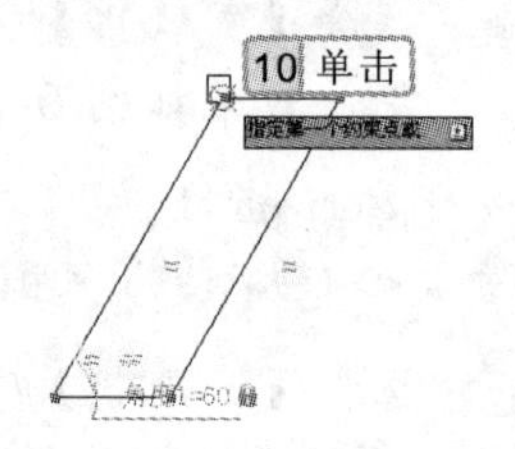

图 9-44　输入角度　　图 9-45　线性尺寸约束　　图 9-46　选择第一个约束点

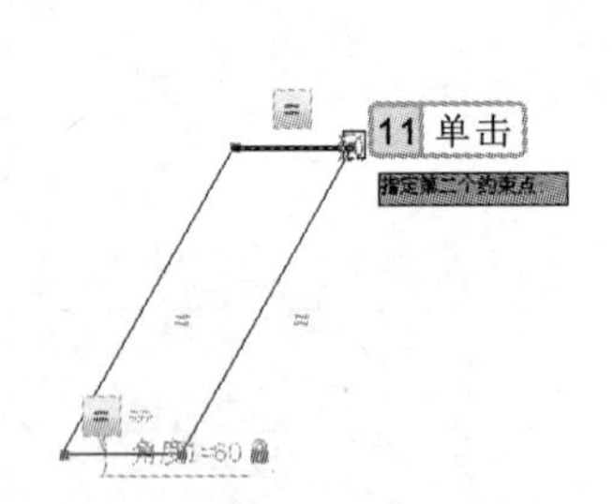

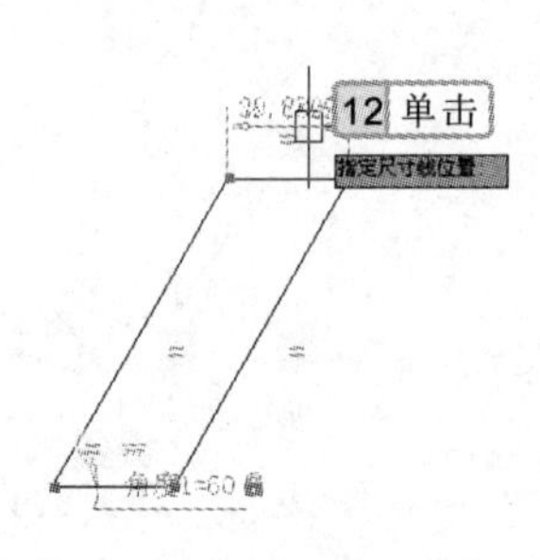

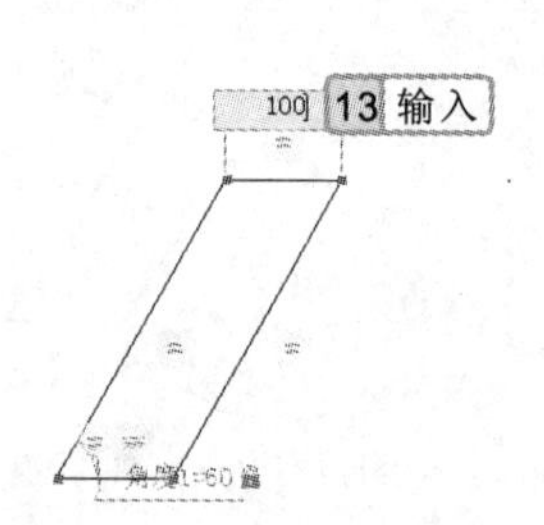

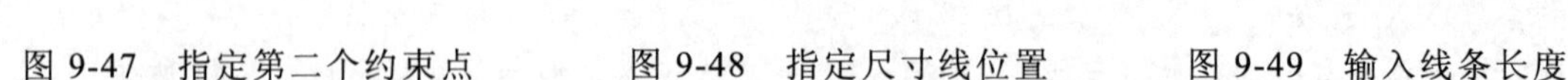

图 9-47　指定第二个约束点　　图 9-48　指定尺寸线位置　　图 9-49　输入线条长度

9 选择【参数化】/【标注】组，单击“线性”按钮，将两条水平线右端端点进行线性尺寸约束，其高度为 45，效果如图 9-50 所示。

10 选择【参数化】/【几何】组，单击“全部隐藏”按钮，将对图形进行几何约束的符号全部进行隐藏处理，效果如图 9-51 所示。

11 选择【参数化】/【标注】组，单击“全部隐藏”按钮，将对图形进行尺寸约束的符号进行隐藏操作，效果如图 9-52 所示。

当约束某个图形对象时，与之相关联的图形对象也会随着约束对象的改变而改变，而不必每个图形对象都进行约束操作。

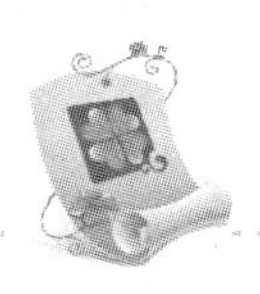

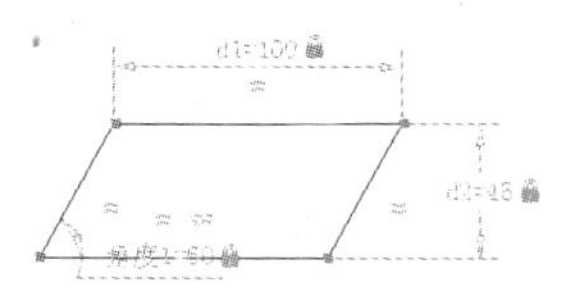

图 9-50　约束高度

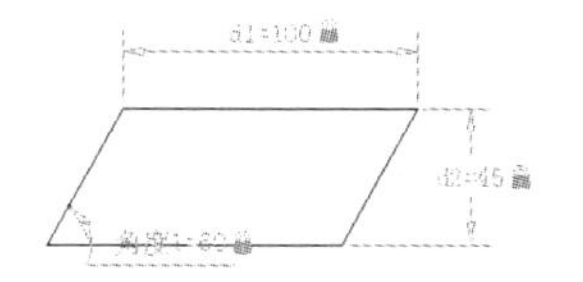

图 9-51　隐藏几何标记

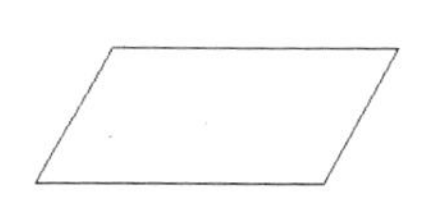

图 9-52　隐藏标注标记

9.3　使用夹点功能编辑图形

在 AutoCAD 2012 中，除了移动、拉伸、缩放等编辑命令之外，还可通过夹点功能快速对图形进行编辑操作，如对图形进行拉伸、缩放、镜像、移动等，而且在 AutoCAD 2012 中还可以利用夹角点更改图形的大小等。

9.3.1　夹点简介

在未执行任何编辑命令选择图形时，将出现夹点，如图 9-53 所示，将十字光标移动到夹点上，悬停到夹点上，该夹点将以“颜色 11”进行显示，如图 9-54 所示，并显示该夹点对应的功能选项；单击夹点，选择夹点后，将以“颜色 11”进行显示，如图 9-55 所示。

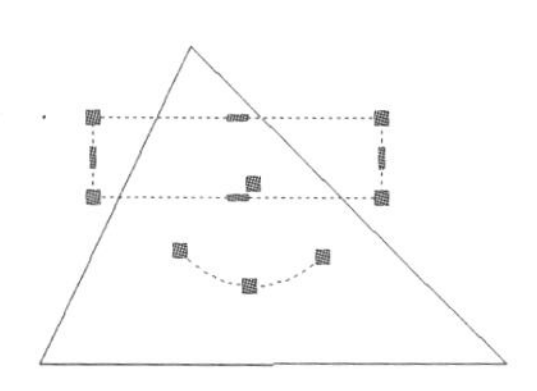

图 9-53　显示夹点

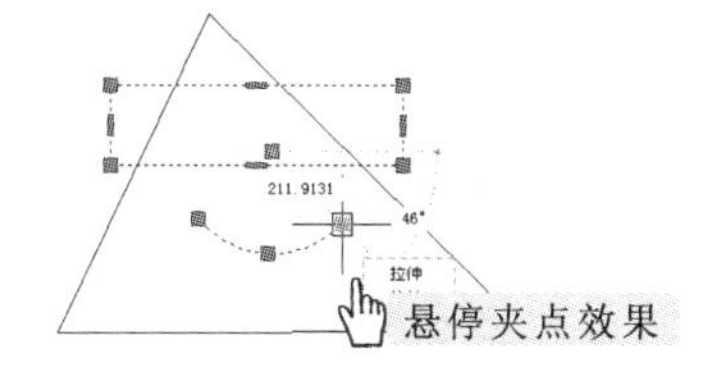

图 9-54　悬停夹点效果

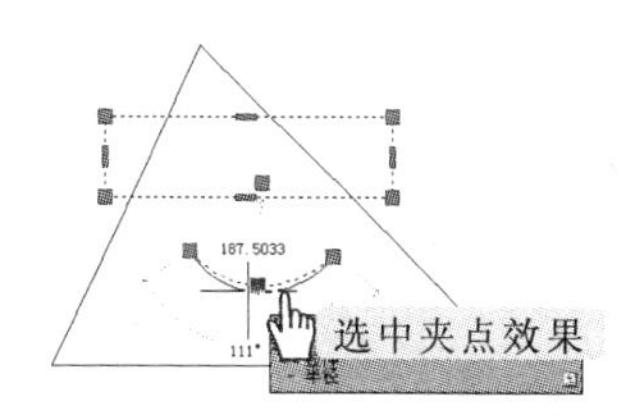

图 9-55　选中夹点颜色

9.3.2　夹点编辑

在选择图形对象，出现夹点后，将十字光标悬停到某个夹点上，该夹点以不同的颜色显示，并打开该夹点所对应的快捷菜单，选择不同的选项，可以进行不同的操作。如图 9-56 所示为悬停到矩形某个角点的夹点上显示的选项。

当建立夹点并单击某一夹点后，在十字光标上单击鼠标右键，将弹出如图 9-57 所示的快捷菜单，在快捷菜单中选择相应命令，便可对夹点进行操作。其中各主要命令的功能介绍如下。

- **拉伸**：对于圆环、椭圆、弧线等实体，若启动的夹点位于圆周上，则拉伸功能等效于对半径进行“比例”夹点编辑的方式。
- **移动**：该选项功能相当于 MOVE 命令，可以将选择的图形对象进行移动操作。
- **旋转**：旋转的默认选项将把所选择的夹点作为旋转的基准点并旋转物体。
- **缩放**：缩放的默认选项可将夹点所在形体以指定夹点为参考基点等比例缩放。

设置夹点大小时，夹点不必设置得过大，因为夹点过大后，在选择图形时会妨碍操作，从而降低了绘图速度。

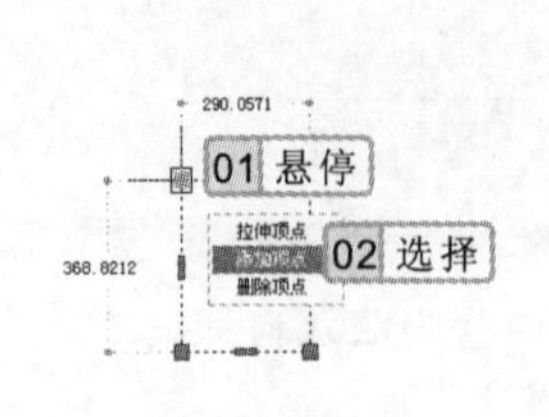

图 9-56 悬停于夹点

图 9-57 快捷菜单

- **镜像**：用于镜像图形物体，可进行以指定基点及第二点连线镜像、复制镜像等编辑操作。
- **基点**：该选项用于先设置一个参考点，然后夹点所在形体以该参考点等比例缩放。
- **复制**：可缩放并复制生成新的物体。
- **参照**：通过指定参考长度和新长度的方法来指定缩放的比例因子。

9.4 编辑特殊对象

在 AutoCAD 2012 中，通过样条曲线、多线及多段线等命令绘制的图形对象比较特殊，例如，多段线可以由圆弧、直线，以及宽度不等的图形组成，可以将其分解为单一的图形对象。

9.4.1 编辑多段线

使用编辑多段线命令对图形进行编辑操作时，除了对多段线进行编辑外，还可以将直线、圆弧等图形对象转换为多段线，然后再对其进行编辑处理。执行编辑多段线命令，主要有以下两种方法：

- 选择【常用】/【编辑】组，单击“编辑多段线”按钮。
- 在命令行中输入“PEDIT”或“PE”命令。

执行上述任一命令，并选择要编辑的图形对象后，命令行将提示“输入选项 [闭合(C)/合并(J)/宽度(W)/编辑顶点(E)/拟合(F)/样条曲线(S)/非曲线化(D)/线型生成(L)/反转(R)/放弃(U)]:”，其关键选项的含义介绍如下。

- **闭合(C)**：闭合多段线。如果选择的多段线本来就是闭合的，则该选项为“打开”，执行后将打开多段线。
- **合并(J)**：将首尾相连的多个非多段线对象连接成一条完整的多段线。选择该选项后，再选择要合并的多个对象即可将它们合并为一条多段线，但选择的对象必须首尾相连，否则无法进行合并。
- **宽度(W)**：修改多段线的宽度。
- **编辑顶点(E)**：用于编辑多段线的顶点。选择该选项后，命令行将出现提示“[下一

可以使用多个夹点作为操作的基夹点。选择多个夹点时，选定夹点间对象的形状将保持原样。要选择多个夹点，按住“Shift”键，依次选择所需的夹点即可。

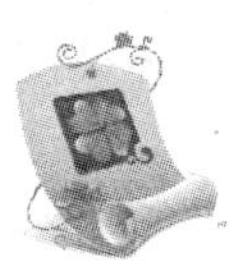

个(N)/上一个(P)/打断(B)/插入(I)/移动(M)/重生成(R)/拉直(S)/切向(T)/宽度(W)/退出(X)] <N>:”，用户可选择所需的选项对多段线的顶点进行编辑。

- **拟合(F)**：选择该选项后，系统将用圆弧组成的光滑曲线拟合多段线。
- **样条曲线(S)**：选择该选项后，系统将用样条曲线拟合多段线，拟合后的多段线可以再使用 SPLINE 命令将其转换为真正意义上的样条曲线，其方法为执行 SPLINE 命令后，选择“对象”选项，然后选择用样条曲线拟合的多段线即可。
- **非曲线化(D)**：将多段线中的曲线拉成直线，同时保留多段线顶点的所有切线信息。
- **线型生成(L)**：用于控制有线型的多段线的显示方式。选择该选项后，AutoCAD 将提示“输入多段线线型生成选项 [开(ON)/关(OFF)] <Off>:”，输入“on”或“off”可以改变多段线的显示方式。

9.4.2 编辑多线

编辑多线的操作在建筑制图中较为常用，如编辑墙线等，在命令行中执行 MLEDIT 命令，即可打开“多线编辑工具”对话框，单击“多线编辑工具”栏中的相应按钮，返回绘图区中，在命令行提示下选择要编辑的多线，即可对多线进行编辑操作。

实例 9-6 编辑墙线

执行编辑多线命令，将“墙线.dwg”图形文件中的多线进行“角点结合”操作，完成墙线的编辑操作。

光盘\素材\第 9 章\墙线.dwg
光盘\效果\第 9 章\墙线.dwg

1. 在命令行输入“MLEDIT”，执行编辑多线命令，打开“多线编辑工具”对话框，如图 9-58 所示。
2. 单击“角点结合”按钮 ∟，返回绘图区中，对“墙线.dwg”图形文件中的多线进行角点结合操作，效果如图 9-59 所示，其命令行操作如下：

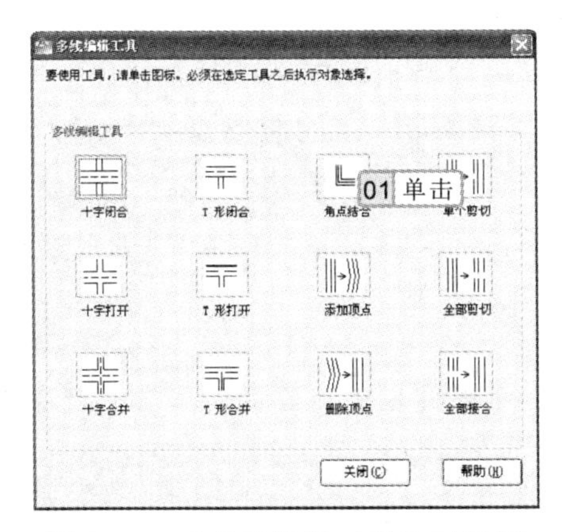

图 9-58 “多线编辑工具”对话框

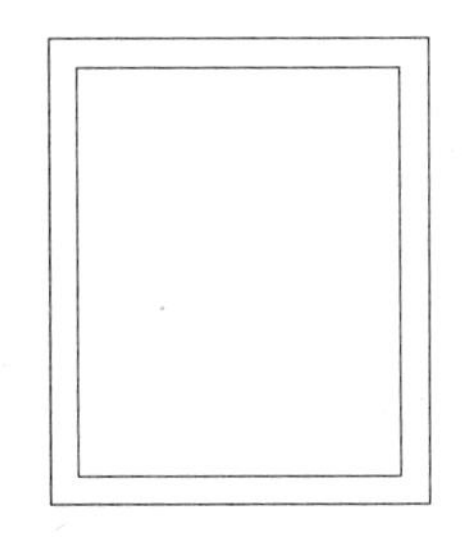

图 9-59 编辑墙线

编辑多段线时，对图形进行合并操作时，可以将没有闭合的图形对象通过“闭合”选项完成一个完全封闭的图形对象；当选择“打开”选项时，可以将闭合的对象再进行打开操作。

```
命令：MLEDIT
选择第一条多线:                              //选择第一条多线，如图 9-60 所示
选择第二条多线:                              //选择第二条多线，如图 9-61 所示
```

图 9-60 选择第一条多线

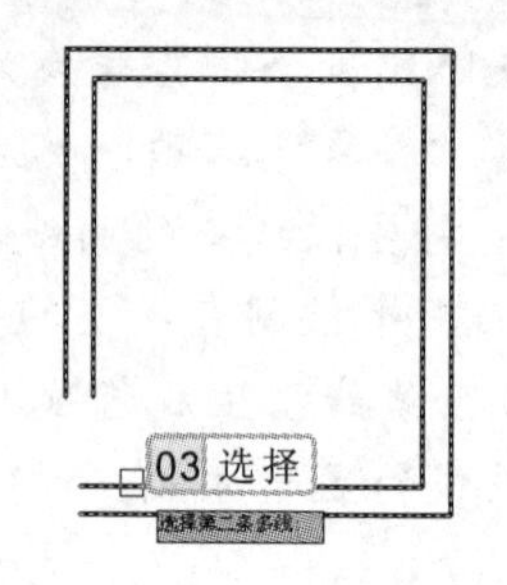

图 9-61 选择第二条多线

9.5 查询图形对象

查询对象是通过查询命令查询对象的面积、周长、距离等信息，以便清楚图形对象之间的距离、位置以及图形的面积和周长等图形特征，以便于图形的编辑操作。

9.5.1 查询对象面积及周长

使用面积命令可测量对象的面积，也可以测量图形的周长。这个命令在建筑绘图和图纸查看过程中经常用到，特别是在进行预算报价的过程中需要使用该命令测量准确的面积和周长。执行面积命令，主要有以下两种方法：

- 选择【常用】/【实用工具】组，单击测量下拉按钮，在弹出的下拉列表框中选择“面积”选项。
- 在命令行中输入“AREA”命令。

执行面积命令后，在命令行中将提示指定第一个角点和下一个角点等，直到完成全部角点的指定，按“Enter”键结束面积命令，即可对图形对象的面积和周长进行测量。

实例 9-7 查询标志牌的面积

参见光盘 光盘\素材\第 9 章\标志牌.dwg

执行面积命令，对“标志牌.dwg”图形文件中的面积进行查询，其命令行操作如下：

```
命令: MEASUREGEOM                              //执行面积命令
输入选项 [距离(D)/半径(R)/角度(A)/面积(AR)/体积
```

在 AutoCAD 2012 中可以计算圆、椭圆、多段线、多边形、面域和三维实体的闭合面积、周长或圆周，显示的信息取决于选定对象的类型。

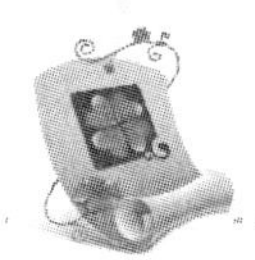


```
(V)] <距离>: AREA
指定第一个角点或 [对象(O)/增加面积(A)/减少面积
(S)/退出(X)] <对象(O)>:                              //指定第一个点，如图 9-62 所示
指定下一个点或 [圆弧(A)/长度(L)/放弃(U)]:             //指定第二个点，如图 9-63 所示
指定下一个点或 [圆弧(A)/长度(L)/放弃(U)]:             //指定第三个点，如图 9-64 所示
指定下一个点或 [圆弧(A)/长度(L)/放弃(U)/总计(T)]
<总计>:                                             //按"Enter"键，选择总计选项
区域 = 214561.1099，周长 = 2111.7691
输入选项 [距离(D)/半径(R)/角度(A)/面积(AR)/体积
(V)/退出(X)] <面积>: x                               //选择"退出"选项结束面积命令
```

图 9-62 指定第一个点

图 9-63 指定第二个点

图 9-64 指定第三个点

9.5.2 查询两点间的距离

通过距离命令将测量两点间的长度值与角度值。这个命令在建筑及机械制图中经常用到。执行距离命令，主要有以下两种方法：

- 选择【常用】/【实用工具】组，单击下拉按钮，在弹出的下拉列表框中选择“距离”选项。
- 在命令行中输入“DIST”或“DI”命令。

执行距离命令后，将提示在绘图区中指定两点，以确定要测量距离的两个点，即可查询两点之间的距离。

实例 9-8 查询标志牌的底边距离

光盘\素材\第 9 章\标志牌.dwg

执行距离查询命令，对“标志牌.dwg”图形文件中底边的距离进行查询，其命令行操作如下：

```
命令: MEASUREGEOM                                   //执行距离命令
输入选项 [距离(D)/半径(R)/角度(A)/面积(AR)/体积
(V)] <距离>: _distance
```

如果需要计算多个对象的组合面积，可在选择集中每次加减一个面积时保持总面积，但不能使用窗口选择或窗交选择来选择对象。

```
指定第一点:                                          //指定第一个点，如图 9-65 所示
指定第二个点或 [多个点(M)]:                          //指定第二个点，如图 9-66 所示
距离 =703.9230，XY 平面中的倾角 =0，  与 XY
平面的夹角 =0
X 增量 = 703.9230，  Y 增量 = 0.0000，   Z 增
量 =0.0000
输入选项 [距离(D)/半径(R)/角度(A)/面积(AR)/体积
(V)/退出(X)] <距离>: X                               //选择“退出”选项，退出距离查询命令
```

图 9-65　指定第一点

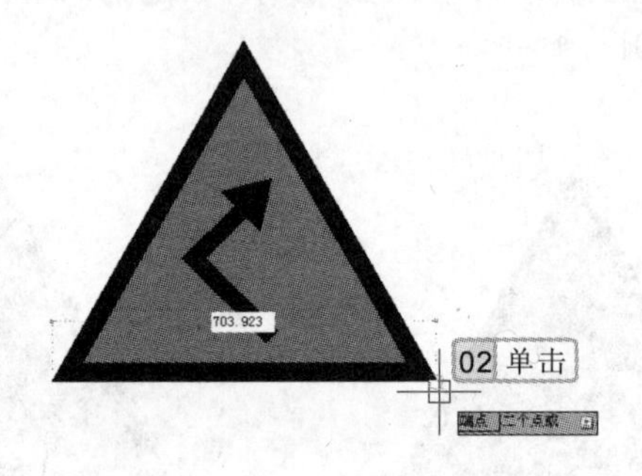

图 9-66　指定第二点

9.6　提高实例

本章的提高实例中，将对“连接件.dwg”和“装饰门.dwg”图形进行绘制与编辑操作，其中主要使用对象捕捉等辅助功能对图形进行绘制，进一步让用户掌握各种辅助功能的使用。

9.6.1　绘制连接件

本例将在“连接件”的基础上，通过圆、直线命令，并结合对象捕捉和偏移、修剪、圆角等命令，完成“连接件.dwg”图形文件的绘制，最终效果如图 9-67 所示。

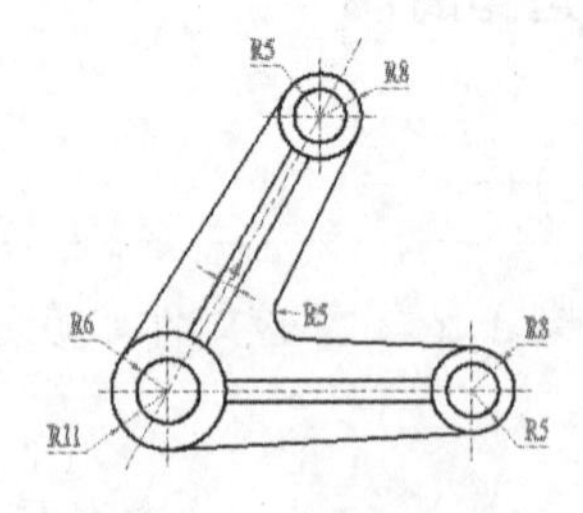

图 9-67　连接件

要在提示输入点时指定对象捕捉，可以按住“Shift”键并单击鼠标右键以显示“对象捕捉”快捷菜单。

1．行业分析

连接件的主要特征在于该衔接部是由两管件以一体结构的连接体相连接构成的，主要用于连接两个或多个零件。按制造连接件的材质来分，可以将其分为以下两种。

- **橡胶连接件**：橡胶连接件是橡胶减震制品的一类，又称可挠性橡胶接头。包括橡胶弹性接管、挠性联轴节、铰链、弹性齿轮橡胶件、弹性轴承和空气弹簧等。
- **钢连接件**：用于钢构件、木构件以及钢、木两种构件之间连接的金属件。

2．操作思路

为更快完成本例的制作，并且尽可能运用本章讲解的知识，本例的操作思路如下。

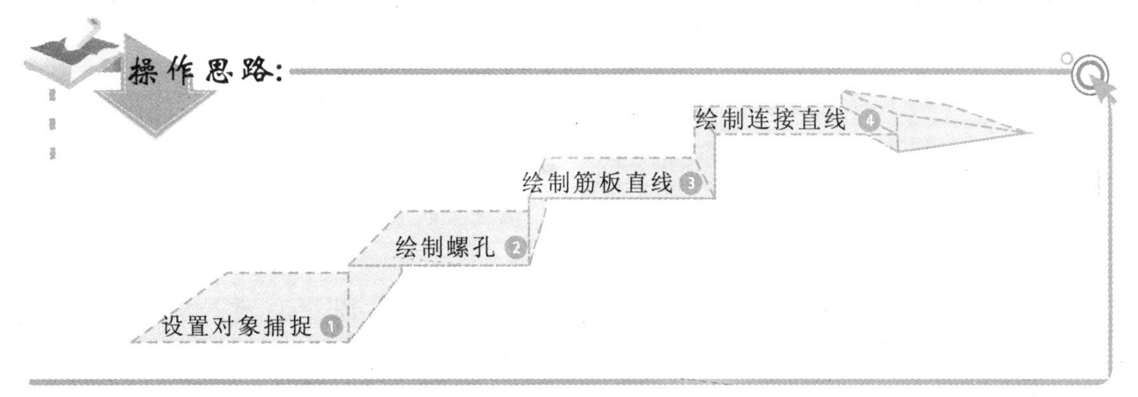

3．操作步骤

下面介绍连接件图形的绘制方法，其操作步骤如下。

光盘\素材\第 9 章\连接件.dwg
光盘\效果\第 9 章\连接件.dwg
光盘\实例演示\第 9 章\绘制连接件

1. 打开“连接件.dwg”图形文件，如图 9-68 所示。
2. 使用鼠标右键单击状态栏中的对象捕捉按钮，在弹出的快捷菜单中选择“设置”命令，打开“草图设置”对话框，如图 9-69 所示。
3. 选中☑启用对象捕捉 (F3)(O)复选框，在“对象捕捉模式”栏中选中×☑交点(I)复选框，单击确定按钮，返回绘图区。
4. 在命令行输入“CIRCLE”，执行圆命令，以水平直线与右端垂直辅助线的交点为圆心，绘制半径为 5 的圆，效果如图 9-70 所示，其命令行操作如下：

```
命令: CIRCLE                                        //执行圆命令
指定圆的圆心或 [三点(3P)/两点(2P)/切点、切点、半
径(T)]:                                             //捕捉直线交点，如图 9-71 所示
指定圆的半径或 [直径(D)]:5                           //输入圆的半径，如图 9-72 所示
```

在绘制图形时，“正交”模式和“极轴追踪”功能不能同时打开，在打开“正交”模式时，将关闭“极轴追踪”功能。

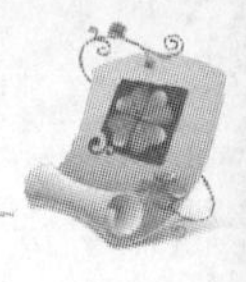

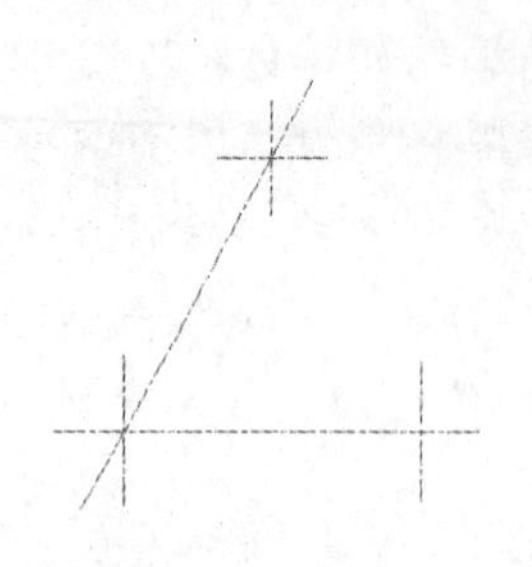

图 9-68　打开原始图形

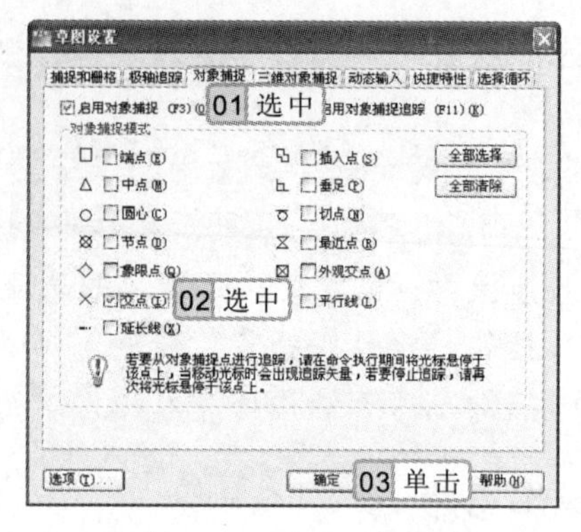

图 9-69　设置对象捕捉

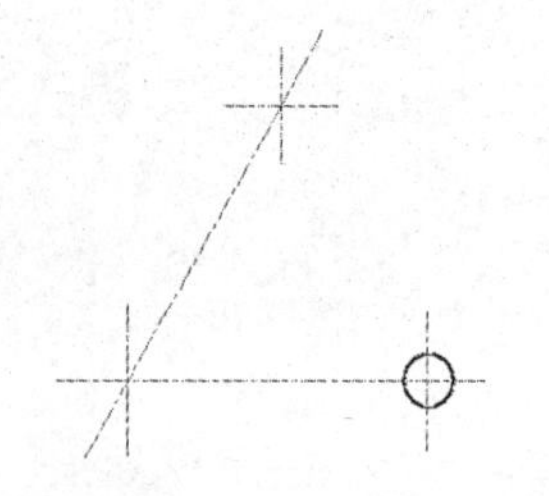

图 9-70　绘制圆效果

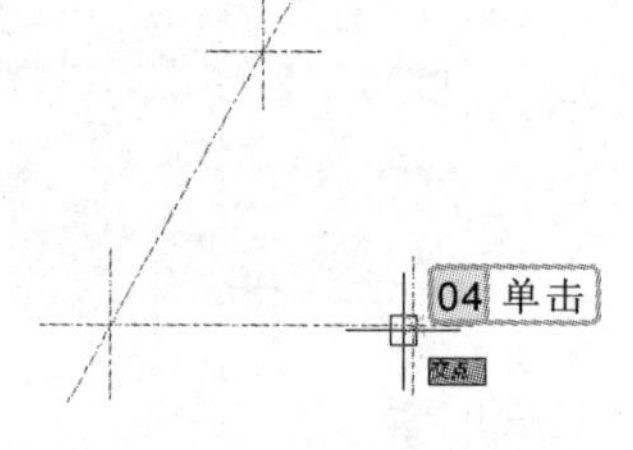

图 9-71　指定圆的圆心

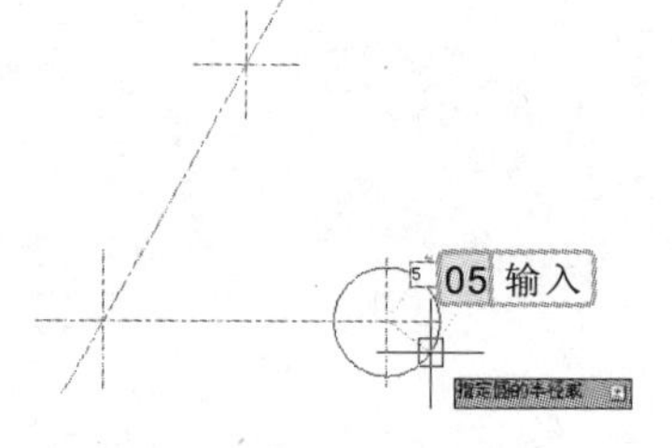

图 9-72　输入圆的半径

5　再次执行圆命令，以辅助线的交点为圆心，绘制其余圆形，圆的半径参照如图 9-73 所示的尺寸标注。

6　在命令行输入“O”，执行偏移命令，对倾斜与水平辅助线进行偏移处理，偏移距离为 2，效果如图 9-74 所示，其命令行操作如下：

```
命令: O                                                  //执行偏移命令
OFFSET
当前设置: 删除源=否　图层=源　OFFSETGAPTYPE=0
指定偏移距离或 [通过(T)/删除(E)/图层(L)]
<通过>: 1                                                //选择“图层”选项
输入偏移对象的图层选项 [当前(C)/源(S)] <源>: c            //选择“当前”选项
指定偏移距离或 [通过(T)/删除(E)/图层(L)]
<通过>: 2                                                //输入偏移距离
选择要偏移的对象，或 [退出(E)/放弃(U)] <退出>:             //选择偏移对象，如图 9-75 所示
指定要偏移的那一侧上的点，或 [退出(E)/多个(M)/放弃
(U)] <退出>:                                             //指定偏移方向，如图 9-76 所示
选择要偏移的对象，或 [退出(E)/放弃(U)] <退出>:             //选择偏移对象，如图 9-77 所示
……                                                       //使用相同的方法，对其余辅助线进行
                                                          偏移操作
```

在绘图和编辑过程中，可以随时打开或关闭“正交”。输入坐标或指定对象捕捉时将忽略“正交”，要临时打开或关闭“正交”，请按住临时替代键“Shift”。

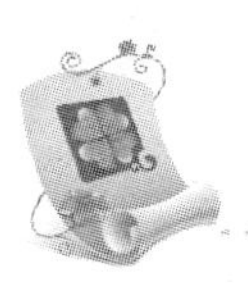

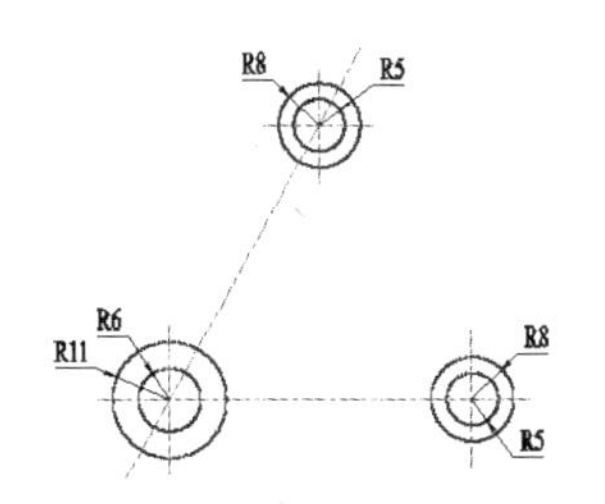

图 9-73　绘制其余圆

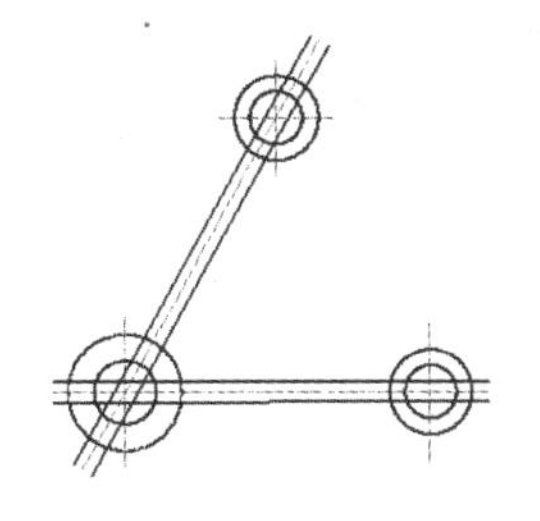

图 9-74　偏移辅助线

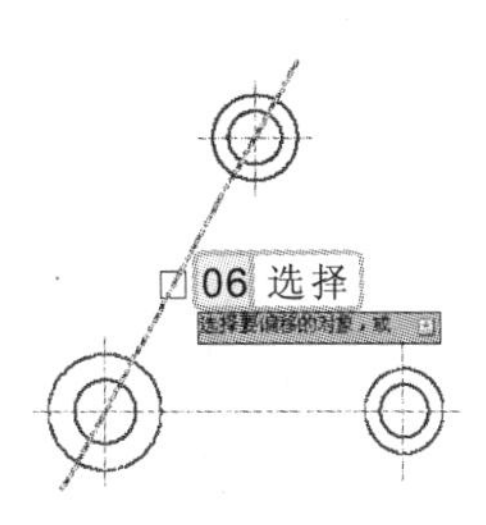

图 9-75　选择偏移对象

7 在命令行输入“TR”，执行修剪命令，以半径为 11 和两个半径为 8 的圆为修剪边界，将偏移的辅助线进行修剪处理，效果如图 9-78 所示。

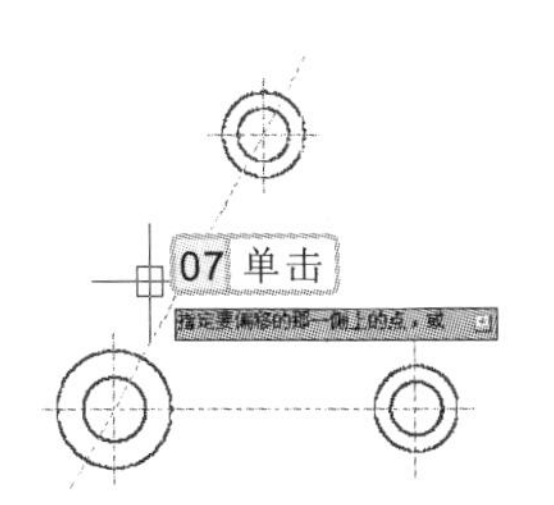

图 9-76　指定偏移方向

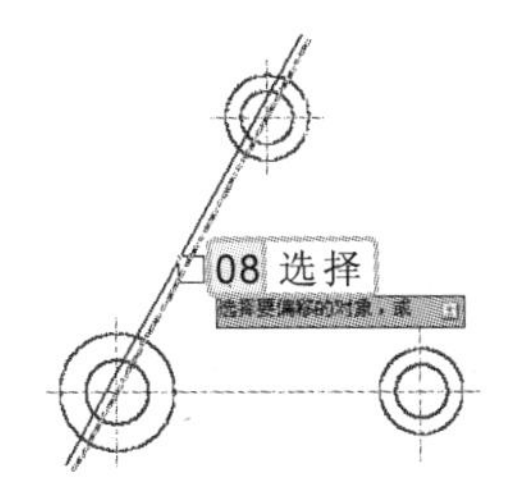

图 9-77　再次选择偏移对象

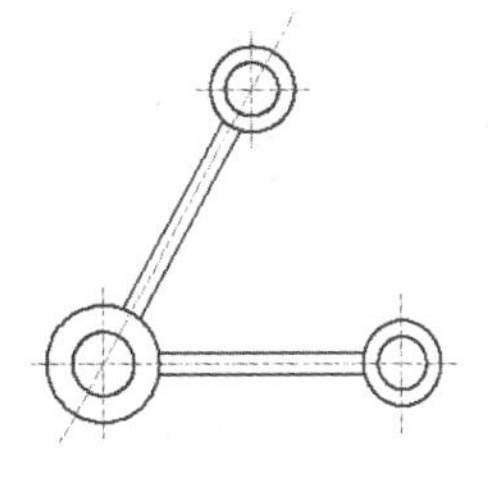

图 9-78　修剪图形对象

8 使用鼠标右键单击状态栏中的对象捕捉按钮，在弹出的快捷菜单中选择“切点”命令，如图 9-79 所示。

9 在命令行输入“L”，执行直线命令，并结合对象捕捉的切点捕捉功能，绘制圆之间的连线，效果如图 9-80 所示，其命令行操作如下：

```
命令:1                                 //执行直线命令
LINE
指定第一点:                             //捕捉圆的切点，如图 9-81 所示
指定下一点或 [放弃(U)]:                  //捕捉左下角的切点，如图 9-82 所示
指定下一点或 [放弃(U)]:                  //按“Enter”键结束直线命令
```

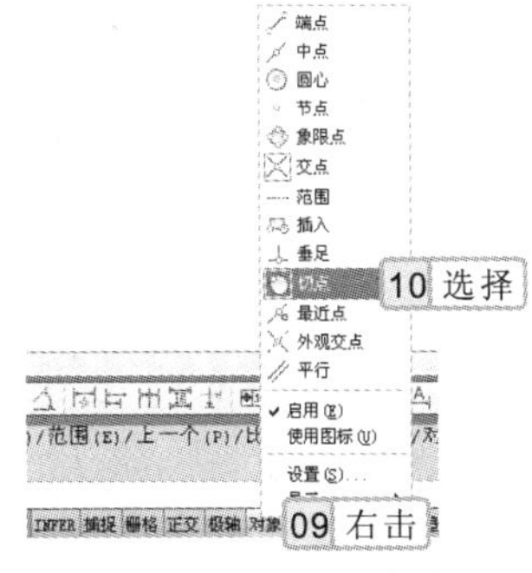

图 9-79　设置切点捕捉

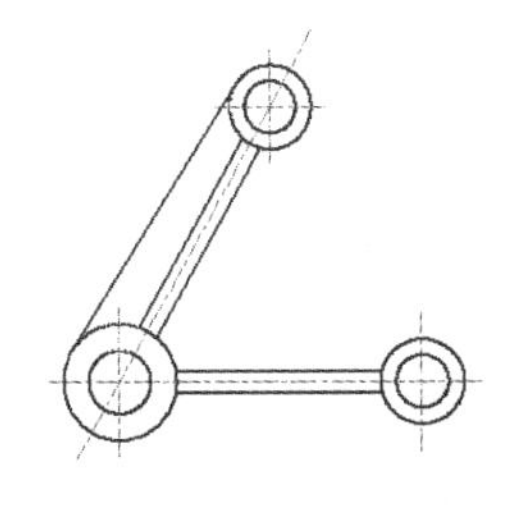

图 9-80　绘制切点连接线

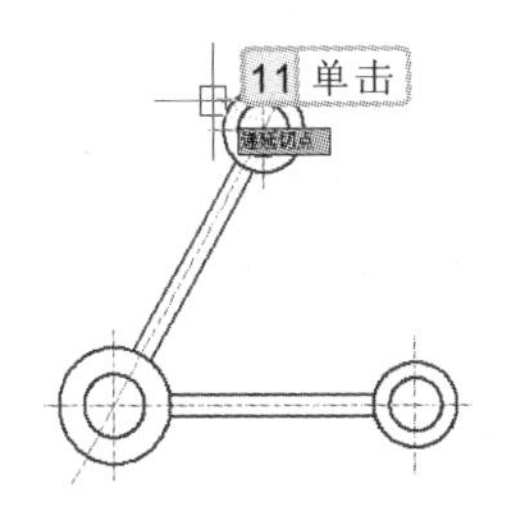

图 9-81　捕捉圆的切点

使用对象捕捉功能绘制图形时，只有当提示输入点时，对象捕捉才生效，如果尝试在命令行提示下使用对象捕捉，将显示错误消息。

10 在命令行输入“L”，再次执行直线命令，结合切点对象捕捉功能，绘制其余几个圆切点间的连线，如图 9-83 所示。

11 在命令行输入“F”，执行圆角命令，将绘制的直线进行圆角处理，其圆角半径为 5，效果如图 9-84 所示。

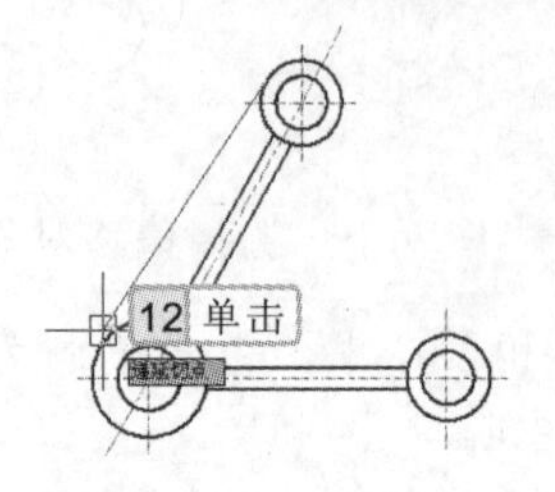

图 9-82　捕捉圆的切点

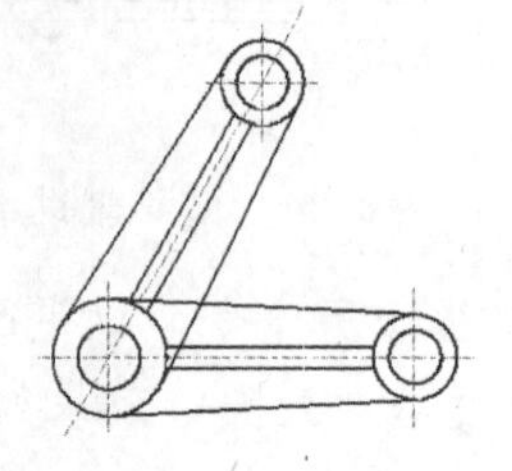

图 9-83　绘制其余直线

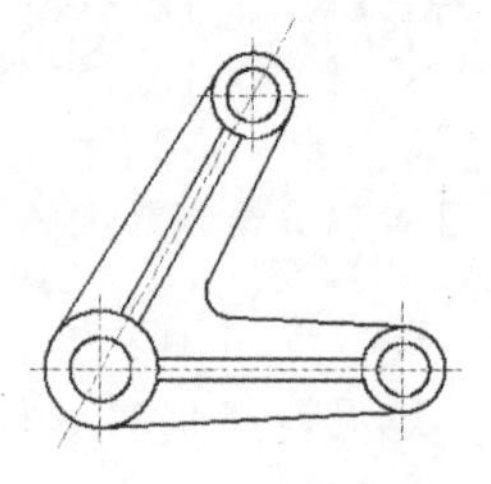

图 9-84　圆角直线

9.6.2　绘制装饰门

本例将绘制“装饰门.dwg”图形文件，主要是在原始图形的基础上，通过绘制及复制圆，以及利用修剪、编辑多段线、偏移、镜像、复制和拉伸等命令来进行装饰门图形的编辑绘制，最终效果如图 9-85 所示。

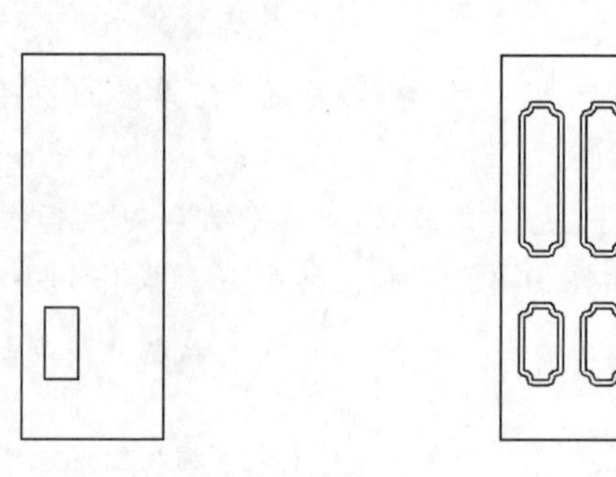

图 9-85　装饰门

1. 行业分析

门在建筑上来说主要具有围护、分隔和交通疏散作用，并兼有采光、通风和装饰作用。其中交通运输、安全疏散和防火规范决定了门洞口的宽度、位置和数量。门的种类繁多，按照不同的划分标准，可以进行如下分类。

- **按材料分：** 木门、钢门、铝合金门、塑料门、铁门、铝木门、不锈钢门、玻璃门。
- **按位置分：** 外门、内门。
- **按开户方式分：** 平开门、弹簧门、推拉门、折叠门、转门、卷帘门、生态门。
- **按作用来分：** 大门、进户门、室内门、防爆门、抗爆门、防火门等。

使用切点对象捕捉功能捕捉圆或圆弧的切点时，只需要将十字光标移动到圆或圆弧上，就会出现切点捕捉标记，单击鼠标左键，即可捕捉圆或圆弧的切点。

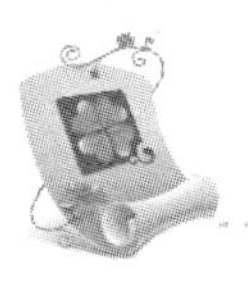

2. 操作思路

为更快完成本例的制作，并且尽可能运用本章讲解的知识，本例的操作思路如下。

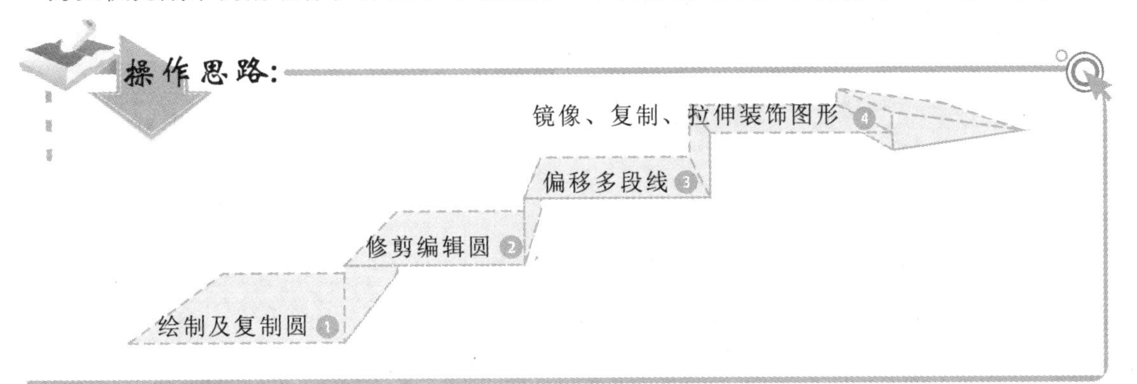

3. 操作步骤

下面介绍装饰门图形的绘制，其操作步骤如下。

光盘\素材\第 9 章\装饰门.dwg
光盘\效果\第 9 章\装饰门.dwg
光盘\实例演示\第 9 章\绘制装饰门

1. 打开“装饰门.dwg”图形文件，如图 9-86 所示。
2. 在命令行输入“C”，执行圆命令，以装饰矩形的右上角的端点为圆心，绘制半径为 50 的圆，如图 9-87 所示。
3. 在命令行输入“CO”，执行复制命令，将绘制的圆进行复制操作，其复制的基点为圆的圆心，复制的第二点分别为矩形的其余 3 个角点，如图 9-88 所示。

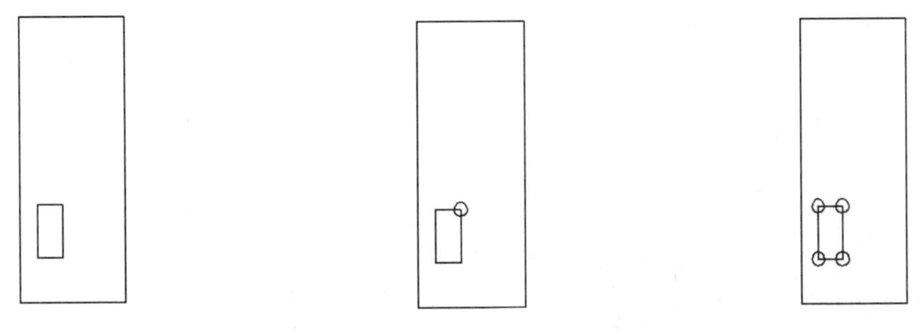

图 9-86　打开原始图形　　图 9-87　绘制圆　　图 9-88　复制圆

4. 在命令行输入“TR”，执行修剪命令，将矩形和绘制的圆进行修剪处理，效果如图 9-89 所示。
5. 在命令行输入“PE”，执行编辑多段线命令，将修剪后的图形编辑为一条多段线，其命令行操作如下：

使用编辑多段线命令，将图形进行多段线编辑操作时，当选择的图形对象不是多段线时，系统会自动提示将其转换为多段线，再对多段线进行编辑操作。

```
命令: PE                                                  //执行编辑多段线命令
PEDIT
选择多段线或 [多条(M)]:                                   //选择垂直线，如图 9-90 所示
输入选项 [闭合(C)/合并(J)/宽度(W)/编辑顶点(E)/拟
合(F)/样条曲线(S)/非曲线化(D)/线型生成(L)/反转
(R)/放弃(U)]: j                                           //选择“合并”选项，如图 9-91 所示
选择对象:                                                 //选择圆弧及直线，如图 9-92 所示
选择对象:                                                 //按“Enter”键确定图形的选择
多段线已增加 7 条线段
输入选项 [闭合(C)/合并(J)/宽度(W)/编辑顶点(E)/拟
合(F)/样条曲线(S)/非曲线化(D)/线型生成(L)/反转
(R)/放弃(U)]:                                             //按“Enter”键结束编辑多段线命令
```

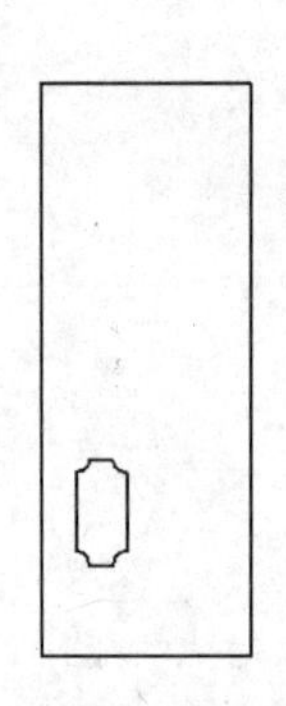

图 9-89 修剪图形

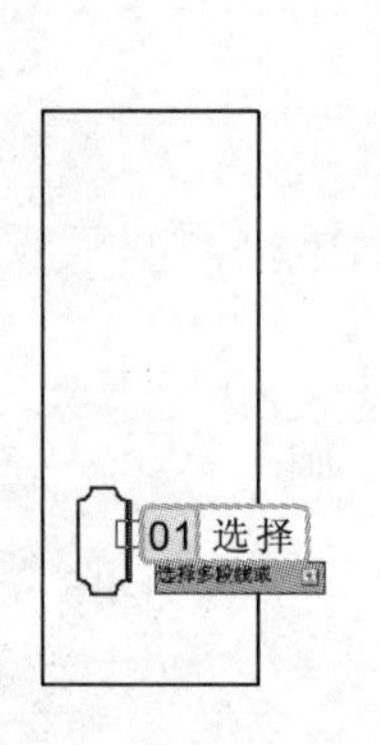

图 9-90 选择编辑对象

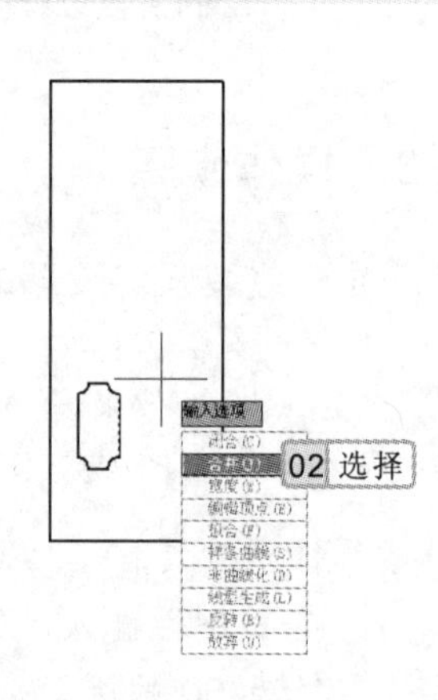

图 9-91 选择“合并”选项

6 在命令行输入“O”，执行偏移命令，将经过编辑多段线命令编辑的多段线向外进行偏移，其偏移距离为 30，效果如图 9-93 所示。

7 在命令行输入“MI”，执行镜像命令，将进行多段线编辑和偏移后的图形进行镜像复制，其镜像线为门框矩形顶端水平线中点与底端水平线中点间的连线，效果如图 9-94 所示。

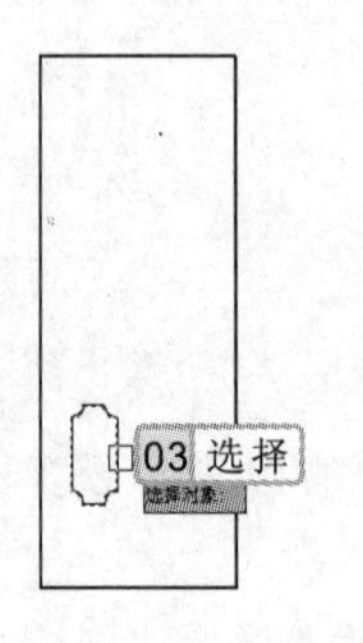

图 9-92 选择合并图形

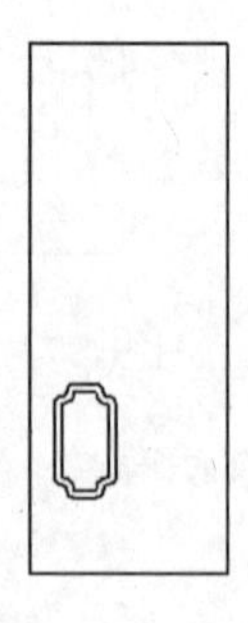

图 9-93 偏移图形

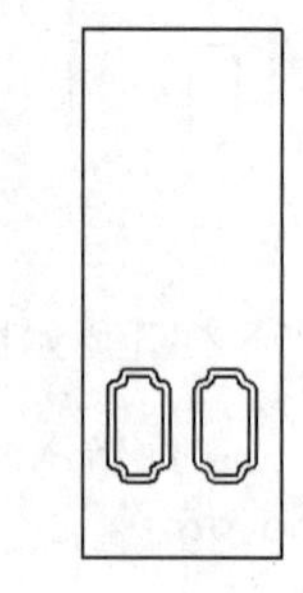

图 9-94 镜像复制图形

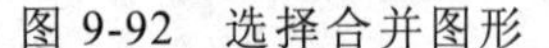

当需要对多个图形进行偏移操作时，如果其偏移距离都是相同的，可以首先将其编辑为一条多段线，再对图形进行偏移操作。

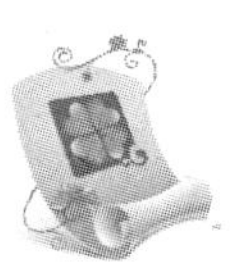

8 在命令行输入“CO”，执行复制命令，将经过镜像复制的图形对象向上进行复制操作，其复制的相对距离为700，效果如图9-95所示。

9 在命令行输入“S”，执行拉伸命令，将向上进行复制的图形进行拉伸操作，其命令行操作如下：

```
命令: S                                        //执行拉伸命令
STRETCH
以交叉窗口或交叉多边形选择要拉伸的对象...
选择对象:                                      //选择拉伸对象，如图 9-96 所示
选择对象:                                      //按“Enter”键确定对象选择
指定基点或 [位移(D)] <位移>:                    //在绘图区任意拾取一点，指定基点
指定第二个点或 <使用第一个点作为位移>: 400      //打开“正交”功能，向上移动鼠标，并输
                                                 入拉伸距离，如图 9-97 所示
```

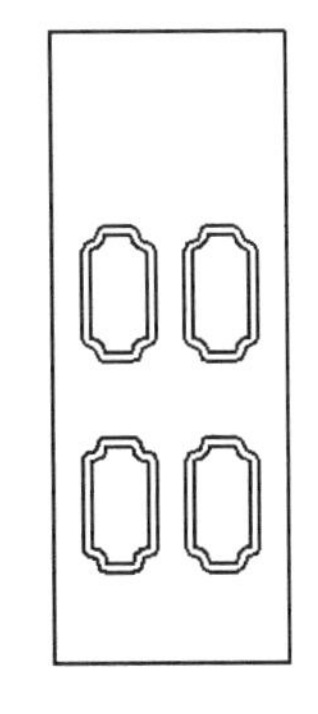

图 9-95 复制图形

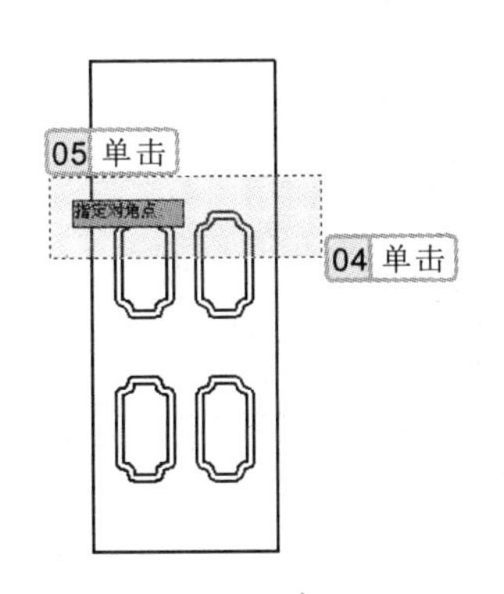

图 9-96 选择拉伸对象

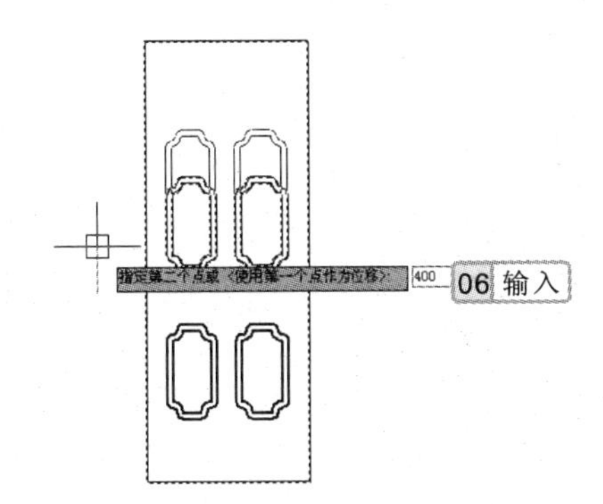

图 9-97 输入拉伸距离

9.7 提高练习

本章主要介绍了AutoCAD 2012的辅助绘图功能的使用，其中主要包括正交、捕捉和栅格、对象捕捉、极轴追踪、参数化绘图、使用夹点功能绘制图形等。下面通过两个练习，让用户进一步掌握这些功能的操作使用。

9.7.1 绘制压盖

本次练习将打开“压盖.dwg”图形文件，利用对象捕捉功能，绘制压盖图形，其中主要用到了圆和直线绘图命令，以及修剪等编辑命令。绘制图形时，首先设置对象捕捉的捕捉模式，并开启对象捕捉功能，再进行图形的绘制，效果如图9-98所示。

使用拉伸命令对图形对象进行拉伸操作时，在指定拉伸的基点和第二点时，可以利用相对距离的方法来指定拉伸的距离。

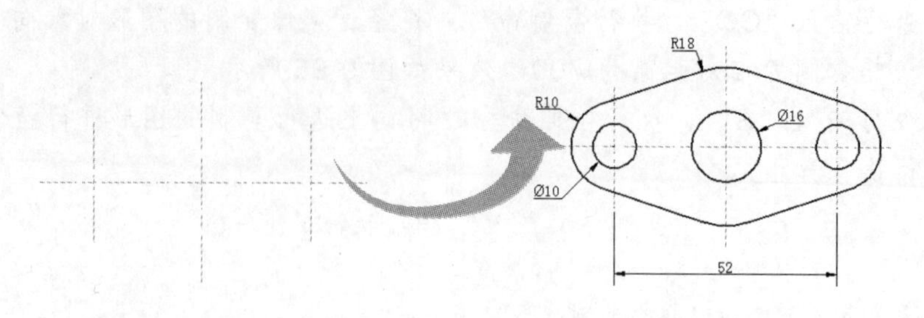

图 9-98　绘制压盖

参见光盘

光盘\素材\第 9 章\压盖.dwg
光盘\效果\第 9 章\压盖.dwg
光盘\实例演示\第 9 章\绘制压盖

关键提示:

设置的对象捕捉模式

对象捕捉模式：交点、切点。

图形中圆及圆弧的大小

左右两端的圆的直径：10；左右两端的圆弧的半径：10。

中间圆的直径：16；中间圆弧的半径：18。

9.7.2　绘制等边三角形

本次练习将把“任意三条边.dwg”图形文件中的任意三条直线通过约束功能编辑成边长为 40 的等边三角形。编辑该图形时，首先约束三条边的长度，再约束直线端点首尾重合，最后约束直线的长度，效果如图 9-99 所示。

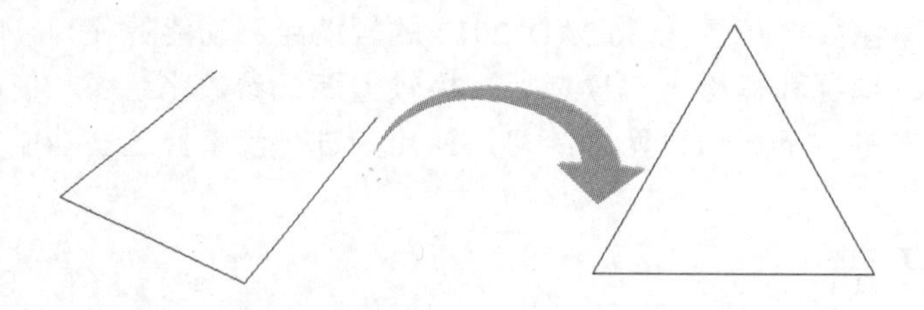

图 9-99　绘制等边三角形

参见光盘

光盘\素材\第 9 章\任意三条边.dwg
光盘\效果\第 9 章\等边三角形.dwg
光盘\实例演示\第 9 章\绘制等边三角形

专家指导

使用约束功能绘制图形时，能够使用较少的约束条件对图形进行约束操作时，就不必使用更多的约束条件对图形进行约束操作。

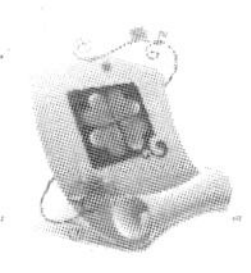

关键提示:

约束关键参数

设置三条边为相等；设置直线端点首尾重合；约束一条边的长度为 40。

9.8 知识问答

绘制图形时，利用辅助功能绘制图形，可以快速、准确地完成图形的绘制与编辑，在使用的过程中难免会出现各种错误。下面介绍使用辅助功能绘制图形时的常见问题及解决办法。

问：为什么在输入坐标值时，却始终捕捉到离十字光标最近的点？如果想捕捉其他非特征点该怎么办？

答： 在 AutoCAD 2012 中提供了多种数据的输入方式，精确数据的输入主要包括坐标点的输入以及对象捕捉。打开“选项”对话框，选择“用户系统配置”选项卡，在“坐标数据输入的优先级”栏中可以设置坐标的输入，选中⊙除脚本外的键盘输入(X)单选按钮，也可以在输入坐标值之前，关闭对象捕捉功能。

问：使用对象捕捉功能绘制图形，将十字光标移动到图形对象附近时，将会出现对象捕捉的标记，那么要移到什么位置，才会显示捕捉标记，并捕捉该特殊点呢？

答： 要知道将十字光标移动到距离特殊点多少距离时才会出现捕捉标记，可以在“选项”对话框中选择“绘图”选项卡，在“自动捕捉设置”栏中选中☑显示自动捕捉靶框(I)复选框，这样在绘制图形时，靶框接触到特殊点即可显示捕捉标记。在“靶框大小”栏中拖动滑块还可以调节靶框的大小。

使用极轴的附加角绘图

使用极轴功能绘制图形时，极轴的“增量角”设置后，可以每隔一个角度周期都会自动追踪极轴追踪线。当要捕捉“增量角”选项中没有的角度时，则应首先启用“附加角”功能，并设置“附加角”的角度，然后在绘图时才可以捕捉设置的附加角的追踪线，然后进行绘图。

如果栅格以线而非点显示，则颜色较深的线（称为主栅格线）将间隔显示。在以十进制单位或英尺和英寸绘图时，主栅格线对于快速测量距离尤其有用。

第10章

图块和样板的使用

创建图块

内部块　外部块

调用图块

插入图块　设计中心

使用样板绘制图形

外部参照

附着外部参照　裁剪外部参照

本章导读

在绘制图形的过程中，常常需要绘制相同的图形，绘制该类图形时，如果在同一个图形当中，可以使用复制等编辑命令对其进行编辑；如果在不同的文件中使用，则可以先将其定义为图块，再通过插入图块的方法快速完成相同或相似图形的绘制。本章将详细介绍在 AutoCAD 2012 中创建及插入图块的方法，以及对图块的编辑等相关操作。

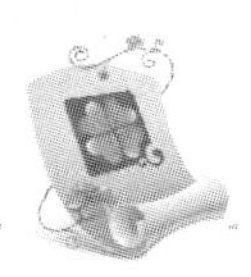

10.1 创建图块

在绘制复杂的图形，并且需绘制多个相同的实体时，可以先绘制一个图形，并将其定义为图块，然后插入到指定的位置，这样就避免了重复绘制，提高了工作效率。

10.1.1 图块概述

图块是一个或多个图形对象组成的对象集合，它是一个整体，多用于绘制重复或复杂的图形。将几个对象组合成图块后，即可根据绘图的需要将这组对象插入到绘图区中，并可对图块进行不同的比例和角度的旋转等操作。使用图块绘制图形，主要有以下特点。

- **提高绘图效率：**使用AutoCAD 2012进行绘图的过程中，经常需绘制一些重复出现的图形，如建筑工程图中的门和窗，以及机械绘图中的螺栓图形等，如果把这些图形做成图块，并以文件的形式保存在电脑中，在需要这类图形时调用图块，从而可提高工作效率。
- **节省存储空间：**AutoCAD 2012要保存图形中的每一个相关信息，如对象的图层、线型和颜色等，这些信息都占用大量的空间，可以把这些相同的图形定义成一个图块，然后再插入到所需的位置。
- **为图块添加属性：**AutoCAD 2012允许为图块创建具有文字信息的属性，并可以在插入图块时指定是否显示这些属性。

10.1.2 创建内部图块

内部图块存储在图形文件内部，因此只能在打开该图形文件后才能够进行使用，而不能在其他图形文件中进行使用。创建内部图块，主要有以下两种方法：

- 选择【插入】/【块定义】组，单击“创建块”按钮。
- 在命令行中输入“BLOCK”或“B”命令。

实例10-1 创建“蹲便器”内部图块

打开“卫生间.dwg”图形文件，将其中的蹲便器图形定义为图块，图块的名称为“蹲便器”。

参见光盘
光盘\素材\第10章\卫生间.dwg
光盘\效果\第10章\卫生间.dwg

1. 打开“卫生间.dwg”图形文件，如图10-1所示。
2. 选择【插入】/【块定义】组，单击“创建块”按钮，打开“块定义”对话框，如图10-2所示。

操作提示

创建图块时，可以在“对象”栏中单击“快速选择”按钮，在绘图区中快速选择符合条件的图形对象来定义为图块。

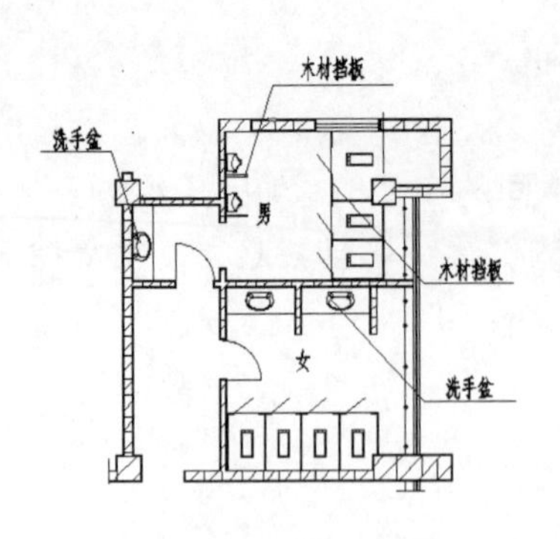

图 10-1　“卫生间.dwg”图形文件　　　图 10-2　“块定义”对话框

3 在“名称”下拉列表框中输入“蹲便器”，单击“基点”栏中的“拾取点”按钮，进入绘图区，在其中捕捉蹲便器水平线的中点，指定图块基点，如图 10-3 所示。

4 返回“块定义”对话框，在“对象”栏中选中 删除(D) 单选按钮，单击“选择对象”按钮，如图 10-4 所示。

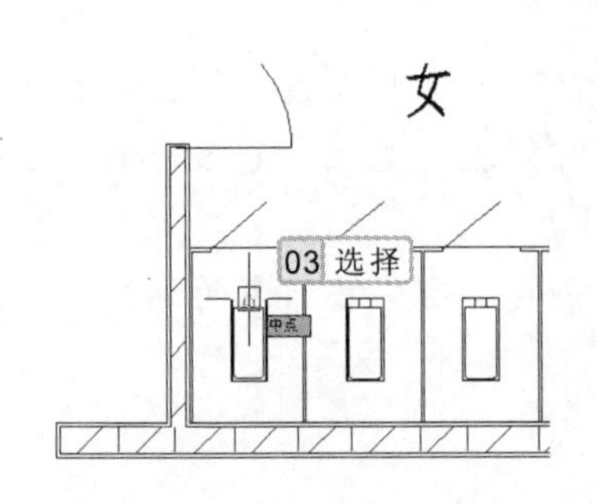

图 10-3　指定图块基点

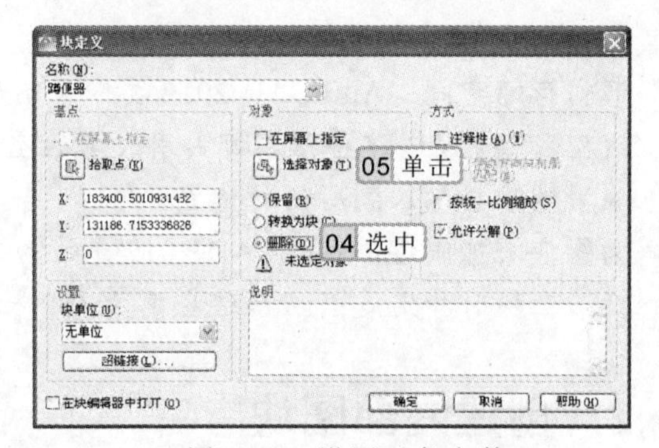

图 10-4　设置对象参数

5 在绘图区中选择要定义为图块的图形对象，如图 10-5 所示，并按“Enter”键返回“块定义”对话框。

6 单击 确定 按钮，完成图块的定义操作，返回绘图区，将图形定义为图块，并删除源图形，效果如图 10-6 所示。

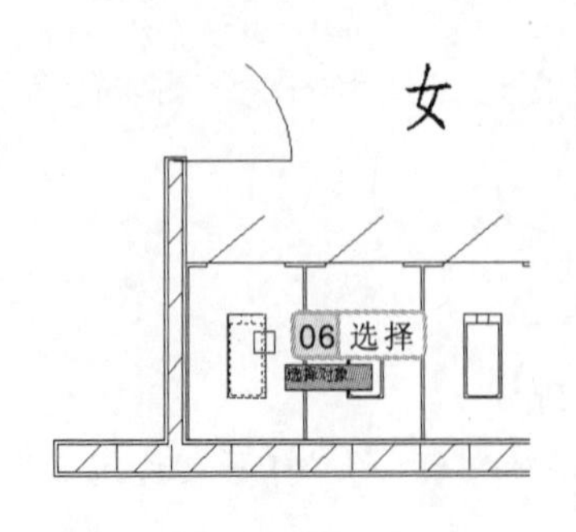

图 10-5　选择图块图形

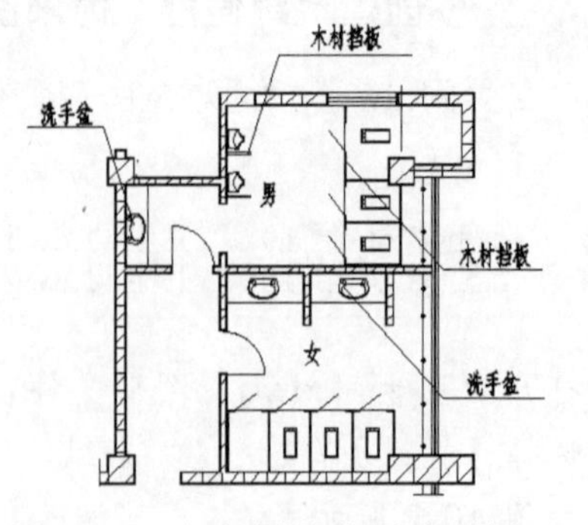

图 10-6　定义图块并删除源图形

在建筑设计中，家具、建筑符号等图形都需要重复绘制很多遍，如果先将这些复杂对象创建为图块，然后在需要的地方进行插入，这样工作将变得非常简单。

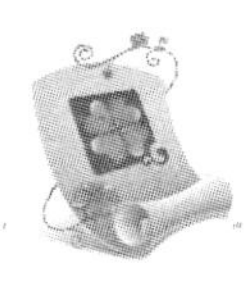

10.1.3 创建外部图块

将图形定义为图块时，除了在图形文件中将图形定义为图块之外，还可以将图块以文件的形式进行保存，以便于在其他图形文件中进行调用。执行创建外部图块命令，主要有以下两种方法：

- 选择【插入】/【块定义】组，单击“写块”按钮。
- 在命令行中输入“WBLOCK”或“W”命令。

实例 10-2 创建“六角螺栓主视图”外部图块

打开“六角螺栓.dwg”图形文件，将六角螺栓的主视图定义为外部图块，其中图块的基点为螺柱与螺帽相连垂直线的中点，外部图块的名称为“六角螺栓主视图.dwg”。

光盘\素材\第 10 章\六角螺栓.dwg
光盘\效果\第 10 章\六角螺栓主视图.dwg

1. 打开“六角螺栓.dwg”图形文件，如图 10-7 所示。
2. 选择【插入】/【块定义】组，单击“写块”按钮，打开“写块”对话框，如图 10-8 所示。

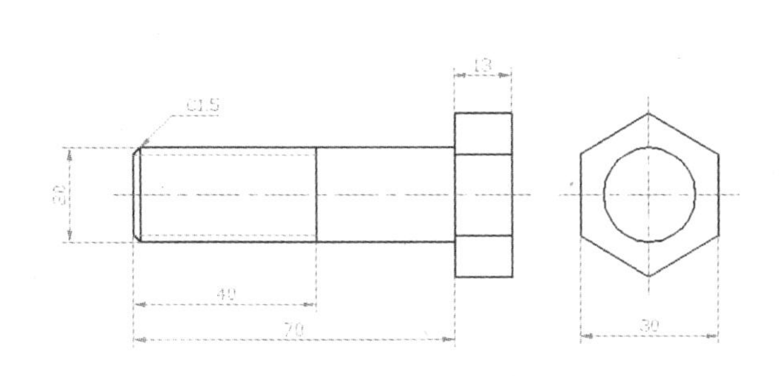

图 10-7 六角螺栓

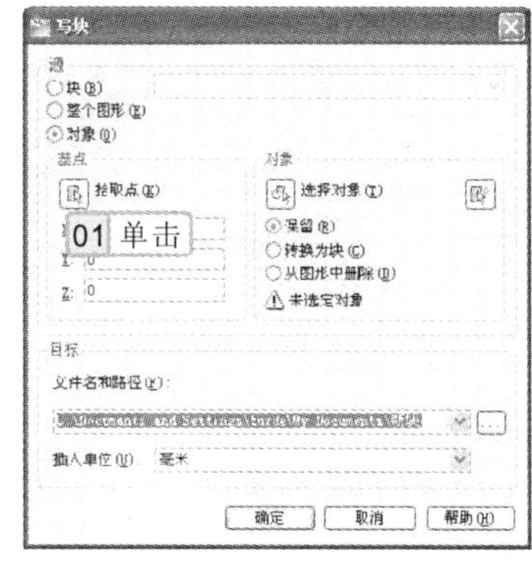

图 10-8 “写块”对话框

3. 在“写块”对话框的“基点”栏中单击“拾取点”按钮，返回绘图区中，捕捉图形的中点，指定图块的基点，并返回“写块”对话框，如图 10-9 所示。
4. 在“写块”对话框的“对象”栏中选中 ⊙保留(R) 单选按钮，单击“选择对象”按钮，如图 10-10 所示。
5. 在绘图区中选择要定义为外部图块的图形对象，如图 10-11 所示，并按“Enter”键返回“写块”对话框。
6. 单击“目标”栏中“文件名和路径”下拉列表框后的 按钮，打开“浏览图形文件”对话框，在“保存于”下拉列表框中选择外部图块的存放位置，在“文件名”下拉列表框中输入“六角螺栓主视图”，单击 保存(S) 按钮，如图 10-12 所示。
7. 单击 确定 按钮，完成外部图块的创建操作。

使用 MINSERT 命令只能以矩形阵列方式插入图块，该命令插入的图块是一个整体，不能用 EXPLODE 命令分解，但可以通过 DDMODIFY 命令改变插入图块的特性。

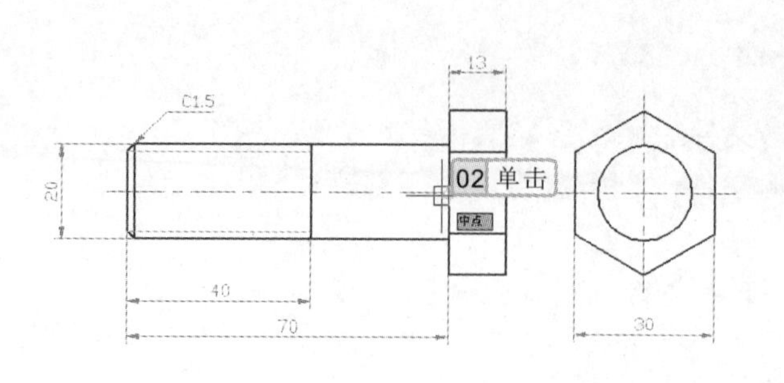

图 10-9　指定基点

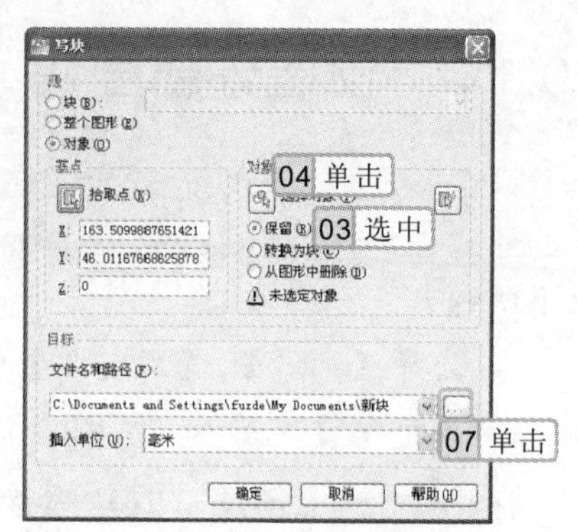

图 10-10　设置图块对象参数

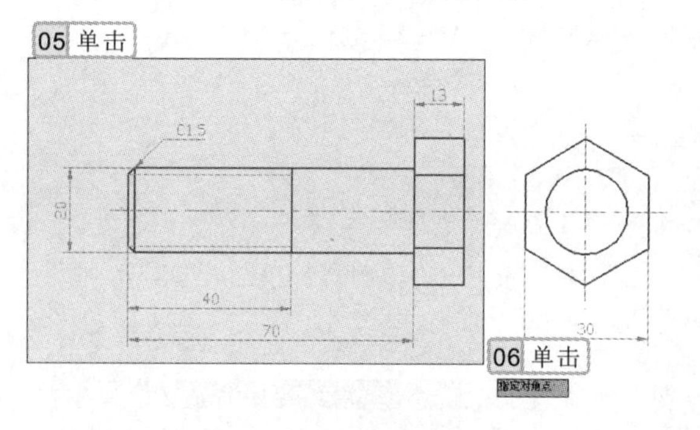

图 10-11　选择图块图形对象

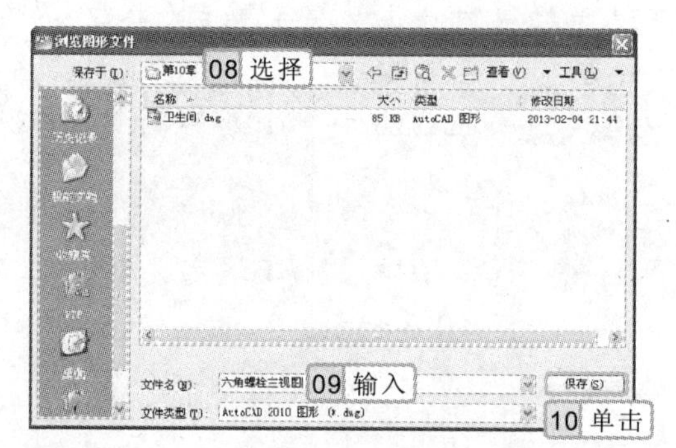

图 10-12　设置图块保存位置及文件名

10.1.4　创建带属性的图块

图块属性是与图块相关联的文字信息，它依赖于图块存在，主要用于表达图块的文字信息。例如，在机械制图中经常需要使用形位公差、表面粗糙度以及建筑绘图中的轴号等，就可以将其定义为图块，但其中的数值又经常需要改变，此时便可为图块定义属性，这样在插入图块时可以方便地更改文字信息。创建带属性的图块，主要有以下两种方法：

- 选择【插入】/【块定义】组，单击“定义属性”按钮。
- 在命令行中输入“ATTDEF”或“ATT”命令。

实例 10-3　创建门属性块

打开“平面门.dwg”图形文件，创建图块，并设置图块属性。

参见光盘　光盘\素材\第 10 章\平面门.dwg
光盘\效果\第 10 章\门属性块.dwg

1. 打开“平面门.dwg”图形文件，如图 10-13 所示。
2. 选择【插入】/【块定义】组，单击“定义属性”按钮，打开“属性定义”对话框，如图 10-14 所示。

专家指导

在当前图形文件中已有属性设置时，“属性定义”对话框中的“在上一个属性定义下对齐”复选框将被激活。

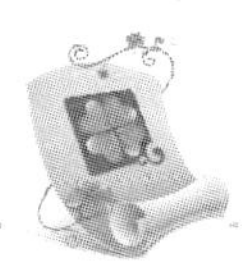

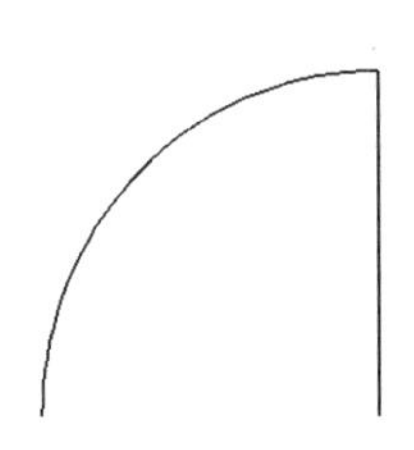

图 10-13 打开原始图形

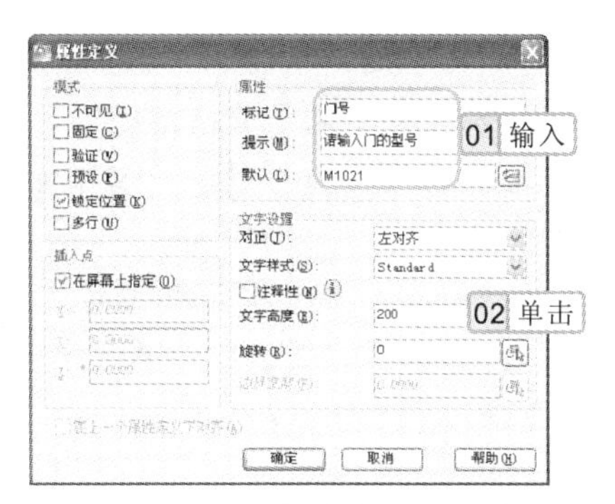

图 10-14 “属性定义”对话框

3 在“属性”栏的文本框中设置属性参数，在“文字设置”栏的“文字高度”文本框中输入“200”，单击确定按钮，返回绘图区，在绘图区中指定属性的位置，如图 10-15 所示。

4 选择【插入】/【块定义】组，单击“创建块”按钮，打开“块定义”对话框，在“名称”下拉列表框中输入“门块”，在“对象”栏中选中转换为块单选按钮，单击“选择对象”按钮，如图 10-16 所示。

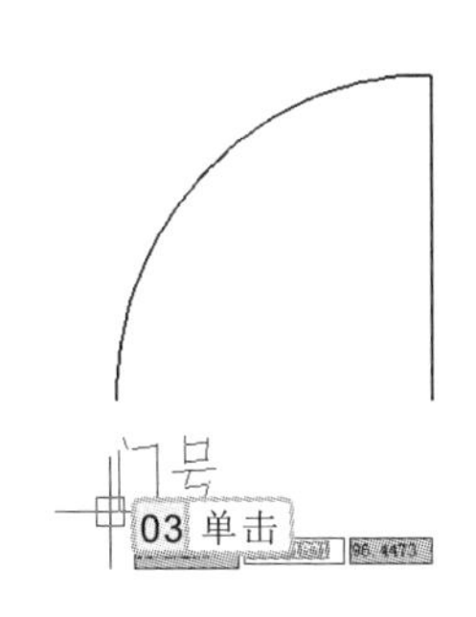

图 10-15 指定属性位置

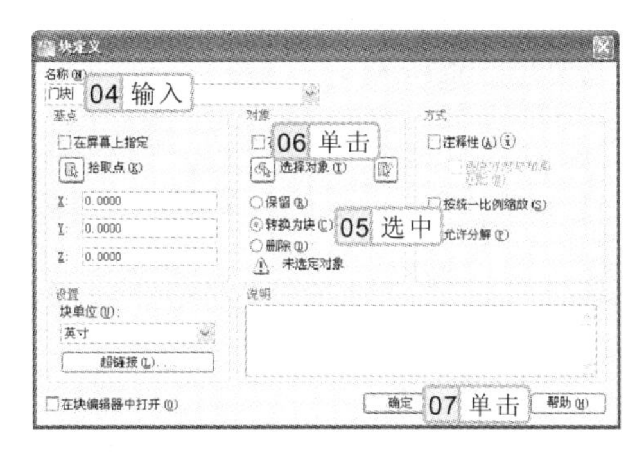

图 10-16 “块定义”对话框

5 在绘图区中选择属性文字和门图形，并按“Enter”键返回“块定义”对话框，单击确定按钮，打开“编辑属性”对话框，如图 10-17 所示。

6 在“请输入门的型号”文本框中输入“M0821”，单击确定按钮，定义后的效果如图 10-18 所示。

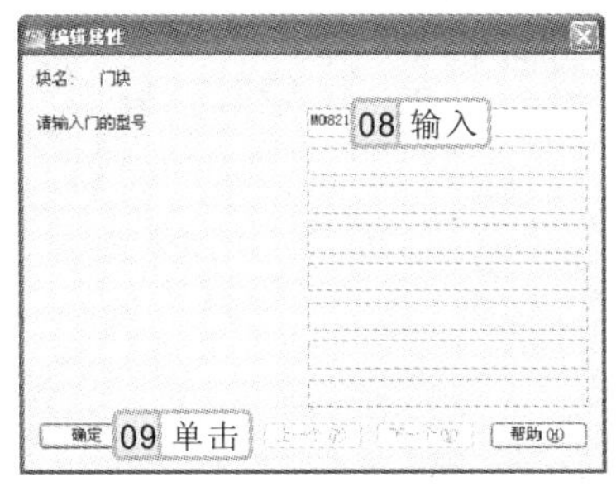

图 10-17 编辑属性

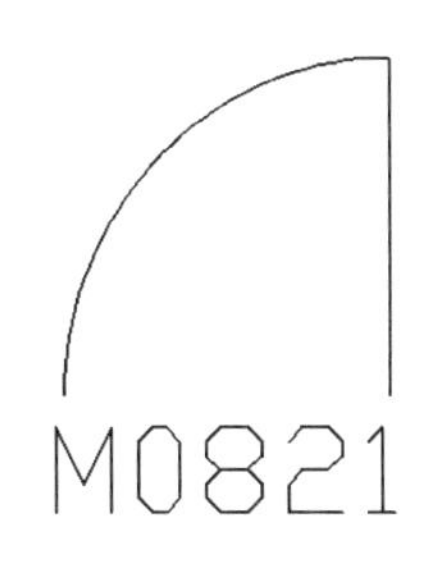

图 10-18 属性定义效果

图块属性只有在对属性文字定义为图块后，才能正常显示属性值，在未进行定义成为图块之前，显示的是“标记”选项中设置的文本内容。

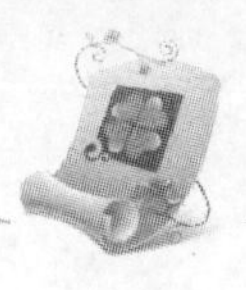

在“属性定义”对话框中，各选项的功能介绍如下。

- **模式**：该栏主要用于控制块中属性的行为，如属性在图形中是否可见、是否可以相对于块的其余部分移动等，其中主要有不可见、固定、验证、预置、锁定位置、多行等。
- **属性**：该栏主要用于设置图块的文字信息，主要包括标记、提示和默认 3 项，其中“标记”文本框用于设置属性的显示标记；“提示”文本框用于设置属性的提示信息；“默认”文本框用于设置默认的属性值；单击后面的“插入字段”按钮，可在打开的对话框中选择常用的字段。
- **文字设置**：在该栏中主要对属性值的文字大小、对齐方式、文字样式、旋转角度等参数进行设置。
- **插入点**：用于指定插入属性图块的位置，默认为在绘图区中以拾取点的方式来指定，与插入图块的相同选项含义相同。
- **在上一个属性定义下对齐**：若在定义图块属性之前，当前图形文件中已经定义了属性，则该复选框变为可用状态，即表示当前定义的属性将采用上一个属性的字体、字高及倾斜角度，且与上一属性对齐。

10.2 调用图块

创建图块后，在绘图过程中，便可以根据需要将已绘制的图块文件调入当前图形文件中。调入图块主要可以使用插入命令，以及使用设计中心等方式来实现。

10.2.1 插入图块

创建图块之后，便可以根据情况调入图块，以快速完成图形的绘制，通过插入命令可以插入内部及外部图块。执行插入块命令，主要有以下两种方法：

- 选择【插入】/【块】组，单击“插入块”按钮。
- 在命令行中输入“INSERT”或“I”命令。

执行以上命令，将打开如图 10-19 所示的“插入”对话框，各主要选项的功能介绍如下。

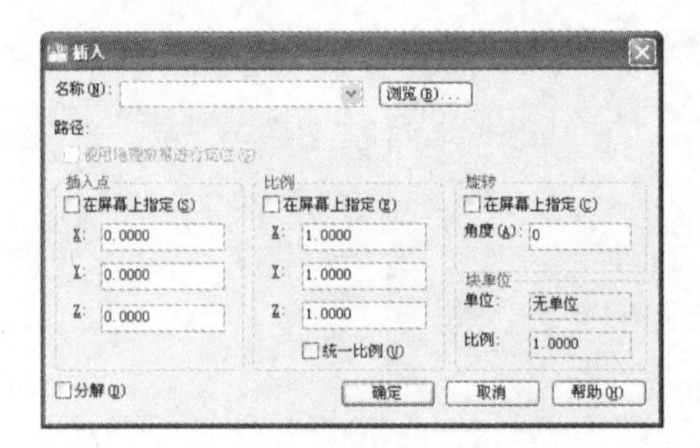

图 10-19　“插入”对话框

插入内部块可通过在“名称”下拉列表中选择块名进行插入，插入外部块可通过单击浏览(B)...按钮，在打开的“选择图形文件”对话框中找到需插入的图块进行插入。

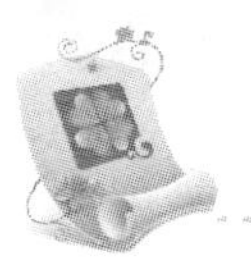

- **名称**：在该下拉列表框中，可选择或直接输入要插入图块的名称。
- **插入点**：选中☑在屏幕上指定(S)复选框，由绘图光标在当前图形中指定图块插入位置；取消选中该复选框，则可分别在X、Y、Z文本框中指定图块插入点的具体坐标。
- **比例**：选中☑在屏幕上指定(E)复选框，插入图块时，将在命令行中出现提示信息后用于指定各个方向上的缩放比例；取消选中该复选框，则在该栏的3个文本框中输入图块在X、Y、Z方向上的缩放比例。选中☑统一比例(U)复选框，则将图块进行等比例缩放。
- **旋转**：选中☑在屏幕上指定(C)复选框，可以在插入图块时，根据命令行的提示设置旋转角度；取消选中该复选框，则"角度"选项可用，其文本框用于设置图块插入到绘图区时的旋转角度。
- **分解**：该复选框用于指定插入图块时，是否将其分解为原有的组合实体，而不再作为一个整体。

10.2.2 通过设计中心调用图块

设计中心是AutoCAD 2012绘图的一项特色，设计中心中包含了多种图块，如建筑设施图块、机械零件图块和电子电路图块等，通过它可方便地将这些图块应用到图形中。

选择【工具】/【选项板】/【设计中心】命令，即可打开"设计中心"选项板。在"设计中心"选项板中可以插入各种图块，主要有以下两种方法：

- 选择【视图】/【选项板】组，单击"设计中心"按钮。
- 在命令行中输入"ADCENTER"或"ADC"命令。

实例 10-4 插入"马桶-(俯视)"图块

打开"设计中心"选项板，插入名为"马桶-(俯视)"的图块，图块的大小等参数都使用默认设置。

参见光盘 光盘\效果\第10章\马桶-(俯视).dwg

1. 选择【视图】/【选项板】组，单击"设计中心"按钮，打开"设计中心"选项板，在"文件夹列表"列表框中选择安装盘的"\Program Files\Autodesk\AutoCAD 2012 - Simplified Chinese\Sample\DesignCenter\House Designer.dwg\块"，在右边的图块列表框中，使用鼠标右键单击"马桶-(俯视)"，在弹出的快捷菜单中选择"插入块"命令，如图10-20所示。
2. 打开"插入"对话框，不更改参数进行设置，单击 确定 按钮，如图10-21所示。
3. 在命令行提示"指定插入点或 [基点(B)/比例(S)/X/Y/Z/旋转(R)]:"后，在绘图区中拾取一点，指定图块的插入位置，如图10-22所示，插入图块后的效果如图10-23所示。

插入图块时，也可以使用定数等分和定距等分命令来插入图块，但是这两种命令只能插入内部图块，不能插入外部图块。

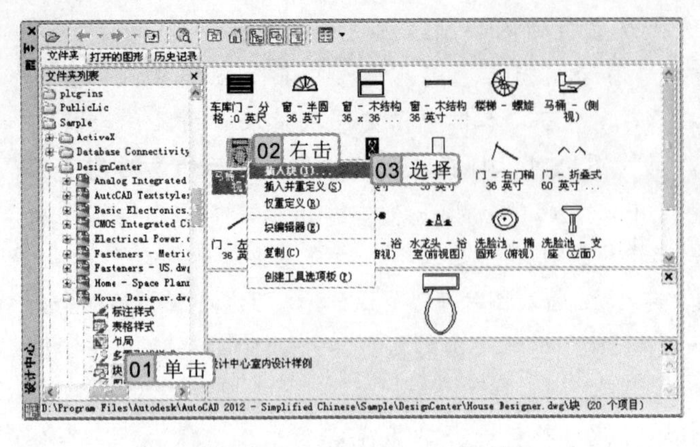

图 10-20　“设计中心”选项板

图 10-21　“插入”对话框

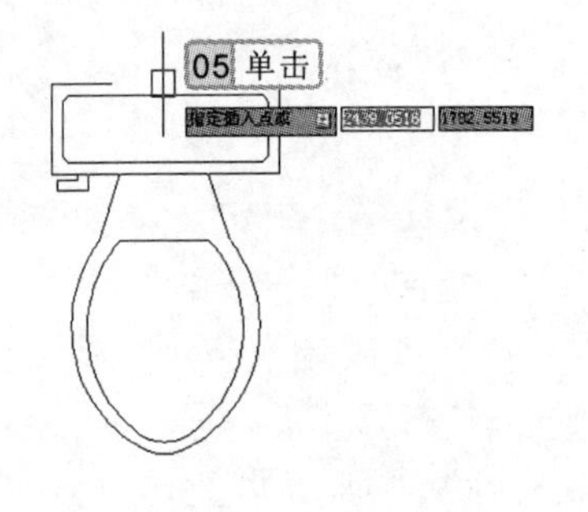

图 10-22　指定图块插入位置

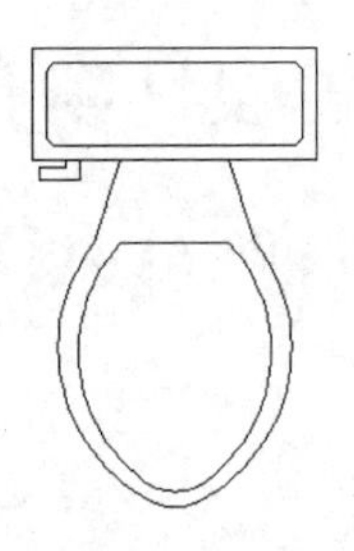

图 10-23　插入图块效果

10.3　编辑图块

在完成图块的创建之后，除了将图块插入到图形文件中，还可以对图块进行编辑处理，如将图块的名称进行重命名，编辑图块属性，以编辑图块的图形内容等。

10.3.1　重命名图块

创建图块后，对其进行重命名的方法有多种，如果是外部图块文件，可直接在保存外部图块的文件目录中对该图块文件进行重命名；如果是内部图块，可使用重命名命令对图块进行重新命名。在命令行中输入“RENAME”或“REN”命令，即可执行重命名命令。

实例 10-5　更改图块名称

执行重命名命令，将“螺栓块.dwg”图形文件中名为“螺栓”的图块的名称进行更改，更改后的名称为“六角螺栓”。

在建立一个块时，组成块的实体的特性将随块定义一起存储，当在其他图形中插入图块时，这些特性也随着一起带入，并根据不同的情况有所变化。

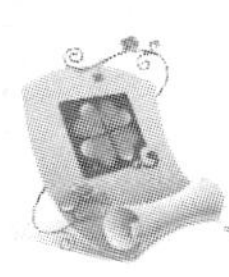

光盘\素材\第 10 章\螺栓块.dwg
光盘\效果\第 10 章\螺栓块.dwg

1. 在命令行输入“RENAME”，执行重命名命令，打开“重命名”对话框，在“命名对象”列表框中选择“块”选项，在“项目”列表框中选择“螺栓”选项，在[重命名为(R):]按钮后的文本框中输入“六角螺栓”，如图 10-24 所示。
2. 单击[重命名为(R):]按钮，将图块的名称进行更改，如图 10-25 所示，单击[确定]按钮关闭“重命名”对话框。

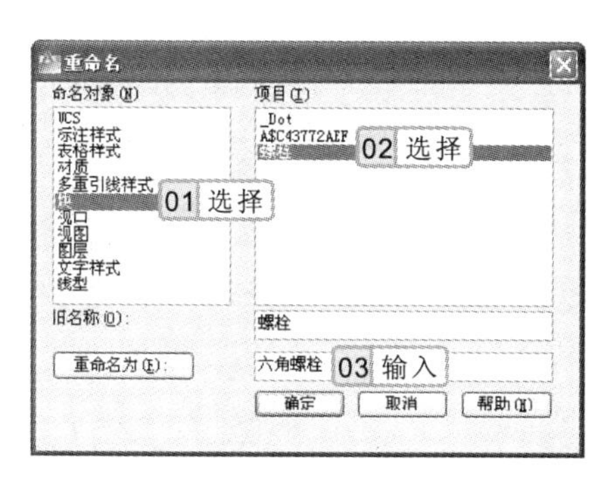

图 10-24　重命名图块

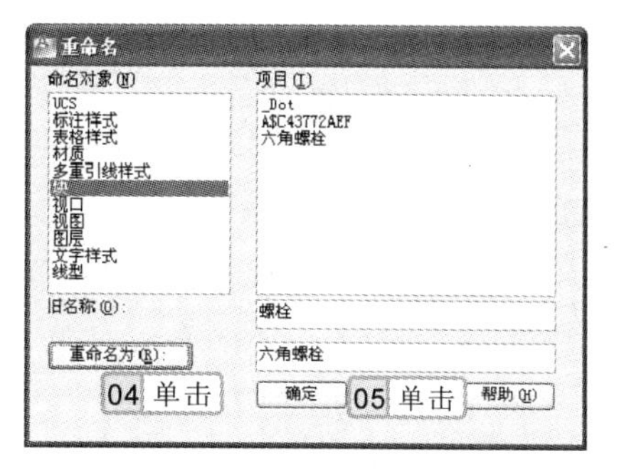

图 10-25　重命名图块后的效果

10.3.2　编辑图块属性

在图形中插入属性块后，如果觉得属性值或属性值位置等不符合自己的要求，可以对属性值进行修改。执行编辑属性命令，主要有以下两种方法：

- 选择【插入】/【块】组，单击“编辑属性”按钮。
- 在命令行中输入“EATTEDIT”命令。

执行编辑属性命令后，将提示指定要进行编辑的属性块，然后打开“增强属性编辑器”对话框，在该对话框中即可对图块的属性进行更改。

实例 10-6　更改轴号

执行编辑属性命令，将图块的属性文字进行更改，将字母“A”更改为数字“1”。

光盘\素材\第 10 章\轴号.dwg
光盘\效果\第 10 章\编辑轴号.dwg

1. 选择【插入】/【块】组，单击“编辑属性”按钮，在命令行提示“选择块:”后选择要进行编辑的属性块，如图 10-26 所示。
2. 打开“增强属性编辑器”对话框，在“值”文本框中输入“1”，如图 10-27 所示。
3. 单击[确定]按钮，关闭“增强属性编辑器”对话框，返回绘图区，完成属性图块的编辑，效果如图 10-28 所示。

在“重命名”对话框中，除了可以对图块进行重命名之外，还可对坐标系、标注样式、文字样式、图层、视图、视口和线型等对象进行重命名。

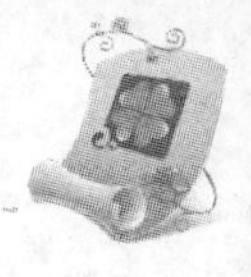

图 10-26 选择图块

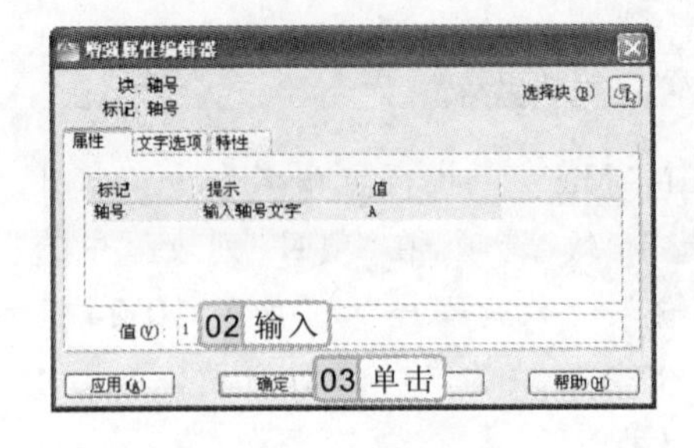

图 10-27 输入属性值

图 10-28 编辑属性块

10.3.3 编辑图块

除了将图块进行分解，再对其进行重新命名等操作外，还可直接更改图块内容，如更改图块大小、拉伸图块以及修改图块中的线条等。执行块编辑命令，主要有以下两种方法：

 选择【插入】/【块定义】组，单击“块编辑器”按钮。

 在命令行中输入“BEDIT”或“BE”命令。

执行块编辑命令后，将打开“编辑块定义”对话框，在该对话框中即可选择要进行编辑的图块，然后选择“块编辑器”选项卡，修改图块的图形对象。

实例 10-7 拉伸“螺钉”图块

执行块编辑命令，对“螺钉”图块进行编辑处理，将螺钉图形按照指定位置进行拉伸操作，其拉伸长度为 30。

参见光盘
光盘\素材\第 10 章\螺钉.dwg
光盘\效果\第 10 章\螺钉.dwg

1. 打开“螺钉.dwg”图形文件，如图 10-29 所示。
2. 选择【插入】/【块定义】组，单击“块编辑器”按钮，打开“编辑块定义”对话框，如图 10-30 所示。

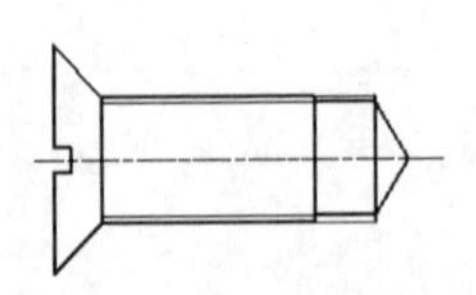

图 10-29 打开螺钉图形

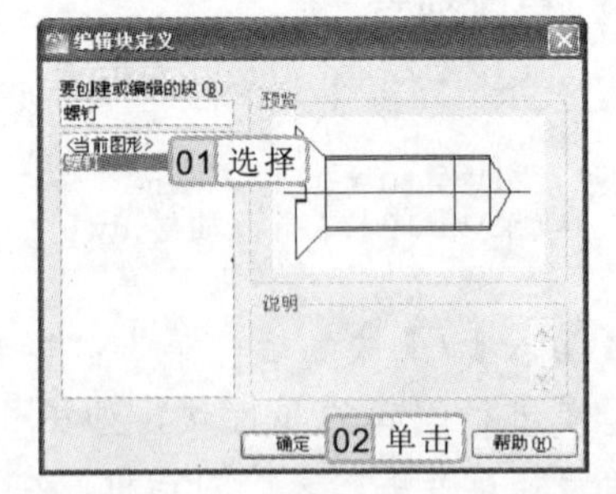

图 10-30 “编辑块定义”对话框

3. 在“要创建或编辑的块”下面的列表框中选择“螺钉”图块，单击 确定 按钮，打开“块编辑”选项卡及相应的编辑区域。

专家指导

将图形定义为图块之后，如果想对图块进行编辑操作，可以使用 EXPLODE 命令对图块进行分解操作，然后对图形进行编辑操作。

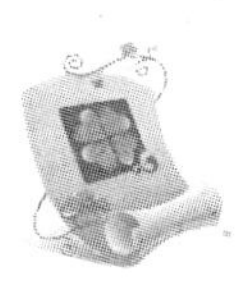

4 在命令行输入“S”，执行拉伸命令，对螺钉图形进行拉伸操作，其命令行操作如下：

```
命令: S                                          //执行拉伸命令
STRETCH
以交叉窗口或交叉多边形选择要拉伸的对象...
选择对象:                                        //选择拉伸对象，如图 10-31 所示
选择对象:                                        //按“Enter”键确定图形对象的选择
指定基点或 [位移(D)] <位移>:                      //拾取一点，指定拉伸基点
指定第二个点或 <使用第一个点作为位移>:   30        //打开“正交”功能，将鼠标向右移动，并
                                                   在命令行输入“30”，如图 10-32 所示
```

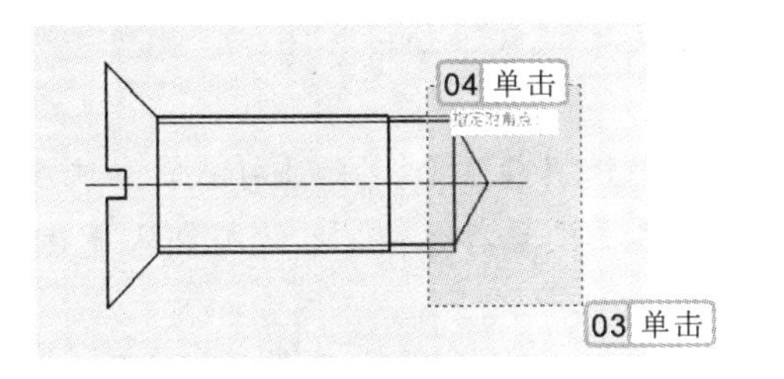

图 10-31　选择拉伸对象

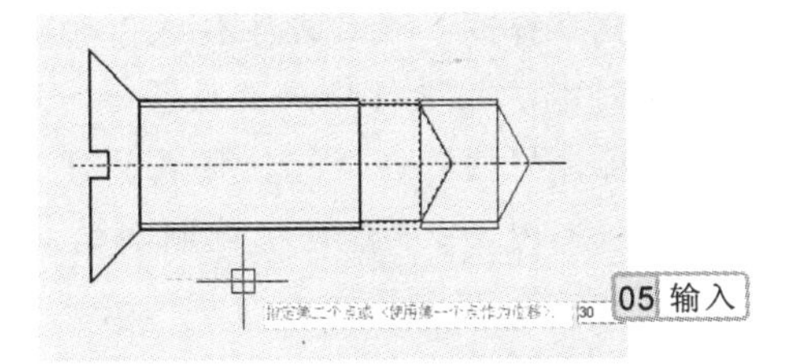

图 10-32　输入拉伸距离

5 单击“关闭”面板的“关闭块编辑器”按钮，打开“块-未保存更改”对话框，选择“将更改保存到 螺钉（S）”选项，如图 10-33 所示。

6 完成螺钉图块更改后的效果如图 10-34 所示。

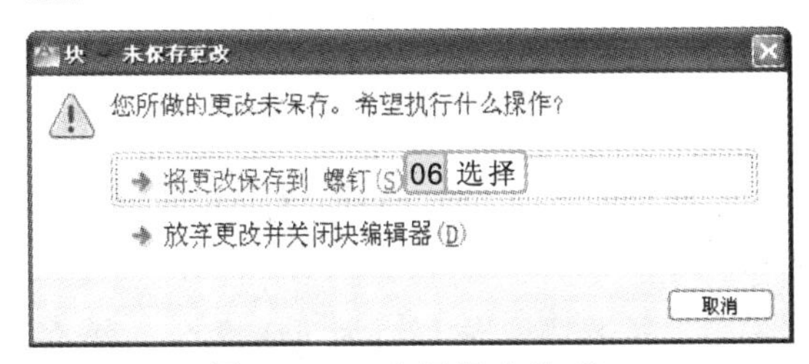

图 10-33　选择保存选项

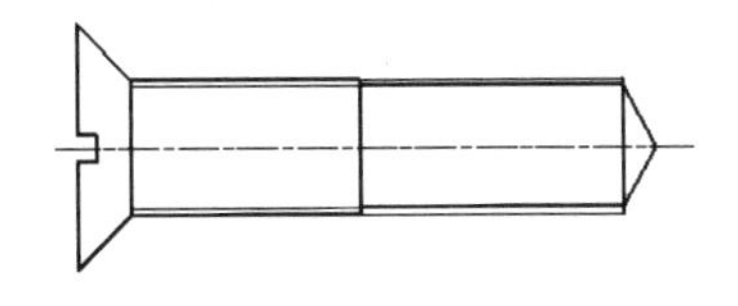

图 10-34　更改螺钉图块后的效果

10.4 使用样板绘制图形

在 AutoCAD 2012 中默认安装了多个标准样图模板，如 acad.dwt、acadiso.dwt 等图形文件，样板文件所包含的内容主要有图形边界、绘图单位、尺寸标注、文字样式及各种命令参数初值等。

10.4.1 创建样板文件

用户安装 AutoCAD 2012 软件后，在安装盘的“Program Files\AutoCAD 2012\Template”

块编辑器包含一个绘图区域，在该区域中，用户可以像在程序的主绘图区域中一样绘制和编辑几何图形。

文件夹下存放了许多 AutoCAD 2012 系统自带的模板文件，但由于使用习惯，以及国家标准等问题，用户也可以自己定义模板。

在样板文件中主要包括图形界限、绘图单位、文字样式、标注样式、图层，在清楚常用图纸的大小等情况下，也可以为样板绘制绘图时的图框、标题栏等信息。创建样板文件，主要包括以下几方面的内容。

- **图形界限**：在“AutoCAD 经典”工作空间中选择【格式】/【图形界限】命令，或在命令行中输入“LIMITS”，执行图形界限命令，并设置绘图界限左下角和右上角的坐标。
- **绘图单位**：设置绘图时的图形单位，其中主要有绘图时的图形单位，以及精度的设置等。
- **文字样式**：在“文字样式”对话框中创建文字样式，如中文字体、英文字体样式的创建，并进行相应的设置等。
- **标注样式**：在“标注样式管理器”对话框中根据情况创建标注样式，如主要进行机械制图，则应根据机械制图的相关要求创建并设置标注样式；如主要从事建筑绘制，则应根据建筑绘图的相关要求创建并设置标注样式。
- **创建图层**：在“图层特性管理器”对话框中创建绘制图形时常用的图层，如辅助线图层、粗实线图层以及细实线、虚线图层等。
- **保存为模板文件**：在“图形另存为”对话框的“文件类型”下拉列表框中选择“AutoCAD 图形样板（*.dwt）”选项，在“文件名”下拉列表框中输入样板文件的名称，单击 保存(S) 按钮，将其保存为样板文件。

10.4.2 调用样板文件

在创建样板文件，并将其保存在电脑中后，便可以调用该样板来完成图形的绘制，从而加快图形的绘制。调用样板文件，主要有以下几种方法。

- **用打开命令调用**：当用户创建图形文件时，选择【文件】/【打开】命令，打开“选择文件”对话框，在该对话框中选择要打开的模板文件，单击 打开(O) 按钮，即可调用该样板文件，在打开的样板中绘制图形，最后将其另存为后缀名为.dwg 格式的图形文件即可。
- **用新建命令调用**：选择【文件】/【新建】命令，打开“选择样板”对话框，在该对话框的文件列表框中选择要打开的样板，单击 打开(O) 按钮，即可以该样板文件来创建一个新的图形文件。
- **自动加载**：可将模板保存到安装盘的“Program Files”文件夹目录下的“AutoCAD 2012\Template”子文件夹中，将样板文件的名称更改为“acad.dwt”或“acadiso.dwt”样板文件后，再次运行 AutoCAD 2012 时，系统将直接打开模板文件的绘图环境。

用户可以对样板的功能和外观进行修改或添加，但无法更改其中的图像排列，图像在页面中按行显示，用户无法改变图像的演示，但可以使文字和图形围着图像排列。

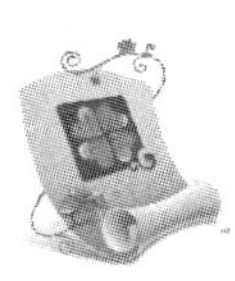

10.5 外部参照

外部参照与图块的区别在于，当将图形作为图块插入时，图块存储在图形中，不会随原始图形的改变而改变；但作为外部参照时，会将该参照图形链接到当前图形，对参照图形所作的修改都将显示在当前图形中。

10.5.1 附着外部参照

附着外部参照是将存储在外部媒介上的外部参照链接到当前图形中的操作。执行附着外部参照命令，主要有以下两种方法：

- 选择【插入】/【参照】组，单击“附着”按钮。
- 在命令行中输入“XATTACH”或“XA”命令。

实例 10-8 附着“床正立面.dwg”图形

参见光盘 光盘\素材\第 10 章\床正立面.dwg
光盘\效果\第 10 章\附着外部参照.dwg

1. 选择【插入】/【参照】组，单击“附着”按钮，打开“选择参照文件”对话框，在“文件类型”下拉列表框中选择“图形（*.dwg）”，在“查找范围”下拉列表框中选择文件的位置，在文件列表中选择“床正立面.dwg”图形文件，单击  按钮，如图 10-35 所示。
2. 打开“附着外部参照”对话框，单击 确定 按钮，如图 10-36 所示。

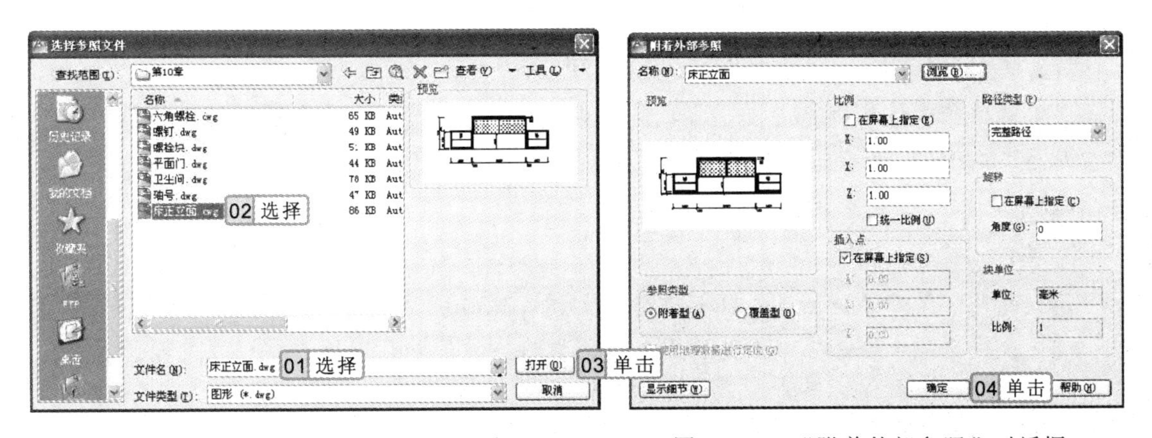

图 10-35 “选择参照文件”对话框　　图 10-36 “附着外部参照”对话框

3. 在命令行提示“指定插入点或[比例(S)/X/Y/Z/旋转(R)/预览比例(PS)/PX(PX)/PY(PY)/PZ(PZ)/预览旋转(PR)]:”后，在绘图区中拾取一点，指定外部参照插入的点，如图 10-37 所示。
4. 附着外部参照图形后的效果如图 10-38 所示。

一个图形文件可以作为外部参照同时附着到多个图形中，反之，也可以将多个图形作为参照图形附着到单个图形。

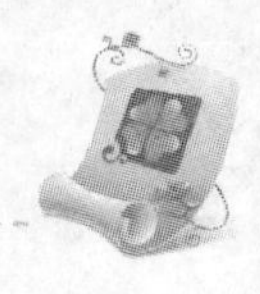

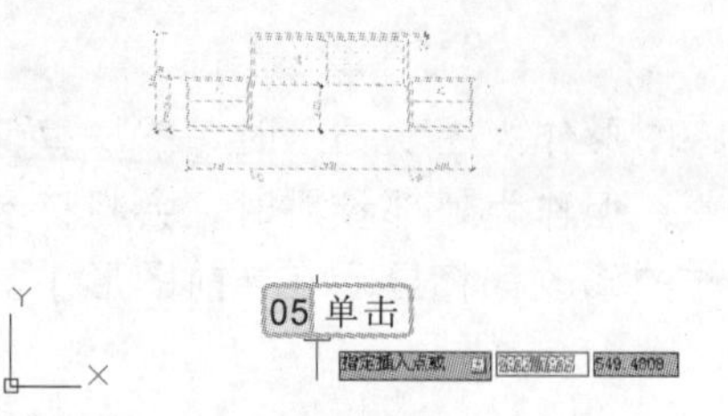

图 10-37 指定外部参照插入点

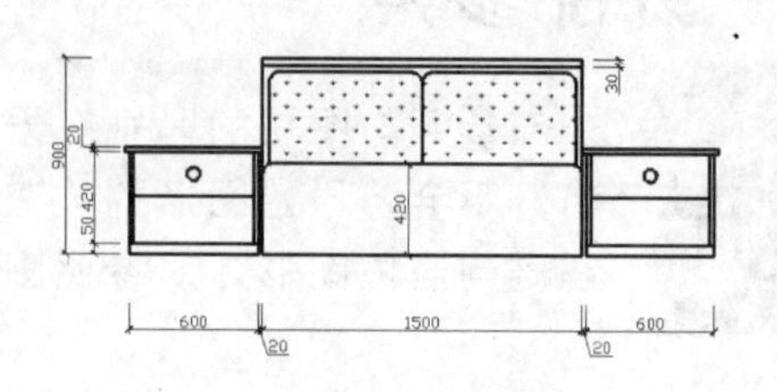

图 10-38 附着外部参照后的效果

在“附着外部参照”对话框中还包含了如下几个选项，其含义分别介绍如下。

- **参照类型**：在该栏中指定外部参照的类型。选中 ⊙附着型(A) 单选按钮，表示指定外部参照将被附着而非覆盖；选中 ⊙覆盖型(O) 单选按钮，表示指定外部参照为覆盖型，当图形作为外部参照被覆盖或附着到另一个图形时，任何附着到该外部参照的嵌套覆盖图将被忽略。
- **路径类型**：指定外部参照的保存路径是绝对路径、相对路径，还是无路径。将路径类型设置为“相对路径”之前，必须保存当前图形。

10.5.2 剪裁外部参照

外部参照被插入到当前图形后，虽然不能对其组成元素进行编辑，但可对外部参照进行剪裁。执行剪裁外部参照命令，主要有以下两种方法：

- 选择【插入】/【参照】组，单击“剪裁”按钮。
- 在命令行中输入“XCLIP”命令或“clip”命令。

实例 10-9 剪裁“床正立面”外部参照

执行剪裁外部参照命令，将“外部参照.dwg”图形文件中的外部参照进行剪裁处理，其方式是使用矩形方式进行剪裁。

参见光盘 光盘\素材\第 10 章\外部参照.dwg
光盘\效果\第 10 章\剪裁外部参照.dwg

1. 打开“外部参照.dwg”图形文件，如图 10-39 所示。
2. 执行剪裁命令，将“外部参照.dwg”图形文件的外部参照进行剪裁处理，效果如图 10-40 所示，其命令行操作如下：

```
命令: _clip                                          //执行剪裁命令
选择要剪裁的对象:                                     //选择剪裁对象，如图 10-41 所示
输入剪裁选项[开(ON)/关(OFF)/剪裁深度(C)/删除
(D)/生成多段线(P)/新建边界(N)] <新建边界>: N          //选择“新建边界”选项，如图 10-42 所示
外部模式 - 边界外的对象将被隐藏。
指定剪裁边界或选择反向选项:[选择多段线(S)
```

剪裁关闭时，如果对象所在的图层处于打开且已解冻状态，将不显示边界，此时整个外部参照是可见的。

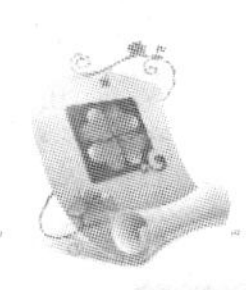


```
/多边形(P)/矩形(R)/反向剪裁(I)] <矩形>: r          //选择“矩形”选项，如图 10-43 所示
指定第一个角点:                                     //指定第一个角点
指定对角点:                                         //指定对角点，如图 10-44 所示
```

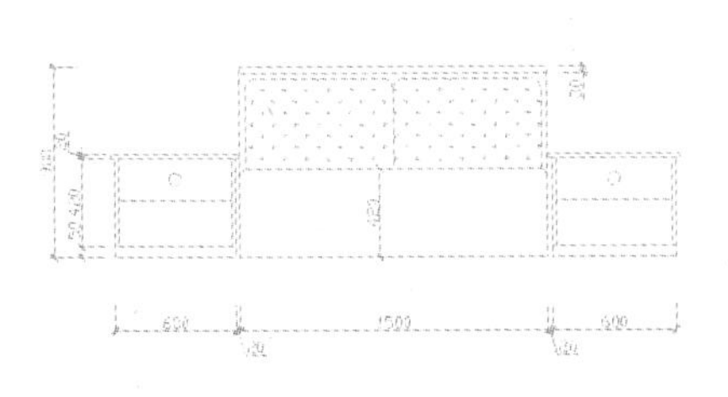

图 10-39　打开“外部参照.dwg”图形文件

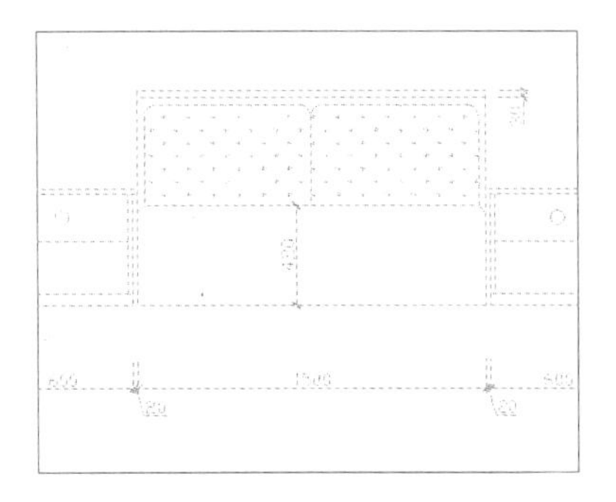

图 10-40　剪裁外部参照

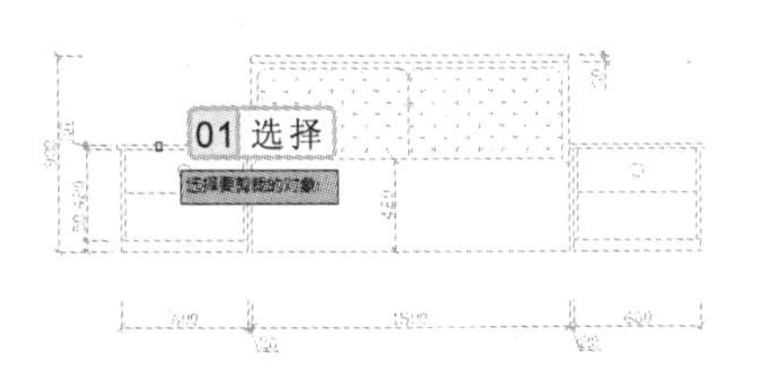

图 10-41　选择参照对象

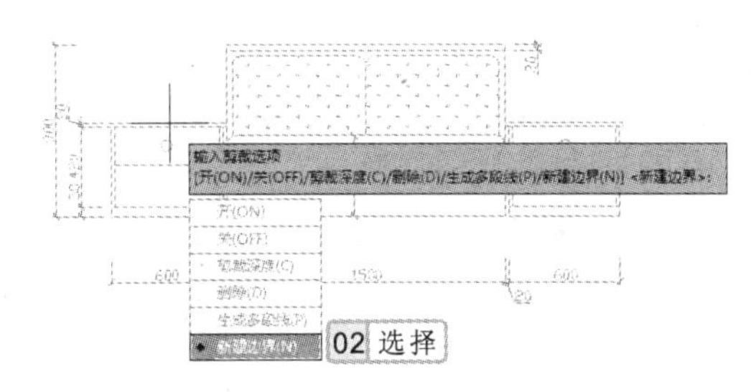

图 10-42　选择“新建边界”选项

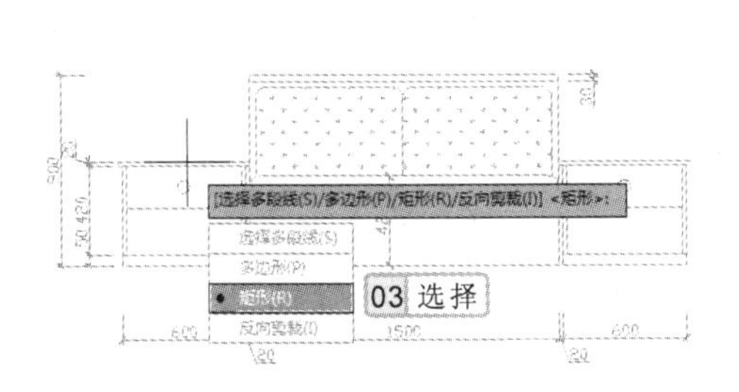

图 10-43　选择“矩形”选项

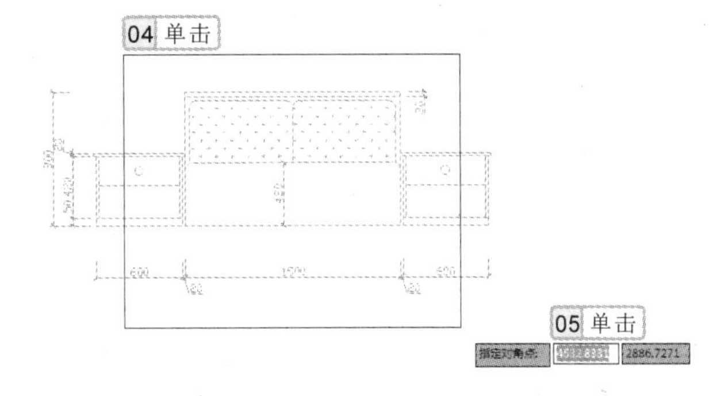

图 10-44　选择剪裁边界

10.6　提高实例

本章的提高实例中将绘制粗糙度属性图块和户型图的窗户，通过这两个实例的学习，可以让用户进一步掌握图块的创建方法，属性图块的创建，以及插入创建的图块等相关操作。

块编辑器的绘图区域中会显示出一个 UCS 图标，UCS 图标的原点定义了块的基点，用户可以通过相对 UCS 图标原点移动几何图形，或通过添加基点参数来更改块的基点。

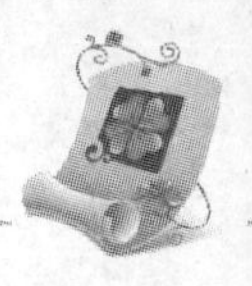

10.6.1 绘制粗糙度

本例将利用属性定义的方式，创建机械制图中常见的粗糙度符号，并标注粗糙度的值，最终效果如图 10-45 所示。

图 10-45 绘制粗糙度

1. 行业分析

表面粗糙度，是指加工表面具有的较小间距和微小峰谷不平度。其两波峰或两波谷之间的距离（波距）很小（在 1mm 以下），用肉眼是难以区别的，因此它属于微观几何形状误差。表面粗糙度越小，则表面越光滑。表面粗糙度的大小，对机械零件的使用性能有很大的影响，主要表现在以下几个方面。

- **影响零件的耐磨性**：表面越粗糙，配合表面间的有效接触面积越小，压强越大，磨损就越快。
- **影响配合性质的稳定性**：对间隙配合来说，表面越粗糙，就越易磨损，使工作过程中间隙逐渐增大；对过盈配合来说，由于装配时将微观凸峰挤平，减小了实际有效过盈，降低了连结强度。
- **影响零件的疲劳强度**：粗糙零件的表面存在较大的波谷，它们像尖角缺口和裂纹一样，对应力集中很敏感，从而影响零件的疲劳强度。
- **影响零件的抗腐蚀性**：粗糙的表面，易使腐蚀性气体或液体通过表面的微观凹谷渗入到金属内层，造成表面腐蚀。
- **影响零件的密封性**：粗糙的表面之间无法严密地贴合，气体或液体会通过接触面间的缝隙渗漏。
- **影响零件的接触刚度**：接触刚度是零件结合面在外力作用下，抵抗接触变形的能力。机器的刚度在很大程度上取决于各零件之间的接触刚度。
- **影响零件的测量精度**：零件被测表面和测量工具测量面的表面粗糙度都会直接影响测量的精度，尤其是在精密测量时。

此外，表面粗糙度对零件的镀涂层、导热性和接触电阻、反射能力和辐射性能、液体和气体流动的阻力、导体表面电流的流通等都会有不同程度的影响。

2. 操作思路

为更快完成本例的制作，并且尽可能运用本章讲解的知识，本例的操作思路如下。

在块编辑器中 UCS 命令被禁用，用户可以在块编辑器中打开一个现有的三维块定义，并将参数指定给该块。

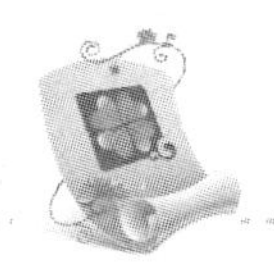

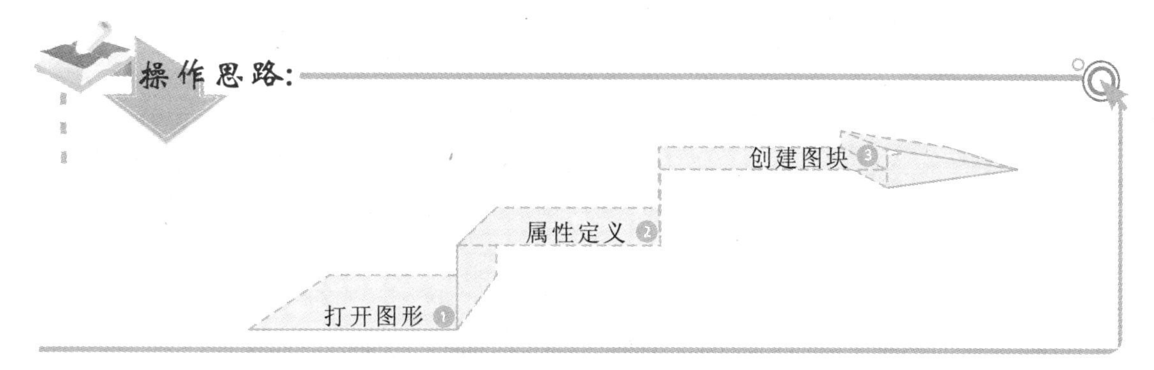

3. 操作步骤

下面介绍粗糙度属性图块的创建，其操作步骤如下。

参见光盘

光盘\素材\第 10 章\粗糙度.dwg
光盘\效果\第 10 章\粗糙度.dwg
光盘\实例演示\第 10 章\绘制粗糙度

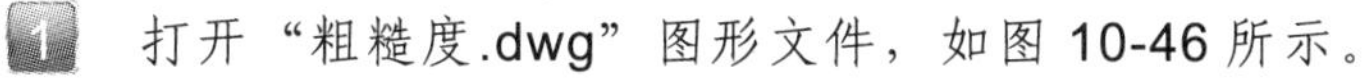

1. 打开“粗糙度.dwg”图形文件，如图 10-46 所示。
2. 选择【插入】/【块定义】组，单击“定义属性”按钮，打开“属性定义”对话框，在“属性”栏的“标记”、“提示”和“默认”文本框中输入相应的内容，在“文字设置”栏的“文字高度”文本框中输入“1”，如图 10-47 所示。
3. 单击 确定 按钮，关闭“属性定义”对话框，在命令行指示“指定起点:”后在粗糙度符号上单击鼠标左键，指定属性文字的位置，如图 10-48 所示。

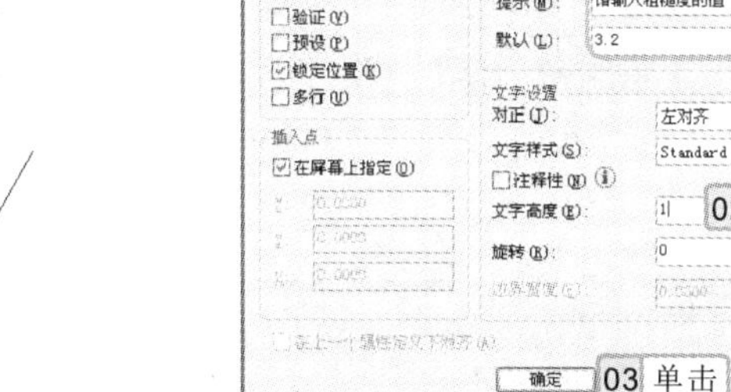

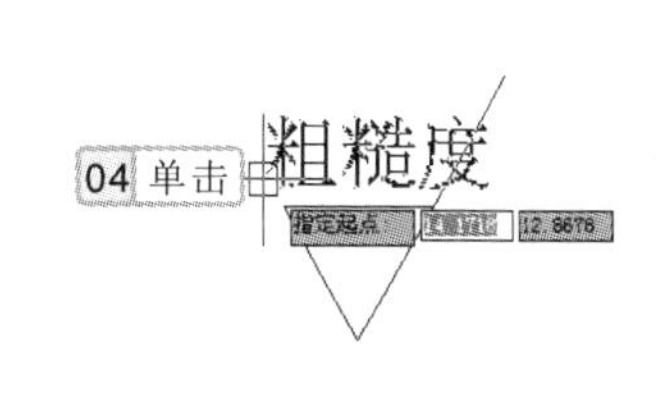

图 10-46　原始文件　　　图 10-47　“属性定义”对话框　　　图 10-48　指定起点位置

4. 在命令行中输入“B”，执行块定义命令，打开“块定义”对话框，在“名称”下拉列表框中输入“粗糙度”，在“对象”栏中选中 ⊙转换为块(C) 单选按钮，单击“选择对象”按钮，如图 10-49 所示。
5. 返回绘图区，在命令行提示“选择对象:”后选择属性文字和粗糙度符号，并按“Enter”键确定图形对象的选择，如图 10-50 所示。

块可以是绘制在几个图层上的不同颜色、线型和线宽特性的对象的组合。尽管块总是在当前图层上，但块参照保存了有关包含在该块中的对象的原图层、颜色和线型特性等信息。

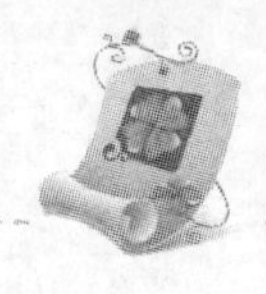

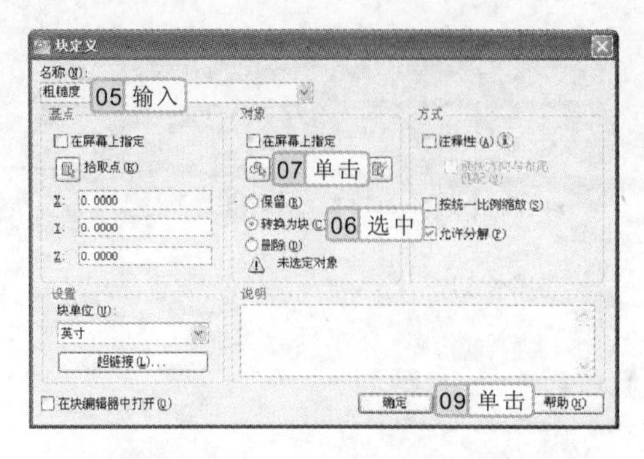

图 10-49　“块定义”对话框

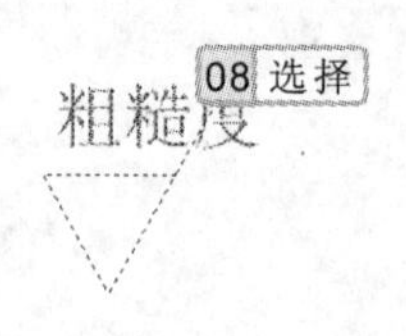

图 10-50　选择图形对象

6　单击 确定 按钮，打开“编辑属性”对话框，如图 10-51 所示。

7　单击 确定 按钮，完成粗糙度属性图块的创建，效果如图 10-52 所示。

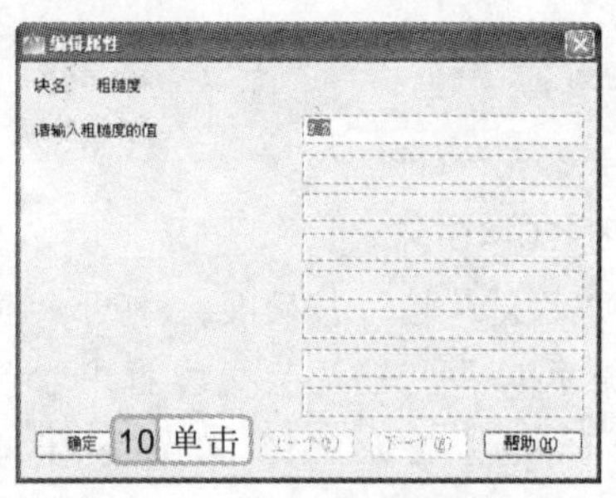

图 10-51　“编辑属性”对话框

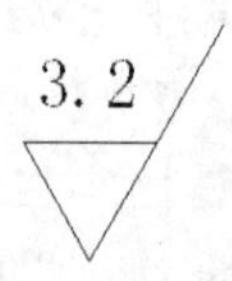

图 10-52　属性定义效果

10.6.2　绘制户型图的窗户

本例将在“户型图.dwg”图形文件的基础上，通过图块的定义与插入图块的方法，完成其余窗户图形的绘制，其中主要使用了内部图块的定义，以及插入图块等相关操作，最终效果如图 10-53 所示。

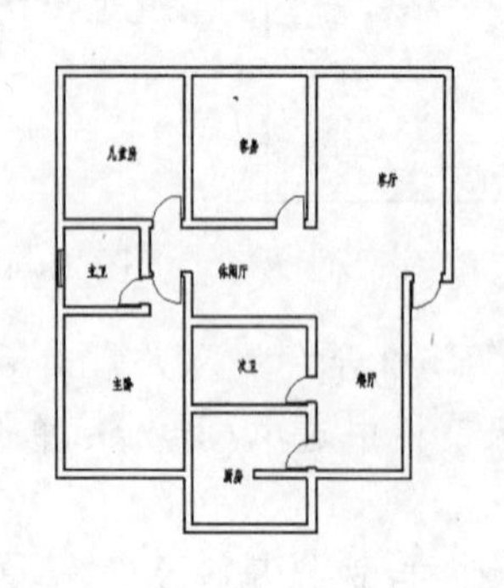

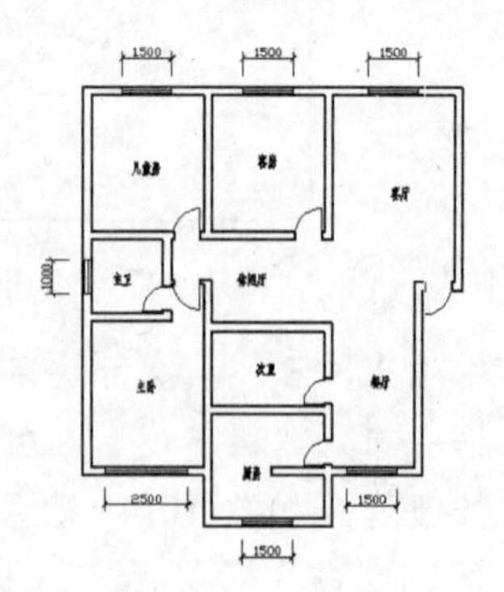

图 10-53　绘制户型图窗户

在实际应用中，由于内部块只能在当前图形中使用，所以一般将图形定义为外部块来使用，这样可以最大限度地利用资源。

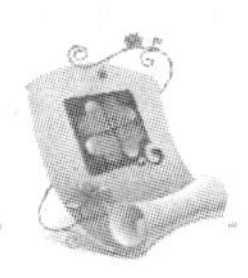

1. 行业分析

户型图就是住房的平面空间布局图，即对各个独立空间的使用功能、相应位置、大小进行描述的图型。通过户型图可以直观地看清房屋的走向布局，户型图主要包括以下几方面的信息。

- **户型面积：**绝大多数户型都会标注户型的总建筑面积，但是这个数据与实际交房的标准存在上下的浮动误差。另外，在看户型图时一定要注意辨别建筑面积与实际使用面积之间的差别，这就需要询问售楼员楼盘的公摊有多少。
- **户型结构：**户型在某些时候是需要先天不足后天弥补的，所以了解户型的可变结构也很重要。哪些墙能动，哪些墙不能动，下水管、上水管的位置，电线走向等也要尽可能掌握。
- **户型剖面图：**对于剖面图，很多户型宣传资料并不标注。但作为一个购房者一定要向售楼员要求了解剖面图情况。因为了解清楚相邻关系也是看户型图的要点，举例而言，一个楼面一般会有电梯、走道、楼梯、弱电房等，每个部分对居住都有或多或少、或利或弊的影响。
- **户型开间与进深：**开间是指房间的宽度，一般在 3～3.9 米之间。进深是指房间的长度，一般控制在 5 米左右。进深过深，开间狭窄，不利于采光、通风。一般来讲，进深的总数值是越小越好，而开间则是越大越好。
- **户型比例与布局：**户型的合理与否并不在于大小，而是房屋各个部分之间的比例与布局关系。这个关系取决于设计者对于整个房型的把握，更关系到日常生活细节。有的户型将卫生间的开门直接对着客厅、餐厅，这样的位置摆放，在看户型图的时候不会觉得有很大问题，但实际生活中可能就会遇到诸如室内空气不好的问题了。因此，在看户型图的时候，购房者需要仔细研究，慢慢考量。

2. 操作思路

为更快完成本例的制作，并且尽可能运用本章讲解的知识，本例的操作思路如下。

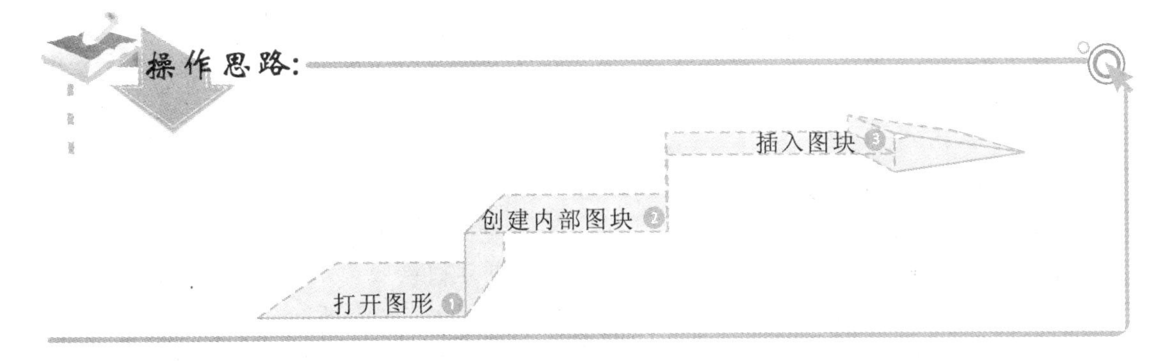

3. 操作步骤

下面介绍户型图窗户图形的绘制，其操作步骤如下。

如果在图形中插入了带有动态行为的块参照，则可以通过自定义夹点或自定义特性来操作该块参照中的几何图形。

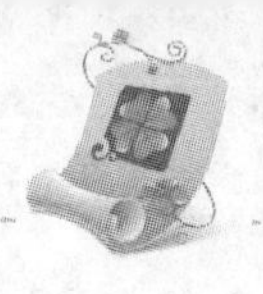

参见光盘
光盘\素材\第 10 章\户型图.dwg
光盘\效果\第 10 章\户型图.dwg
光盘\实例演示\第 10 章\绘制户型图的窗户

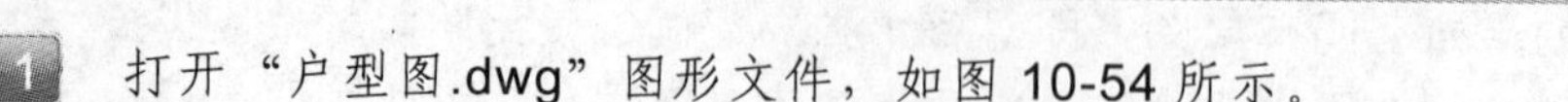

1 打开“户型图.dwg”图形文件，如图 10-54 所示。

2 在命令行输入“B”，执行块定义命令，打开“块定义”对话框，在“名称”下拉列表框中输入“chuang”，在“基点”栏中单击“拾取点”按钮，如图 10-55 所示。

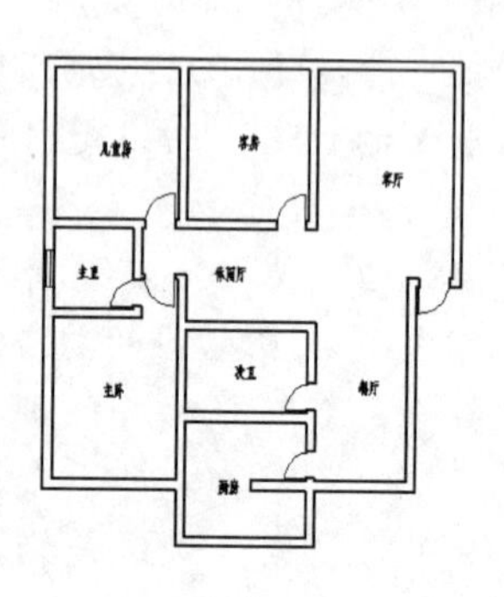

图 10-54　户型图

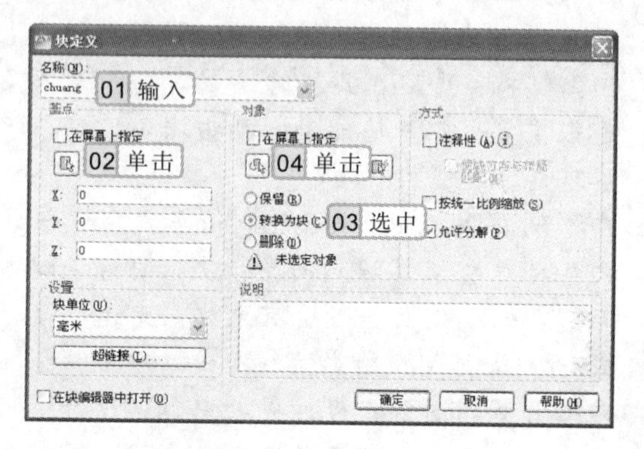

图 10-55　“块定义”对话框

3 进入绘图区，在命令行提示“指定插入基点:”后捕捉窗户垂直线的中点，指定图块的基点，如图 10-56 所示，并返回“块定义”对话框。

4 在“对象”栏中选中 ⊙转换为块(C) 单选按钮，单击“选择对象”按钮，进入绘图区，选择要定义为图块的窗户图形，如图 10-57 所示，按“Enter”键返回“块定义”对话框。

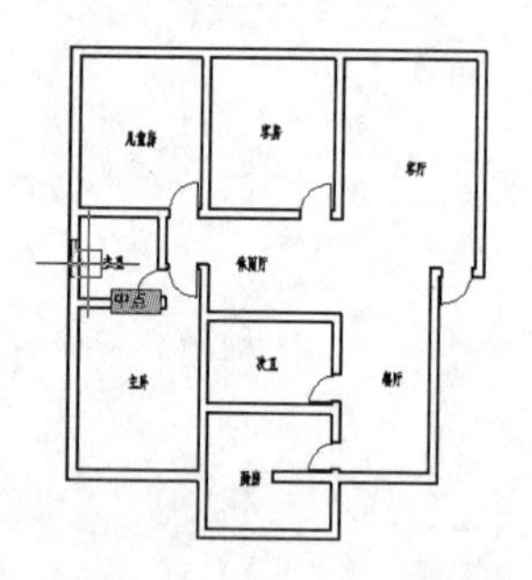

图 10-56　指定图块基点

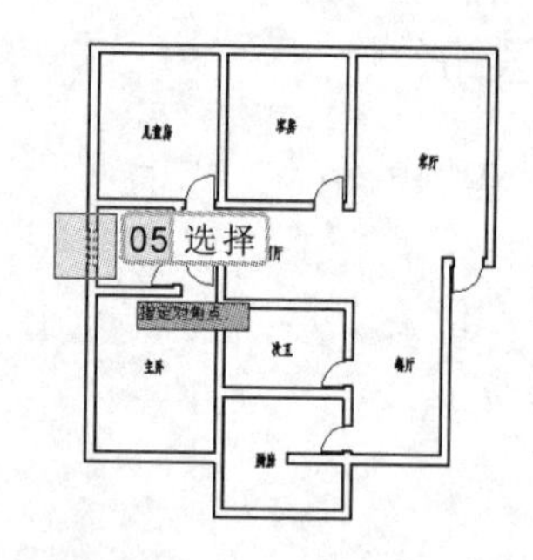

图 10-57　选择图形对象

5 单击 确定 按钮，完成窗户图块的定义，并返回绘图区。

6 在命令行输入“I”，执行插入命令，打开“插入”对话框，在“名称”下拉列表框中选择“chuang”选项，在“比例”栏的“Y”文本框中输入“1.5”，在“旋转”栏的“角度”文本框中输入“-90”，如图 10-58 所示。

7 单击 确定 按钮，关闭“插入”对话框，返回绘图区，在命令行提示“指定插入

专家指导

在表格单元中插入块时，块可以自动适应单元的大小，也可以调整单元以适应块的大小。可以通过表格工具栏或快捷菜单插入块。

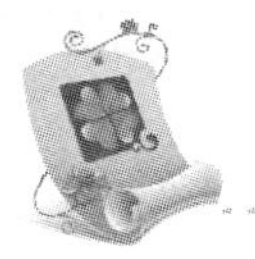

点或 [基点(B)/比例(S)/X/Y/Z/旋转(R)]:”后捕捉墙线的中点，指定图块的插入点，如图 10-59 所示。

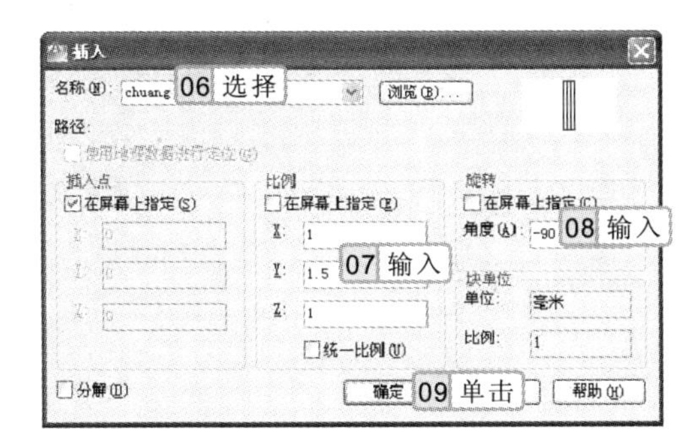

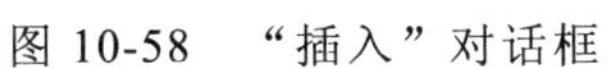
图 10-58 “插入”对话框

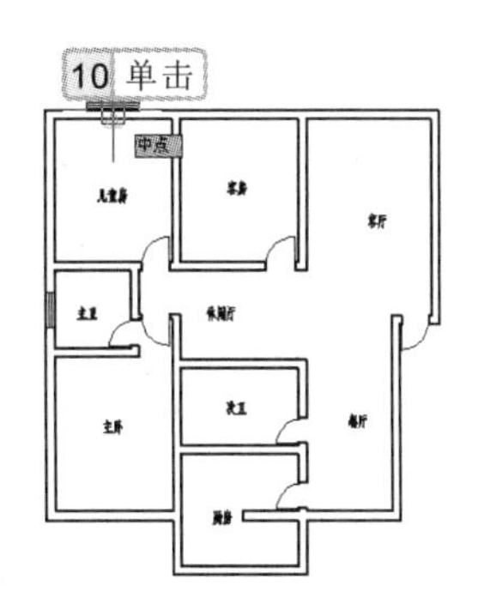

图 10-59 指定图块插入点

8 将图块插入到“户型图.dwg”图形文件中的效果如图 10-60 所示。

9 使用相同的方法，将图块“chuang”插入到图形中，其尺寸参见如图 10-61 所示的尺寸标注，完成户型图窗户的绘制。

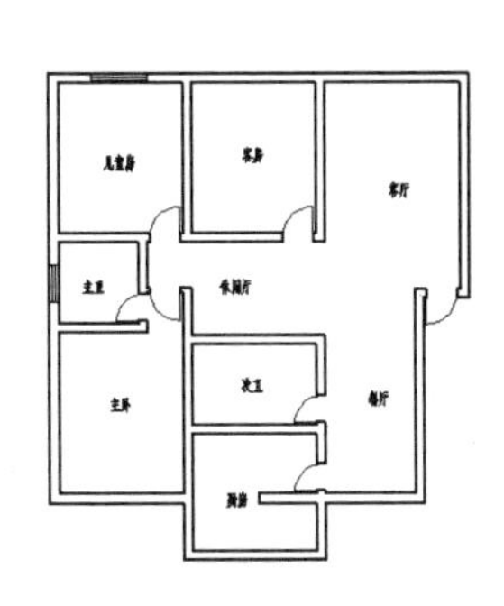

图 10-60 插入图块效果

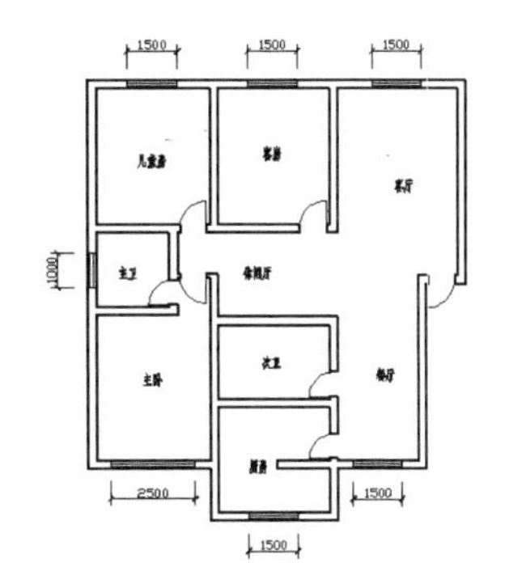

图 10-61 绘制其余窗户

10.7 提高练习

本章主要介绍了图块的创建、调用、编辑图块等相关知识，以及利用样板绘制图形，利用外部参照绘制图形等。下面通过两个实例的练习，让用户进一步掌握这些知识的使用。

10.7.1 绘制标高属性块

本次练习将在“标高.dwg”图形文件的基础上，通过属性定义、创建图块等命令，创建建筑制图中常见的标高符号块，进一步了解并掌握属性定义的相关知识，掌握图块的创

可以使用不同的 X、Y 和 Z 值指定块参照的比例，插入块操作将创建一个称作块参照的对象，因为参照了存储在当前图形中的块定义。

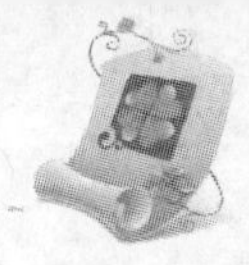

建等操作，效果如图 10-62 所示。

图 10-62　绘制标高属性块

参见光盘
光盘\素材\第 10 章\标高.dwg
光盘\效果\第 10 章\标高.dwg
光盘\实例演示\第 10 章\绘制标高属性块

关键提示:

创建属性块的操作

标记：标高；提示：输入标高；值：+3.000；图块名称：标高。

10.7.2　编辑轴套图块

本次练习将打开"轴套.dwg"图块文件，利用图块编辑功能，对图块进行拉伸操作，并重新命名图块的名称为"轴"，编辑图块的效果如图 10-63 所示。

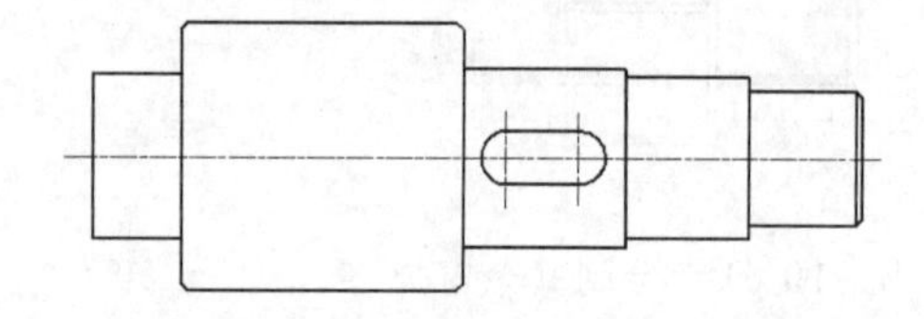

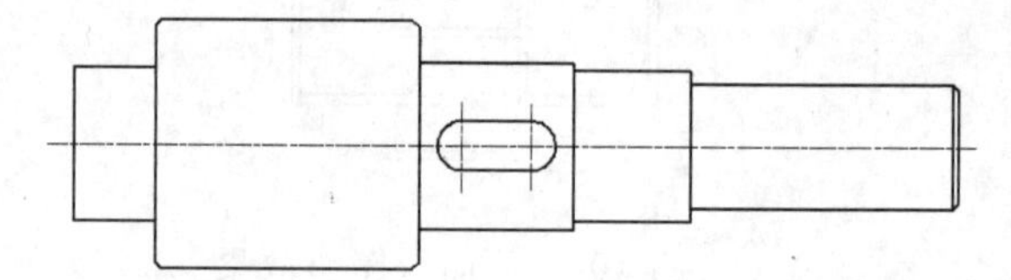

图 10-63　编辑轴图块

参见光盘
光盘\素材\第 10 章\轴套.dwg
光盘\效果\第 10 章\轴.dwg
光盘\实例演示\第 10 章\编辑轴套图块

关键提示:

编辑图块参数

更改图块名称：轴套；拉伸图块距离：40。

如果插入的块所使用的图形单位与为图形指定的单位不同，则块将自动按照两种单位相比的等价比例因子进行缩放。

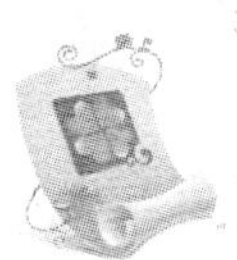

10.8 知识问答

在使用图块、外部参照和样板来绘制图形的过程中，难免会遇到一些难题。下面将介绍在创建图块、调用图块、编辑图块，以及使用图块绘制图形时的常见问题及解决方案。

问：在 AutoCAD 中内部图块是随图形一同保存的，当外部图块插入到图形中之后，该图块是不是也一样随图形保存呢？

答：图块随图形文件保存与它是不是内部图块或者外部图块是没有关系的，当外部图块插入到图形中之后，该图块就是图形文件的组成部分，因此会随图形文件一同保存。

问：为何在执行了“编辑图块属性”命令后，命令行提示“此图形不包含带属性的块”，可是已经为图块定义了属性？

答：这是因为还没有将属性和图块重新创建为新的图块，“块属性管理器”命令只能编辑当前已经将属性及图块定义为属性图块的对象。

问：为什么每次我从设计中心插入的图块都特别小呢？

答：插入的图块的大小还取决于定义块时在“块定义”或“写块”对话框中设置的单位，如绘制图形时以“厘米”为单位，但在设置单位时选择了“毫米”选项，则从设计中心将该图块拖放到绘图区时，会缩小为原图形的10倍，所以从设计中心插入的图块显得特别小。

知识关联　编辑图块图形

在图块的图形对象不能满足实际需求时，通常会对图块进行编辑处理。当只对插入的某个图块进行编辑处理，而不更改该图块在其余地方的图形对象时，可以使用分解命令 EXPLODE 将图块进行分解，然后对图块进行编辑处理；如果是要更改所有插入的图形对象，可以使用编辑图块的功能，然后在图块编辑器中对图块进行编辑操作，这里插入的图块全部都会被更改，而无须一个个对图块进行编辑操作。

希望显示剪裁参照的隐藏部分，或隐藏其显示部分时，可以使用夹点改变外部参照或块的显示，通过位于剪裁边界的第一条边上中点处的夹点，可以反转边界内部或外部剪裁参照的显示。

第11章 绘制三维模型

三维绘图基础

三维实体

长方体 圆柱体 球体

视觉样式

由二维对象创建三维实体

拉伸 旋转 扫掠 放样

本章导读

在 AutoCAD 2012 中，不仅可以绘制平面图形，还可以绘制三维实体模型，从而可以更直观地查看图形的结构形状。本章将详细介绍三维绘图基础、使用三维绘图命令绘制三维模型，以及使用二维图形经过拉伸、旋转、扫掠、放样等命令转换为三维实体等。其中，三维绘图基础是绘制三维模型的基础，应熟练进行掌握；使用三维命令，以及利用二维图形转换为三维实体模型，是本章的重点及难点，应重点进行掌握。

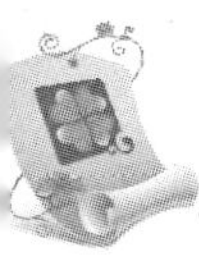

11.1 三维绘图基础

使用 AutoCAD 2012 进行三维模型的绘制时，首先应掌握三维绘图的基础知识，如绘制三维模型经常使用的三维视图、三维坐标系等，然后才能快速、准确地完成三维模型的绘制。

11.1.1 设置三维视图

在 AutoCAD 2012 中绘制三维模型时，首先应将工作空间切换为三维绘图的工作空间，主要包括“三维建模”和“三维基础”两个工作空间，其方法是在状态栏中单击“工作空间”按钮二维草图与注释，在打开的菜单中选择“三维建模”或“三维基础”命令。在本书中，未明确指明使用哪个三维工作空间时，默认使用“三维建模”工作空间。

绘制三维模型时，由于模型有多个面，仅从一个角度不能观看到模型的其他面，因此，应根据情况选择相应的观察点。在 AutoCAD 2012 中不仅提供了 6 个正交视图（俯视、仰视、左视、右视、前视和后视），还提供了 4 个用于绘制三维模型的等轴测视图（西南、西北、东南和东北等轴测视图）。更改三维视图，主要有以下几种方法：

- 选择【常用】/【视图】组，单击“三维导航”按钮未保存的视图，在打开的列表框中选择相应的视图选项，如图 11-1 所示。
- 选择【视图】/【视图】组，单击按钮，在打开的列表框中选择相应的视图选项，如图 11-2 所示。
- 在命令行中输入“VIEW”或“V”命令，打开“视图管理器”对话框，在“查看”列表框中选择相应的视图，单击置为当前(C)按钮，再单击确定按钮，即可切换到不同的视图，如图 11-3 所示。

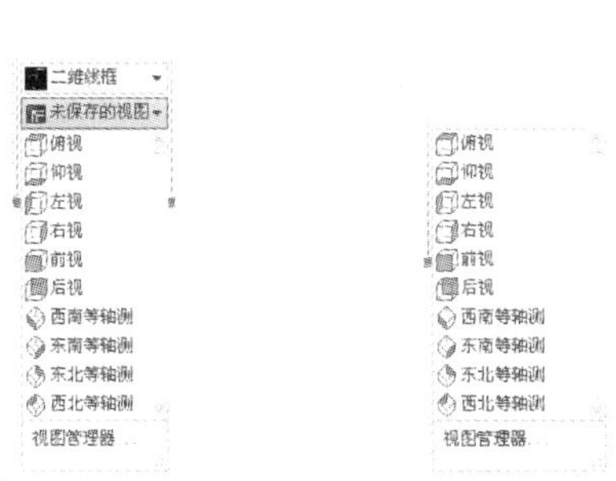

图 11-1 三维导航　　图 11-2 视图面板

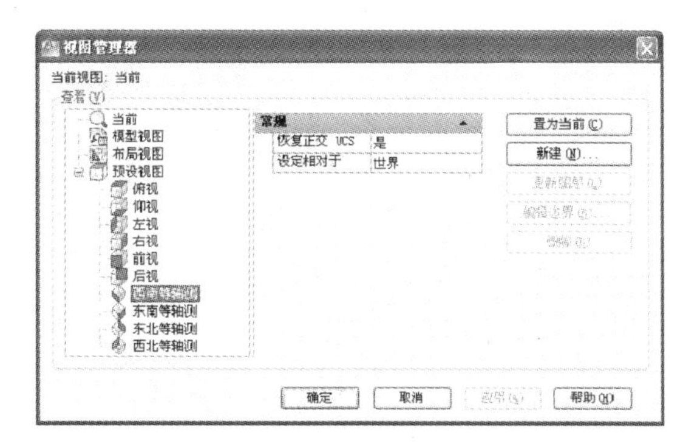

图 11-3 “视图管理器”对话框

11.1.2 视觉样式

在等轴测视图中绘制三维模型时，默认状态下是以线框方式进行显示的，为了获得直

在 AutoCAD 2012 的任意一个图形文件中，都有一个唯一、固定不变，且不可删除的基本三维坐标系，这个坐标系被称为世界坐标系（WCS）。

观的视觉效果，可更改视觉样式来改善显示效果。选择【常用】/【视图】组，单击“视觉样式”按钮二维线框，在打开的下拉列表框中选择相应的视觉样式。在 AutoCAD 2012 中提供了 5 种视觉样式，各种视觉样式的含义介绍如下。

- **二维线框**：显示用直线和曲线表示边界的对象。光栅和 OLE 对象、线型和线宽均可见，如图 11-4 所示。
- **三维线框**：显示用直线和曲线表示边界的对象。在绘图区中显示一个已着色的三维 UCS 坐标系图标，如图 11-5 所示。

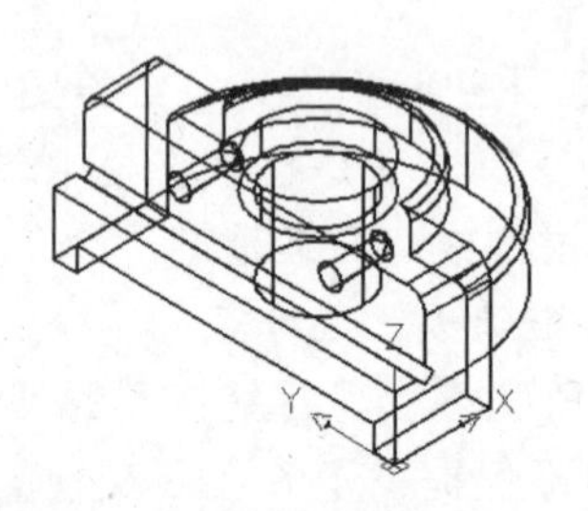

图 11-4　二维线框

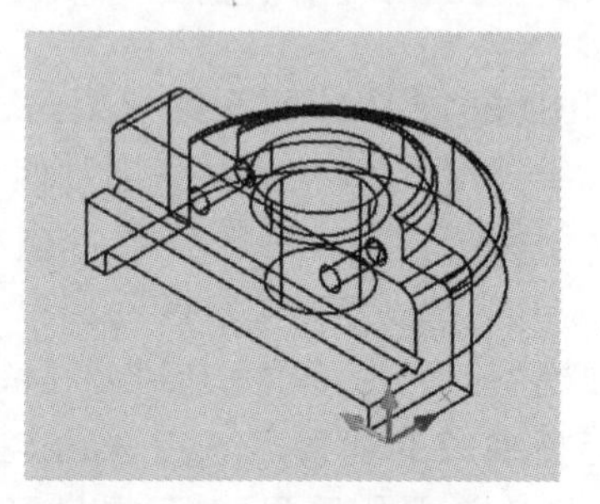

图 11-5　三维线框

- **三维隐藏**：显示用三维线框表示的对象，并隐藏模型内部及背面等无法从当前视点直接看见的线条，如图 11-6 所示。
- **概念**：着色多边形平面间的对象，并使对象的边平滑化。着色时使用古氏面样式，是一种冷色和暖色之间的过渡，如图 11-7 所示。
- **真实**：着色多边形平面间的对象，并使对象的边平滑化，并且将显示已附着到对象的材质，如图 11-8 所示。

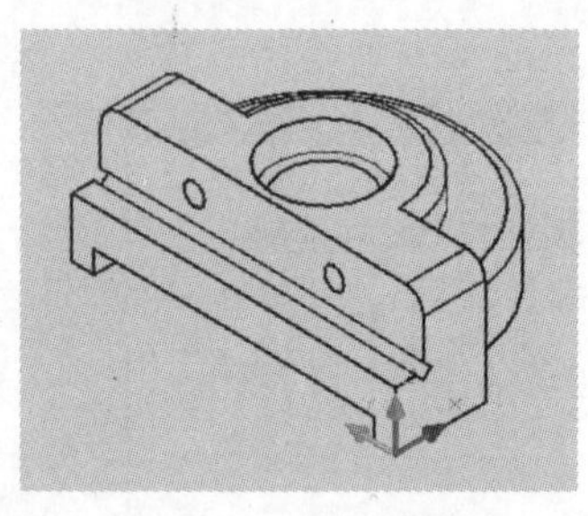

图 11-6　三维隐藏

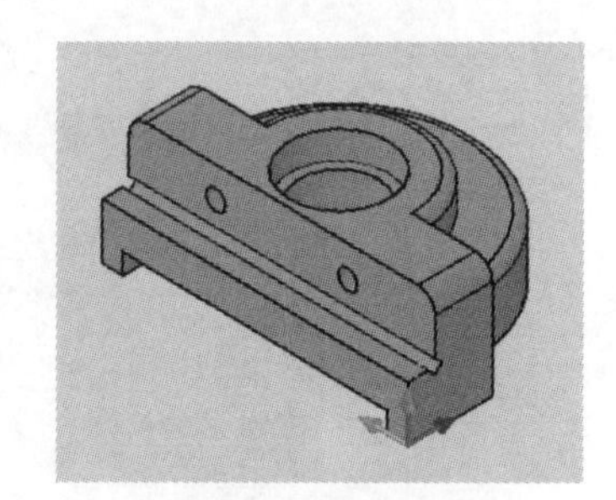

图 11-7　概念

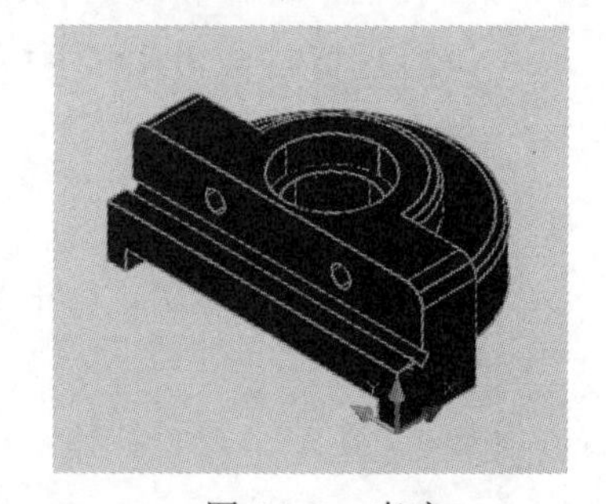

图 11-8　真实

11.1.3　布尔运算

创建复杂实体的方法有多种，但通过布尔运算可创建出不易绘制的三维实体，其方法是选择【常用】/【实体编辑】组，单击相应的布尔运算按钮，各布尔运算的含义介绍如下。

- **并集**：并集运算命令可对所选择的两个或两个以上的面域或实体进行求并运算，从而生成一个新的整体。

通过三点方式来设置 UCS 坐标时，这三点指的是新原点、正 X 轴范围上的点以及 UCS 中 XY 平面的正 Y 轴上的点。

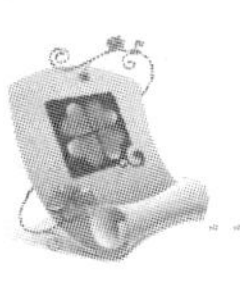

- **差集**：差集是指从所选的实体组或面域组中删除一个或多个实体或面域，从而生成一个新的实体或面域。
- **交集**：交集运算用于将多个面域或实体之间的公共部分生成形体。

11.2 绘制三维实体模型

实体模型是常用的三维模型，AutoCAD 2012 提供了长方体、球体、圆柱体和圆锥体等基本几何实体的命令，通过这些命令可绘制出简单的三维实体模型。

11.2.1 绘制长方体

使用长方体命令，可以绘制实心长方体或立方体。执行长方体命令，主要有如下两种方法：

- 选择【常用】/【建模】组，单击“长方体”按钮。
- 在命令行中输入“BOX”命令。

执行长方体命令后，将提示指定长方体的第一个角点，然后指定长方体的其他角点来绘制长方体。

实例 11-1 绘制长度为 60 的长方体

执行长方体命令，以点（0,0,0）为起点，绘制一个长度为 60，宽度为 45，高度为 30 的长方体，效果如图 11-9 所示，其命令行操作如下：

光盘\效果\第 11 章\长方体.dwg

```
命令: _box                                       //执行长方体命令
指定第一个角点或 [中心(C)]: 0,0,0                 //输入第一个角点坐标，如图 11-10 所示
指定其他角点或 [立方体(C)/长度(L)]: @60,45,30     //输入其他角点坐标，如图 11-11 所示
```

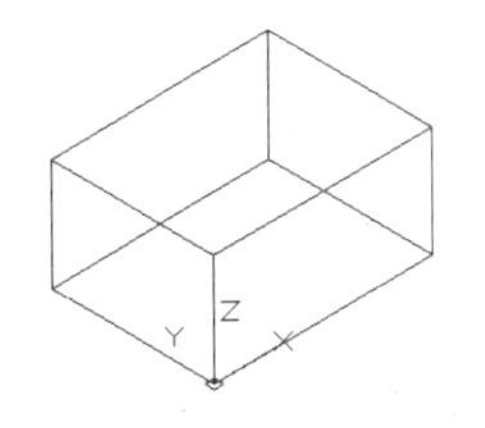

图 11-9 长方体

图 11-10 输入第一点坐标

图 11-11 输入其他角点坐标

在绘制长方体的过程中，命令行中各选项的含义介绍如下。

- **中心(C)**：使用指定的第一个角点或是中心创建长方体。

在出现“指定绕*轴的旋转角度 <90>:”的提示信息时，用户还可输入需要进行旋转的角度，如 180°，系统将会以指定的角度进行旋转。

- **立方体(C)**：选择该选项后将创建正方体，即长、宽、高同等大小的长方体。
- **长度(L)**：选择该选项，系统将提示用户分别指定长方体的长度、宽度和高度值。

11.2.2 绘制楔体

楔体实际上是一个三角形的实体模型。执行楔体命令，主要有以下两种方法：

- 选择【常用】/【建模】组，单击“楔体”按钮。
- 在命令行中输入“WEDGE”命令。

实例 11-2 绘制高度为 15 的楔体

执行楔体命令，以点（30,20,10）为起点，绘制一个长度为 40，宽度为 30，高度为 20 的楔体，效果如图 11-12 所示，其命令行操作如下：

光盘\效果\第 11 章\楔体.dwg

```
命令: _wedge                                   //执行楔体命令
指定第一个角点或 [中心(C)]: 30,20,10           //指定第一个角点，如图 11-13 所示
指定其他角点或 [立方体(C)/长度(L)]: l          //选择“长度”选项，如图 11-14 所示
指定长度: 40                                   //输入楔体长度，如图 11-15 所示
指定宽度: 30                                   //输入楔体宽度，如图 11-16 所示
指定高度或 [两点(2P)] <15.0000>: 20            //输入楔体高度，如图 11-17 所示
```

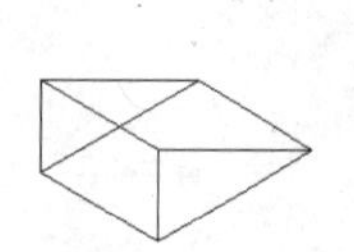

图 11-12 楔体

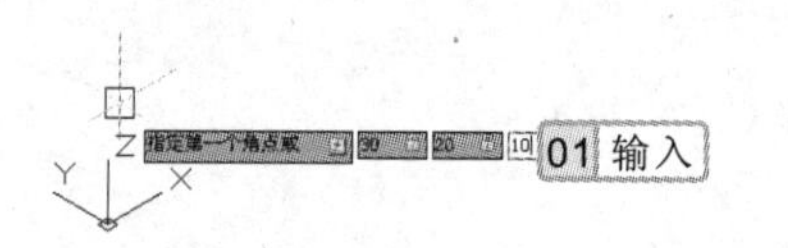

图 11-13 指定楔体起点

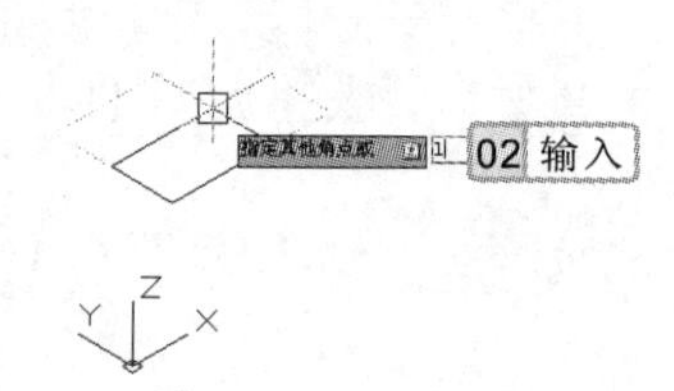

图 11-14 选择“长度”选项

图 11-15 输入楔体长度

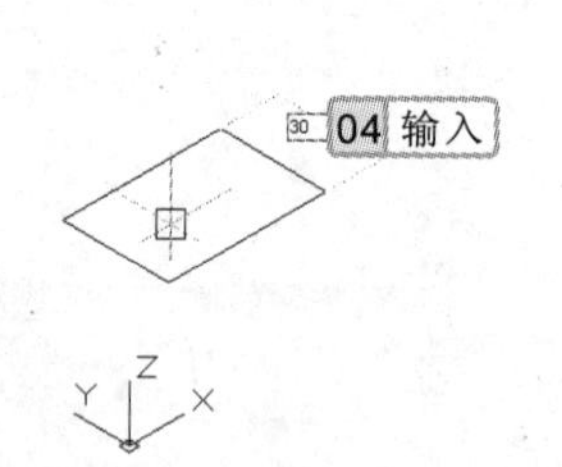

图 11-16 输入楔体宽度

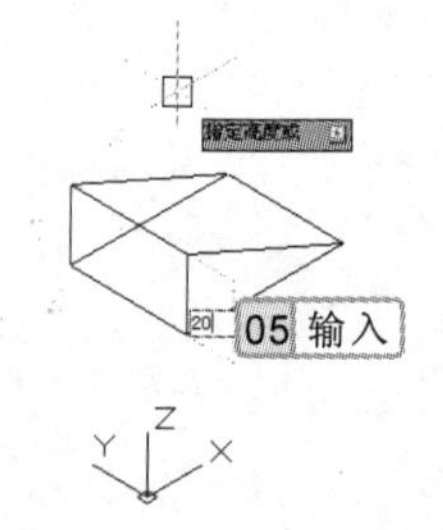

图 11-17 输入楔体高度

在绘制长方体时，将其长方体的长度、宽度和高度设置为相同的数据，绘制出的实体便是一个立方体。

11.2.3 绘制球体

球体命令常用来绘制球形门把手、球形建筑主体、轴承的钢珠等球体。执行球体命令，主要有以下两种方法：

- 选择【常用】/【建模】组，单击“球体”按钮。
- 在命令行中输入“SPHERE”命令。

实例 11-3 绘制半径为 25 的球体

执行球体命令，以点（35,40,45）为起点，绘制一个半径为 25 的球体，效果如图 11-18 所示，其命令行操作如下：

参见光盘 光盘\效果\第 11 章\球体.dwg

```
命令: _sphere                                          //执行球体命令
指定中心点或 [三点(3P)/两点(2P)/切点、切点、半径
(T)]: 35,40,45                                         //输入中心点坐标，如图 11-19 所示
指定半径或 [直径(D)]: 25                                //输入球体半径，如图 11-20 所示
```

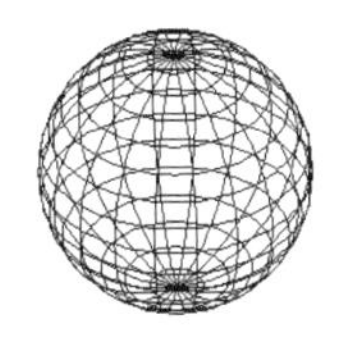

图 11-18 球体

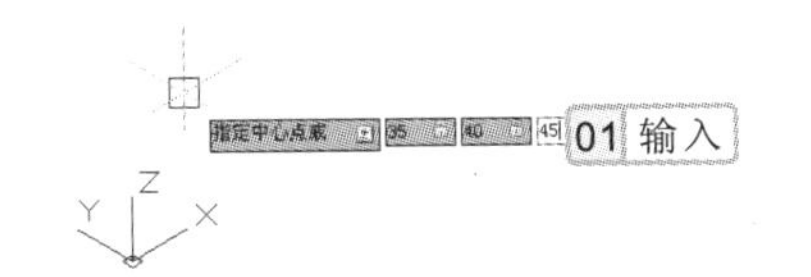

图 11-19 输入中心点坐标

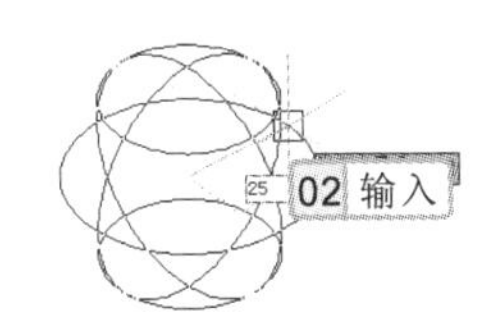

图 11-20 输入球体半径

11.2.4 绘制圆柱体

圆柱体命令常用于创建房屋的基柱、旗杆，以及机械绘图中的螺孔、轴孔等。执行圆柱体命令，主要有以下两种方法：

- 选择【常用】/【建模】组，单击“圆柱体”按钮。
- 在命令行中输入“CYLINDER”命令。

实例 11-4 绘制底面半径为 15 的圆柱体

执行圆柱体命令，以点（35,40,15）为起点，绘制一个底面半径为 15，高度为 30 的圆柱体，效果如图 11-21 所示，其命令行操作如下：

参见光盘 光盘\效果\第 11 章\圆柱体.dwg

操作提示

使用布尔运算命令，可以通过合并、减去或找出两个或两个以上三维实体、曲面或面域的相交部分来创建复合三维对象。

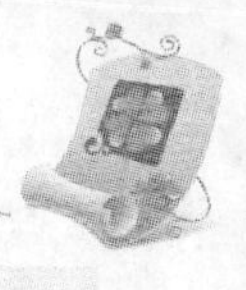

```
命令: _cylinder                                    //执行圆柱体命令
指定底面的中心点或 [三点(3P)/两点(2P)/切点、切
点、半径(T)/椭圆(E)]: 35,40,15                      //输入底面中心点坐标，如图 11-22 所示
指定底面半径或 [直径(D)]: 15                        //输入底面半径，如图 11-23 所示
指定高度或 [两点(2P)/轴端点(A)]: 30                 //输入圆柱体高度，如图 11-24 所示
```

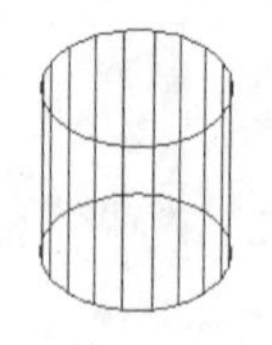

图 11-21　圆柱体

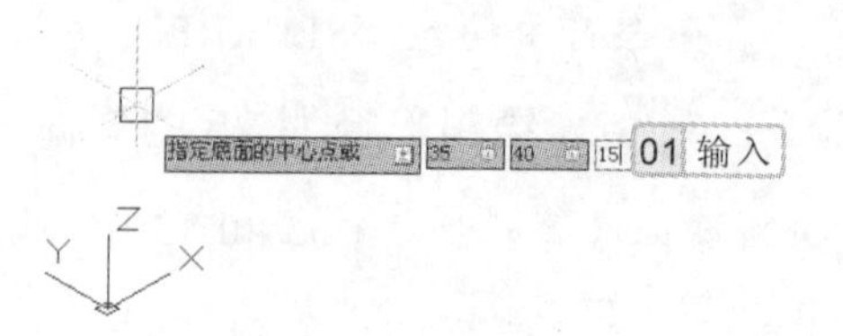

图 11-22　指定中心点位置

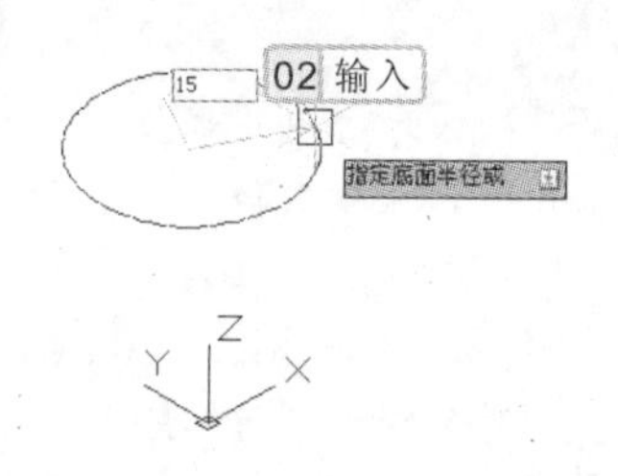

图 11-23　输入底面半径

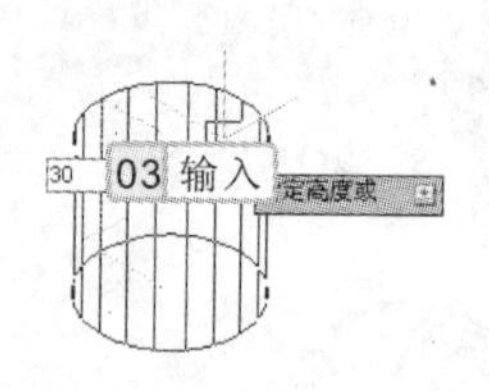

图 11-24　输入圆柱体高度

11.2.5　绘制圆锥体

圆锥体命令常用于创建圆锥形实体模型，如圆形屋顶、锥形零件，以及装饰品等。执行圆锥体命令，主要有以下两种方法：

- 选择【常用】/【建模】组，单击“圆锥体”按钮△。
- 在命令行中输入“CONE”命令。

实例 11-5　绘制底面半径为 18 的圆锥体

执行圆锥体命令，以点（25,30,15）为起点，绘制一个底面半径为 18，高度为 36 的圆锥体，效果如图 11-25 所示，其命令行操作如下：

参见光盘　光盘\效果\第 11 章\圆锥体.dwg

```
命令: _cone                                        //执行圆锥体命令
指定底面的中心点或 [三点(3P)/两点(2P)/切点、切
点、半径(T)/椭圆(E)]: 25,30,15                      //输入中心点坐标，如图 11-26 所示
```

专家指导

执行球体命令时，当命令行提示“指定球体半径或[直径(D)]:”时，可在绘图区单击或输入数值确定球体的半径。

```
指定底面半径或 [直径(D)]: 18                          //输入底面半径，如图 11-27 所示
指定高度或 [两点(2P)/轴端点(A)/顶面半径(T)]: 36        //输入圆锥体高度，如图 11-28 所示
```

图 11-25　圆锥体

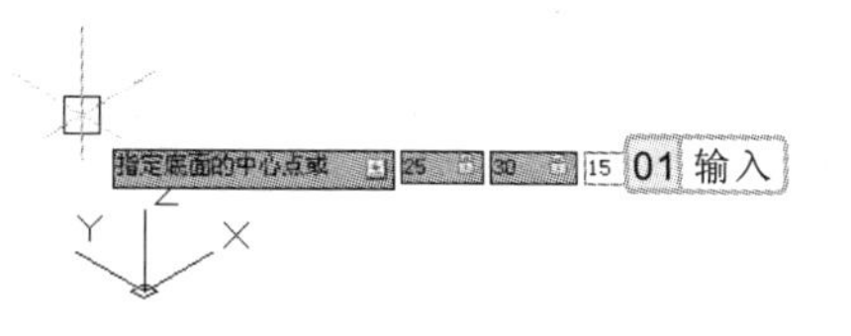

图 11-26　指定中心点位置

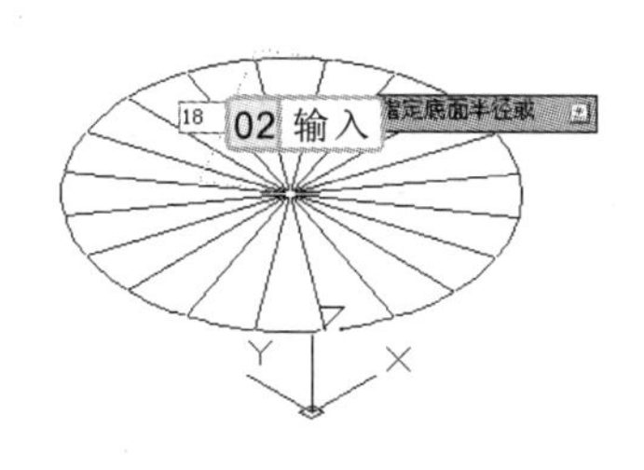

图 11-27　输入底面半径

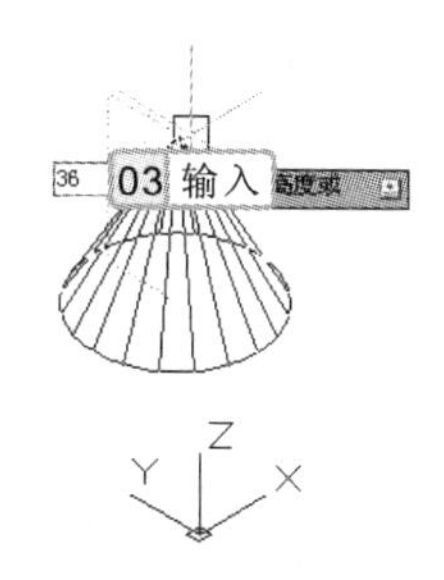

图 11-28　输入圆锥体高度

11.2.6　绘制圆环体

使用圆环体命令，可以绘制铁环、手镯以及环形装饰品等实体。执行圆环体命令，主要有以下两种方法：

- 选择【常用】/【建模】组，单击“圆环体”按钮◎。
- 在命令行中输入“TORUS”或“TOR”命令。

实例 11-6　绘制半径为 40 的圆环体

执行圆环体命令，以点（45,60,20）为中心点，绘制半径为 40，圆管半径为 5 的圆环体，如图 11-29 所示，其命令行操作如下：

参见光盘　光盘\效果\第 11 章\圆环体.dwg

```
命令: _torus                                          //执行圆环体命令
指定中心点或 [三点(3P)/两点(2P)/切点、切点、半径
(T)]: 45,60,20                                        //输入中心点坐标
指定半径或 [直径(D)]: 40                               //输入半径，如图 11-30 所示
指定圆管半径或 [两点(2P)/直径(D)]: 5                    //输入圆管半径，如图 11-31 所示
```

操作提示

创建圆锥体时，用户可以以圆或椭圆为底面，然后将底面逐渐缩小到一点来创建圆锥体。另外，也可通过逐渐缩小到与底面平行的圆或椭圆平面来创建圆台。

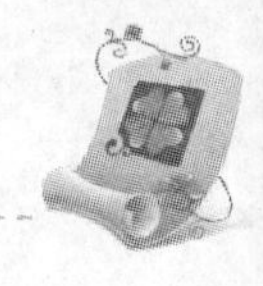

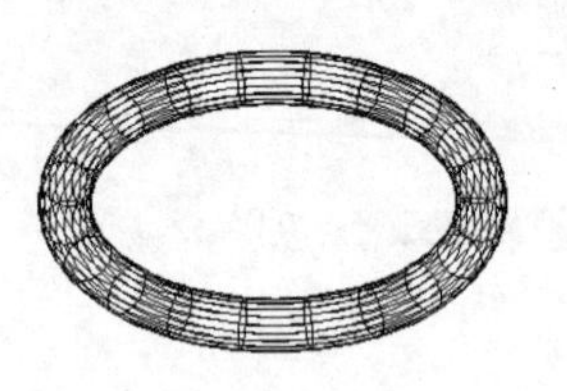

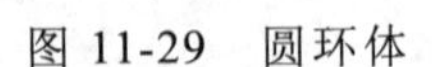

图 11-29 圆环体

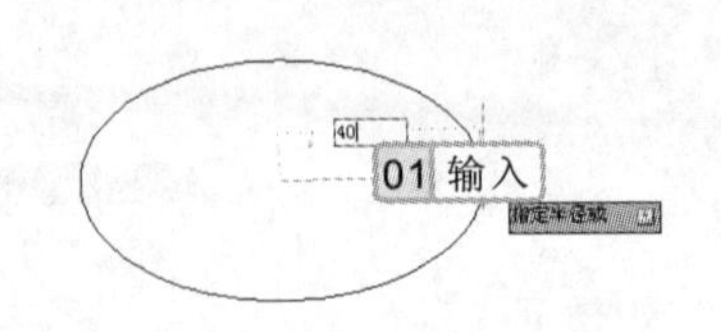

图 11-30 输入半径值

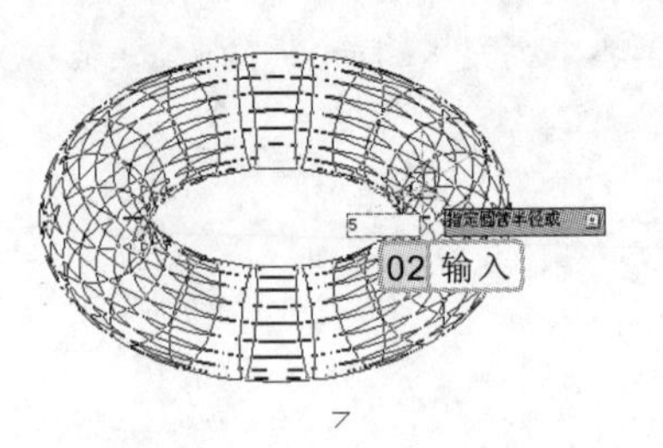

图 11-31 输入圆管半径

11.2.7 绘制多段体

多段体可以看作是带矩形轮廓的多段线。执行多段体命令，主要有以下两种方法：

- 选择【常用】/【建模】组，单击“多段体”按钮。
- 在命令行中输入“POLYSOLID”命令。

实例 11-7 绘制房间墙体

执行多段体命令，绘制高度为 2700，宽度为 240，长度分别为 3300、3600、3300 和 2700 的某房间墙体，效果如图 11-32 所示，其命令行操作如下：

参见光盘 光盘\效果\第 11 章\多段体.dwg

```
命令: _Polysolid                                    //执行多段体命令
高度 = 80.0000, 宽度 = 5.0000, 对正 = 居中
指定起点或 [对象(O)/高度(H)/宽度(W)/对正(J)]
<对象>: h                                           //选择“高度”选项，如图 11-33 所示
指定高度 <80.0000>: 2700                            //输入多段体的高度，如图 11-34 所示
高度 = 2700.0000, 宽度 = 5.0000, 对正 = 居中
指定起点或 [对象(O)/高度(H)/宽度(W)/对正(J)]
<对象>: w                                           //选择“宽度”选项，如图 11-35 所示
指定宽度 <5.0000>: 240                              //输入多段体的宽度，如图 11-36 所示
高度 = 2700.0000, 宽度 = 240.0000, 对正 = 居中
指定起点或 [对象(O)/高度(H)/宽度(W)/对正(J)]
<对象>:                                             //指定多段体的起点
指定下一个点或 [圆弧(A)/放弃(U)]: 3300              //打开“正交”功能，将鼠标向右上方移动，
                                                     并在命令行输入“3300”，如图 11-37 所示
指定下一个点或 [圆弧(A)/放弃(U)]: 3600              //移动鼠标并输入长度，如图 11-38 所示
指定下一个点或 [圆弧(A)/闭合(C)/放弃(U)]: 3300      //移动鼠标并输入长度，如图 11-39 所示
指定下一个点或 [圆弧(A)/闭合(C)/放弃(U)]: 2700      //移动鼠标并输入长度，如图 11-40 所示
指定下一个点或 [圆弧(A)/闭合(C)/放弃(U)]:           //按“Enter”键结束多段体命令
```

专家指导

在指定圆锥体的高度时，若鼠标光标在底面半径的下方，则绘制出的圆锥体顶部向下；如果输入负值，则绘制向上的圆锥体。

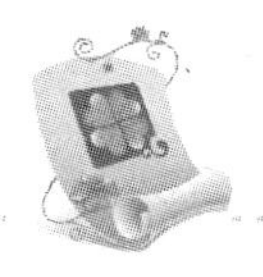

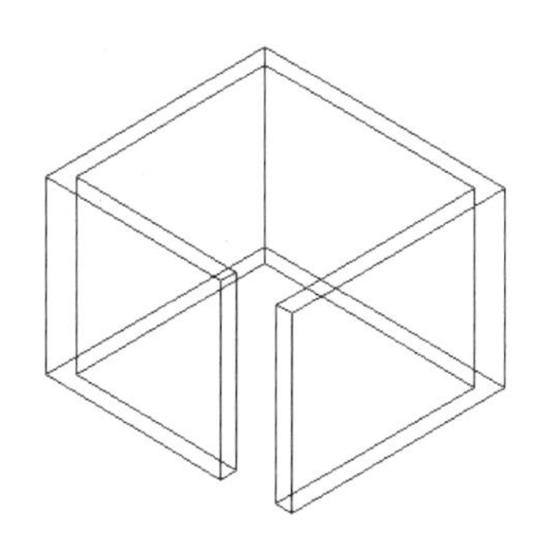

图 11-32　多段体

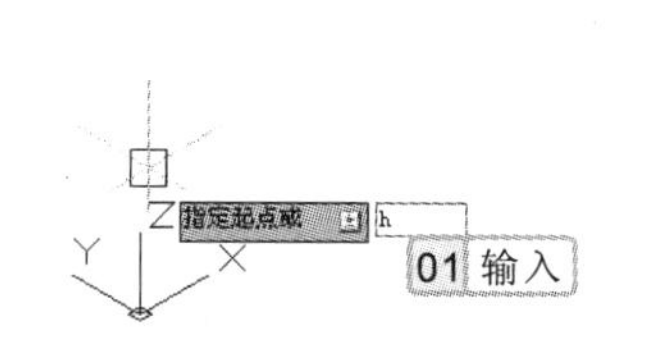

图 11-33　选择“高度”选项

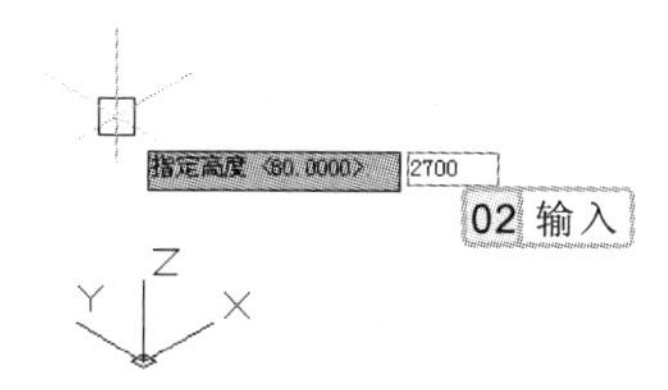

图 11-34　输入高度

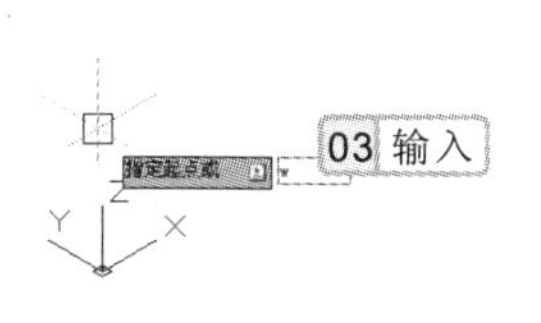

图 11-35　选择“宽度”选项

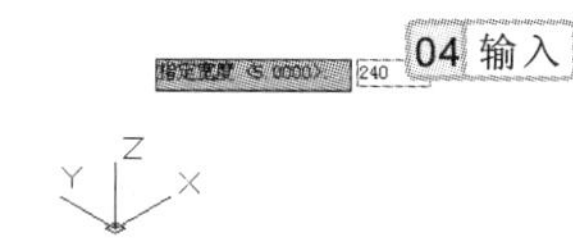

图 11-36　输入宽度值

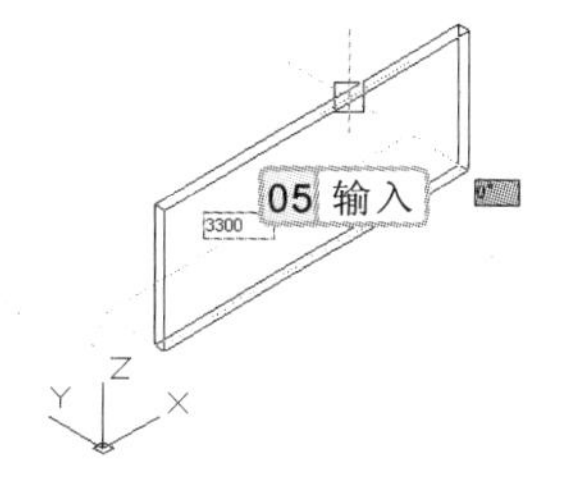

图 11-37　输入长度值（一）

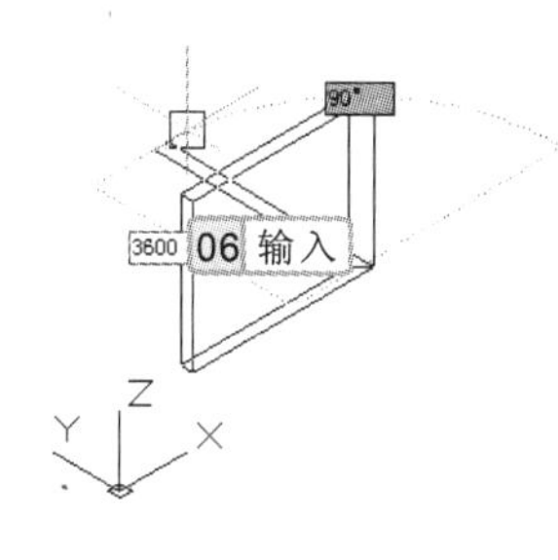

图 11-38　输入长度值（二）

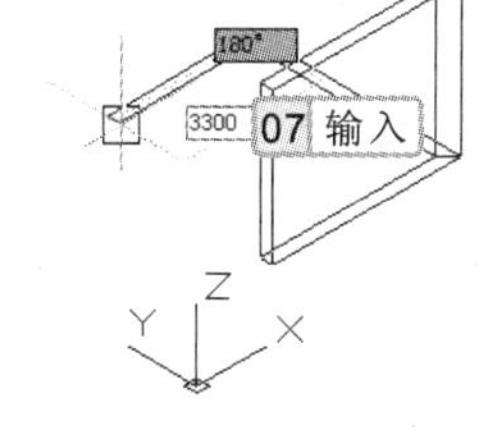

图 11-39　输入长度值（三）

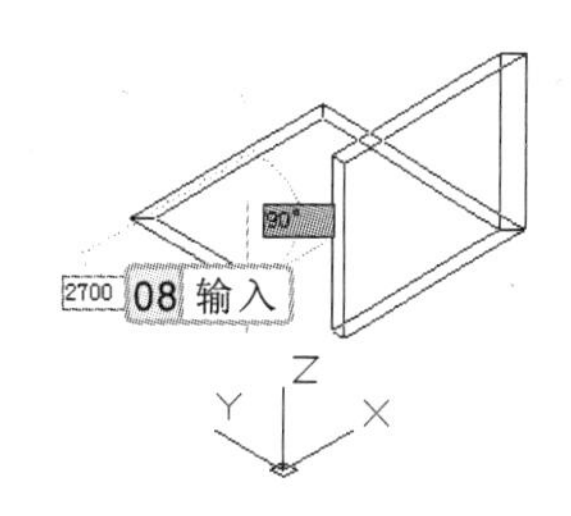

图 11-40　输入长度值（四）

11.3　由二维图形创建三维模型

在 AutoCAD 2012 中，除了使用三维绘图命令绘制三维实体模型外，还可以利用已经绘制的二维圆形，经过拉伸、旋转、放样、扫掠等编辑命令，将其转换为三维实体模型。

多段体与拉伸多段线的不同之处在于，拉伸多段线在拉伸时会丢失所有宽度特性，而多段体会保留其直线段的宽度。

11.3.1 拉伸为实体

通过拉伸命令，可以将绘制的二维平面图形对象沿指定的高度或路径进行拉伸，从而生成三维实体模型。执行拉伸命令，主要有以下两种方法：

- 选择【常用】/【建模】组，单击“拉伸”按钮。
- 在命令行中输入“EXTRUDE”命令。

实例 11-8 绘制角钢模型

执行拉伸命令，将“角钢.dwg”图形文件中的图形通过拉伸命令，将其创建为角钢模型，其拉伸的长度为 35。

参见光盘 光盘\素材\第 11 章\角钢.dwg
光盘\效果\第 11 章\角钢.dwg

1 打开“角钢.dwg”图形文件，如图 11-41 所示。

2 选择【常用】/【建模】组，单击“拉伸”按钮，执行拉伸命令，将“角钢.dwg”图形进行拉伸处理，拉伸高度为 35，效果如图 11-42 所示，其命令行操作如下：

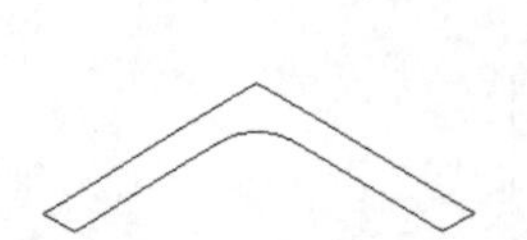

图 11-41 原始图形

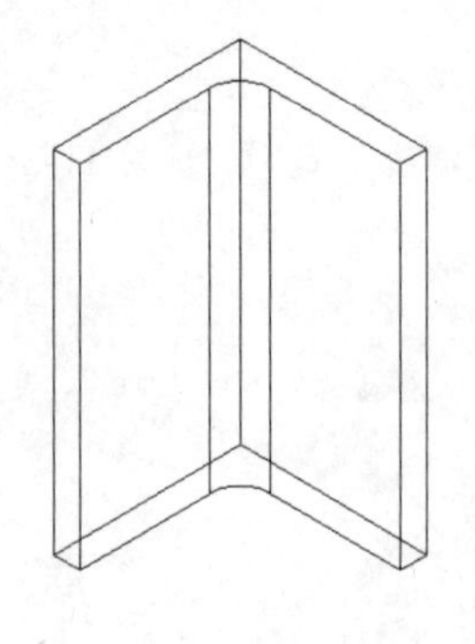

图 11-42 角钢模型

```
命令: _extrude                                          //执行拉伸命令
当前线框密度: ISOLINES=4, 闭合轮廓创建模式 = 实体
选择要拉伸的对象或 [模式(MO)]: _MO 闭合轮廓创建模式 [实体(SO)/曲面(SU)] <实体>: _SO
选择要拉伸的对象或 [模式(MO)]:                            //选择拉伸对象，如图 11-43 所示
选择要拉伸的对象或 [模式(MO)]:                            //按“Enter”键确定选择
指定拉伸的高度或 [方向(D)/路径(P)/倾斜角(T)/表达式(E)]: 35  //输入拉伸高度，如图 11-44 所示
```

专家指导

使用多段体命令的“圆弧”选项，可以为多段体添加曲线段，具有曲线段的多段体的轮廓与路径保持垂直。

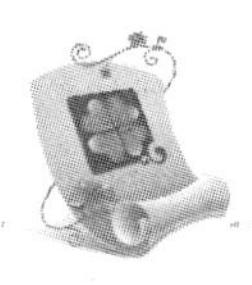

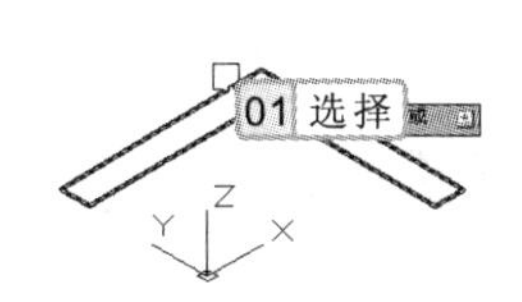

图 11-43　选择拉伸对象

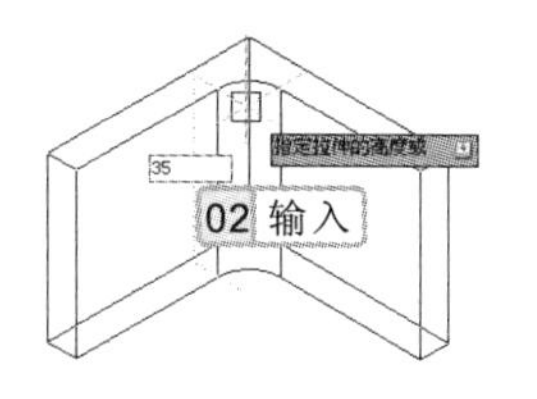

图 11-44　输入拉伸高度

11.3.2　扫掠实体模型

使用扫掠命令，可以通过沿开放或闭合的二维或三维路径，扫掠开放或闭合的平面曲线来创建新实体或曲面。执行扫掠命令，主要有以下两种方法：

- 选择【常用】/【建模】组，单击"扫掠"按钮。
- 在命令行中输入"SWEEP"命令。

实例 11-9 绘制弹簧模型

执行扫掠命令，将"弹簧.dwg"图形文件中的圆图形进行扫掠处理，其路径为螺旋图形，生成弹簧实体模型。

参见光盘　光盘\素材\第 11 章\弹簧.dwg
光盘\效果\第 11 章\弹簧.dwg

1. 打开"弹簧.dwg"图形文件，如图 11-45 所示。
2. 选择【常用】/【建模】组，单击"扫掠"按钮，执行扫掠命令，将圆图形沿螺旋线进行扫掠操作，其命令行操作如下：

```
命令: _sweep                                        //执行扫掠命令
当前线框密度: ISOLINES=4, 闭合轮廓创建模式 =
实体
选择要扫掠的对象或 [模式(MO)]: _MO 闭合轮廓
创建模式 [实体(SO)/曲面(SU)] <实体>: _SO
选择要扫掠的对象或 [模式(MO)]:                      //选择圆图形，如图 11-46 所示
选择要扫掠的对象或 [模式(MO)]:                      //按"Enter"确定图形对象的选择
选择扫掠路径或 [对齐(A)/基点(B)/比例(S)/扭曲
(T)]:                                               //选择扫掠路径，如图 11-47 所示
```

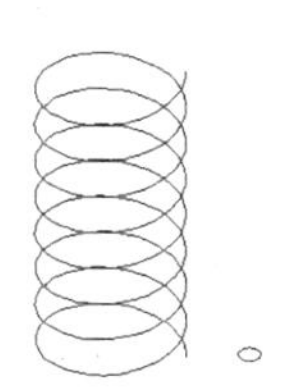

图 11-45　原始图形

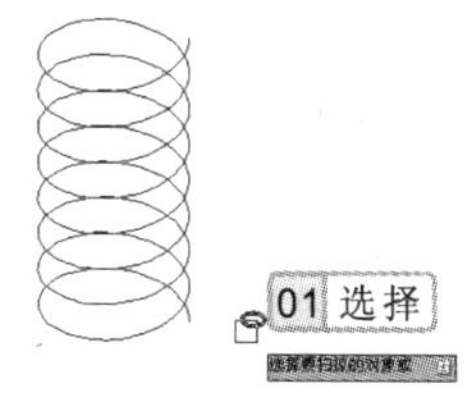

图 11-46　选择扫掠对象

拉伸命令可以拉伸直线、圆、椭圆、圆弧、椭圆弧、二维样条曲线、二维多段线、三维平面、二维实体、宽线、面域、平面曲面以及实体上的平面。

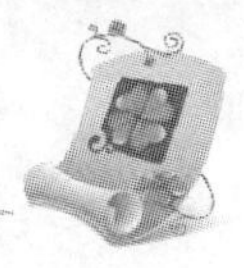

3 选择【常用】/【视图】组，单击“视觉样式”按钮二维线框，在打开的下拉列表框中选择“真实”选项，更改视觉样式，效果如图 11-48 所示。

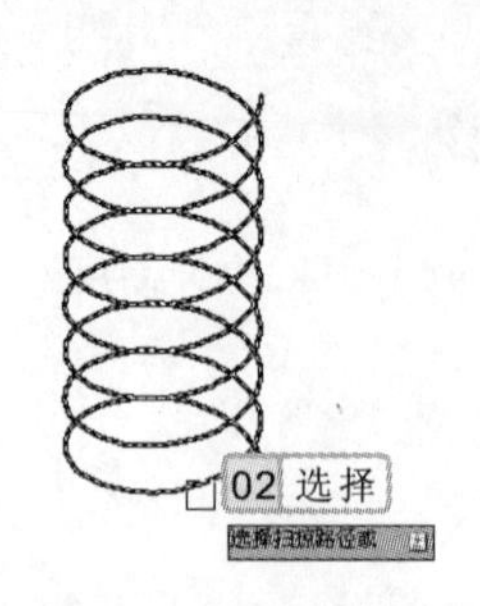

图 11-47 选择扫掠路径

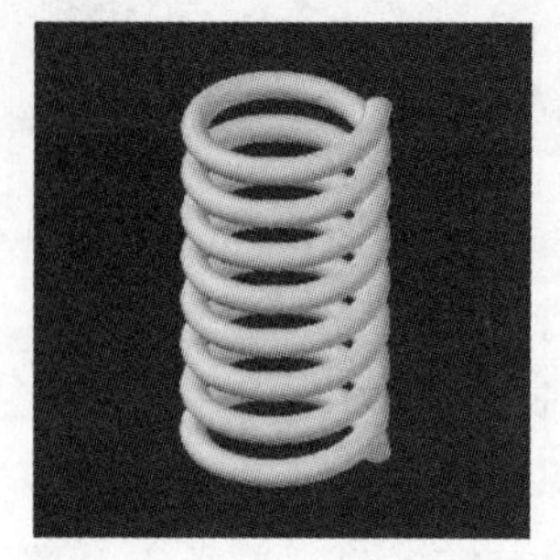

图 11-48 “真实”视觉样式

11.3.3 旋转为实体

在 AutoCAD 2012 中，可以使用旋转命令，通过绕指定的轴旋转将对象旋转生成三维实体。执行旋转命令，主要有以下两种方法：

- 选择【常用】/【建模】组，单击“旋转”按钮。
- 在命令行中输入“REVOLVE”或“REV”命令。

实例 11-10 绘制碗模型

执行旋转命令，将“碗.dwg”图形文件中的图形通过旋转命令，旋转生成碗的实体模型。

参见光盘

光盘\素材\第 11 章\碗.dwg
光盘\效果\第 11 章\碗.dwg

1 打开“碗.dwg”图形文件，如图 11-49 所示。

2 选择【常用】/【建模】组，单击“旋转”按钮，执行旋转命令，将图形进行旋转操作，完成碗模型的绘制，效果如图 11-50 所示，其命令行操作如下：

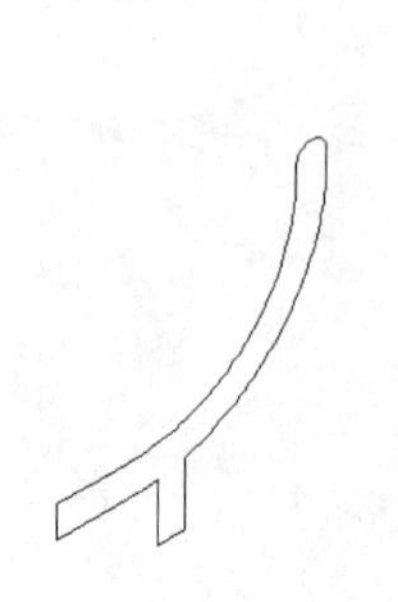

图 11-49 原始图形

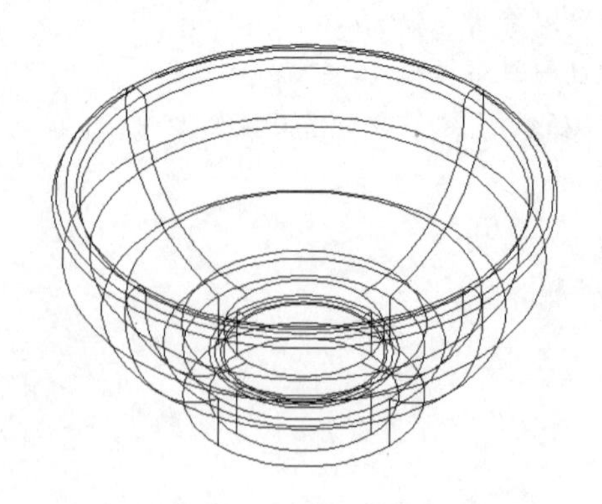

图 11-50 碗的模型效果

若在拉伸时倾斜角或拉伸高度较大，将导致拉伸对象或拉伸对象的一部分在到达拉伸高度之前就已经汇聚到一点，此时则无法拉伸图形对象。

```
命令: _revolve                                              //执行旋转命令
当前线框密度: ISOLINES=4，闭合轮廓创建模式 =
实体
选择要旋转的对象或 [模式(MO)]: _MO 闭合轮廓
创建模式 [实体(SO)/曲面(SU)] <实体>: _SO
选择要旋转的对象或 [模式(MO)]:                               //选择旋转对象，如图 11-51 所示
选择要旋转的对象或 [模式(MO)]:                               //按“Enter”键确定选择
指定轴起点或根据以下选项之一定义轴 [对象
(O)/X/Y/Z] <对象>:                                          //指定轴的起点，如图 11-52 所示
指定轴端点:                                                 //指定轴的端点，如图 11-53 所示
指定旋转角度或 [起点角度(ST)/反转(R)/表达式
(EX)] <360>: 360                                            //输入旋转角度，如图 11-54 所示
```

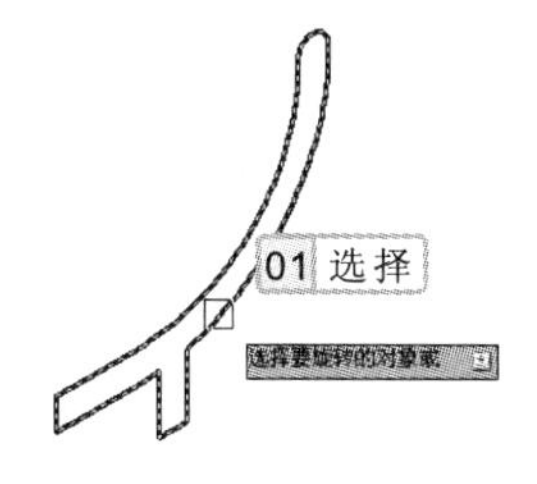

图 11-51　选择旋转对象

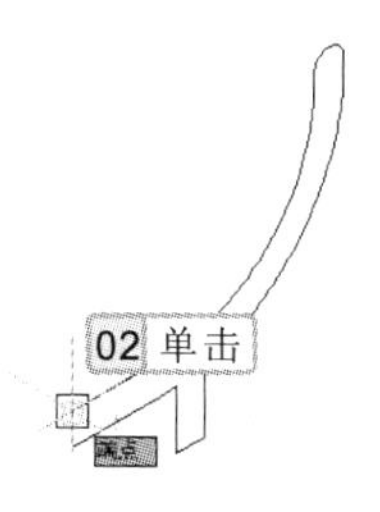

图 11-52　指定轴的起点

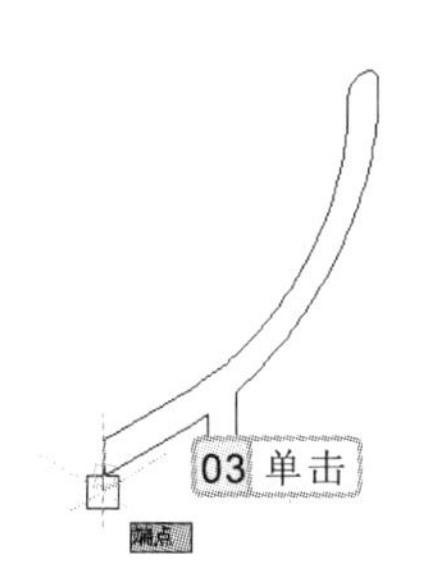

图 11-53　指定轴的端点

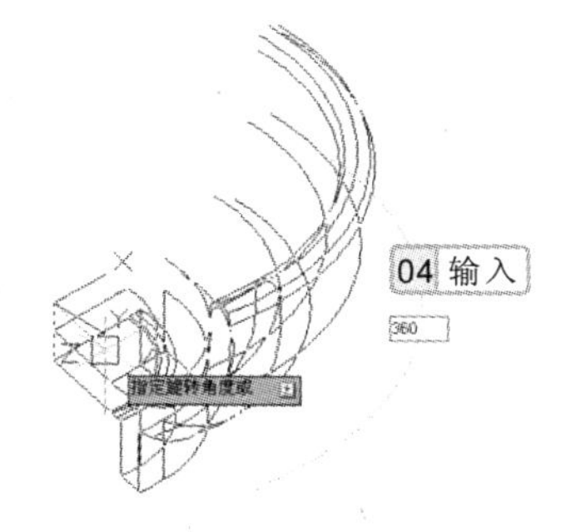

图 11-54　输入旋转角度

11.3.4　放样实体模型

使用放样命令，可以在包含两个或更多横截面轮廓的一组轮廓中，对轮廓进行放样来创建三维实体或曲面。执行放样命令，主要有以下两种方法：

- 选择【常用】/【建模】组，单击“放样”按钮。
- 在命令行中输入“LOFT”命令。

在执行旋转命令时，命令行出现“指定轴起点或根据以下选项之一定义轴 [对象(O)/X/Y/Z] <对象>:”提示信息时，也可选择相应的坐标轴进行旋转。

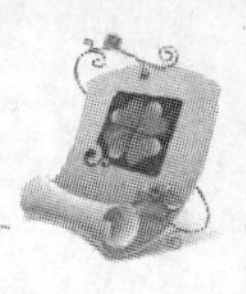

实例 11-11 绘制餐桌桌腿模型

执行放样命令，将“餐桌桌腿.dwg”图形文件中的图形通过放样生成餐桌桌腿的模型。

参见光盘 光盘\素材\第 11 章\餐桌桌腿.dwg
光盘\效果\第 11 章\餐桌桌腿.dwg

 打开“餐桌桌腿.dwg”图形文件，如图 11-55 所示。

 选择【常用】/【建模】组，单击“放样”按钮，执行放样命令，对图形进行放样操作，效果如图 11-56 所示，其命令行操作如下：

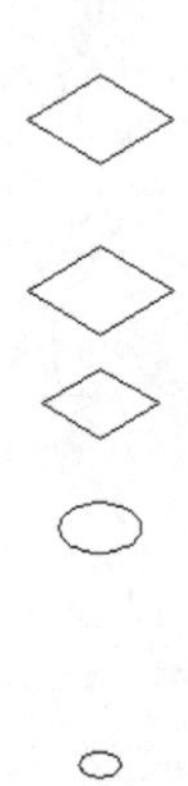

图 11-55 原始图形

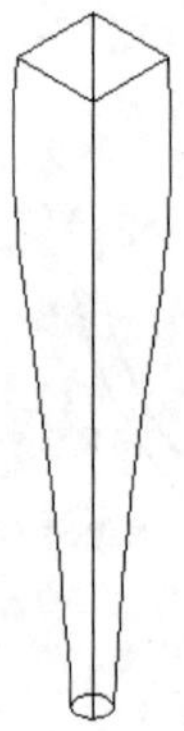

图 11-56 餐桌桌腿

```
命令: _loft                                          //执行放样命令
当前线框密度: ISOLINES=4, 闭合轮廓创建模式 =
实体
按放样次序选择横截面或 [点(PO)/合并多条边(J)/模
式(MO)]: _MO 闭合轮廓创建模式 [实体(SO)/曲面
(SU)] <实体>: _SO
按放样次序选择横截面或 [点(PO)/合并多条边(J)/模
式(MO)]:                                            //选择底端的圆，如图 11-57 所示
按放样次序选择横截面或 [点(PO)/合并多条边(J)/模
式(MO)]:                                            //选择另一个圆，如图 11-58 所示
按放样次序选择横截面或 [点(PO)/合并多条边(J)/模
式(MO)]:                                            //选择底端的多边形，如图 11-59 所示
……                                                  //选择其余的图形，最后按“Enter”键
选中了 5 个横截面
输入选项 [导向(G)/路径(P)/仅横截面(C)/设置(S)]
<仅横截面>:                                         //按“Enter”键结束放样命令
```

专家指导

在使用扫掠命令时，可以扫掠多个对象，但是这些对象必须位于同一平面中。如果沿一条路径扫掠闭合的曲线，则生成实体；如果沿一条路径扫掠开放的曲线，则生成曲面。

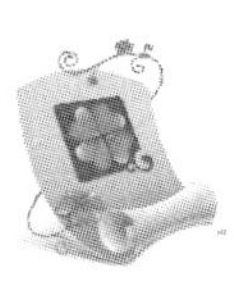

图 11-57　选择第一个对象　　图 11-58　选择第二个对象　　图 11-59　选择第三个对象

11.4　提高实例

本章的提高实例中，将在“三维建模”中使用三维绘图命令绘制轴承钢圈模块和法兰盘模型，让用户进一步熟练三维绘图命令的使用。

11.4.1　绘制轴承钢圈模型

本例将利用圆柱体、圆环体，以及布尔运算命令中的差集运算功能，绘制轴承钢圈模型，最终效果如图 11-60 所示。

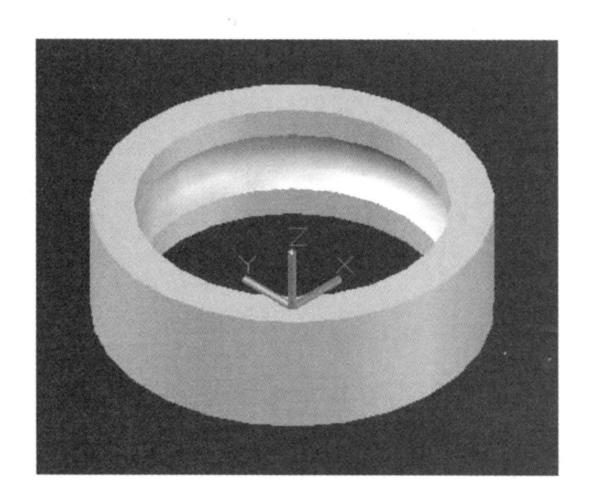

图 11-60　轴承钢圈模型

1. 行业分析

轴承是在机械传动过程中起固定和减小载荷摩擦系数的部件。当其他机件在轴上彼此

可使用路径扫掠的对象有直线、圆、圆弧、椭圆、椭圆弧、二维样条曲线、三维多段线、二维多段线、螺旋及实体和曲面的边等。

产生相对运动时，用来降低动力传递过程中的摩擦系数和保持轴中心位置固定的机件。轴承是当代机械设备中一种举足轻重的零部件。它的主要功能是支撑机械旋转体，用以降低设备在传动过程中的机械载荷摩擦系数。轴承的种类很多，其中最主要的有以下几种。

- **滚针轴承**：滚针轴承装有细而长的滚子，径向结构紧凑，内径尺寸和载荷能力与其他类型轴承相同时，外径最小，特别适用于径向安装尺寸受限制的支承结构。
- **调心球轴承**：二条滚道的内圈和滚道为球面的外圈之间，装配有鼓形滚子的轴承。外圈滚道面的曲率中心与轴承中心一致，所以具有与自动调心球轴承同样的调心功能。在轴、外壳出现挠曲时，可以自动调整，不增加轴承负担。
- **深沟球轴承**：主要用于承受纯径向载荷，也可同时承受径向载荷和轴向载荷。当其仅承受纯径向载荷时，接触角为零。当深沟球轴承具有较大的径向游隙时，具有角接触轴承的性能，可承受较大的轴向载荷。深沟球轴承的摩擦系数很小，极限转速也很高，特别是在轴向载荷很大的高速运转工况下，深沟球轴承比推力球轴承更有优越性。
- **调心滚子轴承**：调心滚子轴承具有两列滚子，主要承受径向载荷，同时也能承受任一方向的轴向载荷。有高的径向载荷能力，特别适用于重载或振动载荷下工作，但不能承受纯轴向载荷。

2. 操作思路

为更快完成本例的制作，并且尽可能运用本章讲解的知识，本例的操作思路如下。

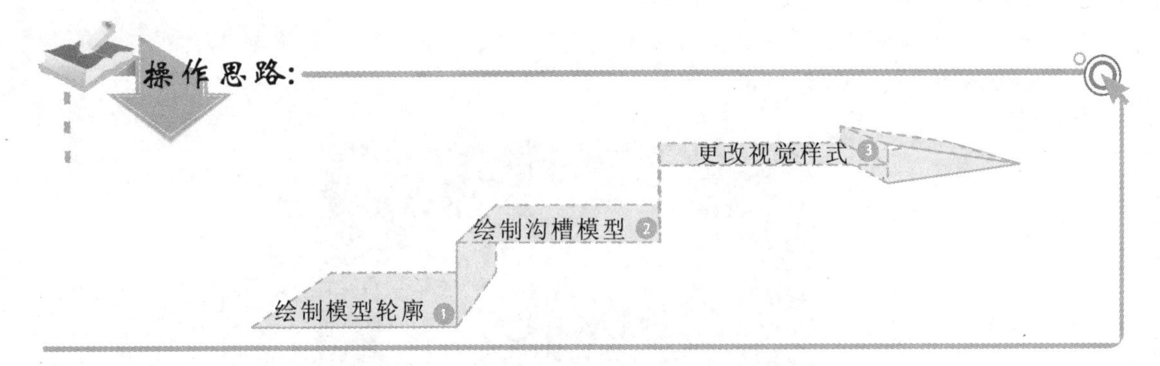

3. 操作步骤

下面介绍轴承钢圈模型的绘制，其操作步骤如下。

光盘\效果\第 11 章\轴承钢圈.dwg
光盘\实例演示\第 11 章\绘制轴承钢圈模型

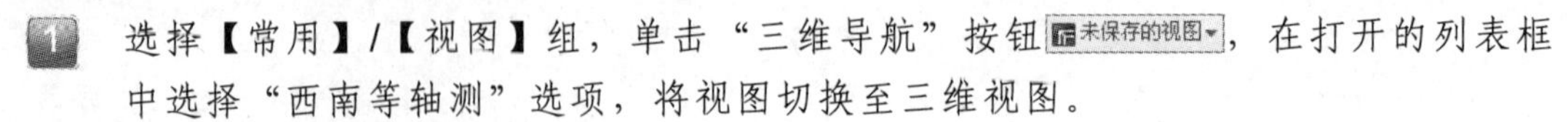

1. 选择【常用】/【视图】组，单击“三维导航”按钮，在打开的列表框中选择“西南等轴测”选项，将视图切换至三维视图。
2. 选择【常用】/【建模】组，单击“圆柱体”按钮，执行圆柱体命令，绘制底面

在 AutoCAD 中，针对不同的对象，UCS 对齐的方式也不同，针对圆弧，UCS 的原点位于圆弧的圆心，X 轴通过距离选择最近的圆弧端点。

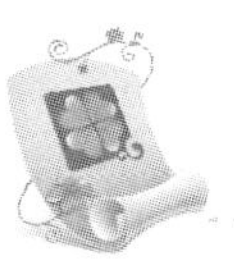

半径为13，高度为8的圆柱体，如图11-61所示，其命令行操作如下：

```
命令: _cylinder                                   //执行圆柱体命令
指定底面的中心点或 [三点(3P)/两点(2P)/切点、切
点、半径(T)/椭圆(E)]: 0,0,0                        //输入底面中心点坐标，如图11-62所示
指定底面半径或 [直径(D)]: 13                       //输入底面半径，如图11-63所示
指定高度或 [两点(2P)/轴端点(A)]: 8                 //输入圆柱体高度，如图11-64所示
```

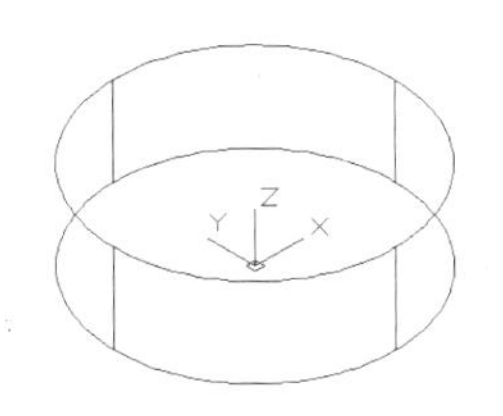

图11-61 圆柱体

图11-62 指定底面中心点坐标

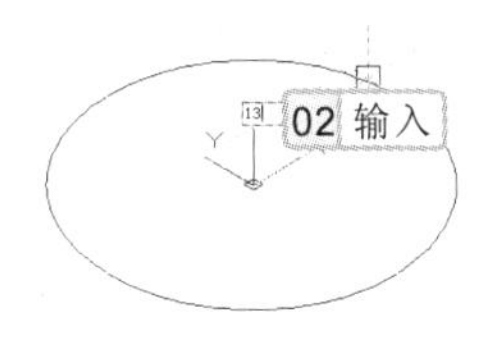

图11-63 输入底面半径

3 选择【常用】/【建模】组，单击“圆柱体”按钮，执行圆柱体命令，绘制底面半径为10.2，高度为8的圆柱体，如图11-65所示，其命令行操作如下：

```
命令: _cylinder                                   //执行圆柱体命令
指定底面的中心点或 [三点(3P)/两点(2P)/切点、切
点、半径(T)/椭圆(E)]:                              //捕捉圆柱体底面圆心，如图11-66所示
指定底面半径或 [直径(D)]: 10.2                     //输入底面半径，如图11-67所示
指定高度或 [两点(2P)/轴端点(A)]:                   //捕捉圆柱体顶面圆心，如图11-68所示
```

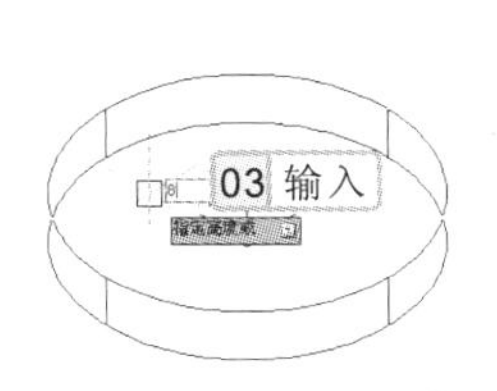

图11-64 输入圆柱体高度

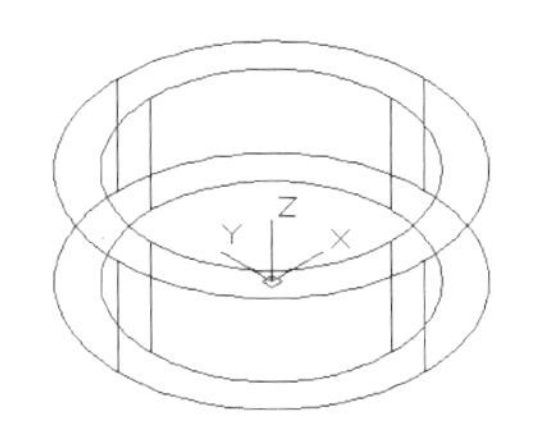

图11-65 圆柱体

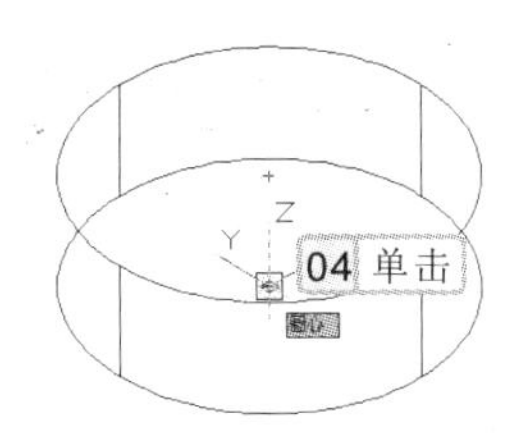

图11-66 捕捉圆柱体底面圆心

4 选择【常用】/【实体编辑】组，单击“差集”按钮，执行差集命令，将绘制的圆柱体进行差集运算操作，其命令行操作如下：

```
命令: _subtract                                   //执行差集命令
选择要从中减去的实体、曲面和面域...
选择对象:                                          //选择被减对象，如图11-69所示
选择对象:                                          //按“Enter”键确定选择
选择要减去的实体、曲面和面域...
选择对象:                                          //选择要减去的对象，如图11-70所示
选择对象:                                          //按“Enter”键确定选择
```

在默认情况下，圆柱体的底面位于当前UCS的XY平面上，如果在倾斜面上绘制圆柱体，应使用UCS命令或动态UCS命令，重新定义用户坐标系，以便与倾斜面对齐。

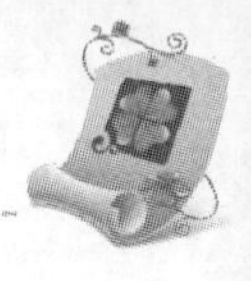

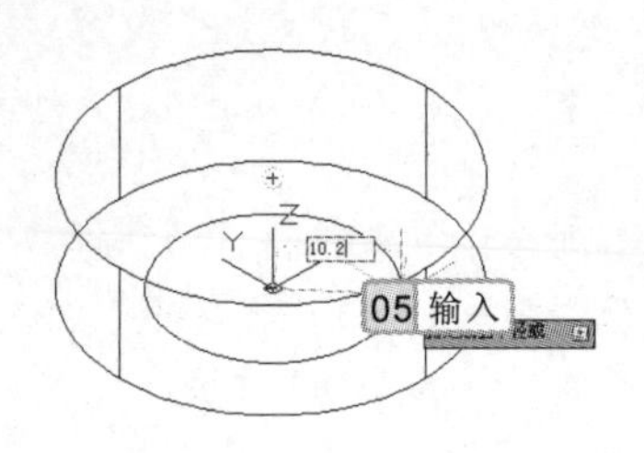

图 11-67 输入圆柱体底面半径

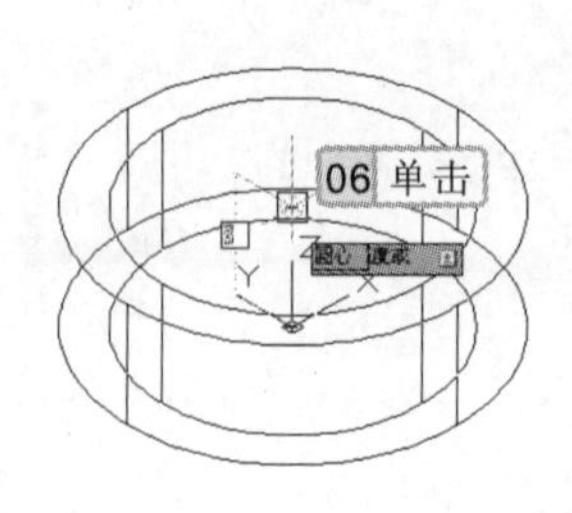

图 11-68 指定圆柱体的高度

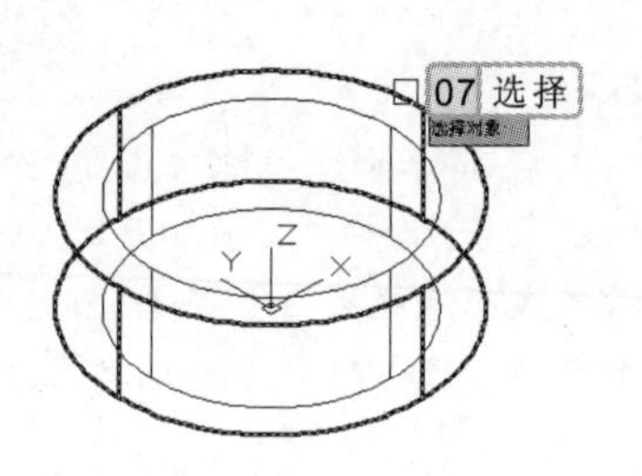

图 11-69 选择被减对象

5 选择【常用】/【建模】组，单击“圆环体”按钮◎，执行圆环体命令，绘制半径为 9，圆管半径为 2.4 的圆环体，效果如图 11-71 所示，其命令行操作如下：

```
命令: _torus                                          //执行圆环命令
指定中心点或 [三点(3P)/两点(2P)/切点、切点、半径
(T)]: 0,0,4                                           //输入中心点坐标，如图 11-72 所示
指定半径或 [直径(D)] <10.2000>: 9                     //输入圆环体半径，如图 11-73 所示
指定圆管半径或 [两点(2P)/直径(D)]: 2.4                //输入圆管半径，如图 11-74 所示
```

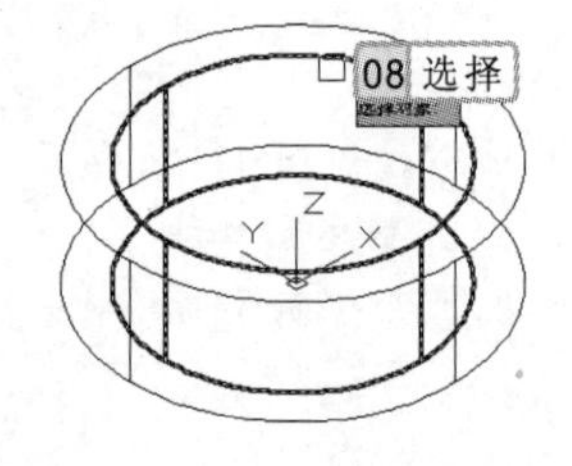

图 11-70 选择要减去的对象

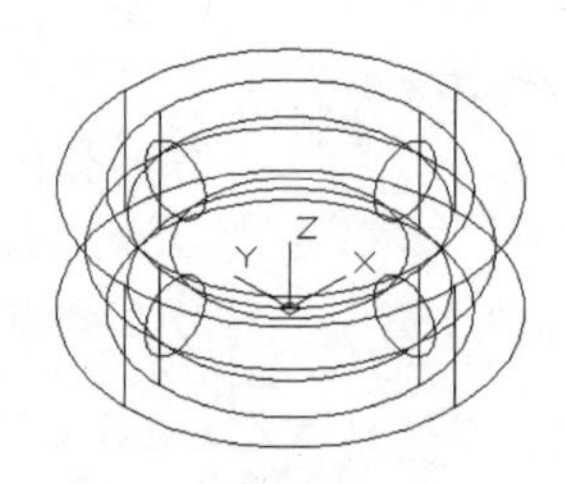

图 11-71 绘制圆环体

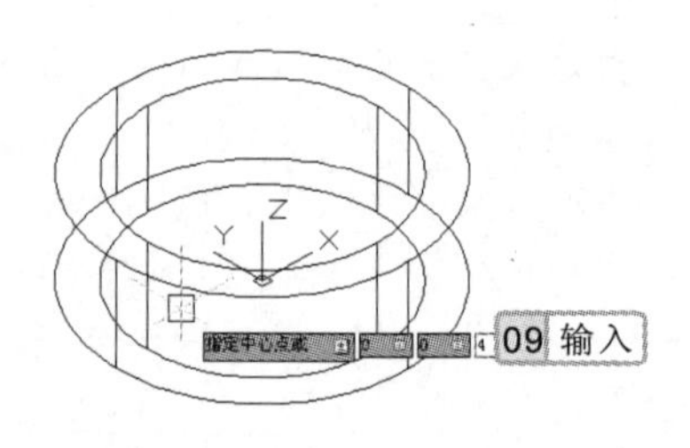

图 11-72 输入中心点坐标

6 选择【常用】/【实体编辑】组，单击“差集”按钮，执行差集命令，将绘制的圆环体从经过差集运算的组合体中减去，效果如图 11-75 所示。

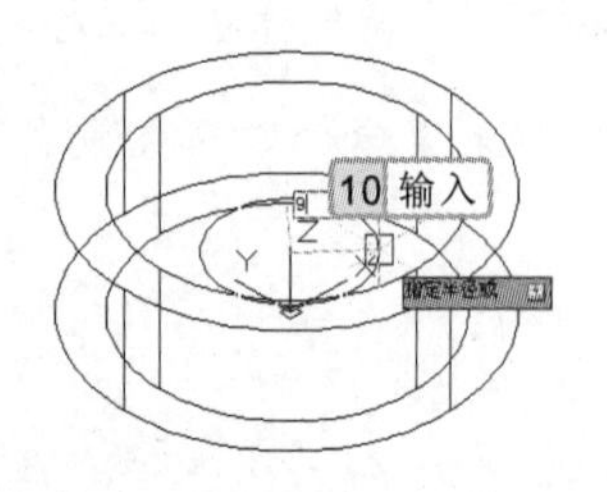

图 11-73 输入圆环体半径

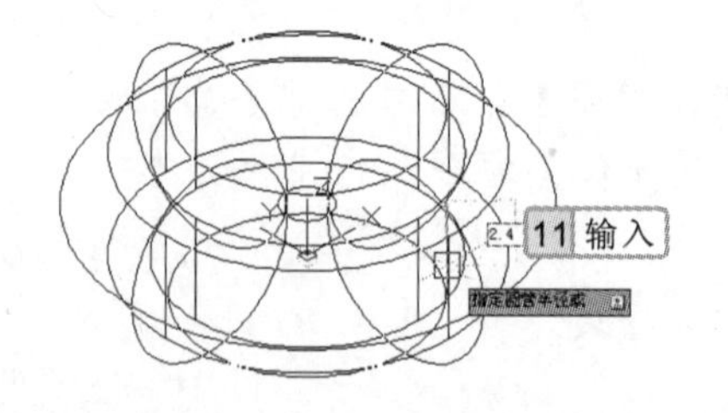

图 11-74 输入圆管半径

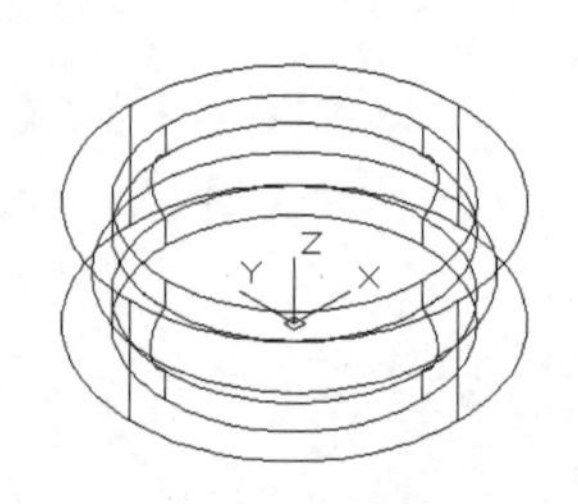

图 11-75 差集运算

7 选择【常用】/【视图】组，单击“视觉样式”按钮二维线框，在打开的列表框中选择“真实”选项，更改视觉样式，完成轴承钢圈模型的绘制。

使用扫掠命令，可以通过沿指定路径拉伸轮廓形状来绘制实体或曲面对象，沿路径扫掠轮廓时，轮廓将被移动并与路径方向对齐。

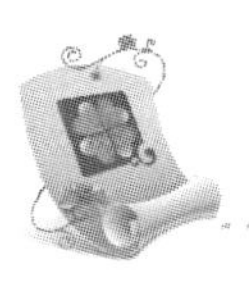

11.4.2 绘制法兰盘模型

本例将对“法兰盘.dwg”图形文件中的图形对象，通过拉伸、布尔运算等命令，完成法兰盘实体模型的绘制，最终效果如图 11-76 所示。

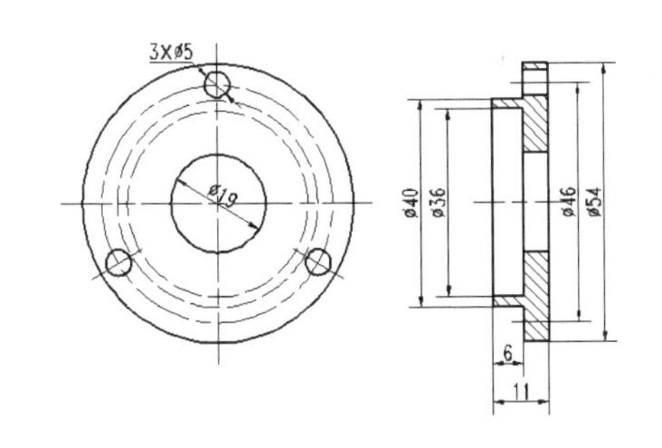

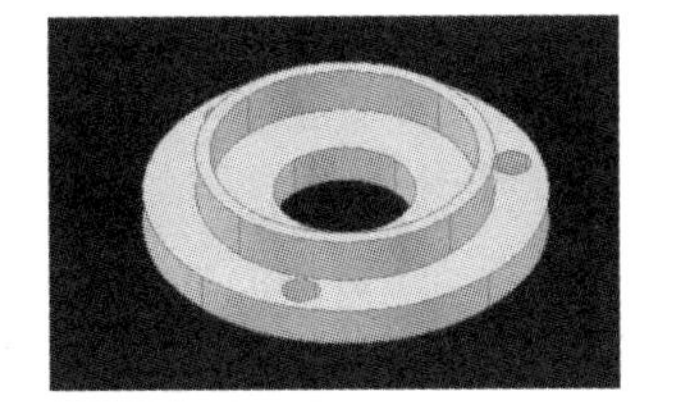

图 11-76 法兰盘模型

1. 行业分析

法兰盘又叫法兰或突缘，是使管子与管子及和阀门相互连接的零件，连接于管端。法兰盘上有孔眼，螺栓使两法兰紧连，法兰间用衬垫密封。法兰主要有以下几种类型。

- **异径法兰**：具有抗防腐，耐酸碱，耐高温，使用寿命长，价格计算合理，表面光滑，外形美观，质感性能强等特点，其生产工艺主要有专业整体锻打、锻压制造、中板割制、中板卷制等。
- **平焊法兰**：平焊法兰包括板式平焊法兰、带颈平焊法兰。平焊法兰适用于公称压力不超过 2.5MPa 的钢管道连接，平焊法兰的密封面可以制成光滑式、凹凸式和榫槽式 3 种。带颈平焊法兰颈部高度较低，对法兰的刚度、承载能力有所提高，其焊接工作量大，焊条耗量高，经不起高温高压及反复弯曲和温度波动，但现场安装较方便，较受欢迎。
- **螺纹法兰**：公称通径 DN8～DN100，工作压力为 1.0～2.5MPa，板式螺纹法兰材料主要为不锈钢、碳钢、合金钢等，适用于消防、煤气、冷热水、空调、空压管、油管、仪表、液压管等工业与民用管螺纹锁固密封等。
- **法兰盖**：也称盲板法兰，是中间不带孔的法兰，供封住管道堵头用，密封面的形式种类较多，有平面、凸面、凹凸面、榫槽面、环连接面，密封面主要为平面（FF）、突面（RF）、凹凸面（MFM）、榫槽面（TG）、环连接面（RJ）。

2. 操作思路

为了更快、更方便地完成法兰盘实体模型的绘制，并尽可能运用本章讲解的知识来绘制模型，本例的操作思路如下。

绘制长方体，如果打开了动态输入功能，在文本框中输入长方体的长度，将沿十字光标方向创建长方体。

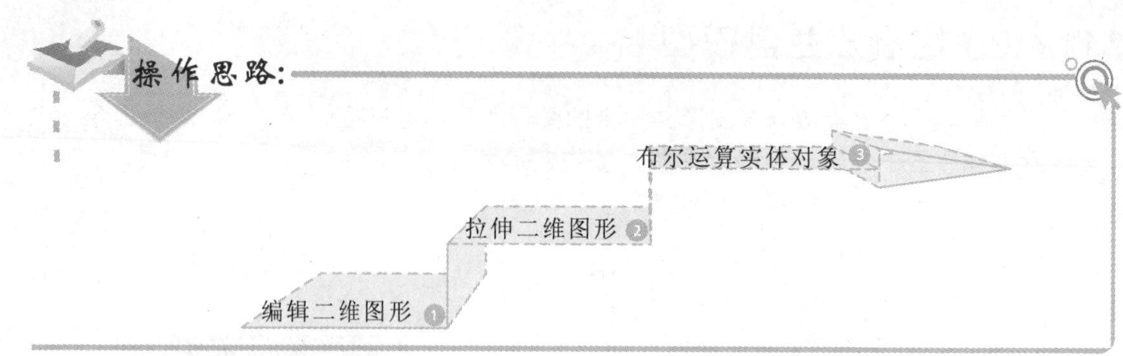

3. 操作步骤

下面介绍法兰盘实体模型的绘制，其操作步骤如下。

参见光盘
光盘\素材\第 11 章\法兰盘.dwg
光盘\效果\第 11 章\法兰盘.dwg
光盘\实例演示\第 11 章\绘制法兰盘模型

1. 打开“法兰盘 dwg”，如图 11-77 所示。
2. 在命令行输入“E”，执行删除命令，将法兰盘右端的图形进行删除，并删除左端视图中的标注及辅助线条，如图 11-78 所示。

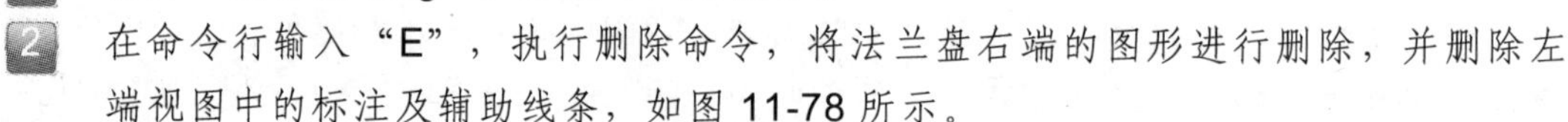

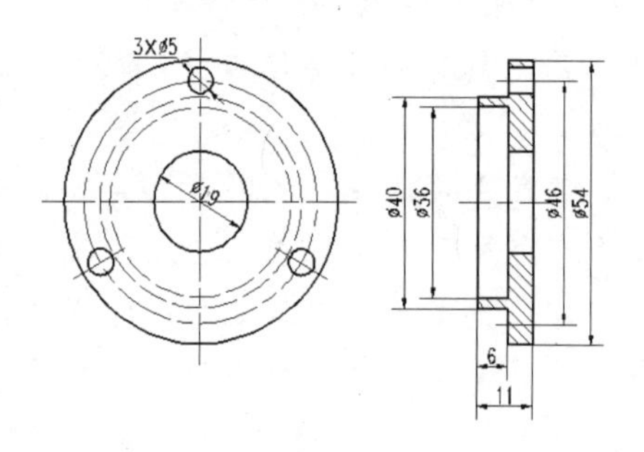

图 11-77　原始图形

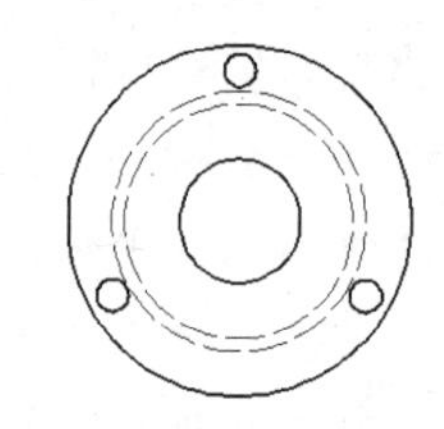

图 11-78　删除多余图形对象

3. 选择【常用】/【视图】组，单击“三维导航”按钮未保存的视图，在打开的列表框中选择“西南等轴测”选项，如图 11-79 所示。
4. 选择【常用】/【建模】组，单击“拉伸”按钮，执行拉伸命令，将图形进行拉伸操作，其拉伸高度为-5，效果如图 11-80 所示，其命令行操作如下：

```
命令: _extrude                                          //执行拉伸命令
当前线框密度:  ISOLINES=4，闭合轮廓创建模式 =
实体
选择要拉伸的对象或 [模式(MO)]: _MO 闭合轮廓
创建模式 [实体(SO)/曲面(SU)] <实体>: _SO
选择要拉伸的对象或 [模式(MO)]:                          //选择拉伸对象，如图 11-81 所示
```

专家指导

指定圆柱体高度时，在打开动态输入功能时，其输入的圆柱体高度将随十字光标进行改变，如果输入负值，将会沿光标反方向创建圆柱体。

```
选择要拉伸的对象或 [模式(MO)]:                    //按"Enter"键确定选择
指定拉伸的高度或 [方向(D)/路径(P)/倾斜角(T)/表
达式(E)]: -5                                       //输入拉伸高度，如图 11-82 所示
```

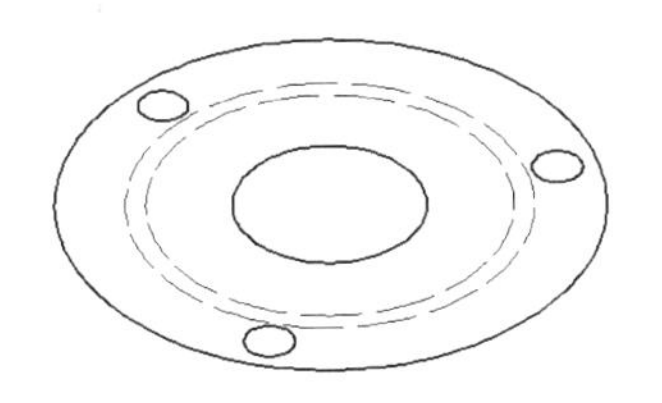

图 11-79　切换至三维视图

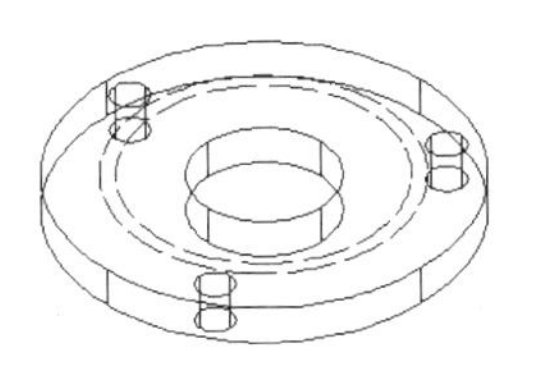

图 11-80　拉伸实体模型

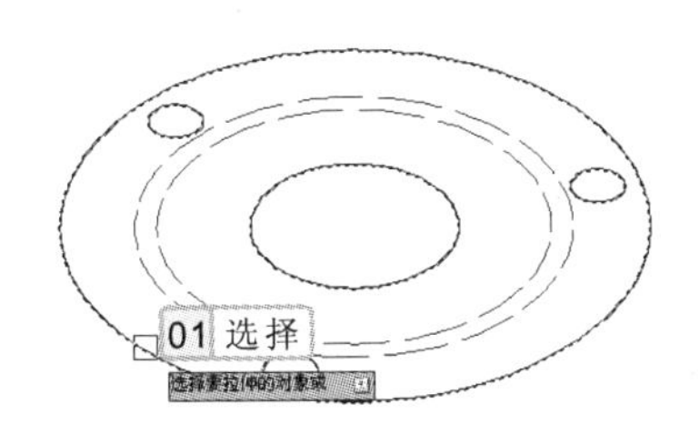

图 11-81　选择拉伸对象

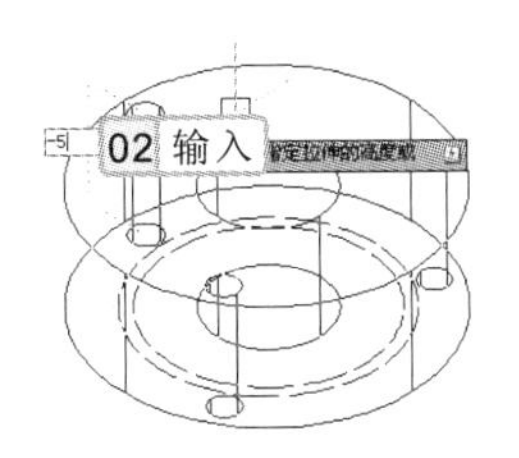

图 11-82　输入拉伸高度

5 选择【常用】/【建模】组，单击"拉伸"按钮，执行拉伸命令，将图形进行拉伸操作，其拉伸高度为 6，如图 11-83 所示，其命令行操作如下：

```
命令: _extrude                                     //执行拉伸命令
当前线框密度: ISOLINES=4，闭合轮廓创建模式 =
实体
选择要拉伸的对象或 [模式(MO)]: _MO 闭合轮廓
创建模式 [实体(SO)/曲面(SU)] <实体>: _SO
选择要拉伸的对象或 [模式(MO)]:                    //选择拉伸对象，如图 11-84 所示
选择要拉伸的对象或 [模式(MO)]:                    //按"Enter"键确定选择
指定拉伸的高度或 [方向(D)/路径(P)/倾斜角(T)/表
达式(E)]: 6                                        //输入拉伸高度，如图 11-85 所示
```

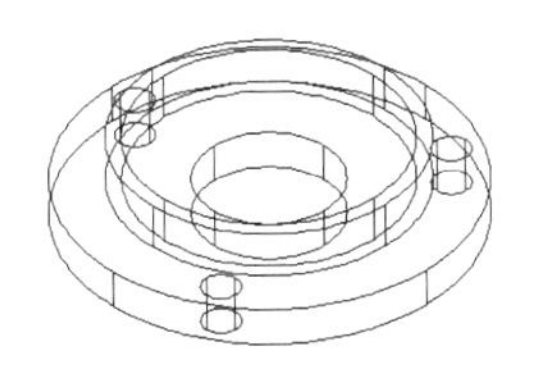

图 11-83　拉伸实体模型

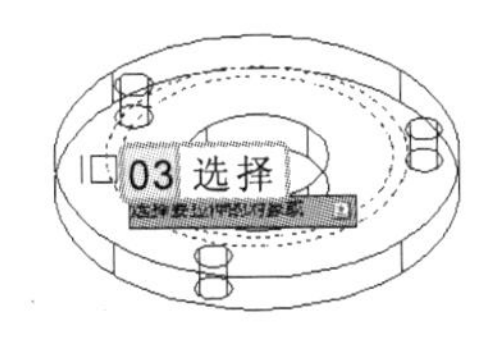

图 11-84　选择拉伸对象

6 选择【常用】/【实体编辑】组，单击"并集"按钮，执行并集命令，将向下和向上拉伸的两个最大的圆柱体进行并集运算，其命令行操作如下：

使用圆柱体命令绘制圆柱体时，命令的"轴端点"选项可以设置圆柱体的高度和旋转。圆柱体顶面的圆心为轴端点，可将其置于三维空间中的任意位置。

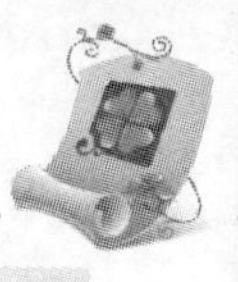

```
命令: _union                        //执行并集命令
选择对象:                           //选择并集对象，如图 11-86 所示
选择对象:                           //按"Enter"键确定对象选择
```

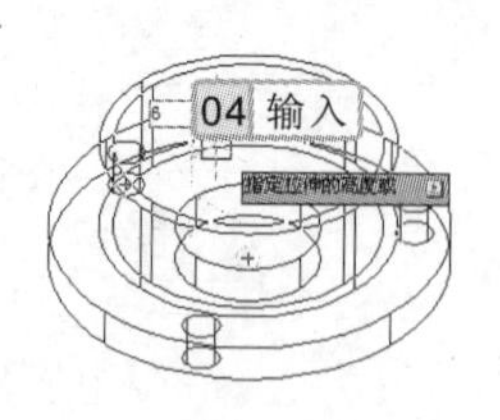

图 11-85　输入拉伸高度

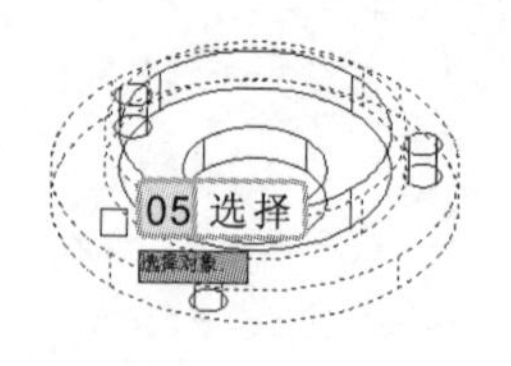

图 11-86　选择并集对象

7 选择【常用】/【实体编辑】组，单击"差集"按钮，执行差集命令，将其余拉伸的实体模型从经过并集运算后的组合体中减去，其命令行操作如下：

```
命令: _subtract                     //执行差集命令
选择要从中减去的实体、曲面和面域...
选择对象:                           //选择被减去的实体，如图 11-87 所示
选择对象:                           //按"Enter"键确定对象选择
选择要减去的实体、曲面和面域...
选择对象:                           //选择要减去的实体，如图 11-88 所示
选择对象:                           //按"Enter"键确定对象选择
```

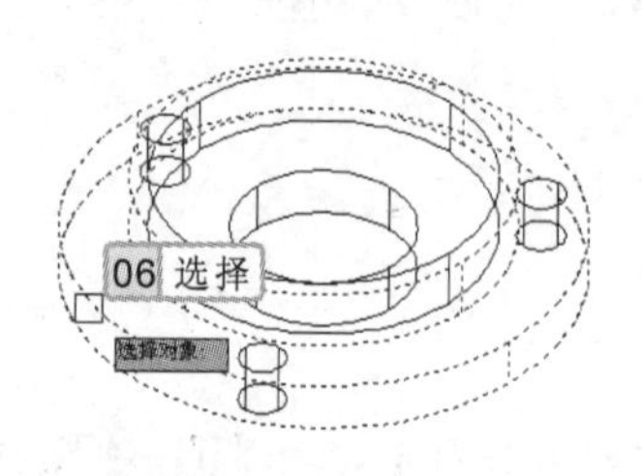

图 11-87　选择被减实体模型

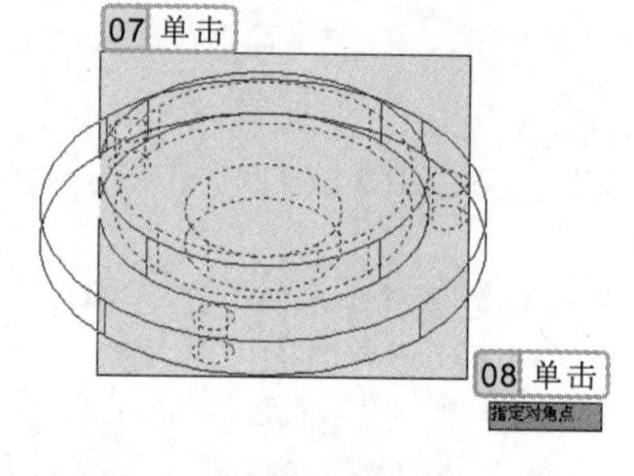

图 11-88　选择要减去的模型

8 选择【常用】/【视图】组，单击"视觉样式"按钮 二维线框，在打开的列表框中选择"真实"选项，更改模型的视觉样式，完成法兰盘的绘制。

11.5　提高练习

本章主要介绍了 AutoCAD 2012 中绘制三维实体模型的方法，主要有使用三维绘图命令和通过二维图形生成三维实体模型的方法。下面通过两个练习，让读者进一步掌握绘制三维实体模型的方法。

使用长方体命令绘制长方体时，长方体的底面始终与 UCS 坐标系的 XY 平面平行，绘制倾斜方向的长方体时，应首先设置好 UCS 坐标系。

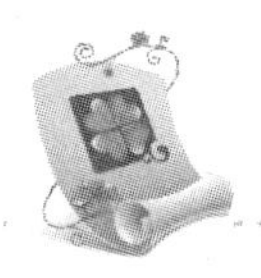

11.5.1 绘制导向平键模型

本次练习将利用三维实体命令，绘制机械图形中的导向平键模型，绘制该模型时，主要通过长方体、圆柱体命令对图形进行绘制，最后使用布尔运算的差集命令对模型进行布尔运算，并使用倒角命令对实体模型进行倒角操作，如图 11-89 所示。

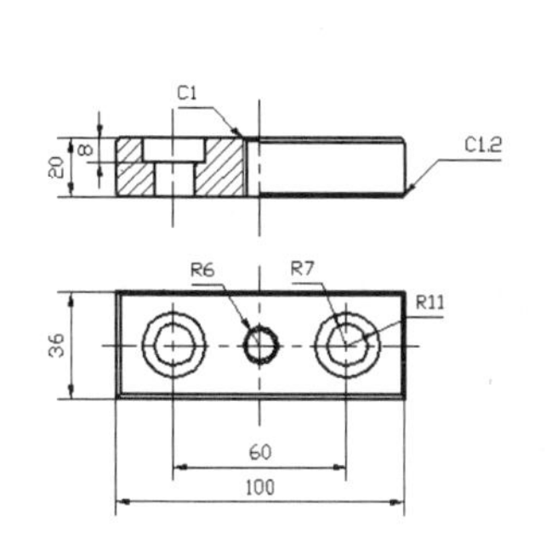

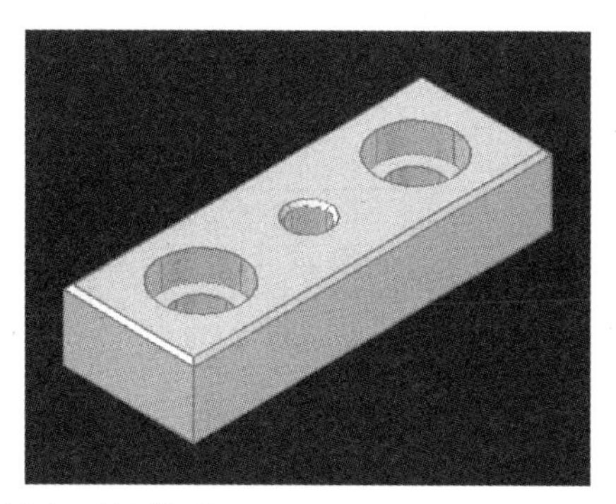

图 11-89　绘制导向平键模型

参见光盘

光盘\素材\第 11 章\导向平键.dwg
光盘\效果\第 11 章\导向平键模型.dwg
光盘\实例演示\第 11 章\绘制导向平键模型

该练习的操作思路与关键提示如下。

操作思路:

使用长方体绘制轮廓 ①

使用圆柱体绘制螺孔 ②

使用布尔运算编辑实体 ③

关键提示:

绘制导向平键的关键尺寸

长方体的长、宽、高：100、36、20。

螺孔圆柱体的底面半径：7 和 11。

中间圆孔的底面半径：6。

操作提示

拉伸不同于扫掠，沿路径拉伸轮廓时，轮廓会按照路径的形状进行拉伸，即使路径与轮廓不相交；而使用扫掠命令，扫掠对象的轮廓会移动到扫掠路径所在的位置。

11.5.2　绘制挡板模型

本次练习将打开“挡板.dwg”图形文件，对二维图形对象进行编辑，再使用拉伸命令将二维图形对象拉伸为实体模型，再利用长方体及圆柱体，以及布尔运算功能完成挡板模型的绘制，如图 11-90 所示。

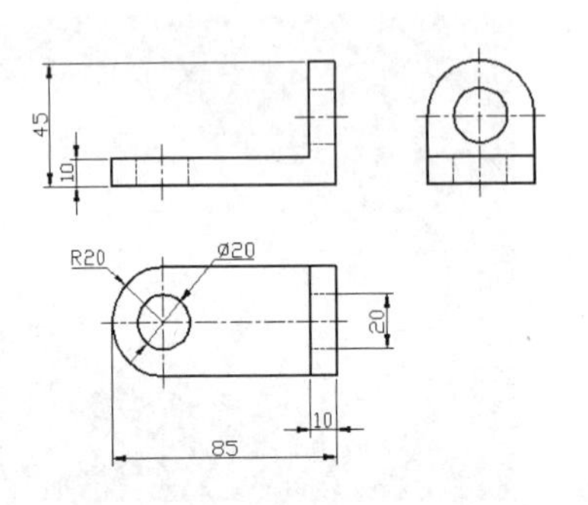

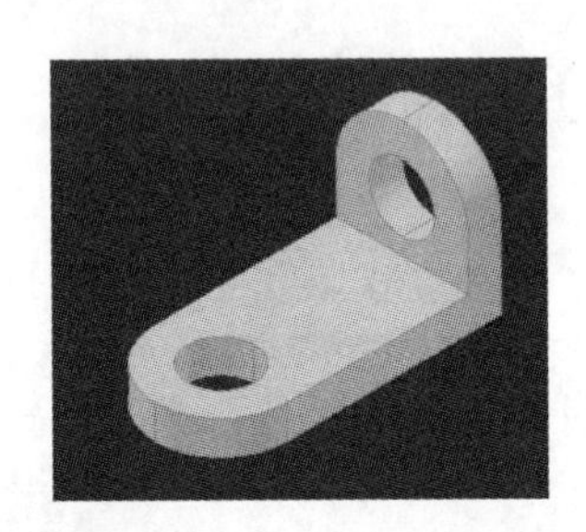

图 11-90　绘制挡板模型

光盘\素材\第 11 章\挡板.dwg
光盘\效果\第 11 章\挡板模型.dwg
光盘\实例演示\第 11 章\绘制挡板模型

该练习的操作思路与关键提示如下。

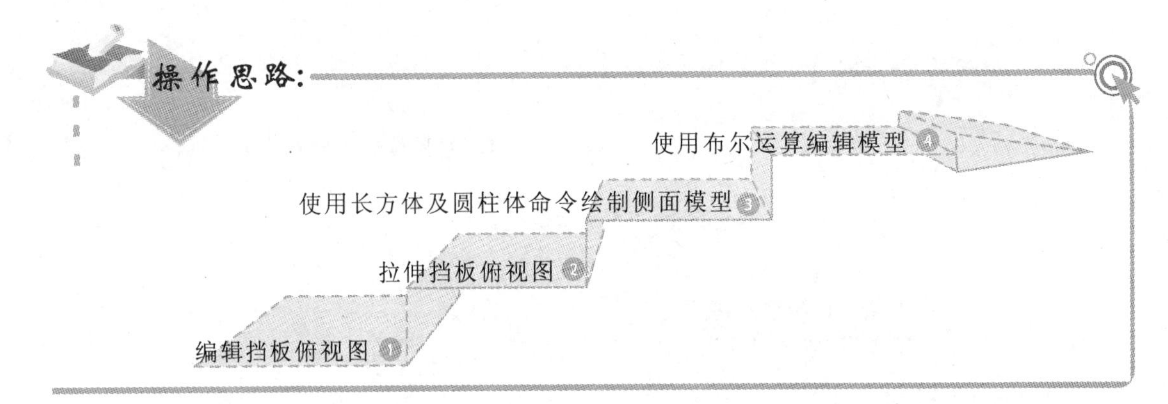

关键提示:

绘制挡板模型主要参数

将俯视图轮廓进行拉伸的高度：10。

侧面长方体长、宽、高：10、40 和 25。

侧面圆柱体的底面半径分别为：10 和 20。

使用面域命令创建的面域，也可以使用布尔运算将面域进行并集、差集或交集运算操作，从而生成较复杂的面域。

11.6 知识问答

在绘制三维实体模型的过程中，难免会遇到一些难题，其中有使用三维绘图命令绘制三维模型时遇到的问题，也有通过二维对象转换为三维模型的问题。下面将介绍绘制三维模型中常见的问题及解决方案。

问：在使用简单的三维实体模型绘制图形时，该如何定位与移动所绘制的三维实体呢？

答：虽然三维图形与二维图形有很大的差别，但它们的某些功能依然是可以共用的，如移动对象功能、复制功能以及相应的对象捕捉功能，不同的只是在对三维对象进行编辑时，选择的是三维对象而已。

问：为什么沿路径拉伸二维对象时，有时是沿路径方向拉伸，而有时却是沿路径的相反方向进行拉伸呢？

答：沿指定的路径拉伸时，拉伸方向取决于拉伸路径的对象与被拉伸对象的位置，在选择拉伸路径的对象时，拾取点靠近该对象的哪一端，就会朝哪个方向进行拉伸。

问：将视图从西南等轴测视图变换为左视图后，再切换为西南等轴测视图，坐标系的方向变了，要怎样才能让其恢复显示呢？

答：通过单击正交视图和等轴测视图可以改变坐标系的方位，如从西南等轴测视图切换到左视图后，再切换回西南等轴测视图，会发现坐标系的方向变了，而切换到俯视图中再切换回等轴测视图则可使坐标系的方向恢复为该等轴测视图最初的方位。

实体模型与曲面图形

在 AutoCAD 2012 中，除了能够使用三维绘图命令绘制实体模型外，还可以利用面的方式来创建三维对象。选择【网格】/【图元】组，在其中利用网格命令来绘制只有面的三维图形对象，可以通过设置平滑度等参数来调节网格的圆滑度，但是，使用网格绘制三维图形，不能使用布尔运算命令对其进行编辑操作，只有将其转换为实体或曲面，才能够对网格对象进行布尔运算操作。

面域是使用形成闭合环的对象创建的二维闭合区域。环可以是直线、多段线、圆、圆弧、椭圆、椭圆弧和样条曲线的组合。

第12章

编辑三维模型

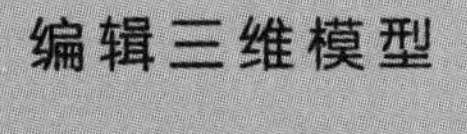

移动 阵列 镜像

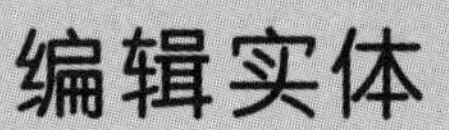

剖切 加厚 抽壳

编辑实体面

拉伸 移动 偏移 倾斜

本章导读

在进行三维模型绘制时，只使用三维绘图命令很难绘制复杂的三维模型。通过三维编辑命令，可以快速、准确地完成复杂三维模型的绘制。本章将讲解三维实体模型的编辑命令，主要包括编辑三维对象的命令，以及编辑三维实体模型、编辑实体边、实体面等命令。其中，编辑三维对象命令可以加速三维模型的绘制，应重点进行掌握；编辑实体边及实体面命令，可以绘制更加复杂的图形对象，可进行了解。

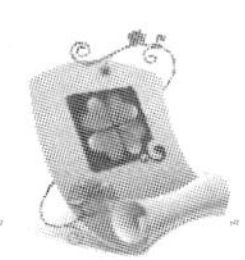

12.1　编辑三维对象

使用三维编辑命令，可以快速、准确地完成图形的绘制，其中主要包括三维移动、三维旋转、三维阵列、三维镜像、三维对齐等命令。对图形进行三维编辑时，还应注意用户坐标系的设置等相关操作。

12.1.1　移动三维模型

移动三维模型是指调整模型在三维空间中的位置，其操作方法与在二维空间移动对象的方法类似，区别在于前者是在三维空间中进行的，而后者则是在二维空间中进行的。执行三维移动命令，主要有以下两种方法：

- 选择【常用】/【修改】组，单击“三维移动”按钮。
- 在命令行中输入“3DMOVE”命令。

实例 12-1　移动圆石桌桌面

使用三维移动命令，将圆石桌的桌面模型进行移动，其移动的基点为桌面底面圆心，移动的第二点为石柱的圆柱体的顶面圆心。

光盘\素材\第 12 章\圆石桌.dwg
光盘\效果\第 12 章\圆石桌.dwg

1. 打开“圆石桌.dwg”图形文件，如图 12-1 所示。

2. 选择【常用】/【修改】组，单击“三维移动”按钮，执行三维移动命令，将圆石桌的桌面模型通过三维移动命令，移动到圆石桌的石柱上，效果如图 12-2 所示，其命令行操作如下：

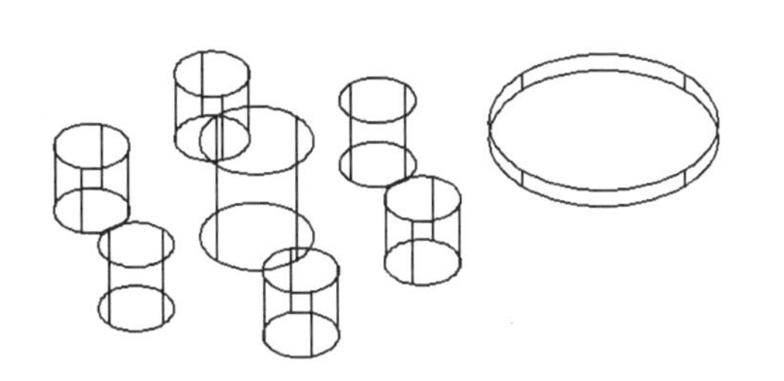

图 12-1　原始图形

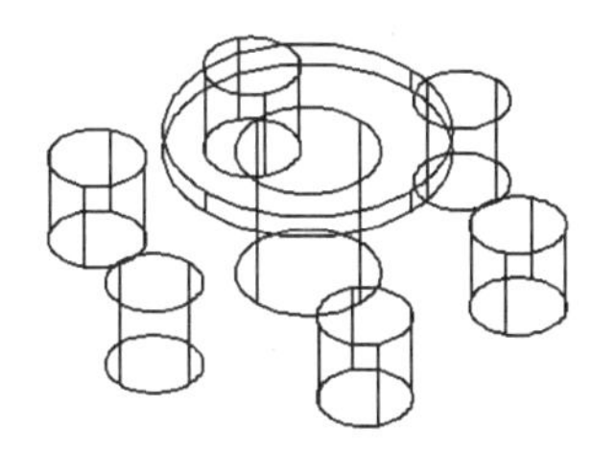

图 12-2　圆石桌模型

```
命令: _3dmove                                 //执行三维移动命令
选择对象:                                     //选择圆石桌面模型的圆柱体
选择对象:                                     //按“Enter”键确定选择
指定基点或 [位移(D)] <位移>:                  //捕捉圆柱体底面的圆心，如图 12-3 所示
指定第二个点或 <使用第一个点作为位移>:        //捕捉圆柱体顶面的圆心，如图 12-4 所示
```

可以自由移动对象和子对象的选择集，也可以将移动约束到轴或平面上。自由移动对象时，需将对象拖动到小控件外部，或指定要将移动约束到的轴或平面。

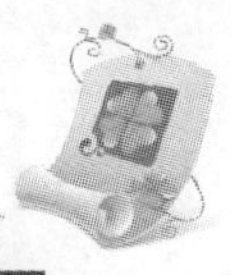

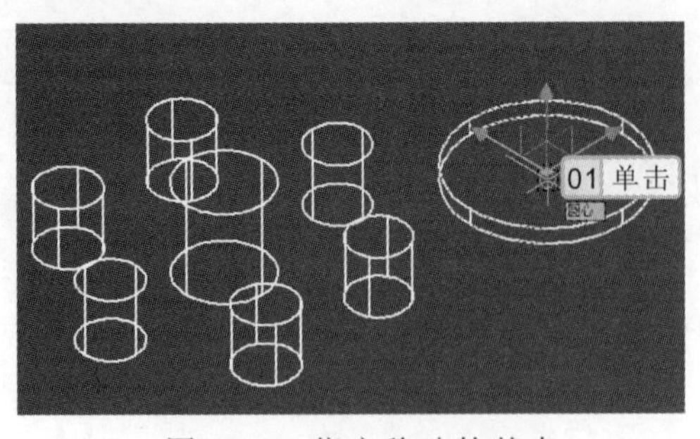

图 12-3 指定移动的基点

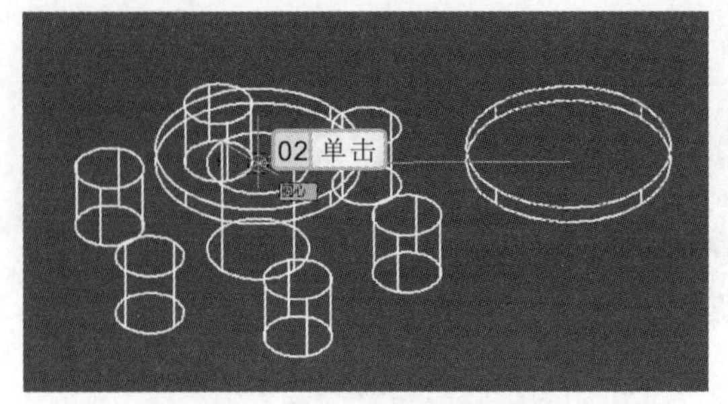

图 12-4 指定移动的第二点

12.1.2 旋转三维模型

在创建或编辑三维模型时，使用三维旋转命令可以自由地旋转三维对象，并可让实体模型绕坐标轴进行旋转。执行三维旋转命令，主要有以下两种方法：

- 选择【常用】/【修改】组，单击“三维旋转”按钮。
- 在命令行中输入“3DROTATE”命令。

实例 12-2 旋转花盆模型

执行三维旋转命令，将“花盆.dwg”图形文件中的模型进行旋转操作，其中绕 X 轴旋转 90°。

参见光盘 光盘\素材\第 12 章\花盆.dwg
光盘\效果\第 12 章\花盆.dwg

1. 打开“花盆.dwg”图形文件，如图 12-5 所示。
2. 选择【常用】/【修改】组，单击“三维旋转”按钮，执行三维旋转命令，将实体模型绕 X 轴旋转 90°，效果如图 12-6 所示，其命令行操作如下：

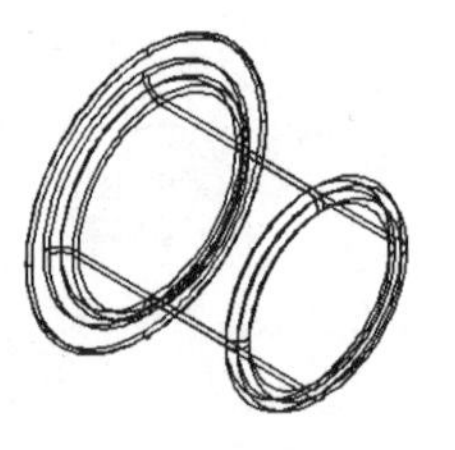

图 12-5 原始图形

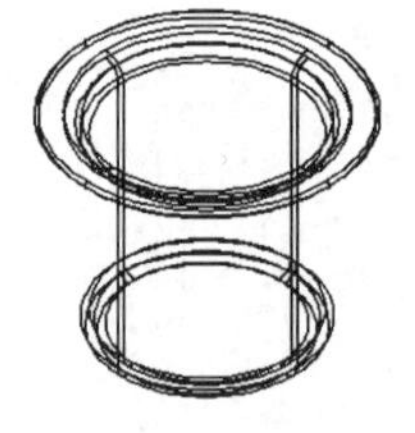

图 12-6 三维旋转效果

```
命令: _3drotate                         //执行三维旋转命令
UCS 当前的正角方向:  ANGDIR=逆时针
ANGBASE=0
选择对象:                               //选择旋转对象
选择对象:                               //按“Enter”键确定对象选择
指定基点:                               //捕捉圆心，如图 12-7 所示
```

专家指导

要移动三维对象和子对象，需单击小控件并将其拖动到三维空间中的任意位置。在该位置设置移动的基点，并在用户移动选定对象时更改 UCS 的位置。

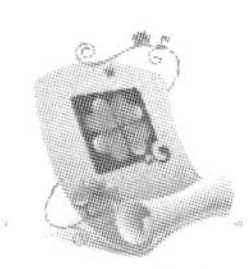

```
拾取旋转轴:                          //选择 X 轴，如图 12-8 所示
指定角的起点或键入角度: 90           //输入旋转角度，如图 12-9 所示
正在重生成模型。
```

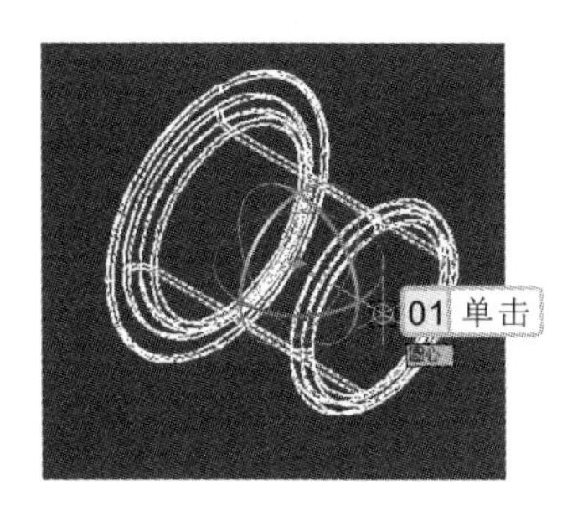

图 12-7 指定旋转基点

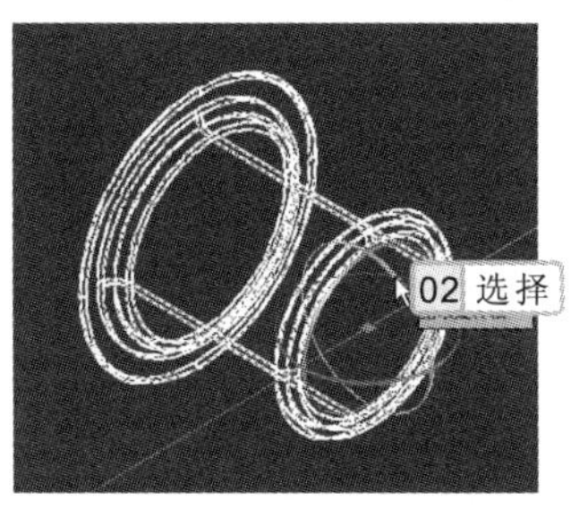

图 12-8 选择旋转轴

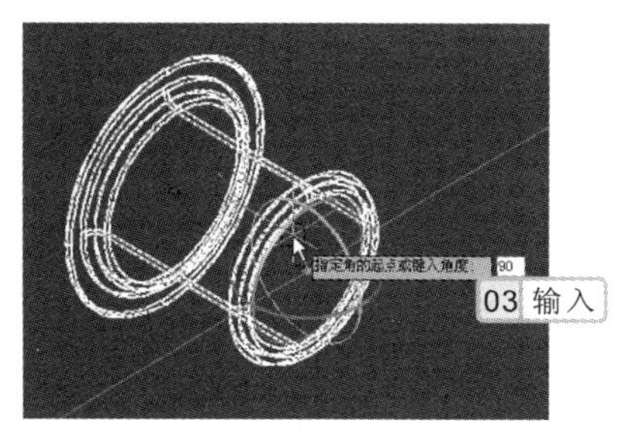

图 12-9 输入旋转角度

12.1.3 对齐三维模型

若要将三维空间中的两个对象按指定的方式对齐，则可使用 AutoCAD 2012 的三维对齐功能。执行三维对齐命令，主要有以下两种方法：

- 选择【常用】/【修改】组，单击“三维对齐”按钮。
- 在命令行中输入“3DALIGN”命令。

实例 12-3 三维对齐积木模型

执行三维对齐命令，将“积木.dwg”图形文件中的棱锥体模型与长方体进行三维对齐操作。

参见光盘 光盘\素材\第 12 章\积木.dwg
光盘\效果\第 12 章\积木.dwg

1. 打开“积木.dwg”图形文件，如图 12-10 所示。
2. 选择【常用】/【修改】组，单击“三维对齐”按钮，执行三维对齐命令，将棱锥体进行三维对齐操作，效果如图 12-11 所示，其命令行操作如下：

```
命令: _3dalign                           //执行三维对齐命令
选择对象:                                //选择对齐对象，如图 12-12 所示
选择对象:                                //按“Enter”键确定选择
指定源平面和方向 ...
指定基点或 [复制(C)]:                    //指定基点，如图 12-13 所示
指定第二个点或 [继续(C)] <C>:            //指定第二点，如图 12-14 所示
指定第三个点或 [继续(C)] <C>:            //指定第三点，如图 12-15 所示
指定目标平面和方向 ...
指定第一个目标点:                        //指定第一个目标点，如图 12-16 所示
指定第二个目标点或 [退出(X)] <X>:        //指定第二个目标点，如图 12-17 所示
指定第三个目标点或 [退出(X)] <X>:        //指定第三个目标点，如图 12-18 所示
```

操作提示

在对三维模型进行旋转操作时，当三维模型旋转到用户需要的角度后，按“Enter”键即可将三维模型确定在需要的角度上，且系统将重新生成模型。

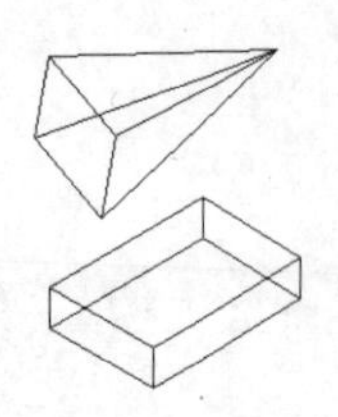

图 12-10　原始图形

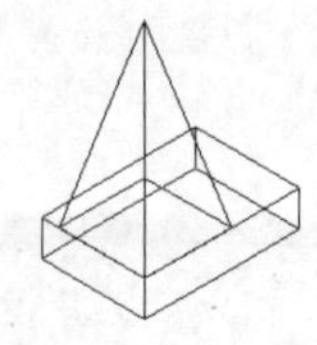

图 12-11　三维对齐

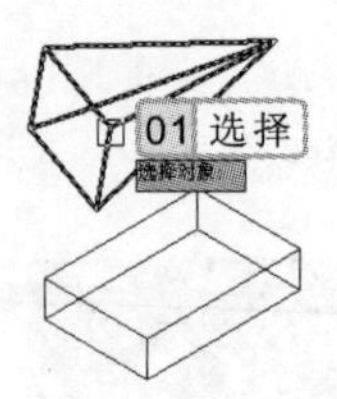

图 12-12　选择对齐对象

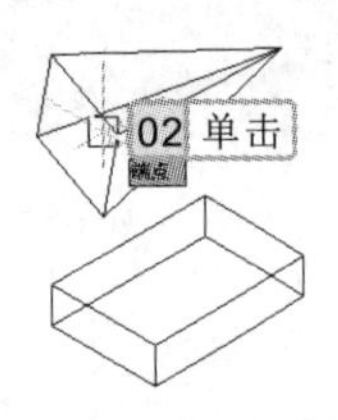

图 12-13　指定基点

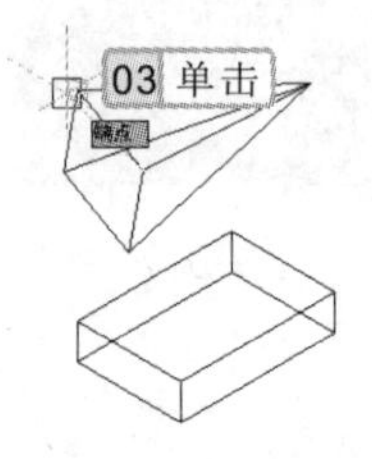

图 12-14　指定第二点

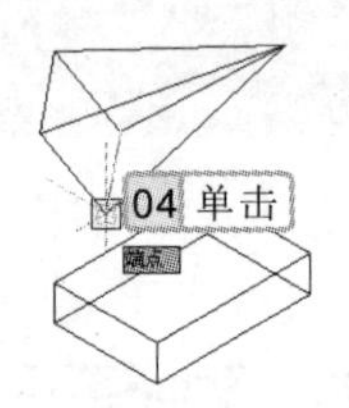

图 12-15　指定第三点

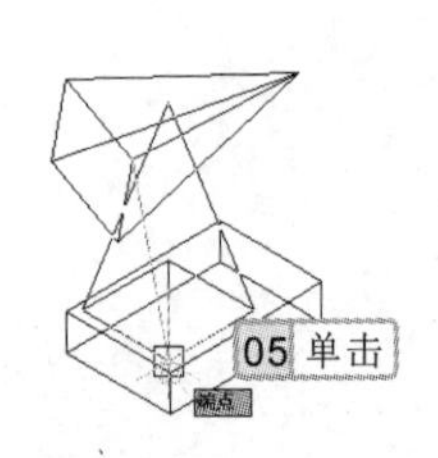

图 12-16　指定第一个目标点

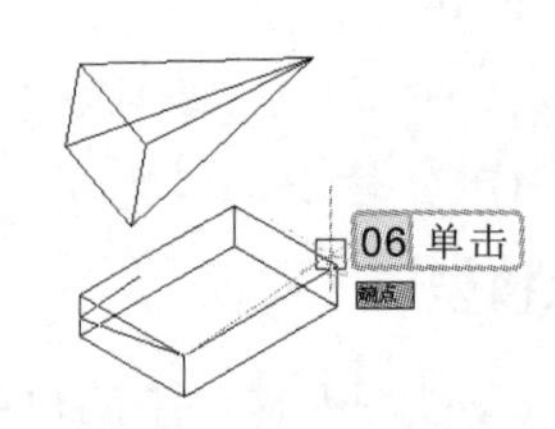

图 12-17　指定第二个目标点

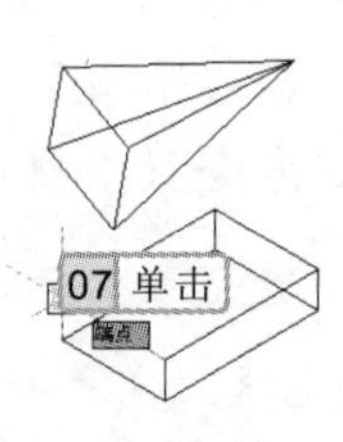

图 12-18　指定第三个目标点

12.1.4　镜像三维模型

镜像三维模型的方法与镜像二维平面图形的方法类似，通过指定的平面即可对选择的三维模型进行镜像。执行三维镜像命令，主要有以下两种方法：

- 选择【常用】/【修改】组，单击“三维镜像”按钮%。
- 在命令行中输入“MIRROR3D”命令。

实例 12-4　三维镜像楼梯扶手

执行三维镜像命令，将“楼梯模型.dwg”图形文件中的楼梯扶手与立柱进行三维镜像复制，完成楼梯模型的绘制。

参见光盘　光盘\素材\第 12 章\楼梯模型.dwg
光盘\效果\第 12 章\楼梯模型.dwg

1　打开“楼梯模型.dwg”图形文件，如图 12-19 所示。

专家指导

在使用镜像命令时，可作为镜像平面的对象有：平面对象所在的平面；通过指定点且与当前 UCS 的 XY、YZ 或 XZ 平面平行等平面。

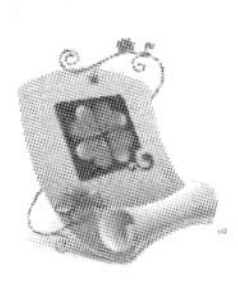

2 选择【常用】/【修改】组，单击“三维镜像”按钮，执行三维镜像命令，对楼梯扶手和立柱进行三维镜像复制操作，效果如图 12-20 所示，其命令行操作如下：

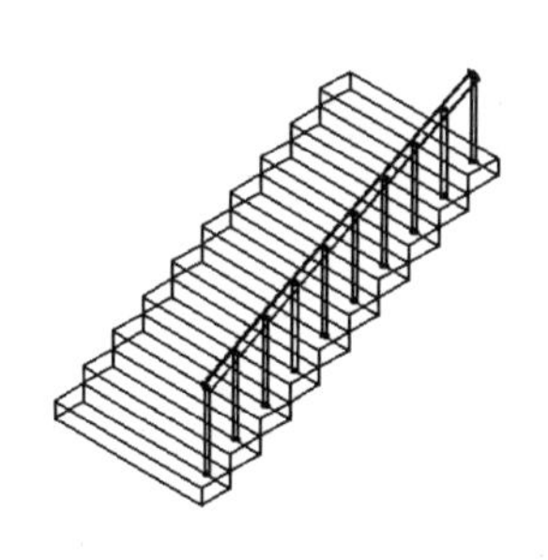

图 12-19 原始文件

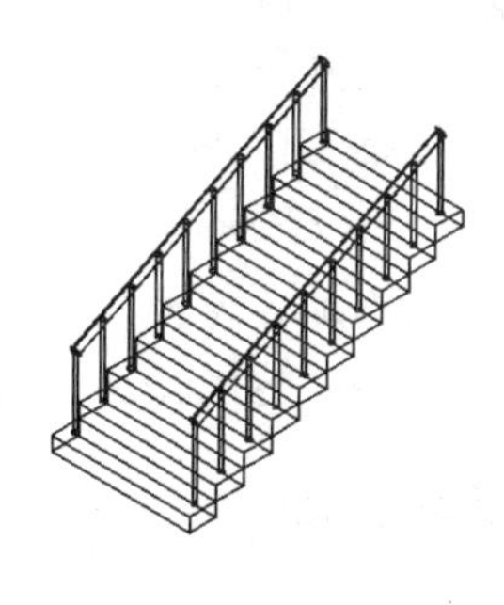

图 12-20 三维镜像模型

```
命令: _mirror3d                                          //执行三维镜像命令
选择对象:                                                //选择扶手与立柱模型
选择对象:                                                //按“Enter”键确定图形的选择
指定镜像平面 (三点) 的第一个点或 [对象(O)/最
近的(L)/Z 轴(Z)/视图(V)/XY 平面(XY)/YZ 平面
(YZ)/ZX 平面(ZX)/三点(3)] <三点>:                         //指定镜像平面第一个点，如图 12-21 所示
在镜像平面上指定第二点:                                   //指定第二个点，如图 12-22 所示
在镜像平面上指定第三点:                                   //指定第三个点，如图 12-23 所示
是否删除源对象? [是(Y)/否(N)] <否>: n                     //选择“否”选项，如图 12-24 所示
```

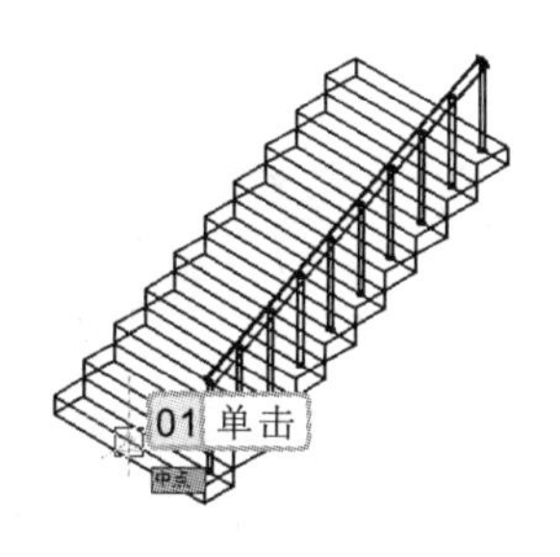

图 12-21 指定镜像平面的第一个点

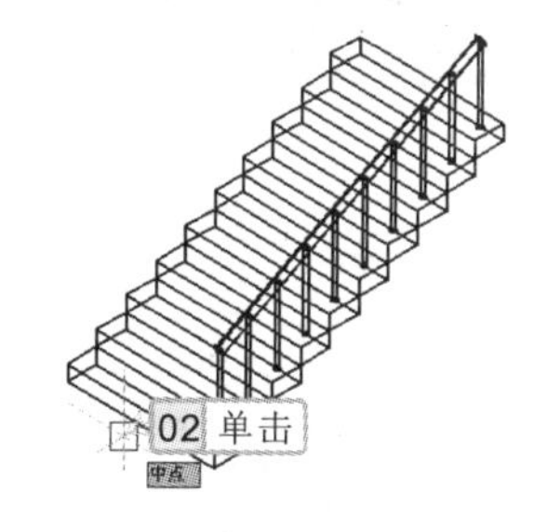

图 12-22 指定第二个点

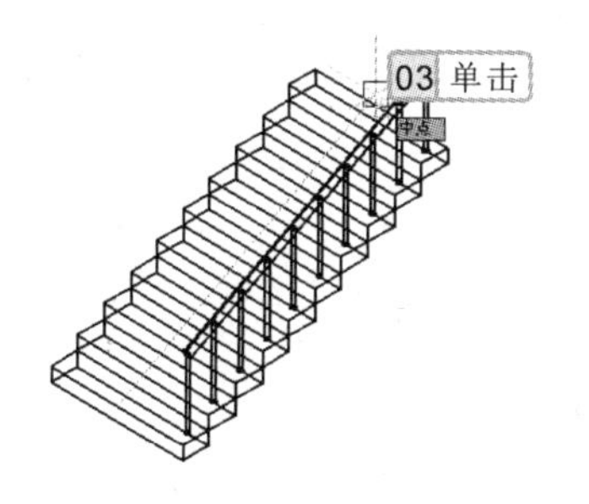

图 12-23 指定第三个点

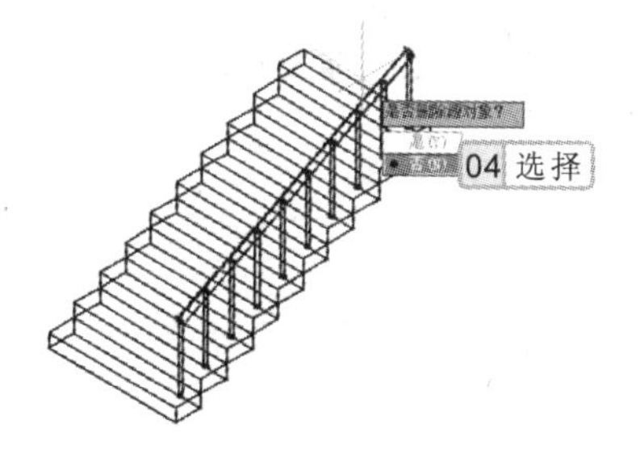

图 12-24 选择“否”选项

对三维模型进行阵列后，阵列出的对象依然是三维模型。若在阵列时指定了层数，则还需指定相应的层间距。

12.1.5　三维阵列模型

三维阵列命令与二维阵列命令相似，都可对图形对象进行矩形阵列或环形阵列复制操作。使用三维阵列命令对图形对象进行阵列复制时，可在三维空间中快速创建指定对象的多个模型副本，并按指定的形式排列，通常用于大量通用性模型的复制。执行三维阵列命令，主要有以下两种方法：

- 在"三维基础"工作空间中，选择【常用】/【修改】组，单击"三维阵列"按钮。
- 在命令行中输入"3DARRAY"命令。

1．三维矩形阵列

使用三维阵列命令的"矩形"功能，可以将实体模型以行、列、层的方式进行阵列复制。与二维阵列命令相比，主要增加了层即 Z 轴上的阵列复制操作。

实例 12-5　三维矩形阵列模型

执行三维阵列命令，利用"矩形"功能，将"三维矩形阵列.dwg"图形文件中的模型进行三维矩形阵列复制。

参见光盘　光盘\素材\第 12 章\三维矩形阵列.dwg
光盘\效果\第 12 章\三维矩形阵列.dwg

1 打开"三维矩形阵列.dwg"图形文件，如图 12-25 所示。

2 选择【常用】/【修改】组，单击"三维阵列"按钮，将实体模型进行三维矩形阵列复制，效果如图 12-26 所示，其命令行操作如下：

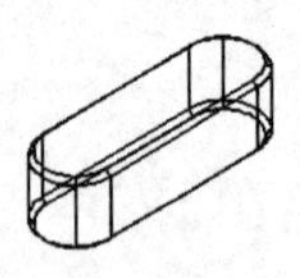

图 12-25　原始文件

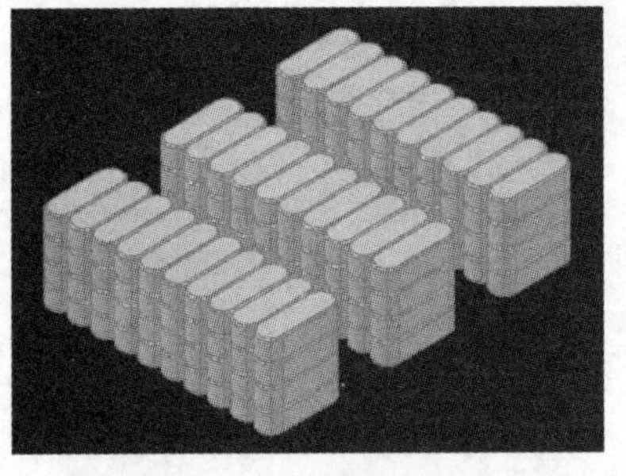

图 12-26　三维矩形阵列效果

```
命令: _3darray                               //执行三维阵列命令
选择对象:                                     //选择阵列对象，如图 12-27 所示
选择对象:                                     //按"Enter"键确定图形选择
输入阵列类型 [矩形(R)/环形(P)] <矩形>:r          //选择"矩形"选项，如图 12-28 所示
输入行数 (---) <1>: 10                        //输入阵列行数
输入列数 (|||) <1>: 3                         //输入阵列列数
输入层数 (...) <1>: 4                         //输入阵列层数
```

专家指导

对于环形阵列，可以控制对象副本的数目并决定是否旋转副本。当需要创建多个定间距的对象时，排列比复制要快。

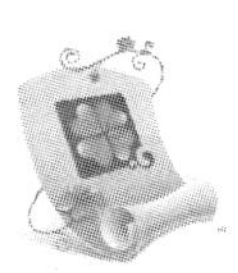


```
指定行间距 (---): 8                          //输入行间距
指定列间距 (|||): 40                         //输入列间距
指定层间距 (...): 7                          //输入层间距
```

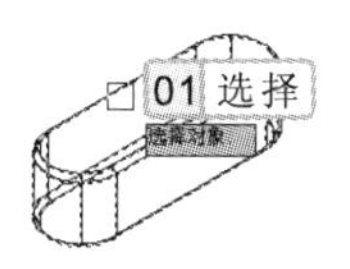

图 12-27 选择阵列对象

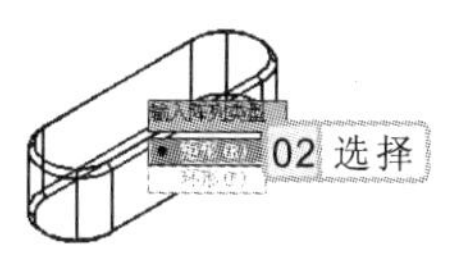

图 12-28 选择“矩形”选项

2. 三维环形阵列

使用三维阵列命令的“环形”功能阵列复制图形时，需指定阵列的角度及旋转参考轴等参数。在阵列命令的操作过程中，指定的角度或旋转的数目不同，进行阵列复制后，得到的效果也会有所不同。

实例 12-6 环形阵列垫片螺孔

执行三维阵列命令，利用“环形”功能，将“垫片.dwg”图形文件中的模型进行三维环形阵列复制。

参见光盘 光盘\素材\第 12 章\垫片.dwg
光盘\效果\第 12 章\垫片.dwg

1. 打开“垫片.dwg”图形文件，如图 12-29 所示。

2. 选择【常用】/【修改】组，单击“三维阵列”按钮，将“垫片.dwg”图形文件中的螺孔实体模型进行三维环形阵列，效果如图 12-30 所示，其命令行操作如下：

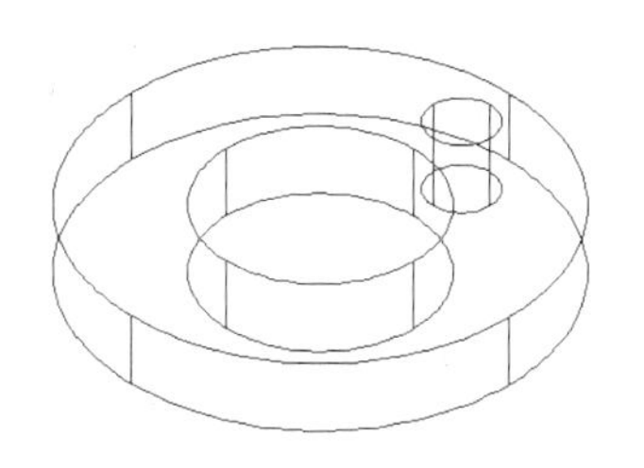

图 12-29 原始文件

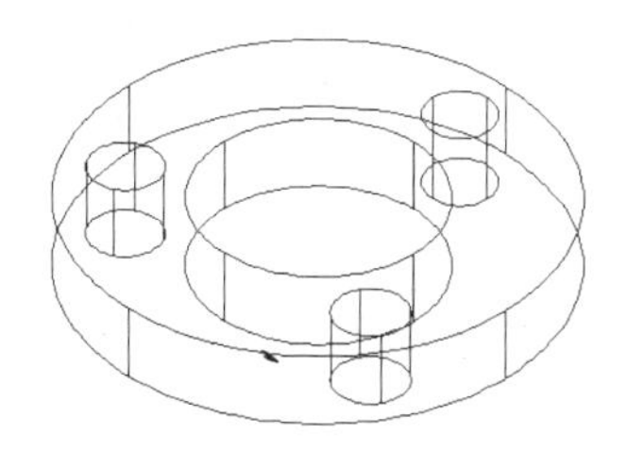

图 12-30 三维环形阵列效果

```
命令: _3darray                               //执行三维阵列命令
选择对象:                                    //选择螺孔圆模型的圆柱体
选择对象:                                    //按“Enter”键确定图形的选择
输入阵列类型 [矩形(R)/环形(P)] <矩形>:p      //选择“环形”选项，如图 12-31 所示
输入阵列中的项目数目: 3                      //输入阵列项目数，如图 12-32 所示
```

操作提示

使用三维阵列命令的“环形”功能阵列复制图形时，在指定阵列中心点后，可以在任意位置指定旋转轴的第二点，两点之间的连线即为旋转轴。

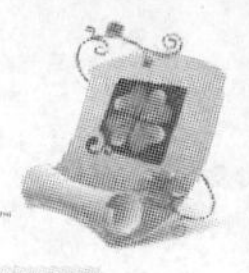

```
指定要填充的角度 (+=逆时针, -=顺时针) <360>:360    //输入填充角度，如图 12-33 所示
旋转阵列对象？ [是(Y)/否(N)] <Y>: y                //选择“是”选项，如图 12-34 所示
指定阵列的中心点:                                  //指定阵列中心点，如图 12-35 所示
指定旋转轴上的第二点:                              //指定旋转轴的第二点，如图 12-36 所示
```

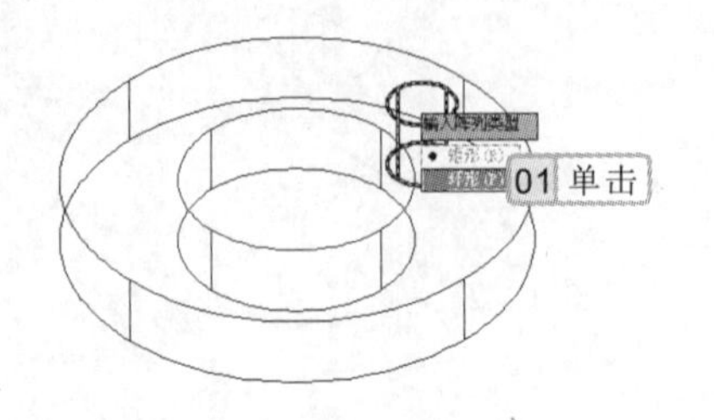

图 12-31　选择“环形”选项

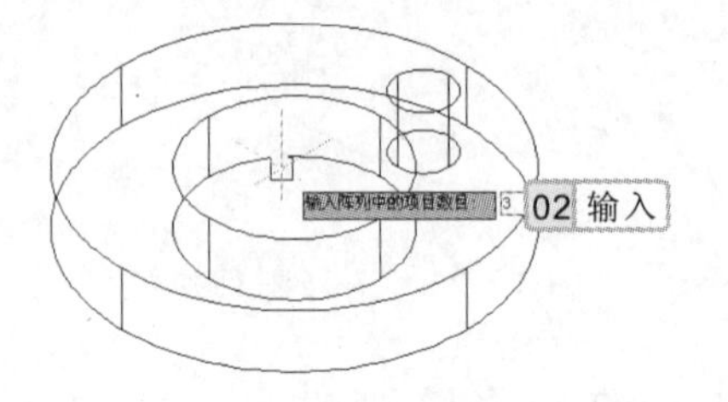

图 12-32　输入阵列项目数

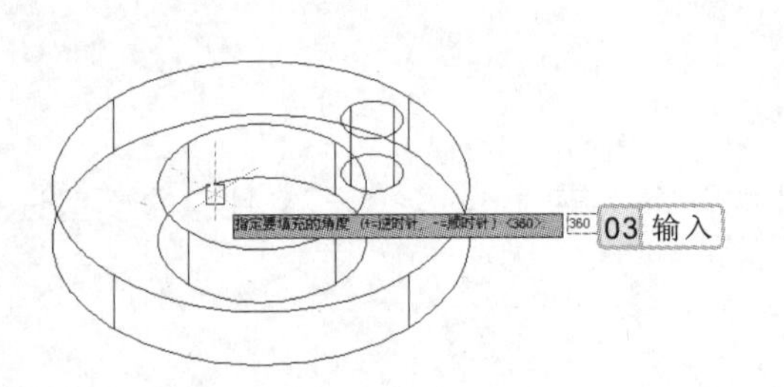

图 12-33　输入填充角度

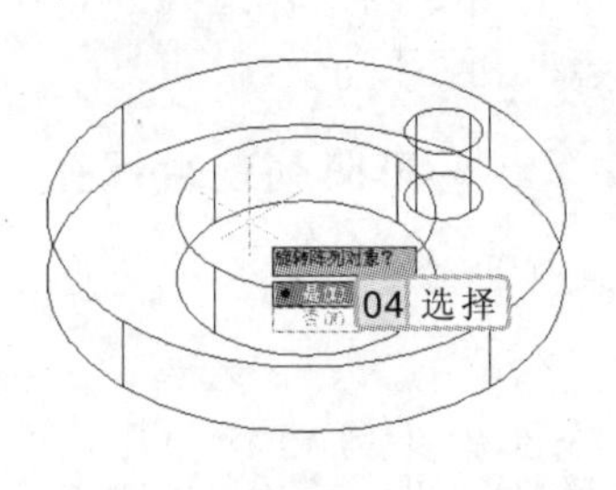

图 12-34　选择“是”选项

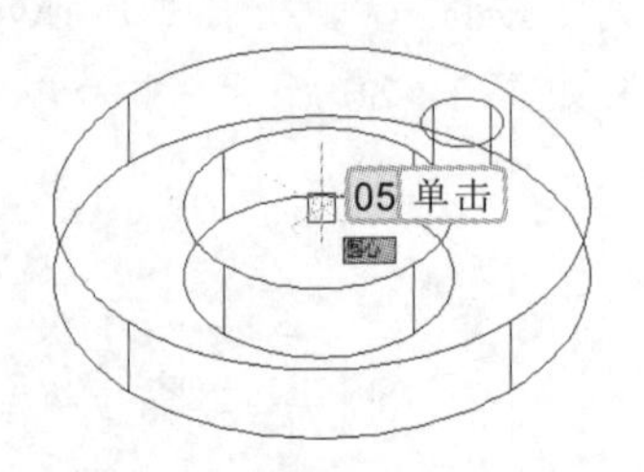

图 12-35　指定阵列中心点

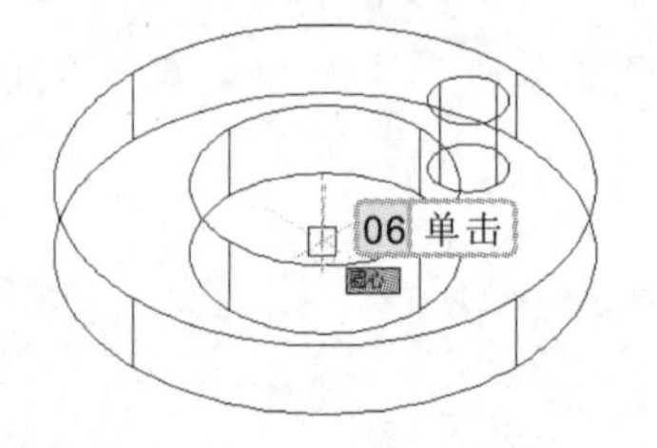

图 12-36　指定旋转轴的第二点

12.2　编辑实体对象

在绘制三维实体的过程中，不仅可以对整个三维实体对象进行编辑，还可以对单独的三维实体进行编辑，如对实体模型进行剖切，以及对实体边进行倒角、圆角、着色和复制等操作。

剖切三维实体不保留创建它们的原始形式的历史记录，但却会保留原对象的图层和颜色特性。

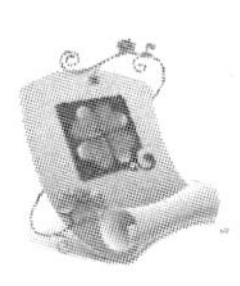

12.2.1　剖切实体

使用剖切命令可以将实体模型以某一个平面剖切成为多个三维实体，剖切面可以是对象、Z轴、视图、XY/YZ/ZX平面，或者以任意3点所定义的面。执行剖切命令，主要有以下两种方法：

- 选择【常用】/【实体编辑】组，单击“剖切”按钮。
- 在命令行中输入“SLICE”命令。

实例12-7　剖切阀体模型

执行剖切命令，将“阀体.dwg”图形文件中的实体模型进行剖切处理，其剖切点为轴孔圆的圆心，剖切平面为ZX平面。

参见光盘　光盘\素材\第12章\阀体.dwg
光盘\效果\第12章\阀体.dwg

1. 打开“阀体.dwg”图形文件，如图12-37所示。
2. 选择【常用】/【实体编辑】组，单击“剖切”按钮，执行剖切命令，将“阀体.dwg”图形文件中的阀体模型进行剖切处理，其剖切平面为ZX平面，剖切点为轴孔圆的圆心，效果如图12-38所示，其命令行操作如下：

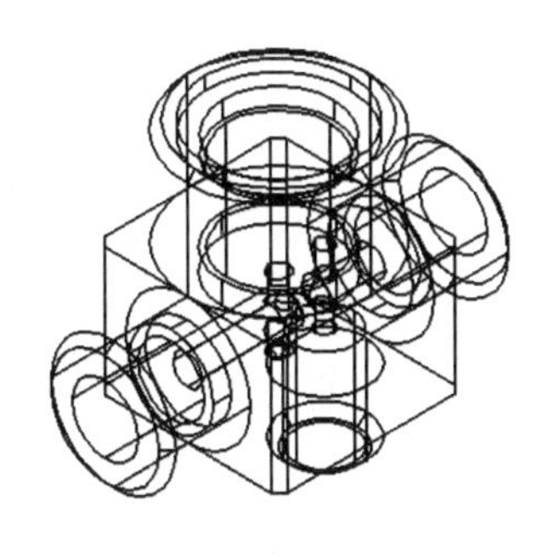

图12-37　原始文件

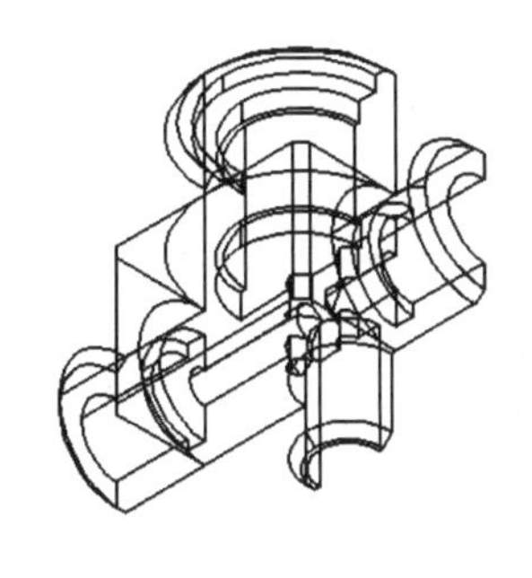

图12-38　剖切阀体模型

```
命令: _slice                                         //执行剖切命令
选择要剖切的对象:                                     //选择剖切对象，如图12-39所示
选择要剖切的对象:                                     //按“Enter”键确定
指定 切面 的起点或 [平面对象(O)/曲面(S)/Z 轴
(Z)/视图(V)/XY(XY)/YZ(YZ)/ZX(ZX)/三点(3)] <三
点>: zx                                              //选择“ZX”选项，如图12-40所示
指定 ZX 平面上的点 <0,0,0>:                           //捕捉阀体轴孔圆的圆心，如图12-41所示
在所需的侧面上指定点或 [保留两个侧面(B)] <保
留两个侧面>:                                         //在左上角单击鼠标左键，如图12-42所示
```

使用剖切命令剖切三维实体或曲面时，可以通过多种方法定义剪切平面。例如，可以指定三个点、一条轴、一个曲面或一个平面对象以用作剖切平面。

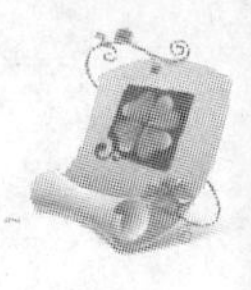

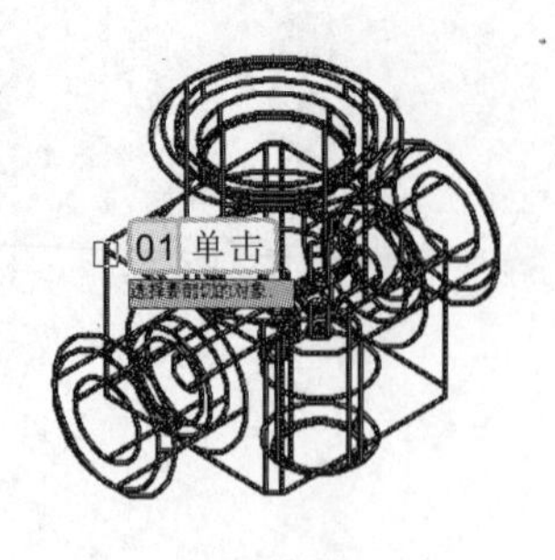

图 12-39　选择剖切对象

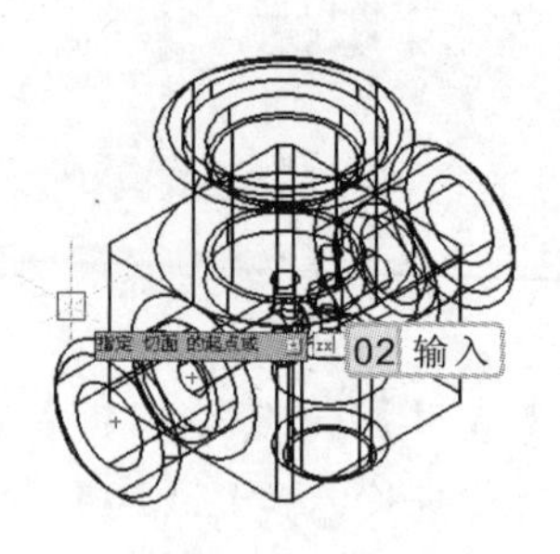

图 12-40　选择“ZX”选项

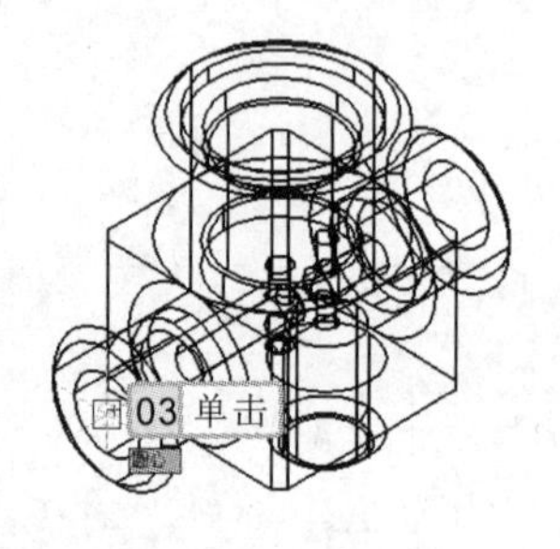

图 12-41　指定平面上的点

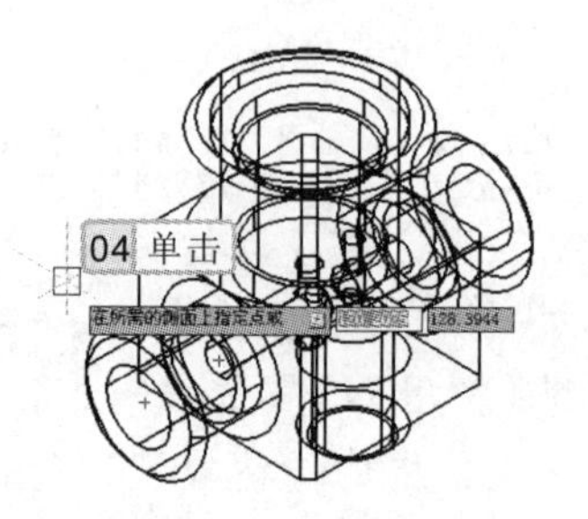

图 12-42　指定保留的一侧

在执行剖切命令的过程中，各选项的含义介绍如下。

- **平面对象(O)**：将剖切面与圆、椭圆、圆弧、椭圆弧、二维样条曲线或二维多段线对齐进行剖切。
- **曲面(S)**：将剖切面与曲面对齐进行剖切。
- **Z 轴(Z)**：通过平面上指定的点和在 Z 轴上指定的一点来确定剖切平面进行剖切。
- **视图(V)**：将剖切面与当前视口的视图平面对齐进行剖切。指定一点可确定剖切平面的位置。
- **XY(XY)**：将剖切面与当前 UCS 的 XY 平面对齐进行剖切。指定一点可确定剖切面的位置。
- **YZ(YZ)**：将剖切面与当前 UCS 的 YZ 平面对齐进行剖切。指定一点可确定剖切面的位置。
- **ZX(ZX)**：将剖切面与当前 UCS 的 ZX 平面对齐进行剖切。指定一点可确定剖切面的位置。
- **三点(3)**：用三点确定剖切面进行剖切。

12.2.2　抽壳实体

抽壳是指在三维实体对象中创建具有指定厚度的壁。执行抽壳命令，主要有以下两种

使用抽壳命令，可以将三维实体转换为中空薄壁或壳体。将实体对象转换为壳体时，可以通过将现有面朝其原始位置的内部或外部偏移来创建新面。

方法：

- 选择【常用】/【实体编辑】组，单击“抽壳”按钮。
- 在命令行中输入“SOLIDEDIT”命令。

实例 12-8 抽壳处理棱锥体

执行抽壳命令，将“棱锥体.dwg”图形文件中的棱锥体进行抽壳处理，其抽壳偏移的距离为 50。

参见光盘
光盘\素材\第 12 章\棱锥体.dwg
光盘\效果\第 12 章\抽壳实体.dwg

 打开“棱锥体.dwg”图形文件，如图 12-43 所示。

 选择【常用】/【实体编辑】组，单击“抽壳”按钮，将棱锥体实体进行抽壳处理，其抽壳偏移距离为 50，效果如图 12-44 所示，其命令行操作如下：

```
命令: _solidedit                                   //执行抽壳命令
实体编辑自动检查:  SOLIDCHECK=1
输入实体编辑选项 [面(F)/边(E)/体(B)/放弃(U)/退出
(X)] <退出>: _body
输入体编辑选项[压印(I)/分割实体(P)/抽壳(S)/清除
(L)/检查(C)/放弃(U)/退出(X)] <退出>: _shell
选择三维实体:                                      //选择棱锥体
删除面或 [放弃(U)/添加(A)/全部(ALL)]:              //按“Enter”键确定选择
输入抽壳偏移距离: 50                               //输入抽壳距离，如图 12-45 所示
已开始实体校验。
已完成实体校验。
输入体编辑选项[压印(I)/分割实体(P)/抽壳(S)/清除
(L)/检查(C)/放弃(U)/退出(X)] <退出>: x             //选择“退出”选项
实体编辑自动检查:  SOLIDCHECK=1
输入实体编辑选项 [面(F)/边(E)/体(B)/放弃(U)/退出
(X)] <退出>: x                                     //选择“退出”选项
```

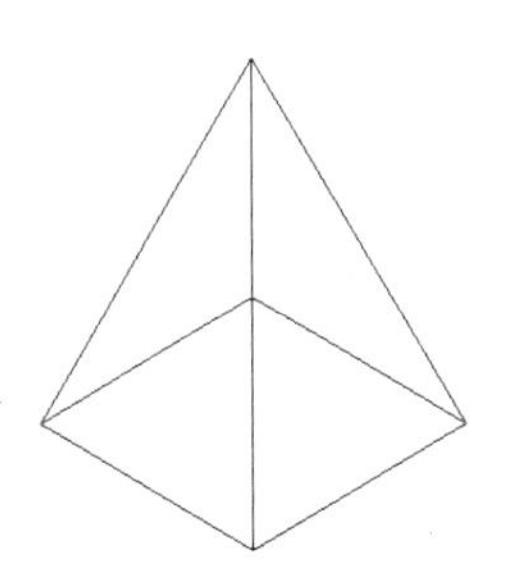

图 12-43 棱锥体

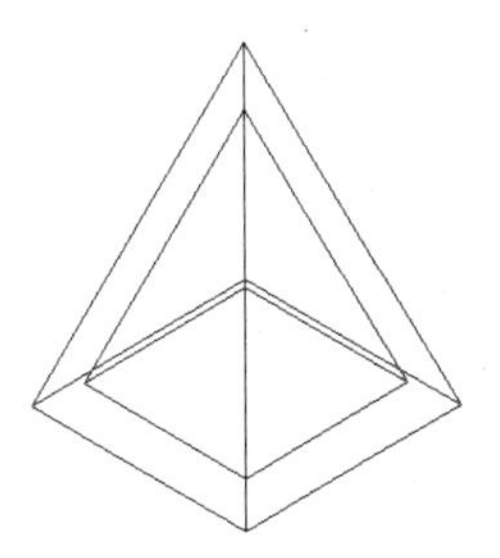

图 12-44 抽壳实体

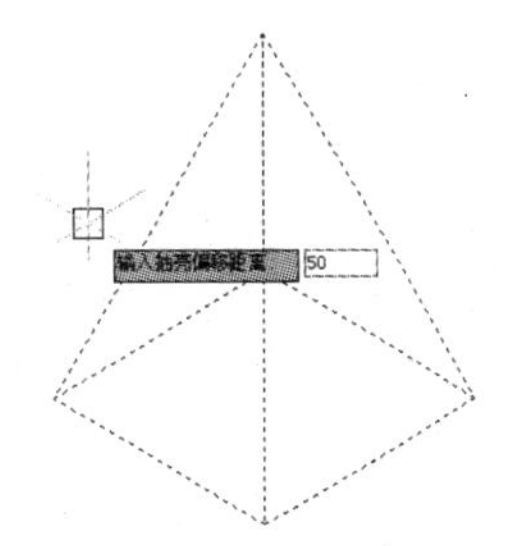

图 12-45 输入抽壳距离

操作提示

将三维实体对象转换为壳体时，可以通过将现有面朝其原始位置的内部或外部偏移来创建新面，其输入的数值为正值，则向内进行偏移；输入的数值为负值，则向外进行偏移。

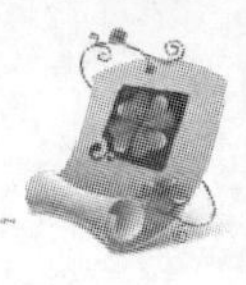

12.2.3 圆角和直角实体边

使用二维修改命令中的倒角和圆角命令，同样可以对三维实体进行倒角或圆角处理，下面分别进行介绍。

1. 对三维实体进行倒直角

使用倒角命令对三维图形进行倒直角操作时，其操作方法与二维编辑命令的倒角基本相似。对平面图形进行倒角时，首先应指定倒角距离等参数；但在进行三维模型的编辑时，应先选择实体模型，再指定倒角距离。

实例 12-9 对托架模型倒直角

执行倒角命令，将“托架模型.dwg”图形文件的托架模型进行倒直角处理，其中倒角距离分别为 4 和 2。

参见光盘 光盘\素材\第 12 章\托架模型.dwg
光盘\效果\第 12 章\托架模型.dwg

1. 打开“托架模型.dwg”图形文件，如图 12-46 所示。
2. 选择【常用】/【修改】组，单击“倒角”按钮，将托架模型的边进行倒角处理，其倒角距离分别为 4 和 2，效果如图 12-47 所示，其命令行操作如下：

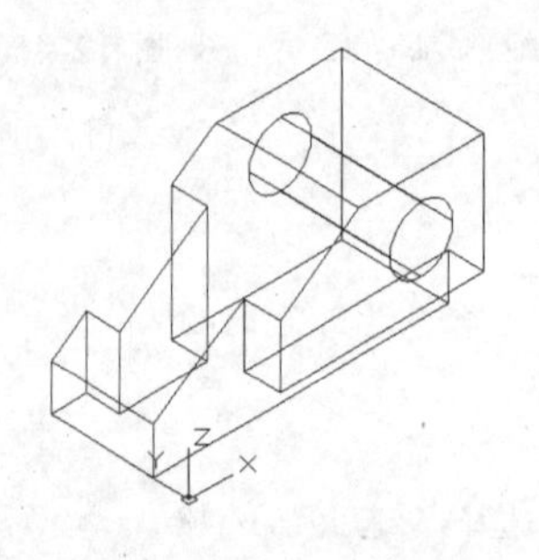

图 12-46 原始图形

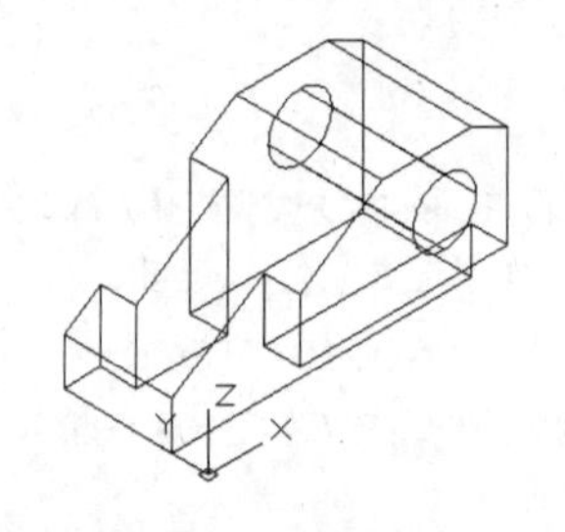

图 12-47 倒角托架模型

```
命令: _chamfer                                                //执行倒角命令
("修剪"模式) 当前倒角距离 1 = 0.0000，距离 2 =
0.0000
选择第一条直线或 [放弃(U)/多段线(P)/距离(D)/角
度(A)/修剪(T)/方式(E)/多个(M)]:                                //选择倒角对象，如图 12-48 所示
基面选择...
输入曲面选择选项 [下一个(N)/当前(OK)] <当前
(OK)>: n                                                      //选择"下一个"选项，如图 12-49 所示
输入曲面选择选项 [下一个(N)/当前(OK)] <当前
(OK)>: ok                                                     //选择"当前"选项，如图 12-50 所示
```

专家指导

对三维实体进行倒角处理时，在选择三维实体时，选择的边将作为倒角面的基点，可以在与选择实体共边的平面上进行切换。

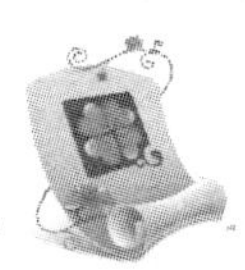


```
指定 基面 倒角距离或 [表达式(E)]: 4                //输入基面倒角距离，如图 12-51 所示
指定 其他曲面 倒角距离或 [表达式(E)] <4>: 2        //输入其他曲面倒角距离，如图 12-52 所示
选择边或 [环(L)]:                                 //选择倒角边，如图 12-53 所示
选择边或 [环(L)]:                                 //按“Enter”键确定选择
```

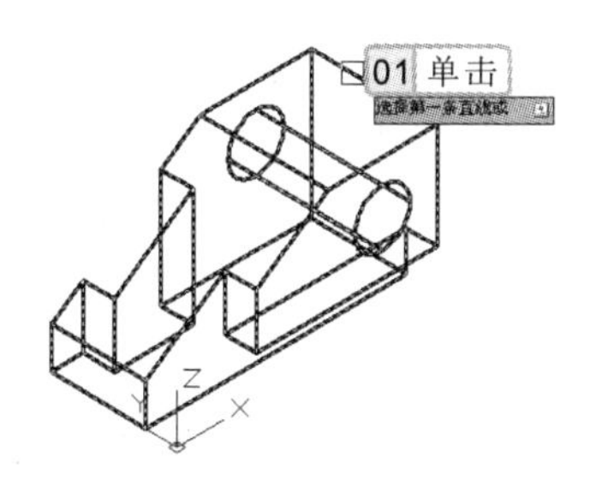

图 12-48　选择倒角对象

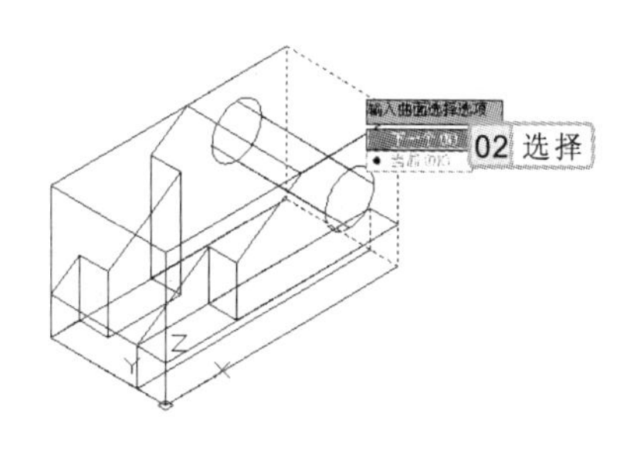

图 12-49　选择“下一个”选项

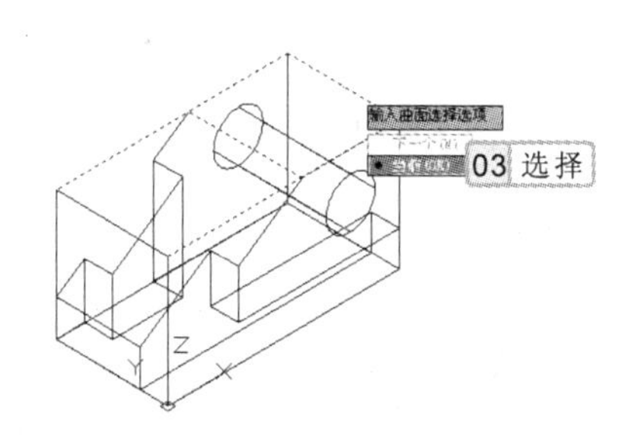

图 12-50　选择“当前”选项

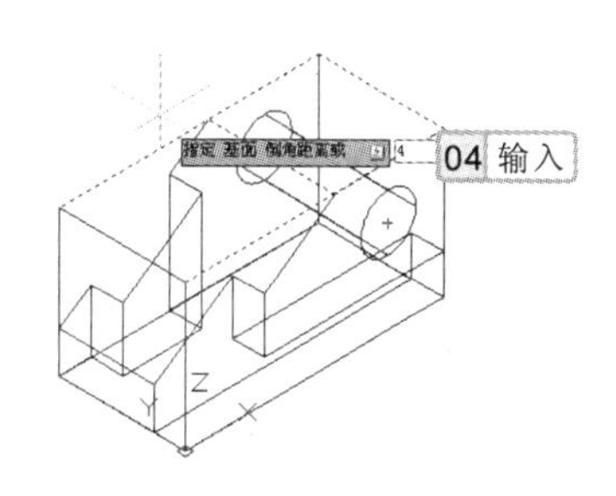

图 12-51　输入基面倒角距离

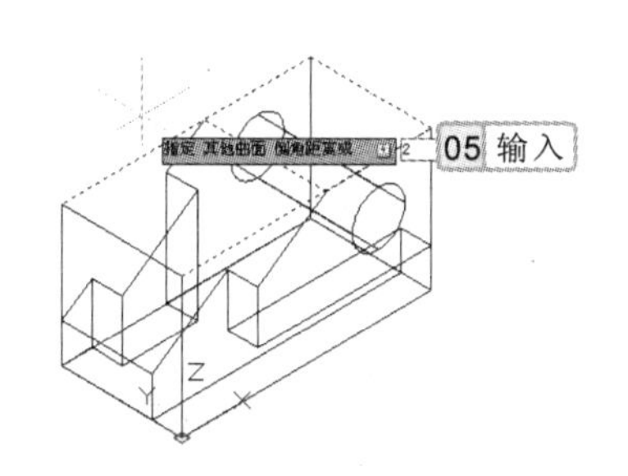

图 12-52　输入其他曲面倒角距离

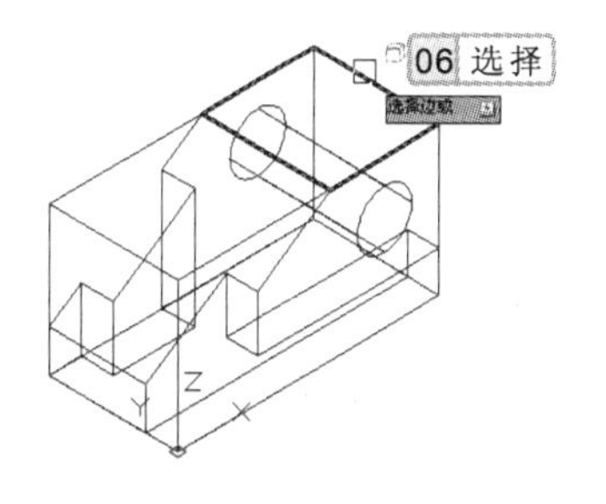

图 12-53　选择倒角边

2．对三维实体进行圆角

三维圆角是指使用与对象相切并且具有指定半径的圆弧连接两个对角。对三维实体进行圆角操作时，其命令与二维绘图中的圆角命令一样，只是操作时略有不同。

通过默认方法，可以指定圆角半径，然后选择要进行圆角的边。此外，也可以为每个圆角边指定单独的测量单位，并对一系列相切的边进行圆角。

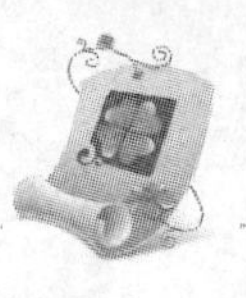

实例 12-10 圆角角钢模型

执行圆角命令，将“角钢.dwg”图形文件中的角钢模型进行圆角处理，圆角半径为 5。

参见光盘 光盘\素材\第 12 章\角钢.dwg
光盘\效果\第 12 章\角钢.dwg

1. 打开“角钢.dwg”图形文件，如图 12-54 所示。
2. 选择【常用】/【修改】组，单击“圆角”按钮，将角钢实体模型进行圆角处理，圆角半径为 5，效果如图 12-55 所示，其命令行操作如下：

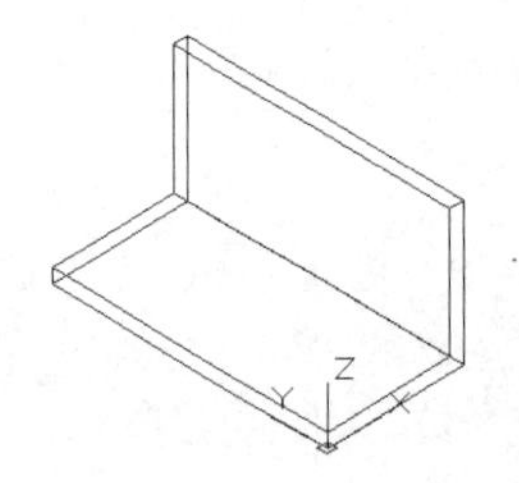

图 12-54 角钢原始图形

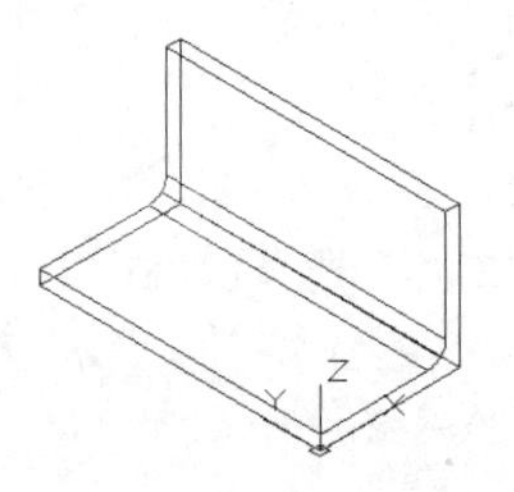

图 12-55 圆角处理效果

```
命令: _fillet                                         //执行圆角命令
当前设置: 模式 = 修剪，半径 = 2.0000
选择第一个对象或 [放弃(U)/多段线(P)/半径(R)/修
剪(T)/多个(M)]:                                       //选择圆角对象，如图 12-56 所示
输入圆角半径或 [表达式(E)] <2.0000>: 5                //输入圆角半径，如图 12-57 所示
选择边或 [链(C)/环(L)/半径(R)]:                       //按“Enter”键确定圆角边的选择
已选定 1 个边用于圆角。
```

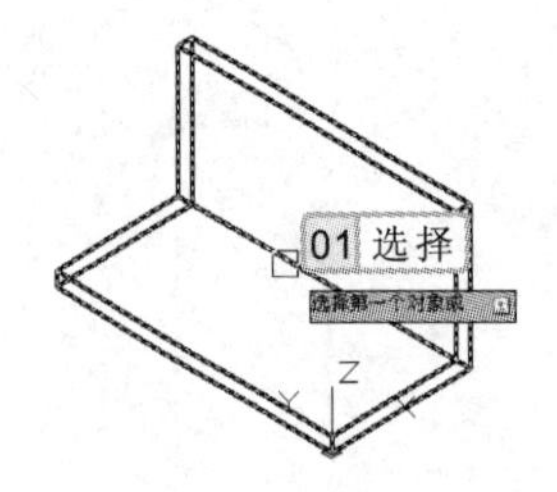

图 12-56 选择圆角对象

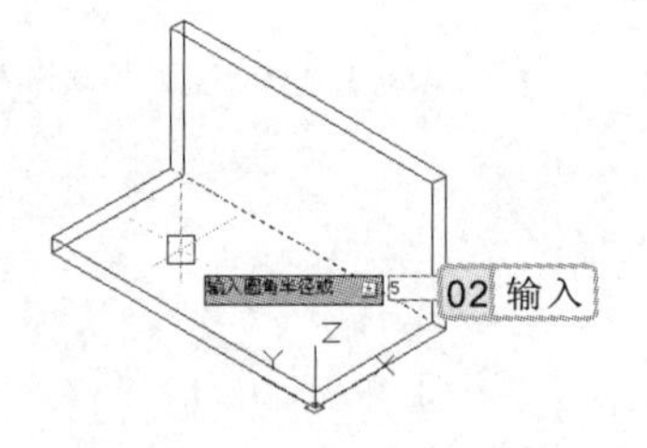

图 12-57 输入圆角半径

12.2.4 编辑三维实体边

执行 SOLIDEDIT 命令后，选择命令行中的“边”选项，将出现提示信息“输入边编辑选项[复制(C)/着色(L)/放弃(U)/退出(X)] <退出>:”，选择所需的选项后即可对三维实体边

专家指导

执行偏移面命令时，如果选择的编辑面有误，可执行 U 命令取消选择，然后再重新选择正确的面。

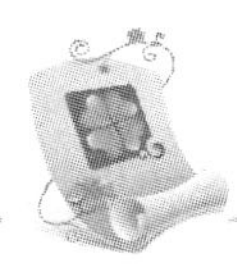

进行相应编辑。

在编辑三维实体边的过程中，命令行提示中各主要选项的含义分别介绍如下。

- **复制(C)**：用于复制三维实体上被选择的棱边线。选择该选项后，需要指定基点与复制出的边的放置位置；也可通过输入位移值的方法指定复制出的边的放置位置。
- **着色(L)**：用于改变被选择的三维实体边线的颜色。选择该选项并选择要着色的边后，在打开的“选择颜色”对话框中选择所需的颜色，单击 确定 按钮即可改变该边的颜色。

12.2.5 编辑三维实体面

执行 SOLIDEDIT 命令，并选择“面”选项后，命令行中将出现提示信息“输入面编辑选项[拉伸(E)/移动(M)/旋转(R)/偏移(O)/倾斜(T)/删除(D)/复制(C)/颜色(L)/材质(A)/放弃(U)/退出(X)] <退出>:”，选择所需的编辑选项后，即可对三维实体面进行相应的编辑。

在编辑三维实体面的过程中，命令行提示中各主要选项的含义分别介绍如下。

- **拉伸(E)**：将选择的三维实体组成面，以指定的高度或沿指定的路径进行拉伸。单击“实体编辑”面板中的“拉伸面”按钮，与选择该选项的功能相同。
- **移动(M)**：将选择的三维实体组成面，按指定的方向和距离移动一定的距离。单击“实体编辑”面板中的“移动面”按钮，与选择该选项的功能相同。
- **偏移(O)**：将选择的三维实体组成面，按指定的距离或通过指定的点均匀地偏移。单击“实体编辑”面板中的“偏移面”按钮，与选择该选项的功能相同。
- **旋转(R)**：将选择的三维实体组成面，按指定的角度绕某条轴进行旋转。单击“实体编辑”面板中的“旋转面”按钮，与选择该选项的功能相同。
- **倾斜(T)**：将选择的三维实体组成面，按指定角度进行倾斜，倾斜方向由选择基点和第二点（沿选定矢量）的顺序决定。单击“实体编辑”面板中的“倾斜面”按钮，与选择该选项的功能相同。
- **删除(D)**：删除选择的三维实体组成面。单击“实体编辑”面板中的“删除面”按钮，与选择该选项的功能相同。
- **复制(C)**：复制选择的三维实体组成面，创建新的面域。如果选择了多个面进行复制，则会创建出实体。复制时，需指定选择面的基点与另一点，以确定创建的面域或实体的位置。单击“实体编辑”面板中的“复制面”按钮，与选择该选项的功能相同。
- **颜色(L)**：用于改变被选择的三维实体组成面的颜色。选择该选项并选择面后，将打开“选择颜色”对话框，用于选择所需的颜色。单击“实体编辑”面板中的“着色面”按钮，与选择该选项的功能相同。在线框着色模式下，只显示被选择面的边框颜色。
- **材质(A)**：用于改变被选择的三维实体组成面的材质。选择该选项及面后，将提示输入材质名称。给三维实体的不同面指定不同的材质，可以渲染出不同的效果。

通过在包含两个或更多横截面轮廓的一组轮廓中对轮廓进行放样来创建三维实体或曲面，至少要指定两个横截面轮廓。

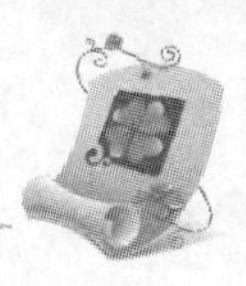

12.3 提高实例

使用三维编辑命令，可以在已绘制实体模型的基础上，快速、准确地完成实体模型的绘制。下面通过两个实例的练习，进一步了解并掌握三维编辑命令的使用及相关操作。

12.3.1 绘制餐桌模型

本例将对“餐桌.dwg”图形文件中的二维图形进行放样处理，完成餐桌桌腿模型的绘制，再利用三维编辑命令中的三维阵列命令，完成其余桌腿的绘制，并为餐桌模型绘制桌面，最终效果如图 12-58 所示。

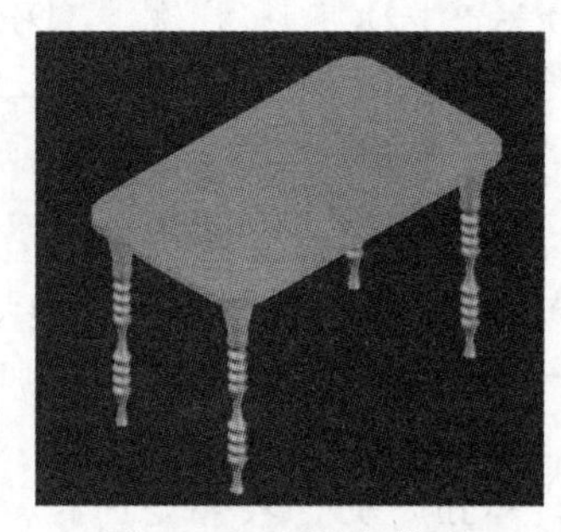

图 12-58　餐桌模型

1．行业分析

餐桌的原意，是指专供吃饭用的桌子。按材质可分为实木餐桌、钢质餐桌、大理石餐桌、大理石餐台、大理石茶几、玉石餐桌、玉石餐台、玉石茶几、云石餐桌等。按餐桌的形状来看，在目前家用餐桌中，常见的有两种类型，即圆形餐桌和方形餐桌，其规格分别介绍如下。

- **圆形餐桌**：圆形餐桌的尺寸有很多，一般分为 8 类。按照餐桌的标准尺寸，这 8 类餐桌的直径依次为二人位 500mm、三人位 800mm、四人位 900mm、五人位 1100mm、六人位 1100～1250mm、八人位 1300mm、十人位 1500mm、十二人位 1800mm。
- **方形餐桌**：方形餐桌的尺寸根据座位数不同而各异，常用的餐桌尺寸通常是 760mm×760mm 的方桌和 1070mm×760mm 的长方形桌。760mm 的餐桌宽度是标准尺寸，至少也不宜小于 700mm，否则对坐时很容易因餐桌过窄而产生相互碰脚的情况。桌高一般为 710mm，配 415mm 高度的坐椅。

2．操作思路

为更快完成本例的制作，并且尽可能运用本章讲解的知识，本例的操作思路如下。

横截面轮廓可以为开放轮廓，也可以为闭合轮廓。对一组闭合的横截面曲线进行放样，将生成实体对象，否则将为曲面对象。

放样三维实体 1

三维阵列复制桌腿 2

绘制餐桌桌面 3

对餐桌桌面进行圆角 4

3. 操作步骤

下面介绍绘制餐桌实体模型，其操作步骤如下。

光盘\素材\第 12 章\餐桌.dwg
光盘\效果\第 12 章\餐桌.dwg
光盘\实例演示\第 12 章\绘制餐桌模型

1. 打开“餐桌.dwg”图形文件，如图 12-59 所示。
2. 选择【常用】/【建模】组，单击“放样”按钮，执行放样命令，将打开的餐桌二维图形进行放样操作，其放样选择的顺序分别是由下至上进行选择，效果如图 12-60 所示。
3. 在“三维基础”工作空间中，选择【常用】/【修改】组，单击“三维阵列”按钮，执行三维阵列命令，对经过放样处理的实体模型进行三维阵列操作，如图 12-61 所示。其命令行操作如下:

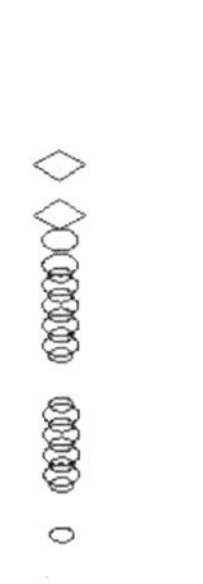

图 12-59 原始图形

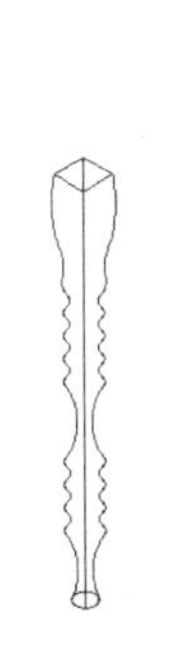

图 12-60 放样为实体

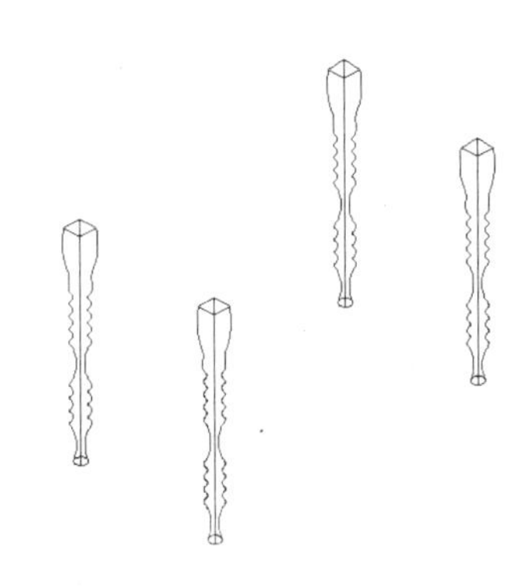

图 12-61 三维阵列实体

```
命令: _3darray                              //执行三维阵列命令
选择对象:                                   //选择阵列对象，如图 12-62 所示
选择对象:                                   //按“Enter”键确定选择
输入阵列类型 [矩形(R)/环形(P)] <矩形>:r       //选择“矩形”选项，如图 12-63 所示
输入行数 (---) <1>: 2                       //输入阵列行数
```

对图形对象进行放样操作时，使用的横截面必须全部开放或全部闭合，不能使用既包含开放曲线又包含闭合曲线的选择集。

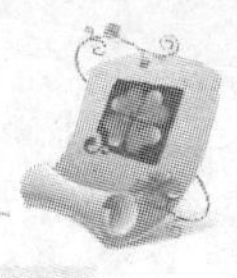

```
输入列数 (|||) <1>: 2                          //输入阵列列数
输入层数 (...) <1>:                            //输入阵列层数
指定行间距 (---): 500                          //输入阵列行间距
指定列间距 (|||): 1000                         //输入阵列列间距
```

4 在“三维建模”工作空间中，选择【常用】/【建模】组，单击“长方体”按钮，执行长方体命令，绘制餐桌桌面，如图 12-64 所示，其命令行操作如下：

图 12-62　选择阵列对象

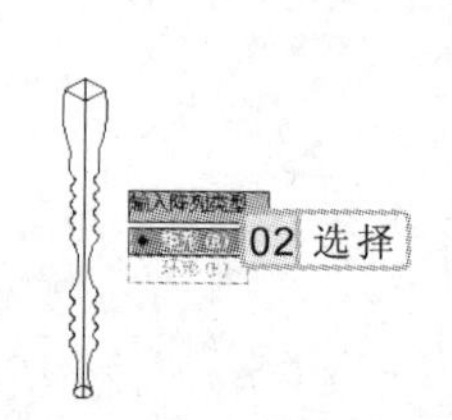

图 12-63　选择“矩形”选项

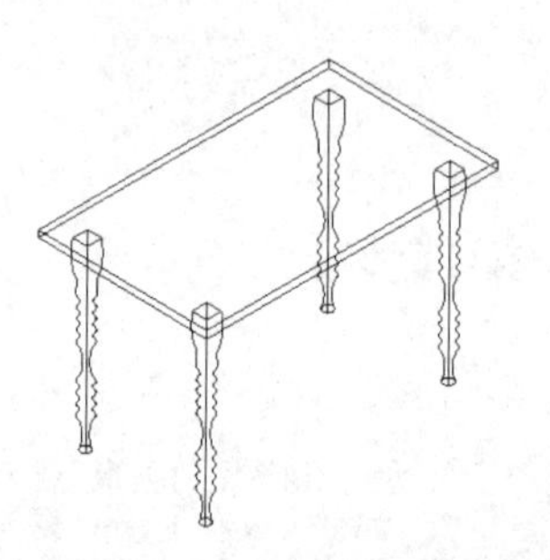

图 12-64　绘制桌面模型

```
命令: _box                                     //执行长方体命令
指定第一个角点或 [中心(C)]: from                //选择“捕捉自”选项，如图 12-65 所示
基点:                                          //捕捉实体端点，如图 12-66 所示
<偏移>: @-70,-70,0                             //输入第一个角点坐标，如图 12-67 所示
指定其他角点或 [立方体(C)/
长度(L)]: @1200,700,30                         //输入其他角点坐标，如图 12-68 所示
```

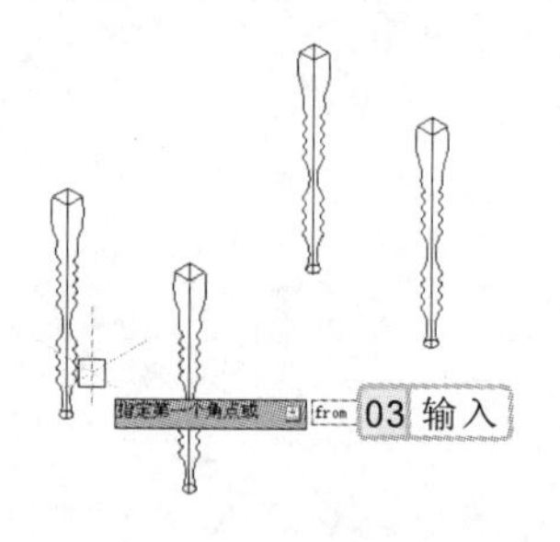

图 12-65　选择“捕捉自”选项

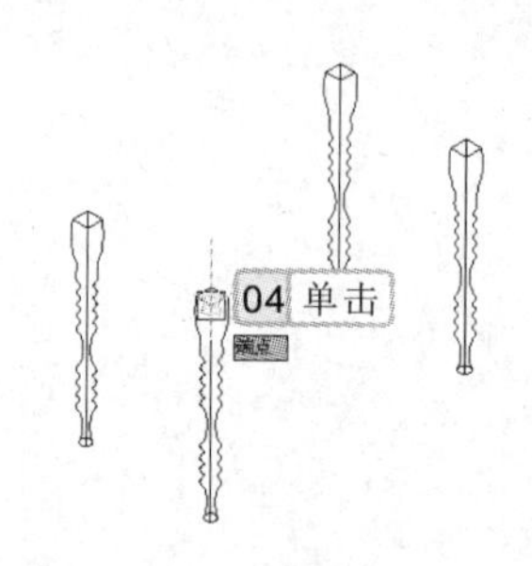

图 12-66　捕捉实体端点

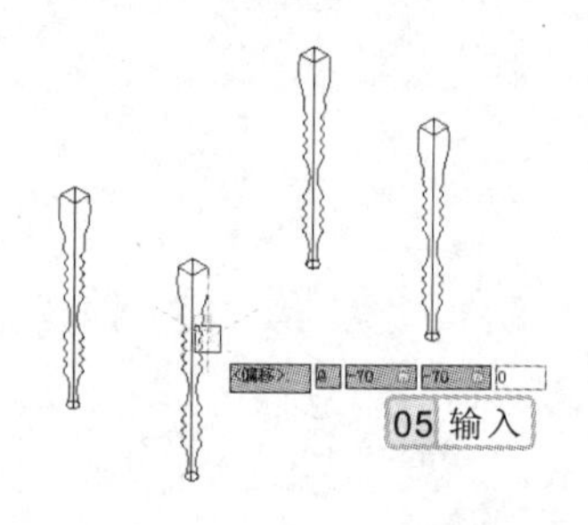

图 12-67　输入第一个角点坐标

5 在命令行输入“F”，执行圆角命令，对餐桌桌面的 4 个垂直边进行圆角处理，其圆角的半径为 100，效果如图 12-69 所示。

6 将餐桌的颜色设置为“青”颜色，选择【常用】/【视图】组，单击“视觉样式”按钮 二维线框 ，在打开的列表框中选择“真实”选项，效果如图 12-70 所示。

专家指导

对三维实体进行圆角时，应首先选择要进行圆角的边，该边以虚线形式表示，然后指定圆角半径，最后可以在已经选择边的基础上选择要进行圆角的同一对象的边。

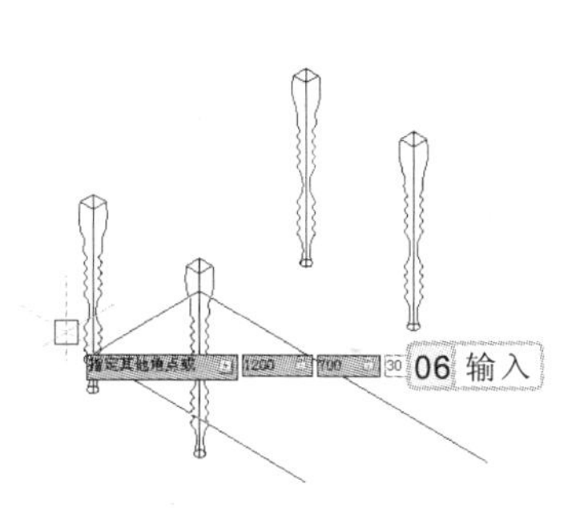

图 12-68　输入其他角点坐标

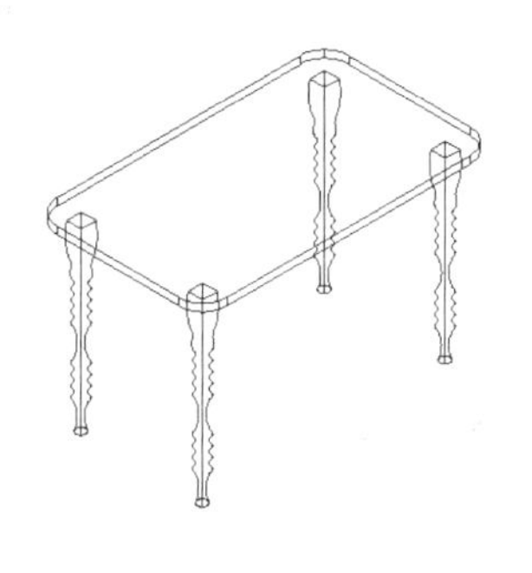

图 12-69　圆角长方体

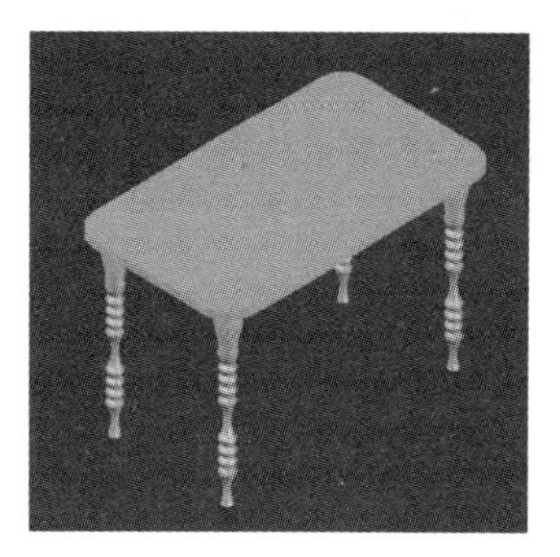

图 12-70　更改视觉样式

12.3.2　绘制圆螺母模型

本例将绘制常见的圆螺母模型实体。绘制该实体模型时，主要使用了圆柱体绘制圆螺母轮廓及螺孔，再使用长方体及三维环形阵列功能，完成外圈槽的绘制，并使用倒角命令对圆螺母的实体边进行倒角处理。最终效果如图 12-71 所示。

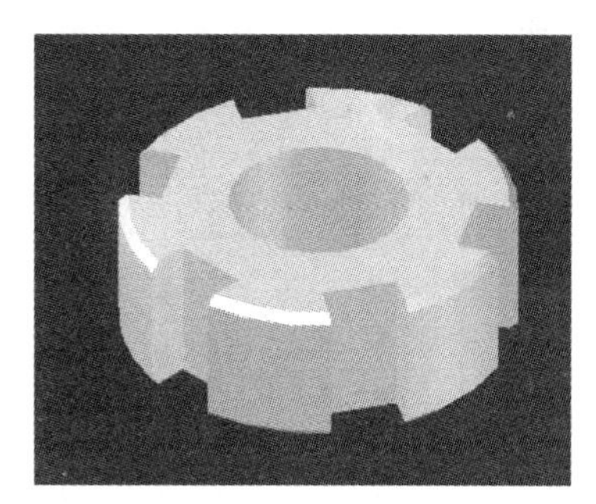

图 12-71　圆螺母模型

1. 行业分析

圆螺母用的止动垫圈又称为止退垫圈，俗名王八垫，是一种防止圆螺母松动的垫圈。垫圈和圆螺母配套使用，使用时垫圈装在螺母开槽的那一侧，紧固后将内外止动耳折弯放到槽里。装配时，将垫圈内舌插入轴上的槽内，而将垫圈的外舌嵌入圆螺母的槽内，螺母即被锁紧。

圆螺母有多种尺寸，其中，M10-M20 圆螺母的厚度为 8mm；M22-M45 圆螺母的厚度为 10mm；M48-M68 圆螺母的厚度为 12mm；M72-M85 圆螺母的厚度为 15mm；M90-M110 圆螺母的厚度为 18mm；M115-M130 圆螺母的厚度为 22mm；M140-M170 圆螺母的厚度为 26mm；M180-M200 圆螺母的厚度为 30mm。

2. 操作思路

为更快完成本例的制作，并尽可能运用本章讲解的知识，本例的操作思路如下。

在命令行输入“FROM”，或在“对象捕捉”工具栏上单击“捕捉自”按钮，可以启用“捕捉自”功能，然后以图形对象的某个特殊点为基点，绘制图形对象。

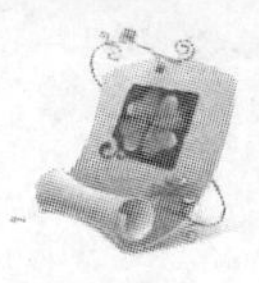

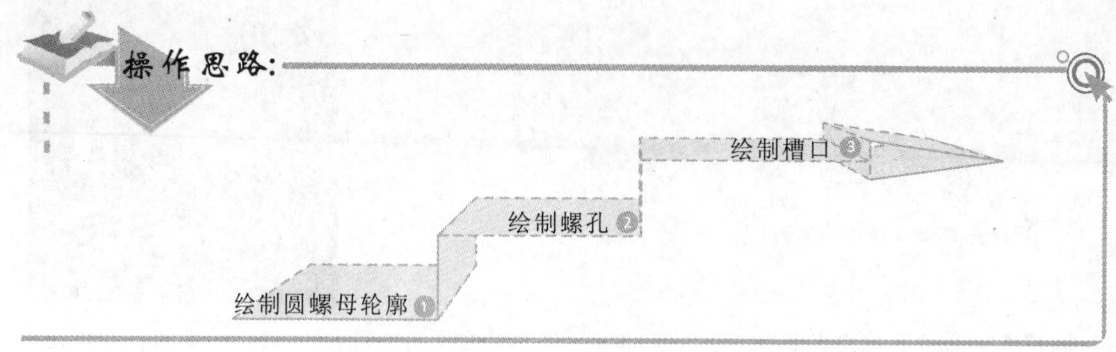

3. 操作步骤

下面介绍圆螺母的绘制，其操作步骤如下。

光盘\效果\第 12 章\圆螺母.dwg
光盘\实例演示\第 12 章\绘制圆螺母模型

1 选择【常用】/【建模】组，单击“圆柱体”按钮，执行圆柱体命令，绘制底面半径为 11，高度为 8 的圆柱体，效果如图 12-72 所示，其命令行操作如下:

```
命令: _cylinder                                      //执行圆柱体命令
指定底面的中心点或 [三点(3P)/两点(2P)/切点、切
点、半径(T)/椭圆(E)]:                                //在绘图区中拾取一点，指定底面中心点
指定底面半径或 [直径(D)]: 11                         //输入底面半径，如图 12-73 所示
指定高度或 [两点(2P)/轴端点(A)]: 8                   //输入圆柱体高度，如图 12-74 所示
```

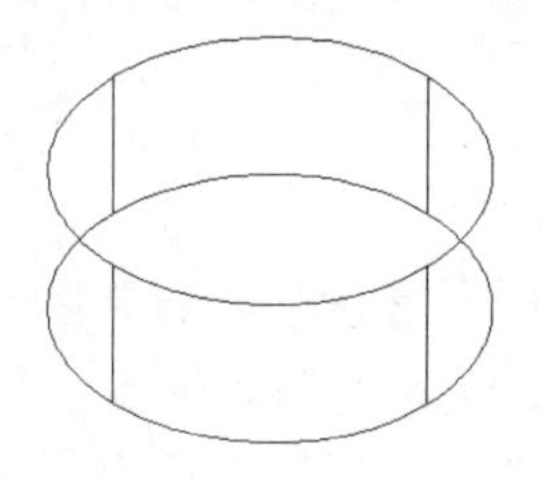

图 12-72　圆柱体

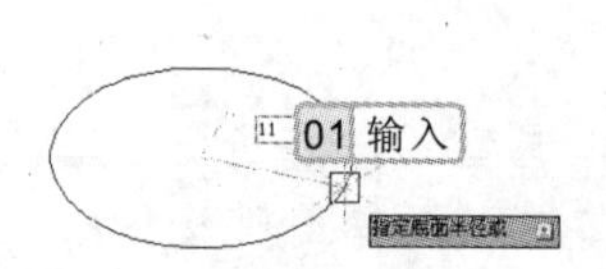

图 12-73　输入底面半径

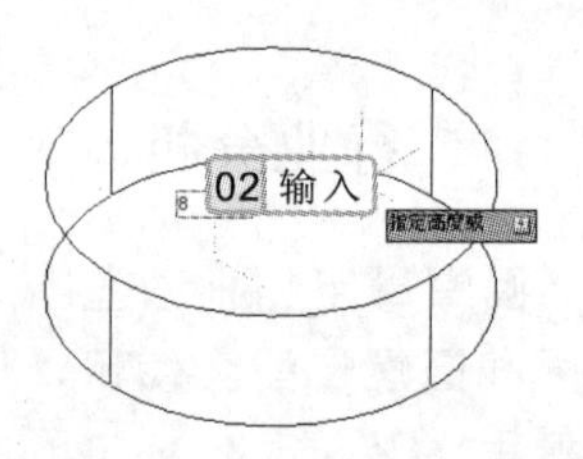

图 12-74　输入圆柱体高度

2 选择【常用】/【建模】组，单击“圆柱体”按钮，执行圆柱体命令，绘制底面半径为 5，高度为 8 的圆柱体，效果如图 12-75 所示，其命令行操作如下:

```
命令: _cylinder                                      //执行圆柱体命令
指定底面的中心点或 [三点(3P)/两点(2P)/切点、切
点、半径(T)/椭圆(E)]:                                //捕捉底面圆心，如图 12-76 所示
指定底面半径或 [直径(D)] <11.0000>: 5                //输入圆柱体底面半径，如图 12-77 所示
指定高度或 [两点(2P)/轴端点(A)] <8.0000>:            //输入圆柱体高度，如图 12-78 所示
```

使用圆柱体命令绘制圆柱体时，可以使用“三点”选项来定义圆柱体的底面，可以在三维空间中的任意位置设置 3 个点。

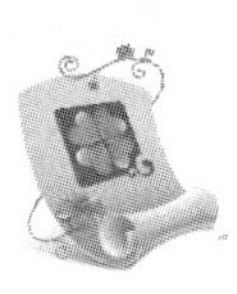

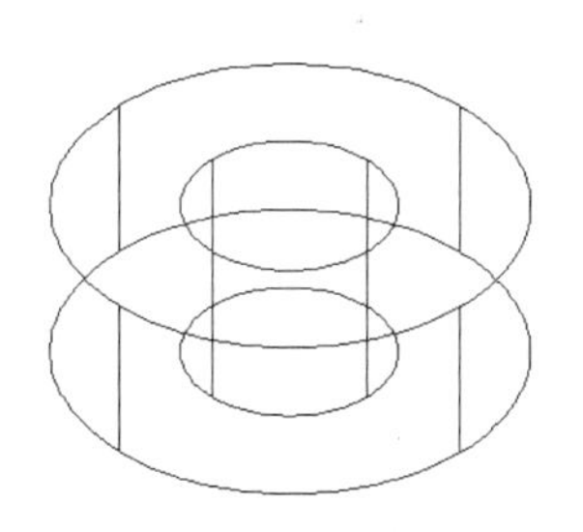

图 12-75　绘制螺孔圆柱体

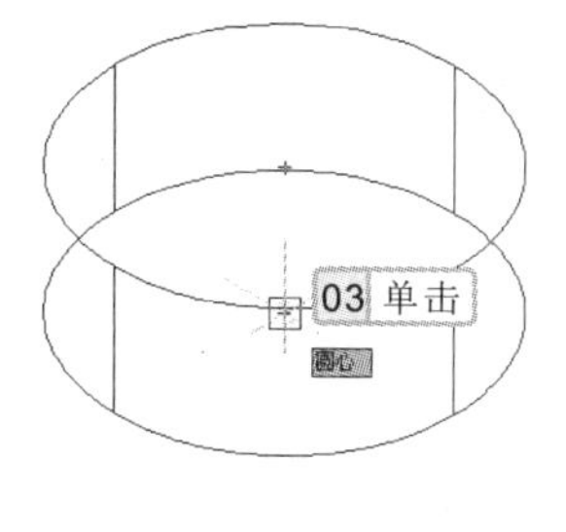

图 12-76　捕捉底面圆心

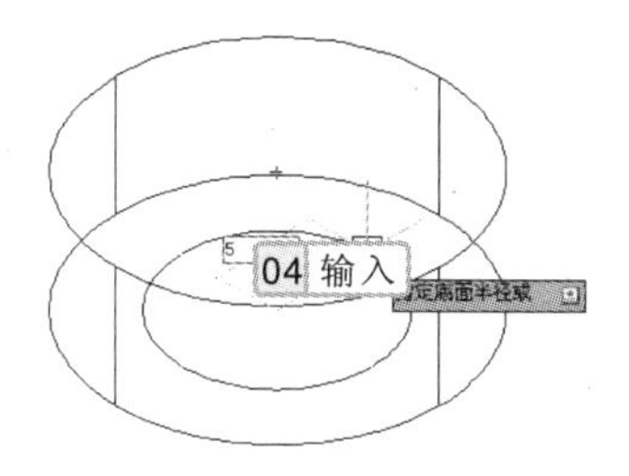

图 12-77　输入圆柱体底面半径

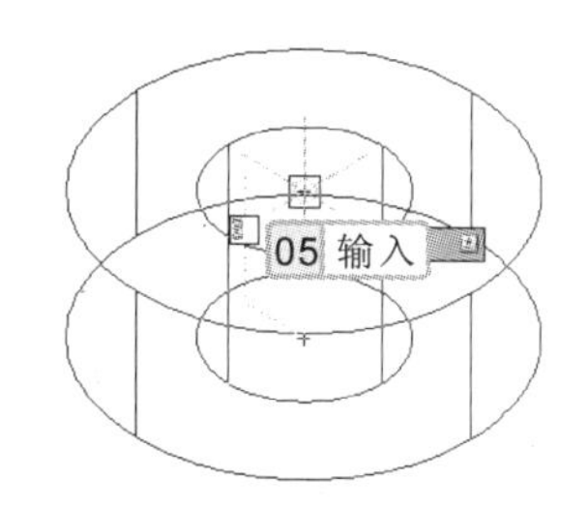

图 12-78　输入圆柱体高度

3　选择【常用】/【实体编辑】组，单击“差集”按钮，执行差集命令，将底面半径为 5 的圆柱体从半径为 11 的圆柱体中减去，完成圆螺母轮廓的绘制。

4　选择【常用】/【修改】组，单击“倒角”按钮，执行倒角命令，将圆螺母的轮廓进行距离为 0.5 的倒角处理，效果如图 12-79 所示，其命令行操作如下：

```
命令: _chamfer                                        //执行倒角命令
("修剪"模式) 当前倒角距离 1 = 0.0000，距离 2
= 0.0000
选择第一条直线或 [放弃(U)/多段线(P)/距离(D)/角
度(A)/修剪(T)/方式(E)/多个(M)]:                       //选择倒角对象
基面选择...
输入曲面选择选项 [下一个(N)/当前(OK)]
<当前(OK)>: n                                         //选择“下一个”选项，如图 12-80 所示
输入曲面选择选项 [下一个(N)/当前(OK)]
<当前(OK)>: ok                                        //选择“当前”选项，如图 12-81 所示
指定 基面 倒角距离或 [表达式(E)]: 0.5                 //输入基面倒角距离，如图 12-82 所示
指定 其他曲面 倒角距离或 [表达式(E)]
<0.5000>: 0.5                                         //输入其他曲面倒角距离，如图 12-83 所示
选择边或 [环(L)]:                                     //选择半径为 11 的上下两条圆边，如图 12-84
                                                        所示
选择边或 [环(L)]:                                     //按“Enter”键确定选择
```

操作提示

使用两点方式指定圆柱体底面直径时，在确定第一点后，可以结合“正交”功能指定圆柱体底面直径的端点。

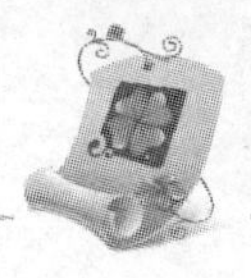

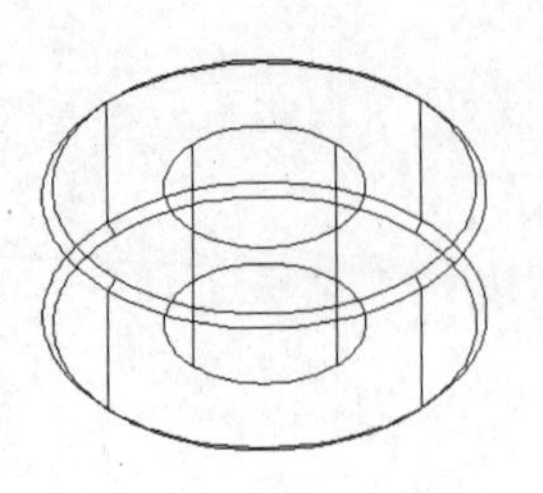

图 12-79　倒角圆螺母轮廓

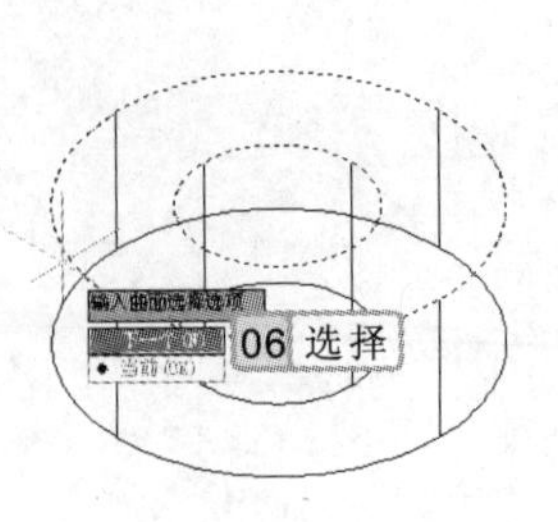

图 12-80　选择“下一个”选项

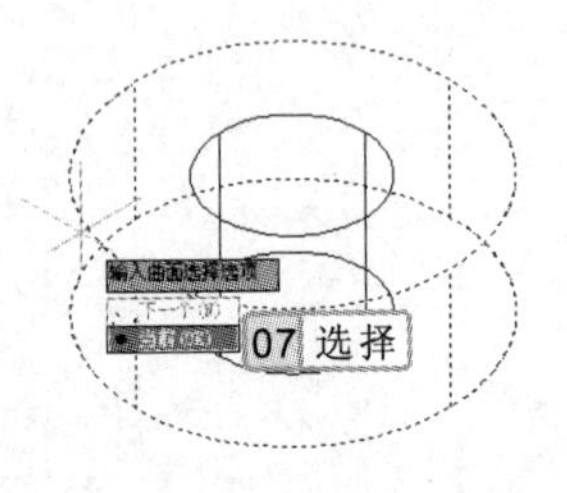

图 12-81　选择“当前”选项

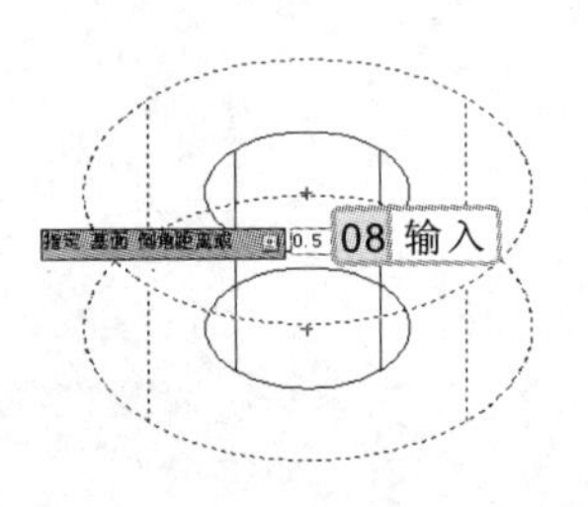

图 12-82　输入基面倒角距离

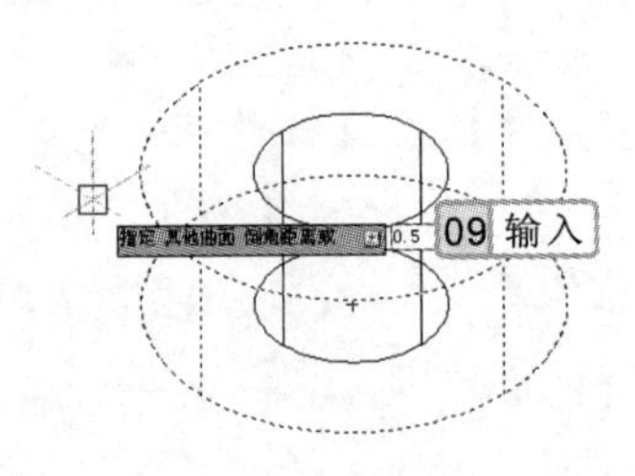

图 12-83　输入其他曲面倒角距离

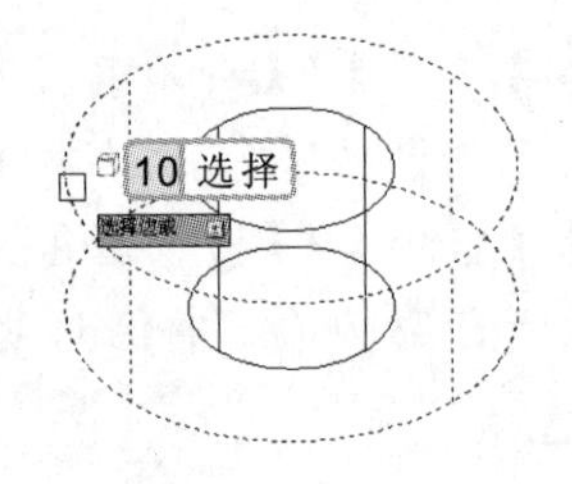

图 12-84　选择倒角边

5　选择【常用】/【建模】组，单击“长方体”按钮，执行长方体命令，在绘图区的任意位置绘制长、宽、高分别为 2.6、4.3、8 的长方体，效果如图 12-85 所示。

6　选择【常用】/【修改】组，单击“移动”按钮，执行移动命令，将绘制的长方体移动到圆螺母模型之中，效果如图 12-86 所示，其命令行操作如下：

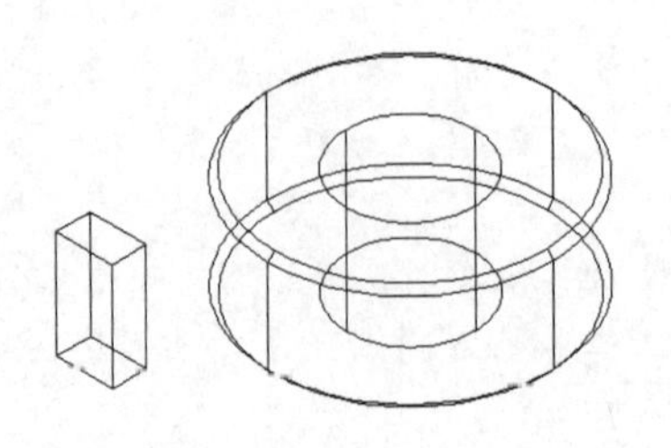

图 12-85　绘制长方体

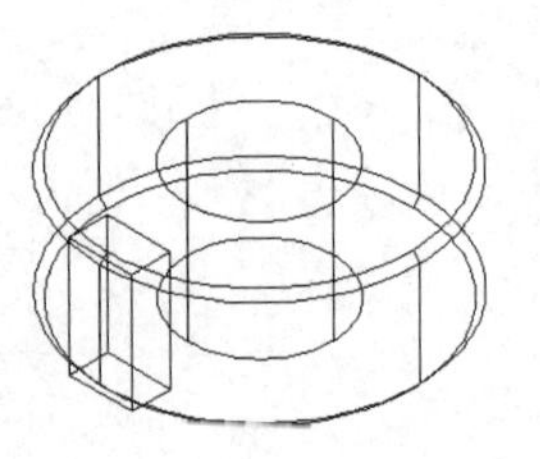

图 12-86　移动长方体

对实体模型进行倒角操作时，首先应确定倒角基面的选择，然后分别设置倒角基面和其他曲面的倒角距离。如果两个距离相等，则可以不需要太在意倒角基面的选择。

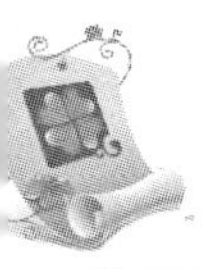


```
命令: _move                                    //执行移动命令
选择对象:                                      //选择绘制的长方体
选择对象:                                      //按“Enter”键确定选择
指定基点或 [位移(D)] <位移>:                   //捕捉长方体的中点，如图 12-87 所示
指定第二个点或 <使用第一个点作为位移>: 6       //捕捉螺母螺孔圆象限点的对象捕捉追踪
                                                线，并输入相对距离，如图 12-88 所示
```

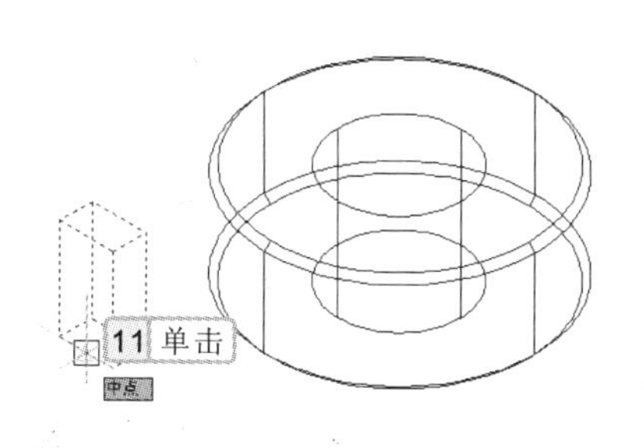

图 12-87　指定移动基点

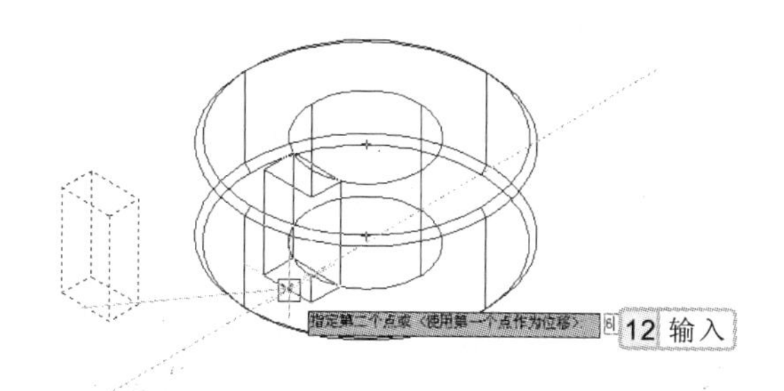

图 12-88　指定移动的第二点

 在“三维基础”工作空间中，选择【常用】/【修改】组，单击“三维阵列”按钮 ，执行三维阵列命令，将经过移动后的长方体进行三维阵列操作，效果如图 12-89 所示，其命令行操作如下：

```
命令: _3darray                                         //执行三维阵列命令
选择对象:                                              //选择阵列对象，如图 12-90 所示
选择对象:                                              //按“Enter”键确定对象的选择
输入阵列类型 [矩形(R)/环形(P)] <矩形>:p                //选择“环形”选项，如图 12-91 所示
输入阵列中的项目数目: 6                                //输入项目数，如图 12-92 所示
指定要填充的角度 (+=逆时针, -=顺时针) <360>:360        //输入填充角度，如图 12-93 所示
旋转阵列对象？ [是(Y)/否(N)] <Y>: y                    //选择“是”选项，如图 12-94 所示
指定阵列的中心点:                                      //指定阵列中心点，如图 12-95 所示
指定旋转轴上的第二点:                                  //指定旋转轴上的第二点，如图 12-96 所示
```

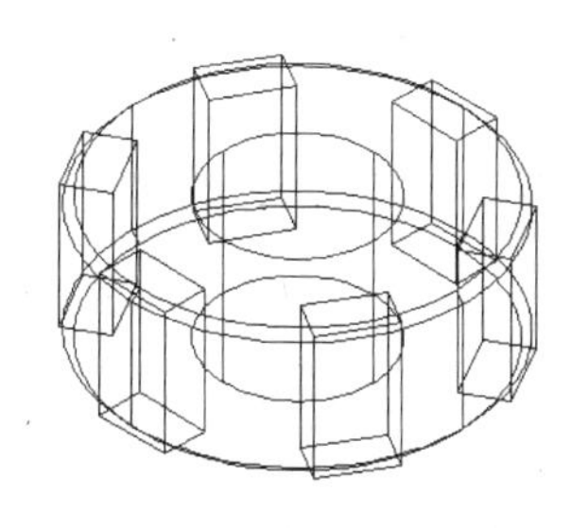

图 12-89　三维阵列长方体

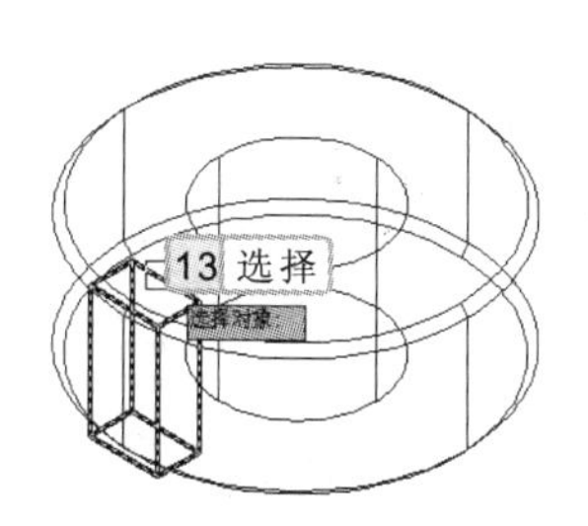

图 12-90　选择阵列对象

创建环形阵列时，阵列是按逆时针方向绘制，还是按顺时针方向绘制，这取决于设置填充角度时输入的是正值还是负值。

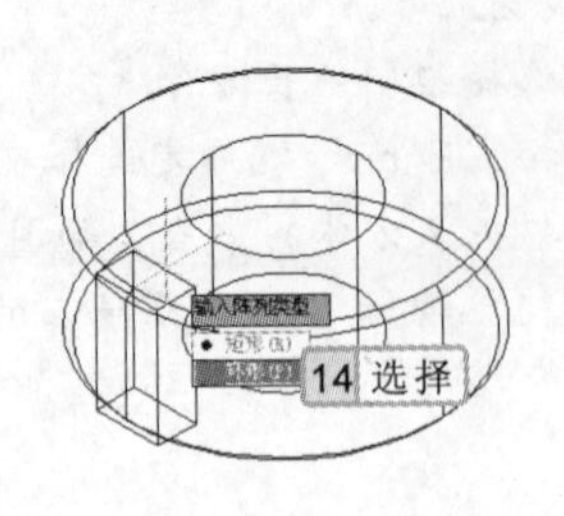

图 12-91　选择“环形”选项

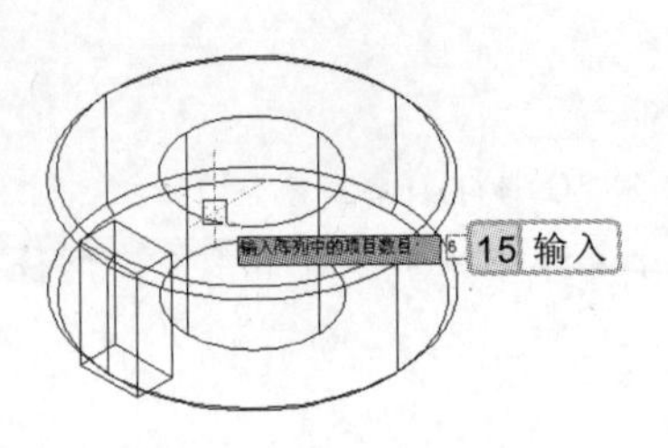

图 12-92　输入项目数

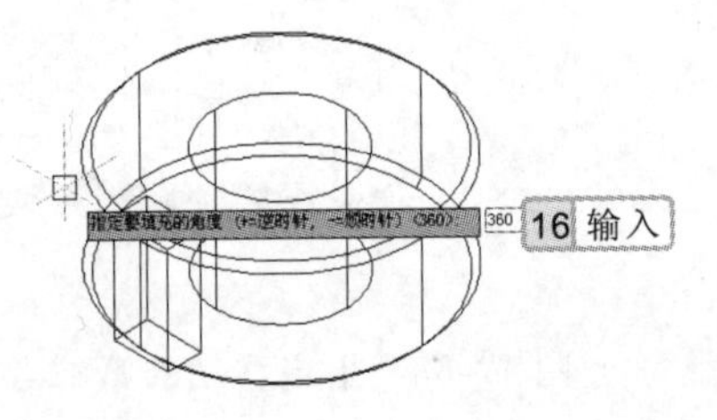

图 12-93　输入填充角度

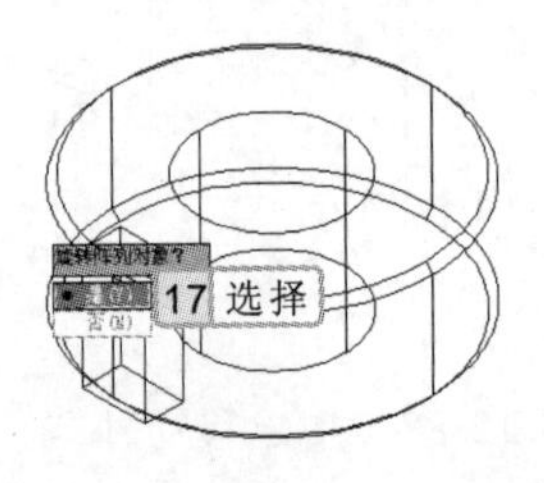

图 12-94　选择“是”选项

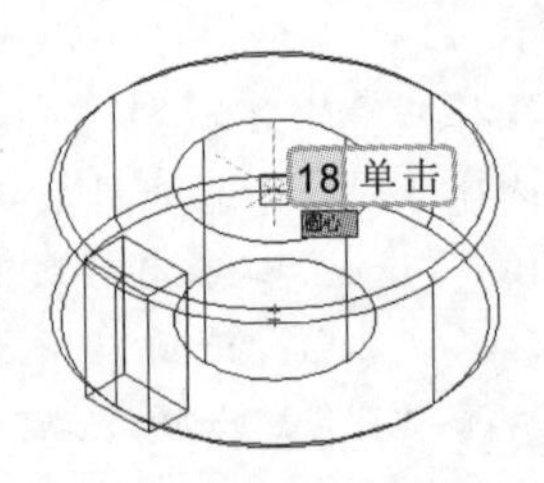

图 12-95　指定阵列中心点

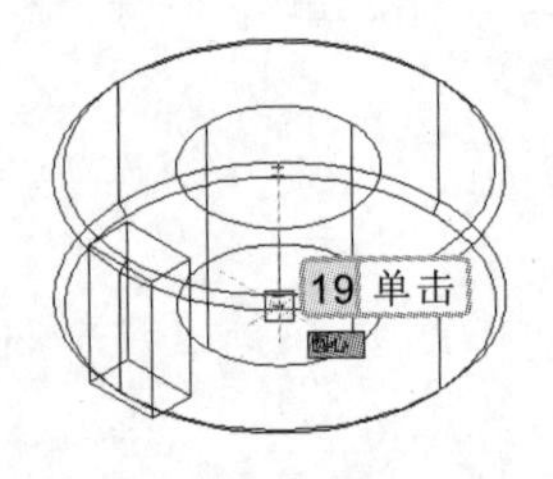

图 12-96　指定旋转轴的第二点

8. 选择【常用】/【实体编辑】组，单击“差集”按钮，执行差集命令，将三维阵列复制的长方体从组合体中减去，效果如图 12-97 所示。
9. 选择【常用】/【视图】组，单击“视觉样式”按钮二维线框，在打开的列表框中选择“真实”选项，效果如图 12-98 所示。

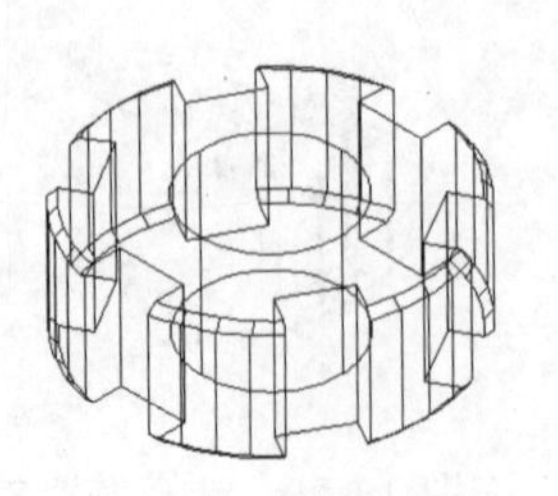

图 12-97　差集运算实体

图 12-98　更改视觉样式

使用三维阵列命令的环形功能对实体对象进行阵列复制时，其填充角度一般情况下为 360°，如果设置其他填充角度，则会自动计算出每个对象之间的角度。

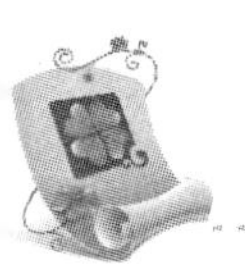

12.4 提高练习

本章介绍了使用三维编辑命令绘制三维实体模型的相关知识和操作。下面通过两个练习，进一步巩固利用三维编辑命令绘制三维实体模型的方法及相关操作。

12.4.1 绘制紧锁垫圈模型

本次练习将绘制紧锁垫圈模型。绘制该模型时，首先要绘制两个同圆心和不同半径的圆柱体，并使用差集命令完成轮廓的绘制，再使用长方体、圆柱体以及三维阵列命令和差集命令完成槽的绘制，效果如图 12-99 所示。

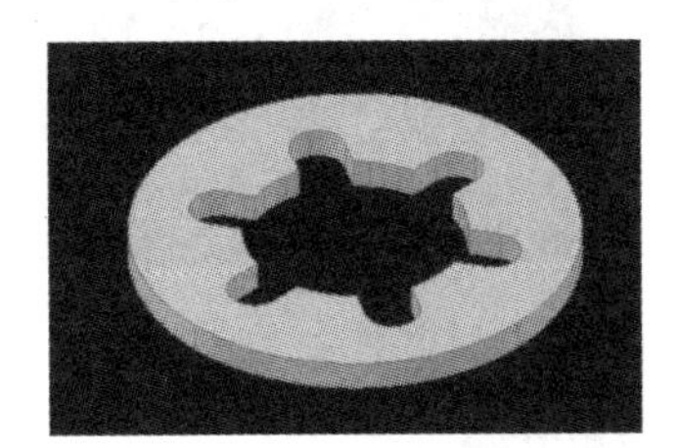

图 12-99　紧锁垫圈模型

参见光盘　光盘\效果\第 12 章\紧锁垫圈.dwg
光盘\实例演示\第 12 章\绘制紧锁垫圈模型

该练习的操作思路与关键提示如下。

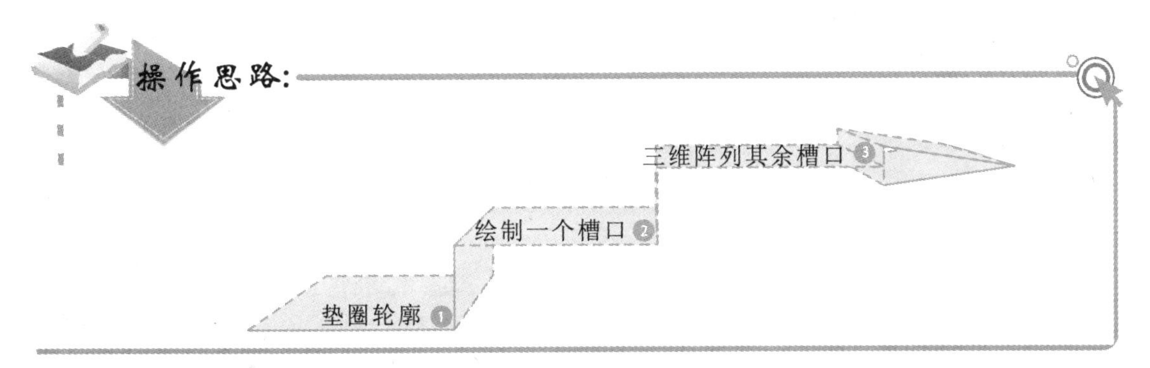

关键提示:

紧锁垫圈主要尺寸

轮廓及螺孔圆半径：8 和 4。

槽口宽度：1。

槽口圆中点至紧锁垫圈轮廓圆心的距离：5。

如果为阵列指定大量的行和列，则创建副本可能需要很长时间。默认情况下，可以将一个命令生成的阵列元素数目限制在 100000 个左右。

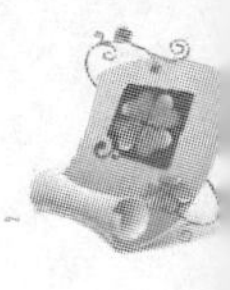

12.4.2 绘制五角星模型

本次练习将在“五角星.dwg”图形文件的基础上，通过对二维图形进行修剪、面域操作，再利用拉伸命令将二维对象拉伸为实体模型，最后利用三维阵列的环形阵列功能，阵列复制五角星的其余几个实体模型，并对其进行并集运算，最后的效果如图 12-100 所示。

图 12-100 五角星模型

参见光盘

光盘\素材\第 12 章\五角星.dwg
光盘\效果\第 12 章\五角星.dwg
光盘\实例演示\第 12 章\绘制五角星模型

该练习的操作思路与关键提示如下。

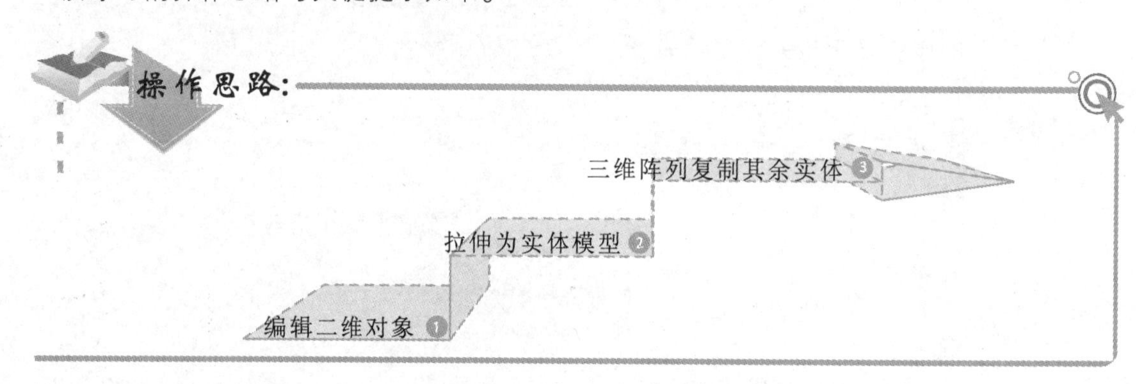

关键提示:

五角星实体模型的关键参数

修剪图形对象：修剪左、右、左下、右下角的图形并删除水平直线；拉伸倾斜角度：45°；阵列项目数：5；阵列中心点：拉伸后的顶点。

专家指导

使用三维对齐命令将实体模型进行对齐操作时，可以通过指定至多 3 个点来定义源平面，然后指定至多 3 个点来定义目标平面。

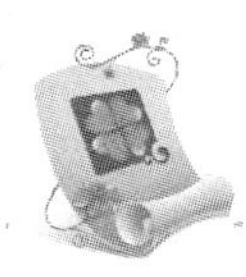

12.5 知识问答

本章主要介绍了如何使用三维编辑命令完成三维图形的绘制，在编辑三维图形对象的过程中，难免会遇到各种问题。下面将介绍使用三维编辑命令编辑实体模型时的一些常见问题及解决方案。

问：拉伸命令和拉伸面命令有什么不同？

答：拉伸命令是将二维闭合图形拉伸一定的厚度成为三维模型。拉伸面命令是将选定的三维实体对象的面拉伸到指定的高度或沿某个路径拉伸，是一种针对面的修改命令。

问：对三维实体的边和面的编辑，主要应用在哪些方面呢？

答：对三维实体边的编辑主要用在编辑三维实体时出现错误、需要利用对象上某条复杂的边创建其他对象或需要突出表现某条边等方面。

问：在抽壳实体时，怎样才能有效地控制抽壳的方向？

答：执行抽壳命令后，若输入的抽壳偏移距离为正值，则在面的正方向上创建抽壳；若为负值，则在面的负方向上创建抽壳。

问：为何用并集运算命令无法将两个三维对象组合为一个单一的三维对象？

答：要进行并集运算的两个三维实体对象必须有相互重叠的公共部分，而且必须确保这两个三维对象均为实体对象，如果其中一个为表面模型，则无法进行布尔运算。

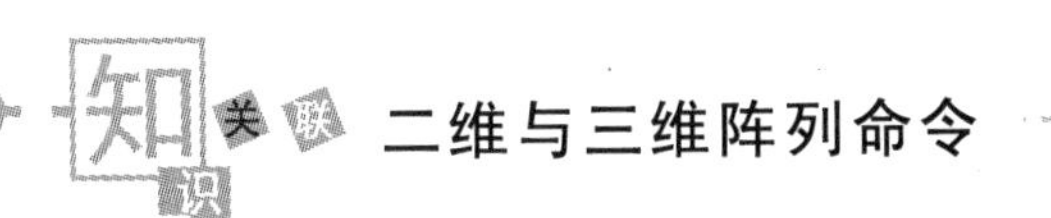

二维与三维阵列命令

使用阵列命令，可以快速完成规则排列图形、实体模型的绘制。在使用三维阵列命令对图形进行阵列复制时，除了能够在 XY 平面上对图形对象进行阵列操作外，还可以在 Z 轴上进行阵列复制。在使用三维阵列命令的“环形”功能进行三维阵列复制时，可以通过两点的方式将图形对象在任意平面上进行三维阵列操作。如果绘制的三维实体模型在某个平面上以路径的方式进行排列，则可以使用二维阵列命令中的路径阵列命令来对图形对象进行阵列操作。

使用拉伸面的功能拉伸其他类型的对象时，会创建独立的三维实体对象，但是，拉伸网格面会展开现有对象或使现有对象发生变形，并分割拉伸的面。

精通篇

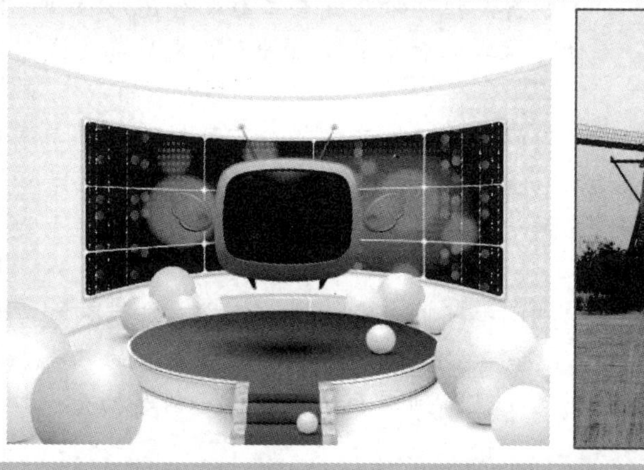

使用AutoCAD 2012绘制图形时，通过坐标点的输入、对象捕捉、对象捕捉追踪、极轴等辅助功能，可以准确地完成各种图形的绘制。对于一些特殊的图形，还应结合一些特殊的绘制方法进行绘制，如两个图形间使用圆弧光滑地连接等，而三维模型的后期处理，可以更真实地表现图形对象。本篇将介绍特殊图形的绘制、机械制图中零件图和装配图的绘制、建筑图形中常见图形的绘制，以及三维模型的后期处理等。

<<< PROFICIENCY

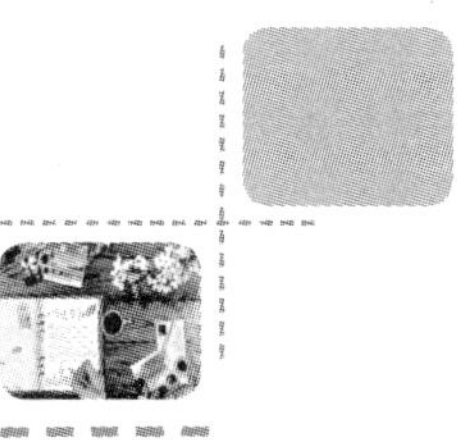

精通篇

第13章

绘制特殊图形

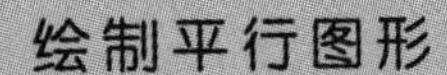

连接图形

直线连接 圆弧连接

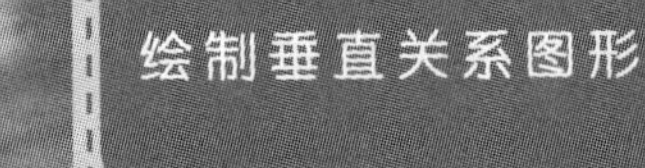

三视图

形成 特点 选择 绘制

本章导读

使用 AutoCAD 2012 绘制图形时，经常会绘制一些具有特殊关系的图形对象，如平行、垂直、圆弧连接，以及物体三视图的表现方法等。本章将详细介绍特殊关系图形的绘制，以及三视图的绘制等，其中掌握了平行与垂直关系的绘制，可以让读者更加快速、准确地完成图形的绘制，可进行相关的了解；圆弧连接的绘制与三视图的绘制是本章的重点，应重点进行掌握。

13.1 绘制特殊关系的图形

在 CAD 中可以绘制平行、垂直和圆弧等特殊关系图形，通过它们可以快速绘制实际需要的各种图形，提高用户的绘图效率。下面分别对这些图形的绘制方法进行讲解。

13.1.1 绘制平行关系图形

在绘制图形的过程中，可以将两个图元相同、大小不同或相距一定距离的情况都当作平行关系来处理。在 AutoCAD 2012 中绘制平行关系图形的方法比较多，常用的有以下几种。

- **对象捕捉**：启用对象捕捉模式中的“平行”捕捉选项，其方法是在绘图区中拾取一点，指定直线起点，再将十字光标移动到要平行的线条上，当出现“平行”捕捉符号时，移动十字光标，当移动到平行于直线位置时，出现对象追踪线，在追踪线上单击鼠标，即可绘制平行线，如图 13-1 所示。
- **偏移命令**：利用 OFFSET 命令作平行线，这样无论平行的图元是直线还是多段线、圆或圆弧等对象，都可以达到目的。该方法主要在绘制非直线的平行图形时采用，如图 13-2 所示。

图 13-1 以对象捕捉方式绘制平行线　　图 13-2 以偏移命令绘制平行线

- **XLINE 命令**：执行该命令后，选择“偏移”选项，可以设置偏移距离或通过点来绘制直线的平行线。使用 XLINE 命令绘制的平行线是两端无限延伸的直线，一般需用修剪命令对多余线条进行修剪处理。

13.1.2 绘制垂直关系图形

在绘制图形的过程中，除了绘制平行关系的图形之外，还有一种特殊的图形，即图形之间相互垂直。垂直关系的图形，主要有以下两种情况。

- **水平与铅垂直相交**：绘制水平线与铅垂线方向的垂直关系的图形时，可以打开“正

在绘制图形的过程中，对于对称，但不完全对称的图形，可以使用镜像命令对其进行复制，对于不同的部分可以在镜像复制后对不同部分进行修改。

交”功能，然后分别绘制水平线及垂直线，从而可以轻松地完成这种情况下的垂直关系图形的绘制，如图 13-3 所示。

- **任意方向的垂直关系**：绘制这种情况下的图形时，有两种方法可供选择，第一种方法是在指定直线的起点后，结合对象捕捉中的“垂足”捕捉功能，捕捉与另一条线条的垂足点，从而完成垂直关系图形的绘制；第二种方法是在“正交”功能下绘制垂直关系的图形，再使用旋转命令对图形进行旋转，如图 13-4 所示。

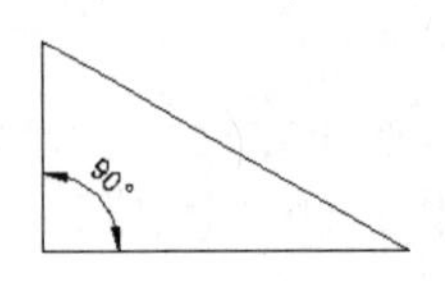

图 13-3 水平与铅垂线的垂直关系

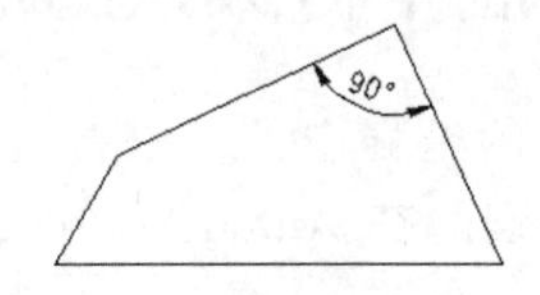

图 13-4 任意方向上的垂直关系

13.1.3 绘制圆弧连接图形

在 AutoCAD 2012 中绘制图形时，经常需要使用圆弧命令光滑地连接圆弧或直线。这种用圆弧光滑地连接相邻两线段的方法，称为连接圆弧。光滑连接，实质上就是圆弧与直线或圆弧与圆弧相切，其切点即为连接点。

1. 通过圆角命令绘制连接圆弧

在 AutoCAD 2012 中，使用圆弧连接图形对象时，一些图形可以直接使用圆角命令来进行操作，其中主要有以下几种情况。

- **两条直线**：对于两条直线的圆弧连接，可以直接使用圆角命令对图形进行圆角处理，效果如图 13-5 所示。
- **圆与直线**：对于某条直线与圆的连接，同样可以使用圆角命令在两个图形之间用圆弧连接，如图 13-6 所示。
- **两个圆**：绘制两个圆或圆弧的外切圆弧连接时，可以使用圆角命令来连接两个圆或圆弧，如图 13-7 所示。

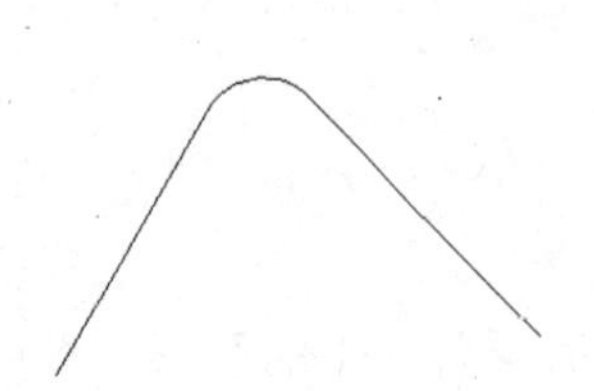

图 13-5 使用圆弧连接直线

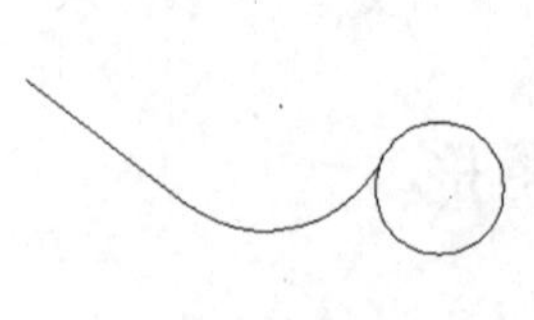

图 13-6 连接直线与圆

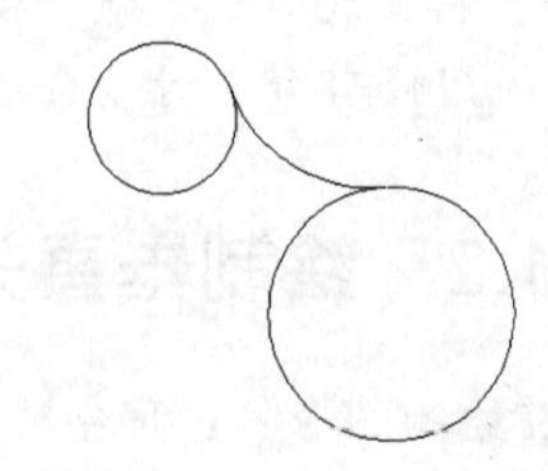

图 13-7 连接两个圆或圆弧

在绘制两个圆的外切连接圆时，可以直接使用偏移命令，将圆向外进行偏移，捕捉其偏移圆的交点，找到连接圆的圆心，绘制连接圆弧。

2. 通过辅助线来绘制

当绘制的连接圆弧为某个圆或圆弧的内切圆时，不能直接使用圆角命令进行绘制，还应通过绘制辅助线的方法来绘制连接圆弧。

实例 13-1 绘制 R56 连接圆弧

执行圆命令绘制连接圆弧的辅助线，并绘制连接圆弧的圆，再使用修剪命令完成“异型扳手.dwg”图形中半径为 56 连接圆弧的绘制。

参见光盘 光盘\素材\第 13 章\异形扳手.dwg
光盘\效果\第 13 章\异形扳手.dwg

1. 打开“异型扳手.dwg”图形文件，如图 13-8 所示。
2. 在命令行输入“C”，执行圆命令，以左端圆的圆心为圆心，绘制半径为 43 的圆，如图 13-9 所示。

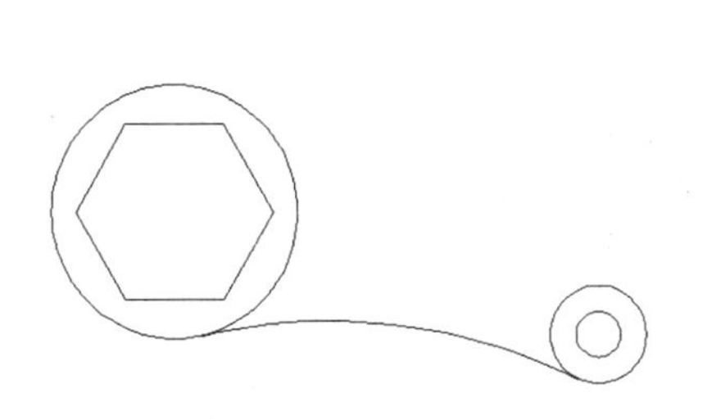

图 13-8 打开原始图形文件

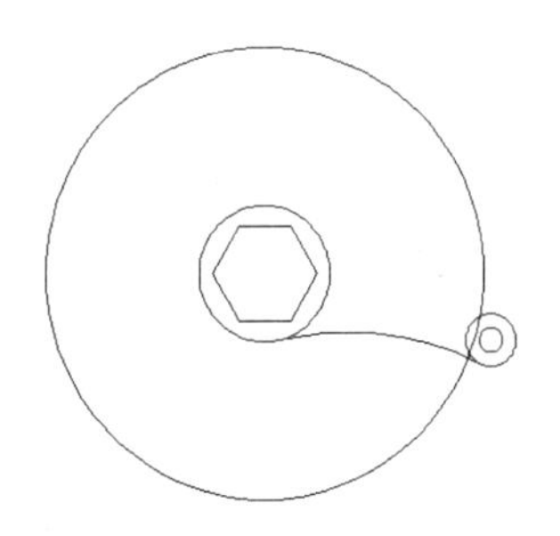

图 13-9 绘制第一个辅助圆

3. 在命令行输入“C”，执行圆命令，以右端圆的圆心为圆心，绘制半径为 51 的圆，如图 13-10 所示。
4. 在命令行输入“C”，执行圆命令，以绘制的两个辅助圆的下方交点为圆心，绘制半径为 56 的圆，如图 13-11 所示。

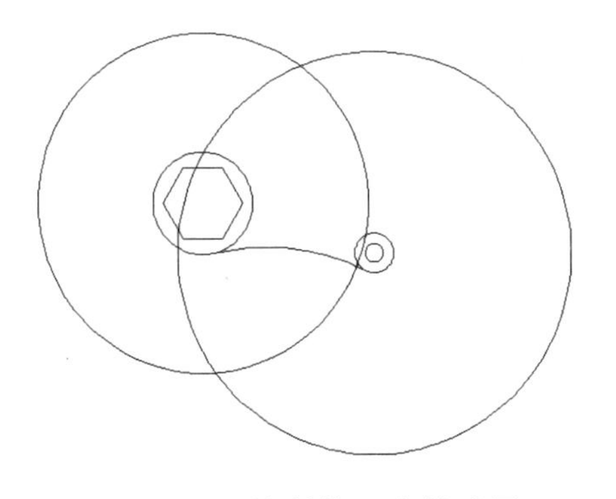

图 13-10 绘制第二个辅助圆

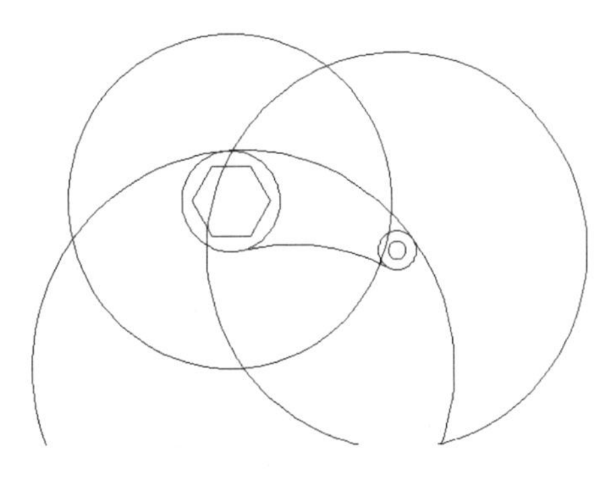

图 13-11 绘制半径为 56 的圆

操作提示

绘制辅助线时，如果不清楚图形对象线条的长度，应使用构造线命令绘制两端无限延伸的线条，最后对其进行相关编辑。

5 在命令行输入“E”，执行删除命令，将绘制的半径为 43 和 51 的辅助圆删除，效果如图 13-12 所示。

6 在命令行输入“TR”，执行修剪命令，将半径为 56 的圆进行修剪处理，效果如图 13-13 所示。

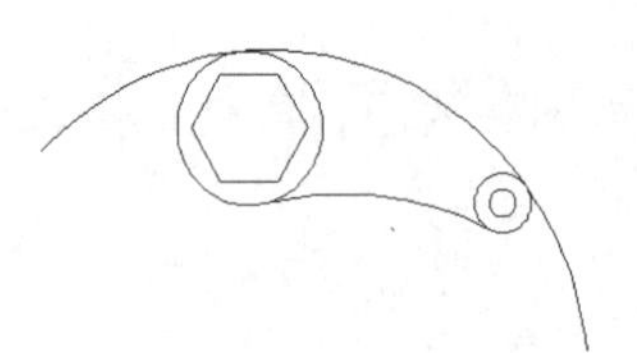

图 13-12　删除辅助圆

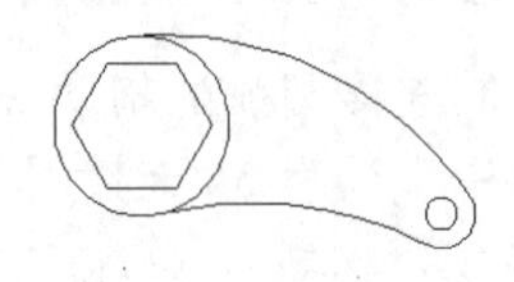

图 13-13　完成连接圆弧绘制

13.2　绘制三视图

使用平面图形来表示实际的物体时，通过一个平面很难反映出物体的特征，如一个平面着重表现长和宽，其高度方向的特征将无法表达清楚。为了更好地表达物体，则一般通过三视图等方式来表述。

13.2.1　三视图的形成

在图形的绘制过程中，将物体放置于第一分角内，并使其处于观察者与投影面之间，从而得到正投影的方法称为第一角画法，如图 13-14 所示。同时，根据有关标准和规定，用正投影法所绘制的图形，称为视图。视图通常有主视图、俯视图和左视图 3 种，其作用分别如下。

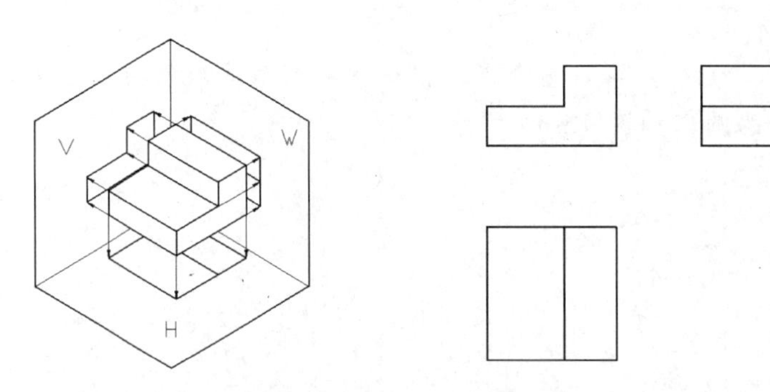

图 13-14　三视图的形成

- **主视图**：由前向后投影所得到的视图，即物体的正面投影，用来反映所绘物体的主要形状特征。
- **俯视图**：由上向下投影所得到的视图，即物体的水平投影。
- **左视图**：由左向右投影所得到的视图，即物体的侧面投影。

切点是一个对象与另一个对象接触而不相交的点。要创建与其他对象相切的圆，先选定该对象，然后指定圆的半径。

13.2.2 三视图的特点

在如图 13-14 所示图形中可以看出，主视图主要反映物体的长度和高度；俯视图用以表示物体的长度和宽度；左视图主要表示物体的高度和宽度。由此可见，三视图中，各视图有如下特点：

- 主视图和俯视图长度相等。
- 主视图和左视图高度相等。
- 俯视图和左视图宽度相等。

13.2.3 三视图的选择

在绘制三视图时应注意绘制方法与步骤，通常使用如下步骤来绘制物体的三视图。

- **形体分析**：在绘制物体的三视图前，应先分析该机件的组成部分，并弄清楚各组成部分的关系，是相交、相切还是重合等。
- **视图选择**：在 3 个视图中，主视图应尽量反映机件的形状特征，然后再选择俯视图和左视图。确定主视图时，应将物体从前、后、左和右 4 个方向投影所得到的视图进行比较，选择表现机件轮廓特征最清楚、虚线较少的视图作为主视图。
- **绘图步骤**：绘制三视图时，首先应选择合适的比例，按图纸幅面布置视图的位置，确定各视图的轴线、对称中心线或其他确定位置的线；然后根据对形体的分析分解物体的各个组成部分以确定它们的相对位置关系，并绘制各组成部分的视图。

13.2.4 绘制三视图

在 AutoCAD 2012 中绘制物体三视图，可以通过两种方法进行绘制。

- **直接绘制**：根据图形提供的尺寸及位置关系等，逐一对物体的三视图进行绘制，即可以首先确定视图来绘制，然后利用复制、偏移、修剪等编辑及绘图命令完成其余几个视图的绘制。
- **通过实体模型绘制**：在已经绘制有实体模型的基础上，可以在布局空间中，通过 VIEWBASE 命令将其生成三视图，效果如图 13-15 所示。

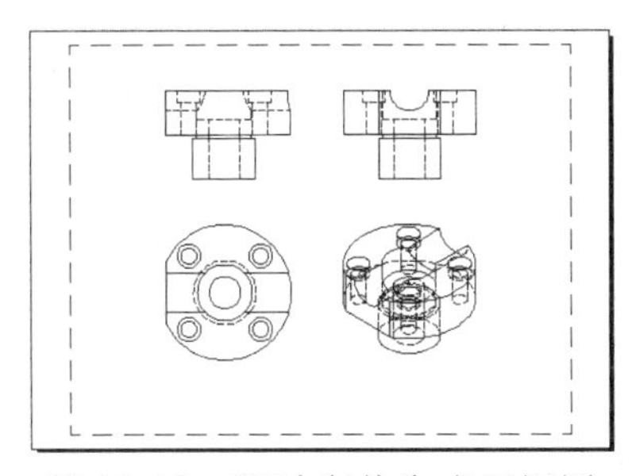

图 13-15 通过实体生成三视图

如果要绘制与 3 个圆相切的圆，在执行圆命令后，选择“三点”选项，并打开“捕捉到切点”功能捕捉圆的切点。

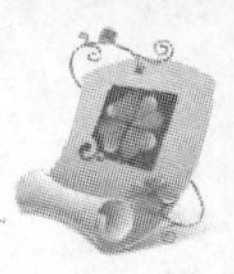

13.3 精通实例

通过前面的学习，都已经可以绘制各种平面图，但对于初学者来说，绘图效率可能并不高，要提高绘图效率，除了勤加练习，积累经验外，还需掌握一些绘图的方法与技巧。

13.3.1 绘制连杆

本例将绘制连杆图形，绘制该图形时，主要使用二维绘图命令中的构造线、偏移、修剪、圆、圆角等命令，并利用图层功能来控制图形的特性，最终效果如图 13-16 所示。

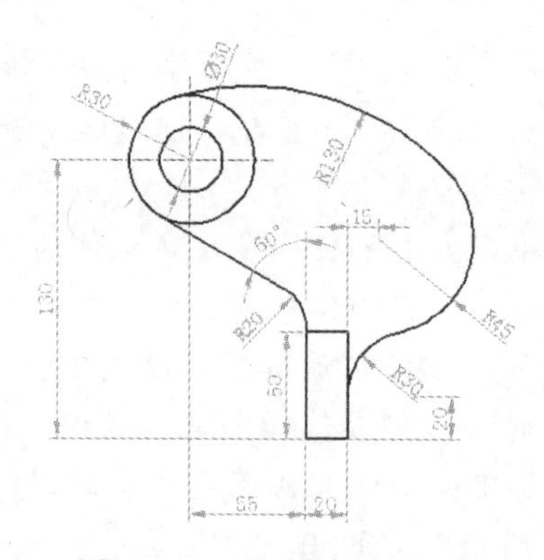

图 13-16　绘制连杆图形

1. 行业分析

连杆，就是连杆机构中两端分别与主动和从动构件铰接以传递运动和力的杆件。连杆多为钢件，其主体部分的截面多为圆形或工字形，两端有孔，孔内装有青铜衬套或滚针轴承，供装入轴销而构成铰接，是汽车与船舶等发动机中的重要零件。它连接着活塞和曲轴，其作用是将活塞的往复运动转变为曲轴的旋转运动，并把作用在活塞上的力传给曲轴以输出功率。

连杆小头用来安装活塞销，以连接活塞，杆身通常做成“工”或“H”形断面，以求在满足强度和刚度要求的前提下减少质量。连杆大头与曲轴的连杆轴颈相连，一般做成分开式，与杆身切开的一半称为连杆盖，二者靠连杆螺栓连接为一体。

2. 操作思路

为更快完成本例的制作，并且尽可能运用本章讲解的知识完成连杆图形的绘制，本例的操作思路如下。

对图形进行偏移操作时，二维多段线和样条曲线在偏移距离大于可调整的距离时，将自动进行修剪。

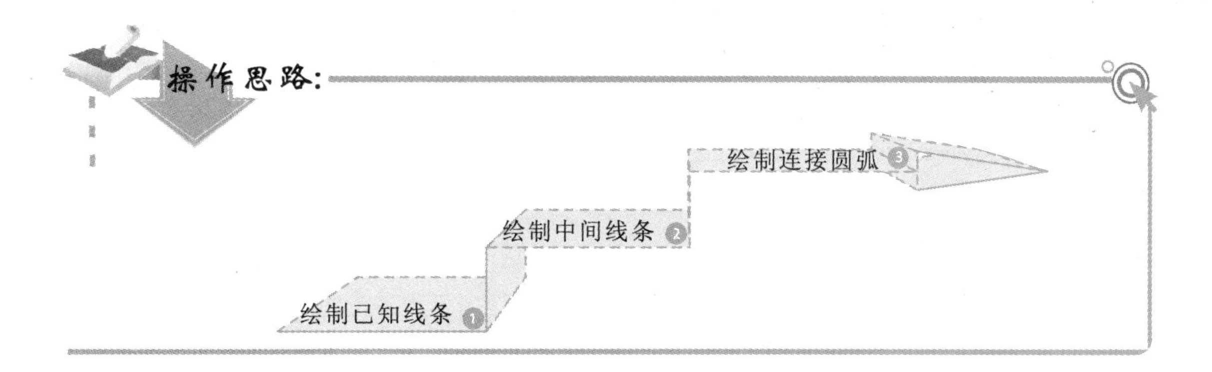

3. 操作步骤

下面介绍连杆图形的绘制，其操作步骤如下。

光盘\素材\第 13 章\连杆.dwg
光盘\效果\第 13 章\连杆.dwg
光盘\实例演示\第 13 章\绘制连杆

1. 打开“连杆.dwg”图形文件，将图层切换至“中心线”图层，并在命令行输入“XL”，执行构造线命令，并结合“正交”功能，绘制水平与垂直构造线，效果如图 13-17 所示。
2. 将图层切换至“粗实线”图层，在命令行输入“C”，执行圆命令，以构造线的交点处为圆心，分别绘制半径为 15 和 30 的圆，如图 13-18 所示。

图 13-17　绘制作图辅助线　　　　图 13-18　绘制两个圆

3. 在命令行输入“O”，执行偏移命令，在偏移命令中选择“图层”选项，将其设置为“当前”选项，即偏移后图层特性为当前图层的特性，并将水平构造线向下进行偏移，其偏移距离为 130，如图 13-19 所示。
4. 在命令行输入“O”，再次执行偏移命令，将向下偏移后的水平构造线向上偏移 50，将垂直构造线向右分别偏移 55 和 75，如图 13-20 所示。
5. 在命令行输入“TR”，执行修剪命令，将经过偏移后的线条进行修剪处理，如图 13-21 所示。
6. 将图层切换至“中心线”图层，在命令行输入“XL”，执行构造线命令，在圆的圆心处绘制一条角度为 60° 的倾斜构造线，如图 13-22 所示，其命令行操作如下：

不论何时提示输入点，都可以选择对象捕捉模式。默认情况下，当光标移到对象的对象捕捉位置时，将显示标记和工具提示。

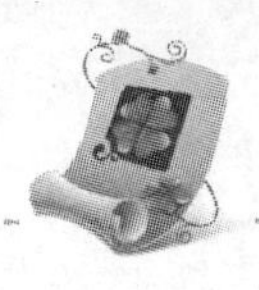

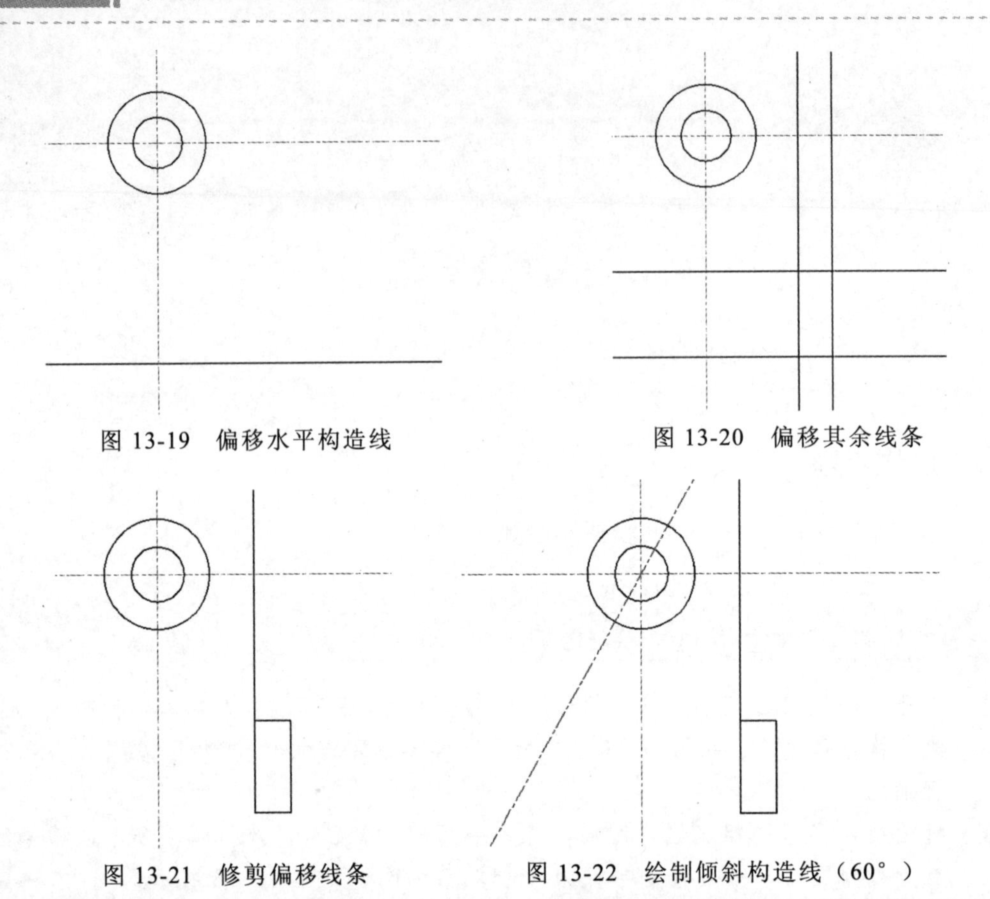

图 13-19　偏移水平构造线

图 13-20　偏移其余线条

图 13-21　修剪偏移线条

图 13-22　绘制倾斜构造线（60°）

```
命令:XL                                          //执行构造线命令
XLINE
指定点或 [水平(H)/垂直(V)/角度(A)/二等分(B)/偏
移(O)]: a                                        //选择“角度”选项，如图 13-23 所示
输入构造线的角度 (0) 或 [参照(R)]: 60            //输入构造线角度，如图 13-24 所示
指定通过点:                                      //捕捉圆的圆心
指定通过点:                                      //按“Enter”键结束构造线命令
```

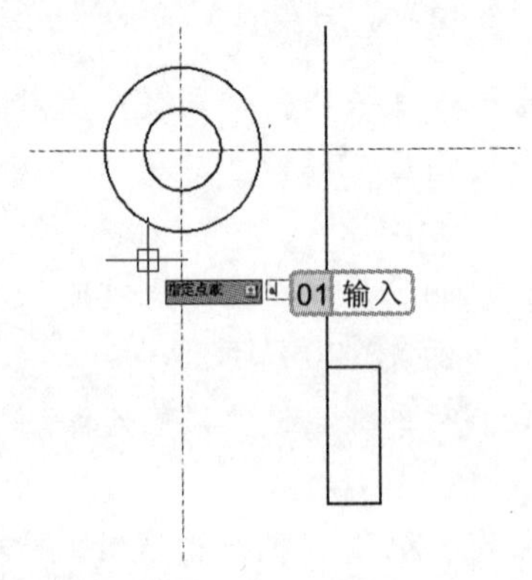

图 13-23　选择“角度”选项

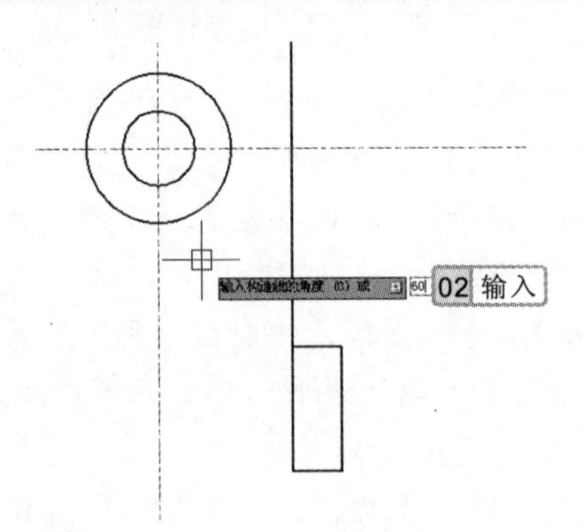

图 13-24　输入构造线的角度

精讲笔录

仅当提示输入点时，对象捕捉功能才生效，如果尝试在命令提示下使用对象捕捉，将显示错误消息。

7 将图层切换至“粗实线”图层，在命令行输入“XL”，执行构造线命令，在圆与倾斜构造线的交点处绘制一条角度为-30°的倾斜构造线，如图 13-25 所示。

8 在命令行输入“E”，执行删除命令，将角度为 60°的构造线进行删除操作。

9 在命令行输入“TR”，执行修剪命令，将角度为-30°的倾斜构造线与左端的垂直线进行修剪处理，效果如图 13-26 所示。

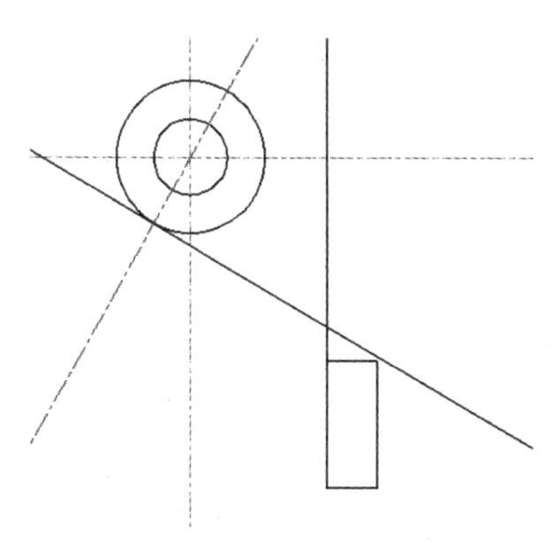

图 13-25　绘制倾斜构造线（30°）

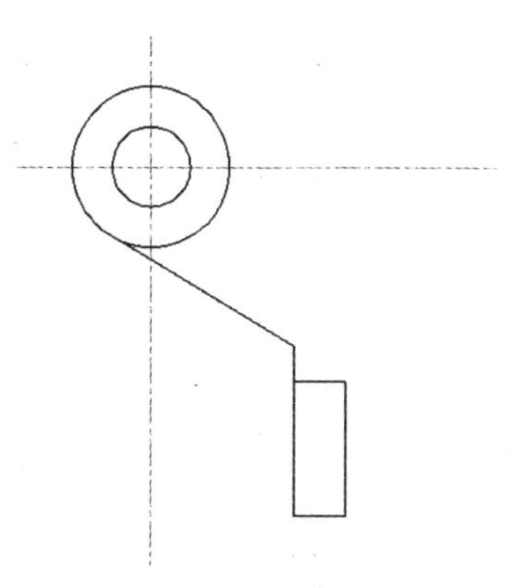

图 13-26　修剪多余线条

10 在命令行输入“F”，执行圆角命令，将进行修剪后的倾斜线和垂直线进行圆角处理，其圆角半径为 20，如图 13-27 所示，其命令行操作如下：

```
命令:F                                              //执行圆角命令
FILLET
当前设置: 模式 = 修剪, 半径 = 0.0000
选择第一个对象或 [放弃(U)/多段线(P)/半径(R)/修
剪(T)/多个(M)]: r                                  //选择“半径”选项，如图 13-28 所示
指定圆角半径 <0.0000>: 20                          //输入圆角半径，如图 13-29 所示
选择第一个对象或 [放弃(U)/多段线(P)/半径(R)/修
剪(T)/多个(M)]:                                    //选择第一个对象，如图 13-30 所示
选择第二个对象,或按住 Shift 键选择对象以应用角
点或 [半径(R)]:                                    //选择第二个对象，如图 13-31 所示
```

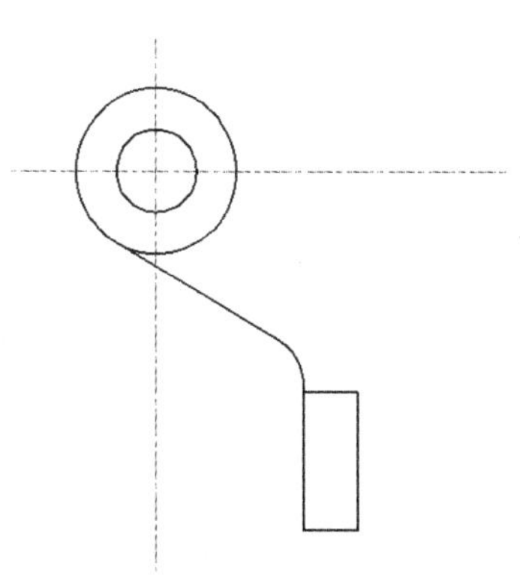

图 13-27　圆角直线

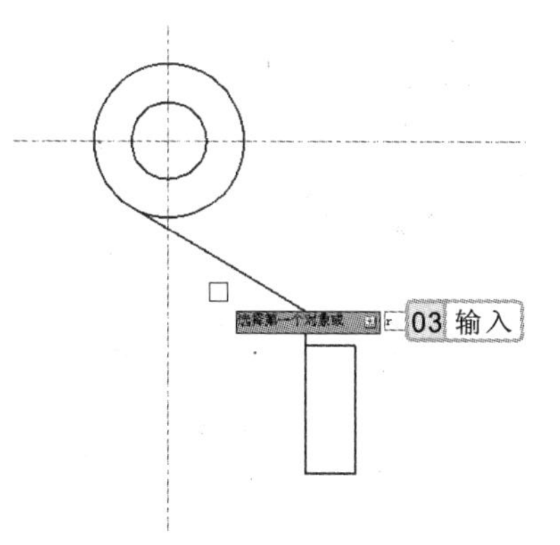

图 13-28　选择“半径”选项

单击状态栏上的“对象捕捉”按钮，或按“F3”键来打开和关闭执行对象捕捉功能，如果要让对象捕捉忽略图案填充对象，将 OSOPTIONS 系统变量设置为 1 即可。

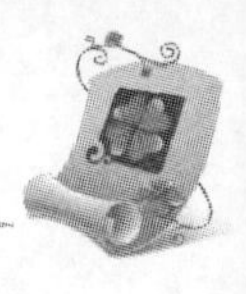

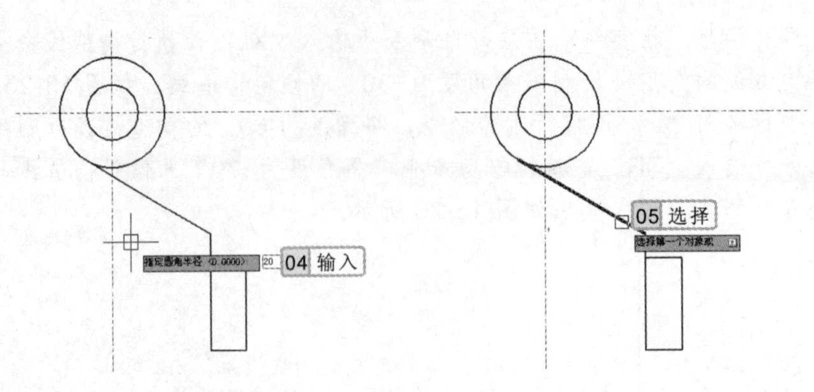

图 13-29 输入圆角半径　　图 13-30 选择第一个对象

11 在命令行输入“O”，执行偏移命令，选择“图层”选项，将其设置为“源”，即在偏移图形对象时不改变图形对象的图层特性，对水平及垂直构造线进行偏移，其水平构造线向下偏移 110，垂直构造线向右偏移 105，如图 13-32 所示。

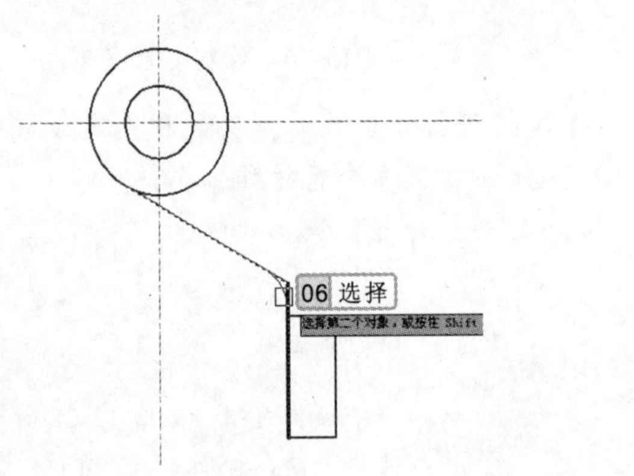

图 13-31 选择第二个对象

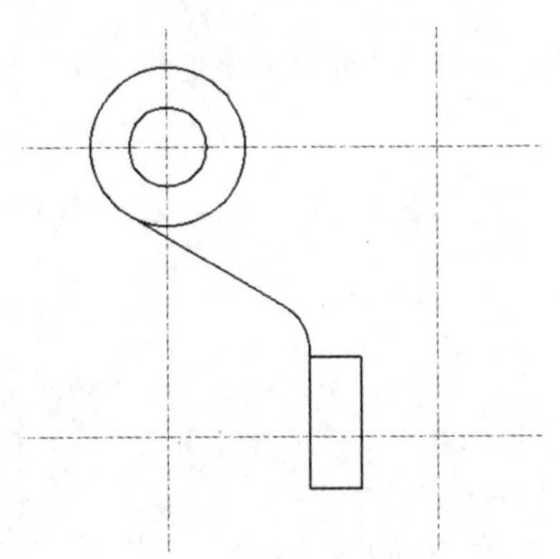

图 13-32 偏移构造线

12 在命令行输入“C”，执行圆命令，以偏移构造线的交点为圆心，绘制半径为 30 的圆，如图 13-33 所示。

13 将图层切换至“中心线”图层，在命令行输入“C”，执行圆命令，以偏移构造线的交点为圆心，绘制半径为 75 的圆。

14 在命令行输入“E”，执行删除命令，对偏移的两条构造线进行删除操作，然后在命令行输入“O”，执行偏移命令，将垂直构造线向右偏移 90，如图 13-34 所示。

15 将图层切换至“粗实线”图层，在命令行输入“C”，执行圆命令，以半径为 75 的圆和向右偏移 90 的构造线上端交点处为圆心，绘制半径为 45 的圆，如图 13-35 所示。

16 在命令行输入“E”，执行删除命令，将半径为 75 的圆和偏移的构造线删除。

17 在命令行输入“TR”，执行修剪命令，将半径为 30 的圆进行修剪处理，其修剪边界为左下方的垂直线和半径为 75 的圆，如图 13-36 所示。

默认情况下，对象捕捉位置的 Z 值由对象在空间中的位置确定。但是，如果处理建筑物的平面视图或部件的俯视图上的对象捕捉，恒定的 Z 值更有用。

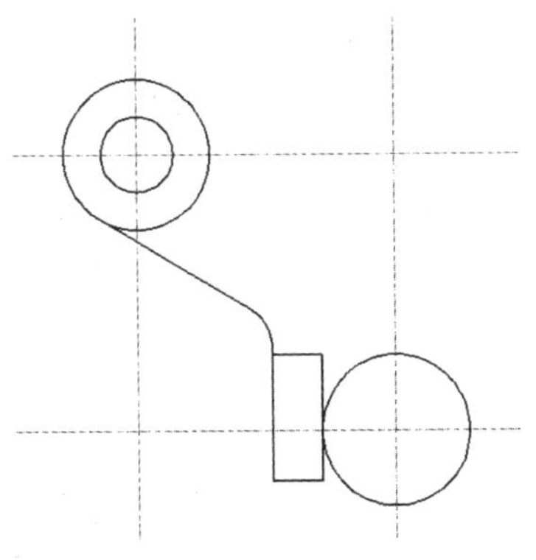

图 13-33　绘制半径为 30 的圆

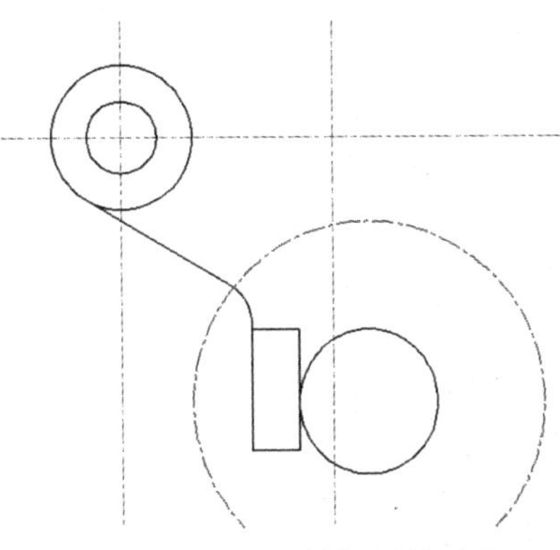

图 13-34　绘制作图辅助线

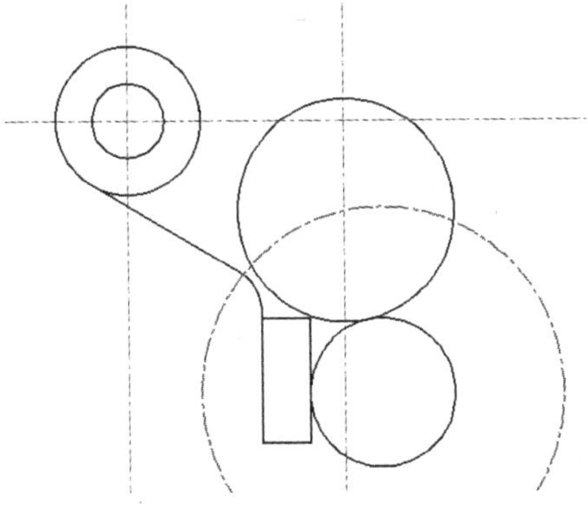

图 13-35　绘制半径为 45 的圆

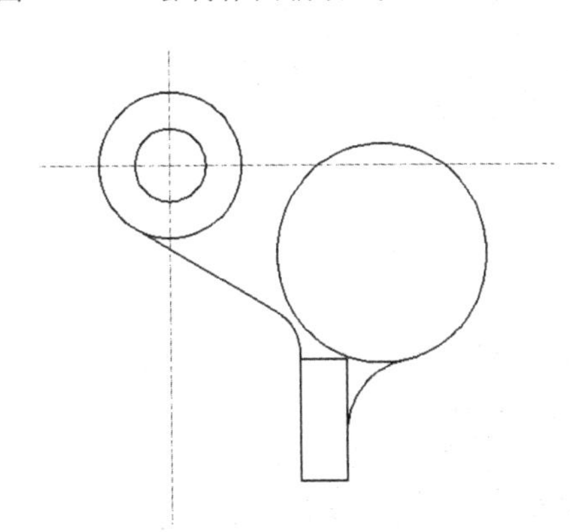

图 13-36　删除并修剪多余线条

18 将图层切换至“中心线”图层，在命令行输入“C”，执行圆命令，分别以半径为 75 和 30 的圆的圆心为圆心，绘制半径为 85 和 100 的圆，如图 13-37 所示。

19 将图层切换至“粗实线”图层，在命令行输入“C”，执行圆命令，以半径为 85 和 100 左下方的交点为圆心，绘制半径为 130 的圆，如图 13-38 所示。

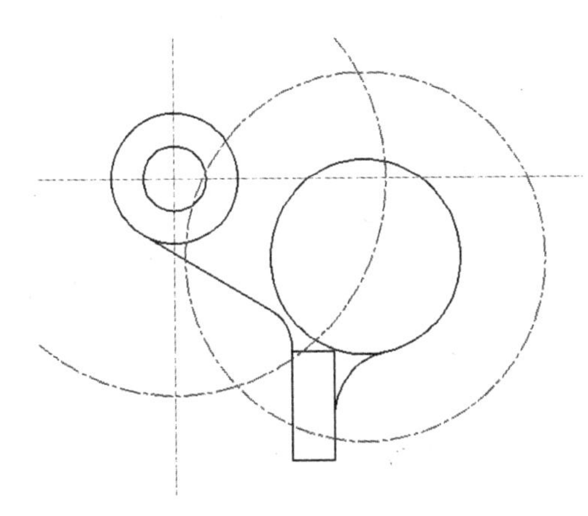

图 13-37　绘制两个辅助圆

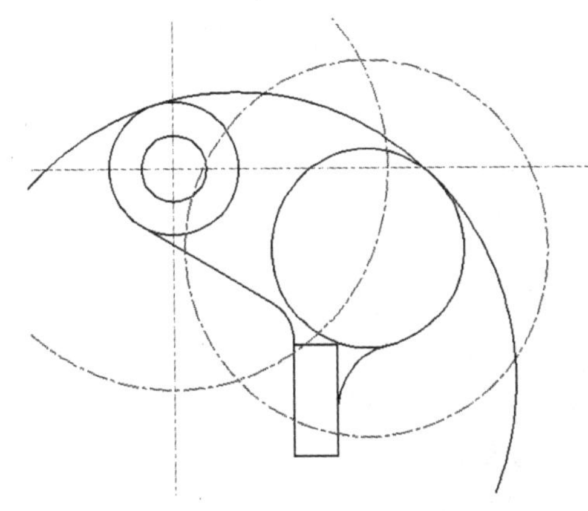

图 13-38　绘制半径为 130 的圆

操作提示

绘制或修改对象时，需要明确 OSNAPZ 是处于打开状态还是关闭状态，因为没有视觉上的提示，可能会获得不同的结果。

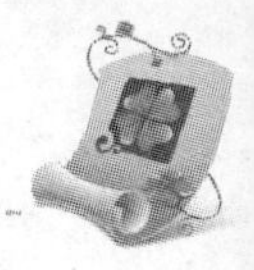

20 在命令行输入“E”，执行删除命令，将两个辅助圆删除，如图 13-39 所示。

21 在命令行输入“TR”，执行修剪命令，对半径为 130 和 45 的圆进行修剪处理，如图 13-40 所示。

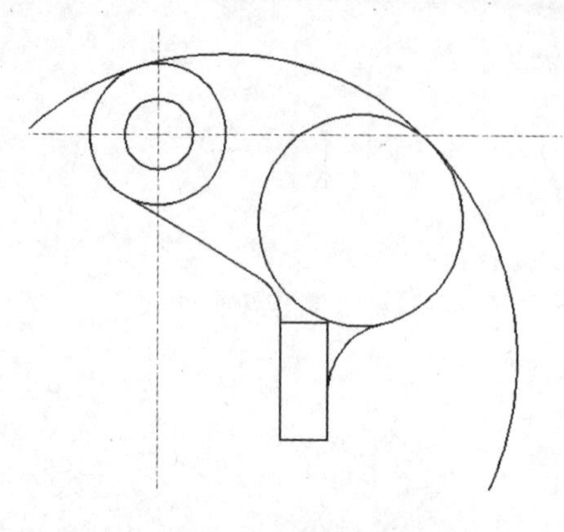

图 13-39　删除辅助圆

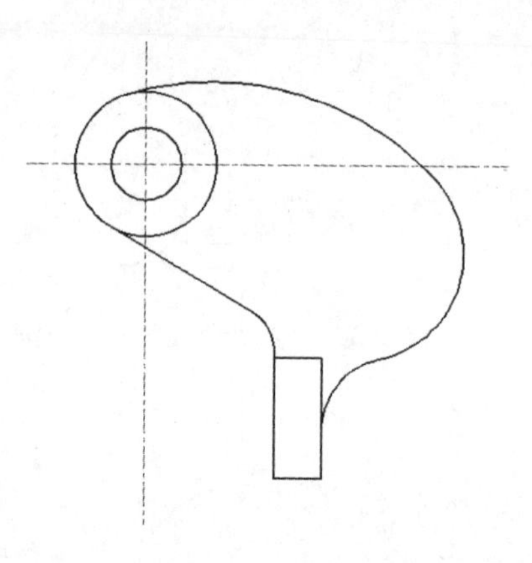

图 13-40　连杆图形

13.3.2　绘制虎钳三视图

本例将在“虎钳.dwg”三维实体模型的基础上，绘制虎钳图形的三视图。绘制虎钳三视图时，主要利用 VIEWBASE 命令来进行绘制，最终效果如图 13-41 所示。

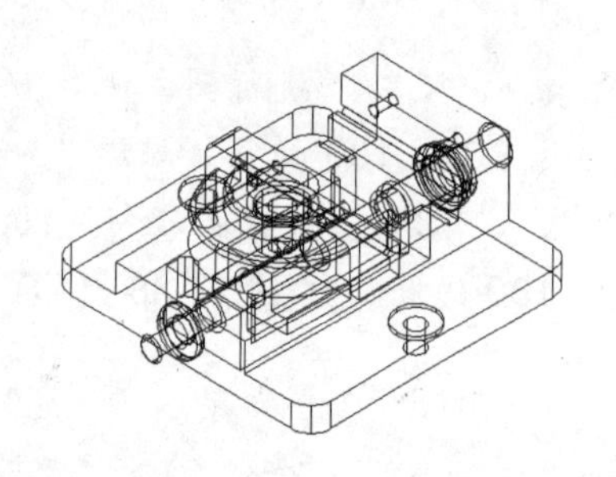

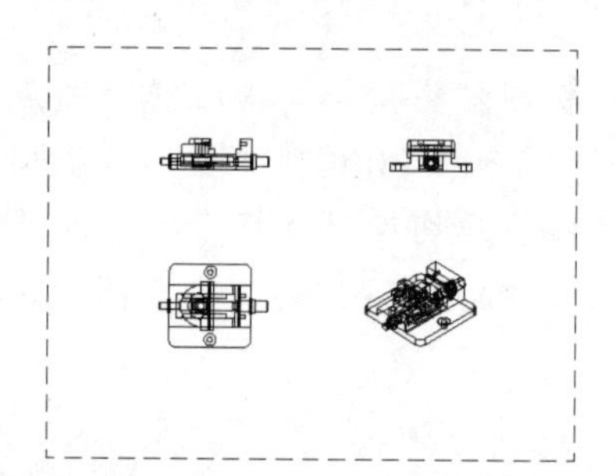

图 13-41　绘制虎钳三视图

1. 行业分析

虎钳，又称台虎钳，是用来夹持工件的通用夹具，装置在工作台上，用以夹稳加工工件，为钳工车间必备工具。主要由钳体、底座、导螺母、丝杠、钳口体等组成。虎钳按不同的方式，可以分为不同的类型。

- **按钳口宽度分：** 虎钳的规格以钳口的宽度表示，有 100mm、125mm、150mm 等。
- **按类型分：** 固定式和回转式两种。
- **按外形功能分：** 有带砧和不带砧两种。
- **按螺纹分：** 螺钉将钳口固定在钳身上、夹紧螺钉旋紧将固定钳身紧固，起连接作用；

如果启用多个对象捕捉模式，则在一个指定的位置可能有多个对象捕捉符合条件，在指定捕捉点之前，按“Tab”键可遍历各种可能的选择。

传动螺纹旋转丝杠，带动活动钳身相对固定钳身移动，将丝杠的转动转变为活动钳身的直线运动，把丝杠的运动传到活动钳身上，起传动作用。

2. 操作思路

为更快完成本例的制作，并且尽可能运用本章讲解的知识，本例的操作思路如下。

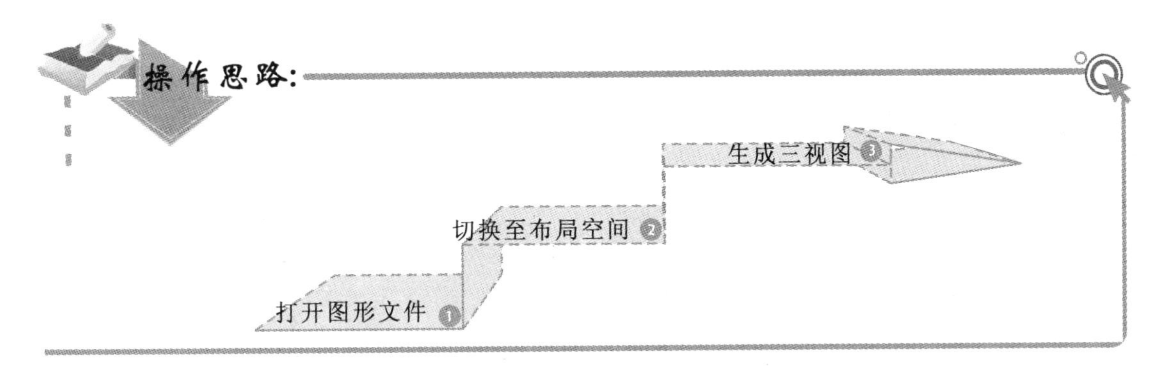

3. 操作步骤

下面介绍虎钳三视图的绘制，其操作步骤如下。

光盘\素材\第 13 章\虎钳.dwg
光盘\效果\第 13 章\虎钳.dwg
光盘\实例演示\第 13 章\绘制虎钳三视图

1 打开“虎钳.dwg”图形文件，如图 13-42 所示。

2 选择绘图区左下方的“布局 1”选项卡，切换至布局空间，如图 13-43 所示。

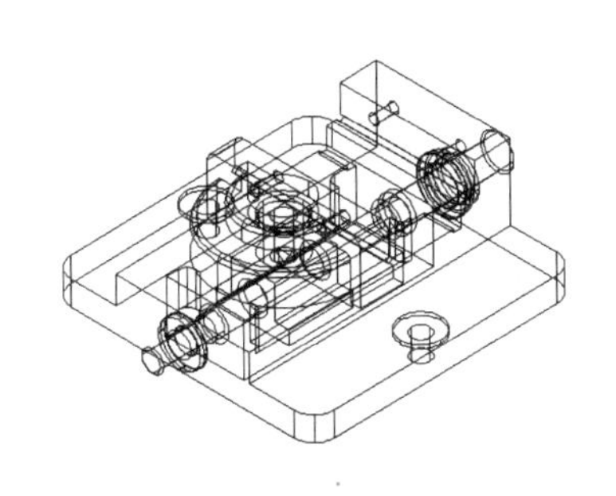

图 13-42　原始模型文件

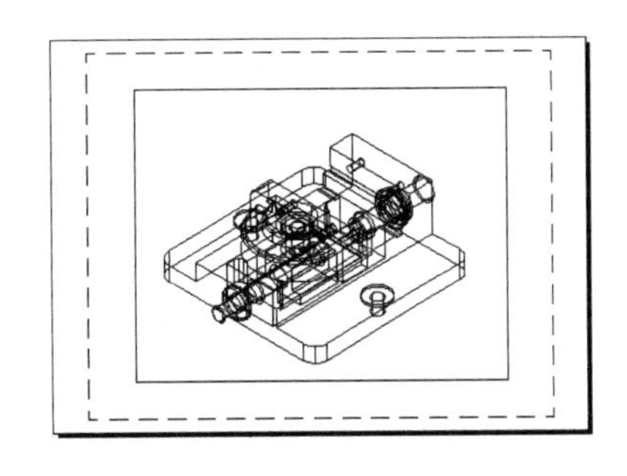

图 13-43　布局视图

3 选择布局空间的图形对象，将其进行删除，在命令行输入“VIEWBASE”，为虎钳创建三视图，效果如图 13-44 所示，其命令行提示如下：

```
命令: VIEWBASE                    //执行基础视图命令
类型 = 基础和投影  样式 = 带隐藏边的线框  比
例 = 1:16
```

按住“Shift”键的同时单击鼠标右键或其他定点设备上的相应按钮，将在光标位置显示对象捕捉菜单。

指定基础视图的位置或 [类型(T)/表达(R)/方向(O)/样式(ST)/比例(SC)/可见性(V)] <类型>: //指定基础视图位置，如图 13-45 所示
选择选项 [表达(R)/方向(O)/样式(ST)/比例(SC)/可见性(V)/移动(M)/退出(X)] <退出>: x //选择“退出”选项，如图 13-46 所示
指定投影视图的位置或 <退出>: //指定俯视图位置，如图 13-47 所示
指定投影视图的位置或 [放弃(U)/退出(X)] <退出>: //指定左视图位置，如图 13-48 所示
指定投影视图的位置或 [放弃(U)/退出(X)] <退出>: //指定轴测图位置，如图 13-49 所示
指定投影视图的位置或 [放弃(U)/退出(X)] <退出>: //按“Enter”键结束基础视图命令
已成功创建基础视图和 3 个投影视图。

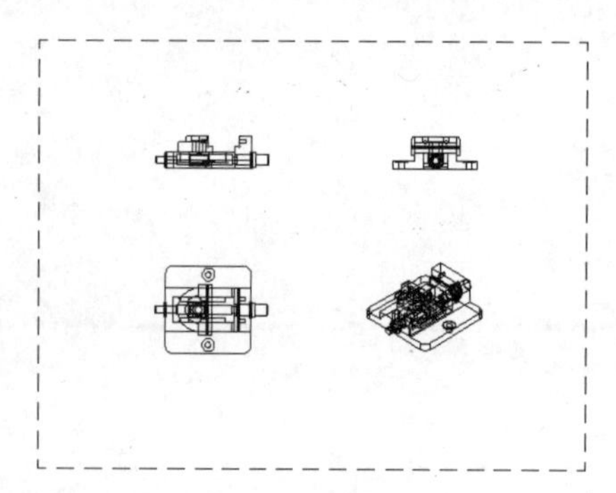

图 13-44 虎钳三视图

图 13-45 指定基础视图位置

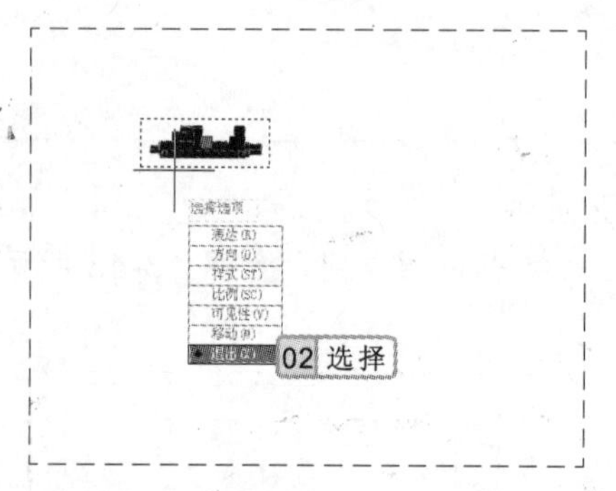

图 13-46 选择“退出”选项

图 13-47 指定俯视图位置

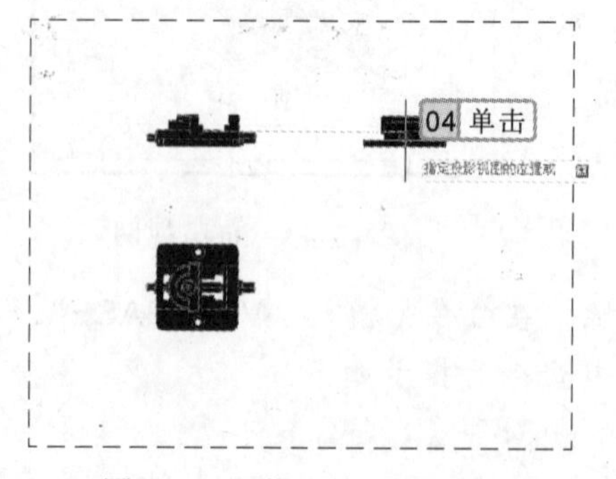

图 13-48 指定左视图位置

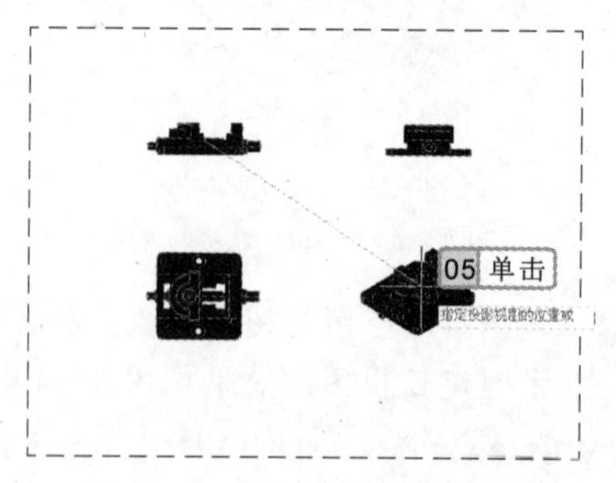

图 13-49 指定轴测图位置

VIEWBASE 命令只能在布局中可用。在块编辑器中、参照编辑期间或使用视口时，以及在“模型”选项卡中都不可用。

13.4 精通练习

本章主要介绍了特殊关系图形的绘制，其中主要包括平行、垂直关系和连接圆弧的绘制等，以及三视图的绘制。下面通过两个实例的练习，让读者进一步掌握本章所学的知识。

13.4.1 绘制锁钩图形

本次练习将打开“锁钩.dwg”图形文件，利用偏移、圆、圆角、修剪等命令，完成锁钩图形中直线段、连接圆弧的绘制，并且在绘制内接连接圆弧时，还应利用辅助线的方式来进行绘制，效果如图 13-50 所示。

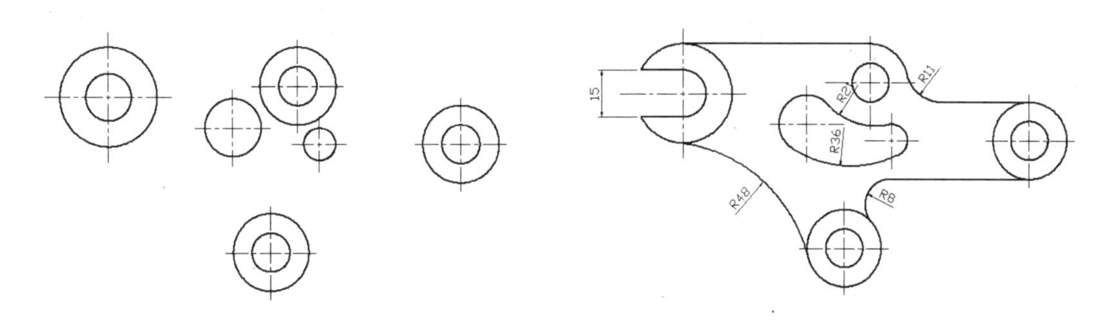

图 13-50 绘制锁钩图形

参见光盘

光盘\素材\第 13 章\锁钩.dwg
光盘\效果\第 13 章\锁钩.dwg
光盘\实例演示\第 13 章\绘制锁钩图形

该练习的操作思路与关键提示如下。

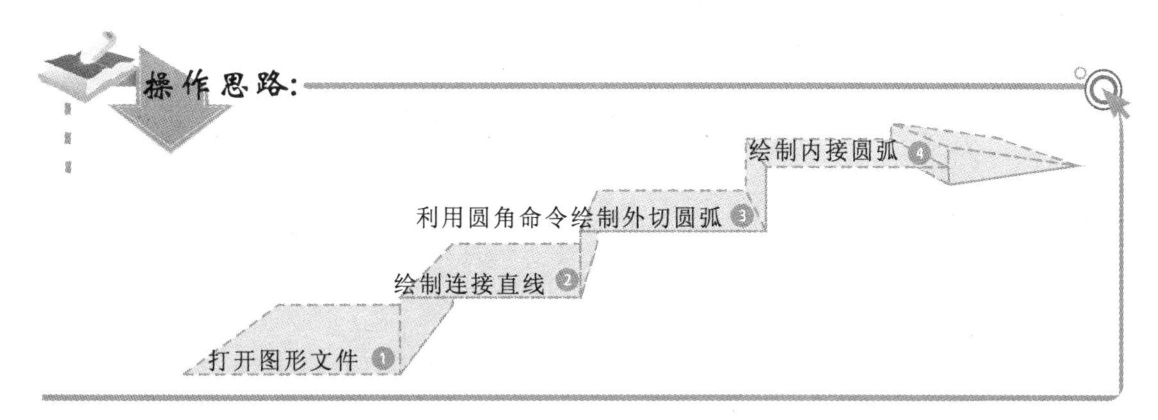

操作提示

默认对象捕捉菜单列出了对象捕捉和追踪选项。如果要更改选项，可以修改自定义文件，自定义文件为 acad.cuix。

关键提示:

连接图形的参数

直线的偏移距离：圆与垂直辅助线的交点；外切圆弧半径：R48、R8、R21、R11；内接辅助圆半径：R27、R31。

13.4.2　绘制箱体三视图

本次练习将打开“箱体模型”图形文件，切换至布局空间，通过 VIEWBASE 命令创建三视图，效果如图 13-51 所示。

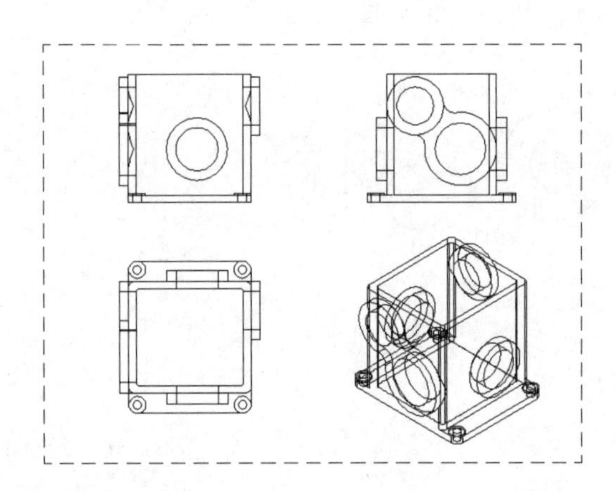

图 13-51　绘制箱体三视图

参见光盘

光盘\素材\第 13 章\箱体模型.dwg
光盘\效果\第 13 章\箱体三视图.dwg
光盘\实例演示\第 13 章\绘制箱体三视图

该练习的操作思路如下。

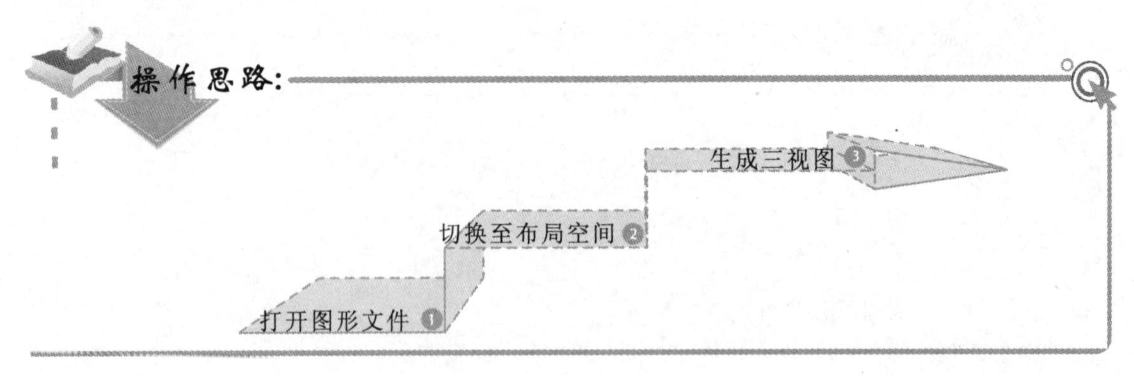

使用对象捕捉追踪，可以沿着基于对象捕捉点的对齐路径进行追踪，已获取的点将显示一个小加号（+），一次最多可以获取 7 个追踪点。

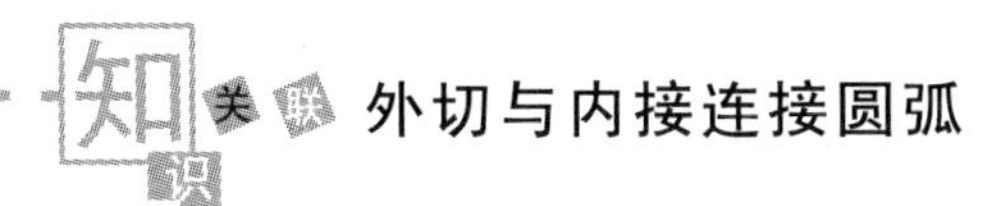

外切与内接连接圆弧

利用手工方式绘制两个圆之间的连接圆弧时，都是分别以要连接圆的圆心为辅助圆的圆心绘制辅助线，再以辅助线的交点绘制连接圆弧。在绘制外切圆弧时，则以连接圆弧的半径加上要连接圆的半径来绘制辅助圆；而绘制内接圆弧时，则以连接圆弧的半径减去要连接圆的半径。

在 AutoCAD 2012 中提供了圆角命令，这大大方便了绘制外切的连接圆弧，可以直接使用圆角命令来进行绘制，也可以利用偏移命令，将要连接的两个圆进行偏移，其偏移距离为连接圆弧的半径，再以辅助线的交点绘制连接圆，最后对其进行修剪操作。

操作提示

默认情况下，对象捕捉追踪将设置为正交，对齐路径将显示于已获取的对象点的 0°、90°、180° 和 270° 方向上，但可以使用极轴追踪角进行替代。

第14章

绘制零件图与装配图

本章导读

在机械行业中，零件图是设计部门提交给生产部门，用以指导制造和检验零件的重要技术文件；而对于一部机器来说，一般都由许多零件组合而成，因此按照零件图加工出零件后，还需要根据装配图将其装配成机器。本章将介绍零件图与装配图的相关知识，以及零件图与装配图的绘制等相关操作。

14.1 绘制零件图

实际生活中的机器，都是由无数的相关零件组装而成的。在生产中直接指导加工和检验零件用的样图，就称为零件图，主要用于表达单个零件的样图，也称为零件工作图。

14.1.1 零件图的内容

一张完整的机械零件图，应该具备以下几项内容。

- **一组图形**：用一组视图、剖视图、断面图或局部放大图等完整、清晰地表达零件的结构形状。
- **尺寸标注**：在零件图中应使用正确、完整、清晰、合理的标注尺寸反映零件各部分的大小与相对位置。
- **技术要求**：在零件图中，使用规定的符号、代号和文字注释准确地给出在制造和检验时应达到的技术要求，如尺寸公差、形位公差、表面粗糙度、材料和热处理要求等。
- **标题栏**：在零件图中用标题栏写出零件名称、数量、比例、图号以及设计、制图和校核人员等。

14.1.2 零件的分类

机械零件的结构复杂，形状各异，但总体来说，可以分为轴套类、盘盖类、叉架类和箱体类这 4 类零件，这 4 类零件各自的特点分别介绍如下。

- **轴套类零件**：轴套类零件是很普遍的一类零件，轴套类零件结构形状一般比较简单，一般具有轴向尺寸大于径向尺寸的特点，且大多数轴套类零件都有倒角、圆角、键槽、螺纹和中心孔等结构。
- **盘盖类零件**：盘盖类机械零件其形状一般是扁平状，主要部分为同轴回转体，轴向长度较短，周围分布有孔、槽等结构。
- **叉架类零件**：叉架类零件结构形状较为复杂且不规则，连接部分多是断面且有变化的肋板结构，支撑部分和弯曲部分多有油槽、螺孔和沉孔等结构。
- **箱体类零件**：箱体类零件的结构主要包括运动件的支持部分、安装平面部分和润滑部分等，另外，为了加强零件局部的强度，还有肋板和凸台等结构。

14.1.3 零件图的视图选择

绘制机械零件图时，选择恰当的主视图，能够以最简便的方法表达零件的主要结构，因此主视图的选择最为重要，选择主视图时主要遵循以下 3 项原则。

零件图形都有自身的规律，其中在绘制轴套类零件时，大部分的图形都是对称图形，因此只需先绘制出其中的一半图形，然后使用镜像命令进行镜像，即可得到整个图形。

- **加工位置原则**：按零件在主要加工工序中的加工位置绘制主视图，便于加工时对照图纸。
- **工作位置原则**：按零件在部件或机器中的工作位置绘制主视图，以便了解其装配关系和工作情况。
- **自然安放位置原则**：对于加工位置多变化，工作位置固定（如运动件）的零件，可按自然安放时平衡的位置绘制主视图。

14.1.4　零件的工艺结构

在零件上通常会看到一些特定的结构，如倒角、圆角、凸台和退刀槽等，掌握了常见的零件工艺结构及其表达方法，才能绘制出符合要求的零件图。加工特定的结构需要注意以下情况。

- **倒角**：为了防止在安装和使用零件时划伤工作人员，通常要去掉零件加工后的锐边和毛刺，将孔或轴的端部等锐边加工成45° 或30° 的倒角。
- **圆角**：为了避免应力集中，增加强度，在轴类零件的轴肩处常采用圆角过渡，称为倒圆角，圆角的半径与轴直径的关系可以在机械制图标准的相关手册中查获。圆角直接以半径的形式进行标注。
- **退刀槽和越程槽**：为了保证零件表面的加工长度，需要先在零件上加工出退刀槽、越程槽或工艺孔，以便刀具顺利进入或退出加工表面。
- **减少加工面**：两个零件的接触表面一般均需切削加工，为了降低加工成本，保证接触良好，要尽量减少加工面，往往将需要加工的表面局部做成凸台或凹坑等。
- **避免在斜面上钻孔**：钻头在钻孔时轴线始终要与被钻表面垂直，以避免单边受力而折断钻头，如果要在斜面上钻孔，应预先在斜面上需钻孔的位置处设计凸台或凹坑，使钻孔时钻头的受力均匀。

14.1.5　零件图的尺寸标注

零件图的尺寸标注除了力求正确、完整和清晰之外，还必须做到合理，合理的尺寸标注即所注尺寸要满足零件要求及工艺要求。在标注零件图的尺寸时，需注意以下6个方面的问题。

- **重要尺寸应直接标出**：遇到影响产品工作性能、精度及互换性的重要尺寸应直接标出。
- **联系尺寸要互相联系起来**：常见的联系有轴向联系、径向联系和一般联系。标注这些联系尺寸时一定要互相联系起来。
- **尽量按加工顺序标注尺寸**：为了加工的方便，尺寸标注应尽量按加工顺序进行标注。
- **尺寸标注要便于测量**：尺寸标注要便于质检人员测量。
- **尺寸不能形成封闭形式**：尺寸链就是在同向尺寸中首尾相接的一组尺寸，每个尺寸为尺寸链中的一环，尺寸链一般都应留有开口环。

绘制零件图，零件一般在轴上的轴向是固定的，而且常用轴肩、套筒、螺母或轴端挡圈等形式对其进行固定。

- **尺寸要分类标注：** 标注尺寸时应尽量按加工方法、内部与外部尺寸、毛坯尺寸与加工尺寸等类型分开标注，便于读图和加工。

14.2 绘制装配图

装配图是用来表达部件或机器的样图，主要用于表示部件或机器的工作原理、零件之间的装配关系和相互位置，并包含装配、检验、安装时所需要的尺寸数据和技术要求。

14.2.1 什么是装配图

表示产品组成、相关部件的连接以及装配关系的图样，称为装配图。装配图主要用以表示工作原理和装配的关系，为机器检验、装配、安装及维修提供依据。绘制装配图时，应注意它与零件图的区别与联系，主要有如下几点。

- 装配图和零件图都由视图、尺寸、标题栏等部分构成。在装配图中，还多了零件编号和明细表，用以说明零件的名称、编号、数量和材料等情况。
- 由于表达要求的不同，在零件图中，需将零件各个部分的形状表达清楚；在装配图中，只需把部件的功能、工作原理以及与零件间的装配关系表达清楚，而并不需要将零件的形状完全表现出来。
- 由于尺寸要求的不同，在零件图上需要标注零件的全部尺寸；而装配图中的尺寸一般只标注机器或部件的规格尺寸、安装尺寸、装配尺寸、总体尺寸以及序号等。

14.2.2 装配图的特定表达方式

绘制零件图时，可以用主视图、剖视图和断面图以及局部放大图等视图来表达零件的结构，这些视图在装配图中也同样适用。绘制装配图，除了使用绘制零件图所用的表达方法外，还有如下几种表达方法。

- **拆卸画法：** 在装配图的某一视图中，若某个零件的大部分被遮住而又需要表达，可假想沿着该零件与其他零件的结合而取剖切平面或将某些零件拆卸后再画。若需说明，还可加以标注，如“拆去××”。
- **假想画法：** 在装配图中，若需表达某部分零件的运动范围或极限位置，可在图中画出该运动零件的一个极限位置，而另一极限位置用双点划线划出；在装配图中，当需要表示本部件与相邻零（部）件间的装配关系时，可用双点划线画出相邻部分的轮廓线。
- **夸大画法：** 在装配图中，遇到细丝弹簧、薄垫片、小的间隙、较小的锥度和斜度等，允许该部分不按比例而夸大画出。

在绘制零件图的过程中，都有一些常用的表现手法，如在手工绘制厚度小于 2mm 的薄片形零件时，常用涂黑的方法进行代替。

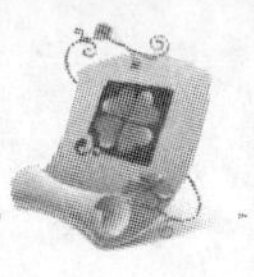

- **展开画法**：为了表示传动机构的传动顺序和装配关系，可假想按顺序沿轴线剖切，依次展开在一个平面上并画出它的剖切图。
- **简化画法**：零件的工艺结构，如小圆角、倒角以及退刀槽等可不画出；对于装配图中若干相同的零件组，如螺栓、螺母以及垫圈等，可只详细地画出一组或几组，其余只用点划线表示出装配位置即可。

14.2.3 绘制装配图

绘制装配图，就是将绘制的零件图按照部件或整个机器的工作原理、零件之间的装配关系一件件地装配在一起。

装配图不仅仅包括图形的形状、尺寸等对象，还包括各部件名称、数量等多个内容，因此在绘制装配图时应遵守如下规定：

- 图样画法和标注方法都应符合国家相关的标准规定。
- 图形清晰，便于阅读者迅速读懂、理解和进行空间想象。
- 便于绘制和标注尺寸。
- 不要求把各个零件的形状和结构完全表达清楚，但需将部件中各零件的装配关系完全表达清楚。
- 装配图中两个零件接触表面只画一条实线表示，不接触表面及非配合表面画两条线表示即可。
- 两个或两个以上金属零件相互邻接时，剖面线的方向应相反或者一致（若一致时间隔必须不相等）；同一个零件在各视图中的剖面线方向和间隔必须保持一致。
- 因装配图是由若干零件组成的，当有若干相同的零件组时，允许仅详细绘制出几处，其余部分以点划线表示零件的中心位置即可。
- 零件的工艺结构，如倒角、圆角和退刀槽等在装配图中可不绘制出来。
- 当需要剖切厚度小于 2mm 的薄片形零件（如垫片等）时，在 AutoCAD 机械制图中需用一条粗实线绘制。

1. 由零件图绘制装配图

一个完整的产品都是由各个零部件组成的，在绘制出产品所有的零件图后，就可利用已画出的零件图画出装配图。

绘制装配图的主视图时，可将多个零件的主视图根据图形形状，按一定的顺序装配在一起，使其形成一个有机的整体，即可完成装配图主视图的绘制。然后再根据装配图的主视图以及相应的零件图绘制装配图的俯视图及左视图。

2. 全新绘制装配图

装配图是表现零部件的装配关系及整体结构的图样，在对产品进行设计时，也可先画出装配图，然后再根据装配图所画的结构形式和尺寸绘制产品所必需的零件图。在绘制装

在机械行业中，标准件的使用范围非常广，如螺钉，另外，标准件一般都有几个标准的尺寸，用于不同的使用场合。

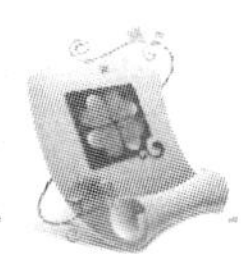

配图时，可根据产品的需要，以及相应尺寸要求进行设计并绘制。

3. 标准件在装配图中的使用

在机械绘图中，常会有大量反复使用的图形，如螺钉、螺栓、轴承等。这些图形的结构形状是相同的，只是规格和尺寸有所不同，因此在绘图时，可先将需要绘制的标准件定义为图块，然后在需要绘制时插入即可。绘制装配图时使用标准件，主要有如下优点。

- **减少重复性劳动：**若将经常会使用的标准件制成标准库，绘图时即可在标准库中找到需要的图块插入图形中，而不必在绘图时，反复绘制相同的图形。
- **方便编辑：**由于标准件一般都将其定义为图块，在进行编辑操作时，不仅可以将其作为一个图形对象来进行编辑处理，还可以对图块进行重新定义。
- **节省存储空间：**图形中每增加一个图块，AutoCAD 2012 便会记录下该图块的信息，从而增大了图形的存储空间。而反复使用定义的图块，AutoCAD 只会对其作一次定义，当用户插入图块时，AutoCAD 2012 只会对定义的图块进行引用，从而节省大量的存储空间。

4. 零件序号与明细表

为了看图的方便、图纸的配套管理以及生产组织工作的需要，装配图中的零件和部件都必须编写序号，同时要编写相应的明细表。为零件或部件编写序号，应注意以下几点。

- **一般规定：**装配图中所有零部件都必须编写序号，装配图中的零部件的序号应与明细栏中的序号一致。
- **标注形式：**一个完整的序号，一般应有 3 个部分，即指引线、水平线（或圆圈）及数字序号。其中指引线用细实线绘制，应自所指部分的可见轮廓内引出，并在可见轮廓内的起始端画一圆点；水平线（或圆圈）用细实线绘制，用以注写序号数字。
- **编排方法：**序号应在装配图周围按水平或垂直方向排列整齐，序号数字可按顺时针或逆时针方向依次增大，以便查找。在一个视图上无法连续编写全部所需序号时，可在其他视图上按上述原则继续编写。

14.3 精通实例

本章介绍了机械制图中零件图与装配图的绘制，其中零件图主要包括轴套类、盘盖类、叉架类和箱体类的图形。下面通过低速轴零件图和千斤顶装配图的绘制，进一步巩固零件图和装配图的绘制知识。

14.3.1 绘制低速轴

本例将绘制低速轴零件图，绘制该零件图时，首先使用构造线命令绘制作图辅助线，

在绘制装配图，对零件的序号进行标注时，其引线的样式可以在“多重引线样式管理器”对话框中进行修改。

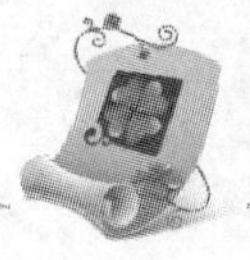

再利用偏移、修剪等命令绘制低速轴主视图和剖面图，最后对零件图进行尺寸和文字标注，最终效果如图 14-1 所示。

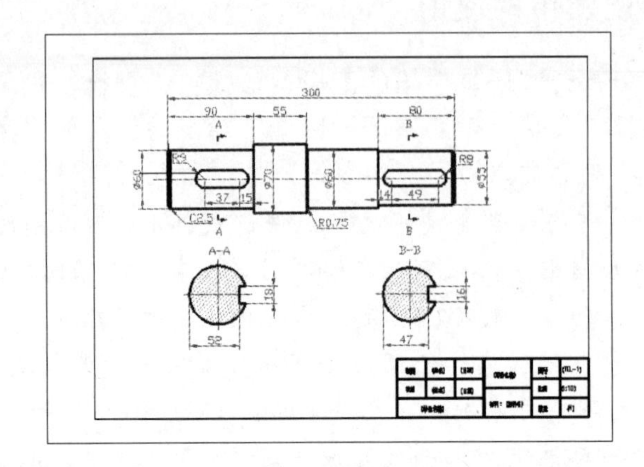

图 14-1　低速轴零件图

1．行业分析

轴是在轴承中间或车轮中间或齿轮中间的圆柱形物件，主要采用碳素钢或合金钢，也可采用球墨铸铁或合金铸铁等。轴是支承转动零件并与之一起回转以传递运动、扭矩或弯矩的机械零件。常见的轴有曲轴、直轴和软轴 3 种，而直轴又可分为转轴、心轴和传动轴。

- **转轴**：工作时既承受弯矩又承受扭矩，是机械中最常见的轴，如各种减速器中的轴等。
- **心轴**：用来支承转动零件，只承受弯矩而不传递扭矩，有些心轴转动，如铁路车辆的轴等，有些心轴则不转动，如支承滑轮的轴等。
- **传动轴**：主要用来传递扭矩而不承受弯矩，如起重机移动机构中的长光轴、汽车的驱动轴等。

2．操作思路

为更快完成本例的制作，并且尽可能运用本章讲解的知识，本例的操作思路如下。

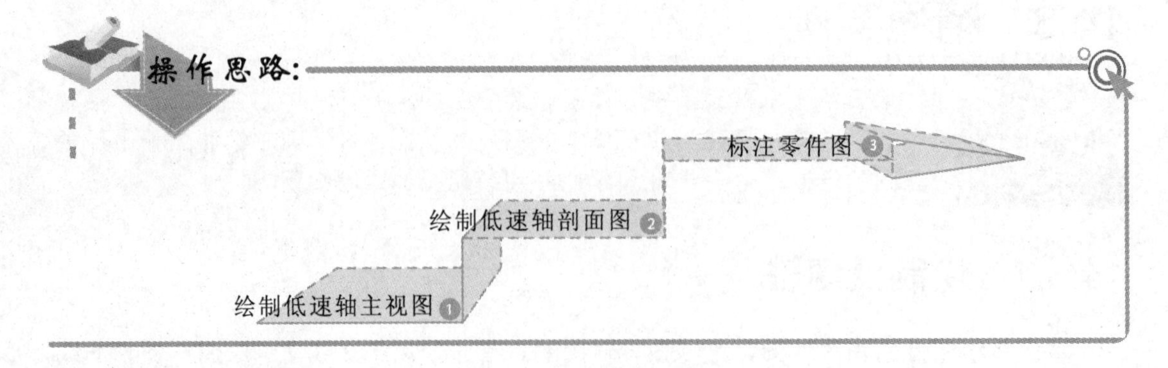

将定义的标准件插入到图形中后，如不能满足当前所绘制图形的需要，还可使用编辑命令对其进行编辑，如移动和旋转等。

3. 操作步骤

下面介绍低速轴零件图的绘制，其操作步骤如下。

参见光盘　光盘\素材\第 14 章\低速轴.dwg
光盘\效果\第 14 章\低速轴.dwg
光盘\实例演示\第 14 章\绘制低速轴

1 打开“低速轴.dwg”图形文件，执行构造线命令，绘制水平及垂直构造线，并将水平构造线的图层更改为“中心线”，将垂直构造线的图层更改为“轮廓线”，如图 14-2 所示。

2 在命令行输入“O”，执行偏移命令，将垂直构造线向右进行偏移，其偏移距离参见如图 14-3 所示标注的尺寸。

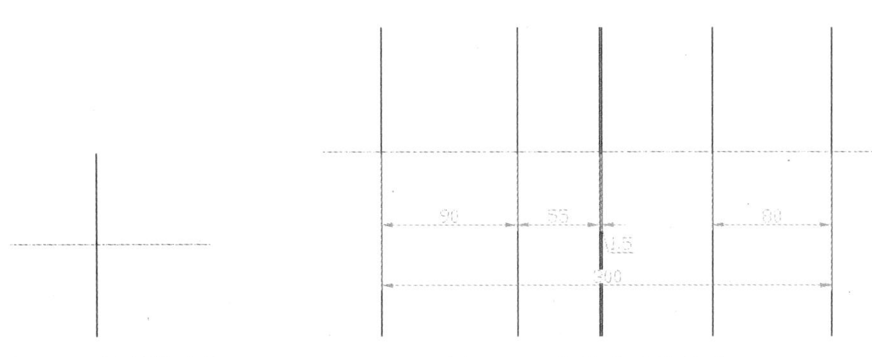

图 14-2　绘制辅助线　　图 14-3　偏移垂直构造线

3 将当前图层切换至“轮廓线”图层，在命令行输入“O”，执行偏移命令，选择“图层”选项，将其设置为“当前”选项，将水平构造线分别向上和向下偏移 30 和 35，如图 14-4 所示。

4 在命令行输入“TR”，执行修剪命令，将垂直及水平构造线进行修剪处理，其修剪效果如图 14-5 所示。

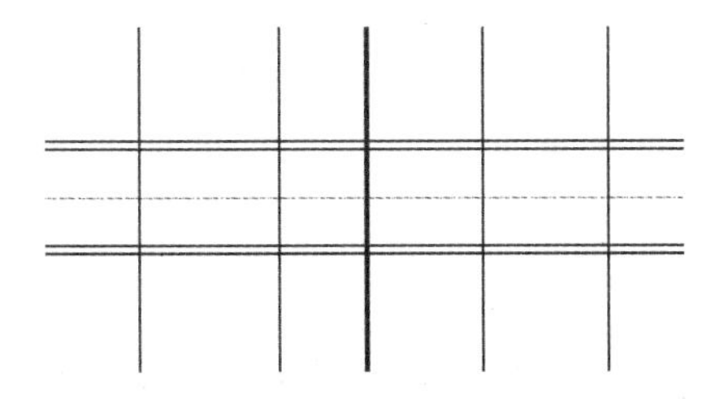

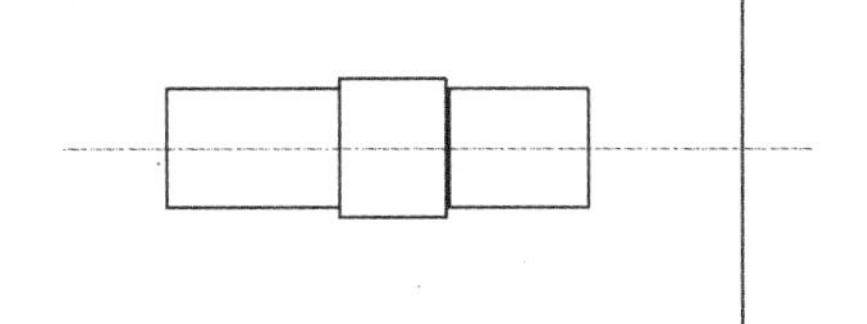

图 14-4　偏移水平构造线　　图 14-5　修剪构造线

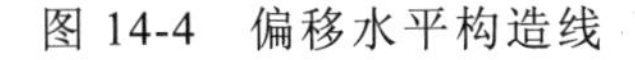

5 在命令行输入“O”，执行偏移命令，将水平构造线向上和向下分别进行偏移，其偏移距离为 27.5，如图 14-6 所示。

6 在命令行输入“TR”，执行修剪命令，将偏移后的水平构造线和垂直构造线进行修剪处理，如图 14-7 所示。

操作提示

绘制各种类型的零件图时，叉架类零件图形的绘制比盘盖类和轴套类图形要稍微复杂，因此在绘制时，一定要了解各个需要绘制的视图和视图中对象的结构的绘制。

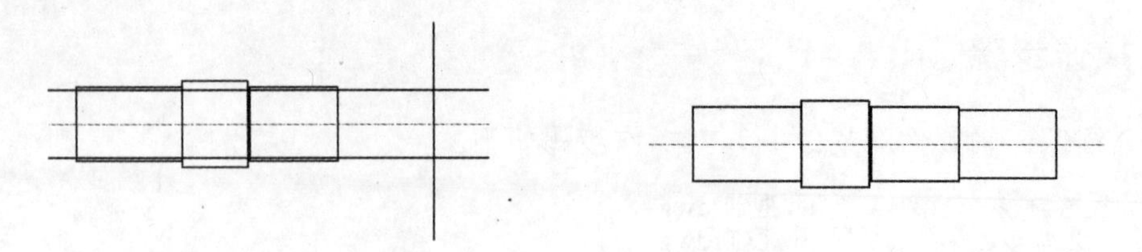

图 14-6　偏移水平构造线　　　　图 14-7　修剪构造线

7 在命令行输入“CHA”，执行倒角命令，将进行修剪后低速轴两端的角进行倒角处理，其倒角距离为 2.5，如图 14-8 所示。

8 在命令行输入“L”，执行直线命令，连接倒角后倾斜线的端点间的连线，效果如图 14-9 所示。

图 14-8　倒角图形对象　　　　图 14-9　连接倒角端点间的连线

9 在命令行输入“C”，执行圆命令，以“两点”方式绘制圆，其中起点为直线的端点，第二点为直线端点的对象捕捉追踪线与左端垂直线的交点，如图 14-10 所示。

10 在命令行输入“TR”，执行修剪命令，以垂直线为修剪边界，将绘制的两个圆进行修剪处理，如图 14-11 所示。

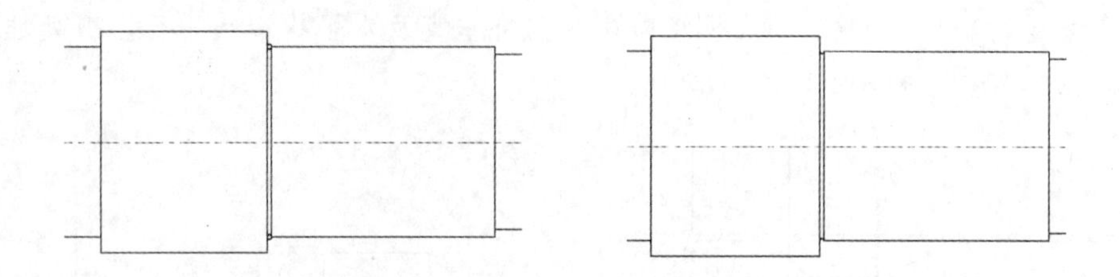

图 14-10　绘制圆　　　　图 14-11　修剪图形对象

11 在命令行输入“C”，执行圆命令，绘制半径为 9 的圆，其命令行操作如下：

命令: C	//执行圆命令
CIRCLE	
指定圆的圆心或 [三点(3P)/两点(2P)/切点、切点、半径(T)]: 15	//捕捉垂直线与水平辅助线交点的对象捕捉追踪线，输入距离，如图 14-12 所示
指定圆的半径或 [直径(D)]: 9	//输入圆的半径，如图 14-13 所示

由于箱体加工工序比较复杂，主视图一般绘制成工作位置，绘制时先绘制基准线，然后以基准线为基准绘制已知的线条，最后绘制出中间线条或连接线条等。

图 14-12　指定圆的圆心

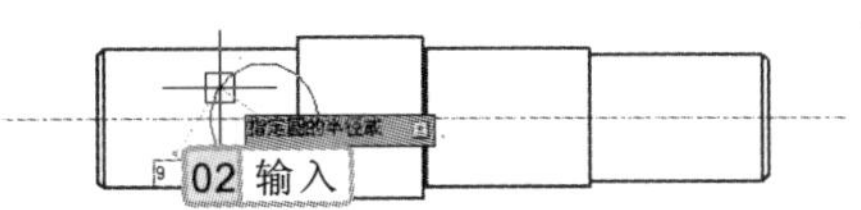

图 14-13　输入圆的半径

12 在命令行输入“CO”，执行复制命令，将绘制的圆向左进行复制操作，其相对距离为 37，如图 14-14 所示。

13 在命令行输入“O”，执行偏移命令，将水平构造线向上和向下分别进行偏移操作，其偏移距离为 9，如图 14-15 所示。

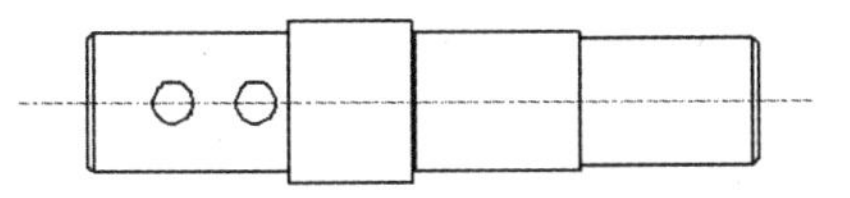

图 14-14　复制圆（半径为 9）

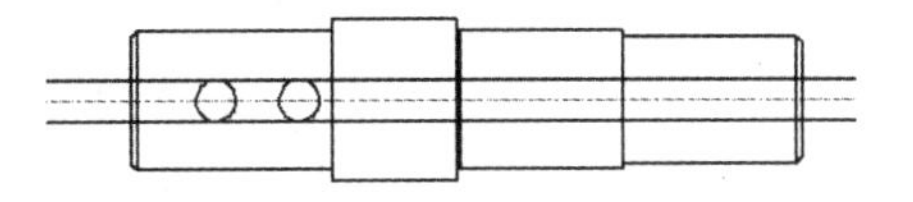

图 14-15　偏移构造线（距离为 9）

14 在命令行输入“TR”，执行修剪命令，将偏移的构造线和半径为 9 的圆进行修剪处理，如图 14-16 所示。

15 在命令行输入“C”，执行圆命令，在距离右端垂直线 14 的位置绘制半径为 8 的圆，如图 14-17 所示。

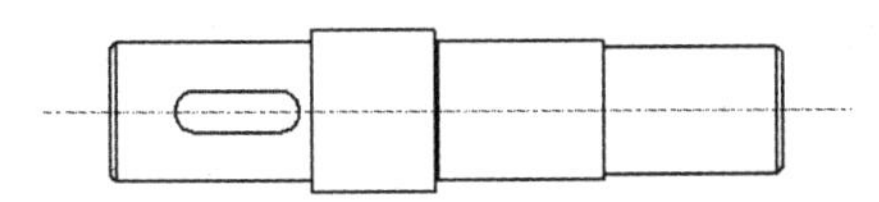

图 14-16　修剪图形对象

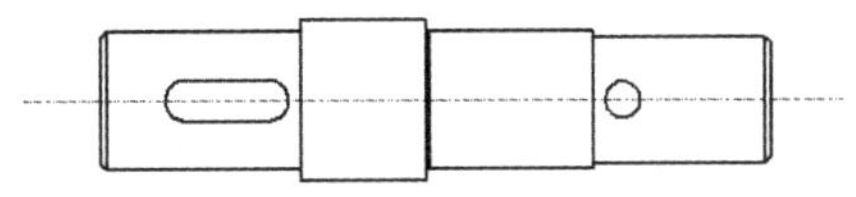

图 14-17　绘制圆

16 在命令行输入“CO”，执行复制命令，将绘制的圆向右进行复制操作，其相对距离为 49，如图 14-18 所示。

17 在命令行输入“O”，执行偏移命令，将水平构造线向上、向下分别进行偏移，其偏移距离为 8，如图 14-19 所示。

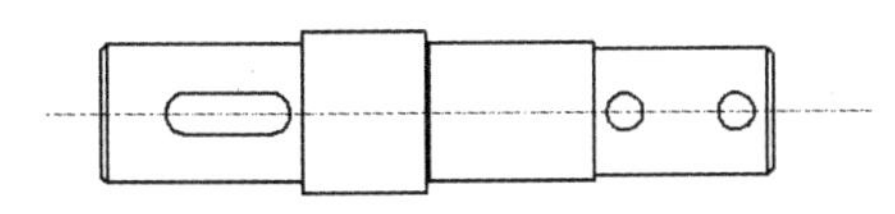

图 14-18　复制圆（半径为 8）

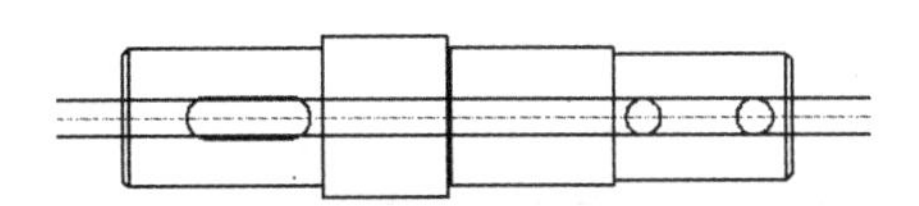

图 14-19　偏移构造线（距离为 8）

用于工业的零件非常繁多，每一类零件都有规定的型号，如螺母、螺栓等。而齿轮主要可分为直齿和斜齿两种。

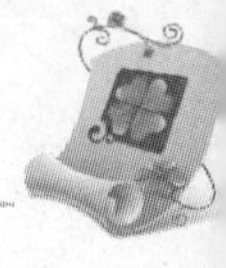

18 在命令行输入“TR”，执行修剪命令，将绘制的圆及构造线进行修剪处理，效果如图 14-20 所示。

19 在命令行输入“PL”，执行多段线命令，利用多段线命令的“宽度”选项，绘制剖切符号，如图 14-21 所示。

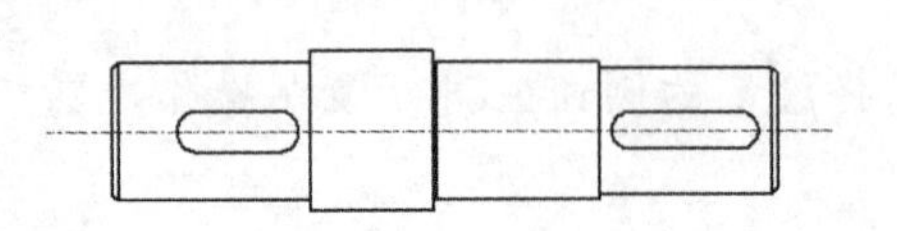

图 14-20 修剪图形

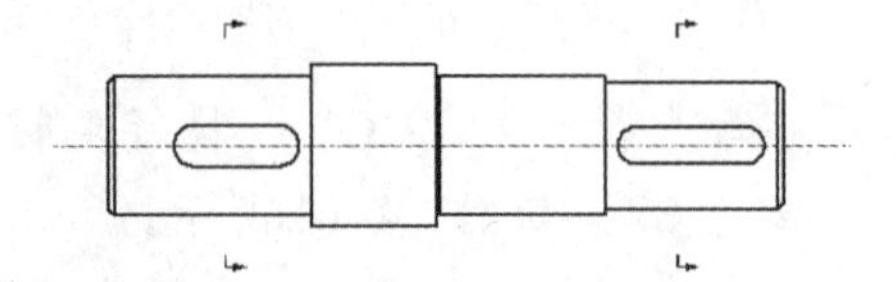

图 14-21 绘制剖面符号

20 将图层切换至“中心线”图层，在命令行输入“XL”，执行构造线命令，绘制水平及垂直构造线，其中垂直构造线通过剖切符号的端点，如图 14-22 所示。

21 将图层切换至“轮廓线”图层，在命令行输入“C”，执行圆命令，以构造线的左下交点为圆心，绘制半径为 30 的圆，如图 14-23 所示。

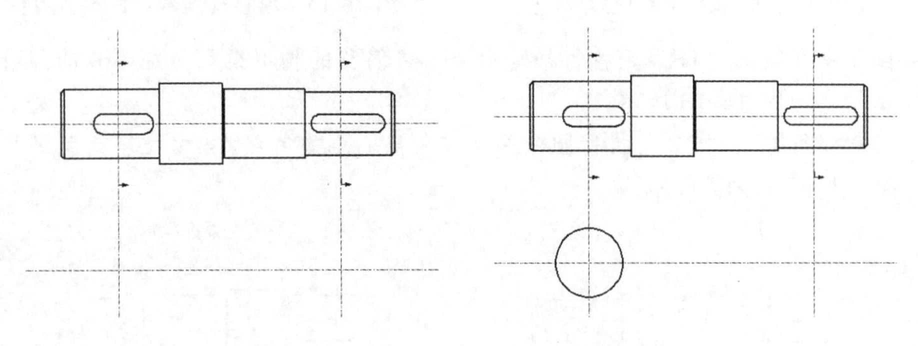

图 14-22 绘制辅助线　　图 14-23 绘制圆

22 在命令行输入“O”，执行偏移命令，将水平构造线向上、向下各偏移 9，将垂直构造线向右偏移 22，如图 14-24 所示。

23 在命令行输入“TR”，执行修剪命令，将绘制的圆及偏移的构造线进行修剪处理，效果如图 14-25 所示。

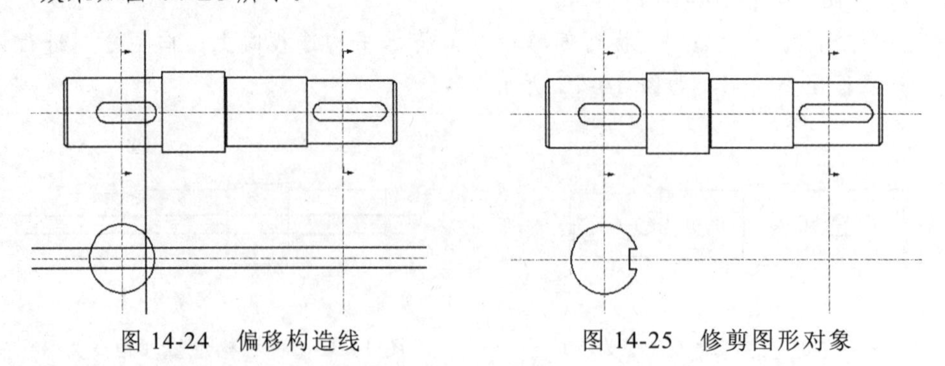

图 14-24 偏移构造线　　图 14-25 修剪图形对象

绘制对称图形时，对剖切面进行图案填充并进行镜像复制后，应将剖切面的图形再次进行编辑，让图案的方向及间距一致，以表示为同一个零件。

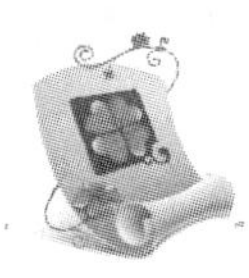

24 在命令行输入“C”，执行圆命令，以构造线的右下交点为圆心，绘制半径为 27.5 的圆，如图 14-26 所示。

25 在命令行输入“O”，执行偏移命令，将水平构造线向上、向下各偏移 8，将垂直构造线向右偏移 19.5，如图 14-27 所示。

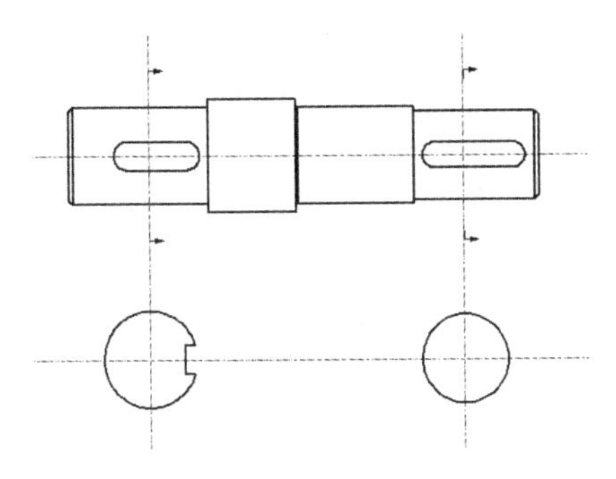

图 14-26 绘制圆

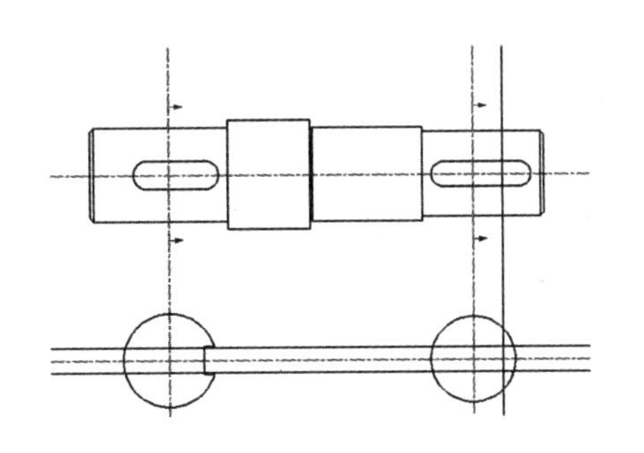

图 14-27 偏移构造线

26 在命令行输入“TR”，执行修剪命令，将绘制的圆及偏移的构造线进行修剪处理，效果如图 14-28 所示。

27 将图层切换至“剖面线”图层，在命令行输入“BH”，执行图案填充命令，将剖面图形填充图案，其图案为“ANSI31”，如图 14-29 所示。

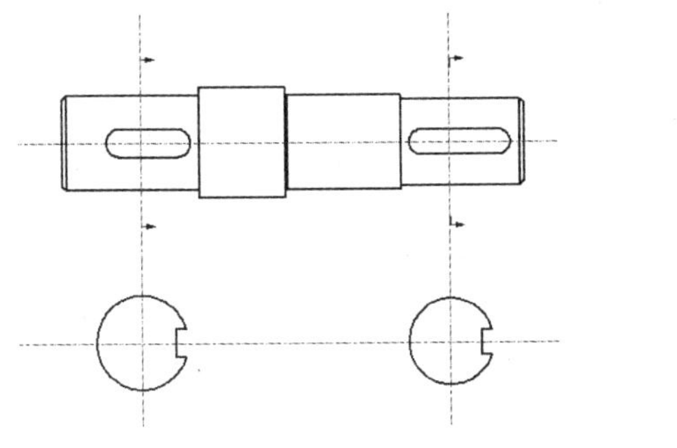

图 14-28 修剪图形对象

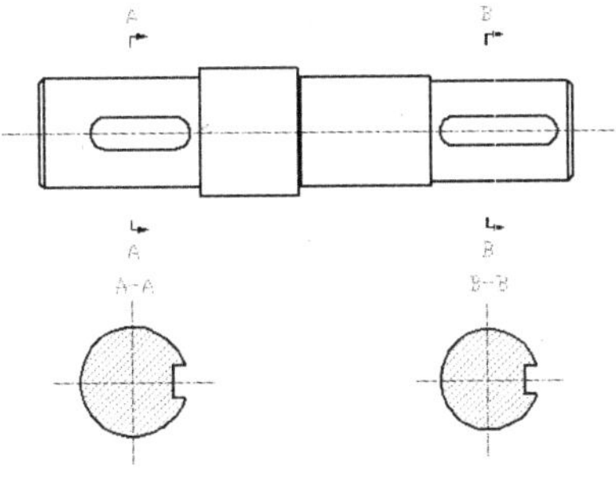

图 14-29 填充剖切面

28 执行文字标注、线性标注、连续标注、半径标注等命令，对低速轴图形进行文字及尺寸标注，完成低速轴图形的绘制。

14.3.2 绘制千斤顶装配图

本例将绘制千斤顶装配图，是在已经绘制好各零件图的基础上来完成装配图形的绘制的，其中主要利用了图块的插入来进行装配图的绘制，并且在插入图块之后，还应对装配图中不可见的图形进行修剪及删除处理，以保持主要零件的完整性，利于观看零件的相互关系，最终效果如图 14-30 所示。

在绘制同一圆心的多个圆时，可在绘制一个圆后，使用偏移命令，以要绘制的大圆半径减去小圆半径的差为偏移距离，偏移绘制出需要的圆。

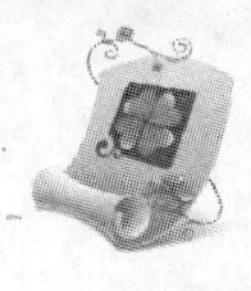

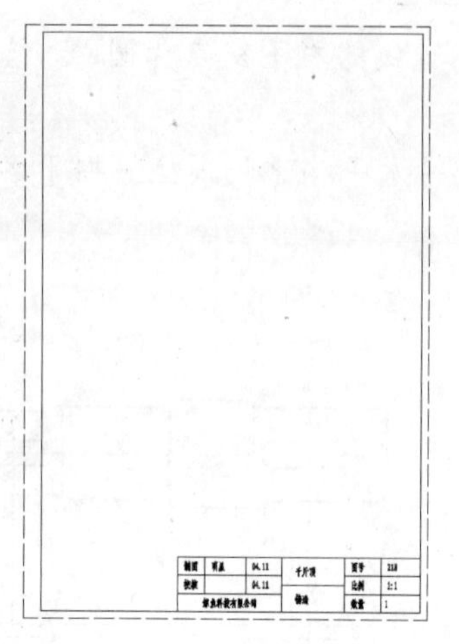

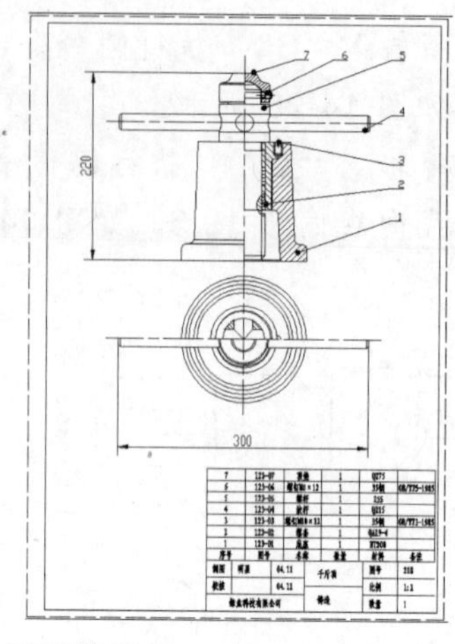

图 14-30 绘制千斤顶装配图

1. 行业分析

千斤顶是一种用钢性顶举件作为工作装置，通过顶部托座或底部托爪在行程内顶升重物的轻小起重设备。千斤顶的种类可以分为如下类型。

- **齿条千斤顶**：它由齿条、齿轮、手柄 3 部分组成，依靠摇动手柄使齿条上升下降，是普通汽车常见的一种汽车千斤顶的种类。它体积不大，比较好存放，但也正因如此，导致了它的支撑重量不能太大。
- **液压千斤顶**：液压千斤顶又分为通用液压千斤顶和专用液压千斤顶。它的升降速度快，承重能力较齿条千斤顶大。但不方便携带，因此，液压千斤顶不是常见的汽车千斤顶的种类。
- **螺旋千斤顶**：螺旋千斤顶依靠螺纹自锁来撑住重物，结构并不复杂，但其支撑重量较大。但这种螺旋千斤顶的工作效率较慢，上升慢，下降快。
- **充气式千斤顶**：这种汽车千斤顶的种类并不常见。它依靠汽车尾气对其充气，因此使用条件比较特别。

2. 操作思路

为更快完成本例的制作，并且尽可能运用本章讲解的知识，本例的操作思路如下。

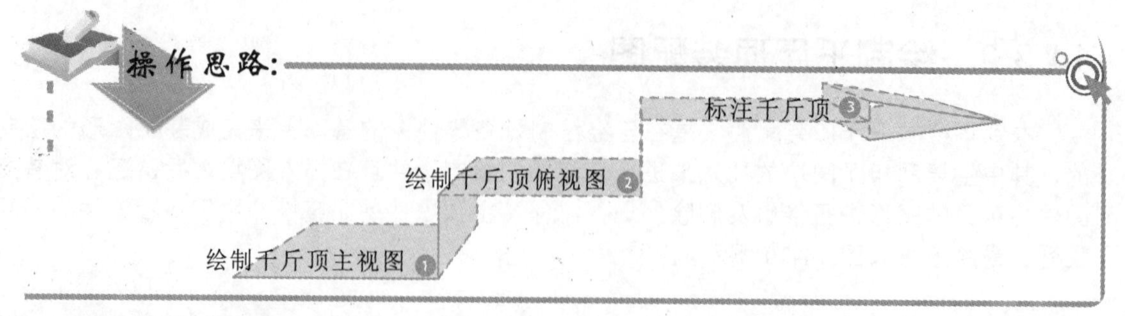

绘制装配图时，如果两个零件的材质一样，在零件的剖切面进行图案填充时，若两个剖面相邻，可将其中一个剖面的方向填充为相反方向的剖面线。

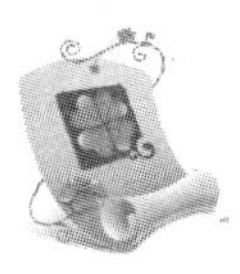

3. 操作步骤

下面介绍千斤顶装配图的绘制，其操作步骤如下。

光盘\素材\第 14 章\千斤顶
光盘\效果\第 14 章\千斤顶.dwg
光盘\实例演示\第 14 章\绘制千斤顶装配图

1. 打开“图框.dwg”，如图 14-31 所示。
2. 在命令行输入“I”，执行插入命令，打开“插入”对话框，如图 14-32 所示。

图 14-31　打开图框文件

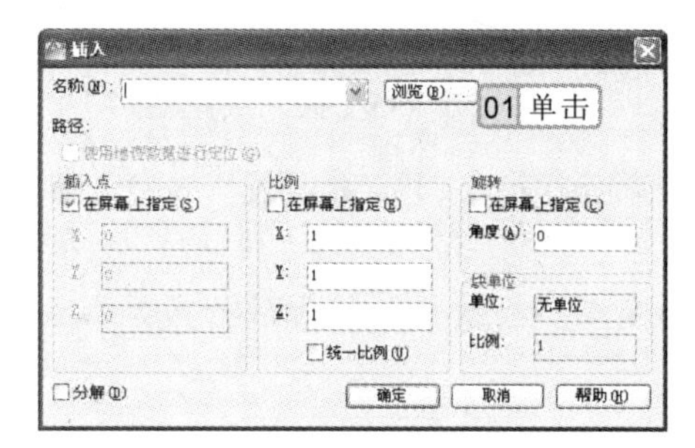

图 14-32　“插入”对话框

3. 单击 浏览(B)... 按钮，打开“选择图形文件”对话框，在“查找范围”下拉列表框中选择文件的存放位置，在文件列表中选择“底座.dwg”，单击 打开(O) 按钮，如图 14-33 所示。
4. 返回“插入”对话框，选中 分解(D) 复选框，单击 确定 按钮，如图 14-34 所示。

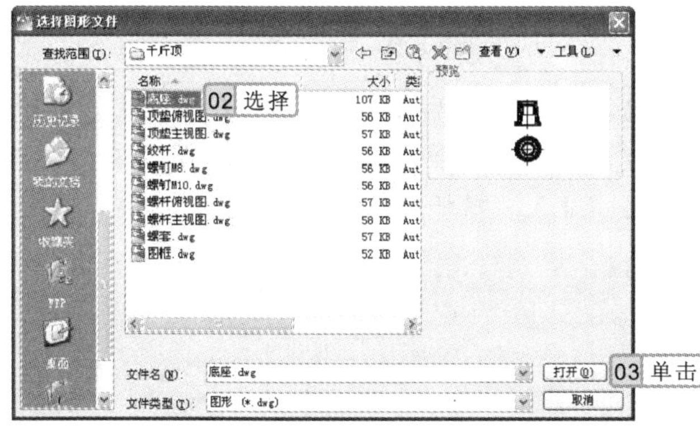

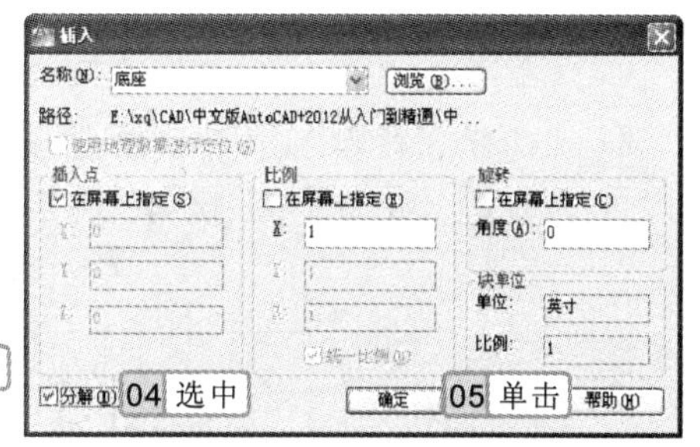

图 14-33　“选择图形文件”对话框　　　　图 14-34　插入图形

5. 在命令行提示“指定块的插入点:”后在绘图区中拾取一点，指定图块的插入点，插入底座图形，如图 14-35 所示。
6. 在命令行输入“TR”，执行修剪命令，对左端图形进行修剪，并使用删除命令对

在装配图中选择某个零件图形时，为了能更方便地选择所需的线条，在选择前，可将其他零件图层关闭或冻结。

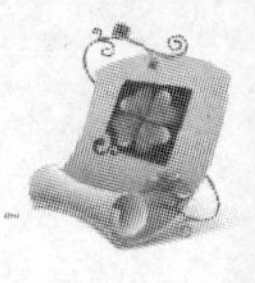

多余线条进行删除，再利用直线命令连接圆角圆弧端点与中间垂直辅助线垂足的连线，如图 14-36 所示。

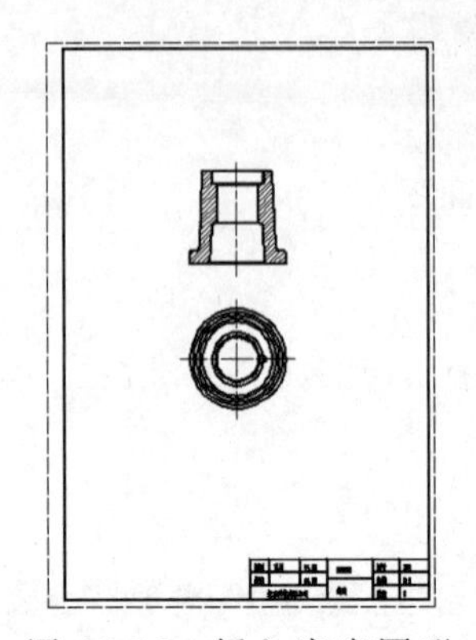

图 14-35　插入底座图形

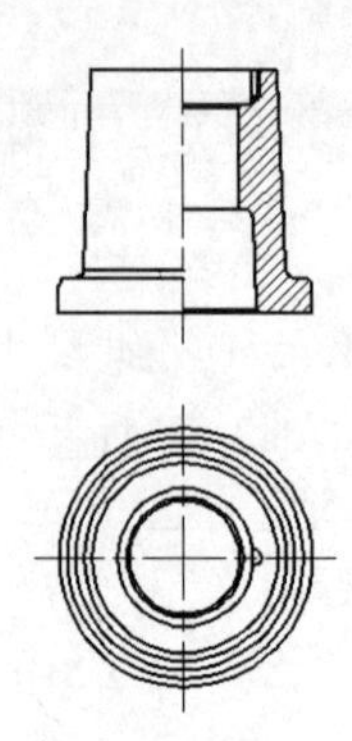

图 14-36　修剪底座图形

7 在命令行输入“I”，执行插入命令，插入“螺套.dwg”图块文件，其插入点如图 14-37 所示。

8 指定螺套图块插入位置后的效果如图 14-38 所示。

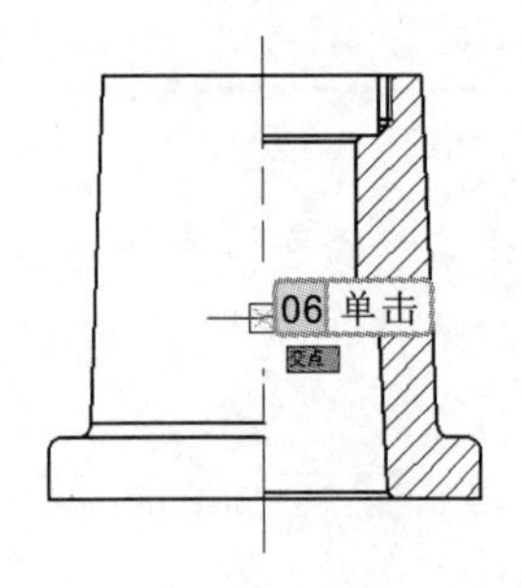

图 14-37　指定图块插入点

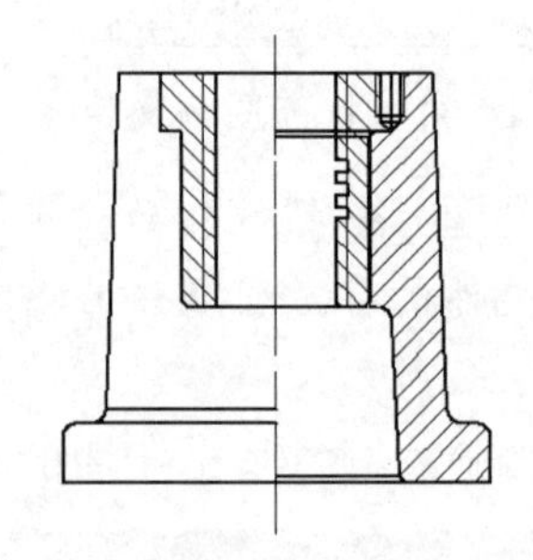

图 14-38　插入图块效果

9 在命令行输入“TR”，执行修剪命令，将多余的线条进行修剪处理，并使用删除命令，将多余的线条进行删除处理，如图 14-39 所示。

10 在命令行输入“I”，执行插入命令，插入“螺杆主视图.dwg”图块文件，其图块的插入位置如图 14-40 所示。

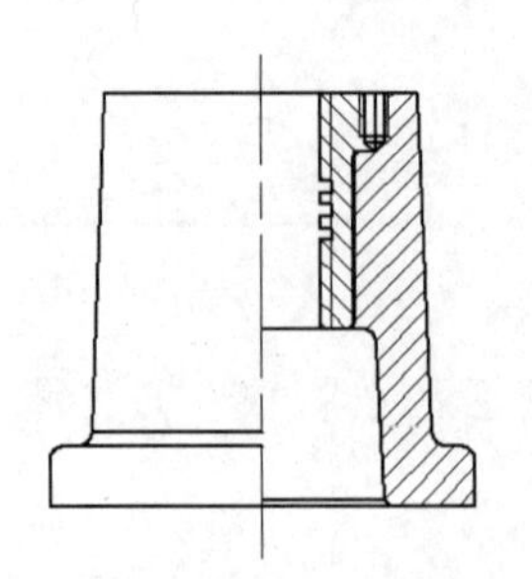

图 14-39　修剪并删除图形

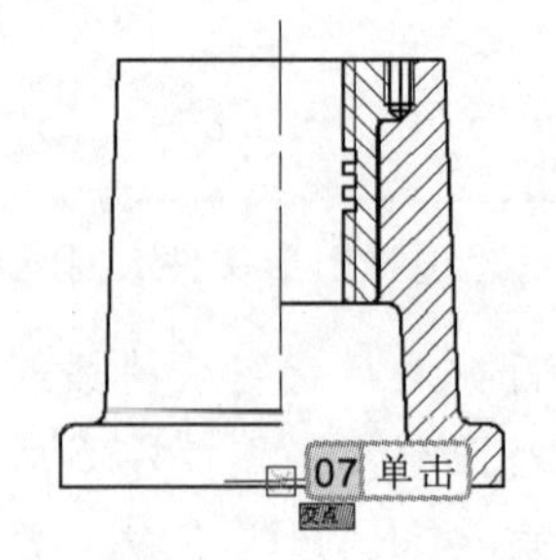

图 14-40　指定图块插入点

有时在装配图中，并不能清楚地看到某些零件的图形与轮廓，因此，在拆画零件时，除了需要熟练的绘图方法与技巧外，还需要对装配图中的物体有更详细的了解。

11 执行修剪、删除等编辑命令，对图形进行修剪等编辑处理，效果如图 14-41 所示。

12 在命令行输入“I”，执行插入命令，插入“绞杆.dwg”图块文件，在命令行提示“指定块的插入点:”后捕捉辅助线的交点，指定图块插入点，如图 14-42 所示。

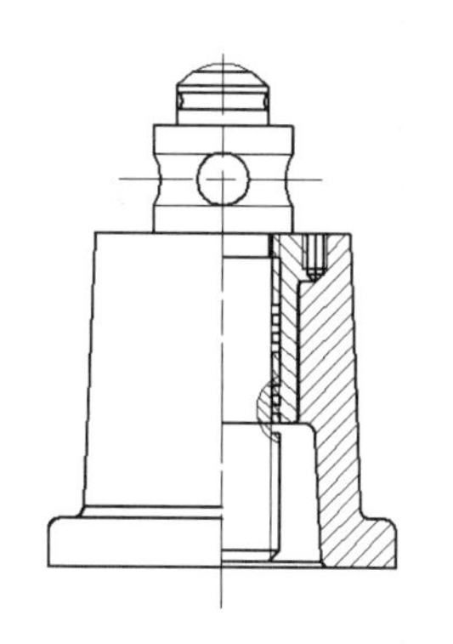

图 14-41　消隐图形效果

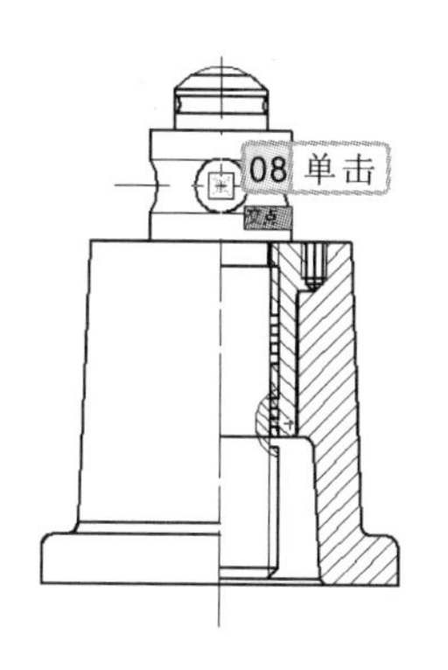

图 14-42　指定绞杆插入点

13 在命令行输入“TR”，执行修剪命令，将绞杆图形中不可见的图形对象进行修剪处理，效果如图 14-43 所示。

14 在命令行输入“I”，执行插入命令，插入“顶垫主视图.dwg”图块文件，在命令行提示“指定块的插入点:”后，捕捉螺杆主视图圆弧中点的对象捕捉追踪线与垂直辅助线的交点，指定图块插入点，如图 14-44 所示。

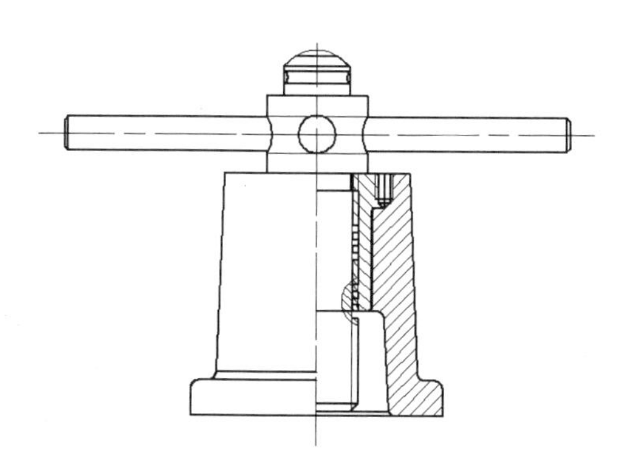

图 14-43　修剪绞杆图形

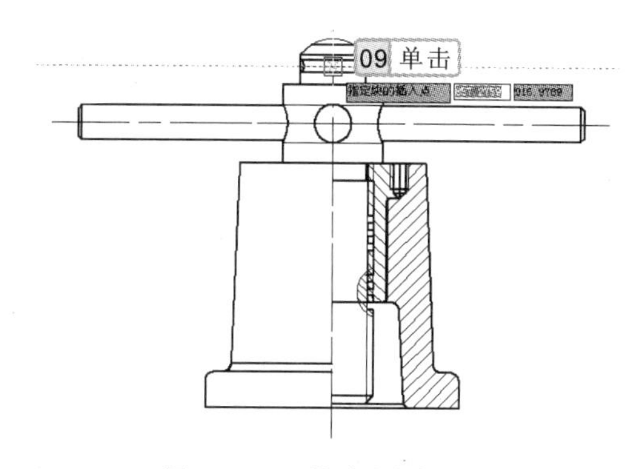

图 14-44　指定图块插入点

15 插入“顶垫主视图.dwg”图块文件后的效果如图 14-45 所示。

16 在命令行输入“TR”，执行修剪命令，将垂直辅助线左端多余的线条进行修剪处理，并使用直线命令连接顶盖主视图圆角圆弧端点与垂直辅助线垂足点之间的连线，并插入“螺钉 M8.dwg”和“螺钉 M10.dwg”图块文件，效果如图 14-46 所示。

17 在命令行输入“I”，执行插入命令，以底座俯视图的中心点为图块插入点，插入“螺杆俯视图.dwg”图块文件，效果如图 14-47 所示。

18 在命令行输入“TR”，执行修剪命令，以水平辅助线为修剪边，对插入的图块下方多余线条进行修剪处理，如图 14-48 所示。

绘制装配图时，最好先绘制装配图中各个零件图，然后在主零件的基础上完成其余零件的组装，并对零件进行消隐、标注等相关操作。

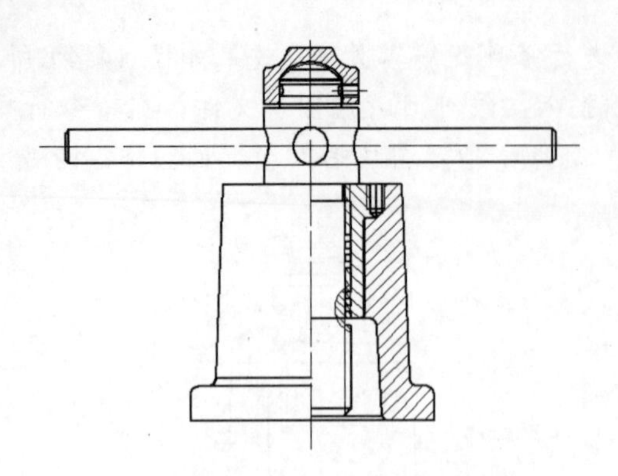

图 14-45 插入顶垫主视图效果

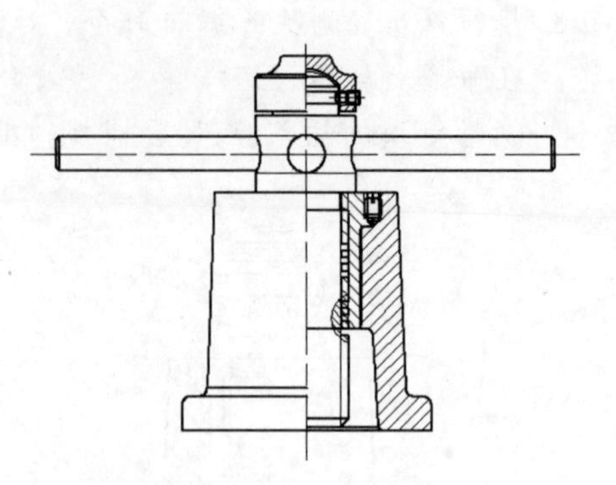

图 14-46 消隐图形

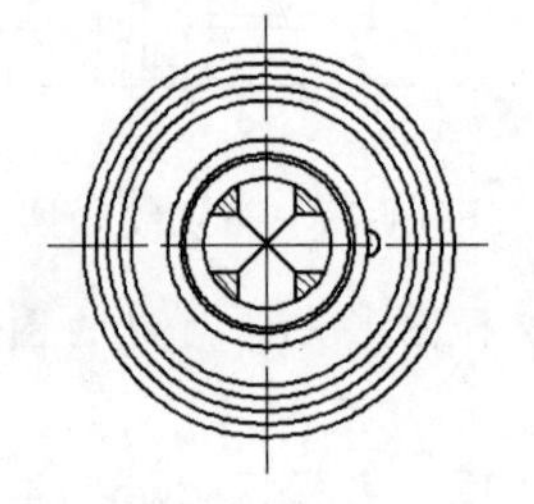

图 14-47 插入螺杆俯视图

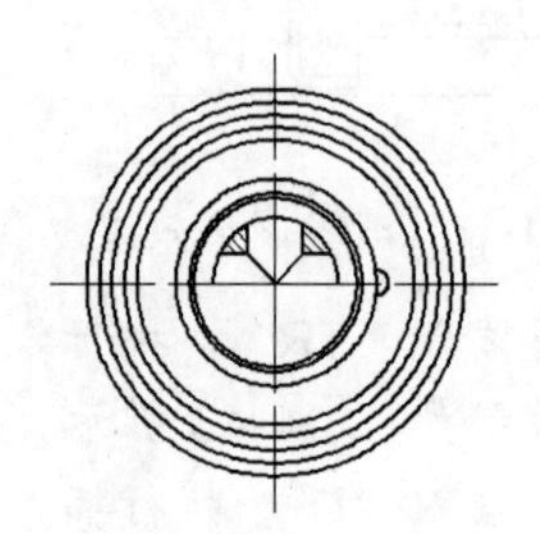

图 14-48 修剪多余线条

19 在命令行输入“I”，执行插入命令，以水平与垂直线的交点为图块插入点，分别插入“绞杆.dwg”和“顶垫俯视图.dwg”图块文件，并使用修剪命令对多余图形对象进行修剪处理，如图 14-49 所示。

20 绘制完成千斤顶主视图和俯视图后的效果如图 14-50 所示。

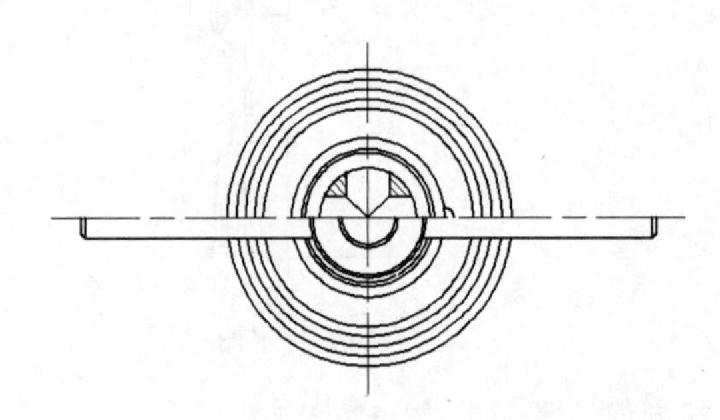

图 14-49 绘制千斤顶垫俯视图

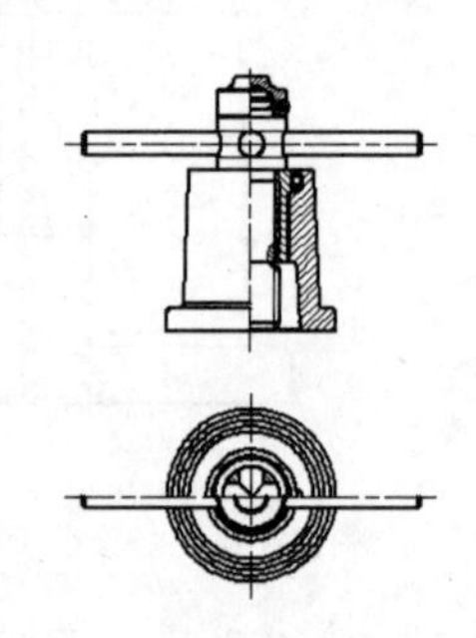

图 14-50 千斤顶零件图

21 执行线性标注命令，对千斤顶主视图的高度进行线性尺寸标注，对千斤顶的俯视图的宽度进行线性尺寸标注，如图 14-51 所示。

22 执行引线标注命令，在千斤顶主视图中，将各部分零件以序号进行标注，如图 14-52 所示。

23 执行表格命令，为装配图填写明细表，具体文字内容参见图 14-30 所示中的文字。

当需要指定的块的基点不在需要定义的块图形上时，也可在“写块”对话框的“基点”栏中的各个轴的文本框中输入相应的值，以指定其基点。

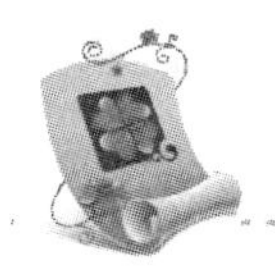

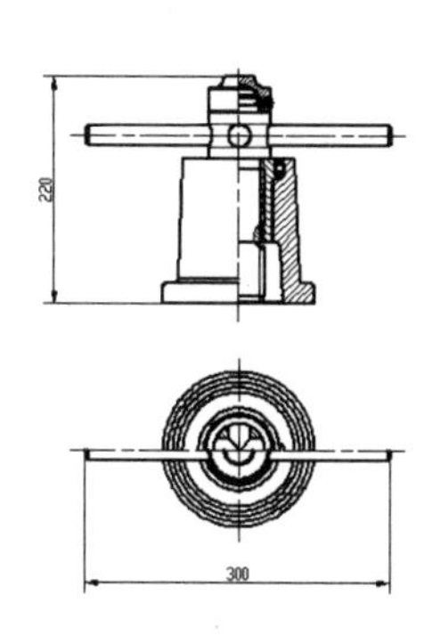

图 14-51　标注图形尺寸

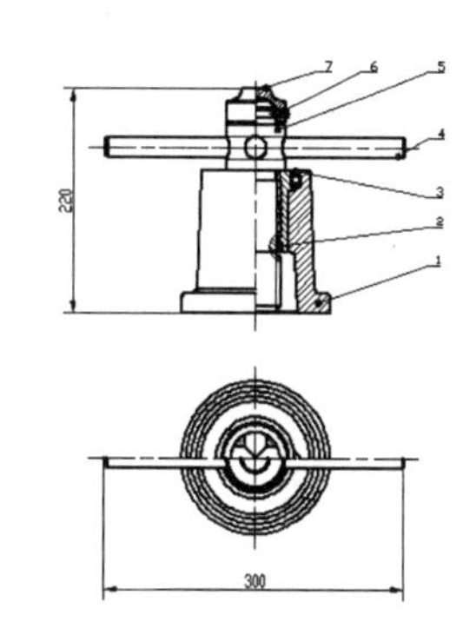

图 14-52　标注图形序号

14.4　精通练习

本章主要介绍了机械图形中零件图与装配图的绘制。下面将通过阀盖零件图和截止阀装配图的绘制，进一步巩固绘制零件图与装配图的知识，以便加深对零件与装配图相关知识的了解，并对其进行掌握。

14.4.1　绘制阀盖零件图

本次练习将绘制阀盖零件图，绘制该图形时，首先使用矩形、表格命令绘制零件图的图框、图幅和标题栏等，再利用构造线、圆、直线、修剪、图案填充等命令绘制阀盖零件图的主视图和俯视图，再对图形进行尺寸及文字标注，效果如图 14-53 所示。

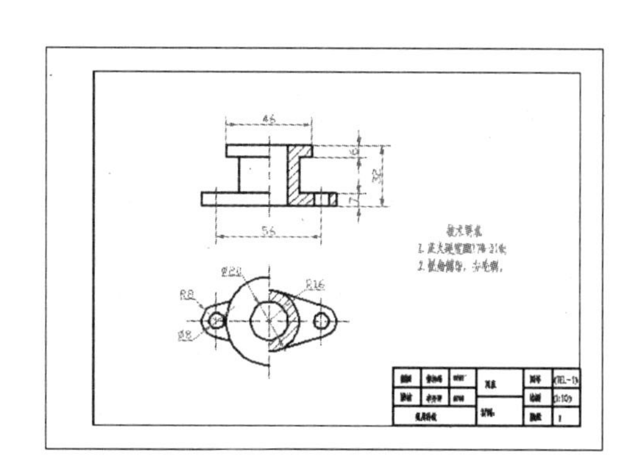

图 14-53　阀盖零件图

参见光盘　光盘\效果\第 14 章\阀盖.dwg
光盘\实例演示\第 14 章\绘制阀盖零件图

该练习的关键提示如下。

绘制箱体类零件时，一般情况下，都以箱体的侧面作为零件的主视图，再以顶面作为俯视图，并对零件进行剖视。

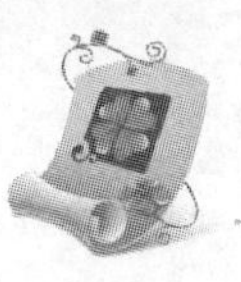

关键提示:

零件图图纸图幅与图框

图幅大小：297×210；图框大小：259.5×185。

尺寸标注文字高度与比例

尺寸标注文字高度：2.5；尺寸标注全局比例：2。

14.4.2 绘制截止阀装配图

本次练习将打开“阀体.dwg”图形文件，然后在该图形文件的基础上，分别插入截止阀的其余零件，并对不可见部分的线条进行消隐处理，最后对装配图进行索引标注，并书写明细表，如图 14-54 所示。

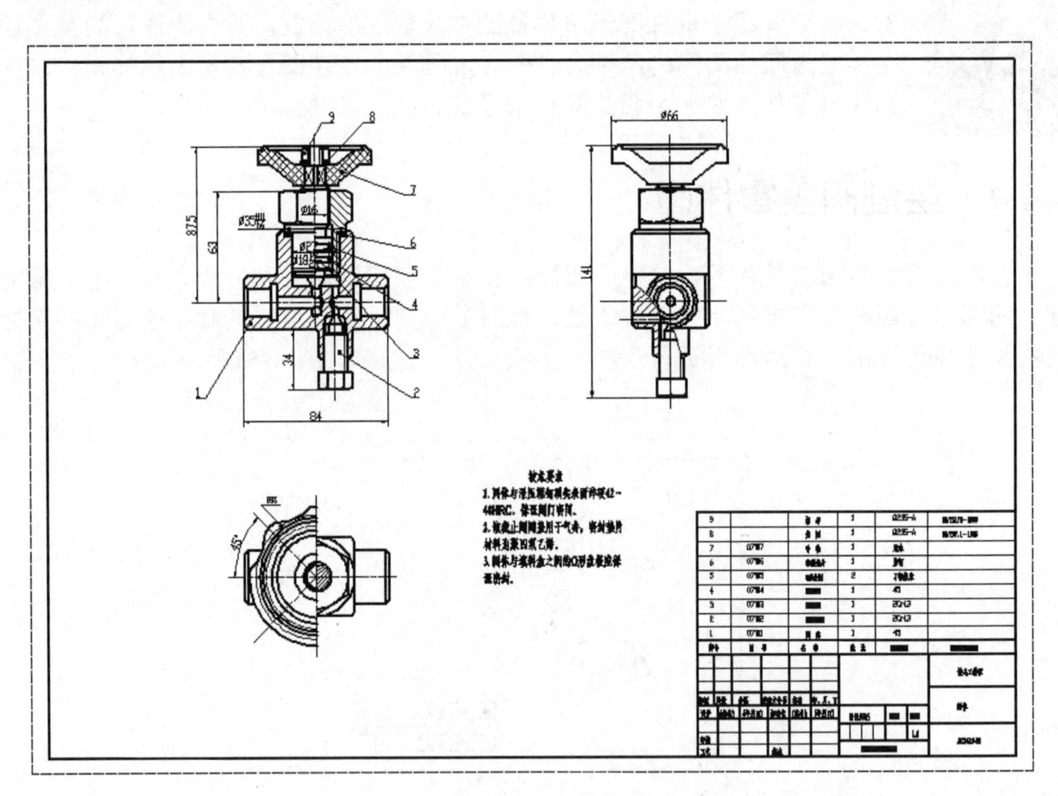

图 14-54 截止阀装配图

参见光盘
光盘\素材\第 14 章\截止阀
光盘\效果\第 14 章\截止阀.dwg
光盘\实例演示\第 14 章\绘制截止阀装配图

精讲笔录

在指定图块的插入点时，若插入点不在绘图区的图形中，同样也可在“插入”对话框的“插入点”栏中的各个轴的文本框中输入相应的值以指定插入点。

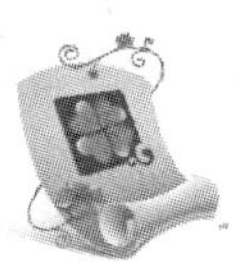

该练习的操作思路如下。

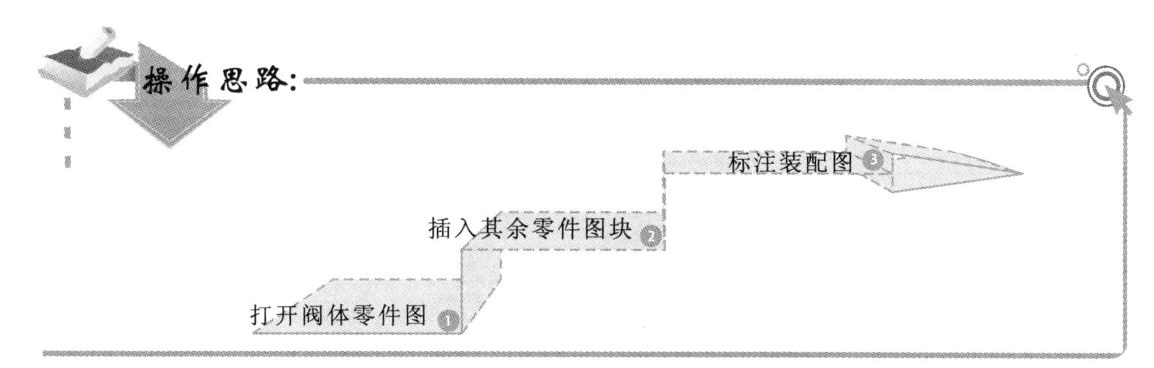

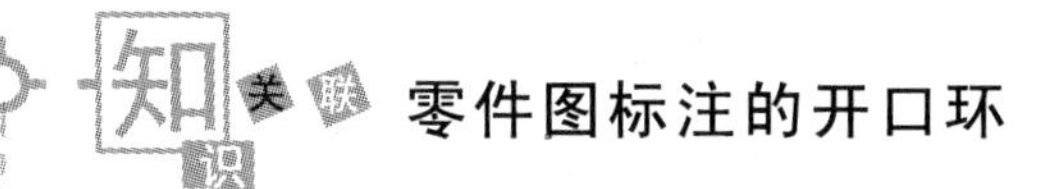

零件图标注的开口环

对零件图进行尺寸标注时，对精度要求较低的一环叫开口环，这一环没有精度要求或精度要求较低，通常不标注尺寸。例如，在加工轴上有尺寸精度要求的几段时，都有一个允许变动的误差，这几段所产生的误差将积累到没有精度要求或精度要求较低的那环尺寸上，因此这一环就不进行尺寸标注。

操作提示

在插入图形后，通常情况下，两个或两个以上的零件边线会相互重叠，此时，可将某个零件的线段删除，以减少图形中的对象。

第15章

绘制常见建筑图

基本概念

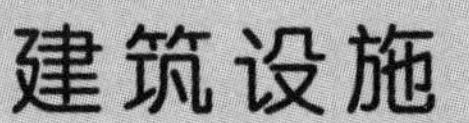

建筑设施

门窗 燃气灶 洗手池

建筑设计基本原则

建筑平面图及立面图

平面图 立面图

本章导读

使用 AutoCAD 2012 可以绘制机械图形和建筑图形。在绘制建筑图形时，应先对绘制建筑图形的基本方法进行了解，然后才能更好地绘制建筑图形。本章将介绍建筑图形绘制的相关知识，如建筑设施图、建筑平面图、立面图及剖面图等，其中，建筑设施图主要在装饰图的绘制中常用，应重点进行掌握；建筑平面图、立面图、剖面图一般应用于建筑施工时，应全面进行了解，并掌握图形的绘制方法。

15.1 建筑设计基础知识

使用 AutoCAD 2012 绘制建筑图形时，除了应对 AutoCAD 2012 的各种绘图命令及编辑命令熟练掌握之外，还应该了解建筑的相关知识，才能更好、更快地绘制出图形。

15.1.1 建筑设计的基本概念

建筑设计是指为满足一定建造目的而进行的设计，它使具体的物质材料在技术、经济等方面可行的条件下形成能够成为审美对象的产物。建筑设计包括了形成建筑物的各种相关设计，按照不同的方法，可以将其分为多种类型。

- **设计深度**：按设计深度分，有建筑方案设计、建筑初步设计和建筑施工图设计之分。
- **设计内容**：按设计内容分，有建筑结构设计、建筑物理设计（建筑声学设计、建筑光学设计、建筑热学设计）、建筑设备设计（建筑给排水设计、建筑供暖/通风/空调设计、建筑电气设计）等。

15.1.2 建筑设计的基本原则

使用 AutoCAD 2012 绘制建筑图形时，不但应掌握各种绘图命令的使用，还应对建筑制图中的相关规定，建筑平面图、立面图的组成，以及绘制时应注意的问题等进行必要的了解。

1. 建筑平面图

建筑平面图用以表示建筑物在水平方向房屋各部分的组合关系。在建筑平面设计中，平面图一般是由墙体、柱、门、窗、楼梯、阳台、台阶、厨卫洁具、室内布置、散水、雨蓬、花台以及尺寸标注、轴线和说明文字等辅助图素组成的，其中各部分功能介绍如下。

- **墙**：建筑物室内外及室内之间垂直分隔的实体部分是墙。按照平面所处的位置分类，墙可分为内墙和外墙。墙体的厚度及所选择的材料应满足房屋的功能与结构要求，且符合有关规范的规定（如外墙与承重墙一般南方地区 240，北方地区 480 或 360，内墙式非承重墙一般为 120 或 180）。
- **柱**：柱主要在框架结构中起承重作用。柱的截面形式有方柱和圆柱两种，其大小尺寸依据结构需要确定，柱的位置根据房间结构及功能要求确定，一般柱与柱之间的距离应符合 300 的模数。
- **门**：门主要起对建筑和房间出入口等进行封闭和开启的作用，有时也兼通风或采光等辅助作用。因此，要求门开启方便、关闭紧密、坚固耐用。门的位置和开启方向的设计会影响使用和家具布置，尤其在住宅等居住建筑中更为重要。手动开启的大

在绘制建筑图形时，不同的门有不同的画法，按其形式可分为平开门、上翻门、弹簧门、转门、卷帘门、推拉门和折叠门等。

门扇应有制动装置，推拉门应有防脱轨的措施。

- **窗**：窗是建筑围护结构中的一种部件，除了分隔、保温、隔声、防水、防火等作用外，主要的功能是采光、通风和眺望等。窗由开启部分和非开启部分组成，有平开窗、推拉窗、旋窗等几种形式。
- **台阶**：台阶是外界进入建筑物内部的主要交通要道，在绘制台阶时，通常台阶的阶数不会很多，但一般不宜少于3个台阶。台阶一般有普通台阶、圆弧台阶和异形台阶3种。台阶的每一踏步宽度应不小于250mm，高度在150～200mm之间，其长、高、宽尺寸主要由使用对象、建筑性质、人流量等因素确定。
- **坡道**：坡道的坡长、坡宽及坡度都有一系列的建筑规范，坡道的设计在满足规范规定的前提下要综合考虑建筑的功能、视觉景观的需要。
- **阳台**：阳台是楼房建筑中各层房间用于与室外接触的小平台。按阳台与外墙所在位置和结构处理的不同，分为挑阳台、凹阳台、半挑半凹阳台以及转角阳台等几种形式。由于阳台外露，为防止雨水从阳台泛入室内，设计时要求将阳台标高低于室内地面20～60mm，并在阳台一侧栏杆下设排水孔。阳台在平面图上用细线表示，长度依设定或房间宽度而定，宽度一般应大于1100mm，且一般为300mm的整数倍，阳台栏杆或栏板宽120mm，高1200mm左右。
- **厨卫洁具**：厨卫洁具的设计布置也是建筑设计中非常重要的一项内容。通常在设计厨房、卫生间之前，都将厨卫洁具定义成专门的图块，在需要对厨房、卫生间进行布局时，将图块插入到房间中即可。
- **散水**：散水的设计是用于排除建筑物周围的雨水，散水与建筑物之间的宽度一般不超过800mm。散水的设计一般是在建筑的整体设计完成之后进行的。
- **雨篷**：雨蓬是建筑物入口处位于外门上部用以遮挡雨水、保护外门免受雨水侵害的水平构件。多采用钢筋混凝土悬臂板，其悬挑长度一般为1～1.5m，主要根据其下的台阶或建筑布局确定。
- **辅助图素**：主要包括尺寸标注、轴线、说明文字、标高、剖切符号、坡度、房间名称示意、上下行方向示意、门窗编号、室内外布置等。

2. 建筑立面图

建筑立面图，主要是用以表示房屋外部形状和内容的图纸。建筑立面图为建筑外垂直面正投影可视部分，建筑各方向的立面应绘制完全，但差异小、能够轻易推定的立面可省略。建筑立面图主要包括以下内容：

- 建筑物的外观特征及凹凸变化。
- 建筑物各主要部分的标高及高度关系。如室内外地面、窗台、门窗顶、阳台、雨蓬、檐口等处完成面的标高，及门窗等洞口的高度尺寸。
- 立面图两端或分段定位轴线及编号。
- 建筑立面所选用的材料、色彩和施工要求等。

建筑立面图是根据建筑平面图素绘制而成的。在准备建筑平面图素时，建筑平面图中的标高及门窗尺寸显得尤为重要。

3. 建筑剖面图

剖面设计图主要应表示出建筑各部分的高度、层数、建筑空间的组合利用以及建筑剖面中的结构、构造关系等。剖面图的剖视位置应选在层高不同、层数不同、内外部空间比较复杂、最有代表性的部分，主要包括以下内容：

- 墙、柱、轴线、轴线编号。
- 室外地面、底层地（楼）面、地坑、地沟、机座、各层楼板、吊顶、屋架、屋顶、出屋面烟囱、天窗、挡风板、消防梯、檐口、女儿墙、门、窗、吊车、吊车梁、走道板、梁、铁轨、楼梯、台阶、坡道、散水、平台、阳台、雨篷、洞口、墙裙、雨水管及其他装修等可见的内容。
- 高度尺寸，主要包括外部尺寸和内部尺寸两方面。其中，外部尺寸主要是门、窗、洞口的高度、总高度；内部尺寸为地坑深度、隔断、洞口、平台、吊顶等。
- 底层地面标高（±0.000），以上各层楼面、楼梯、平台标高、屋面板、屋面檐口、女儿墙顶、烟囱顶标高，高出屋面的水箱间、楼梯间、机房顶部标高，室外地面标高，底层以下的地下各层标高。

15.2 绘制建筑设施图

建筑设施图在 AutoCAD 2012 的建筑绘图中非常常见，如门窗、洗手池、燃气灶和沙发等图形。在进行建筑图形的绘制时，可以先将设施图定义为图块，以便在进行建筑平面及立面等图形的绘制时进行调用。

15.2.1 绘制门窗

门和窗是建筑绘图中使用非常频繁的图形，其绘制方法也较为简单，它们是房屋建筑中的围护构件，在不同的情况下发挥着不同的功能，如分隔、通风、采光、保温、隔音、防水、防盗和防火等。

如图 15-1 所示为建筑平面图经常使用的门图形，门的主要功能是交通出入和分隔联系建筑空间，具有实用性和结构简单等特点。如图 15-2 所示为建筑平面图经常使用的窗图形，窗的主要功能是采光和通风。

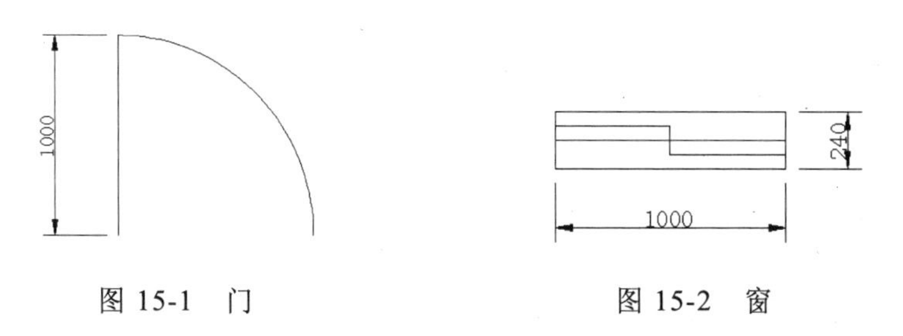

图 15-1 门　　图 15-2 窗

在建筑平面设计中，需要紧密联系建筑剖面和立面，分析剖面、立面的合理性，建筑平、立、剖面三者的关系是紧密相连的。通常，平面图的尺寸单位为 mm。

门和窗要求坚固耐用、开启方便、关闭紧密、美观大方和便于清洁维修，它们对建筑物的外观和室内装修造型都有较大的影响。

15.2.2 绘制燃气灶

燃气灶是指以液化石油气、人工煤气、天然气等气体燃料进行直火加热的厨房用具，如图 15-3 所示。按气源讲，燃气灶主要分为液化气灶、煤气灶、天然气灶；按灶眼讲，分为单灶、双灶和多眼灶。

15.2.3 绘制洗手池

如图 15-4 所示的图形为洗手池，通常安放在卫生间、浴室和厨房中，一般由水槽、水龙头和开关等部分组成。洗手池常见的材料有陶瓷、玻璃钢和不锈钢等。

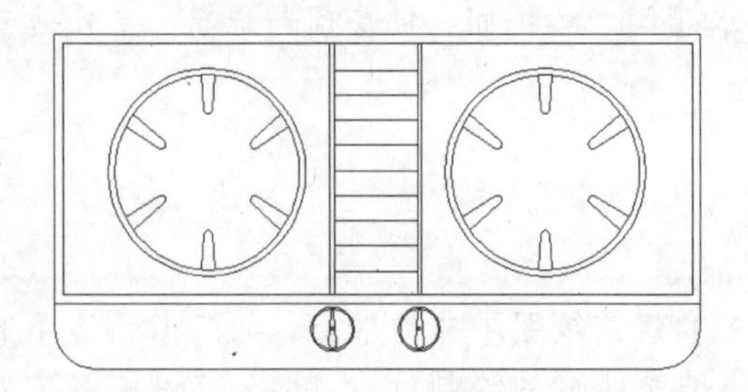

图 15-3 燃气灶

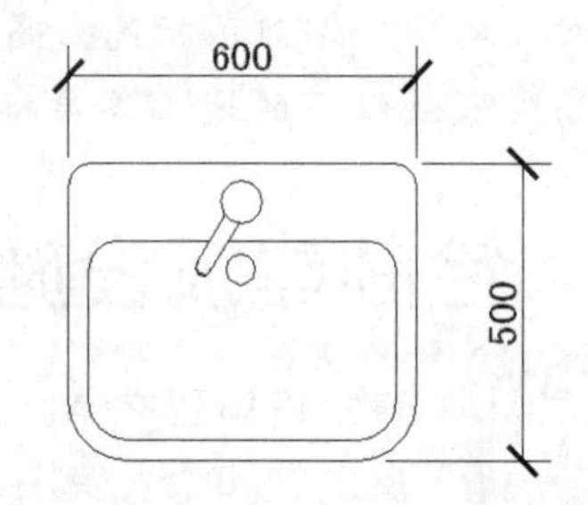

图 15-4 洗手池

洗手池从外观上看，主要分为矩形、圆形、三角形、椭圆形等类型。在绘制时应根据洗手池的形状来使用矩形、椭圆、圆等命令绘制洗手池轮廓，再绘制水龙头开关，最后绘制水龙头和漏水孔。

15.3 绘制建筑平面图和立面图

在进行建筑施工前，应按照一定的要求设计出建筑物的平面图及立面图，以便在进行施工时，按照施工图纸进行施工，从而高效、快速、准确地完成建筑施工。

15.3.1 绘制建筑平面图

建筑平面图是反映建筑内部使用功能、建筑内外空间关系、交通联系、建筑设备、室内装饰布置、空间流线组织及建筑结构形式等最直观的手段。下面介绍绘制建筑平面图的相关知识。

绘制建筑楼梯时，根据上下楼层方式和楼层间梯段数量的不同，可以将其分为直跑梯、双跑梯、三跑梯、交叉梯和剪刀梯等。

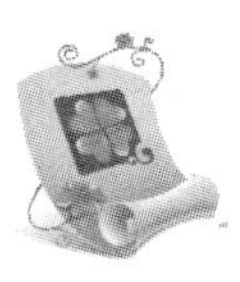

1. 建筑平面图的各个设计阶段

绘制建筑平面图，主要有3个阶段，即方案设计、初步设计和施工图设计，分别介绍如下。

- **方案设计阶段**：方案设计阶段表达的内容比较简单，主要表达的内容是柱网、墙体、门窗、阳台、楼梯、雨篷、踏步、散水等建筑部件，确定各部件的初步尺寸和形状，这些尺寸不必十分准确，柱网可以用点表示、墙体可以画单线、门窗可以留空不画或简单表示、楼梯可以简单示意、其他次要部分部件可以不画而在初步设计阶段绘制。
- **初步设计阶段**：初步设计阶段的建筑平面设计是以方案设计阶段的平面图、建筑环境及总体初步方案造型为根据，对单体建筑进行具体化绘制设计。其中，主要包括分析建筑周围环境、文化因素、气候因素、交通组织等，进行大的功能分区，然后再进行平面功能的具体划分，以及开启门窗洞口、布置家具、设计楼梯等。与方案设计阶段的平面图相比，初步设计阶段的建筑平面设计的尺寸应该基本准确，可以只标注两道尺寸，即轴线尺寸和轴线总尺寸。
- **施工图设计阶段**：施工图设计阶段是指在方案设计阶段及初步设计阶段的基础上确定柱网、墙体、门窗、阳台、楼梯、雨篷、踏步、散水等建筑部件的准确形状、尺寸、材料、色彩及施工方法。建筑施工图必须标明建筑各部分的构造做法、材料、尺寸、细部节点，文本说明也要十分详尽，需注明建筑所采用的标准图集号或做法。

2. 建筑平面图的绘制方法

建筑平面图绘制的一般方法是，根据要绘制图形的方案设计对绘图环境进行设置，然后确定柱网，再绘制墙体、门窗、阳台、楼梯、雨篷、踏步、散水、设备、标注初步尺寸和必要的说明文字等。建筑平面图的绘制方法介绍如下。

- **轴网及轴号设计**：建筑的轴线主要用于确定建筑的结构体系，是建筑定位最根本的依据，也是建筑体系的决定因素，它由轴号标示命名。轴线按平面形式可分为3种，即正交轴网、斜交轴网和圆弧轴网。
- **墙体设计**：建筑空间的划分绝大部分是用墙体来组织的，在砖混结构体系中，墙体更是承重体系。墙体设计是根据平面功能和轴网来布置的，它的主要任务是对总体设计的单体模型外轮廓进行调整和具体化，绘制出建筑的外围护墙并补充绘制内部墙体。
- **门、窗设计**：在方案设计过程中，门窗可能只是一些标明的位置或洞口，进入建筑初步设计阶段，在绘制完墙线后，就需要将门窗仔细绘制出来。门的宽度、高度及门的用材与形式设计是根据空间的使用功能、人流量、防火疏散要求而定的；窗的大小及种类根据建筑房间的采光系数、空间使用功能要求及建筑造型要求来确定。在门窗设计中还应考虑施工的方便性、结构的明确性及其他设计要求。
- **交通组织与设计**：在建筑设计中，交通设计分为平面交通设计和垂直交通设计。平

平面图通常是从建筑某层的1.2～1.8m高的某一距离剖开，然后垂直向下看，能够观察到该层所在的对象都属于平面图所需包含的对象。

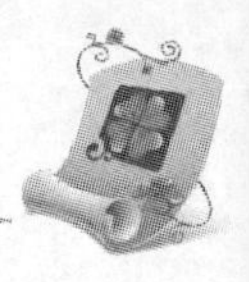

面交通设计是指建筑水平方向的空间联系和通道设计（如门厅、过道等）；垂直交通设计是指建筑竖向空间的联系和竖向空间的通道的设计（如楼梯、电梯、升降机、坡道等）。

- **室内设施场景布置**：为表达适宜的建筑设计空间组织、房间的使用性质、人流线路的清晰性和空间使用的合理性，在建筑平面方案初步设计阶段，还要进行常用家具和设备的设计与布置。
- **其他设施**：建筑中的其他附属构件，如阳台、雨篷、散水、花台、室外环境和布置等，由于这些附属构件的设计与墙体的厚度有一定关系，并且都是从外墙边线开始计算其构件宽度的，因此可在完成方案设计的主要部分后，在初步设计中进行设计。

15.3.2 绘制建筑立面图

建筑立面图是反映建筑外部空间关系、门窗位置、形式与开启方式、室外装饰布置及建筑结构形式等最直观的手段，是三维模型和透视图的基础。根据观察方向不同，可以有几个方向的立面图。立面图的绘制是建立在建筑平面图的基础上的，它的尺寸在宽度方向受建筑平面的约束，而高度方向的尺寸是根据每一层的建筑层高及建筑部件在高度方向上的位置而确定的。

1. 建筑立面图的各个设计阶段

建筑立面图的设计可分为方案设计、初步设计及施工图设计 3 个阶段，分别介绍如下。

- **方案设计阶段**：方案设计阶段，立面图主要表达的内容是墙体、门窗、阳台、雨篷、踏步、散水等建筑部件的大体形式和位置，确定各部件的初步尺寸，这些尺寸不必十分准确。
- **初步设计阶段**：初步设计阶段的建筑立面图是以方案设计阶段的立面图、城市规划要求、甲方造型要求及总体初步方案造型为根据，对单体建筑立面设计的具体化。应仔细分析周围建筑立面设计、文化因素、城市规划因素、建筑用途等，进行大的轮廓设计，然后再进行立面的具体划分以及门窗造型、装饰设计等。
- **施工图设计阶段**：施工图设计阶段是指在方案设计阶段及初步设计阶段的立面图基础上确定墙体、门窗、阳台、雨篷、踏步、散水、女儿墙等建筑部件的准确形状、尺寸、材料、色彩及施工方法。建筑立面施工图必须表明建筑各部件的位置、构造做法、材料、尺寸、细部节点，文本说明也要十分详尽，需注明建筑所采用的标准图集号或做法。

2. 建筑立面图的绘制方法

在绘制建筑立面图时，应根据平面图某方向的外墙、外门窗等的位置进行绘制，立面图的绘制方法介绍如下。

建筑施工图应具有表达准确、具体、详尽的特点，因此在绘制施工图时，应表达出整个建筑项目的总体布局。

- **准备平面图**：在建筑设计中，平面图决定立面图。但建筑立面图并不需要反映建筑内部墙、门窗、家具、设备、楼梯等构件以及平面图中的文字标注等，并且过多的标注和构件还会影响图形的绘制和观察。因此，作为生成立面图基础的平面图中，需保留的构件有外墙、台阶、雨篷、阳台、室外楼梯、外墙上的门窗、花台、散水等。
- **墙体立面设计**：以得到的平面图为基础，依据建筑的墙体尺寸和层高，生成墙体立面，然后以平面图为基础绘制平面图中有起伏转折的部分墙体，根据屋顶形式和女儿墙的高度生成屋顶立面。
- **立面门窗设计**：在方案设计过程中，立面门窗可能只是一些标明的位置或洞口，进入建筑初步设计阶段，绘制完成立面墙线后，就需要将它们仔细绘制出来。门的宽度、高度及门的立面形式设计是根据门平面的位置和尺寸、人流量要求而定的；窗的大小及种类是根据窗平面的位置和尺寸、房间的采光要求、使用功能要求及建筑造型要求确定的。
- **其他建筑部件立面设计**：绘制好立面墙体和门窗后，则可依据台阶、雨篷、阳台、室外楼梯、花台、散水等建筑部件的具体平面位置和高度位置绘制其立面形状，依据方案设计的装饰方案绘制特殊的装饰部件。

15.4 精通实例

建筑设施图在 AutoCAD 2012 的建筑绘图中非常常见，如门窗、洗手池、燃气灶和沙发等图形。在进行建筑图形的绘制时，可以先将设施图定义为图块，以便在进行建筑平面及立面等图形的绘制时进行调用。

15.4.1 绘制沙发和茶几

本例将绘制日常生活中触手可及的沙发与茶几图形。绘制沙发图形时，主要使用了矩形、圆弧、圆角、镜像、修剪、图案填充等命令。绘制的沙发和茶几平面图形的最终效果如图 15-5 所示。

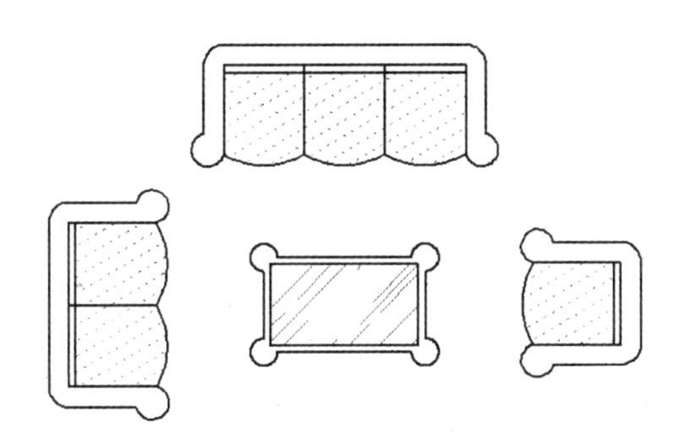

图 15-5 绘制沙发和茶几

在对房间的方位进行合理布置时，除了需考虑房间的整洁性以及宽敞、通风、采光等因素外，还需要考虑安全通道等问题。

1. 行业分析

沙发，也就是我们坐的工具，根据英语单词 sofa 音译而来，构架通常是用木材或钢材，内衬棉絮及其他泡沫材料等，整体比较舒适，是目前许多家庭必需的家具之一。沙发可以进行如下分类。

- **按靠背划分**：市场上销售的沙发一般有低背沙发、高背沙发和介于前两者之间的普通沙发 3 种。低背沙发，一般距离座面 370mm 左右，靠背的角度也较小，不仅有利于休息，而且使整个沙发外围尺寸相应缩小；高背沙发，又称航空式座椅，它的特点是有 3 个支点，使人的腰、肩部、后脑同时靠在曲面靠背上；普通沙发，是家庭用沙发中常见的一种，它有两个支撑点承托使用者的腰椎、胸椎，能获得与身体背部相配合曲面的效果。
- **按使用材料划分**：按使用材料分，主要有皮沙发、面料沙发、实木沙发、布艺沙发和藤艺沙发 5 类。
- **按照风格划分**：按风格分，主要有美式沙发、日式沙发、中式沙发和欧式沙发几种。美式沙发主要强调舒适性，让人坐在其中感觉像被温柔地环抱住一般；日式沙发强调舒适、自然、朴素，最大的特点是成栅栏状的木扶手和矮小的设计，这样的沙发最适合崇尚自然而朴素的居家风格的人士；中式沙发强调冬暖夏凉，四季皆宜，特点主要在于整个裸露在外的实木框架，上置的海绵椅垫可以根据需要撤换，这种灵活的方式，使中式沙发深受人们的喜爱；欧式沙发强调线条简洁，适合现代家居，特点是富于现代风格，色彩比较清雅，线条简洁，适合大多数家庭选用。

2. 操作思路

为更快完成本例的制作，并且尽可能运用本章讲解的知识，本例的操作思路如下。

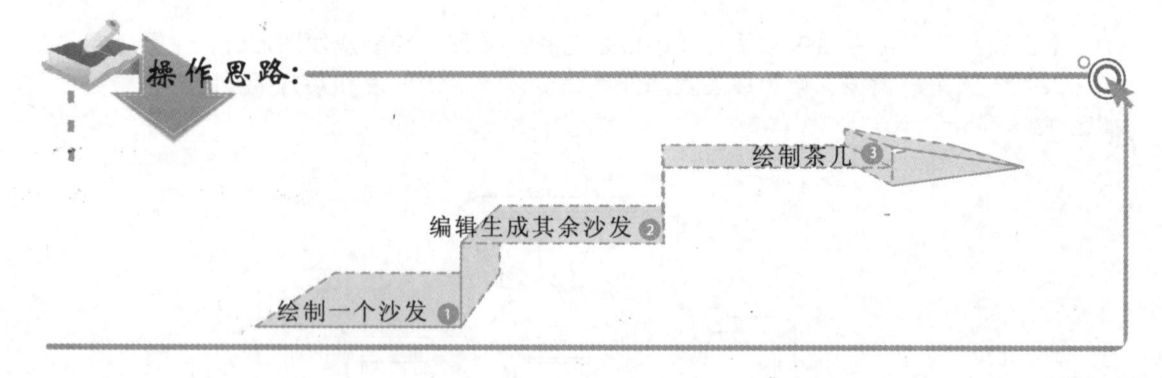

3. 操作步骤

下面介绍沙发及茶几图形的绘制，其操作步骤如下：

使用 AutoCAD 2012 绘制建筑平面图形时，在已经绘制图形的基础上，如果有相似、相同的图形对象，则可以使用复制、阵列等编辑命令对图形进行编辑，从而快速完成整个图形的绘制。

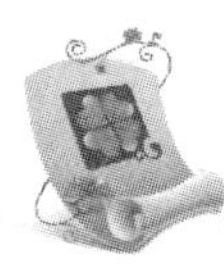

参见光盘 光盘\效果\第15章\沙发.dwg
光盘\实例演示\第15章\绘制沙发和茶几

1. 在命令行输入“REC”，执行矩形命令，在绘图区绘制长度为600，宽度为650的矩形，如图15-6所示。
2. 在命令行输入“X”，执行分解命令，将绘制的矩形进行分解处理，并在命令行输入“E”，执行删除命令，将底端水平直线删除，效果如图15-7所示。
3. 在命令行输入“A”，执行圆命令，以垂直线底端端点为圆弧的起点和端点，绘制角度为60°的圆弧，如图15-8所示，其命令行操作如下：

图15-6 绘制矩形

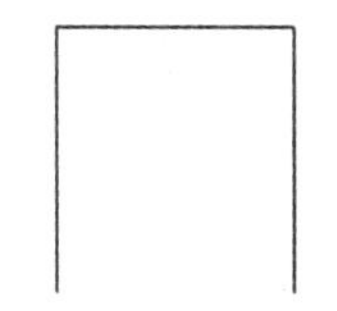

图15-7 分解并删除直线

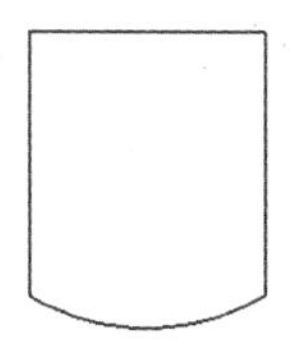

图15-8 绘制圆弧

```
命令: A                                            //执行圆弧命令
ARC
指定圆弧的起点或 [圆心(C)]:                          //捕捉直线端点，如图15-9所示
指定圆弧的第二个点或 [圆心(C)/端点(E)]: e            //选择“端点”选项，如图15-10所示
指定圆弧的端点:                                      //捕捉右端直线端点，如图15-11所示
指定圆弧的圆心或 [角度(A)/方向(D)/半径(R)]: a        //选择“角度”选项，如图15-12所示
指定包含角: 60                                       //输入圆弧角度，如图15-13所示
```

图15-9 捕捉直线端点

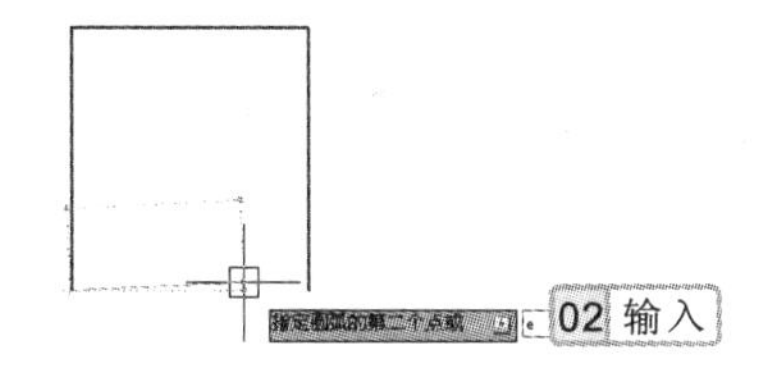

图15-10 选择“端点”选项

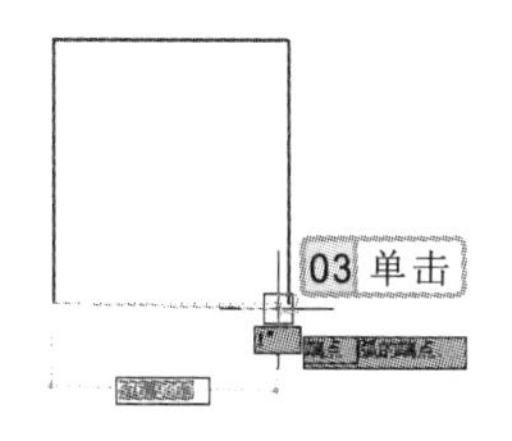

图15-11 捕捉直线端点

4. 在命令行输入“O”，执行偏移命令，将水平直线向下进行偏移，其偏移距离为50，如图15-14所示。
5. 在命令行输入“CO”，执行复制命令，对绘制的图形进行复制操作，效果如图15-15所示，其命令行操作如下：

```
命令: CO                                           //执行复制命令
COPY
选择对象:                                            //选择绘制的图形对象
选择对象:                                            //按“Enter”键确定对象选择
```

操作提示

绘制直线段连接圆弧的图形对象时，可以使用直线命令与圆弧命令分别进行绘制，也可以利用多段线命令对图形进行绘制。

```
当前设置:  复制模式 = 多个
指定基点或 [位移(D)/模式(O)] <位移>:                 //捕捉直线端点，如图 15-16 所示
指定第二个点或[阵列(A)/退出(E)/放弃(U)]<退出>:        //捕捉直线右端端点，如图 15-17 所示
指定第二个点或[阵列(A)/退出(E)/放弃(U)]<退出>:        //捕捉直线右端端点，如图 15-18 所示
指定第二个点或[阵列(A)/退出(E)/放弃(U)]<退出>:        //按“Enter”键结束复制命令
```

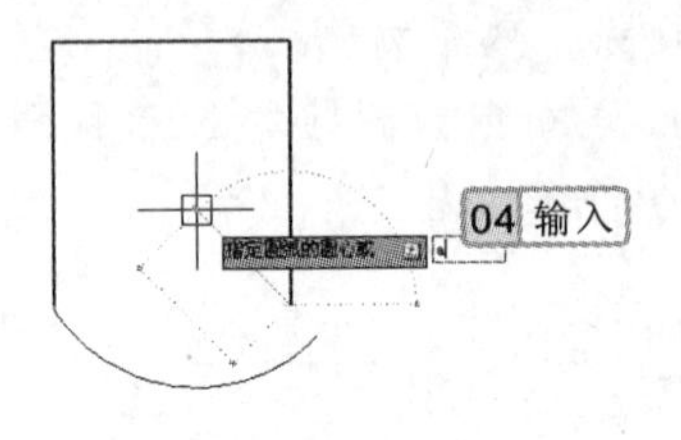

图 15-12　选择“角度”选项

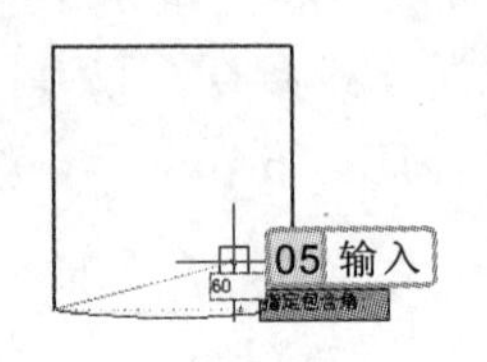

图 15-13　输入圆弧角度

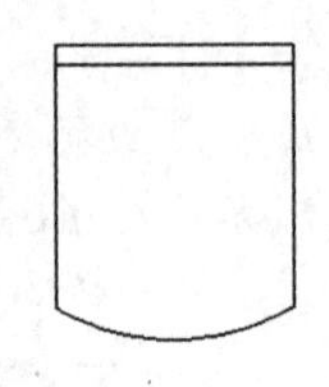

图 15-14　偏移直线

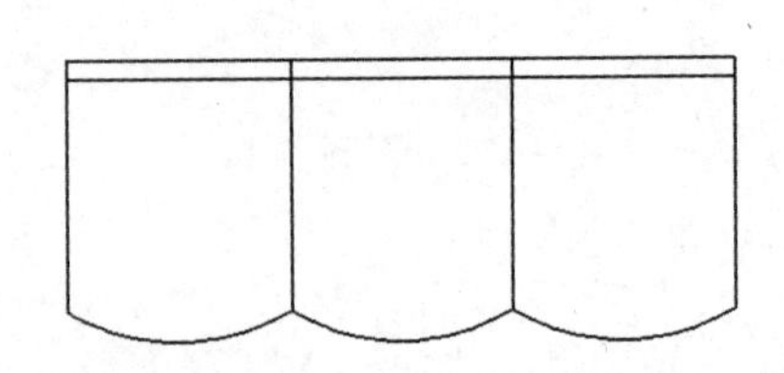

图 15-15　复制图形

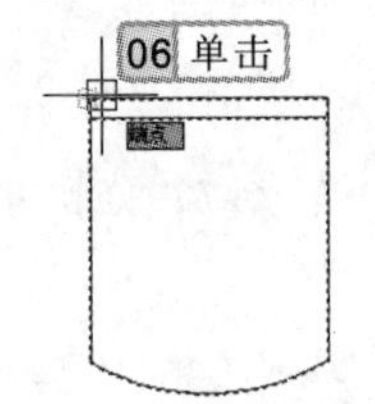

图 15-16　指定复制基点

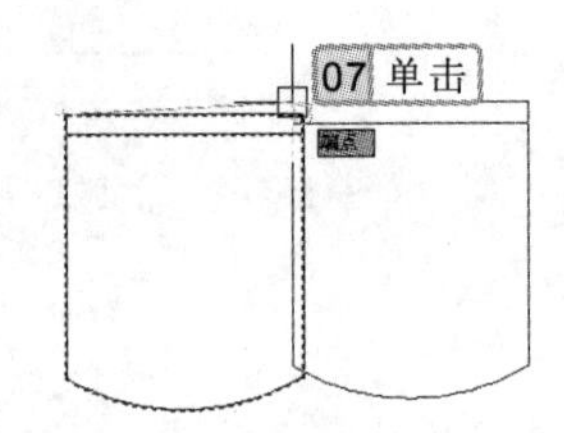

图 15-17　指定复制第二点

6 在命令行输入“O”，执行偏移命令，将左端的垂直线及左上角的水平直线进行偏移操作，其偏移距离为 150，如图 15-19 所示，其命令行操作如下:

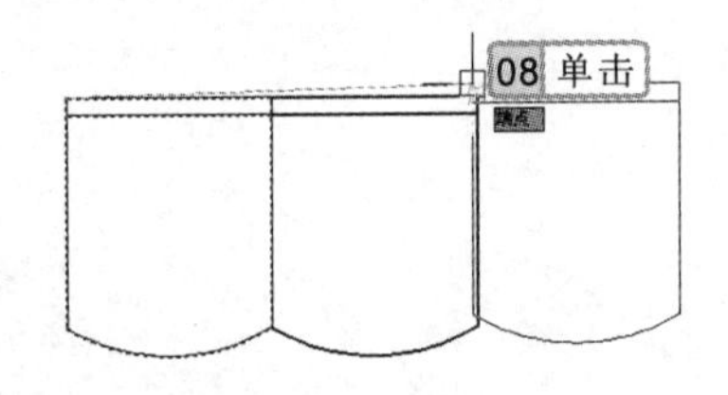

图 15-18　指定复制第二点

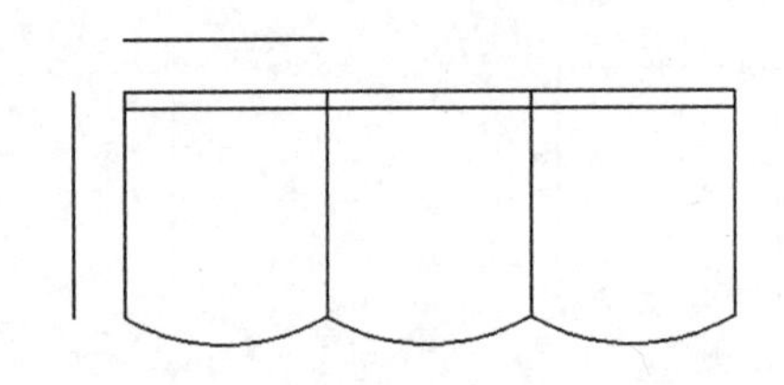

图 15-19　偏移图形对象

7 在命令行输入“F”，执行圆角命令，将偏移的直线进行圆角操作，其圆角半径为 150，如图 15-20 所示。

8 在命令行输入“A”，执行圆弧命令，在左下角绘制圆弧，如图 15-21 所示，其命令行操作如下:

```
命令: A                                    //执行圆弧命令
ARC
指定圆弧的起点或 [圆心(C)]:                  //指定捕捉直线端点，如图 15-22 所示
```

精讲笔录

复制图形对象时，如果图形对象超过 3 个，而且复制的相对距离和方向都一样，可以直接使用阵列命令完成图形的复制操作。

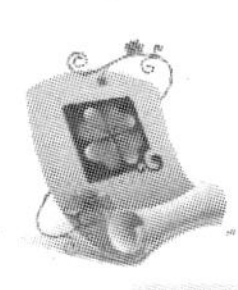

```
指定圆弧的第二个点或 [圆心(C)/端点(E)]: e            //选择"端点"选项，如图 15-23 所示
指定圆弧的端点:                                      //捕捉极轴与垂直线交点，如图 15-24 所示
指定圆弧的圆心或 [角度(A)/方向(D)/半径(R)]: a         //选择"角度"选项，如图 15-25 所示
指定包含角:-240                                      //输入包含角度，如图 15-26 所示
```

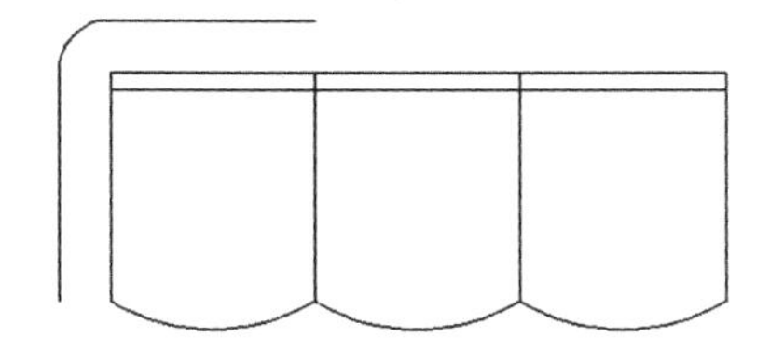

图 15-20 圆角直线

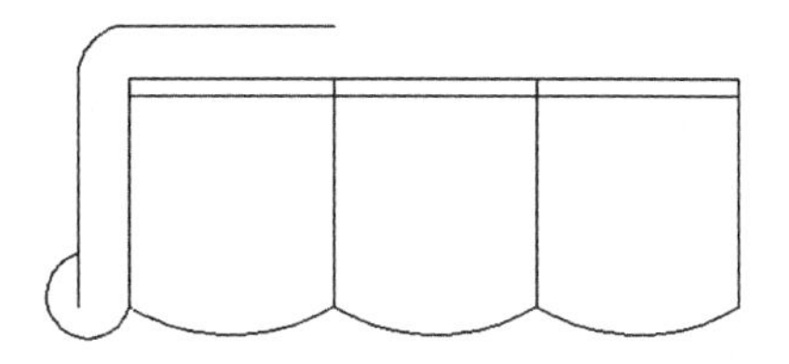

图 15-21 绘制圆弧

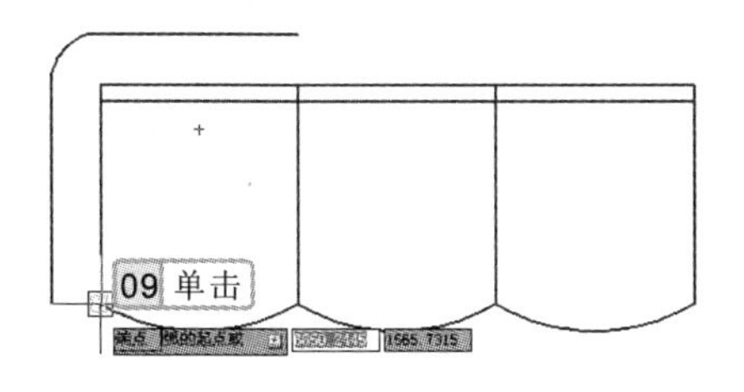

图 15-22 捕捉直线端点

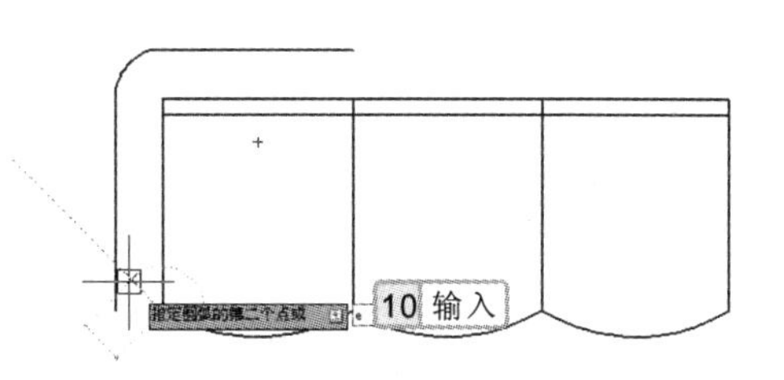

图 15-23 选择"端点"选项

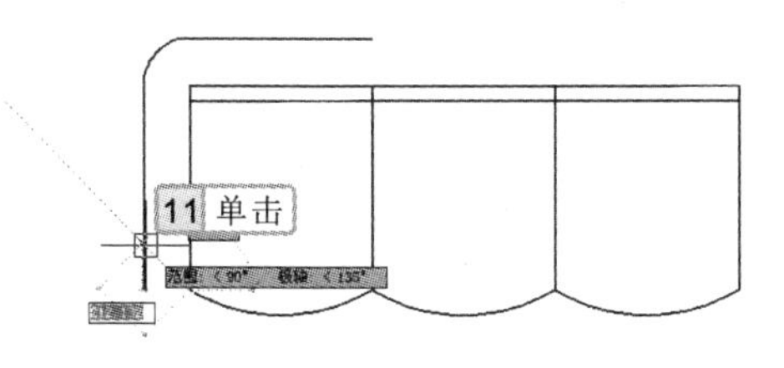

图 15-24 捕捉极轴与垂直线交点

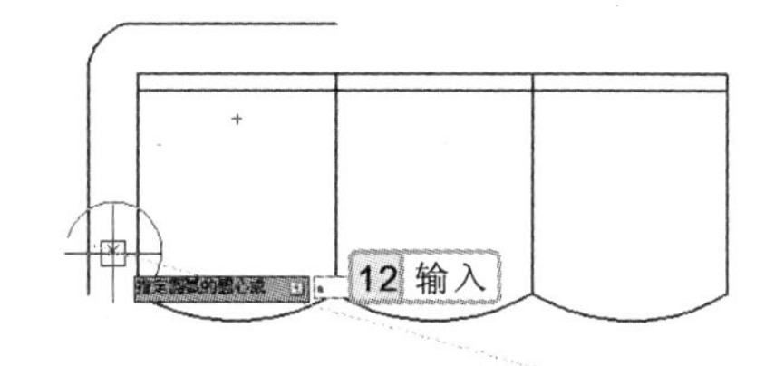

图 15-25 选择"角度"选项

9 在命令行输入"TR"，执行修剪命令，对直线进行修剪处理，如图 15-27 所示。

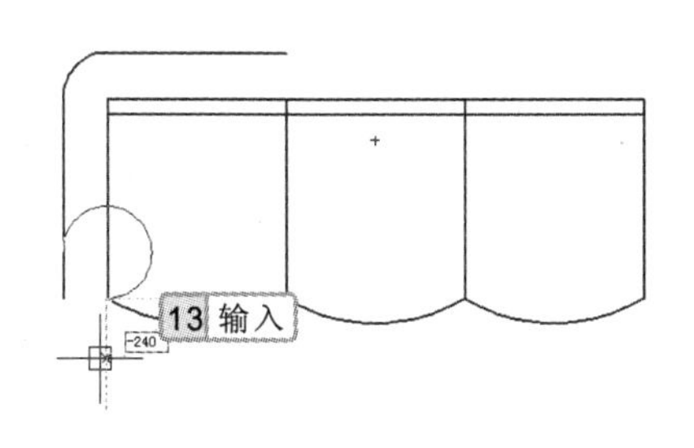

图 15-26 输入包含角度

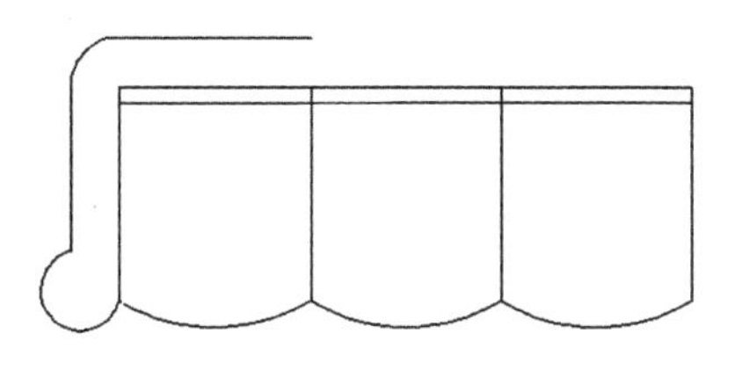

图 15-27 修剪多余线条

绘制圆弧对象的过程中，利用"角度"选项绘制圆弧时，若输入的角度为负，则以顺时针方向进行绘制；若输入的角度为正，则以逆时针方向进行绘制。

10 在命令行输入“MI”，执行镜像命令，将左端绘制的圆弧、直线等图形进行镜像复制，其镜像线为中间圆弧与直线中点的连线，如图 15-28 所示。

11 在命令行输入“J”，执行合并命令，将顶端水平直线进行合并操作，效果如图 15-29 所示。

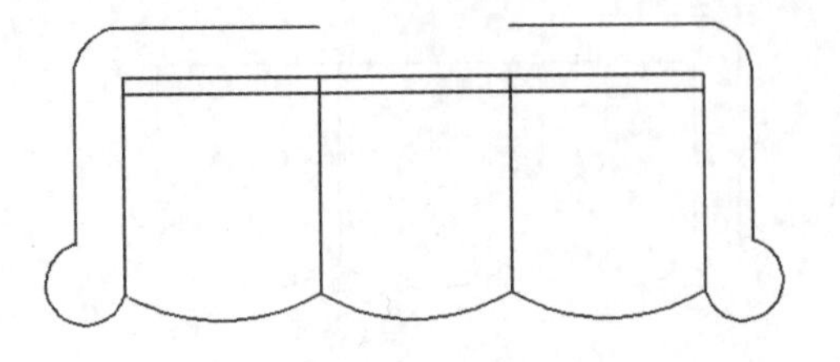

图 15-28　镜像复制图形对象

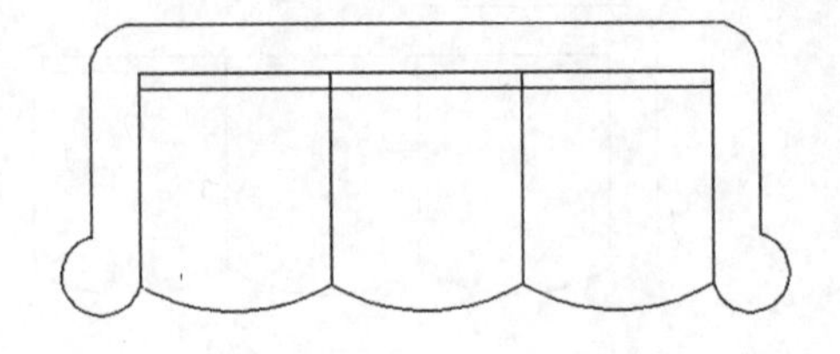

图 15-29　合并水平直线

12 在命令行输入“MI”，执行镜像命令，将绘制的沙发图形进行镜像操作，其镜像线为极轴与角度为 135° 极轴追踪线的连线，如图 15-30 所示。

13 在命令行输入“E”，执行删除命令，对垂直沙发中间的图形进行删除操作，如图 15-31 所示。

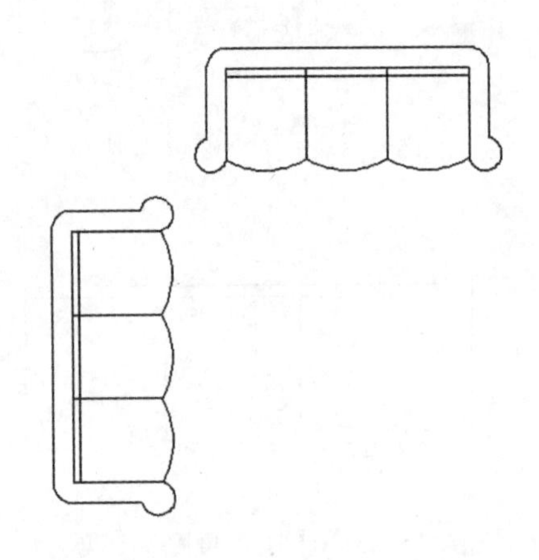

图 15-30　镜像复制沙发图形

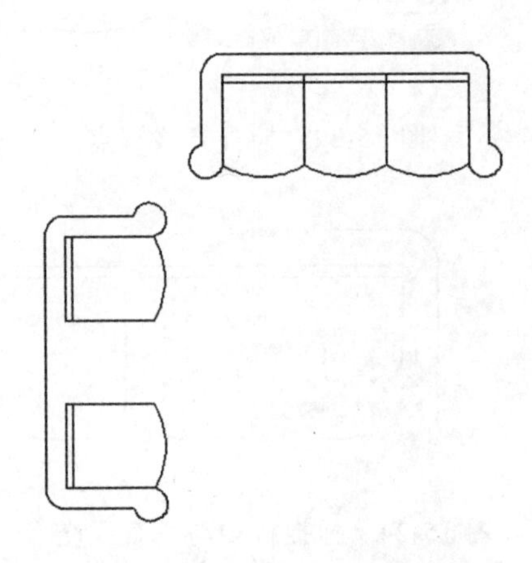

图 15-31　删除中间图形

14 在命令行输入“S”，执行拉伸命令，将垂直方向底端的图形向上进行拉伸操作，其拉伸的基点为底端水平线左端端点，拉伸的第二点为上端水平线左端端点，如图 15-32 所示。

15 在命令行输入“MI”，执行镜像命令，将左端绘制的沙发进行镜像复制，其镜像线为水平沙发顶端水平线与圆弧中点之间的连线，效果如图 15-33 所示。

16 在命令行输入“E”，执行删除命令，对下方的图形进行删除操作，效果如图 15-34 所示。

17 在命令行输入“S”，执行拉伸命令，将沙发图形进行拉伸操作，并将拉伸后的图形进行相应移动，如图 15-35 所示。

使用合并命令对图形进行连接操作时，可以将两条或两条以上共线，或在其延伸线的线条连接起来，并将其合并为一条线。

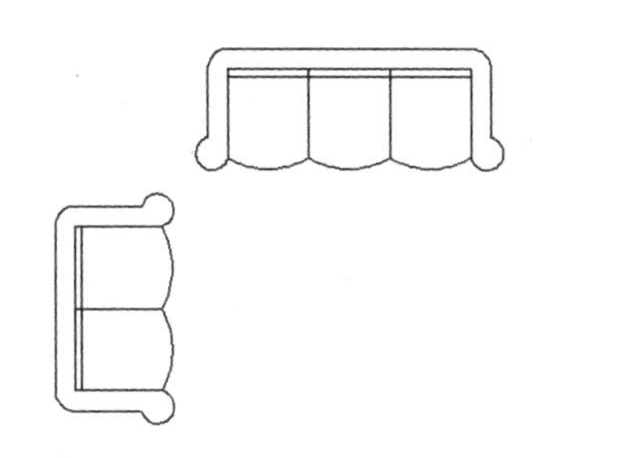

图 15-32　拉伸沙发图形

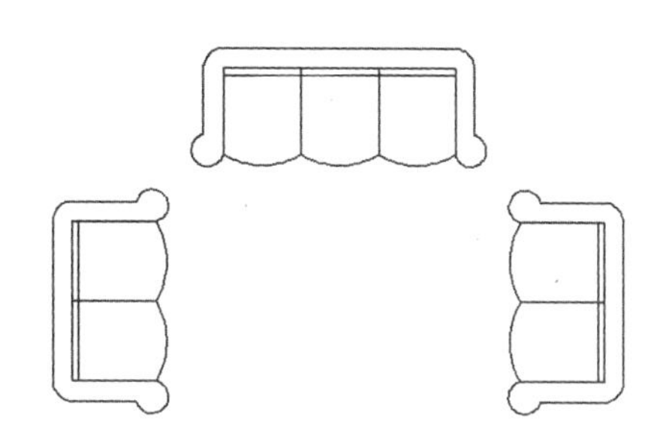

图 15-33　镜像复制沙发图形

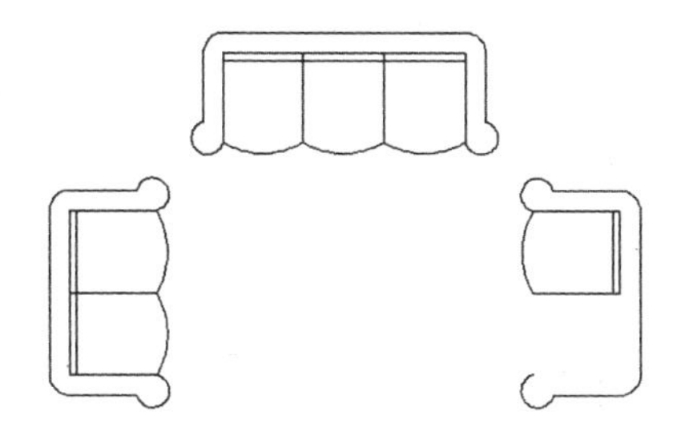

图 15-34　删除多余图形

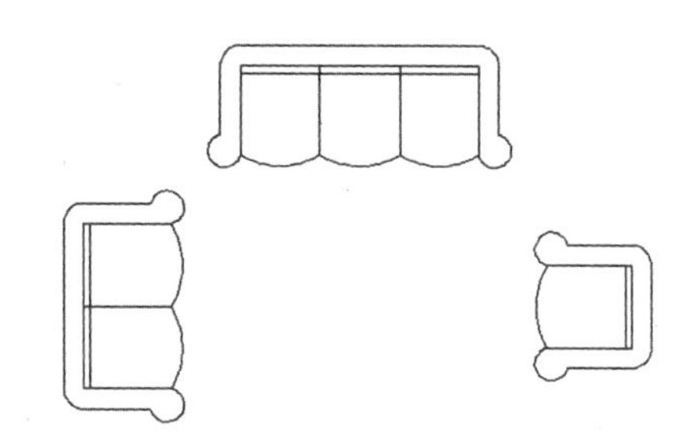

图 15-35　拉伸并移动沙发图形

18 在命令行输入“REC”，执行矩形命令，在绘图区中绘制长度为 1200、宽度为 690 的矩形，如图 15-36 所示。

19 在命令行输入“M”，执行移动命令，将绘制的矩形进行移动，如图 15-37 所示，其命令行操作如下：

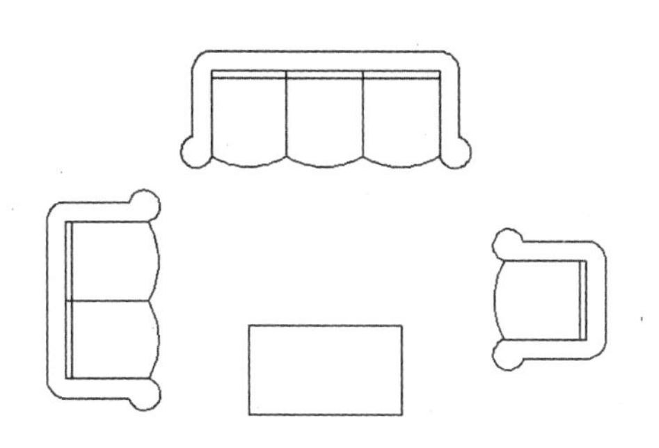

图 15-36　绘制矩形

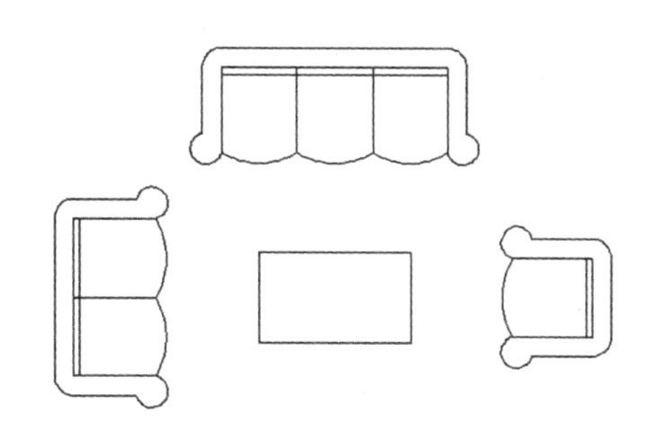

图 15-37　移动矩形

```
命令: M                                      //执行移动命令
MOVE
选择对象:                                    //选择绘制的矩形
选择对象:                                    //按“Enter”键确定选择
指定基点或 [位移(D)] <位移>:                  //指定移动基点，如图 15-38 所示
指定第二个点或 <使用第一个点作为位移>:         //指定移动第二点，如图 15-39 所示
```

在使用拉伸命令对图形进行拉伸操作时，应注意拉伸图形对象的选择。既便所有的图形对象都被选中，但只有与选择窗口相交的图形对象才会被进行拉伸。

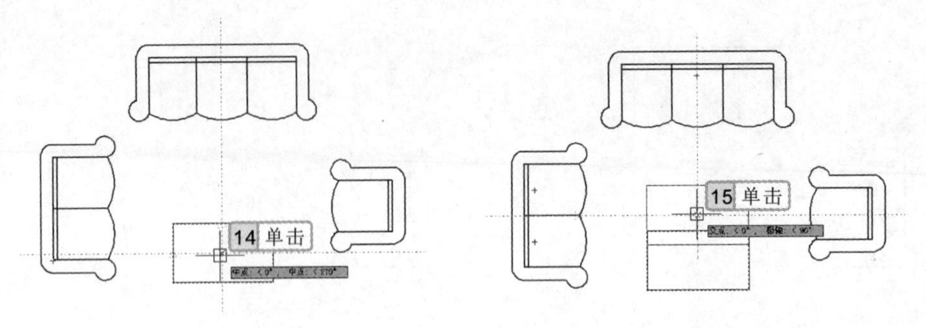

图 15-38　指定移动基点　　　　图 15-39　指定移动第二点

20 在命令行输入“C”，执行圆命令，分别以矩形的 4 个角点为圆心，绘制半径为 100 的圆，如图 15-40 所示。

21 在命令行输入“O”，执行偏移命令，将矩形向内进行偏移操作，其偏移距离为 50，如图 15-41 所示。

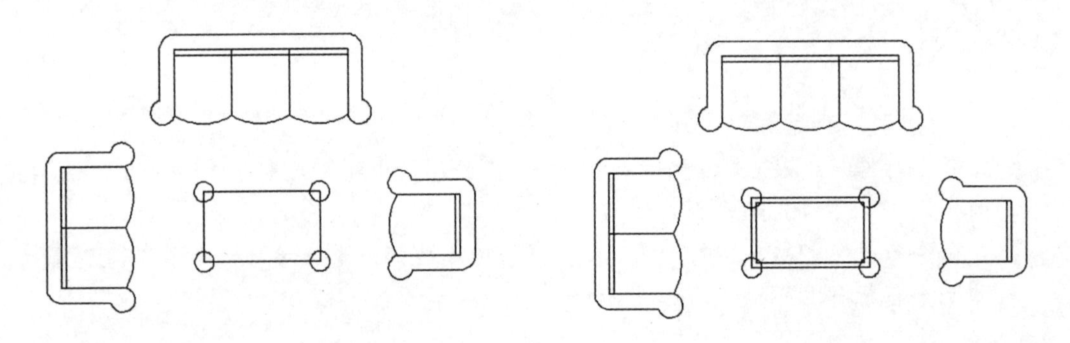

图 15-40　绘制圆　　　　图 15-41　偏移矩形

22 在命令行输入“TR”，执行修剪命令，将矩形和圆进行修剪处理，如图 15-42 所示。

23 在命令行输入“BH”，执行图案填充命令，将沙发及茶几进行图案填充，其中沙发的图案为 ACAD_IS007W100，填充角度为 30，填充比例为 20，茶几图案为 AF-RR00F，填充角度为 45，填充比例为 15，如图 15-43 所示。

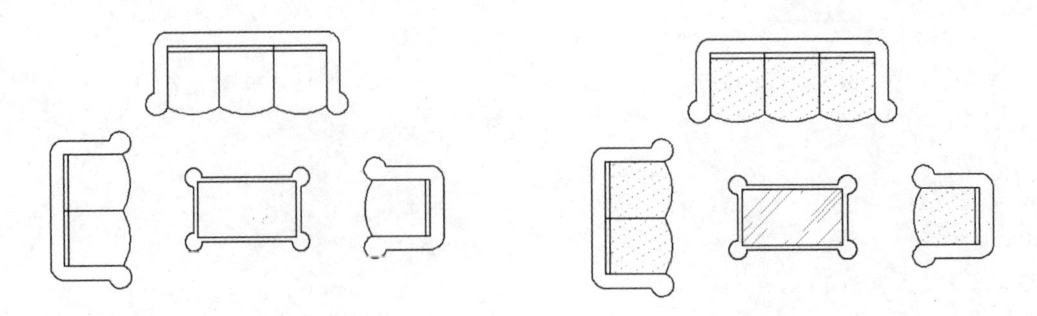

图 15-42　修剪多余线条　　　　图 15-43　填充图案

利用对象捕捉追踪功能，可以捕捉图形对象某些特殊点延伸出来的一些特殊点，如矩形中点延伸线的交点、正多边形的中心点等。

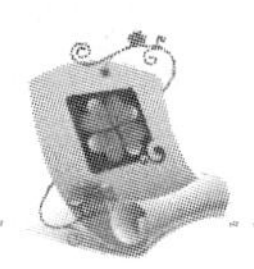

15.4.2 绘制书柜立面图

本例将绘制家装设计中常见的书柜立面图形。绘制该图形时，主要使用构造线、偏移等命令，并利用图块功能插入相应图形，以完成书柜立面图形的绘制。最终效果如图 15-44 所示。

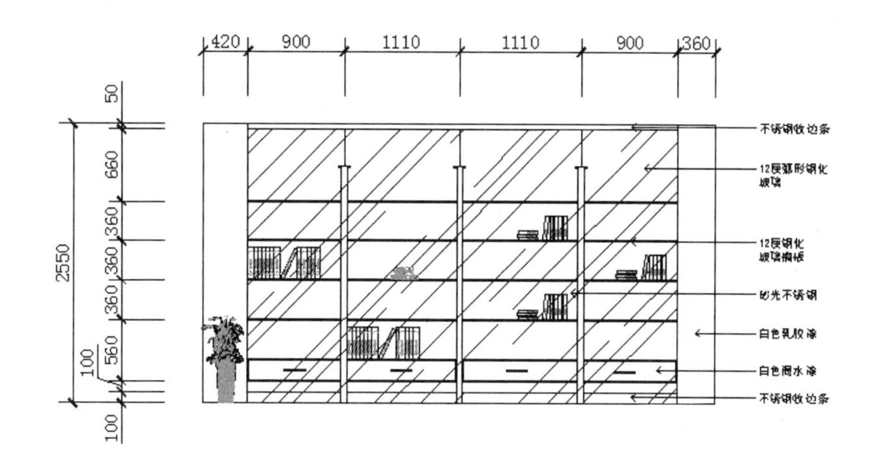

图 15-44 书柜立面图

1. 行业分析

书柜是书房家具中的主要家具之一，即专门用来存放书籍、报刊、杂志等书物的柜子。它是一个文化、文明的象征，也是人们渴望知识的表现，从古至今无论是家居环境还是公共场所，都有书柜的身影和位置。下面介绍书柜的常见标准尺寸。

- **书柜高度**：书柜的高度尺寸要根据“书柜顶部最高至成年人伸手可拿到最上层隔板书籍”为原则，一般在 1200～2100mm 为宜。不过，如果设计的是图书馆里空间特别大的、到顶的书柜，则高度尺寸可以高至 3000mm。
- **深度尺寸**：书柜的主要用途是藏书、放书，所以书架深度尺寸根据目前一般的书籍规格即可。通常在 280～350mm 之间，即可满足现代大多数人的藏书需求。
- **隔板高度尺寸**：隔板高度尺寸同样是根据书籍的规格来设计的。例如，以 16 开书籍的尺寸标准设计书柜隔板高度尺寸，层板高度尺寸则在 280～300mm 之间；以 32 开书籍为标准设计的隔板高度尺寸，层板高度则在 240～260mm 之间。一些不常用的比较大规格的书籍的尺寸通常在 300～400mm，可设置层板高度在 320～420mm 之间。
- **其他尺寸**：书柜抽屉的高度尺寸通常在 200～350mm 之间。在定制书柜时，不能忽视的还有一个书柜格位之间的宽度尺寸。正常的两门书柜，格位的极限宽度尺寸不能超过 800mm；四门或者是更宽的书柜，格位宽度尺寸一般在 1200mm。如果书柜格位宽度尺寸不合理，会造成书柜不稳定，容易在使用过程中产生问题。

无论是绘制建筑物的平面图还是绘制立面图，在绘制时，一定要准确地绘制出图形的轴线。只有准确无误地绘制出轴线，才能准确无误地绘制出其他图形。

2. 操作思路

为更快完成本例的制作，并且尽可能运用本章讲解的知识，本例的操作思路如下。

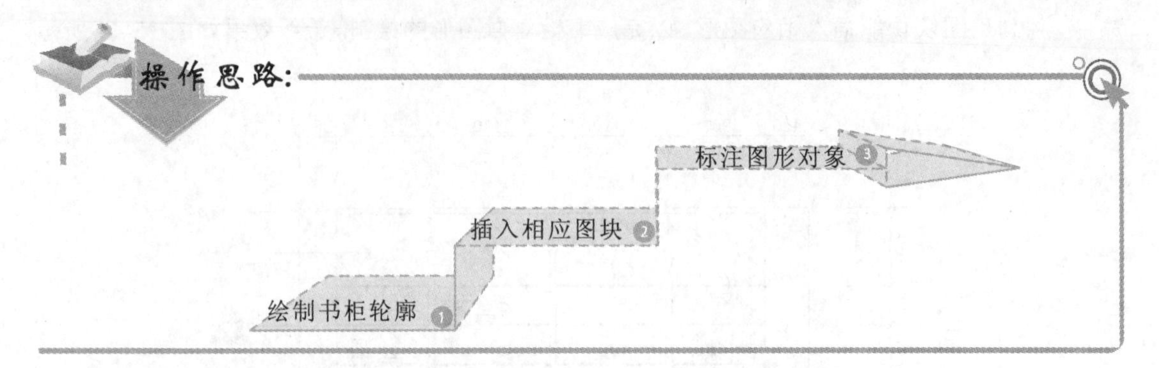

3. 操作步骤

下面介绍书柜立面图形的绘制，其操作步骤如下：

光盘\素材\第 15 章\书柜
光盘\效果\第 15 章\书柜立面图.dwg
光盘\实例演示\第 15 章\绘制书柜立面图

1. 在命令行输入“XL”，执行构造线命令，利用“正交”功能，绘制出水平及垂直构造线，如图 15-45 所示。
2. 在命令行输入“O”，执行偏移命令，将水平构造线向上进行偏移，其偏移距离为 2550，将垂直构造线向右进行偏移，其偏移距离为 4800，如图 15-46 所示。

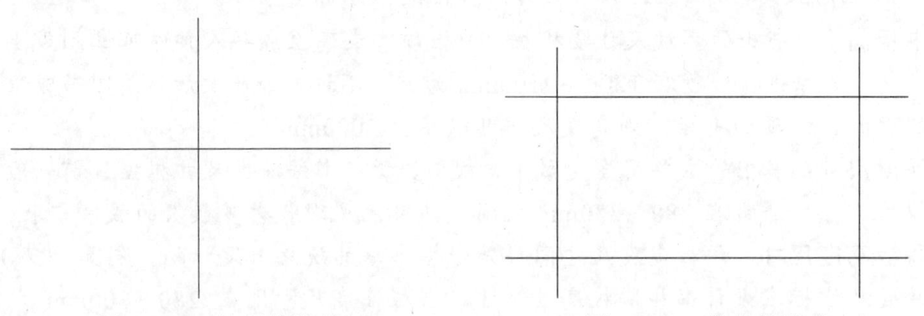

图 15-45　绘制构造线　　　图 15-46　偏移构造线

3. 在命令行输入“O”，执行偏移命令，将垂直构造线进行偏移处理，其偏移距离参见如图 15-47 所示图形中标注的尺寸。
4. 在命令行输入“O”，执行偏移命令，将水平构造线进行偏移处理，其偏移距离参见如图 15-48 所示图形中标注的尺寸。
5. 在命令行输入“TR”，执行修剪命令，将进行偏移的水平及垂直构造线进行修剪处理，效果如图 15-49 所示。

构造线为两端无限延伸的线条，在建筑绘图和机械制图中，通常都将其作为辅助线来使用，如机械图形中的中心线，建筑图形中的轴线等。

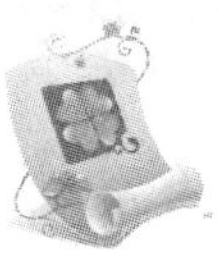

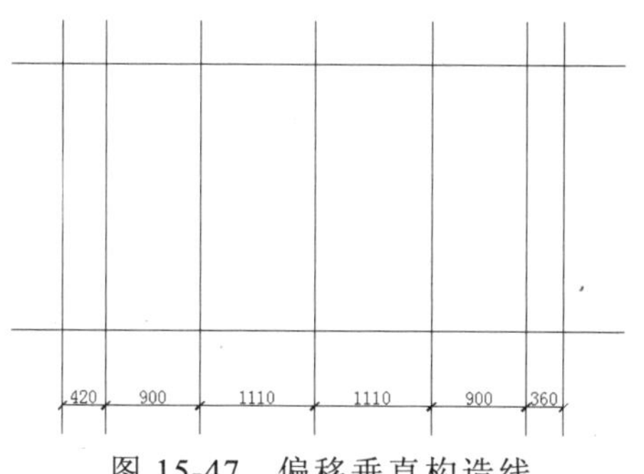

图 15-47　偏移垂直构造线

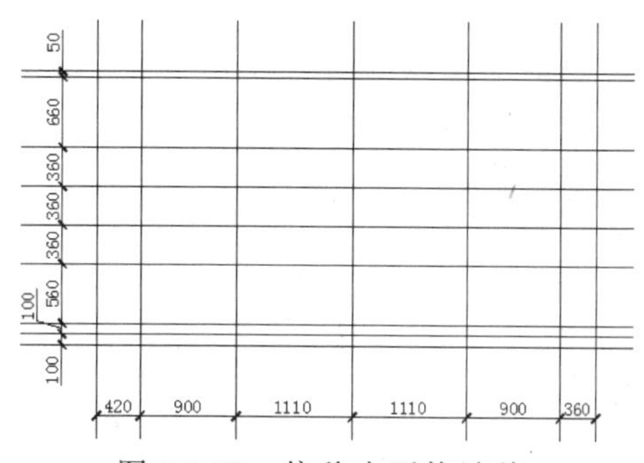

图 15-48　偏移水平构造线

6　在命令行输入“O”，执行偏移命令，将中间 3 条垂直线向左、向右分别进行偏移操作，其偏移距离为 25，如图 15-50 所示。

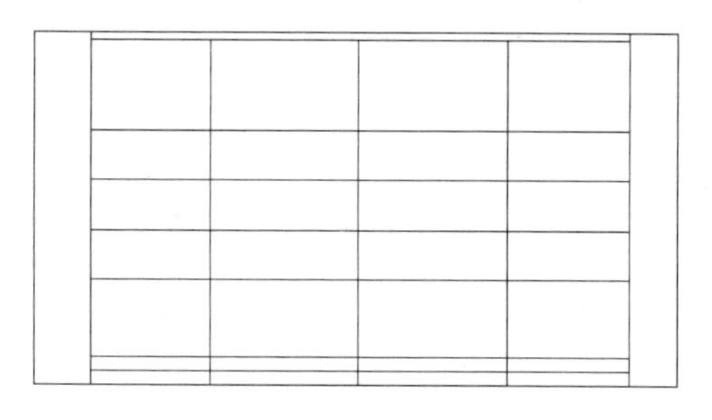

图 15-49　修剪构造线

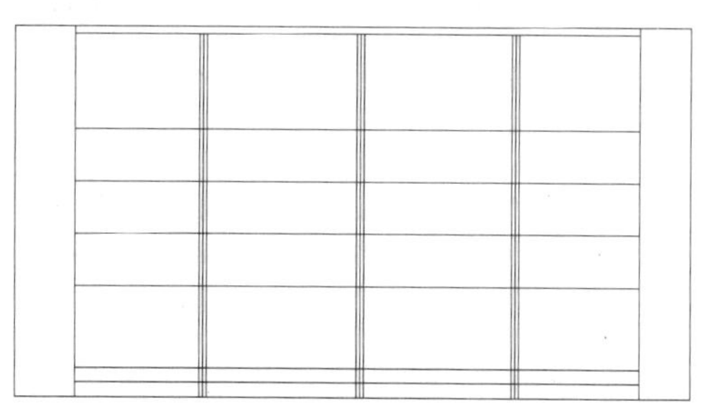

图 15-50　偏移中间垂直线

7　在命令行输入“O”，执行偏移命令，将顶端第二条水平线向下进行偏移，其偏移距离为 330，再将偏移的水平线向下偏移 15，如图 15-51 所示。

8　在命令行输入“TR”，执行修剪命令，将偏移的垂直线进行修剪处理，如图 15-52 所示。

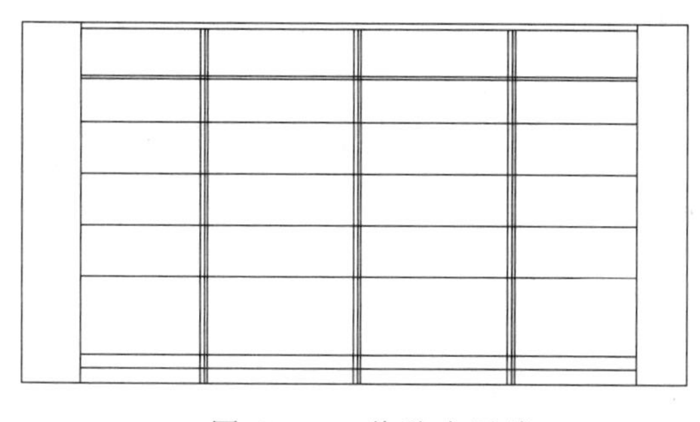

图 15-51　偏移水平线

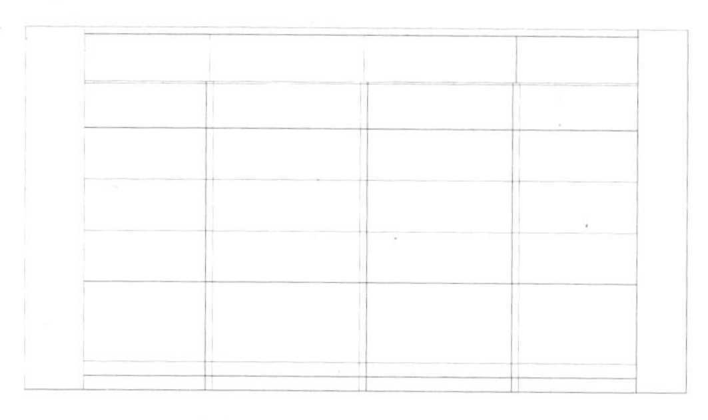

图 15-52　修剪垂直线

9　在命令行输入“O”，执行偏移命令，将修剪后的垂直线向左、向右两端分别进行偏移，其偏移距离为 30，如图 15-53 所示。

10　在命令行输入“TR”，执行修剪命令，将偏移的水平及垂直线进行修剪处理，效果如图 15-54 所示。

11　在命令行输入“O”，执行偏移命令，将中间 4 层的水平线向上进行偏移操作，其偏移距离为 12，如图 15-55 所示。

将构造线进行偏移，再对其进行相应修剪操作，可以快速完成建筑图形轮廓的绘制。在建筑绘图中，偏移命令和修剪命令是使用非常频繁的命令。

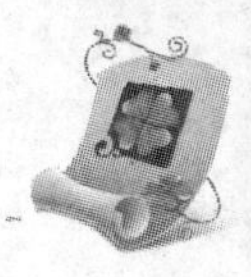

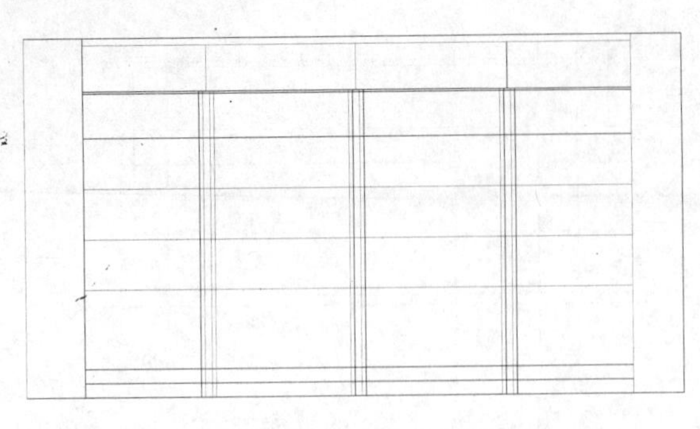

图 15-53　偏移垂直线

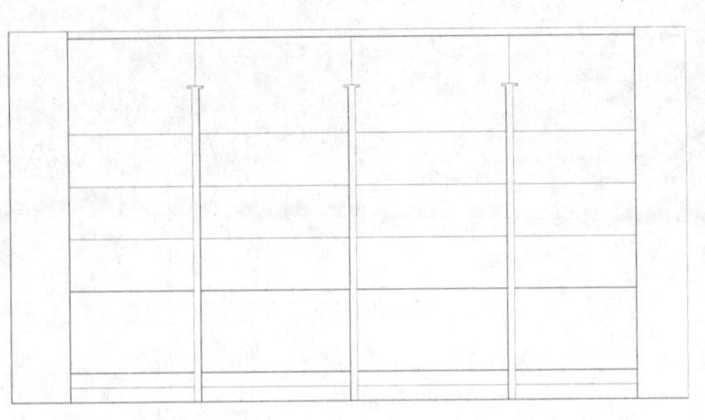

图 15-54　修剪多余线条

12 在命令行输入“O”，执行偏移命令，将中间第四层向下偏移 360，再将其进行向下偏移操作，其偏移距离为 10，此时抽屉位置将显示在平面上，如图 15-56 所示。

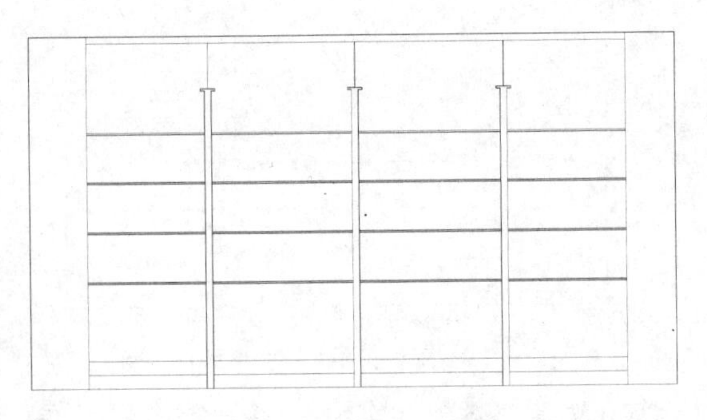

图 15-55　偏移隔板直线

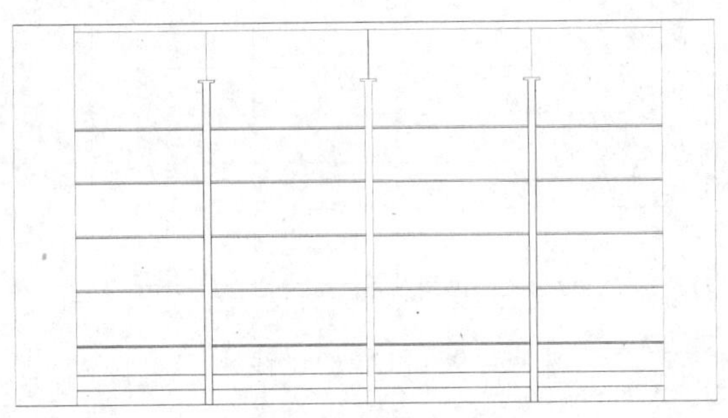

图 15-56　偏移抽屉线条

13 分别将从左数的第二根垂直构造线向右偏移 10，依此类推将第 3 根和第 4 根垂直构造线进行向右偏移 10，再将从右数的第 2 根、第 3 根和第 4 根垂直构造线向左偏移 10，在命令行输入“TR”，执行修剪命令，将偏移的图形进行修剪处理，如图 15-57 所示。

14 在命令行输入“REC”，执行矩形命令，在修剪图形的中心位置，绘制长度为 200、高度为 10 的矩形（可以先在任意位置绘制矩形，再利用移动、复制等功能完成绘制），如图 15-58 所示。

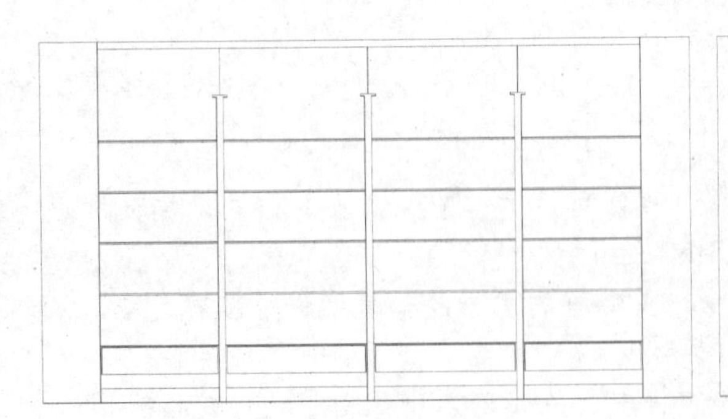

图 15-57　修剪偏移线条

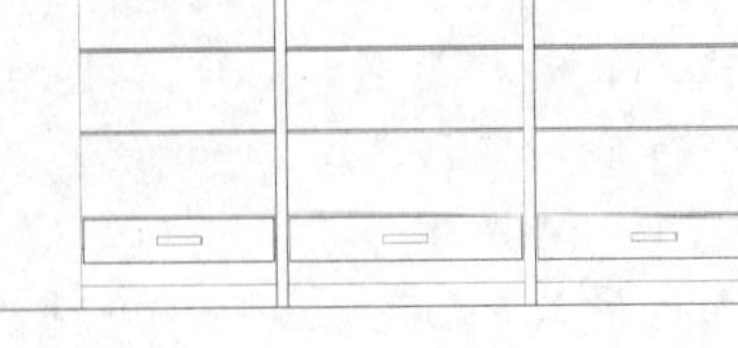

图 15-58　绘制矩形

将某个图形移动到另一个图形的中心位置时，首先应找到移动图形的中心位置，通常的方法是利用对象捕捉追踪功能找到移动图形的中心位置。

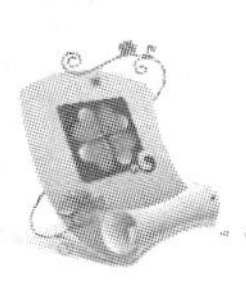

15 在命令行输入“I”，执行插入命令，在绘制的书柜图形中，插入“花瓶.dwg”图块文件，如图 15-59 所示。

16 在命令行输入“I”，执行插入命令，在绘制的书柜图形中，插入“书 1.dwg”图块文件，如图 15-60 所示。

17 在命令行输入“I”，执行插入命令，在绘制的书柜图形中，在另一个位置插入“书 1.dwg”图块文件，如图 15-61 所示。

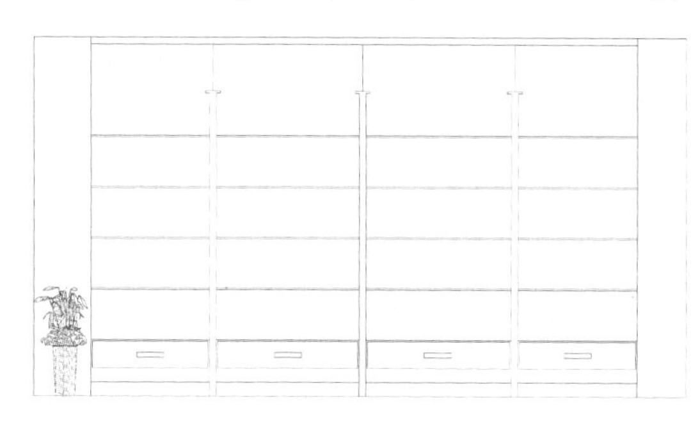

图 15-59 插入花瓶图块

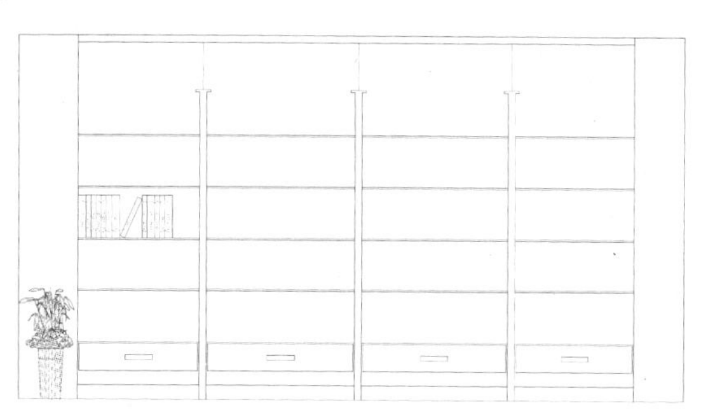

图 15-60 插入书 1 图块

18 在命令行输入“I”，执行插入命令，在绘制的书柜图形中，插入“书 2.dwg”和“书 3.dwg”图块文件，效果如图 15-62 所示。

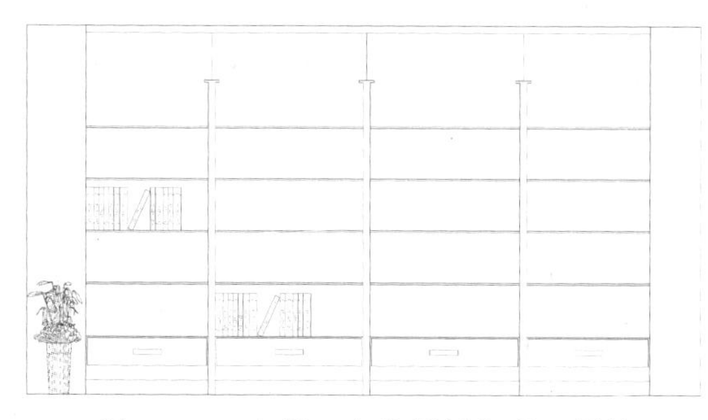

图 15-61 在另一个位置插入书 1 图块

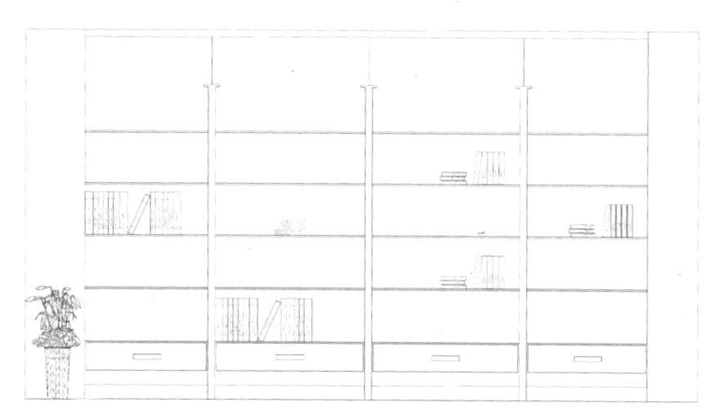

图 15-62 插入书 2 和书 3 图块

19 在命令行输入“BH”，执行图案填充命令，将图形进行图案填充操作，其中图案为 AR-RR00F，填充角度为 45°，填充比例为 25，如图 15-63 所示。

20 执行引线标注命令，将图形进行文字说明标注，如图 15-64 所示。

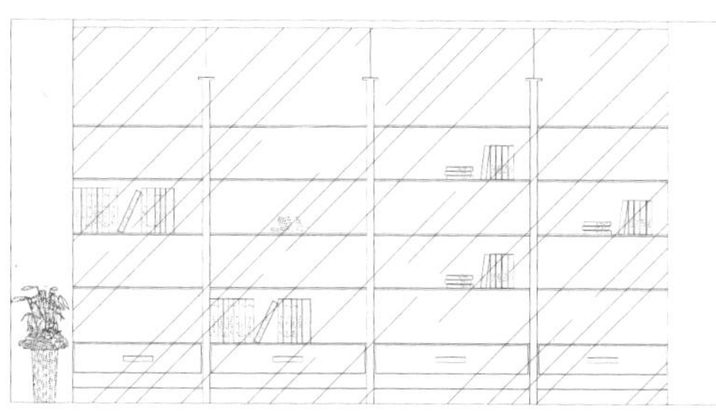

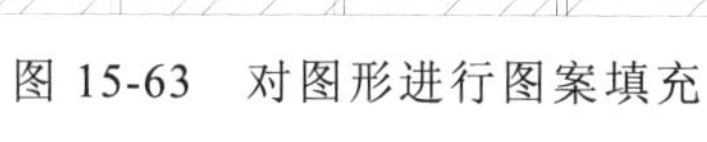

图 15-63 对图形进行图案填充

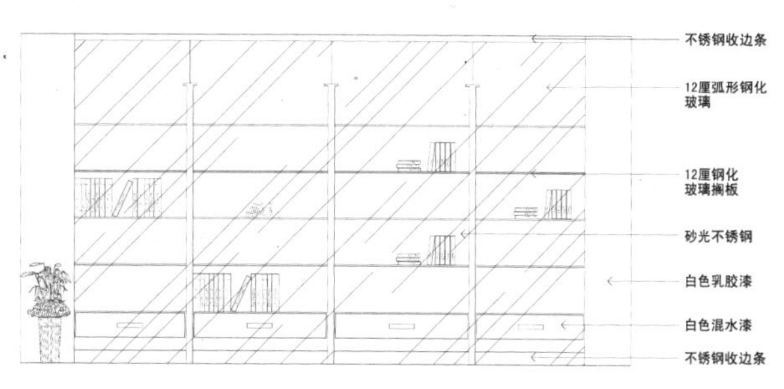

图 15-64 对图形进行文字说明

操作提示

对图形进行图案填充操作时，在“草图与注释”工作空间显示的是“图案填充创建”选项卡，在“AutoCAD 经典”工作空间则显示的是“图案填充和渐变色”对话框。

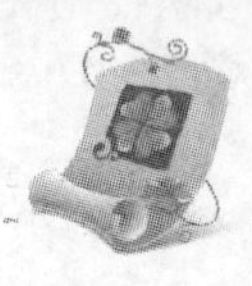

21 执行尺寸标注命令，将书柜图形进行尺寸标注，完成书柜立面图形的绘制。

15.5 精通练习

本章主要介绍了使用 AutoCAD 2012 的绘图及编辑命令绘制建筑图形，其中主要包括建筑平面图、立面图、剖面图等的绘制。下面再通过两个实例的练习，让用户进一步掌握绘制建筑图形的相关操作及方法。

15.5.1 绘制双人床

本例将绘制双人床图形。绘制该图形时，首先使用矩形、圆、多段线等命令绘制轮廓，然后使用图案填充命令对使用材料进行填充处理，效果如图 15-65 所示。

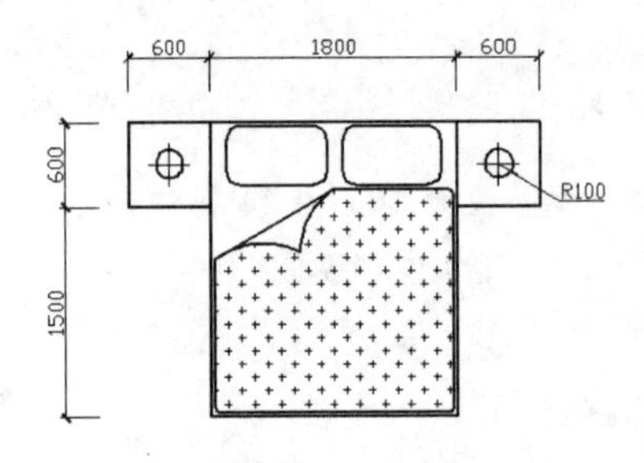

图 15-65 双人床图形

该练习的操作思路如下。

参见光盘

光盘\效果\第 15 章\双人床.dwg
光盘\实例演示\第 15 章\绘制双人床

关键提示:

双人床主要尺寸

床体尺寸：1800×2100；床头柜尺寸：600×600；床头柜灯：R100。

15.5.2 绘制住宅立面图

本次练习将绘制某住宅楼立面图。绘制该立面图时，可以在住宅楼平面图的基础上对其进行编辑，然后绘制住宅楼立面图底层、标准层、层顶等立面图形，效果如图 15-66 所示。

精讲笔录

在 AutoCAD 2012 中提供了实体填充及多种行业标准填充图案，可用于区分对象的部件或表示对象的材质。

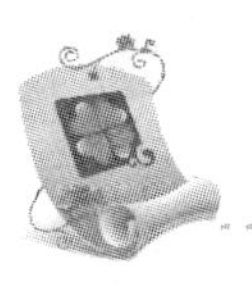

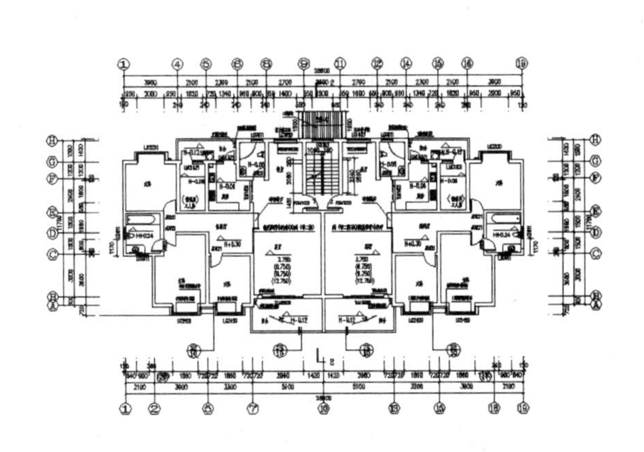

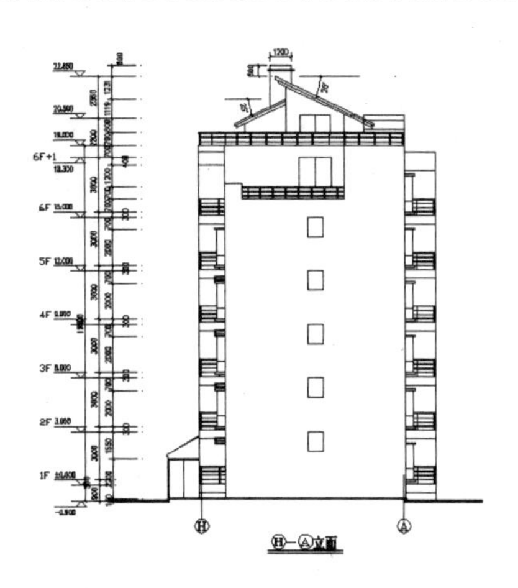

图 15-66　住宅楼立面图

参见光盘

光盘\素材\第 15 章\住宅标准层.dwg
光盘\效果\第 15 章\住宅立面图.dwg
光盘\实例演示\第 15 章\绘制住宅立面图

该练习的操作思路如下。

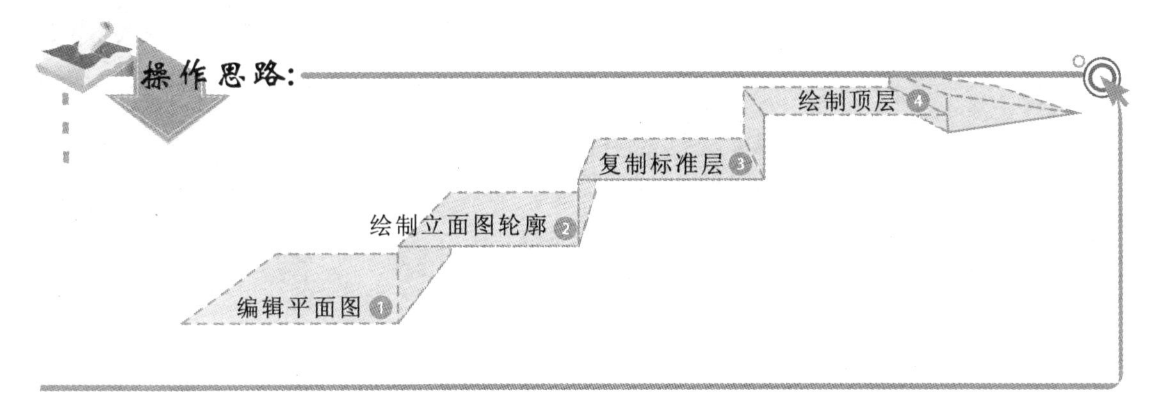

知识关联　建筑剖面图的剖切位置

剖面图一般都是垂直剖面，剖切位置应根据图纸的用途和设计深度进行选择，应能够反映建筑全貌和构造特征，也可选择一些有代表性的剖切位置。通常，楼梯处是最常见的剖切位置。在具体选择上，剖面应剖在层高、层数不同、内外空间比较复杂的部位。

操作提示

在绘制立面墙体时，墙体是有宽度的，一般外墙宽度为 240，因此在绘制时外墙应向定位轴线外偏移 120。

第16章

三维模型后期处理

创建光源

光源的类型

点光源 聚光灯 平行光

材质与贴图

渲染实体模型

渲染等级 渲染背景 输出图像

本章导读

使用 AutoCAD 2012 绘制三维模型后，为了更好地表现图形，使之更具有质感，应对实体模型进行渲染处理。本章将详细介绍灯光、材质、贴图、渲染背景的相关知识及操作，其中，材质及贴图能很好地体现物体所用的材质，应重点进行掌握；而渲染背景及渲染操作能很好地表现出渲染的效果，应进行相关了解并掌握。

16.1 使用光源

光源功能在渲染三维实体对象时经常用到，它由强度和颜色两个因素决定，其主要作用是照亮模型，使三维实体在渲染过程中显示出来并充分体现出立体感。

16.1.1 光源的类型

在 AutoCAD 2012 中渲染三维实体时，若没有指定使用的光源，系统会使用默认光源。该光源是一种没有方向、不会发生衰减的光源，在对三维实体进行渲染时，三维实体各个表面的亮度都是相同的。

除了系统默认光源外，系统还提供了点光源、聚光灯光源和平行光光源，其中各种光源的含义分别介绍如下。

- **点光源**：该光源与灯泡发出的光源类似，它是从一点发出，向各个方向发射的光源，根据点光线的位置，实体将产生明显的阴影效果。
- **聚光灯光源**：该光源与点光源一样，也是从一点发出的，点光源的光线是没有方向的，但聚光灯的光线则是沿指定的方向和范围发射出圆锥形的光束。其中顶角称为聚光角，整个光锥的顶角称为照射角，在照射角和聚光角之间的光锥部分，光的强度将会产生衰减。
- **平行光光源**：创建该光源时，需要指定该光源的起始位置和发射方向，指定后，将从指定的起始位置创建一处平行于指定方向上的平行光。

16.1.2 创建光源

添加光源可为场景提供真实外观，光源可增强场景的清晰度和三维性。其方法是选择【渲染】/【光源】组，单击相应的按钮，即可创建不同的光源，其中主要有点光源、聚光灯光源、平行光源等几种类型。其使用方法分别介绍如下。

- **点光源**：执行新建点光源命令，并指定光源位置后，还可对光源的名称、强度因子、状态、光度、阴影、衰减和过滤颜色进行设置。
- **聚光灯光源**：执行新建聚光灯并指定目标位置后，还可对光源的名称、强度因子、状态、光度、聚光角、照射角、阴影、衰减和过滤颜色进行设置。
- **平行光源**：执行新建平行光并指定矢量方向后，还可对光源的名称、强度因子、状态、光度、阴影和过滤颜色进行设置。
- **光域网光源**：光域网是灯光分布的三维表示。它将测角图扩展到三维，以便同时检查照度对垂直角度和水平角度的依赖性。光域网的中心表示光源对象的中心。

在创建聚光灯光源后，若对创建的位置不满意，还可使用 MOVE 命令将其灯光的位置移动到需要的位置。

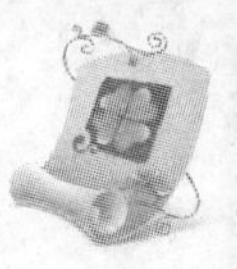

16.1.3 设置光源

创建光源后，若未能满足用户的要求，还可对创建的光源进行设置，包括在“模型中的光源”选项板中进行设置和在“阳光和位置”面板中设置地理位置。

1. 查看光源列表

在“AutoCAD 经典”工作空间中，选择【视图】/【渲染】/【光源】/【光源列表】命令，即可打开“模型中的光源”选项板。在该选项板中，可查看到当前图形中所有创建的光源列表，在列表框中显示了光源的类型与光源名称，如图 16-1 所示。

2. 设置地理位置

由于太阳光受地理位置的影响，地理位置可以将以真实世界坐标（X、Y 和 Z）表示的特定位置参照嵌入图形中。

在三维工作空间中选择“渲染”选项卡，在“阳光和位置”面板中单击“设置位置”按钮，打开“希望如何定义此图形的设置？”对话框，选择“输入位置值”选项，打开“地理位置”对话框，在该对话框中可以设置光源的地理位置，如经度、纬度、北向、时区等，如图 16-2 所示。

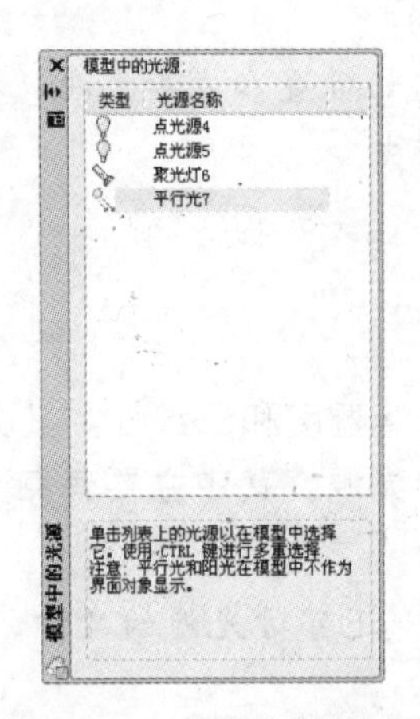

图 16-1 查看光源列表

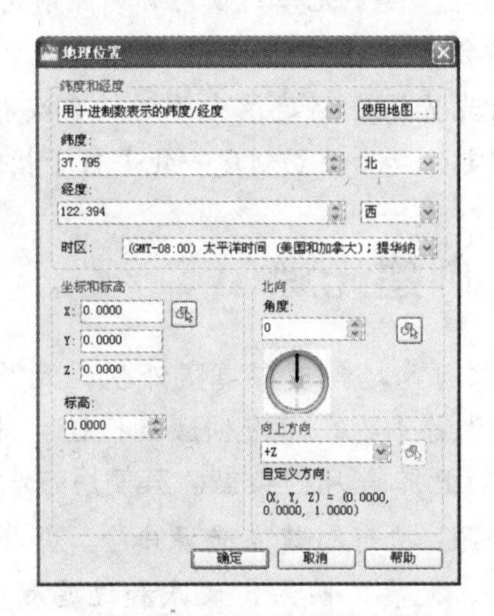

图 16-2 设置地理位置

16.2 使用材质

对物体进行渲染，除了需要设置光源外，还需要对材质进行设置，对物体使用材质后，不仅可以体现其表面的材料、纹理、颜色、透明度等显示效果，还可增强物体的真实感。

精讲笔录

选择“模型中的光源”选项板列表框中的选项，然后单击鼠标右键，在弹出的快捷菜单中选择“特性”命令，可打开该选项的“特性”选项板，在其中可查看该选项的相应特性。

16.2.1　材质概述

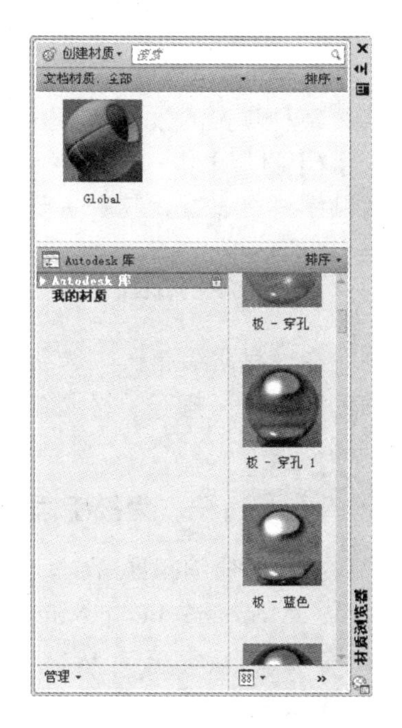

图 16-3　“材质浏览器”选项板

可以将材质添加到图形中的对象，以提供真实的效果。打开“材质浏览器”选项板，主要有以下两种方法：

- 选择【渲染】/【材质】组，单击“材质浏览器”按钮 材质浏览器 。
- 在命令行输入“MATEDITOROPEN”命令。

执行材质编辑命令，可以打开如图 16-3 所示的“材质浏览器”选项板，通过该选项板中的各个选项，即可对物体材质的属性进行相应的设置。“材质浏览器”选项板主要包含以下内容。

- **浏览器工具栏：**包含“创建材质”菜单（它允许创建常规材质或从样板列表创建）和搜索框。
- **文档材质：**显示一组保存在当前图形中的材质的显示选项。可以按名称、类型和颜色对文档材质排序。
- **材质库：**显示 Autodesk 库，它包含预定义的 Autodesk 材质和其他包含用户定义的材质的库。它还包含一个按钮，用于控制库和库类别的显示。可以按名称、类别、类型和颜色对库中的材质排序。
- **库详细信息：**显示选定类别中材质的预览。
- **浏览器底部栏：**包含“管理”菜单，用于添加、删除和编辑库与库类别。此菜单还包含一个按钮，用于控制库详细信息的显示选项。

16.2.2　将材质应用到实体

在对材质进行需要的设置后，就需要将设置的材质应用到实体上，让实体体现出该材质。将材质应用到实体上，主要有以下两种方法：

- 在绘图区中选择要应用材质的实体模型，在材质上单击鼠标右键，在打开的快捷菜单中选择“指定给当前选择”命令，如图 16-4 所示。
- 在“材质浏览器”选项板中选择需要应用的材质，并拖动到实体对象上，如图 16-5 所示。

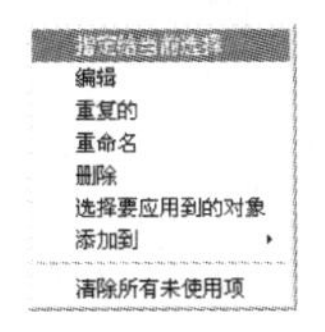

图 16-4　快捷菜单

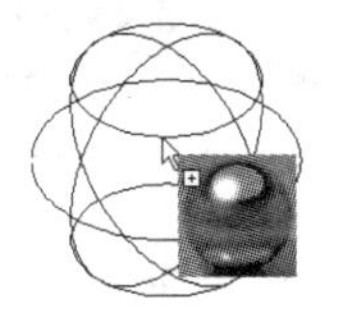

图 16-5　拖动设置材质

选择【视图】/【渲染/光源】/【阳光特性】命令，可打开“阳光特性”选项板，在该选项板中可对特性进行相应的设置。

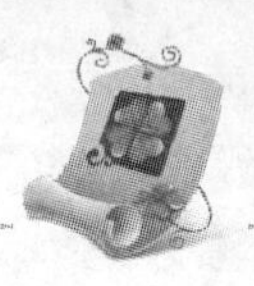

16.2.3 使用贴图

在 AutoCAD 2012 中使用贴图，就是将一张图片贴到实体的表面，从而在渲染时产生实体某种真实的效果。其方法是，在“材质编辑器”选项板中对贴图进行设置，选择【渲染】/【材质】组，单击“材质编辑器”按钮，打开“材质编辑器”选项板，在其中可以对贴图进行设置，其中主要包括常规贴图、不透明贴图和凹凸贴图等。

1. 常规贴图

在“材质编辑器”选项板的“常规”选项中，即可设置常规贴图，单击“图像”选项后的图框，可打开“材质编辑器打开文件”对话框，选择贴图文件，即可为实体模型添加贴图。

实例 16-1 为扳手添加贴图

执行材质编辑器命令，为“扳手.dwg”模型添加贴图，其贴图文件为 AutoCAD 2012 自带的“Medrust3_bump.bmp”图形文件。

光盘\素材\第 16 章\扳手.dwg
光盘\效果\第 16 章\扳手.dwg

1. 打开“扳手.dwg”图形文件，如图 16-6 所示。
2. 选择【渲染】/【材质】组，单击“材质编辑器”按钮，打开“材质编辑器”选项板，如图 16-7 所示。

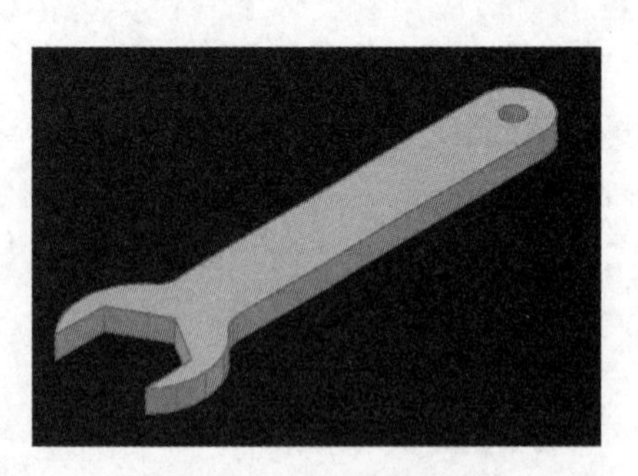

图 16-6 打开原始图形

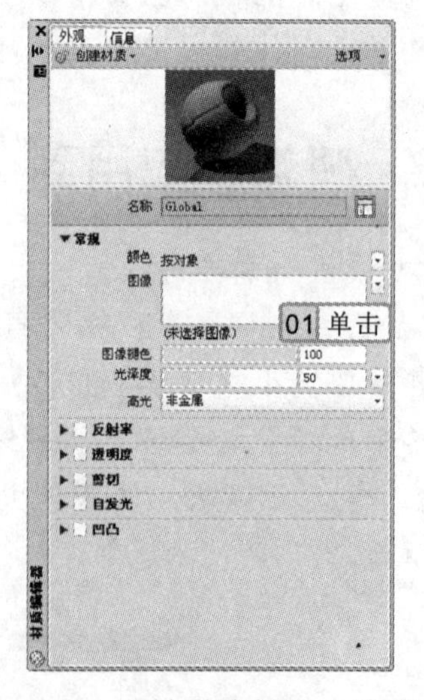

图 16-7 “材质编辑器”选项板

3. 在“常规”组中，单击“图像”选项后的图框，打开“材质编辑器打开文件”对话框，如图 16-8 所示。

AutoCAD 2012 中为用户提供了多种材质，主要包括门窗、木材、家具和混凝土等，用户可以很方便地将这些材质应用到实体中。

4 选择“Medrust3_bump.bmp”图形文件，单击 打开(O) 按钮返回“材质编辑器”选项板，效果如图 16-9 所示。

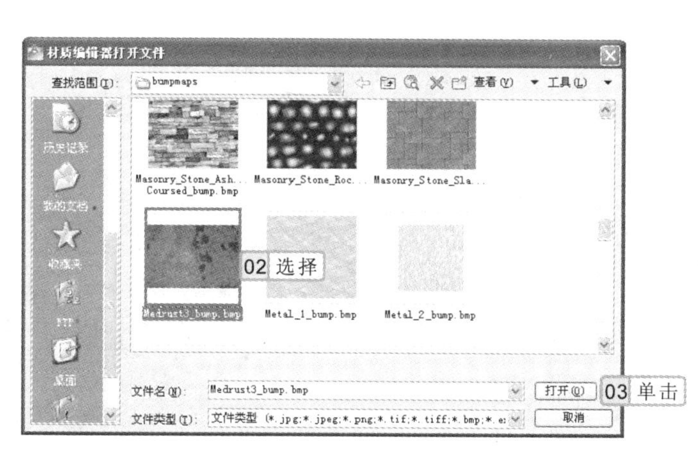

图 16-8 选择贴图文件

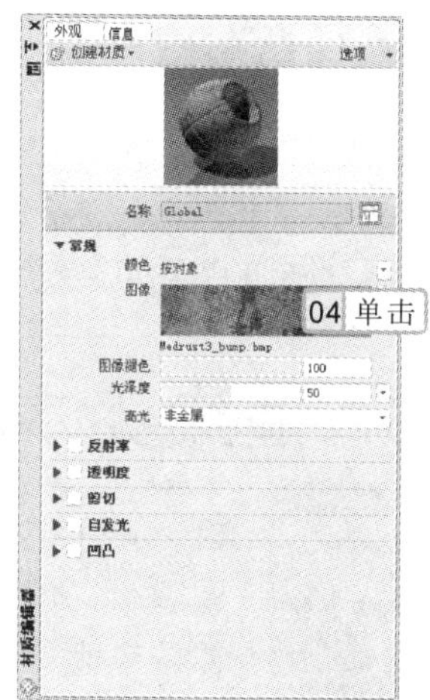

图 16-9 添加贴图效果

5 单击“图像”选项后的贴图图框，打开“纹理编辑器”选项板，将“比例”选项设置为 200，如图 16-10 所示。

6 关闭“纹理编辑器”和“材质编辑器”选项板，选择【常用】/【视图】组，单击“视图样式”按钮 二维线框，在打开的列表框中选择“真实”选项，如图 16-11 所示。

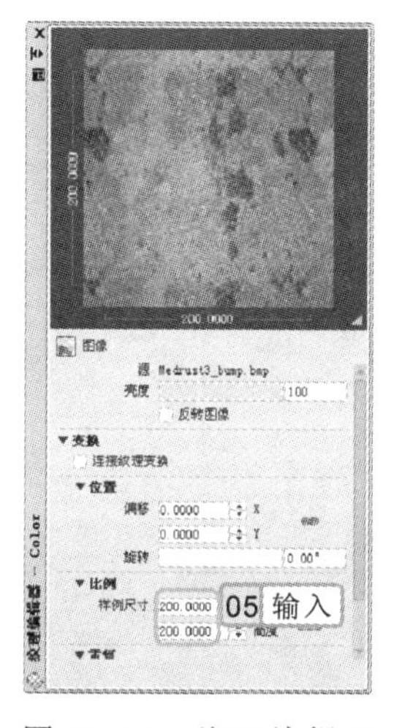

图 16-10 纹理编辑器

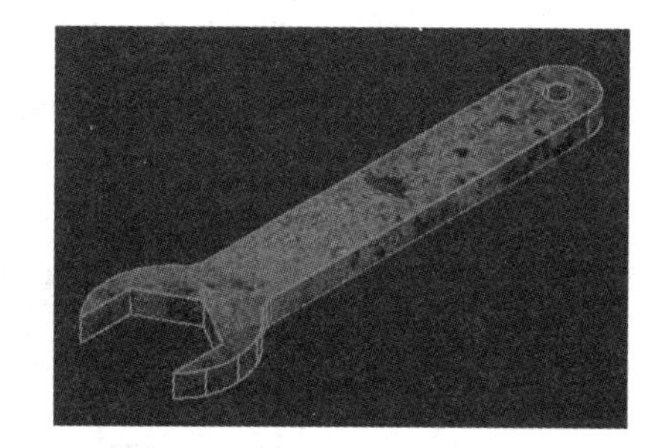

图 16-11 更改视觉样式

2. 不透明贴图

在 AutoCAD 2012 中，不透明贴图是根据二维图像的颜色来控制对象表面的透明区域。在贴图中，白色的部分对应的区域是不透明的，反之，黑色部分对应的区域则是完全透明

在对物体设置材质时，若实体外形类似长方体，可在“材质浏览器”选项板中选择长方体的几何样例，这样在设置时可通过材质球查看到更真实的效果。

的，其他的颜色将根据灰度的程度决定相应区域的透明程度。不透明贴图可以使用.BMP、.TIF、.JPG 和.PNG 等格式的图片作为贴图材质。

3. 凹凸贴图

凹凸贴图的特点是根据贴图材质的颜色来控制对象表面的凹凸程度，从而产生浮雕的效果。在贴图中，白色的部分对应的区域将凸起，反之，黑色对应的区域将凹陷，而其他的颜色根据灰度的程度决定相应的区域的凹凸程度。

16.3 渲染实体模型

对材质、贴图等方面进行设置，并将其应用到实体中后，可通过渲染查看即将生产的产品的真实效果。渲染是运用几何图形、光源和材质将三维实体渲染为最具有真实感的图像。

16.3.1 渲染基础

渲染的最终目标是创建一个可以表达用户想象的真实照片级演示质量图像，将运用几何图形、光源和材质将三维实体渲染为最具有真实感的图像，使用该功能可使图形更加清楚、真实。执行渲染命令，主要有以下两种方法：

- 选择【渲染】/【渲染】组，单击“渲染”按钮。
- 在命令行中输入“RENDER”命令。

执行上述任意一种操作后，将打开如图 16-12 所示的渲染窗口，在其中便可对渲染的实体进行查看。

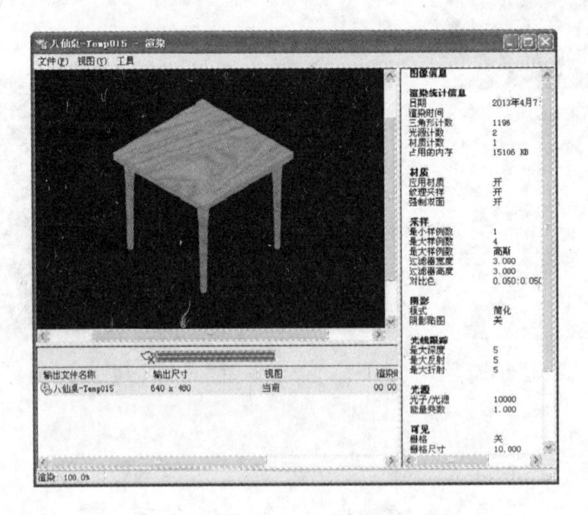

图 16-12 渲染效果

在“材质浏览器”选项板中对材质球进行相应的材质设置或将材质应用到实体对象后，再对文件进行保存，可将设置的材质一并保存。

16.3.2 渲染等级

在渲染实体对象时，用户还可根据需要对渲染过程进行详细的配置，而渲染的等级决定了渲染的质量。在 AutoCAD 2012 中，提供了 5 种渲染等级供用户选择，下面分别进行介绍。

- **草稿**：该等级的渲染质量在渲染等级中最差，但渲染的速度是最快的，它可用于用户快速浏览实体的渲染效果。
- **低**：该渲染等级比草稿等级高，在渲染实体时，不会显示阴影、材质和用户创建的光源，而是会自动使用一个虚拟的平行光源。该渲染等级的速度较快，适用于渲染简单图像的三维效果。
- **中**：该渲染等级的效果比前面两个等级高，会使用材质与纹理过滤功能渲染实体对象，但不会使用阴影贴图。
- **高级**：该渲染等级将在渲染中根据光线跟踪产生折射、反射和更精确的阴影。该等级渲染的图像较精细，同时渲染的时间也较长。
- **演示**：该渲染等级是 AutoCAD 2012 等级中最高的渲染等级，它的效果最好，花费的时间也是最长的，常用于最终的渲染效果图。

16.3.3 设置渲染背景

在默认情况下，对实体进行渲染后，在打开的渲染窗口中，背景的颜色为黑色。为了使图形得到更好的效果，可对渲染的背景进行更改。设置渲染背景，一般情况下在“视图管理器”对话框中进行设置。

实例 16-2 为法兰盘设置渲染背景

执行视图管理器命令，在“视图管理器”对话框中创建视图，并设置视图背景颜色。

光盘\素材\第 16 章\法兰盘.dwg
光盘\效果\第 16 章\法兰盘.dwg

1. 打开“法兰盘.dwg”图形文件，如图 16-13 所示。
2. 在命令行输入“V”，执行视图管理器命令，打开“视图管理器”对话框，以便创建新的视图，如图 16-14 所示。
3. 单击 新建(N)... 按钮，打开“新建视图/快照特性”对话框，在“视图名称”文本框中输入“beijing”，单击“背景”栏的 默认 下拉按钮，在下拉列表框中选择“渐变色”选项，如图 16-15 所示。
4. 打开“背景”对话框，在“渐变色选项”栏中单击“顶部颜色”选项后的色块，如图 16-16 所示。
5. 打开“选择颜色”对话框，选择“索引颜色”选项卡，在“索引颜色”选项中选择“蓝”选项，单击 确定 按钮，如图 16-17 所示。

在“高级渲染设置”选项板中的“基本”部分包含了影响模型的渲染方式、材质和阴影的处理方式，以及反走样执行方式的设置。

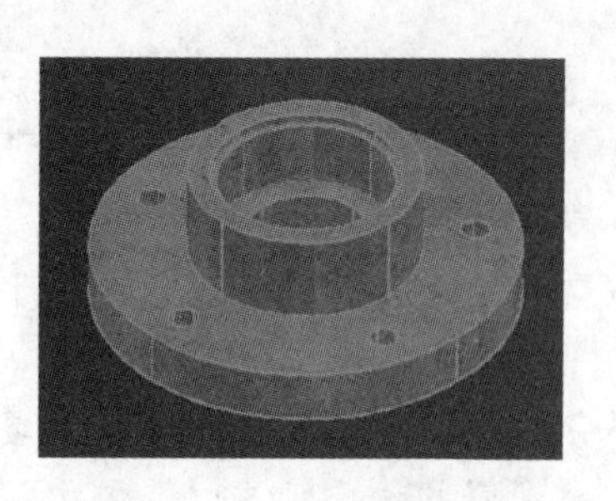

图 16-13　原始模型

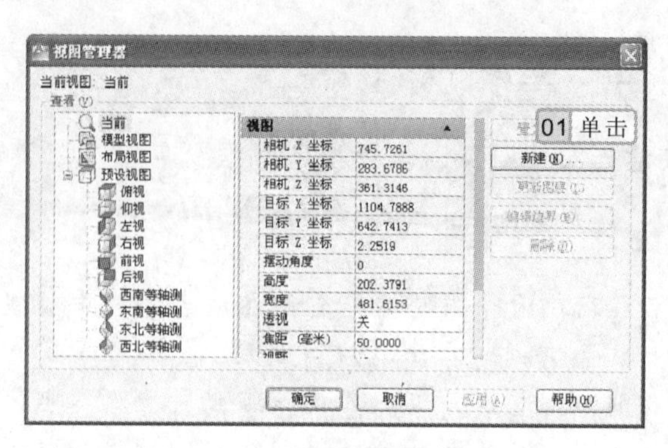

图 16-14　“视图管理器”对话框

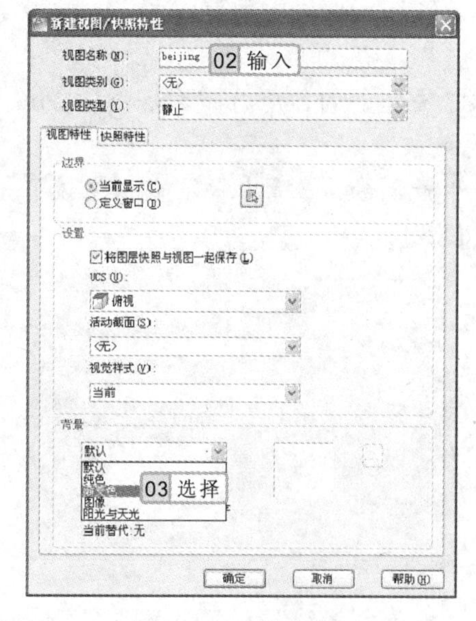

图 16-15　新建视图

图 16-16　“背景”对话框

6　返回“背景”对话框，使用相同的方法，将“底部颜色”选项设置为“绿”，效果如图 16-18 所示。

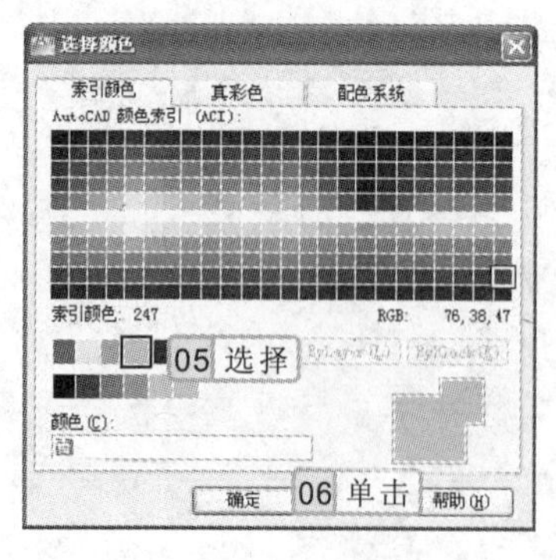

图 16-17　选择颜色

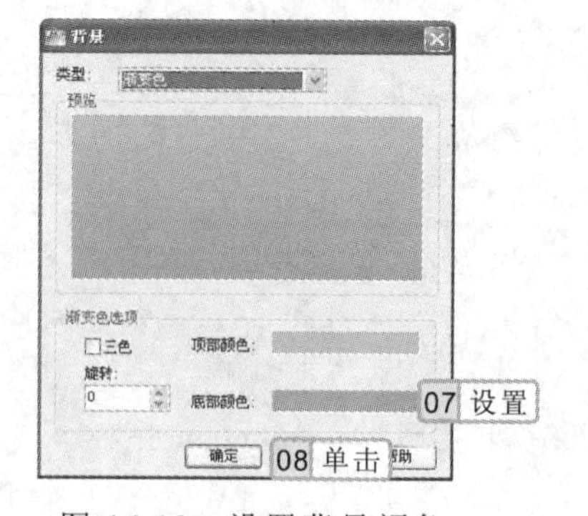

图 16-18　设置背景颜色

在“选择颜色”对话框的“真彩色”选项卡中，可以通过鼠标光标拾取颜色面板中的颜色。

7. 单击 确定 按钮，返回“新建视图/快照特性”对话框，再次单击 确定 按钮，返回“视图管理器”对话框。
8. 单击 置为当前(C) 按钮，将新建的视图设置为当前视图。
9. 单击 应用(A) 按钮，将新建的视图进行应用，单击 确定 按钮，关闭“视图管理器”对话框，如图 16-19 所示。
10. 将视图背景颜色进行渐变填充后的效果如图 16-20 所示。

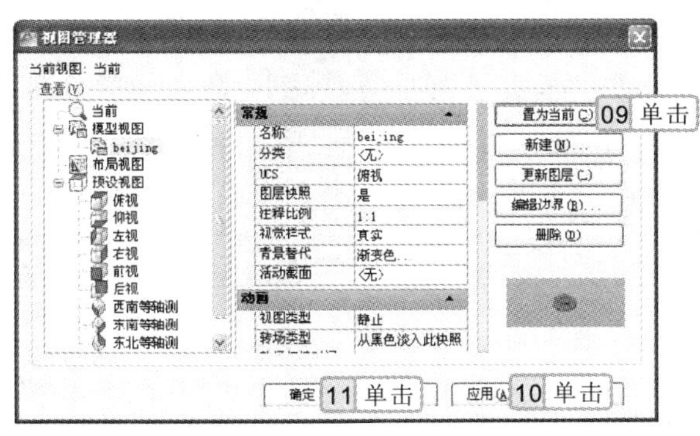

图 16-19　应用新视图

图 16-20　更改背景后的效果

16.3.4　输出渲染图像

为了利于产品的宣传，对实体进行渲染后，可以将其渲染的结果保存为图片文件，以便作进一步的处理。要将渲染后的图像输出，可在渲染后打开的渲染窗口中进行保存操作。

实例 16-3　输出书桌图片文件

执行渲染命令，将实体模型进行渲染处理，并将渲染后的图形以文件名为“书桌.bmp”的格式进行保存。

参见光盘　光盘\素材\第 16 章\书桌.dwg
光盘\效果\第 16 章\书桌.bmp

1. 打开“书桌.dwg”图形文件，如图 16-21 所示。
2. 选择【渲染】/【渲染】组，单击“渲染”按钮，对图形进行渲染，选择【文件】/【保存】命令，如图 16-22 所示。
3. 打开“渲染输出文件”对话框，在“保存于”下拉列表框中选择文件的保存位置，在“文件类型”下拉列表框中选择“BMP（*.bmp）”选项，在“文件名”下拉列表框中输入“书桌”，单击 保存(S) 按钮，如图 16-23 所示。
4. 打开“BMP 图像选项”对话框，选中 24 位 (16.7 百万色) 单选按钮，单击 确定 按钮，将图形进行输出操作，如图 16-24 所示。

在“高级渲染设置”选项板中的“光线跟踪”部分用于控制如何产生着色，“间接发光”部分用于控制光源特性、场景照明方式以及是否进行全局照明和最终采集。

图 16-21　打开模型文件

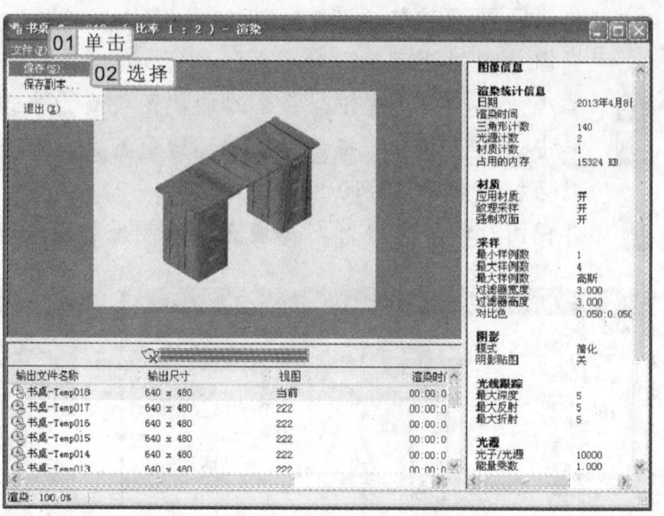

图 16-22　渲染模型效果

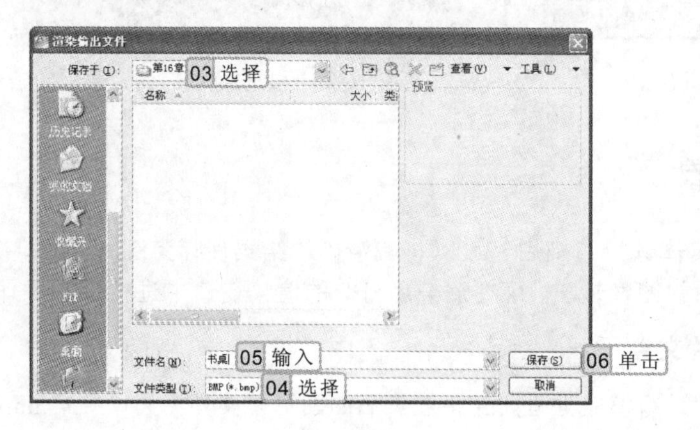

图 16-23　渲染输出文件

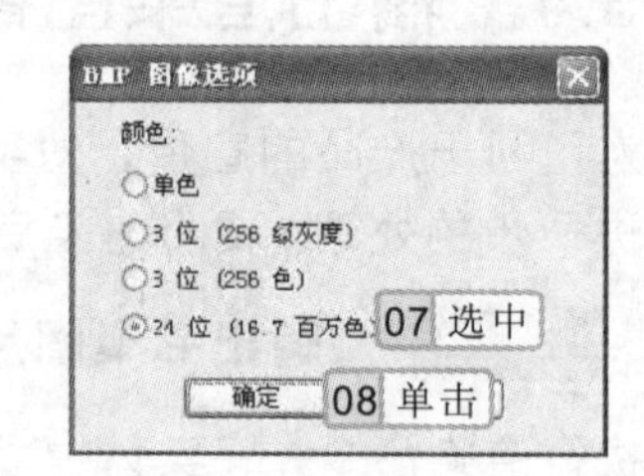

图 16-24　选择颜色位数

16.4　精通实例

本章主要介绍了三维实体模型的后期处理的相关知识，主要包括灯光的使用、为实体模型添加材质、贴图，以及进行渲染操作等。下面通过两个实例的练习，进一步巩固所学的知识。

16.4.1　渲染齿轮模型

本例将对“齿轮.dwg”图形文件中的齿轮模型进行渲染操作，在对实体模型进行渲染的过程中，主要使用视图管理器命令设置渲染背景，并为实体模型添加材质，再对其进行渲染处理，最终效果如图 16-25 所示。

在“新建视图/快照特性”对话框中还可设置 UCS 坐标和视觉样式等，选中 ⊙定义窗口(D) 单选按钮，可以自定义窗口的边界。

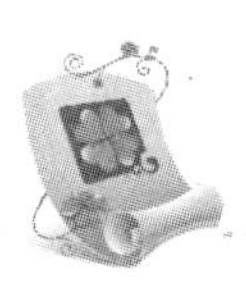

图 16-25　渲染齿轮模型

1. 行业分析

齿轮是能互相啮合的有齿的机械零件，齿轮在传动中的应用很早就出现了，随着生产的发展，齿轮运转的平稳性越来越受到重视。齿轮的结构一般有轮齿、齿槽、端面、法面、齿顶圆、齿根圆、基圆、分度圆等，分别介绍如下。

- **轮齿**：简称齿，是齿轮上每一个用于啮合的凸起部分，这些凸起部分一般呈辐射状排列，配对齿轮上的轮齿互相接触，可使齿轮持续啮合运转。
- **齿槽**：是齿轮上两相邻轮齿之间的空间。
- **端面**：是圆柱齿轮或圆柱蜗杆上，垂直于齿轮或蜗杆轴线的平面。
- **法面**：是垂直于轮齿齿线的平面。
- **齿顶圆**：是指齿顶端所在的圆。
- **齿根圆**：是指槽底所在的圆。
- **基圆**：形成渐开线的发生线作纯滚动的圆。
- **分度圆**：是在端面内计算齿轮几何尺寸的基准圆。

2. 操作思路

为更快完成本例的制作，并且尽可能运用本章讲解的知识，本例的操作思路如下。

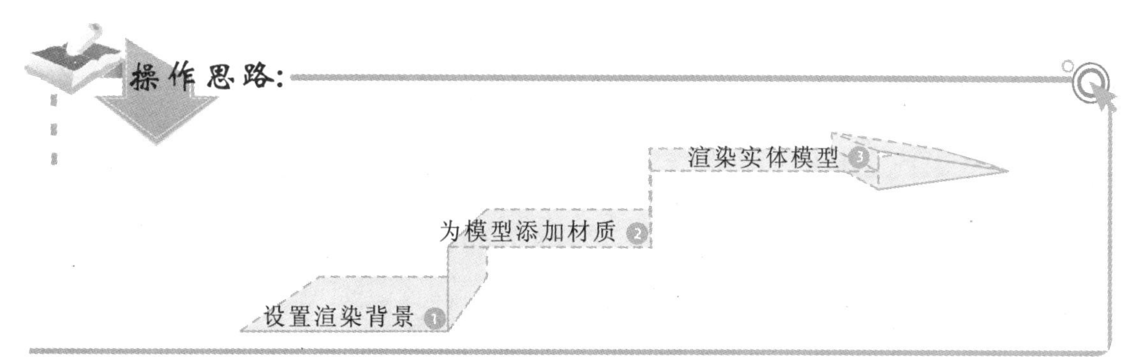

在渲染窗口的下方，还可查看实体对象渲染后的文件名称、输出尺寸、视图、渲染时间和渲染预设等参数。

3. 操作步骤

下面介绍渲染齿轮实体模型的相关操作，其操作步骤如下。

光盘\素材\第16章\齿轮.dwg
光盘\效果\第16章\齿轮.dwg
光盘\实例演示\第16章\渲染齿轮模型

1. 打开“齿轮.dwg”图形文件，如图16-26所示。
2. 在命令行输入“V”，执行视图管理器命令，打开“视图管理器”对话框，如图16-27所示。

图16-26 打开齿轮原始图形

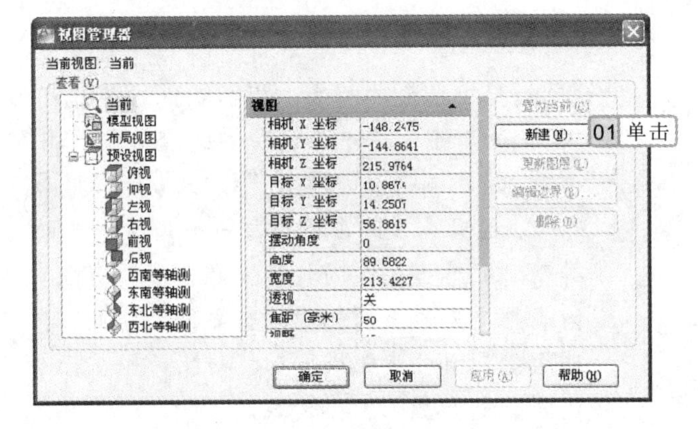

图16-27 “视图管理器”对话框

3. 单击[新建(N)...]按钮，打开“新建视图/快照特性”对话框，在“视图名称”文本框中输入“guang”，在“背景”栏中单击[默认]中的下拉按钮，在下拉列表框中选择“纯色”选项，如图16-28所示。
4. 打开“背景”对话框，在“纯色选项”栏的“颜色”选项的色块上单击鼠标，如图16-29所示。
5. 打开“选择颜色”对话框，在“真彩色”选项卡中的“颜色”文本框中输入“199,199,255”，单击[确定]按钮，如图16-30所示。
6. 返回“背景”对话框，单击[确定]按钮返回“新建视图/快照特性”对话框。
7. 单击[确定]按钮返回“视图管理器”对话框，在“查看”栏中选择“guang”选项，单击[置为当前(C)]按钮，将新建的视图设置为当前视图。
8. 单击[应用(A)]按钮，将新建的视图进行应用，再单击[确定]按钮，关闭“视图管理器”对话框，如图16-31所示。
9. 选择【渲染】/【材质】组，单击[材质浏览器]按钮，打开“材质浏览器”选项板，在材质列表中选择“黄铜-锻光”材质。
10. 选择齿轮模型，在“文档材质：全部”组中使用鼠标右键单击添加的材质，在打开的快捷菜单中选择“指定给当前选择”命令，如图16-32所示。
11. 选择【渲染】/【渲染】组，单击“渲染”按钮，将齿轮模型进行渲染处理，

在AutoCAD 2012中，对渲染后的图形，还可将其输出为.JPEG、.BMP、.PCX、.TAG、.TIF和.PNG格式的图片文件。

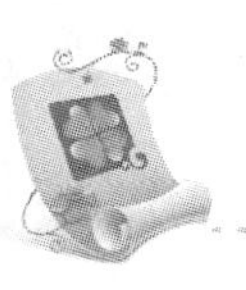

渲染效果如图 16-33 所示。

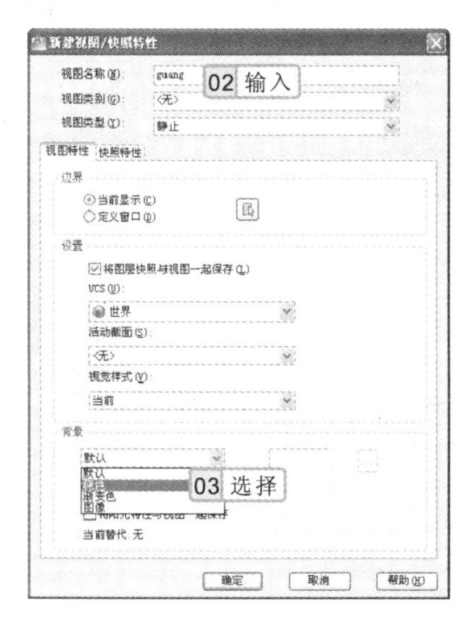

图 16-28　新建视图

图 16-29　“背景”对话框

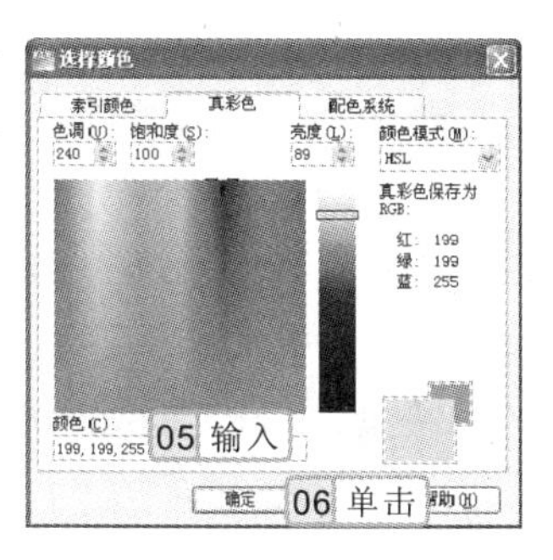

图 16-30　选择背景颜色

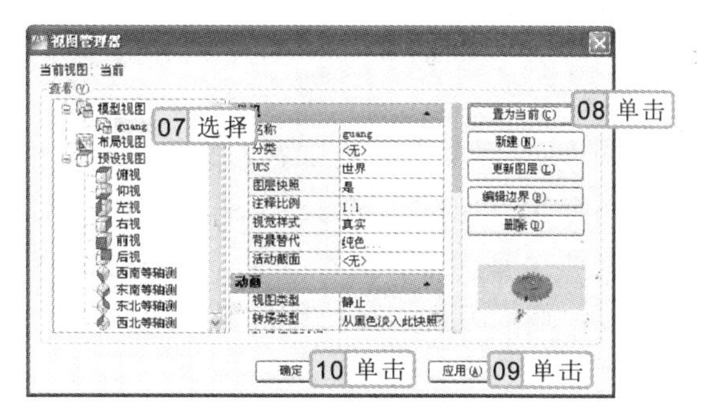

图 16-31　应用背景视图

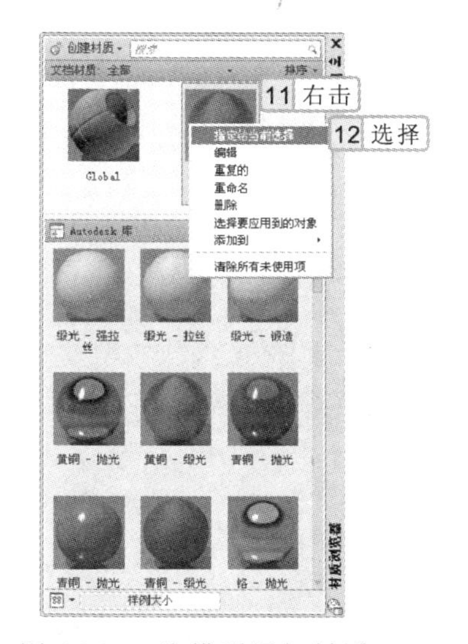

图 16-32　为模型添加材质

图 16-33　渲染齿轮模型效果

设置渲染背景时，在“背景”对话框的“类型”下拉列表框中选择“渐变色”选项，若取消选中☑三色复选框，则渐变色将变为默认的红色和蓝色两种颜色。

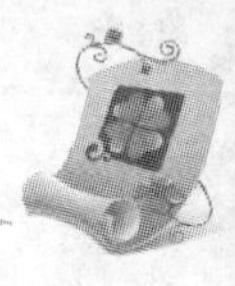

16.4.2 渲染螺丝刀模型

本例将对“螺丝刀.dwg”图形文件中的螺丝刀模型进行渲染处理，在进行渲染实体模型的过程中，主要为实体模型添加了材质、贴图等操作，并对实体模型进行渲染处理，渲染后的最终效果如图 16-34 所示。

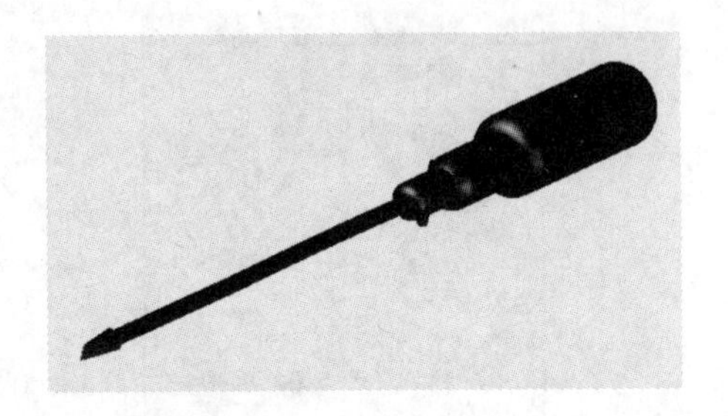

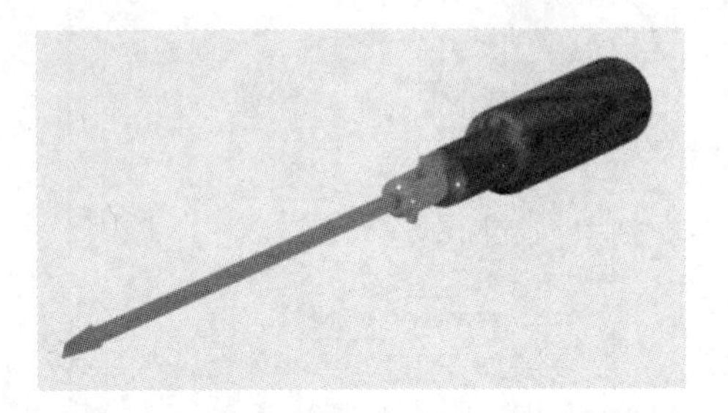

图 16-34 渲染螺丝刀模型

1. 行业分析

螺丝刀是一种拧紧或旋松螺钉的工具，主要有一字（负号）和十字（正号）型两种。除此之外，常见的还有六角螺丝刀，包括内六角和外六角两种，其种类可以分为以下几类。

- **普通螺丝刀**：就是头柄造在一起的螺丝刀，容易准备，只要拿出来就可以使用，但由于螺丝有不同长度和粗度，有时需要准备很多支不同的螺丝刀。
- **组合型螺丝刀**：一种把螺丝刀头和柄分开的螺丝刀，要安装不同类型的螺丝时，只需把螺丝刀头换掉即可，不需要带大量螺丝刀。
- **电动螺丝刀**：就是以电动马达代替人手安装和移除螺丝，通常是组合螺丝刀。
- **钟表螺丝刀**：属于精密起子，常用在修理手带型钟表时，故有此一称。
- **小金刚螺丝刀**：头柄及身长尺寸比一般常用的螺丝起子小，非钟表螺丝刀。

2. 操作思路

为更快完成本例的制作，并且尽可能运用本章讲解的知识，本例的操作思路如下。

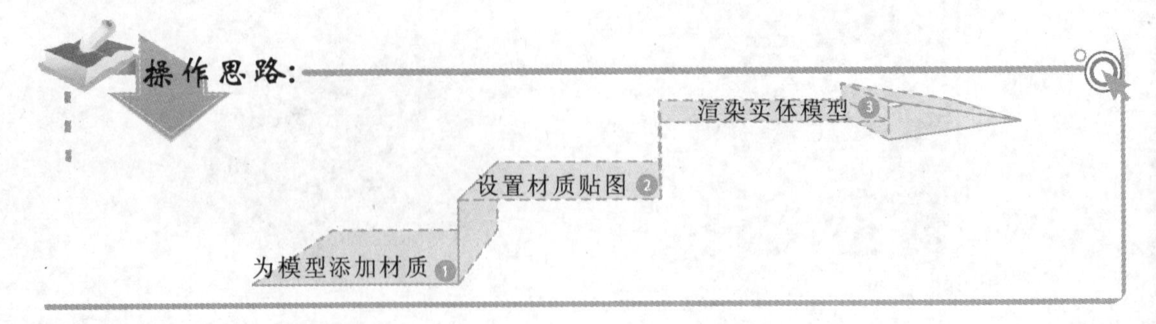

在创建光源时，可根据产品展示或宣传的需要进行灯光设置。除了创建点光源、聚光灯光源和平行光光源外，还可创建相应的阳光特性。

3. 操作步骤

下面介绍渲染螺丝刀实体模型的具体实现方法，其操作步骤如下：

参见光盘
光盘\素材\第16章\螺丝刀.dwg
光盘\效果\第16章\螺丝刀.dwg
光盘\实例演示\第16章\渲染螺丝刀模型

1. 打开“螺丝刀.dwg”模型文件，如图16-35所示。
2. 选择【渲染】/【材质】组，单击 材质浏览器 按钮，打开“材质浏览器”选项板，在材质库中选择“不锈钢-抛光”材质，将其添加到“文档材质：全部”列表框中，如图16-36所示。

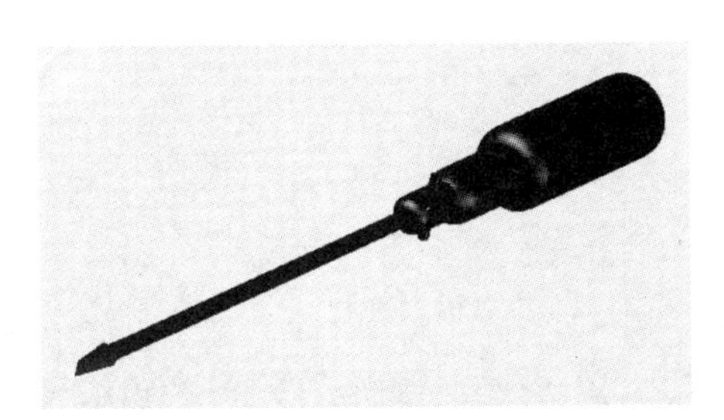
图16-35 打开原始图形

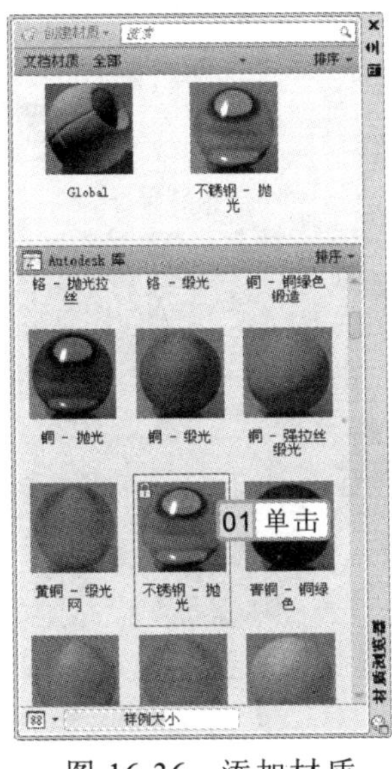

图16-36 添加材质

3. 在绘图区中选择螺丝刀头的实体对象，指定要添加材质的实体模型，如图16-37所示。
4. 在“材质浏览器”选项板的“文档材质：全部”列表框中，使用鼠标右键单击“不锈钢-抛光”材质，在弹出的快捷菜单中选择“指定给当前选择”命令，如图16-38所示。
5. 选择【渲染】/【材质】组，单击“材质编辑器”按钮，打开“材质编辑器”选项板，选中 浮雕图案 复选框，在“类型”下拉列表框中选择“自定义-图像”选项，如图16-39所示。
6. 在打开的“材质编辑器打开文件”对话框中选择“Plateox2.bmp”选项，单击 打开(O) 按钮，如图16-40所示。
7. 在“材质浏览器”选项板中添加“金属漆”材质，然后在绘图区中选择要添加材质的模型，如图16-41所示。
8. 在“材质浏览器”选项板“文档材质：全部”列表框中单击“金属漆”材质球，

操作提示

在AutoCAD 2012中对实体模型进行渲染前，应根据具体要求创建一个或多个光源，以更好地观看实体模型。

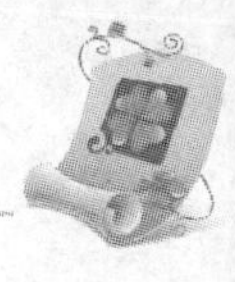

在弹出的快捷菜单中选择“指定给当前选择”命令，如图 16-42 所示。

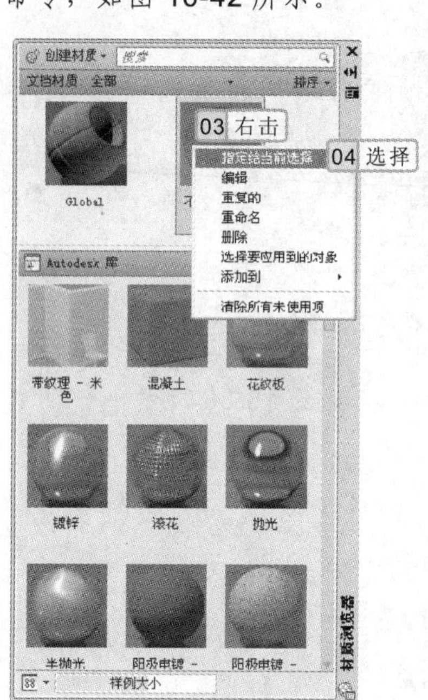

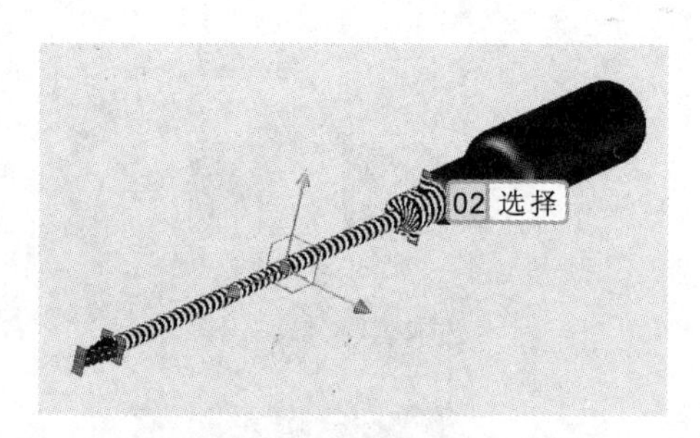

图 16-37　选择要添加材质的模型

图 16-38　为模型指定材质

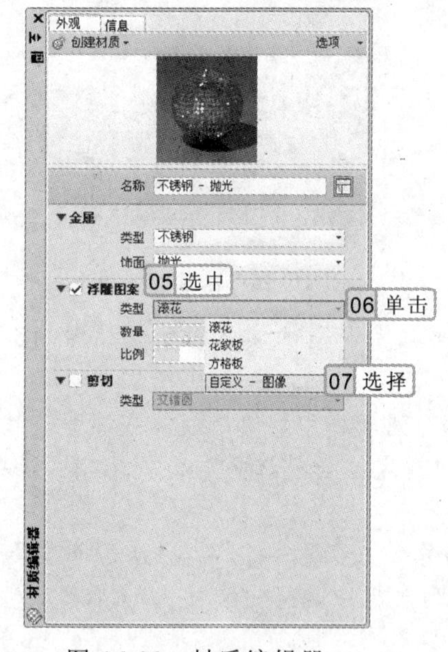

图 16-39　材质编辑器

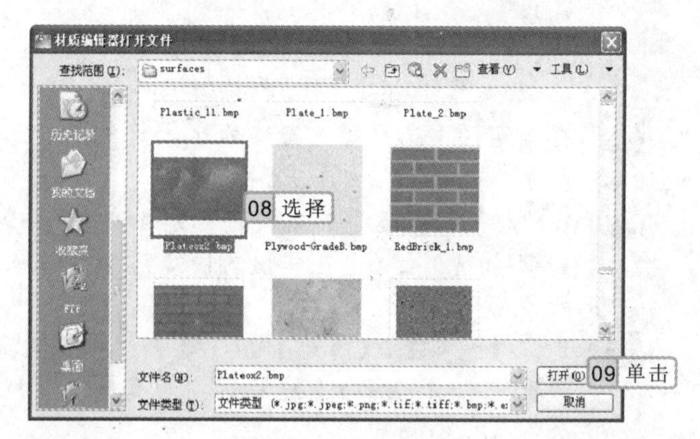

图 16-40　选择贴图

9 在“材质浏览器”选项板的“文档材质：全部”列表框中选择默认材质“Global”，如图 16-43 所示。

10 选择【渲染】/【材质】组，单击“材质编辑器”按钮，打开“材质编辑器”选项板，在“常规”栏中单击“图像”选项后的图框，如图 16-44 所示。

在“新建视图/快照特性”对话框的“背景”栏的下拉列表框中，若选择“图像”选项，则可插入电脑中的图片文件来作为渲染背景。

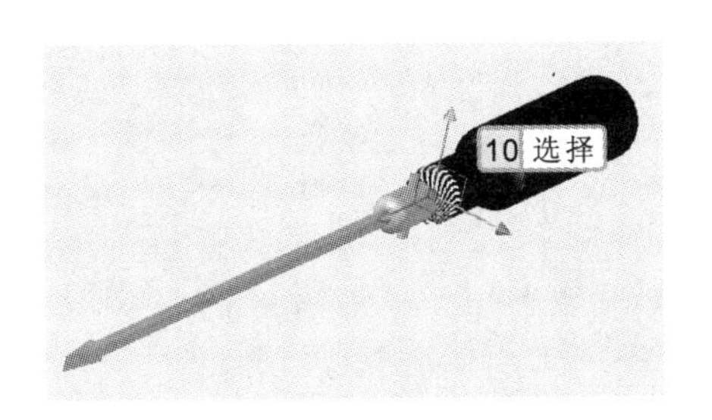

图 16-41 选择实体模型

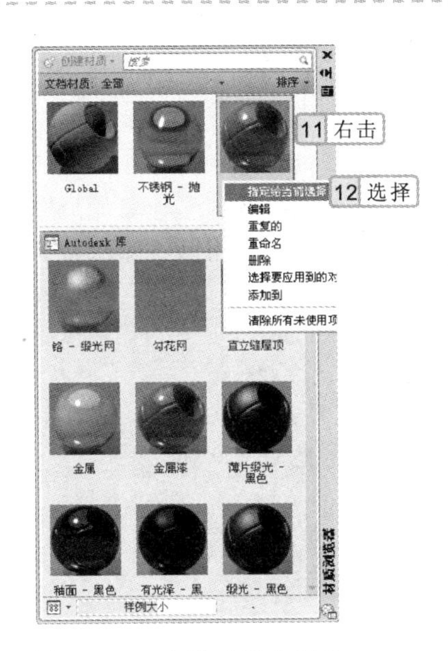

图 16-42 为模型指定材质

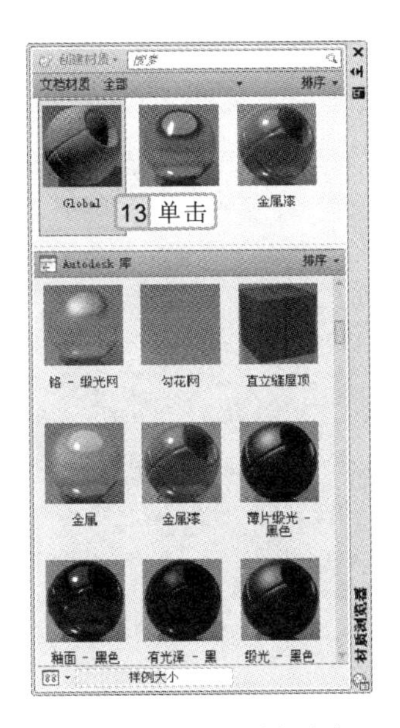

图 16-43 选择材质球

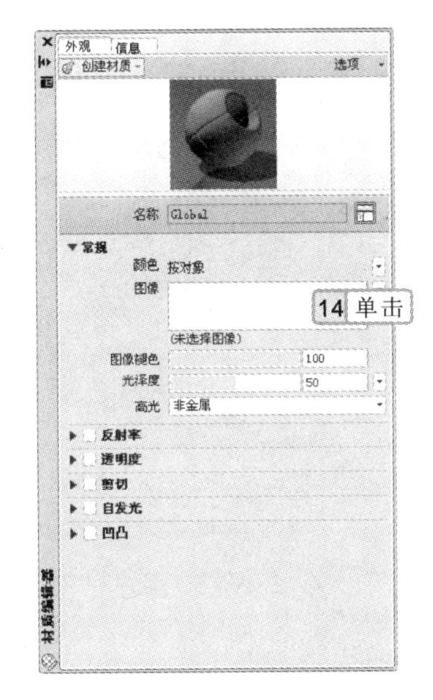

图 16-44 “材质编辑器”选项板

11 打开“材质编辑器打开文件”对话框，在文件列表中选择“Wood_1.bmp”图形文件，单击打开(O)按钮，如图 16-45 所示。

12 返回“材质编辑器”选项板，单击按钮，在弹出的菜单中选择“编辑图像”命令，如图 16-46 所示。

13 在“纹理编辑器”选项板的“比例”栏中将比例设置为 600，如图 16-47 所示。

14 选择【渲染】/【渲染】组，单击“渲染”按钮，将螺丝刀模型进行渲染处理，

在编辑材质时，除了设置材质的比例之外，还可以通过设置材质的位置，设置贴图在模型中的位置，以及贴图的角度等。

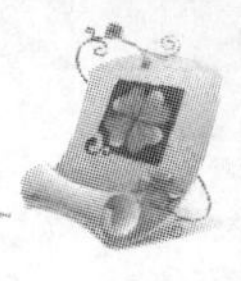

如图 16-48 所示。

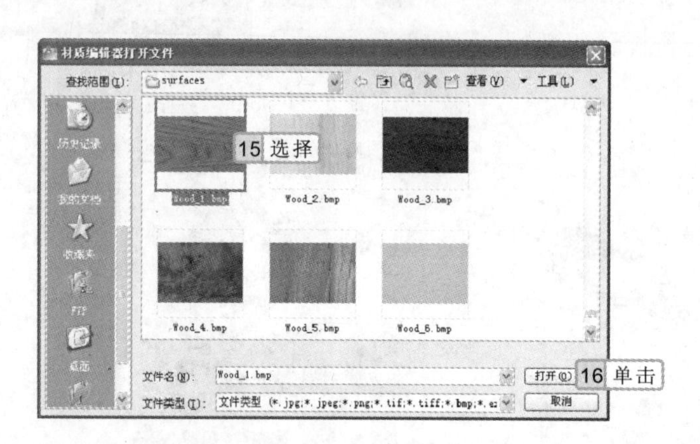

图 16-45 选择贴图文件

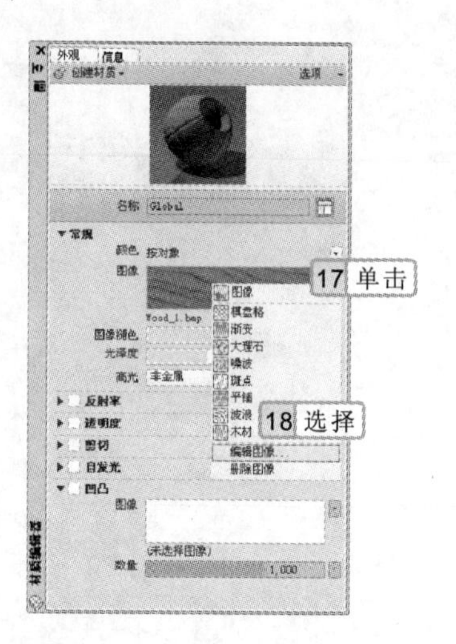

图 16-46 材质编辑器

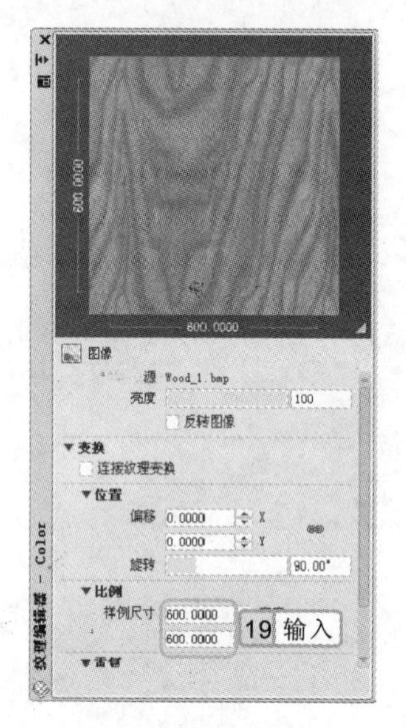

图 16-47 设置贴图比例

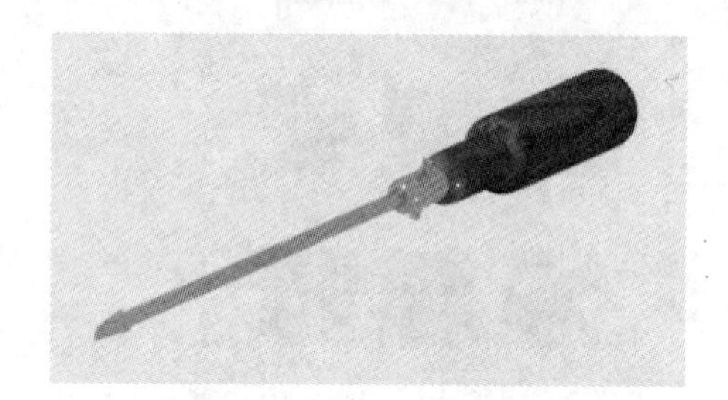

图 16-48 渲染实体模型

16.5 精通练习

本章主要介绍了三维模型后期处理的相关知识，包括设置光源、材质、贴图、渲染背景，然后对三维模型进行渲染。下面通过两个练习进一步巩固渲染三维模型的操作知识。

若对一个图形进行了多次渲染，则在打开的渲染窗口的下方，都会显示相应的记录，选择某个记录后，单击鼠标右键，在弹出的快捷菜单中选择“从列表中删除”命令可将其删除。

16.5.1 渲染轴承支架模型

本次练习将对“轴承支架.dwg”模型文件进行渲染处理，在渲染支架模型时，主要为其设置渲染背景，为模型添加贴图，再对其进行渲染处理，效果如图 16-49 所示。

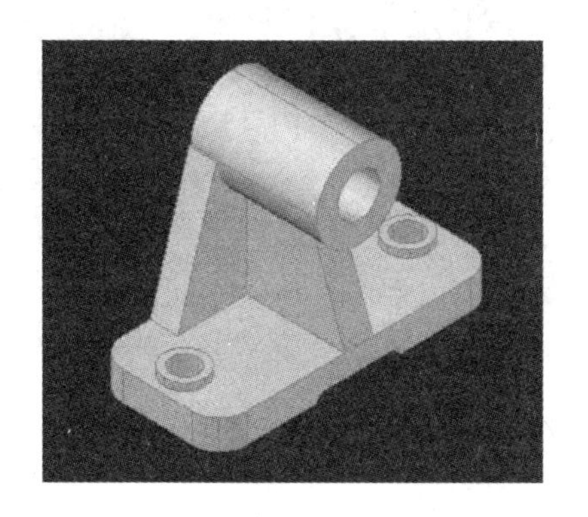
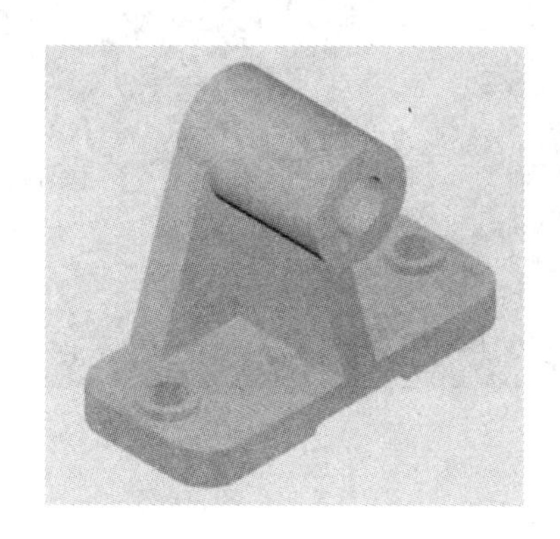

图 16-49　渲染轴承支架模型

参见光盘
光盘\素材\第 16 章\轴承支架.dwg
光盘\效果\第 16 章\轴承支架.dwg
光盘\实例演示\第 16 章\渲染轴承支架模型

该练习的操作思路与关键提示如下。

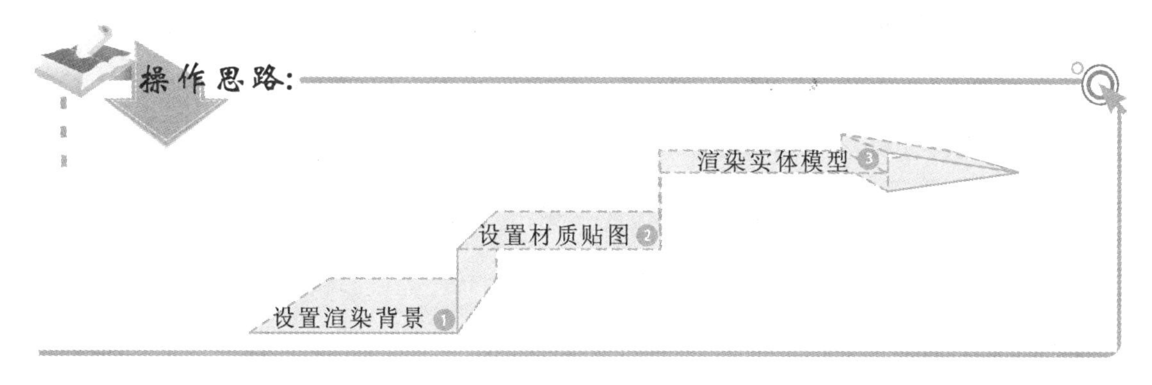

关键提示:

渲染模型的关键参数

渲染背景名称：jing；渲染背景颜色：210,210,210；材质贴图文件：Plateox2.bmp。

16.5.2 渲染钉锤模型

本次练习将打开“钉锤.dwg”图形文件中的模型并对其进行渲染处理，在为实体模型

在渲染环境中，材质描述对象如何反射或发射光线。在材质中，贴图可以模拟纹理、凹凸效果、反射或折射。

进行渲染的过程中，主要是为其设置渲染背景、为模型添加材质、设置材质贴图等，最后进行渲染处理，效果如图 16-50 所示。

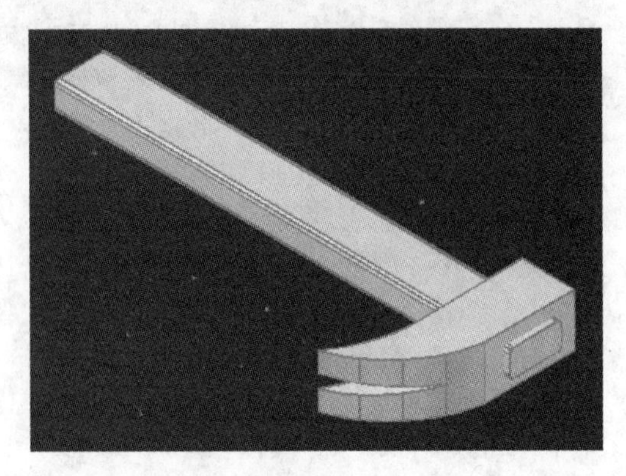

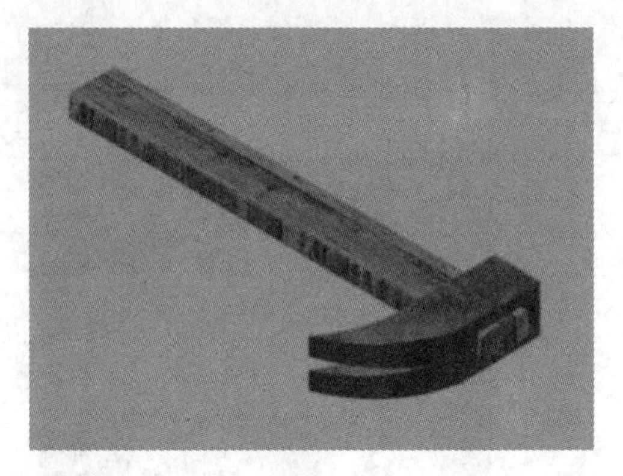

图 16-50　渲染钉锤模型

参见光盘
光盘\素材\第 16 章\钉锤.dwg
光盘\效果\第 16 章\钉锤.dwg
光盘\实例演示\第 16 章\渲染钉锤模型

该练习的操作思路与关键提示如下。

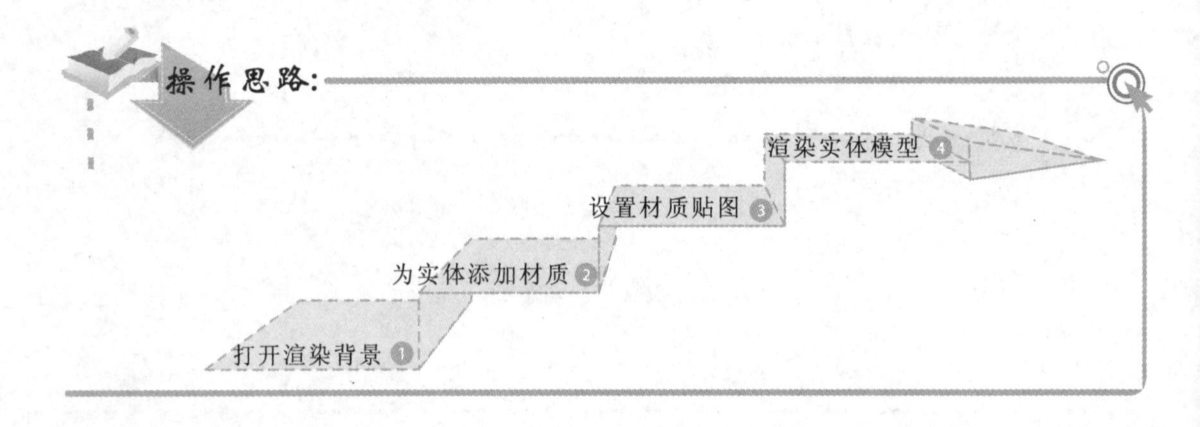

关键提示：

渲染钉锤模型关键参数

渲染背景名称：bj；渲染背景颜色：纯色（默认）；木把材质：木板；贴图比例：200；锤头贴图：Plateox2.bmp。

精讲笔录

各个材质具有唯一的外观特性，使用“纹理编辑器”可编辑指定给材质的纹理贴图或程序贴图，也可以对材质进行重命名。

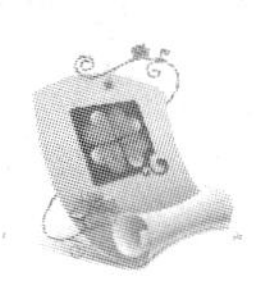

知识关联　控制渲染环境

对实体模型进行渲染操作时，不仅可以控制渲染背景，还可以对其他渲染环境进行设置，选择【渲染】/【渲染】组，单击 渲染 按钮，在弹出的列表中选择“环境”选项，在打开的“渲染环境”对话框中可以选择是否启用雾化，设置颜色等；或选择【渲染】/【渲染】组，单击“高级渲染设置”按钮，在打开的“高级渲染设置”选项板中可以控制更多的渲染参数。

操作提示

当纹理过滤处于活动状态时，渲染时间会略有增加，需要分配给棱锥体过滤的内存约为纹理贴图大小的 133%。

实战篇

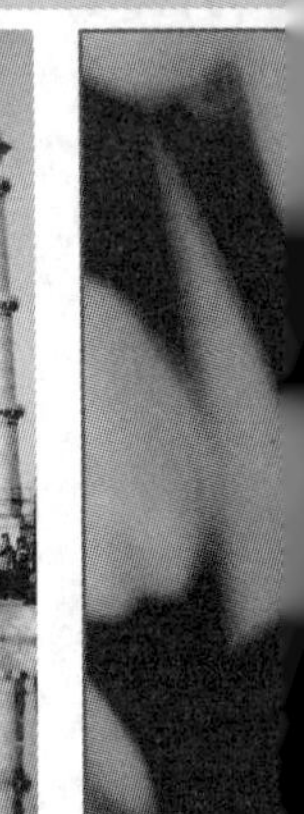

AutoCAD 2012是一款非常实用的辅助绘图软件，广泛用于机械、建筑等众多领域，如绘制机械行业中常见的标准件、零件图，建筑行业中使用最多的装修图、建筑施工图等。本章将以标准件的绘制、家庭装修图以及某农村别墅平面图的绘制为例，介绍AutoCAD 2012的实际应用及相关操作，从而让读者进一步掌握各种绘图及编辑命令的使用和绘图技巧等。

<<< PRACTICALITY

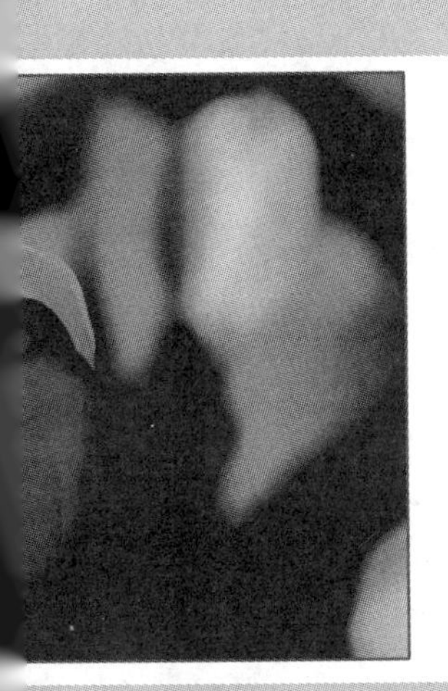

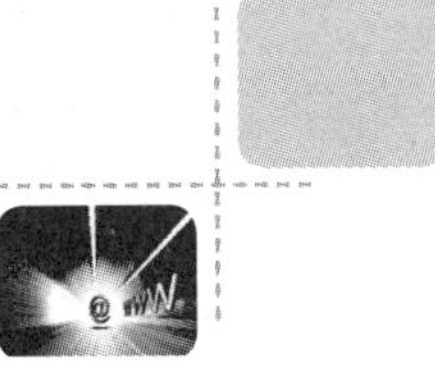

实战篇

第17章

绘制标准件

半圆头方颈螺栓

T型槽用螺栓

六角开槽螺母

螺型螺母

俯视图　主视图

本章导读

标准件是指结构、尺寸、画法、标记等各个方面已经完全标准化，由专业生产厂商生产的常用零（部）件，如螺纹件、键、销、滚动轴承等。本章以半圆头方颈螺栓和蝶型螺母两个标准件为例，介绍标准件图形的绘制方法、绘制过程以及相应的绘制技巧等，从而让读者进一步掌握使用 AutoCAD 2012 绘制机械图形的操作方法，巩固各种绘图及编辑命令的使用等。

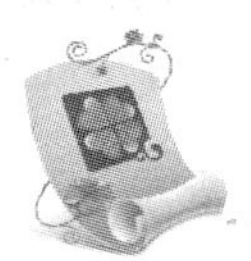

17.1 绘制半圆头方颈螺栓

半圆头方颈螺栓是螺栓中的一类，在围栏网中，一般是连接网片与立柱，并配以防盗垫圈，能防止隔离栅被人随意拆卸。本例中主要介绍半圆头方颈螺栓主视图及剖视图的绘制。

17.1.1 实例说明

下面将绘制“半圆头方颈螺栓.dwg”零件图，绘制该图形时，可以从绘制的方便性入手，先绘制其剖面图，再通过剖面图完成主视图图形的绘制，最后对图形进行相应的尺寸标注，最终效果如图 17-1 所示。

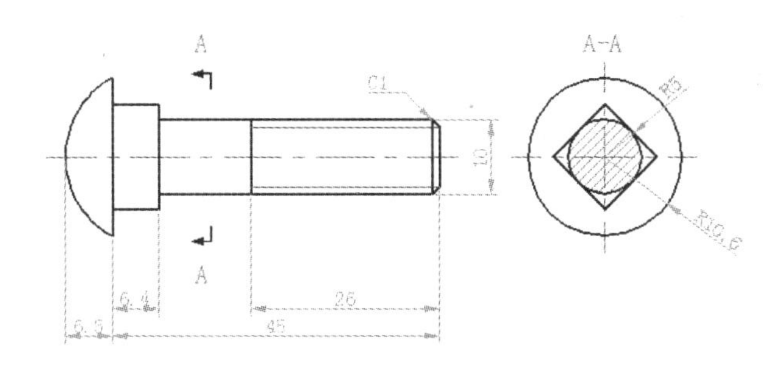

图 17-1 半圆头方颈螺栓

17.1.2 行业分析

半圆头螺栓主要有方颈和带榫两类，多用于结构受限制、不便用其他头型螺栓或被连接零件要求螺栓头部光滑的场合。由于半圆头方颈螺栓的头呈圆形，没有十字槽或内六角之类的可用助力工具的设计，在实际连接过程中还可以起到防盗的作用。半圆头螺栓按其用途来分，主要有以下几类。

- **普通半圆头螺栓：**普通半圆头螺栓多用于金属零件上。
- **大头圆头螺栓：**大头圆头螺栓多用于木质零件上。
- **加强半圆头螺栓：**加强半圆头螺栓多用于承受冲击、振动或交变载荷的场合。
- **沉头螺栓：**沉头螺栓多用于被连接零件表面要求平坦或光滑不阻挂东西的场合。

17.1.3 操作思路

为更快完成本例的制作，并且尽可能运用本书所讲解的知识，本例的操作思路如下。

绘制机械图形时，将定义的标准件插入图形中，可以快速完成机械图形的绘制，特别是在绘制装配图时经常使用此方法。

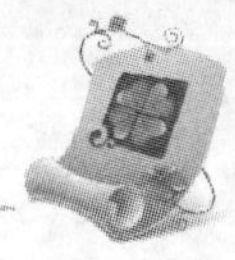

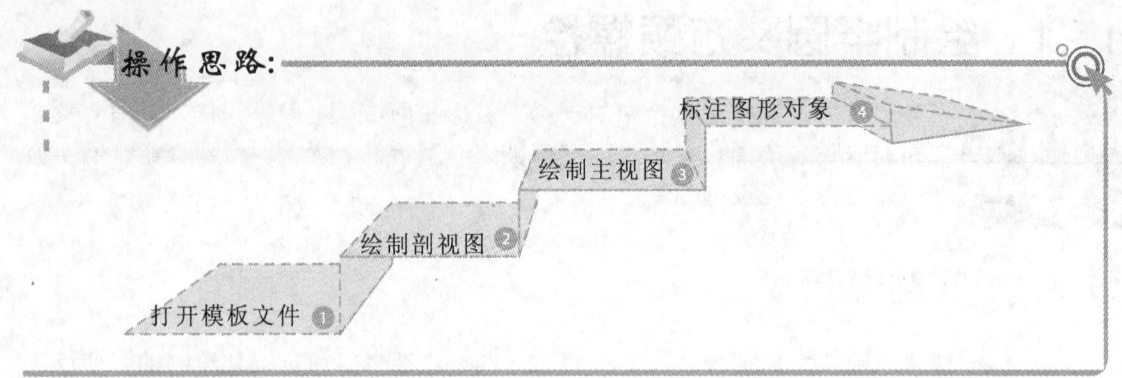

17.1.4　操作步骤

下面介绍半圆头方颈螺栓图形的绘制，练习圆、多边形、倒角等常用命令的使用，以及对图形进行尺寸标注的方法。

光盘\素材\第 17 章\机械图层.dwg
光盘\效果\第 17 章\半圆头方颈螺栓.dwg
光盘\实例演示\第 17 章\绘制半圆头方颈螺栓

1. 绘制剖视图

调用"机械图层.dwg"图形文件，利用该图形文件中创建的图层及相关设置，以及构造线、圆、正多边形、图案填充等命令，完成半圆头方颈螺栓剖视图绘制，其操作步骤如下：

1. 打开"机械图层.dwg"，将图层切换至"中心线"图层，在命令行输入"XL"，执行构造线命令，并结合"正交"功能，在绘图区中绘制水平及垂直构造线，如图 17-2 所示。
2. 将当前图层切换至"轮廓线"图层，在命令行输入"C"，执行圆命令，以构造线的交点为圆心，绘制半径为 10.6 的圆，如图 17-3 所示，其命令行操作如下：

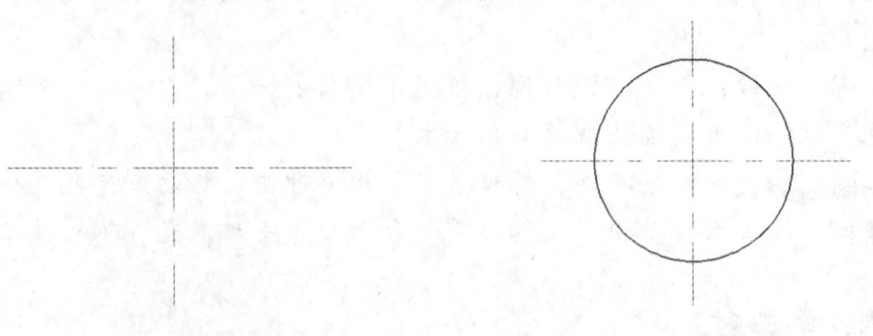

图 17-2　绘制辅助线　　　图 17-3　绘制圆

```
命令: C                                    //执行圆命令
CIRCLE
指定圆的圆心或 [三点(3P)/两点(2P)/切点、切点、半
```

标准件的使用范围非常广泛，如螺钉、螺栓、螺母、销、键、轴承等，另外，标准件一般有几个标准尺寸，用于不同的使用场合。

```
径(T)]:                                  //捕捉构造线交点，如图 17-4 所示
指定圆的半径或 [直径(D)]: 10.6            //输入圆的半径，如图 17-5 所示
```

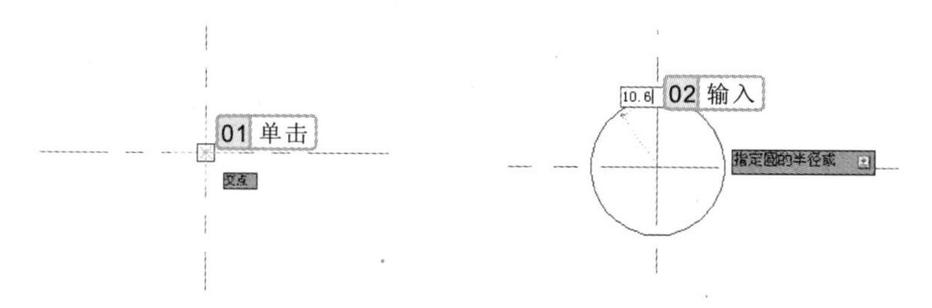

图 17-4　指定圆心　　　　图 17-5　输入圆的半径

3. 在命令行输入“C”，再次执行圆命令，以构造线的交点为圆心，绘制半径为 5 的圆，如图 17-6 所示。
4. 在命令行输入“POL”，执行正多边形命令，以构造线的交点为中心点，以“外切于圆”的方式绘制半径为 5 的圆的外切正四边形，如图 17-7 所示，其命令行操作如下：

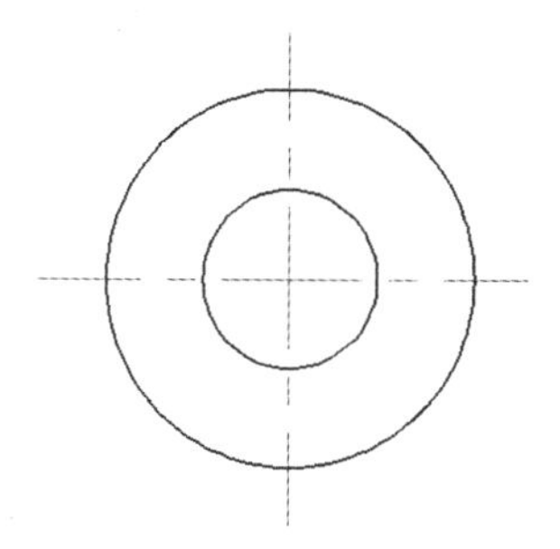

图 17-6　绘制半径为 5 的圆

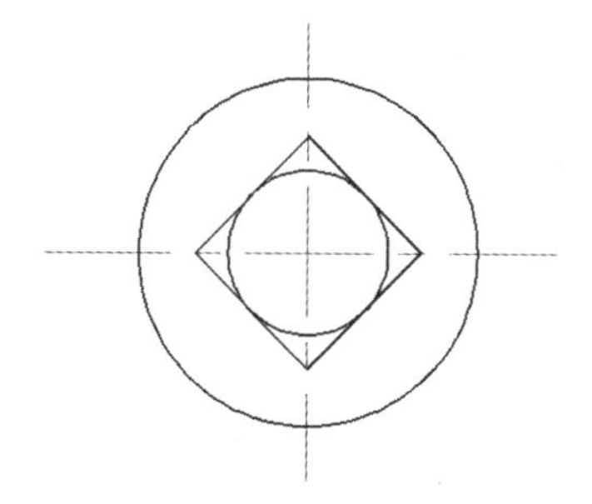

图 17-7　绘制正四边形

```
命令: POL                                     //执行正多边形命令
POLYGON
输入侧面数 <4>: 4                             //输入侧面数，如图 17-8 所示
指定正多边形的中心点或 [边(E)]:               //捕捉构造线交点，如图 17-9 所示
输入选项 [内接于圆(I)/外切于圆(C)] <I>: c     //选择“外切于圆”选项，如图 17-10 所示
指定圆的半径: 5                               //捕捉 45° 极轴线与圆的交点，如图 17-11 所示
```

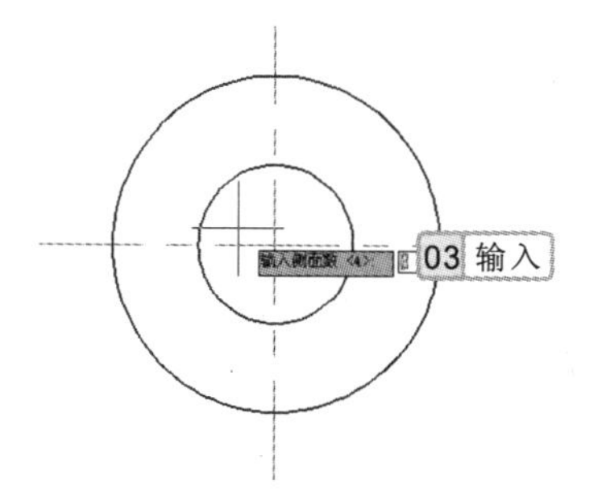

图 17-8　输入正多边形的边数

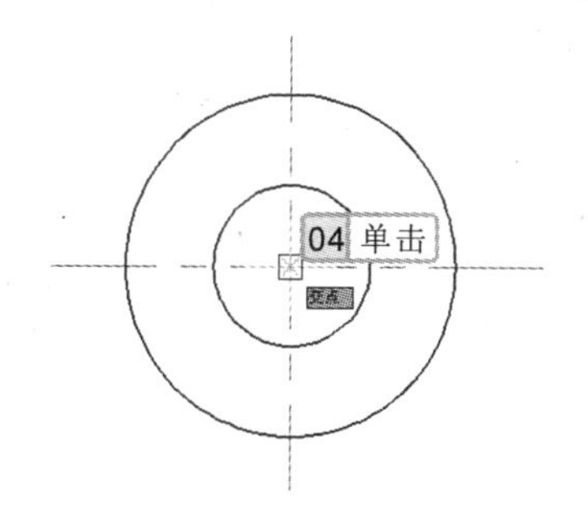

图 17-9　指定中心点

无论是建筑制图还是机械制图，默认的长度类型都是“小数”，但为了精确，机械制图中，长度的精度应根据零件的要求进行设置。

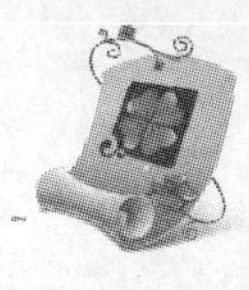

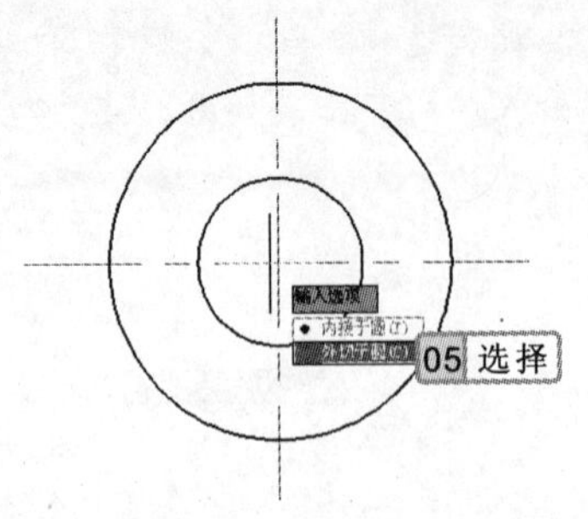

图 17-10　选择“外切于圆”选项

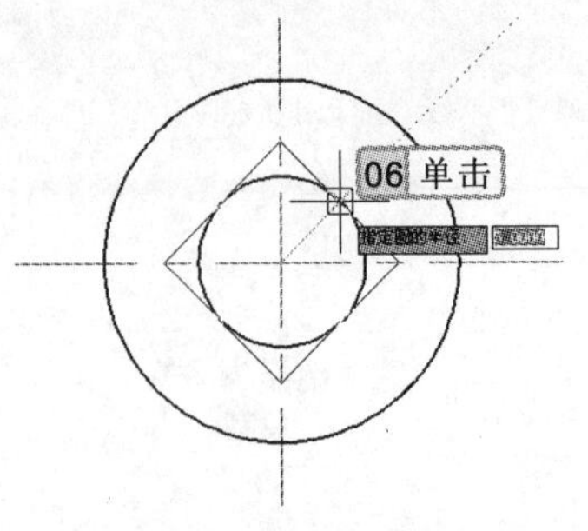

图 17-11　指定圆的半径

5　将当前图层切换至“剖面线”图层，在命令行输入“BH”，执行图案填充命令，在绘图区中选择半径为 5 的圆，指定要进行图案填充的图形对象，如图 17-12 所示。

6　将填充图案设置为 ANSI31，“填充图案比例”选项设置为 0.3，效果如图 17-13 所示。

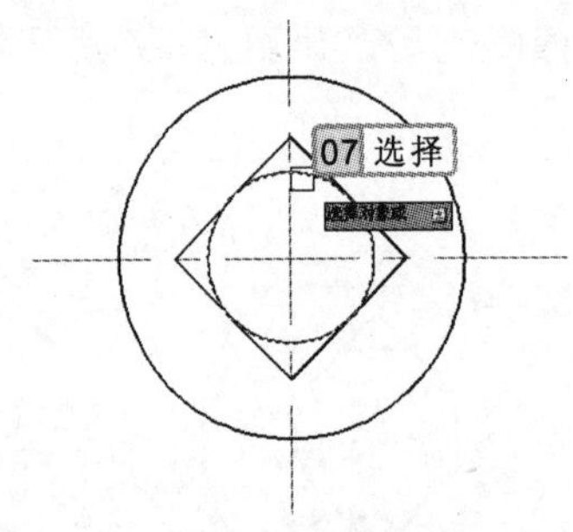

图 17-12　选择填充对象

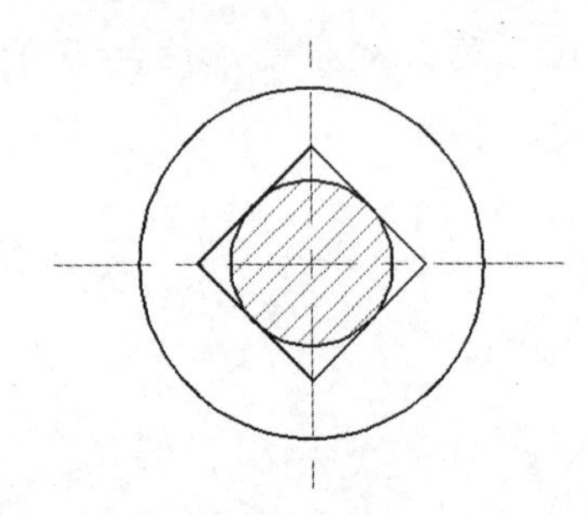

图 17-13　剖视图

2. 绘制主视图

在完成半圆头方颈螺栓剖视图的绘制后，可以在该图形的基础上通过编辑命令，快速完成主视图的绘制，其操作步骤如下：

1　在命令行输入“O”，执行偏移命令，将垂直构造线向左进行偏移，其偏移距离为 23，如图 17-14 所示。

2　在命令行输入“O”，再次执行偏移命令，将经过偏移后的垂直构造线向左进行偏移，其偏移距离为 45，如图 17-15 所示。

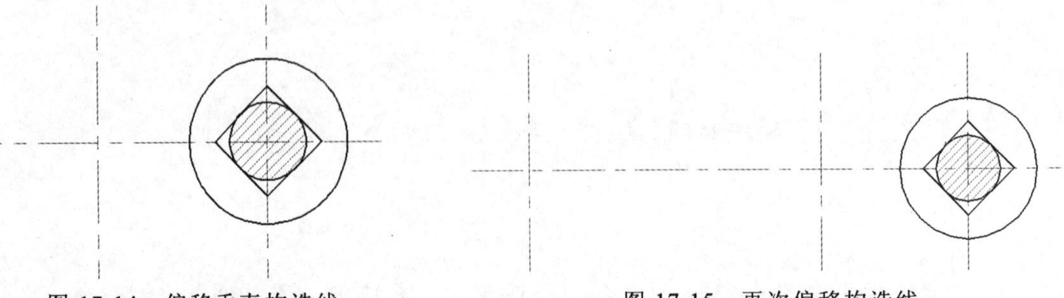

图 17-14　偏移垂直构造线　　　　图 17-15　再次偏移构造线

绘制图形之前，应为图形指定相应的图形界限，以便在指定的图形界限内绘制图形，也便于图纸的选择与使用。

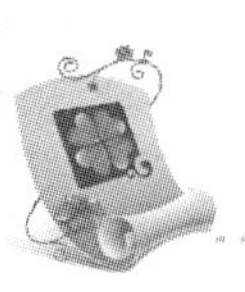

3 在命令行输入“O”，执行偏移命令，将左端的垂直构造线向左偏移 6.5，将水平构造线以“通过”的方式进行偏移，其偏移所通过的点为剖视图大圆与垂直构造线的交点，如图 17-16 所示。

4 将当前图层切换至“轮廓线”图层，在命令行输入“A”，执行圆弧命令，绘制如图 17-17 所示的圆弧，其命令行操作如下：

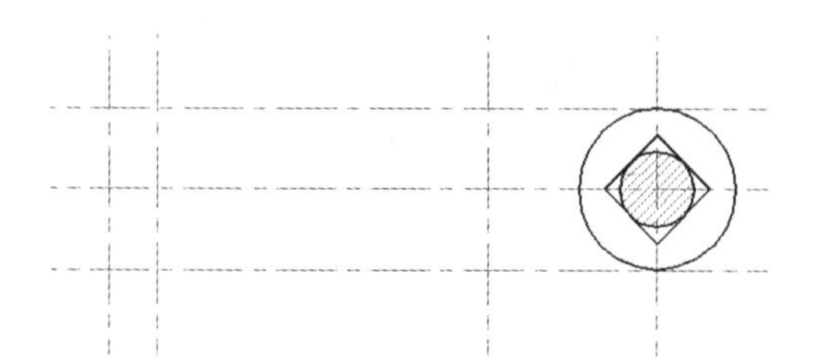

图 17-16　偏移水平及垂直构造线

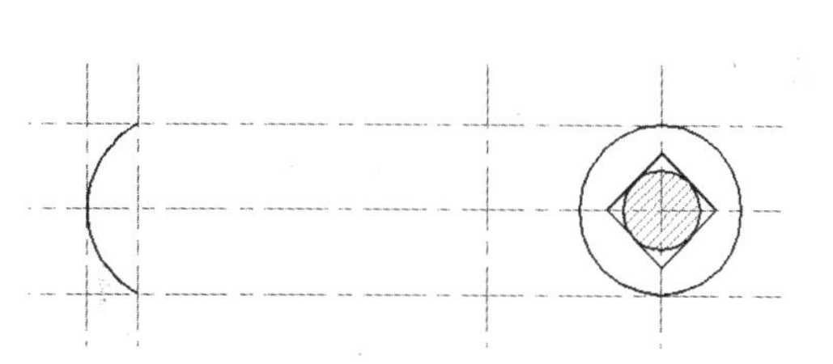

图 17-17　绘制圆弧

```
命令: A                                            //执行圆弧命令
ARC
指定圆弧的起点或 [圆心(C)]:                        //捕捉构造线交点，如图 17-18 所示
指定圆弧的第二个点或 [圆心(C)/端点(E)]:             //指定圆弧第二点，如图 7-19 所示
指定圆弧的端点:                                    //指定圆弧端点，如图 17-20 所示
```

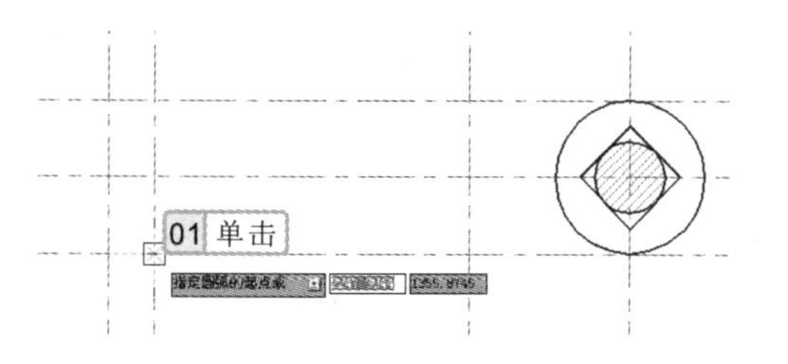

图 17-18　指定圆弧起点

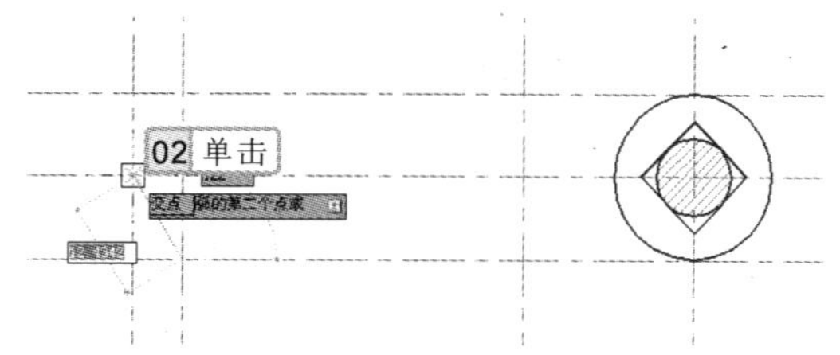

图 17-19　指定圆弧第二点

5 在命令行输入“E”，执行删除命令，将左端的垂直构造线，以及两条偏移的水平构造线删除。

6 在命令行输入“O”，执行偏移命令，将左端垂直构造线向右进行偏移，其偏移距离为 6.4，将水平构造线向上、向下进行偏移，其偏移距离为剖视图中正多边形的顶点与垂直构造线和大圆的交点之间的距离，如图 17-21 所示。

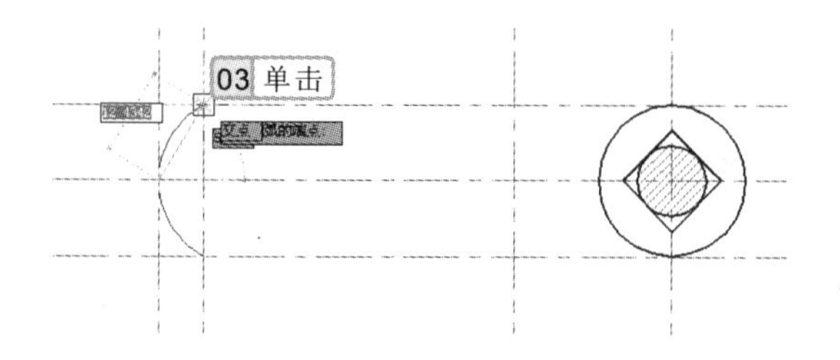

图 17-20　指定圆弧端点

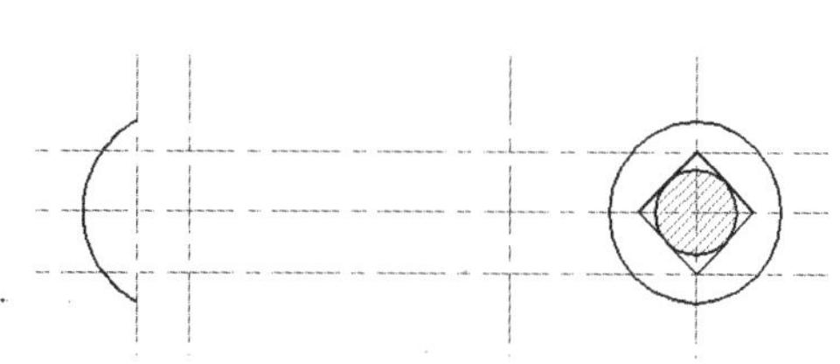

图 17-21　偏移构造线

绘制同心圆时，如果清楚每个圆的大小，可以先使用圆命令绘制其中一个圆，然后使用偏移命令偏移复制出其余同心圆。

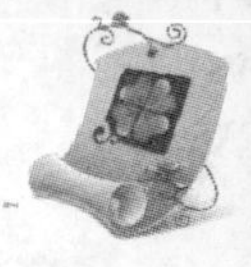

7 在命令行输入“TR”，执行修剪命令，将进行偏移后的构造线进行修剪处理，效果如图 17-22 所示。

8 在命令行输入“O”，执行偏移命令，将左端垂直构造线向左进行偏移，其偏移距离为 26，将水平构造线以“通过”方式进行偏移，其偏移通过的点为剖视图中小圆与垂直构造线的交点，如图 17-23 所示。

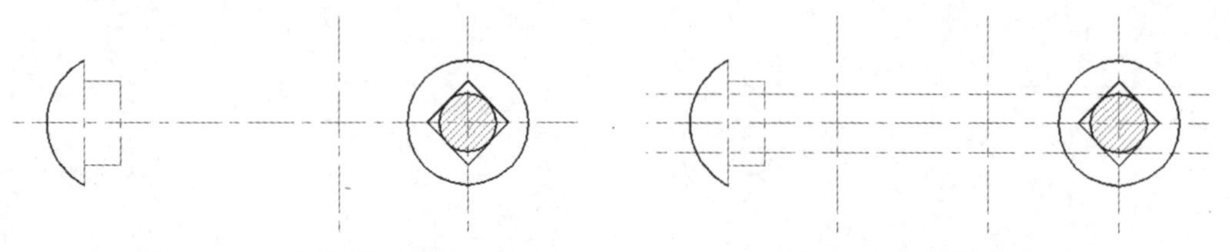

图 17-22　修剪图形对象　　　　图 17-23　偏移构造线

9 在命令行输入“TR”，执行修剪命令，对偏移后的构造线进行修剪处理，效果如图 17-24 所示。

10 在绘图区中选择左视图中的所有图形对象，将图形对象的图形特性更换为“轮廓线”图层的特性，效果如图 17-25 所示。

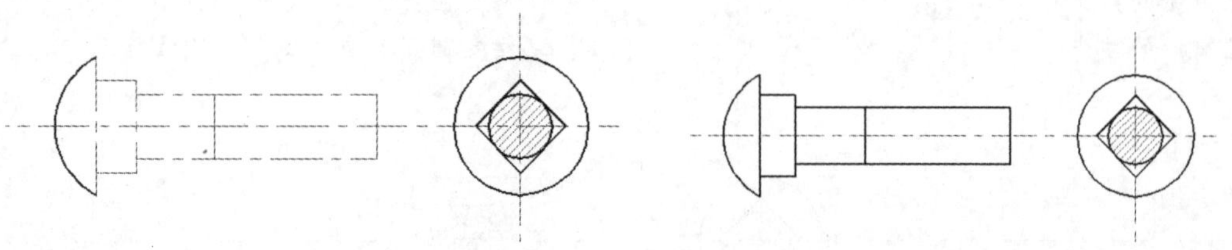

图 17-24　修剪构造线　　　　图 17-25　更换图层特性

11 在命令行输入“CHA”，执行倒角命令，将主视图右端的两个直线进行倒角处理，其倒角距离都为 1，效果如图 17-26 所示。

12 将当前图层切换至“细实线”图层，并在命令行输入“L”，执行直线命令，连接右端垂直线端点与中间垂直线垂足间的连线，以及两条倒角倾斜线左端端点之间的连线，如图 17-27 所示。

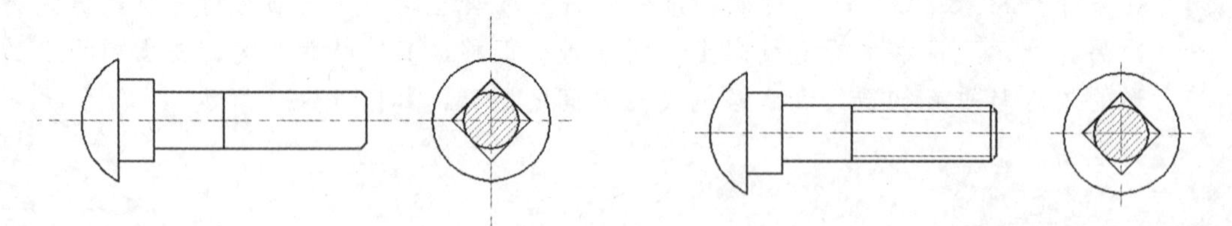

图 17-26　倒角图形对象　　　　图 17-27　绘制螺纹线条

3. 标注图形对象

完成图形的绘制后，即可使用尺寸标注、文字标注命令对图形对象进行标注，其操作

在绘制有辅助线，并且知道线条间的距离的图形时，一般情况下通过偏移命令来偏移辅助线，并使用修剪等编辑命令来绘制图形，以减少绘制图形时点的指定，提高绘图的简便性。

步骤如下：

1. 在命令行输入“PL”，执行多段线命令，绘制剖视图形的剖切符号，其中垂直段的宽度为 0.2，长度为 2，水平段的宽度为 0.05，长度为 1，箭头的起点宽度为 1，端点宽度为 0，长度为 1.5，并使用镜像命令对其进行镜像复制，如图 17-28 所示。
2. 将当前图层切换至“文字”图层，在命令行输入“TEXT”，执行单行文字命令，在图形中为图形标注文字信息，如图 17-29 所示。

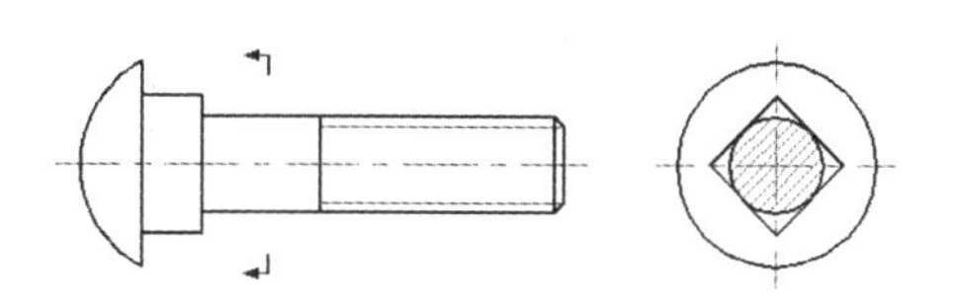

图 17-28　绘制剖切符号

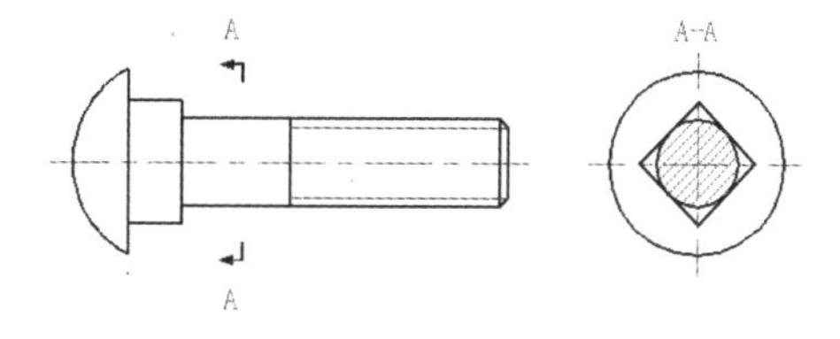

图 17-29　对图形进行文字标注

3. 执行线性标注命令，对螺栓主视图的长度及高度进行尺寸标注，如图 17-30 所示。
4. 执行线性标注、半径标注、引线标注等尺寸标注命令，对主视图及剖视图进行尺寸标注，如图 17-31 所示。

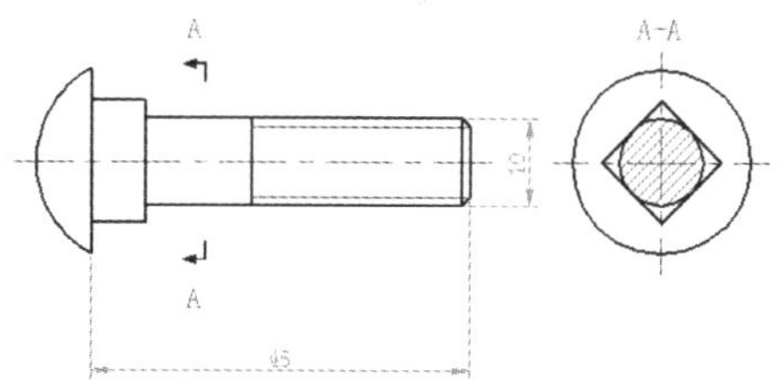

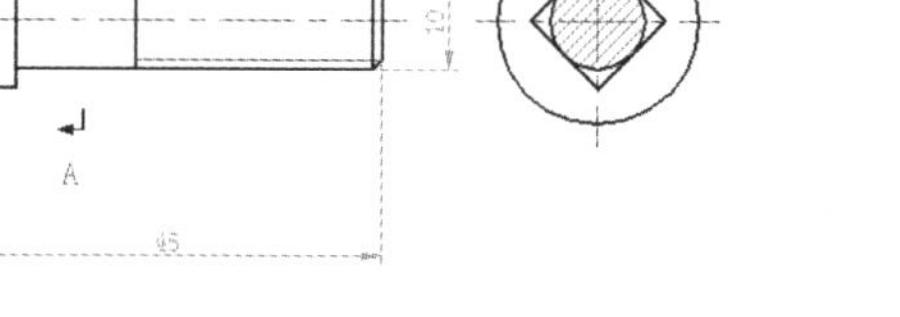

图 17-30　标注长度和高度

图 17-31　标注其他尺寸

17.2　绘制蝶形螺母

蝶形螺母是标准件中螺母的一类，螺母又叫螺帽，与有丝口的螺柱、螺栓一起配合使用，将两个或两个以上的物件连接在一起。下面介绍蝶形螺母图形的相关绘制。

17.2.1　实例说明

下面将绘制“蝶形螺母.dwg”图形，要求将蝶形螺母的主视图及俯视图进行完整的绘制。由于该标准件为圆形，构造相对简单，只绘制主视图及俯视图即可，如要更加清楚地表现零件，可以再绘制一个左视图或右视图，本例只要求完成主视图及俯视图的绘制，最终效果如图 17-32 所示。

偏移线条时，如果不清楚线条偏移的距离，但知道该线条应通过某个特殊点，或偏移的线条在该点的延伸线上，可以使用偏移命令的“通过”选项进行绘制。

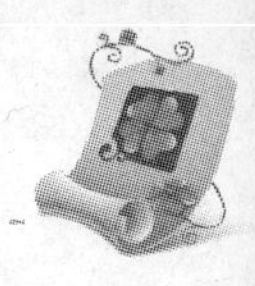

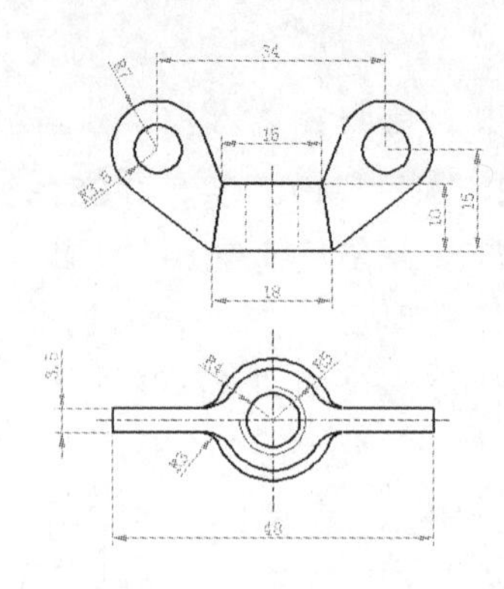

图 17-32 蝶形螺母

17.2.2 行业分析

蝶形螺母一般用于需要经常拆开、受力不大的地方，即一般不需要使用工具即可进行拆装的位置，而蝶形螺母图纸是对其结构特征最清晰的反映，对于制造和应用都有很大的参考意义。蝶形螺母可进行以下分类。

- **材质**：蝶形螺母的材质有很多种，其中主要有生铁、锌合金、不锈钢等。
- **尺寸**：蝶形螺母按螺纹的规则来划分，主要有 M3×0.5、M4×0.7、M5×0.8、M6×1、M8×1……M16×1.5 等。

17.2.3 操作思路

为更快完成本例的制作，并且尽可能运用本书所讲解的知识，本例的操作思路如下。

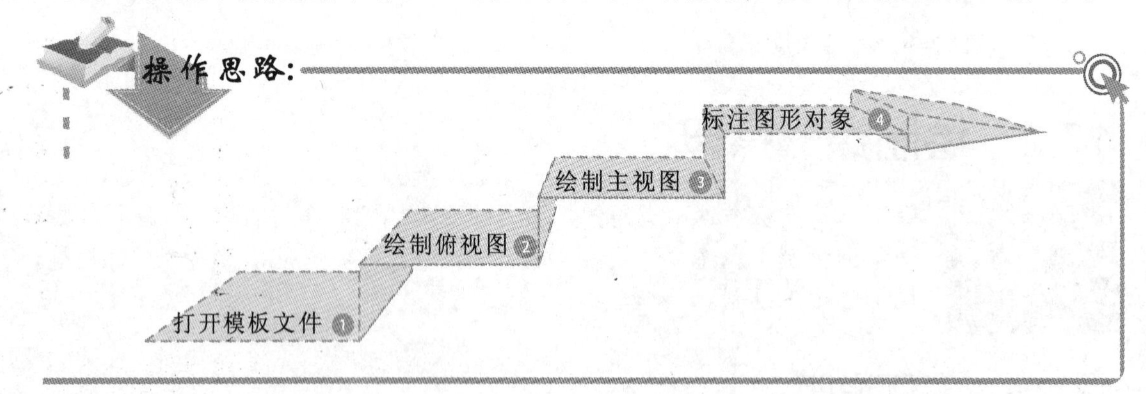

17.2.4 操作步骤

下面介绍蝶形螺母俯视图、主视图的绘制，并对图形对象进行相应的尺寸标注。

对图形进行特性匹配操作，选择源对象时，只能使用点选的方式选择图形对象，而选择目标对象时，则可使用“窗口”和“窗交”等方式一次性选择多个图形对象。

光盘\素材\第 17 章\机械图层.dwg
光盘\效果\第 17 章\蝶形螺母.dwg
光盘\实例演示\第 17 章\绘制蝶形螺母

1. 绘制俯视图

使用构造线、圆、偏移以及修剪等命令，绘制蝶形螺母俯视图轮廓，再使用圆角镜像等命令，完成细部图形的处理，其操作步骤如下：

1. 打开“机械图层.dwg”图形文件，将图层切换至“中心线”图层，并在命令行输入“XL”，执行构造线命令，绘制水平及垂直构造线，如图 17-33 所示。
2. 将当前图层切换至“轮廓线”图层，在命令行输入“C”，执行圆命令，以构造线交点为圆心，绘制半径为 9 的圆，如图 17-34 所示。

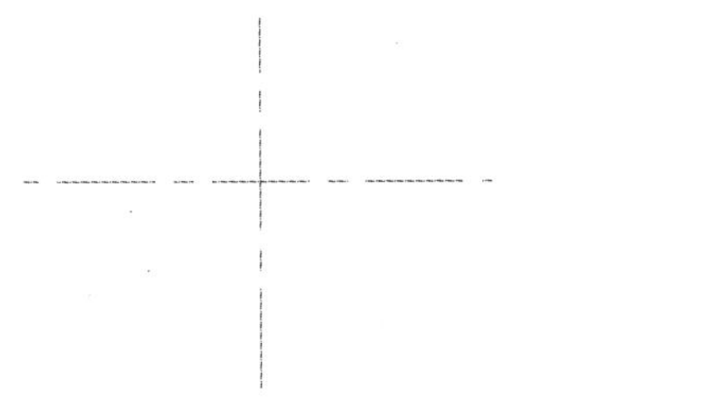

图 17-33　绘制辅助线　　图 17-34　绘制半径为 9 的圆

3. 在命令行输入“C”，执行圆命令，以构造线的交点为圆心，绘制半径为 7.5 的圆，如图 17-35 所示。
4. 在命令行输入“O”，执行偏移命令，将水平构造线向上、向下偏移 1.75，将垂直构造线分别向左、向右偏移 24，其偏移的“图层”选项设置为“当前”，效果如图 17-36 所示。

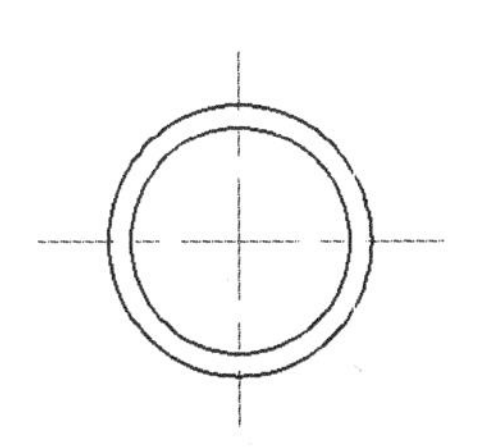

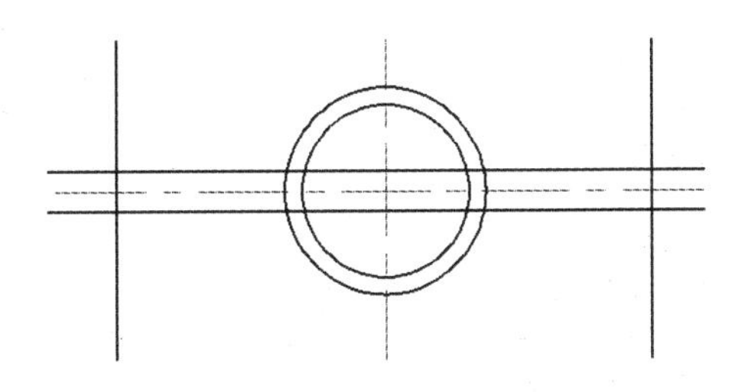

图 17-35　绘制半径为 7.5 的圆　　图 17-36　偏移构造线

5. 在命令行输入“TR”，执行修剪命令，将偏移的水平及垂直构造线，以及绘制的两个圆进行修剪处理，效果如图 17-37 所示。
6. 在命令行输入“F”，执行圆角命令，将修剪后的图形进行圆角处理，其圆角半径为 3，如图 17-38 所示，其命令行操作如下：

使用复制命令对水平、垂直辅助线进行复制操作时，也可以使用偏移命令来进行绘制，即将垂直辅助线以指定偏移距离进行偏移复制操作。

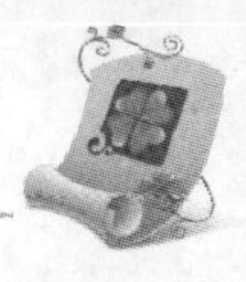

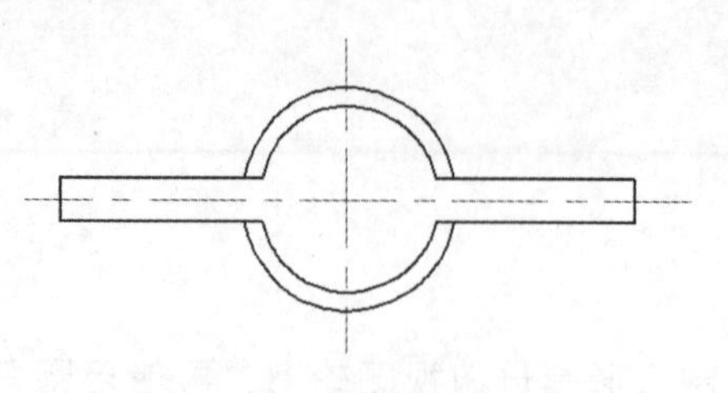

图 17-37　修剪图形对象

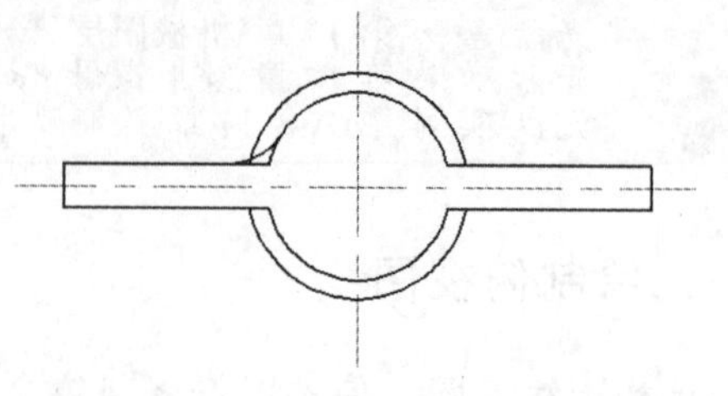

图 17-38　圆角图形对象

```
命令: F                                                    //执行圆角命令
FILLET
当前设置: 模式 = 不修剪, 半径 = 0.0000
选择第一个对象或 [放弃(U)/多段线(P)/半径(R)/修
剪(T)/多个(M)]: r                                          //选择"半径"选项, 如图 17-39 所示
指定圆角半径 <0.0000>: 3                                   //输入圆角半径, 如图 17-40 所示
选择第一个对象或 [放弃(U)/多段线(P)/半径(R)/修
剪(T)/多个(M)]: t                                          //选择"修剪"选项, 如图 17-41 所示
输入修剪模式选项 [修剪(T)/不修剪(N)]
<不修剪>: n                                                //选择"不修剪"选项, 如图 17-42 所示
选择第一个对象或 [放弃(U)/多段线(P)/半径(R)/修
剪(T)/多个(M)]:                                            //选择第一个对象, 如图 17-43 所示
选择第二个对象,或按住 Shift 键选择对象以应用角
点或 [半径(R)]:                                            //选择第二个对象, 如图 17-44 所示
```

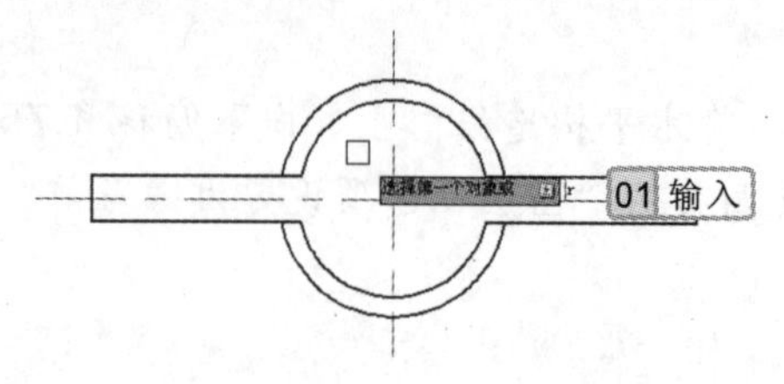

图 17-39　选择"半径"选项

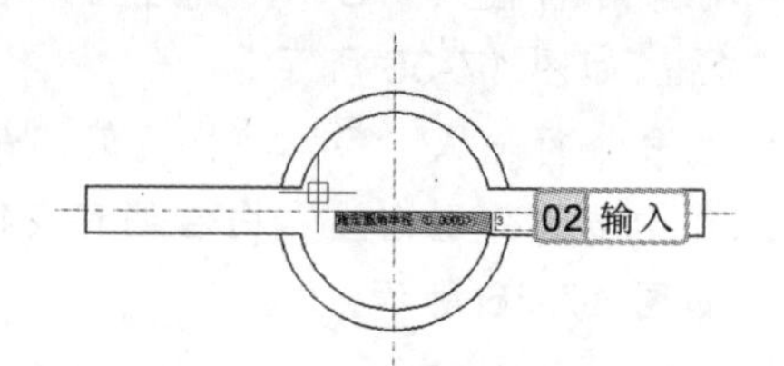

图 17-40　输入圆角半径

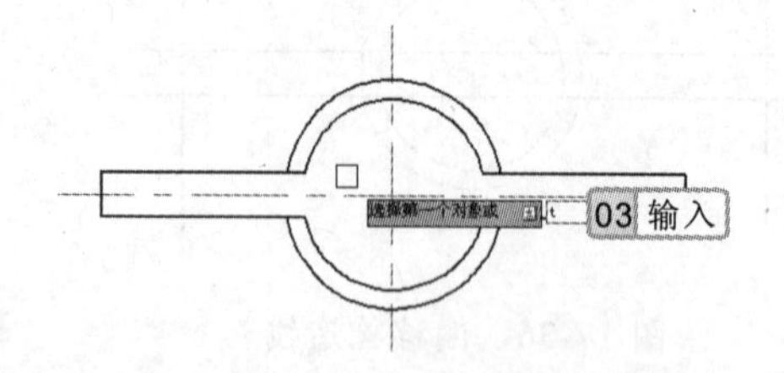

图 17-41　选择"修剪"选项

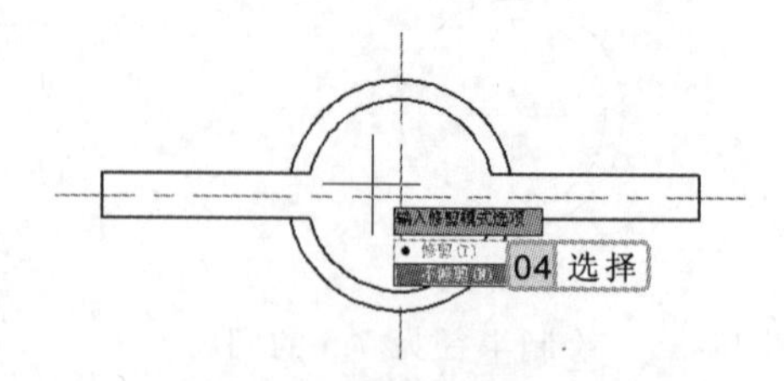

图 17-42　选择"不修剪"选项

7　在命令行输入"F"，再次执行圆角命令，将半径为 9 的圆与水平直线的夹角进行圆角处理，其圆角半径为 3，如图 17-45 所示。

8　在命令行输入"TR"，执行修剪命令，以圆角圆弧为修剪边界，将水平线以及半径为 9 和 7.5 的圆弧进行修剪处理，如图 17-46 所示。

对图形进行圆角或倒角处理时，选择"修剪"选项，则在进行倒角或圆角的同时，将会以倒角直线或圆角圆弧作为修剪边界，对原图形对象进行修剪操作。

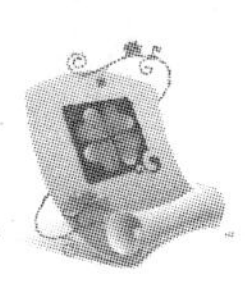

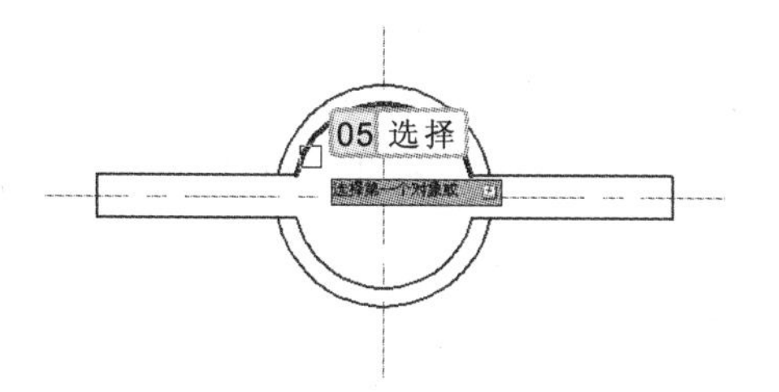

图 17-43 选择第一个对象

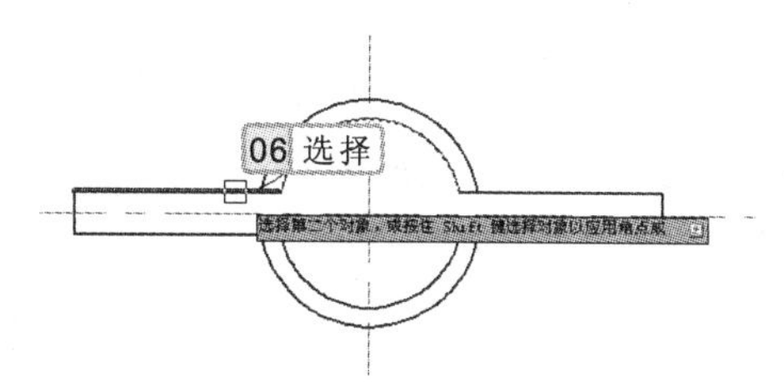

图 17-44 选择第二个对象

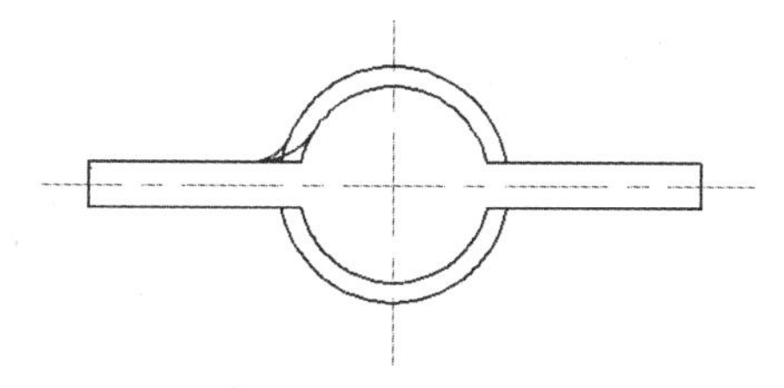

图 17-45 圆角另一个图形

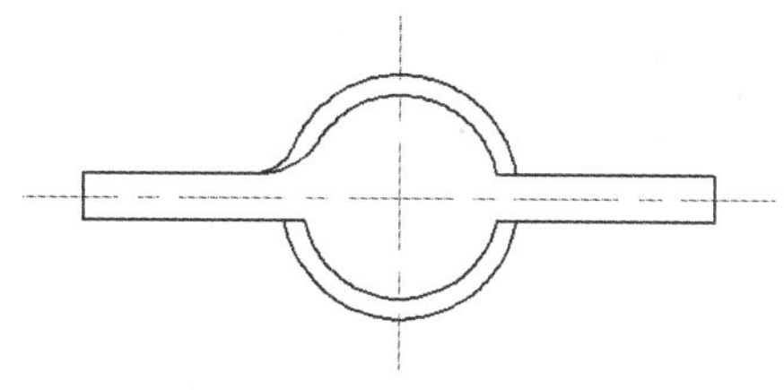

图 17-46 修剪图形对象

9 在命令行输入“MI”，执行镜像命令，将圆角圆弧进行水平和垂直镜像复制，如图 17-47 所示。

10 在命令行输入“TR”，执行修剪命令，以圆角圆弧为修剪边界，对图形对象进行修剪处理，如图 17-48 所示。

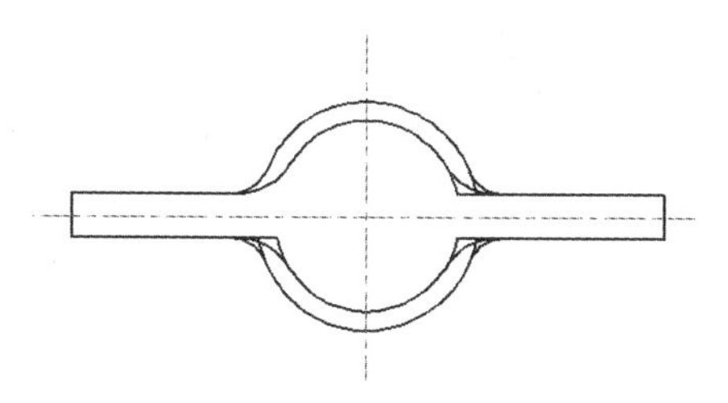

图 17-47 镜像复制圆角圆弧

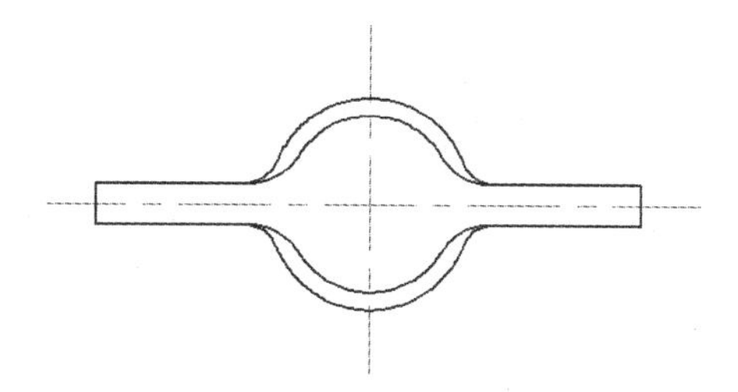

图 17-48 修剪多余线条

11 在命令行输入“C”，执行圆命令，以构造线的交点为圆心，绘制半径为 4 的圆，如图 17-49 所示。

12 将当前图层切换至“细实线”，在命令行输入“A”，执行圆弧命令，以构造线为圆心，绘制半径为 5，角度为 270° 的圆弧，如图 17-50 所示。

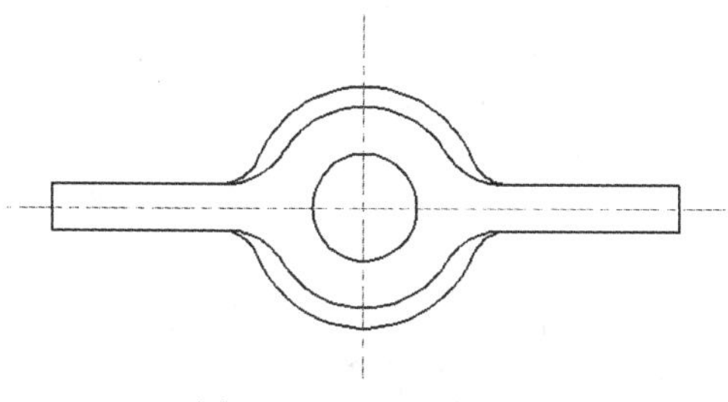

图 17-49 绘制螺孔圆

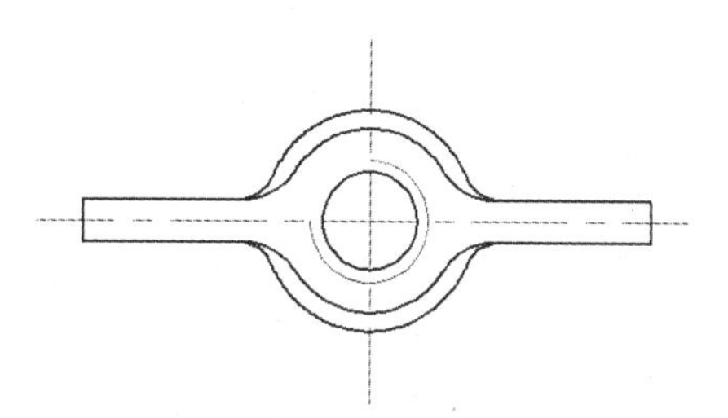

图 17-50 绘制螺纹

使用起点、圆心和端点方式绘制圆弧时，起点和圆心之间的距离确定半径，端点由从圆心引出的通过第三点的直线决定，生成的圆弧始终从起点以逆时针绘制。

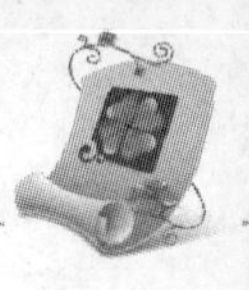

2. 绘制主视图

在完成螺母俯视图的绘制后，便可以在俯视图的基础上，通过偏移、修剪等编辑命令绘制螺母主视图，其操作步骤如下：

1. 将当前图层设置为“轮廓线”，在命令行输入“O”，执行偏移命令，将“图层”选项设置为“当前”，将水平构造线向上进行偏移，其偏移距离为 25，如图 17-51 所示。
2. 在命令行输入“O”，执行偏移命令，将向上偏移后的水平构造线再向上进行偏移，其偏移距离为 10，如图 17-52 所示。

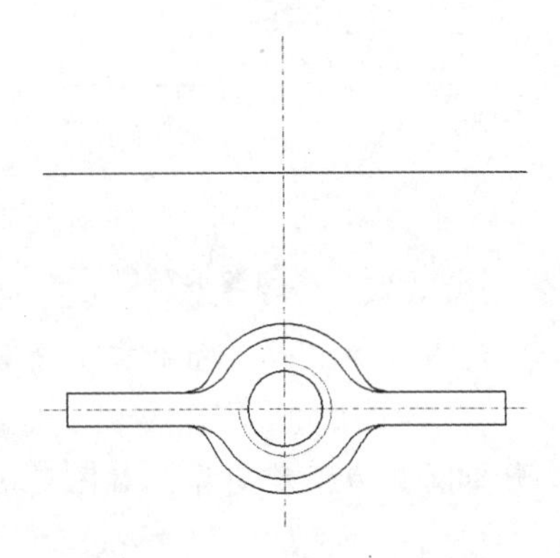

图 17-51　偏移水平构造线

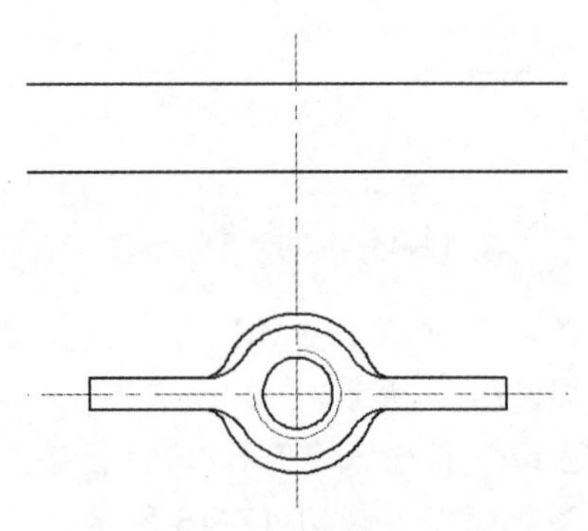

图 17-52　再次偏移水平构造线

3. 在命令行输入“O”，执行偏移命令，将垂直构造线向左、向右进行偏移，其偏移距离为 7.5 和 9，偏移后线条的图层更改为“中心线”，如图 17-53 所示。
4. 在命令行输入“L”，执行直线命令，绘制偏移构造线交点的连线，如图 17-54 所示。

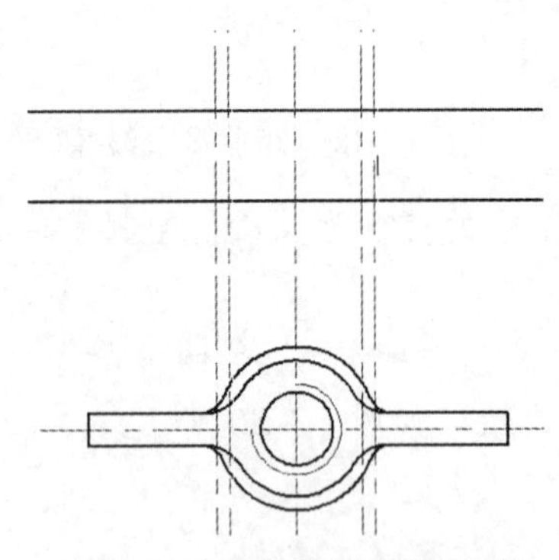

图 17-53　偏移垂直构造线

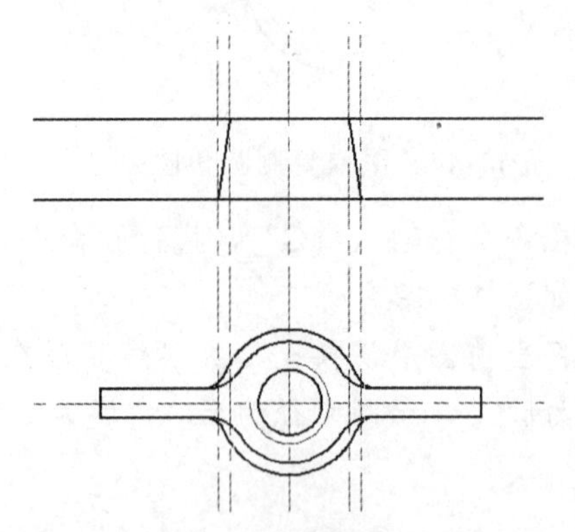

图 17-54　绘制连接直线

5. 在命令行输入“E”，执行删除命令，将向左、向右偏移的垂直构造线进行删除操作，如图 17-55 所示。
6. 在命令行输入“O”，执行偏移命令，将垂直构造线向右偏移 17，将主视图中第二条水平构造线向上进行偏移，其偏移距离为 15，并将偏移后的构造线的图层更改为“中心线”，如图 17-56 所示。

使用偏移命令对图形对象进行偏移操作时，设置“图层”选项，可以更改或保留原图形对象的图层特性，当选择“当前”选项时，则偏移的图形对象将会更改为当前图层特性。

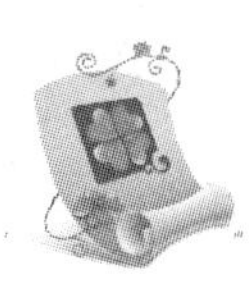

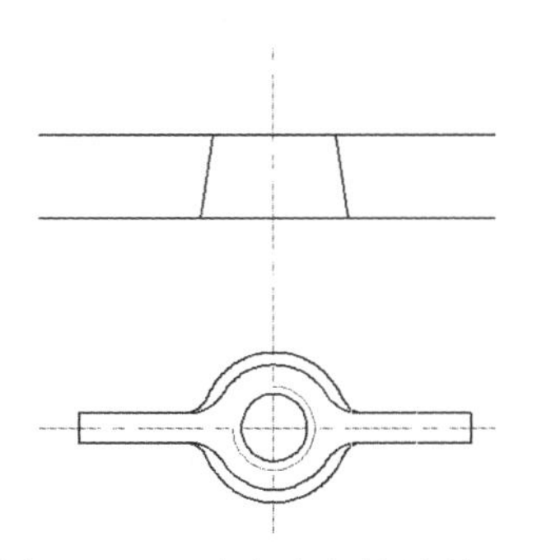

图 17-55 删除垂直构造线

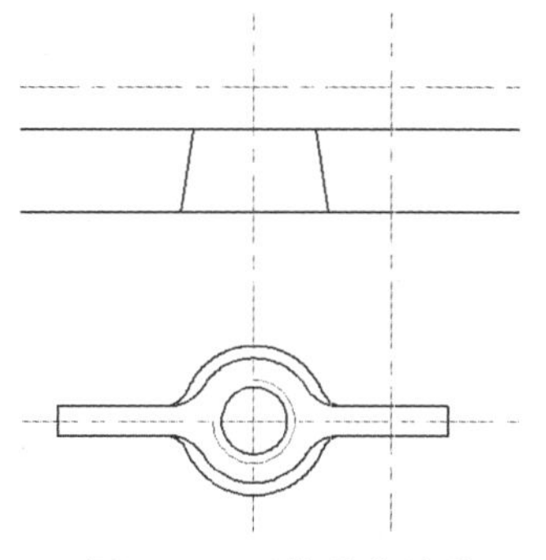

图 17-56 偏移构造线

7 在命令行输入“TR”，执行修剪命令，将图层为“轮廓线”的构造线进行修剪处理，效果如图 17-57 所示。

8 在命令行输入“C”，执行圆命令，在偏移构造线的交点处绘制半径为 3.5 和 7 的圆，如图 17-58 所示。

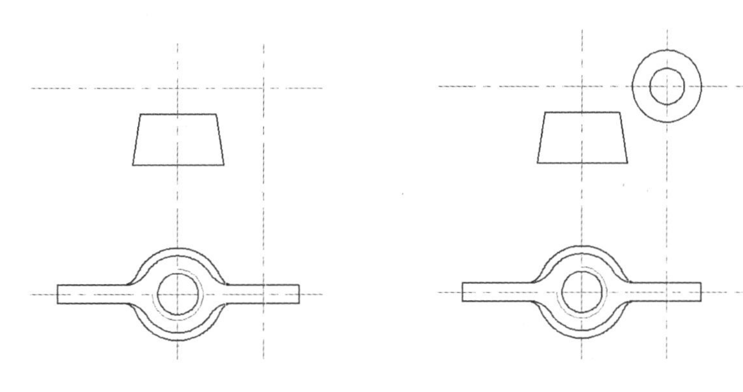

图 17-57 修剪多余线条　　图 17-58 绘制圆

9 在命令行输入“E”，执行删除命令，将偏移的构造线进行删除，如图 17-59 所示。

10 在命令行输入“L”，执行直线命令，以水平直线右端端点为起点，绘制与半径为 7 的圆切点间的连线，效果如图 17-60 所示，其命令行操作如下：

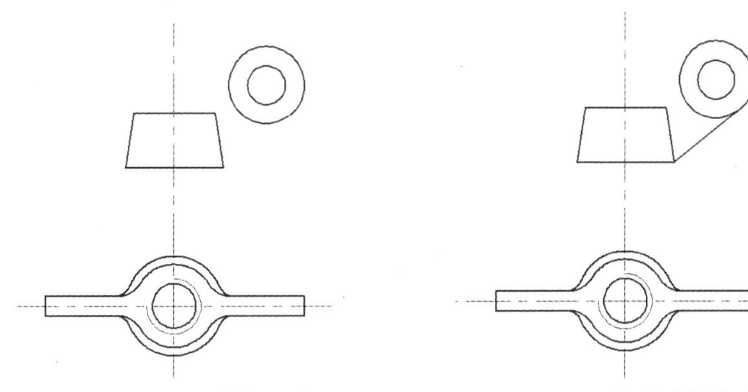

图 17-59 删除构造线　　图 17-60 绘制连接直线

使用修剪命令对图形进行修剪操作，修剪若干个对象时，使用不同的选择方法有助于选择当前的剪切边和修剪对象。

```
命令: L                                 //执行直线命令
LINE
指定第一点:                             //捕捉直线端点，如图 17-61 所示
指定下一点或 [放弃(U)]:                 //捕捉圆的切点，如图 17-62 所示
指定下一点或 [放弃(U)]:                 //按"Enter"键结束直线命令
```

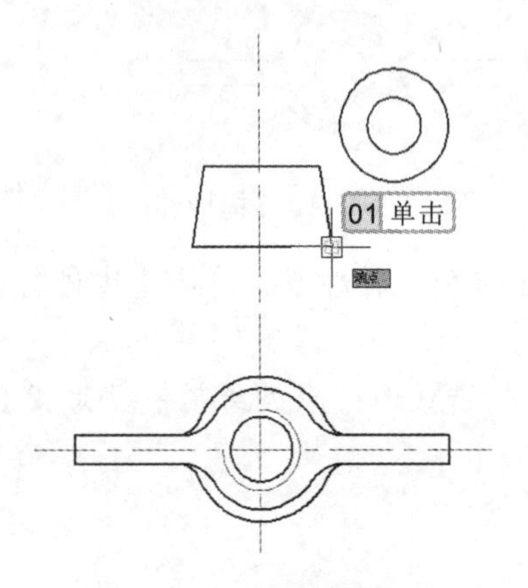

图 17-61　指定直线起点

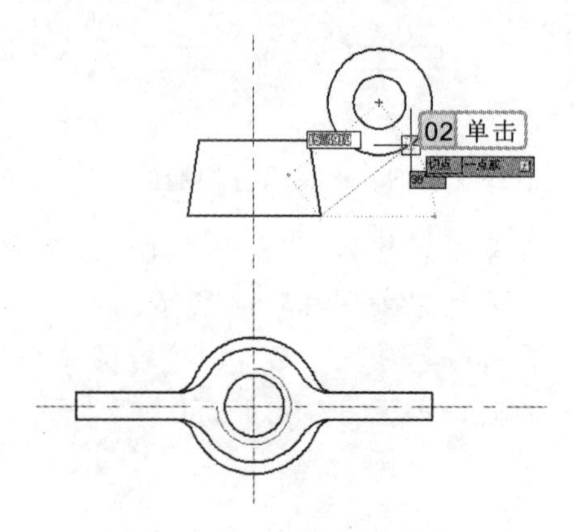

图 17-62　指定直线端点

11 在命令行输入"L"，执行直线命令，以顶端水平直线右端端点为起点，绘制与半径为 7 的圆的切点间的连线，如图 17-63 所示。

12 在命令行输入"TR"，执行修剪命令，对半径为 7 的圆左下方多余的圆弧段图形进行修剪处理，其修剪边界为两条与圆相切的直线，如图 17-64 所示。

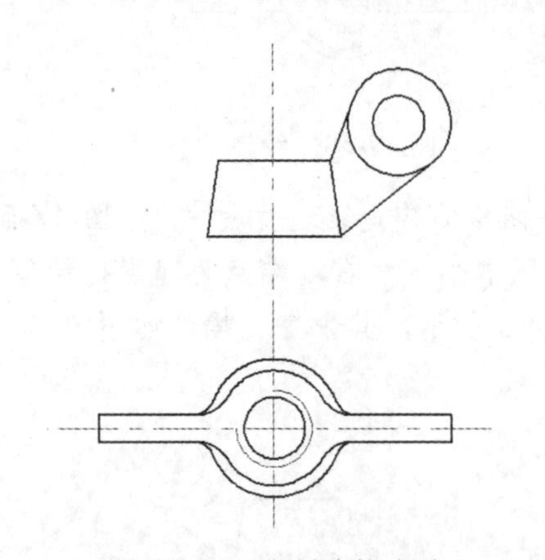

图 17-63　绘制连接直线

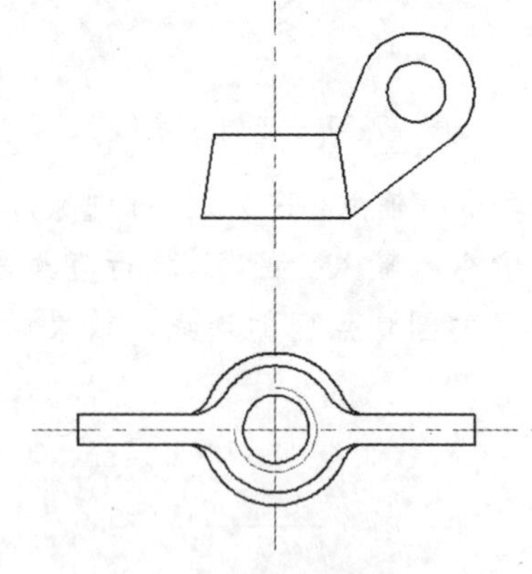

图 17-64　修剪多余线条

13 在命令行输入"MI"，执行镜像命令，将主视图右端的图形进行镜像复制，其镜像线为中间垂直构造线与两条水平直线的交点间的连线，如图 17-65 所示。

14 在命令行输入"O"，执行偏移命令，将垂直构造线向左、向右分别进行偏移操作，其偏移距离为 4，如图 17-66 所示。

在二维宽多段线的中心线上进行修剪和延伸，宽多段线的端点始终是正方形的，以某一角度修剪宽多段线会导致端点部分延伸出剪切边。

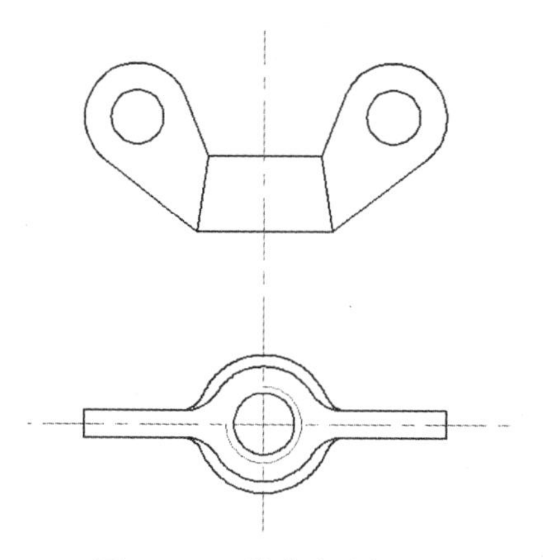

图 17-65 镜像复制图形

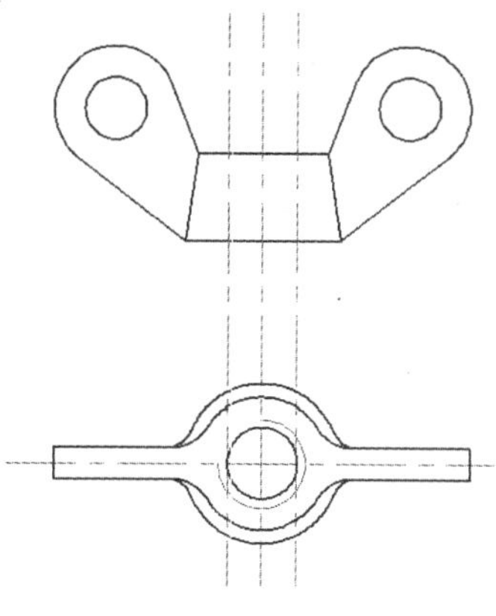

图 17-66 偏移垂直构造线

15 在命令行输入“TR”，执行修剪命令，将偏移的两条垂直构造线进行修剪处理，其修剪边界为主视图中的两条水平直线，如图 17-67 所示。

16 选择修剪后的两条垂直线，将图层更改为“虚线”图层，效果如图 17-68 所示。

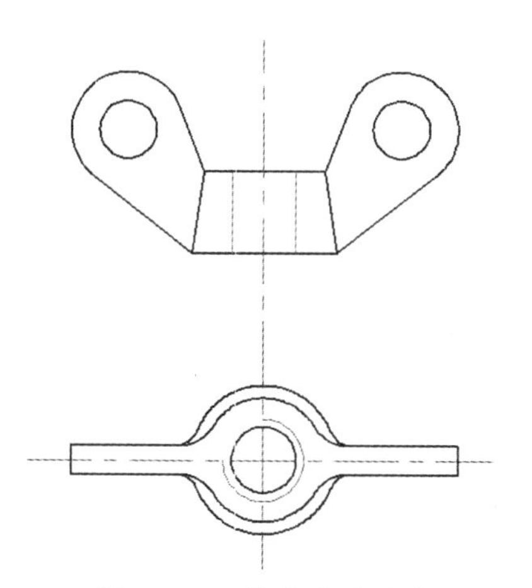

图 17-67 修剪多余线条

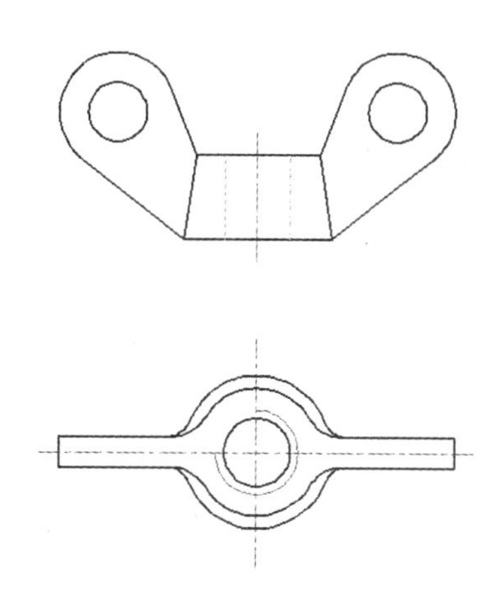

图 17-68 更改线条图层

3. 标注图形尺寸

绘制好蝶形螺母图形后，即可使用尺寸标注命令对图形进行尺寸标注，以更好地表达图形对象的尺寸等相关信息，其操作步骤如下：

1 选择【注释】/【标注】组，单击“标注样式”按钮，打开“标注样式管理器”对话框，在“样式”列表框中选择“ISO-25”选项，单击修改(M)...按钮，如图 17-69 所示。

2 打开“修改标注样式：ISO-25”对话框，选择“调整”选项卡，在“标注特征比例”栏中选中使用全局比例(S):单选按钮，在其后的数值框中输入“0.8”，指定图形标注时的比例，如图 17-70 所示。

修剪样条曲线拟合多段线，将删除曲线拟合信息，并将样条曲线拟合多段线改为普通多段线线段。

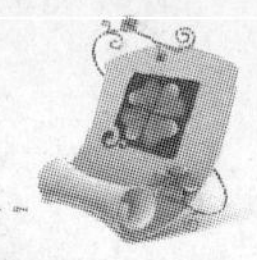

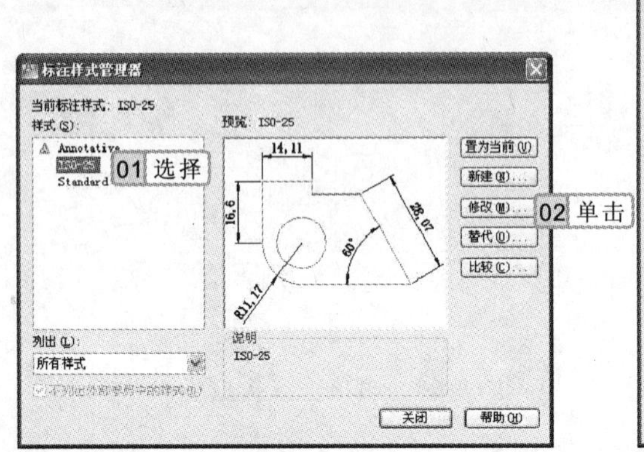

图 17-69　“标注样式管理器”对话框

图 17-70　调整标注比例

3　选择“主单位”选项卡，在“线性标注”栏的“精度”下拉列表框中选择“0.00”选项，设置线性尺寸标注时的精度值，单击［确定］按钮，如图 17-71 所示。

4　返回“标注样式管理器”对话框，单击［关闭］按钮，关闭“标注样式管理器”对话框，返回绘图区。

5　选择【注释】/【标注】组，单击“线性标注”按钮，执行线性标注命令，标注图形的宽度，如图 17-72 所示。

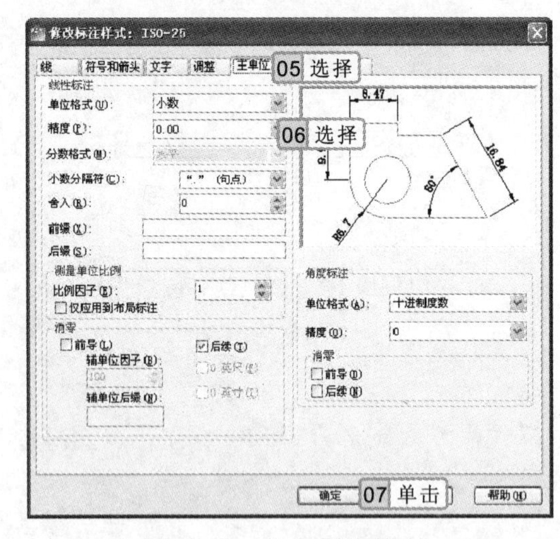

图 17-71　设置标注精度

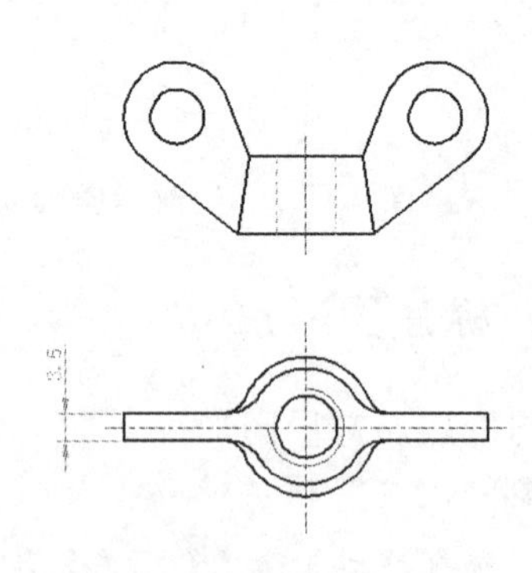

图 17-72　标注图形宽度

6　执行线性标注命令，对蝶形螺母图形的其他长度型尺寸进行线性标注处理，效果如图 17-73 所示。

7　执行半径尺寸标注命令，对蝶形螺母图形中的圆及圆弧进行半径尺寸标注，效果如图 17-74 所示。

使用基线标注命令标注图形时，可以使用调整间距命令自动调整尺寸标注的间距，以使其间距相等或在尺寸线处相互对齐。

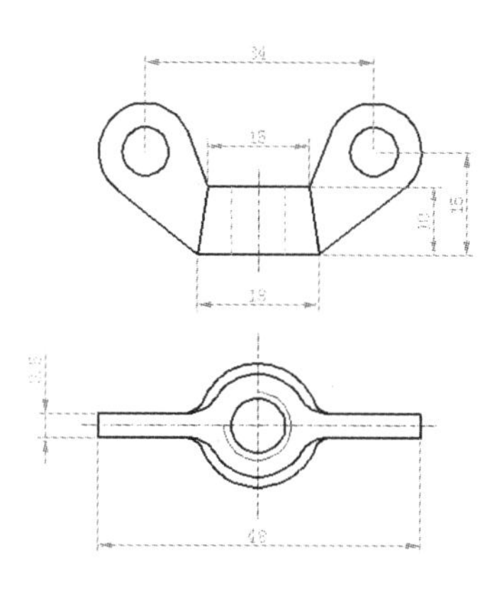

图 17-73　标注长度型尺寸

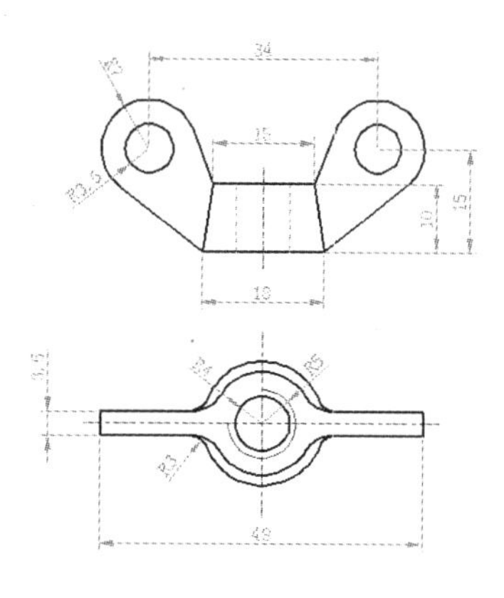

图 17-74　标注半径尺寸

17.3　拓展练习

本章主要介绍了利用 AutoCAD 2012 的绘图及编辑命令绘制标准件图形的方法及相关操作。为了进一步巩固标准件图形的绘制方法，下面再进行两个实例的练习。

17.3.1　绘制 T 型槽用螺栓

本次练习将绘制“T 型槽用螺栓图形.dwg”，绘制该图形时，首先使用圆、偏移及修剪命令完成螺栓左视图的绘制，再利用偏移、修剪、倒角、圆弧等命令绘制 T 型槽用螺栓的主视图，最终效果如图 17-75 所示。

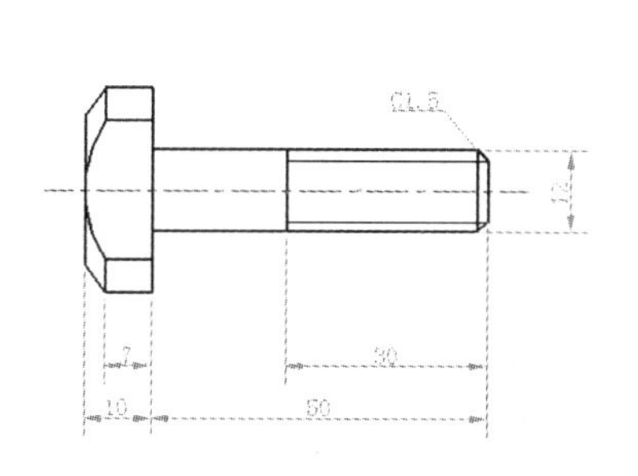

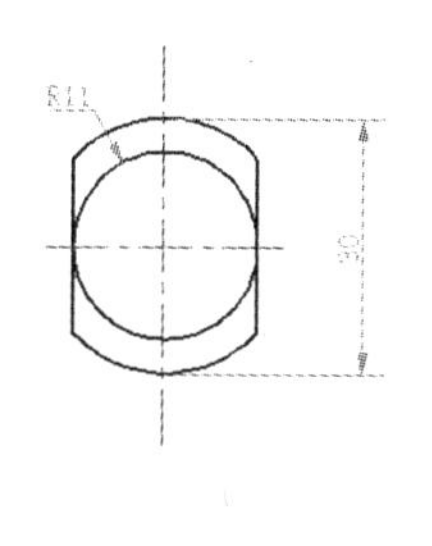

图 17-75　T 型槽用螺栓

光盘\效果\第 17 章\T 型槽用螺栓.dwg
光盘\实例演示\第 17 章\绘制 T 型槽用螺栓

该练习的操作思路与关键提示如下。

在三维空间中，可以修剪对象或将对象延伸到其他对象，而不必考虑对象是否在同一个平面上，或对象是否平行于剪切或边界的边。

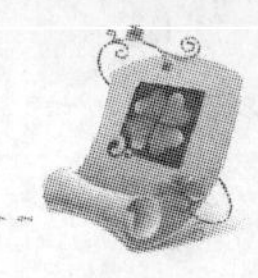

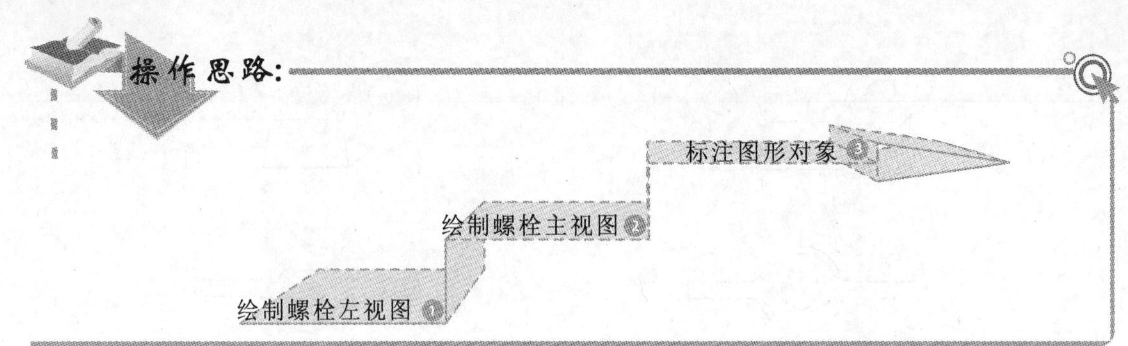

关键提示:

T 型螺栓关键尺寸

左视图圆的大小：R11、R15；左视图垂直线与圆心距离：11；螺柱长度：50；螺帽长度：10；螺纹长度：30。

17.3.2 绘制六角开槽螺母

本次练习将绘制标准件中常见的“六角开槽螺母.dwg”图形文件，绘制该图形时，应根据图形的完整性及容易绘制的原则，首先使用正六边形等命令绘制螺母的俯视图，再利用偏移、圆弧、复制等命令完成螺母主视图的绘制，最终效果如图 17-76 所示。

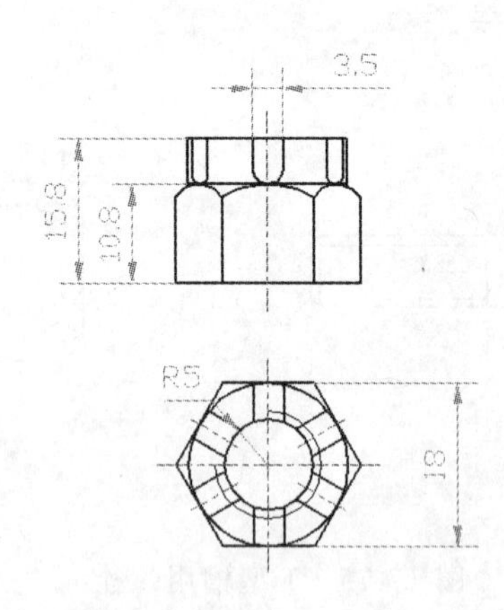

图 17-76 六角开槽螺母

参见光盘 光盘\效果\第 17 章\六角开槽螺母.dwg
光盘\实例演示\第 17 章\绘制六角开槽螺母

该练习的操作思路与关键提示如下。

通过创建图层，可以将类型相似的对象指定给同一图层以使其相关联，因此需创建多个新图层来组织图形，而不是在图层 0 上创建整个图形。

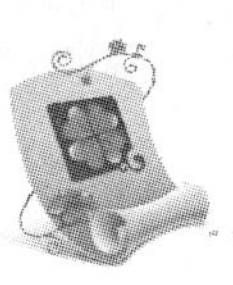

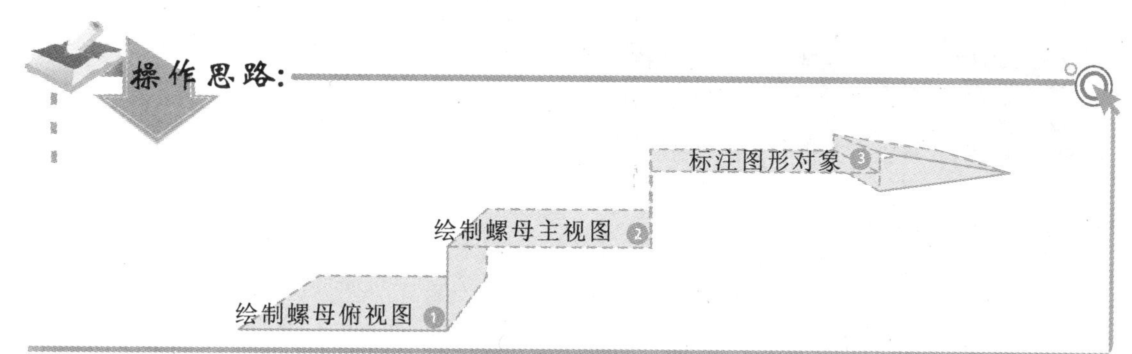

关键提示:

关键尺寸

正六边形的大小：直径为 18；螺孔大小：R5；螺母总高度：15.8；槽口宽度：3.5。

使用编辑多段线命令，可以将首尾相连的直线、圆弧或另一条多段线合并为一条多段线。对于使用 PLINE 命令绘制的多段线图形对象，可以通过 PEDIT 命令进行修改。

第18章

绘制家装图

二室改三室

装修平面图

墙体改建　平面布置

插座布置图

顶面吊顶图

吊顶设计　灯光布置

本章导读

装修是指在房屋原来的基础上，通过改建非承重墙，以及通过使用各种物品来装饰房屋，如地板、脚线、墙面装饰、吊顶、灯光设计等。本章将以装修图中常见的装修平面图和顶面吊顶图为例，介绍装修图的设计与绘制。其中，装修平面图主要是墙体改造及家具的布置等，顶面吊顶则主要表现在吊顶设计和灯光的布置效果。通过本章的学习，读者应掌握装修图的绘制方法及相关操作。

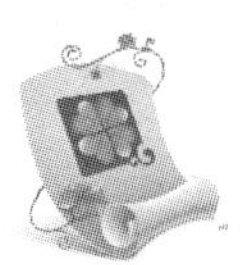

18.1 绘制装修平面图

本实例将介绍装修平面图的绘制。装修平面图是在进行户型装修前，通过电脑软件模拟绘制的图形，以点、线、面、符号、数字等信息描绘建筑物的几何体，表现物体之间的相互关系。

18.1.1 实例说明

下面将在“原始户型图.dwg”图形文件的基础上，通过绘图及编辑命令绘制装修平面图，其中主要包括对户型图的墙线进行编辑，插入相应的家具图块等，最终效果如图 18-1 所示。

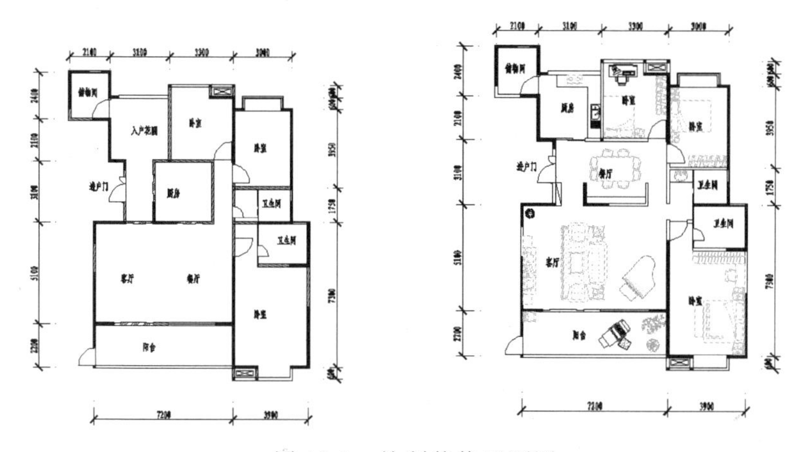

图 18-1 绘制装修平面图

18.1.2 行业分析

装修图是装修设计图的简称。装修设计图指用点、线、面、符号、文字和数字等描绘空间建筑事物几何特征、形态、位置及大小的一种形式。

装修图可以分为建筑装修施工图、装修效果图和装修实景图等。装修图按不同的功能，可以分为以下几类。

- **按功能分：** 装修图按功能进行划分，可以分为玄关、过道、客厅、卧室、书房、餐厅、厨房、阳台、吧台、花园、卫生间、儿童房、女孩房、男孩房、新婚房、衣帽间、休息室、地下室、洗衣间、化妆间等。
- **按风格分：** 装修图按风格进行划分，可以分为中式、欧式、韩式、美式、日式、港式、希腊、北欧、地中海、东南亚、西班牙、意大利、墨西哥、现代简约、田园时尚、温馨典雅、古典、另类、混搭、豪华等。
- **按构件分：** 装修图按构件进行划分，可以分为装隔断、吊顶、阁楼、鞋柜、门窗、

装修图一般都是在已经绘制的建筑平面图的基础上进行绘制的，一般情况下是对非承重墙进行改建及对家具等物件进行布置等。

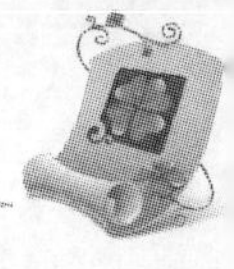

窗格、窗帘、床具、墙绘、电视墙、装饰墙、照片墙、榻榻米、地面装饰、橱柜、地台、飘窗、绿植、浴缸、壁橱、沙发、壁炉等。

- **按户型分**：按户型将装修图进行划分，可以分为单身公寓、小户型、中户型、大户型、别墅、复式、楼中楼。
- **按颜色分**：按装修的色调来划分，可以将其分为冷色（紫色、蓝色、绿色），中性色（黑色、白色、灰色），暖色（红色、橙色、黄色）。

18.1.3 操作思路

为更快完成本例的制作，并且尽可能运用本书所讲解的知识，本例的操作思路如下。

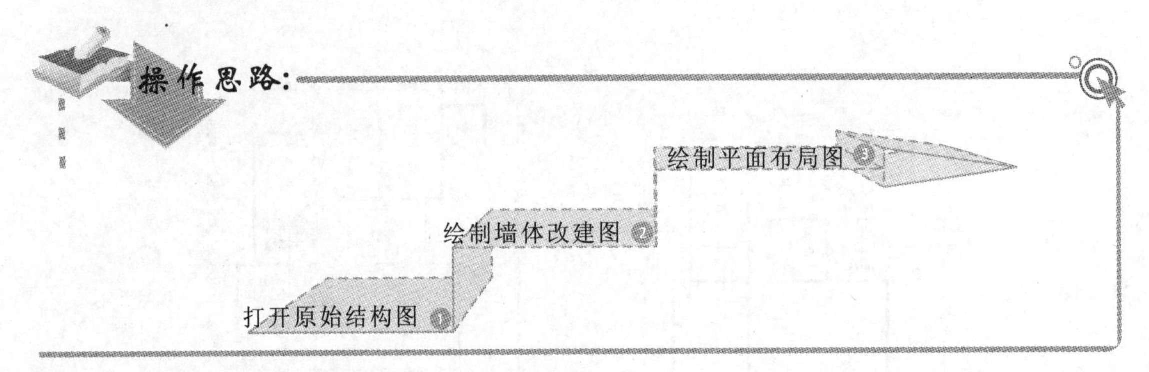

18.1.4 操作步骤

下面首先进行墙体的改建设计，然后绘制户型的平面布局图。

光盘\素材\第 18 章\三居室户型图
光盘\效果\第 18 章\平面布置图.dwg
光盘\实例演示\第 18 章\绘制装修平面图

1. 绘制墙体改建图

打开“原始户型图.dwg”图形文件，在户型原始结构图的基础上，通过绘图、编辑、插入图块等命令，完成三居室户型图墙体的改建设计，其操作步骤如下：

1. 打开“原始户型图.dwg”图形文件，如图 18-2 所示。
2. 在命令行输入“E”，执行删除命令，将墙线图形中多余的填充图案删除，并执行视图缩放命令将图形放大，如图 18-3 所示。
3. 在命令行输入“O”，执行偏移命令，对入户花园右端墙体的垂直线向左进行偏移，其偏移距离为 720，如图 18-4 所示。
4. 在命令行输入“TR”，执行修剪命令，对图形对象进行修剪处理，并执行删除命令将多余的图形对象删除，如图 18-5 所示。

在进行装修图绘制时，有时不会直接绘制装修后的图形，而是先绘制需要进行拆除和扩建的墙体等图形对象，以便进一步对比拆建的内容。

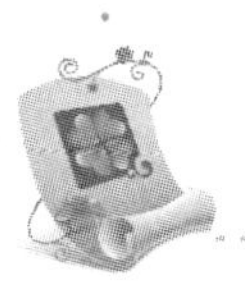

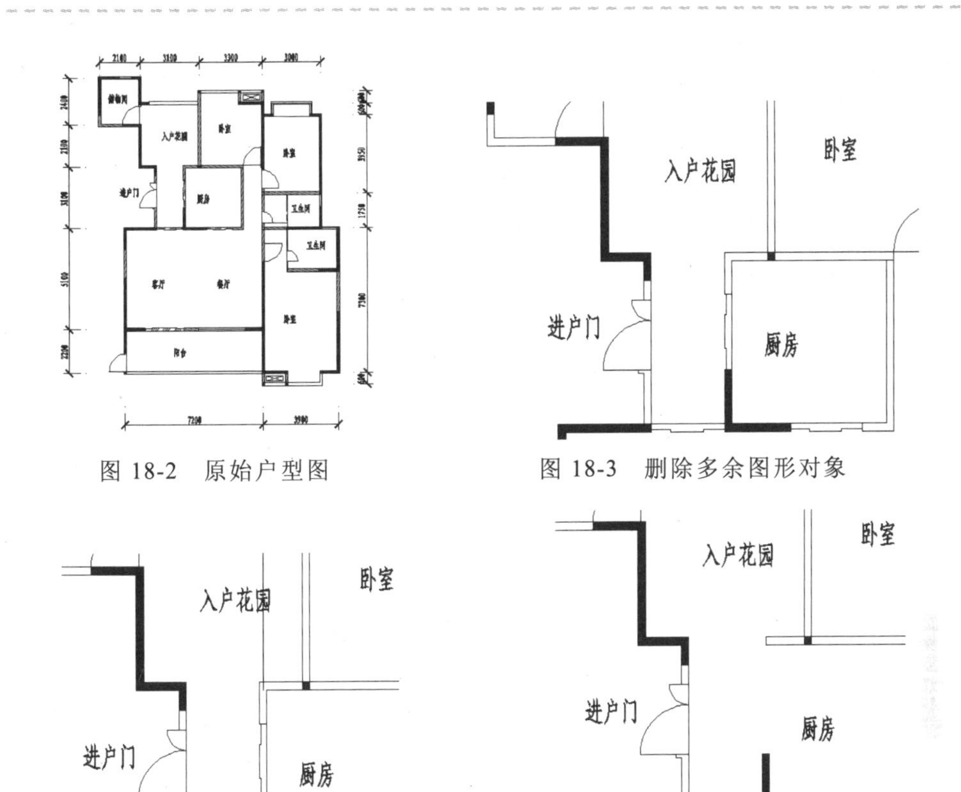

图 18-2 原始户型图　　图 18-3 删除多余图形对象

图 18-4 偏移垂直线　　图 18-5 修剪并删除多余线条

5. 在命令行输入“O”，执行偏移命令，对厨房上端的水平直线进行偏移处理，其偏移所通过的点为厨房右端垂直线的端点，如图 18-6 所示。
6. 在命令行输入“TR”，执行修剪命令，以偏移后的水平线以及垂直墙线为修剪边界，对图形进行修剪处理，效果如图 18-7 所示。

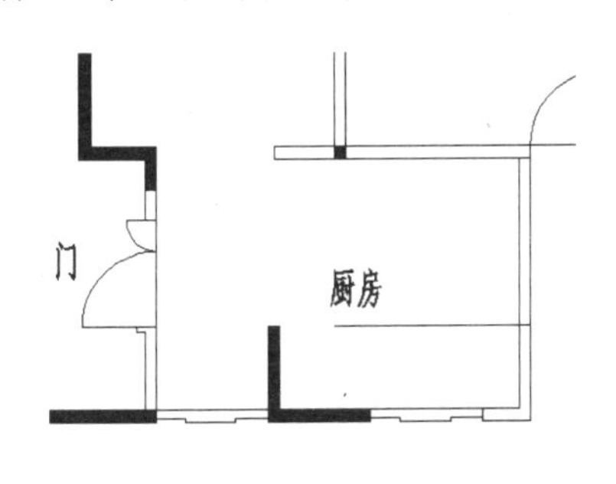

图 18-6 偏移水平直线

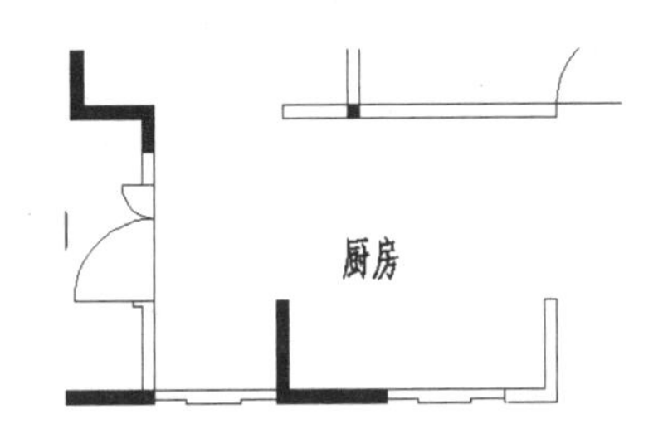

图 18-7 修剪对象

7. 在命令行输入“E”，执行删除命令，将底端多余的图形删除，如图 18-8 所示。
8. 在命令行输入“EX”，执行延伸命令，将右端水平直线进行延伸操作，延伸边界为左端垂直线，并使用删除命令，将中间的垂直线删除，并将“厨房”的文字内容更改为“餐厅”，效果如图 18-9 所示。

对于一些编辑命令，可以灵活地对其进行使用。例如，当需要对编辑的图形对象进行延伸和修剪等操作时，可以直接使用延伸命令；当按住 Shift 键选择图形对象时，可执行修剪操作。

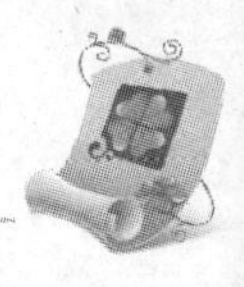

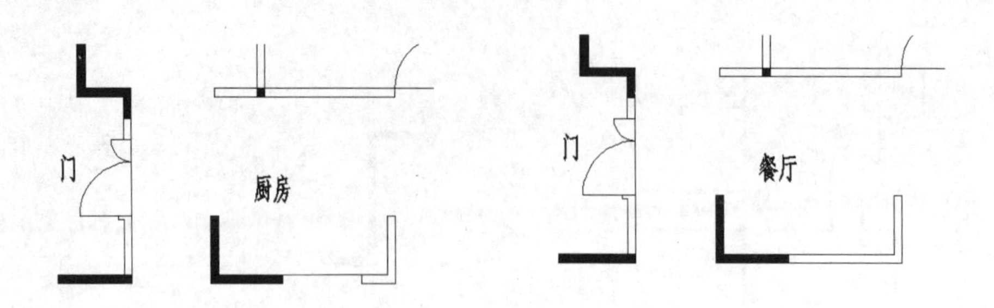

图 18-8　删除多余线条　　　　图 18-9　延伸水平直线

9. 在命令行输入“REC”，执行矩形命令，以入户花园下方水平线右端端点为起点，绘制长度为 840、高度为-50 的矩形，如图 18-10 所示。

10. 在命令行输入“CO”，执行复制命令，对绘制矩形进行复制操作，其复制的基点为矩形右上角的端点，复制的第二点为矩形右下角端点的对象捕捉追踪线与右端垂直线的交点，如图 18-11 所示。

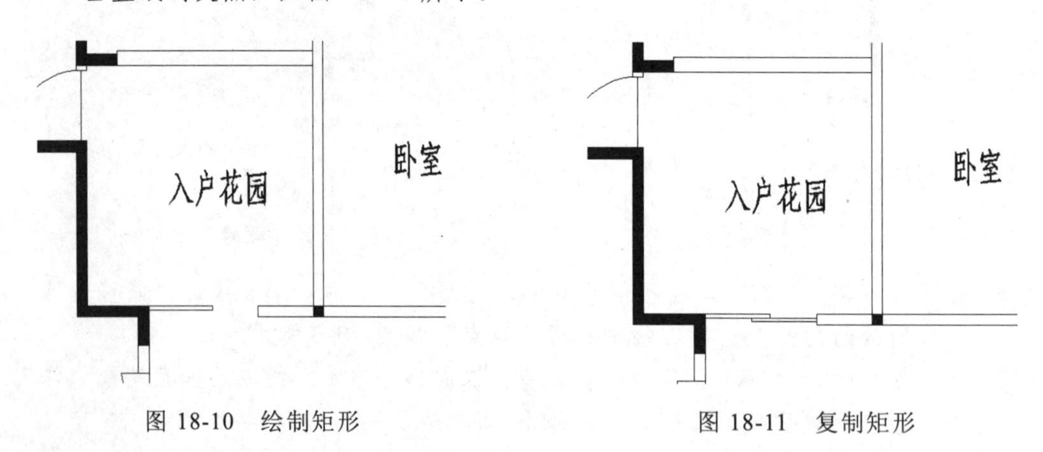

图 18-10　绘制矩形　　　　图 18-11　复制矩形

11. 在命令行输入“L”，执行直线命令，在“入户花园”区域的图形中，绘制灶台的轮廓，其命令行操作如下：

命令:L	//执行直线命令
LINE	
指定第一点:600	//捕捉端点的对象捕捉追踪线，并输入相对距离，如图 18-12 所示
指定下一点或 [放弃(U)]:2400	//捕捉极轴追踪线,并输入相对距离,如图 18-13 所示
指定下一点或 [放弃(U)]:1500	//捕捉极轴追踪线,并输入相对距离,如图 18-14 所示
指定下一点或 [闭合(C)/放弃(U)]:	//捕捉水平线的垂足点，如图 18-15 所示
指定下一点或 [闭合(C)/放弃(U)]:	//按“Enter”键结束直线命令

使用复制命令对图形进行复制操作时，在指定基点位置后，可通过在命令行中直接输入复制的第二点坐标，也可以通过对象捕捉、对象捕捉追踪等辅助功能来进行复制操作。

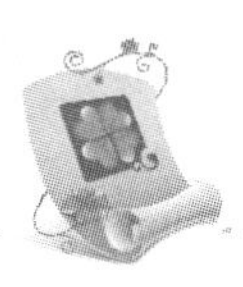

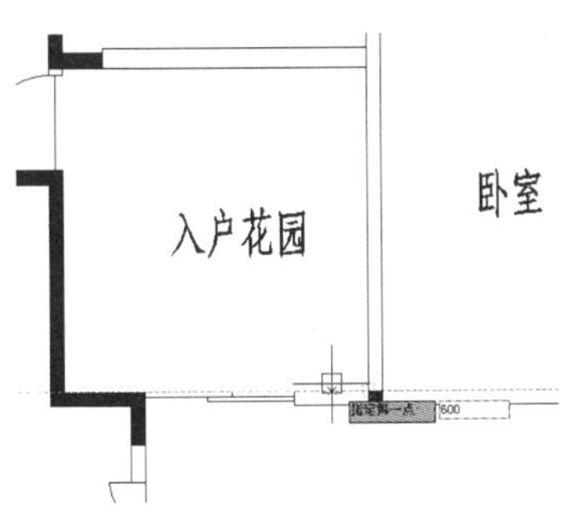

图 18-12 指定直线起点

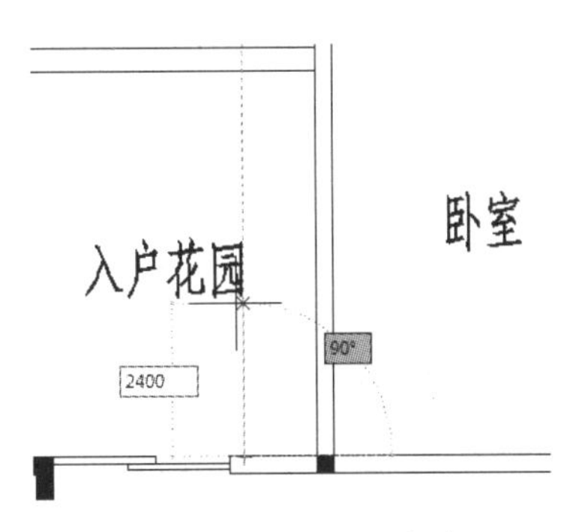

图 18-13 绘制垂直线

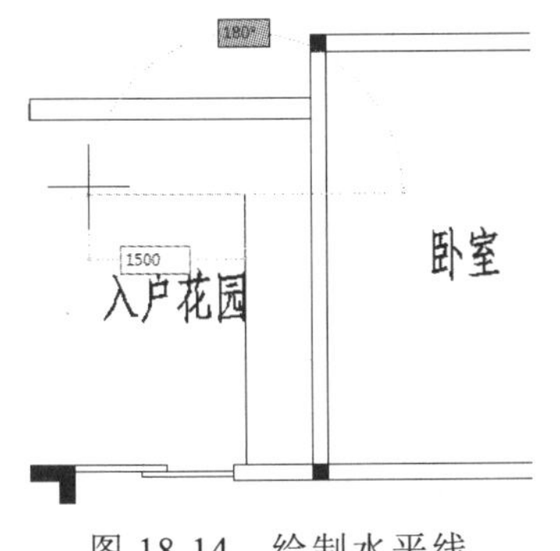

图 18-14 绘制水平线

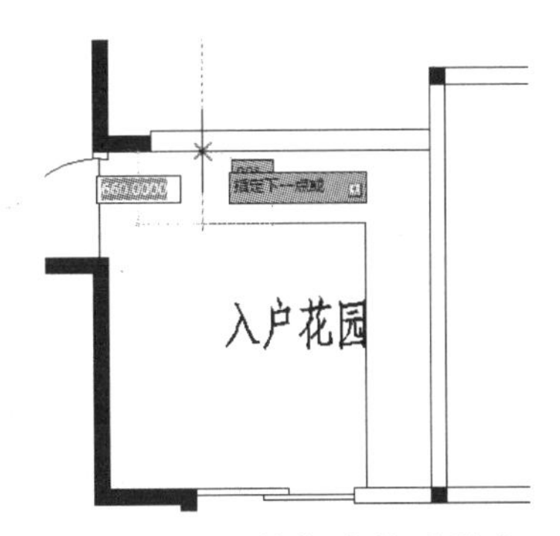

图 18-15 捕捉直线垂足点

12 双击“入户花园”文字，使其呈可编辑状态，将“入户花园”文字内容更改为“厨房”，效果如图 18-16 所示。

13 执行视图平移命令，将视图调整至右端卫生间图形的位置，效果如图 18-17 所示。

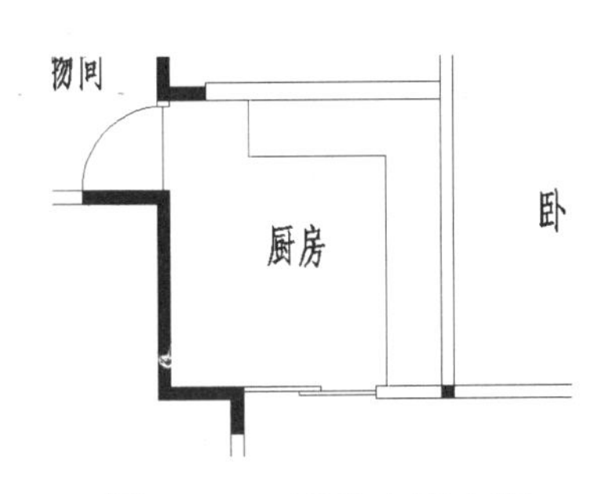

图 18-16 更改文字内容

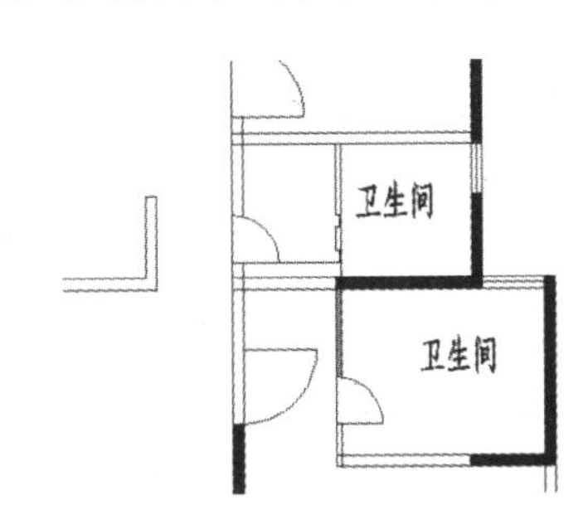

图 18-17 平移视图

14 在命令行输入“E”，执行删除命令，将卫生间中多余的门、墙线图形删除，如图 18-18 所示。

15 在命令行输入“O”，执行偏移命令，对顶端水平直线进行偏移操作，其偏移所通过的点分别为卫生间墙线的端点以及下方门图形直线端点向上偏移 70 的位置，如图 18-19 所示。

对文字标注的内容进行更改时，除了可先执行文字编辑命令使文字呈可编辑状态然后再编辑文字外，还可以直接双击文字，对文字内容进行更改。

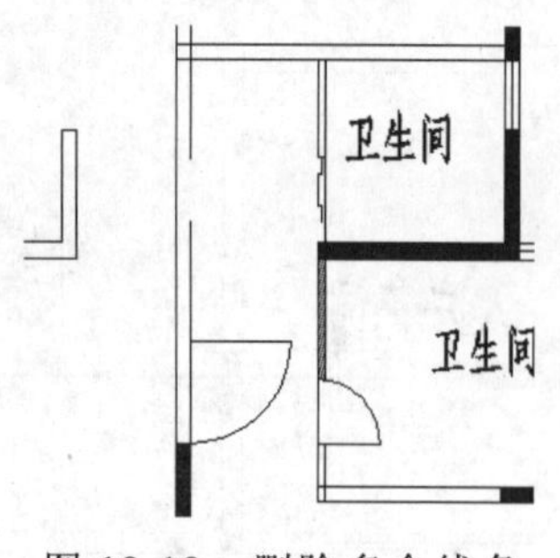

图 18-18　删除多余线条

图 18-19　偏移水平直线

16 在命令行输入“TR”，执行修剪命令，对偏移的水平直线进行修剪处理，并执行合并命令，对垂直线进行合并操作，如图 18-20 所示。

17 在命令行输入“O”，执行偏移命令，将顶端水平线偏移，其偏移所通过的点为垂直线的端点以及该点向下相对距离为 140 的位置；将垂直线偏移，其偏移所通过的点为门水平直线右端端点，如图 18-21 所示。

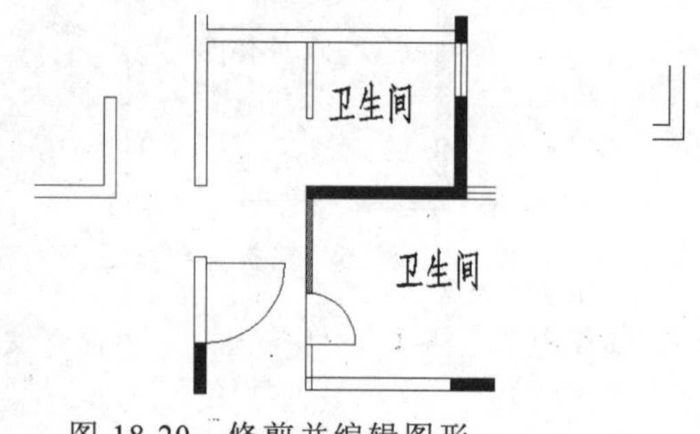

图 18-20　修剪并编辑图形

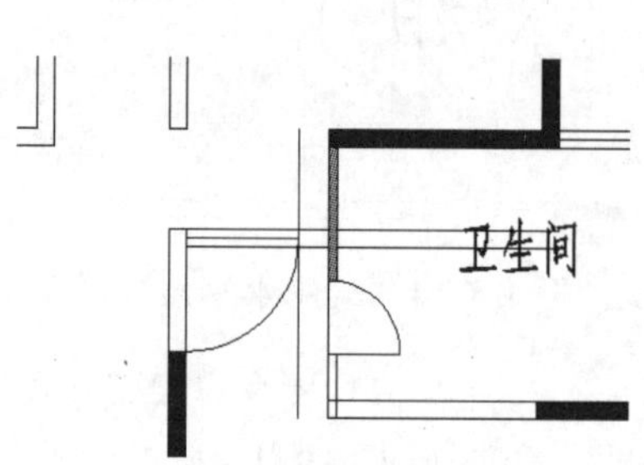

图 18-21　偏移线条

18 在命令行输入“TR”，执行修剪命令，对偏移的线条进行修剪处理，如图 18-22 所示。

19 在命令行输入“REC”，执行矩形命令，绘制长度为 30、高度为 480 的矩形，并复制生成另一个矩形，完成卫生间推拉门的绘制，如图 18-23 所示。

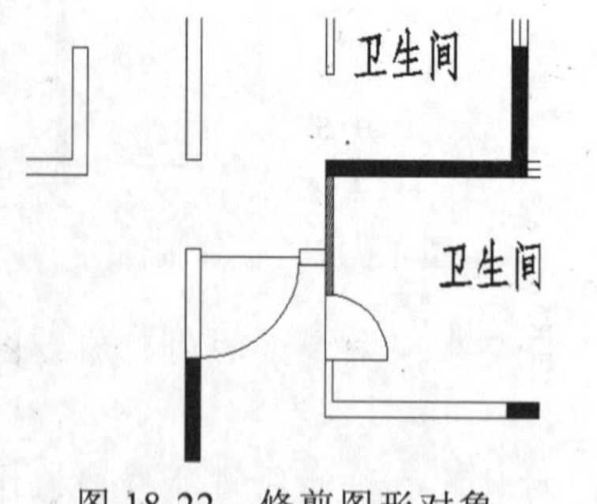

图 18-22　修剪图形对象

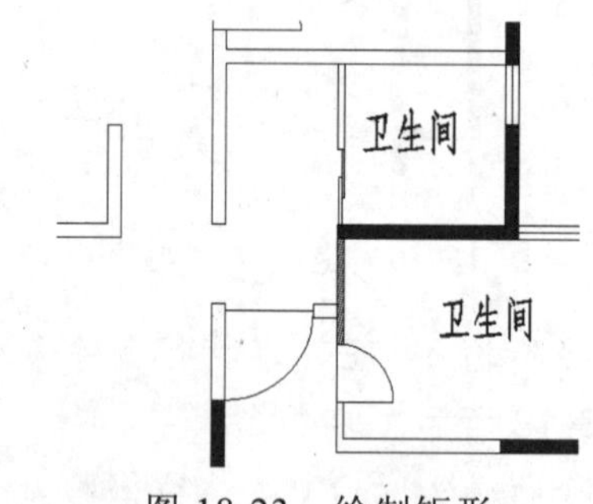

图 18-23　绘制矩形

20 在命令行输入“L”，执行直线命令，在距离卫生间垂直线顶端端点 600 的位置绘制一条水平直线，如图 18-24 所示。

21 将原始户型图进行改建后的效果如图 18-25 所示。

使用矩形命令绘制矩形时，在指定了矩形第一个角点后，可以通过面积、尺寸选项来绘制矩形。

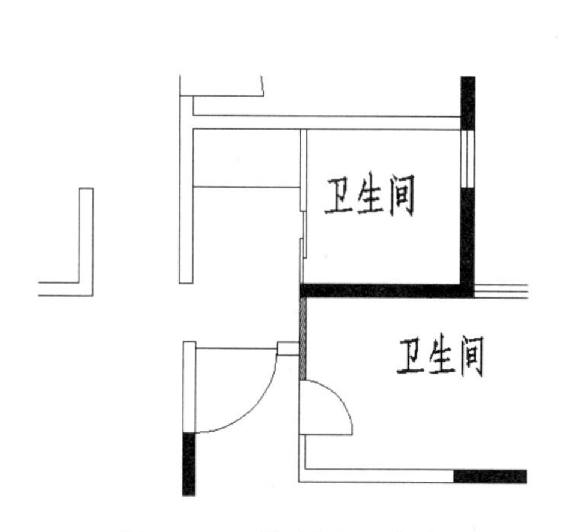

图 18-24 绘制水平直线

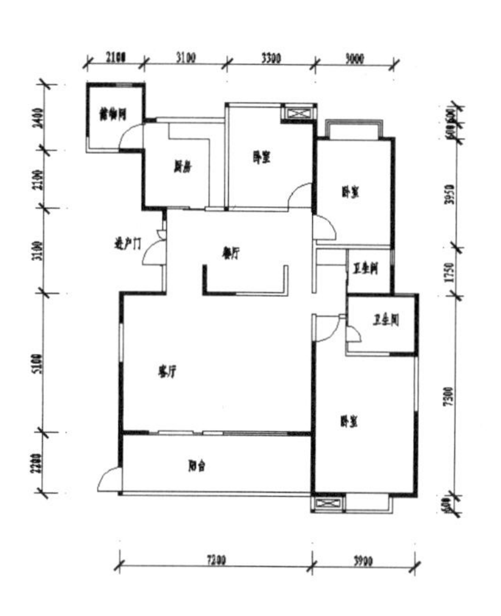

图 18-25 户型改建图效果

2. 平面布局图

在完成墙体改建后，可以利用图块插入功能，为装饰平面图添加家具图形，其操作步骤如下：

1. 在命令行输入“I”，执行插入命令，打开“插入”对话框，单击 浏览(B)... 按钮，如图 18-26 所示。
2. 打开“选择图形文件”对话框，在“查找范围”下拉列表框中选择文件的存放位置，在文件列表中选择“燃气灶.dwg”图块文件，单击 打开(O) 按钮，如图 18-27 所示。

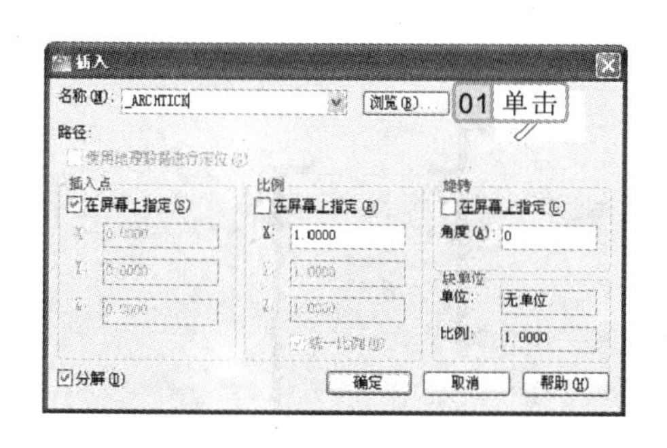

图 18-26 “插入”对话框

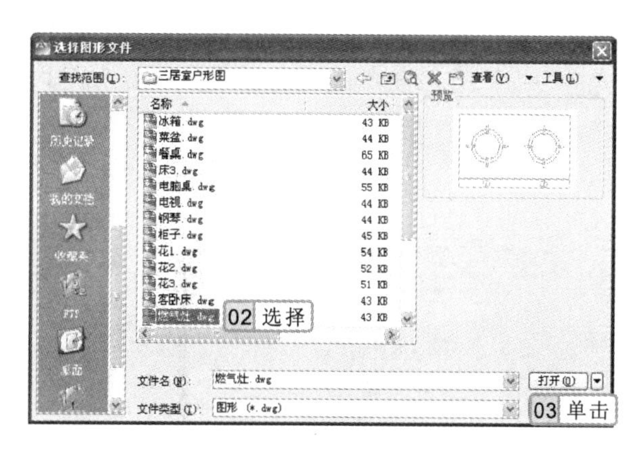

图 18-27 选择图块文件

3. 返回“插入”对话框，单击 确定 按钮，如图 18-28 所示。
4. 返回绘图区，在文字标注“厨房”的位置插入“燃气灶.dwg”图块文件，效果如图 18-29 所示。

插入图块对象时，当选中 ☑分解(D) 复选框时，插入图块后，图块将会进行分解操作；当取消选中该复选框时，则会以一个整体插入到图形中。

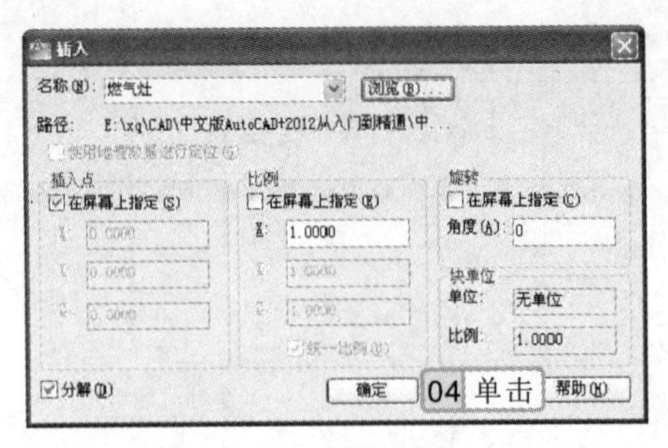

图 18-28　插入图块

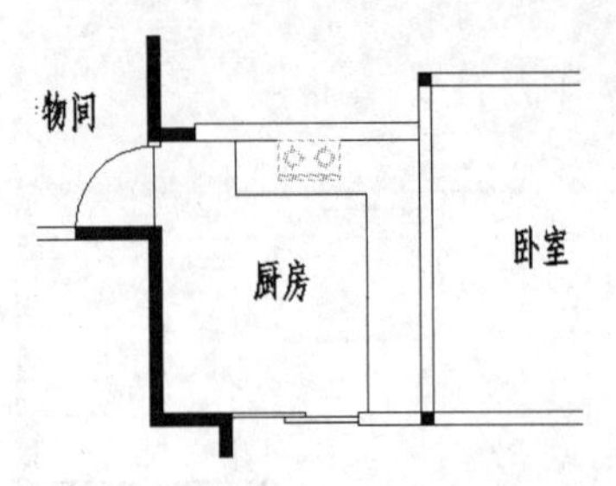

图 18-29　插入燃气灶图块效果

5 在命令行输入“I”，执行插入命令，打开“插入”对话框，单击 浏览(B)... 按钮，在“名称”下拉列表框中选择“菜盆”选项，单击 打开(O) 按钮返回“插入”对话框，在“旋转”栏的“角度”文本框中输入“-90”，指定图块插入时的旋转角度，单击 确定 按钮，如图 18-30 所示。

6 返回绘图区，在厨房中插入“菜盆.dwg”图块文件，效果如图 18-31 所示。

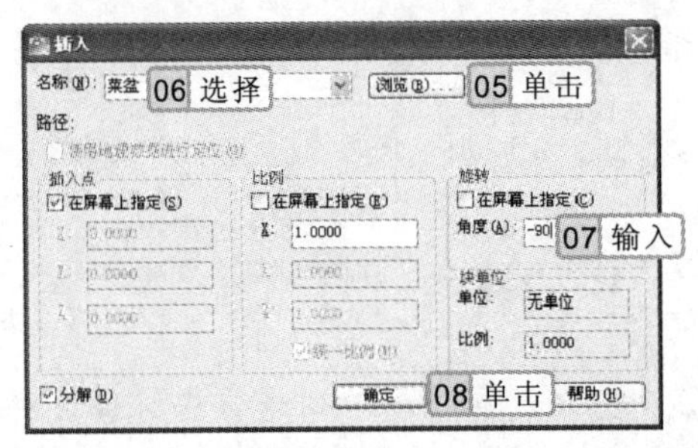

图 18-30　设置插入参数

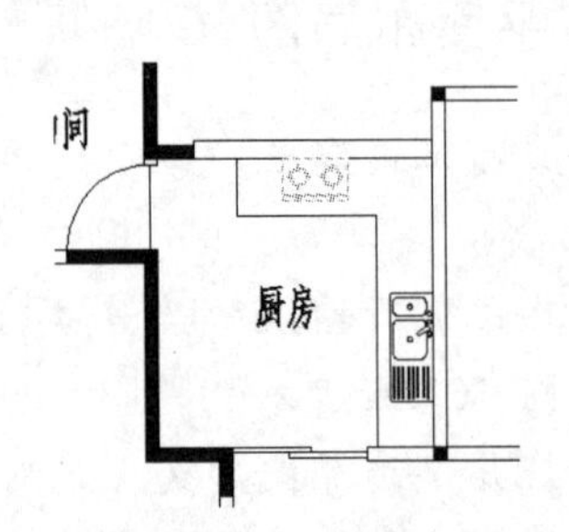

图 18-31　插入菜盆效果

7 再次执行插入命令，在厨房右端的卧室内分别插入“电脑桌.dwg”、“客卧床.dwg”和“柜子.dwg”图块文件，如图 18-32 所示

8 执行插入命令，在最右端的卧室房间内分别插入“床 3.dwg”和“柜子.dwg”图块文件，如图 18-33 所示。

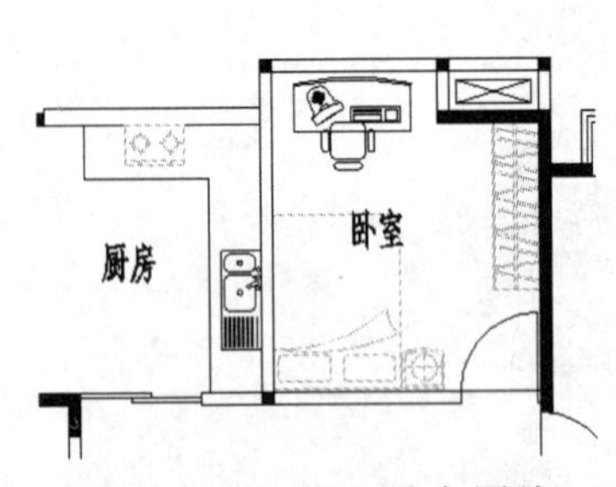

图 18-32　插入卧室图块

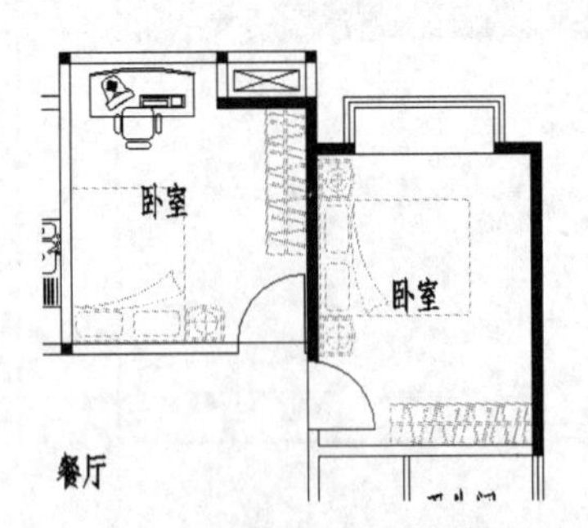

图 18-33　插入右上角卧室图块

9 执行插入命令，在卫生间外插入“洗手盆.dwg”图块文件，效果如图 18-34 所示。

10 在命令行输入“REC”，执行矩形命令，以餐厅左下角墙线的端点为第一个角点，其对角为右端墙线向上的延伸线，其相对距离为 300，如图 18-35 所示。

插入图块时，如果取消选中 □分解(D) 复选框，则插入图块时可以预览插入图块后的效果；如果选中 ☑分解(D) 复选框，则插入图块时不能实时预览插入后的效果。

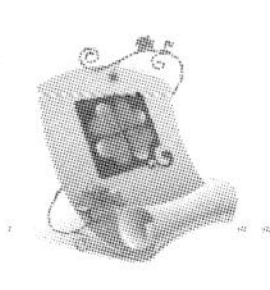

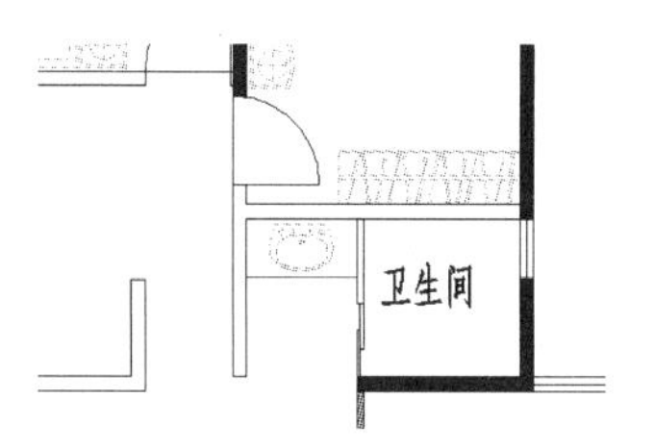

图 18-34　插入洗手盆效果

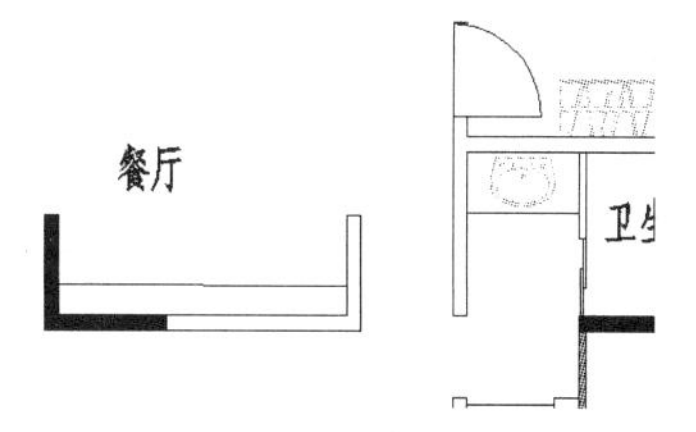

图 18-35　绘制酒柜图形

11 执行插入命令，在餐厅位置插入“餐桌.dwg”图块文件，效果如图 18-36 所示。

12 执行插入命令，在客厅位置插入“花 3.dwg”、“电视.dwg”、“沙发.dwg”和“钢琴.dwg”图块文件，并对位置及角度进行设置，如图 18-37 所示。

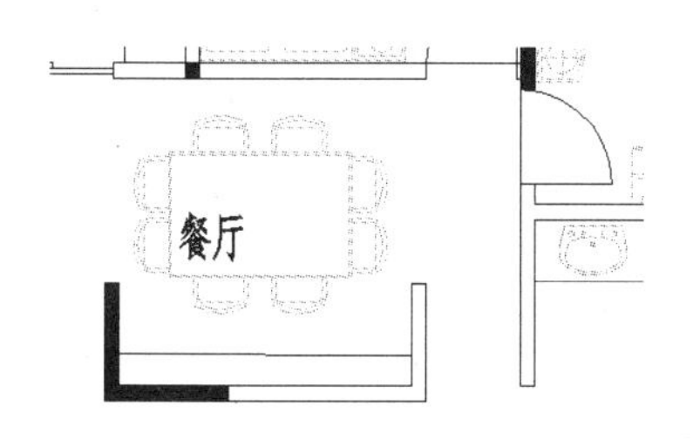

图 18-36　插入餐桌图块效果

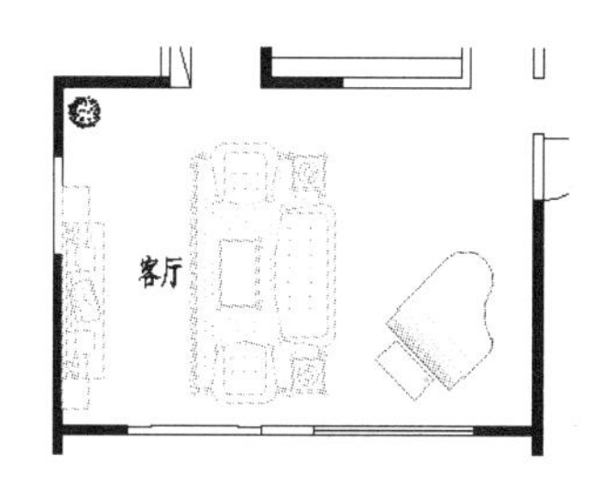

图 18-37　布置客厅

13 执行插入命令，在阳台位置分别插入“洗衣机.dwg”、“躺椅.dwg”、“花 1.dwg”和“花 2.dwg”图块文件，并分别对“花 1.dwg”和“花 2.dwg”的比例进行设置，如图 18-38 所示。

14 执行插入命令，在右下角的卧室位置分别插入“主卧床.dwg”、“物品柜.dwg”和“梳妆台.dwg”图块文件，如图 18-39 所示。

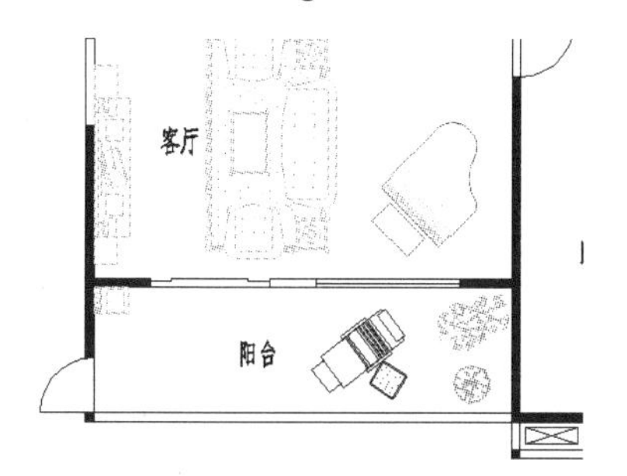

图 18-38　布置阳台

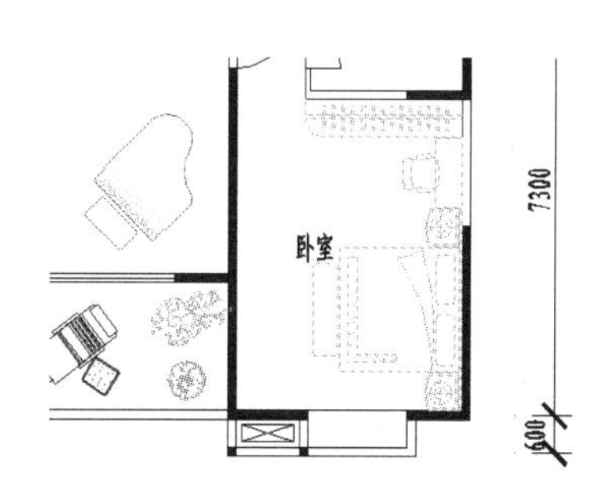

图 18-39　布置主卧

18.2　绘制装修顶面吊顶图

室内顶面图形的装修，主要通过吊顶和灯光的布置来实现，是室内设计中经常采用的 4 种手法，人们的视线与它接触的时间较多。下面介绍装修顶面吊顶设计和灯光布置的相关知识。

定义图块时，一般都以标准的尺寸进行绘制。在图形的绘制中，一般会对图块的尺寸进行修改。可以在插入时进行更改，也可以在插入后通过缩放等命令进行更改。

18.2.1 实例说明

下面将绘制“装修顶面吊顶图.dwg”图形。绘制该图时，首先调用装饰平面图，在平面图的基础上，删除家具图块，留下墙线等有用的图形对象，再绘制吊顶设计图，并安装灯具等图形对象，最终效果如图 18-40 所示。

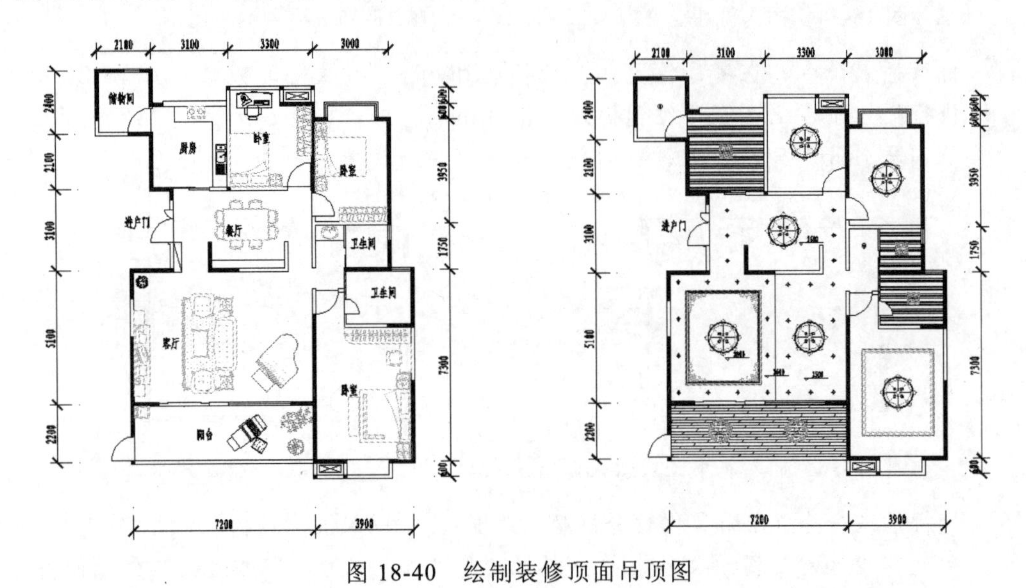

图 18-40 绘制装修顶面吊顶图

18.2.2 行业分析

吊顶是指房屋居住环境的顶部装修，简单地说，就是指天花板的装修，是室内装饰的重要部分之一。吊顶在整个居室装饰中占有相当重要的地位。对居室顶面作适当的装饰，不仅能美化室内环境，还能营造出丰富多彩的室内空间效果。

吊顶一般分平板吊顶、异型吊顶、局部吊顶、格栅式吊顶、藻井式吊顶等五大类型，分别介绍如下。

- **平板吊顶**：一般为 PVC 板、石膏板、矿棉吸音板、玻璃纤维板、玻璃等材料，照明灯卧于顶部平面之内或吸于顶上，通常安排在卫生间、厨房、阳台和玄关等部位。
- **异型吊顶**：异型吊顶是局部吊顶的一种，主要适用于卧室、书房等房间，在楼层比较低的房间或客厅也可以采用异型吊顶。方法是用平板吊顶的形式，把顶部的管线遮挡在吊顶内，顶面可嵌入筒灯或内藏日光灯，使装修后的顶面形成两个层次，不会产生压抑感。异型吊顶采用的云型波浪线或不规则弧线，一般不超过整体顶面面积的 1/3，超过或小于这个比例，就难以达到好的效果。
- **局部吊顶**：局部吊顶是在避免居室的顶部有水、暖、气管道，而且房间的高度又不允许进行全部吊顶的情况下采用的一种吊顶方式。
- **格栅式吊顶**：先用木材做成框架，镶嵌上透光或磨砂玻璃，光源在玻璃上面。这属

在 AutoCAD 2012 中使用阵列命令对图形进行阵列操作后，其默认情况下是进行关联的，可以通过更改关联夹点的参数来控制阵列的效果。

于平板吊顶的一种，但是造型要比平板吊顶生动和活泼，装饰的效果比较好。一般适用于居室的餐厅、门厅。它的优点是光线柔和、轻松和自然。

- **藻井式吊顶**：这类吊顶的前提是房间必须有一定的高度（高于 2.85m），且房间较大。它的式样是在房间的四周进行局部吊顶，可设计成一层或两层，装修后的效果有增加空间高度的感觉，还可以改变室内的灯光照明效果。

18.2.3 操作思路

绘制顶面吊顶图，要在平面布置图的基础上，通过编辑等命令来进行绘制。本例的操作思路如下。

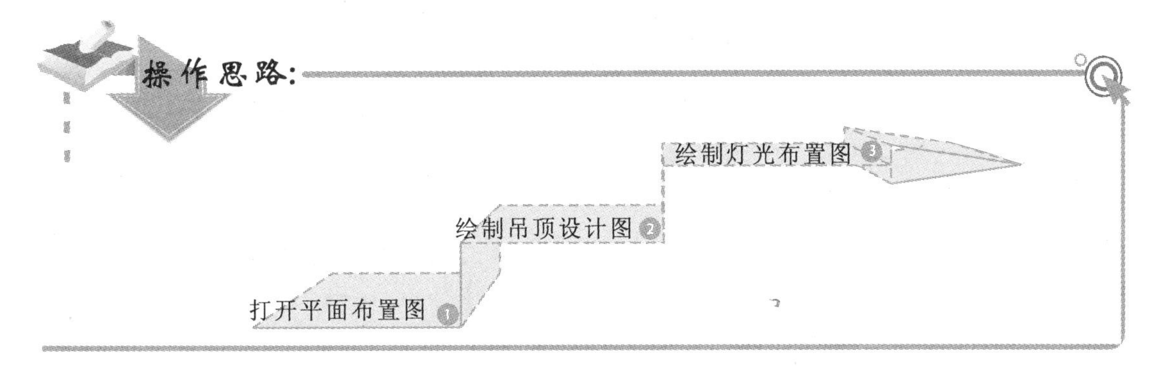

18.2.4 操作步骤

下面介绍使用常用绘图编辑命令完成装修顶面吊顶图的具体绘制。

光盘\素材\第 18 章\吊顶设计
光盘\效果\第 18 章\顶面吊顶图.dwg
光盘\实例演示\第 18 章\绘制装修顶面吊顶图

1. 吊顶设计图

打开“平面布置图.dwg”图形文件，执行编辑及绘图命令，在平面图的基础上绘制顶面吊顶图，其操作步骤如下：

1. 打开“平面布置图.dwg”图形文件，如图 18-41 所示。
2. 在命令行输入“E”，执行删除命令，将“平面布置图.dwg”图形文件中的家具图形进行删除，并删除其中的标注文字内容，然后使用直线命令，在客厅位置以顶面墙线的端点为起点，绘制一条垂直线，然后与底端线的垂足点相交，如图 18-42 所示。
3. 在命令行输入“BH”，执行图案填充命令，将厨房和两个卫生间图形进行图案填充操作，其中填充图案为 ANSI34，“填充图案比例”选项设置为 400，“图案填充角度”选项设置为 135，如图 18-43 所示。

对图形进行图案填充操作时，在“AutoCAD 经典”工作空间中将打开“图案填充和渐变色”对话框，在其中可以使用填充区域和填充对象进行填充。

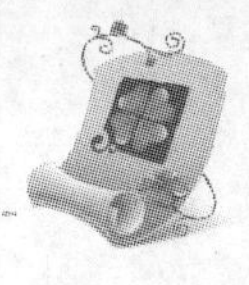

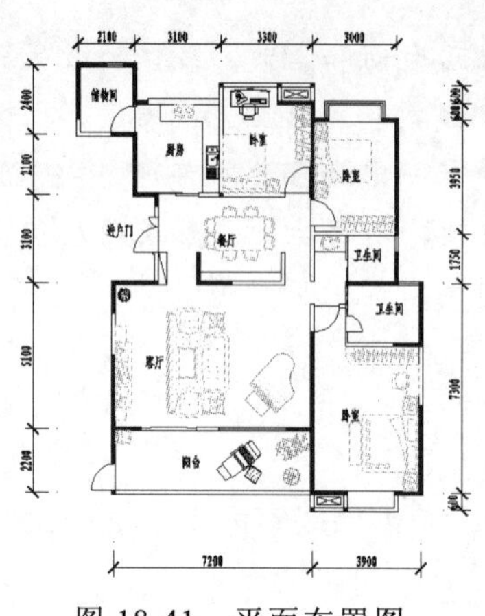

图 18-41　平面布置图

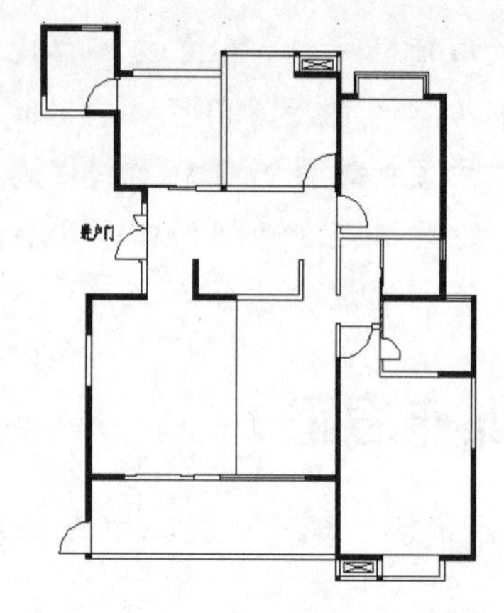

图 18-42　删除家具图块并绘制直线

4　在命令行输入“REC”，执行矩形命令，以距离左下角墙线端点位置（609,630）处为起点，绘制长度为 3012、高度为 3700 的矩形，并将绘制的矩形向内进行偏移操作，其偏移距离相对于前一个图形的距离为 50、40、30、10，并将最外端矩形的线型更改为虚线，如图 18-44 所示。

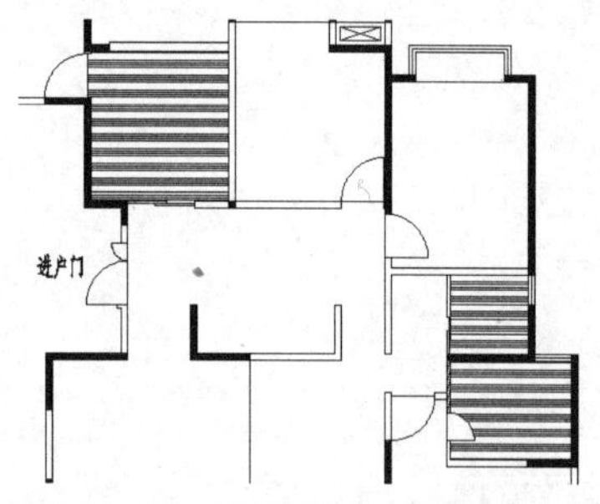

图 18-43　图案填充图形对象

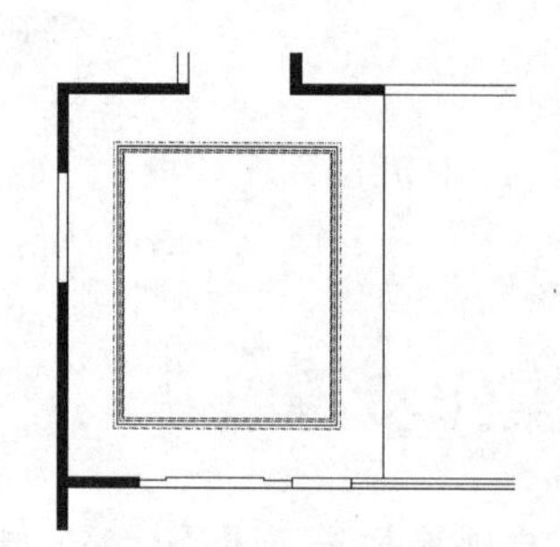

图 18-44　绘制吊顶图案

5　在命令行输入“I”，执行插入命令，在绘制的吊顶图形右上角的端点处插入“角花.dwg”图块文件，将“比例”选项设置为 0.1，如图 18-45 所示。

6　在命令行输入“MI”，执行镜像命令，以绘制矩形的中点间的连线为镜像线，将插入的“角花.dwg”图形进行镜像复制，如图 18-46 所示。

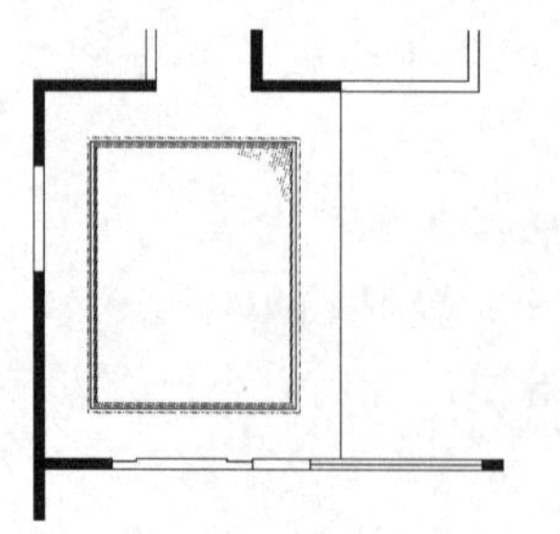

图 18-45　插入“角花.dwg”图块文件

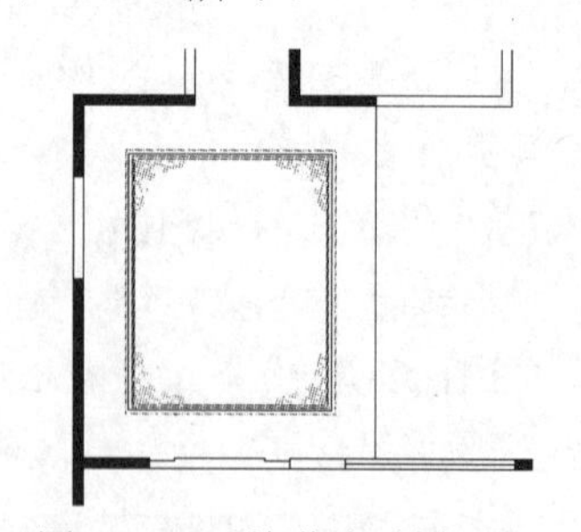

图 18-46　镜像复制角花

7　在命令行输入“REC”，执行矩形命令，在距离主卧左下角墙线端点的位置

角花是建筑装饰图中在边角上用于装饰的一种图案，目前主要有欧式角花和中式角花两种类型，在装修图中可以根据装修风格来进行相应的选择。

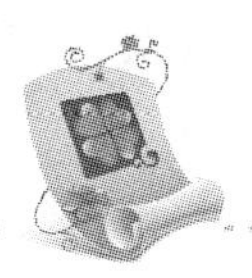

（480,810）处绘制长度为 2900、高度为 3300 的矩形，并使用偏移命令将绘制的矩形向内进行偏移，其偏移距离为 50，将最外端矩形的线型更改为“虚线”，如图 18-47 所示。

8. 执行图案填充命令，将阳台区域进行图案填充，填充图案为 DOLMIT，填充比例为 450；并执行直线命令，利用极轴功能绘制标高符号，然后使用单行文字命令在标高符号上输入标高高度，如图 18-48 所示。

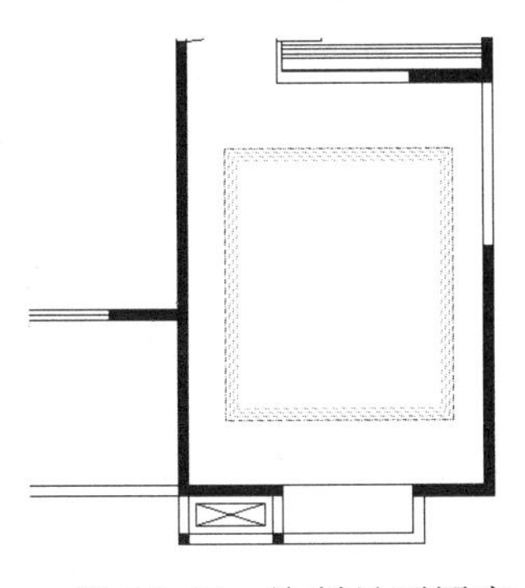

图 18-47　绘制吊顶图案

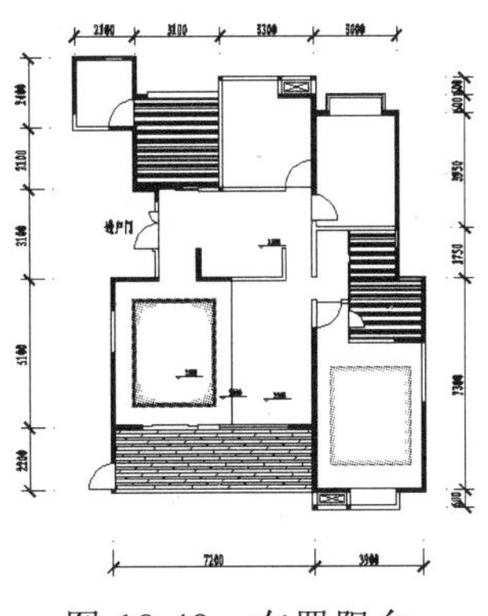

图 18-48　布置阳台

2. 灯光布置图

将顶面图的吊顶设计完成后，便可利用插入图块的方法布置灯光，其操作步骤如下：

1. 在命令行输入“I”，执行插入命令，利用对象捕捉追踪功能，在矩形正中心的位置插入“吊灯.dwg”图块，如图 18-49 所示。
2. 在命令行输入“CO”，执行复制命令，将吊灯图块复制到房间的其余位置，效果如图 18-50 所示。

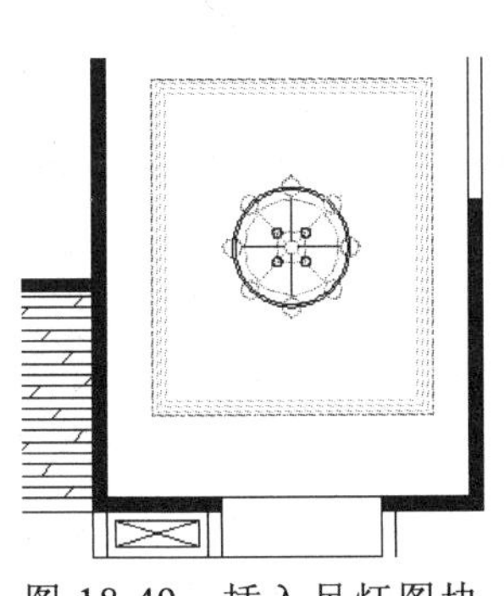

图 18-49　插入吊灯图块

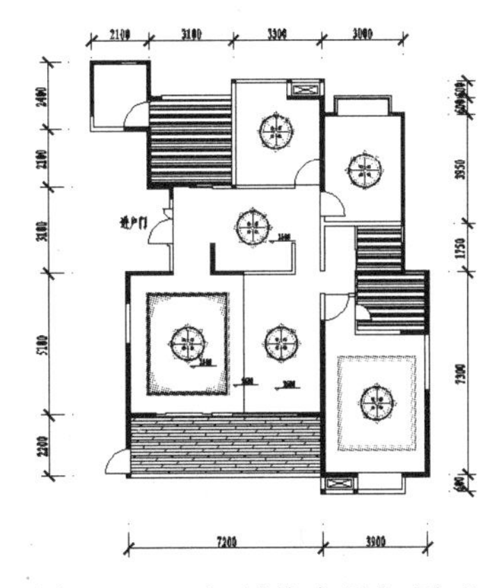

图 18-50　复制其余吊灯图形

3. 在命令行输入“I”，执行插入命令，插入“灯.dwg”图块图形，并使用复制命令完成其余图块的创建，如图 18-51 所示。

使用阵列命令阵列复制射灯等图形对象时，可以根据需要使用分解命令，将阵列后的图形对象进行分解操作，并删除其中多余的图形对象。

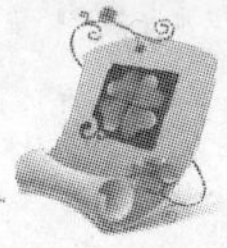

4 在命令行输入“I”，执行插入命令，插入“灯-吊灯 3.dwg”图块图形，并使用复制命令完成其余图块的创建，如图 18-52 所示。

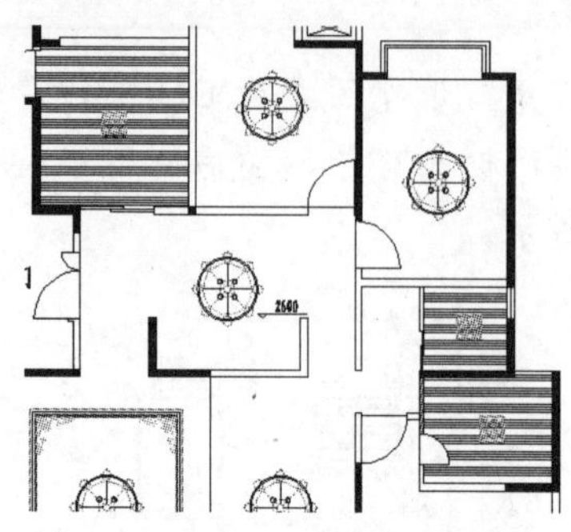

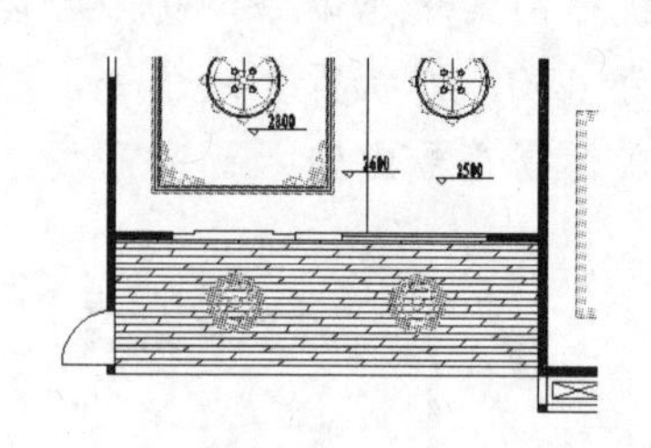

图 18-51 插入并复制灯图块　　图 18-52 插入并复制“灯-吊灯 3”图块

5 在命令行输入“I”，执行插入命令，插入“筒灯.dwg”图块图形，并使用复制命令完成其余图块的创建，如图 18-53 所示。

6 在命令行输入“I”，执行插入命令，插入“射灯.dwg”图块图形，并使用阵列等命令对图形进行布置处理，如图 18-54 所示。

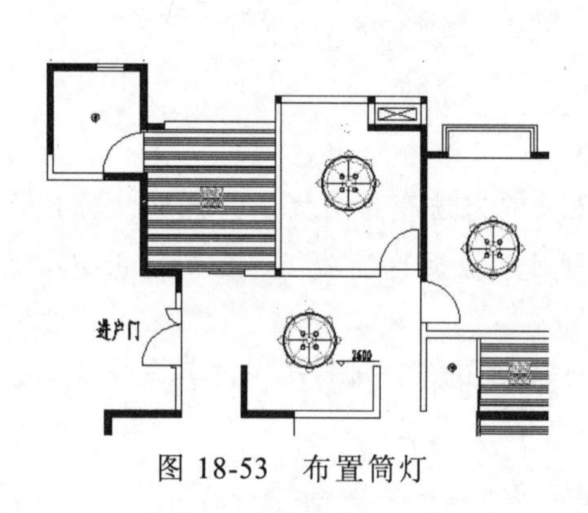

图 18-53 布置筒灯

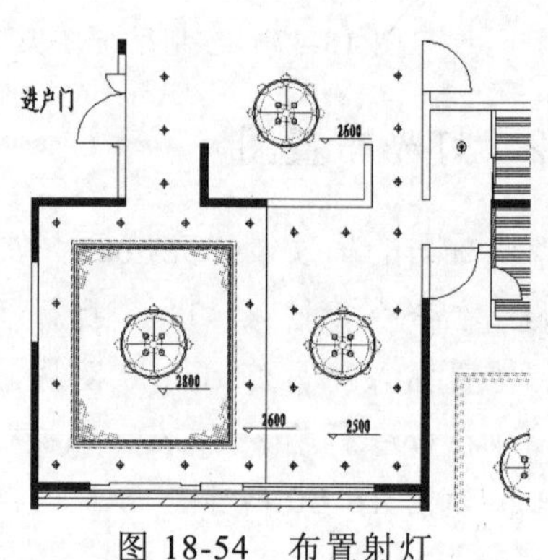

图 18-54 布置射灯

18.3 拓展练习

本章主要介绍了装饰图形的绘制，包括平面装修图和顶面的吊顶图等。绘制时，应注意墙线的编辑处理。下面通过两个实例的练习，使读者进一步掌握装修图形的绘制。

18.3.1 将二室改三室

本次练习将打开“两室户型.dwg”图形文件，对户型的墙体进行改建，其中主要包括更改卫生间门、将阳台改建为儿童房等操作，从而将两室户型图改建为三居室的户型图，效果如图 18-55 所示。

对房屋进行改建时，承重墙、配重墙、房间中的梁柱，以及墙体中的钢筋都是不能进行拆除的对象。

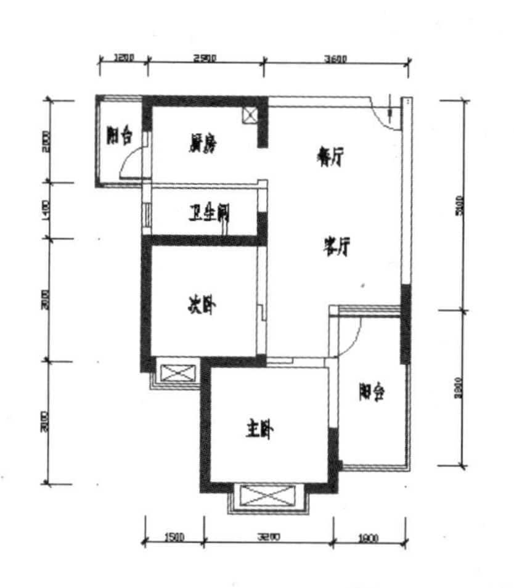

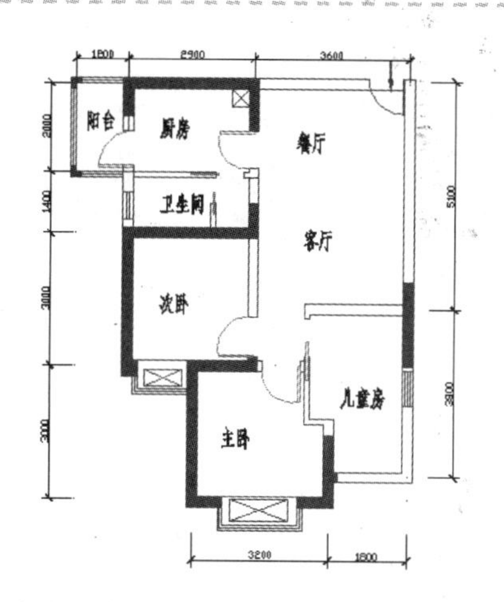

图 18-55 将二室改建为三室

光盘\素材\第 18 章\两室户型.dwg
光盘\效果\第 18 章\二室改三室.dwg
光盘\实例演示\第 18 章\绘制二室改三室

18.3.2 绘制插座布置图

本次练习将打开“平面布置图.dwg”图形文件，在该图形文件的基础上，绘制并在相应位置上放置对应的插座图示，完成插座布置图的绘制，效果如图 18-56 所示。

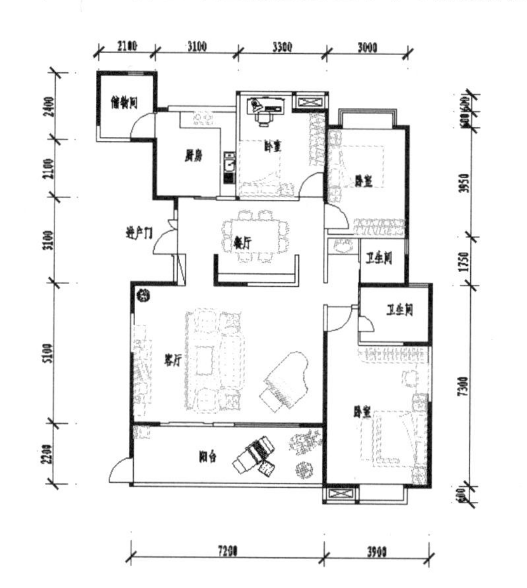

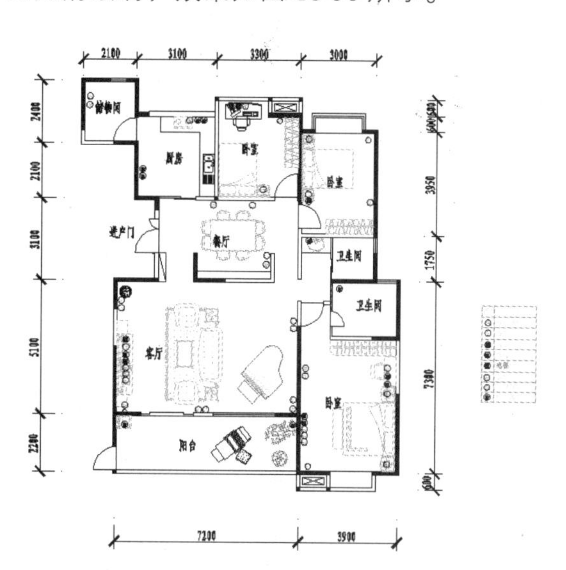

图 18-56 绘制插座布置图

光盘\素材\第 18 章\平面布置图.dwg
光盘\效果\第 18 章\插座布置图.dwg
光盘\实例演示\第 18 章\绘制插座布置图

操作提示

装修图中需要安装的电路线路主要包括电源线、照明线、空调线、电视线、电话线、网线和门铃线等。

第19章

绘制别墅平面图

本章导读

使用 AutoCAD 2012 可以快速完成建筑平面图的绘制，如一般高层建筑中的底层平面图、标准层平面图、顶层平面图以及屋顶平面图等。本章将介绍某农村别墅建筑中的底层平面图和屋顶平面图的绘制，使读者更好地了解建筑平面图绘制的相关方法和技巧。其中，底层平面图是施工的重要依据，应重点进行掌握。

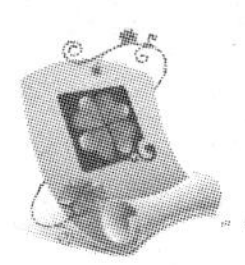

19.1 绘制底层平面图

本节主要介绍建筑平面图中底层平面图的绘制，绘制平面图时，首先应绘制轴网，并在轴网的基础上绘制墙线、门窗，以及楼梯等图形。

19.1.1 实例说明

下面将绘制某别墅建筑的底层平面图。绘制该图形时，首先要使用构造线等命令完成轴线的绘制，再绘制墙线、门窗、台阶和楼梯等，最终效果如图 19-1 所示。

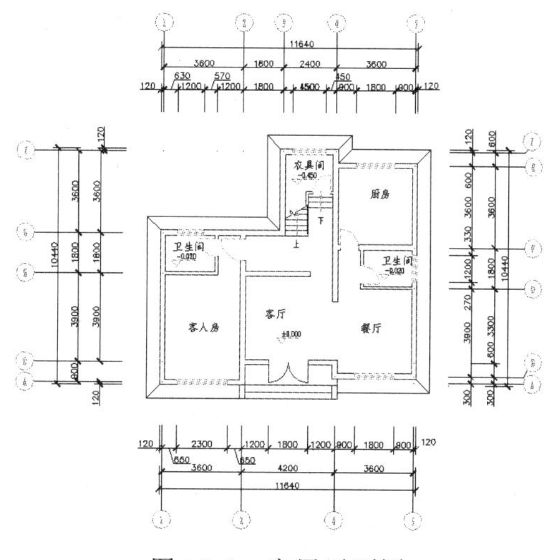

图 19-1 底层平面图

19.1.2 行业分析

底层平面图又称首层平面图或一层平面图，是所有建筑平面图中首先要绘制的一张图。绘制此图时，应将剖切平面放在房屋的一层地面与从一楼通向二楼的休息平台之间，且要尽量通过该层上所有的门窗洞。

底层平面图与标准层平面图是两个不同层面的平面图，即便房间布置完全相同，底层平面也不可能和标准层平面完全相同。例如，底层有楼层出入口，标准层是不会有的；另外，底层平面楼梯的画法和标准层也不一样。所以，底层平面必须和标准层平面分别绘制。

19.1.3 操作思路

绘制别墅平面图，依次绘制平面图的组成元素图形，本例的操作思路如下。

在绘制平面图时，首先应准确标明轴网轴线的位置，根据轴网绘制出墙体、柱，再在墙体中添加门、窗图块，然后绘制楼梯、坡道等设施，最后标注各房间名称及尺寸。

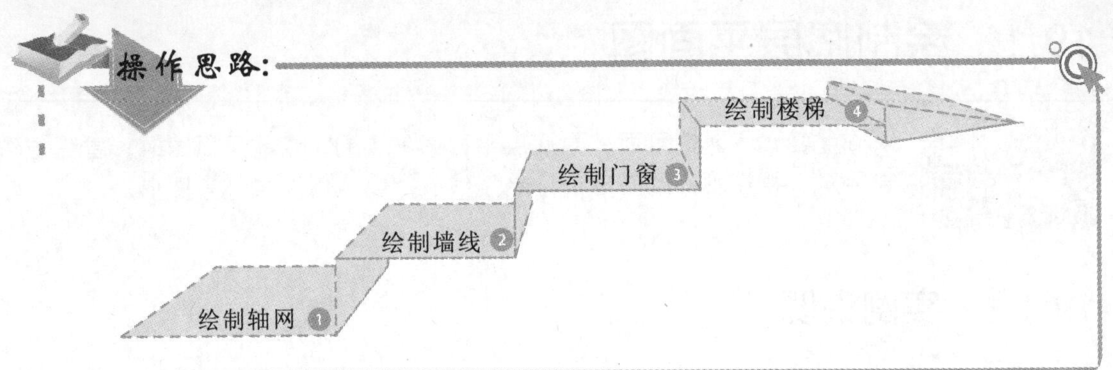

19.1.4 操作步骤

下面介绍底层平面图的具体绘制过程。

参见光盘

光盘\素材\第 19 章\建筑常用图层.dwg
光盘\效果\第 19 章\底层平面图.dwg
光盘\实例演示\第 19 章\绘制底层平面图

1. 绘制轴网

执行构造线命令，并利用偏移等命令，绘制底层平面图的轴网，其操作步骤如下：

1. 打开“建筑常用图层.dwg”图形文件，将当前图层设置为“轴线”，并使用构造线命令，绘制垂直及水平构造线，如图 19-2 所示。
2. 在命令行输入“O”，执行偏移命令，将垂直构造线向右进行偏移，其偏移距离分别为 3600、4200 和 3600，如图 19-3 所示。

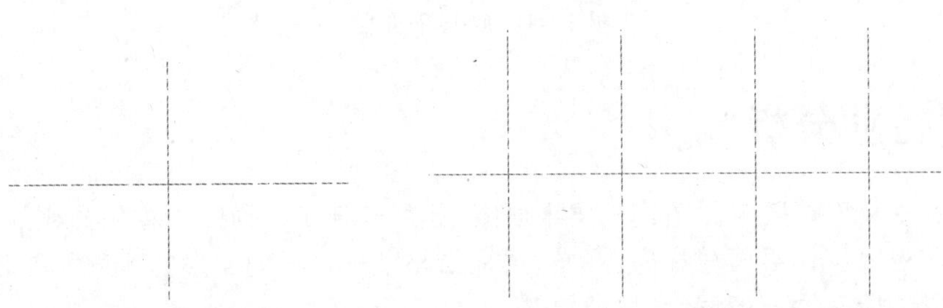

图 19-2 绘制辅助线　　图 19-3 偏移垂直构造线

3. 在命令行输入“O”，执行偏移命令，将水平构造线向上进行偏移，其偏移距离参见图 19-4 所示的尺寸标注。
4. 在命令行输入“O”，执行偏移命令，将顶端水平构造线依次向下进行偏移，其偏移距离参见图 19-5 所示右端的尺寸标注。
5. 在命令行输入“O”，执行偏移命令，将左端第二条垂直构造线向右进行偏移，其偏移距离为 1800，如图 19-6 所示。

DIMSCALE 决定了尺寸标注的比例，其值为整数，默认为 1，通常采用缩放比例方式绘制较大图形。

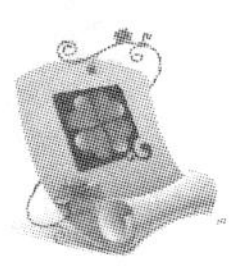

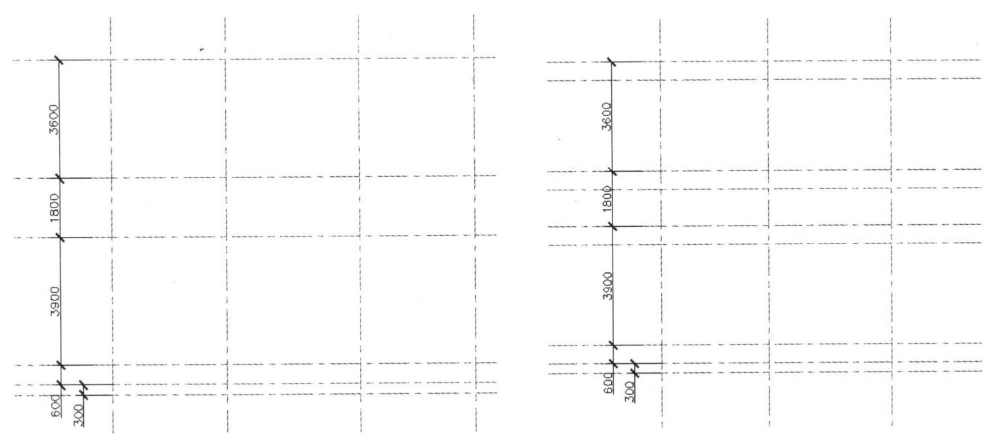

图 19-4　向上偏移水平构造线　　　　图 19-5　向下偏移水平构造线

6 在命令行输入“O”，执行偏移命令，将左端垂直构造线向右偏移 2400，将右端垂直构造线向左偏移 2400，如图 19-7 所示。

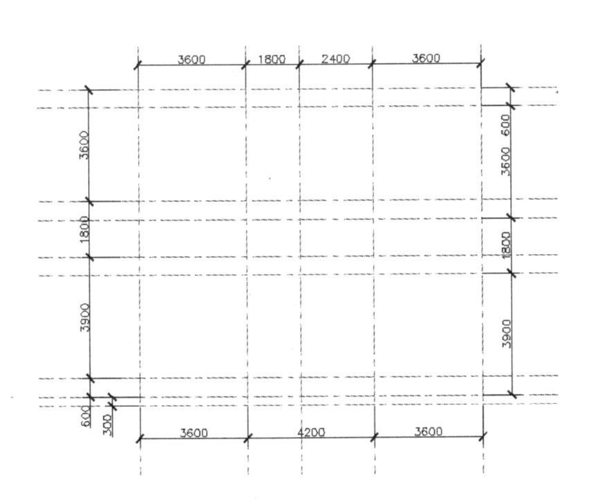

图 19-6　偏移垂直构造线

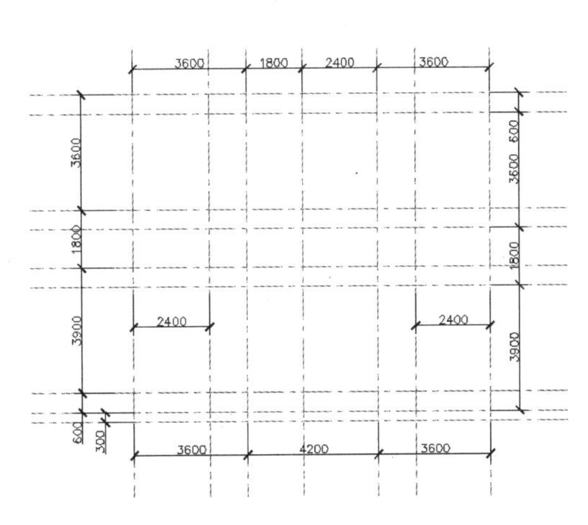

图 19-7　偏移两端垂直构造线

2. 绘制墙线

在绘制轴网的基础上，通过多线、多线编辑等命令，完成底层平面图中墙线的绘制，其操作步骤如下：

1 执行多线样式命令，打开“多线样式”对话框，将多线样式进行修改，即将“起点”和“端点”的“封口”设置为直线。

2 将当前图层切换至“墙线”图层，在命令行输入“ML”，执行多线命令，将“对正”选项设置为“无”，将“比例”选项设置为 240，在绘制的轴网上绘制墙线，其中右下角墙线的位置距离轴网交点向下偏移 600，如图 19-8 所示。

3 在命令行输入“ML”，再次执行多线命令，绘制另一条墙线，如图 19-9 所示。

多线命令不能绘制弧形平行多线，它只能绘制由直线段组成的平行多线，它的多条平行线是一个完整的整体。

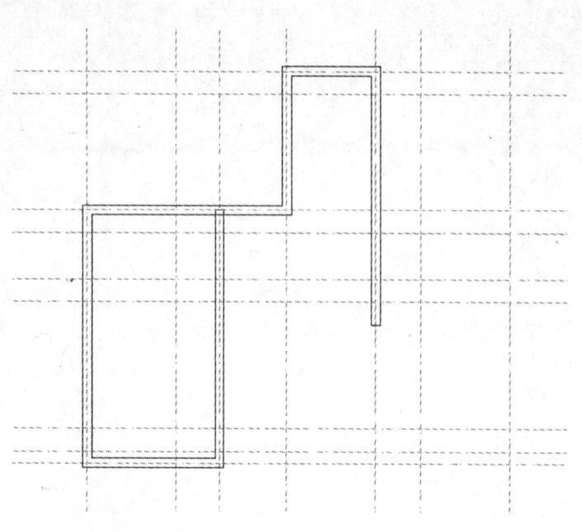

图 19-8　绘制第一条多线

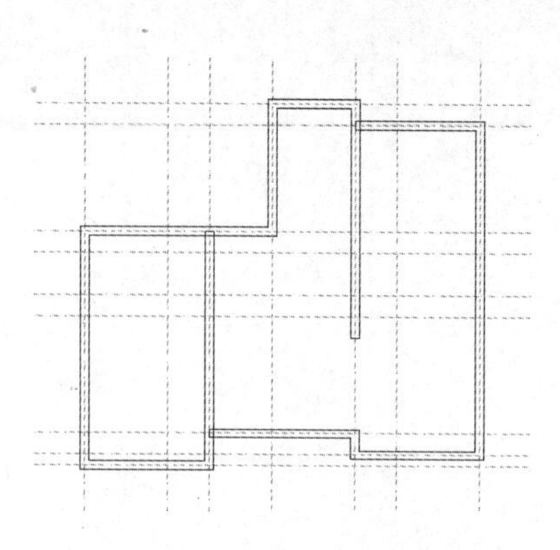

图 19-9　绘制第二条多线

4 在命令行输入“ML”，再次执行多线命令，在轴网中绘制两条水平多线，效果如图 19-10 所示。

5 在命令行输入“ML”，执行多线命令，将“比例”选项设置为 120，以轴网的交点为多线的端点，绘制两条多线，效果如图 19-11 所示。

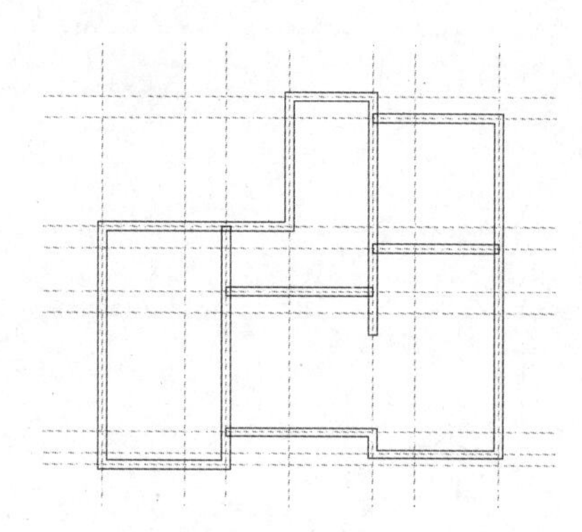

图 19-10　绘制水平多线

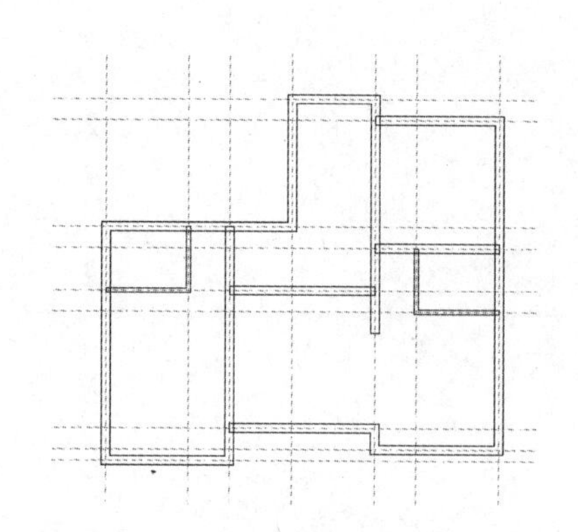

图 19-11　绘制比例为 120 的多线

6 在命令行输入“MLEDIT”，执行多线编辑命令，打开“多线编辑工具”对话框，单击“T 形打开”按钮，返回绘图区，选择要进行编辑的多线并对其进行编辑处理，编辑多线后的效果如图 19-12 所示。

7 关闭“轴线”图层，只显示编辑多线后的墙线效果，并使用分解命令，将编辑后的多线进行分解操作，如图 19-13 所示。

8 在命令行输入“O”，执行偏移命令，首先将分解后的多线进行偏移，其偏移距离为 120，再参见图 19-14 所示的尺寸标注，将偏移后的线条进行偏移操作。

9 在命令行输入“EX”，执行延伸命令，将偏移的线条延伸至另外一条墙线处，再通过修剪功能，对图形进行修剪处理，完成墙线的绘制，如图 19-15 所示。

在“多线样式”对话框中，若出现了不需要的多线样式且该样式并没有使用过，可单击 删除(D) 按钮将其删除。

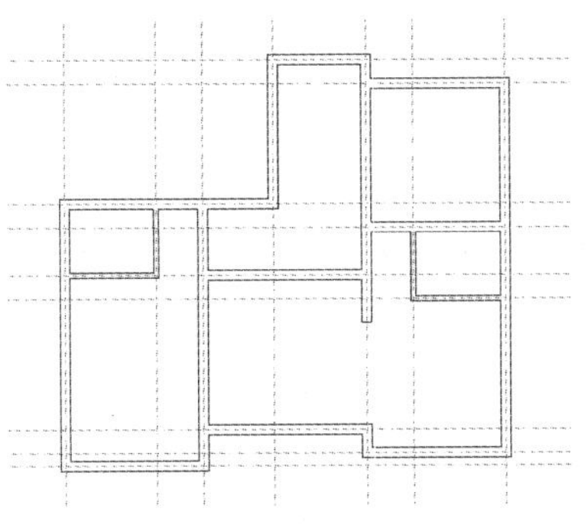

图 19-12　编辑多线

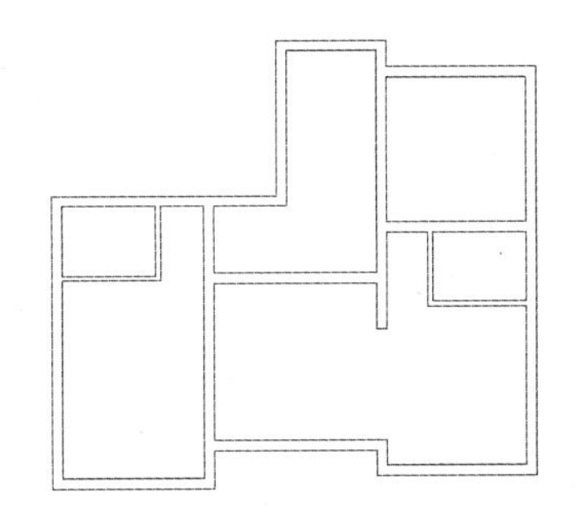

图 19-13　关闭“轴线”图层

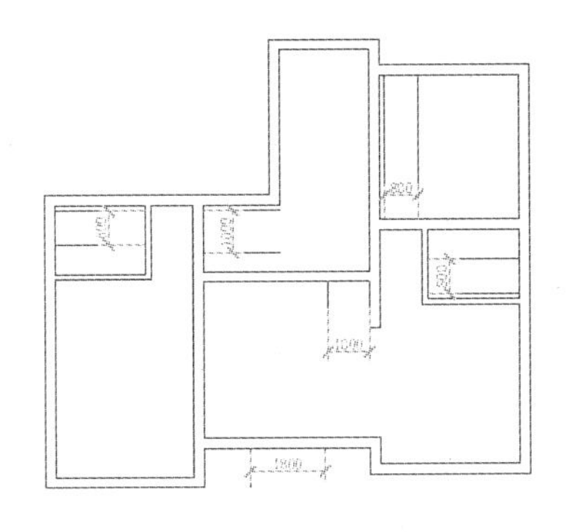

图 19-14　偏移墙线

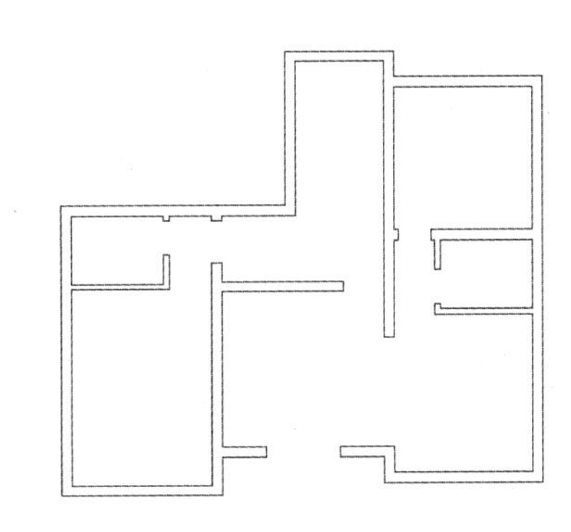

图 19-15　完成墙线绘制

3. 绘制门窗

执行插入命令，将门窗图块插入到平面图中，其操作步骤如下：

1. 在命令行输入“I”，执行插入命令，插入“门.dwg”图块文件，其图块插入时的比例为 0.8，旋转角度为 90°，如图 19-16 所示。
2. 执行复制、镜像、旋转以及缩放等命令，将插入的图块进行复制、镜像、旋转以及缩放处理，完成其余门图形的绘制，如图 19-17 所示。

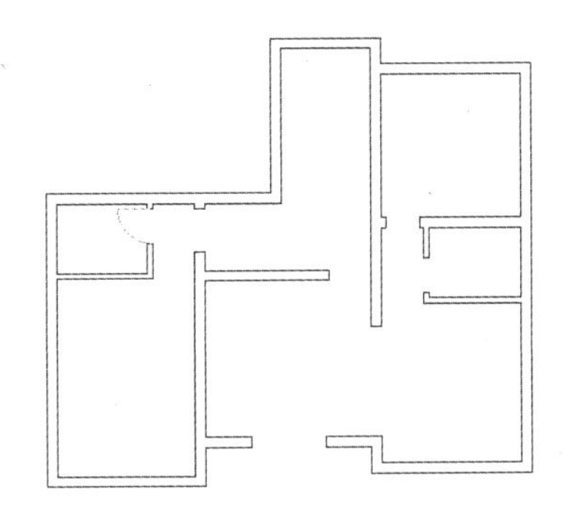

图 19-16　插入门图块

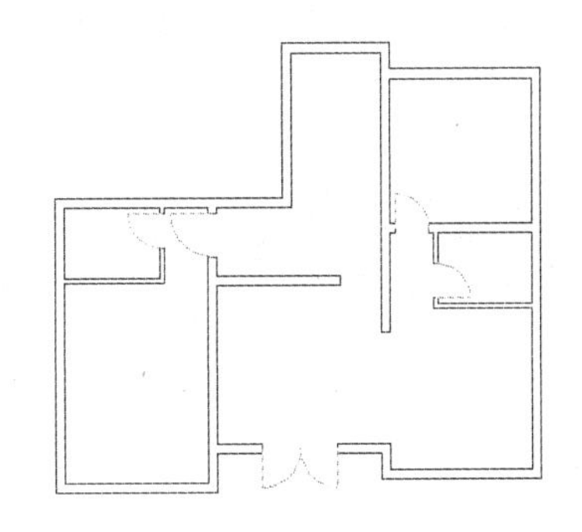

图 19-17　绘制其余门图块

绘制建筑平面图时，有许多图形是经常使用的，如门、窗、沙发、电视、楼梯等，在日常绘图过程中，可先对其绘制一个标准的图形对象，并将其保存为图块，以便绘图时随时进行调用。

3 在命令行输入“I”，执行插入命令，插入“窗.dwg”图块文件，其图块插入时取消选中 □统一比例(U) 复选框，将 X 选项的比例设置为 3.2，插入点为墙线的中点，如图 19-18 所示。

4 在命令行输入“I”，执行插入命令，插入“窗.dwg”图块文件，将 X 选项的比例设置为 1.2，插入点为墙线的中点，如图 19-19 所示。

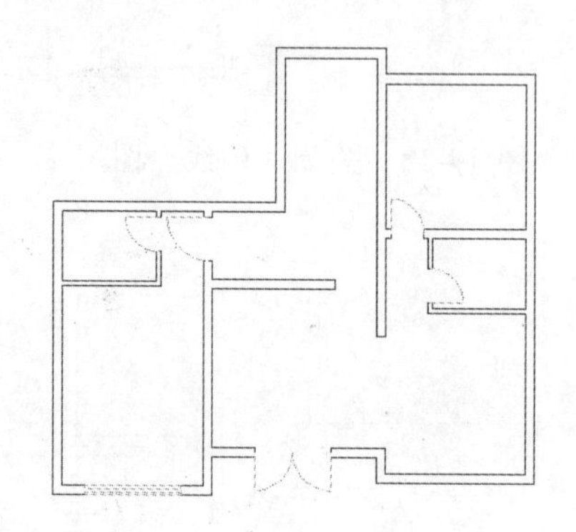

图 19-18　插入 3200 的窗户

图 19-19　插入 1200 的窗户

5 在命令行输入“I”，执行插入命令，插入“窗.dwg”图块文件，将 X 选项的比例设置为 1.5，插入点为墙线的中点，如图 19-20 所示。

6 在命令行输入“I”，执行插入命令，在上端和底端插入“窗.dwg”图块文件，X 选项的比例为 1.8，右端垂直方向上 X 选项的比例设置为 1.2，如图 19-21 所示。

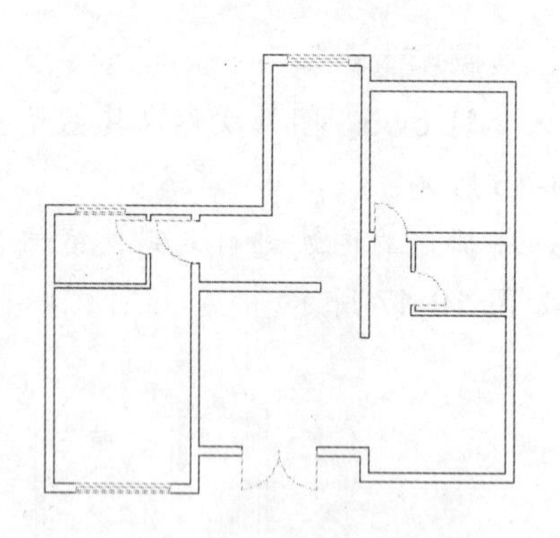

图 19-20　插入 1500 的窗户

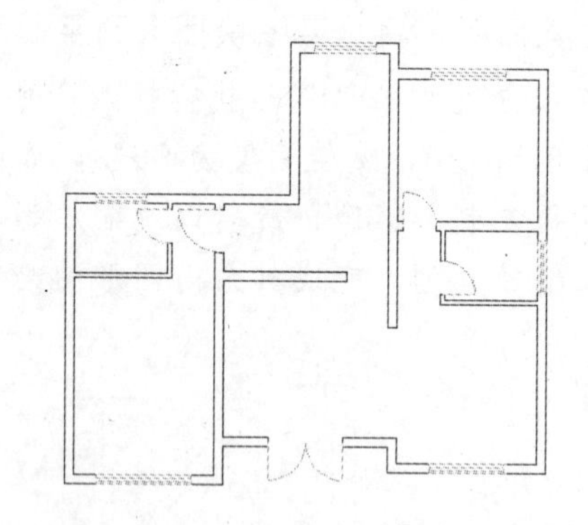

图 19-21　插入其余窗户

4. 绘制楼梯

执行编辑及绘图命令，完成楼梯、台阶等图形的对象，并使用线性尺寸标注和连续标注命令，对图形进行尺寸标注，其操作步骤如下：

1 在命令行输入“ML”，执行多线命令，将“比例”设置为 120，“对正”选项设

多线命令绘制的平行多线被分解后将变成一条直线段，平行多线不能用偏移命令进行偏移，也不能使用倒角、圆角、修剪等命令编辑。

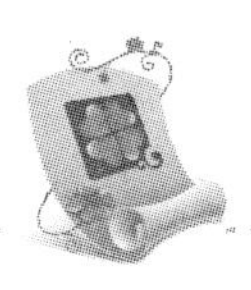

置为上，以距离楼梯间顶端水平直线端点1740处为起点绘制水平长度为1110、垂直距离为480的多线，效果如图19-22所示。

2 执行分解命令，将绘制的多线进行分解处理，执行偏移及修剪等命令，绘制一个宽度为800的门框，并插入“门”图块，如图19-23所示。

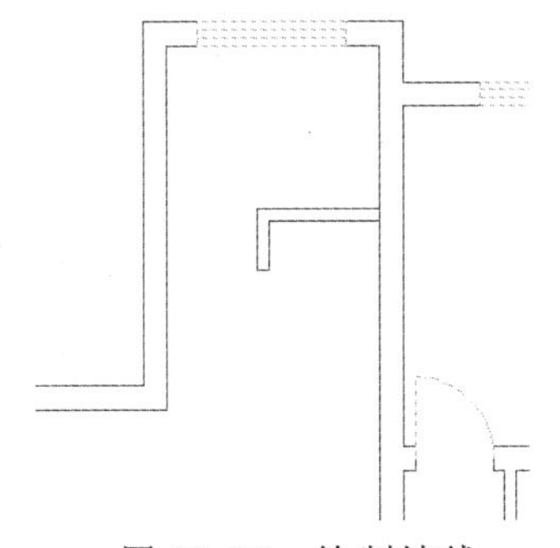

图19-22　绘制墙线

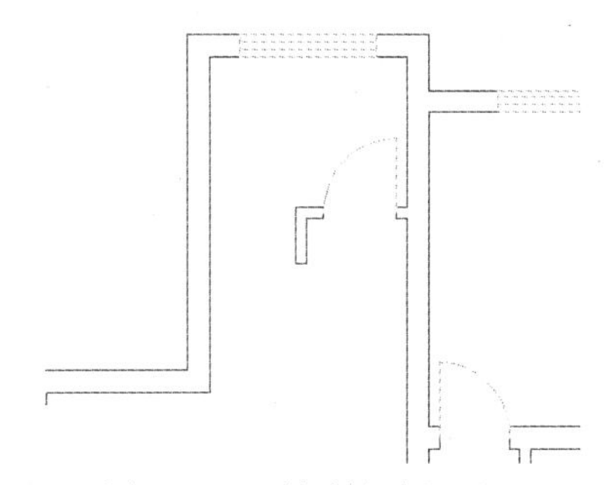

图19-23　绘制门框及门

3 在命令行输入“O”，执行偏移命令，将楼梯间中间墙线中的左端垂直线，向左偏移60，将左端墙线的顶端水平线向上偏移120，通过延伸命令达到如图19-24所示的效果。

4 在命令行输入“TR”，执行修剪命令，将偏移的线条进行修剪处理，如图19-25所示。

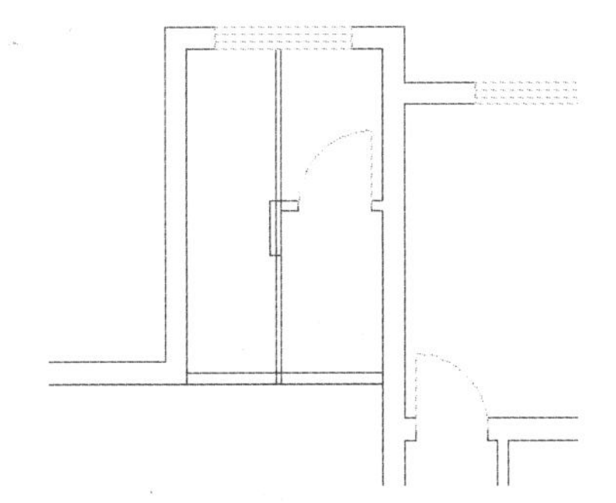

图19-24　偏移水平及垂直线

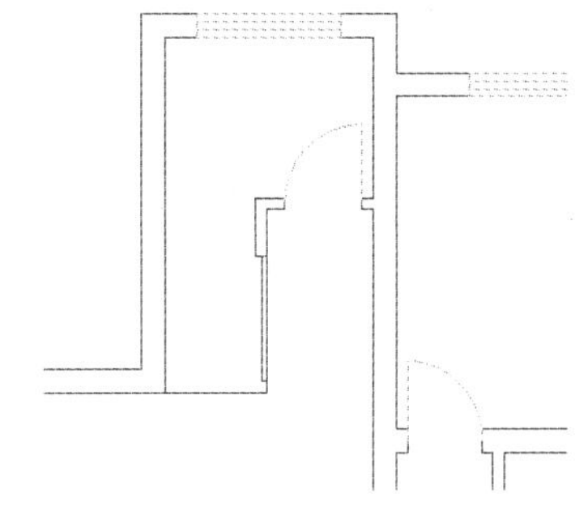

图19-25　修剪偏移线条

5 在命令行输入“O”，执行偏移命令，将修剪后的水平线依次向上进行偏移操作，其偏移距离为240，如图19-26所示。

6 在命令行输入“L”，执行直线命令，绘制楼梯的剖断线，并执行修剪命令，将楼梯踏步的水平直线进行修剪处理，如图19-27所示。

7 在命令行输入“O”，执行偏移命令，将楼梯顶端的水平直线进行偏移，通过的点为楼梯农具间墙线底端端点向下偏移120，并复制生成另外两条水平直线，其相对距离为240，并使用修剪命令对其进行修剪处理，如图19-28所示。

8 在命令行输入“REC”，执行矩形命令，以墙线端点为矩形的第一个角点，绘制宽度为-240、长度为-600的矩形，如图19-29所示。

操作提示

使用图块可以快速完成图形的绘制，但是在定义图块时，不能用 DIRECT、LIGHT、AVE_RENDER、RM_SDB、SH_SPOT和OVERHEAD等作为图块名。

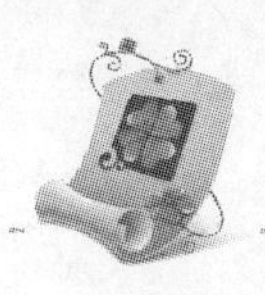

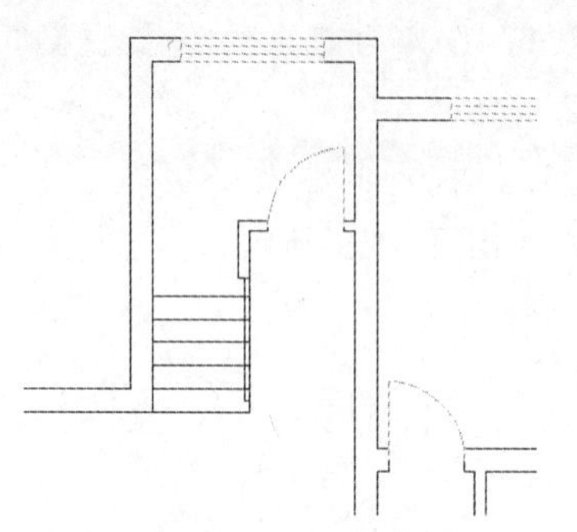

图 19-26 偏移水平直线

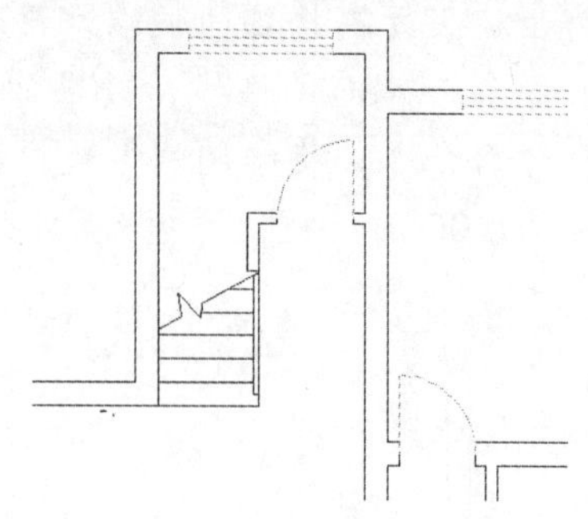

图 19-27 修剪图形对象

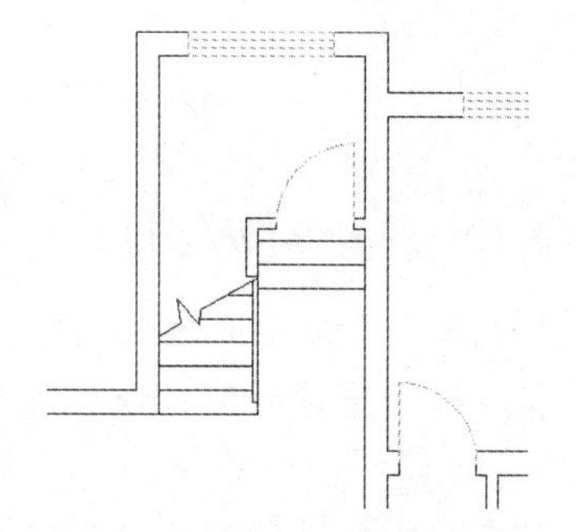

图 19-28 绘制农具间踏步直线

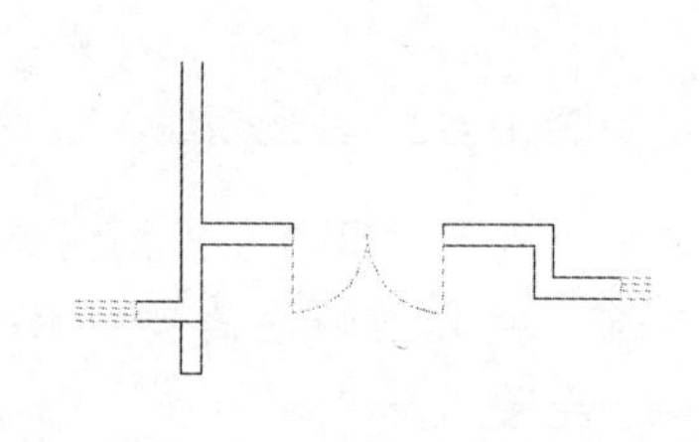

图 19-29 绘制矩形

9 在命令行输入“CO”，执行复制命令，将绘制的矩形向右进行复制操作，其相对距离为4200，并使用直线命令绘制右端端点与水平墙线的垂足连线，如图19-30所示。

10 在命令行输入“L”，执行直线命令，连接两矩形端点间的连线，并使用偏移命令偏移生成另外两条水平直线，其偏移距离为300，如图19-31所示。

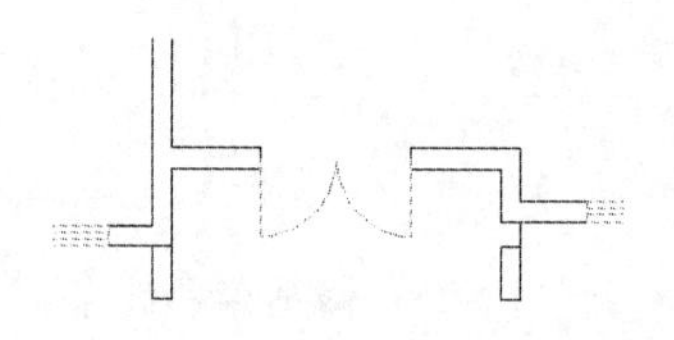

图 19-30 复制矩形

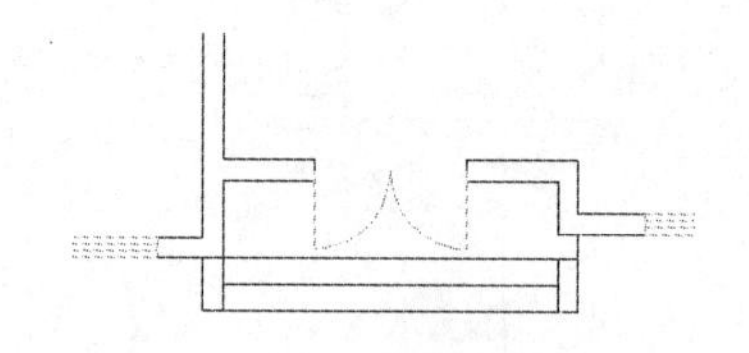

图 19-31 绘制台阶

11 在命令行输入“O”，执行偏移命令，将平面图四周的墙线向外进行偏移，其偏移距离为600，如图19-32所示。

12 在命令行输入“EX”，执行延伸命令，将偏移的直线进行延伸操作，并将多余的线条进行修剪处理，如图19-33所示。

13 在命令行输入“L”，执行直线命令，连接直线端点与墙线端点之间的连线，效果如图19-34所示。

14 执行文字标注命令，对平面图中各区域的功能进行文字说明，并绘制标高符号，

绘制平面图形，最快速的方法便是利用已经绘制的图形对象，通过相应的编辑命令来完成其余图形的绘制。

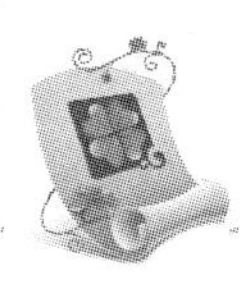

对图形进行标高说明，如图 19-35 所示。

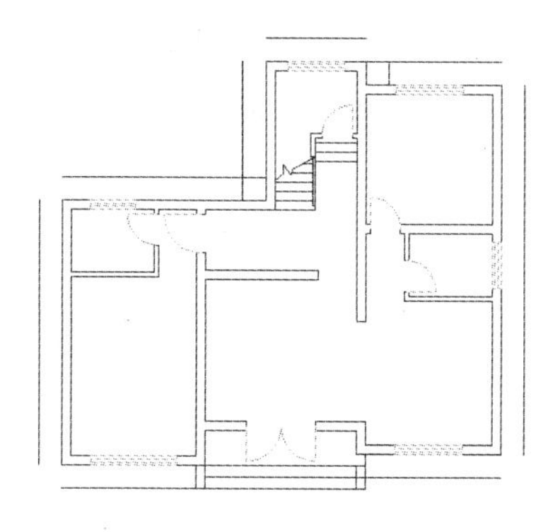

图 19-32　偏移墙线

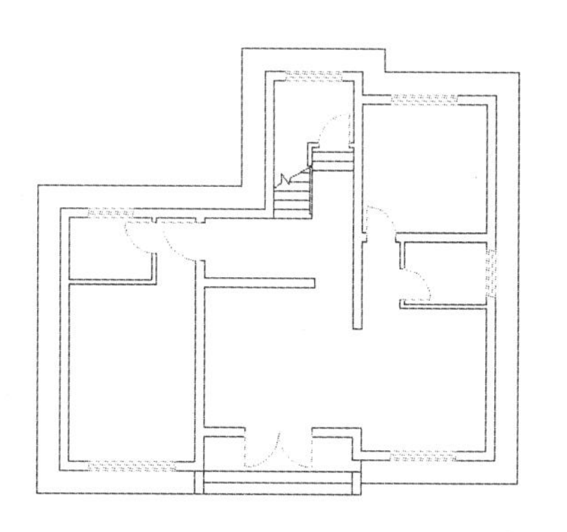

图 19-33　延伸并修剪线条

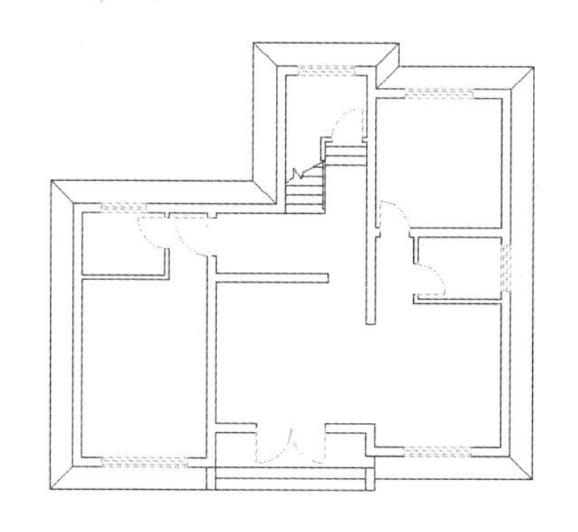

图 19-34　绘制连接直线

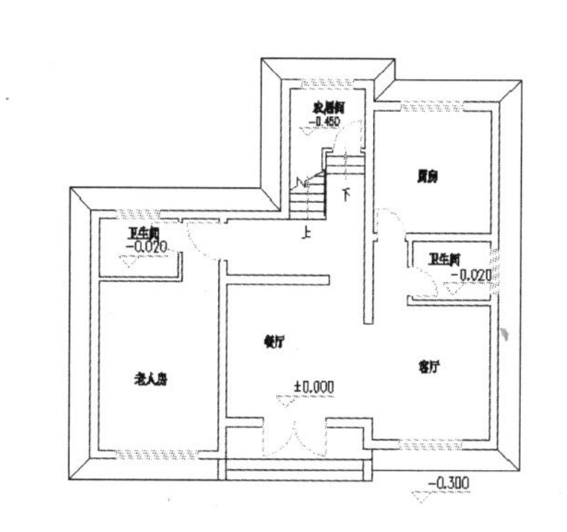

图 19-35　标注文字及标高

15 执行线性标注及连续标注命令，对平面图形进行尺寸标注，效果如图 19-36 所示。

16 执行圆、直线以及文字标注等命令，为建筑的轴号进行标注，效果如图 19-37 所示。

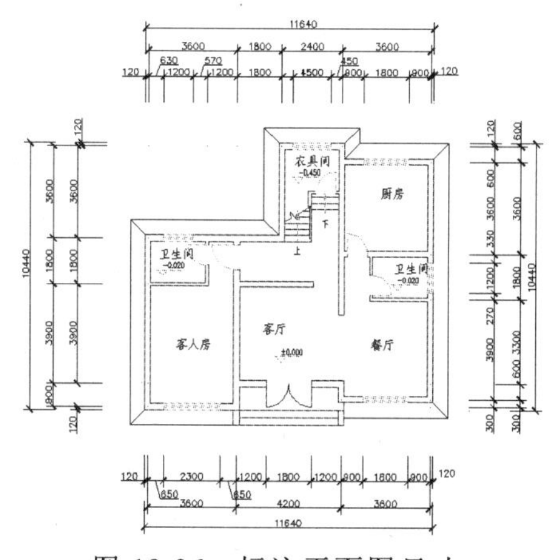

图 19-36　标注平面图尺寸

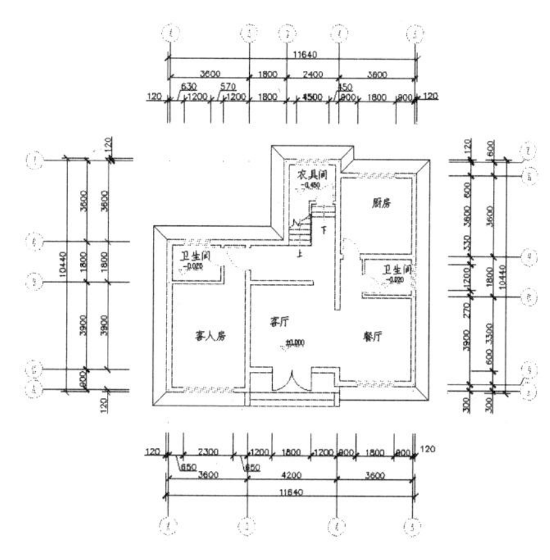

图 19-37　标注平面图轴号

对建筑平面图形进行尺寸标注时，一般情况下都包括 3 道尺寸标注，第一道为详细的尺寸标注，第二道为轴线之间的尺寸，第三道为建筑物的总体尺寸。

19.2 绘制屋顶平面图

屋顶是房屋或构筑物外部的顶盖，在绘制屋顶平面图时，可以在已经绘制的建筑平面图的基础上，通过对墙线的编辑和屋顶图案的填充，完成屋顶平面图的绘制。

19.2.1 实例说明

下面将在“底层平面图.dwg”图形文件的基础上，通过对墙线等图形的编辑，再绘制顶面图形的轮廓，并对图形进行图案填充，效果如图 19-38 所示。

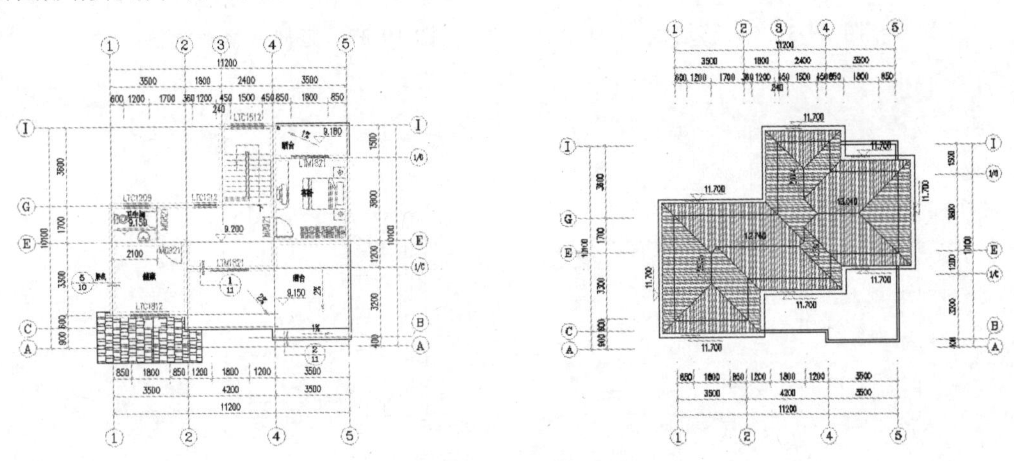

图 19-38　屋顶平面图

19.2.2 行业分析

绘制屋顶平面图是为了表明屋面构造及排水情况，屋顶平面图包括屋面坡向、坡度、天沟、分水线、雨水管及烟道出口的位置等。

屋顶平面图的作用主要有以下几个方面：

- 通过檐口或女儿墙标高就知道房屋的总高。
- 屋面是上人的、不上人的或是坡屋面；屋顶上有些什么构件，如天沟、女儿墙、老虎窗、烟道、水箱、避雷装置、梯屋等。
- 屋面的构造，防水、保温隔热等各层材料及细部做法（包括各种缝）；屋面的排水组织、坡度等。

19.2.3 操作思路

为尽快完成绘制屋顶平面图的绘制，本例的操作思路如下。

使用多段线命令绘制的多段线用分解命令分解后，将失去宽度意义并变为一段段的直线或圆弧。而用多段线编辑命令的“合并”选项则可将首尾相连的直线或圆弧组合成多段线。

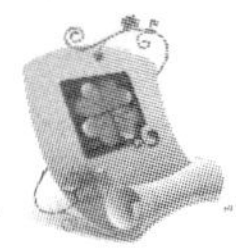

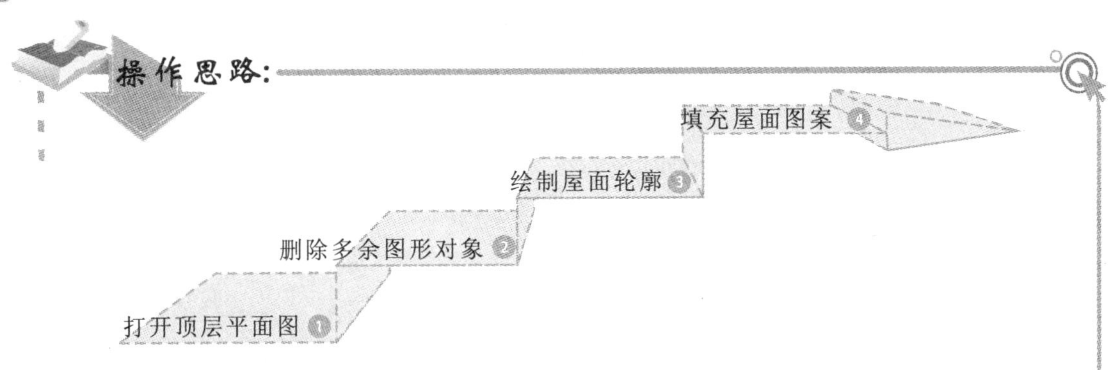

19.2.4 操作步骤

下面介绍屋顶平面图的具体绘制方法，其操作步骤如下：

光盘\素材\第 19 章\顶层平面图.dwg
光盘\效果\第 19 章\屋顶平面图.dwg
光盘\实例演示\第 19 章\绘制屋顶平面图

1. 打开“顶层平面图.dwg”图形文件，如图 19-39 所示。
2. 执行删除命令，将多余图形对象进行删除操作，并在命令行输入“PL”，执行多段线命令，沿墙线端点位置绘制一条多段线，如图 19-40 所示。

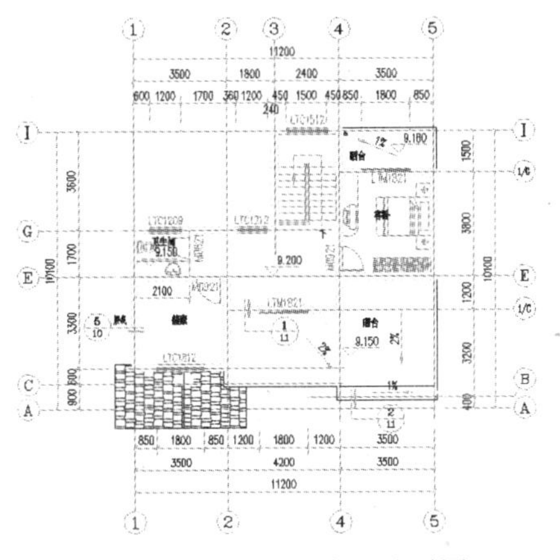

图 19-39　打开顶层平面图

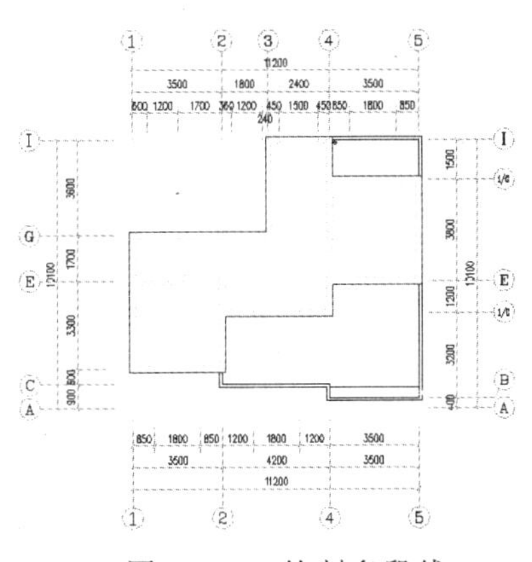

图 19-40　绘制多段线

3. 在命令行输入“E”，执行删除命令，将平面图中多余的墙线等图形对象删除，如图 19-41 所示。
4. 在命令行输入“O”，执行偏移命令，将绘制的多段线向外进行偏移处理，其偏移距离分别为 600 和 200，如图 19-42 所示。
5. 在命令行输入“XL”，执行构造线命令，以多段线端点为通过点，绘制角度为 45° 和 135° 的构造线，如图 19-43 所示。

在使用多段线时，当多段线的宽度大于 0 时，若要将多段线完全闭合，必须选择“闭合”选项，才能使其完全封闭，否则，即使起点与终点重合，也会出现缺口。

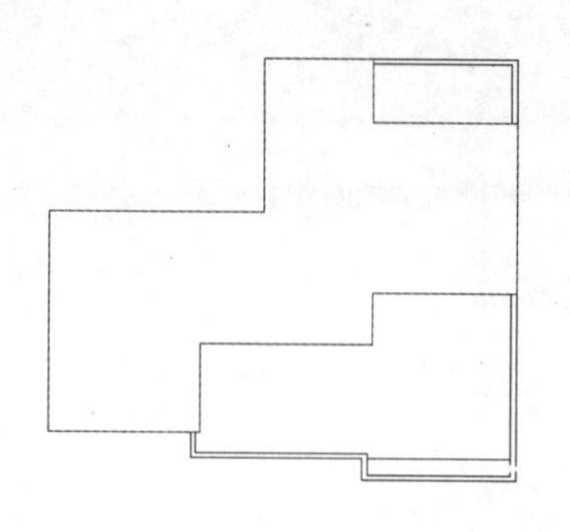

图 19-41 删除多余图形对象

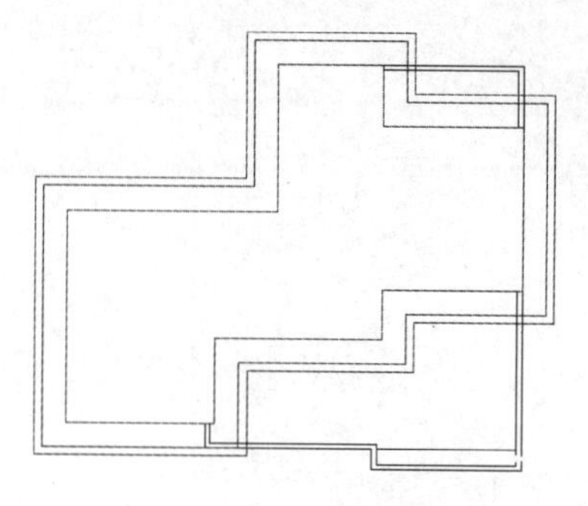

图 19-42 偏移多段线

6 在命令行输入"XL"，执行构造线命令，以构造线的交点为通过点，绘制一条垂直构造线，如图 19-44 所示。

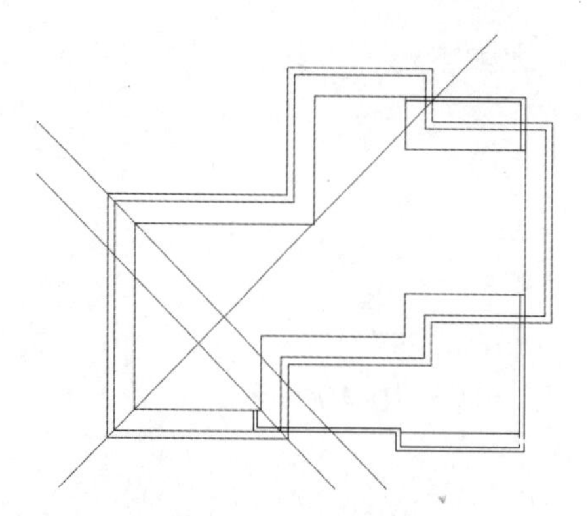

图 19-43 绘制倾斜构造线

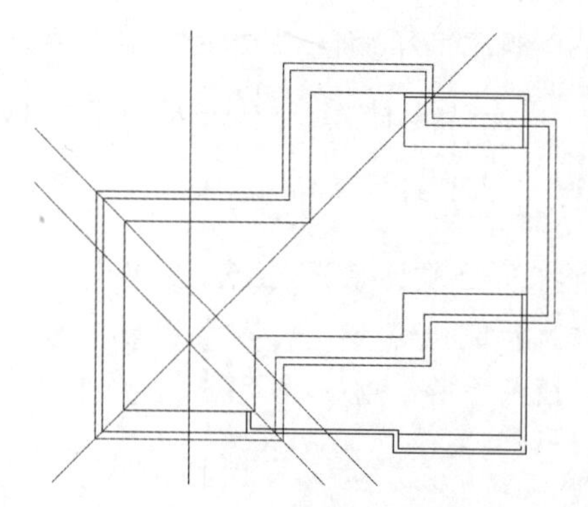

图 19-44 绘制垂直构造线

7 在命令行输入"TR"，执行修剪命令，将绘制的构造线进行修剪处理，效果如图 19-45 所示。

8 执行构造线命令，绘制角度为 45°、135° 的倾斜构造线，并使用修剪命令完成屋面轮廓的绘制，效果如图 19-46 所示。

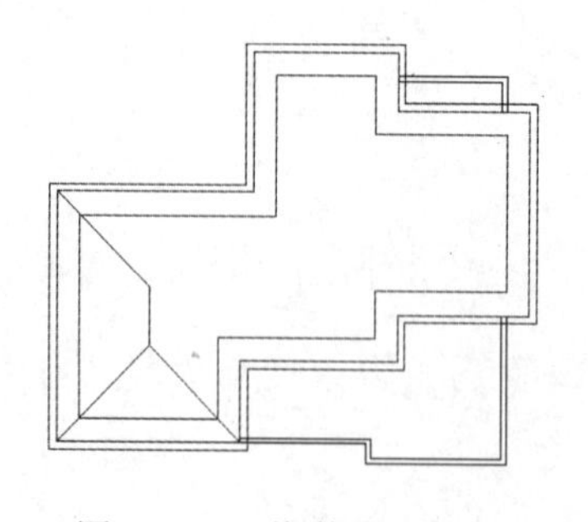

图 19-45 修剪图形对象

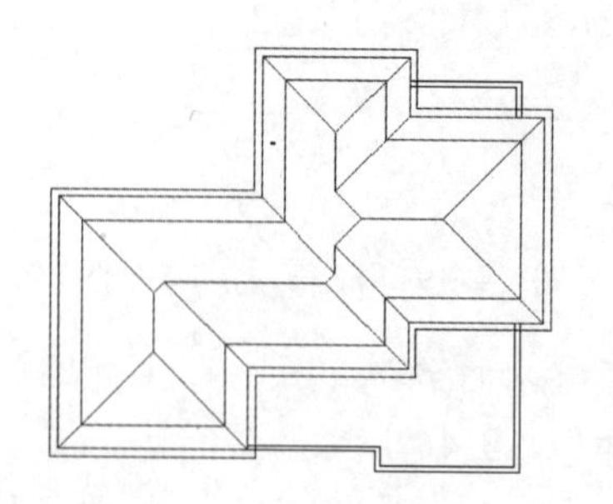

图 19-46 绘制其余线条

9 执行图案填充命令，对屋顶图形进行图案填充操作，其中填充图案为 ANSI32，填充比例为 500，填充角度为 45° 和 135°，如图 19-47 所示。

应用点睛

使用 PLINE 命令时，可以通过设置不同的起始线宽和终点线宽来绘制一些特殊符号，如箭头符号或渐变线、实心梯形等。

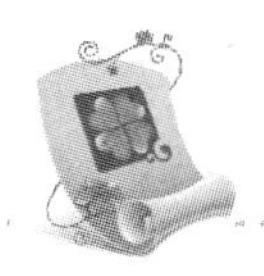

10 在屋顶平面图中绘制标高符号，并利用单行文字命令对标高进行说明，效果如图 19-48 所示。

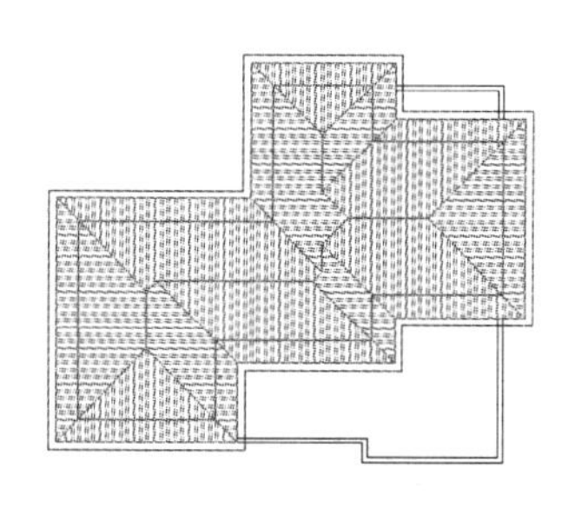

图 19-47 填充屋顶图案

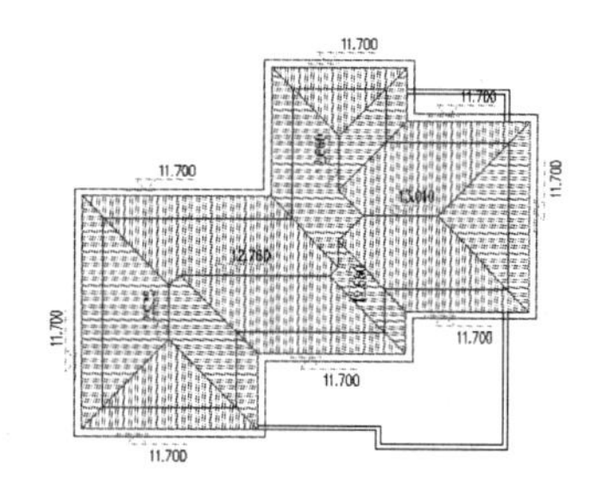

图 19-48 标注标高

19.3 拓展练习

本章主要介绍了建筑平面图中底层平面图和屋顶平面图的绘制，绘制平面图时，应先绘制轴线，在轴线的基础上完成墙线等图形的绘制。下面再通过两个实例的练习，让读者进一步掌握建筑平面图的绘制。

19.3.1 绘制二层平面图

本次练习将打开“底层平面图.dwg”图形文件，通过对原有墙线进行编辑，并绘制相应的雨篷、门窗等图形，完成二层平面图的绘制，效果如图 19-49 所示。

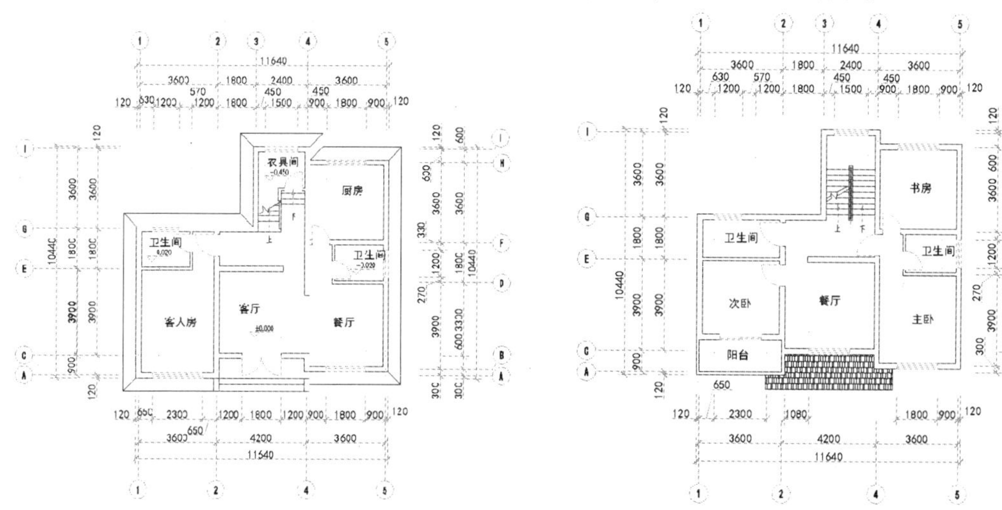

图 19-49 绘制二层平面图

参见光盘

光盘\素材\第 19 章\底层平面图.dwg
光盘\效果\第 19 章\二层平面图.dwg
光盘\实例演示\第 19 章\绘制二层平面图

操作提示

设置新的标注样式，可以通过在“调整”对话框的“标注特性”栏中，设置比例大小达到标注的文字及箭头最佳显示的效果。

该练习的操作思路如下。

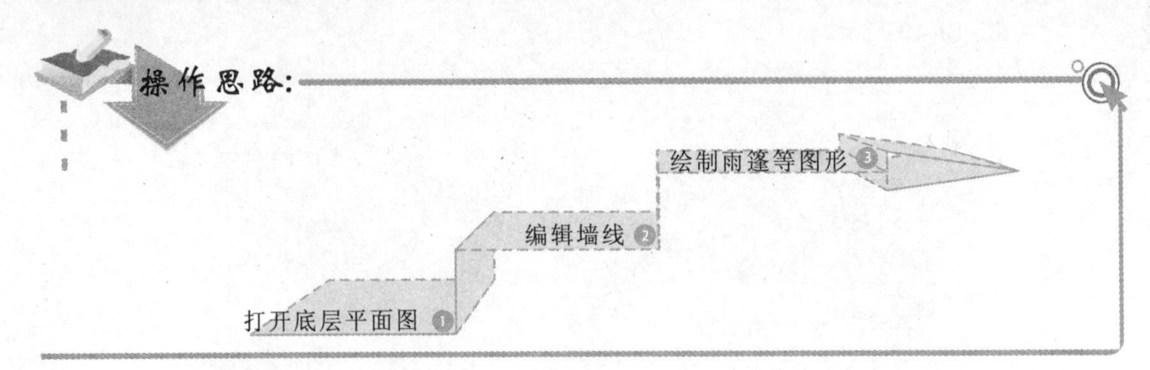

19.3.2　绘制顶层平面图

本次练习将在“二层平面图.dwg”图形文件的基础上，通过对原有墙体、门窗进行编辑处理，绘制顶层雨篷等图形，完成顶层平面图的绘制，效果如图 19-50 所示。

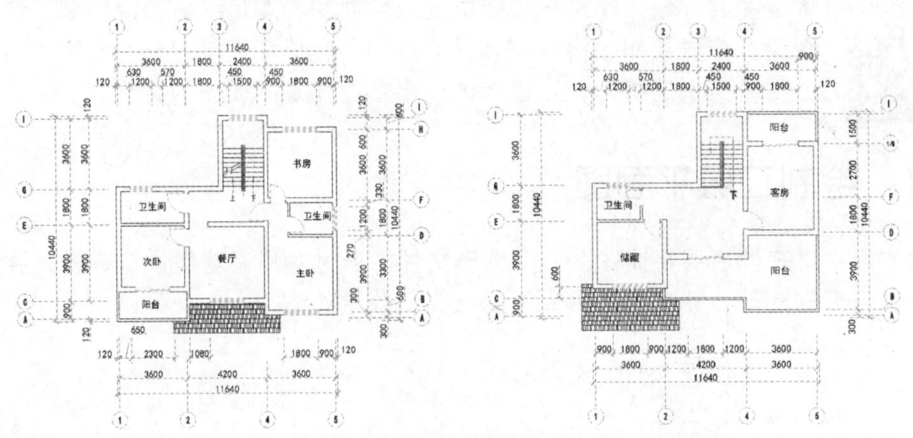

图 19-50　绘制顶层平面图

光盘\素材\第 19 章\二层平面图.dwg
光盘\效果\第 19 章\顶层平面图.dwg
光盘\实例演示\第 19 章\绘制顶层平面图

该练习的操作思路如下。

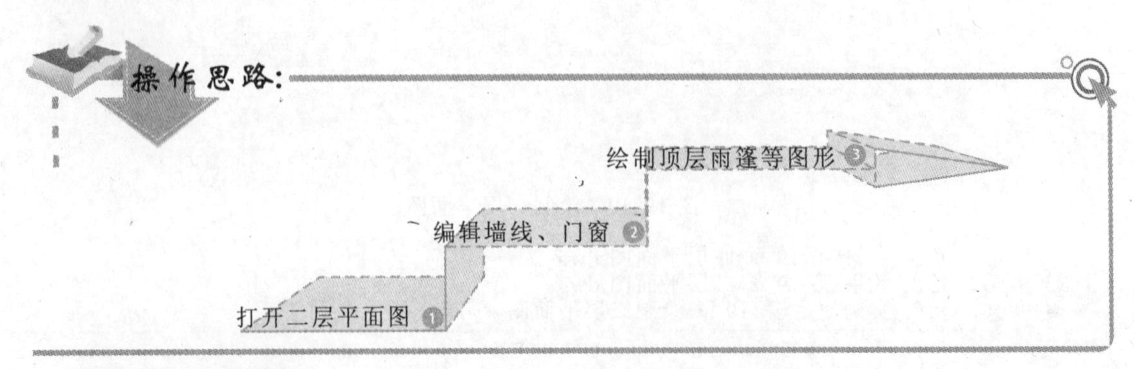

在对标准层进行标注标高时，需要将每层中的标高标注出来，以便从标准层平面图中看出是几层到几层的平面图。